Geologia 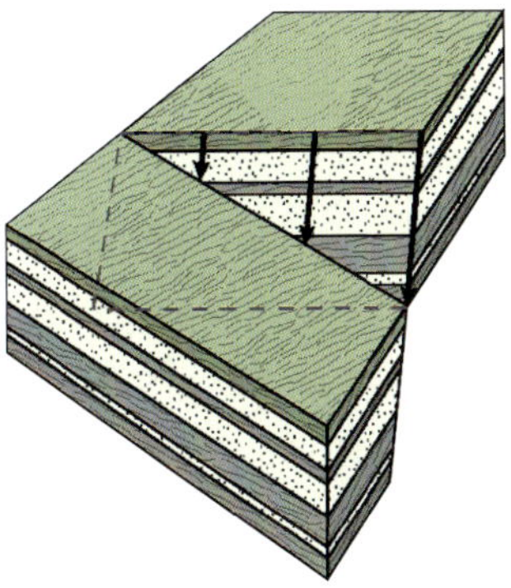 estrutural

Haakon Fossen

Geologia

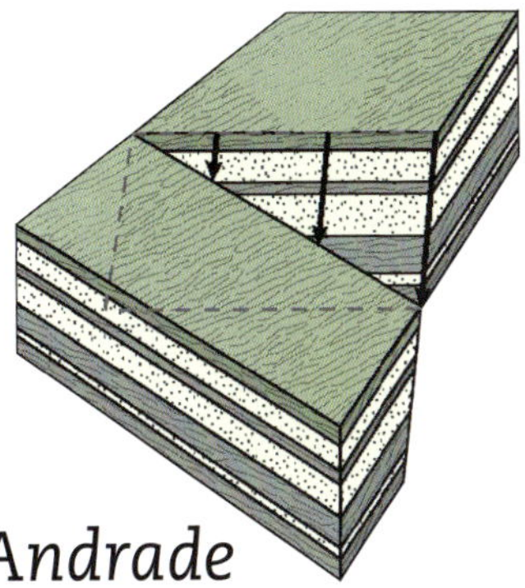

estrutural

tradução | *Fábio R. D. de Andrade*

2ª EDIÇÃO | ATUALIZADA E AMPLIADA

oficina de textos

1ª reimpressão 2013 | 2ª edição 2017

Grafia atualizada conforme o Acordo Ortográfico da Língua Portuguesa de 1990, em vigor no Brasil desde 2009.

CAPA E PROJETO GRÁFICO Malu Vallim
DIAGRAMAÇÃO Alexandre Babadobulos e Douglas da Rocha Yoshida
FOTO DA CAPA Turbiditos dobrados do Carbonífero, próximo a Almograve, sudoeste de Portugal. Foto: Sigurd Fossen.
FOTO DA 4ª CAPA Gnaisse cisalhado, Barra de Santana, Paraíba.
REVISÃO DE TEXTO Gerson Silva, Hélio Hideki Iraha e Mariane Torres
SUPERVISÃO TÉCNICA Marcos Egydio da Silva
IMPRESSÃO E ACABAMENTO BMF GRÁFICA E EDITORA

Dados Internacionais de Catalogação na Publicação (CIP)
(Câmara Brasileira do Livro, SP, Brasil)

Fossen, Haakon
Geologia estrutural / Haakon Fossen ; tradução Fábio R. D. de Andrade. --
2. ed. atual. e ampl. -- São Paulo : Oficina de Textos, 2017.

Título original: Structural geology.
Bibliografia.
ISBN 978-85-7975-283-4

1. Geologia I. Título.

17-10434 CDD-551

Índices para catálogo sistemático:
1. Geologia estrutural 551

Rua Cubatão, 798
CEP 04003-003 São Paulo SP
tel. (11) 3085 7933
www.ofitexto.com.br
atend@ofitexto.com.br

Sobre o Autor

Haakon Fossen

É professor de Geologia Estrutural na Universidade de Bergen, Noruega, ligado ao Departamento de Ciências da Terra, às Coleções de História Natural e ao Centro de Pesquisa Integrada de Petróleo (Centre for Integrated Petroleum Research, CIPR). Sua experiência profissional inclui atividades em exploração e produção na Statoil, além de mapeamento geológico e exploração mineral na Noruega. Sua pesquisa abrange de rochas cristalinas a rochas sedimentares e sedimentos, em tópicos como dobras, zonas de cisalhamento, formação e colapso da Orogênese Caledoniana, modelagem numérica da deformação (transpressão), evolução do rifte do Mar do Norte e estudos de arenitos deformados do oeste dos Estados Unidos. O autor realizou longos trabalhos de campo em várias partes do mundo, principalmente na Noruega, em Utah/Colorado (EUA) e no Sinai (Egito), englobando mapeamento geológico, petrografia, modelagem física e numérica, geocronologia e interpretação sísmica. O Professor Fossen tem participado como editor de vários periódicos geológicos internacionais, publicou mais de 90 artigos científicos, além de dois livros e vários capítulos de livros. O autor leciona Geologia Estrutural em cursos de graduação há mais de dez anos, com ênfase no desenvolvimento de recursos didáticos eletrônicos para auxiliar na visualização e compreensão das estruturas geológicas.

Como usar este livro

Cada capítulo começa com uma **introdução**, que apresenta o tópico específico no contexto da Geologia Estrutural como um todo. As introduções fornecem um guia para o capítulo e ajudarão você a navegar pelo livro.

O corpo do texto contém **termos em destaque** e **expressões-chave** que o leitor deve compreender e buscar familiarizar-se com eles. Muitos desses termos constam do **glossário** ao final do livro. O glossário permite que você encontre facilmente os termos e pode ser usado para a revisão de tópicos importantes e conceitos-chave. Cada capítulo também traz uma série de **afirmações destacadas** para encorajar o leitor a fazer uma pausa e rever sua compreensão do conteúdo lido.

A maioria dos capítulos contém um ou mais **boxes** com informações detalhadas sobre um assunto específico, exemplos úteis ou informações básicas relevantes. Os pontos mais importantes são apresentados no resumo ao final de cada capítulo. As **questões de revisão** podem ser usadas para testar sua compreensão de um capítulo antes de seguir para o próximo. As **respostas** a essas questões são fornecidas em inglês no site do livro na internet (http://folk.uib.no/nglhe/StructuralGeoBook.html).

As sugestões de **leituras complementares** trazem indicações de livros e artigos selecionados para os leitores interessados em informações mais detalhadas ou mais avançadas. Além disso, ao final dos capítulos há indicações para módulos de ***e-learning***, altamente recomendados após a leitura do capítulo como revisão e preparação para provas. Os módulos fornecem informações que complementam o texto principal.

Recursos na internet

Recursos especialmente preparados para este livro estão disponíveis na sua página na internet (http://folk.uib.no/nglhe/StructuralGeoBookPortuguese.html), que abrangem:

- módulos de *e-learning* em Adobe Flash, que combinam animações, textos, ilustrações e fotografias que apresentam aspectos-chave de Geologia Estrutural em ambiente visual interativo;
- todas as figuras dos capítulos em formato digital (jpeg) para uso dos leitores;
- figuras complementares, que ilustram estruturas geológicas e exemplos adicionais de campo;
- respostas às questões de revisão apresentadas no final de cada capítulo;
- exercícios adicionais e soluções;
- um local para disponibilização de imagens, animações, vídeos, exercícios e outros recursos fornecidos pelos leitores.

Nota do Tradutor

Deformation, strain, deformação

No Brasil, tem sido utilizada a palavra *deformação* como tradução tanto de *deformation* como de *strain*, o que foi mantido nesta tradução.

Em português, não há uma tradução simples e direta para a palavra inglesa *strain*, que se refere a mudanças na dimensão ou na forma de objetos – a palavra *deformation* é mais abrangente, referindo-se também à translação e à rotação de objetos.

Como exemplos da tradução de strain em português, podemos citar "elipsoide de deformação" (*strain ellipsoid*) e "análise da deformação" (*strain analysis*).

Nas passagens em que se discute o significado específico dos termos, é feita uma distinção, traduzindo-se *deformation* por "deformação" e strain por "deformação interna".

Ao longo do livro, o significado específico pode ser deduzido do contexto e o uso da tradução abrangente "deformação" não compromete a compreensão do texto.

Fábio Ramos Dias de Andrade

Apresentação à 2ª edição brasileira

O livro *Geologia estrutural*, do geólogo norueguês Haakon Fossen, é hoje uma referência internacional entre pesquisadores e alunos que estudam a deformação da crosta terrestre. Aos estudantes de Geologia, em especial, o livro resume de forma clara e didática os fundamentos da Geologia Estrutural, com ilustrações de excelente qualidade gráfica.

Nesta segunda edição em língua portuguesa, o autor revisa e amplia os temas abordados na primeira edição. Destacam-se a introdução de um capítulo inteiramente novo sobre juntas e veios, um maior detalhamento do tema microestruturas e, além disso, a inclusão de ilustrações de estruturas observadas no território brasileiro. Ao final de cada capítulo encontramos um sumário dos principais tópicos, questões de revisão e fixação do conteúdo e referências selecionadas. Finalmente, e não menos importante para o aprendizado, são oferecidos módulos complementares de estudo on-line onde estão disponíveis ilustrações animadas, modelos interativos e novos exemplos de estruturas relacionadas aos temas de estudo.

A segunda edição do livro está organizada em 22 capítulos, que podem ser subdivididos em três grande temas: (i) deformação, tensão e reologia dos materiais rochosos (Caps. 1 a 6), (ii) estruturas de deformação rúptil e dúctil em diferentes escalas e contextos (Caps. 7 a 16), e (iii) regimes de deformação (Caps. 17 a 22). Tópicos complementares relacionados ao uso de matrizes no estudo da deformação e à projeção estereográfica foram reunidos no apêndice. Portanto, os temas estão organizados de modo a familiarizar o leitor com os agentes formadores de estruturas, seus diferentes tipos e geometrias e, finalmente, como elas se agrupam em associações estruturais. Contendo uma abordagem moderna e atualizada, a obra é um convite para geólogos e estudantes imergirem na diversidade temática da Geologia Estrutural. É com prazer que recomendo este livro, fruto de mais um projeto bem-sucedido do Prof. Fossen.

Carlos José Archanjo
Instituto de Geociências da Universidade de São Paulo

Prefácio

Esta é a segunda edição do livro *Geologia estrutural*, publicado pela primeira vez em 2012. A primeira edição foi muito bem recebida por estudantes, professores e profissionais do mercado. Recebi vários comentários úteis e encorajadores dos leitores, o que me motivou a preparar esta versão atualizada e ampliada do texto e das ilustrações, preservando a estrutura da versão anterior.

Este livro-texto foi escrito para ser uma introdução à Geologia Estrutural e seus métodos, voltada a estudantes de graduação ou qualquer pessoa com conhecimento básico em Geologia. O livro enfatiza aspectos estruturais da crosta, ainda que os processos e as estruturas descritos sejam relevantes também na deformação em níveis mais profundos em nosso planeta. Além disso, dados de sensoriamento remoto de Marte e de outros planetas indicam que muitos aspectos da Geologia Estrutural não se restringem à Terra.

O campo da Geologia Estrutural é muito amplo, e este livro contém uma seleção de temas relevantes. Essa seleção não foi uma tarefa fácil, uma vez que os professores tendem a preferir seus próprios pontos de vista e abordagens, e a escolher os temas de acordo com os currículos de seus respectivos cursos. Os livros-texto de Geologia Estrutural geralmente enfatizam a deformação dúctil ou plástica que ocorre na crosta inferior e média. Neste livro, foi dado destaque também para o regime friccional da crosta superior e, portanto, alguns capítulos são especialmente relevantes para cursos que abordam a geologia do petróleo e a deformação rúptil.

A busca do equilíbrio na abordagem da deformação rúptil e plástica foi um dos fatores que me motivaram a escrever este livro. Essa visão está relacionada à minha experiência profissional, tanto em geologia do petróleo como em geologia estrutural de rochas duras (metamórficas e ígneas). Outro fator motivante foi minha intenção de escrever um livro no qual pudesse desenhar ou redesenhar todas as ilustrações e que fosse o primeiro livro de Geologia Estrutural totalmente em cores. Além disso, um livro-texto básico de Geologia Estrutural do século XXI deve ser acompanhado por recursos especiais de *e-learning*, que são parte integrante da concepção desta obra.

Estrutura do livro

A estrutura do livro é, em muitos aspectos, tradicional, fazendo um percurso desde a deformação (Caps. 2 e 3) e os esforços (Caps. 4 e 5), passando pela reologia (Cap. 6) até a deformação rúptil (Caps. 7 a 10). Destes, o Cap. 2 traz uma abordagem que pode ser demasiado detalhada e avançada para alguns estudantes e cursos, mas é possível fazer uma leitura seletiva. Em seguida, após uma curta introdução sobre estruturas e processos em microescala que diferenciam a deformação plástica em cristais da deformação rúptil (Cap. 11), são discutidas estruturas de deformação dúctil, como dobramentos, boudinagem, foliações e zonas de cisalhamento (Caps. 12 a 16). Os três capítulos que se seguem abordam os três regimes tectônicos principais (Caps. 17 a 19), antes de discutirmos a tectônica do sal e os princípios de restauração e balanceamento (Caps. 20 e 21). Um capítulo final, que estabelece vínculos com a petrologia metamórfica e a estratigrafia, completa o livro e mostra que a Geologia Estrutural e a tectônica dependem, em grande parte, de outras disciplinas. Os capítulos não precisam ser lidos em sua ordem numérica, e a maioria deles pode ser estudada individualmente.

Ênfase e exemplos

O livro procura fazer uma ampla cobertura do campo da Geologia Estrutural, com exemplos de diversas partes do mundo. Entretanto, fotografias e ilustrações de alguns locais geográficos são recorrentes ao longo do livro. Um desses locais é o sistema de rifte do Mar do Norte, em especial o campo petrolífero de Gullfaks, que conheço em razão da minha experiência de anos na companhia petrolífera norueguesa Statoil. Outro local recorrente é o Platô do Colorado (em especial em Utah, EUA), que se tornou, nas duas últimas décadas, um dos meus lugares favoritos para trabalhos de campo. Um terceiro local, muito mais úmido e verde, são as Caledonides da Escandinávia, equilibrada pelas rochas mais quentes do cinturão Araçuaí-Ribeira, Brasil. Desse antigo orógeno, selecionei numerosos exemplos de estruturas típicas do regime plástico.

Agradecimentos

Durante a escrita deste livro, me baseei na experiência acumulada como estudante e como profissional em cargos acadêmicos e no mercado. Gostaria de agradecer aos colegas, estudantes, geólogos e professores com quem interagi nas Universidades de Bergen, Oslo, Minnesota e Utah, na Utah State University, na Statoil e no Serviço Geológico da Noruega. Em especial, agradeço aos meus orientadores e amigos Tim Holst, Peter Hudleston e Christian Teyssier pela generosidade em compartilhar seus conhecimentos em minha época de estudante, assim como ao colega Basil Tikoff pelas valiosas discussões e troca de ideias na Pillsbury Hall.

Dentre os muitos coautores, colegas e estudantes, gostaria de expressar meus agradecimentos especiais a Roy Gabrielsen, Jan Inge Faleide, Jonny Hesthammer, Rich Schultz, Roger Soliva, Gregory Ballas, Rob Gawthorpe, Ritske Huismans e Carolina Cavalcante. Agradecimentos especiais também para Wallace Bothner, Rob Butler, Nestor Cardozo, Declan DePaor, Jim Evans, James Kirkpatrick, Stephen Lippard, Christophe Pascal, Atle Rotevatn, Zoe Shipton, Holger Stunitz, Bruce Trudgill, Carolina Cavalcante, Luiz Morales e Fred Vollmer pela revisão crítica de várias partes do texto. Meus agradecimentos pelo apoio e pelas valiosas discussões em trabalhos de campo, que influenciaram este livro a Julio Almeida, Renato Almeida, Nicolas Badertscher, Wallace Bothner, Jean M. Crespi, Rui Dias, Marcos Egydio da Silva, Jim Evans, Jonny Hesthammer, Fernando O. Marques, Roger Soliva, John Walsh e Adolph Yonkee.

Agradeço também aos leitores que enviaram comentários sobre vários trechos da primeira edição. Outros livros foram imprescindíveis desde a minha formação como estudante de geologia estrutural até a preparação deste livro. Gostaria de mencionar em especial os livros de Hobbs, Means e Williams (1976), Twiss e Moores (2007), van der Pluijm e Marshak (2004), e várias edições de *Structural Geology*, de George H. Davis e coautores, além da obra excelente sobre microtectônica de Passchier e Trouw (2005).

Símbolos

a	eixo maior da elipse referente a um *microcrack*
A	área;
	constante empiricamente determinada nas leis de fluxo
c	eixo menor da elipse referente a um *microcrack*
C	coesão ou resistência coesiva de uma rocha
C_f	resistência coesiva de uma falha
d	rejeito (*offset*)
d_{cl}	espessura de uma camada de argila
D	deslocamento;
	dimensão fractal
$D_{\text{máx}}$	deslocamento máximo ao longo de um traço de falha ou de uma superfície de falha
$\mathbf{D}$	matriz de deformação (gradiente)
$e = \varepsilon$	elongação
$\dot{e} = \dot{\varepsilon}$	taxa de elongação (de/dt)
$\dot{e}_x$ e $\dot{e}_y$	taxas de elongação nas direções x e y (s^{-1})
$\mathbf{e}_1$, $\mathbf{e}_2$, $\mathbf{e}_3$	valores próprios da matriz de deformação, idênticos aos três eixos do elipsoide de deformação
$\bar{e}$	elongação logarítmica (natural)
$\bar{e}_s$	unidade de cisalhamento natural octaédrico
E	módulo de Young;
	energia de ativação para migração de vacâncias em um cristal ($J\ mol^{-1} K^{-1}$)
E^*	energia de ativação
$\mathbf{F}$	vetor de força ($kg\ m\ s^{-2}$, N)
F_n	componente normal do vetor de força
F_s	componente de cisalhamento do vetor força
g	aceleração da gravidade (m/s^2)
h	espessura de uma camada
h_0	espessura inicial de uma camada
h_T	espessura de uma camada no início do dobramento (flambagem)
ISA_{1-3}	eixos de estiramento instantâneo
K	módulo de compressibilidade

K_i	fator de intensidade de esforço
K_c	resistência ao fraturamento
k	parâmetro que descreve a forma do elipsoide de deformação (linhas no diagrama de Flinn)
k_x e k_y	componentes de cisalhamento puro, elementos diagonais nas matrizes de cisalhamento puro e matrizes de cisalhamento simples
l	comprimento de uma linha (m)
l_0	comprimento de uma linha antes da deformação (m)
$\mathbf{L}$	tensor de velocidade (matriz)
L	comprimento de uma falha; comprimento de onda
L_d	comprimento de onda dominante
L_T	comprimento real de uma camada dobrada dentro de um comprimento de onda
n	expoente da lei de escala deslocamento-comprimento
p_f	pressão de fluido
P	pressão (Pa)
Q	energia de ativação
R	elipticidade ou razão de aspecto de elipse (eixo longo sobre eixo curto); constante dos gases (J kg^{-1} K^{-1})
R_f	elipticidade final de um objeto que era não circular antes da deformação
R_i	elipticidade inicial de um objeto (antes da deformação)
R_s	o mesmo que R, usado no contexto do método R_f/ϕ, para distinguir de R_f
R_{xy}	X/Y
R_{yz}	Y/Z
s	estiramento
$\dot{\mathbf{S}}$	tensor de estiramento, parte simétrica de $\mathbf{L}$
t	tempo (s)
T	temperatura (K ou ^oC); resistência uniaxial tênsil ou tracional (bar) deslocamento local ou componente horizontal de uma falha no cálculo de SGR e SSF
$\mathbf{v}$	vetor de velocidade (m/s)
V	volume (m^3)
V_0	volume antes da deformação
V_p	velocidade de ondas P
V_s	velocidade de ondas S
$\mathbf{w}$	vetor de vorticidade
w	vorticidade
$\mathbf{W}$	tensor de vorticidade (ou de *spin*), que é a matriz antissimétrica componente de $\mathbf{L}$
W_k	número de vorticidade cinemática
$\mathbf{x}$	vetor ou ponto em um sistema de coordenadas antes da deformação
$\mathbf{x}'$	vetor ou ponto em um sistema de coordenadas após a deformação
x, y, z	eixos de coordenadas, com z na vertical
X, Y, Z	eixos principais de deformação; $X \geq Y \geq Z$
Z	profundidade na crosta (m)

α	fator de expansão térmica (K^{-1});
	parâmetro poroelástico de Biot;
	ângulo entre um marcador passivo e a direção de cisalhamento no início de uma deformação não coaxial (Cap. 16);
	ângulo entre apófises de fluxo (Cap. 2)
α'	ângulo entre um marcador passivo e a direção de cisalhamento após uma deformação não coaxial
β	fator de estiramento, igual a s
Δ	fator de mudança de volume
$\Delta\sigma$	variação nos esforços
γ	deformação por cisalhamento
$\bar{\gamma}_{oct}$	deformação por cisalhamento octaédrico
$\dot{\gamma}$	taxa de deformação por cisalhamento
Γ	registro não diagonal em matriz de deformação por cisalhamento subsimples
η	constante de viscosidade ($N\ s\ m^{-2}$)
λ	elongação quadrática
$\lambda_1, \lambda_2, \lambda_3$	valor próprio da matriz de deformação
$\sqrt{\lambda_1}$, $\sqrt{\lambda_2}$ e $\sqrt{\lambda_3}$	comprimentos dos eixos da elipse de deformação
μ	módulo de cisalhamento;
	viscosidade
μ_f	coeficiente de fricção de deslizamento
μ_L	viscosidade da camada competente em flambagem
μ_M	viscosidade da matriz que envolve uma camada competente em flambagem
ν	razão de Poisson;
	parâmetro de Lode
θ	ângulo entre a normal a uma fratura e σ_1;
	ângulo entre ISA_1 e o plano de cisalhamento
θ^U	ângulo entre X e o plano de cisalhamento
ρ	densidade (g/cm^3)
σ	esforço ($\Delta F/\Delta A$) (bar: 1 bar = 1,0197 kg/cm^2 = 10^5 Pa = 10^6 dyn/cm^2)
$\boldsymbol{\sigma}$	vetor de tensão (vetor de tração)
$\sigma_1 > \sigma_2 > \sigma_3$	esforços principais
$\bar{\sigma}$	esforço efetivo
σ_a	esforço axial
σ_{dev}	esforço deviatórico
σ_{dif}	esforço diferencial ($\sigma_1 - \sigma_3$)
σ_H	esforço máximo horizontal
σ_h	esforço mínimo horizontal
σ_h^*	esforço horizontal médio em porções adelgaçadas da litosfera (modelo de esforço horizontal constante)
σ_m	esforço médio $(\sigma_1 + \sigma_2 + \sigma_3)/3$
σ_n	esforço normal
σ_r	esforço remoto

σ_s esforço de cisalhamento

σ_t esforço tectônico

σ_{tip} tensão na extremidade de uma fratura ou ponto de máxima curvatura ao longo do limite de um poro

σ_{tot} esforço total ($\sigma_m + \sigma_{dev}$)

σ_v esforço vertical

σ_n^g esforço normal em áreas de contato entre grãos ou entre grãos e paredes de recipiente em um meio poroso

σ_n^w esforço normal médio exercido sobre as paredes de um recipiente pelos grãos de um meio poroso

ϕ fricção interna (Mecânica das Rochas);
ângulo entre X e a linha de referência no início de uma deformação (método R_f/ϕ)

ϕ' ângulo entre X e uma linha de referência após uma deformação (método R_f/ϕ)

Φ porosidade

ψ cisalhamento angular

$\boldsymbol{\omega}$ vetor de velocidade angular

Sumário

Capítulo 18 – Regimes extensionais, 453

Capítulo 19 – Falhas de rejeito direcional, transpressão e transtração, 479

Capítulo 20 – Tectônicas do sal, 499

Capítulo 21 – Balanceamento e restauração, 527

1 Geologia Estrutural e análise estrutural

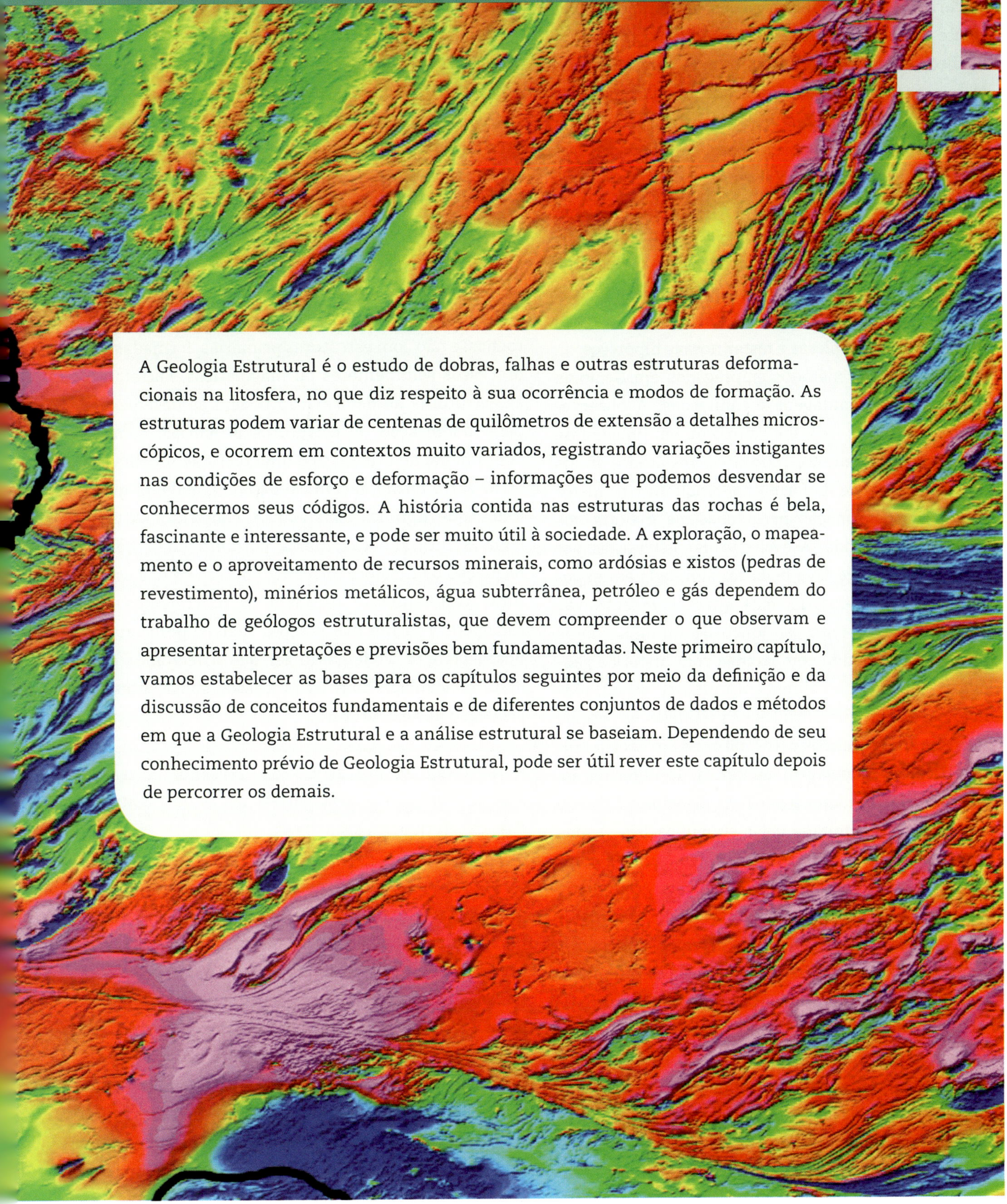

A Geologia Estrutural é o estudo de dobras, falhas e outras estruturas deformacionais na litosfera, no que diz respeito à sua ocorrência e modos de formação. As estruturas podem variar de centenas de quilômetros de extensão a detalhes microscópicos, e ocorrem em contextos muito variados, registrando variações instigantes nas condições de esforço e deformação – informações que podemos desvendar se conhecermos seus códigos. A história contida nas estruturas das rochas é bela, fascinante e interessante, e pode ser muito útil à sociedade. A exploração, o mapeamento e o aproveitamento de recursos minerais, como ardósias e xistos (pedras de revestimento), minérios metálicos, água subterrânea, petróleo e gás dependem do trabalho de geólogos estruturalistas, que devem compreender o que observam e apresentar interpretações e previsões bem fundamentadas. Neste primeiro capítulo, vamos estabelecer as bases para os capítulos seguintes por meio da definição e da discussão de conceitos fundamentais e de diferentes conjuntos de dados e métodos em que a Geologia Estrutural e a análise estrutural se baseiam. Dependendo de seu conhecimento prévio de Geologia Estrutural, pode ser útil rever este capítulo depois de percorrer os demais.

1.1 Primeira abordagem da Geologia Estrutural

O que hoje definimos como Geologia Estrutural moderna nasceu de observações de campo. Atualmente temos acesso a dados remotos, como dados sísmicos e imagens de satélite, mas persiste o fato de que as observações desencadeiam questões nas mentes dos estudantes. As respostas podem ser buscadas através de observações detalhadas e sistemáticas, que em geral abrangem observações de campo, descrição de lâminas petrográficas, tratamento gráfico e análise de dados estruturais, além de dados mais sofisticados como datações radiométricas, entre outros. Além disso, podemos desenvolver experimentos físicos em laboratório e modelagens numéricas para explorar e testar nossas hipóteses.

Cada um dos métodos empregados em Geologia Estrutural tem vantagens e limitações. A observação de estruturas, seja em campo ou em imagem de sensoriamento remoto, retrata os resultados finais dos processos de deformação, enquanto a história real da deformação permanece, na maioria dos casos, desconhecida. A evolução das estruturas por deformação progressiva pode ser simulada em experimentos de laboratório, mas quão representativas são observações feitas ao longo de minutos, horas ou semanas, quando comparadas com histórias geológicas naturais que abrangem milhares ou milhões de anos? E com que fidelidade os modelos em escala métrica reproduzem os casos naturais em escala quilométrica? A modelagem numérica da deformação, feita por computadores a partir de princípios físicos e matemáticos, é limitada pelas simplificações usadas para se adequar os processos às linguagens de computação e aos computadores disponíveis. Além disto, parâmetros iniciais como as propriedades dos materiais ou heterogeneidades preexistentes podem ser imprecisos. Não obstante, a combinação de diferentes abordagens permite a obtenção de modelos realísticos de como as estruturas podem se formar e o que elas significam. Os estudos de campo serão sempre importantes, já que qualquer modelagem, seja numérica ou física, deve se basear direta ou indiretamente em observações e descrições precisas. A objetividade em trabalhos de campo é fundamental e representa mais um desafio. De uma forma ou de outra, eles são a razão principal pela qual muitos geólogos optaram por se dedicar à pesquisa científica!

1.2 Geologia Estrutural e tectônica

O termo **estrutura** deriva do latim *struere*, que significa construir. Podemos dizer que:

Uma estrutura geológica é uma configuração geométrica de rochas, e a Geologia Estrutural lida com a geometria, a distribuição e a formação dessas estruturas.

É importante notar que a **Geologia Estrutural** lida somente com estruturas criadas pela deformação de rochas, e não com estruturas primárias, formadas por processos sedimentares ou magmáticos. Entretanto, as estruturas de deformação podem se desenvolver pela modificação de estruturas primárias, como o dobramento de camadas de uma rocha sedimentar.

O outro termo, **tectônica**, deriva da palavra grega *tektos*, que significa construir ou construtor. A Geologia Estrutural e a tectônica, portanto, lidam com a formação da litosfera terrestre, em termos das estruturas resultantes, e estudam os movimentos que esculpem a forma das porções mais superficiais de nosso planeta. Podemos dizer que a tectônica está mais relacionada com os processos subjacentes de produção das estruturas:

A tectônica aborda processos "externos" e geralmente regionais que produzem um dado conjunto característico de estruturas.

A palavra "externo", nesse contexto, indica que os processos são externos ao volume de rocha em questão. Os processos ou causas externos podem ser, por exemplo, movimentos de placas tectônicas, intrusões forçadas de magma, diápiros de lama ou sal em movimento gravitacional, fluxos de geleiras e impactos de meteoritos. Cada uma dessas causas externas pode criar estruturas características que definem um **estilo tectônico**, e a tectônica relacionada recebe nomes específicos em cada caso. A **tectônica de placas** é aquela que ocorre em grande escala e envolve o movimento e a interação de placas litosféricas. No âmbito da tectônica de placas, expressões como tectônica de subducção, tectônica de colisão e tectônica de rifte são aplicadas em casos específicos.

A **glaciotectônica** é a deformação de sedimentos e de seu embasamento (em geral, rochas sedimentares) sob a parte frontal de uma geleira em movimento. Nesse caso, a deformação é criada pelo movimento do gelo, em especial se a base da geleira for fria (ou seja, congelada no contato com o substrato).

A **tectônica de sal** trata da deformação causada pelo movimento (principalmente vertical) do sal através das rochas sobrejacentes (ver Cap. 20). Tanto a glaciotectônica como a tectônica de sal são causadas, em primeiro lugar, pela gravidade, mas podem ter relação com a tectônica de placas. Por exemplo, a deformação tectônica pode criar fraturas que permitam ao sal penetrar, por gravidade, nas camadas sobrejacentes. A **tectônica gravitacional** é geralmente restrita ao deslizamento de grandes porções de rochas e sedimentos, principalmente em depósitos da margem continental assentados sobre camadas de sal de baixa resistência ou sobre folhelhos com sobrepressão. A tectônica de jangadas (*raft tectonics*) é um tipo de tectônica gravitacional que ocorre nesses ambientes, conforme veremos no Cap. 20. Os deslizamentos de terra de menor porte e suas respectivas estruturas também são considerados exemplos de tectônica gravitacional por alguns, ao passo que outros consideram esses processos superficiais como **não tectônicos**. Uma deformação não tectônica típica é a simples compactação de sedimentos e de rochas sedimentares em razão da carga exercida pelos estratos sedimentares mais jovens.

A **neotectônica** aborda os movimentos crustais recentes e ativos e os campos de esforços presentes. As estruturas neotectônicas são a expressão superficial de falhas, tais como as escarpas de falhas. Além disso, importantes conjuntos de dados provêm de informações sísmicas de terremotos (como os mecanismos focais; ver Boxe 10.1) e de variações regionais na elevação, que são detectadas por medições sequenciais por satélite.

Em menor escala, a **microtectônica** descreve a deformação em microescala e as estruturas de deformação visíveis somente ao microscópio.

A **Geologia Estrutural** é, tipicamente, uma atividade de observação, descrição e interpretação de estruturas mapeáveis em campo. Como podemos reconhecer a deformação (ou *strain*) em uma rocha? "Deformado" (*strained*) significa que alguma feição primária ou preexistente foi geometricamente modificada, seja uma estratificação cruzada, a forma de um seixo, uma textura magmática primária ou uma estrutura de deformação preexistente. Portanto, a deformação (*strain*) pode ser definida como uma mudança em comprimento ou forma, e o reconhecimento da deformação (em geral e *strain*) requer um sólido conhecimento das rochas não deformadas e de suas estruturas primárias.

A CAPACIDADE DE RECONHECER UMA DEFORMAÇÃO TECTÔNICA DEPENDE DE UM CONHECIMENTO DAS ESTRUTURAS PRIMÁRIAS.

Uma estrutura resultante de deformação depende também das características do material inicial e de sua textura e estrutura. A deformação de arenitos, argilitos, calcários ou granitos produz estruturas significativamente diferentes, porque essas rochas têm respostas diferentes aos esforços. Além disso, geralmente há uma forte relação entre a tectônica e a formação de rochas e estruturas primárias. Os sedimentólogos percebem essa relação ao analisar variações de espessura e tamanho de grãos na capa (ou bloco superior) de falhas sindeposicionais. A gradual rotação e subsidência do bloco rebaixado de falha abre espaço e permite que as camadas próximas à falha sejam mais espessas que as mais distantes (Fig. 1.1). Como resultado, há a formação de camadas em forma de cunha, com mergulhos progressivamente mais inclinados à medida que se desce na seção. Há, também, uma variação faciológica, com deposição de sedimentos mais grossos nas proximidades da falha, o que pode ser atribuído à topografia motivada pela falha (Fig. 1.1).

Outra correlação existente entre a tectônica e os processos de formação de rochas é mostrada na Fig. 1.2, onde a ascensão forçada e a expansão do magma deformam a parte externa e mais antiga do plúton e sua rocha encaixante.

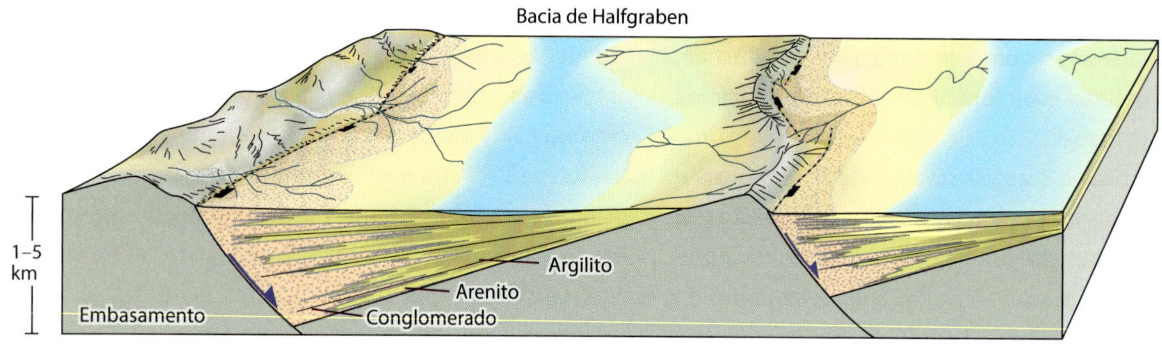

Fig. 1.1 *Ilustração da relação entre fácies sedimentares, variações na espessura de camadas e falhamentos sin-deposicionais (crescimento de falhas) em uma área de estiramento crustal ativo*

Uma intrusão forçada na crosta é caracterizada por uma deformação nas proximidades da margem do plúton, que é expressa por dobramento e cisalhamento das camadas. As elipses da Fig. 1.2 indicam a forma dos enclaves (inclusões), e é evidente que, quanto mais próximos estiverem das bordas do plúton, mais alongados eles se tornam. A parte externa do plúton, portanto, foi achatada durante o decurso dessa intrusão forçada.

O crescimento de minerais metamórficos antes, durante e depois da deformação também pode fornecer informações importantes sobre as condições de temperatura e pressão na deformação, além de produzir texturas e estruturas indicativas da história cinemática e deformacional. Desse modo, processos sedimentares, magmáticos e metamórficos podem estar diretamente ligados à geologia estrutural local ou regional.

Esses exemplos se referem à deformação, mas os geólogos estruturalistas, em particular os que lidam com estruturas rúpteis da crosta superior, também se interessam pelos **esforços**. Esforço é um conceito de alguma forma difuso e abstrato para a maior parte de nós, uma vez que é invisível. No entanto, não há deformação sem que um campo de esforços exceda a resistência da rocha à deformação. Podemos criar um esforço aplicando uma força em uma superfície, mas, em um ponto em subsuperfície, o esforço é exercido em todas as direções. Portanto, uma descrição completa desse estado de esforços deve ser tridimensional. Há sempre uma relação entre esforço e deformação e, embora essa relação possa ser fácil de definir em experimentos controlados em laboratório, pode ser difícil de interpretar a partir de estruturas deformacionais formadas na natureza.

A Geologia Estrutural abrange estruturas deformacionais formadas na superfície terrestre ou próximo a ela: na parte superior e mais fria da crosta, onde as rochas tendem a se fraturar; na crosta inferior e mais quente, onde a deformação tende a ser dúctil, e no manto subjacente. A Geologia Estrutural abrange estruturas com dimensões que variam de centenas de quilômetros até as escalas microscópica e atômica, algumas formadas de modo quase instantâneo e outras, ao longo de dezenas de milhões de anos.

Há, no campo da Geologia Estrutural, um grande número de disciplinas específicas, abordagens e métodos. O geólogo de exploração de petróleo pode estudar estruturas formadoras de armadilhas (*traps*) em rifteamento ou tectônica de sal, enquanto o geólogo de produção está mais preocupado com falhas subsísmicas selantes, que impedem o fluxo de fluido em reservatórios porosos (ver seção 8.7). O geólogo de engenharia pode estudar a atitude e a densidade de fraturas para o projeto de um túnel, enquanto o geólogo acadêmico pode se basear em mapeamento estrutural e modelagem física ou numérica para compreender os processos de formação de montanhas. Os métodos e abordagens são muitos, e servem para compreender o desenvolvimento estrutural ou tectônico de uma região ou para prever o padrão estrutural de uma área. Na maioria dos casos, a Geologia Estrutural baseia-se em dados e observações que precisam ser analisados e interpretados. A análise estrutural é, portanto, uma parte importante nesse campo de estudos.

Os dados estruturais são analisados para a produção de um modelo tectônico de uma dada região. Um **modelo tectônico** tenta explicar as observações estruturais, colocando-as em um contexto mais amplo quanto aos processos de larga escala, como rifteamentos ou movimentos de sal. Se mapearmos, por exemplo, uma série de falhas normais que indicam extensão E-W num cinturão orogênico, teremos de buscar um modelo para explicar essa extensão. Ele pode ser um modelo de rifte ou de um colapso extensional durante a orogenia, ou, ainda, de um colapso causado por gravidade após a orogenia. Qualquer tipo de dado relevante, como idades relativas, idades radiométricas, evidências de magmatismo, espessura de camadas e variações faciológicas, pode ser usado na busca por um modelo que melhor se ajuste aos dados. É possível que vários modelos sejam capazes de explicar um dado conjunto de dados e, portanto, devemos sempre avaliar criticamente todas as possibilidades. Geralmente um modelo simples é mais atraente que um modelo complicado.

1.3 Conjunto de dados estruturais

A Terra é um sistema físico incrivelmente complexo, e as estruturas produzidas pela deformação natural refletem esse fato, com sua diversidade de formas e histórias. É necessário, portanto, simplificar e identificar quais são os fatores mais importantes para a descrição das estruturas deformacionais vistas ou mapeadas em rochas naturalmente deformadas. A **observação de campo** de rochas deformadas e suas estruturas é a fonte de informação mais direta e importante sobre o modo como as rochas se deformam. Observações objetivas e descrições minuciosas são a chave para a compreensão das deformações naturais. O exame indireto de estruturas geológicas por **métodos de sensoriamento remoto**, incluindo dados de satélite e levantamentos sísmicos, vem se tornando cada vez mais importante no mapeamento e na descrição de estruturas de deformação tectônica. Os **experimentos** em laboratório fornecem um conhecimento valioso sobre como várias condições físicas – como o campo de esforços, as condições de contorno, a temperatura e as propriedades físicas do material deformado – se relacionam com a deformação. Os **modelos numéricos**, onde a deformação é simulada em computador, também são úteis, porque permitem o controle de vários parâmetros e propriedades que influenciam a deformação.

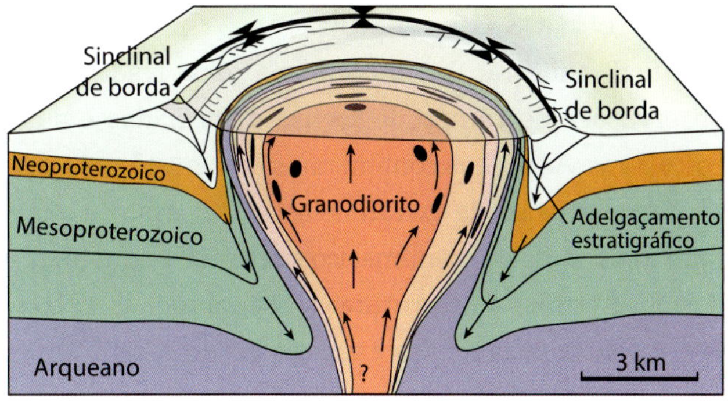

Fig. 1.2 A *Geologia Estrutural pode estar vinculada a diversos processos e mecanismos, além dos esforços nas placas. Essa ilustração de um plúton granodiorítico no sudoeste de Beijing, na China, mostram a ligação existente entre a intrusão forçada de magma, a deformação e as dobras na rocha encaixante. As elipses em preto indicam a deformação, como veremos nos Caps. 2 e 3. O padrão de deformação dentro e ao redor do plúton pode ser explicado pelo diapirismo, no qual a intrusão ascende, comprimindo e cisalhando tanto suas partes externas como a rocha encaixante, para criar espaço*

Fonte: baseado em He et al. (2009).

Os modelos experimentais e numéricos não ajudam apenas a entender como as condições físicas internas e externas controlam a formação de estruturas deformacionais, mas também como as estruturas evoluem, ou seja, eles dizem algo sobre a história da deformação. As rochas naturalmente deformadas, por outro lado, representam o resultado final de uma longa história de deformação natural, que pode ser difícil de reconstituir a partir tão somente delas mesmas. Os modelos numéricos e experimentais permitem controlar as propriedades das rochas e as condições de contorno e, assim, explorar seus efeitos sobre a deformação, além de sua história. Não obstante, qualquer rocha deformada contém alguma informação sobre sua história de deformação. O desafio é saber qual informação procurar e como interpretá-la. Os modelos experimentais e numéricos ajudam nessa tarefa, juntamente com observações de campo precisas e objetivas.

Os conjuntos de dados numéricos, experimentais e de sensoriamento remoto são importantes, mas devem sempre ser baseados nas observações de campo.

1.4 Dados de campo

É difícil exagerar a importância das tradicionais observações de campo de rochas deformadas e suas estruturas. As rochas contêm mais informações do que seríamos capazes de extrair delas, e o sucesso de qualquer modelo físico ou numérico se baseia na qualidade das observações de estruturas reais em rochas. O contato direto com as rochas e suas estruturas, sem filtros e sem interpretações de outras pessoas ou de programas de computação, ainda tem valor inestimável.

Infelizmente, nossa capacidade para fazer observações objetivas é limitada. O que aprendemos e vimos anteriormente exerce forte influência na impressão visual que temos das rochas deformadas. Qualquer pessoa que estude rochas deformadas deve, portanto, exercitar sua objetividade. Apenas assim podemos descobrir o inesperado e chegar a novas interpretações que possam contribuir para a compreensão da geologia estrutural de uma região e o desenvolvimento da Geologia Estrutural como um todo. As estruturas podem ser negligenciadas ou omitidas até o dia em que alguém chama a atenção para a sua existência e significado e, a partir daí, elas passam a aparecer "em todos os lugares". As bandas de cisalhamento em rochas com forte deformação dúctil (milonitos) são um exemplo desse fenômeno (Fig. 16.25). Elas foram negligenciadas ou classificadas como clivagens até o final da década de 1970, quando foram corretamente interpretadas. Desde então, têm sido descritas em quase todas as zonas miloníticas ou de cisalhamento do mundo.

O trabalho de campo se inicia pela percepção visual e desenhos (Figs. 1.3 e 1.4), envolvendo o uso de ferramentas básicas, como martelo, trena, mapas topográficos, lupa e bússola, e câmera fotográfica; e os dados coletados são, principalmente, atitudes de estruturas e amostras para estudos de seção delgada. Dados de sistema de posicionamento global (GPS), aerofotografias e imagens de satélite de alta resolução são informações importantes, e trabalhos mais avançados e detalhados podem envolver o uso de aparelhos portáteis de escaneamento a *laser* (*portable laser-scanning unit*), onde pulsos de *laser* atingem a superfície terrestre e o seu tempo de retorno é registrado.

1.4.1 Mapeamento

Um mapa topográfico no qual contatos geológicos, pontos de observação e atitudes de estruturas possam ser representados é essencial para o geólogo de campo. Os geólogos de campo atualmente têm preferido mapas digitais, imagens de satélite e fotos aéreas de alta resolução, que permitem mapear estruturas, coletar, plotar e avaliar os dados de modo mais efetivo, com o auxílio de smartphones, tablets e outros equipamentos para georreferenciamento por GPS. Isso permite o posicionamento mais preciso e a coleta de dados mais eficiente. Entretanto, os princípios básicos permanecem os mesmos.

1.4.2 Croquis e fotografias

Em muitos casos, o mais importante registro de dados de campo se dá por meio de croquis detalhados, complementados por fotografias, dados de atitudes e outras medidas que possam ter relação com os croquis. O desenho de croquis também força o geólogo de campo a observar feições e detalhes que, de outra forma, poderiam não ser notados. Até mesmo um desenho feito a partir de uma boa fotografia de campo pode revelar feições que teriam, de outro modo, passado despercebidas. Outra aplicação dos croquis é enfatizar as informações mais relevantes e minimizar detalhes menos importantes. A confecção de bons croquis é, principalmente, uma questão de prática. Muitos geólogos preferem fazer um primeiro croqui geral para ter a visão panorâmica de um afloramento. Desenhos mais detalhados de feições estruturais particularmente interessantes do afloramento podem também ser feitos, além de complementar os croquis com fotografias, de preferência com uma câmera dotada de posicionamento por GPS.

1.4.3 Medições com bússola

Há uma grande variedade de bússolas manuais disponíveis para a determinação da atitude de estruturas planas e lineares, mas não vamos apresentar aqui os modos de uso das bússolas. Há, também, diversos aplicativos para smartphones que podem ser muito úteis (veja os recursos on-line para mais informações); eles permitem fazer as medições com facilidade, além de criar gráficos e apresentar as medidas de modo direto ou indireto em mapas e imagens, mas têm desvantagens em relação à precisão das medidas, à duração de baterias etc. Infelizmente, diferentes notações são usadas para representar medidas de atitudes. Os planos, em especial, podem ser representados por valores de direção/mergulho ou mergulho e direção de mergulho (azimute de mergulho). Apesar de a conversão ser simples, é importante evitar confusão.

Muitos geólogos indicam a orientação de um plano por sua *direção* e *mergulho*. A direção de um plano é definida pela intersecção desse plano com o plano horizontal e o valor da direção é o ângulo entre a direção e o norte. Esse valor pode ser representado de duas maneiras por ângulos conjugados; no exemplo da Fig. 1.5 os valores são 060 ou 240. Eu prefiro a *regra da mão direita* (americana), que considera que ao olhar um plano na direção "correta", o plano deve mergulhar para a direita. Ou, em relação à mão direita: se seu polegar direito está apontando na direção do plano, seus outros dedos devem estar apontando para a direção do mergulho. Em nosso exemplo, o plano mergulha para a direita quando o olhamos no rumo 060, mas não no rumo 240. Portanto, a orientação do plano pode ser representada como 060/30. Sempre usamos três dígitos para indicar a direção do plano, para evitar confusão com o ângulo de mergulho. Também pode ser indicado o quadrante do mergulho, em nosso caso, SE. Portanto, a atitude do plano seria representada por 060/30 SE. Ao adicionar o quadrante, também distinguimos essa medida da medida de uma lineação.

Fig. 1.3 *O contato direto com as rochas é importante. Certifique-se que você possa usufruir de muitos dias em campo todos os anos, onde você possa discutir abertamente novas ideias. Nessa imagem, vemos Leonardo Lagoeiro e Danielle Souza discutindo um dobramento da formação ferrífera bandada na Serra da Piedade, Minas Gerais.*

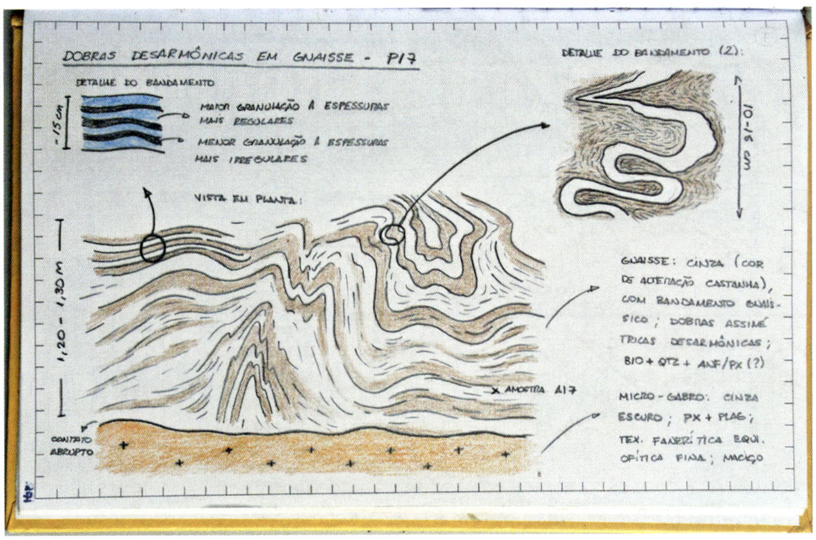

Fig. 1.4 *Desenhar croquis é uma atividade de campo importante por várias razões. O desenho faz de você um melhor observador, desperta novas ideias e o ajuda a recordar do afloramento. Os croquis podem ser representações do afloramento, cujas estruturas geológicas sejam enfatizadas em relação a feições menos interessantes (como a vegetação, por exemplo) ou um desenho que represente conceitos e modelos. Esse croqui é um exemplo feito por Hely Branco em trabalho de campo no sul do Brasil*

Você também encontrará a notação N 060 E/30 SW, indicando que a direção do plano é 60° E a partir de N. As estruturas planas são representadas graficamente como grandes círculos ou como polos em diagramas de projeção esférica (Apêndice B). As direções de planos são por vezes representadas como médias em diagramas de roseta, particularmente no caso de fraturas (ver Apêndice B).

Um plano pode ser descrito pela sua *direção de mergulho*. O ângulo de mergulho é o mesmo que indicado acima, mas a direção é substituída pelo azimute do mergulho, ou seja, a direção horizontal na qual o plano está mergulhando. Se um plano está mergulhando para 150 (na direção SE), ele é indicado 150/45 ou 45/150. Basicamente, essa notação acrescenta 90° no ângulo de direção, sendo simples a conversão entre ambas, mas também sendo fácil haver confusão quando se analisam dados coletados por outros geólogos. As direções de mergulho são representadas como polos em projeções esféricas, pois, de fato, elas são linhas.

As estruturas lineares são representadas por *direção e caimento*, sendo a direção correspondente à projeção da estrutura linear no plano horizontal e o caimento ao ângulo entre essa linha horizontal e a lineação propriamente dita. Em alguns casos também se mede o pitch, como explicado no Apêndice B. As estruturas lineares são representadas por polos em projeções esféricas.

A *declinação magnética* é a diferença entre o norte magnético e o norte geográfico, que pode ser bastante significativa em alguns locais e sempre deve ser considerada. O ajuste pode ser feito manualmente na bússola antes das medições (mas lembre-se de reajustar a bússola quando for trabalhar em outro local) ou posteriormente, em uma planilha de cálculos ou no programa pra gerar as projeções esféricas. Se você usar um aplicativo para smartphone, verifique se a correção é automática ou não.

1.4.4 Projeções esféricas

Os dados de atitude de estruturas são representados em projeções esféricas (igual ângulo ou igual área) e diagramas de roseta. Os aplicativos para smartphone geram os dados diretamente na tela do aparelho, permitindo a avaliação imediata dos dados e, se necessário, coletar mais medidas. Há programas para confecção de projeções em que os dados podem ser inseridos ou importados a partir de aparelhos portáteis. Entretanto, é absolutamente necessário

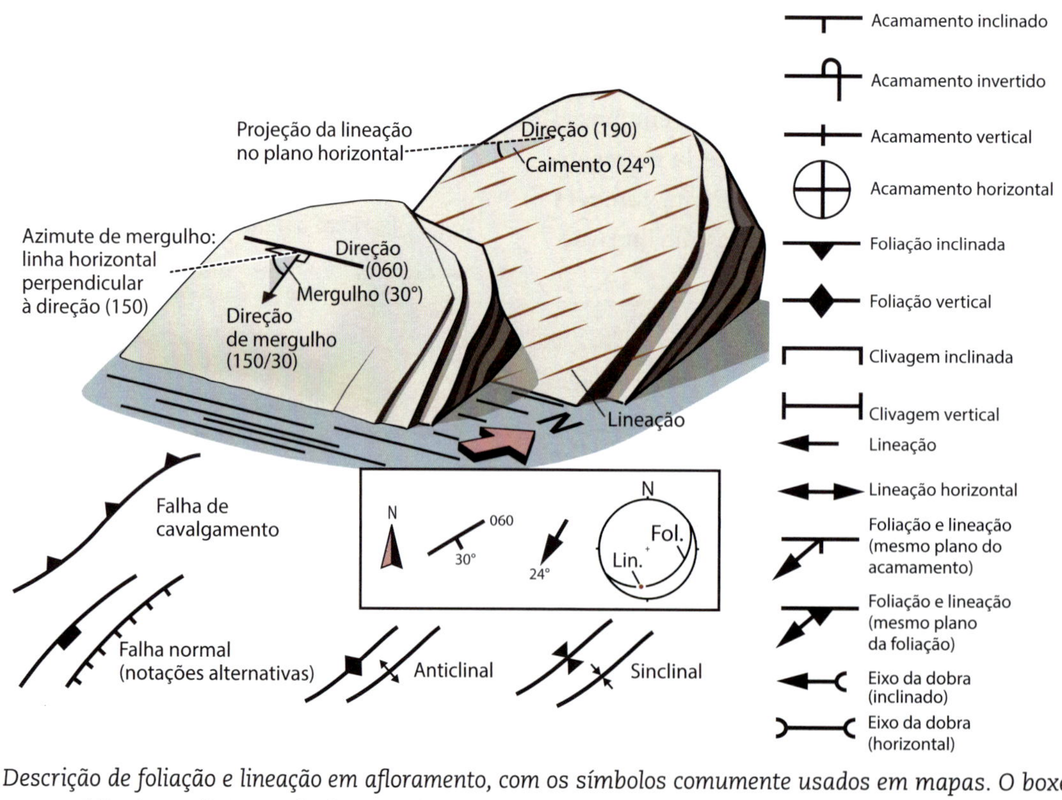

Fig. 1.5. *Descrição de foliação e lineação em afloramento, com os símbolos comumente usados em mapas. O boxe indica como a foliação e a lineação da figura podem aparecer em um mapa ou projeções de área igual*

compreender as projeções esféricas para interpretá-las de modo adequado. Uma revisão dos princípios da confecção de gráficos de atitudes em diagramas de igual área ou igual ângulo é apresentada no Apêndice B e no *e*-módulo Projeções Esféricas.

1.4.5 Linhas de *scan*

As linhas de *scan* são linhas transversais a estruturas como fraturas e bandas de deformação, em que são registradas as localizações de todas as estruturas existentes ou de um dado número de estruturas por metro. Os dados nas linhas de *scan* podem ser coletados ao longo de uma trena posicionada sobre as estruturas de interesse, ao longo de testemunhos de sondagem ou em dados de perfilagem de perfurações. Esses dados podem ser lançados em gráficos de frequência como os mostrados na Fig. 9.13. Em geral, é aconselhável fazer as medições de modo perpendicular às estruturas, mas, onde isso não for possível, pode-se fazer uma correção geométrica para que os valores verdadeiros de espaçamento sejam visualizados, como, por exemplo, em uma série de juntas.

1.4.6 Mapas geológicos

Os mapas geológicos são úteis na representação de estruturas, pois diferentes símbolos podem ser usados para cada tipo de estrutura plana ou linear. Os símbolos podem diferir de um mapa para outro e os tipos mais comuns são mostrados na Fig. 1.6. Cada serviço geológico pode ter seu próprio conjunto de símbolos, além da grande diversidade de símbolos usados por pesquisadores individuais. Portanto, o significado de cada símbolo deve sempre ser explicado na legenda dos mapas.

O mapeamento pode ser feito com lápis e papel, mas muitos geólogos passaram a traçar contatos e lançar estruturas em formato digital, com aparelhos portáteis em campo. Além disso, os dados geológicos são comumente apresentados em modelos 3D (como Google Earth), em que os contatos geológicos e dados de atitudes são projetados em modelos de elevação do terreno, a partir de imagens de sensoriamento remoto.

1.4.7 Perfis geológicos

Um mapa geológico não está completo sem um ou mais perfis geológicos (Fig. 1.6), que são construídos a partir de um perfil topográfico com informações de subsuperfície obtidas em trabalhos de campo. Em geral, as seções são feitas na direção do mergulho dos contatos geológicos ou foliações mais importantes, ou perpendiculares às principais falhas ou charneiras de dobras, que podem indicar o sentido do transporte tectônico. O perfil topográfico é construído a partir de dados de elevação do terreno. As informações de superfície são extrapoladas para subsuperfície com auxílio de dados geofísicos e informações de sondagens. A seção pode ser restaurada à sua possível situação pré-deformação, como discutido no Cap. 21.

1.4.8 Coleta de amostras orientadas

Pode ser necessário conhecer a orientação das amostras em campo, como, por exemplo, no caso de análise cinemática e confecção de lâminas petrográficas orientadas. Para se coletar uma amostra orientada, coloque-a exatamente em seu local de origem e trace um símbolo de direção e mergulho em uma superfície inclinada da amostra, anotando nela os valores de direção e mergulho, como mostrado na Fig. 1.7. Se houver uma lineação, pode ser útil marcá-la com uma seta indicando direção e caimento, mas note que ela não contém informações suficientes para reorientar a amostra. Adicione, ainda, o número da amostra e informação sobre sua localização, e a fotografe antes de guardá-la em um saco de campo devidamente etiquetado.

1.5 Sensoriamento remoto e geodésia

As **imagens de satélite** (Fig. 1.8A,C), disponíveis em resolução cada vez mais alta, são ferramentas valiosas para o mapeamento de estruturas. Um acervo crescente de imagens está disponível na internet; combinadas com modelos digitais de relevo, elas podem formar modelos tridimensionais. As **aerofotografias** ortorretificadas (ortofotos) podem fornecer outros detalhes (Fig. 1.8B), com resolução de até poucos decímetros. Tanto estruturas dúcteis, tais como dobras e foliações, como falhas e fraturas rúpteis são mapeáveis a partir de imagens de satélite e aerofotografias.

No campo da neotectônica, o **InSAR** (*Interferometric Synthetic Aperture Radar*) é uma técnica de sensoria-

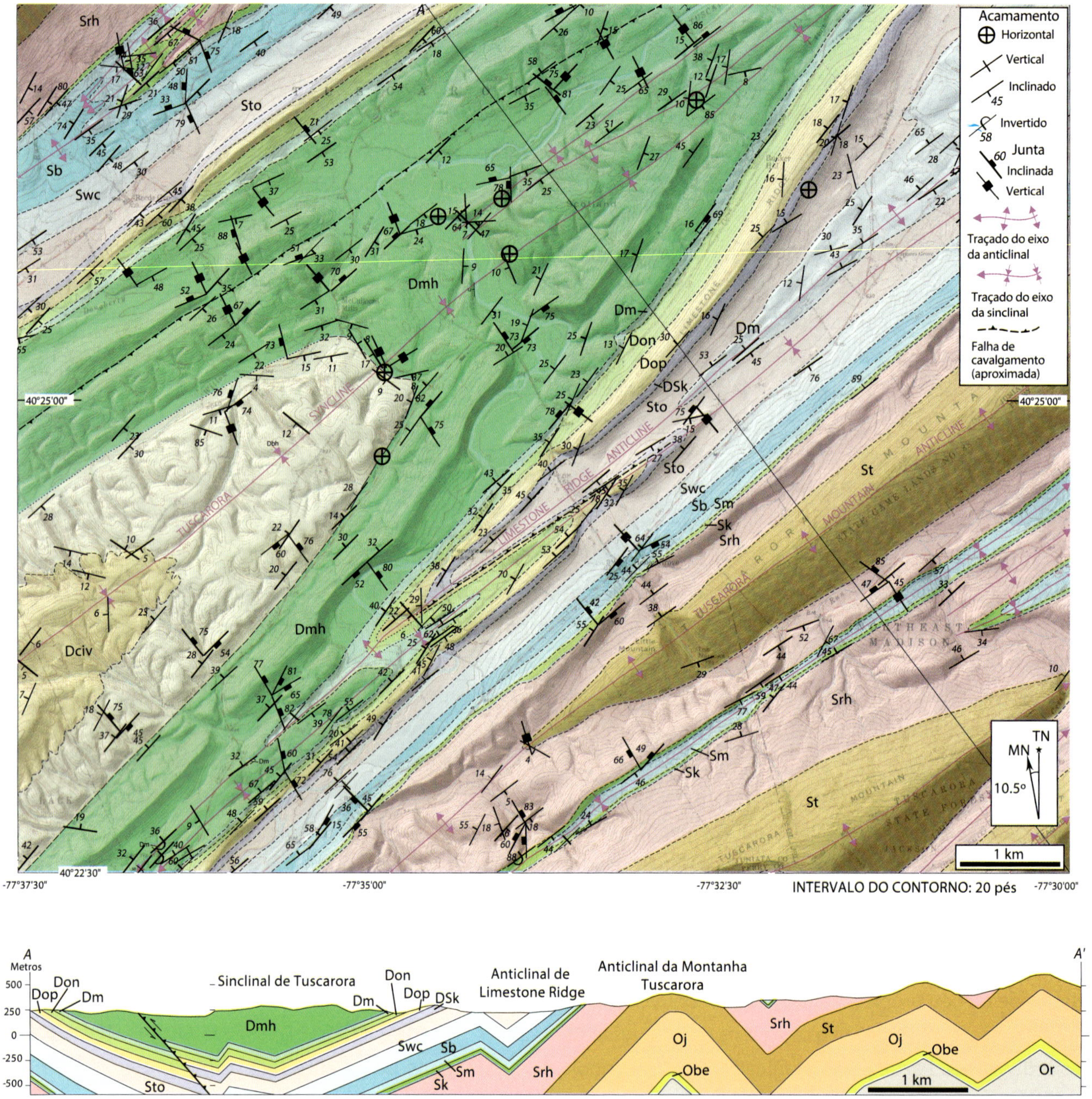

Fig. 1.6 *Exemplo de um mapa geológico da Províncie Ridge and Valley (Appalachiano) na Pensilvânia, EUA, com dados estruturais e perfil geológico (A-A'). A coluna estratigráfica da sequência sedimentar do Ordoviciano-Devoniano, exposta nesse mapa, não está representada*

Fonte: modificado de McElroy e Hoskins (2011).

mento remoto bastante útil, que combina duas ou mais imagens de radar para mapear variações da deformação em superfície. Feixes de ondas de radar são constantemente enviados à Terra a partir de satélites e assim uma imagem é gerada com base nas informações de retorno. A intensidade da informação refletida indica a composição do terreno; a fase de onda que atinge o terreno e é refletida também é registrada. A comparação das fases de onda permite monitorar mudanças milimétricas na altitude e na geometria da superfície, que podem indicar movimentos tectônicos ativos relacionados a terremotos e deslizamentos. Além disso, modelos digitais de relevo (ver próxima seção) e mapas topográficos acurados podem ser construídos a partir desse tipo de dado.

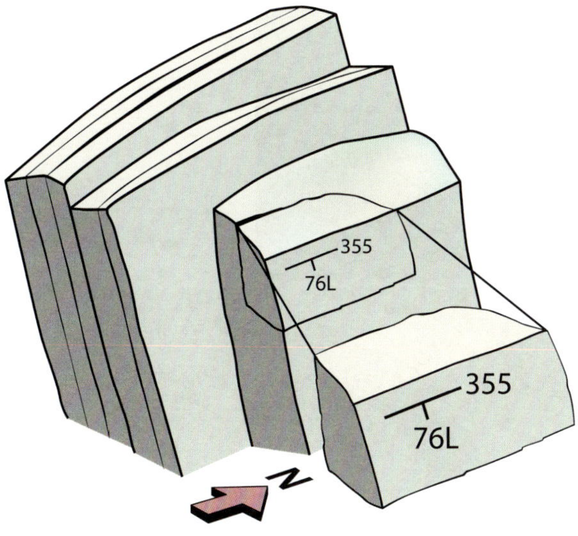

Fig. 1.7 *A coleta de amostras orientadas requer que a atitude (direção/mergulho) de uma de suas faces seja medida e marcada na amostra antes de sua remoção do afloramento*

Os dados de GPS são uma importante fonte de informações, que podem ser obtidas a partir de satélites e usadas na medição dos movimentos de placas (Fig. 1.9). Esses dados também podem ser coletados no terreno por meio de unidades estacionárias de GPS, que chegam a atingir uma precisão milimétrica.

1.6 DEM, GIS e Google Earth

Os mapas convencionais em papel ainda são úteis para muitos propósitos de mapeamento em campo, mas *notebooks*, *tablets* e outros equipamentos que possibilitam a digitalização direta de feições estruturais em mapas e imagens digitais estão se tornando cada vez mais importantes. Os dados de campo em formato digital podem ser combinados com dados topográficos, entre outros, por meio de sistemas de informação geográfica (SIG ou, na sigla em inglês, SIG – *Geographical Information System*). Com os recursos de SIG, é possível combinar mapas geológicos, aerofotografias, imagens de satélite e dados gravimétricos, magnéticos e de campo com um modelo digital do terreno, além de realizar diversos cálculos estatísticos e matemáticos. Um **modelo digital de elevação** (ou DEM – *Digital Elevation Model*) é uma representação digital da topografia ou da forma de uma superfície – geralmente a terrestre –, ainda que possa ser utilizado para qualquer superfície ou interface geológica mapeável em três dimensões. As superfícies mapeadas a partir de cubos de dados sísmicos normalmente são apresentadas sob a forma de modelos DEM coloridos e sombreados, o que facilita a análise de suas atitudes e geometria.

Há informações geográficas de baixo custo ou até mesmo gratuitas. Esse recurso foi revolucionado com o desenvolvimento do Google Earth, na primeira década do século XXI. Os dados detalhados do Google Earth e de outras fontes de dados digitais aumentaram a eficiência e a precisão do mapeamento de falhas, contatos litológicos, foliações e outras estruturas.

1.7 Dados sísmicos

No mapeamento de estruturas de subsuperfície, os dados sísmicos são de valor inestimável, e têm, desde a década de 1960, revolucionado nosso conhecimento sobre a geometria de falhas e dobras. Alguns desses dados são coletados com propósitos puramente acadêmicos, mas a grande maioria é voltada à exploração de petróleo e gás. A maioria dos dados sísmicos é obtida, portanto, em bacias de rifte e margens continentais.

A obtenção de dados sísmicos é, por sua natureza, um tipo especial de sensoriamento remoto (acústico), embora sempre seja tratada como algo à parte pela comunidade geológica. Os dados de sísmica de reflexão marinha (Fig. 1.10 e Boxe 1.1) são coletados por navios, nos quais uma fonte de som (canhão de ar) gera ondas sonoras que penetram nas camadas de rochas da crosta, no fundo do mar. Também podem ser instalados microfones (hidrofones) no assoalho oceânico (sísmica de fundo oceânico. *OBS – ocean bottom seismic*). Esse método é mais trabalhoso, mas permite registrar tanto as ondas P quanto as S, já que as ondas S não se propagam na água. Os dados sísmicos podem ser coletados em terra, dispondo-se a fonte de onda e os geofones no solo. A fonte de onda em terra é, em geral, um explosivo ou um vibrador instalado em um caminhão, mas mesmo uma marreta ou um canhão especial podem ser usados em levantamentos mais rasos e locais.

As ondas sonoras são refletidas pelos limites das camadas, onde há um aumento da impedância acústica, ou seja, uma variação abrupta na densidade e/ou velocidade com que as ondas atravessam a rocha. Uma longa linha de microfones – que, em terra, são

Fig. 1.8 *(A) Imagem de satélite da área do Parque Nacional Canyonlands, em Utah, nos EUA. A imagem revela sistemas de grabens na margem leste do rio Colorado. Uma ortofoto (B) indica que os grabens correm paralelamente a fraturas, e uma imagem de satélite de alta resolução (C) mostra o exemplo de uma estrutura de graben stepover*
Fonte: Utah AGRC.

chamados de geofones e, no mar, de hidrofones – registra os sinais sonoros refletidos e o tempo que levam para atingir a superfície. As informações são coletadas em formato digital e processadas por computador para gerar uma imagem sísmica do subsolo.

Os dados sísmicos podem ser processados de vários modos, dependendo do objetivo em questão. As linhas de reflexão sísmica padrão são apresentadas como o tempo duplo de percurso no eixo vertical. A conversão em profundidade é, portanto, necessária para a criação de um perfil geológico a partir desses dados. Ela é feita por meio de um modelo de velocidade que depende do tipo litológico (p. ex., a onda se move mais rápido em arenito que em folhelho, e mais rápido ainda em calcário) e da profundidade de soterramento (a litificação causa um aumento da velocidade). Geralmente é essa interpretação que é convertida em profundidade. Entretanto, os próprios dados sísmicos também podem ser migrados em profundidade (*depth migrated*) e, nesse caso, o eixo vertical das seções sísmicas é a profundidade, e não o tempo. Isso fornece uma representação mais realista de falhas e camadas, e leva em conta as variações laterais de velocidade nas rochas, que podem causar desafios geométricos na visualização durante a interpretação de uma seção migrada no tempo (*time-migrated section*). A precisão dos dados migrados em profundidade, no entanto, depende do modelo de velocidade utilizado.

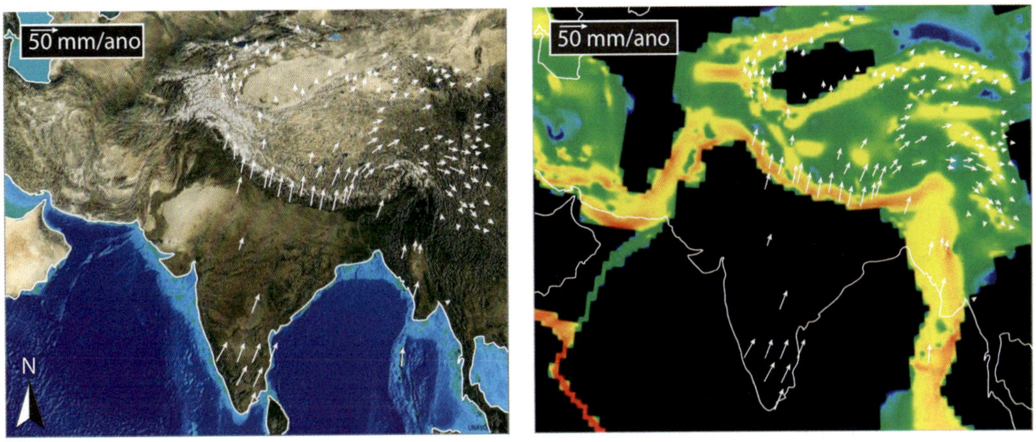

Fig. 1.9 *A obtenção de dados de GPS ao longo do tempo, em estações estacionárias distribuídas em toda a superfície terrestre, pode ser usada para mapear movimentos relativos de placas e taxas de deformação. À esquerda, as setas brancas (vetores de velocidade) indicam os movimentos em relação à Europa. Os vetores mostram claramente como a Índia está se movendo em direção à Eurásia e causando deformação na região do Platô Tibetano. À direita, mapa de taxa de deformação com base em dados de GPS. As taxas de deformação são geralmente menores que* $3x10^{-6}y^{-1}$ *ou* $10^{-13}\ s^{-1}$*. As cores quentes indicam altas taxas de deformação. Um uso semelhante de dados de GPS pode ser feito em áreas muito menores de ocorrência de movimentos diferenciais, como ao longo de zonas de falhas*

Fonte: extraído do projeto The Global Strain Rate Map (http://jules.unavco.org). Ver Kreemer et al. (2003) para maiores informações.

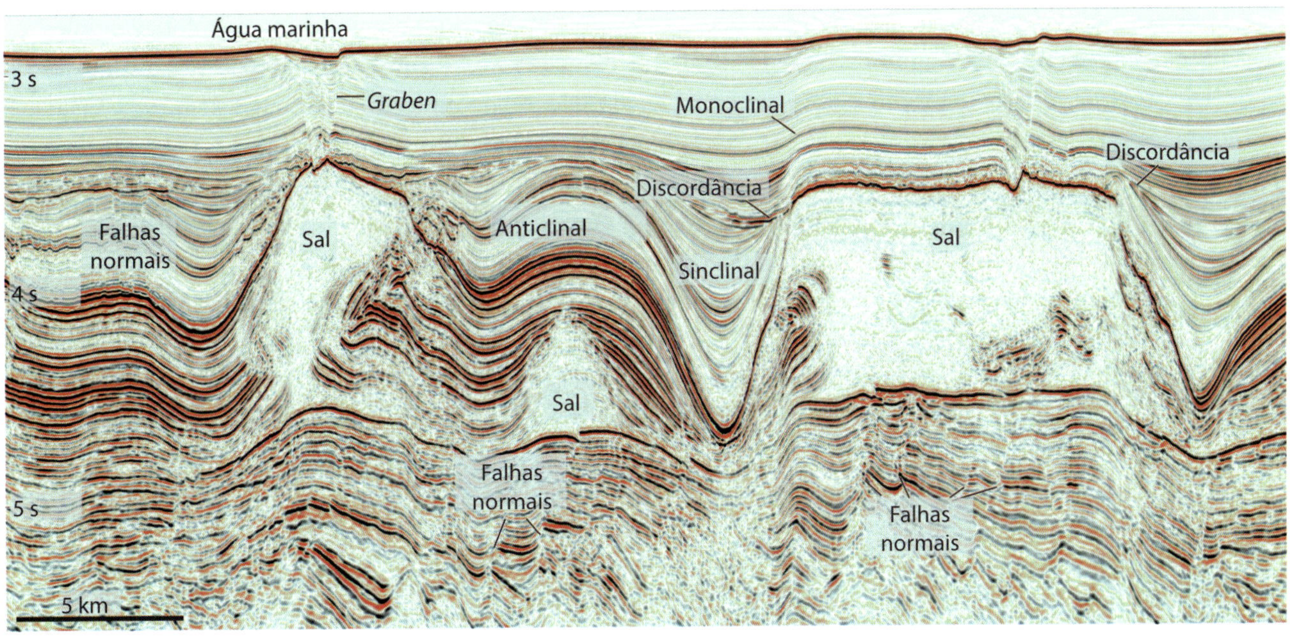

Fig. 1.10 *Linha sísmica marinha 2-D da Bacia* offshore *de Santos, no Brasil, que ilustra como algumas importantes feições estruturais da geologia de subsuperfície podem ser imageadas pela sísmica. Note que a escala vertical está em segundos. Algumas estruturas básicas, às quais retornaremos em capítulos subsequentes, são indicadas. Dados sísmicos por cortesia de CGGVeritas*

Linhas sísmicas profundas podem ser obtidas se a energia emitida for suficientemente alta para imagear a crosta inferior e o manto superior. Elas são úteis para a exploração das estruturas litosféricas de larga escala. As linhas sísmicas com grande espaçamento, sejam profundas ou regionais, são dados sísmicos bidimensionais (2-D). Há, por outro lado, uma tendência crescente de coleta de dados tridimensionais, principalmente pelas companhias de petróleo, nos quais um cubo tridimensional (3-D) é definido e o espaçamento das linhas é suficientemente pequeno (cerca de 25 m) para permitir que os dados sejam processados em três dimensões e seções possam ser feitas em qualquer direção através do cubo. As linhas paralelas à direção de coleta de dados são chamadas de ***inlines***; as ortogonais, de ***crosslines***; e as outras linhas verticais, de **linhas aleatórias** (***random lines***). Por sua vez, as seções horizontais são denominadas **cortes temporais** (***time slices***) e podem ser úteis na interpretação de falhas.

Os dados sísmicos tridimensionais oferecem possibilidades únicas no mapeamento 3-D de falhas e dobras em subsuperfície. Eles são, entretanto, limitados pela resolução sísmica, o que significa que é possível distinguir somente camadas separadas por uma certa distância (geralmente, em torno de 5 m a 10 m em dados de boa qualidade para a indústria de petróleo), e que apenas as falhas com um rejeito mínimo podem ser imageadas e interpretadas. A qualidade e a resolução de dados 3-D são geralmente melhores que as de linhas 2-D, porque a energia refletida é recuperada

Boxe 1.1 Obtenção de dados sísmicos marinhos

A aquisição de dados sísmicos *offshore* é feita com uma embarcação que se desloca a uma velocidade de aproximadamente 5 nós, rebocando um arranjo de canhões de ar e hidrofones disposto a poucos metros de profundidade. Uma boia na extremidade ajuda a tripulação a localizar o final do conjunto. Os canhões de ar são disparados periodicamente, por exemplo, a cada 25 m (cerca de 10 s de intervalo) e, então, as ondas sonoras penetram nas camadas de rochas, são refletidas de volta para os hidrofones e retransmitidas para o navio, a fim de serem registradas e processadas.

As poucas trajetórias de onda mostradas na figura indicam como as ondas sonoras são refratadas e refletidas nas interfaces entre a água e a camada 1, entre as camadas 1 e 2 e entre as camadas 2 e 3. A reflexão ocorre com o aumento no produto da velocidade pela densidade de uma camada para a seguinte. Essas interfaces são denominadas refletores. Por exemplo, a imagem de linha sísmica de refletores (à direita) representa a estratigrafia superior da Bacia do Mar do Norte. É possível notar o refletor superior horizontal definido pelo fundo marinho, os refletores horizontais quaternários e as camadas terciárias inclinadas. Discordâncias como essa são indicações típicas de um evento tectônico. Note que a maioria das seções sísmicas apresenta o tempo (em segundos, em tempo duplo de percurso) na escala vertical.

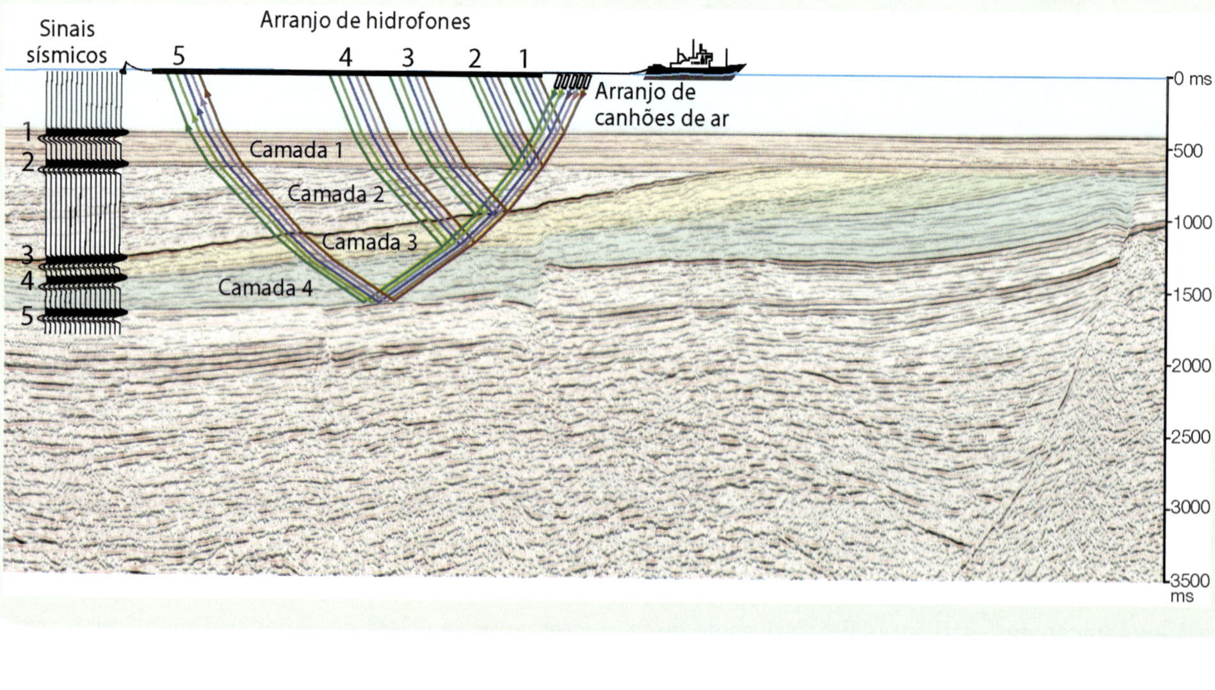

de modo mais preciso pela migração 3-D. A resolução sísmica de dados 3-D de alta qualidade depende da profundidade, da impedância acústica das interfaces entre camadas, do método de aquisição de dados e do ruído, mas geralmente está situada, no caso da identificação de um componente vertical de rejeito da falha (*fault throw*), a cerca de 15 m a 20 m.

Há métodos sofisticados de visualização e análise de dados sísmicos 3-D, úteis na identificação de falhas e outras estruturas em subsuperfície. A exploração e a produção de petróleo geralmente se baseiam em dados sísmicos 3-D, que são interpretados por geofísicos e geólogos estruturalistas por meio de programas de computador. Essa interpretação permite produzir mapas estruturais de contorno e seções transversais geológicas, cujas estruturas podem ser analisadas de vários modos, como por exemplo, pela restauração estrutural (Cap. 21).

OS DADOS SÍSMICOS 3-D SÃO A BASE DO CONHECIMENTO SOBRE A GEOLOGIA ESTRUTURAL DOS CAMPOS DE PETRÓLEO E GÁS.

Outros dados sísmicos são interessantes para a Geologia Estrutural, particularmente aqueles gerados por terremotos, pois dão informações importantes quanto ao movimento de falhas e o regime tectônico atuais, ou seja, oferecem a percepção da ocorrência de encurtamento, extensão ou rejeito direcional de uma dada área.

1.8 Dados experimentais

Os modelos físicos de dobramentos e falhamentos têm sido desenvolvidos desde os primórdios da Geologia Estrutural (Fig. 1.11) e, de modo mais sistemático, desde a metade do século XX. Alguns dos processos e estruturas modelados em laboratório incluem dobramentos por flambagem e por cisalhamento; falhamentos inversos, normais e de rejeito direcional; populações e reativação de falhas; rotação de porfiroclastos, diapirismo e boudinagem. Uma modelagem tradicional de estruturas geológicas é aquela feita em uma caixa preenchida por argila, areia, massa de gesso, espuma de silicone, mel ou outros produtos, à qual são aplicadas extensão, contração, cisalhamento simples e outros tipos de deformação. Um equipamento de cisalhamento em anel (*ring shear*) pode ser usado para a produção de cisalhamento em grande magnitude. Nessa configuração, a parte externa do volume em forma de disco é rotacionada em relação à interna. Há modelos que podem ser filmados e fotografados durante a sua história de deformação, ou escaneados por tomografia computadorizada. Outra ferramenta usada é a centrífuga, na qual o material é deformado pela influência da força centrífuga, que simula a ação da força de gravidade nos processos geológicos.

O ideal é construir **modelos em escala**, onde não apenas o tamanho e a forma dos objetos ou estruturas sejam reduzidos de modo proporcional, mas também as propriedades físicas possam ser definidas proporcionalmente em escala. Por isso, necessitamos de um modelo geometricamente similar, cujas dimensões sejam proporcionais e as relações angulares sejam mantidas. Também é necessária uma similaridade cinemática, com variações comparáveis em forma e posição e proporcionalidade do tempo. A similaridade dinâmica requer valores proporcionais de contraste de coesão ou viscosidade e ângulos similares de fricção interna.

Na prática, é impossível reduzir em escala todos os aspectos ou propriedades de uma parte deformada da crosta terrestre. Os grãos de areia usados em experimentos seriam do tamanho de gigantescos matacões caso fossem convertidos em escala até seu tamanho natural, impedindo a simulação de estruturas de pequena escala. Os grãos de argila poderiam ser mais apropriados, mas seu tamanho diminuto faz com que sejam demasiado coesos. A massa de gesso possui propriedades que variam durante o experimento, o que torna difícil descrevê-las com precisão. É evidente que os modelos físicos têm suas limitações, mas as observações de deformação progressiva em condições de contorno conhecidas fornecem informações importantes que podem ajudar a compreender as estruturas naturais.

PARA QUE UM PEQUENO MODELO FÍSICO REPRODUZA UM EXEMPLO NATURAL DE MODO REALISTA, DEVEMOS REDUZIR PROPORCIONALMENTE EM ESCALA SUAS PROPRIEDADES E PROPORÇÕES FÍSICAS, DA MELHOR FORMA POSSÍVEL.

Fig. 1.11 *Experimento simples realizado com gesso em estrutura simples de madeira, para se estudar a evolução de falhas em sistema* pull-apart *(transtração). A base do modelo tem um perfil pré-cortado que simula a curvatura de uma falha transcorrente. Experimentos simples como esse são muito valiosos para gerar ideias, mas a pesquisa pura requer experimentos mais sofisticados e materiais mais previsíveis*

A deformação experimental de rochas e solos em um aparato experimental, sob a influência de uma pressão (esforço), é feita para avaliar o modo como os materiais reagem a diversos campos de esforços e taxas de deformação. As amostras podem ter dimensões de poucas dezenas de centímetros cúbicos (Fig. 1.12) e ser expostas a compressão ou tração uniaxial (ou seja, com a força aplicada somente em uma direção), com uma pressão confinante controlada por um fluido, correspondente à profundidade crustal de interesse. Os ensaios triaxiais também podem ser executados tanto para a deformação plástica como para a rúptil. Nos ensaios de deformação plástica, há problemas quanto à taxa de deformação, pois a deformação plástica natural se acumula ao longo de milhares ou milhões de anos; portanto, temos de manter a temperatura dos experimentos elevada para produzir estruturas plásticas em taxas de deformação experimental. Voltamos, pois, ao desafio da escala dos experimentos, em termos de temperatura, tempo e taxa de deformação.

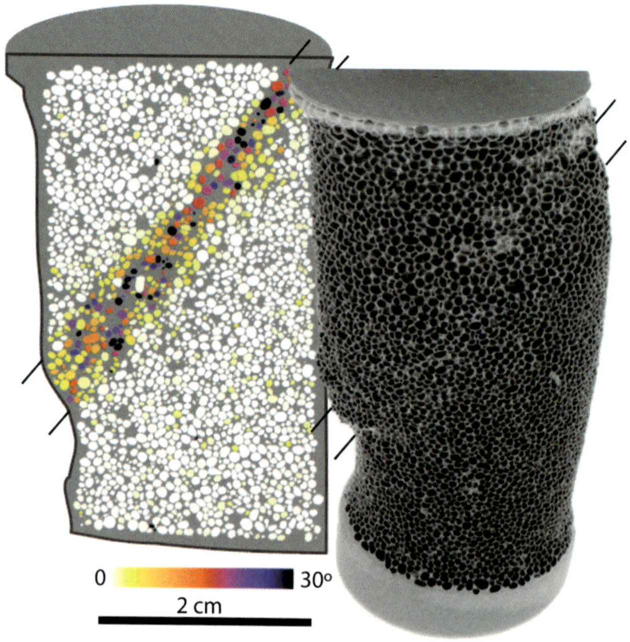

Fig. 1.12 *Seção de uma amostra de arenito deformada em aparato de deformação triaxial, comprimido segundo seu eixo vertical e confinado a pressão de 100 kPa. A zona diagonal de grãos coloridos de areia oolítica é uma banda de cisalhamento ou banda de deformação (ver Cap. 7). Para mais informações, consulte Andò et al. (2011)*
Fonte: imagem fornecida por Edward Andò, Universidade Joseph Fourier, Grenoble, França.

1.9 Modelagem numérica

A modelagem numérica de processos geológicos tem se tornado progressivamente mais simples com o desenvolvimento de computadores mais rápidos. Modelos simples podem ser produzidos com planilhas de cálculo ou com o programa Matlab. Modelos mais avançados requerem programas mais caros e sofisticados, geralmente desenvolvidos a partir de métodos de elementos finitos e de diferenças finitas. Os modelos podem variar da microescala, como, por exemplo, a deformação de grãos minerais, à deformação de toda a litosfera. Podemos modelar diversos processos, como mudanças no campo de esforços durante falhamentos e interações entre falhas, fraturamento de rochas, dobramento em diversos ambientes e sob diferentes condições, e difusão em microescala durante a deformação plástica. Entretanto, a natureza é complexa, e, quando o grau de complexidade aumenta, mesmo os computadores mais rápidos atingem seus limites. Além disso, nem todos os aspectos da deformação natural podem ser descritos por modelos teóricos numéricos. Devemos considerar com muito cuidado as simplificações utilizadas nos modelos e usar dados experimentais e de campo no planejamento dos modelos e na avaliação de seus resultados. Portanto, é importante o papel dos geólogos com experiência de campo e algum conhecimento de métodos numéricos, com suas vantagens e limitações.

1.10 Outras fontes de dados

É longa a lista de dados úteis em análise estrutural. Os **dados gravimétricos** e **magnéticos** (Fig. 1.13) podem ser usados no mapeamento de falhas em larga escala e padrões de falhas em bacias sedimentares e nas crostas continental e oceânica submersas. A anisotropia magnética determinada em amostras orientadas pode estar relacionada à deformação finita. A descrição de seções delgadas e as imagens de microscopia eletrônica revelam informações estruturais de microescala. Os dados sísmicos de terremotos e as soluções de mecanismo focal fornecem informações valiosas sobre os esforços no interior das placas e a neotectônica; esses dados podem ser vinculados a medidas *in situ* de esforços obtidas com extensômetros, ruptura de furos de sondagem (*borehole breakouts*), fraturamento hidráulico, sobrefuração etc. Dados radiométricos podem ser usados para datar eventos tectônicos. Dados sedimentológicos e análise de bacias têm relação próxima com a atividade de falhas em bacias sedimentares (Fig. 1.1). A intrusão de diques e suas atitudes estão relacionadas ao campo de esforços e às fraquezas preexistentes, e feições geomorfológicas podem revelar importantes estruturas de subsuperfície. Essa lista poderia continuar com mais tipos de dados, demonstrando que as diferentes áreas da Geologia estão não apenas relacionadas entre si, como também devem ser usadas em conjunto na resolução de problemas geológicos.

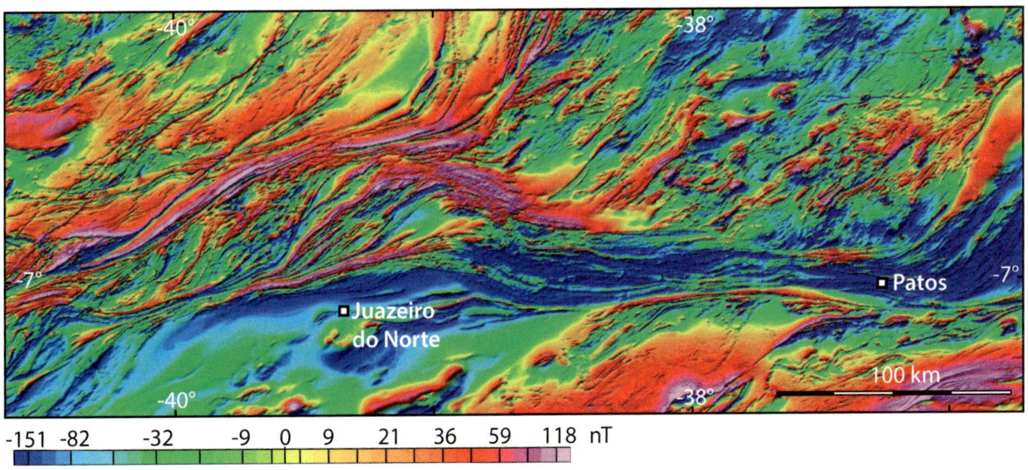

Fig. 1.13 *Mapa magnético da zona de cisalhamento de Patos, nordeste do Brasil. O mapa revela um padrão contínuo de foliações, com falhas e diques, em que a foliação regional foi afetada pela zona de cisalhamento de Patos. Uma grande estrutura, interpretada como um duplex de transcorrência, pode ser vista na porção esquerda da zona de cisalhamento. nT = nanotesla*

Fonte: cortesia da CPRM.

1.11 Organização de dados

Uma vez coletados, os dados geológicos precisam ser analisados. Os dados estruturais de campo são uma fonte especial de informação, porque têm relação direta com o produto da deformação natural, em toda a sua complexidade e pureza. Em decorrência do grande número de informações contido em uma área de campo ou afloramento, o geólogo de campo se depara com o desafio de selecionar as informações relevantes para o problema em questão. A coleta de uma quantidade excessiva de dados é lenta e faz com que sua análise também seja mais demorada. Ao mesmo tempo, um conjunto incompleto de dados não permite ao pesquisador chegar a conclusões sólidas e estatisticamente significativas.

Há diversos exemplos de mapeamentos estruturais e grandes bases de dados que foram desenvolvidos para necessidades futuras e propósitos desconhecidos. Entretanto, a resolução de problemas *a posteriori*, com base em dados preexistentes, geralmente esbarra na falta de um ou mais parâmetros-chave ou em registros inadequados. Dessa forma, os trabalhos de campo devem ser planejados de modo específico e realizados de forma a se obter o tipo, a qualidade e a consistência de dados necessários para cada caso específico.

SEMPRE TENHA UM OBJETIVO CLARO DURANTE UMA COLETA DE DADOS.

Como a qualidade dos dados deve ser adequada para seu uso posterior, a coleta do tipo errado de dados não é muito útil. A eficiência da análise depende da qualidade dos dados disponíveis. Portanto, é essencial possuir um objetivo claro e bem definido durante a coleta de dados. Esse princípio também se aplica a outros tipos de dados, como os sísmicos ou de sensoriamento remoto.

Uma vez coletados, eles devem ser agrupados e classificados de modo coerente para posterior análise. Em alguns casos, os dados de campo são espacialmente homogêneos e podem ser representados em um único gráfico (Fig. 1.14A). Em outras situações, os dados podem ter algum nível de heterogeneidade (Figura 1.14B-E), e nesse caso é importante subdividir o conjunto de dados em subconjuntos ou **subpopulações**.

A subdivisão pode ser baseada em feições características, como tipo de preenchimento mineral em veios, tipo de lineação (estiramento, mineral, intersecção etc., ver Cap. 14), tipo de dobra ou variações geográficas etc. Nesse último caso, as subáreas definidas são denominadas de **domínios estruturais**. A subdivisão de um mapa geológico em domínios envolve a definição de regiões geográficas cujos dados estruturais possuem características comuns. Por exemplo, domínios onde as orientações das foliações são **cilíndricas**, ou seja, compartilham um eixo comum.

Um exemplo com dados simulados é mostrado na Fig. 1.14B, cuja foliação cilíndrica tem como eixo comum o de uma dobra, representada na projeção esférica. Um exemplo com dados reais, por sua vez, é mostrado na Fig. 1.15A, C, com atitudes de foliações de rochas deformadas dos Caledonides da Noruega. Nesse caso, um algoritmo iterativo foi usado para definir cinco domínios em que os dados melhor se ajustassem a um modelo cilíndrico; os domínios resultantes (Fig. 1.15B) seriam de difícil definição sem o auxílio de um programa computacional específico. As projeções de igual área (Fig. 1.15D-H) mostram subpopulações dispostas em **guirlandas** (concentrações de pontos ao longo de um arco de grande círculo), de acordo com uma geometria cilíndrica.

Na Fig. 1.16D-H apresentamos atitudes de lineações dos cinco domínios definidos na Fig. 1.15. É evidente que esses gráficos mostram com mais clareza os **pontos de máxima concentração** (concentrações de pontos em torno de uma única orientação) do que o gráfico que contém todas as lineações da área (Fig. 1.16C). Podemos notar que a concentração máxima das lineações corresponde ao polo de cilindricidade (eixo de dobra) dos dados de foliação em cada domínio, ou seja, uma situação similar à da projeção esférica da Fig. 1.14B. Portanto, a direção das lineações representa o eixo local de dobra em torno do qual a foliação é dobrada, o que não é óbvio a partir do conjunto completo de dados, como indicado na Fig. 1.15A,C, e na Fig. 1.16A,C.

Note que os dados estruturais apresentam isolinhas nas projeções esféricas das Figs. 1.16 e 1.17. Particularmente em grandes conjuntos, esse é um modo de representar a concentração ou a densidade

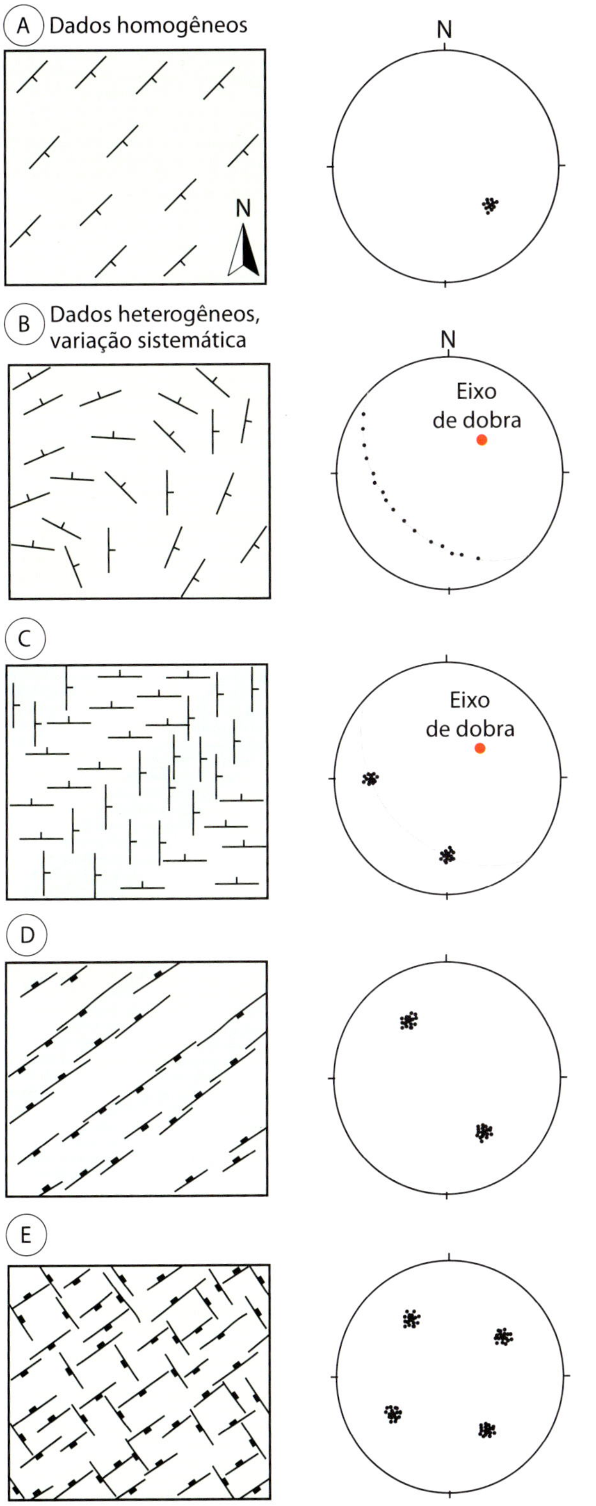

Fig. 1.14 *Conjunto de dados estruturais simulados, que mostra diferentes graus de homogeneidade. (A) Conjunto homogêneo de medidas de direção e mergulho. (B) Variação sistemática nas atitudes de camadas. (C) Domínios homogêneos devido a kinks ou dobras em chevron. (D, E) Sistemas de fraturas sistemáticas. Note como a sistemática reflete nos gráficos*

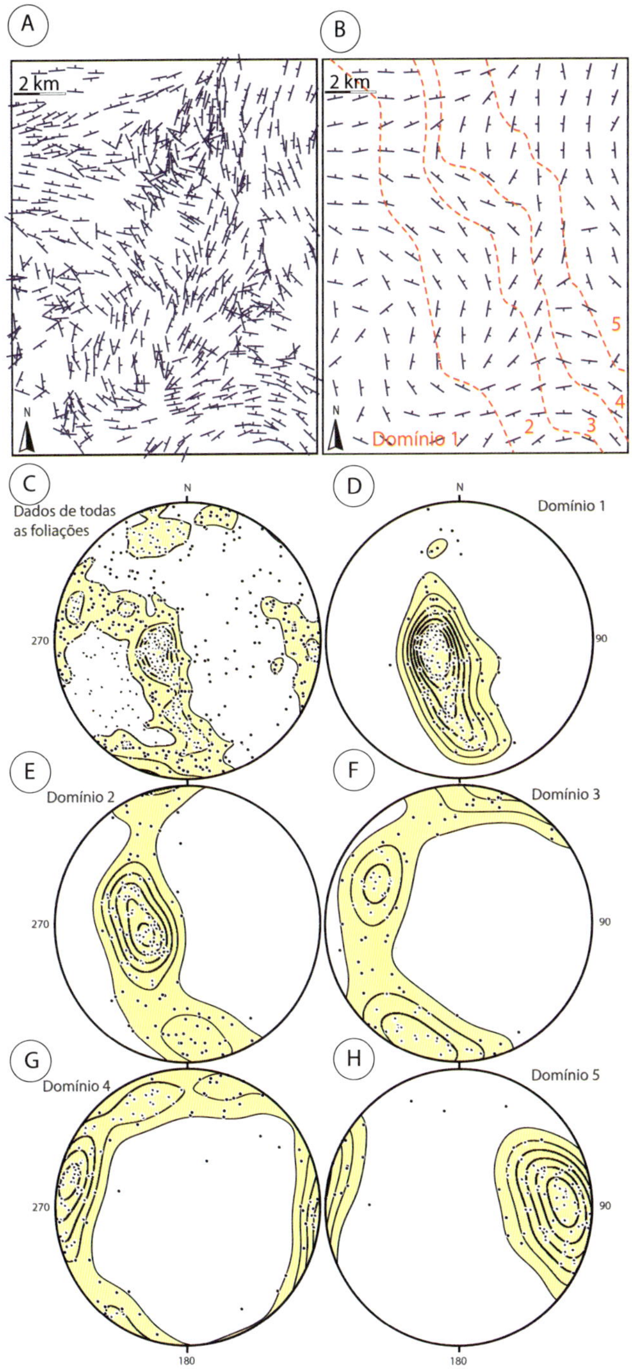

Fig. 1.15 *(A) Dados de atitude de foliação caledoniana em Dovrefjell, Noruega. (B) Subáreas ou domínios estruturais (linhas vermelhas tracejadas) definidos por computador e foliações médias de cada quilômetro quadrado, calculadas com o software Orient, de Frederick Vollmer. (C) Todos os dados estruturais de foliação (os pontos indicam dados individuais), contornados em projeções de igual área em hemisfério inferior. (D-H) Orientação das foliações em cada domínio (domínios 1-5)*

Fonte: Vollmer (1990).

desses dados. As linhas de contorno em dados estruturais foram adotadas desde que as projeções esféricas de igual área começaram a ser usadas, em 1925; com os recursos atuais, o traçado das linhas deixou de ser manual e passou a ser feito por algoritmos próprios. Os contornos cercam regiões do gráfico com maior densidade de dados, sendo que as guirlandas e pontos de máxima concentração são estatisticamente definidos. Os contornos estão relacionados à probabilidade de densidade dos dados, ou seja, em que medida as densidades desviam daquelas esperadas em um conjunto de dados com distribuição aleatória.

Outro exemplo é a província petrolífera do Mar do Norte (Fig. 1.17), onde as populações de falhas têm características diferentes em escalas distintas e devem, portanto, ser consideradas na escala apropriada para servir a um objetivo específico. O campo de petróleo de Gullfaks (Fig. 1.17B) é dominado por falhas orientadas N-S, com rejeitos de 100 m a 300 m. Essa orientação difere um pouco da tendência regional NNE-SSW (Fig. 1.17A). Ela também se distingue da ampla faixa de variação nas atitudes das falhas de pequena escala no interior do campo de Gullfaks (que podem ser subdivididas com base em suas atitudes; ver Fig. 1.17C-G). A partir desse ponto, cada subgrupo pode ser analisado individualmente em termos de atitude (gráficos de projeção esférica), rejeito, propriedades selantes etc., dependendo do objetivo do estudo.

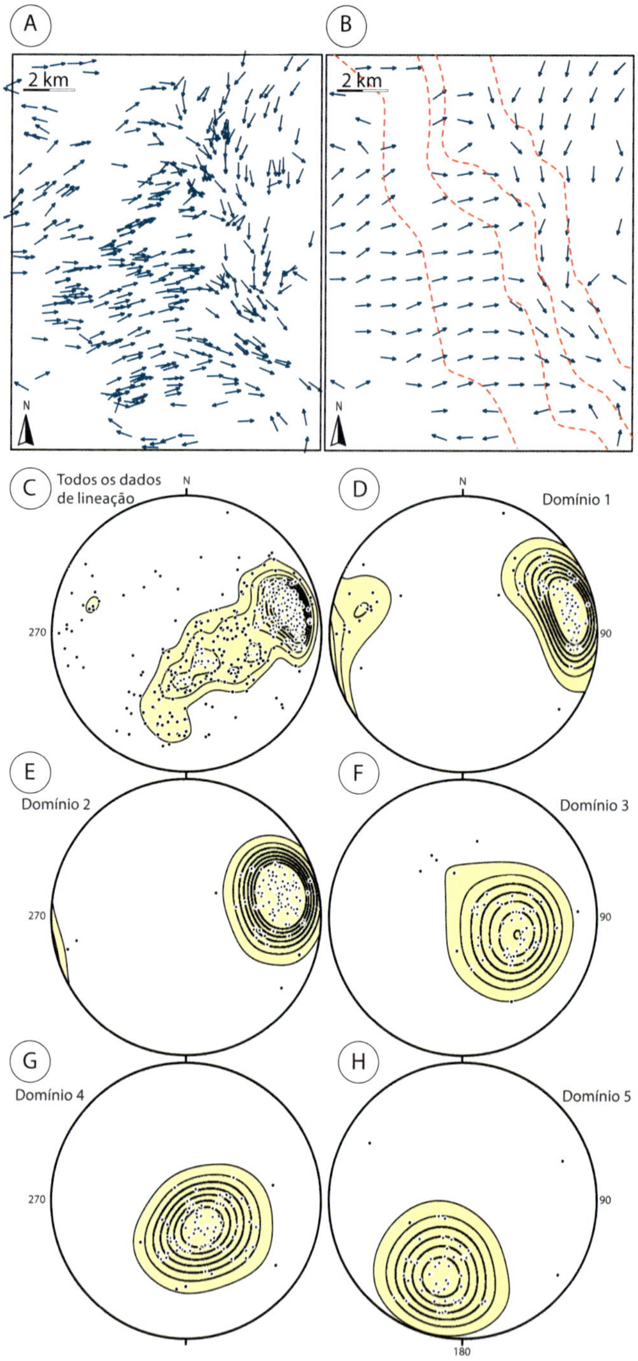

Fig. 1.16 *Dados de lineações de domínios estruturais definidos na figura anterior. O agrupamento é muito mais nítido em domínios individuais (D-H) do que no conjunto total de dados (C), em que o ponto de máxima concentração coincide com o polo das guirlandas definidas pelos dados das foliações (Fig. 1.15D-H), de modo similar ao que é mostrado na Fig. 1.14B. Para mais informações, ver Vollmer (1990)*

1.12 Análise estrutural

Muitos processos estruturais abrangem milhares ou milhões de anos, e a maioria dos dados estruturais descreve apenas o produto final de longas histórias de deformação. A história propriamente dita pode ser revelada somente pela análise cuidadosa dos dados. Quando nos deparamos com uma dobra, pode não ser óbvio que ela tenha se formado por encurtamento paralelo ao acamamento, cisalhamento ou dobramento passivo (ver Cap. 12). O mesmo se aplica a uma falha. Que parte da falha se formou primeiro? Ela é resultado da conexão de vários segmentos individuais ou cresceu a partir de um único ponto? Se o caso for este, o ponto estaria na parte central da atual superfície de falha? Nem sempre é fácil responder a essas questões, e a abordagem deve partir sempre da análise dos dados de campo e da comparação destes com os modelos experimentais e/ou numéricos.

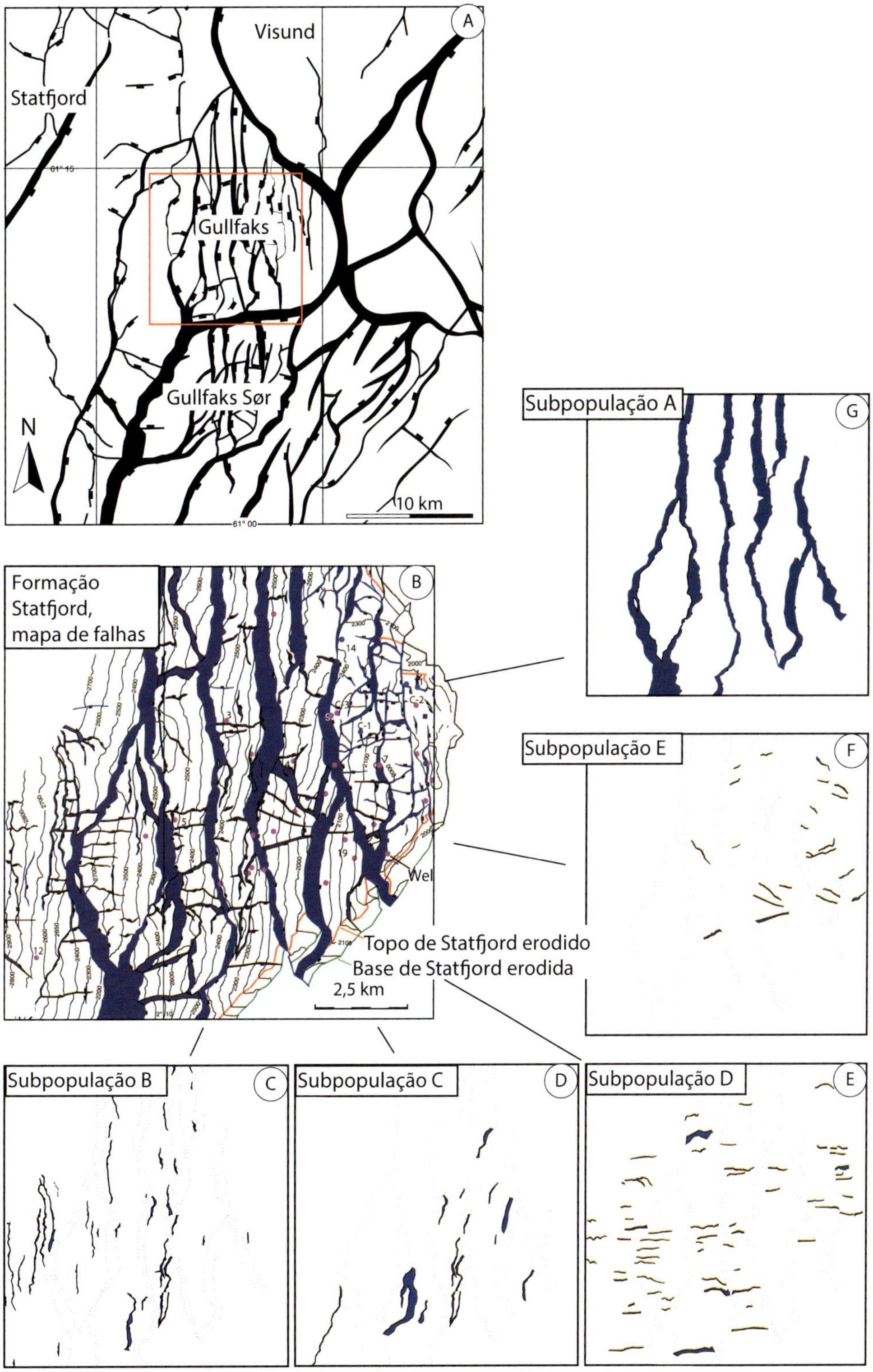

Fig. 1.17 *Conjunto de figuras do campo petrolífero de Gullfaks, no Mar do Norte, que ilustra como os padrões de falhas podem variar de uma escala para outra. Note, nas figuras inferiores, o contraste entre as falhas N-S, predominantes na área de Gullfaks, e as diferentes atitudes das falhas com rejeitos menores (< 100 m). Elas devem ser separadas para posterior análise. Para maiores detalhes, ver Fossen e Rørnes (1997)*

1.12.1 Análise geométrica

A análise geométrica é o tipo de análise das estruturas que se detém na forma, orientação geográfica, tamanho e relações geométricas entre a estrutura principal (de primeira ordem) e as estruturas de menor escala associadas (de segunda ordem). Este último ponto enfatiza o fato de que a maioria das estruturas é composta e apresenta, assim, certas **associações estruturais** em diferentes escalas. Desse modo, vários métodos são necessários para a medição e a descrição de estruturas e associações estruturais.

A ANÁLISE GEOMÉTRICA É A ABORDAGEM DESCRITIVA CLÁSSICA DA GEOLOGIA ESTRUTURAL, NA QUAL SE BASEIA A MAIORIA DOS MÉTODOS ANALÍTICOS SECUNDÁRIOS.

A **forma** é a descrição espacial de superfícies abertas ou fechadas, como interfaces de camadas dobradas ou superfícies de falha. A forma das camadas dobradas pode fornecer informações sobre o processo de dobramento ou as propriedades mecânicas da camada dobrada (Cap. 12), enquanto a curvatura de uma falha pode ter implicações sobre a deformação da capa (Fig. 21.6) ou a direção de deslocamento (Fig. 9.3).

As **atitudes** de estruturas lineares e planas talvez sejam os dados estruturais mais comuns. As formas e características geométricas podem ser descritas por meio de funções matemáticas, como as funções vetoriais, por exemplo. Na maioria dos casos, entretanto, as superfícies naturais são demasiado irregulares para serem descritas de modo preciso por funções vetoriais simples, e pode não ser possível mapear falhas ou camadas dobradas até o ponto necessário para uma descrição matemática. Além disso, podem ser necessárias interpretações geométricas de estruturas parcialmente expostas. Os dados disponíveis serão sempre incompletos em algum nível, e nossas mentes tendem a procurar por modelos geométricos quando analisamos as informações geológicas. Por exemplo, quando os Alpes foram mapeados em detalhe no início do século XX, suas dobras principais foram consideradas, de modo genérico, como cilíndricas, o que significa que as charneiras das dobras foram encaradas como linhas retas. Esse modelo permitiu projetar dobras em seções transversais, gerando seções e modelos geométricos impressionantes. Em um estágio posterior, percebeu-se que as dobras não eram cilíndricas, pois suas linhas de charneira eram curvas, o que exigiu modificações nos modelos iniciais.

Na análise geométrica, é conveniente representar os dados de atitudes (Figs. 1.14 e 1.16) em **projeções esféricas** (ver Apêndice B). A rede estereográfica (igual ângulo e igual área), comum em Geologia Estrutural, leva em consideração a estatística das atitudes e sua distribuição espacial e é usada para mostrar ou interpretar a atitude e a geometria das estruturas. O método da projeção é rápido e eficiente, e constitui a ferramenta mais amplamente usada para apresentar e interpretar dados espaciais. Em geral, a geometria pode ser apresentada sob a forma de mapas, perfis, projeções de área igual, diagramas de roseta ou modelos tridimensionais baseados em observações de campo ou a partir de dados geofísicos, de satélite ou de equipamento de varredura a *laser* (*laser scanning*). Qualquer geólogo estruturalista deve compreender plenamente o método de projeção estereográfica.

1.12.2 Deformação e análise cinemática

A descrição e a análise geométricas constituem a base para a quantificação ou análise de deformação (*strain*). Essa quantificação é útil em muitos contextos, como na restauração de seções geológicas de regiões deformadas. A análise de deformação envolve a **análise de deformação finita**, que diz respeito às mudanças na forma, do estágio inicial até o resultado final da deformação. Os geólogos estruturalistas também podem analisar a história da deformação pela **análise de deformação incremental**. Nesse caso, somente uma porção da história deformacional é considerada e descrita por meio de uma sequência de incrementos de deformação.

Por definição, a deformação (*strain*) aplica-se à **deformação dúctil**, ou seja, uma deformação em que estruturas originalmente contínuas, como estratificações e diques, permanecem como tais após a deformação. A deformação dúctil ocorre quando as rochas **fluem** (sem se fraturar) sob a influência de esforços. A **deformação rúptil**, por sua vez, ocorre quando as rochas se quebram ou se **fraturam**. Entretanto, os geólogos atuais não restringem o uso do termo *defor-*

mação (*strain*) à deformação dúctil. Em casos em que as fraturas ocorrem em grande número e em escala significativamente menor que a descontinuidade causada por cada uma delas, as descontinuidades são desconsideradas e o termo **deformação rúptil** (*brittle strain*) é usado. Essa é uma simplificação que possibilita a análise de deformação em estruturas rúpteis, como as populações de falhas.

A descrição geométrica é um dos fundamentos da **análise cinemática**, que diz respeito ao modo como as partículas das rochas se movem durante a deformação (a palavra grega *kinema* significa movimento). As estrias em superfícies de falhas (Fig. 1.18) e a flexão do acamamento ao longo de falhas e zonas de cisalhamento são estruturas úteis na análise cinemática.

Para ilustrar a conexão entre a análise cinemática e a análise geométrica, considere a falha da Fig. 1.19A. Não é possível correlacionar as camadas de um lado e de outro do plano de falha, e não se sabe se a falha é normal ou inversa. Entretanto, se uma deflexão do acamamento for encontrada ao longo da falha, é possível usar essa geometria para interpretar seu movimento. As Figs. 1.19B e 1.19C mostram as diferentes geometrias esperadas para os movimentos normal e reverso. Em outras palavras, a análise cinemática de dados de campo começa pela análise geométrica. Exemplos de análise cinemática são apresentados nos Caps. 10 e 16, ao passo que a análise da deformação é tratada nos Caps. 3 e 21.

Fig. 1.18 *Marcas de abrasão ou estrias de falha (slickenlines) sobre superfícies de deslizamento de falha fornecem informações sobre a cinemática local. Falha sismicamente ativa no Golfo de Corinto, na Grécia*

1.12.3 Análise dinâmica

A análise dinâmica é o estudo das forças que causam o movimento de partículas (cinemática). As forças que agem sobre um corpo geram **esforços** que, se forem suficientemente altos, fazem com que as rochas se movam. A dinâmica, no contexto da Geologia Estrutural, trata da interação entre esforço e cinemática. Quando as partículas começam a se mover umas em relação às outras, há uma deformação, e podemos observar variações na forma e na formação de novas estruturas.

A ANÁLISE DINÂMICA EXPLORA OS ESFORÇOS OU FORÇAS QUE CAUSAM A FORMAÇÃO DE ESTRUTURAS E A ACUMULAÇÃO DE DEFORMAÇÃO.

Na maioria dos casos, a análise dinâmica busca reconstruir a orientação (atitude) e a magnitude do campo de esforços por meio do estudo de um conjunto de estruturas, geralmente falhas e fraturas. Retornando ao exemplo da Fig. 1.19, pode-se assumir que uma força ou esforço significativo tenha agido na direção vertical no caso (B), e na direção horizontal no caso (C). Na prática, a orientação exata dos eixos das forças ou dos esforços (ver Caps. 4 e 5) é difícil ou até impossível de estimar a partir de uma única falha, mas ela pode ser calculada a partir de populações de falhas formadas em um campo de esforços uniforme. Isso é tratado no Cap. 10, onde veremos que várias hipóteses devem ser feitas para relacionar os esforços à cinemática.

A aplicação de um esforço a um líquido viscoso, como o mel, produz um resultado diferente em uma barra de chocolate: o mel irá fluir, ao passo que o chocolate irá quebrar. Ainda estamos no campo de análise dinâmica, cuja parte relacionada ao fluxo de rochas é chamada de **análise reológica**. De modo semelhante, o estudo de como as rochas (ou o açúcar) quebram ou se fraturam diz respeito à **análise mecânica**. Em geral, as rochas fluem quando estão suficientemente aquecidas – o que usualmente corresponde a certa profundidade. Para o sal, essa profundidade corresponde a uma temperatura só um pouco superior à da superfície; para uma rocha rica em quartzo, de cerca de 300°C; para uma rocha feldspática, de aproximadamente 550°C, e ainda maior para uma rocha rica em olivina. A pressão também exerce um papel importante no fluxo, assim como o teor em água e a taxa de deformação. É importante perceber que as rochas se comportam de modos distintos, qualquer que seja a condição dada, e que uma mesma rocha reage a um mesmo esforço de modos diferentes sob diferentes condições físicas. Experimentos reológicos podem ser feitos em laboratório para uma melhor compreensão de como as rochas fluem na litosfera.

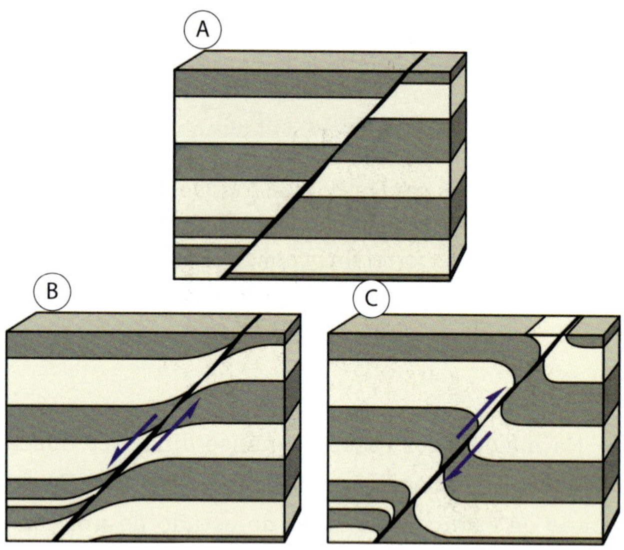

Fig. 1.19 *Exemplo de como a análise geométrica pode levar a um modelo cinemático (nesse caso, do sentido do movimento de uma falha). (A) Falha onde a estratigrafia não pode ser correlacionada pelo rejeito da falha. (B, C) O movimento relativo pode ser determinado se houver uma rotação da camada nas proximidades da falha. A geometria mostrada em (B) indica movimento de falha normal, enquanto (C) mostra a geometria esperada em uma falha inversa*

1.12.14 Análise tectônica

A análise tectônica envolve as análises dinâmica, cinemática e geométrica em escala de uma bacia ou cinturão orogênico. Esse tipo de análise pode, portanto, envolver elementos adicionais de Sedimentologia, Paleontologia, Petrologia, Geofísica e outras áreas das Geociências. Os geólogos estruturalistas que lidam com análises tectônicas são chamados de **tectonicistas**. Na extremidade oposta da escala de tamanho, há geólogos estruturalistas que se dedicam ao estudo de estruturas e texturas visíveis apenas ao microscópio, na chamada **análise microestrutural** ou **microtectônica**, que busca entender como a deformação ocorre entre e dentro dos grãos minerais. Tanto o microscópio óptico como o eletrônico de varredura (SEM - *scanning electron microscope*) (Fig. 1.20) são ferramentas importantes na análise microestrutural.

1.13 Observações finais

A Geologia Estrutural foi, inicialmente, uma disciplina descritiva, mas tem se transformado em um campo em que os métodos analíticos e a modelagem física e numérica são cada vez mais importantes. Muitos métodos e tipos de dados vêm sendo desenvolvidos nas últimas décadas, e novos métodos provavelmente serão desenvolvidos nos próximos anos. Não obstante, não podemos deixar de enfatizar a importância dos estudos de campo, mesmo onde os algoritmos numéricos mais sofisticados estiverem sendo utilizados, ou onde os melhores dados sísmicos 3-D estiverem disponíveis. Deve haver uma ligação próxima entre a modelagem e as observações de campo. Nosso objetivo é compreender melhor a litosfera e seus processos. As próprias rochas contêm as informações que podem revelar sua história estrutural e tectônica. As modelagens física e numérica permitem a criação de modelos simples que simulam as principais características de uma região deformada ou de um problema estrutural. Os modelos também podem ajudar a entender qual interpretação é mais provável ou improvável – ou mesmo impossível. Entretanto, eles sempre devem ser feitos conforme as informações obtidas a partir das rochas, seja em campo, em laboratório ou sob o microscópio.

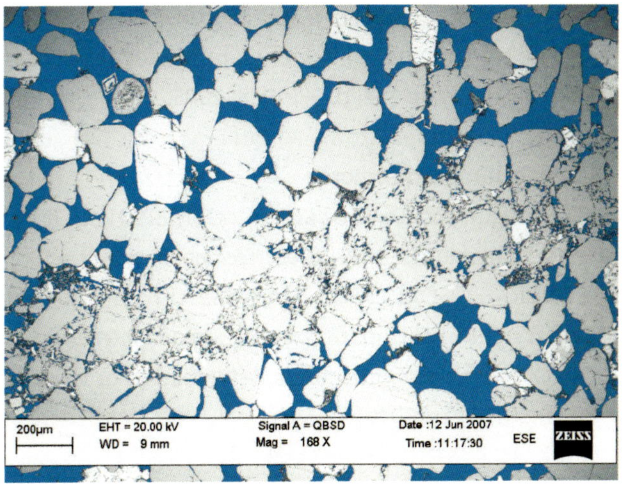

Fig. 1.20 *Imagem feita por um microscópio eletrônico de varredura, que mostra uma zona de espessura milimétrica de deformação de grãos (banda de deformação) no Arenito Entrada, próximo ao Parque Estadual Goblin Valley, em Utah, nos EUA*
Foto: Anita Torabi.

Questões de Revisão

1] Do que a Geologia Estrutural trata?
2] Cite os quatro principais modos pelos quais um geólogo estruturalista pode informar-se sobre a geologia estrutural e a deformação das rochas. Como você os classificaria em ordem de importância?
3] Como podemos coletar conjuntos de dados estruturais? Cite importantes tipos de dados usados em análise estrutural.
4] Quais são as vantagens e as desvantagens dos conjuntos de dados de sísmica de reflexão?
5] O que é um modelo em escala?
6] O que é análise cinemática?

E-módulo

Os módulos de *e-learning* denominados *Spherica projection*, *Structural geology* e o Apêndice B são recomendados para este capítulo.

Leituras complementares

Métodos tradicionais de campo

LISLE, R. J. *Geological Structures and Maps*: A Practical Guide. Amsterdam: Elsevier, 2003.
MCCLAY, K. *The Mapping of Geological Structures*. New York: John Wiley and Sons, 1987.

Métodos modernos de campo

JONES, R. R.; MCCAFFREY, K. J. W.; CLEGG, P.; WILSON, R. W.; HOLLIMAN, N. S. Integration of regional to outcrop digital data: 3D visualisation of multi-scale geological models. *Computers and Geosciences*, v. 35, p. 4-18, 2009.

MCCAFFREY, K.; JONES, R. R.; HOLDSWORTH, R. E.; WILSON, R. W.; CLEGG, P.; IMBER, J.; HOLLINMAN, N.; TRINKS, I. Unlocking the spatial dimension: digital technologies and the future of geoscience fieldwork. *Journal of the Geological Society*, v. 162, p. 927-938, 2005.

Sensoriamento remoto

HOLLENSTEIN, M. D.; MÜLLER, A.; GEIGER, H.-G. K. Crustalmotion and deformation in Greece from a decade of GPS measurements, 1993-2003. *Tectonophysics*, v. 449, p. 17-40, 2008.

KREEMER, C.; HOLT, W. E.; HAINES, A. J. An integrated global model of present-day plate motions and plate boundary deformation. *Geophysical Journal International*, v. 154, p. 8-34, 2003.

ZHANG, P.-Z. et al. Continuous deformation of the Tibetan Plateau from global positioning system data. *Geology*, v. 32, p. 809-812, 2004.

Modelagem física e numérica

HUBBERT, M. K. Theory of scale models as applied to the study of geologic structures. *Bulletin of the Geological Society of America*, v. 48, p. 1459-1520, 1937.

HUISMANS, R. S.; BEAUMONT, C. Symmetric and asymmetric lithospheric extension: Relative effects of frictional-plastic and viscous strain softening. *Journal of Geophysical Research*, v. 108, 2003. (doi: 10.1029/2002JB002026).

MAERTEN, L.; MAERTEN, F. Chronologic modeling of faulted and fractured reservoirs using geomechanically based restoration: Technique and industry applications. *American Association of Petroleum Geologists Bulletin*, v. 90, p. 1201-1226, 2006.

2 Deformação

As rochas deformadas e suas tramas e estruturas podem ser analisadas e mapeadas. No Cap. 1, vimos brevemente alguns métodos e técnicas da Geologia Estrutural. Cada estrutura reflete uma mudança na forma e, talvez, um transporte dentro de um arcabouço de referência. Geralmente nos referimos a essas mudanças como deformações. Ao observarmos rochas deformadas, automaticamente imaginamos como elas devem ter sido antes da deformação e por quais processos passaram. Para compreender as estruturas, é necessário entender os fundamentos da deformação, incluindo algumas definições úteis e descrições matemáticas. Esse é o tema deste capítulo.

2.1 O que é deformação?

O termo **deformação** é usado de diversas maneiras por diferentes pessoas e em circunstâncias variadas, assim como vários outros termos em Geologia Estrutural. Na maioria dos casos, particularmente em campo, o termo diz respeito à **deformação** (*strain*) visível em uma rocha deformada. Isso é, também, o que o termo realmente significa: uma mudança na forma. Entretanto, as massas rochosas podem ser transladadas ou rotacionadas como unidades rígidas durante uma deformação, sem qualquer mudança interna na forma. Por exemplo, os blocos de falha podem mover-se durante a deformação sem acumular deformação interna. Muitos geólogos estruturalistas preferem incluir esses deslocamentos rígidos no termo *deformação*, e nos referimos a eles como **deformação de corpo rígido**, em oposição à **deformação de corpo não rígido** (*strain* ou *distortion*).

A DEFORMAÇÃO É A TRANSFORMAÇÃO DE UMA GEOMETRIA INICIAL EM UMA GEOMETRIA FINAL POR MEIO DE TRANSLAÇÃO OU ROTAÇÃO DE CORPO RÍGIDO, DEFORMAÇÃO INTERNA (*STRAIN, DISTORTION*) E/OU MUDANÇA DE VOLUME.

É conveniente pensarmos em uma rocha ou unidade rochosa em termos de um contínuo de partículas. A deformação diz respeito às posições das partículas antes e depois da história da deformação – e as posições dos pontos antes e depois da deformação podem ser conectadas por vetores. Estes são chamados de **vetores de deslocamento**, e um campo de vetores é conhecido como **campo de deslocamento**. Os vetores de deslocamento, como mostrados na coluna central da Fig. 2.1, não indicam *como* as partículas se moveram durante a história da deformação; eles meramente ligam os estados não deformados aos deformados. A verdadeira trajetória que cada partícula faz durante a história da deformação é denominada **trajetória de partículas** (ver coluna à direita da Fig. 2.1). Quando nos referimos especificamente às mudanças progressivas que ocorrem durante a deformação, termos como **história da deformação** ou **deformação progressiva** devem ser usados.

2.2 Componentes de deformação

O campo de deslocamento pode ser decomposto em vários componentes, dependendo do objetivo da decomposição. No modo clássico, separa-se a deformação de corpo rígido, sob a forma de translação e rotação rígidas, da mudança na forma e no volume. Na Fig. 2.2, o componente de translação é mostrado em (B), o de rotação, em (C), e o restante (*strain*), em (D). Abordemos essas expressões de modo mais detalhado.

2.2.1 Translação

A **translação** desloca todas as partículas da rocha na mesma direção e por uma mesma distância, e seu campo de deslocamento é definido por vetores paralelos de igual comprimento. As translações podem ser consideráveis, por exemplo, onde *nappes* de cavalgamento (fatias de rochas deslocadas) foram transportadas por várias dezenas ou centenas de quilômetros. A *nappe* de Jotun (Fig. 2.3) é um exemplo das Caledonides, na Escandinávia. Nesse caso, a maior parte da deformação ocorreu por translação rígida. A orientação exata da *nappe* antes do início da deformação não é conhecida e, portanto, não é possível estimar sua rotação rígida (ver adiante), mas as observações de campo revelam que a deformação por mudança na forma (*strain*) é limitada principalmente às suas porções inferiores. A deformação total, portanto, consiste de um enorme componente de translação, de um desconhecido mas, possivelmente, pequeno componente de rotação rígida e de um componente de deformação interna (*strain*) na base da *nappe*.

Em uma escala menor, os componentes das rochas (grãos minerais, camadas, blocos de falha) podem ser transladados ao longo de planos de rejeito ou falhas planas sem qualquer mudança interna da forma. O clássico modelo de falha em dominó, por exemplo, possui apenas translação e rotação rígida, conforme discutiremos no Cap. 18.

2.2.2 Rotação

O termo **rotação** é usado em referência à rotação rígida do volume inteiro de rocha deformada. Não deve ser confundida com a rotação dos eixos (imaginários) da elipse de deformação durante uma deformação progressiva, como veremos na seção 2.25. A rotação rígida envolve uma rotação física uniforme de um volume de rocha (como uma zona de cisalhamento) em relação a um sistema externo de coordenadas.

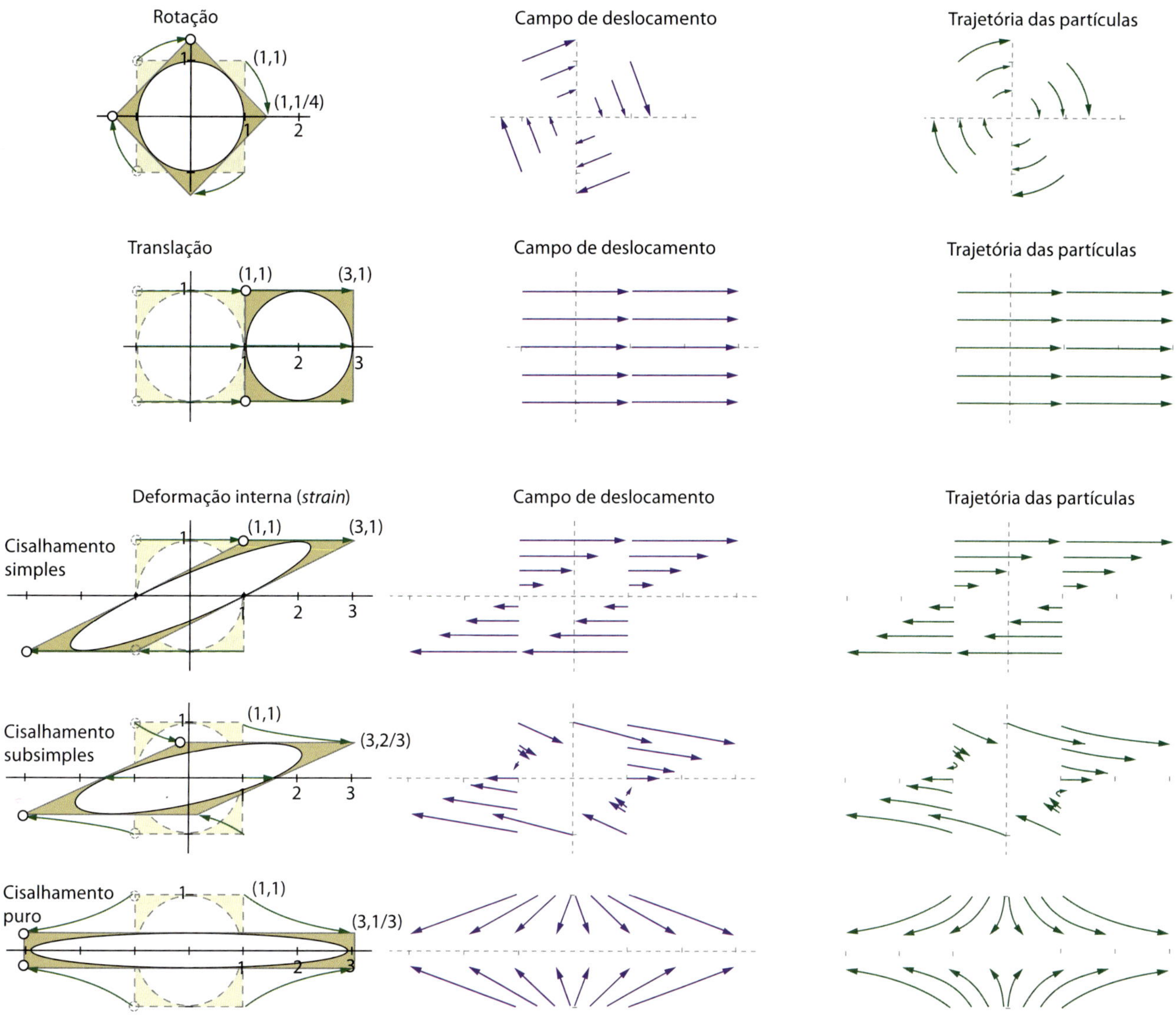

Fig. 2.1 *Campos de deslocamento e trajetória das partículas em translação e rotação rígidas, e deformação (strain) resultante de cisalhamento simples, subsimples e puro (explicados mais à frente). A trajetória das partículas representa o movimento real das partículas individuais na rocha em deformação, ao passo que os vetores de deslocamento apenas conectam as posições iniciais e finais. Portanto, os vetores de deslocamento podem ser construídos a partir da trajetória das partículas, mas a operação inversa não é possível*

As rotações em larga escala de uma grande *nappe* de cavalgamento ou de uma placa tectônica inteira ocorrem tipicamente em torno de eixos verticais. Os blocos de falha em contextos extensionais, por outro lado, podem ser rotacionados em torno de eixos horizontais, e rotações de pequena escala podem ocorrer em torno de eixos de qualquer posição.

2.2.3 Deformação interna (*strain*)

A **deformação interna** (***strain***, *distortion*) é aquela não rígida, e possui uma definição relativamente simples:

Qualquer mudança na forma, com ou sem mudança no volume, é uma deformação interna (*strain*), e indica que as partículas em uma rocha mudaram de posição em relação umas às outras.

Um volume de rocha pode ser transportado (transladado) e rotacionado rigidamente de vários modos, mas não seríamos capazes de defini-los olhando apenas para a rocha. Toda a deformação que podemos observar em campo ou em uma amostra representa

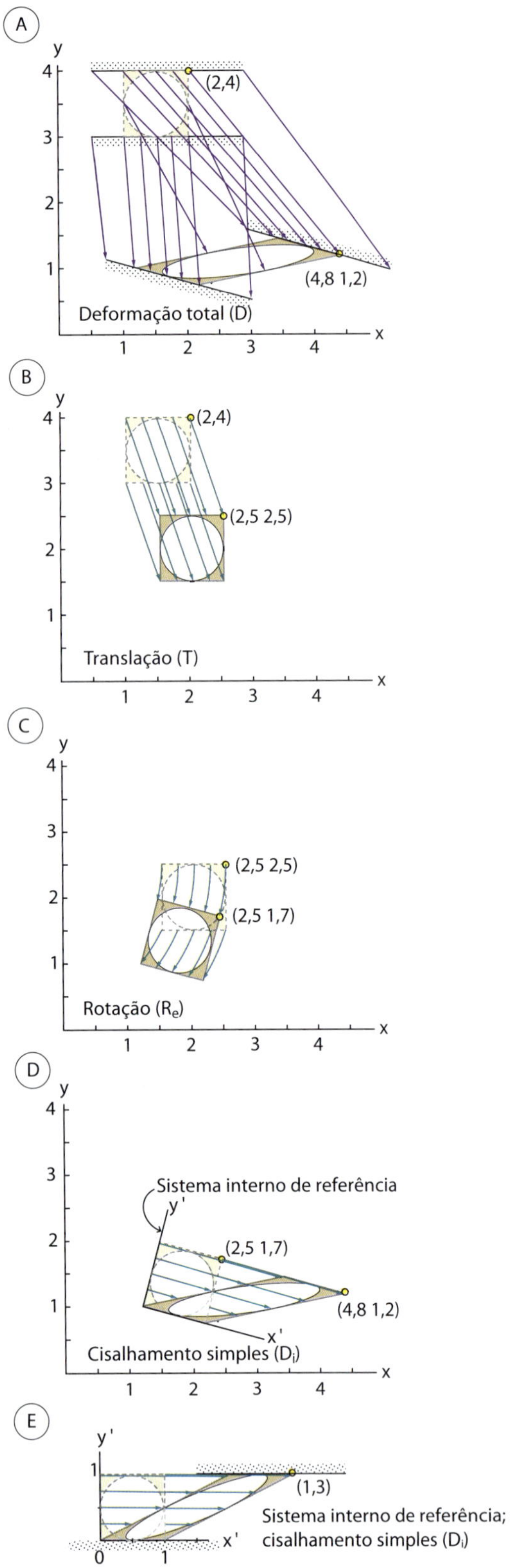

Fig. 2.2 *(A) Deformação total de um objeto (no caso, um quadrado com um círculo interno). As setas em (A) são os vetores de deslocamento que conectam as posições inicial e final das partículas. As setas de (B) a (E) representam as trajetórias das partículas. (B, C) Componentes de translação e rotação da deformação mostrada em (A). (D) O componente de deformação interna* (strain)*; um novo sistema de coordenadas (x', y') é introduzido (D). Esse sistema interno elimina a translação e a rotação (B, C) e facilita a identificação do componente de deformação interna* (strain)*, que, nesse caso, é caracterizada por cisalhamento simples (E)*

uma deformação interna (*strain*) e, talvez, o modo como ela se acumulou. Considere uma marmita de almoço. Você pode levá-la para a escola ou para o trabalho, o que representa uma significativa translação e rotação, mas não pode ver esses tipos de deformação diretamente. Se sua marmita tiver sido acidentalmente espremida durante o trajeto, você poderá perceber isso ao comparar seu estado atual com o anterior, referente ao momento em que você saiu de casa. Se outra pessoa preparou seu almoço e o colocou na marmita, você usaria seu conhecimento da disposição dos alimentos para estimar a deformação interna (*strain*, mudança na forma) envolvida.

Esse último ponto é muito relevante, porque, com poucas exceções, não vimos a rocha deformada em seu estado não deformado. Precisamos usar nosso conhecimento do aspecto típico das rochas quando não deformadas. Por exemplo, se encontrarmos oólitos ou manchas de redução deformados em uma rocha, é provável que tenham sido esféricos (circulares, em seção) em seu estado não deformado.

2.2.4 Variação de volume

Mesmo que a forma de um volume de rocha seja mantida, ela pode ter encolhido ou expandido. Para uma descrição completa da deformação, portanto, é necessário adicionar a variação de volume (variação de área em duas dimensões). Geralmente, ela é considerada um tipo especial de deformação, denominada **deformação volumétrica** (*volumetric strain*). Entretanto, é conveniente considerarmos esse tipo de deformação separadamente, se possível.

2.3 Sistema de referência

Nos estudos de deformação, devemos escolher um sistema de referência ou de coordenadas. Se estivermos de pé sobre uma doca, um grande navio chegando ou partindo pode dar a impressão de que a doca está se movendo, e não o navio. Inconscientemente, nosso

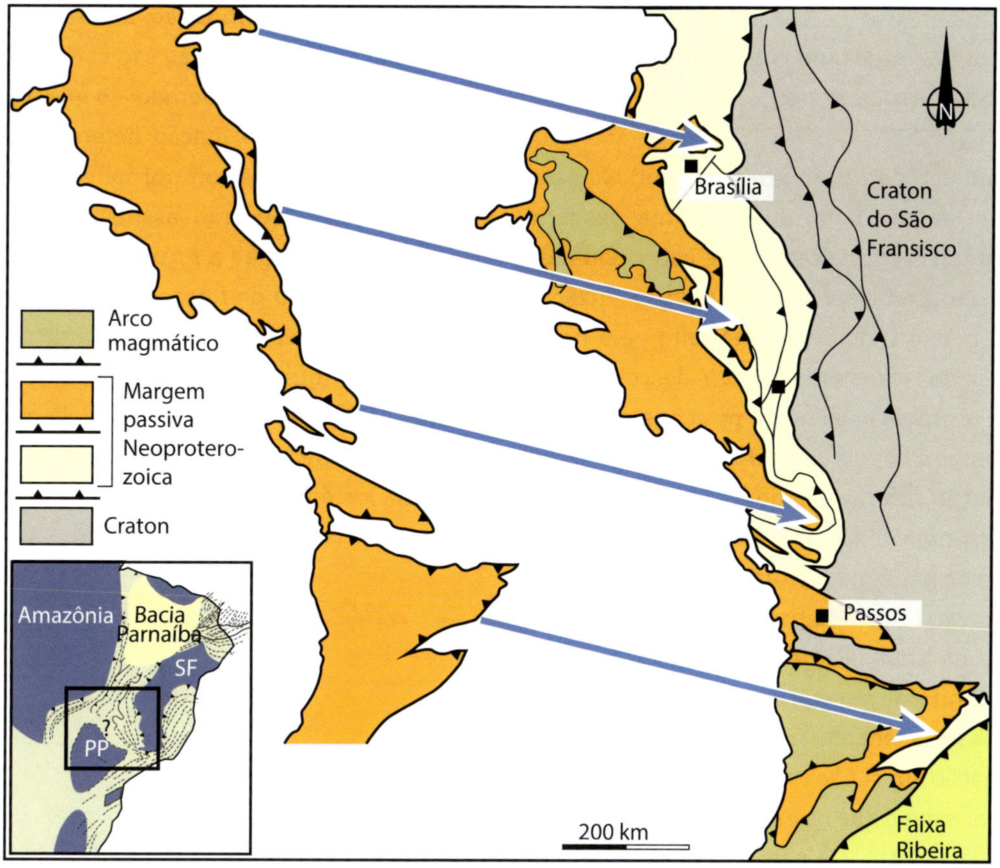

Fig. 2.3 *A translação é o componente mais importante em cavalgamentos em cinturões orogênicos. Este exemplo (simplificado) mostra vetores de deslocamento relativos ao cavalgamento direcionado para ESE (translação) da nappe representada em cor laranja, na porção sul da Faixa Brasília. Para mais detalhes, ver Valeriano et al. (2008)*

sistema de referência se mantém fixo no navio, e o resto do mundo se movimenta por translação em relação a ele. Mesmo que possa ser fascinante, essa escolha de referência não é muito útil. A deformação de uma rocha também deve ser considerada dentro de um sistema de coordenadas de referência, que deve ser escolhido com cuidado para manter o nível de complexidade baixo.

Precisamos sempre de um sistema de referência quando lidamos com deslocamentos e cinemática.

É conveniente orientar o sistema de coordenadas de acordo com importantes estruturas geológicas, como a base de uma *nappe* de cavalgamento, um limite de placa ou uma zona de cisalhamento local (ver Cap. 16). Em muitos casos, opta-se por eliminar a translação e a rotação rígida. No caso de uma zona de cisalhamento, normalmente são considerados dois eixos paralelos a ela, além de um terceiro disposto de modo perpendicular. Se estivermos interessados na deformação de uma zona de cisalhamento como um todo, a origem pode ser fixada na sua margem. No caso dos processos em torno de uma dada partícula da zona de cisalhamento, podemos fixar a origem do sistema de coordenadas em uma partícula dentro da zona (mantendo-o paralelo/perpendicular aos limites da zona). Em ambos os casos, a translação e a rotação rígida são eliminadas, porque o sistema de coordenadas sofre rotação e translação junto com a zona. Não há nada de errado com os sistemas de coordenadas oblíquos aos limites da zona de cisalhamento, mas, tanto visual como matematicamente, a obliquidade torna a análise mais complexa.

2.4 Deformação: desconectada da história

A deformação é a diferença entre o estado deformado e o não deformado, e não dá informações sobre o que de fato aconteceu durante a história da deformação.

UMA DADA DEFORMAÇÃO (STRAIN) PODE TER SE ACUMULADO DE UM NÚMERO INFINITO DE MODOS.

Imagine um estudante (ou um professor) cansado que adormece em um bote, durante uma pescaria no mar ou em um lago. Ele sabe onde estava quando adormeceu, assim como percebe sua nova localização ao despertar, mas a trajetória exata feita pelo barco sob a influência de correntes e ventos é desconhecida. O estudante conhece apenas as posições do barco referentes a antes e depois do cochilo, e pode estimar a sua deformação interna (mudança de forma), que, espera-se, seja nula. Podemos, portanto, mapear a deformação, mas não uma história da deformação.

Consideremos o **fluxo de partículas**: a caminhada de estudantes de uma sala para outra pode ter uma quantidade infinita de trajetórias diferentes (as diferentes trajetórias podem tomar mais ou menos tempo, mas a deformação em si não considera o tempo). Tudo que o professor sabe é que os estudantes se moveram de uma sala para outra. Ele não conhece suas histórias (embora possa formular algumas hipóteses com base em xícaras de café etc.). De modo semelhante, as partículas de rocha podem mover-se ao longo de uma grande variedade de trajetórias do estado não deformado para o deformado. Uma diferença entre as partículas de rocha e os estudantes é que, evidentemente, estes são livres para se mover individualmente, enquanto as partículas de rocha – como, por exemplo, os grãos minerais – estão "coladas" umas às outras em um sólido contínuo, e não podem se mover livremente.

2.5 Deformação homogênea e heterogênea

Quando a deformação aplicada a um volume de rocha é idêntica em todo o volume, a deformação é homogênea. A rotação rígida e a translação são, por definição, homogêneas; portanto, somente a deformação interna (*strain*) e as variações de volume ou área podem ser heterogêneas. Assim, **deformação homogênea** (*homogeneous deformation*) e **deformação interna homogênea** (*homogeneous strain*) são expressões equivalentes.

Na deformação homogênea, linhas originalmente retas e paralelas continuam como tais após a deformação (Fig. 2.4). Além disso, a deformação interna e a mudança de volume/área são constantes em todo o volume de rocha considerado – o que, se não ocorrer, caracterizará a deformação **heterogênea**. Isso significa que dois objetos com forma e orientação iniciais idênticas permanecerão assim após a deformação. Note, entretanto, que a forma e a orientação iniciais, em geral, diferem da forma e da orientação finais. Se dois objetos tiverem forma idêntica, mas diferentes orientações antes da deformação, então terão, geralmente, diferentes formas depois dela, mesmo que ela seja homogênea. Um exemplo são os braquiópodes deformados da Fig. 2.4. A diferença reflete a deformação interna (*strain*) imposta à rocha.

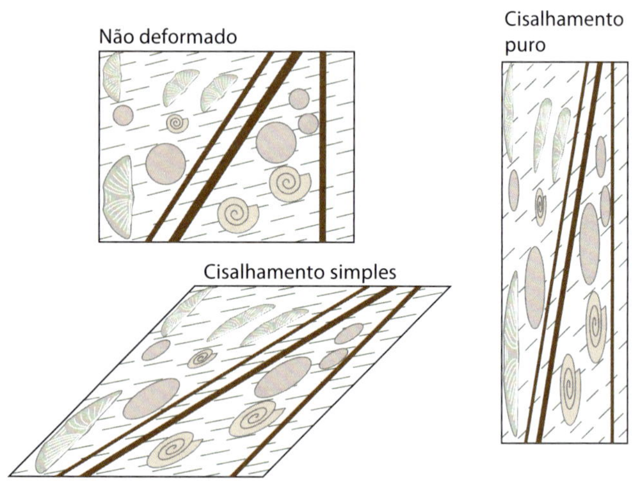

Fig. 2.4 *Deformação homogênea de uma rocha com braquiópodes, manchas de redução, amonites e diques. Duas deformações diferentes são consideradas (cisalhamento puro e cisalhamento simples). Note que os braquiópodes com orientações distintas antes da deformação adquiriram formas diferentes*

DEFORMAÇÃO HOMOGÊNEA: LINHAS RETAS PERMANECEM RETAS, LINHAS PARALELAS PERMANECEM PARALELAS E OBJETOS COM FORMAS E ORIENTAÇÕES IDÊNTICAS PERMANECEM COM FORMAS E ORIENTAÇÕES IDÊNTICAS APÓS A DEFORMAÇÃO.

Um círculo será convertido em uma elipse durante uma deformação homogênea, onde a **elipticidade** (razão entre os eixos longo e curto da elipse) dependerá do tipo e da intensidade da deformação. Matematicamente, isso equivale a dizer que uma deformação homogênea é uma transformação linear. A deformação homogênea pode, portanto, ser descrita por um conjunto de equações de 1º grau (três, em três dimensões) ou, mais simplesmente, por uma matriz de transformação (ou matriz de deformação).

Antes de discutirmos a matriz de deformação, um ponto em relação à Fig. 2.5 deve ser enfatizado:

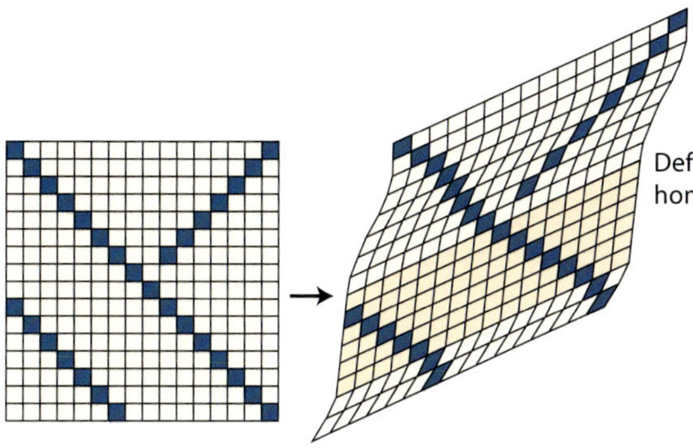

Fig. 2.5 *Malha regular nos estados indeformado e deformado. A deformação interna (strain) total é heterogênea, de modo que algumas das linhas retas se tornaram curvas. Entretanto, em uma porção restrita da malha, a deformação é homogênea. Nesse caso, ela também é homogênea na escala de uma célula da malha*

UMA DEFORMAÇÃO HOMOGÊNEA EM UMA ESCALA PODE SER CONSIDERADA HETEROGÊNEA EM OUTRA.

Um exemplo clássico é o aumento da deformação interna (*strain*) em uma zona de cisalhamento, que geralmente ocorre da margem em direção ao centro. A deformação é heterogênea nessa escala, mas pode ser subdividida em zonas mais delgadas, onde a deformação é aproximadamente homogênea. Outro exemplo é apresentado na Fig. 2.6, na qual um volume de rocha é cortado por falhas; em larga escala, a deformação pode ser considerada homogênea, porque as descontinuidades (representadas pelas falhas) são relativamente pequenas. Em uma escala menor, no entanto, as descontinuidades tornam-se mais aparentes, e a deformação deve ser considerada heterogênea.

2.6 Descrição matemática da deformação

A deformação pode ser descrita e modelada de modo preciso pela álgebra linear elementar. Usaremos um sistema de coordenadas local, preso a uma zona de cisalhamento, para observar alguns tipos fundamentais de deformação. Vamos pensar em termos de posição de partículas (ou vetores) e observar como as partículas mudam de posição durante a deformação. Se (x,y) for a posição original de uma partícula, a nova posição será (x',y'). Na deformação homogênea em duas dimensões (ou seja, em uma seção), temos:

$$\begin{aligned} x' &= D_{11}x + D_{12}y \\ y' &= D_{21}x + D_{22}y \end{aligned} \tag{2.1}$$

Essas equações podem ser escritas em termos de matrizes e vetores de posição:

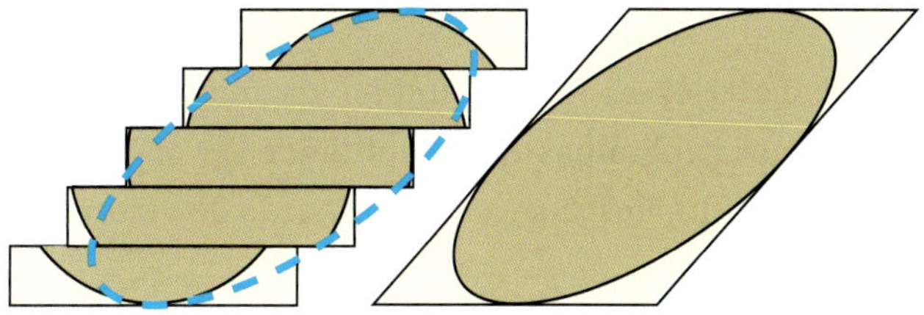

Fig. 2.6 *A deformação discreta ou descontínua pode, em alguns casos e de modo aproximado, ser considerada como uma deformação contínua e, até mesmo, homogênea. Nesse sentido, o conceito de deformação interna (*strain*) também pode ser aplicado à deformação rúptil (*brittle strain*). O sucesso dessa abordagem depende da escala de observação*

$$\begin{bmatrix} x' \\ y' \end{bmatrix} = \begin{bmatrix} D_{11} & D_{12} \\ D_{21} & D_{22} \end{bmatrix} \begin{bmatrix} x \\ y \end{bmatrix} \tag{2.2}$$

que, por sua vez, pode ser escrita como:

$$\mathbf{x}' = \mathbf{D}\mathbf{x} \tag{2.3}$$

A matriz **D** é denominada matriz de deformação ou tensor de gradiente de posição, e a equação descreve uma transformação linear ou uma deformação homogênea.

Há uma matriz correspondente ou inversa $\mathbf{D}^{-1}$ (onde o produto das matrizes $\mathbf{DD}^{-1} = \mathbf{I}$, e $\mathbf{I}$ é a matriz de identidade), que representa a **deformação inversa** ou **recíproca**. $\mathbf{D}^{-1}$ reverte a deformação imposta por **D**:

$$\mathbf{x} = \mathbf{D}^{-1}\mathbf{x}' \tag{2.4}$$

A DEFORMAÇÃO RECÍPROCA OU INVERSA LEVA A ROCHA DEFORMADA DE VOLTA AO SEU ESTADO INDEFORMADO.

A matriz de deformação **D** é útil na modelagem de deformação em computador. Assim que a matriz for definida, qualquer aspecto da deformação pode ser encontrado. Cabe ressaltar que ela não nos dá informações sobre a história da deformação, nem revela como um dado meio (material) responde a uma dada deformação. Para maiores informações sobre álgebra matricial, consulte o Boxe 2.1.

Boxe 2.1 Álgebra Matricial

As matrizes contêm coeficientes de sistemas de equações que representam transformações lineares. Em duas dimensões, o sistema de equações mostrado na Eq. 2.1 pode ser expresso pela matriz da Eq. 2.2. Uma transformação linear implica deformação homogênea. A matriz descreve a forma e a orientação da elipse ou elipsoide de deformação, e a transformação é uma mudança de um círculo unitário ou, em três dimensões, de uma esfera unitária.

As matrizes são mais simples de manusear que os conjuntos de equações, particularmente quando usamos programas de computador. As operações matriciais mais importantes em Geologia Estrutural são a multiplicação e a determinação de vetores próprios e valores próprios.

Matriz multiplicada por um vetor:

$$\begin{bmatrix} D_{11} & D_{12} \\ D_{21} & D_{22} \end{bmatrix} \begin{bmatrix} x \\ y \end{bmatrix} = \begin{bmatrix} D_{11}x + D_{12}y \\ D_{21}x + D_{22}y \end{bmatrix}$$

Multiplicação de matriz por matriz:

$$\begin{bmatrix} D_{11} & D_{12} \\ D_{21} & D_{22} \end{bmatrix} \begin{bmatrix} d_{11} & d_{12} \\ d_{21} & d_{22} \end{bmatrix} = \begin{bmatrix} D_{11}d_{11} + D_{12}d_{21} & D_{11}d_{12} + D_{12}d_{22} \\ D_{21}d_{11} + D_{22}d_{21} & D_{21}d_{12} + D_{22}d_{22} \end{bmatrix}$$

Transposição, ou seja, troca de colunas e linhas em uma matriz:

$$\begin{bmatrix} D_{11} & D_{12} \\ D_{21} & D_{22} \end{bmatrix}^{\mathrm{T}} = \begin{bmatrix} D_{11} & D_{21} \\ D_{12} & D_{22} \end{bmatrix}$$

O inverso de uma matriz **D** é indicado por $\mathbf{D}^{-1}$ e é a matriz que produz a matriz de identidade **I** quando multiplicada por **D**:

$$\begin{bmatrix} D_{11} & D_{12} \\ D_{21} & D_{22} \end{bmatrix}^{-1} \begin{bmatrix} D_{11} & D_{12} \\ D_{21} & D_{22} \end{bmatrix} = \begin{bmatrix} 1 & 0 \\ 0 & 1 \end{bmatrix} = \mathbf{I}$$

A multiplicação de matrizes é não comutativa:

$$\mathbf{D}_1\mathbf{D}_2 \neq \mathbf{D}_2\mathbf{D}_1$$

O determinante de uma matriz **D** é:

$$\det \mathbf{D} = \begin{vmatrix} \mathbf{D}_{11} & \mathbf{D}_{12} \\ \mathbf{D}_{21} & \mathbf{D}_{22} \end{vmatrix} = \mathbf{D}_{11}\mathbf{D}_{22} - \mathbf{D}_{21}\mathbf{D}_{12}$$

O determinante descreve a variação em área ou volume: se det **D** = 1, não há variação em área ou volume na transformação (deformação) representada por **D**.

Os vetores próprios (x) e os valores próprios (λ) de uma matriz **A** são os vetores e valores que satisfazem a condição

$$\mathbf{A}x = \lambda x$$

Se **A** = $\mathbf{DD}^T$, a matriz de deformação tem dois vetores próprios para duas dimensões e três para três dimensões. Os vetores próprios descrevem a orientação do elipsoide (elipse), e os valores próprios descrevem sua forma (comprimento de seus eixos principais) (ver Apêndice A). Os valores próprios e os vetores próprios podem ser facilmente determinados com uma planilha de cálculo ou programa como *MatLab*™.

2.7 Deformação interna (*strain*) unidimensional

Em uma dimensão (única direção), a deformação interna (*strain*) refere-se ao estiramento e ao encurtamento (estiramento negativo) de linhas ou objetos aproximadamente lineares (retilíneos). Podemos dizer que a deformação interna (*strain*) unidimensional não faz sentido, uma vez que uma linha reta estendida não muda de forma, somente de comprimento. Por outro lado, uma mudança em forma, como um círculo se transformando em elipse, pode ser descrita pela mudança do comprimento de linhas de diferentes orientações. É, portanto, conveniente incluir a variação de comprimento de linhas no conceito de deformação interna (*strain*).

Há termos especiais que são usados, como elongação, extensão, estiramento, contração, encurtamento e, como qualquer outra grandeza relativa à deformação, eles são adimensionais.

A **elongação** (e ou ε) (*elongation*) de uma linha é definida como $e = (l - l_0)/l_0$, onde l_0 e l são os comprimentos da linha antes e depois da deformação, respectivamente (Fig. 2.7). A linha de referência pode ser uma linha horizontal ou um traço de estratificação em uma seção geológica, o eixo longo de um belemnite ou de algum outro fóssil onde se possa definir uma linha, a direção vertical num experimento de Mecânica das Rochas, entre muitas outras. A elongação logarítmica ou **elongação natural** $\bar{e} = \ln(e)$ também é usada.

A **extensão** (*extension*) de uma linha é idêntica à elongação (e) e é usada em análise de bacias extensionais, onde a elongação de uma linha horizontal na direção de extensão indica a extensão. A extensão negativa é chamada de **contração** (os termos correlatos, *compressão* e *tração*, referem-se a esforços).

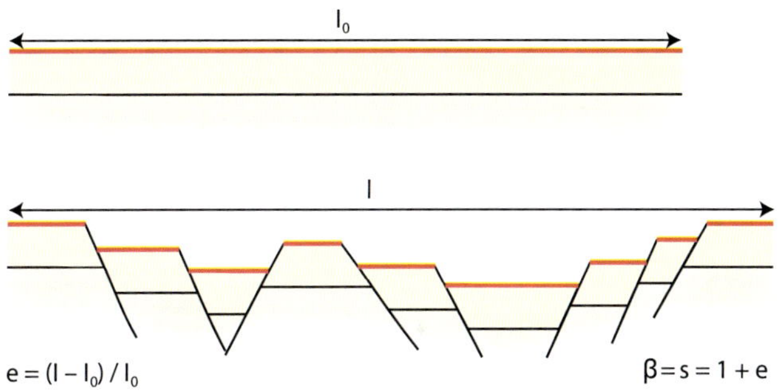

Fig. 2.7 *Extensão de camadas por falhamento. A camada em vermelho tem um comprimento original (l_0) e um comprimento final, e a extensão é encontrada comparando-os. O fator beta (β) é, em geral, usado para quantificar extensão através de bacias extensionais*

O **estiramento** (*stretching, stretch*) de uma linha é designado $s = 1 + e$; logo, $s = l/l_0$. Os **fatores de estiramento** são usualmente aplicados na análise estrutural de riftes e bacias extensionais. Esses fatores são, por vezes, denominados fatores β, mas são idênticos a s.

A **elongação quadrática** (*quadratic elongation*), $\lambda = s^2$, é idêntica aos valores próprios da matriz de deformação **D**. *Estiramento quadrático* seria um termo mais apropriado, porque estamos considerando o quadrado dos valores de estiramento, não da elongação. No entanto, *elongação quadrática* é o termo consagrado.

A **deformação natural** (*natural strain*), $\bar{e}$, é simplesmente ln(s) ou ln(1+e).

2.8 Deformação interna (*strain*) em duas dimensões

A observação de deformação interna (*strain*) em planos ou seções é descrita pelas seguintes quantidades adimensionais:

Cisalhamento angular (*angular shear*), ψ, que descreve a variação no ângulo entre duas linhas originalmente perpendiculares entre si em um meio deformado (Figs. 2.8 e 2.9).

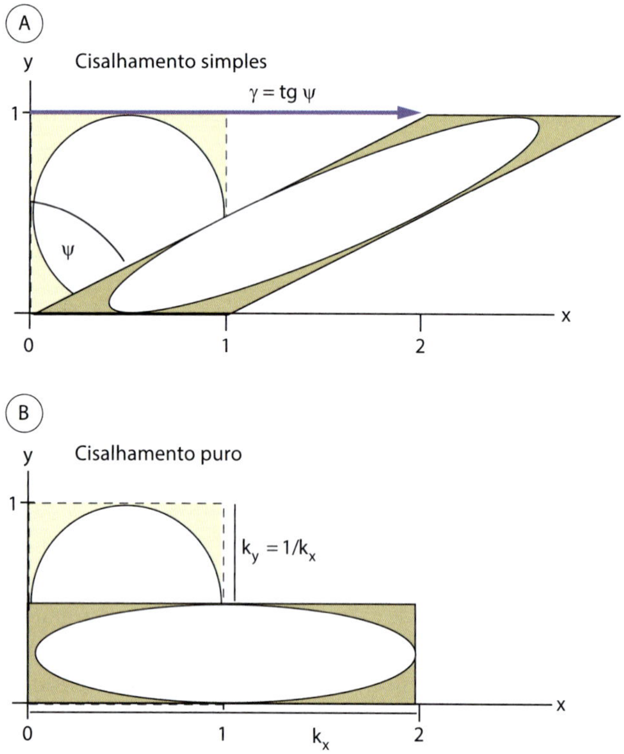

Fig. 2.8 *(A) Cisalhamento simples e (B) cisalhamento puro*

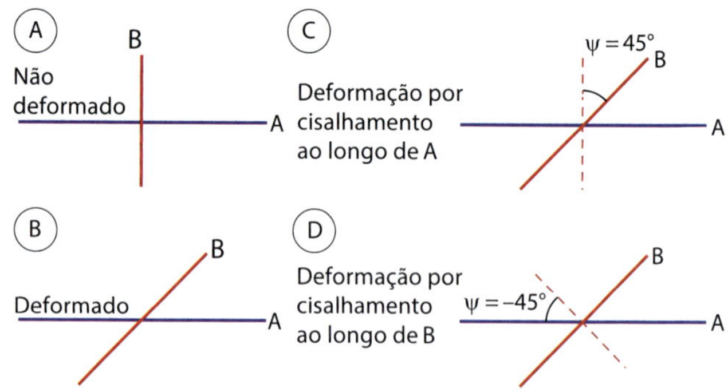

Fig. 2.9 *A deformação angular por cisalhamento* (angular shear strain) *é a variação no ângulo entre duas linhas inicialmente perpendiculares, sendo positiva para rotações horárias e negativa para rotações anti-horárias. Nesse exemplo, a deformação por cisalhamento angular é de 45° ao longo da linha A e de –45° ao longo da linha B*

Deformação por cisalhamento (*shear strain*), $\gamma = \psi$, onde ψ é o cisalhamento angular (Fig. 2.8). A deformação por cisalhamento pode ser determinada onde há objetos com relações angulares conhecidas. Se houver um certo número desses objetos em uma área deformada de modo homogêneo, a elipse de deformação pode ser definida.

A **elipse de deformação** (*strain ellipse*) é a elipse que descreve a quantidade de elongação em qualquer direção num plano de deformação homogênea (Boxe 2.2). Ela representa a deformação de um círculo imaginário inicial na seção não deformada. A elipse de deformação é definida pelos seus eixos mais longo (X) e mais curto (Y). Os dois eixos têm comprimentos iguais a $(1 + e_1)$ e $(1 + e_2)$, e a razão $R = X/Y$ ou $(1 + e_1)/(1 + e_2)$ descreve a elipticidade ou excentricidade da elipse e, portanto, a deformação que ela representa. Em um círculo não deformado, $R = 1$.

Boxe 2.2 Elipse seccional de deformação

X, Y e Z são os três principais eixos (ou direções) de deformação na análise tridimensional da deformação. Entretanto, quando consideramos uma seção, em geral consideramos X e Y de modo independente da orientação da seção em relação ao elipsoide de deformação. Talvez fosse mais adequado denominá-los X' e Y' ou algo semelhante, e reservar as designações X, Y e Z para as deformações principais verdadeiras em três dimensões. Uma seção arbitrária através de uma rocha deformada contém uma elipse de deformação chamada de **elipse seccional de deformação**. É importante especificar a que seção estamos nos referindo em cada caso.

Variação em área: em uma variação em área sem qualquer deformação, $R = X/Y = 1$. Após uma **deformação por pura variação de área**, um círculo desenhado na seção inicial permanece um círculo, ainda que com um raio menor ou maior. Em um diagrama simples *XY*, as deformações por pura variação de área situam-se ao longo da diagonal principal (Fig. 2.10). O mesmo diagrama ilustra os campos de deformação característicos para diferentes combinações de variação em área e deformação interna (*strain*). Veremos mais à frente os diferentes tipos de estruturas formadas nesses diferentes campos.

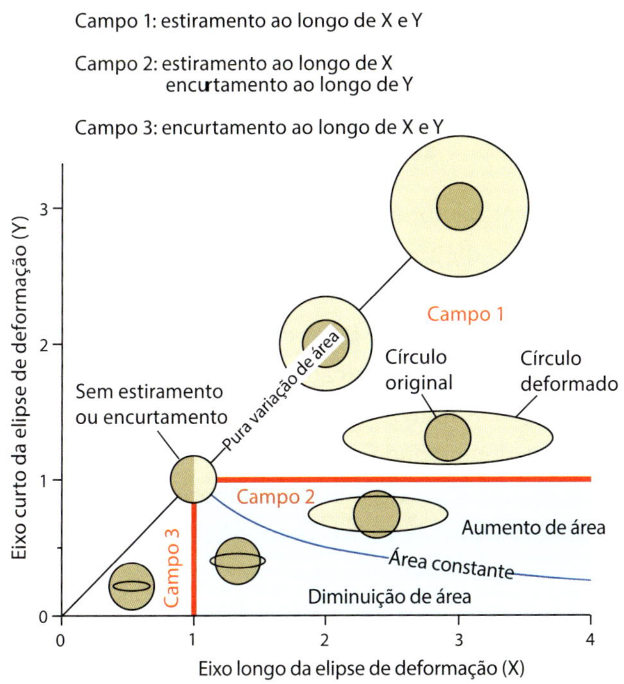

Fig. 2.10 *Classificação de elipses de deformação. Apenas a parte inferior do diagrama está em uso porque X≥Y. Note que o Campo 2 é dividido em dois pela linha de área constante. O gráfico é chamado de gráfico X–Y, mas também podemos chamá-lo de gráfico X–Z se considerarmos as deformações máxima e mínima principais*

Fonte: baseado em Ramsay e Huber (1983).

Sempre será possível decompor uma deformação em algumas combinações de variação em área e deformação interna, ou seja, isolar os componentes de deformação interna e de variação em área. A Fig. 2.11 mostra como a compactação pode ser decomposta em deformação interna e variação em área.

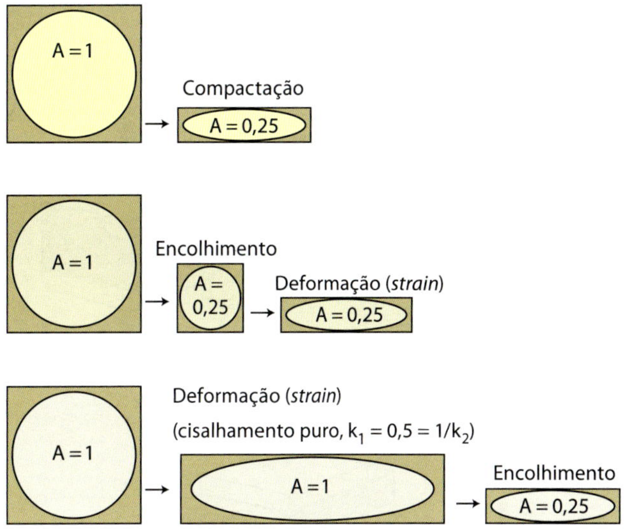

Fig. 2.11 *Compactação implica deformação. A deformação pode ser considerada uma combinação de encolhimento (shrinking) uniforme e deformação interna (desenhos ao centro). Os desenhos na parte inferior ilustram que a ordem (deformação interna versus compactação) é irrelevante (somente verdadeiro em deformação coaxial): as elipses finais de deformação são idênticas para os três casos*

2.9 Deformação interna (*strain*) tridimensional

O espectro de estados possíveis de deformação amplia-se significativamente se admitirmos estiramento e contração em três dimensões.

As situações clássicas de referência são conhecidas como extensão uniforme, achatamento uniforme e deformação plana (Fig. 2.12). A **extensão uniforme** (*uniform extension*), também denominada extensão axialmente simétrica, é um estado de deformação onde o estiramento em *X* é compensado por igual encurtamento no plano ortogonal a *X*. O **achatamento uniforme** (*uniform flattening*), ou achatamento axialmente simétrico, é o oposto, com encurtamento em uma direção *Z* compensado por estiramento idêntico em todas as direções perpendiculares a *Z*. Esses dois estados de referência são os membros extremos de um espectro contínuo de tipos de deformação. Entre o achatamento e a extensão uniformes existe a **deformação plana** (*plane strain*), onde o estiramento em uma direção é perfeitamente compensado por encurtamento numa única direção perpendicular. A deformação é "plana" ou bidimensional porque não há estiramento nem encurtamento na terceira direção principal, ou seja, ao longo do eixo *Y*.

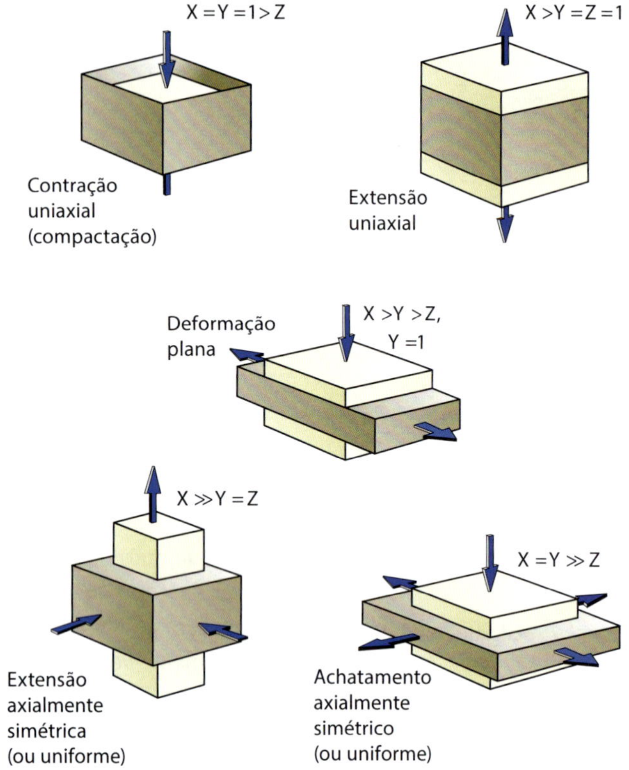

Fig. 2.12 *Alguns estados de referência de deformação (strain). As condições são uniaxial (superior), plana (centro) e tridimensional (inferior)*

A DEFORMAÇÃO É CONSIDERADA PLANA (BIDIMENSIONAL) ONDE NÃO HÁ VARIAÇÃO DE COMPRIMENTO AO LONGO DO EIXO *Y*, ENQUANTO A DEFORMAÇÃO TRIDIMENSIONAL IMPLICA VARIAÇÃO DE COMPRIMENTO AO LONGO DE *X*,*Y* E *Z*.

2.10 Elipsoide de deformação

A variação espacial finita da forma causada pela deformação é descrita de modo completo pelo **elipsoide de deformação**, o qual corresponde à deformação de uma esfera imaginária de raio unitário, deformada juntamente com o volume de rocha considerado.

Esse elipsoide tem três planos de simetria ortogonais entre si, que são os **planos principais de deformação**, e se interceptam ao longo de três eixos ortogonais conhecidos como **eixos principais de deformação**. Seus comprimentos (valores) são denominados **estiramentos principais** (*principal stretches*). Esses eixos são usualmente designados por *X*, *Y* e *Z*, mas as designações $\sqrt{\lambda_1}$, $\sqrt{\lambda_2}$ e $\sqrt{\lambda_3}$ S_1, S_2 e S_3 e ε_1, ε_2 e ε_3 são também usadas. Neste livro, usaremos *X*, *Y* e *Z*, onde *X* representa o eixo mais longo, *Z* o mais curto e *Y* o intermediário:

$$X > Y > Z$$

Quando o elipsoide é fixo no espaço, os eixos podem ser considerados como vetores de comprimento e orientação. Conhecer esses vetores, portanto, significa conhecer tanto a forma como a orientação do elipsoide. Os vetores são nomeados $\mathbf{e}_1$, $\mathbf{e}_2$ e $\mathbf{e}_3$, onde $\mathbf{e}_1$ é o mais longo e $\mathbf{e}_3$ o mais curto (Fig. 2.13).

Se considerarmos um sistema de coordenadas com eixos *x*, *y* e *z* ao longo dos eixos principais de deformação *X*, *Y* e *Z*, podemos escrever a equação da elipsoide de deformação como:

$$\frac{x^2}{\lambda_1} + \frac{y^2}{\lambda_2} + \frac{z^2}{\lambda_3} = 1 \tag{2.5}$$

Pode ser demonstrado que λ_1, λ_2 e λ_3 são os valores próprios do produto das matrizes **DDT**, e que $\mathbf{e}_1$, $\mathbf{e}_2$ e $\mathbf{e}_3$ são os vetores próprios correspondentes (ver Apêndice A). Assim, se **D** for conhecido, pode-se facilmente calcular a orientação e a forma do elipsoide de deformação. A matriz de deformação terá um aspecto diferente, dependendo da escolha do sistema de coordenadas. Entretanto, os vetores próprios e os valores próprios serão idênticos para qualquer estado de deformação, ou seja, eles são **invariantes de deformação** (*strain invariants*). A deformação por cisalhamento, a deformação volumétrica e o número de vorticidade cinemática (W_k) são outros exemplos de invariantes de deformação. Há, ainda, outra característica relacionada ao elipsoide de deformação:

LINHAS PARALELAS AOS EIXOS PRINCIPAIS DE DEFORMAÇÃO SÃO ORTOGONAIS, E FORAM ORTOGONAIS NO ESTADO NÃO DEFORMADO.

Isso significa que elas não passaram por deformação finita por cisalhamento. Nenhum outro conjunto de linhas tem essa propriedade. Assim, a estimativa da deformação por cisalhamento a partir de conjuntos de linhas originalmente ortogonais nos dá informações sobre a orientação de *X*, *Y* e *Z* (ver Cap. 3). Isso se aplica a casos de deformação bi e tridimensional.

2.11 Mais sobre o elipsoide de deformação

Qualquer elipsoide de deformação contém duas **superfícies de não deformação finita** (*surfaces of no finite deformation*). Nas deformações com volume constante, conhecidas como **deformações isocóricas**, essas superfícies são encontradas ligando-se pontos ao longo das linhas de intersecção entre o elipsoide e a esfera unitária a partir da qual foi deformado. Na deformação plana, onde o eixo principal intermediário de deformação tem comprimento unitário, essas superfícies são planas (Fig. 2.13B). Na deformação tridimensional, em geral as superfícies de deformação não finita são não planas. As linhas contidas nessas superfícies têm o mesmo comprimento que no estado não deformado em deformações com volume constante, ou são estiradas uma igual quantidade se houver mudança de volume. Isso significa que:

UMA DEFORMAÇÃO PLANA PRODUZ DOIS PLANOS NOS QUAIS A ROCHA SE APRESENTA INDEFORMADA.

Além disso, as linhas e as partículas físicas se movem através desses planos teóricos durante a deformação progressiva.

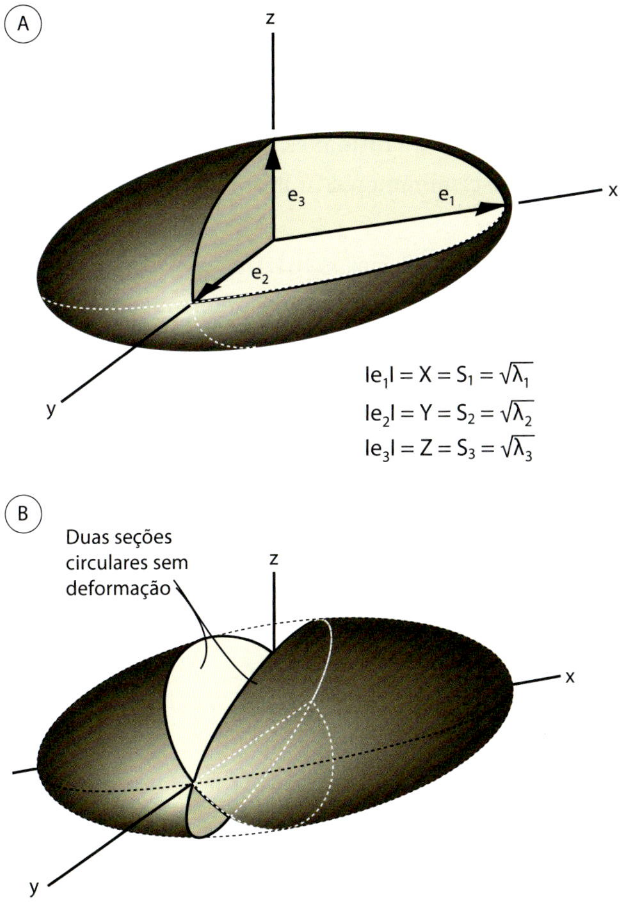

Fig. 2.13 *(A) O elipsoide de deformação é uma esfera imaginária deformada em conjunto com a rocha. O elipsoide depende de deformação homogênea e é descrito por três vetores,* $\mathbf{e}_1$, $\mathbf{e}_2$ *e* $\mathbf{e}_3$, *que definem os eixos principais de deformação (X, Y e Z) e a orientação do elipsoide. O comprimento dos vetores descreve a forma do elipsoide, que independe da escolha do sistema de coordenadas. (B) Elipsoide de deformação plana, com indicação de suas duas seções que não apresentam deformação*

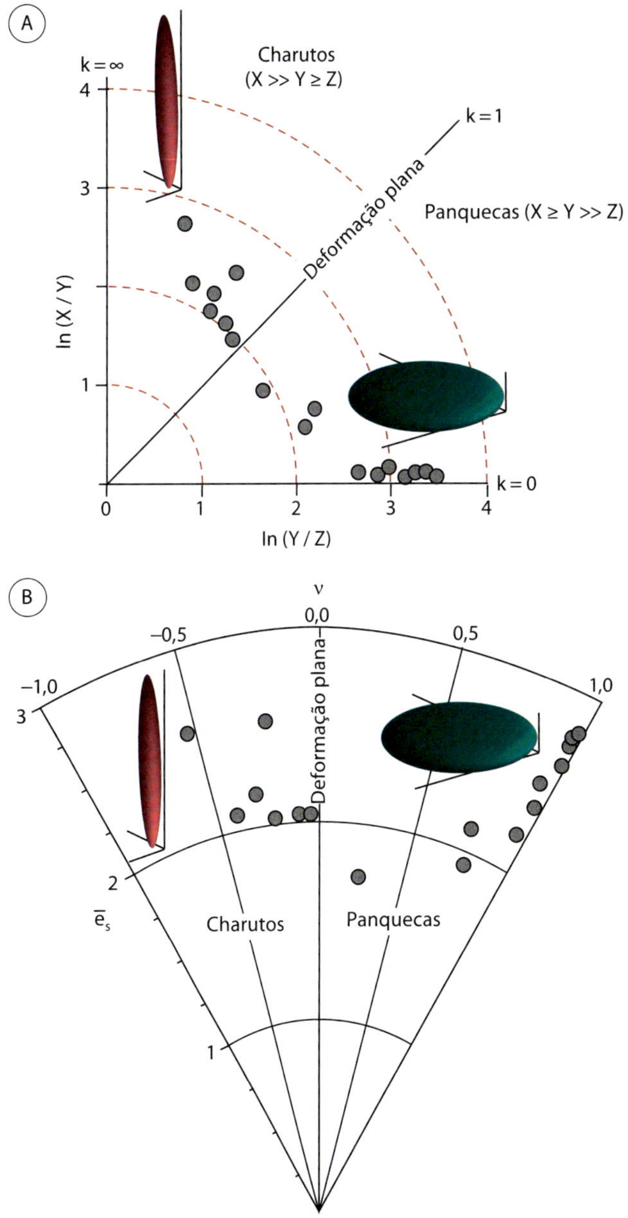

Fig. 2.14 *Dados de deformação podem ser representados no (A) diagrama de Flinn (eixos lineares ou logarítmicos) ou (B) no diagrama de Hsü. Os mesmos dados são lançados nos dois diagramas para comparação. Dados de Holst e Fossen (1987)*

A forma do elipsoide de deformação pode ser vista lançando-se num gráfico as razões axiais *X/Y* e *Y/Z* como eixos de coordenadas, em geral com eixos logarítmicos (Fig. 2.14A). Esse diagrama, amplamente utilizado, é o **diagrama de Flinn**, em referência ao geólogo britânico Derek Flinn, que o propôs em 1962. A diagonal do diagrama descreve deformações onde *X/Y* = *Y/Z*, ou seja, deformação plana. A diagonal separa a geometria **prolata** ou em forma de charuto, no campo superior, da geometria **oblata** ou em forma de panqueca, no campo inferior. A forma real do elipsoide é caracterizada pelo valor *k* de Flinn: $k = (R_{XY} - 1) / (R_{YZ} - 1)$, onde $R_{XY} = X/Y$ e $R_{YZ} = Y/Z$.

Os eixos horizontal e vertical no diagrama de Flinn representam achatamento e extensão axialmente simétricos, respectivamente. Qualquer ponto no diagrama representa uma combinação única de magnitude de deformação e **geometria de deformação** tridimensional, ou seja, um elipsoide de deformação com um valor *k* de Flinn único. Entretanto, diferentes tipos de deformação podem produzir elipsoides com o mesmo valor *k*, e, nesse caso, outros critérios são necessários para separá-los. Um exemplo seria o cisalhamento puro e o cisalhamento simples (ver adiante), ambos plotados na diagonal do diagrama de Flinn (*k* = 1). A orientação da elipse de deformação é diferente no cisalhamento puro e no simples, mas isso não se reflete no diagrama de Flinn. Desse modo, o diagrama é útil dentro de suas limitações.

No diagrama de Flinn, a magnitude da deformação geralmente aumenta ao se afastar da origem. Entretanto, uma comparação direta entre as magnitudes de deformação nas várias partes do diagrama não é trivial. Como comparar elipsoides em forma de panqueca e de charuto? Qual deles está mais deformado? Podemos usar o raio (distância da origem; linhas tracejadas na Fig. 2.14), embora não haja uma boa razão física ou matemática para que esta seja uma medida acurada de magnitude de deformação. Um parâmetro alternativo é dado pela fórmula:

$$\bar{e}_s = \frac{\sqrt{3}}{2}\bar{\gamma}_{oct} \tag{2.6}$$

A variável $\bar{e}_s$ é denominada cisalhamento octaédrico unitário natural e:

$$\bar{\gamma}_{oct} = \frac{2}{3}\sqrt{(\bar{e}_1 - \bar{e}_2)^2 + (\bar{e}_2 - \bar{e}_3)^2 + (\bar{e}_3 - \bar{e}_1)^2} \tag{2.7}$$

onde os valores de $\bar{e}$ representam as deformações naturais principais. Esse cisalhamento unitário está diretamente relacionado ao trabalho mecânico realizado durante a história da deformação. Entretanto, ele não leva em conta a rotação da elipse de deformação que ocorre em deformações não coaxiais (ver seção 2.12) e é mais apropriado para deformações coaxiais.

Um diagrama de deformação alternativo pode ser definido por $\bar{\gamma}_{oct}$, onde o cisalhamento unitário octaédrico natural é considerado em relação a um parâmetro ν, denominado parâmetro de Lode, onde:

$$\nu = \frac{2\bar{e}_2 - \bar{e}_1 - \bar{e}_3}{\bar{e}_1 - \bar{e}_3} \tag{2.8}$$

Há, ainda, o **diagrama de Hsü** (Fig. 2.14B), cujas linhas radiais indicam quantidades iguais de deformação, com base no cisalhamento unitário octaédrico natural.

2.12 Variação de volume

A variação pura de volume ou **deformação volumétrica** de um objeto é dada por $\Delta = (V - V_0)/V_0$, onde V_0 e *V* são os volumes do objeto antes e depois da deformação, respectivamente. O fator de volume Δ é negativo na diminuição de volume e positivo no aumento. A matriz de deformação que descreve a variação geral de volume é:

$$\begin{bmatrix} D_{11} & 0 & 0 \\ 0 & D_{22} & 0 \\ 0 & 0 & D_{33} \end{bmatrix} = \begin{bmatrix} 1+\Delta_1 & 0 & 0 \\ 0 & 1+\Delta_2 & 0 \\ 0 & 0 & 1+\Delta_3 \end{bmatrix} \tag{2.9}$$

O produto $\mathbf{D}_{11}\mathbf{D}_{22}\mathbf{D}_{33}$ é idêntico ao determinante da matriz na Eq. 2.9 (ver Boxe 2.3) e é sempre diferente de 1. Isso é válido para qualquer deformação que envolva variação de volume (ou de área, em duas dimensões). Quanto mais próximo *det***D** for de 1, menor será a variação de volume (área). As variações de volume e de área não envolvem rotação interna, o que significa que linhas paralelas aos eixos principais de deformação têm as mesmas orientações que no estado não deformado. Essa deformação é denominada **coaxial**.

Podemos distinguir as variações isotrópicas e anisotrópicas de volume. A **variação isotrópica de volume** (Fig. 2.15) é uma variação real de volume onde o objeto é igualmente encurtado ou estendido em todas as direções, ou seja, onde os elementos na diagonal na Eq. 2.9 são iguais e o *det***D** ≠ 1. Isso significa que um marcador qualquer diminui ou aumenta de tamanho, mas mantém sua forma. Assim, estritamente falando, não há variação em forma em uma variação isotrópica de volume e a única deformação envolvida é volumétrica. Em duas dimensões, a variação de área isotrópica faz com que um círculo inicial permaneça um círculo, mas com um raio diferente.

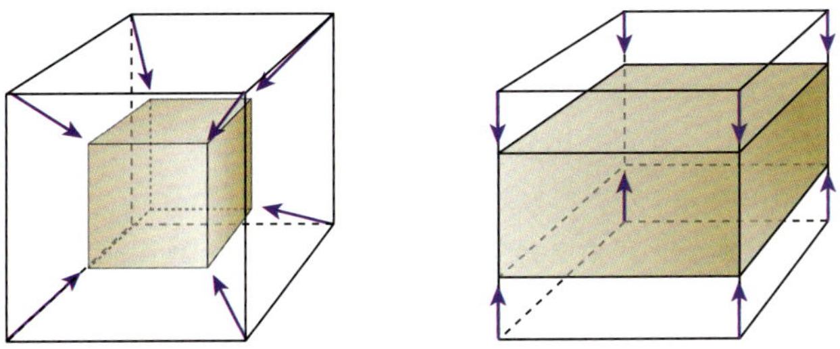

$$\begin{bmatrix} 1+\Delta & 0 & 0 \\ 0 & 1+\Delta & 0 \\ 0 & 0 & 1+\Delta \end{bmatrix} \qquad \begin{bmatrix} 1 & 0 & 0 \\ 0 & 1 & 0 \\ 0 & 0 & 1+\Delta \end{bmatrix}$$

Variação isotrópica de volume

Variação anisotrópica de volume (compactação)

Fig. 2.15 *Diferença entre variação isotrópica de volume, que não envolve deformação interna (strain), e variação anisotrópica de volume com encurtamento axial (compactação)*

Aumento isotrópico de volume: $X = Y = Z > 1$

Diminuição isotrópica de volume: $X = Y = Z < 1$

A **variação anisotrópica de volume** envolve não somente uma variação de volume (ou área) mas, também, uma variação na forma, pois seu efeito sobre a rocha é diferente em diferentes direções. Os exemplos mais óbvios são a compactação, ou contração uniaxial, e a extensão uniaxial, discutido na próxima seção.

Pode-se argumentar que *variação anisotrópica de volume* é um termo redundante, porque qualquer deformação anisotrópica pode ser decomposta em uma combinação de variações de volume (isotrópica) e de forma. O fato de que a deformação não seja relacionada à história deformacional permite que

Boxe 2.3 Determinante da matriz de deformação D

O determinante de uma matriz **D** é encontrado pela fórmula

$$\det \begin{bmatrix} D_{11} & D_{12} & D_{13} \\ D_{21} & D_{22} & D_{23} \\ D_{31} & D_{32} & D_{33} \end{bmatrix} = D_{11}(D_{22}D_{33} - D_{23}D_{32}) - D_{12}(D_{21}D_{33} - D_{23}D_{31}) + D_{13}(D_{21}D_{32} - D_{22}D_{31})$$

Se a matriz for diagonal, ou seja, com valores diferentes de zero apenas em sua diagonal, o *det***D** será o produto dos valores de **D** na diagonal. Esse também é o caso das matrizes triangulares, ou seja, das matrizes que têm apenas zeros abaixo (ou acima) da diagonal:

$$\det \begin{bmatrix} D_{11} & D_{12} & D_{13} \\ 0 & D_{22} & D_{23} \\ 0 & 0 & D_{33} \end{bmatrix} = D_{11}D_{22}D_{33}$$

As matrizes de deformação para variação de volume e cisalhamento puro são exemplos de matrizes diagonais, e as de cisalhamento simples e subsimples são triangulares. Quando o *det***D** = 1, a deformação representada pela matriz é isocórica, ou seja, não envolve variação de volume.

qualquer decomposição matemática nesses componentes seja correta, ainda que eles não representem o processo real de deformação em questão. Entretanto, se pensarmos na compactação de sedimentos e rochas sedimentares, faz mais sentido considerá-la uma variação anisotrópica de volume do que uma combinação de variação isotrópica de volume e deformação interna (*strain*). Os sedimentos se compactam por encurtamento vertical (Fig. 2.11, parte superior), e não separadamente por encolhimento e, em seguida, deformação interna (Fig. 2.11, parte central). Como deve haver uma preocupação com a realidade, o termo *variação anisotrópica de volume* é reservado para os casos pertinentes.

AUMENTO ANISOTRÓPICO DE VOLUME: $XYZ \neq 1$, ONDE DOIS OU OS TRÊS VALORES, DOS VALORES X, Y E Z, SÃO DIFERENTES ENTRE SI.

2.13 Deformação interna uniaxial (compactação)

A deformação interna uniaxial (*uniaxial strain*) é a contração ou extensão ao longo de um dos eixos principais de deformação, sem variações no comprimento dos outros eixos. Essa deformação requer a reorganização, adição ou remoção de volume de rocha. Se houver perda de volume, teremos **contração uniaxial** e redução de volume. Isso acontece por reorganização de grãos durante a compactação física de sedimentos porosos e tufos próximo à superfície, levando a um empacotamento mais denso dos grãos. Somente a água, o óleo ou o gás dos poros deixam o volume de rocha, mas não os minerais.

Em rochas calcárias ou sedimentares siliciclásticas em grande profundidade, a deformação uniaxial pode ser acomodada por dissolução (pressão), também conhecida como compactação química. Nesse caso, os minerais são dissolvidos e transportados por fluidos para fora do volume de rocha. A remoção de minerais por difusão pode também ocorrer sob condições metamórficas na crosta média e inferior. Esse processo pode levar à formação de clivagem ou à compactação através de zonas de cisalhamento. A **extensão uniaxial** implica expansão em uma direção. Esse processo pode ocorrer devido à formação de fraturas tênseis ou de veios, ou durante reações metamórficas.

CONTRAÇÃO UNIAXIAL: $X = Y > Z, X = 1$

EXTENSÃO UNIAXIAL: $X > Y = Z, Z = 1$

A deformação uniaxial pode ocorrer isoladamente, como, por exemplo, na compactação de sedimentos, ou em combinação com outros tipos de deformação, como o cisalhamento simples. Muitas zonas de cisalhamento podem ser convenientemente consideradas como zonas de cisalhamento simples, com encurtamento uniaxial adicional transversal.

O encurtamento uniaxial ou compactação é uma deformação importante e bastante comum, que requer uma descrição mais detalhada. A matriz de deformação da deformação uniaxial é

$$\det\begin{bmatrix} 1 & 0 & 0 \\ 0 & 1 & 0 \\ 0 & 0 & 1+\Delta \end{bmatrix} \quad (2.10)$$

onde Δ é a elongação na direção vertical (negativa para compactação) e $1 + \Delta$ é o estiramento vertical (Fig. 2.16). O fato de que apenas o terceiro elemento diagonal é diferente de 1 implica elongação ou encurtamento somente em uma direção. A matriz fornece o elipsoide de deformação, que é oblato (forma de panqueca) no caso de compactação. Ela também pode ser usada para calcular o modo como feições planas, como falhas e estratificações, são afetadas pela compactação (Fig. 2.16).

Por exemplo, considere um volume de sedimentos soterrado em pequena profundidade, onde a espessura vertical é reduzida para 80% do valor inicial após o soterramento em profundidade de 2,5 km, ou seja, 1 m da coluna vertical de sedimentos é reduzido a 0,8 m. Nesse caso, há redução de 20% do volume, $\Delta = -0{,}2$, e, portanto, $1 + \Delta = 0{,}8$. Qual seria a variação no mergulho de uma falha formada em um estágio muito inicial (em um nível raso) com mergulho de 60° (α na Fig. 2.16)? Considere o bloco da Fig. 2.16, com base de dimensão unitária e altura z, sendo que a falha corta diagonalmente o bloco. Se partirmos de uma falha com mergulho inicial de 60°, a altura do bloco corresponde a z_A = tg 60 ≈ 1,73. Após 20% de compactação, a falha passa a ter um novo valor de mergulho, $\alpha' = tg^{-1} z_B$, e uma nova altura z_B = tg(0,8 z_A). Em nosso exemplo, α = 54°. Portanto, há uma redução de 6° no mergulho da falha devido ao soterramento de 2 km de profundidade. Isso é relevante no caso das **falhas de crescimento** que são progressivamente soterradas. A compactação que ocorre durante o soterramento diminui o ângulo de mergulho, criando uma geometria de falhas lístricas (ver Cap. 9).

Esse fenômeno pode ser relacionado à variação na porosidade, e pode ser demonstrado que

$$\frac{tg\alpha'}{tg\alpha'} = \frac{(1-\Phi_0)}{(1-\Phi)} \quad (2.11)$$

em que Φ é a porosidade atual e Φ_0 a porosidade inicial. Outra relação útil na modelagem da variação do mergulho das falhas é

$$\Phi = \Phi_0 e^{-CZ} \quad (2.12)$$

em que Z é a profundidade de soterramento e C é uma constante relativa ao material, com valor de 0,29 para areia, 0,38 para silte e 0,42 para argila (*e* é a função exponencial, e não o fator de extensão).

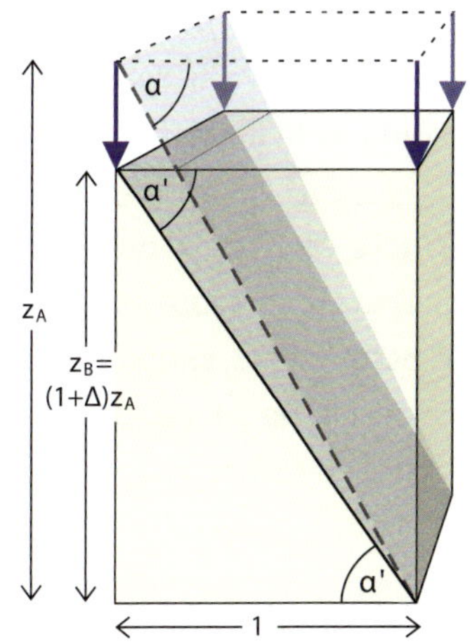

Fig. 2.16 *Diminuição do mergulho de uma falha por compactação. O efeito depende da quantidade de compactação após o falhamento ou da diminuição da porosidade e pode ser estimado usado a matriz de deformação por compactação (Eq. 2.10) ou a relação apresentada na Eq. 2.11.*

2.14 Cisalhamento puro e deformações coaxiais

O cisalhamento puro (Fig. 2.8B) é uma **deformação coaxial** perfeita, onde um marcador paralelo a um dos eixos principais não sofre rotação a partir de sua posição original. A deformação uniaxial, onde a rocha é encurtada ou estendida em uma direção, é outro exemplo de deformação coaxial.

Na deformação coaxial, as linhas ao longo dos eixos principais de deformação mantêm a mesma orientação de seu estado indeformado.

O cisalhamento puro é uma deformação plana (bidimensional) sem variação de volume, embora alguns geólogos apliquem esse termo a deformações coaxiais tridimensionais. O cisalhamento puro equivale a um encurtamento em uma direção, compensado por extensão em outra, como expresso na matriz de deformação:

$$\begin{bmatrix} k_x & 0 \\ 0 & k_y \end{bmatrix} \quad (2.13)$$

onde k_x e k_y são o estiramento e o encurtamento ao longo dos eixos de coordenadas x e y, respectivamente. Como o cisalhamento puro preserva a área (volume), $k_y = 1/k_x$.

2.15 Cisalhamento simples

O cisalhamento simples (Fig. 2.8) é um tipo especial de deformação interna (*strain*) plana de volume constante. Não há estiramento ou encurtamento de linhas ou movimento de partículas na terceira direção. Diferentemente do cisalhamento puro, esta é uma **deformação não coaxial**, o que significa que linhas paralelas aos eixos principais de deformação são rotacionadas a partir de suas posições iniciais. Devido ao componente de **rotação interna** desse tipo de deformação, há geólogos que se referem ao cisalhamento simples e a outras deformações não coaxiais como **deformações rotacionais**. Por rotação interna, consideramos a diferença entre a orientação de uma linha ao longo do eixo mais longo de deformação finita e a orientação dessa linha antes da deformação. Enquanto o cisalhamento puro não tem componente de rotação interna, o componente de rotação interna de um cisalhamento simples depende da quantidade de deformação.

Outra característica da deformação não coaxial está relacionada à orientação do elipsoide de deformação e à quantidade de deformação:

Em deformação não coaxial, a orientação dos eixos principais de deformação é diferente em diferentes quantidades de deformação, enquanto na deformação coaxial os eixos sempre apontam nas mesmas direções (mesma orientação, diferentes comprimentos).

Assim como em qualquer tipo de deformação interna (*strain*) plana, o elipsoide de deformação do cisalhamento simples tem duas seções circulares (Fig. 2.13B). Uma delas é paralela ao plano de cisalhamento, independentemente da quantidade de deformação. O **plano de cisalhamento** é o plano no qual o cisalhamento ocorre (Fig. 2.17). Ele é semelhante ao plano de rejeito em falhas e, no cisalhamento simples, é um plano sem deformação interna (*strain*).

A coaxialidade e a rotação interna podem ser discutidas mais facilmente em termos de deformação progressiva (ver adiante). Por ora, veremos a matriz de deformação de cisalhamento simples:

$$\begin{bmatrix} 1 & \gamma \\ 0 & 1 \end{bmatrix} \quad (2.14)$$

O fator γ é a deformação por cisalhamento e $\gamma = tg\psi$, onde ψ é o ângulo de rotação de uma linha perpendicular ao plano de cisalhamento no estado não deformado (Fig. 2.8). Linhas e planos que se situam no plano de cisalhamento (ou paralelos a ele) não mudam de orientação ou comprimento durante o cisalhamento simples. Linhas e planos com qualquer outra orientação variam. É importante notar que as matrizes de deformação que descrevem a deformação coaxial são simétricas, enquanto as que descrevem deformações não coaxiais são assimétricas.

2.16 Cisalhamento subsimples

Entre o cisalhamento puro e o cisalhamento simples, há uma gama de deformações planas, geralmente denominadas **cisalhamento subsimples** (ou, ainda, cisalhamento genérico, embora essa deformação seja um subconjunto da deformação plana e, portanto, não muito genérica). O cisalhamento subsimples pode

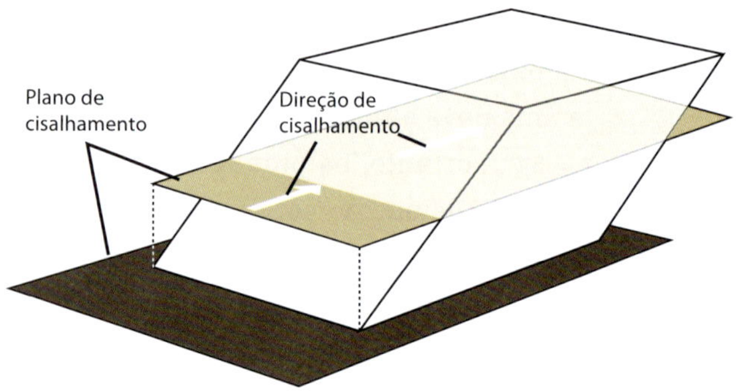

Fig. 2.17 *Ilustração do significado dos termos plano de cisalhamento e direção de cisalhamento em um cubo deformado. Esses termos referem-se ao cisalhamento simples ou ao componente de cisalhamento simples de um tipo mais geral de deformação, como o cisalhamento subsimples*

ser considerado uma mistura de cisalhamento puro e cisalhamento simples, sendo que a rotação interna envolvida é menor que no cisalhamento simples. Matematicamente, temos que combinar as matrizes de deformação do cisalhamento puro e do cisalhamento simples, o que não é tão trivial quanto possa parecer. A matriz pode ser escrita como:

$$\begin{bmatrix} k_x & \Gamma \\ 0 & k_x \end{bmatrix} \quad (2.15)$$

onde $\Gamma = \gamma\ [(k_x - k_y)]/[\ln(k_x - k_y)]$. Se não houver variação em área, além dos componentes de cisalhamento puro e simples, então $k_y = 1/k_x$ e $\Gamma\gamma(k_x - 1/k_x)\ /\ 2\ln(k_x)$. Um exemplo de cisalhamento subsimples e seu campo de deslocamentos e trajetórias de partículas é apresentado na Fig. 2.1.

2.17 Deformação progressiva e parâmetros de fluxo

O cisalhamento simples, o cisalhamento puro, a variação de volume e qualquer outro tipo de deformação apenas relacionam os estados deformado e não deformado. A história que se passa entre os dois estados é outro problema, abordado em estudos de **fluxo** e de **deformação progressiva de rochas**.

É conveniente considerarmos as partículas individuais da rocha ou sedimento quando discutimos sua deformação progressiva. Se observarmos uma única partícula durante a história da deformação, teremos a imagem da **trajetória de uma partícula** individual.

Se mapearmos o movimento de um certo número de partículas, teremos uma noção do **padrão de fluxo**.

O PADRÃO DE FLUXO É A SOMA DE TRAJETÓRIAS DAS PARTÍCULAS NUM MEIO EM DEFORMAÇÃO.

A trajetória de partículas pode ser registrada diretamente em experimentos, em que partículas individuais ou grãos (coloridos) são observados ao longo da história da deformação. As trajetórias de partículas mostradas na Fig. 2.18 não estão completas, porque se baseiam nos pontos de intersecção entre falhas e marcadores. O padrão de fluxo também pode ser afetado por falhas, que são descontinuidades de deslocamento (ver Cap. 9), mas o padrão geral é próximo ao padrão de cisalhamento puro. A filmagem do transcurso de um experimento possibilita a reconstrução do padrão de fluxo. No campo, podemos observar apenas o estágio final da deformação, ou seja, a última imagem do filme.

Considere que podemos fotografar uma deformação do começo ao fim. A diferença entre quaisquer duas fotos adjacentes representa um pequeno intervalo da deformação total. Com base nas diferenças entre as duas fotos, podemos encontrar o tamanho e a orientação do **elipsoide de deformação incremental** nesse intervalo e descrever esse incremento da história da deformação. Se tal intervalo for muito pequeno, obtemos os **parâmetros de deformação instantânea** ou **infinitesimal**. Os parâmetros que atuam instantaneamente durante a história da deformação são denominados **parâmetros de fluxo**. Como indicado na Fig. 2.19, os parâmetros de fluxo incluem os eixos de estiramento instantâneo ou infinitesimal, as apófises de fluxo, a vorticidade e o campo de velocidades, e todos esses parâmetros merecem uma atenção especial.

Os **eixos de estiramento instantâneo** (*Instantaneous Stretching Axes*, ISA) são os três eixos perpendiculares (dois, no caso de deformação plana) que descrevem as direções de estiramento máximo e mínimo em qualquer instante durante a deformação. Eles são chamados de eixos de estiramento instantâneo, embora o eixo de estiramento mínimo (ISA_3) seja a direção de máximo encurtamento, ou seja, de estiramento negativo. As linhas ao longo do eixo mais longo (ISA_1) são estiradas mais rapidamente que qualquer linha com outra orientação. De modo similar, nenhuma linha é estirada mais lentamente (ou encurtada mais rapidamente) do que as paralelas ao eixo de estiramento instantâneo mais curto (ISA_3).

As **apófises de fluxo** separam diferentes domínios de trajetórias de partículas (AP na Fig. 2.19). As partículas ao longo das apófises repousam ou se movem ao longo de apófises retas. Outras trajetórias de partículas são curvas. Nenhuma partícula pode cruzar uma apófise de fluxo, a menos que as condições variem durante a história da deformação.

A **vorticidade** descreve a rapidez com que uma partícula é rotacionada em um meio macio (*soft medium*) durante a deformação (seção 2.20). Uma grandeza relacionada é o **número de vorticidade cinemática** (W_k), que é igual a 1 no cisalhamento simples, igual a 0 no cisalhamento puro e entre 0 e 1 no cisalhamento subsimples.

O **campo de velocidade** descreve a velocidade das partículas em qualquer instante durante a história da deformação. Vamos descrevê-lo em mais detalhe a seguir.

2.18 Campo de velocidade

A matriz (ou tensor) de velocidade (gradiente) **L** descreve a velocidade das partículas em qualquer instante durante a deformação. Em três dimensões, o campo de velocidades é descrito pelas equações:

$$v_1 = L_{11}x + L_{12}y + L_{13}z$$
$$v_2 = L_{21}x + L_{22}y + L_{23}z$$
$$v_3 = L_{31}x + L_{32}y + L_{33}z$$

que, na notação matricial, se tornam:

$$\begin{bmatrix} v_1 \\ v_2 \\ v_3 \end{bmatrix} = \begin{bmatrix} L_{11} & L_{12} & L_{13} \\ L_{21} & L_{22} & L_{23} \\ L_{31} & L_{32} & L_{33} \end{bmatrix} \begin{bmatrix} x \\ y \\ z \end{bmatrix} \qquad (2.16)$$

Ou

$$\mathbf{v} = \mathbf{Lx}$$

onde o vetor **v** descreve o campo de velocidade e o vetor **x** fornece as posições das partículas.

Se considerarmos um fluxo com componente coaxial 3-D, como achatamento ou extensão axial-

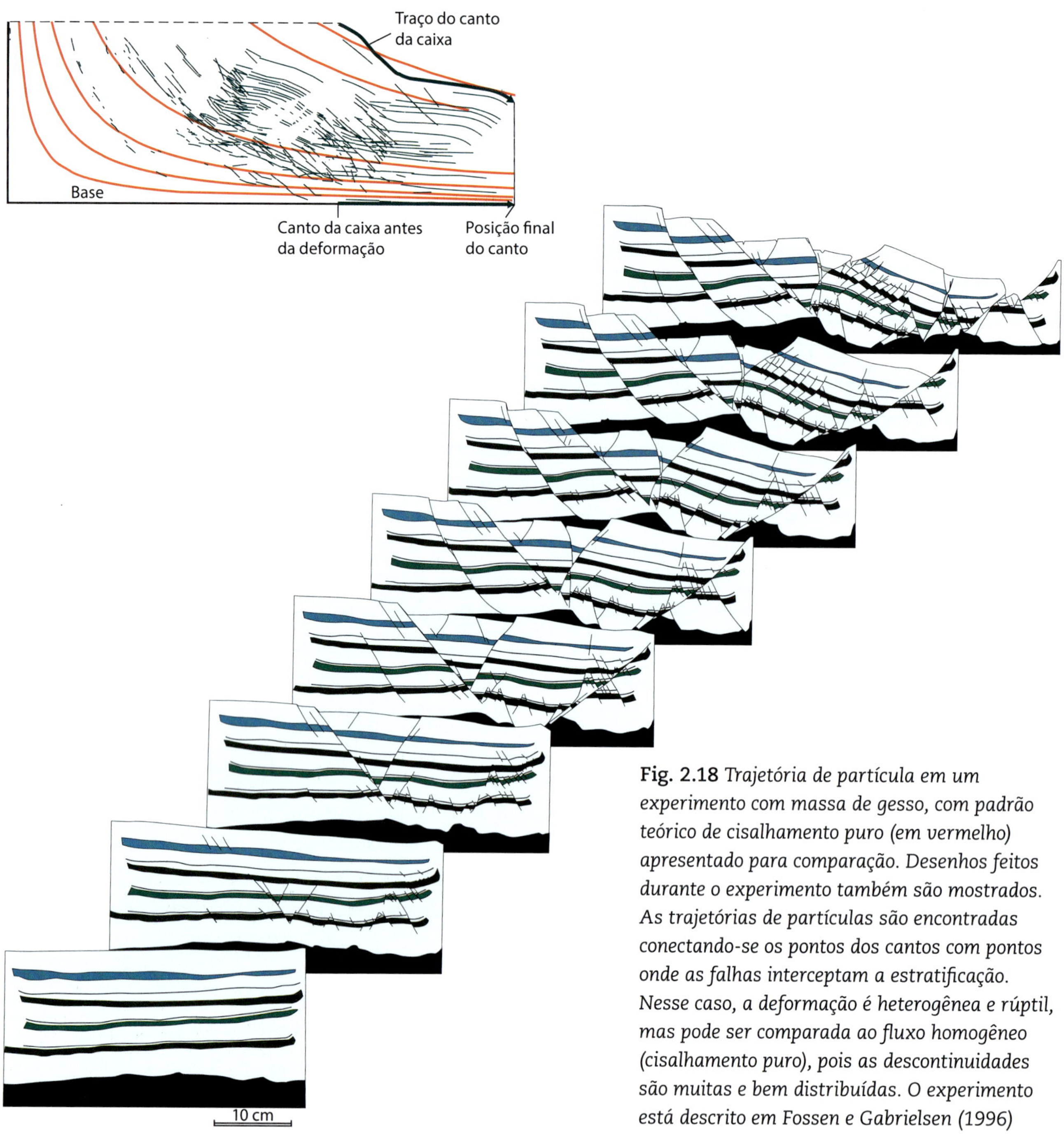

Fig. 2.18 *Trajetória de partícula em um experimento com massa de gesso, com padrão teórico de cisalhamento puro (em vermelho) apresentado para comparação. Desenhos feitos durante o experimento também são mostrados. As trajetórias de partículas são encontradas conectando-se os pontos dos cantos com pontos onde as falhas interceptam a estratificação. Nesse caso, a deformação é heterogênea e rúptil, mas pode ser comparada ao fluxo homogêneo (cisalhamento puro), pois as descontinuidades são muitas e bem distribuídas. O experimento está descrito em Fossen e Gabrielsen (1996)*

mente simétricos (Fig. 2.12) em combinação com um cisalhamento simples progressivo cujo plano de cisalhamento seja o plano x–y, obteremos a seguinte matriz de velocidade:

$$\mathbf{L} = \begin{bmatrix} \dot{e}_x & \dot{\gamma} & 0 \\ 0 & \dot{e}_y & 0 \\ 0 & 0 & \dot{e}_z \end{bmatrix} \qquad (2.17)$$

Nessa matriz, $\dot{e}_x$, $\dot{e}_y$ e $\dot{e}_z$ são as taxas de elongação nas direções x, y e z, respectivamente, e γ é a taxa de deformação por cisalhamento (todos com dimensão s^{-1}). Essas taxas de deformação estão relacionadas com a velocidade de partículas e, portanto, com o campo de velocidade. Ao inserir a Eq. 2.17 na Eq. 2.16, obtemos o seguinte campo de velocidade:

$$\begin{aligned} v_1 &= \dot{e}_x x + \dot{\gamma} y \\ v_2 &= \dot{e}_y y \\ v_3 &= \dot{e}_z z \end{aligned} \qquad (2.18)$$

A matriz **L** é composta por componentes de taxa de deformação dependentes do tempo, enquanto a matriz de deformação tem componentes espaciais que não consideram tempo ou história. A matriz **L** de cisalhamento subsimples progressivo será:

$$\mathbf{L} = \begin{bmatrix} \dot{e}_x & 0 \\ 0 & \dot{e}_y \end{bmatrix} + \begin{bmatrix} 0 & \dot{\gamma} \\ 0 & 0 \end{bmatrix} = \begin{bmatrix} 0 & \dot{\gamma} \\ 0 & 0 \end{bmatrix} + \begin{bmatrix} \dot{e}_x & 0 \\ 0 & \dot{e}_y \end{bmatrix} = \begin{bmatrix} \dot{e}_x & \dot{\gamma} \\ 0 & \dot{e}_y \end{bmatrix} \quad (2.19)$$

Essa equação representa uma diferença significativa entre as matrizes de taxas de deformação e as matrizes de deformação ordinária: enquanto as matrizes de deformação são não comutativas, as matrizes de taxas de deformação podem ser somadas em qualquer ordem sem qualquer modificação do resultado. A desvantagem é ser mais trabalhoso extrair informações sobre a elipse de deformação de matrizes de taxas de deformação, pois temos que integrar no tempo o intervalo em questão.

A matriz **L** pode ser decomposta numa matriz $\dot{\mathbf{S}}$ simétrica e em uma chamada matriz antissimétrica (*skew-symmetric matrix*) **W**:

$$\mathbf{L} = \dot{\mathbf{S}} + \mathbf{W} \quad (2.20)$$

em que $\dot{\mathbf{S}}$ é a matriz (ou tensor) de estiramento e descreve a porção da deformação que, ao longo do tempo, produz deformação interna (*strain*). **W** é conhecida como matriz de vorticidade ou de rotação e contém informação sobre a rotação interna durante a deformação. Em cisalhamento subsimples progressivo, a decomposição se torna:

$$\mathbf{L} = \dot{\mathbf{S}} + \mathbf{W} = \begin{bmatrix} \dot{\varepsilon}_x & \frac{1}{2}\dot{\gamma} \\ \frac{1}{2}\dot{\gamma} & \dot{\varepsilon}_y \end{bmatrix} + \begin{bmatrix} 0 & \frac{1}{2}\dot{\gamma} \\ -\frac{1}{2}\dot{\gamma} & 0 \end{bmatrix} \quad (2.21)$$

Os vetores próprios e valores próprios de $\dot{S}$ fornecem a orientação e o comprimento dos ISA (eixos de estiramento instantâneo). Os vetores próprios de **L** descrevem as apófises de fluxo, que serão discutidas na próxima seção. A escolha de se trabalhar com taxas de deformação ou com parâmetros simples de deformação, como k e γ, é, em muitos casos, uma questão de preferência pessoal. Ambos estão em uso, e ambos têm vantagens e desvantagens.

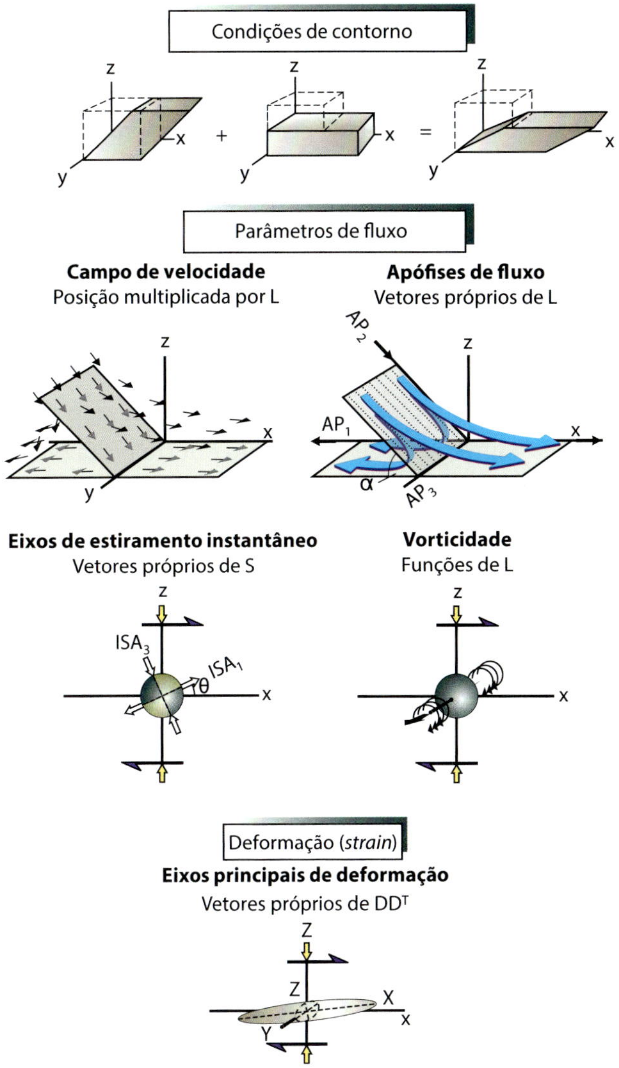

Fig. 2.19 *Parâmetros mais importantes de deformação. As condições de contorno controlam os parâmetros de fluxo, que, ao longo do tempo, produzem a deformação*

Fonte: modificado de Fossen e Tikoff (1997).

2.19 Apófises de fluxo

As apófises de fluxo, mostradas em linhas azuis juntamente com as trajetórias de partículas em verde na Fig. 2.20, são **linhas teóricas** ("linhas fantasma" invisíveis, livres para rotacionar, independentemente das linhas materiais) que separam diferentes campos do fluxo. As partículas não podem cruzar uma apófise, mas podem mover-se ao longo delas ou repousar sobre elas. No caso de cisalhamento simples (cisalhamento simples progressivo), as partículas sempre se movem em linha reta ao longo da direção de cisalhamento. Isso ocorre porque não há encurtamento ou extensão perpendicular ao plano de cisalhamento, e indica que uma das apófises é paralela à direção de cisalhamento (Fig. 2.20, cisalhamento simples). Como veremos a seguir, há apenas uma única apófise no cisalhamento simples. No cisalhamento puro, há duas apófises ortogonais, ao longo das quais as partículas se movem aproximando-se ou afastando-se da origem. No cisalhamento subsimples, há duas apófises oblíquas, uma paralela à direção de cisalhamento e outra perfazendo um ângulo α com a primeira. O ângulo α entre as duas apófises varia entre 90° no cisalhamento puro e 0° no cisalhamento simples.

No cisalhamento simples, cisalhamento puro e cisalhamento subsimples, as apófises estão no plano perpendicular ao plano de cisalhamento e paralelo à direção de cisalhamento, o que significa que, se desejarmos, podemos expressar os vetores em duas dimensões:

$$\begin{bmatrix} 1 \\ 0 \end{bmatrix}, \begin{bmatrix} \frac{-\gamma}{\ln(k_x/k_y)} \\ 1 \end{bmatrix} \tag{2.22}$$

O primeiro desses vetores ou apófises é aquele paralelo à direção de cisalhamento (aqui representado no eixo x de nosso sistema de coordenadas), enquanto o outro é oblíquo. O ângulo α entre as apófises é diretamente relacionado a quão próxima a deformação está do cisalhamento simples ou do cisalhamento puro. O ângulo α será igual a zero no cisalhamento simples e 90° no cisalhamento puro, e W_k, portanto, depende de α:

$$W_k = \cos(\alpha) \tag{2.23}$$

Para darmos um exemplo de como as apófises de fluxo podem ser usadas em tectônica, vamos considerar o movimento convergente de uma placa tectônica em relação à outra. De fato, a apófise oblíqua é paralela ao vetor de convergência, o que fica aparente se nos lembrarmos que o movimento retilíneo das partículas somente ocorre na direção das apófises. Ou seja, na convergência oblíqua de placas (transpressão, ver Cap. 19), α descreve o ângulo de convergência, que será igual a 90° em uma colisão frontal e a 0° em uma colisão

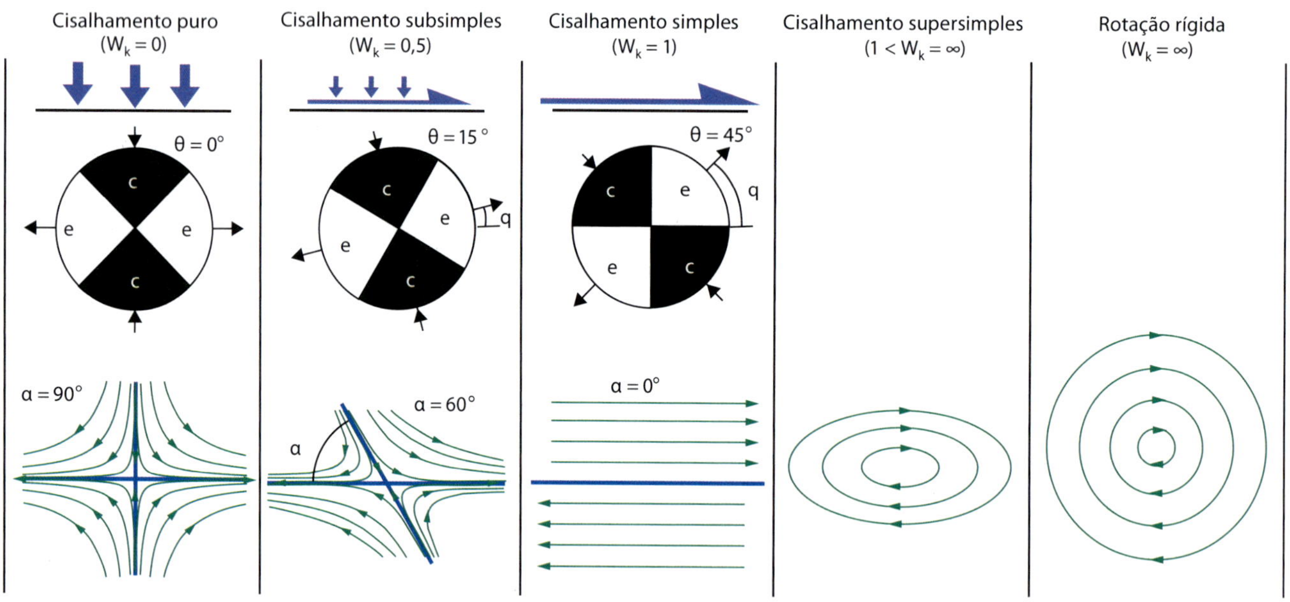

Fig. 2.20 *Trajetórias de partículas (em verde) e apófises de fluxo (em azul) de deformações planas. As duas apófises de fluxo, que descrevem o padrão de fluxo, são ortogonais no cisalhamento puro, oblíquas no cisalhamento subsimples e coincidentes no cisalhamento simples. Em uma deformação com maior rotação interna, as partículas se deslocam em trajetórias elípticas. O membro final dessa faixa de variação é a rotação rígida, onde as partículas se movem ao longo de círculos perfeitos. A rotação rígida envolve rotação perfeita sem deformação interna (strain), enquanto o cisalhamento puro é dado simplesmente por deformação interna (strain), sem rotação. Note que os ISA, em geral, são oblíquos às apófises de fluxo para* $W_k > 0$

com rejeito direcional. Uma colisão frontal é, portanto, um cisalhamento puro de grande escala, enquanto uma colisão com rejeito direcional (ou com limites conservativos) deforma por cisalhamento simples. A Fig. 2.21 ilustra um exemplo teórico de convergência oblíqua e, se conhecermos o vetor de movimento de uma placa em relação à outra, poderemos, pelo menos em princípio, estimar as orientações médias das apófises de fluxo oblíquas, porque as duas serão paralelas. Uma vez conhecida a apófise de fluxo, também conheceremos W_k (a partir da Eq. 2.23) e poderemos usar esse dado para modelar ou estimar as estruturas de deformação ao longo do limite de placas. Além disso, poderemos analisar estruturas antigas ao longo de um limite (anterior) de placa e inferir o ângulo de paleoconvergência. Portanto, o cálculo matricial e a geologia de campo se encontram nos limites de placas, e também em outros contextos, de formas muito convenientes.

2.20 Vorticidade e W_k

Nós separamos as **histórias de deformação não coaxial** – em que linhas materiais (linhas imaginárias traçadas sobre uma seção através da rocha que está sendo deformada) são, em um dado instante, paralelas aos ISA e, no instante seguinte, rotacionadas, distanciando-se deles – das **histórias de deformação coaxial** – em que as linhas materiais ao longo dos ISA permanecem assim em toda a história da deformação. O grau de rotação (interna) ou coaxialidade é indicado pelo número de vorticidade cinemática W_k. Esse número será igual a 0 em histórias de deformação perfeitamente coaxial, 1 em cisalhamento simples progressivo e entre 0 e 1 em cisalhamento subsimples. Valores entre 1 e ∞ referem-se a histórias de deformação em que os eixos principais de deformação são continuamente rotacionados. Uma deformação onde $W_k > 1$ pode ser chamada de deformação rotacional, resultando em um elipsoide de deformação que registra uma história cíclica de sucessivas deformações e não deformações.

Para uma melhor compreensão do que realmente significa W_k, precisamos explorar o conceito de vorticidade. A **vorticidade** é uma medida da rotação interna durante a deformação. O termo é originário da dinâmica de fluidos, e a clássica analogia é uma roda d'água que se move juntamente com o fluxo (Fig. 2.22). Se a roda d'água não girar, não haverá vorticidade. Se a roda girar, haverá uma vorticidade, e o vetor que descreve a velocidade de rotação, o vetor de velocidade angular ω, é relacionado de perto ao vetor de vorticidade **w**:

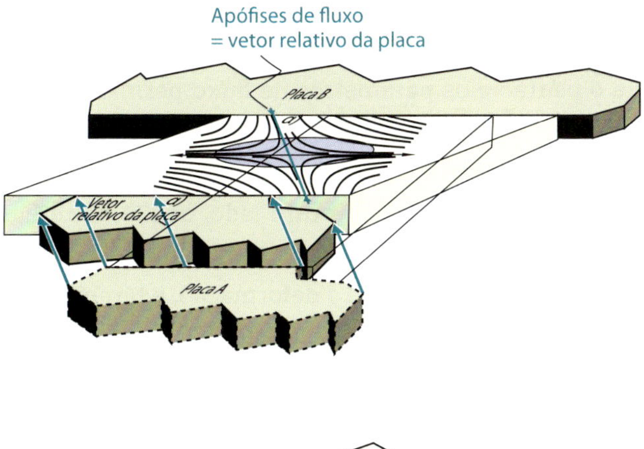

Fig. 2.21 *Duas placas rígidas (A e B) e uma zona de deformação intermediária (em amarelo). Se estivermos de pé sobre a placa B, observaremos a placa A se movendo obliquamente na nossa direção. Se o encurtamento for compensado por extensão lateral, a apófise oblíqua de fluxo será paralela ao vetor da placa e a trajetória de partícula será desconhecida. W_k pode ser obtido a partir da Fig. 2.24*
Fonte: modificado de Fossen e Tikoff (1998).

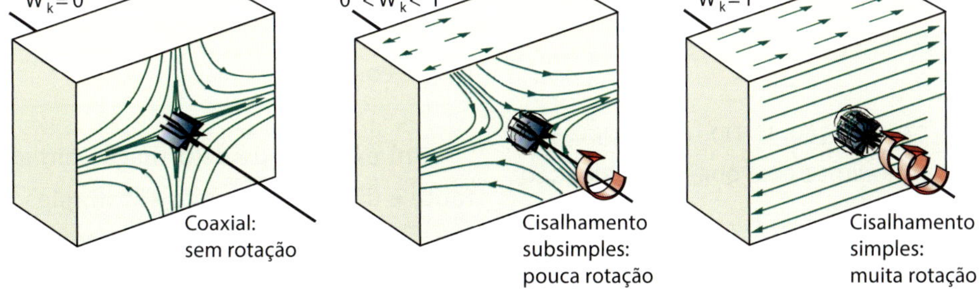

Fig. 2.22 *Interpretação de fluxo na roda d'água. O eixo da roda d'água é paralelo ao vetor de vorticidade e não gira em deformação coaxial (W_k= 0), mostrando uma tendência progressiva para a rotação com o aumento de W_k*

$$\mathbf{w} = 2\omega = \text{curl}\,\mathbf{v} \quad (2.24)$$

onde **v** é o campo de velocidade.

Outro exemplo envolve o congelamento de um volume esférico de fluido (Fig. 2.23). Se a esfera for infinitamente pequena, o vetor de vorticidade **w** representará o eixo de rotação da esfera, e seu comprimento será proporcional à velocidade de rotação. O vetor de vorticidade pode ser interpretado como: (1) a rotação média de todas as linhas no plano perpendicular a **w** em relação aos ISA; (2) a velocidade de rotação de um conjunto de linhas físicas paralelas aos ISA; (3) a velocidade média de rotação de duas linhas físicas ortogonais no plano perpendicular a **w**; ou (4) a metade da velocidade de rotação de uma inclusão esférica rígida numa matriz dúctil onde não haja deslizamento ao longo da borda da esfera e onde o contraste de viscosidade seja infinitamente alto.

Como exemplo, vamos colocar uma esfera rígida dentro de uma caixa de deformação preenchida com um material mais mole que contenha marcadores de deformação. Se aplicarmos uma deformação coaxial, comprimindo a caixa em uma direção e permitindo a extensão em outra(s), a esfera não sofrerá rotação e a vorticidade será 0. Entretanto, se adicionarmos um cisalhamento simples ao conteúdo da caixa, a esfera irá girar e poderemos observar uma relação entre deformação e rotação, independentemente da velocidade com que o experimento seja executado: quanto maior a deformação, maior a rotação. Essa relação entre a deformação e a rotação (interna) é o número de vorticidade cinemática W_k. Para uma combinação simultânea de cisalhamentos puro e simples, ou seja, cisalhamento subsimples, haverá uma menor rotação da esfera para um certo acúmulo de deformação em comparação com cisalhamento simples. Portanto, W_k será menor que 1 e seu valor dependerá das proporções relativas de cisalhamentos puro e simples.

W_k É UMA MEDIDA DA RELAÇÃO ENTRE A VORTICIDADE (ROTAÇÃO INTERNA) E A RAPIDEZ COM QUE A DEFORMAÇÃO INTERNA (STRAIN) SE ACUMULA.

Matematicamente, o número de vorticidade cinemática pode ser definido como:

$$W_k = \frac{w}{\sqrt{2\left(s_x^2 + s_y^2 + s_z^2\right)}} \quad (2.25)$$

onde s_n são as taxas principais de deformação, ou seja, as taxas de deformação ao longo dos ISA. A equação pode ser reescrita em termos dos componentes de cisalhamentos puro e simples se assumirmos um fluxo estável (ver próxima seção) durante a deformação:

$$W_k = \frac{\gamma}{\sqrt{2\left[(\ln k_x)^2 + \left(\ln k_y\right)^2\right] + (\gamma)^2}} \quad (2.26)$$

que, em área constante, se torna:

$$W_k = \cos\left[\text{arctg}\left(2 \ln k/\gamma\right)\right] \quad (2.27)$$

Essa expressão é equivalente à equação mais simples $W_k = cos(\alpha)$ (Eq. 2.23), onde α e α'são os ângulos agudo e obtuso entre as duas apófises de fluxo, respectivamente, e k e γ são os componentes de cisalhamentos puro e simples, como acima. A relação entre W_k e α é apresentada graficamente na Fig. 2.24, onde também é mostrada a relação correspondente entre W_k e ISA_1.

2.21 Deformação em estado constante

Se o padrão e os parâmetros de fluxo permanecerem constantes ao longo da história da deformação, teremos uma deformação ou **fluxo em estado constante** (*steady-state flow*). Se, por outro lado, os ISA sofrerem rotação, W_k mudará de valor ou as trajetórias de partículas irão variar durante a deformação, e teremos um fluxo não constante (*non-steady-state flow*).

NA DEFORMAÇÃO SOB ESFORÇO E FLUXO CONSTANTES, OS ISA E AS APÓFISES DE FLUXO CONSERVAM SUAS ORIENTAÇÕES INICIAIS DURANTE TODA A HISTÓRIA DA DEFORMAÇÃO, E W_k é constante.

Um exemplo de deformação em estado não constante é um cisalhamento subsimples que varia desde um cisalhamento mais próximo ao simples até um fluxo dominado por cisalhamento puro. Por razões práticas, e como a deformação não constante é difícil

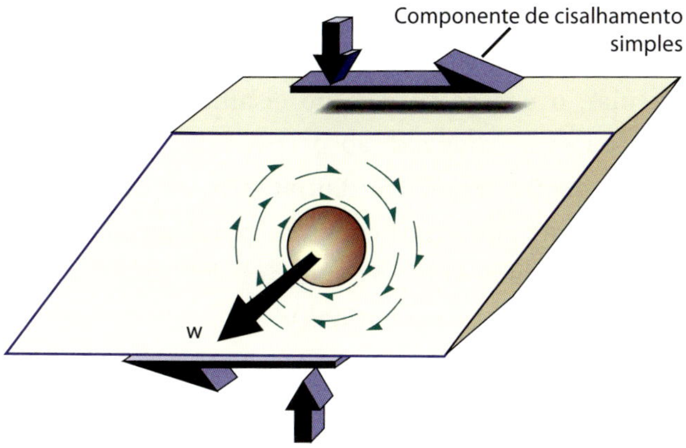

Fig. 2.23 *O vetor de vorticidade* (**w**) *em cisalhamento subsimples progressivo*

de identificar, em muitos casos considera-se o fluxo como sendo constante. Na natureza, entretanto, as deformações de fluxo não constante são, provavelmente, muito mais comuns.

2.22 Deformação incremental

A teoria em torno da matriz de deformação pode ser usada para modelar de modo discreto a deformação progressiva. Há uma diferença entre **deformação finita** ou **deformação interna** (*strain*) **finita**, por um lado, que é o resultado de toda a história da deformação, e **deformação incremental** ou **deformação interna** (*strain*) **incremental**, por outro, que trata apenas de uma fração da história deformacional. Quando usamos uma abordagem incremental, cada incremento na deformação é representado por uma **matriz de deformação incremental**, e o produto de todas as matrizes de deformação incremental é igual à matriz de deformação finita.

Devemos estar cientes de uma característica importante da multiplicação de matrizes: a ordem na qual multiplicamos as matrizes (aplicamos deformações) não é arbitrária. Por exemplo, um cisalhamento puro seguido de um cisalhamento simples não resulta na mesma deformação que um cisalhamento simples seguido de um puro:

$$\begin{bmatrix} k_x & 0 \\ 0 & k_y \end{bmatrix} \begin{bmatrix} 1 & \gamma \\ 0 & 1 \end{bmatrix} \neq \begin{bmatrix} 1 & \gamma \\ 0 & 1 \end{bmatrix} \begin{bmatrix} k_x & 0 \\ 0 & k_y \end{bmatrix} \tag{2.28}$$

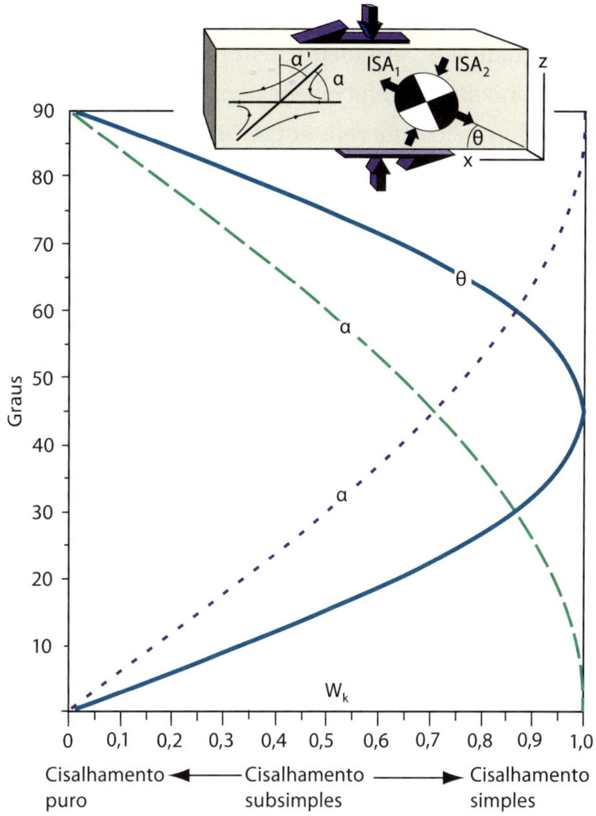

Fig. 2.24 *Relação entre* W_k, α, α' *e* θ

É interessante notar que a matriz que representa o primeiro incremento de deformação é a última das matrizes a ser multiplicada. Por exemplo, se uma deformação é representada por três incrementos, $\mathbf{D}_1$ representando a primeira parte da história e $\mathbf{D}_3$ a última, então a matriz da deformação total será o produto $\mathbf{D}_{tot} = \mathbf{D}_3\mathbf{D}_2\mathbf{D}_1$.

Outro ponto a ser notado é que, como estamos tratando apenas em termos de cinemática (e não de tempo), não faz diferença se $\mathbf{D}_1$, $\mathbf{D}_2$ e $\mathbf{D}_3$ representam diferentes fases de deformação ou incrementos de deformação de uma mesma história progressiva.

Podemos definir quantos incrementos forem necessários para modelar uma deformação progressiva. Quando as matrizes incrementais representam incrementos de deformação muito pequenos, os eixos principais de deformação das matrizes se aproximam dos ISA e outros parâmetros de fluxo podem ser calculados e comparados para cada incremento. A modelagem numérica de uma deformação progressiva pode fornecer informações úteis sobre a história da deformação. Entretanto, pode ser difícil obter informações a partir de rochas deformadas naturalmente que revelem sua verdadeira história da deformação. Por essa razão, as deformações constantes são úteis como deformações de referência, embora as deformações naturais não sejam restritas pelas limitações do fluxo constante.

2.23 Compatibilidade de deformação e condições de contorno

Se deformarmos um pedaço de argila com as mãos, haverá superfícies livres por onde a argila poderá se extrudir. A situação é diferente em um volume de rocha submetido à deformação natural na crosta. A maioria das deformações ocorre em profundidades nas quais o volume de rocha é circundado por outras rochas sob pressões consideráveis. A deformação resultante irá depender da anisotropia das rochas. A anisotropia, tal como uma camada menos resistente ou uma foliação, pode controlar a deformação tanto quanto o campo de esforços.

Isso pode ser exemplificado em uma zona de cisalhamento dúctil com margens retilíneas e paralelas e paredes não deformadas (Figs. 2.25A e 2.25B). Em princípio, o cisalhamento simples pode continuar indefinidamente nessa zona, sem criar problemas nos blocos adjacentes (poderá haver problemas nas extremidades da zona de cisalhamento, mas isso será desconsiderado nesse exemplo).

Não haverá dificuldades em adicionar um encurtamento através dessa zona por variação anisotrópica de volume. Entretanto, se adicionarmos um cisalhamento puro, terá que haver extrusão lateral na zona de cisalhamento, enquanto os blocos adjacentes permanecerão indeformados (Figs. 2.25C e 2.25D). Isso causa um clássico problema de compatibilidade de deformação, pois a continuidade através dos limites da zona de cisalhamento seria perdida. A deformação na zona de cisalhamento não seria mais compatível com as rochas adjacentes não deformadas.

Para que o estado de deformação em duas camadas adjacentes seja compatível, as seções através de seus respectivos elipsoides de deformação, paralelas à sua interface, devem ser idênticas.

Em nosso exemplo de zona de cisalhamento, a rocha de um lado não é deformada e sua seção é circular, o que se verifica no cisalhamento simples com ou sem compactação perpendicular à zona de cisalhamento (Fig. 2.26). Entretanto, se houver um componente de cisalhamento puro envolvido, a compatibilidade entre os volumes deformado e não deformado não será mantida.

Uma solução prática para esse problema é a introdução de uma descontinuidade (superfície ou falha de deslizamento) entre a zona e cada uma de suas paredes. O material da zona de cisalhamento poderia ser comprimido para os lados na direção da zona. O problema é que o material não teria para onde ir, porque o material das vizinhanças de outra zona de cisalhamento com limites paralelos iria buscar exatamente a mesma solução. Podemos, portanto, concluir que uma zona de cisalhamento com limites paralelos não é compatível com (não poderia acomodar) cisalhamento puro. Além disso, o conceito de compatibilidade de deformação requer que o volume deformado seja coerente e sem descontinuidades, sobreposições ou hiatos. As descontinuidades e as zonas de cisalhamento não paralelas são comuns em muitas rochas deformadas. A exigência da continuidade na compatibilidade da deformação seria, pois, negociável.

2.24 História da deformação a partir de rochas deformadas

Em alguns casos é possível obter informações sobre a história da deformação a partir de rochas naturalmente deformadas. A chave é encontrar estruturas desenvolvidas apenas durante uma fração limitada da história da deformação. A deformação pode deslocar-se de uma parte para outra, no volume de rocha deformado, preservando uma rocha deformada com o registro das condições de incrementos anteriores da deformação. Por exemplo, a deformação pode, depois de algum tempo, localizar-se na parte central da zona de cisalhamento. Desse modo, as margens exibiriam o registro dos primeiros incrementos de deformação. Mas as zonas de cisalhamento também podem começar como zonas estreitas e se alargar com o tempo. Nesse caso, a porção mais externa da zona de cisalhamento registraria os incrementos finais de

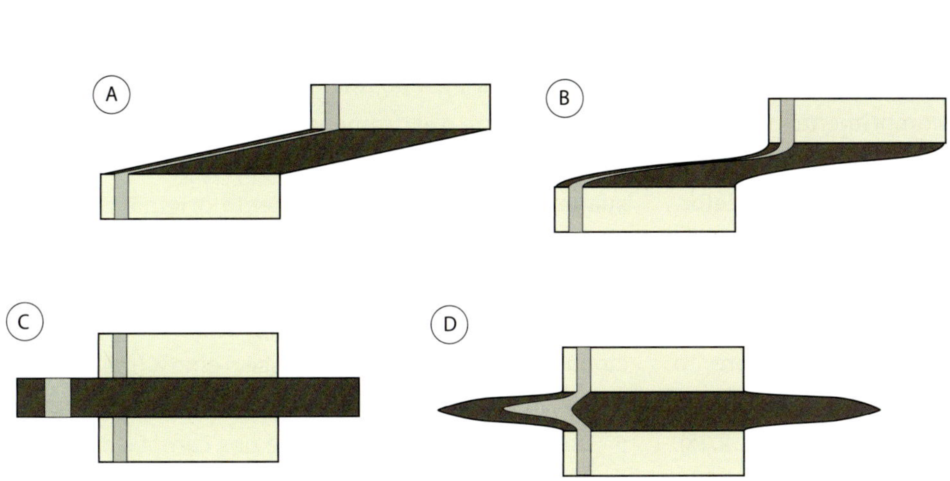

Fig. 2.25 *Cisalhamentos simples homogêneo (A) e heterogêneo (B) não geram problemas de compatibilidade entre rochas deformadas e não deformadas. No cisalhamento puro homogêneo (C), há problemas, porque a extrusão lateral de material cria descontinuidades. O problema de espaço também é aparente no cisalhamento puro heterogêneo (D), mas as descontinuidades podem ser eliminadas*

deformação. A busca da história da deformação não é, necessariamente, uma tarefa fácil!

Há casos de crescimento de fibras minerais ou veios em diversos estágios sucessivos da deformação. A orientação das fibras e veios reflete a orientação dos ISA e, portanto, fornece informações sobre os parâmetros de fluxo.

Se as condições metamórficas variarem durante o curso da deformação, as estruturas que contêm informações sobre a deformação incremental podem ser separadas por meio de suas paragêneses metamórficas.

2.25 Coaxialidade e cisalhamento simples progressivo

Anteriomente, neste capítulo, definimos alguns tipos de deformações de referência, como cisalhamento simples, cisalhamento puro, cisalhamento subsimples e variação de volume. As mesmas deformações definem deformações progressivas se cada incremento, pequeno ou grande, corresponder ao mesmo tipo de deformação que a deformação total. Uma deformação que não apenas termine como cisalhamento simples, mas onde todos os intervalos de sua história de deformação sejam por cisalhamento simples, é um **cisalhamento simples progressivo** (*progressive simple shear* ou *simple shearing*). De modo similar, há o **cisalhamento puro progressivo** (*progressive pure shear* ou *pure shearing*), o **cisalhamento subsimples progressivo** (*progressive subsimple shear* ou *subsimple shearing*), e a **variação progressiva de volume**.

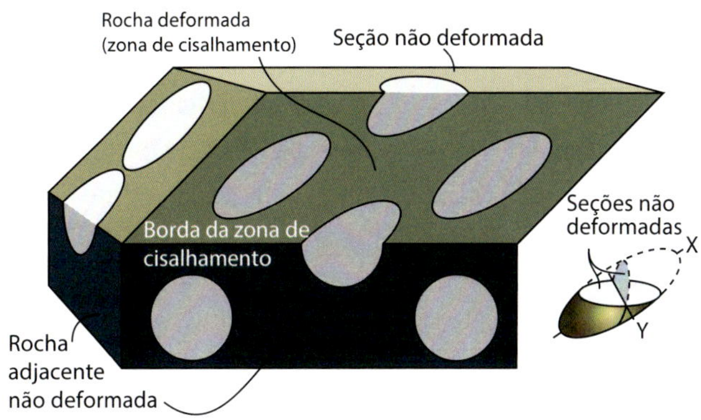

Fig. 2.26 *Compatibilidade entre o bloco adjacente não deformado e uma zona de cisalhamento simples. Qualquer seção paralela à parede da zona de cisalhamento aparecerá indeformada*

As deformações progressivas são divididas em deformações coaxiais e não coaxiais. Uma **história de deformação não coaxial** implica diferentes orientações do elipsoide de deformação progressiva em quaisquer dois momentos durante a deformação, como na Fig. 2.27A, onde X é progressivamente rotacionado. Outra característica é que as linhas paralelas aos ISA, ou os eixos principais de deformação, são rotacionadas durante a deformação. Essas características rotacionais nos permitem chamá-las de histórias de deformações rotacionais. Durante uma **história de deformação coaxial**, a orientação do elipsoide de deformação é constante em todo o transcurso da deformação e as linhas paralelas aos ISA não rotacionam. As histórias de deformações coaxiais, como o cisalhamento puro progressivo mostrado na Fig. 2.27B, são denominadas não rotacionais.

O cisalhamento simples progressivo não envolve estiramento, encurtamento ou rotação de linhas ou estruturas planas paralelas ao plano de cisalhamento. Outras linhas serão rotacionadas rumo à direção de cisalhamento conforme seu comprimento variar, e os planos serão rotacionados em direção ao plano de cisalhamento. O eixo mais longo da elipse de deformação também é rotacionado rumo à direção de cisalhamento durante essa história de deformação, embora nunca atinja essa direção.

Para melhorar nosso entendimento sobre o cisalhamento simples progressivo, vamos analisar um círculo com seis linhas numeradas de 1 a 6 (Fig. 2.28). Vamos observar o que acontece aos três pares de linhas ortogonais, numerados 1-4, 2-5 e 3-6, em vários estágios do cisalhamento progressivo. Quando o processo se inicia, a rocha (e o círculo) é estirada mais rapidamente na direção de ISA_1 e mais lentamente na de ISA_3 (estiramento negativo, ou seja, encurtamento ao longo de ISA_3). Os ISA são constantes durante toda a história da deformação, pois estamos considerando uma deformação de fluxo constante. Dois pares importantes de campos podem ser observados na Fig. 2.28A. Nos dois campos em branco, as linhas são continuamente estiradas, e podemos denominá-los **campos de estiramento instantâneo**. De modo similar, as linhas nos dois campos em amarelo são continuamente encurtadas e, portanto, esses são os **campos de encurtamento instantâneo**. As linhas de limite entre esses dois campos são as **linhas sem estiramento ou encurtamento**. Em três dimensões, esses campos tornam-se volumes e as linhas de limite tornam-se superfícies sem estiramento ou encurtamento. Esses campos permanecem constantes durante a história da deformação, enquanto as linhas podem sofrer rotação de um campo para o seguinte.

As linhas 1 e 4 no início do processo são paralelas ao limite entre o estiramento e o encurtamento ativos. A linha 1 situa-se no plano de cisalhamento e mantém sua orientação e seu comprimento originais, ou seja, permanece não deformada. A linha 4 é rapidamente rotacionada no sentido do campo de estiramento em direção a ISA_1 (Fig. 2.28B). Na Fig. 2.28C, a linha 4 rotaciona através de ISA_1 e ultrapassa o eixo *X* (mais longo) da elipse de deformação, se a deformação prosseguir.

As linhas 2 e 5 localizam-se nos campos de encurtamento e de estiramento, respectivamente. Na Fig. 2.28B, a linha 2 está encurtada e a linha 5, estendida, mas as duas linhas são ortogonais nesse ponto. As linhas eram ortogonais antes do início da deformação, o que significa que o cisalhamento angular ao longo dessas duas direções nesse ponto é zero. Isso também significa que as linhas 2 e 5 são paralelas aos eixos de deformação nesse ponto. Entretanto, elas rotacionam mais rapidamente que a elipse de deformação, e na Fig. 2.28C a linha 5 ultrapassou *X* e a linha 2 ultrapassou o eixo mais curto da elipse de deformação. Na verdade, a linha 2 tornou-se paralela ao ISA_1 e ultrapassou o limite entre os campos de encurtamento e estiramento instantâneos. Isso significa que essa linha passou de uma história de encurtamento para uma história de estiramento. O encurtamento total ainda excede o estiramento total, e por isso essa linha ainda está no campo contracional do elipsoide de deformação cumulativa. No

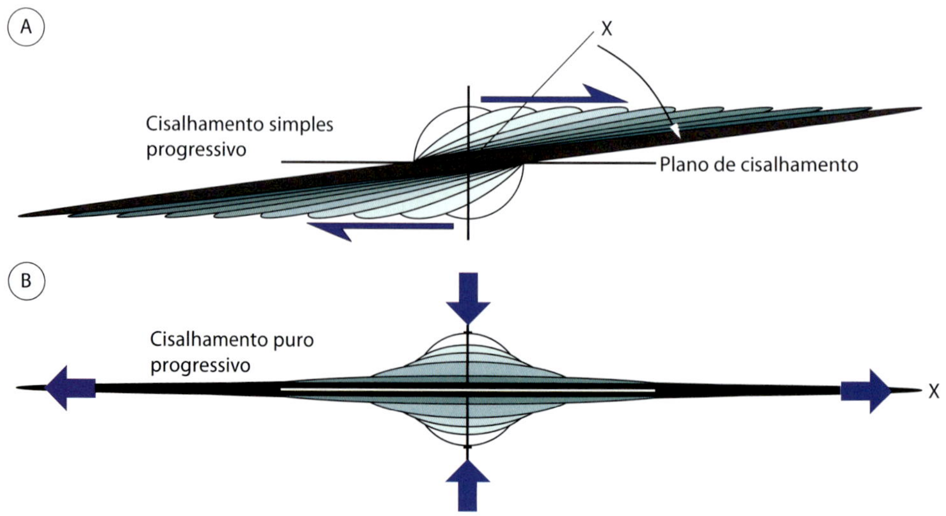

Fig. 2.27 *Evolução da deformação durante cisalhamentos progressivos simples (A) e puro (B)*

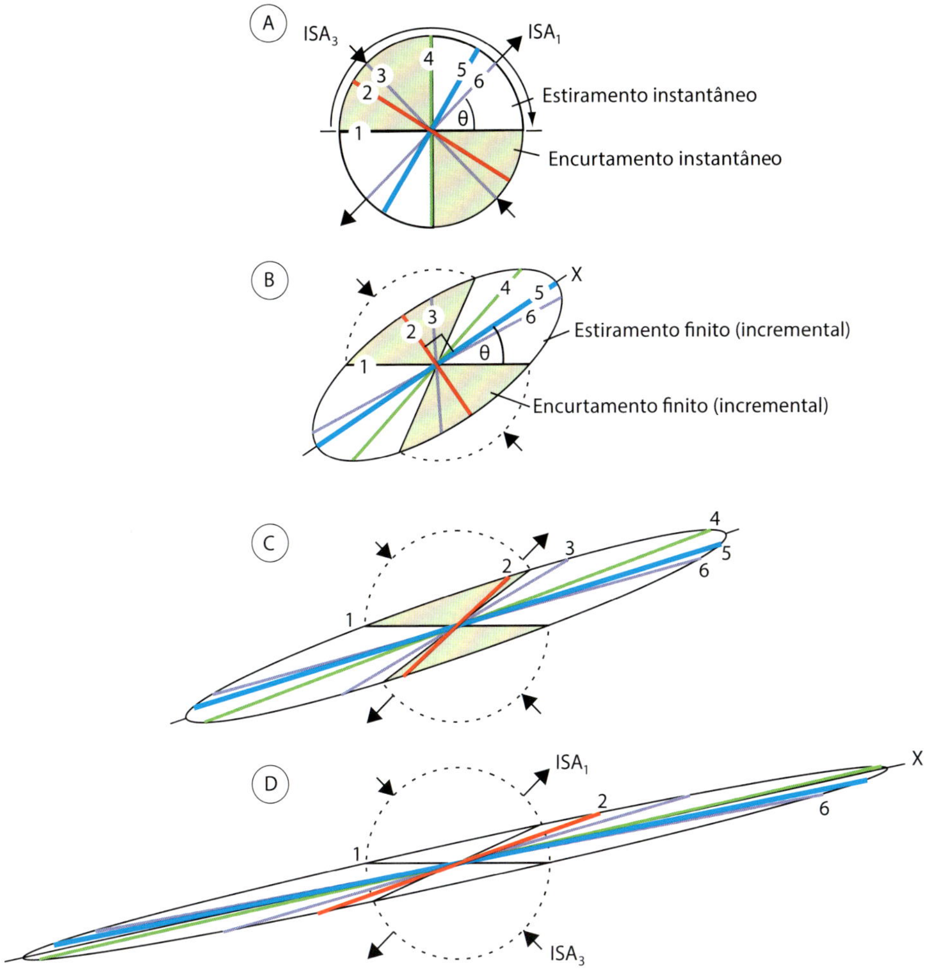

Fig. 2.28 *Cisalhamento simples progressivo de um círculo com três conjuntos de linhas ortogonais (1-6). A seta ao longo do círculo em (A) indica a direção de rotação das linhas durante a deformação*

caminho rumo ao estágio final (Fig. 2.28D), a linha 2 ultrapassa o ISA_1 e também a fronteira entre o estiramento e o encurtamento totais.

O último par de linhas (3-6) inicia o processo paralelo ao ISA_3 e ao ISA_1, respectivamente. Ambas as linhas imediatamente rotacionam para longe das direções principais de estiramento, devido à natureza rotacional ou não coaxial do cisalhamento simples progressivo. A linha 3 é encurtada até o estágio (B); em seguida ela é estirada e seu comprimento original é restaurado ao passar pelo limite entre os campos de estiramento e encurtamento instantâneos (entre os estágios B e C). Ela continua a ser estirada enquanto é rotacionada rumo à direção de cisalhamento. A linha 6 é estirada em toda a história de deformação, mas cada vez menos enquanto rotaciona rumo à direção de cisalhamento e se afastando de ISA_1. É evidente que a linha 6 é rotacionada mais rapidamente que *X*, com o qual era paralela no início da deformação.

A história da deformação pode ser representada em termos de setores, onde as linhas compartilham histórias comuns de contração, extensão ou contração seguida de extensão (Fig. 2.29). Se partirmos de um conjunto de linhas aleatoriamente orientadas, logo veremos um campo que contém linhas que foram inicialmente encurtadas e, em seguida, estiradas (campos em amarelo, Fig. 2.29). Esse campo aumenta de tamanho e cobre cada vez mais o campo de estiramento instantâneo. Note que os campos são assimétricos no cisalhamento progressivo simples e em outras deformações não coaxiais, mas simétricos em deformações coaxiais, como cisalhamento progressivo puro (coluna à esquerda, Fig. 2.29).

Mesmo se essas rotações das linhas estivessem em um plano perpendicular ao plano de cisalhamento, o cisalhamento simples progressivo poderia fazer com que as linhas e os planos rotacionassem ao longo de outras trajetórias. A Fig. 2.30 mostra como as linhas

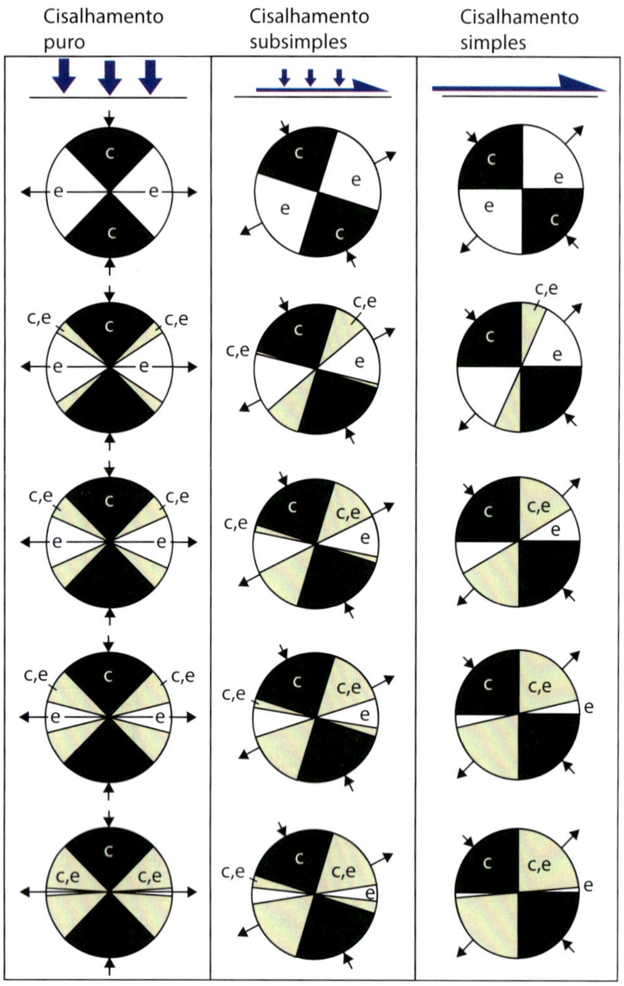

Fig. 2.29 *Desenvolvimento de setores onde as linhas passam por uma história qualitativamente comum:* **c**, *campo contracional;* **e**, *campo extensional. As letras* **c** *e* **e** *indicam que as linhas nesse campo foram primeiro encurtadas e, em seguida, passaram por extensão. Note a figura simétrica produzida por cisalhamento puro e a assimetria criada por histórias de deformações não coaxiais. Observações de campo de diques e veios deformados podem, em alguns casos, ser usadas para construir os setores e, portanto, definir o grau de coaxialidade*

(ou partículas) se movem ao longo de grandes círculos quando expostas a cisalhamento simples progressivo. Esta é outra característica do cisalhamento simples progressivo que pode ajudar a distingui-lo de outras deformações.

Com base nessas observações, podemos listar as seguintes características do cisalhamento simples progressivo:

- as linhas ao longo do plano de cisalhamento não se deformam ou rotacionam;
- as linhas físicas (materiais) rotacionam mais rapidamente que os eixos da elipse de deformação (geralmente verdadeiro);
- o sentido de rotação das linhas (e dos planos) é o mesmo para qualquer orientação das linhas;
- as linhas paralelas aos ISA são rotacionadas (geralmente verdadeiro em deformação progressiva não coaxial);
- as linhas podem ser rotacionadas a partir de um campo de encurtamento instantâneo para um de estiramento instantâneo (para produzir dobras de boudinagem), mas nunca o contrário (nunca *boudins* dobrados) para cisalhamento simples progressivo constante;
- na rede de Schmidt, as linhas rotacionam segundo grandes círculos rumo à direção de cisalhamento.

2.26 Cisalhamento puro progressivo

O cisalhamento puro progressivo (*progressive pure shear* ou *pure shearing*) é uma deformação coaxial bidimensional, ou seja, o elipsoide de deformação não é rotacionado e permanece fixo em relação aos ISA em toda a deformação (Figs. 2.27B e 2.29). As histórias de deformações coaxiais resultam em deformações (finitas) coaxiais, caracterizadas por matrizes simétricas de deformação.

No cisalhamento puro progressivo, os ISA e os campos de estiramento e de encurtamento instantâneos se dispõem de modo simétrico em relação aos eixos principais de deformação (eixos da elipse de deformação). As seguintes características do cisalhamento puro progressivo podem ser acompanhadas nos diferentes estágios da Fig. 2.31:

- o eixo principal maior de deformação (X) não é rotacionado e permanece paralelo a ISA_1;
- as linhas paralelas aos ISA não são rotacionadas durante a deformação;
- qualquer outra linha é rotacionada em direção a X e a ISA_1;
- as linhas são rotacionadas nos sentidos horário e anti-horário em um padrão simétrico em torno dos ISA;

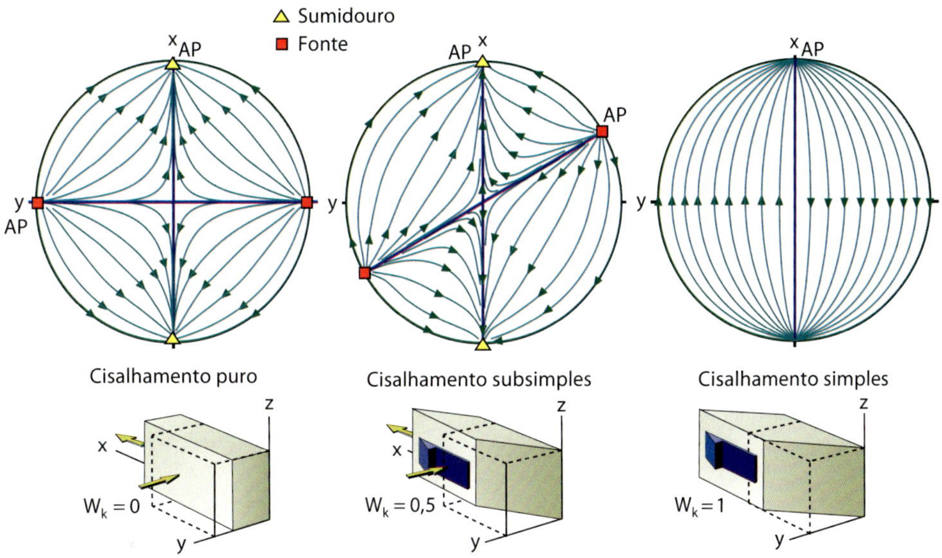

Fig. 2.30 *Representação estereográfica da rotação de uma linha durante cisalhamento puro progressivo, cisalhamento subsimples progressivo e cisalhamento simples progressivo. As apófises de fluxo são indicadas por AP, sendo que uma é um atrator (sumidouro) e a outra, um repulsor (fonte)*

- as linhas podem ser rotacionadas a partir do campo de encurtamento para o de estiramento, mas não vice-versa.

2.27 Cisalhamento subsimples progressivo

O cisalhamento subsimples progressivo (*progressive subsimple shear* ou *subsimple shearing*) pode ser descrito como uma combinação simultânea de cisalhamentos simples e puro progressivos, e o componente de cisalhamento simples progressivo lhe confere sua natureza não coaxial.

Os mesmos conjuntos de linhas ortogonais discutidos nos cisalhamentos simples e puro progressivos também podem ser deformados por cisalhamento subsimples progressivo. Apresentamos como exemplo um cisalhamento subsimples progressivo onde W_k =0,82 (Fig. 2.32), ou seja, com um componente substancial de cisalhamento simples progressivo. Uma diferença importante em relação ao cisalhamento simples progressivo é que as linhas no setor localizado aproximadamente entre as linhas 1 e 2 são rotacionadas no sentido contrário à direção de cisalhamento. O tamanho desse setor é idêntico ao ângulo entre as apófises de fluxo (α) e depende de W_k e θ (ver Fig. 2.24). Quanto maior for o componente de cisalhamento puro progressivo, maior será o setor de retrorrotação. Em cisalhamento puro progressivo (W_k= 0), os dois setores com linhas de rotação em sentido oposto têm o mesmo tamanho (Fig. 2.31A), enquanto que no cisalhamento simples progressivo um deles desaparece.

A linha 1 é paralela ao plano de cisalhamento e não é rotacionada, mas, diferentemente do cisalhamento simples progressivo, é estirada na direção de cisalhamento. A linha 4 é rotacionada no sentido horário e indica o alto grau de não coaxialidade dessa versão de cisalhamento subsimples progressivo. A rotação da linha 4 inicia-se no campo do encurtamento instantâneo e prossegue até o de estiramento, retendo seu comprimento original no estágio (B). A partir desse ponto, a linha 4 aumenta seu comprimento e, juntamente com todas as linhas, rotaciona em direção à apófise horizontal, que é a direção de cisalhamento da componente de cisalhamento simples progressivo.

A linha 2 é rotacionada no sentido anti-horário à medida que é encurtada, enquanto as linhas 5 e 6 são estiradas a caminho da apófise horizontal. No estágio (E), a linha 6 foi rotacionada através do eixo *X* teórico, enquanto a linha 5 ainda não havia atingido aquele ponto.

A linha 3 está no campo de encurtamento instantâneo. No estágio (C), ela se torna paralela a ISA_3 e é rotacionada através desse eixo devido à natureza não coaxial dessa deformação. A partir desse ponto, ela segue a trajetória já tomada pela linha 4.

Estas são algumas das características importantes do cisalhamento subsimples progressivo:

- as linhas com qualquer orientação são rotacionadas rumo à apófise de fluxo (direção de cisalhamento);

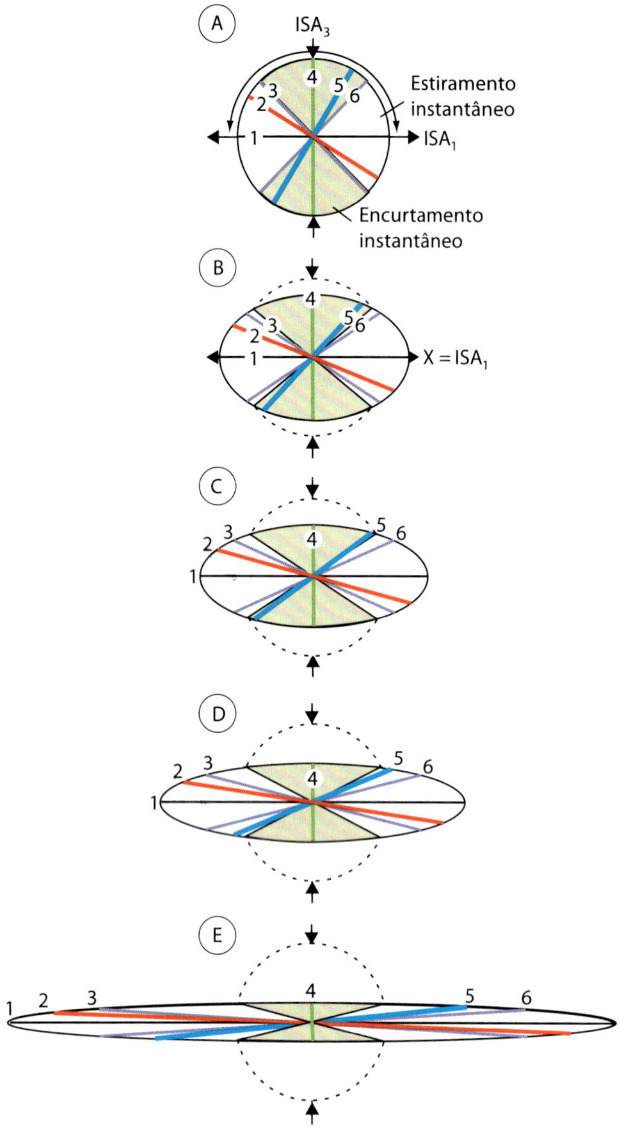

Fig. 2.31 *Cisalhamento puro progressivo de um círculo com três conjuntos de linhas ortogonais (1-6). As setas ao redor do círculo em (A) indicam as direções de rotação das linhas durante a deformação*

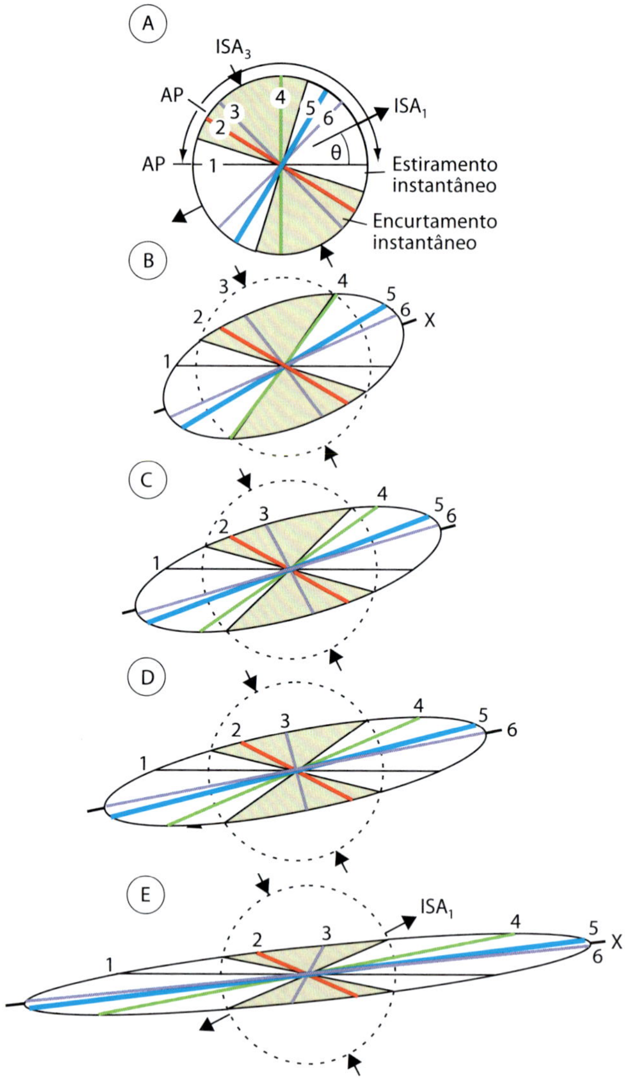

Fig. 2.32 *Cisalhamento subsimples progressivo de um círculo com três conjuntos de linhas ortogonais (1-6). As setas ao redor do círculo em (A) indicam as direções de rotação das linhas durante a deformação. AP: apófise de fluxo*

- há dois setores de rotação de linhas em direções opostas; o tamanho e a assimetria dos campos são controlados pelas apófises de fluxo e indicam W_k e uma das apófises de fluxo (direção de cisalhamento);
- linhas de quaisquer orientações são estiradas ou encurtadas durante o cisalhamento subsimples progressivo;
- as linhas paralelas aos ISA são rotacionadas, e apenas as linhas paralelas ao plano de cisalhamento não rotacionam;
- o eixo *X* mais longo do elipsoide de deformação é rotacionado, mas de modo mais lento que no cisalhamento simples progressivo;
- as linhas rotacionam a partir do campo de encurtamento instantâneo e atingem o de estiramento instantâneo, mas nunca vice-versa.

2.28 Cisalhamentos simples e puro e suas dependências da escala

Os cisalhamentos simples e puro (progressivos) foram definidos matematicamente neste capítulo. O uso prático desses termos depende da escolha do sistema de coordenadas e da escala. Por exemplo, considere uma zona de cisalhamento simples na crosta, com 50 m de espessura e 5 km de comprimento. Para estudar essa zona, seria natural colocarmos um sistema de coordenadas com o eixo *x* na direção de cisalhamento e outro eixo perpendicular à zona. Dessa forma, poderíamos analisar ou modelar o efeito de cisalhamento simples nessa zona. Entretanto, se houver, em uma região maior, dezenas dessas zonas de cisalhamento com mergulhos em direções opostas, seria melhor orientar o eixo *x* na horizontal, paralelo à superfície (ou base) da crosta. Nesse caso, a deformação estaria mais próxima ao cisalhamento puro, embora contenha zonas de cisalhamento simples e, talvez, falhas discretas em escala menor. Isso pode ser aplicado a perfis de riftes, como o do Mar do Norte (Fig. 2.33), onde o conjunto total de falhas e zonas de cisalhamento gera uma deformação total mais próxima ao cisalhamento puro.

Esse exemplo mostra como uma deformação pode ser considerada cisalhamento simples em uma escala e cisalhamento puro em uma escala maior. O oposto também pode ser verdadeiro, se houver uma partição do cisalhamento simples em uma escala menor. Algumas zonas de cisalhamento contêm domínios de pequena escala com diferentes tipos de deformação que, em conjunto, definem um cisalhamento simples. Assim, cisalhamentos puro e simples são conceitos que dependem da escala.

2.29 Deformação geral tridimensional

As medidas de deformação em rochas tipicamente revelam deformação em três dimensões, ou seja, elas não se situam na diagonal do diagrama de Flinn (Fig. 2.14). A teoria da deformação tridimensional tende a ser consideravelmente mais complexa que a da deformação plana. O cisalhamento puro, que é uma deformação coaxial bidimensional, é substituído por uma profusão de deformações coaxiais, tendo como membros finais a extensão e o achatamento uniformes (Fig. 2.34). Além disso, há espaço para vários componentes de cisalhamento simples em diferentes direções, e todos podem ser combinados com deformação coaxial.

É conveniente, portanto, definir alguns poucos tipos de deformação tridimensional simples, onde dois dos eixos principais de deformação da deformação coaxial coincidam com o(s) plano(s) de cisalhamento envolvido(s). A Fig. 2.35 mostra uma faixa de possibilidades de deformação tridimensional, dada pela combinação das deformações coaxiais apresentadas na Fig. 2.34 com um cisalhamento simples. Transpressão e transtração são algumas das deformações desse espectro (ver Cap. 19). Note também que um cisalhamento subsimples separa diferentes tipos de deformação tridimensional na Fig. 2.35.

2.30 Esforço *versus* deformação

Poderíamos pensar que o tipo de deformação (cisalhamento puro, simples, achatamento geral etc.) estaria

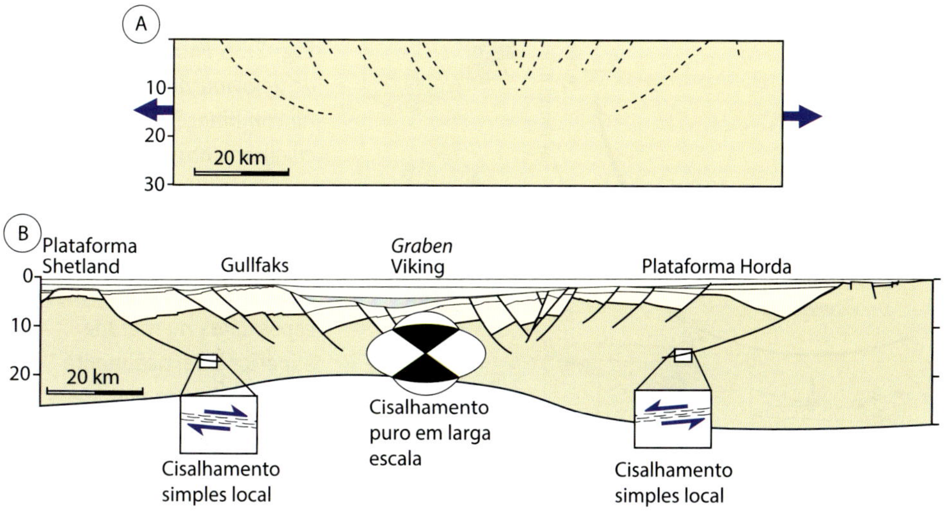

Fig. 2.33 *Perfis da porção norte do rifte do Mar do Norte, (A) restaurado e (B) presente. Localmente, a deformação se dá por cisalhamento simples, mas, em escala maior, é mais adequado considerá-la como cisalhamento puro*

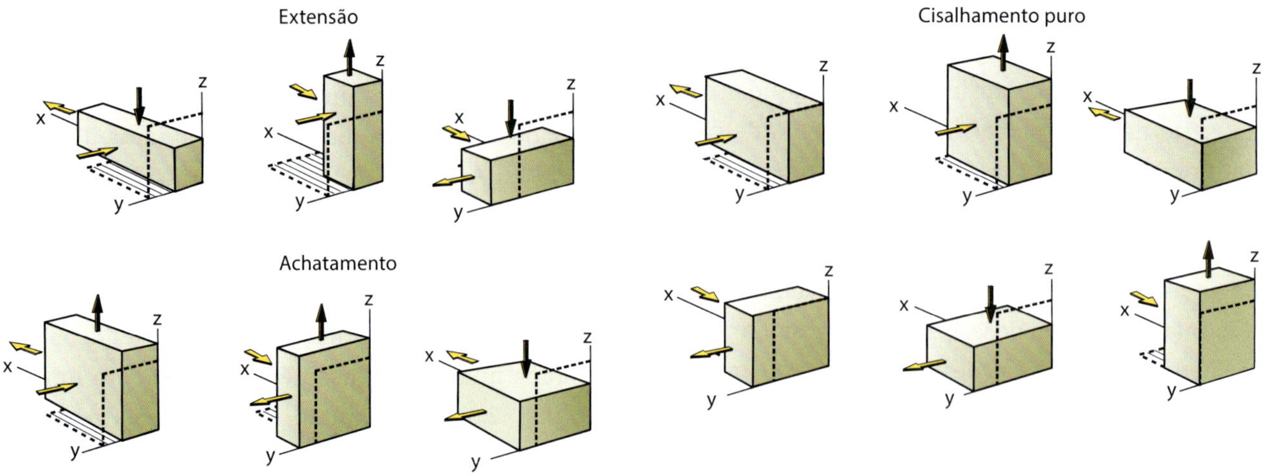

Fig. 2.34 *Tipos de deformação coaxial*

definido se as magnitudes e orientações dos três esforços principais fossem conhecidas. Entretanto, a combinação de dados de deformação e estruturas observáveis em rochas deformadas geralmente fornece mais informação sobre o tipo de deformação que os dados sobre os esforços.

Por exemplo, considere um meio homogêneo submetido a deformação viscosa linear (newtoniana) (Cap. 6). Em tal meio ideal, haverá uma relação simples entre esforço e deformação, e os ISA serão paralelos aos esforços principais (este é o caso de qualquer meio isotrópico que se deforme de acordo com uma taxa esforço-deformação segundo uma lei de potência).

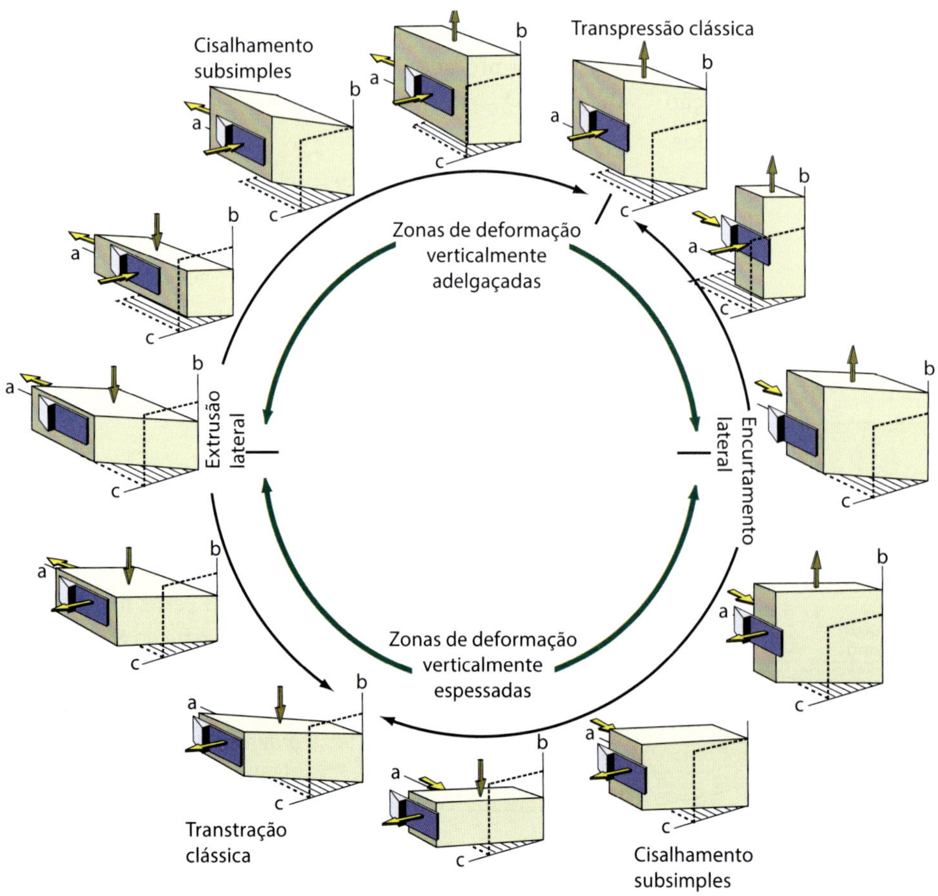

Fig. 2.35 *Faixa de variação de deformação com base na combinação de um único cisalhamento simples (setas em violeta) com deformações coaxiais ortogonais (em amarelo). Há zonas de cisalhamento verticalmente espessadas na metade superior e verticalmente adelgaçadas na metade inferior do círculo*
Fonte: baseado em Tikoff e Fossen (1999).

As rochas naturais raramente são (ou nunca são) homogêneas, e a deformação viscosa linear é uma idealização do fluxo natural de rochas. Assim, mesmo se restringirmos nossas considerações a deformações planas, a orientação dos esforços principais não permite prever o tipo de deformação plana causada pelos esforços em uma rocha heterogênea. Para um dado estado de esforços, a deformação pode ser cisalhamento puro, simples ou subsimples, dependendo das condições de contorno ou das heterogeneidades do material em deformação. A Fig. 2.36 mostra como a introdução de um contato com uma rocha rígida altera completamente o modo como a rocha se deforma. Nesse caso, o limite entre a rocha rígida e a rocha menos resistente é importante. Um exemplo é a deformação que pode ocorrer nos limites de placas. Geralmente há uma zona de fraqueza entre as duas placas, na qual a maior parte da deformação é acomodada; a orientação dos limites das placas é importante, além dos movimentos relativos. Além disso, a zona menos resistente na deformação pode conter falhas, camadas menos competentes e outras heterogeneidades que podem causar a partição da deformação em domínios caracterizados por deformação coaxial e não coaxial.

Se é difícil ou impossível prever a deformação apenas a partir dos esforços, seria mais fácil o caminho oposto, da deformação para os esforços? Se soubermos apenas a forma e a orientação da elipse de deformação (ou elipsoide, em três dimensões), então a Fig. 2.37 mostra que não temos nenhuma pista, nem mesmo quanto ao tipo de deformação. Entretanto, se pudermos relacionar a deformação a aspectos como os limites da zona de cisalhamento, então poderemos encontrar a orientação dos ISA (se assumirmos deformação de fluxo e esforço constantes, *steady-state deformation*). A questão, portanto, é se os ISA correspondem aos esforços principais. As análises de paleoesforços baseiam-se na hipótese de que eles são iguais, o que não é necessariamente verdadeiro. Retornaremos a esse tópico no Cap. 10.

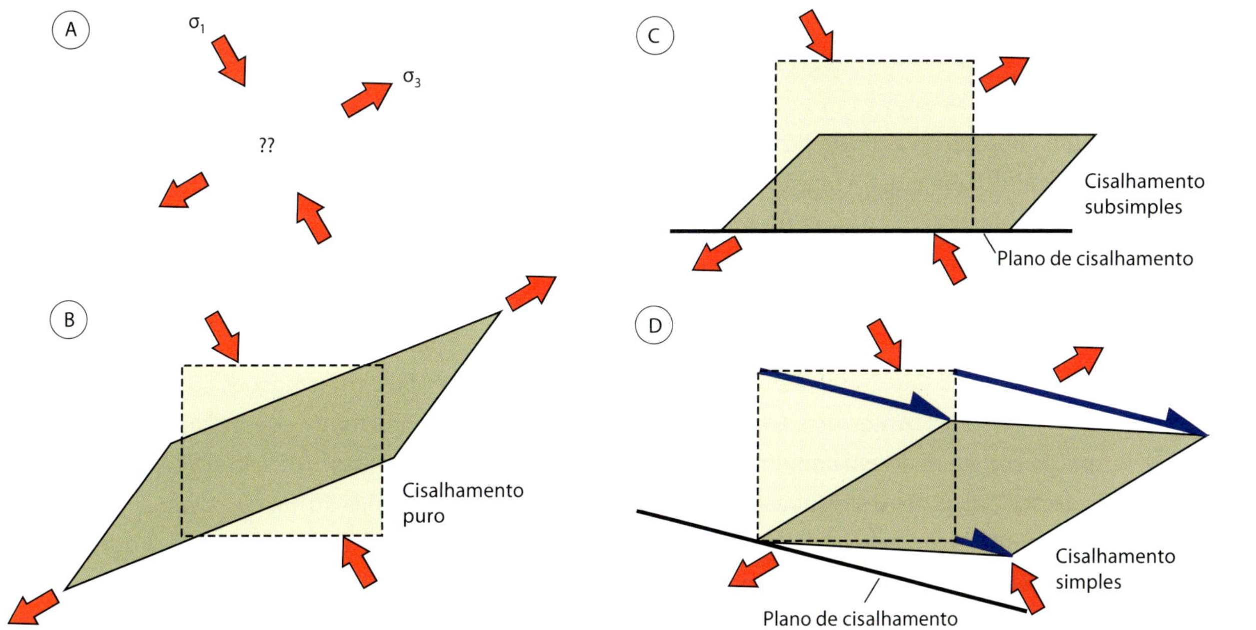

Fig. 2.36 *O conhecimento da orientação dos esforços principais (A) não é suficiente para prever a deformação resultante. Em um meio perfeitamente isotrópico, a deformação será um cisalhamento puro (B). Entretanto, se nossas condições de contorno envolverem um plano de fraqueza (plano potencial de cisalhamento), poderá haver um cisalhamento subsimples (C). No caso específico em que o ângulo entre σ_1 e o plano de fraqueza for de 45°, pode haver um cisalhamento simples (D)*

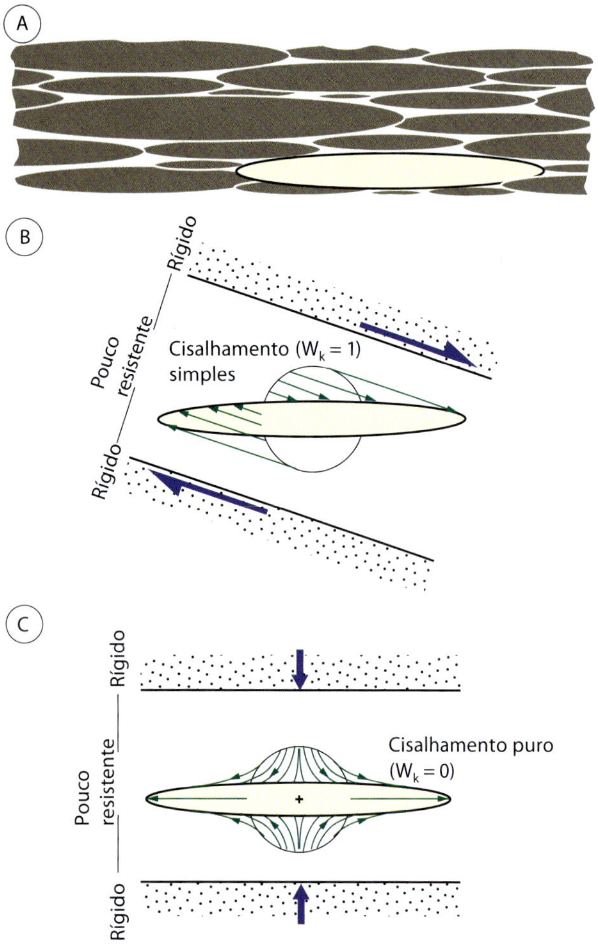

Fig. 2.37 *Marcadores deformados (A), como seixos ou oóides, não fornecem informações sobre o tipo de deformação. Eles podem representar cisalhamento simples (B), cisalhamento puro (C) ou qualquer outro tipo de deformação. O conhecimento da orientação dos limites da zona de cisalhamento ou do acamamento litológico poderia, entretanto, nos fornecer as informações necessárias. As elipses amarelas nas três ilustrações são idênticas*

Resumo

Neste capítulo abordamos a teoria básica da deformação geral e da deformação interna (*strain*). Certifique-se de haver compreendido que a deformação é a diferença entre os estados deformados e não deformados, que os parâmetros de fluxo descrevem um momento qualquer durante uma história de deformação e que se relacionam à deformação apenas quando o fluxo por eles descrito for considerado em uma fração de tempo específica. A teoria da deformação vista neste capítulo é a base para a maioria dos capítulos subsequentes, que tratam das estruturas resultantes de deformação. Conceitos como cisalhamentos puro e simples, ISA e coaxialidade reaparecerão em todo o livro, e o Cap. 3 nos dará algumas ideias sobre como obter informações sobre a deformação a partir de rochas deformadas. Antes disso, revisemos alguns dos pontos importantes deste capítulo:

- A deformação corresponde estritamente à soma de deformação interna (*strain*), rotação rígida e translação.
- Cada um desses componentes resulta em mudança na posição das partículas de um corpo em deformação.
- Matematicamente, deformação homogênea é uma transformação linear e pode ser representada por uma matriz de deformação (ou de transformação) que conecta os estados deformado e não deformado.
- A história da deformação representa a evolução do estado não deformado para o estado deformado.
- A deformação interna (*strain*) por si só não nos fornece informações sobre a história da deformação (ou seja, sobre o modo como a deformação se acumula ao longo do tempo).
- Os parâmetros de fluxo descrevem a situação ou o fluxo em um instante qualquer da história da deformação. Se esses parâmetros permanecerem fixos durante a deformação, teremos uma deformação com esforço e fluxo constantes.

- As apófises de fluxo dividem os diferentes campos de fluxo ou domínios de trajetórias de partículas. Elas são ortogonais na deformação coaxial, paralelas no cisalhamento simples e oblíquas no cisalhamento subsimples.
- As direções de estiramento mais rápidas e mais lentas (ISA_1 e ISA_3) são fixas a 45° com o plano de cisalhamento para o cisalhamento simples progressivo. Elas bissectam os campos de estiramento e de encurtamento instantâneos.
- Os eixos de estiramento instantâneo (ISA) não são necessariamente iguais aos eixos principais de esforços, mas descrevem o modo como a deformação se acumula, para uma dada situação, durante a história da deformação.
- A história da deformação pode ser descrita em intervalos, cada um com suas próprias matrizes de deformação incremental e elipsoides de deformação.
- Os parâmetros de fluxo descrevem a deformação em um dado instante, enquanto a deformação se acumula com o tempo e será diretamente relacionada aos parâmetros de fluxo apenas se estes permanecerem constantes durante a história da deformação.

Questões de revisão

1] Cite e explique os parâmetros de fluxo discutidos neste capítulo.
2] Como é chamada a deformação cujos parâmetros de fluxo permanecem constantes através da história da deformação?
3] Os ISA são iguais aos eixos de esforços?
4] Qual a diferença entre cisalhamento angular e deformação por cisalhamento?
5] O que é deformação plana e onde ela se situa no diagrama de Flinn?
6] Dê exemplos de deformação plana.
7] O que são as trajetórias de partículas?
8] O que acontece com os eixos principais de deformação durante o cisalhamento puro progressivo?
9] O que é uma história de deformação não coaxial?
10] O que é o número de vorticidade cinemática?
11] Que conjunto de linhas materiais não é rotacionado ou varia de comprimento durante o cisalhamento simples?
12] Em que região do diagrama de Flinn se localizam os diferentes estados de deformação mostrados na Fig. 2.12?

E-módulo

A primeira parte do módulo de *e-learning* denominado *Deformation* é recomendada para este capítulo. Veja também o Apêndice A para mais detalhes sobre a matriz de deformação.

Leituras complementares

Teoria geral da deformação

MEANS, W. D. *Stress and Strain*: Basic Concepts of Continuum Mechanics for Geologists. New York: Springer-Verlag, 1976.

MEANS, W. D. Kinematics, stress, deformation and material behavior. *Journal of Structural Geology*, v. 12, p. 953-971, 1990.

RAMSAY, J. G. Shear zone geometry: a review. *Journal of Structural Geology*, v. 2, p. 83-99, 1980.

TIKOFF, B.; FOSSEN, H. Three-dimensional reference deformations and strain facies. *Journal of Structural Geology*, v. 21, p. 1497-1512, 1999.

Matriz de deformação

FLINN, D. The deformation matrix and the deformation ellipsoid. *Journal of Structural Geology*, v. 1, p. 299-307, 1979.
FOSSEN, H.; TIKOFF, B. The deformation matrix for simultaneous simple shearing, pure shearing, and volume change, and its application to transpression/transtension tectonics. *Journal of Structural Geology*, v. 15, p. 413-422, 1993.
RAMBERG, H. Particle paths, displacement and progressive strain applicable to rocks. *Tectonophysics*, v. 28, p. 1-37, 1975.
SANDERSON, D. J. The superposition of compaction and plane strain. *Tectonophysics*, v. 30, p. 35-54, 1976.
SANDERSON, D. J. Models of strain variations in nappes and thrust sheets: a review. *Tectonophysics*, v. 88, p. 201--233, 1982.

Elipse de deformação

FLINN, D. On the symmetry principle and the deformation ellipsoid. *Geological Magazine*, v. 102, p. 36-45, 1963.
TREAGUS, S. H.; LISLE, R. J. Do principal surfaces of stress and strain always exist? *Journal of Structural Geology*, v. 19, p. 997-1010, 1997.

O círculo de Mohr e a deformação

PASSCHIER, C. W. The use of Mohr circles to describe non-coaxial progressive deformation. *Tectonophysics*, v. 149, p. 323-338, 1988.

Deformação volumétrica

PASSCHIER, C. W. The classification of dilatant flow types. *Journal of Structural Geology*, v. 13, p. 101-104, 1991.
XIAO, H. B.; SUPPE, J. Role of compaction in listric shape of growth normal faults. *American Association of Petroleum Geologists Bulletin*, v. 73, p. 777-786, 1989.

Vorticidade e história da deformação

ELLIOTT, D. Deformation paths in structural geology. *Geological Society of America Bulletin*, v. 83, p. 2621-2638, 1972.
GHOSH, S. K. Measure of non-coaxiality. *Journal of Structural Geology*, v. 9, p. 111-113, 1987.
JIANG, D. Vorticity determination, distribution, partitioning and the heterogeneity and non-steadiness of natural deformations. *Journal of Structural Geology*, v. 16, p. 121-130, 1994.
PASSCHIER, C. W. Reconstruction of deformation and flow parameters from deformed vein sets. *Tectonophysics*, v. 180, p. 185-199, 1990.
TALBOT, C. J. The minimum strain ellipsoid using deformed quartz veins. *Tectonophysics*, v. 9, p. 47-76, 1970.
TIKOFF, B.; FOSSEN, H. The limitations of three-dimensional kinematic vorticity analysis. *Journal of Structural Geology*, v. 17, p. 1771-1784, 1995.
TRUESDELL, C. Two measures of vorticity. *Journal of Rational Mechanics and Analysis*, v. 2, p. 173-217, 1953.
WALLIS, S. R. Vorticity analysis in a metachert from the Sanbagawa Belt, SW Japan. *Journal of Structural Geology*, v. 12, p. 271-280, 1992.

Relação entre esforço e deformação

TIKOFF, B.; WOJTAL, S. F. Displacement control of geologic structures. *Journal of Structural Geology*, v. 21, p. 959-967, 1999.

Deformação em rochas

3

A deformação (*strain*) nas rochas pode ser analisada por meio de uma ampla gama de métodos. Muita ênfase foi dada às análises da deformação uni, bi e tridimensional em rochas deformadas de modo dúctil, particularmente na segunda metade do século XX, quando grande parte da comunidade ligada à Geologia Estrutural passou a dedicar-se à deformação dúctil. Os dados de deformação foram coletados ou calculados para uma melhor compreensão dos empurrões em cinturões orogênicos e dos mecanismos relacionados aos dobramentos. O foco da Geologia Estrutural mudou desde então, e o campo de estudos foi ampliado nas duas últimas décadas. Hoje, a análise de deformação é aplicada com a mesma ênfase em áreas falhadas, bacias de rifte e cinturões orogênicos. No Cap. 21 retornaremos à deformação em regime rúptil. Neste, abordaremos como a deformação é medida e quantificada em regime dúctil.

3.1 Por que realizar análises de deformação?

A busca por informações sobre a deformação (*strain*) a partir de rochas deformadas pode ser uma atividade relevante. Em primeiro lugar, a análise da deformação permite explorar o estado de deformação de uma rocha e mapear suas variações em uma amostra, um afloramento ou uma região. Os dados de deformação são importantes no mapeamento e na interpretação de zonas de cisalhamento em cinturões orogênicos. As medidas de deformação também podem ser usadas para estimar a magnitude do rejeito em uma zona de cisalhamento. Como será discutido no Cap. 16, podemos obter importantes informações sobre as zonas de cisalhamento a partir do conhecimento da deformação.

É importante, em muitos casos, saber se a deformação é plana ou tridimensional. Caso seja plana, um critério importante para o balanceamento de seções geológicas estará atendido, seja em zonas orogênicas ou em bacias extensionais. A forma do elipsoide de deformação pode conter informações sobre o modo como a deformação se deu. Uma deformação oblata (em forma de panqueca) em um ambiente orogênico pode indicar, em vez de um cavalgamento clássico, uma deformação por achatamento relacionada a um colapso induzido por gravidade. O achatamento também é característica de um tipo de deformação conhecida como transpressão (Cap. 19), então fique atento, pois uma dada deformação pode se desenvolver em mais de uma situação.

A orientação do elipsoide de deformação é particularmente relevante em relação às estruturas das rochas. Em um contexto de zonas de cisalhamento, ela pode indicar se a deformação ocorreu por cisalhamento simples ou não (Cap. 16). A deformação em camadas dobradas facilita o entendimento dos próprios mecanismos de dobramento (Cap. 12). A análise de manchas de redução deformadas em ardósias fornece boas estimativas sobre o grau de encurtamento ao longo da foliação em tais rochas (Cap. 13). Os marcadores de deformação em rochas sedimentares podem, em alguns casos, permitir a reconstituição da espessura sedimentar original. A deformação irá nos acompanhar pela maior parte deste livro.

3.2 Deformação em uma dimensão

A **análise de deformação unidimensional** lida com variações no comprimento e é, portanto, a forma mais simples de análise de deformação. Se pudermos reconstituir o comprimento original de um objeto ou estrutura linear, poderemos calcular a quantidade de estiramento ou encurtamento naquela direção. Os objetos que revelam o estado de deformação de uma rocha são chamados de **marcadores de deformação**. Alguns exemplos de marcadores de deformação que indicam variações no comprimento são as camadas ou os diques boudinados e os minerais ou fósseis lineares, como as belemnites e os graptólitos alongados (Fig. 3.1). Outros exemplos são uma camada encurtada por dobramento ou um horizonte de referência falhado em um perfil geológico ou sísmico, como discutiremos no Cap. 21. Um horizonte pode ser estirado por falhas normais (Fig. 2.7) ou encurtado por falhas inversas, e sua deformação global é chamada de **deformação rúptil**. A deformação unidimensional é definida quando restauramos os marcadores de deformação (como horizontes, fósseis, minerais ou diques) ao seu estado pré-deformacional.

Fig 3.1 *Duas belemnites estiradas localizadas em calcários jurassicos dos Alpes suíços. As diferentes formas nas quais as duas belemnites foram estiradas fornece informações sobre o campo de deformação em duas dimensões: a belemnite superior foi submetida a deformação por cisalhamento sinistral, enquanto a inferior nao foi submetida a esse campo, e esta próxima a direção de estiramento máximo*

3.3 Deformação em duas dimensões

Na **análise de deformação bidimensional**, buscam-se seções com objetos de forma inicial conhecida ou que contenham marcadores lineares com diversas orientações. As manchas de redução deformadas (Boxe 3.1) são frequentemente usadas como exemplo, pois tendem a ser esféricas quando não deformadas, em rochas sedimentares não deformadas. Vários outros tipos de objetos podem ser usados, como seções em conglomerados, brechas, corais, oólitos, vesículas, lavas almofadadas, basaltos colunares e augen-gnaisses (Fig. 3.2). A deformação bidimensional também pode ser calculada a partir de dados unidimensionais que representem diferentes direções em uma mesma seção. Um exemplo típico são os diques com diferentes atitudes e extensões.

Os dados de deformação extraídos de seções são os mais comuns; eles podem ser combinados a fim de se calcular o elipsoide de deformação tridimensional.

Boxe 3.1 Manchas de redução e deformação

Manchas de redução em rochas sedimentares avermelhadas se formam em torno de minerais reduzidos ou partículas orgânicas, cuja oxidação provoca redução na rocha ao seu redor. Durante esse processo, a hematita, que atua como pigmento vermelho, é reduzida e a rocha se torna cinza esverdeada ou amarelada. Quando as manchas de redução se formam em rochas sedimentares homogêneas a redução se propaga a partir do núcleo de mesma distância em todas as direções, resultando em uma forma esférica. Se a rocha for deformada e as manchas de redução forem preservadas, estas representarão perfeitos marcadores de deformação, porque não haverá contraste de competência entre a mancha e a rocha encaixante. Portanto, quando manchas de redução são encontradas em ardósias de baixo grau, como nas ardósias clássicas no País de Gales e similares em Vermont, EUA, considera-se que essas manchas tenham se formado antes da deformação e que, portanto, registrem a deformação sofrida pela ardósia (em geral achatamento, com mais de 60% de encurtamento perpendicular à clivagem).

Uma interpretação alternativa é que a deformação tenha ocorrido após a deformação por infiltração de fluidos redutores e que a forma elíptica seja causada pela anisotropia representada pela clivagem, pois a difusão é mais rápida na direção paralela à clivagem do que na perpendicular. Estudos magnéticos indicam que isso pode ser o caso em algumas ardósias, indicando que é necessário ter cautela ao se interpretar marcadores elípticos em ardósias deformadas.

Manchas de redução em ardósia da Faixa Taconin (pedreira Cedar Point), Vermont, EUA, e em ardósia do País de Gales (detalhe)

3.3.1 Variações angulares

A deformação (*strain*) pode ser encontrada se o ângulo original entre os conjuntos de linhas for conhecido. As relações angulares originais entre estruturas como diques, foliações e estratificações são, em alguns casos, encontradas em ambos os estados, não deformado e deformado, ou seja, fora e dentro de uma zona de deformação. Desse modo, podemos ver como a deformação afetou as relações angulares e, a partir daí, calculá-la. Em outros casos, linhas de simetria ortogonais em fósseis não deformados, como trilobites, braquiópodes e tubos de vermes (ângulo com o acamamento), podem ser usadas para determinar o cisalhamento angular em rochas sedimentares deformadas (Fig. 3.3). Em geral, é necessário saber apenas a variação do ângulo entre os conjuntos de linhas e averiguar se não houve partição da deformação em decorrência das propriedades mecânicas contrastantes dos objetos em relação à rocha que os contém.

Se o ângulo no estado não deformado era de 90°, a variação angular corresponderá ao cisalhamento angular local ψ (seção 2.8). Se, como vimos no Cap. 2, as duas linhas originalmente ortogonais permanecerem assim após a deformação, elas representarão os eixos principais de deformação e, portanto, a orientação do elipsoide de deformação. A observação de conjuntos de linhas com orientações variadas fornece informações sobre a elipse ou elipsoide de deformação, faltando

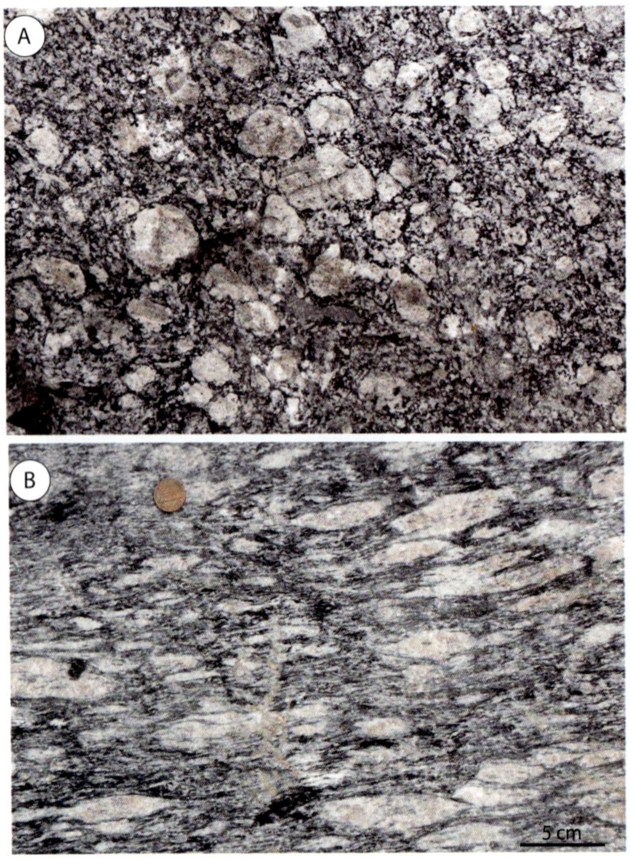

Fig. 3.2 *Duas seções em um augen-gnaisse granítico. Em (A) os porfiroblastos de feldspato potássico são aproximadamente equidimensionais, sem orientação preferencial, em uma matriz não foliada, enquanto que em (B) os cristais de feldspato estão alongados na matriz. Ambas as seções são da mesma rocha deformada, mas (A) sofreu apenas redução de volume, sem mudança na forma. Western Gneiss Region, Caledonides, Noruega*

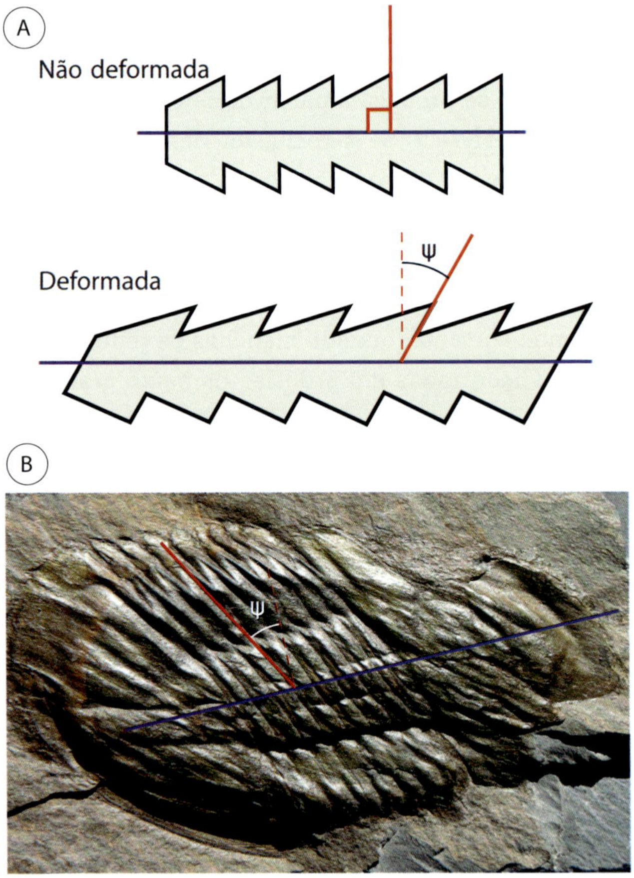

Fig. 3.3 *Variações angulares (deformação de cisalhamento angular, Ψ) determinadas a partir de (A) graptólitos e (B) trilobitas deformados (ver Fig. 2.9). A deformação de cisalhamento angular pode ser determinada sabendo-se a simetria inicial de amostras de uma dada espécie. Para mais informações sobre graptólitos deformados, ver Goldstein (1998)*

Fonte: imagem de trilobita por Marli Miller (*Asaphellus murchisoni*, País de Gales).

apenas um método adequado. Dois dos mais comuns para determinar a deformação a partir de linhas inicialmente ortogonais são os métodos de Wellman e Breddin, apresentados a seguir.

3.3.2 O método de Wellman

Proposto em 1962, esse método baseia-se em uma construção geométrica para determinar a deformação em duas dimensões (em uma seção). A demonstração típica utiliza fósseis com linhas ortogonais de simetria no estado indeformado. Na Fig. 3.4A são utilizadas a charneira e linhas de simetria de braquiópodes. Uma linha de referência (de orientação arbitrária) é traçada e, então, pares de linhas que foram ortogonais antes da deformação são identificados. A linha de referência deve ter duas extremidades definidas (A e B na Fig. 3.4B). Um par de linhas é traçado para cada fóssil, de modo paralelo tanto à linha de charneira como à linha de simetria, de forma que elas se interceptem nas extremidades da linha de referência. Os outros pontos de intersecção são marcados (numerados de 1 a 6 na Fig. 3.4B,C). Se a rocha não tiver sido deformada, as linhas definirão retângulos; se houve deformação, elas definirão paralelogramos. Para se achar a elipse de deformação, faz-se simplesmente o ajuste de uma elipse aos vértices numerados dos paralelogramos (Fig. 3.4C). Se nenhuma elipse puder ser ajustada, a deformação é heterogênea ou a medição de ortogonalidade inicial (ou sua hipótese) é falsa. O desafio em relação a esse método é, naturalmente, encontrar suficientes fósseis ou outras feições com linhas ini-

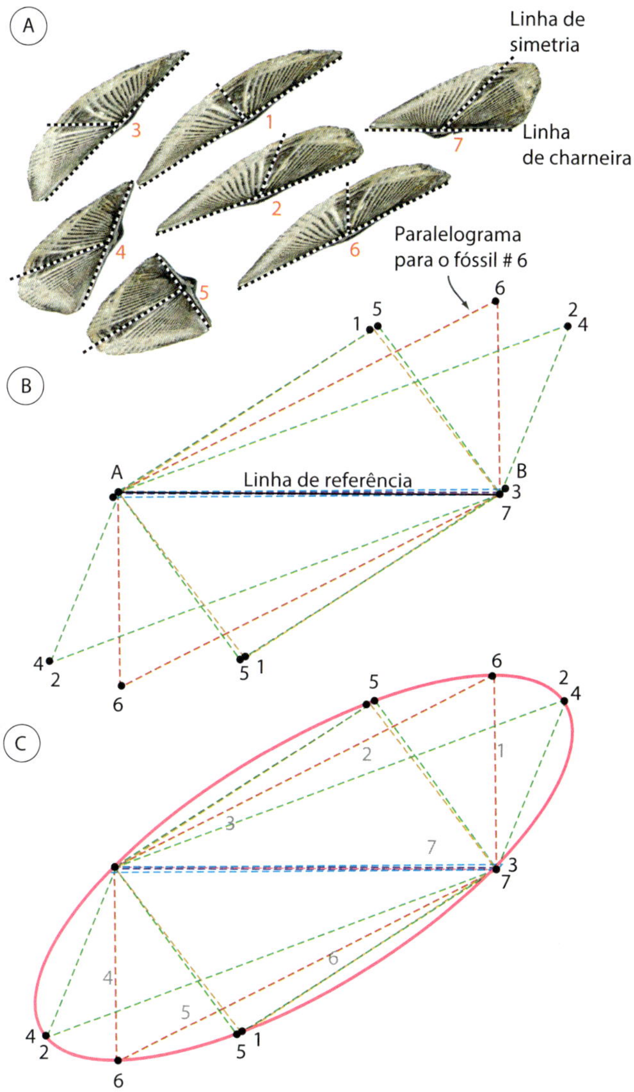

Fig. 3.4 *O método de Wellman envolve a construção da elipse de deformação por meio da composição de paralelogramos baseados na orientação de pares de linhas originalmente ortogonais. Esse exemplo de deformação, produzido em computador, é um cisalhamento simples homogêneo de γ=1. A elipse de deformação em si, no entanto, não fornece informações sobre o grau de coaxialidade: o mesmo resultado poderia ser obtido por cisalhamento puro*

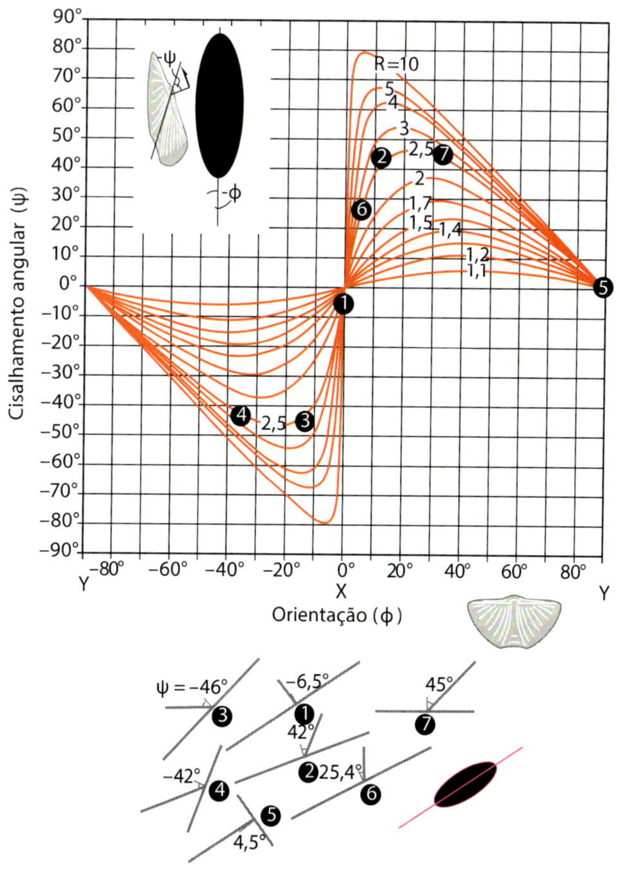

Fig. 3.5 *Dados da figura anterior plotados em um gráfico de Breddin. Os dados estão próximos da curva R = 2,5*

cialmente ortogonais – geralmente são necessários de seis a dez exemplares.

3.3.3 O gráfico de Breddin

Já vimos que o cisalhamento angular depende da orientação dos eixos principais de deformação: quanto mais próximas as linhas ortogonais deformadas estiverem dos eixos principais de deformação, menor será o cisalhamento angular. Essa é a base do método proposto por Hans Breddin em 1956, em alemão (com alguns erros). O método baseia-se no gráfico da Fig. 3.5, no qual o cisalhamento angular varia com a orientação e a magnitude da deformação R. Os dados de entrada são os cisalhamentos angulares e as orientações dos pares de linhas cisalhadas em relação aos eixos principais de deformação. Eles são lançados no gráfico de Breddin para a definição do valor R, isto é, o valor da elipticidade da elipse de deformação (Fig. 3.5). Esse método pode ser usado mesmo com um ou dois dados.

Em muitos casos, a orientação dos eixos principais é desconhecida, e os dados são lançados em relação a uma linha de referência arbitrária. Em seguida, eles são movidos horizontalmente no gráfico até se ajustarem a uma das curvas e a orientação dos eixos de deformação ser encontrada nas intersecções com o eixo horizontal (Fig. 3.5). Nesse caso, um maior número de dados é necessário para a obtenção de bons resultados.

3.3.4 Objetos elípticos e o método R_f/Φ

Os objetos com geometria originalmente circular (em seção) ou esférica (em 3-D) são relativamente incomuns, mas existem. As manchas de redução e os oólitos talvez sejam as formas esféricas mais perfeitas que podem ser encontradas em rochas sedi-

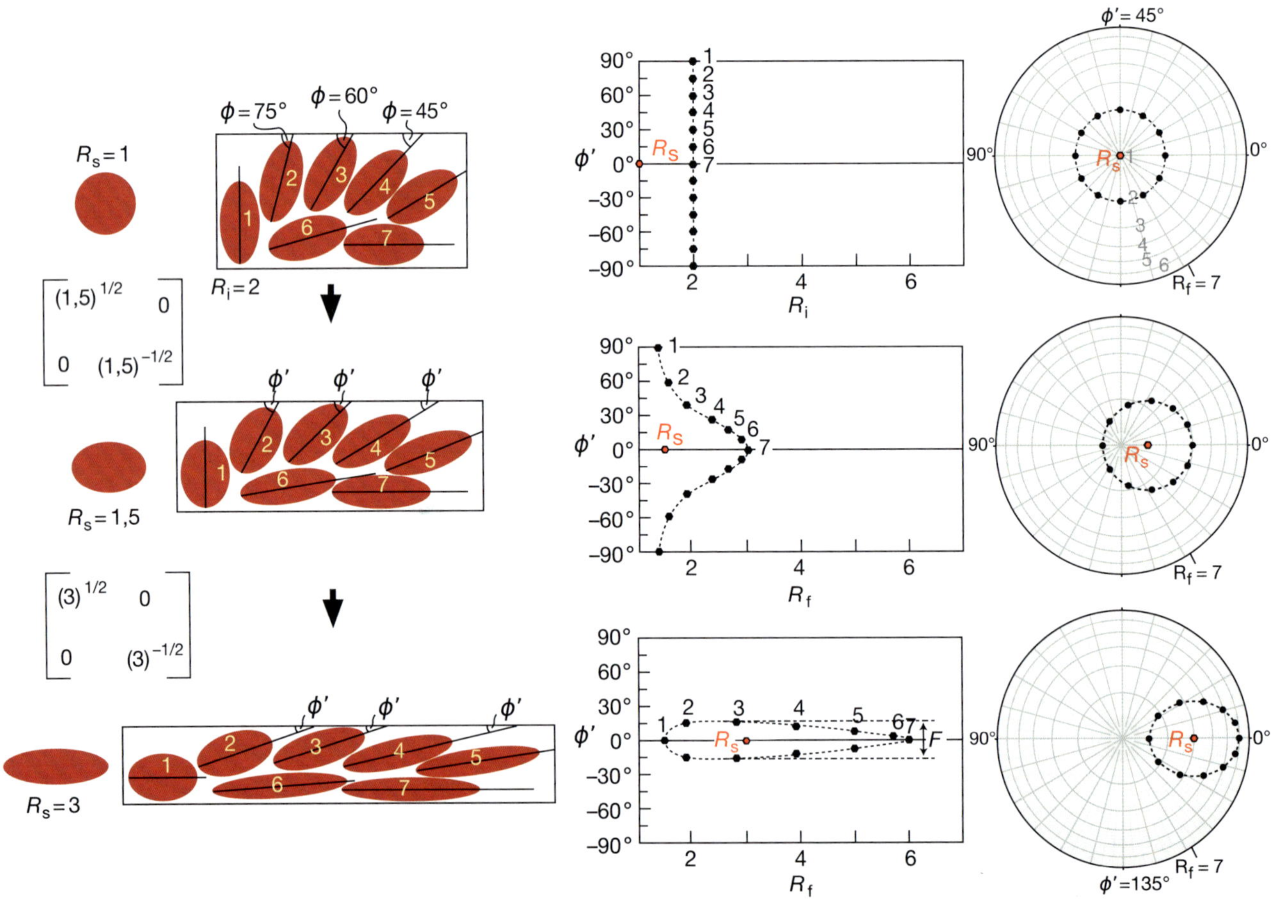

Fig. 3.6 *Ilustração do método R_f/Φ. As elipses têm a mesma elipticidade (R_i) antes do início da deformação. O diagrama $R_f - \Phi$ (à direita) indica que $R_i = 2$. Um cisalhamento puro é adicionado com $R_s = 1{,}5$, seguido de uma deformação por cisalhamento puro de $R_s = 3$. As matrizes de deformação das duas deformações são apresentadas. Note a variação na distribuição dos pontos nos diagramas à direita, onde R_s representa a deformação real adicionada à direita, dados mostrados em gráficos de Elliot; foi usado o programa "Ellipsefit" de Frederick W. Vollmer. À esquerda, baseado em Ramsay e Huber (1983).*

mentares. Quando deformados de modo homogêneo, eles se transformam em elipses e elipsoides que refletem a deformação finita local. Os conglomerados são mais comuns e contêm clastos que refletem essa deformação. Em contraste com os oólitos e as manchas de redução, poucos seixos ou blocos em um conglomerado são esféricos no estado não deformado. Tal fato influencia a sua forma no estado deformado, o que, por sua vez, constitui um desafio para as análises de deformação. Entretanto, os clastos tendem a dispor seus eixos mais longos em uma faixa de orientações no estado não deformado e, nesses casos, métodos como o R_f/Φ permitem que a forma inicial seja considerada.

O método R_f/Φ foi proposto por John Ramsay em seu famoso livro-texto de 1967, que foi posteriormente aperfeiçoado. O método é apresentado na Fig. 3.6. Considera-se que os marcadores possuam formas aproximadamente elípticas no estado deformado (e não deformado) e apresentem uma variação significativa de suas orientações para que o método possa ser aplicado.

O MÉTODO R_f/Φ LIDA COM MARCADORES INICIALMENTE NÃO ESFÉRICOS, MAS REQUER UMA VARIAÇÃO SIGNIFICATIVA DAS ORIENTAÇÕES DE SEUS EIXOS MAIS LONGOS.

A elipticidade (X/Y) no estado não deformado (inicial) é denominada R_i. Em nosso exemplo (Fig. 3.6), $R_i = 2$. Após uma deformação R_s, os marcadores exibem novas formas, que são diferentes e dependem da orientação inicial dos marcadores elípticos. A nova elipticidade (final) de cada marcador de deformação é denominada R_f, e a faixa de valores de R_f é lançada em um gráfico em relação às suas orientações ou, mais especificamente, ao ângulo Φ' entre o eixo maior da elipse e a linha de referência (horizontal na Fig. 3.6). Em nosso exemplo, aplicamos dois incrementos de cisalhamento puro a uma série de elipses com diferentes orientações. Todas as elipses têm a mesma forma inicial, $R_i = 2$, e situam-se ao longo de uma linha vertical no diagrama superior direito da Fig. 3.6. A elipse 1 é orientada com seu eixo mais longo paralelo ao menor eixo principal de deformação, sendo convertida em uma elipse que apresenta menor deformação (menor valor de R_f) que a verdadeira elipse de deformação (R_s). A elipse 7, por outro lado, está orientada com seu eixo maior paralelo ao eixo mais longo da elipse de deformação, e suas duas elipticidades se somam, o que leva a uma elipticidade maior que R_s. Quando $R_s = 3$, a verdadeira deformação R_s situa-se em algum lugar entre a forma das elipses 1 e 7, como ilustra a Fig. 3.6 (diagrama inferior direito).

Com $R_s = 1{,}5$, temos elipses com uma gama completa de orientações (de –90° a 90°; ver diagrama central da Fig. 3.6), ao passo que, com $R_s = 3$, a gama de orientações é muito mais limitada (diagrama inferior da Fig. 3.6). A dispersão das orientações é denominada flutuação (F). Uma mudança importante acontece quando a elipse 1, cujo eixo maior é paralelo ao eixo Z do elipsoide de deformação, ultrapassa a forma de um círculo ($R_s = R_i$) e começa a se tornar uma elipse cujo eixo mais longo é paralelo a X. Isso acontece quando $R_s = 2$, e, em maiores deformações, os dados definem uma forma circular. Dentro dessa forma está a deformação R_s, na qual estamos interessados. Mas onde, exatamente, está R_s? Uma média simples dos valores máximo e mínimo de R_f dependeria da distribuição original das orientações. Mesmo que sua distribuição inicial fosse aleatória, o valor médio de R seria muito alto, uma vez que valores altos tendem a ser sobrerrepresentados (Fig. 3.6, diagrama inferior).

Para definir R_s, temos de tratar separadamente os casos onde $R_s > R_i$ e $R_s < R_i$. Neste último caso (diagrama central da Fig. 3.6), temos as seguintes expressões para os valores máximo e mínimo de R_f:

$$R_{\text{fmáx}} = R_s R_i$$

$$R_{\text{fmín}} = R_i / R_s$$

Resolvendo as equações para R_i e R_s, temos:

$$R_s = (R_{\text{fmáx}} / R_{\text{fmín}})^{1/2}$$

$$R_i = (R_{\text{fmáx}} R_{\text{fmín}})^{1/2}$$

que representam as expressões da deformação interna (*strain*) relacionada à deformação e da elipticidade inicial.

Para casos de maior deformação, onde $R_s > R_i$, obtemos:

$$R_{\text{fmáx}} = R_s R_i$$

$$R_{\text{fmín}} = R_s / R_i$$

Resolvendo-as para R_s, temos:

$$R_s = (R_{fmáx} R_{fmín})^{1/2}$$

$$R_i = (R_{fmáx}/R_{fmín})^{1/2}$$

Em ambos os casos, a orientação do eixo maior (X) da elipse de deformação é dada pela localização dos valores máximos de R_f. A deformação também pode ser obtida ajustando-se os dados a curvas pré-calculadas para diversos valores de R_i e R_s. Na prática, essas operações são executadas de modo mais eficiente em programas de computador.

Um exemplo de dados reais (oólitos em seção delgada) é mostrado na Fig. 3.7A-C. O valor da deformação (valor R_s) é de ≅2 e a orientação é definida em relação à borda da figura. Para se aplicar esse método, a seção delgada deveria ser de uma amostra orientada.

Uma alternativa para a representação gráfica dos dados de R_f/ϕ é o diagrama de polos de Elliot, proposto por David Elliot em 1970, que representa R_f de modo radial (a partir de R_f =1 no centro para um valor específico ao longo de um círculo primitivo) versus 2 vezes ϕ. O gráfico de polos de Elliot reduz a distorção produzida por um diagrama regular R_f/ϕ, o que é especialmente notável em baixa deformação.

O exemplo da Fig. 3.6 é um caso ideal, no qual todos os marcadores elípticos indeformados têm a mesma elipticidade. E se alguns marcadores forem mais elípticos que outros? Nesse caso, os dados não definiriam uma boa curva, mas uma nuvem de pontos no diagrama R_f/Φ. Os valores máximo e mínimo de R_f ainda poderiam ser obtidos, e a deformação poderia ser calculada usando-se as equações apresentadas. A única mudança na equação é que R_i representa agora a elipticidade máxima existente no estado não deformado.

Outro fator complicador é a possível existência de uma faixa restrita de orientação dos marcadores iniciais. Idealmente, o método R_f/Φ requer objetos elípticos cuja orientação tenha sido mais ou menos aleatória antes da deformação. Os conglomerados, nos quais esse método geralmente é aplicado, tendem a conter clastos com orientação preferencial. Isso pode resul-

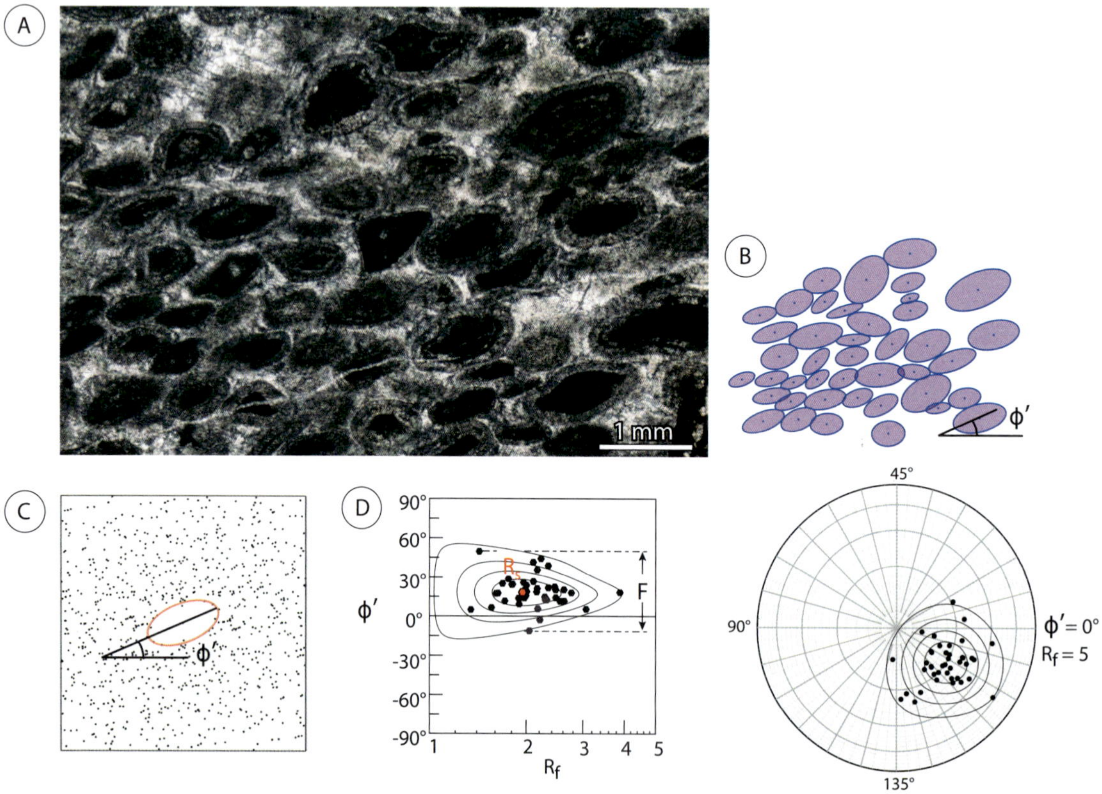

Fig. 3.7 *Oólitos da Sardenha, Itália, naturalmente deformados e analisados pelo programa "EllipseFit" de Frederick W. Vollmer. Elipses foram traçadas para um conjunto selecionado de (B) oóides, o (C) diagrama de Fry, o (D) diagrama R_f/ϕ e o (E) diagrama de polos de Elliot foram gerados*

Fonte: imagem de seção delgada por Alessandro Da Mommio.

tar num gráfico $R_f - \Phi$ com apenas uma parte da curva ou da nuvem de pontos. Nesse caso, os valores de R_f máximo e mínimo podem não ser representativos, e as fórmulas podem não estar corretas, sendo necessário substituí-las, em programas de modelagem numérica, por um método iterativo de retrodeformação onde X é o dado de entrada. Entretanto, muitos conglomerados têm alguns clastos com orientações iniciais anômalas que permitem o uso da análise R_f/Φ.

3.3.5 Método centro a centro

Esse método baseia-se na hipótese de que objetos circulares têm uma distribuição estatística mais ou menos uniforme em sua(s) seção(ões) (Fig. 3.8). Isso significa que as distâncias entre os centros de partículas vizinhas seriam aproximadamente constantes antes da deformação. As partículas podem ser grãos de areia em um arenito bem selecionado, seixos, oóides, centros de gretas de contração, centros de lavas almofadadas ou *pahoehoe*, de plútons ou outros objetos que possuam tamanhos similares e cujos centros sejam facilmente definidos. Se estiver em dúvida acerca do quanto a sua seção satisfaz esses critérios, tente mesmo assim. Se o método produzir uma elipse razoavelmente bem definida, ele terá funcionado.

O método em si é simples (Fig. 3.8): meça a distância e a direção do centro de uma elipse aos centros das elipses vizinhas. Repita a operação para todas as elipses, depois represente graficamente a distância d' entre os centros e o ângulo α' entre as linhas de amarração dos centros e uma linha de referência. Obteremos uma linha reta se a seção não tiver sido deformada, ao passo que uma seção deformada produzirá uma curva com valores máximo ($d'_{máx}$) e mínimo ($d'_{mín}$). A elipticidade da elipse de deformação será obtida pela razão $R_S = (d'_{máx})/(d'_{mín})$.

3.3.6 O método de Fry

Um método mais rápido e visualmente mais atraente para a análise da deformação bidimensional foi desenvolvido por Norman Fry no final da década de 1970 (Fig. 3.9). Ele é baseado no método centro a centro, e é mais fácil de ser aplicado com a utilização de algum dos programas de computador disponíveis. Também

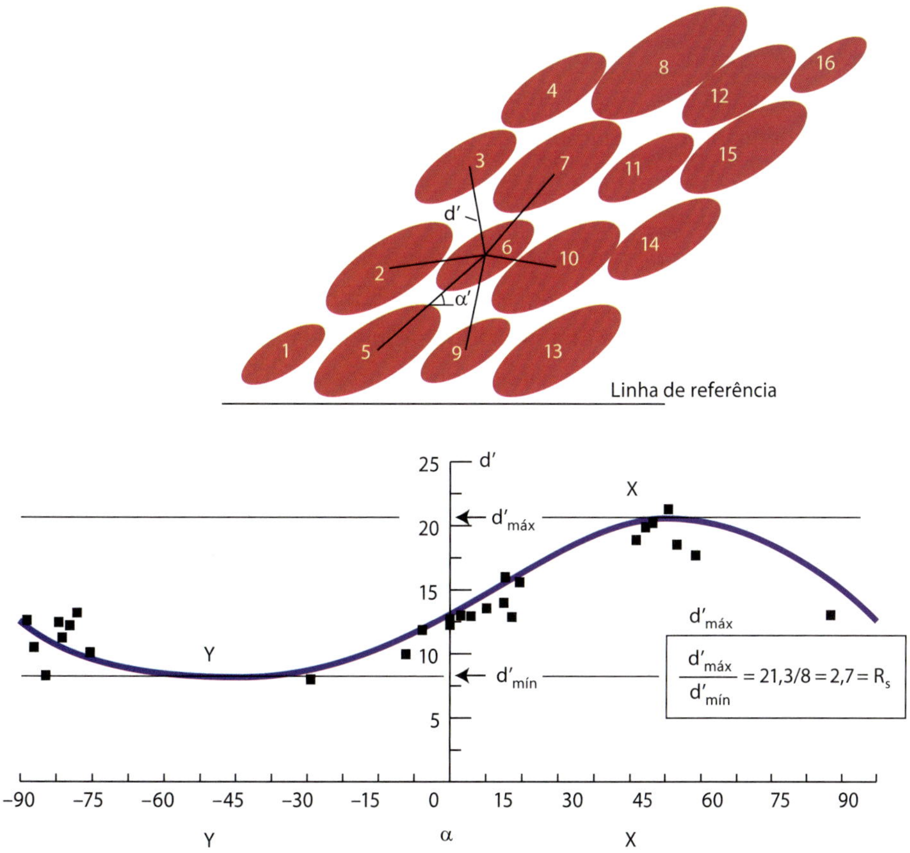

Fig. 3.8 *Método centro a centro. Linhas retas são traçadas entre os centros de objetos vizinhos. O comprimento de cada linha (d′) e o ângulo (α′) entre a linha e uma linha de referência são lançados em um diagrama. Os dados definem uma curva que atinge um máximo em X e um mínimo no valor de Y da elipse de deformação, onde $R_S = X/Y$*

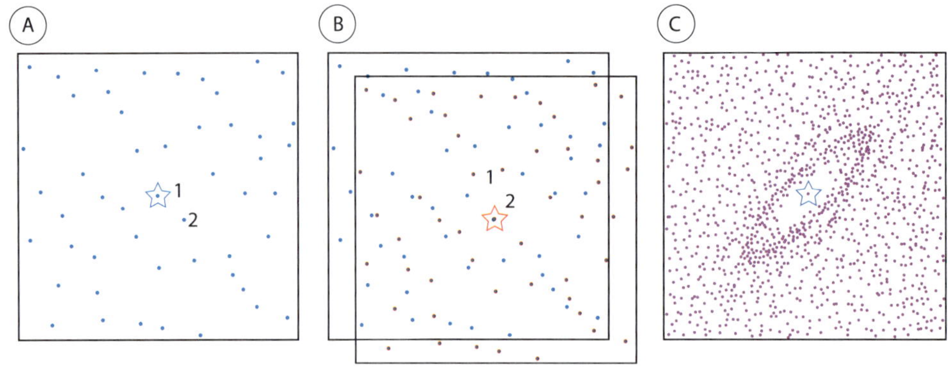

Fig. 3.9 *O método de Fry executado manualmente. (A) Os pontos centrais dos objetos deformados são transferidos para um papel transparente. Um ponto central (1, na figura) é marcado. (B) O papel transparente é movido para outro ponto (2) e os pontos centrais são novamente transferidos para o papel, que não deve ser rotacionado. O procedimento é repetido para todos os objetos, e o resultado (C) é uma imagem da elipse de deformação (forma e orientação)*
Fonte: baseado em Ramsay e Huber (1983).

é possível ser feito manualmente, colocando-se um papel transparente com uma origem de coordenadas e um par de eixos de referência sobre um croqui ou uma fotografia da seção. A origem é colocada sobre o centro de uma partícula, e os centros de todas as outras (não somente das vizinhas) são marcados sobre o papel transparente, que é deslocado, sem ser rotacionado em relação à seção, até que sua origem esteja sobre o centro de uma segunda partícula. Em seguida, os centros de todas as outras partículas são novamente marcados sobre o papel. Esse procedimento é repetido até que toda a área de interesse tenha sido coberta. Em objetos com uma distribuição mais ou menos uniforme, o resultado será uma representação visual da elipse de deformação, que é a área vazia na região central, definida pela nuvem de pontos ao seu redor (Fig. 3.9C). Um exemplo de oólitos deformados é apresentado na Fig. 3.7D.

O método de Fry, assim como os demais apresentados, resulta em uma deformação bidimensional. A deformação **tridimensional** é obtida pela combinação de estimativas de deformação em duas ou mais seções do volume de rocha deformada. Se for possível encontrar seções com dois eixos principais de deformação, duas seções serão suficientes. Em casos gerais, três ou mais seções são necessárias, e a deformação tridimensional poderá ser definida com o auxílio de programas específicos.

3.4 Deformação em três dimensões

Uma análise completa da deformação deve ser **tridimensional**. Os dados de deformação tridimensional são apresentados no diagrama de Flinn ou similares, que descrevem a forma do elipsoide de deformação, também conhecida por **geometria da deformação**. Além disso, a orientação dos eixos principais de deformação pode ser apresentada em projeções esféricas. Observações da deformação tridimensional diretas de campo são raras. A análise é quase sempre baseada em observações de deformação bidimensional de duas ou mais seções de um mesmo local (Fig. 3.10). Um exemplo de análise tridimensional de deformação de conglomerados deformados é apresentado no Boxe 3.1.

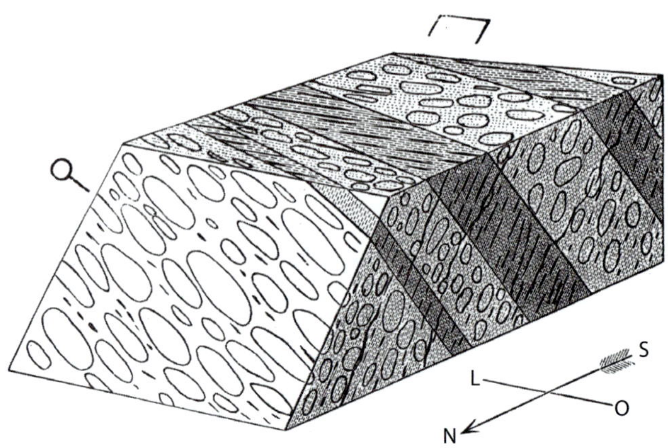

Fig. 3.10 *Deformação tridimensional expressa como elipses em diferentes seções de um conglomerado. A foliação (plano XY) e a lineação (eixo X) são indicadas. Essa ilustração foi publicada em 1888, mas os métodos de análise de deformação que são comuns atualmente não tinham sido desenvolvidos até a década de 1960*

Boxe 3.2 Conglomerados quartzíticos deformados

Quartzo ou conglomerados quartzíticos com matriz quartzítica são frequentemente usados na análise da deformação. Quanto mais semelhantes forem a composição mineralógica e a granulometria da matriz e dos seixos, menor será a partição da deformação e melhores as estimativas de deformação. Um estudo clássico em conglomerados quartzíticos deformados foi publicado por Jake Hossack em 1968, e versava sobre o conglomerado de Bygdin, na Noruega. Hossack teve a sorte de encontrar seções naturais ao longo dos planos principais do elipsoide de deformação em cada local. Unindo os dados das seções, o autor determinou o estado de deformação tridimensional (elipsoide de deformação) em cada local, verificando que a geometria e a intensidade da deformação variavam em toda a área de seu estudo. Ele atribuiu o padrão de deformação ao achatamento estático provocado pelo peso da *nappe* caledoniana Jotun. Ainda que alguns detalhes de sua interpretação sejam discutíveis, seu trabalho demonstra como os conglomerados podem ser usados no estudo de padrões complexos de deformação, que, de outro modo, talvez fossem impossíveis de mapear.

Hossack anotou as seguintes fontes de erro:

- imprecisão na coleta dos dados (seções não perfeitamente paralelas aos planos principais de deformação, além de erros de medição);
- variação na composição dos seixos;
- forma pré-deformacional e orientação dos seixos;
- contraste de viscosidade entre os clastos e a matriz;
- variação de volume relacionada à deformação (solução por pressão);
- possibilidade de múltiplos eventos de deformação.

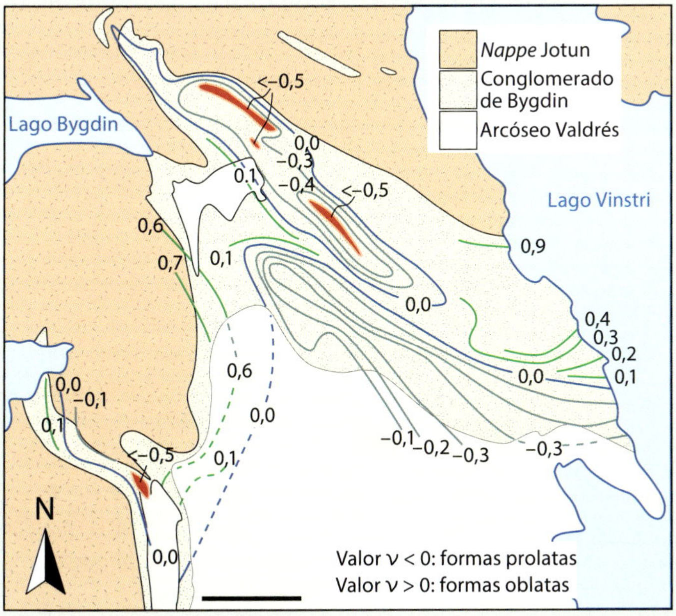

Mapa de deformações da região de Bygdin, Noruega, feito por Hossack. ν = parâmetro de Lode (Eq. 2.8)

Conglomerado de Bygdin

Boxe 3.3 Deformação em torno de uma dobra

Os conglomerados deformados são uma importante fonte de dados sobre deformação, pois são relativamente comuns e contêm grande número de clastos. Apresentaremos um exemplo em que a deformação foi estimada em vários pontos em torno de uma camada dobrada de conglomerado, deformada sob condições de fácies xisto verde. Verificou-se que os flancos longos foram totalmente dominados por deformação por achatamento (geometria de deformação oblata), ao passo que na charneira e no flanco curto houve uma mudança em direção à deformação contracional. A obtenção dessas informações teria sido difícil sem marcadores mesoscópicos de deformação, pois a rocha foi recristalizada e os limites originais dos grãos de areia foram obliterados.

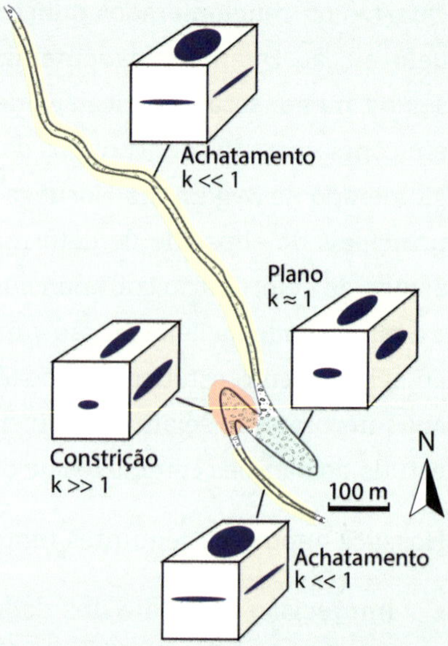

Mapa da camada de conglomerado. Note que o flanco curto da dobra é espessado

Conglomerado em estado de deformação por constrição

A distribuição da deformação poderia ser explicada por meio de um modelo no qual uma camada conglomerática achatada é rotacionada para o campo de encurtamento durante o cisalhamento. Um cisalhamento destral rotaciona a foliação e os clastos oblatos para o campo do encurtamento, fazendo com que o eixo *Y* seja encurtado. Isso faz com que o elipsoide de deformação atravesse a diagonal de deformação plana do diagrama de Flinn e atinja o campo contracional ($k > 1$). Neste ponto, estamos no flanco invertido ou na charneira da dobra inferior. O processo continua, e a elipse de deformação é novamente achatada. Esse modelo explica dados de deformação por meio de uma história específica de deformação, que vai do achatamento para a constrição e, em seguida, novamente para o achatamento.

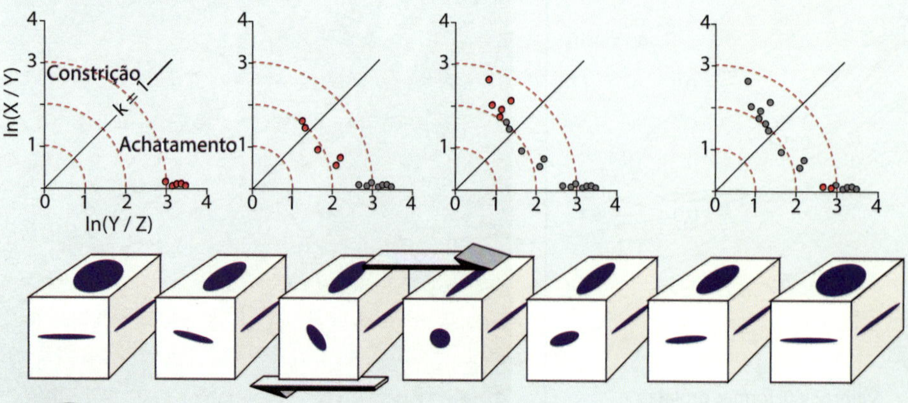

Ilustração da história da deformação sob a forma de blocos-diagrama, que mostram seções através do elipsoide de deformação, e de dados de deformação em diagramas de Flinn. Os diagramas correspondem de modo aproximado aos blocos abaixo.

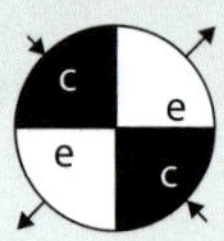

São mostradas também as direções dos eixos de estiramento instantâneo e dos campos de contração instantânea (em preto) e de extensão por cisalhamento simples destral

A quantificação da deformação dúctil, em duas ou três dimensões, requer as seguintes condições:

A DEFORMAÇÃO DEVE SER HOMOGÊNEA EM UMA DADA ESCALA DE OBSERVAÇÃO E AS PROPRIEDADES MECÂNICAS DOS OBJETOS DEVEM TER SIDO, DURANTE A DEFORMAÇÃO, PRÓXIMAS ÀS DE SUA ROCHA ENCAIXANTE. ALÉM DISSO, DEVEMOS TER UM CONHECIMENTO RAZOÁVEL DA FORMA ORIGINAL DOS MARCADORES DE DEFORMAÇÃO.

O primeiro ponto é evidente. Se a deformação é heterogênea, temos de observar o sistema em outra escala, seja em uma maior, onde as heterogeneidades desapareçam, ou em subáreas, onde a deformação seja aproximadamente homogênea. No exemplo do Boxe 3.2 foi aplicado o segundo caso; nele, um padrão de deformação mapeado poderia estar relacionado a uma estrutura maior. Esse exemplo mostra como o mapeamento do estado de deformação pode ajudar a compreender a formação de estruturas de maior escala – nesse caso, a história de um dobramento.

O segundo ponto é muito importante. Em rochas dúcteis, significa que o objeto e suas vizinhanças devem ter tido a mesma competência ou viscosidade (ver Cap. 5). Caso contrário, a deformação registrada pelo objeto seria diferente da de sua matriz. Esse é um dos vários tipos de **partição da deformação**, na qual a deformação total é distribuída de modo desigual quanto à intensidade e/ou geometria em um dado volume de rocha. Como exemplo, marcamos um círculo perfeito sobre um pedaço de argila antes de achatá-lo entre duas paredes. O círculo se transforma passivamente em uma elipse, que revela a deformação bidimensional, caso seja homogênea. Se inserirmos uma esfera colorida na argila, ela irá se deformar com o restante da argila, revelando a deformação tridimensional ocorrida. Entretanto, se pusermos um fragmento rígido de mármore na argila, o resultado será bastante diferente. O mármore permanecerá indeformado, ao passo que a argila ao seu redor se tornará deformada de modo mais intenso e heterogêneo que no caso anterior. Na verdade, o mármore faz com que tenhamos um padrão de deformação mais heterogêneo. Os marcadores de deformação cujas propriedades mecânicas são iguais às de seu entorno são chamados de **marcadores passivos de deformação**, porque se deformam de modo passivo e em conjunto com o volume de rocha ao seu redor. Os marcadores cujas propriedades mecânicas respondem à deformação total de modo diverso de seu entorno são denominados **marcadores ativos de deformação**.

Um exemplo de dados obtidos a partir de marcadores ativos de deformação é apresentado na Fig. 3.11. Eles foram coletados em um conglomerado polimítico deformado, e a deformação tridimensional foi estimada a partir de diferentes tipos de clastos em um mesmo local. Evidentemente, os clastos registraram quantidades distintas de deformação. Os competentes seixos de granito foram menos deformados que os menos competentes metabasitos. Isso pode ser percebido pelo fato de que, em geral, a intensidade da deformação aumenta com o aumento da distância a partir da origem no espaço de Flinn. Mas há outro aspecto interessante nessa figura: os clastos competentes parecem situar-se mais acima no diagrama de Flinn (Fig. 3.11) que os clastos menos competentes, o que significa que aqueles assumem uma forma mais prolata. Assim, não apenas a intensidade da deformação, mas também sua geometria pode variar de acordo com as propriedades mecânicas dos marcadores de deformação.

O modo como os diferentes marcadores se comportam depende de muitos fatores, tais como composição mineralógica, trama preexistente, tamanho dos grãos, conteúdo em água e condições de temperatura e pressão durante a deformação. No caso da Fig. 3.11, o regime de temperatura e pressão corresponde à fácies xisto verde baixa a média. A uma temperatura mais alta, as rochas ricas em quartzo provavelmente se comportarão como objetos não competentes, e suas posições relativas no espaço de Flinn irão mudar.

Este último ponto requer atenção: a forma inicial de um objeto deformado claramente influencia sua forma pós-deformacional. Se considerarmos objetos bidimensionais, como seções em rochas oolíticas, arenitos ou conglomerados, o método R_f/ϕ, discutido anteriormente, pode lidar com esse tipo de incerteza. É melhor medir duas ou mais seções em uma rocha deformada usando esse método do que escavar um objeto e medir sua forma tridimensional. Um objeto único pode ter uma forma inicial totalmente inesperada (os clastos

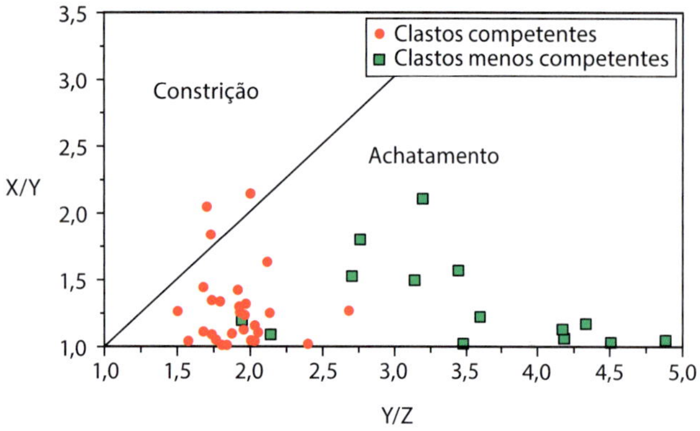

Fig. 3.11 *Deformação definida a partir de conglomerados deformados, lançada em diagrama de Flinn. Tipos diferentes de seixos apresentam diferentes formas e deformações finitas. Conglomerado polimítico da formação Utslettefjell, Stord, sudoeste da Noruega. Dados coletados por D. Kirschner, R. Malt e este autor*

de conglomerados raramente são perfeitamente esféricos ou elípticos), mas a combinação de numerosas medidas em várias seções permite obter uma variação estatística que pode resolver ou reduzir esse problema.

A DEFORMAÇÃO TRIDIMENSIONAL É, EM GERAL, OBTIDA PELA COMBINAÇÃO DE DADOS BIDIMENSIONAIS DE VÁRIAS SEÇÕES COM DIFERENTES ORIENTAÇÕES.

Há programas de computador para estabelecer a deformação tridimensional a partir de dados de seções. Se cada uma delas contiver dois eixos principais de deformação, tudo fica mais simples, e apenas duas seções são necessárias (ainda que a análise de três seções seja melhor). Caso contrário, são necessários os dados de deformação de pelo menos três seções.

Resumo

Os marcadores de deformação em rochas deformadas revelam o quanto elas passaram por esse processo, além de indicar a natureza da deformação (por exemplo, achatamento *versus* constrição) e a direção dos eixos de deformação. Essas informações são importantes quando procuramos identificar os processos transcorridos em uma região deformada e buscamos um modelo de deformação. O modo como as rochas acumulam deformação depende do campo de esforços, das condições de contorno, das propriedades físicas da rocha e de fatores externos como temperatura, pressão e estado de esforços. Nos próximos capítulos exploraremos algumas dessas relações. Alguns pontos-chave para revisar são:

- A deformação pode ser revelada apenas por estruturas de deformação (clivagem, zonas de cisalhamento, fraturas) ou marcadores preexistentes que tenham mudado de forma durante a deformação.
- A análise de deformação requer o conhecimento da geometria dos marcadores anterior ao início da deformação.
- Objetos circulares ou esféricos antes da deformação são ideais, mas objetos não esféricos que tiveram uma faixa de variação de suas orientações iniciais também podem ser usados.
- Há diversas técnicas e programas de computador que podem ajudar na análise da deformação de rochas.
- Procure sempre objetos, camadas ou feições lineares que possam revelar a deformação em rochas.

Questões de revisão

1] O que significa o termo *marcador de deformação*? Dê exemplos.
2] Que informações podemos obter de marcadores de deformação planos ou lineares?
3] Qual é o efeito da diferença de viscosidade (competência) entre os marcadores de deformação e a sua matriz?
4] Como podemos lidar com tramas pré-deformacionais, por exemplo, em seixos de conglomerados?
5] O que é necessário para determinar a deformação por cisalhamento em uma rocha?
6] Faça considerações sobre a análise de deformação, abordando suas possíveis armadilhas.
7] Quanta deformação de cisalhamento sofreu a trilobita da Fig. 3.3 na direção paralela à sua linha axial?
8] Como podemos definir a deformação tridimensional em um conglomerado deformado?
9] O que significam marcadores passivos e ativos de deformação?
10] O que significa partição da deformação nesse contexto?

E-módulo

O módulo de *e-learning* denominado *Strain in rocks* é recomendado para este capítulo.

Leituras complementares

Detalhes sobre técnicas de análise de deformação

ERSLEV, E. A. Normalized center-to-center strain analysis of packed aggregates. *Journal of Structural Geology*, v. 10, p. 201-209, 1988.

LISLE, R. *Geological Strain Analysis*. Amsterdam: Elsevier, 1985.

RAMSAY, J. G.; HUBER, M. I. *The Techniques of Modern Structural Geology*. Vol. 1: Strain Analysis. London: Academic Press, 1983.

Elipsoide de deformação a partir de dados de seções

DE PAOR, D. G. Determination of the strain ellipsoid from sectional data. *Journal of Structural Geology*, v. 12, p. 131--137, 1990.

Deformação tridimensional

BHATTACHARYYA, P.; HUDLESTON, P. Strain in ductile shear zones in the Caledonides of northern Sweden: a three-dimensional puzzle. *Journal of Structural Geology*, v. 23, p. 1549-1565, 2001.

HOLST, T. B.; FOSSEN, H. Strain distribution in a fold in the West Norwegian Caledonides. *Journal of Structural Geology*, v. 9, p. 915-924, 1987.

HOSSACK, J. Pebble deformation and thrusting in the Bygdin area (Southern Norway). *Tectonophysics*, v. 5, p. 315-339, 1968.

STRINE, M.; WOJTAL, S. F. Evidence for non-plane strain flattening along the Moine thrust, Loch Srath nan Aisinnin, North-West Scotland. *Journal of Structural Geology*, v. 26, p. 1755-1772, 2004.

Deformação associada à clivagem

GOLDSTEIN, A.; KNIGHT, J.; KIMBALL, K. Deformed graptolites, finite strain and volume loss during cleavage formation in rocks of the taconic slate belt, New York and Vermont, U.S.A. *Journal of Structural Geology*, v. 20, p. 1769-1782, 1999.

Modelagem numérica

MOOKERJEE, M. NICKLEACH, S. Three-dimensional strain analysis using Mathematica. *Journal of Structural Geology*, v. 33, p. 1467-1476, 2011.

MULCHRONE, K. F. CHOWDHURY, K. R. Fitting an ellipse to an arbitrary shape: implications for strain analysis. *Journal of Structural Geology*, v. 26, p. 143-153, 2004.

SHAN, Y. An analytical approach for determining strain ellipsoids from measurements on planar surfaces. *Journal of Structural Geology*, v. 30, p. 539-546, 2008.

SHIMAMOTO, T., IKEDA, Y. A simple algebraic method for strain estimation from ellipsoidal objects. *Tectonophysics* , v. 36, p. 315-337.

4 Esforço

No Cap. 3, abordamos o modo como a deformação pode ser observada e medida em rochas deformadas. O conceito de esforço (*stress*) está diretamente relacionado à deformação, mas é mais abstrato porque não pode ser visto diretamente. É necessário observarmos as feições de deformação (preferencialmente, deformação de pequena intensidade) para podermos fazer interpretações sobre o esforço. Ou seja, as estruturas visíveis de deformação podem nos fornecer algumas informações sobre o campo de esforços ao qual a rocha foi submetida. Entretanto, essa relação não é direta, e nem mesmo a mais detalhada reconstituição do campo de esforços permite prever quais serão as estruturas deformadas resultantes, a menos que tenhamos informações adicionais sobre as propriedades físicas e mecânicas das rochas, a temperatura, a pressão e as demais condições físicas de contorno. Neste capítulo, são apresentados os conceitos mais básicos sobre esforços. Nos dois seguintes, abordaremos os esforços na litosfera e as relações entre esforço, deformação e propriedades físicas.

4.1 Definições, magnitudes e unidades

Os termos *pressão* e *esforço* frequentemente são usados como sinônimos, mas em Geologia Estrutural é necessário usá-los de modo mais cuidadoso. Em Geologia, o termo **pressão** (p) é geralmente aplicado apenas a meios com muito baixa ou nenhuma resistência ao cisalhamento (fluidos), ao passo que o termo ***esforço*** (σ) é usado para meios com alta resistência ao cisalhamento (rochas). Para verificar se um material oferece ou não **resistência ao cisalhamento**, coloque uma amostra entre as suas mãos e faça um movimento de compressão. A resistência que você irá sentir reflete a resistência ao cisalhamento. A água não apresenta resistência ao cisalhamento (faça o teste em uma piscina), ao contrário da argila e da areia.

Ambos os termos, *pressão* e *esforço*, aplicam-se, por exemplo, a um arenito poroso soterrado: ele tem uma certa **pressão de poros** e está submetido a um certo estado de **esforços**. Ambos se relacionam com as forças externas que afetam o volume da rocha.

Podemos dividir as forças em dois tipos. Um deles afeta o volume da rocha como um todo, tanto externa como internamente, e é chamado de **força de corpo**. As forças de corpo definem campos tridimensionais. Em Geologia Estrutural, o tipo mais importante dessa força é a gravidade. Outro exemplo são as forças magnéticas.

O outro tipo de força age apenas na superfície e é conhecido como **força de superfície**. Esta origina-se quando um corpo empurra ou puxa outro que lhe é adjacente. A força que age na área de contato entre os dois é uma força de superfície, e possui grande importância para a deformação de rochas. De modo análogo, podemos nos referir ao esforço em uma superfície e ao estado de esforço em um ponto.

O ESFORÇO EM UMA SUPERFÍCIE É UM VETOR (TENSOR DE PRIMEIRA ORDEM), AO PASSO QUE O ESTADO DE ESFORÇO EM UM PONTO É UM TENSOR DE SEGUNDA ORDEM.

Engenheiros e geólogos que atuam no campo da Mecânica das Rochas podem referir-se ao esforço em uma superfície como **tração** e reservar o termo *esforço* para aludir ao estado de esforço em um dado ponto de um corpo. Portanto, os geólogos devem estar atentos aos dois usos e, assim, evitar confusões entre os diferentes significados do termo.

4.2 Esforço em uma superfície

O **esforço em uma superfície** – como, por exemplo, uma fratura ou o contato entre grãos – é um vetor (σ) que pode ser definido como a razão entre a força (F) e a área (A) na qual essa força age. O esforço que age em um ponto na superfície pode ser expresso por:

$$\vec{\sigma} = \lim_{\Delta A \to 0} (\Delta F / \Delta A) \tag{4.1}$$

Essa formulação indica que o valor do esforço pode variar de um local para outro em uma mesma superfície. A unidade de força (F) no sistema internacional (SI) é o **newton** (N) = m kg/s^2 : 1N é a força criada por uma massa de 102g na superfície da Terra. Alguns geólogos preferem utilizar a unidade dina (g cm/s^2), ou *dine*, que corresponde a 10^{-5}N. O esforço diferencial (ou pressão) é dado em **megapascais** (MPa), onde:

$$1\,\text{Pa} = 1\,\text{N/m}^2 = 1\,\text{kg/(m s}^2)$$

$$1\,\text{MPa} = 10\,\text{bar} = 10.197\,\text{kg/cm}^2 = 145\,\text{lb/pol}^2$$

$$100\,\text{MPa} = 1\,\text{kbar}$$

Na literatura geológica, o esforço compressivo é normalmente considerado positivo, ao passo que o esforço extensivo é considerado negativo (ver Boxe 4.1). Na ciência dos materiais, essa convenção é inversa, e a extensão possui sinal positivo. Isso está relacionado ao fato de a resistência tensional de um material ser menor que sua resistência compressional. A resistência tensional é importante na avaliação de construções como pontes e edifícios. A crosta, por outro lado, é dominada pela compressão. Lembre-se da diferença entre esforço e deformação: tanto a extensão como a contração podem resultar de um campo de esforços onde todos os eixos de esforço são compressivos.

EM PRATICAMENTE TODA A LITOSFERA OS ESFORÇOS SÃO COMPRESSIONAIS, MESMO EM RIFTES OU OUTRAS ÁREAS SUBMETIDAS A EXTENSÃO.

Boxe 4.1 Convenção de sinais

Em Geologia, as forças normais compressivas são consideradas positivas e as tensionais, negativas (em Engenharia, a convenção de sinais é invertida). Os geólogos preferem essa convenção porque os esforços na crosta tendem a ser compressivos. Os esforços de cisalhamento, entretanto, estão submetidos a pelo menos dois tipos de convenção. Na construção do círculo de Mohr, temos a seguinte convenção: o esforço de cisalhamento relativo a um movimento de rotação no sentido horário é negativo. Na notação de tensores, a convenção de sinais é diferente da do esforço de cisalhamento (os valores absolutos são idênticos): se os componentes de cisalhamento nas faces negativas (ocultas) dos cubos mostrados na figura agem na direção positiva do sistema de eixos, seu sinal é positivo, e vice-versa. Isso pode gerar algumas confusões; portanto, sempre se certifique de que o sinal dos resultados finais de seus cálculos faz sentido.

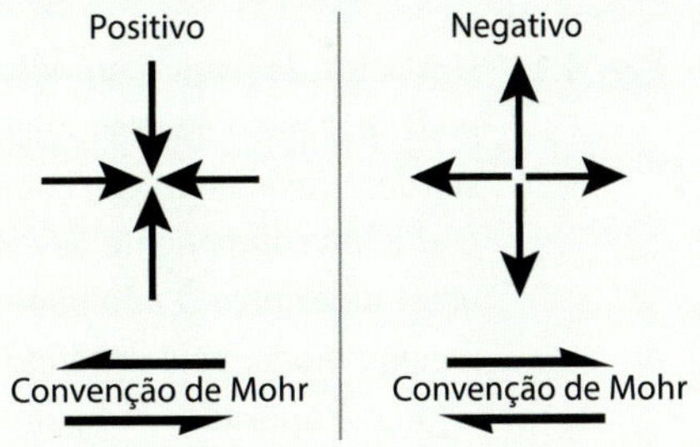

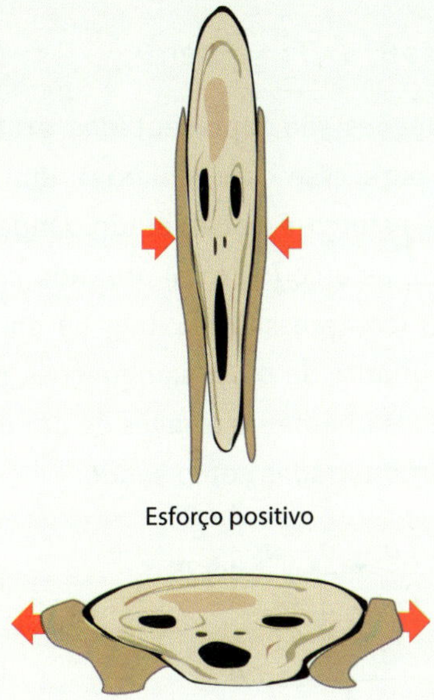

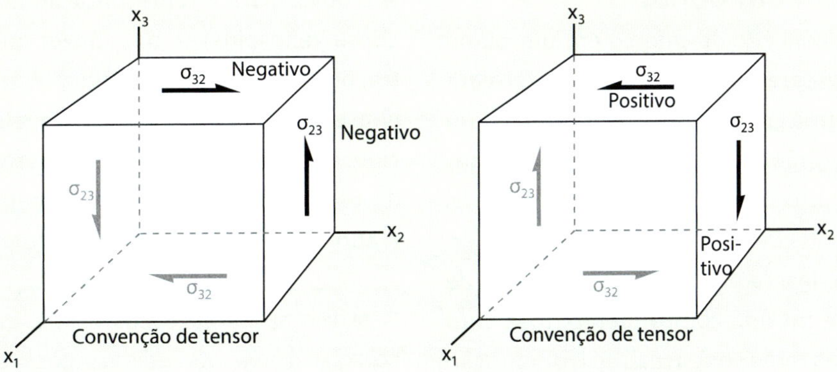

4.2.1 Esforço normal e esforço de cisalhamento

Um vetor de esforço orientado perpendicularmente em relação a uma superfície é denominado **esforço normal** (σ_n) à superfície, ao passo que um vetor de esforço que age paralelamente a uma superfície é denominado **esforço de cisalhamento** (σ_s ou τ). Em geral, os vetores de esforço agem obliquamente sobre os planos e podem, portanto, ser decompostos em seus componentes normal e de cisalhamento. É importante ressaltar que os conceitos de esforço normal e esforço de cisalhamento se referem a uma superfície de referência.

Enquanto a decomposição de forças é relativamente simples, a decomposição dos vetores de esforço é um pouco mais complexa, pois o esforço depende da área na qual age (as forças, não). Portanto, a simples adição de vetores não é suficiente no caso dos vetores de esforço. Como indicado na Fig. 4.1, há relações do tipo:

$$\sigma_n = \sigma \cos^2 \theta, \qquad \sigma_s = (\sigma \operatorname{sen} 2\theta)/2 \tag{4.2}$$

onde θ é o ângulo entre o vetor de esforço e a normal da superfície de referência, ou o mergulho da superfície, caso o esforço seja vertical. Por comparação, a decomposição dos vetores de força em vetores de força normal e de cisalhamento (Fig. 4.1) é dada por:

$$F_n = F \cos \theta, \qquad F_s = F \operatorname{sen} \theta \tag{4.3}$$

Essas quatro funções são representadas graficamente na Fig. 4.2, para esse caso uniaxial, em que apenas um eixo de esforço é considerado. Onde há dois componentes de esforço (σ_2 e σ_3) atuando como indicado na Fig. 4.3 (compressão biaxial), há contribuição tanto de σ_1 quanto de σ_3, e as equações para esforço normal e de cisalhamento através de um dado plano podem ser demonstradas como sendo:

$$\sigma_n = \frac{\sigma_1 + \sigma_3}{2} + \frac{\sigma_1 - \sigma_3}{2} \cos 2\theta \tag{4.4}$$

$$\sigma_s = \frac{\sigma_1 - \sigma_2}{2} \operatorname{sen} 2\theta \tag{4.5}$$

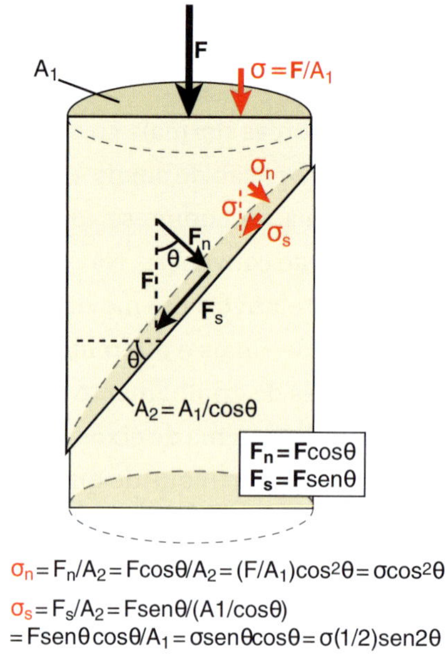

Fig. 4.1 *Um vetor de força F agindo sobre uma superfície pode, por meio de uma operação vetorial simples, ser decomposto em um componente normal (F_n) e um componente de cisalhamento (F_s). O vetor de esforço σ não pode ser decomposto do mesmo modo, pois depende da área sobre a qual a força é aplicada. A dedução das expressões trigonométricas dos componentes σ_n e σ_s é apresentada*

4.3 Esforço em um ponto

Após discutirmos o conceito de esforço em um plano de referência, consideraremos o estado de esforços em um dado ponto em uma rocha, como, por exemplo, um ponto dentro de um grão mineral. Podemos imaginar que, através desse ponto, um número infinito de planos em diferentes orientações espaciais possa passar. Através de cada um desses planos, há dois vetores de tração ou esforço de mesmo comprimento, mas com direções opostas. Eles terão comprimento e orientação distintos para diferentes orientações do plano. Podemos imaginar o material de um lado atuando sobre o material do outro lado do plano com uma força por unidade de área que é representada pelo vetor. Esse esforço é balanceado por um esforço idêntico, mas de sentido oposto a partir do material no lado contrário do plano. Caso desenhássemos uma família representativa de vetores em torno de um ponto de referência, obteríamos uma elipse em duas dimensões (Fig. 4.4) e um elipsoide em três dimensões (Fig. 4.5). Um requisito óbvio para a representação dos esforços em uma elipse (elipsoide) é não haver uma combinação de trações positivas e negativas. A elipse é denominada **elipse de esforços** e o elipsoide, **elipsoide de esforços**. Note que os vetores que definem a elipse ou o elipsoide de esforços são, em geral, não perpendiculares aos planos através dos quais eles atuam.

O ELIPSOIDE DE ESFORÇOS E SUA ORIENTAÇÃO ESPACIAL CONTÊM TODAS AS INFORMAÇÕES SOBRE O ESTADO DE ESFORÇOS DE UM DADO PONTO EM UMA ROCHA, OU DE UM VOLUME DE ROCHA ONDE OS ESFORÇOS SEJAM HOMOGÊNEOS.

O elipsoide de esforços possui três eixos, que são denominados σ_1, σ_2 e σ_3. O eixo mais longo (σ_1) é a direção de máximo esforço, ao passo que o eixo mais curto é normal ao plano (imaginário), através do qual há menos tração, em comparação com todos

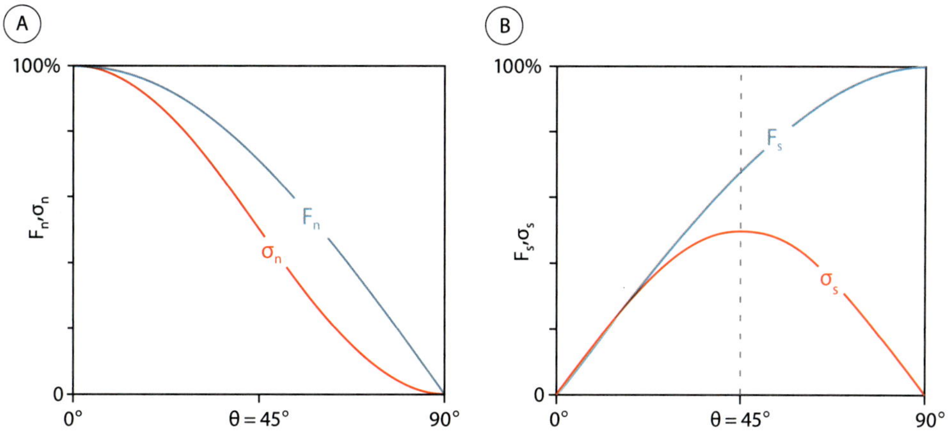

Fig. 4.2 *(A) Os componentes normais dos vetores de força (F_n) e de esforço (σ_n) que agem sobre uma superfície, dados em função da orientação dos vetores em relação a ela (θ, ver Fig. 4.1). Note a diferença entre os dois. (B) A mesma representação para os componentes do cisalhamento. Note que o esforço de cisalhamento tem valor máximo a 45° em relação à superfície, enquanto a força de cisalhamento máxima está em uma direção paralela ao plano de referência*

os demais planos que passam através daquele ponto. Os eixos são denominados **esforços principais** e representam os polos dos **planos principais de esforços**, que são os únicos planos onde o esforço de cisalhamento é igual a zero.

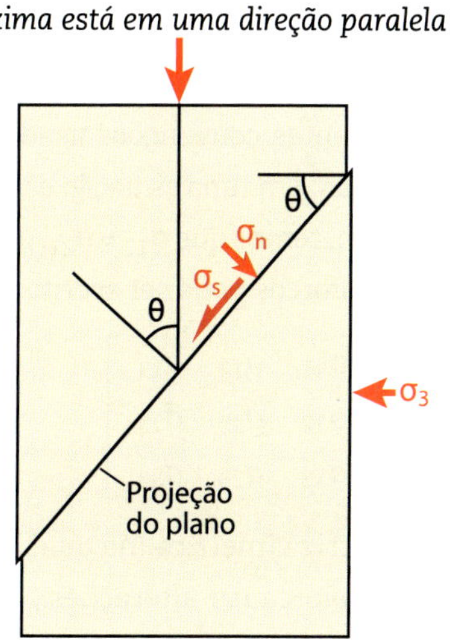

Fig. 4.3 *Compressão biaxial. Nesse caso, há dois esforços principais e cada um deles contribui para o cisalhamento e os esforços normais resolvidos em um plano cuja normal está em ângulo θ com σ_1*

4.4 Componentes de esforço

O estado de esforços em um ponto é definido também pelos componentes de esforço que agem em cada uma das três faces ortogonais de um cubo infinitesimal, constituídas de um vetor de esforço normal (σ_n) e de um vetor de esforço de cisalhamento (σ_s) (Fig. 4.6). No total, existem três vetores de esforço normal e seis de esforço de cisalhamento. Se o cubo está em repouso e estável, as forças que agem em direções opostas são de igual magnitude e, portanto, se cancelam. Isso implica que:

$$\sigma_{xy} = -\sigma_{yx}, \quad \sigma_{yz} = -\sigma_{zy} \quad \text{e} \quad \sigma_{xz} = -\sigma_{zx} \tag{4.6}$$

Ficamos, assim, com seis componentes de esforços independentes.

O cubo pode ser orientado de modo que todos os esforços de cisalhamento sejam iguais a zero. Nesse caso, os únicos componentes não nulos são os três vetores de esforço normal que, nessa situação, representam as direções principais de esforços e são denominados **esforços principais** ou **eixos principais**

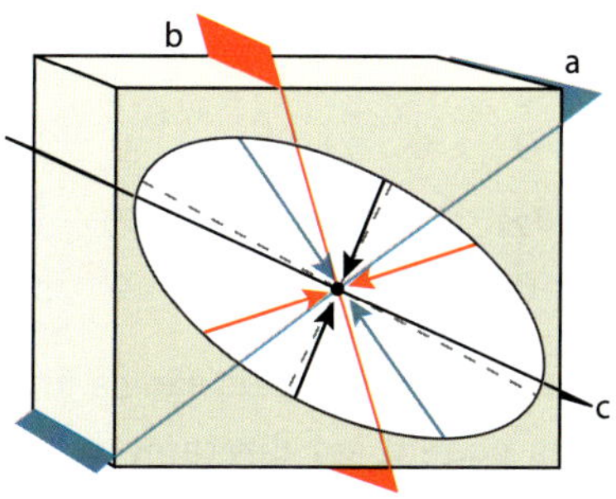

Fig. 4.4 *Representação bidimensional do esforço em um ponto. Três planos (a, b, c) são orientados perpendicularmente à seção apresentada, e seus respectivos esforços normais são representados na forma de vetores (cores correspondentes). Os vetores de esforço definem uma elipse cuja elipticidade depende do estado de esforços*

do elipsoide de esforços. As três superfícies que definem o cubo são os **planos principais de esforços**, que dividem o elipsoide de esforços em três partes.

4.5 O tensor de esforços (matriz)

É adequado colocarmos os nove componentes de esforços em uma matriz (tensor de segunda ordem) conhecida como **tensor de esforços** ou **matriz de esforços** (ver Boxe 4.2):

$$\begin{bmatrix} \sigma_{11} & \sigma_{12} & \sigma_{13} \\ \sigma_{21} & \sigma_{22} & \sigma_{23} \\ \sigma_{31} & \sigma_{32} & \sigma_{33} \end{bmatrix} \tag{4.7}$$

Os esforços normais σ_{11}, σ_{22} e σ_{33} ocupam a diagonal, enquanto os termos fora dela representam os esforços de cisalhamento. Temos que $|\sigma_{11}| = |\sigma_{xx}|$, $|\sigma_{12}| = |\sigma_{xy}|$, $|\sigma_{13}| = |\sigma_{xz}|$ etc., mas eles podem ter sinais diferentes em razão das diferentes convenções usadas para componentes de tensores. Em uma situação estável, onde as forças se equilibram, temos que $\sigma_{12} = \sigma_{21}$, $\sigma_{31} = \sigma_{13}$, $\sigma_{23} = \sigma_{32}$, e o tensor de esforços pode ser escrito como:

$$\begin{bmatrix} \sigma_{11} & \sigma_{12} & \sigma_{13} \\ \sigma_{12} & \sigma_{22} & \sigma_{23} \\ \sigma_{13} & \sigma_{23} & \sigma_{33} \end{bmatrix} \tag{4.8}$$

Esta é uma matriz simétrica (na qual a inversão de colunas e linhas não causa alterações), mas os valores sofrerão alterações com a escolha do sistema de coordenadas ou a orientação do cubo infinitesimal (Fig. 4.6). Se tivermos sorte, ou se orientarmos o cubo (sistema de coordenadas) com cuidado, teremos os esforços principais ao longo das arestas do cubo e, nesse caso, a matriz será:

$$\begin{bmatrix} \sigma_{11} & 0 & 0 \\ 0 & \sigma_{22} & 0 \\ 0 & 0 & \sigma_{33} \end{bmatrix} = \begin{bmatrix} \sigma_1 & 0 & 0 \\ 0 & \sigma_2 & 0 \\ 0 & 0 & \sigma_3 \end{bmatrix} \tag{4.9}$$

Como os esforços principais são os únicos valores não nulos, eles podem ser diretamente extraídos da matriz. Os três vetores principais de esforços são as três colunas $(\sigma_{11}, 0, 0)$, $(0, \sigma_{22}, 0)$ e $(0, 0, \sigma_{33})$. Em outras palavras:

O TENSOR DE ESFORÇOS É COMPOSTO PELOS TRÊS VETORES PRINCIPAIS DE ESFORÇOS.

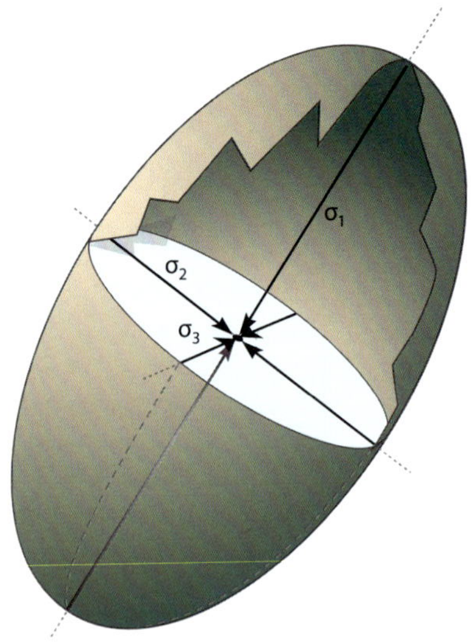

Fig. 4.5 *Elipsoide de esforços*

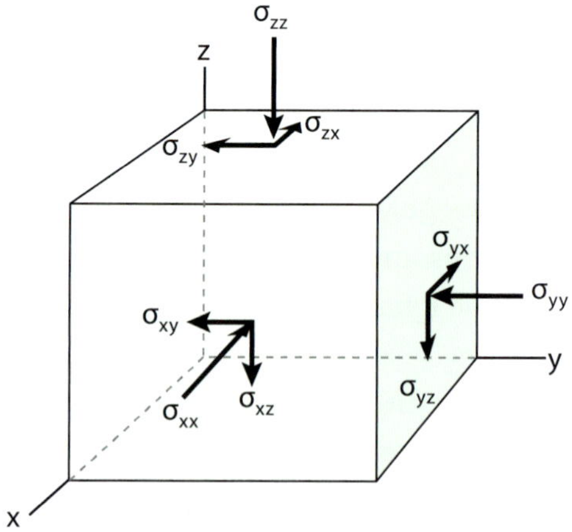

Fig. 4.6 *Componentes de esforço agindo sobre as faces de um pequeno cubo. Os de esforço positivo são mostrados – os componentes de esforço correspondentes existem nas faces negativas e ocultas do cubo. O esforço normal é indicado por σ_{xx}, σ_{yy} e σ_{zz}, e os demais correspondem aos esforços de cisalhamento e são paralelos às arestas do cubo*

Em outros casos, precisamos encontrar os autovetores e os autovalores da matriz, que são os vetores principais de esforços e os esforços principais, respectivamente. Isso pode ser feito facilmente por meio de programas de computador. É importante saber que, mesmo que os elementos do tensor de esforços variem de acordo com diferentes escolhas de sistemas de coordenadas, os autovalores e os autovetores do tensor permanecem os mesmos, ou seja, eles são **invariantes**.

Boxe 4.2 Vetores, matrizes e tensores

Uma grandeza **escalar** é um número real que pode indicar temperatura, massa, densidade, velocidade ou qualquer outra grandeza física que não dependa da direção. Um **vetor** tem magnitude (comprimento) e direção, tais como, por exemplo, a força, a tração (vetor de esforço) ou a velocidade. Uma **matriz** é um arranjo bidimensional de números (3 × 3 ou 2 × 2 na maioria das aplicações geológicas, o que significa que elas utilizam nove ou quatro componentes). Matrizes podem representar o estado de esforços ou de deformação em um meio.

O termo **tensor** é, em Mecânica das Rochas, aplicado a vetores e, em especial, a matrizes. Podemos considerar as grandezas escalares como tensores de ordem zero, vetores como tensores de primeira ordem e matrizes como tensores de segunda ordem. Assim, para os nossos propósitos, os termos *matriz* e *tensor de segunda ordem* são idênticos. Entretanto, há outros casos em que os números são arranjados em matrizes que não são tensores, como no campo da economia.

Uma propriedade importante dos tensores é a sua independência de qualquer contorno de referência, isto é, a "quantidade" representada pelo tensor (como o estado de esforços ou de deformação em um ponto qualquer de um dado volume) permanece a mesma, independentemente da escolha do sistema de coordenadas. Dessa forma, um vetor terá o mesmo comprimento e magnitude em dois sistemas de coordenadas diferentes, mesmo que seja representado por números diferentes.

Um tensor pode ser definido como um único ponto ou um conjunto de pontos isolados; pode ser determinado, ainda, ao longo de um contínuo de pontos sob a forma de um campo (campo escalar, vetorial etc.). Neste último caso, os elementos do tensor são funções de posição, e ele forma o que denominamos **campo de tensor**. Isso significa que o tensor é definido em cada ponto de uma região do espaço (ou espaço-tempo), e não apenas em um ponto ou conjunto de pontos isolados.

TENSORES DE ESFORÇOS REPRESENTAM O MESMO ESTADO DE ESFORÇOS (MESMA FORMA E ORIENTAÇÃO DO ELIPSOIDE DE ESFORÇOS), INDEPENDENTEMENTE DA ESCOLHA DO SISTEMA DE COORDENADAS.

Como o estado de esforços irá variar de um ponto a outro na litosfera, o elipsoide de esforços e o tensor de esforços também sofrerão modificações. Isso nos leva ao conceito de campos de tensores. Dessa forma, uma descrição completa do estado de esforços de um dado volume de rocha é dada por um campo de tensor.

4.6 Esforço deviatórico e esforço médio

Qualquer tensor de esforços pode ser decomposto em duas matrizes simétricas, em que a primeira parte representa o esforço médio e a segunda, o esforço deviatórico. Não se trata de um simples preciosismo matemático, mas de um procedimento que possibilita a distinção entre dois componentes importantes do esforço: o isotrópico e o anisotrópico. A decomposição é dada por:

$$\underbrace{\begin{bmatrix} \sigma_{11} & \sigma_{12} & \sigma_{13} \\ \sigma_{12} & \sigma_{22} & \sigma_{23} \\ \sigma_{13} & \sigma_{23} & \sigma_{33} \end{bmatrix}}_{\text{tensor de esforço total}} = \underbrace{\begin{bmatrix} \sigma_m & 0 & 0 \\ 0 & \sigma_m & 0 \\ 0 & 0 & \sigma_m \end{bmatrix}}_{\substack{\text{componente isotrópico} \\ \text{(tensor de esforço médio)}}} + \underbrace{\begin{bmatrix} \sigma_{11}-\sigma_m & \sigma_{12} & \sigma_{13} \\ \sigma_{12} & \sigma_{22}-\sigma_m & \sigma_{23} \\ \sigma_{13} & \sigma_{23} & \sigma_{33}-\sigma_m \end{bmatrix}}_{\substack{\text{componente anisotrópico} \\ \text{(tensor de esforço deviatórico)}}} \quad (4.10)$$

O valor σ_m, nessa decomposição, é denominado **esforço médio**, e é dado pela média aritmética dos três esforços principais. Ou seja, $\sigma_m = (\sigma_1 + \sigma_2 + \sigma_3)/3$ fornece uma medida média do esforço, que pode ser considerada como uma "pressão".

Na ausência de esforço deviatórico, o esforço anisotrópico é igual a zero. Logo, o esforço ou tração é idêntico em qualquer plano que passe pelo ponto de referência, independentemente de sua orientação. Nesse caso, o elipsoide de esforços é uma esfera perfeita, $\sigma_1 = \sigma_2 = \sigma_3$; não há esforço cisalhante em nenhuma direção, nem há esforço fora da diagonal no tensor de esforço total. Essa condição é, em geral, denominada **esforço hidrostático** ou **pressão hidrostática**, e representa um estado de esforço isotrópico. Na litosfera, o esforço médio está intimamente relacionado à **pressão litostática**, que é dada pela profundidade de soterramento e pela densidade das rochas sobrejacentes. Retornaremos a essa discussão no Cap. 5.

O **esforço deviatórico** é a diferença entre o esforço médio e o esforço total: $\sigma_{dev} = \sigma_{tot} - \sigma_m$ ou $\sigma_{tot} = \sigma_m + \sigma_{dev}$. O tensor de esforço deviatórico representa o componente **anisotrópico** do esforço total, e o esforço deviatórico é, em geral, consideravelmente menor que o esforço isotrópico médio; seu significado, porém, é bastante relevante quando estudamos a formação de estruturas geológicas em diversas situações. Enquanto o esforço isotrópico causa dilatação (inflação ou deflação), o esforço anisotrópico provoca deformação (*strain*). A relação entre os esforços principais influencia o tipo de estrutura formada.

4.7 Círculo e diagrama de Mohr

Antes de abordarmos, no Cap. 5, o estado de esforço na crosta, discutiremos um modo gráfico e prático de apresentar e lidar com esforços, denominado **diagrama de Mohr**. No século XIX, o engenheiro alemão Otto Mohr desenvolveu um modo bastante simples de lidar com esforços. Ele construiu um diagrama (Fig. 4.7) em que os eixos horizontal e vertical representam os esforços normal σ_n e de cisalhamento σ_s que agem sobre um plano que passa por um ponto de referência. Os valores máximo e mínimo dos esforços principais (σ_1 e σ_3, também denominados e σ_2 nos casos bidimensionais) são lançados no eixo horizontal, e a distância entre σ_1 e σ_3 define o diâmetro de um círculo centrado em $((\sigma_1 + \sigma_3)/2, 0)$, que é denominado **círculo de Mohr**.

O CÍRCULO DE MOHR DESCREVE OS ESFORÇOS NORMAL E DE CISALHAMENTO QUE AGEM SOBRE PLANOS COM TODAS AS ORIENTAÇÕES POSSÍVEIS QUE PASSAM POR UM PONTO DE REFERÊNCIA EM UMA ROCHA.

Ou, mais especificamente, para qualquer ponto no círculo podem ser lidos, nos eixos do diagrama, um valor de esforço normal e um valor de esforço de cisalhamento. Estes são os esforços que atuam no plano representado por aquele ponto.

Como podemos determinar a orientação de um plano que é representado por um dado ponto do círculo de Mohr? Em duas dimensões e com σ_1 e σ_3 lançados no eixo horizontal, os planos representados no círculo contêm σ_2. Se θ é o ângulo entre a normal ao plano e σ_1 (Fig. 4.1), logo o ângulo entre o raio até o ponto no círculo e a horizontal é igual a 2θ.

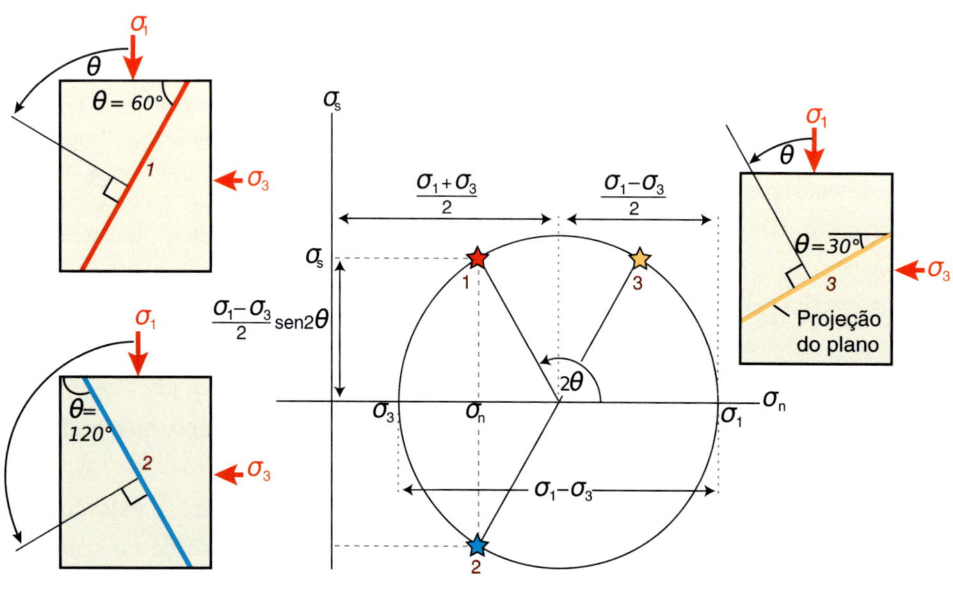

Fig. 4.7 *Círculo de Mohr. θ é o ângulo entre o esforço maior (σ_1) e o polo de um dado plano (o mergulho do plano, se σ_1 for vertical). Note o uso de ângulos duplos. Três planos são mostrados da forma como apareceriam no espaço físico*

A diferença entre os esforços principais mínimo e máximo ($\sigma_1 - \sigma_3$) corresponde ao diâmetro do círculo. Essa diferença é denominada **esforço diferencial**, e é importante para o estudo da mecânica de fraturamento. Em geral, grandes diferenças de esforço causam maior fraturamento de rochas.

O ângulo θ, dentre outros, é medido no mesmo sentido tanto no diagrama de Mohr como no espaço físico real, mas o valor dos ângulos é duplicado no diagrama. Dois pontos que representam planos perpendiculares entre si são separados por um ângulo de 180° no diagrama de Mohr. É por esse motivo que os dois esforços principais se situam no eixo horizontal. Além disso, os planos principais não contêm esforço de cisalhamento, que está presente apenas ao longo do eixo horizontal. Isso explica como o espaço de Mohr é diferente do espaço físico, e é importante entendermos a conexão entre ambos. A duplicação dos ângulos no espaço de Mohr significa que qualquer plano, como o representado pelo ponto 1 na Fig. 4.7, tem um plano complementar (representado pelo ponto 3 na mesma figura) com o mesmo esforço de cisalhamento, mas com esforço normal diferente. O ponto 1 ainda possui outro plano complementar (representado pelo ponto 2), com esforço normal idêntico e esforço de cisalhamento que se distingue apenas pelo sinal. O esforço máximo de cisalhamento ocorre em planos onde $2\theta = 90°$ ou onde o ângulo para σ_1 é de 45° (Fig. 4.2B). O diagrama de Mohr usado em aplicações geológicas geralmente é construído considerando-se a compressão como tendo sinal positivo e a tensão, sinal negativo. Em Engenharia, essa convenção é o oposto. Na maioria dos casos que ocorrem na litosfera, os esforços principais são positivos, mas há exceções. Em esforços tensionais, o círculo de Mohr é deslocado para a esquerda da origem do gráfico. Se todos os esforços principais forem tensionais (um caso muito incomum em Geologia), então todo o círculo é situado à esquerda da origem do gráfico.

O diagrama de Mohr também pode ser usado em três dimensões; nessas circunstâncias, os três eixos principais de esforços são lançados no eixo horizontal. Assim, podemos representar três círculos de Mohr em um único diagrama de Mohr. Diversos estados de esforço podem ser representados no diagrama de Mohr tridimensional (Fig. 4.8).

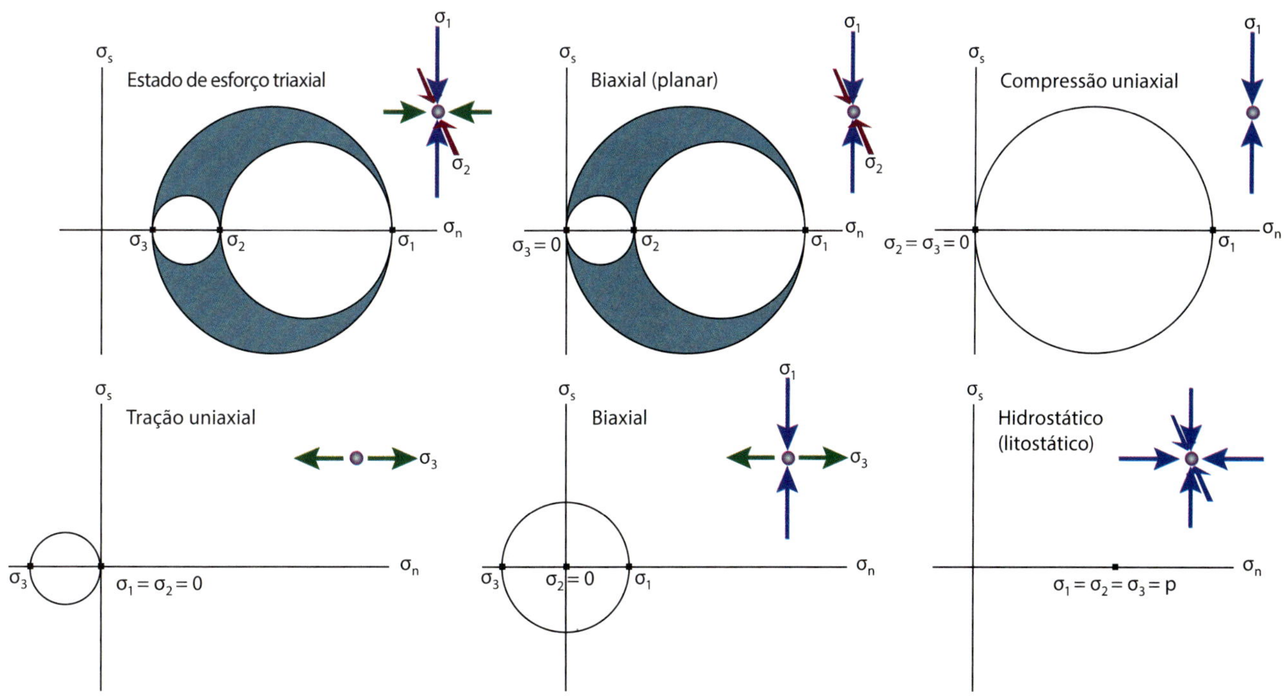

Fig. 4.8 *Estados de esforço característicos representados no diagrama de Mohr para esforços tridimensionais (3-D). O estado de esforço 3-D é representado por três círculos que conectam os três esforços principais. O círculo maior contém σ_1 e σ_3. Os três círculos podem ser reduzidos para dois e até para um, em casos especiais de estados de esforço. As setas indicam a posição do esforço no espaço real. Note que a orientação dos esforços principais (setas) é arbitrária: os diagramas de Mohr não refletem a orientação, apenas a magnitude relativa ou absoluta*

Resumo

Abordamos, neste capítulo, conceitos fundamentais sobre esforços. É importante percebermos a diferença entre força e esforço em um plano (ambas são quantidades vetoriais) e esforço em um ponto (tensor de segunda ordem). O esforço em um ponto e o elipsoide de esforços são, em muitos aspectos, análogos à deformação (*strain*) e ao elipsoide de deformação. Os esforços principais correspondem, de modo aproximado, às deformações principais. Mas, apesar das similaridades, é importante compreendermos que os esforços podem ou não causar deformação e que, se ela ocorrer, não irá produzir um elipsoide de deformação de forma e orientação idênticas às do elipsoide de esforços. A essa altura, podemos formular os seguintes pontos:

- O termo *esforço* pode ser usado tanto para o esforço em um plano como para o esforço em um ponto (estado local de esforços).
- O esforço que age em um plano (superfície) é um vetor determinado pela força aplicada e a área de sua ação. Um vetor oblíquo pode ser decomposto em componentes de esforço normal e de cisalhamento.
- O esforço em um ponto (estado de esforços) descreve o estado total de esforços em um ponto e é um tensor de segunda ordem (matriz 3 × 3, em três dimensões).
- Uma descrição completa do estado de esforços em um corpo é dada pelo campo de tensor de esforços, que descreve como o estado tridimensional de esforços varia no corpo rochoso.
- O esforço não pode ser decomposto da mesma forma que a força, pois também depende da área.

Questões de revisão

1] Quando é apropriado usar o termo pressão em Geologia?
2] Como podemos representar graficamente o estado de esforços em duas e três dimensões?
3] Onde podemos esperar encontrar esforços tensionais na crosta?
4] Como a forma e a orientação do elipsoide de esforços irão mudar se definirmos um sistema diferente de coordenadas?
5] O tensor de esforços (matriz) terá aspecto diferente se escolhermos um sistema diferente de coordenadas?
6] Um tensor diagonal tem números na diagonal desde o extremo superior esquerdo até o extremo inferior direito, com todos os demais valores iguais a zero. No que implica um tensor diagonal de esforços?
7] Se os dados diagonais de uma matriz diagonal de esforços são iguais, como é a forma do elipsoide de esforços e como denominamos esse estado de esforços?
8] Se aplicarmos um vetor de esforço em diversos ângulos de uma dada superfície, em qual ângulo o esforço de cisalhamento será máximo? Como podemos comparar essa situação com a aplicação de uma força (também um vetor) sobre a mesma superfície, ou seja, em qual orientação o componente cisalhante da força seria máximo?

E-módulo

A primeira parte do módulo de *e-learning* denominado *Stress* é recomendada para este capítulo.

Leituras complementares

MEANS, W. D. *Stress and Strain*: Basic Concepts of Continuum Mechanics for Geologists. New York: Springer-Verlag, 1976.

OERTEL, G. F. *Stress and Deformation*: A Handbook on Tensors in Geology. Oxford: Oxford University Press, 1996.

PRICE, N. J.; COSGROVE, J. W. *Analysis of Geological Structures*. Cambridge: Cambridge University Press, 1990.

TURCOTTE, D. L.; SCHUBERT, G. *Geodynamics*. Cambridge: Cambridge University Press, 2002.

TWISS, R. J.; MOORES, E. M. *Structural Geology*. 2nd edition. New York: H. W. Freeman and Company, 2007.

5 Esforços na litosfera

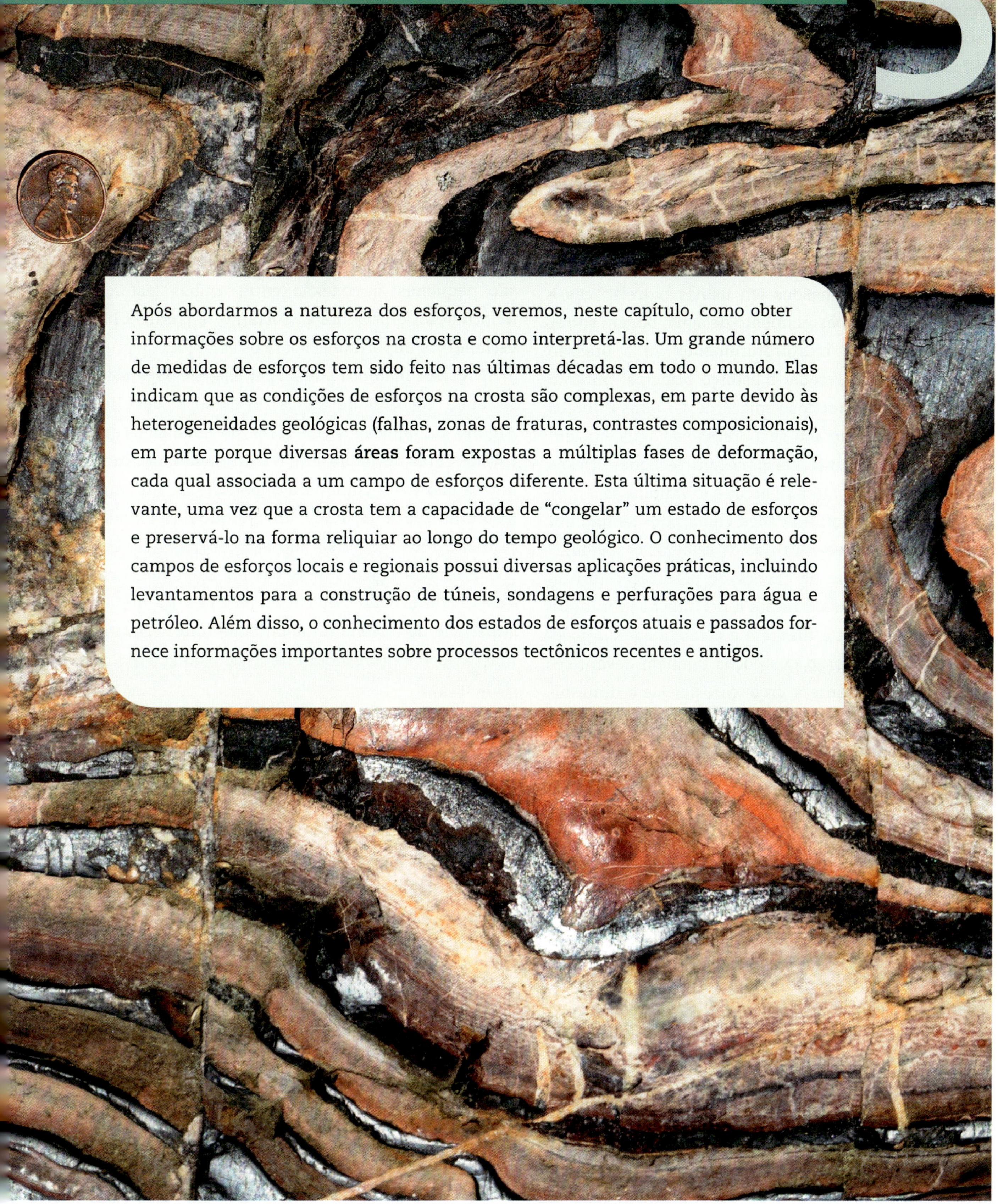

Após abordarmos a natureza dos esforços, veremos, neste capítulo, como obter informações sobre os esforços na crosta e como interpretá-las. Um grande número de medidas de esforços tem sido feito nas últimas décadas em todo o mundo. Elas indicam que as condições de esforços na crosta são complexas, em parte devido às heterogeneidades geológicas (falhas, zonas de fraturas, contrastes composicionais), em parte porque diversas **áreas** foram expostas a múltiplas fases de deformação, cada qual associada a um campo de esforços diferente. Esta última situação é relevante, uma vez que a crosta tem a capacidade de "congelar" um estado de esforços e preservá-lo na forma reliquiar ao longo do tempo geológico. O conhecimento dos campos de esforços locais e regionais possui diversas aplicações práticas, incluindo levantamentos para a construção de túneis, sondagens e perfurações para água e petróleo. Além disso, o conhecimento dos estados de esforços atuais e passados fornece informações importantes sobre processos tectônicos recentes e antigos.

5.1 Importância das medidas de esforços

O conhecimento dos esforços é útil por muitas razões, como, por exemplo, para a perfuração e explosão de maciços rochosos que são submetidos a intensos esforços durante a construção de estruturas subterrâneas, túneis, galerias e minas. Nesses casos, esforços intensos podem causar a expulsão violenta de fragmentos de rocha a partir das paredes ou do teto de um maciço, o que representa um sério problema de segurança. Como veremos a seguir, sempre há uma concentração de esforços associada às aberturas subterrâneas. Os túneis e as galerias não revestidos e sob pressão, como os usados em usinas hidrelétricas e em sistemas de abastecimento de água, podem sofrer vazamentos (por hidrofraturamento) se a pressão interna de água exceder o esforço principal mínimo *in situ* no maciço rochoso adjacente. Os altos esforços das rochas contrapõem-se à pressão da água e fazem com que as fraturas permaneçam fechadas. Nesse caso, portanto, os altos esforços são vantajosos.

Em grandes profundidades, como, por exemplo, em campos de petróleo, o campo de esforços *in situ* auxilia na manutenção da cabeça de perfuração (broca) na direção desejada durante a perfuração, diminui a produção de areia e mantém a estabilidade do poço. Os esforços em torno dos poços também devem ser monitorados durante a produção, porque a diminuição da pressão dos poros pode reduzir os esforços horizontais de modo suficientemente alto, a ponto de causar o colapso das formações rochosas e a subsidência do fundo oceânico. O hidrofraturamento pode ser feito em reservatórios com o intuito de aumentar a sua permeabilidade em torno dos poços produtores, o que também exige informações sobre o campo de esforços.

Em qualquer nível crustal, os esforços estão relacionados à formação e orientação das estruturas geológicas, ou seja, ao acúmulo de deformação. Qualquer deformação pode ser atribuída a um campo de esforços que represente um desvio da situação "normal" de esforços. Nas porções mais profundas da crosta, os esforços não podem ser medidos ou estimados, exceto por meio de informações obtidas a partir de mecanismos focais de terremotos. Entretanto, há meios para estimar os paleoesforços em rochas que foram soerguidas e expostas na superfície da crosta.

5.2 Medições de esforços

Um aspecto desafiador dos esforços é que não podem ser observados diretamente. Apenas os efeitos dos esforços, sob a forma de deformação (*strain*) elástica ou permanente, se houver, podem ser vistos. Obviamente, diferentes tipos de rocha reagem de modos diferentes aos esforços (Cap. 6), e em meios anisotrópicos as relações tendem a ser mais complexas. Entretanto, como as deformações usadas nas medições dos atuais campos de esforços normalmente são pequenas, a conexão entre ambos (esforço e deformação) é próxima e, portanto, é possível obter estimativas importantes sobre os esforços.

Diversos métodos podem ser usados, dependendo de onde a coleta de dados de esforços será feita. Alguns são aplicados em furos de sondagens (ruptura de furos de sondagem, fraturamento hidráulico), outros são mais comuns à superfície ou em túneis (sobrefuração) e há, ainda, um método relacionado ao primeiro movimento gerado pela liberação de esforços durante a ruptura de falhas (mecanismos focais). As estruturas neotectônicas ou recentes que afetam a superfície do terreno também podem fornecer informações sobre o presente estado de esforços em uma dada região.

A **ruptura de furos de sondagem** (*borehole breakouts*) é baseada na análise de zonas de fraturas nas paredes de poços, fraturas essas que conferem aos furos de sondagem uma forma irregular e tipicamente alongada em seção, como mostrado na Fig. 5.1A. Considera-se que a fragmentação das paredes dos poços ocorra preferencialmente de modo paralelo ao esforço horizontal mínimo (σ_h) e de modo ortogonal ao esforço horizontal máximo (σ_H).

A ELIPTICIDADE DE UM FURO DE SONDAGEM INDICA A ORIENTAÇÃO LOCAL DOS EIXOS DE ESFORÇOS HORIZONTAIS AO LONGO DA PERFURAÇÃO.

As informações sobre a forma da seção transversal do poço são obtidas por meio de **ferramentas especiais de medição** (*dipmeter tools*) ou de **ferramentas de**

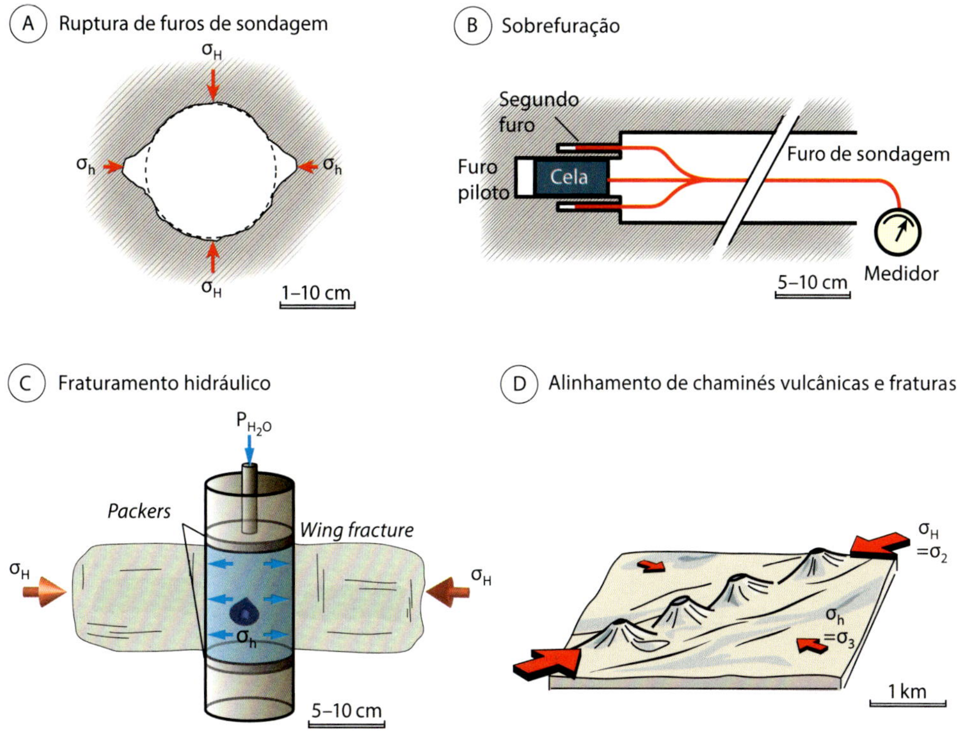

Fig. 5.1 *Exemplos de medição de esforços. (A) Ruptura de furos de sondagem ilustrada por uma seção horizontal em uma sondagem vertical. Os esforços horizontais máximo (σ_H) e mínimo (σ_h) são geralmente coincidentes ou próximos a dois dos esforços principais. (B) Método de sobrefuração (overcoring). Um furo piloto é feito no final de um furo principal, dentro do qual é inserido um medidor de esforços ou uma cela de deformação. Um furo mais largo é feito em torno dessa cela, e a deformação é determinada por comparação de medidas feitas antes e depois da sobrefuração. A deformação é relacionada aos esforços pela teoria da elasticidade e, dessa forma, o estado de esforços é determinado. (C) Fraturamento hidráulico. (D) Estruturas superficiais recentes relacionadas ao atual campo de esforços*

imageamento (*well imaging tools*). As ferramentas de medição são equipadas com braços que são pressionados contra as paredes do poço à medida que o conjunto é deslocado verticalmente. A ferramenta registra a geometria interna do poço, ao mesmo tempo que registra a sua própria orientação. Desse modo, além das medidas da orientação de estruturas planas interceptadas pela perfuração (função primordial da ferramenta *dipmeter*), é gerado um registro da forma do poço, que, por sua vez, contém informações sobre os esforços horizontais.

Dados de ruptura das paredes dos poços (*borehole breakouts*) são coletados principalmente em poços perfurados para exploração e produção de petróleo. As formas dos poços perfurados para operações de explosão de túneis e estradas também podem ser usadas para a análise de esforços, apesar de esse método não ser considerado muito confiável. Em túneis tubulares, a fragmentação preferencial pode indicar a orientação do campo de esforços (Fig. 5.2). O princípio é o mesmo em todos os casos: o furo de sondagem assume uma forma elíptica, e sua direção de elongação (eixo maior) é considerada paralela a $\sigma_{mín}$.

A **sobrefuração** (*overcoring*) (Fig. 5.1B) é um método de relaxamento de deformação em que, em princípio, uma amostra (testemunho de sondagem ou bloco) é extraída de um maciço rochoso, medida e deixada com as superfícies livres para que possa se expandir livremente. A mudança ocorrida na forma da amostra reflete os esforços compressivos que foram liberados, mas também depende da elasticidade da rocha. Em geral, a expansão máxima ocorre na direção de σ_H.

O método de sobrefuração é usado no mapeamento do estado de esforços à superfície ou próximo a ela. Um procedimento menos comum consiste em trazer uma amostra confinada da profundidade de um

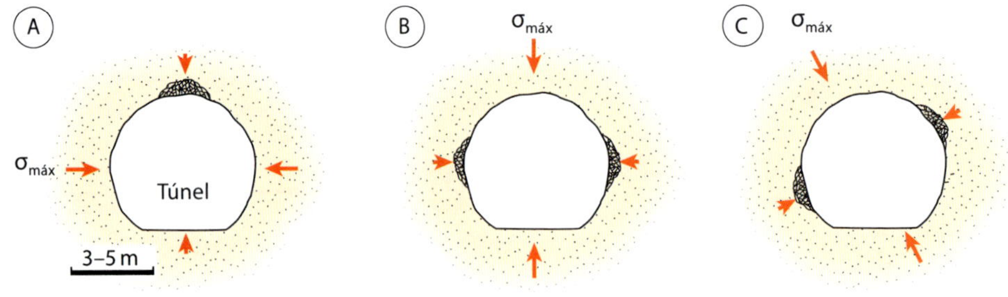

Fig. 5.2 *A fragmentação da rocha em determinadas partes de um túnel pode fornecer informações sobre a orientação dos esforços principais e sobre os esforços diferenciais*

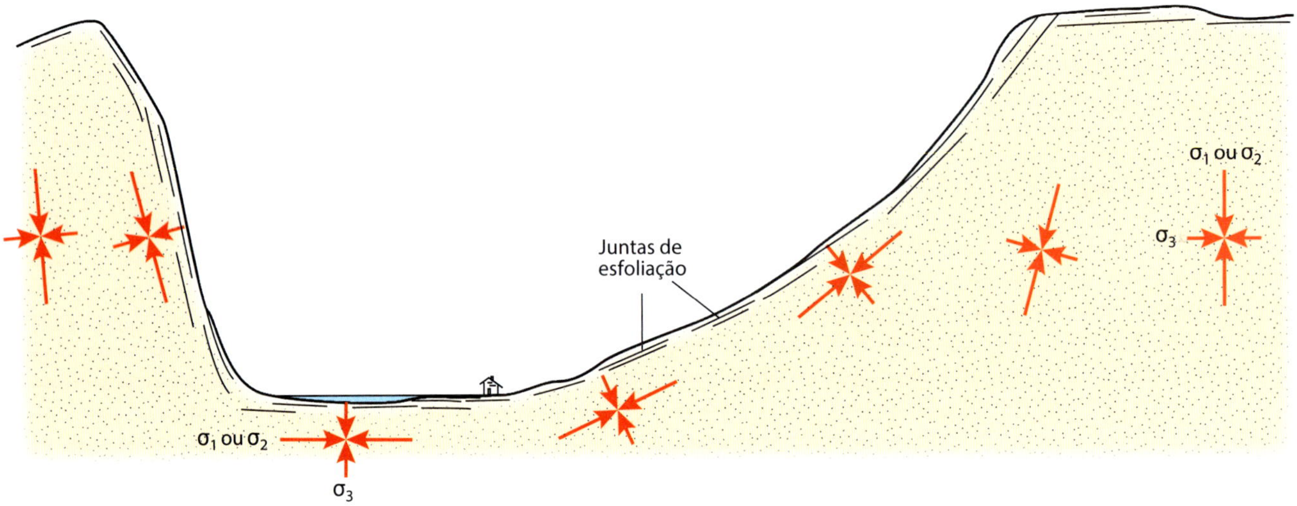

Fig. 5.3 *Estado de esforços em torno de um vale com encostas íngremes ou fiorde. Um dos esforços principais será sempre perpendicular à superfície livre do terreno, porque o esforço cisalhante é nulo ao longo de qualquer superfície livre. Portanto, uma superfície não plana causa uma rotação na orientação dos esforços, como mostrado na figura. Note que esses desvios ocorrem apenas próximo à superfície, mas devem ser considerados quando os esforços são medidos à superfície ou próximo a ela ou a outras superfícies livres (paredes de túneis etc.). As linhas finas indicam juntas de alívio, que são influenciadas pela orientação local dos esforços.*

poço de sondagem até a superfície e medir a expansão tridimensional ocorrida após o desconfinamento da amostra. A sobrefuração à superfície ou próximo a ela é feita por meio de uma perfuração em rocha (diâmetro típico de 76 mm), seguida por uma perfuração piloto de menor diâmetro (36 mm) no final do furo maior. Coloca-se um medidor de esforços ou uma cela de deformação na perfuração piloto e, em seguida, faz-se uma perfuração de calibre mais grosso, permitindo o alívio de esforços no testemunho oco (sobrefurado, *overcored*). Esse alívio de esforços causa uma deformação elástica, que é registrada pelo medidor de esforços ou pela cela de deformação. As medidas são registradas em unidades de microdeformação ($\mu e = 10^{-6}e$), indicando que as deformações detectadas são mínimas. Pelo menos seis medidas de esforços são necessárias para uma análise tridimensional completa do campo de esforços. O cálculo do tensor de esforços é baseado na teoria da elasticidade, que é a forma como uma rocha responde a um esforço abaixo do limite da deformação permanente. A teoria da elasticidade é aplicada no cálculo das orientações e magnitudes dos esforços principais. Para realizar essa tarefa, as propriedades elásticas conhecidas como módulo de Young (E) e razão de Poisson (ν) devem ser medidas em laboratório.

Resumidamente, o módulo de Young descreve a relação entre o esforço e a deformação (*strain*) ($E = \sigma/e$). A razão de Poisson indica o quanto um objeto é encurtado na direção perpendicular àquela em que é estendido. Discutiremos a elasticidade e as suas propriedades de modo mais detido no Cap. 6.

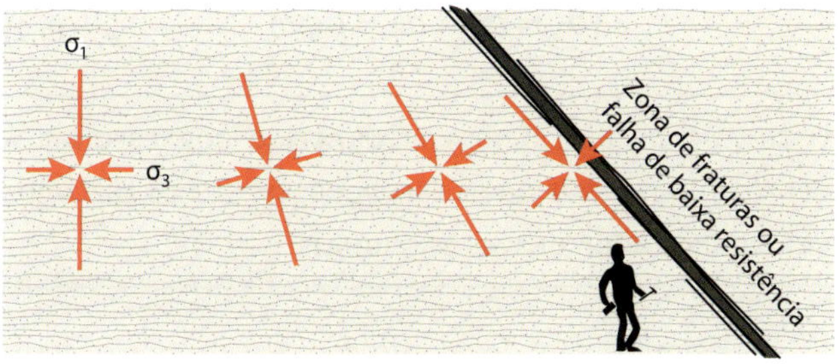

Fig. 5.4 *Deflecção do campo de esforços próximo a uma zona de falha ou fratura. A estrutura é mais fraca que a rocha em seu entorno e suporta menos esforços cisalhantes. A situação é similar à que ocorre na presença de superfícies livres, como, por exemplo, a superfície da Terra (ver Fig. 5.3)*

Em superfície, a topografia cria um campo local de esforços que deve ser levado em consideração. As montanhas e os vales criam efeitos de esforços próximo à superfície que influenciam o padrão regional de esforços, como visto na Fig. 5.3. Em túneis e outras escavações em rochas, o efeito da superfície livre sobre o campo de esforços na rocha deve ser levado em conta, ou as sondagens devem ser feitas suficientemente longe de túneis para que esse efeito seja desprezível. Mesmo a perturbação do campo de esforços pelo próprio furo de sondagem deve ser corrigida, mas esse tipo de correção pode ser feito facilmente com os equipamentos modernos. Zonas de fraqueza ou de falhas, zonas intemperizadas e contatos entre rochas com propriedades físicas contrastantes são exemplos de estruturas geológicas que, em geral, causam distorções locais no campo de esforços. Esse efeito é mostrado esquematicamente na Fig. 5.4: σ_3 tentará orientar-se perpendicularmente à estrutura mais frágil.

O método do **fraturamento hidráulico** (hidrofraturamento, Fig. 5.1C) baseia-se no aumento da pressão de fluidos até que a rocha se frature. Essa técnica é frequentemente aplicada em reservatórios de petróleo para aumentar a permeabilidade nas proximidades dos poços. Nesse caso, o intervalo do poço que se deseja fraturar é selado e a pressão é elevada por bombeamento até que fraturas tensionais se formem. A pressão suficiente apenas para manter as fraturas abertas equivale, na formação rochosa, a σ_h. Conhecendo-se a resistência tensional da rocha, é possível calcular σ_H. Além disso, o esforço vertical é considerado um esforço principal, igual a ρgz. Em engenharia de petróleo, aplica-se o conhecimento sobre o campo de esforços para o planejamento do hidrofraturamento das camadas-reservatório, buscando-se o melhor resultado possível na direção prevista para a propagação das fraturas.

Os **mecanismos focais de terremotos** (Boxe 10.1) fornecem informações sobre a resposta imediata da Terra a esforços liberados em fraturas novas ou preexistentes. Além disso, fornecem informações sobre o regime de esforços (seção 5.6), bem como sobre a magnitude relativa dos esforços principais. O maior problema desse método está relacionado ao fato de os eixos P e T não serem necessariamente paralelos aos eixos dos esforços principais. Esse problema pode ser minimizado pela combinação de mecanismos focais de falhas de diferentes orientações.

As **estruturas geológicas** formadas por processos tectônicos ativos também fornecem indicações confiáveis sobre alguns aspectos do presente campo de esforços. A orientação e o padrão de escarpas de falhas recentes, os traços de dobras, as fraturas tensionais (Fig. 5.5) e o alinhamento de chaminés vulcânicas (Fig. 5.1D) são indicadores da orientação dos esforços principais.

Fig. 5.5 *Fraturas verticais ativas na superfície de fluxos de lava do Holoceno, no sudeste da Islândia, indicando a orientação de σ_h. Como as fraturas ocorrem em superfície, $\sigma_h = \sigma_3$, e σ_1 deve ser vertical. Um fluxo de basalto mais recente, ao fundo, foi menos afetado pelas fraturas*

Vimos, portanto, como os esforços podem ser medidos *in situ* em rochas da crosta superior, sem que seja necessário deslocar amostras para a determinação de esforços em laboratório. A medição profunda mais confiável já realizada foi feita a uma profundidade de cerca de 9 km, no projeto de perfuração profunda German Continental Deep Drilling Project (hidrofraturamento). Informações sobre as condições de esforços em níveis crustais mais profundos podem ser inferidas apenas a partir de mecanismos focais, considerações teóricas e por meio de métodos para análise de paleoesforços, que serão discutidos no Cap. 10.

As informações disponíveis sobre o presente campo de esforços em uma profundidade maior que alguns quilômetros (4 a 5) são indiretas, imprecisas e incompletas.

5.3 Estados de esforços de referência

Existem diversos modelos teóricos que descrevem como os estados de esforços variam na crosta, três dos quais serão descritos a seguir. Esses modelos são denominados modelos de referência ou **estados de esforços de referência**. Neles, considera-se que o planeta possui uma única camada litosférica, sem as complicações relacionadas à tectônica de placas. De fato, as forças tectônicas não são incluídas nos estados de esforços de referência. Assim sendo, para determinarmos os esforços tectônicos, precisamos observar os desvios em relação aos modelos de referência.

Os estados de esforços de referência são estados idealizados de esforços na crosta, como se ela estivesse em um planeta estático, sem processos tectônicos.

5.3.1 Estado de referência hidrostático/litostático

O **estado de referência litostático** é o modelo geral mais simples de esforços no interior da Terra. Ele se baseia em uma situação ideal em que a rocha não apresenta resistência ao cisalhamento ($\sigma_s = 0$). Um dado volume de rocha nessa condição não sofreria esforços diferenciais ao longo do tempo geológico ($\sigma_1 - \sigma_3 = 0$); esse estado de esforços corresponde a um ponto sobre o eixo horizontal do diagrama de Mohr (Fig. 4.8, hidrostático/litostático). Nesse modelo, portanto, o esforço independe da direção:

$$(\sigma_1 = \sigma_2 = \sigma_3 = \rho g z) \tag{5.1}$$

O estado de referência litostático corresponde a um estado isotrópico de esforços, em que os esforços verticais e horizontais são iguais.

Os esforços são, de acordo com esse modelo, completamente controlados pela espessura e densidade da coluna de rochas sobrejacentes. Em rochas da crosta continental, que têm densidade média em torno de 2,7 g/cm^3, podemos prever um gradiente de esforço vertical da ordem de 26,5 MPa/km, que se ajusta de modo satisfatório aos dados mostrados na Fig. 5.6 (símbolos azuis). As rochas porosas têm menor densidade (2,1 a 2,5 g/cm^3), dependendo de sua porosidade e composição mineralógica, e, portanto, esse gradiente pode tornar-se um pouco menor no interior de bacias sedimentares.

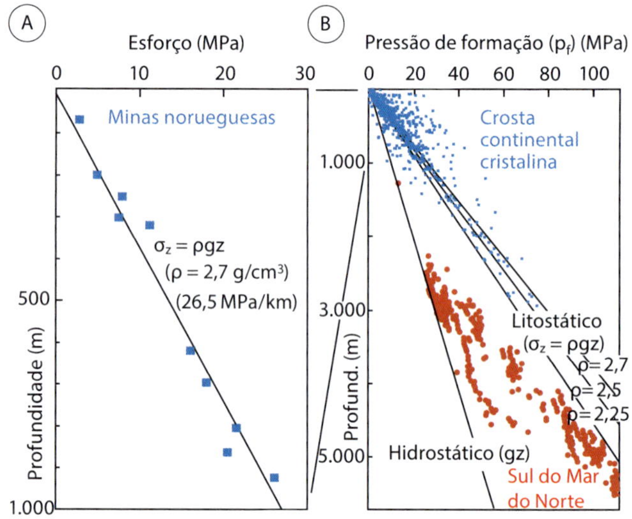

Fig. 5.6 *(A) Medidas de esforço vertical comparadas com a curva teórica de esforço litostático (ρgz) em minas da Noruega com até 1 km de profundidade (rochas cristalinas). (B) Dados de pressão em rochas cristalinas de todo o mundo e de rochas sedimentares do Mar do Norte. Os dados das rochas do Mar do Norte situam-se entre os gradientes de pressão hidrostática e litostática. Há tendências lineares individuais perceptíveis, que indicam formações sob sobrepressão e regimes de pressões múltiplas. Note que esses dados se referem a pressões de formação, ou seja, a pressões de fluidos. Dados em (A) de Myrvang (2001) e em (B) de Darby et al. (1996) (Mar do Norte) e diversas outras fontes*

Alguns números parecidos: gradiente de esforço mais comum, 27 MPa/km; gradiente de temperatura mais comum, 27°C/km; densidade de rochas mais comum, 2,7 g/cm^3.

Nenhuma rocha real está submetida a um campo perfeito de esforço de referência litostático. Isso vale apenas para magmas e outros fluidos, mas, nesse caso, o termo **pressão hidrostática** é mais apropriado (ver também Boxe 5.1). Essa situação também é relevante em bacias sedimentares, onde o fluido de formação mais comum é a água. O contraste de densidade entre a água e a rocha nos obriga a usar duas situações de esforços. Uma é a pressão hidrostática, onde $P_{H2O} = \rho gz = gz$ (considerando que a densidade da água é de 1 g/cm^3). A outra corresponde aos esforços litostáticos, que são maiores por um fator de aproximadamente 2,7 considerando densidade média de 2,7 g/cm^3 para rochas da crosta. Se a rocha contiver óleo e/ou gás, as densidades dos hidrocarbonetos também deverão ser consideradas.

Em uma coluna de rochas porosas, os esforços litostáticos estão distribuídos apenas nas áreas de contato entre os grãos e, nesse caso, o esforço é chamado de **esforço efetivo** $\bar{\sigma}$. Além disso, ainda há a pressão p_f de água (ou de hidrocarbonetos) no volume dos poros. Dessa forma, devemos usar dois sistemas diferentes de esforços em meios porosos, e a soma de ambos é o esforço vertical em uma dada profundidade:

$$\sigma_v = \bar{\sigma} + p_f \tag{5.2}$$

A pressão dos fluidos dos poros reduz os esforços efetivos, que são aqueles presentes nos contatos entre os grãos de rochas porosas.

Se a pressão p_f de fluidos, frequentemente denominada pressão de formação, for equivalente à pressão hidrostática ρgz, então a pressão de fluidos será normal ou hidrostática. Nesse caso, os poros são interconectados em toda a coluna de rocha até a superfície, e os fluidos dos poros formam uma coluna contínua. Essa situação nem sempre ocorre, e os desvios em relação à pressão hidrostática são comuns. A pressão de fluidos é medida rotineiramente em campos de petróleo e poços de exploração, e com frequência as formações-reservatório estão em uma condição de sobrepressão.

A **sobrepressão** de fluidos dos poros (*overpressure*) ocorre quando os fluidos de formação em rochas porosas são aprisionados entre camadas não permeáveis. Camadas de arenitos entre camadas de folhelhos são tipicamente submetidas a uma sobrepressão durante o soterramento, porque os fluidos dos poros são aprisionados ao mesmo tempo que o arenito está sendo submetido a uma carga crescente de soterramento. Quanto mais profundo for o soterramento, maior será o desvio entre a pressão real nos poros e a pressão hidrostática (teórica). Isso explica os desvios em relação à pressão hidrostática indicados pelos pontos vermelhos na Fig. 5.6B (dados do Mar do Norte). Ela mostra, ainda, evidências de diversos regimes de pressão nos reservatórios do sul do Mar do Norte, cada qual com uma tendência própria entre os gradientes hidrostático e litostático.

O desvio em relação à pressão hidrostática nos poros é importante. Um grande desvio (sobrepressão) pode indicar que o arenito está pouco compactado, o que poderia acarretar um fluxo de areia para dentro do poço junto com o petróleo e a desestabilização do próprio poço. Em caso de sobrepressão, isso pode ocorrer porque p_f (na Eq. 5.2) aumenta e o esforço efetivo no contato entre os grãos diminui. Nos locais em que a pressão nos poros se aproxima da pressão litostática, é possível encontrar areais inconsolidados (arenitos) mesmo a vários quilômetros de profundidade.

Uma pressão anomalamente alta nos poros pode ter consequências na deformação. Camadas com sobrepressão são mais frágeis e podem servir de zonas de descolamento durante a deformação. As falhas de cavalgamento em ambientes de antepaís (*foreland*) ou em prismas de acreção se originam preferencialmente em formações com sobrepressão, assim como os descolamentos extensionais, que também se desenvolvem ao longo dessas zonas. Em menor escala, a sobrepressão causa a reorganização de grãos (em vez de cataclase) durante a deformação de arenitos e outras rochas porosas.

A indução artificial de sobrepressão pode ser feita por meio do aumento do peso de lama (pressão hidrostática) em um dado intervalo de um poço de perfuração. A rocha responde fraturando-se em um nível crítico de pressão, em um procedimento conhecido como fraturamento hidráulico (Fig. 5.1C).

Boxe 5.1 Pressão, sobrepressão metamórfica e metamorfismo

No contexto da petrologia metamórfica e em análises estimativas de pressão (geobarometria), se usa preferencialmente a palavra "pressão", por exemplo, nas situações de "alta pressão" e "ultra-alta pressão" que ocorrem na subducção continental. Diagramas de pressão-temperatura foram desenvolvidos para diversas transições de fases, como as do sistema Al_2SiO_5, a transformação coesita-quartzo ou a transformação de grafita em diamante. Esse uso do termo 'pressão' confere um estado de referência litostático, de modo que a pressão pode ser convertida em profundidade através da Eq. 5.1. De fato, em qualquer profundidade as rochas têm certa resistência ao cisalhamento e, portanto, são capazes de suportar esforços diferenciais ($\sigma_1 > \sigma_3$) por milhões de anos. Como discutido no final deste capítulo, a crosta tende a ser menos resistente com o aumento da profundidade e, portanto, o desvio a partir da pressão litostática em geral não é considerado como sendo muito grande, mas em alguns casos é importante levá-lo em consideração para uma correta interpretação de dados geobarométricos.

Os desvios a partir do estado litostático de referência são genericamente denominados de sobrepressão tectônica, pois eles são normalmente relacionados direta ou indiretamente a processos da tectônica de placas. A sobrepressão tectônica (δP) pode ser expressa como a diferença entre o esforço médio (P, pressão total ou dinâmica) e a pressão litostática (P_L):

$$\delta P = P - P_L = \frac{\sigma_1 + \sigma_2 + \sigma_3}{3} - \rho g z$$

Podemos, dessa forma, modelar numericamente e avaliar a sobrepressão tectônica. Por exemplo, em zonas de colisão continente-continente, nas quais um esforço tectônico compressional horizontal está presente, encontramos regiões de sobrepressão tectônica tanto positiva como negativa. A figura mostra que a maior sobrepressão ocorre no manto superior (cores vermelhas em B e C), já que ele tem maior resistência que a crosta. Na **cunha orogênica** (ver Cap. 17), o efeito é limitado, o que depende da reologia atribuída às várias unidades geológicas do modelo e da taxa de convergência.

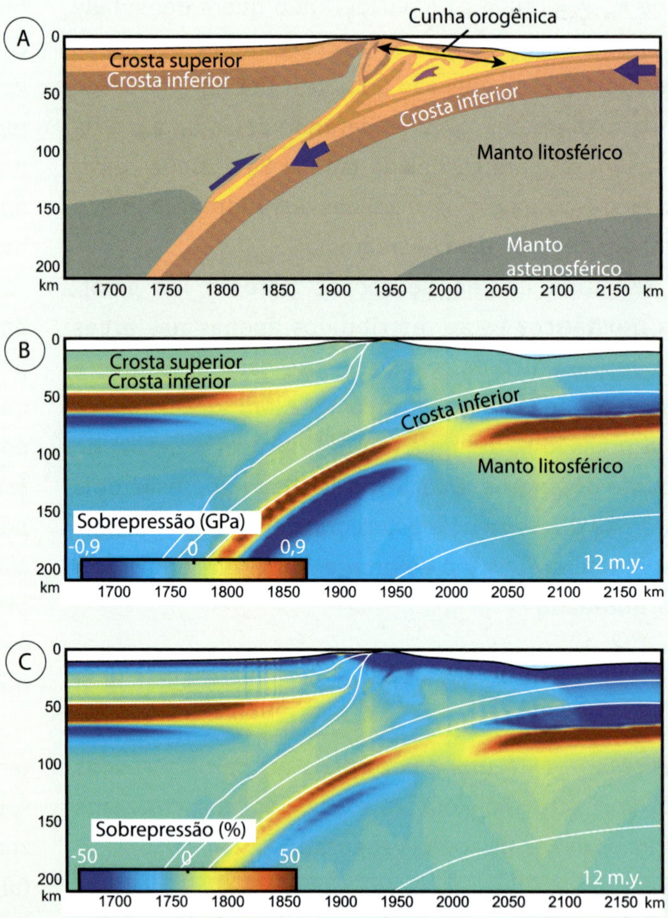

Resultado de modelagem numérica. As cores quentes indicam sobrepressão, enquanto o azul indica subpressão (sobrepressão negativa). Note que o efeito da sobrepressão depende do tempo e da taxa de convergência: esse modelo considera um sistema com 12 milhões de anos de subducção, com taxa de 5 cm/ano. Para mais detalhes, ver Li et al. (2010)

5.3.2 Estado de referência de deformação (*strain*) uniaxial

O estado litostático de esforços é simples e conveniente, mas não necessariamente realista. Um modelo um pouco mais adequado é o de **estado de referência de deformação uniaxial**, que é baseado em uma condição de contorno em que não há elongação (positiva ou negativa) nas direções horizontais (Fig. 5.7). A deformação (*strain*) ocorre apenas verticalmente (deformação uniaxial), e os esforços devem sujeitar-se a essa situação. Cuidado para não confundir deformação (*strain*) uniaxial com esforço uniaxial, que é definido na Fig. 4.7. O modelo de deformação uniaxial apresentado aqui é resultante de um esforço triaxial. É interessante notar que, nesse caso, o esforço é determinado pela deformação (condições de contorno), apesar de sermos induzidos a pensar na deformação como um produto do esforço. Será que isso é realista?

A resposta é sim. Isso se deve à existência de uma superfície livre, ou seja, a própria superfície da Terra, no topo de qualquer coluna de rocha. Na parte superior da crosta isso é relevante, porque é possível elevar ou rebaixar essa superfície livre. O rebaixamento é, provavelmente, mais simples que a elevação, e a compactação é um tipo de deformação que está de acordo com esse campo de deformação uniaxial. Dessa forma, uma rocha ou coluna de rocha pode ser encurtada (compactada) na direção vertical, mas não no plano horizontal.

A deformação uniaxial é característica da compactação de sedimentos em que esforços tectônicos são ausentes ou negligenciáveis. No soterramento, os esforços horizontais são iguais ($\sigma_H = \sigma_h$) e aumentam com a elevação da pressão de soterramento (σ_v), mas, como mostrado na seção 6.3, o esforço vertical aumentará mais rapidamente que os esforços horizontais se a crosta for modelada como um meio elástico linear.

O esforço vertical é idêntico ao previsto pelo estado de referência litostático ($\sigma_v = \rho g z = \sigma_1$), e os esforços horizontais ($\sigma_H = \sigma_h = \sigma_2 = \sigma_3$) são descritos pela expressão:

$$\sigma_{\mathrm{H}} = \frac{\nu}{1-\nu}\sigma_{\mathrm{v}} = \frac{\nu}{1-\nu}\rho g z \tag{5.3}$$

em que ν é a razão de Poisson (para derivação, ver seção 6.3). Em contraste com o modelo litostático, o esforço horizontal depende das propriedades físicas da rocha.

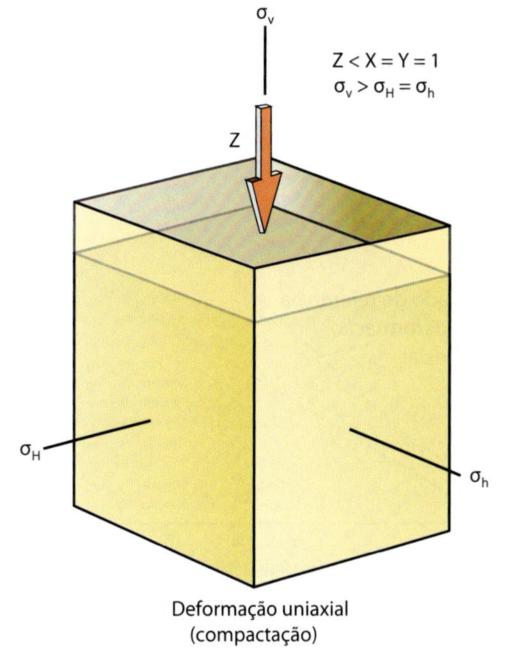

Fig. 5.7 *Estado de referência de deformação (*strain*) uniaxial de esforços litostáticos. Note a diferença entre os esforços principais (σv, σ_H e σh) e as deformações principais (X, Y e Z). A deformação é uniaxial (um componente diferente de zero), ao passo que os esforços, não. Neste modelo, o esforço vertical provém da sobrecarga, e o horizontal é influenciado pela condição de contorno de deformação uniaxial. Esse modelo descreve adequadamente o efeito da compactação em bacias sedimentares*

Vamos analisar a Eq. 5.3 de modo mais detalhado. As rochas possuem, tipicamente, valores de ν entre 0,25 e 0,33. Com ν = 0,25, a equação resulta em $\sigma_H = (1/3)\sigma_v$; com $\nu = 0{,}33$, temos $\sigma_H = (1/2)\sigma_v$. Dessa forma, podemos prever que o esforço horizontal equivalerá entre a metade e um terço do esforço vertical, ou seja, será consideravelmente menor que o previsto pelo modelo de referência litostático. Podemos expressar a evolução prevista da pressão pelo esforço uniaxial por soterramento através de um diagrama *p*-*q* (Fig. 5.8), no qual *p* é o esforço médio e *q* é o esforço diferencial. A trajetória vai depender de nossa escolha da razão de Poisson ν; as duas linhas no gráfico da Fig. 5.8 foram calculadas com $\nu = 1/3$ e $\nu = 1/2$. Os dois modelos serão idênticos ($\sigma_H = \sigma_h = \sigma_v$) apenas se a litosfera for completamente incompressível, ou seja, se $\nu = 0{,}5$. Como discutido no Cap. 6, as rochas não se aproximam de uma condição de incompressibilidade, mas, à medida que um sedimento se torna progressivamente mais cimentado e litificado, suas propriedades elásticas se alteram (ν aumenta) e o modelo de deformação (strain) uniaxial se aproxima do litostático.

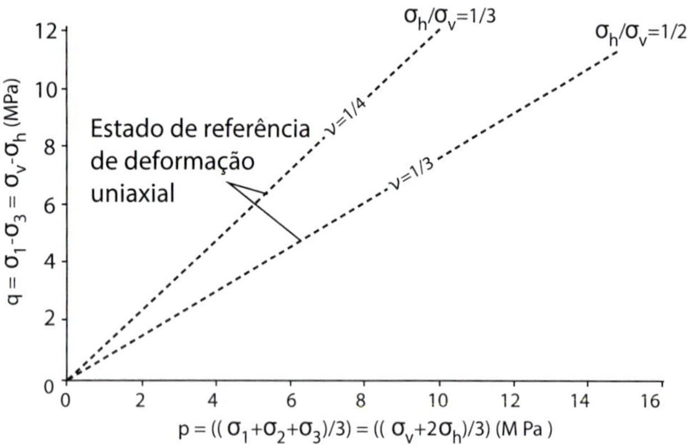

Fig. 5.8 *Diagrama de esforços p-q, em que o esforço médio é confrontado com o esforço diferencial. O estado de referência uniaxial é usado no modelo de evolução por soterramento de uma rocha ou sedimento, nesse exemplo considerando dois valores para a razão de Poisson ν. Tanto o esforço diferencial quanto o médio aumentam com o soterramento*

O ESTADO DE REFERÊNCIA DE DEFORMAÇÃO (STRAIN) UNIAXIAL PREVÊ QUE O ESFORÇO VERTICAL SERÁ CONSIDERAVELMENTE MAIOR QUE OS ESFORÇOS HORIZONTAIS.

Esse modelo prevê um estado de esforços característico de regimes extensionais ($\sigma_v > \sigma_H > \sigma_h$). Porém, os regimes de esforços em que $\sigma_H > \sigma_h > \sigma_v$ são muito comuns, mesmo na crosta superior, de forma que o estado de referência de deformação uniaxial não é suficiente, por si só, para explicar o estado de esforços na maioria dos casos. Além disso, ele prevê variações não realistas em σ_H durante eventos de variação térmica e soerguimento na litosfera. Um terceiro modelo foi proposto, então, denominado estado de referência de esforço horizontal constante.

5.3.3 Estado de referência de esforço horizontal constante

O **estado de referência de esforço horizontal constante** é baseado na hipótese de que o esforço médio na litosfera é o mesmo em todas as partes, até a profundidade de compensação isostática sob a litosfera mais espessa (z_1 na Fig. 5.9). Abaixo de z_1, considera-se que a Terra tenha um comportamento similar ao de um fluido ($\sigma_H = \sigma_h = \sigma_v = \sigma_m$, Fig. 5.9), no qual o esforço litostático σ_m é gerado pela sobrecarga. Esse é um modelo de deformação plana, com deformação na vertical e em apenas uma direção horizontal. Em termos gerais, é provavelmente o modelo mais realista para uma litosfera não afetada por forças tectônicas.

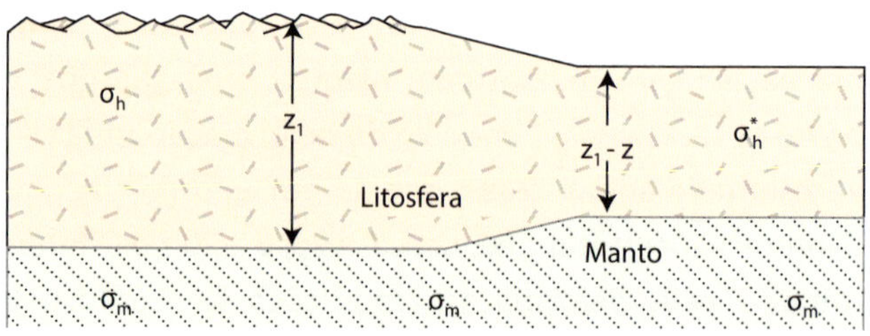

Fig. 5.9 *Esquema da relação entre erosão, isostasia e esforço em um estado de referência de esforço horizontal constante, como indicado na Eq. 5.4. A erosão do lado direito causa o movimento de ascensão da base da litosfera até que o equilíbrio isostático seja alcançado. O manto é considerado um fluido, em que $\sigma_H = \sigma_h = \sigma_v = \sigma_m$*

Fonte: baseado em Engelder (1993).

A exigência de um esforço horizontal constante é atendida pelo equilíbrio isostático. Após a erosão, mas antes do reequilíbrio isostático, o esforço horizontal médio ($\sigma_h{}^*$) na porção mais fina da litosfera deve ser maior que na porção mais espessa (σ_h), se as forças horizontais estiverem equilibradas. A profundidade de compensação isostática é z_1, e considera-se que o manto abaixo dela não possua resistência ao cisalhamento ao longo do tempo geológico. Assim, o estado de esforços é litostático abaixo de z_1. O esforço horizontal médio $\sigma_h{}^*$ pode ser expresso pela equação:

$$\sigma_\mathrm{h}^* = \sigma_\mathrm{h}\left[z_1/(z_1 - z)\right] - \rho_1 g z\,(\rho_1/\rho_\mathrm{m})\left[(z_1 - z/2)\,/\,(z_1 - z)\right] \quad (5.4)$$

onde $\sigma_h z_1/(z_1 - z)$ descreve o aumento do esforço horizontal resultante do adelgaçamento da litosfera (as forças horizontais devem equilibrar-se, e o esforço aumenta quando uma força atua sobre uma área menor); $\rho_1 gz(\rho_1/\rho_m)[(z_1 - z/2)/(z_1 - z)]$, por sua vez, expressa a redução de esforço causada pela isostasia. O espessamento litosférico pode ser contemplado se considerarmos $z_1 > z$.

Os cálculos indicam que o modelo de esforço horizontal constante prevê, em comparação com o modelo de deformação uniaxial, menores variações de esforços durante o soerguimento relacionado ao adelgaçamento da litosfera.

5.4 O efeito térmico no esforço horizontal

Variações de temperatura ocorrem quando uma rocha é soterrada, soerguida ou exposta a fontes locais de calor (intrusões e lavas), e devem ser consideradas nos três estados de esforços de referência discutidos anteriormente. O efeito das variações de temperatura nos esforços horizontais pode ser significativo; ele é calculado por meio da seguinte equação, usada para o comportamento de deformação uniaxial:

$$\Delta\sigma_{\mathrm{h}}^{\mathrm{T}} = \frac{E\alpha_T\,(\Delta T)}{1-\nu} \qquad (5.5)$$

onde E é o módulo de Young; α_T, o coeficiente de expansão térmica linear; ΔT, a variação de temperatura e ν, a razão de Poisson. Por exemplo, uma mudança de temperatura de 100°C em uma rocha, com $\nu = 0{,}25$, $E = 100$ GPa e $\alpha_T = 7 \times 10^{-6}$ m°C^{-1}, resulta em uma redução de 93 MPa nos esforços horizontais. O resfriamento durante o soerguimento tem, portanto, o potencial de provocar fraturas extensionais em rochas e pode explicar, em parte, por que muitas rochas soerguidas tendem a apresentar juntas abundantes. Estas são especialmente comuns em camadas competentes em sequências sedimentares soerguidas, como os arenitos do Platô do Colorado (Fig. 5.10). Discutiremos esse aspecto em termos de variações não tectônicas dos esforços horizontais antes de abordarmos os esforços tectônicos.

Fig. 5.10 *Arenito permiano com alta densidade de juntas do Platô do Colorado, erodido pelo Rio Colorado. As juntas não ocorrerão em um reservatório de arenito, a menos que ele seja soerguido e substancialmente arrefecido*

5.4.1 Variações nos esforços durante o soterramento e o soerguimento

As rochas soterradas e posteriormente soerguidas passam por uma história de esforços que pode ser discutida considerando-se o efeito térmico, o efeito Poisson (o esforço horizontal gerado por uma mudança na sobrecarga, ver seção 6.3) e o efeito da sobrecarga. Modificando-se o esforço horizontal da Eq. 5.3 e adicionando-se o efeito termal da Eq. 5.5, obtemos a seguinte equação para a variação de profundidade (mudança no esforço vertical e na temperatura):

$$\sigma_H = \sigma_h = \left(\frac{\nu}{1-\nu}\right)\Delta\sigma_v + \left(\frac{E}{1-\nu}\right)\alpha\Delta T \quad (5.6)$$

onde $\Delta\sigma_v$ é a variação no esforço vertical.

A Eq. 5.6 pode ser usada para estimar variações no esforço horizontal quando uma rocha é deslocada de um nível crustal para outro. O resultado depende das propriedades mecânicas das rochas (E, ν), o que significa que camadas adjacentes de arenito e folhelho irão registrar diferentes históricos de esforços durante o soterramento e o soerguimento. Para simplificar os cálculos, podemos usar conjuntos de propriedades mecânicas diferentes durante o soterramento e o soerguimento, considerando que a litificação ocorra no ponto mais profundo da curva de soterramento. Ou seja, as camadas soterradas são de areia e argila, e as soerguidas, de arenito e folhelho. O resultado disso é mostrado na Fig. 5.11, que indica que argila/folhelho estão sempre em regime compressional, ao passo que podemos prever que o arenito entre em regime tensional no soerguimento. A trajetória exata depende das propriedades elásticas, e o efeito da pressão nos poros não é considerado. Os esforços tensionais raramente são registrados na crosta, mas, apesar do aspecto simplista desse modelo, ele ilustra como camadas adjacentes podem desenvolver diferentes estados de esforços e, portanto, diferentes padrões de faturamento durante o soerguimento.

As fraturas tensionais ou juntas têm mais probabilidade de se desenvolver em camadas de rochas com os mais altos módulos de Young e as mais baixas razões de Poisson, o que equivale a dizer que camadas mais rígidas e resistentes (p. ex., arenitos e calcários) concentram mais esforços diferenciais do que camadas adjacentes.

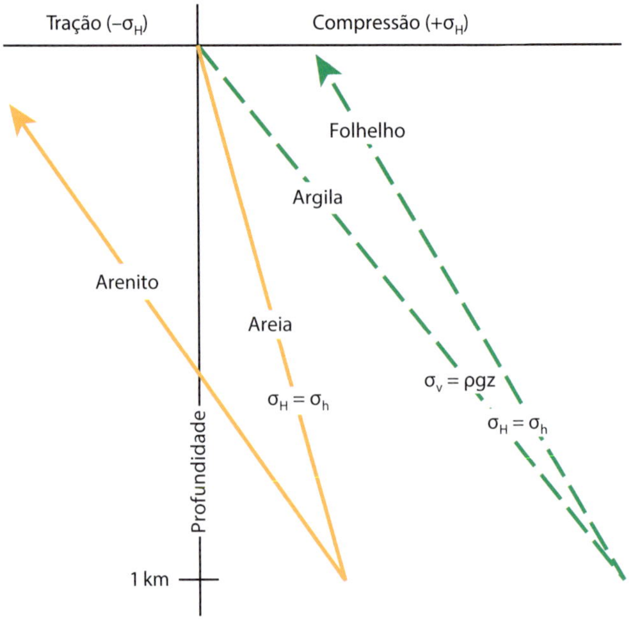

Fig. 5.11 *Modelagem simples das variações nos esforços durante um soterramento e soerguimento de areia (arenito) e argila (folhelho). Considera-se que a litificação ocorra instantaneamente na máxima profundidade de soterramento*

Fonte: baseado em Engelder (1985).

DURANTE O SOERGUIMENTO DE SEQUÊNCIAS DE ROCHAS SEDIMENTARES CLÁSTICAS, AS JUNTAS TENDEM A INICIAR-SE MAIS EM ARENITOS DO QUE EM FOLHELHOS.

Isso pode ser relevante para geólogos que trabalham na exploração de reservatórios de petróleo em áreas soerguidas, onde as fraturas tensionais verticais que podem causar vazamentos nas armadilhas de petróleo são mais comuns. Isso significa, ainda, que uma sobrepressão menor seria suficiente para produzir fraturas em um arenito, em comparação com um argilito (Fig. 5.12), e é por esse motivo que o hidrofraturamento tende a ser confinado a camadas de arenito em vez de afetar as camadas adjacentes de argilitos e folhelhos.

5.5 Esforço residual

Um esforço pode ser aprisionado e preservado após a força ou o campo de esforços externos ter sido removido ou alterado; esse tipo de esforço é denominado **esforço residual**. Em princípio, qualquer tipo de esforço pode ser aprisionado em uma rocha se, por algum motivo, uma deformação elástica for preservada após a remoção do campo de esforços externos. As origens dos esforços externos podem ser sobrecarga, esforços tectônicos ou efeitos térmicos.

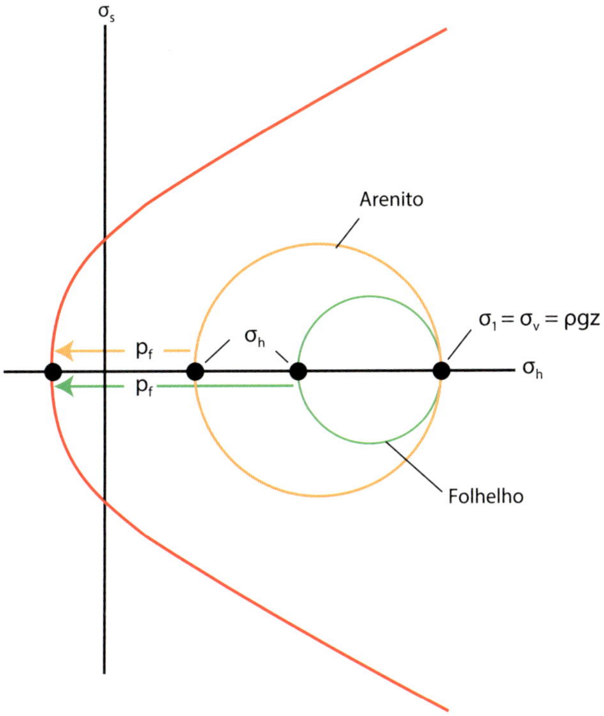

Fig. 5.12 *Esforços em camadas alternadas de folhelho e arenito. O arenito é mais competente e pode suportar um esforço diferencial maior que o folhelho. A pressão crítica nos poros necessária para a geração de fraturas tensionais é, sob um mesmo esforço vertical, menor em arenitos do que em folhelhos. A curva vermelha define o critério de fratura, que descreve as condições em que as rochas se fraturam. O fraturamento ocorre quando o círculo de arenito ou folhelho toca a curva vermelha. Isso pode ocorrer por um aumento da pressão de fluidos nos poros (ver Fig. 7.30) ou por soerguimento. Em ambos os casos, o arenito é o primeiro a tocar a curva vermelha; isso ocorre no lado tensional do eixo de esforço normal, o que significa que fraturas tensionais serão formadas. Os critérios de fraturamento são abordados no Cap. 7 (seção 7.3)*

Veremos como um esforço residual pode formar-se em arenitos durante compactação, cimentação e soerguimento. Durante o soterramento, os esforços se concentram nas áreas de contato entre os grãos. Considere que ocorra uma cimentação antes da remoção do campo de esforços externos causado pelo soterramento. Posteriormente, se o soerguimento e a erosão expuserem o arenito à superfície e, consequentemente, causarem uma redução dos esforços, a deformação elástica dos grãos causada pela remoção da sobrecarga começará a relaxar. O relaxamento, entretanto, é parcialmente bloqueado pelo cimento. Assim, parte do esforço é transferida para o cimento, e o restante permanece nos grãos de areia como um esforço aprisionado. O esforço que foi imposto à areia durante o soterramento, portanto, permanecerá retido como um esforço residual.

O esforço residual também pode ser causado por transformações metamórficas que envolvam mudanças volumétricas; pelo resfriamento de intrusões magmáticas, que gera esforços aprisionados na crosta; por variações de temperatura ou pressão ou por episódios tectônicos passados. Há, portanto, uma ligação próxima entre o esforço residual, o esforço térmico e o esforço tectônico, que será abordada a seguir.

5.6 Esforço tectônico

O estado de referência de esforços, discutido anteriormente, está relacionado a fatores naturais como densidade das rochas, condições de contorno (uniaxial *versus* deformação plana), efeitos térmicos e propriedades físicas das rochas. Os desvios naturais em relação ao estado de referência geralmente são causados pelos **esforços tectônicos**. Em larga escala, os esforços tectônicos estão relacionados aos movimentos de placas e à tectônica de placas. Localmente, entretanto, eles podem ser influenciados por fatores como o arqueamento de camadas (anterior à propagação de falhas) e a interferência de falhas, além de outros efeitos locais. Portanto, os esforços tectônicos locais variam mais quanto à sua orientação, ao passo que os esforços tectônicos regionais são, em geral, mais consistentes ao longo de grandes áreas.

Os esforços tectônicos são os componentes do estado local de esforços que, em consequência de processos tectônicos, se desviam do estado de esforços de referência.

De modo simplificado, podemos dizer que esforço tectônico é o desvio em relação a qualquer estado de esforços de referência. Há, ainda, outros componentes de esforço, incluindo os esforços térmico e residual, que podemos distinguir do esforço tectônico vigente.

Apesar de ser difícil separar os componentes individuais, o estado total de esforços em qualquer ponto na litosfera pode ser decomposto em estado de esforços de referência e esforços residual, térmico, tectônico e terrestre (relacionado a variações diárias e sazonais de temperatura, marés terrestres etc.):

ESFORÇO TECTÔNICO PRESENTE = ESFORÇO TOTAL – (ESTADO DE ESFORÇOS DE REFERÊNCIA + ESFORÇO RESIDUAL NÃO TECTÔNICO + ESFORÇO TÉRMICO + ESFORÇO TERRESTRE).

Em um contexto próximo à superfície, podemos, ainda, eliminar o efeito da topografia mostrado na Fig. 5.3.

São raros os casos em que é simples separar os componentes tectônicos de esforços dos demais componentes. Mais uma vez, partiremos para modelos ideais, iniciando pela classificação clássica de Anderson de esforço tectônico antes de observarmos os dados reais.

5.6.1 Classificação de Anderson de esforço tectônico

A classificação tradicional de regimes de esforço tectônico, com os regimes normal, de cavalgamento e de rejeito direcional (ou transcorrente), foi proposta em 1951, em uma famosa publicação de Anderson. O autor considerou que, como não há esforço de cisalhamento na superfície da Terra (esforços de cisalhamento não podem ocorrer em fluidos), um dos esforços principais deve ser vertical e, portanto, os outros dois devem ser horizontais. Anderson definiu os três regimes em função de qual dos esforços principais está na vertical, como ilustrado na Fig. 5.13:

$\sigma_V = \sigma_1$; REGIME DE FALHA NORMAL

$\sigma_V = \sigma_2$; REGIME DE FALHA DE REJEITO DIRECIONAL (OU TRANSCORRENTE)

$\sigma_V = \sigma_3$; REGIME DE FALHA DE CAVALGAMENTO/EMPURRÃO

A classificação de Anderson é estritamente válida em regimes deformacionais coaxiais, onde as linhas paralelas aos ISA (eixos de estiramento instantâneo) e aos eixos principais de deformação não são rotacionadas. Além disso, a rocha submetida a deformação deve ser isotrópica. O esforço vertical

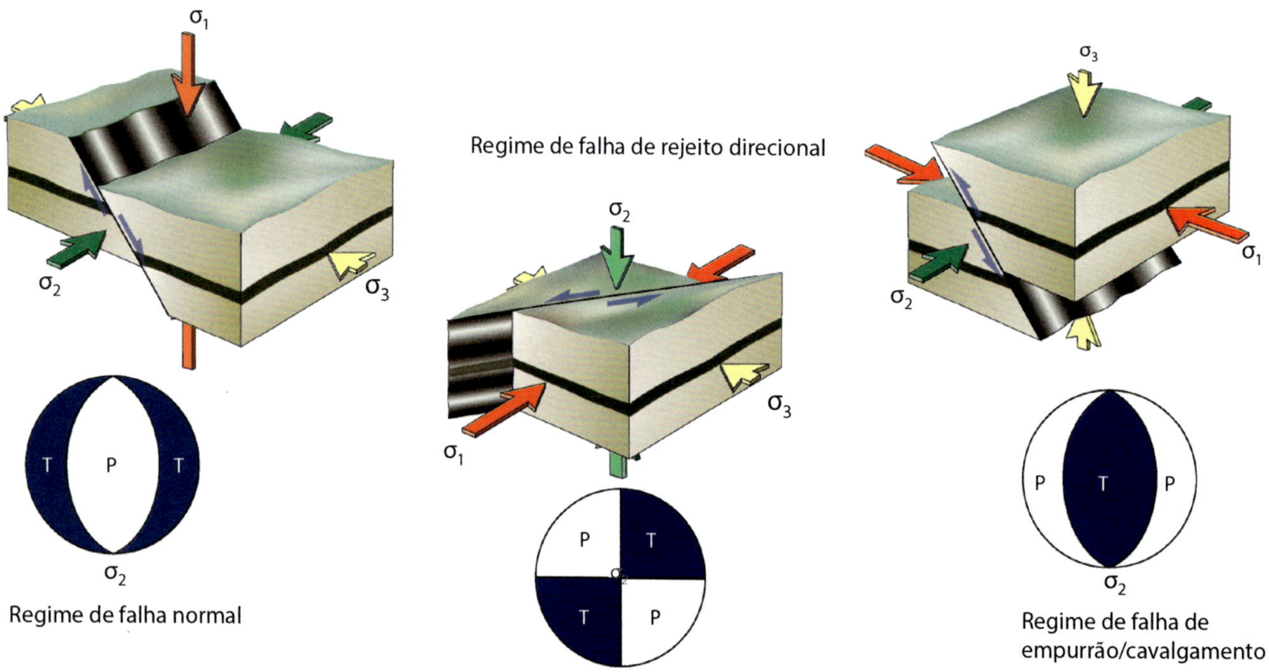

Fig. 5.13 *Relações entre a orientação dos esforços principais (regimes de esforços) e os regimes tectônicos, de acordo com Anderson (1951). Os estereogramas indicam os campos de compressão (P) e tração(T). σ_V = esforço vertical, σ_H = esforço máximo horizontal, σ_h = esforço mínimo horizontal*

pode ser relacionado ao peso e à densidade da coluna sobrejacente de rochas:

$$\sigma_V = \rho g z \qquad (5.7)$$

Um dos estados de esforços de referência deve ser escolhido para o cálculo dos esforços horizontais. Usaremos o regime de falha de cavalgamento como exemplo. Um esforço tectônico horizontal atua nesse regime, que denominaremos de σ_t^*. Esse esforço é somado àquele especificado no estado de esforços de referência (Eq. 5.7). Em um estado litostático de esforços, σ_H torna-se, portanto:

$$\sigma_\mathrm{H} = \rho g z + \sigma_\mathrm{t}^* \qquad (5.8)$$

Por outro lado, se considerarmos o estado de referência de deformação uniaxial, implicitamente assumimos que a condição dos esforços depende também das propriedades físicas da rocha. Nesse caso (excluindo qualquer efeito térmico), usamos a designação σ_t para o esforço tectônico horizontal e, ao adicionarmos esse esforço ao estado de referência de deformação uniaxial (Eq. 5.3), teremos:

$$\sigma_\mathrm{H} = [\nu/(1-\nu)]\,\rho g z + \sigma_\mathrm{t} \qquad (5.9)$$

Se compararmos as duas expressões, teremos que, como $[\nu/(1 - \nu)] < 1$, $\sigma_t > \sigma_t^*$. Isso significa que a magnitude do esforço tectônico depende da escolha do estado de referência de esforços. Note que, quando ν se aproxima de 0,5, a Eq. 5.8 se aproxima da Eq. 5.9, ou seja, σ_t se aproxima de σ_t^*. Essas considerações também são válidas para o regime de falha normal, exceto que, nesse caso, σ_t^* é tracional e, portanto, tem sinal negativo (σ_t é negativo ou tracional apenas em áreas de grande atividade de falhas normais).

Como um exemplo de modelagem de esforços tectônicos, vamos considerar o diagrama *p-q* da Fig. 5.14, que apresenta a evolução da pressão com o soterramento, de acordo com o modelo de referência de esforço uniaxial. Se, após algum soterramento (ponto 1), adicionarmos um esforço tectônico horizontal negativo, com a possibilidade de criar estruturas de deformação extensional, a trajetória de esforços muda drasticamente (setas azuis indicam as possíveis trajetórias) (Fig. 5.14). Um dos esforços principais horizontais é reduzido, fazendo com que o esforço diferencial aumente rapidamente, enquanto o esforço médio também é reduzido.

Se, ao invés disso, aumentarmos gradualmente a compressão tectônica horizontal (trajetória vermelha em Fig. 5.14) e o esforço horizontal, os esforços principais horizontais se tornam maiores que o vertical. Esse é o regime tectônico de transcorrência de Anderson (Fig. 5.13), que é deixado quando o esforço em qualquer direção horizontal se torna maior que o vertical. Estamos, portanto, no regime de cavalgamento, em que as estruturas de contração se formam. Note que a deformação permanente ocorre apenas quando o **limite de elasticidade** da rocha ou sedimento é atingido durante a deformação.

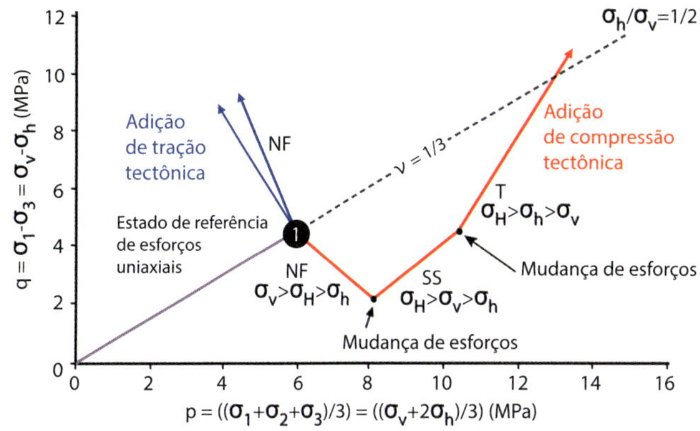

Fig. 5.14 *Diagrama de esforços p-q da Fig. 5.8, em que foram adicionadas tração horizontal (setas azuis) e compressão horizontal (seta vermelha). Um aumento progressivo na compressão tectônica horizontal leva o sistema através do regime de cisalhamento simples, antes de entrar no campo do regime de cavalgamento*

Os exemplos ilustram que a definição de esforço tectônico depende da escolha do estado de referência de esforços. Por isso, nem sempre é simples estimar o valor absoluto do esforço tectônico.

5.7 Padrão global de esforços

Os esforços são calculados, em todo o mundo, em minas, na construção de grandes obras e túneis, nas perfurações no continente e em plataformas continentais, bem como no monitoramento de terremotos. Esses dados são avaliados e compilados pelo **Projeto Mapa Mundial de Esforços** (*The World Stress Map Project*), que está disponível na internet (Fig. 5.15).

Para a elaboração de um mapa de esforços em escala mundial, diferentes fontes de informação são usadas. Elas são agrupadas em: (1) mecanismos focais de terremotos; (2) ruptura de furos de sondagem e fraturas induzidas em perfurações; (3) medidas de esforços *in situ* (sobrefuração, fraturamento hidráulico); e (4) dados geológicos e estruturais neotectônicos (da análise de deslocamento de falhas e alinhamento de chaminés vulcânicas). Os dados são ordenados de acordo com a sua confiabilidade, e considera-se que um dos esforços principais é vertical e os outros dois, horizontais. Dados de mecanismos focais predominam no banco de dados, particularmente quanto às porções mais profundas (4-20 km), e são abundantes nas regiões onde os terremotos são mais frequentes. Em níveis mais rasos, predominam os dados de ruptura, fraturamento hidráulico e sobrefuração.

A Fig. 5.15 mostra que há grandes áreas, tanto continentais como oceânicas, com pouca ou nenhuma informação sobre esforços. A correlação entre a orientação de σ_H e o movimento de placas é óbvia em várias regiões, mas há diversos desvios que indicam que o campo vigente de esforços é influenciado por diferentes mecanismos e fontes de esforços. Não obstante, considera-se que os processos tectônicos em limites de placas tenham grande influência sobre o padrão regional de esforços. As principais fontes de esforços são o puxão das placas subductantes (*slab pull*), o empurrão das cadeias mesoceânicas (*ridge push*), a resistência colisional e o arrasto basal (arrasto friccional na base da litosfera) (Fig. 5.16).

O **puxão da placa subductante** corresponde ao puxão gravitacional que a placa em subducção exerce sobre o restante da placa. Esse efeito é maior na litosfera oceânica antiga, fria e densa, e é negativo quando há subducção de crosta continental leve. O **empurrão das cadeias mesoceânicas** corresponde ao empurrão causado pelo alto relevo das cadeias mesoceânicas,

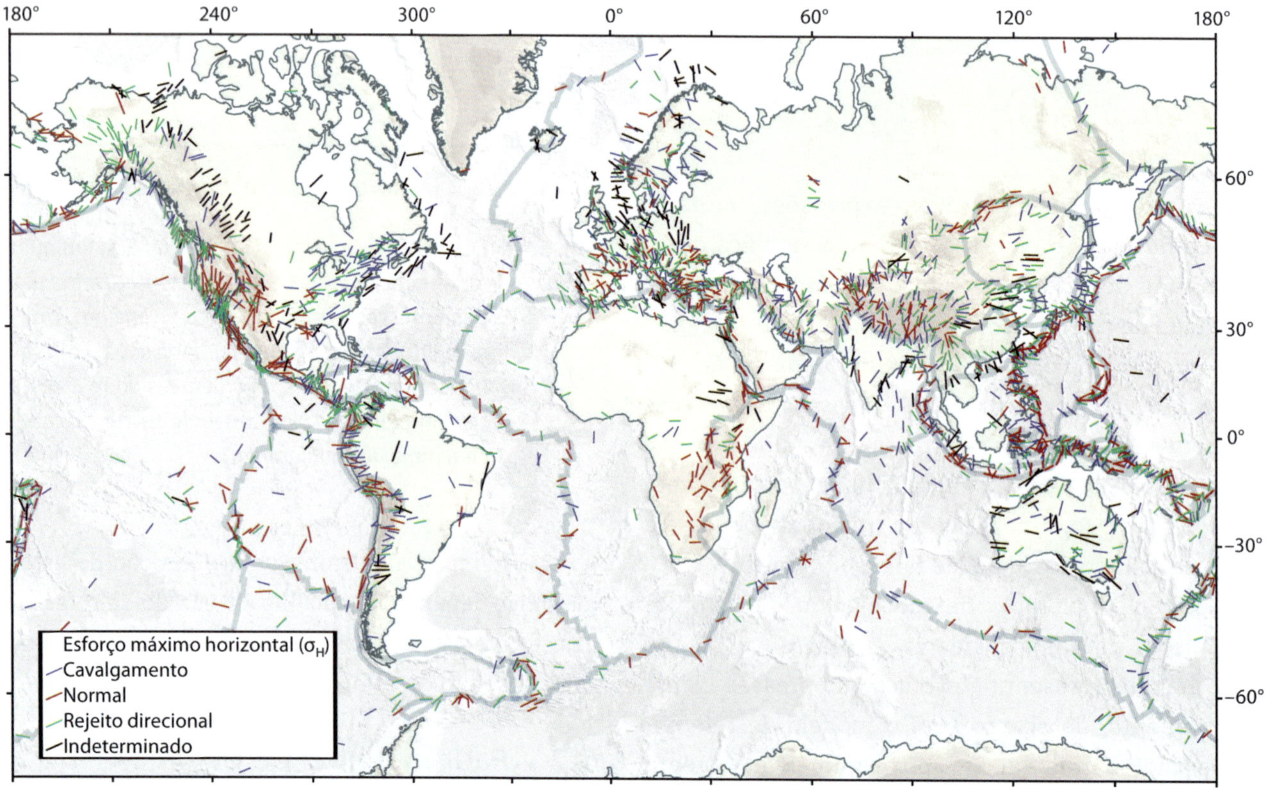

Fig. 5.15 *Mapa mundial de esforços baseado em medições realizadas em todo o mundo. As linhas indicam a orientação de σ_H, ao passo que as linhas coloridas assinalam os regimes tectônicos: falhas normal, de rejeito direcional (ou transcorrente) e de cavalgamento, mostradas na Fig. 5.13*

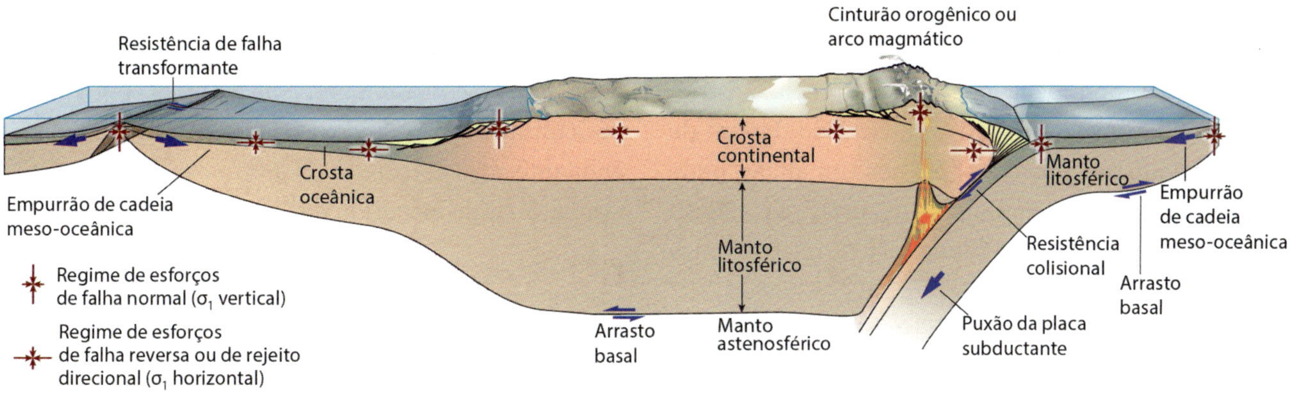

Fig. 5.16 *Forças relacionadas à tectônica de placas (setas azuis) e regimes de esforços esperados. Espera-se que o eixo de máximo esforço em placas continentais seja horizontal, exceto nas partes superiores das zonas de rifte (riftes continentais não indicados), nas margens passivas e nas partes mais elevadas dos cinturões orogênicos*

que define o limite de placas divergentes. Essas cadeias elevam-se a vários quilômetros acima do fundo oceânico e, assim, produzem uma significativa força lateral. O regime de esforços relacionado ao empurrão das cadeias apresenta falhas normais nas regiões elevadas da cadeia e falhas inversas nas regiões mais distantes. Essas, provavelmente, são as duas principais fontes de força da tectônica de placas e, portanto, os principais fatores que definem o padrão de esforços em escala global. O efeito do **arrasto basal**, que corresponde à resistência friccional ou à força de cisalhamento que age na base da litosfera, é incerto. Essa força pode tanto promover como opor-se ao movimento de placas, dependendo da cinemática de placas relativa ao comportamento local de células de conveccção do manto. Uma força similar age no topo das placas em subducção. O efeito da **resistência colisional** depende da resistência do acoplamento de duas placas em colisão; ele é maior em zonas de colisão continente-continente.

Os processos da tectônica de placas são responsáveis por um padrão global de esforços, que é localmente modificado por fontes de esforços de segunda ordem, controlados pela gravidade.

As chamadas fontes de esforços de segunda ordem podem causar desvios no campo de esforços (Fig. 5.4); elas ocorrem em margens continentais sob a influência de carga de sedimentos, em áreas de crosta continental delgada e de ascensão de material quente do manto, em áreas de recuo de geleiras, de transição continente-oceano, em cinturões orogênicos e em grandes zonas de fraqueza, como, por exemplo, a falha de San Andreas (Califórnia, EUA). As diversas fontes de esforços podem ser de difícil identificação a partir da base de dados de esforços globais, mas uma combinação de novos dados de esforços com a sua modelagem pode melhorar, em um futuro próximo, a compreensão dos esforços na litosfera.

Uma feição característica dos dados de esforços mostrados na Fig. 5.15 é a orientação de σ_H, bastante consistente em amplas regiões. Padrões consistentes podem existir no interior de continentes, em áreas distantes das margens de placas. Uma área desse tipo é a parte do continente norte-americano a leste das Montanhas Rochosas, que é dominada por σ_H orientado segundo NE-SW. Outro exemplo é o norte da Europa e a Escandinávia, onde σ_H é orientado segundo NW-SE. A orientação, nesse caso, pode, talvez, ser explicada pelo empurrão da cadeia mesoceânica do Atlântico Norte. Por sua vez, a orientação mais oblíqua (em relação ao eixo da cadeia) do campo de esforços da América do Norte pode ter influência de outros efeitos, como, por exemplo, o arraste basal. Mesmo se não pudermos explicar completamente o padrão de orientação dos esforços intraplacas, a orientação consistente de σ_H em grandes regiões sugere que as forças da tectônica de placas exercem um papel importante.

Ao nos aproximarmos dos limites de placas, notamos que há, ao menos, alguma consistência entre a orientação desses limites e a orientação de σ_H, por exemplo, ao longo da borda convergente de placas na costa oeste da América do Sul, onde σ_H forma um ângulo alto com o limite de placas (Fig. 5.15). Em contraste, σ_H é muito mais oblíquo na região da falha de San Andreas dominada por transcorrência destral, onde a obliquidade se encaixa no sentido destral de deslocamento de falha. Também nos Himalaias, onde a placa Indiana se move para o norte, em colisão com a placa Eurasiana, há uma boa correlação entre os movimentos da placa e σ_H (Fig. 5.17).

O padrão pode parecer bastante complexo ao observamos a distribuição global dos três regimes de falha (normal, transcorrente e de cavalgamento), com dois ou até três deles ocorrendo em uma mesma região. No entanto, há características gerais que explicam aspectos importantes desse padrão. Uma observação importante é que o esforço principal máximo é horizontal ($\sigma_H = \sigma_1$), o que implica um regime de cavalgamento ou de transcorrência em grandes áreas de continentes, como o leste da América do Norte, a América do Sul, o norte da Europa e a Escandinávia. Podemos afirmar que, em geral, $\sigma_H = \sigma_1$ em grandes áreas continentais, talvez até mesmo em toda a crosta superior rúptil. Como já mencionado, podemos atribuir tal configuração à tectônica de placas e às forças associadas a ela. Dentro desse padrão, encontramos **regimes de esforços transcorrentes** em diversos locais, principalmente em regiões com significativo falhamento transcorrente, como a falha de San Andreas e a falha transformante do Mar Morto, no Oriente Médio.

Espera-se que o **regime de esforços de falhas de empurrão** seja particularmente comum em limites convergentes de placas e em zonas orogênicas principais, como, por exemplo, os Himalaias e os Andes, onde há abundantes evidências geológicas de falhas de cavalgamento. Essas zonas contêm elementos significativos de regimes de transcorrência e de falhas normais, e há algumas explicações básicas para isso. Uma delas é o conceito de partição de deformação (ou de esforços), que, em termos simples, significa que o componente perpendicular causa cavalgamento e outras deformações contracionais, ao passo que o componente paralelo à borda das placas é assimilado por meio de movimentos transcorrentes e estados de esforços relacionados (ver Cap. 19). Outra explicação são as áreas elevadas da crosta, como os Andes e o Platô Tibetano, que desenvolvem um σ_1 vertical e tendem a se expandir lateralmente devido à gravidade. Consequentemente, as porções mais altas de cinturões orogênicos podem sofrer extensão, enquanto suas porções mais profundas sofrem encurtamento, como discutido no Cap. 16.

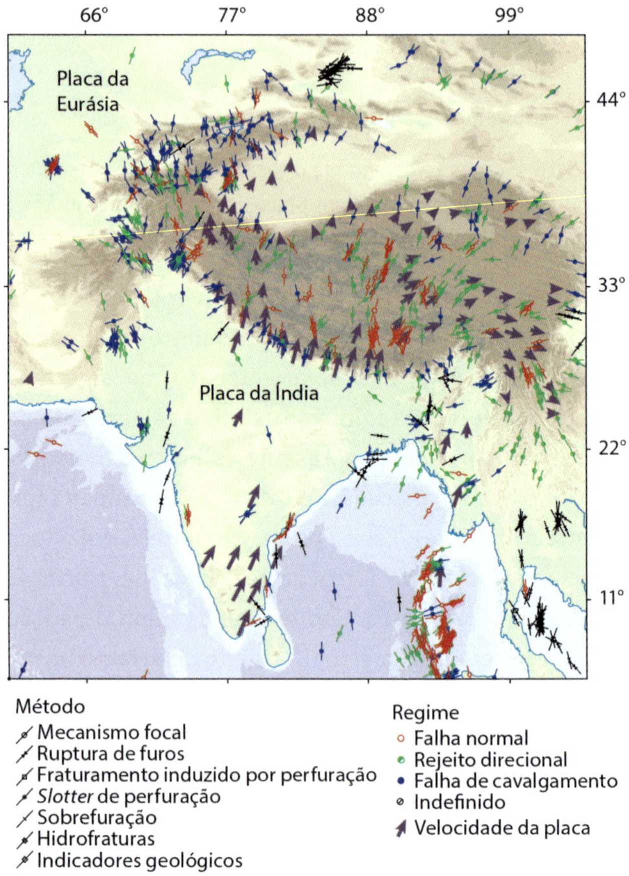

Fig. 5.17 *Dados de esforços da região dos Himalaias, uma zona de colisão entre as placas da Índia e da Eurásia, juntamente com os vetores de velocidade das placas determinados por medições de GPS. Note a correlação entre cinemática e σ_H e a ocorrência dos três regimes tectônicos na zona de colisão*

Fonte: <http://www.world-stress-map.org/> e <http://jules.unavco.org/Voyager/ILP\textunderscore GSRM>.

Um exemplo disso é a situação dos esforços nos Himalaias e em seu entorno, onde se tem a presença dos três regimes de falhas (Fig. 5.17). O regime de falha de cavalgamento domina as partes inferiores ao longo dos limites das placas (sopé ao sul da montanha), enquanto o regime de falha normal é característico do alto do Platô Tibetano. O regime de transcorrência é particularmente comum na parte leste, onde a crosta está sendo comprimida lateralmente, em razão da colisão da Índia com a Eurásia (ver Cap. 19). Assim, o movimento relativo de placas (Índia movendo-se em direção à Eurásia), o potencial gravitacional da crosta espessada (Platô Tibetano) e as condições nos limites das placas (placa da Índia rígida em colisão com uma porção aquecida – e, portanto, menos rígida – imediatamente ao norte da zona de contato entre as placas, na placa da Eurásia) são três fatores que ajudam a explicar a ocorrência e a distribuição de diferentes regimes de esforços na zona de colisão dos Himalaias.

Os campos de esforços consistentes com o modelo de Anderson de **esforços de regime de falha normal** são encontrados em limites de placas divergentes, porém são mais proeminentes em áreas de rifteamento continental ativo e de extensão. A zona de rifte do leste da África, a região do Mar Egeu e a província de Basin and Range, nos EUA, são exemplos óbvios, mas as áreas elevadas em contextos convergentes, como o Platô Tibetano, os Andes e a cordilheira do oeste dos EUA, também tendem a sofrer extensão. Um dos modelos mais populares para a extensão nessas áreas está relacionado ao colapso gravitacional de áreas topograficamente altas, ao qual retornaremos no Cap. 18.

5.8 Esforço diferencial, esforço deviatórico e algumas implicações

A quantidade de esforço aumenta no sentido descendente da superfície para a litosfera. Quanto esforço uma rocha pode suportar antes que uma deformação ocorra? Os estados de referência preveem um aumento gradativo dos esforços no sentido descendente, até o centro da Terra. Os minerais formadores de rocha sofrem mudanças de fase e reações metamórficas em razão do aumento dos esforços, e é necessário um desvio em relação ao estado de referência para que as rochas se deformem por fraturamento ou cisalhamento. Anderson fornece uma noção de como a orientação relativa dos esforços tectônicos influencia o estilo de falhamento (próximo à superfície). Também seria interessante saber como as falhas acontecem na litosfera. Não é o nível absoluto de esforços que causa o fraturamento ou o fluxo de uma rocha, mas a diferença entre os esforços principais máximo e mínimo, que é denominada **esforço diferencial**:

$$\sigma_{\mathrm{dif}} = \sigma_1 - \sigma_3 \qquad (5.10)$$

No caso do **esforço litostático** (Fig. 5.7), os esforços principais são iguais e, portanto:

$$\sigma_{\mathrm{dif}} = 0 \qquad (5.11)$$

Assim, o modelo litostático não descreve, por si só, os esforços diferenciais da litosfera, qualquer que seja a profundidade de soterramento.

Os esforços no **estado de referência de deformação uniaxial** estão na seguinte situação:

$$\sigma_{\mathrm{H}} = \sigma_{\mathrm{h}} < \sigma_{\mathrm{v}} \qquad (5.12)$$

e o esforço diferencial, portanto, torna-se:

$$\begin{aligned}\sigma_{\mathrm{dif}} &= \sigma_1 - \sigma_3 \\ &= \sigma_{\mathrm{v}} - \sigma_{\mathrm{h}} \\ &= \sigma_{\mathrm{v}}\,[(1-2\nu)/(1-\nu)]\end{aligned} \qquad (5.13)$$

Para uma rocha com ν = 0,3, σ_{dif} = 0,57σ_v e σ_{dif} aumentam com a profundidade a uma taxa de ~13 MPa/km na crosta continental. Enquanto o estado de referência de deformação uniaxial pode ser razoavelmente realista em bacias sedimentares, na litosfera isso pode não acontecer. Mais uma vez podemos perceber que a escolha do modelo de referência tem implicações significativas.

Independentemente da escolha do estado de esforços de referência, o esforço tectônico se soma ao esforço diferencial total em uma rocha. A quantidade de esforço diferencial que pode existir na litosfera é, no entanto, limitada pela resistência das próprias rochas. Quando uma rocha se deforma por fraturamento rúptil, sua resistência se altera e σ_{dif} diminui. Portanto, enquanto o esforço vertical na litosfera é controlado pelo peso das rochas sobrejacentes, os esforços horizontais são limitados pela resistência local das rochas.

O ESFORÇO DIFERENCIAL EM QUALQUER PONTO DA TERRA É LIMITADO PELA RESISTÊNCIA DAS PRÓPRIAS ROCHAS. QUALQUER AUMENTO DO ESFORÇO DIFERENCIAL ACIMA DO LIMITE DE RESISTÊNCIA DAS ROCHAS CAUSARÁ DEFORMAÇÃO.

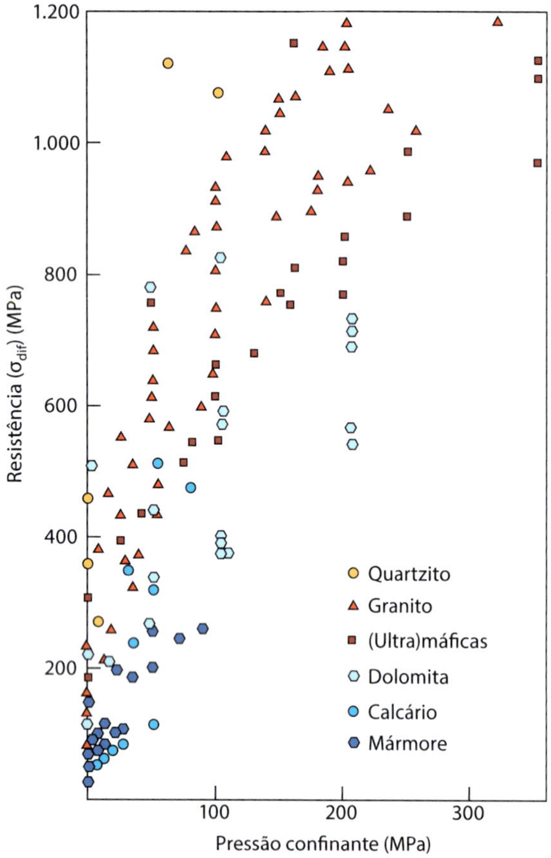

Fig. 5.18 *Resistência de vários tipos de rocha em função da pressão confinante (profundidade de soterramento). Os dados mostram que a resistência da crosta rúptil aumenta com a profundidade, e que a resistência absoluta depende do tipo litológico (composição mineralógica). Dados compilados de várias fontes*

Isso não significa que o esforço diferencial é independente da sobrecarga. De fato, na parte superior da crosta, há uma forte correlação positiva entre a quantidade de sobrecarga e o esforço diferencial que uma dada rocha é capaz de suportar, como indicam os dados experimentais mostrados na Fig. 5.18. A resistência aumenta da superfície para baixo, até a profundidade onde a rocha começa a fluir plasticamente. Em rochas graníticas, isso corresponde, em geral, a uma profundidade equivalente à porção média da crosta (10-15km). Essa transição é controlada mais pela temperatura do que por σ_v, e está relacionada à transição rúptil-dúctil na crosta (seção 6.9).

Na prática, a resistência das rochas na crosta é controlada por feições anisotrópicas, particularmente por fraturas e zonas de cisalhamento. Voltaremos a discutir a resistência da crosta no final do Cap. 6. Concluiremos este abordando o esforço deviatórico.

O esforço deviatórico (σ_{dev}) foi definido no Cap. 4 como a diferença entre o tensor de esforço total e o tensor de esforço médio:

$$\sigma_{\mathrm{dev}} = \sigma_{\mathrm{tot}} - \sigma_{\mathrm{m}} \tag{5.14}$$

onde

$$\sigma_{\mathrm{m}} = (\sigma_1 + \sigma_2 + \sigma_3)/3 \tag{5.15}$$

Em três dimensões, o esforço deviatórico é, portanto, definido como:

$$\begin{bmatrix} \sigma_{11\mathrm{dev}} & \sigma_{12\mathrm{dev}} & \sigma_{13\mathrm{dev}} \\ \sigma_{21\mathrm{dev}} & \sigma_{22\mathrm{dev}} & \sigma_{23\mathrm{dev}} \\ \sigma_{31\mathrm{dev}} & \sigma_{32\mathrm{dev}} & \sigma_{33\mathrm{dev}} \end{bmatrix} = \begin{bmatrix} \sigma_{11} & \sigma_{12} & \sigma_{13} \\ \sigma_{21} & \sigma_{22} & \sigma_{23} \\ \sigma_{31} & \sigma_{32} & \sigma_{33} \end{bmatrix} - \begin{bmatrix} \sigma_{\mathrm{m}} & 0 & 0 \\ 0 & \sigma_{\mathrm{m}} & 0 \\ 0 & 0 & \sigma_{\mathrm{m}} \end{bmatrix} = \begin{bmatrix} \sigma_{11} - \sigma_{\mathrm{m}} & \sigma_{12} & \sigma_{13} \\ \sigma_{21} & \sigma_{22} - \sigma_{\mathrm{m}} & \sigma_{23} \\ \sigma_{31} & \sigma_{32} & \sigma_{33} - \sigma_{\mathrm{m}} \end{bmatrix} \tag{5.16}$$

Caso os esforços principais estejam orientados conforme os eixos de coordenadas de nosso sistema de referência, temos:

$$\begin{bmatrix} \sigma_{1\mathrm{dev}} & 0 & 0 \\ 0 & \sigma_{2\mathrm{dev}} & 0 \\ 0 & 0 & \sigma_{3\mathrm{dev}} \end{bmatrix} = \begin{bmatrix} \sigma_1 & 0 & 0 \\ 0 & \sigma_2 & 0 \\ 0 & 0 & \sigma_3 \end{bmatrix} - \begin{bmatrix} \sigma_{\mathrm{m}} & 0 & 0 \\ 0 & \sigma_{\mathrm{m}} & 0 \\ 0 & 0 & \sigma_{\mathrm{m}} \end{bmatrix} = \begin{bmatrix} \sigma_1 - \sigma_{\mathrm{m}} & 0 & 0 \\ 0 & \sigma_2 - \sigma_{\mathrm{m}} & 0 \\ 0 & 0 & \sigma_3 - \sigma_{\mathrm{m}} \end{bmatrix} \tag{5.17}$$

Isso implica que o esforço médio, por definição, é o

componente *isotrópico* do esforço total, ao passo que o esforço deviatórico é o componente anisotrópico no mesmo ponto. Fica claro, se rearranjarmos a equação anterior, que:

$$\begin{bmatrix} \sigma_1 & 0 & 0 \\ 0 & \sigma_2 & 0 \\ 0 & 0 & \sigma_3 \end{bmatrix} = \begin{bmatrix} \sigma_m & 0 & 0 \\ 0 & \sigma_m & 0 \\ 0 & 0 & \sigma_m \end{bmatrix} - \begin{bmatrix} \sigma_{1dev} & 0 & 0 \\ 0 & \sigma_{2dev} & 0 \\ 0 & 0 & \sigma_{3dev} \end{bmatrix} \quad (5.18)$$

Esforço total = esforço isotrópico + esforço anisotrópico

O esforço deviatórico em duas dimensões pode ser visto no espaço de Mohr da Fig. 5.19. A distância do centro do círculo de Mohr até a origem corresponde ao esforço médio. Os dois esforços deviatóricos são positivos ($\sigma_1 - \sigma_m$) e negativos ($\sigma_3 - \sigma_m$), respectivamente, e suas direções indicam o regime tectônico (normal, cavalgamento ou transcorrente). Note que, mesmo que um dos esforços anisotrópicos seja negativo ou tracional ($\sigma_3 - \sigma_m < 0$), o componente isotrópico é, de modo geral, suficientemente grande na litosfera para que todos os esforços principais no estado de esforço total sejam positivos (compressivos).

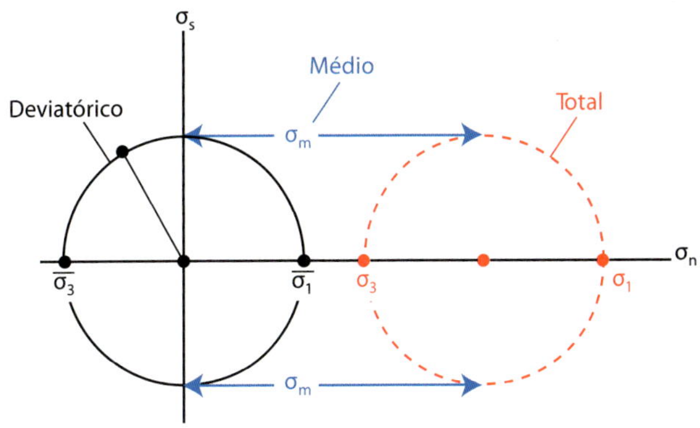

Fig. 5.19 *O estado total de esforços pode ser considerado como sendo composto por um componente isotrópico, o esforço normal médio, e um componente anisotrópico, o esforço deviatórico. O centro do círculo de Mohr desloca-se para a origem se o esforço médio for subtraído*

Resumo

As tentativas de medição e compreensão do padrão de esforços presentes na crosta são um desafio interessante. Está claro que são necessárias mais medidas e uma melhor compreensão de como os esforços se originam e se acumulam nas rochas. Não obstante, os modelos e conceitos apresentados formam uma base útil para a discussão dos esforços. A seguir, estão listados alguns pontos importantes que devem ser lembrados:

- O esforço não é diretamente observável, mas é revelado de alguma maneira pela deformação (*strain*).
- Os estados de referência de esforços na crosta são modelos bastante generalizados, que podem ser aplicados para a localização de anomalias.
- As anomalias podem ocorrer devido a condições locais, como unidades com sobrepressão (em bacias sedimentares), efeitos térmicos, refração de esforços nas proximidades de zonas mecanicamente fracas (p. ex., zonas de fraturas), esforços residuais ou efeito da topografia próximo à superfície.
- Quando esses fatores são levados em consideração, o desvio remanescente em relação ao estado geral de referência é, possivelmente, causado por um esforço tectônico.
- O esforço tectônico é idealmente classificado em três estados ou regimes extremos: normal (σ_1 vertical), transcorrente (σ_2 vertical) e de cavalgamento (σ_3 vertical).
- Para que ocorra deformação em qualquer um desses regimes, é necessário que o esforço diferencial exceda a resistência da rocha.
- A quantidade de esforço diferencial que uma rocha pode suportar aumenta com a profundidade na crosta superior rúptil.

Questões de revisão

1] Como podemos obter informações sobre o campo de esforços próximo à superfície? E a alguns quilômetros de profundidade? E em níveis ainda mais profundos?
2] Qual dos três estados de esforços de referência é, por natureza, isotrópico?
3] O estado de deformação uniaxial de referência é um estado de esforço ou de deformação? Como esforço e deformação se relacionam nesse modelo?
4] Quais fatores físicos controlam o estado de esforços em uma rocha que está sendo soerguida na crosta superior?
5] Por que um arenito sofre fraturamento com mais facilidade quando soerguido, em comparação com um folhelho?
6] Como podemos definir esforço tectônico?
7] Quais condições devem ser observadas para que a classificação de esforços tectônicos de Anderson seja estritamente válida?
8] Qual será o esforço diferencial a 5 km de profundidade na crosta continental se tivermos um estado de esforços perfeitamente litostático?
9] Que forças relacionadas à tectônica de placas podem causar esforços tectônicos?
10] Por que encontramos evidências de regimes de falhas transcorrentes e de falhas normais, além do regime de falhas de cavalgamento, em orógenos ativos (contracionais) como os Himalaias e os Andes?
11] Que regime(s) de esforços podemos esperar encontrar ao longo de falhas transcorrentes como a falha de San Andreas?
12] Por que, na crosta rúptil, o esforço diferencial aumenta com a profundidade?
13] Se aumentarmos a pressão de fluidos em uma camada de arenito, o esforço efetivo irá aumentar ou diminuir?

E-módulo

A segunda parte do módulo de *e-learning* denominado *Stress* é recomendada para este capítulo.

Leituras complementares

AMADEI, B.; STEPHANSSON, O. *Rock Stress and its Measurement*. London: Chapman & Hall, 1997.

ENGELDER, J. T. *Stress Regimes in the Lithosphere*. Princeton: Princeton University Press, 1993.

FJÆR, E.; HOLT, R. M.; HORSRUD, P.; RAAEN, A. M.; RISNES, R. *Petroleum Related Rock Mechanics*. Amsterdam: Elsevier, 1992.

TURCOTTE, D. L.; SCHUBERT, G. *Geodynamics*. Cambridge: Cambridge University Press, 2002.

6 Reologia

Os esforços e a deformação estão relacionados entre si, mas essa relação depende das propriedades da rocha submetida a deformação. Estas, por sua vez, dependem de condições físicas tais como estado de esforços, temperatura e taxa de deformação. Uma rocha que se fratura a baixa temperatura pode fluir como um líquido viscoso quando em alta temperatura, e uma rocha que se fratura sob o impacto de um martelo pode fluir suavemente sob baixa taxa de deformação. Quando discutimos o comportamento das rochas, é útil recorrermos à ciência dos materiais, que define o comportamento dos materiais ideais (elástico, newtoniano e perfeitamente plástico). Esses materiais de referência são normalmente usados na modelagem da deformação natural. É essa abordagem que faremos neste capítulo, enfocando as deformações experimentais feitas em laboratório, que trazem informações bastante úteis sobre a deformação de rochas. As experiências com diferentes materiais aumentaram consideravelmente nosso conhecimento sobre a deformação e a reologia das rochas.

6.1 Reologia e mecânica do contínuo

A **reologia** é o estudo das propriedades mecânicas de materiais sólidos, fluidos e gases. O nome é originário da palavra grega *rheo*, que significa "fluir". Mas o que o fluxo e os fluidos têm em comum com as rochas sólidas? Para respondermos a essa questão, é interessante lembrarmos de um aforismo do filósofo grego Heráclito, *Panta Rhei*, que significa "tudo flui". Segundo ele, tudo está em constante mudança, o que é fácil de aceitar quando consideramos os processos no tempo geológico.

Não apenas a água flui, mas também o óleo, o mel, o asfalto, o gelo, o vidro e as rochas. Enquanto o fluxo de óleo ou mel pode ser estudado em uma escala de tempo de minutos, o fluxo do gelo ou de formações salinas (*salt glaciers*) pode levar dias, meses ou anos para ser percebido (Fig. 6.1). O vidro, por sua vez, flui muito lentamente para produzir mudanças perceptíveis até mesmo no intervalo de vários séculos. No entanto, ele flui de modo bastante rápido quando aquecido, como pode ser observado nas fábricas de vidro. A temperatura influencia a maioria dos sólidos, incluindo as rochas.

QUANDO UMA ROCHA AQUECIDA FLUI, ELA ACUMULA DEFORMAÇÃO GRADUALMENTE, COMO UMA GELEIRA EM MOVIMENTO LENTO OU UM BOLO DE CREME, SEM A FORMAÇÃO DE FRATURAS OU OUTRAS DESCONTINUIDADES.

O efeito da temperatura é a principal razão pela qual o fluxo se concentra na crosta média e inferior, e não na crosta superior, mais fria. A crosta superior tende a se fraturar, um comportamento que, no senso estrito, está fora do campo da reologia, mas que ainda é descrito pela **Mecânica das Rochas**. Além dos fatores externos, como esforços, temperatura, pressão e presença de fluidos, as propriedades das rochas também são importantes. Há muitos tipos de rochas e minerais, e a crosta superior tende a se fraturar apenas porque esse é o modo como minerais como quartzo e feldspato reagem quando submetidos a esforços sob as condições da crosta superior. Entretanto, em qualquer profundidade em que camadas espessas de sal (evaporitos) ocorram, essas camadas irão fluir em vez de se fraturar, como veremos no Cap. 20. Mesmo camadas de argila ou areia podem fluir, particularmente quando a pressão de fluidos nos poros se torna alta; portanto, o fluxo de rochas não é restrito à crosta inferior. Entretanto, terremotos profundos e evidências de campo podem indicar que as rochas anidras da crosta inferior também podem se fraturar sob determinadas condições; isso afeta particularmente as rochas "secas", cujos teores de fluidos são baixos ou nulos.

Se considerarmos uma rocha como um meio contínuo, desprezando heterogeneidades como microfraturas, limites entre grãos minerais e espaços de poros, e considerarmos as propriedades físicas como constantes ou com variação constante em um dado volume de rocha, princípios simples da Física e da Matemática podem ser usados para descrever e analisar a deformação de rochas no contexto da **mecânica do contínuo**. As equações que descrevem matematicamente as relações entre esforço e deformação serão importantes neste capítulo. Tais equações são denominadas **leis constitutivas** ou **equações constitutivas**. O termo *constitutivo* enfatiza a importância da constituição ou composição do material.

A REOLOGIA E A MECÂNICA DO CONTÍNUO DESCREVEM O FLUXO DAS ROCHAS, AO PASSO QUE A MECÂNICA DAS ROCHAS LIDA FUNDAMENTALMENTE COM O MODO COMO AS ROCHAS RESPONDEM AOS ESFORÇOS POR MEIO DO FALHAMENTO RÚPTIL E DO FRATURAMENTO.

6.2 Condições idealizadas

Em um contexto simples e idealizado da mecânica do contínuo, os materiais podem reagir aos esforços de três maneiras fundamentalmente diferentes: por deformação elástica, plástica ou viscosa. Além disso, ainda há a deformação rúptil e o fluxo cataclástico, que estão além dos domínios da mecânica do contínuo. À medida que as propriedades físicas se alteram durante a história da deformação, um dado material pode deformar-se conforme um desses três tipos de fluxo e, posteriormente, entrar no campo da deformação rúptil.

As deformações são comumente analisadas por meio de um gráfico do esforço-deformação ou da taxa de esforço e deformação, no qual a deformação ou a taxa de deformação são indicadas no eixo horizontal e o esforço, no eixo vertical (Fig. 6.2). As deformações dependentes do tempo são descritas por gráficos de tempo de esforço e tempo de deformação, sendo que o tempo é indicado no eixo horizontal. Essas curvas podem ser construídas para diferentes condições externas ou diferentes materiais. Elas também podem ser divididas em estágios, cada qual com sua própria inclinação. Começaremos pela observação da resposta elástica ao esforço; depois, passaremos à deformação permanente não rúptil (ou fluxo).

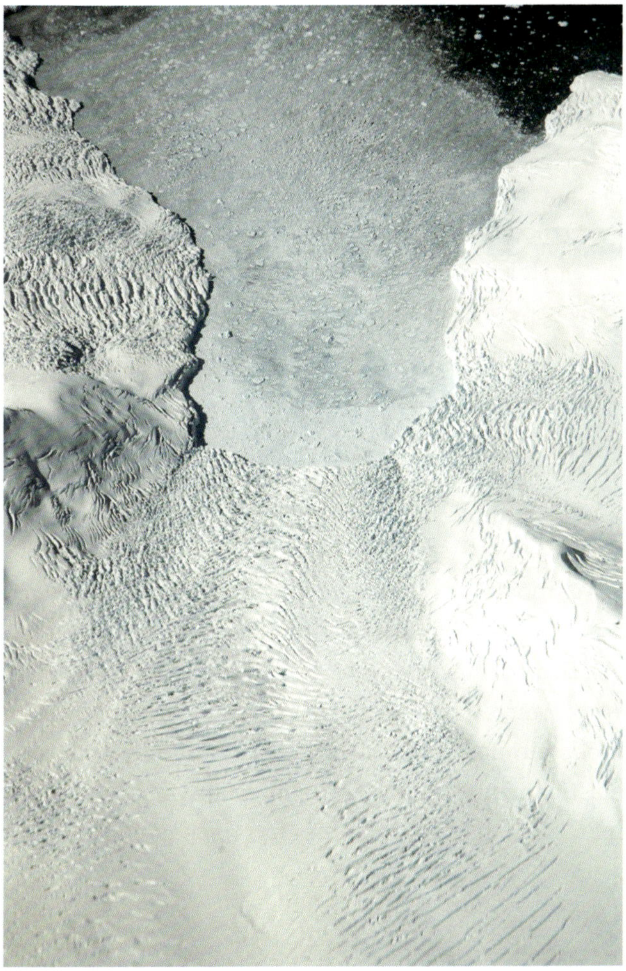

É sempre adequado começarmos por um modelo simples e, portanto, vamos considerar um **meio isotrópico** perfeito. O termo *isotrópico* refere-se a um material que possui as mesmas propriedades mecânicas em todas as direções e que responde de modo idêntico a esforços de qualquer orientação. Muitas das deformações (*strain*) que iremos considerar neste capítulo são pequenas, inferiores a algumas unidades percentuais na deformação elástica. Isso contrasta com a deformação que, com frequência, encontramos nas rochas em campo. A vantagem é a relação simples que ocorre entre o esforço e a deformação quando esta é pequena em um meio ideal desse tipo. Em particular, os eixos de estiramento instantâneo (*instantaneous stretching axes, ISA*) irão coincidir com os esforços principais, como será considerado em todo este capítulo.

Fig. 6.1 *O gelo nas geleiras flui de modo similar a um fluido viscoso, mas as abundantes fraturas na superfície das geleiras indicam que esse modelo pode não ser perfeitamente válido para a sua parte superior. Sudeste da Groenlândia*

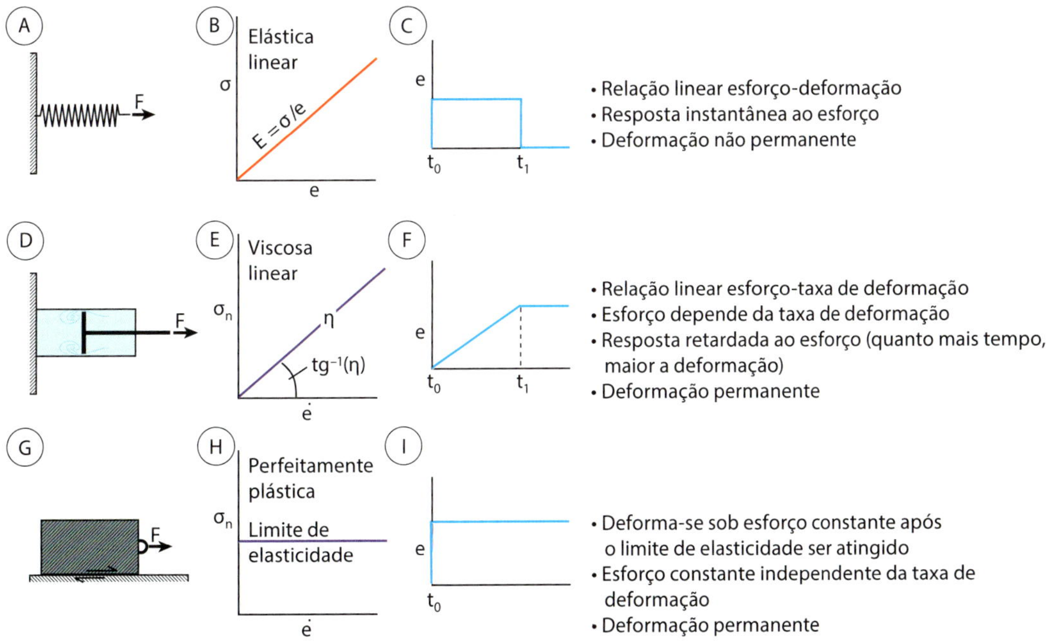

Fig. 6.2 *Deformações elástica, viscosa e plástica ilustradas por análogos mecânicos, curvas de esforço e deformação (centro) e curvas de história de deformação (à direita)*

6.3 Materiais elásticos

Um **material elástico** resiste à mudança na forma, mas se deforma à medida que mais esforço é exercido. Idealmente, esse material recupera sua forma original assim que o esforço aplicado (força) for removido.

A DEFORMAÇÃO ELÁSTICA É RECUPERÁVEL PORQUE ENVOLVE O ALONGAMENTO EM VEZ DA QUEBRA DAS LIGAÇÕES ATÔMICAS.

As tiras de borracha, em geral, se encaixam bem nessa definição: mais alongamento exige mais força, e a tira recupera sua forma original assim que a força é removida. A borracha é, entretanto, um material elástico não linear.

6.3.1 Elasticidade linear e a lei de Hooke

Um **material elástico linear** apresenta uma relação linear entre o esforço (ou força) e a deformação (*strain*). Um material desse tipo sofreria o dobro do achatamento sob um peso de 2 t, comparado à sua condição sob 1 t; ao mesmo tempo, o achatamento seria quatro vezes maior sob 4 t. Uma analogia é frequentemente feita com uma mola simples (Fig. 6.2A): se o peso suspenso na mola for duplicado, o comprimento da mola também o será, e assim por diante. Em outras palavras, a elongação da mola é proporcional à força aplicada, e a mola retornará ao seu comprimento original quando a força for removida. Um exemplo é mostrado na Fig. 6.3, em que uma barra de um material elástico é tracionada. Uma relação linear desse tipo, entre esforço e deformação, é expressa pela **lei de Hooke**:

$$\sigma = Ee \tag{6.1}$$

onde σ = esforço; e = extensão (ou seja, deformação unidimensional); e E = **módulo de Young** ou **módulo elástico** (também indicado por Y), ou, menos formalmente, a **rigidez** de um material. A lei de Hooke é uma equação constitutiva para materiais elásticos.

O módulo de Young também pode ser visto como uma razão de esforço/deformação (*strain*):

$$E = \sigma / e \tag{6.2}$$

e tem uma relação próxima com o **módulo de cisalhamento** μ (também indicado por G e conhecido como módulo de rigidez, que não deve ser confundido com o coeficiente de fricção discutido no Cap. 2). Em uma deformação uniaxial, a relação é simples:

$$E = 2\mu \tag{6.3}$$

O módulo de cisalhamento μ está relacionado com a deformação por cisalhamento γ, e a lei de Hooke pode ser escrita como:

$$\sigma_s = \mu\gamma \tag{6.4}$$

ou

$$\sigma = 2\mu e \tag{6.5}$$

O módulo de Young E é a razão entre o esforço normal e a respectiva extensão ou encurtamento elástico na mesma direção, e descreve o quão difícil é deformar um material elástico ou uma rocha. De modo similar, μ quantifica o quão difícil é deformar elasticamente uma rocha sob cisalhamento simples (para uma deformação finita muito pequena).

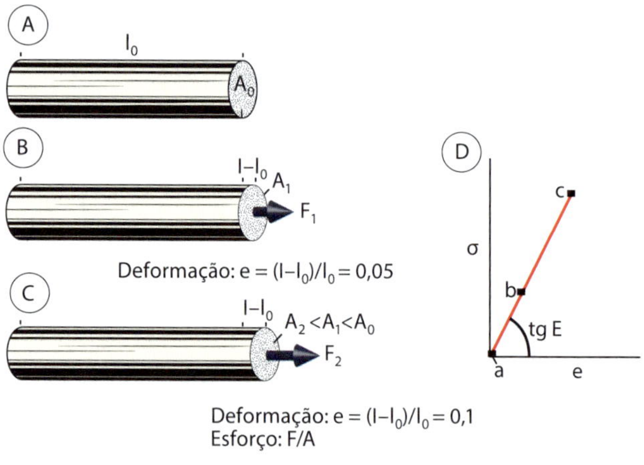

Fig. 6.3 *Deformação elástica ilustrada (A–C) pela extensão uniaxial de uma barra. Quanto mais intensa for a força F atuante na extremidade da área A, mais alongada será a barra (comprimento l). Se o material for elástico linear, a relação entre a extensão* e *e* σ*(= F/A) será linear e formará uma linha no espaço* e–σ *(d). O gradiente ou inclinação da linha corresponde a E (módulo de Young). Quando a força é relaxada, o material recupera sua forma original (a origem)*

Uma rocha com pequeno valor de E é mecanicamente fraca, e sua resistência à deformação é pequena. Como a deformação (*strain*) é adimensional, o módulo de Young tem a mesma dimensão do esforço e é tipicamente apresentado em GPa (10^9 Pa). O módulo de Young do diamante é superior a 1.000 GPa (muito difícil de ser deformado), e o do ferro é de 196 GPa (sob esforço axial). É necessária uma força menor para deformar alumínio ($E = 69$ GPa). A borracha sofre deformação elástica muito facilmente, com valores de E no intervalo 0,01-0,1 GPa. A Tab. 6.1 fornece alguns dados experimentais de resistência e seus valores característicos de E.

Tab. 6.1 Valores representativos do módulo de Young (E) e da razão de Poisson (ν) para algumas rochas, minerais e outros materiais

Material	E (GPa)	ν (Razão de Poisson)
Ferro	196	0,29
Borracha	0,01-0,1	quase 0,5
Quartzo	72	0,16
Sal	40	~0,38
Diamante	1.050-1.200	0,2
Calcário	80	0,15-0,3
Arenito	10-20	0,21-0,38
Folhelho	5-70	0,03-0,4
Gabro	50-100	0,2-0,4
Granito	~50	0,1-0,25
Anfibolito	50-110	0,1-0,33
Mármore	50-70	0,06-0,25

6.3.2 Elasticidade não linear

Alguns minerais, como o quartzo e a dolomita, são linearmente elásticos (Fig. 6.4). Mesmo alguns granitos e dolomitos podem apresentar, em pequenas deformações, elasticidade segundo a lei de Hooke, mas a maioria dos materiais elásticos não segue essa lei, ou seja, não descreve uma linha reta no espaço e-σ. Consequentemente, não há uma relação constante entre esforço e deformação, e o módulo de Young não tem um valor único. As curvas definidas pelo processo de deformação (carga) e de recuperação da forma original (alívio de carga) podem ser idênticas e, nesse caso, o material é classificado como **elástico perfeito** (Fig. 6.5B). Nessa situação, o termo *perfeito* refere-se ao fato de que o material recupera perfeitamente sua forma original. Em muitos casos de deformação experimental de rochas, as curvas de esforço e deformação durante a deformação elástica e o alívio da carga são diferentes, e os materiais são classificados como materiais **elásticos com histerese** (Fig. 6.5C).

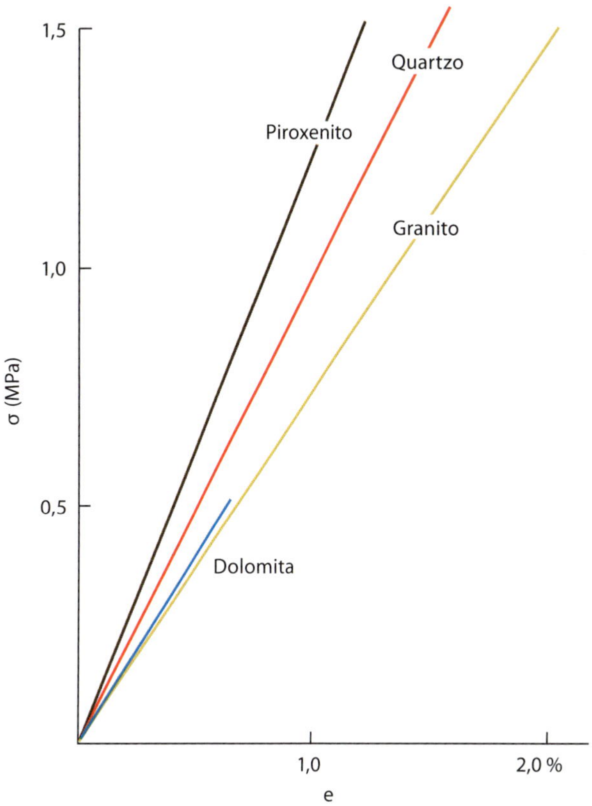

Fig. 6.4 *Alguns minerais e rochas apresentam elasticidade linear, o que significa que eles seguem a mesma trajetória linear no espaço esforço-deformação tanto na acumulação como no alívio de esforços. Dados de Griggs e Handin (1960) e Hobbs et al. (1972)*

6.3.3 Deformação elástica e razão de Poisson

Antes de abordarmos a deformação permanente, vamos retornar ao exemplo da barra estirada de modo elástico (Fig. 6.3). Nesse caso, o estiramento axial é acompanhado de um afinamento da barra. Portanto, a área A_0 diminui à medida que a barra é estirada. O mesmo efeito pode ser visto quando estiramos uma tira de borracha: quanto mais a estiramos, mais fina ela se torna. Esse efeito é conhecido como **efeito Poisson**.

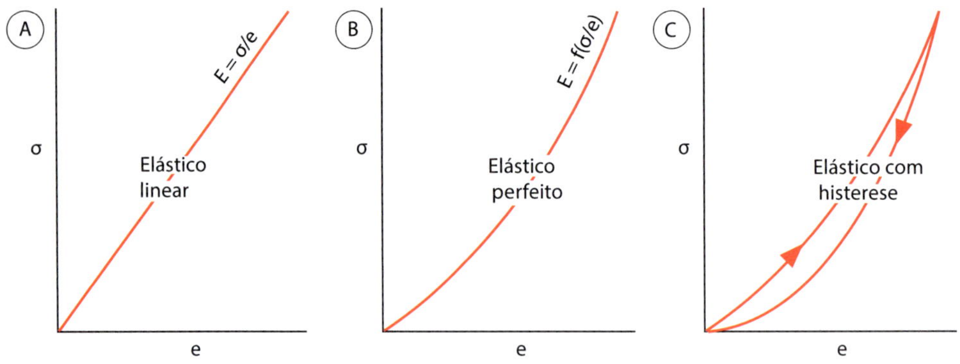

Fig. 6.5 *Três tipos de elasticidade. (A) Elasticidade linear, em que as trajetórias de carga (deformação,* strain*) e alívio de carga (recuperação da forma original) são lineares e idênticas, e cujo gradiente pode ser descrito pelo módulo de Young. (B) A deformação elástica perfeita segue uma mesma trajetória não linear durante o aumento e o alívio de carga. (C) Na elasticidade com histerese, a trajetória é não linear e diferente durante o aumento e o alívio de carga*

Se considerarmos um material isotrópico, o encurtamento será o mesmo em qualquer direção perpendicular à direção de elongação (p. ex., eixo mais longo da barra). Se pusermos a barra em um sistema de coordenadas com o eixo mais longo paralelo a z, e se considerarmos que o volume será preservado, então a elongação segundo o eixo z será balanceada pelas elongações nas direções representadas pelos eixos x e y (lembre-se de que elongações negativas indicam encurtamento):

$$e_z = -\left(e_x + e_y\right) \tag{6.6}$$

onde e_z é a elongação paralela ao eixo maior da barra e e_x, a elongação perpendicular a ela. Se $e_x = e_y$ (considerando um meio isotrópico), podemos escrever a equação como:

$$e_z = -2e_x \tag{6.7}$$

ou

$$0{,}5\,e_z = -e_x \tag{6.8}$$

Em nosso exemplo, e_x é negativo porque a barra se torna mais fina durante o estiramento. Poderíamos também encurtar a barra (Fig. 6.3). Nesse caso, a amostra iria se expandir na direção perpendicular ao encurtamento.

A Eq. 6.8 indica que o encurtamento em uma direção é perfeitamente contrabalançado pela elongação no plano perpendicular à direção de encurtamento. Isso é válido apenas para **materiais incompressíveis** perfeitos, ou seja, materiais cujo volume não se altera durante a deformação. A borracha é um material quase incompressível. Na deformação em pequena magnitude de rochas, sempre há alguma variação de volume, e o valor 0,5, na Eq. 6.8, deve ser substituído por uma constante ν, que relaciona os estiramentos axial e perpendicular. Essa constante é conhecida como **razão de Poisson** e corresponde, na Fig. 6.6, à razão entre a extensão normal e a paralela ao vetor de esforço σ_z:

$$\nu = -e_x/e_z \tag{6.9}$$

O sinal negativo é normalmente omitido quando nos referimos à razão de Poisson em rochas, e quanto mais ela se aproxima de 0,5, menos compressível é o material. Até mesmo o aço muda de volume durante a deformação elástica; a maioria dos aços tem valores de ν em torno de 0,3, indicando que a contração em uma direção não é completamente compensada por uma elongação perpendicular. A maioria das rochas tem valores de ν entre 0,2 e 0,33. Em comparação, o valor de ν da cortiça é próximo a zero, o que indica que ela dificilmente se expande ou se encurta na direção perpendicular ao esforço aplicado. É curioso que alguns materiais, como as espumas de polímeros, tenham valores negativos de razão de Poisson; se eles são estirados em uma direção, tornam-se mais espessos na direção perpendicular. É uma situação bastante improvável para uma rocha. Alguns valores de ν de rochas e outros materiais são fornecidos na Tab. 6.1.

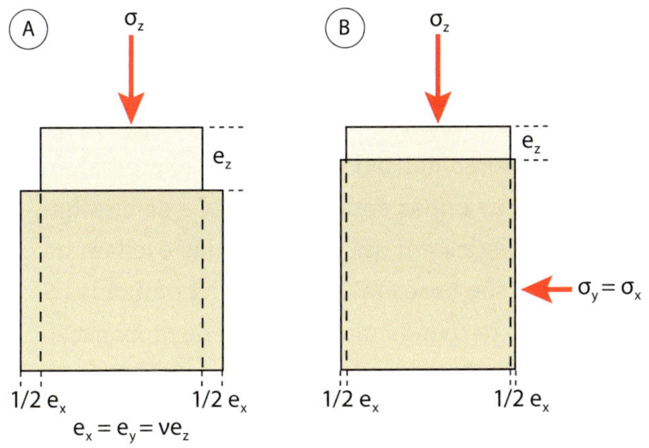

Fig. 6.6 *(A) Um esforço vertical (σ_z) aplicado a uma barra não confinada (compressão uniaxial não confinada). O retângulo tracejado indica a forma do material antes da deformação uniaxial. A elongação horizontal e_x está diretamente relacionada ao encurtamento vertical pela razão de Poisson. (B) Adicionando-se uma pressão confinante, obtém-se uma situação mais realista, na qual surgem esforços horizontais que se contrapõem ao esforço vertical*

As rochas da crosta estão confinadas, e isso impõe restrições às variações de volume que elas podem apresentar por extensão ou encurtamento, principalmente nas direções horizontais. Por exemplo, um dado volume de sedimentos ou de rochas sedimentares sob soterramento sofre um encurtamento vertical que pode ser compensado apenas em pequena proporção por uma extensão horizontal. Podemos simular essa situação em laboratório pelo confinamento de nossa amostra; poderemos perceber, então, que surgem esforços horizontais que se contrapõem ao encurtamento axial e_z.

A equação seguinte descreve o componente de deformação vertical resultante do esforço vertical:

$$e_{z'} = \sigma_z/E \tag{6.10}$$

Os esforços horizontais produzirão deformações horizontais que se contrapõem ao efeito previsto pela Eq. 6.10:

$$e_{z''} = \nu\sigma_x/E \tag{6.11}$$

e

$$e_{z'''} = \nu\sigma_y/E \tag{6.12}$$

Dessa forma, a deformação axial total é expressa por:

$$e_z = e_{z'} - e_{z''} - e_{z'''} \tag{6.13}$$

Ao substituirmos as Eqs. 6.10, 6.11 e 6.12 na Eq. 6.13, obtemos a seguinte expressão de deformação axial:

$$e_z = (\sigma_z/E) - (\nu\sigma_x/E) - (\nu\sigma_y/E) = \frac{1}{E}\left[\sigma_z - \nu\left(\sigma_x + \sigma_y\right)\right] \tag{6.14}$$

Expressões similares podem ser desenvolvidas para os esforços horizontais:

$$e_y = \frac{1}{E}\left[\sigma_y - \nu(\sigma_z + \sigma_x)\right] \tag{6.15}$$

e

$$e_x = \frac{1}{E}\left[\sigma_x - \nu\left(\sigma_z + \sigma_y\right)\right] \tag{6.16}$$

A geração de esforços perpendiculares à direção de aplicação da carga é um efeito bastante relevante nas rochas na crosta e contribui para o estado de esforços nas rochas soterradas. Em consequência do confinamento, a deformação horizontal é nula ou muito pequena ($e_x = e_y \approx 0$), o que reduz o encurtamento vertical e_z. De fato, e_z depende tanto de ν como de σ_z. Para encontrarmos o esforço vertical σ_z, aplicamos a condição de contorno $e_x = 0$ à Eq. 6.16:

$$\frac{1}{E}\left[\sigma_x - \nu\left(\sigma_z + \sigma_y\right)\right] = 0 \tag{6.17}$$

Ao multiplicarmos ambos os lados por E, obtemos:

$$\sigma_x - \nu\left(\sigma_z + \sigma_y\right) = 0 \tag{6.18}$$

Rearranjando os termos e considerando que $\sigma_x = \sigma_y$, obtemos:

$$\sigma_x = \sigma_y = \frac{\nu}{1-\nu}\sigma_z \tag{6.19}$$

Note que já havíamos visto essa equação no capítulo anterior, na discussão sobre o estado de deformação uniaxial de referência (Eq. 5.3). Perceba que é possível estimar as razões de Poisson a partir de ondas sonoras, como visto no Boxe 6.1.

Boxe 6.1 Razão de Poisson e ondas sonoras

A razão de Poisson, uma referência ao matemático francês Simeon Poisson (1781-1840), é uma medida da compressibilidade de um material na direção perpendicular ao esforço aplicado, e pode ser expressa em termos de velocidades de ondas *P* (V_P) e *S* (V_S) – respectivamente, as ondas compressionais e de cisalhamento. As denominadas *P* são ondas de deformação ou energia elástica em que as partículas oscilam na direção de propagação da onda. As seções sísmicas convencionais são baseadas nelas. As denominadas *S* são ondas de corpo elástico em que as partículas oscilam na direção perpendicular à direção de propagação da onda. São dois modos diferentes de deformação elástica, e sua relação com a razão de Poisson é dada por:

$$\nu = \frac{V_\mathrm{P}^2 - 2V_\mathrm{s}^2}{2\left(V_\mathrm{P}^2 - V_\mathrm{s}^2\right)}$$

Logo, se pudermos medir V_P e V_S, poderemos calcular a razão de Poisson, que é útil na estimativa das propriedades das rochas e dos fluidos em reservatórios de petróleo. Por exemplo, se $V_S = 0$, logo $\nu = 0{,}5$, o que indica a presença de um fluido (as ondas de cisalhamento não atravessam os fluidos) ou de um material incompressível (que, conforme já mencionado, não existe na crosta). Um valor de V_S próximo a zero é característico de um reservatório de gás.

Se as variações de pressão causarem deformação elástica em vez de uma força direta, então o **módulo de compressibilidade** K (*bulk modulus*) irá relacionar a variação de pressão Δp com a mudança de volume (deformação volumétrica):

$$K = \frac{\Delta p}{\Delta V / V_0} \tag{6.20}$$

O módulo global é o inverso da compressibilidade de um material, que é uma medida da mudança relativa de volume (deformação volumétrica) de um fluido ou sólido em resposta a uma variação na pressão ou no esforço médio. Quanto maior for o valor do módulo global, mais pressão será necessária para a compressão do material. A Eq. 6.20 é uma forma específica da lei de Hooke, e K se relaciona ao módulo de Young (E) e ao módulo de cisalhamento (μ) por:

$$K = \frac{E}{3(1-2\nu)} = \frac{2(1+\nu)}{3(1-2\nu)}\mu \tag{6.21}$$

Apesar de as estruturas de deformação incipiente representarem esforços permanentes ou inelásticos além do estágio de elasticidade (ver próxima seção), a teoria da elasticidade é, em geral, aplicada na modelagem do surgimento e crescimento das fraturas. Isso é justificável até certo ponto se a deformação for pequena (poucas unidades percentuais ou menos), pois nesses casos os desvios em relação ao comportamento elástico geral serão suficientemente pequenos para que a teoria da elasticidade possa ser usada com sucesso. A **mecânica linear de fraturas elásticas** é usada como um recurso simples para a exploração e a modelagem do estado de esforços em torno de fraturas. Ela descreve a orientação e a concentração dos esforços com base na geometria do objeto (fratura) e no estado global de esforços (remotos). Entretanto, não pretendemos nos aprofundar nesse tema; continuaremos a abordar a deformação além do limite de elasticidade.

6.4 Plasticidade e fluxo: deformação permanente

A teoria elástica descreve de modo adequado as pequenas deformações que ocorrem na crosta superior. Quando, porém, as rochas estão aquecidas, elas tendem a fluir e a acumular deformações permanentes, por vezes de grandes magnitudes. Nesse contexto, é interessante considerarmos o modo como os fluidos respondem aos esforços. As rochas nunca se comportam como fluidos, a menos que sofram fusão, mas em altas temperaturas e ao longo do tempo geológico, sua reologia pode aproximar-se muito da dos líquidos.

6.4.1 Materiais viscosos (fluidos)

A facilidade com que um líquido flui é descrita pela sua **viscosidade** η. A viscosidade e o fluxo laminar de fluidos foram estudados pela primeira vez por Sir Isaac Newton, que constatou que há uma relação próxima entre o esforço de cisalhamento e a taxa de deformação por cisalhamento:

$$\sigma_s = \eta\dot{\gamma} \tag{6.22}$$

onde η representa uma viscosidade constante e $\dot{\gamma}$, a taxa de deformação por cisalhamento (Fig. 6.7). Um material que se deforma de acordo com essa equação é um **fluido newtoniano** ou **linear**, ou, ainda, um **material viscoso perfeito**. A equação constitutiva para materiais viscosos pode ser expressa em termos de esforço normal e taxa de elongação:

$$\sigma_n = \eta\dot{e} \tag{6.23}$$

A DEFORMAÇÃO VISCOSA APRESENTA UMA DEPENDÊNCIA DA TAXA DE DEFORMAÇÃO QUANTO AO ESFORÇO: UM ESFORÇO MAIOR CAUSA UM FLUXO MAIS RÁPIDO OU UMA ACUMULAÇÃO MAIS RÁPIDA DE DEFORMAÇÃO.

Essas duas equações mostram que há uma relação simples e linear entre o esforço e a taxa de deformação (e não com a deformação propriamente dita): quanto maior é o esforço, mais rápido é o fluxo. Portanto, enquanto o esforço é proporcional à deformação na deformação elástica, ele é proporcional à taxa de deformação em meios viscosos. A deformação viscosa pode, portanto, ser considerada como uma **deformação dependente do tempo**: ela não é instantânea e se acumula ao longo do tempo (Boxe 6.2).

Um material perfeitamente viscoso flui, sob a influência de uma força externa, como um fluido. Isso significa que não há deformação elástica envolvida. Dessa forma, quando a força é removida, o material viscoso não recupera sua forma original. A deformação viscosa é **irreversível** e cria uma **deformação permanente**. Uma analogia física de um material perfeitamente viscoso é um cilindro preenchido por óleo e dotado de um pistão perfurado (Fig. 6.2D). Ao ser comprimido, o pistão se move através do óleo com uma velocidade constante e proporcional ao esforço (Fig. 6.2E). Quando a força é removida, o pistão para e permanece no local em que está. Se o óleo for substituído por fluido mais viscoso, como mel ou asfalto aquecido, então a força deverá ser maior para produzir a mesma taxa de deformação. Caso contrário, o pistão irá se mover mais lentamente. Se o óleo for aquecido, sua viscosidade diminuirá, e a força deverá ser reduzida para a taxa de deformação se manter constante. Portanto, a temperatura é uma variável importante quando tratamos da viscosidade.

Em rochas acamadadas, a **viscosidade relativa** é algo relevante, pois as camadas mais viscosas (rígidas) tendem a apresentar *boudinage*/fraturamento ou flambagem (*buckling*) quando há extensão ou encurtamento paralelo às camadas. A viscosidade relativa está relacionada à **competência**. Uma camada competente é mais rígida ou mais viscosa que as camadas menos competentes.

A COMPETÊNCIA É A RESISTÊNCIA QUE CAMADAS OU OBJETOS IMPÕEM AO FLUXO. O TERMO É QUALITATIVO E RELATIVO, EM COMPARAÇÃO COM CAMADAS VIZINHAS OU A MATRIZ.

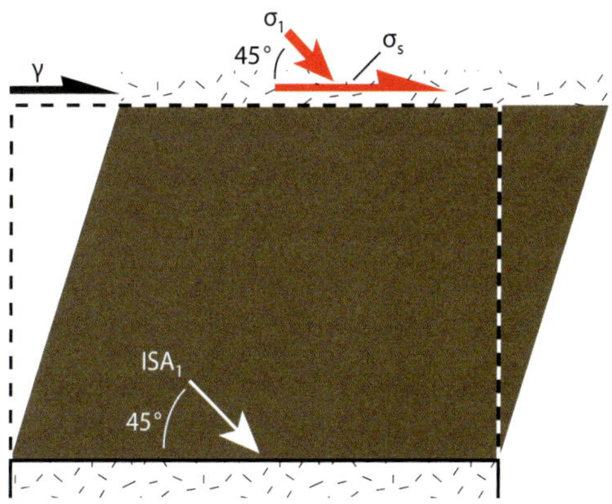

Fig. 6.7 *O cisalhamento de um meio (fluido) implica um esforço principal máximo atuando a 45° em relação à superfície. Para pequenas deformações, essa situação equivale à orientação de ISA₁. Se o material for viscoso, o aumento do esforço resultará em cisalhamento mais rápido. A relação entre ambos é determinada pela viscosidade do material*

Boxe 6.2 Com que velocidade as rochas se deformam?

A **taxa de deformação** (*stain rate*) é uma medida da velocidade com que um objeto muda de forma ou dimensão. Como a deformação é adimensional, a taxa de deformação possui uma dimensão peculiar, que é s^{-1} (por segundo). Há, geralmente, dois tipos de taxas de deformação que devemos considerar. O mais simples é a **taxa de elongação**, indicada por $\dot{\varepsilon}$ ou $\dot{e}$. Esta é a elongação por unidade de tempo (segundo):

$$\dot{e} = \frac{e}{t} = \left(\frac{l - l_0}{t l_0}\right)$$

Podemos, também, denominá-la de taxa de elongação ou taxa de contração. Experimentalmente, ela está diretamente relacionada à velocidade com que comprimimos uma amostra. Em um teste de compressão uniaxial com uma hora de duração, no qual a amostra sofra um encurtamento de 10%, a taxa de elongação é expressa por:

$$\dot{e} = \frac{-0{,}1}{3.600\,\mathrm{s}} = -2{,}778 \cdot 10^{-5}\,\mathrm{s}^{-1}$$

Em alguns contextos geológicos, a **taxa de deformação por cisalhamento** pode ser mais apropriada. Nesse caso, a variação na deformação por cisalhamento ao longo do tempo, indicada por $\dot{\gamma}$, é considerada. Sua dimensão (s^{-1}) é a mesma que a da taxa de elongação, e ambas estão relacionadas entre si, pois a deformação por cisalhamento também resulta em elongação. Entretanto, a relação entre ambas não é linear, e é importante distingui-las com clareza.

As taxas típicas de deformação geológica (natural) variam entre 10^{-14} e $10^{-15}s^{-1}$, e são muito mais lentas que as observadas em rochas deformadas em laboratório ($10^{-7}s^{-1}$). Obviamente, é um desafio aplicarmos resultados experimentais para rochas naturalmente deformadas. Em muitos casos, a temperatura é aumentada nos experimentos com o intuito de acelerar os mecanismos de deformação plástica e, dessa forma, aumentar a taxa de deformação. As taxas de deformação experimental devem ser corrigidas em função da temperatura antes de ser possível compará-las com a deformação natural das rochas. Ou, alternativamente, os processos devem ser estudados em menores escalas de tamanho.

Apenas os fluidos são verdadeiramente viscosos, e em Geologia, portanto, apenas os magmas, as camadas de sal e a lama fluidizada por sobrepressão podem ser tratados como meios viscosos verdadeiros. Entretanto, a viscosidade é uma referência útil quando tratamos de certos aspectos da deformação plástica. Retornaremos à discussão sobre viscosidade quando, em capítulos subsequentes, tratarmos de dobramentos e *boudinage*. Note que o **comportamento viscoso não linear** é registrado experimentalmente na deformação de rochas aquecidas, e que ele talvez seja mais adequado às rochas que a viscosidade linear. O comportamento não linear, nesse contexto, significa simplesmente que a viscosidade varia em função da taxa de deformação (Fig. 6.8). Na modelagem numérica de dobramentos, considera-se tanto a viscosidade linear como a não linear, ao passo que a modelagem teórica de *boudins* requer uma viscosidade não linear.

A viscosidade equivale ao esforço dividido pela taxa de deformação, e é, portanto, medida em unidades de esforço multiplicadas pelo tempo, e representada por Pa s ou kg m^{-1} s^{-1} no Sistema Internacional de Unidades (SI). A unidade poise foi usada no passado, e 1 poise = 0,1 Pa s. Enquanto a viscosidade da água está em torno de 10^{-3} Pa s, a de uma geleira está em torno de 10^{11} a 10^{12} Pa s. O vidro flui muito lentamente em temperatura ambiente, com viscosidade de 10^{14} Pa s. As estimativas de viscosidade de rochas são muito variáveis, mas em geral superam esses valores em muitas ordens de grandeza. Mesmo o sal, com uma viscosidade de aproximadamente 10^{17} Pa s (dependente do tamanho dos grãos), flui para formar diápiros e outras estruturas relacionadas (Cap. 20) com uma viscosidade mil vezes maior que a do vidro. O manto sob a litosfera é considerado um fluido em diversos tipos de cálculos, e sua viscosidade pode ser estimada em cerca de 10^{21} Pa s, em média, aumentando conforme a sua maior profundidade.

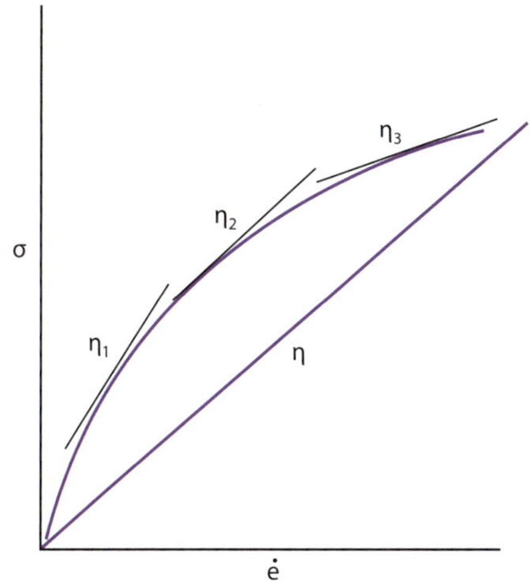

Fig. 6.8 *Reologia viscosa linear (linha reta) e não linear no diagrama esforço-taxa de deformação. A inclinação da linha reta corresponde à viscosidade (esforço dividido pela deformação). A linha curva indica uma mudança gradual de inclinação, que é denominada viscosidade efetiva. Uma curva mais inclinada indica uma viscosidade mais alta, o que significa que o material se deforma de modo relativamente lento qualquer que seja a condição de esforços*

6.4.2 Deformação plástica (fluxo de rochas sólidas)

Idealmente, os materiais viscosos (fluidos) reagem aos esforços de acordo com as Eqs. 6.22 e 6.23, independentemente de quão pequeno seja o esforço. Em uma situação mais realista, uma certa quantidade de esforço é necessária para que uma deformação permanente ocorra. A principal diferença entre sólidos e líquidos é que os sólidos são capazes de suportar esforços cisalhantes e os líquidos, não. Em rochas e outros sólidos, a deformação elástica pode ocorrer em deformações de até poucas unidades percentuais.

Quando o **limite de elasticidade** (ou ***yield stress***) é excedido, uma deformação permanente se soma à deformação elástica (Fig. 6.9). Se a deformação permanente continuar se acumulando sob uma condição de esforço constante, teremos uma **deformação plástica** perfeita (Fig. 6.2G-I). Quando, após um histórico de deformação elástico-plástica, o esforço é removido, apenas a deformação plástica irá permanecer; o componente elástico é, por definição, não permanente. Outra exigência para que uma deformação seja considerada plástica é a continuidade ou coerência, ou seja, o material não pode apresentar fraturas visíveis na escala de observação.

A DEFORMAÇÃO PLÁSTICA É UMA MUDANÇA PERMANENTE NA FORMA OU NO TAMANHO DE UM CORPO SEM QUE OCORRA FRATURAMENTO, ACUMULADA AO LONGO DO TEMPO PELA MANUTENÇÃO DE UM ESFORÇO ACIMA DO LIMITE DE ELASTICIDADE DO MATERIAL.

A deformação plástica está associada a mecanismos de deformação em microescala, como migração de deslocamentos, difusão e geminação (Cap. 11). Devido aos muitos mecanismos envolvidos em escala atômica, o fluxo plástico não é descrito por parâmetros físicos simples, como as deformações elástica e viscosa. Em vez disso, há diferentes equações ou **leis de fluxo** para mecanismos de fluxo plástico distintos. Um exemplo geral é a equação exponencial

$$\dot{e} = A\sigma^n \exp(-Q/RT) \qquad (6.24)$$

onde A é uma constante; R, a constante dos gases; T, a temperatura absoluta e Q, a energia de ativação. Com $n = 1$, o material flui como um fluido viscoso perfeito, e o fluxo é linear. No caso das rochas em altas temperaturas, ocorre uma situação semelhante. Vamos voltar a discutir as leis de fluxo e seus mecanismos de deformação subjacentes no Cap. 11.

6.4.3 Materiais perfeitamente plásticos

Um **material perfeitamente plástico**, ou **material de Saint Venant**, é aquele no qual o esforço não pode ser elevado acima do limite de elasticidade e a deformação pode continuar se acumulando sem nenhuma modi-

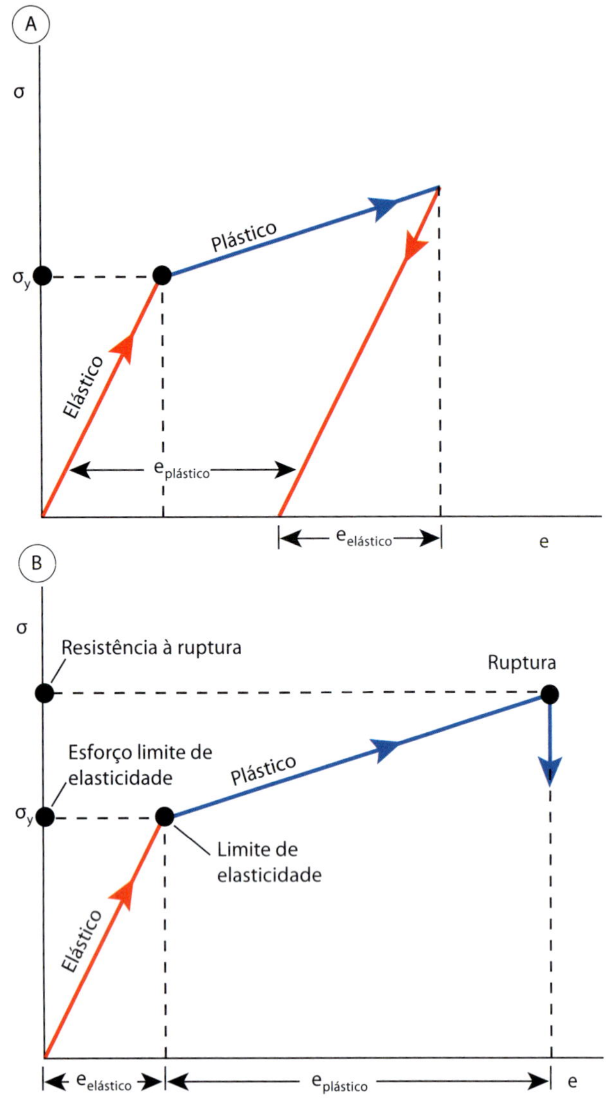

Fig. 6.9 *Curva de esforço e deformação. (A) A deformação elástica é substituída pela plástica quando o limite de plasticidade (σ_y) é atingido. Quando o esforço é retirado, a deformação elástica é desfeita e a plástica permanece. (B) Nesse caso, o esforço é aumentado até o ponto em que ocorre a deformação rúptil*

ficação no nível dos esforços (Fig. 6.2H). A resistência não é afetada pela taxa de deformação: não importa a velocidade com que o material seja forçado a fluir, a curva esforço-deformação não sofrerá alterações. Um material perfeitamente plástico também é incompressível. Nos casos em que há um componente adicional de deformação elástica, o material é denominado **elástico perfeitamente plástico** (curva intermediária em azul, Fig. 6.10). Um análogo mecânico da deformação plástica perfeita é um objeto rígido repousando sobre uma superfície com atrito. Com o aumento da força aplicada, o objeto permanecerá sem deformação até que a resistência do atrito (friccional) entre o objeto e a superfície (correspondendo ao limite de elasticidade) seja excedida (Fig. 6.2G). A partir desse ponto, a força não pode exceder a resistência do atrito, exceto durante uma aceleração, não importa qual seja a velocidade.

6.4.4 Endurecimento e amolecimento por deformação

As rochas geralmente não se comportam como materiais perfeitamente plásticos quando sofrem deformação plástica. É possível que a taxa de deformação seja, em parte, responsável por isso, e que o nível de esforços se altere durante a história deformacional. Se houver um aumento no esforço aplicado e um acúmulo adicional de deformação (curva em vermelho, Fig. 6.10), estaremos lidando com um fenômeno que a ciência dos materiais denomina **endurecimento por trabalhamento** (*work hardening*) ou **endurecimento por deformação** (*strain hardening*).

ENDURECIMENTO POR DEFORMAÇÃO SIGNIFICA QUE O ESFORÇO NECESSÁRIO PARA DEFORMAR UMA ROCHA DEVE SER AUMENTADO PARA HAVER ACÚMULO DE DEFORMAÇÃO, PORQUE AS ROCHAS SE TORNAM MAIS RESISTENTES E DURAS COM O AVANÇO DA DEFORMAÇÃO.

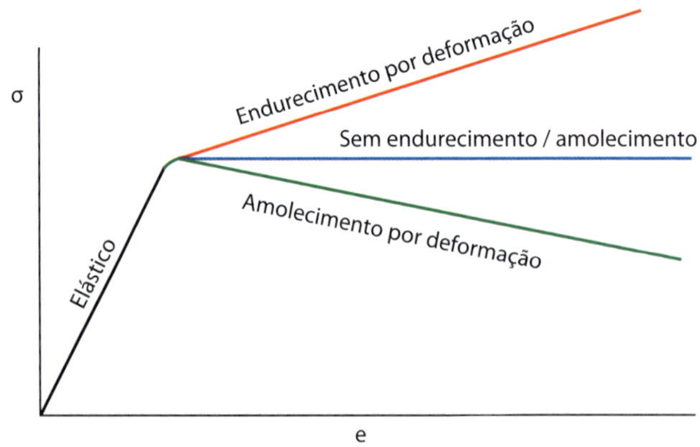

Fig. 6.10 *Curva de esforço e deformação para materiais elástico-plásticos com propriedades de endurecimento* (hardening)*, amolecimento* (softening) *e sem tais propriedades*

O endurecimento por deformação é particularmente visível em metais, que podem tornar-se mais duros ou resistentes em decorrência da deformação plástica. Podemos fazer um teste simples dobrando um arame metálico e depois tentando trazê-lo de volta à sua forma original. Será uma tarefa difícil, porque a parte flexionada do metal se torna mais dura: em comparação com uma área adjacente, será necessário um esforço maior para desfazer o efeito da deformação nessa parte do arame. Se formos insistentes e continuarmos dobrando-o, o endurecimento aumentará até que o metal se quebre: o endurecimento por deformação pode resultar em uma transição de deformação plástica para rúptil, caso o nível de esforços aumente. Em Geologia, a deformação irá se realocar para uma zona adjacente, o que talvez explique por que muitas zonas de cisalhamento se tornam cada vez mais largas pelo acúmulo de deformação (ver Cap. 16).

O endurecimento por deformação (durante a deformação plástica) relaciona-se à deformação em escala atômica. Durante a deformação, defeitos da estrutura cristalina conhecidos como **deslocamentos** (ver Cap. 11) se formam e migram. Esses deslocamentos se emaranham e dificultam o acúmulo de deformação. Portanto, é necessário um esforço maior para haver deformação do material e, com isso, temos o endurecimento por deformação. Temperaturas elevadas causam o relaxamento dos deslocamentos e, portanto, reduzem o efeito do endurecimento por deformação. Em outras palavras, o aquecimento do arame facilita a tarefa de retorná-lo à sua forma original.

Se não houver endurecimento por deformação e o material continuar se deformando sem qualquer aumento na força ou no esforço aplicados, então o processo é denominado **fluência** (*creep*). Se, adicionalmente, a taxa de deformação for constante,

$$\dot{e} = \frac{de}{dt} \qquad (6.25)$$

então teremos um **fluxo em estado constante**, que pode fazer com que a migração dos deslocamentos seja suficientemente rápida e a deformação possa se acumular a uma taxa constante para qualquer nível de esforços. A velocidade com que os deslocamentos podem migrar em uma estrutura cristalina depende do esforço diferencial, da temperatura e da energia de ativação necessária para a quebra das ligações atômicas. A relação entre a deformação causada pelos deslocamentos e essas variáveis pode ser expressa por uma lei de fluxo do mesmo tipo que a indicada na Eq. 6.24 (ver Cap. 11).

O **amolecimento por trabalhamento** ou **amolecimento por deformação** ocorre nos casos em que é necessário um esforço menor para manter a deformação em curso. Um exemplo geológico é o efeito da redução do tamanho dos grãos durante a deformação plástica (milonitização). Essa redução faz com que os mecanismos de deformação sejam mais efetivos – como, por exemplo, os deslizamentos nos contatos entre grãos, por causa do aumento da sua área superficial. Outros fatores que podem causar o amolecimento são a formação de minerais menos resistentes, a introdução de fluidos (água, gás, magma) e, como já mencionado, o aumento da temperatura.

Os termos *endurecimento* e *amolecimento por deformação* também são aplicados no caso de crescimento de estruturas de deformação rúptil, como as bandas de deformação, apesar de terem sido criados no contexto da deformação plástica. O endurecimento por deformação pode ocorrer, por exemplo, durante a deformação de areias ou solos inconsolidados, onde o intertravamento dos grãos pode causar um endurecimento por deformação.

6.5 Modelos combinados

As rochas e outros materiais naturais são reologicamente complexos e geralmente não se comportam como materiais elásticos, viscosos ou plásticos perfeitos. Portanto, pode ser útil combinarmos esses três tipos de deformação quando descrevemos a deformação natural de rochas. Tais combinações são, em geral, ilustradas por meio de uma mola (elástico), um amortecedor (viscoso) e um bloco rígido, que não deslizará na superfície sobre a qual repousa enquanto um dado esforço crítico não for superado (plástico) (Fig. 6.2A, D, G).

Mencionamos brevemente um modelo combinado de deformação plástica e elástica. Essa é a situação em que o esforço e a deformação elástica aumentam até que o limite de elasticidade seja atingido e a deformação se torne plástica. Um material que responde desse modo é denominado **material elástico-plástico** ou **material de Prandtl**. Um análogo mecânico típico é mostrado na Fig. 6.11A. O modelo elástico-plástico é comumente aplicado na deformação em larga escala da crosta como um todo e do manto.

Um **material viscoplástico** ou **material de Bingham** flui como um material perfeitamente viscoso, mas apenas acima de um certo limite de elasticidade (comportamento plástico característico). Abaixo desse limite não há deformação. Tanto os trabalhos reológicos experimentais com lavas como a observação de derrames naturais de lavas sugerem que as silicosas se comportam como um fluido viscoplástico em um intervalo significativo de temperatura; devido ao seu conteúdo de cristais, elas têm um limite de elasticidade. A tinta é um fluido bastante familiar que possui comportamento viscoplástico: é necessário um certo esforço para fazê-la fluir, e isso impede que a película de tinta escorra de paredes recém-pintadas. Um análogo mecânico clássico é uma combinação paralela

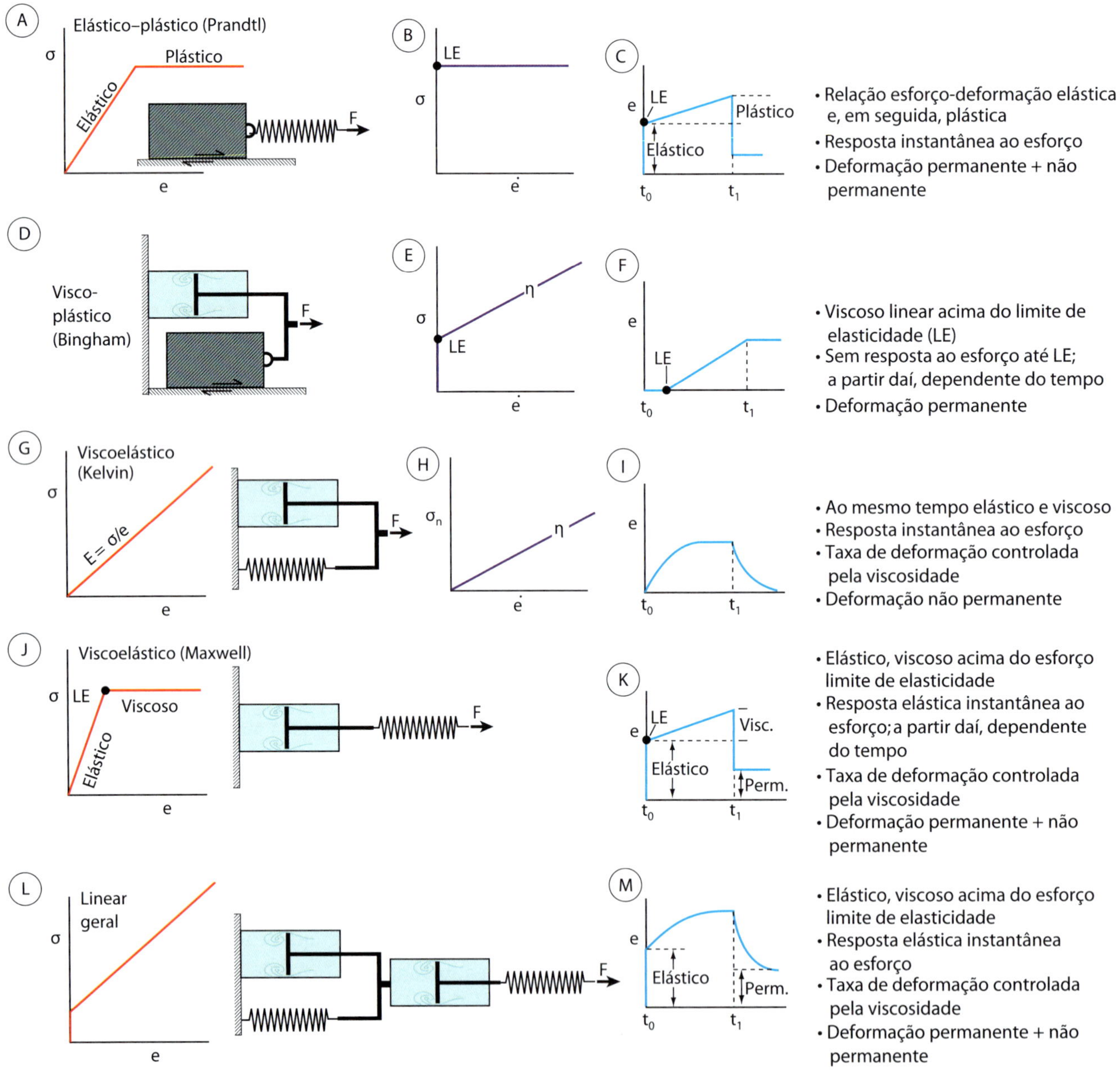

Fig. 6.11 *Combinações de deformação elástica, viscosa e plástica ilustradas por análogos mecânicos (à esquerda), por curvas de esforço-taxa de deformação (strain) e por curvas de histórico da deformação (à direita). A deformação elástica perfeita é representada por uma mola, ao passo que uma caixa com atrito em sua base representa a deformação plástica perfeita. A deformação viscosa perfeita é representada por um amortecedor. LE, limite de elasticidade;* t_1*, tempo de remoção do esforço*

ou em série de um amortecedor (um pistão perfurado no interior de um cilindro preenchido por um fluido) e um objeto rígido em repouso sobre uma superfície com atrito (Fig. 6.11D).

Os modelos **viscoelásticos** combinam os comportamentos viscoso e elástico. O **comportamento viscoelástico de Kelvin** é aquele em que o processo de deformação é reversível, mas tanto a acumulação como a reversão da deformação são retardados. Os materiais viscoelásticos podem ser considerados como estados intermediários entre fluidos e sólidos, onde tanto o fluxo do fluido como a resposta elástica do sólido estão presentes. Um modelo físico de um material viscoelástico de Kelvin seria um arranjo paralelo de uma mola e um amortecedor (Fig. 6.11G). Ambos os sistemas se movem simultaneamente sob a influência de um esforço, mas o amortecedor retarda a extensão da mola. Quando o esforço é liberado, a mola retorna à sua posição original, mas o amortecedor novamente retarda esse movimento. Tal deformação é, portanto, considerada como **dependente do tempo**.

A equação constitutiva para o comportamento viscoelástico de Kelvin reflete a combinação de viscosidade e elasticidade:

$$\sigma = Ee + \eta\dot{e} \tag{6.26}$$

Outro modelo viscoelástico é o **modelo de Maxwell**. Um material viscoelástico de Maxwell acumula deformação a partir do momento em que um esforço é aplicado, primeiro elasticamente e depois de um modo progressivamente mais viscoso. Ou seja, sua reação de curto prazo ao esforço é elástica, ao passo que sua resposta a longo prazo é viscosa e, portanto, a deformação torna-se permanente. Esse modelo ajusta-se de modo bastante adequado ao comportamento do manto: ele se deforma elasticamente durante a propagação das ondas sísmicas e de modo viscoso na convecção ou no fluxo relacionado à carga litosférica (p.ex., carga glacial). O análogo mecânico, nesse caso, é composto por um arranjo serial de amortecedor e mola (Fig. 6.11J). Um exemplo familiar é a mistura ou sova de uma massa de pão. Quando a sova é interrompida, a massa gradualmente chega à posição de repouso, após se mover suavemente na direção oposta em função do alívio do componente elástico. A equação constitutiva da deformação viscoelástica de Maxwell é a soma dos componentes elástico e viscoso:

$$\dot{e} = \sigma/E + \sigma/\eta \tag{6.27}$$

Os modelos viscoelásticos são úteis na modelagem em larga escala da crosta, onde a deformação elástica descreve a resposta imediata a um esforço e o componente viscoso representa o fluxo a longo prazo.

O **comportamento linear geral** é o modelo que mais se aproxima da resposta natural das rochas submetidas a esforços. Seu análogo mecânico é mostrado na Fig. 6.11L, em que dois modelos viscoelásticos são colocados em série. A primeira aplicação de esforço acumula-se na parte elástica do modelo de Maxwell. Com a remoção do esforço, a deformação elástica é inicialmente removida, seguida pelo componente viscoelástico. Entretanto, uma parte da deformação referente ao modelo de Maxwell é permanente.

Enquanto a maioria desses modelos combinados ideais prevê uma relação linear entre esforço e taxa de deformação, não há razão para considerarmos que rochas deformadas plasticamente sigam relações tão simples nas deformações naturais. De fato, os resultados experimentais indicam que elas não obedecem a relações lineares, mas a uma relação exponencial entre esforço e taxa de deformação, como indicado na Eq. 6.24, com $n > 1$ (linha curva na Fig. 6.8). Essa relação caracteriza um **material de comportamento não linear**. Apesar disso, os modelos idealizados são referências úteis, assim como os modelos de cisalhamento simples e cisalhamento puro são referências úteis na análise de deformação.

6.6 Experimentos

Os experimentos são a base da maior parte de nosso entendimento sobre o fluxo de rochas. Em laboratório, podemos selecionar materiais e controlar variáveis físicas, como temperatura, pressão, condição de esforços e taxa de deformação. Uma desvantagem evidente é não dispormos do tempo suficiente para aplicar as taxas naturais de deformação, o que dificulta a comparação entre resultados de laboratório e rochas naturalmente deformadas.

Há diversas configurações de experimentos, dependendo da propriedade que se pretende estudar e das condições físicas que se pretende controlar. A configuração mais comum é a do equipamento de deformação triaxial, em que amostras cilíndricas são submetidas a uma pressão confinante e a um esforço axial principal (P_c e σ_a na Fig. 6.12A). Todos os esforços são compressivos, e a amostra é encurtada se a pressão confinante for menor que o esforço compressivo axial. Se a pressão confinante for maior, a amostra se alonga axialmente.

Há, portanto, dois aspectos relevantes nessa configuração. Um deles é o esforço axial ou dirigido (componente anisotrópico), em que a força aplicada é dividida pela área da seção circular da amostra cilíndrica. Outro aspecto é a pressão confinante (componente isotrópico), criada por bombeamento em um fluido confinante ou em um material macio. As pressões confinantes de até 1 GPa são comuns, assim como temperaturas de até 1.400°C e taxas de deformação de 10^{-3} a 10^{-8} s^{-1}. O esforço aplicado, então, é tipicamente diferencial (seção 5.8). Uma estufa ou mufla em torno do porta-amostra é usada para controlar a temperatura durante a deformação.

Além das condições uniaxial e de cisalhamento puro, alguns aparatos de deformação podem gerar um movimento de cisalhamento rotatório (deformação por cisalhamento) na amostra (Fig. 6.12B). A maioria das amostras deformadas experimentalmente são monominerálicas, como o quartzito ou a calcita. Em geral, considera-se que as propriedades de minerais como o quartzo (crosta superior), o feldspato (crosta) ou a olivina (manto) controlam as propriedades reológicas em diferentes partes da litosfera. Mais dados de deformação de amostras policristalinas ainda são necessários.

6.6.1 Experimentos de esforço constante (fluência)

Há experimentos em que a taxa de deformação é mantida constante e outros em que o campo de esforços é mantido constante. Este último tipo é denominado experimento de **fluência** (*creep*), que é um termo bastante geral usado para processos de baixa taxa de deformação. Ele é usado em Geologia para fenômenos desde o movimento de solo em encostas, por meio do acúmulo de deslocamentos em planos de falhas (fluência rúptil), até o movimento lento de sólidos submetidos a esforços (fluência dúctil ou plástica). A fluência plástica é o que nos interessa neste momento, e sua definição nesse contexto é a seguinte:

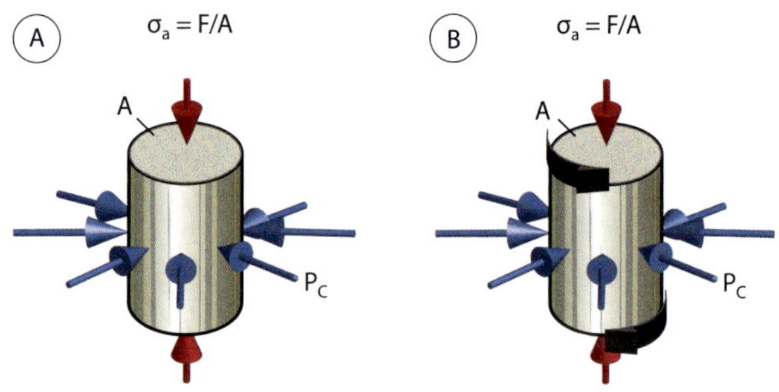

Fig. 6.12 *(A) Configuração padrão de carga de um aparato de deformação triaxial. A carga axial (σ_a) e a pressão confinante (P_c) são controladas de modo independente. (B) Configuração em que uma torção se soma à compressão axial e à pressão confinante. Essa configuração permite o acúmulo de grandes deformações por cisalhamento*

FLUÊNCIA É A DEFORMAÇÃO PLÁSTICA DE UM MATERIAL SUBMETIDO A UM ESFORÇO CONSTANTE E PERSISTENTE ENQUANTO ESTÁ SOB ALTA TEMPERATURA HOMÓLOGA.

A **temperatura homóloga** T_H é a razão entre a temperatura T do material e seu ponto de fusão T_m (na escala Kelvin):

$$T_{\mathrm{H}} = \frac{T}{T_{\mathrm{m}}} \tag{6.28}$$

No caso da água, com T_m = 273K, a temperatura homóloga a 0K é 0/273 = 0, e ela equivale a 273/273 = 1 a 273K (0°C) e 137/273 = 0,5 a 137K (–100°C). As temperaturas homólogas envolvidas nos processos de fluência são maiores que 0,5, e o processo passa a ser mais ativo quando T_H se aproxima de 1. É por esse motivo que as geleiras podem fluir: o gelo se deforma por fluência devido à sua alta temperatura homóloga em geleiras naturais. Por meio da temperatura homóloga, podemos comparar sólidos com diferentes pontos de fusão. Por exemplo, gelo e olivina comportam-se de modo similar em temperatura homóloga de 0,95, ou seja, –14°C para o gelo e 1.744°C para a olivina.

A Fig. 6.13 mostra um diagrama geral de deformação-tempo para um experimento de fluência. O esforço é rapidamente elevado e mantido em um nível fixo; após a acumulação de deformação elástica, a fluência ocorre com uma taxa decrescente de deformação. O primeiro estágio da fluência é denominado **fluência primária** ou **transiente**. Após algum tempo, a deformação se acumula de modo mais estável e a região de **fluência secundária** ou **em estado constante** é atingida. A partir daí, a **fluência terciária** é atingida, em que o microfraturamento ou a recristalização causam um aumento na taxa de deformação. Esse estágio é interrompido quando fraturas macroscópicas se desenvolvem.

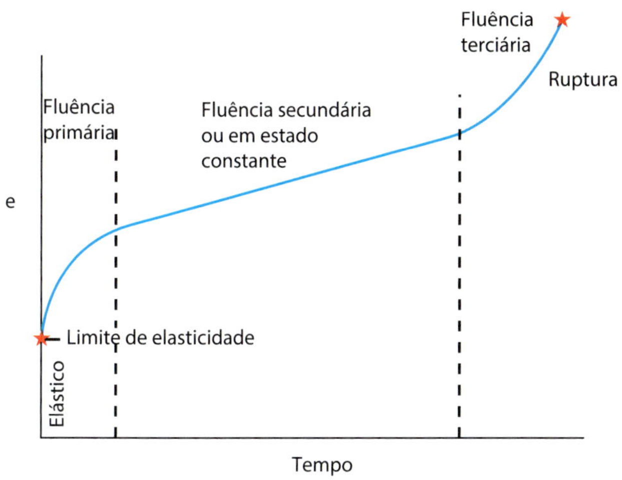

Fig. 6.13 *Curva de deformação-tempo em experimentos de fluência. Após a deformação elástica inicial, três tipos de fluência podem ser definidos. Veja o texto para uma discussão*

A fluência em estado constante talvez seja a mais interessante para os geólogos estruturalistas, porque as rochas aparentemente podem deformar-se de modo mais ou menos constante por longos períodos de tempo. A equação constitutiva da fluência em estado constante é a exponencial (Eq. 6.24).

6.6.2 Experimentos com taxa de deformação constante

Nos experimentos em que a taxa de deformação é fixa, a amostra se deforma elasticamente antes de acumular uma deformação permanente, ou seja, este é o comportamento geral das rochas abaixo do nível de fraturamento. Em baixas temperaturas, um aumento no esforço é necessário para que uma taxa de deformação constante, consistente com a definição de endurecimento por deformação, seja mantida. Em temperaturas mais elevadas ou em taxas de deformação mais baixas, a deformação não causa endurecimento e se aproxima do estado constante. Nesse caso, aplica-se uma lei constitutiva na forma da Eq. 6.24.

6.7 O papel da temperatura, da água etc.

O aumento de **temperatura** reduz o limite de elasticidade, ou seja, enfraquece a rocha. Podemos observar esse fenômeno na Fig. 6.14A,B, onde as curvas em cores quentes mostram que um mármore suporta esforços diferenciais menores se a temperatura for elevada. Pense em uma mola como a da Fig. 6.2A.

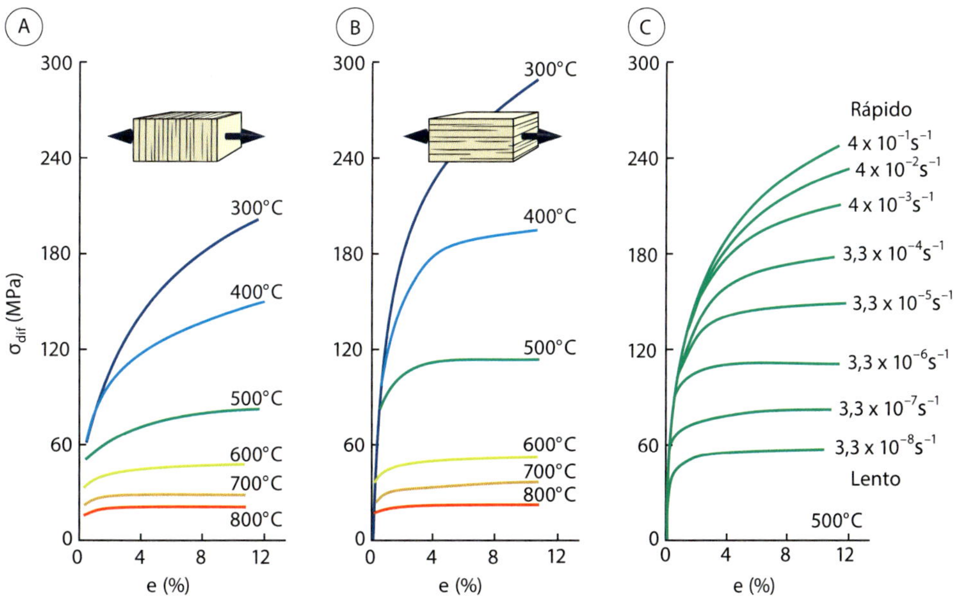

Fig. 6.14 *Curvas de esforço-deformação para o mármore de Yule, estirado na direção (A) perpendicular e (B) paralela à foliação. Dados de Heard e Raleigh (1972). (C) Curvas de esforço-deformação para mármore de Yule a 500°C, sob diversas taxas de deformação. Dados de Heard (1960)*

Podemos exercer uma grande pressão sobre a mola em temperatura ambiente, mas se ela for aquecida irá suportar um esforço menor antes de sofrer deformação plástica (permanente). Em ambos os exemplos, o aumento da temperatura ativa processos plásticos em microescala nos cristais, como a migração de deslocamentos e a difusão (Cap. 11). A temperatura também reduz a resistência final da rocha, que é o esforço diferencial no qual a rocha se fratura.

Aumentar a **taxa de deformação** significa aumentar o nível de fluxo por esforço, como é claramente visível na Fig. 6.14C. Como as taxas de deformação em laboratório são, na maioria dos casos, consideravelmente mais altas que as taxas naturais, é necessário aplicarmos esforços maiores para causar a deformação de rochas em laboratório, mesmo que a temperatura seja a mesma tanto no experimento como no ambiente natural sob investigação. Como vimos na Fig. 6.14A,B, um aumento na temperatura enfraquece a rocha e, portanto, contrapõe-se a esse efeito. Um aumento na taxa de deformação também significa que uma menor deformação plástica pode ser acumulada, porque a rocha poderá fraturar-se em um estágio anterior. As geleiras, por exemplo, consistem de gelo que flui lentamente e pode ser estraçalhado pelo impacto de um martelo. Partes da Terra apresentam comportamento viscoso devido a baixas taxas de deformação. O aumento da taxa de deformação também faz a rocha ser mais resistente à deformação. Por outro lado, as rochas são menos resistentes em baixas taxas de deformação, pois os processos plásticos em cristais podem acomodar mais facilmente os esforços aplicados.

Uma maior **presença de fluidos** tende a enfraquecer as rochas, reduzir o limite de elasticidade e aumentar os processos de deformação plástica em cristais. A composição do fluido também pode influenciar as propriedades reológicas das rochas.

Um aumento na **pressão confinante** permite uma maior acumulação de deformação finita antes que a rocha se rompa e, portanto, favorece os mecanismos de deformação plástica em cristais. Esse efeito está relacionado à maior dificuldade de abertura de fraturas sob altas pressões confinantes. O efeito do aumento da pressão confinante é contraposto por um aumento na pressão dos poros (em rochas porosas), o que reduz o esforço efetivo.

A presença de **fluidos** (água) no(s) retículo(s) cristalino(s) pode reduzir muito a resistência ou o limite de elasticidade de um mineral. Como, na maioria dos silicatos, a solubilidade da água aumenta com o aumento da pressão, esse efeito depende da pressão.

Feições não isotrópicas (Boxe 6.3), como foliações preexistentes, devem sempre ser levadas em conta. A Fig. 6.14A,B ilustra como uma incipiente foliação em um mármore faz a extensão da rocha ser mais difícil na direção paralela à foliação (é preciso um esforço diferencial maior para obter a mesma quantidade de deformação). Note que esse efeito diminui com o aumento da temperatura.

Mesmo em rochas monominerálicas, o **tamanho dos grãos** e a **trama** (*fabric*) **cristalográfica** (orientação cristalográfica preferencial dos minerais) podem fazer com que as rochas se comportem de modos diferentes, dependendo da orientação das forças aplicadas. A anisotropia dos cristais de olivina é ilustrada na Fig. 6.15. A resposta aos esforços depende da orientação das forças aplicadas em relação aos sistemas de deslizamento da olivina. Uma trama cristalográfica penetrativa pode existir no manto, o que pode causar a existência de uma importante anisotropia mecânica e influenciar a localização de riftes, zonas de transcorrência e orogenias. O efeito do tamanho dos grãos depende dos mecanismos de deformação em microescala, mas no regime plástico, onde ocorre a fluência por deslocamento (ver Cap. 11), a redução do tamanho dos grãos tende a causar um amolecimento por deformação. Por outro lado, a redução do tamanho dos grãos no regime friccional (rúptil) quase sempre implica endurecimento por deformação, devido ao intertravamento dos grãos.

O AUMENTO DA TEMPERATURA, O AUMENTO DA QUANTIDADE DE FLUIDOS, A DIMINUIÇÃO DA TAXA DE DEFORMAÇÃO E, EM ROCHAS DEFORMADAS PLASTICAMENTE, A REDUÇÃO DO TAMANHO DOS GRÃOS TENDEM A CAUSAR UM AMOLECIMENTO POR DEFORMAÇÃO.

6.8 Definição de deformação plástica, dúctil e rúptil

Os termos *dúctil* e *rúptil* estão entre os mais usados em Geologia Estrutural, seja dentro ou fora dos campos da Reologia e da Mecânica das Rochas. Uma vez mais, há o problema de que os termos são usados com significados diferentes por diferentes autores, em diferentes contextos.

No campo da Reologia e da Mecânica das Rochas, um **material dúctil** é aquele que acumula deformação permanente ou flui sem fraturamentos macroscópicos perceptíveis, ao menos até o ponto em que o limite de resistência for excedido. Por outro lado, um **material rúptil** é aquele que se deforma por fraturamento quando submetido a esforços além do seu limite de elasticidade. Para um geólogo voltado à Mecânica das Rochas, os materiais dúcteis apresentam curvas clássicas de esforço-deformação, como as mostradas na Fig. 6.9.

As **estruturas dúcteis** são comuns em rochas metamórficas, ou seja, em rochas que sofreram deformação na porção média ou inferior da crosta. A deformação dúctil também ocorre em solos e sedimentos inconsolidados ou pouco consolidados, onde há distribuição de deformação em vez de formação de fraturas nítidas, mesmo que os **mecanismos de defor-**

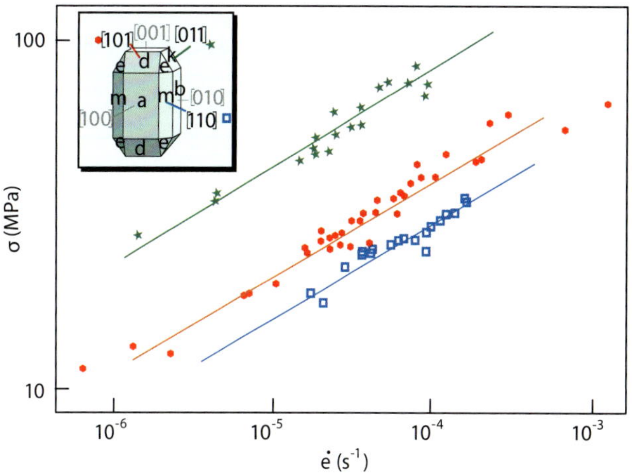

Fig. 6.15 *Curvas de taxa de esforço-deformação para monocristais de olivina anidra, comprimidos segundo três orientações cristalográficas distintas. Sob qualquer taxa de deformação, a deformação é mais pronunciada na direção [110], devido à menor resistência do sistema de deslizamento (010)[100] (ver Cap. 11). Dados de Durham e Goetze (1977)*

Boxe 6.3 Isotrópico ou homogêneo?

Esses dois termos são próximos, mas há diferenças significativas entre ambos. **Homogêneo** significa similar ou uniforme, ao passo que **isotrópico** significa que as propriedades não variam em função da direção. Eles são usados em vários aspectos da Geologia Estrutural, como na deformação. **Deformação homogênea** significa que o estado de deformação é idêntico em qualquer parte da área ou volume em questão; essa denominação não nos dá informações sobre as magnitudes relativas dos esforços principais. Uma **deformação isotrópica** significa que o volume foi diminuído ou aumentado em uma mesma proporção em todas as direções; não há mudança de forma, apenas de volume. Essa é a mudança isotrópica de volume ou deformação volumétrica abordada no Cap. 3. Lembre-se de que o volume pode variar na mesma proporção em todas as direções (isotrópico) ou preferencialmente em uma direção (anisotrópico).

Esforço isotrópico é um estado em que os três esforços principais são de mesma magnitude. Se não forem, o esforço pode ainda ser homogêneo, caso o estado de esforços seja o mesmo em todas as partes da rocha.

Uma **trama** (foliação penetrativa e/ou lineação) pode ser uniforme em uma amostra e, nesse caso, a rocha é homogênea. Entretanto, uma trama representa uma anisotropia, pois faz com que as propriedades físicas sejam diferentes em diferentes direções. Podemos prever que os deslizamentos ocorrerão, preferencialmente, ao longo da foliação, ou que a relação esforço-deformação (*strain*) será diferente se o esforço for aplicado em direção paralela ou perpendicular à foliação da amostra (Fig. 6.14A,B). Mesmo um monocristal perfeito, que representa um volume homogêneo, pode ser anisotrópico. É o caso da olivina, que apresenta propriedades mecânicas diferentes de acordo com seus eixos cristalográficos.

mação, nesse caso, sejam diferentes. Dessa forma, a deformação dúctil é um estilo estrutural dependente da escala (Fig. 6.16) e não relacionado a processos de deformação em microescala:

A DEFORMAÇÃO DÚCTIL PRESERVA A CONTINUIDADE DE ESTRUTURAS E CAMADAS ORIGINALMENTE CONTÍNUAS E DESCREVE UM ESTILO DE DEFORMAÇÃO DEPENDENTE DA ESCALA, QUE PODE FORMAR-SE POR VÁRIOS MECANISMOS DE DEFORMAÇÃO.

Assim sendo, a área ou volume deformado pode ser dúctil na resolução de uma linha sísmica, ou de um afloramento, mas rúptil em escala subsísmica ou microscópica (Fig. 6.16).

Na busca por um termo que possa ser usado especificamente em referência à deformação dúctil que ocorre na crosta média e inferior, chegamos ao conceito de **plasticidade**. O uso físico tradicional desse termo é:

A DEFORMAÇÃO PLÁSTICA É, EM GERAL, DEFINIDA COMO UMA MUDANÇA PERMANENTE NA FORMA OU NO TAMANHO DE UM CORPO, SEM A OCORRÊNCIA DE FRATURAS E PRODUZIDA POR UM ESFORÇO MANTIDO ALÉM DO LIMITE DE ELASTICIDADE DO MATERIAL E PELA MIGRAÇÃO DE DESLOCAMENTOS (EM ESCALA DE ESTRUTURA CRISTALINA).

A percepção de que a plasticidade pode ser explicada em termos da teoria dos deslocamentos (Cap. 11) data da década de 1930. A teoria indica que a plasticidade se inicia onde os minerais começam a se deformar pela migração de seus deslocamentos, o que, em geral, ocorre em profundidades de 10 a 15 km. Quando necessário, os termos **plasticidade cristalina** ou **deformação plástica em cristais** podem ser usados para diferenciar esse tipo de plasticidade do usado na Mecânica dos Solos em relação a solos ricos em água. Neste texto, restringiremos o termo *plasticidade* aos mecanismos de deformação intracristalina, excluindo, portanto, o fraturamento rúptil, a rolagem e o deslizamento friccional de grãos.

Esses últimos mecanismos de deformação em microescala mencionados são denominados mecanismos de deformação rúptil; o termo *rúptil* pode ser usado tanto em relação ao estilo de deformação como aos mecanismos de deformação em microescala. Podemos,

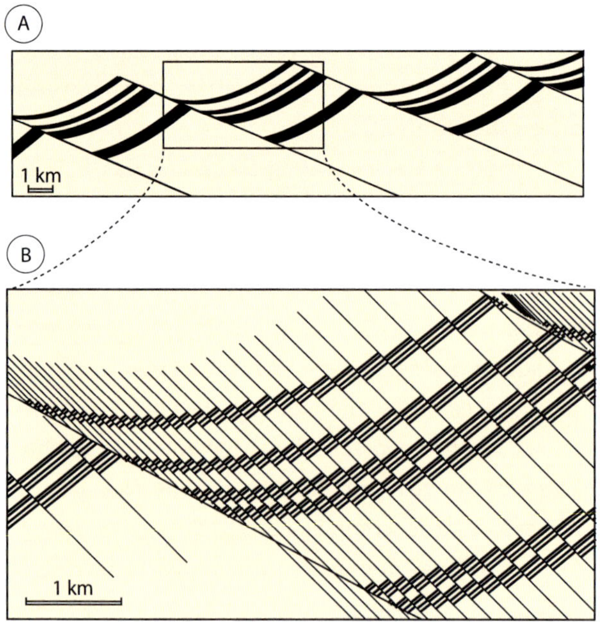

Fig. 6.16 *Natureza (dependente da escala) do estilo de deformação dúctil ilustrada por um perfil regional (A), em que as camadas parecem ser contínuas (estilo de deformação dúctil), e uma visão de detalhe (B), em que se percebe que a deformação é dada por múltiplas pequenas falhas. Esse exemplo é diretamente relevante para deformação sísmica versus deformação subsísmica*

portanto, nos referir aos mecanismos de deformação rúptil, o que indica uma deformação friccional em microescala, e ao **regime rúptil**, onde tais mecanismos predominam. Se desejarmos usar uma expressão que não se aplique ao estilo de deformação, podemos usar os termos **deformação friccional** ou **regime friccional**.

Os mecanismos plásticos ou por plasticidade cristalina ocorrem em escala atômica, na qual as ligações atômicas são quebradas uma de cada vez por meio de processos de fluência como, por exemplo, a migração de deslocamentos. O termo *plástico* é usado, aqui, em seu sentido mais geral. No senso estrito, ele deve ser separado da difusão e da dissolução, que também são mecanismos de deformação não rúptil (não friccional). Desse modo, se quisermos ser muito específicos, há, por um lado, os mecanismos de deformação rúptil ou friccional e, por outro, os mecanismos de difusão e dissolução.

A Fig. 6.17 resume como o termo *dúctil* se refere ao mecanismo de deformação, ao passo que o termo *rúptil* pode referir-se tanto ao estilo como ao mecanismo em

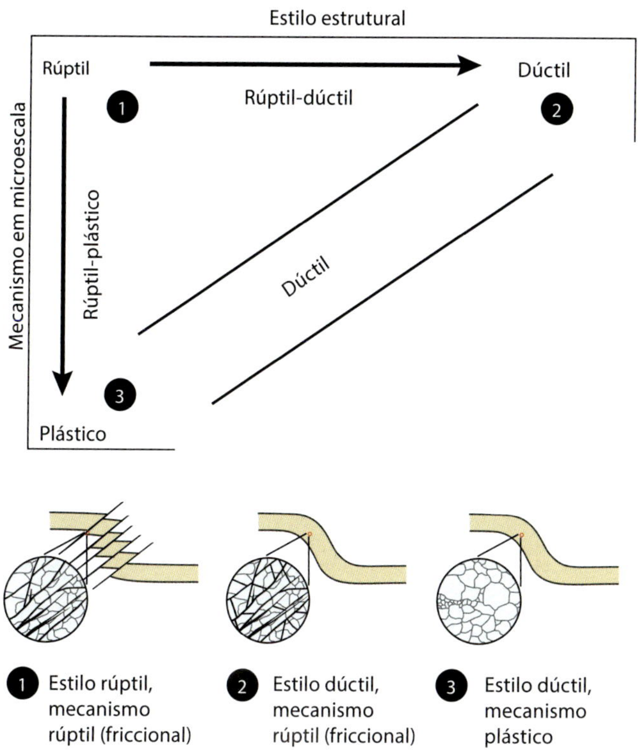

Fig. 6.17 *Relação entre os estilos de deformação rúptil e dúctil e os mecanismos plásticos e rúpteis (friccionais) em microescala. A parte inferior direita da figura é impossível, porque não podemos gerar um estilo de deformação rúptil em um mecanismo 100% plástico*

microescala; ao mesmo tempo, ela sintetiza como a plasticidade e a deformação friccional estão diretamente relacionadas a mecanismos em microescala.

6.9 Reologia da litosfera

As rochas e os minerais reagem de modo diferente aos esforços, e dependem de fatores como anisotropia cristalográfica, temperatura, presença de fluidos, taxa de deformação e pressão. Três minerais são particularmente comuns na litosfera e, portanto, de grande relevância: o quartzo e o feldspato, que dominam a crosta, e a olivina, que controla a reologia do manto superior.

O quartzo deforma-se por mecanismos rúpteis sob temperaturas até cerca de 300°C a 350°C, que, em um gradiente térmico continental típico, correspondem a profundidades de 10 a 12 km. Em profundidades maiores, predominam os mecanismos por plasticidade cristalina (mecanismos de deslocamentos) e de difusão. Os feldspatos, com suas clivagens proeminentes, têm comportamento diferente, devido à ocorrência de rupturas paralelas às clivagens e à dificuldade de deslizamento, além dos deslocamentos escalonados (mecanismos de deformação plástica em cristais). Os feldspatos deformam-se de modo rúptil até cerca de 500°C e a profundidades de 20 a 30 km. A olivina tem comportamento rúptil até profundidades de cerca de 50 km.

Um modelo simples divide a crosta em uma parte superior, dominada pelos mecanismos de deformação rúptil, e uma parte inferior, onde o fluxo plástico predomina. A transição entre elas é denominada **transição rúptil-plástica** (também conhecida como transição rúptil-dúctil). Em uma crosta teórica ideal, uniforme e monolitológica, com um aumento gradual de temperatura, podemos esperar que haja uma única zona transicional rúptil-plástica, a uma temperatura onde o fluxo ativado pela temperatura se torne significativo. A resistência da crosta inferior seguirá uma equação constitutiva, como a Eq. 6.24, enquanto a crosta superior rúptil (friccional) seguirá outra lei, denominada lei de Byerlee. A lei de Byerlee baseia-se em experimentos de deslizamento friccional feitos em laboratório, e assumindo que a resistência rúptil ou friccional da crosta é controlada por falhas e fraturas preexistentes. Duas curvas distintas de resistência (leis rúptil e plástica) podem, portanto, ser traçadas a partir de dados experimentais. Retornaremos a esse assunto no Cap. 7.

Na Fig. 6.18, a curva plástica é baseada em dados experimentais de quartzo, ao passo que a resistência rúptil é mais ou menos independente da composição mineralógica (com exceção dos argilominerais). Entretanto, o esforço necessário para um cavalgamento é significativamente maior que o necessário para uma falha normal e, portanto, diferentes curvas são indicadas, na Fig. 6.18, para os três regimes de esforços de Anderson. Essas curvas também dependem da pressão dos fluidos nos poros, porque a pressão de fluidos reduz a fricção.

A crosta não é monomineràlica, mas considera-se, em geral, que haja, na crosta continental, uma quantidade suficiente de quartzo para controlar a sua reologia. Isso significa que, mesmo se o feldspato permanecer rúptil até cerca de 15 a 20 km de profundidade, o quartzo ocorrerá em quantidade suficiente para que a crosta tenha uma deformação predominantemente plástica em profundidades de 10 a 12 km. Entretanto, se o feldspato, que é mais resistente, se tornar reologicamente dominante em alguma profundidade, a lei de fluxo dos feldspatos adquirirá importância (Fig. 6.19A). No manto dominado pela olivina, esta é ainda mais resistente e define um novo intercepto com a curva da resistência rúptil. Portanto, as variações na composição mineralógica ao longo da litosfera podem causar a formação de camadas com reologias alternadamente rúpteis e plásticas, uma configuração conhecida como **estratificação reológica** (Fig. 6.19B,C).

A transição rúptil-plástica é geralmente gradual ou recorrente em uma ampla zona na crosta continental.

A transição também é influenciada pela presença de fluidos, e o fato de as rochas "secas" serem mais resistentes à deformação é ilustrado na Fig. 6.19. Além disso, a taxa de deformação desloca verticalmente as leis de fluxo plástico (e, portanto, da transição rúptil-plástica) (Fig. 6.18).

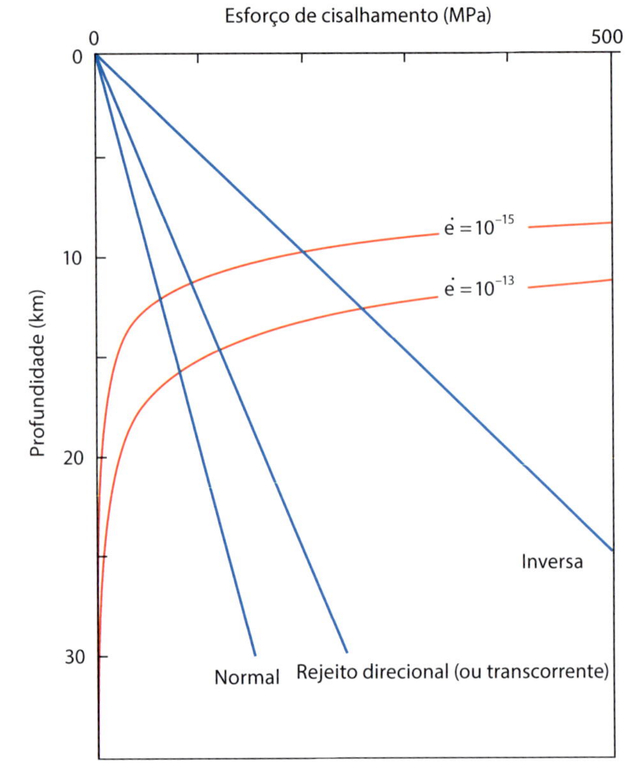

Fig. 6.18 *A resistência (ao cisalhamento) aumenta para baixo através da crosta rúptil até que a temperatura seja suficientemente alta para ativar o fluxo plástico. As deformações rúptil e plástica têm perfis de resistência diferentes, e a intersecção entre as duas linhas define a transição rúpteis-plásticas. A resistência plástica obedece a uma lei de fluxo (como mostrado na Eq. 6.24) que depende da taxa de deformação. As leis do fluxo plástico são derivadas da deformação experimental de quartzitos (Gleason; Tullis, 1995). A resistência ao cisalhamento para os três tipos de regimes de esforços é mostrada*

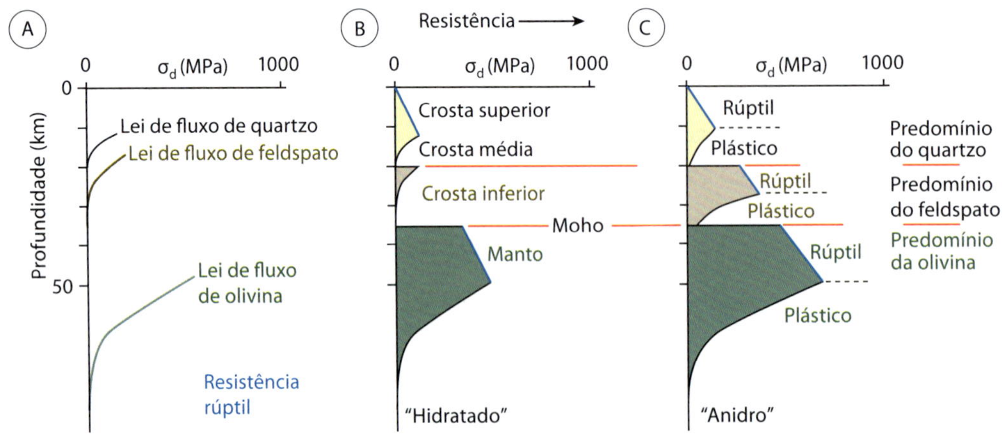

Fig. 6.19 *Estratificação reológica da litosfera continental baseada na combinação das leis da fricção rúptil e do fluxo plástico experimentalmente determinadas para quartzo (quartzito), feldspato (diabásio) e olivina (dunito). A transição rúptil-plástica ocorre onde as linhas definidas pelas leis rúptil (friccional) e plástica se intersectam. O perfil de resistência depende da estratificação mineralógica e litológica. Se escolhermos uma estratificação quartzo-feldspato-olivina, obteremos três transições rúpteis-plásticas. Note que as rochas "secas" (C) são consideravelmente mais resistentes (suportam esforços diferenciais maiores) que as rochas hidratadas (B)*

Como a crosta é acamadada, é importante obter a maior quantidade possível de informações sobre sua composição para podermos prever o perfil de resistência ou a estratigrafia reológica da crosta. Essas informações são usadas na modelagem da deformação em escala crustal, como nos riftes e nas orogenias.

Resumo

A reologia e suas consequências na deformação das rochas devem ser lembradas quando estudamos as estruturas deformacionais em rochas naturalmente deformadas. Uma distinção fundamental deve ser feita entre a elasticidade e as leis e módulos a ela relacionados, por um lado, e a deformação permanente e a plasticidade, por outro. É bastante útil e interessante explorarmos os conceitos apresentados neste capítulo em atividades cotidianas, como durante o manuseio de borrachas, plásticos, massas de modelar, argila, molas, gesso e outros materiais. A cozinha, onde há diversos tipos de alimento (xarope, mel, chocolate, massa de pão, pudim, geleia, entre outros), apresenta uma grande variedade de materiais que apresentam comportamentos interessantes sob diferentes temperaturas. Antes de explorarmos esses materiais (e de comê-los), faremos uma revisão dos pontos mais importantes, com os quais devemos estar familiarizados:

- A teoria da elasticidade é usada para deformação (*strain*) de pequena magnitude, da escala milimétrica até a litosférica. Um exemplo deste último caso é a subsidência elástica da litosfera causada por geleiras de até vários quilômetros de espessura durante as glaciações. A litosfera recupera sua forma após o degelo, o que indica que ela pode ser modelada como uma placa elástica. A taxa em que a forma é recuperada nos dá indicações sobre a viscosidade do manto e as propriedades elásticas da litosfera.
- O esforço e a deformação elástica relacionam-se através do módulo de Young: um baixo módulo de Young indica pouca resistência à deformação.
- A razão de Poisson descreve o quanto um material é encurtado em uma direção quando é expandido nas outras duas, ou seja, quanto encolhimento um material sofre no plano perpendicular à direção de estiramento.
- A deformação elástica das rochas pode atingir um nível crítico de esforço ou de deformação (limite de elasticidade), em que a deformação permanente começa a se acumular.
- Mecanicamente, a deformação plástica ocorre quando a deformação permanente se acumula sob um nível constante de esforço. Em termos mais gerais, a deformação plástica é aquela em que a rocha se deforma por fluxo intracristalino (não cataclástico).
- Em deformação plástica, a taxa de deformação é relacionada ao esforço por meio de uma relação não linear (lei de potência) denominada lei de fluxo.
- O endurecimento e o amolecimento por deformação indicam que as propriedades da rocha se alteram durante a deformação.
- O modelo simples de uma crosta inferior com predomínio do fluxo plástico, coberta por uma crosta superior rúptil e sobre um manto superior mais resistente é uma boa primeira aproximação da estratificação reológica de larga escala.
- As condições ideais dos modelos e experimentos raramente são encontradas na natureza e, portanto, modelos de elasticidade, viscosidade linear etc. devem ser usados com cuidado.

Questões de revisão

1] Qual é a diferença entre Reologia e Mecânica das Rochas?
2] O que é uma equação ou lei constitutiva?
3] O que significa o termo *isotrópico*?
4] O que é um material elástico?
5] O que é um meio incompressível e o que é razão de Poisson?
6] Alguns meios são mais facilmente encurvados, alongados ou encurtados que outros – podemos, assim, dizer que há uma diferença de rigidez. Que constante descreve a rigidez de um material elástico ou a sua resistência à deformação elástica?
7] O que é limite de elasticidade e o que acontece quando ele é excedido?
8] Qual é a diferença entre linear elástico e linear viscoso?
9] Que tipos de materiais são viscosos verdadeiros? Que partes da Terra podem ser modeladas como viscosas?
10] O que significa dizer que uma rocha é mais competente que as camadas vizinhas?
11] O que poderia causar amolecimento e endurecimento por deformação em uma rocha?
12] Qual é a diferença entre deformação plástica e fluência?
13] O que controla a posição da transição rúptil-plástica na litosfera?

E-módulo

O módulo de *e-learning* denominado *Rheology* é recomendado para este capítulo.

Leituras complementares

Geral

JAEGER, C. *Rock Mechanics and Engineering*. Cambridge: Cambridge University Press, 2009.
JAEGER, J. C.; COOK, N. G. W. *Fundamentals of Rock Mechanics*. London: Chapman & Hall, 1976.
KARATO, S.; TORIUMI, M. (Ed.) *Rheology of Solids and of the Earth*. New York: Oxford University Press, 1989.
RANALLI, G. *Rheology of the Earth*. Boston: Allen & Unwin, 1987.
TURCOTTE, D. L.; SCHUBERT, G. *Geodynamics*. Cambridge: Cambridge University Press, 2002.

Taxas de deformação

PFIFFNER, O. A.; RAMSAY, J. G. Constraints on geological strain rates: arguments from finite strain states of naturally deformed rocks. *Journal of Geophysical Research*, v. 87, p. 311-321, 1982.

7 Fratura e deformação rúptil

Estruturas rúpteis como juntas e falhas são encontradas em quase toda a superfície da Terra sólida. A deformação rúptil é a marca registrada da deformação na crosta superior, ocorrendo em áreas onde os esforços se acumulam em níveis que excedem o limite local de resistência à ruptura da crosta. As estruturas rúpteis podem formar-se de modo suave, por exumação e resfriamento das rochas, ou de modo violento, durante os terremotos. Em ambos os casos, a deformação rúptil causada pelo fraturamento implica um rompimento instantâneo das estruturas cristalinas em escala atômica, e esse tipo de deformação tende a ser não apenas mais rápido, mas também mais localizado que a deformação plástica. As estruturas rúpteis podem ser estudadas com relativa facilidade em laboratório, e a união de dados experimentais com observações de campo e de lâminas petrográficas constitui a base do nosso conhecimento atual sobre a deformação rúptil. Neste capítulo, vamos abordar a formação de várias estruturas rúpteis em pequena escala e as suas condições de formação.

7.1 Mecanismos de deformação rúptil

Assim que o esforço diferencial excede certo limite em rochas não fraturadas, a rocha pode acumular uma deformação permanente por fluxo plástico, como visto no Cap. 6. No **regime friccional** ou **regime rúptil**, entretanto, a rocha irá se deformar por fraturamento quando sua resistência à ruptura for excedida. Durante a deformação rúptil, os grãos são moídos e reorganizados, e a deformação torna-se mais localizada.

O REGIME RÚPTIL É AQUELE EM QUE AS CONDIÇÕES FÍSICAS PROMOVEM MECANISMOS DE DEFORMAÇÃO RÚPTIL, TAIS COMO DESLIZAMENTO FRICCIONAL AO LONGO DE CONTATOS DE GRÃOS E ROTAÇÃO E FRATURA DE GRÃOS.

Em alguns casos, é importante caracterizar a quantidade de fraturas em uma rocha deformada e distinguir a deformação rúptil que envolve fraturas daquela que não as envolve. A deformação friccional sem a geração de fraturas ocorre tipicamente em rochas porosas fracamente consolidadas e em sedimentos (solos). Nessas rochas e sedimentos, o deslizamento friccional ocorre ao longo dos limites existentes de grãos, e o espaço dos poros permite que os grãos se movam em relação aos grãos vizinhos, como mostrado na Fig. 7.1A. Dessa forma, os grãos apresentam translação e rotação para acomodar o deslizamento friccional em suas bordas, um processo denominado de **fluxo particulado** ou **fluxo granular**. Como sempre no regime rúptil, o deslizamento nos

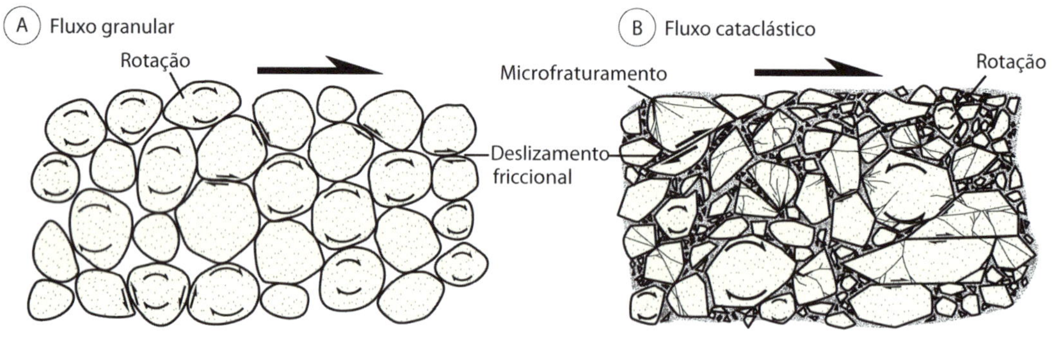

Fig. 7.1 *Mecanismos de deformação rúptil. O fluxo granular é comum durante a deformação de rochas porosas e sedimentos em níveis crustais rasos, ao passo que o fluxo cataclástico ocorre na deformação de rochas sedimentares bem consolidadas e rochas não porosas*

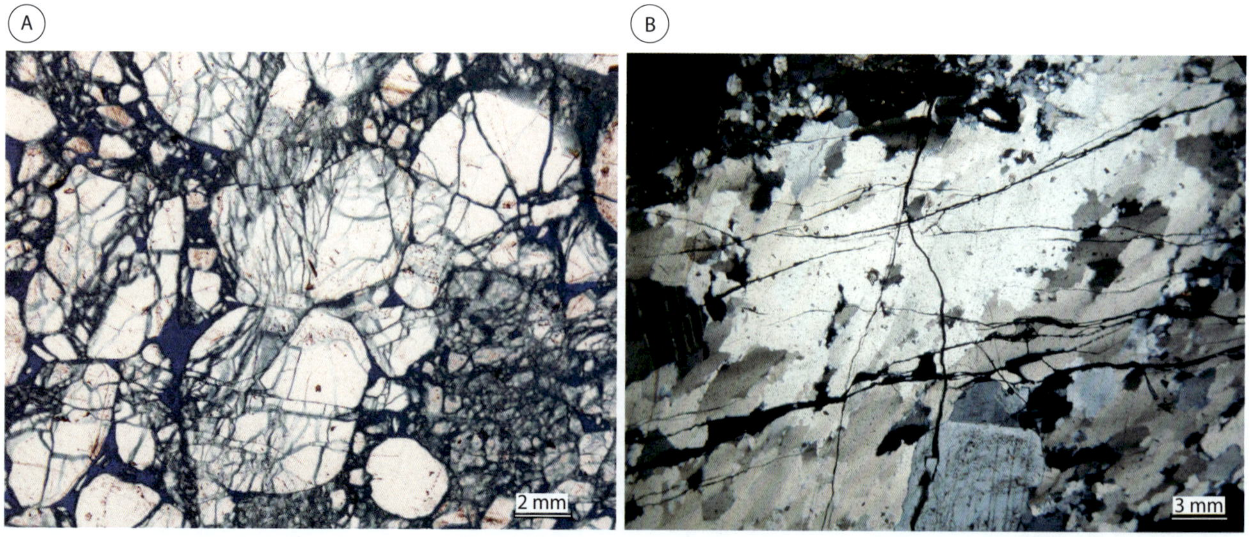

Fig. 7.2 *(A) Fraturas intragranulares em arenito poroso deformado de modo cataclástico (Grupo Mesa Verde, Salina, Utah, EUA). A coloração azul-escura é dada pelo preenchimento dos espaços vazios por epóxi. (B) Fraturas intergranulares em rocha metamórfica*

limites de grãos é influenciado pela fricção e, portanto, o mecanismo é denominado **deslizamento friccional**. Assim, uma certa resistência ao deslizamento, controlada pela fricção, deve ser superada para que o deslizamento friccional ocorra. Isso não deve ser confundido com o deslizamento não friccional que ocorre nos limites de grãos em regime plástico (Cap. 11).

O ângulo de repouso em uma areia inconsolidada é controlado pela fricção entre os grãos individuais de areia. Quanto maior a fricção, maior o ângulo de repouso. Nesse caso, a gravidade exerce um esforço vertical nas áreas de contato entre os grãos, e o esforço de cisalhamento irá depender da orientação das superfícies, como discutido no Cap. 4.

O deslizamento friccional de grãos pode ser amplamente distribuído pelo volume da rocha, mas também pode localizar-se em zonas ou bandas de espessura milimétrica a decimétrica. O fluxo granular resulta em uma zona de cisalhamento dúctil onde a laminação pode ser traçada continuamente de um lado a outro da zona. Esse é um tipo de zona de cisalhamento dúctil governado por mecanismos de deformação rúptil.

Em outros casos, há a formação de novas fraturas durante a deformação. Isso sempre acontece na deformação rúptil permanente de rochas não porosas, mas também pode afetar rochas porosas se o esforço nas áreas de contato entre os grãos for suficientemente alto. Nas rochas porosas, as **fraturas intragranulares** são frequentes (Fig. 7.2A). As **fraturas intergranulares** são fraturas que se estendem de modo contínuo através de diversos grãos (Fig. 7.2B) e que caracterizam rochas não porosas ou pouco porosas deformadas em regime rúptil. A fratura e o esmagamento de grãos, associados ao deslizamento friccional ao longo de contatos entre grãos e à rotação de grãos, são denominados **catáclase**. Intensa catáclase ocorre em zonas delgadas ao longo de superfícies ou de falhas de deslizamento onde acontece uma extrema redução do tamanho dos grãos. Uma deformação cataclástica moderada pode ocorrer em zonas mais largas de cisalhamento rúptil ou cataclástico. Nesse caso, os fragmentos resultantes do esmagamento dos grãos fluem durante o cisalhamento, processo denominado **fluxo cataclástico** (Fig. 7.1B).

O fluxo particulado envolve rotação e deslizamento friccional de grãos, enquanto que o fluxo cataclástico envolve também fraturamento de grãos ou catáclase. Ambos podem resultar em estruturas com aspecto dúctil em escala mesoscópica.

Um esmagamento proeminente, mas sem evidências de deslocamento por cisalhamento, também pode ocorrer, e é denominado **pulverização**. O processo de pulverização não é muito bem compreendido, mas parece estar relacionado a taxas muito altas de deformação (> 100 s^{-1}) durante fortes terremotos, que produzem taxas de ruptura muito elevadas.

7.2 Tipos de fraturas

7.2.1 O que é uma fratura?

No senso estrito, uma fratura é qualquer descontinuidade plana ou subplana, delgada em uma direção em comparação às outras duas e formada por esforço externo (p. ex., tectônico) ou interno (térmico ou residual). As fraturas representam descontinuidades nas propriedades mecânicas e deslocamentos físicos nos locais onde as rochas são rompidas, e a redução ou a perda de coesão caracterizam a maioria das fraturas. Elas são sempre descritas como superfícies, mas, dependendo da escala de observação, há sempre uma espessura a ser considerada. As fraturas podem ser divididas em fraturas de cisalhamento (superfícies de deslizamento) e fraturas abertas ou de extensão (juntas, fissuras e veios), como ilustrado nas Figs. 7.3 e 7.4. Podem ser definidas, ainda, fraturas de fechamento ou de contração.

As fraturas são zonas bastante delgadas, em geral consideradas como superfícies, e estão relacionadas a descontinuidades nas propriedades mecânicas (resistência ou rigidez) e a deslocamentos.

Uma **fratura de cisalhamento** ou **superfície de deslizamento** é uma fratura ao longo da qual há um movimento relativo, paralelo à fratura. O termo *fratura de cisalhamento* é, em geral, usado para fraturas com deslocamento pequeno (escala de mm a dm), ao passo que o termo **falha** é comumente aplicado a descontinuidades com rejeito maior. O termo *superfície de deslizamento* é usado para fraturas de cisalhamento com movimentos diversos, paralelos à fratura, entretanto, é mais comumente aplicado a superfícies polidas encontradas em falhas e zonas de falhas. As fraturas são comumente referidas como *cracks* na literatura em língua inglesa a respeito da Mecânica das Rochas e ciência dos materiais.

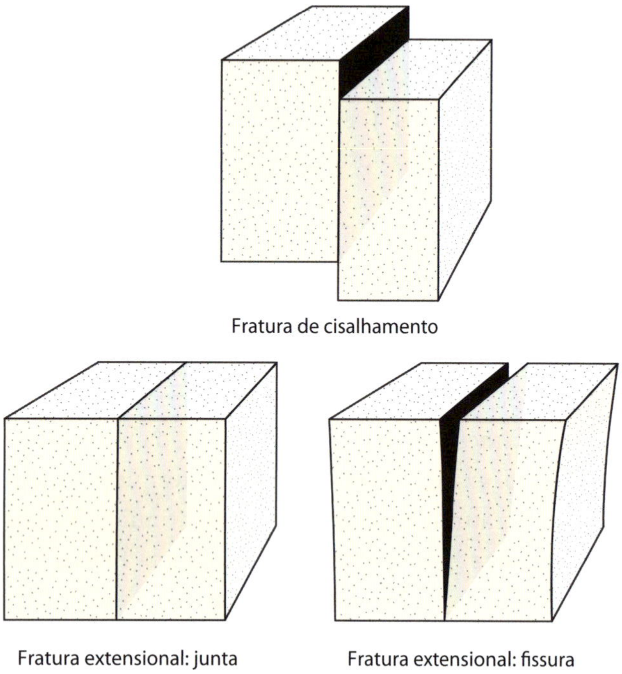

Fig. 7.3 *Três tipos de fratura*

As **fraturas extensionais** são aquelas que apresentam extensão perpendicular às paredes. As **juntas** apresentam pouco ou nenhum deslocamento visível a olho nu, mas um exame detalhado revela que a maioria das juntas possui pequenos deslocamentos extensionais através de suas superfícies e, portanto, são classificadas como fraturas extensionais estreitas. As fraturas extensionais são preenchidas por fluidos (água, hidrocarbonetos, gás ou magma) ou minerais. Quando fraturas abertas (também chamadas de fissura), elas são preenchidas por ar, hidrocarboneto ou água. As fraturas extensionais preenchidas por minerais são denominadas **veios**, ao passo que as preenchidas por magma são classificadas como **diques** e ***sills***. Juntas, veios e fissuras são tipos de fraturas extensionais.

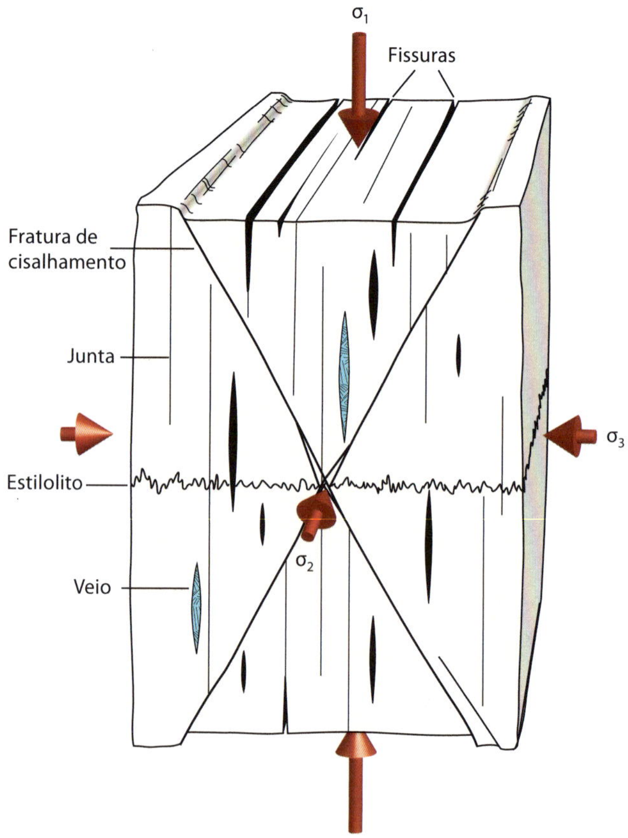

Fig. 7.4 *Orientação de vários tipos de fratura em relação aos esforços principais*

As feições planas contracionais apresentam deslocamentos por contração e são preenchidas com materiais residuais (não mobilizados) da rocha encaixante. Os estilolitos são estruturas de compactação com superfícies muito irregulares em vez de planas (Fig. 7.5). Essas superfícies têm aspecto serrilhado, similares às suturas do crânio vistas em corte. As superfícies irregulares são como soldas, enriquecidas em minerais residuais; no caso dos calcários, os argilominerais tipicamente são resíduos da dissolução e transporte de carbonatos nesse processo. Alguns geólogos consideram, em sentido amplo, os estilolitos como **fraturas de contração** ou fraturas de fechamento, porque elas definem claramente um dos três membros extremos no contexto das fraturas cinemáticas, juntamente com as extensionais e de cisalhamento (Fig. 7.6). Entretanto, os estilolitos não possuem algumas características típicas de fraturas, como a perda de coesão e o aumento de porosidade e permeabilidade, mas, de fato, eles podem limitar o fluxo de fluidos, por exemplo, em reservatórios de

Boxe 7.1 Deformação de rochas em laboratório

As propriedades mecânicas das rochas podem ser estudadas em laboratório, onde amostras são submetidas a diferentes campos de esforços que simulam diferentes profundidades e regimes de esforços na crosta. Os aparatos **uniaxiais** podem ser usados para testar a resistência à compressão ou à tração uniaxial das rochas. Os testes **triaxiais**, onde $\sigma_1 > \sigma_2 = \sigma_3$, são mais comuns; os cilindros de rocha são comprimidos na direção de seu eixo e submetidos a uma pressão confinante gerada pelo bombeamento de um fluido que envolve a amostra. Um equipamento triaxial típico pode atingir um esforço axial entre 2 MPa e 300 MPa e uma pressão confinante de até 50 MPa ou 100 MPa. A amostra e o fluido são, em geral, separados por uma membrana, para evitar que o fluido penetre na amostra e altere suas propriedades mecânicas. Em rochas porosas ou sedimentos, é possível controlar a pressão nos poros (p. ex., até 50 MPa). O equipamento do tipo **anel de cisalhamento** é usado para avaliar o efeito de uma grande deformação de cisalhamento sob compressão vertical de até aproximadamente 25 MPa.

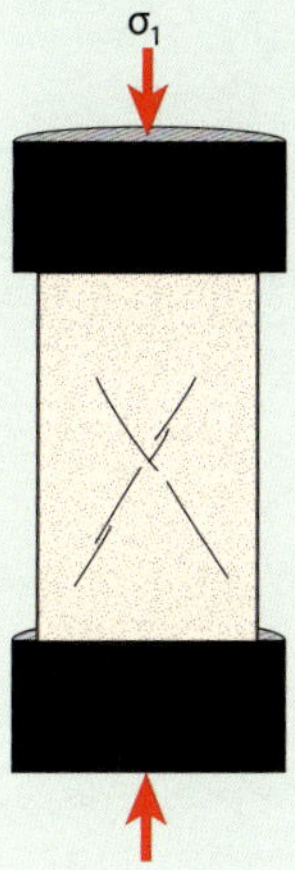

Aparato de deformação uniaxial usado para determinar a resistência uniaxial de rochas. Os experimentos mostram que, em geral, as rochas de granulação fina são mais resistentes que as de granulação grossa, e que a presença de filossilicatos diminui a resistência

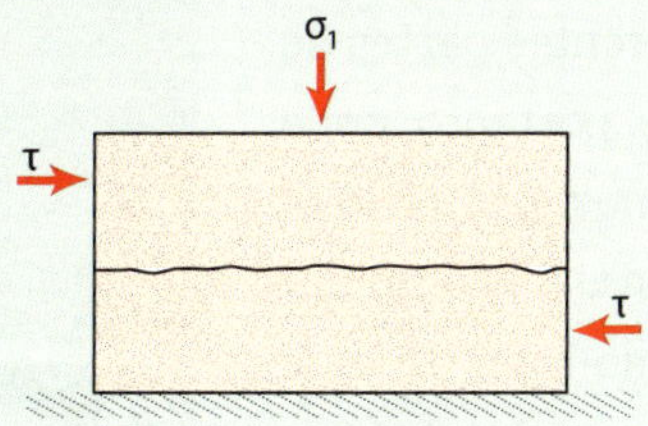

Aparato tipo caixa de cisalhamento, onde se analisa a resistência ao cisalhamento. Quanto maior for o esforço normal, maior será o esforço de cisalhamento necessário para ativar uma fratura. A rugosidade da fratura também é um fator importante

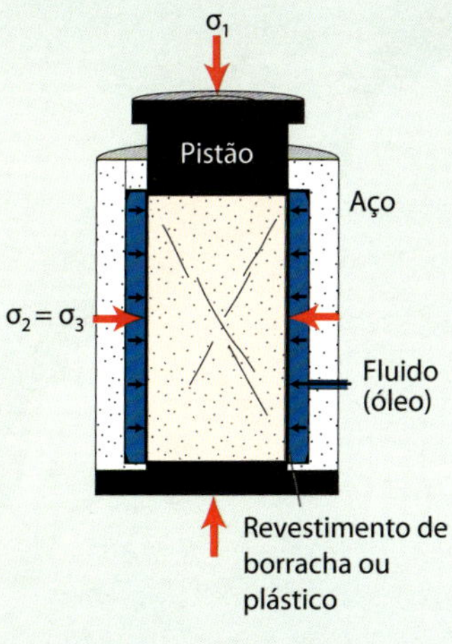

Aparato triaxial. A pressão de óleo é produzida por bombeamento em uma câmara em torno da amostra, o que aumenta a pressão confinante

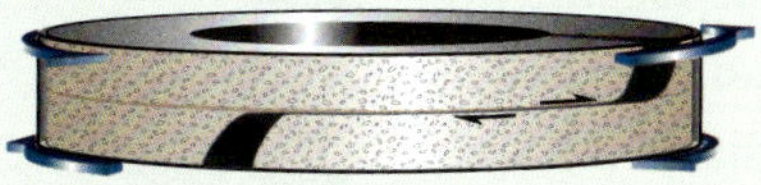

Aparato tipo anel de cisalhamento, onde pode ser imposta uma quantidade infinita de deformação por cisalhamento sobre a amostra. Podem ser estudados sedimentos inconsolidados e processos como espalhamento de argilas e catáclase

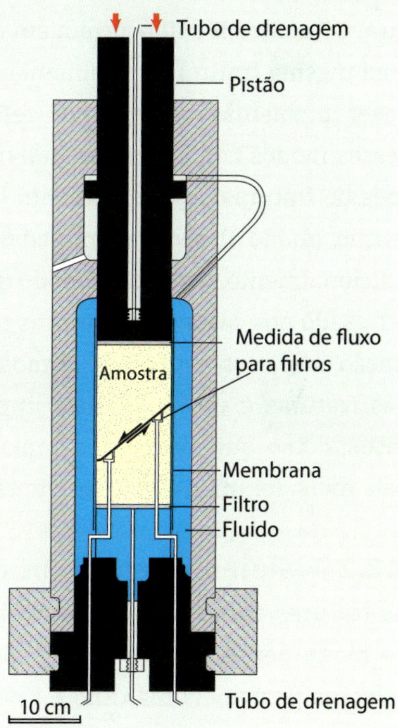

Aparato triaxial onde um fluido (óleo ou água) pode ser bombeado com o objetivo de influenciar o comportamento de uma fratura preexistente

petróleo. As estruturas que se formam perpendicularmente às estruturas de contração ou encurtamento são conhecidas como ***anticracks*** na literatura de Engenharia em língua inglesa.

Os experimentos de Mecânica das Rochas, desenvolvidos sob esforços diferenciais e pressões confinantes variadas, são um modo adequado de estudar diversos aspectos da formação de fraturas (Fig. 7.7), e vamos nos referir à deformação experimental de rochas em várias passagens deste capítulo (ver Boxe 7.1). De modo similar, a modelagem numérica contribui significativamente para o conhecimento do crescimento das fraturas, particularmente no campo conhecido como **mecânica linear de fraturas elásticas**. No campo da mecânica de fraturas é comum a classificação das fraturas em três diferentes modos (Fig. 7.6). O **modo I** é o modo de abertura (extensional), onde o deslocamento é perpendicular às paredes da fratura. O **modo II** (modo de deslizamento) representa o deslizamento (cisalhamento) perpendicular à borda, e o **modo III** (modo de rasgamento ou *tearing mode*) refere-se ao deslizamento paralelo à borda da fratura. Os modos II e III ocorrem em diferentes partes de uma mesma fratura de cisalhamento e, portanto, pode haver problemas quando nos referimos às fraturas desses modos como fraturas individuais. As combinações de fraturas de cisalhamento (modo II ou III) e de tensão (modo I) são denominadas **fraturas híbridas**. Adicionalmente, o **modo IV** (modo de fechamento) pode ser usado nos casos de estruturas tipo fraturas de contração, como os estilolitos. O modo de deslocamento nas fraturas é um parâmetro importante em alguns casos, como quando, por exemplo, o fluxo de fluidos pela rocha for um aspecto relevante.

7.2.2 Fraturas extensionais e tracionais

As fraturas extensionais desenvolvem-se idealmente de modo perpendicular a σ_3 e, portanto, contêm os esforços principais máximo e intermediário ($2\theta = 0°$, ver Fig. 4.7). Em relação à deformação, elas se desenvolvem de modo perpendicular à direção de estiramento

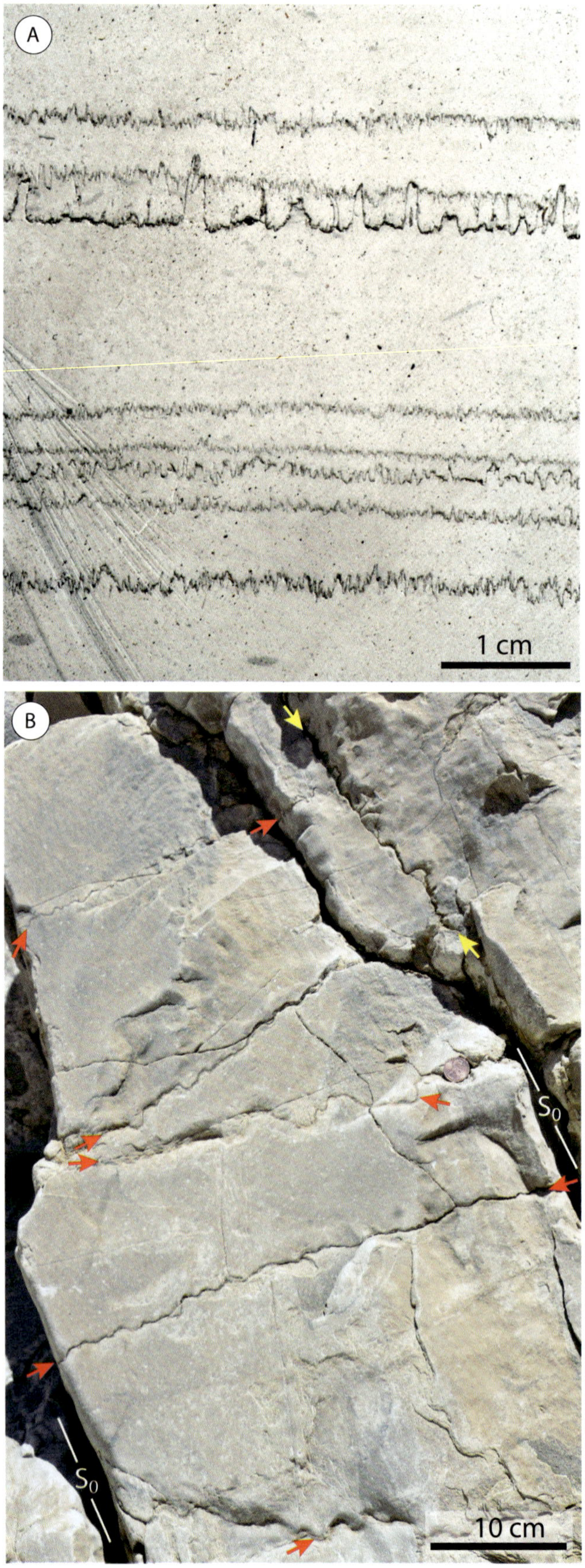

Fig. 7.5 *(A) Estilolitos em calcário em testemunho de sondagem do campo de Ekofisk, Mar do Norte, 3 km abaixo no nível do mar. Esses estilolitos são horizontais e paralelos ao acamamento, com "dentes" verticais formados pela compactação vertical durante o soterramento. (B) Estilolitos mais espaçados, em calcários jurássicos do sul de Utah, EUA. As setas amarelas indicam os estilolitos relacionados à compactação, paralelos ao acamamento (S_0 indica o acamamento). As setas vermelhas indicam estilolitos tectônicos formados durante a orogenia Laramide. As camadas foram posteriormente rotacionadas por dobramento*

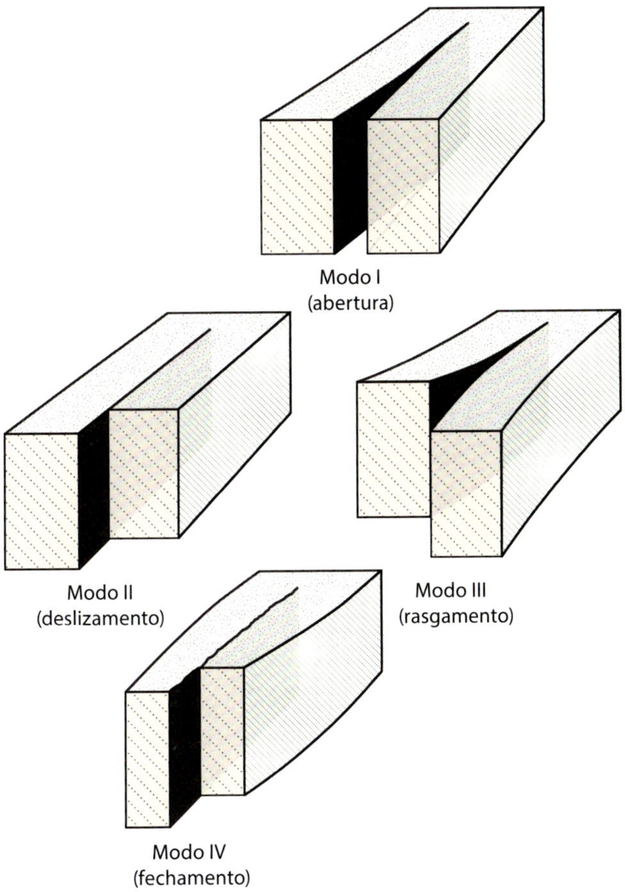

Fig. 7.6 *Fraturas de modo I, II, III e IV*

sob condições de tração (Fig. 7.7A), e de modo paralelo ao eixo de compressão durante os testes de compressão (Fig. 7.7B). Devido à pequena deformação associada à maioria das fraturas extensionais, os eixos de esforços e de deformação são relativamente coincidentes.

As juntas são o tipo mais comum de fratura extensional na ou próximo à superfície da Terra, e caracterizam-se por pequenas magnitudes de deformação. As fissuras são fraturas extensionais mais abertas que as juntas, características de profundidades de até poucas centenas de metros na crosta sólida e que podem estender-se por vários quilômetros (Fig. 7.8).

As fraturas extensionais são típicas de deformação formadas em baixa pressão confinante, e formam-se sob pequeno esforço diferencial. Se as fraturas extensionais se formam em condições em que pelo menos um dos eixos de esforços é extensional, então essas estruturas são verdadeiras **fraturas tensionais** (*tensile fractures*). Tais condições são, em geral, encontradas próximo à superfície, onde valores negativos de σ_3 são mais comuns. Elas também podem ocorrer em regiões mais profundas, na litosfera, nos casos onde a alta pressão de fluidos reduz o esforço efetivo (seção 7.6). Juntas e veios são discutidos em maior detalhe no Cap. 8.

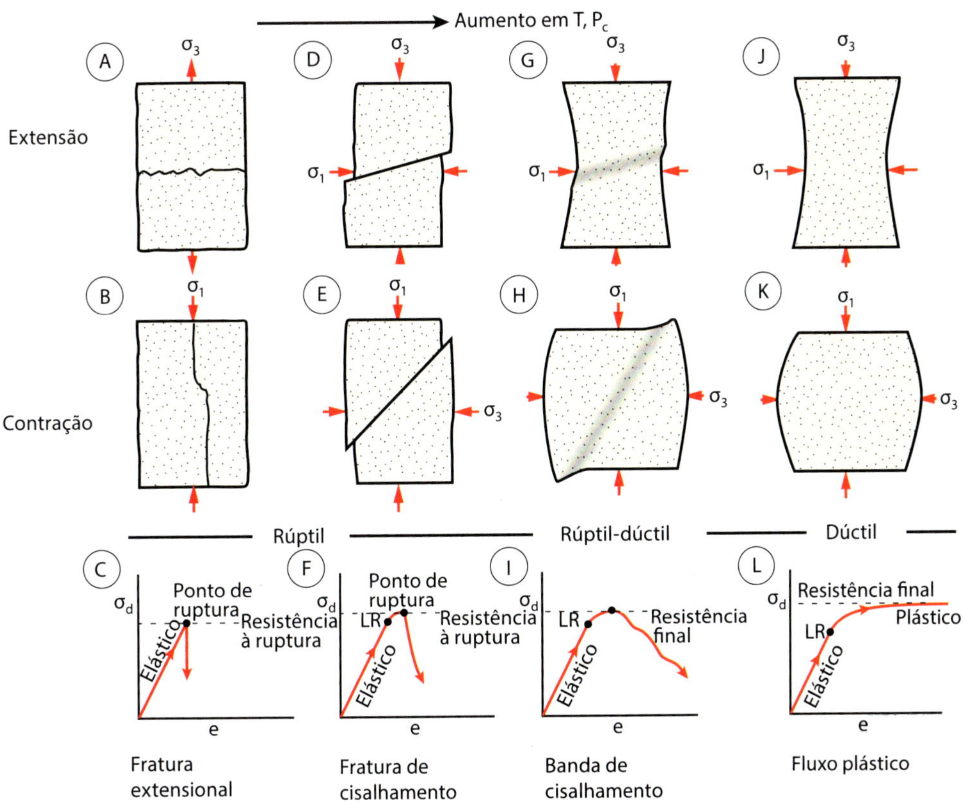

Fig. 7.7 *Estruturas de deformação experimental desenvolvidas sob tração e contração. A deformação inicial elástica é vista em todas as situações, e a ductilidade aumenta com a temperatura (T) e a pressão confinante (P_c). LR = limite de resistência*

7.2.3 Fraturas de cisalhamento

As fraturas de cisalhamento apresentam deslizamento paralelo ao plano de fratura e desenvolvem-se tipicamente em um ângulo de 20° a 30° em relação a σ_1, como demonstrado em experimentos sob pressão confinante (Fig. 7.7D,E) (ver Boxe 7.2). Esses experimentos mostram que as fraturas tendem a formar-se em pares conjugados, cuja bissetriz é σ_1. As fraturas de cisalhamento desenvolvem-se em condições de temperatura e pressão correspondentes à parte superior da crosta. Elas também podem se formar próximo à transição rúptil-dúctil, onde tendem a crescer formando faixas mais largas ou zonas de fluxo cataclástico. Tais fraturas de cisalhamento resultam em padrões de deformação que, em geral, são típicos da deformação plástica (Fig. 7.7G,H).

ENQUANTO AS FRATURAS EXTENSIONAIS SE ABREM DE MODO PERPENDICULAR A σ_3, AS FRATURAS DE CISALHAMENTO SÃO OBLÍQUAS A σ_3 EM UM ÂNGULO QUE DEPENDE PRINCIPALMENTE DAS PROPRIEDADES DA ROCHA E DO ESTADO DE ESFORÇOS.

Como mencionado no Cap. 6 e mostrado na Fig. 7.9, as deformações rúptil e plástica apresentam diferentes curvas de esforço-deformação (linhas azul *versus* vermelha na Fig. 7.9): quanto mais dúctil for a deformação, maior será a quantidade de deformação plástica acumulada antes do início do fraturamento. Também é interessante notar a relação entre a pressão confinante (profundidade) e o regime de deformação (contracional ou extensional) mostrada na Fig. 7.10. Os dados experimentais indicam que a transição rúptil-plástica ocorre em pressões mais elevadas em condições extensionais, em comparação com as condições contracionais. A temperatura (Fig. 7.10) e a taxa de deformação também são fatores importantes, como foi discutido nos capítulos anteriores.

7.3 Critérios de ruptura e fratura

Vimos, no Cap. 6, que a resposta de uma rocha aos esforços depende da magnitude dos esforços ou da quantidade de deformação acumulada, além de fatores como anisotropia, temperatura, taxa de deformação, fluidos dos poros e pressão confinante. No regime rúptil, uma rocha acumula deformação elástica antes de se romper (fraturar) em um dado nível crítico de esforço. Na transição rúptil-dúctil, há a tendência de ocorrer uma fase intermitente de deformação plástica antes do fraturamento rúptil; a ruptura não se propaga necessariamente através de toda a rocha como uma fratura instantânea, mas, ao invés disso, forma-se uma zona de cisalhamento dominada por fluxo cataclástico. Essa situação contrasta com o regime plástico (Fig. 7.7J-L), em que a deformação é mais amplamente distribuída e dominada pelos mecanismos de deformação plástica.

Enquanto, no Cap. 6, enfocamos principalmente a deformação elástico-plástica, abordaremos aqui a deformação rúptil. As questões centrais são *quando* e *como* uma rocha se fratura. Vamos, inicialmente, analisar a primeira questão. Para uma dada rocha sob temperatura constante e pressão confinante positiva e constante, o fraturamento depende do esforço diferencial ($\sigma_1 - \sigma_3$) e do esforço médio ($(\sigma_1 + \sigma_3)/2$). Se não há esforço diferencial, o estado de esforços é litostático, e não há forças maiores agindo em nenhuma direção em particular. A única exceção é o potencial de colapso da porosidade em rochas muito porosas, mas para a formação de fraturas nítidas é necessária, em geral, a presença de esforços diferenciais.

O INÍCIO DO FRATURAMENTO REQUER A EXISTÊNCIA DE UM ESFORÇO DIFERENCIAL QUE EXCEDA A RESISTÊNCIA DA ROCHA.

A resistência da rocha depende da pressão confinante, ou seja, da profundidade de soterramento. Na porção superior e rúptil da crosta, a resistência é menor perto da superfície e aumenta conforme a profundidade. Isso pode ser facilmente demonstrado em experimentos como o mostrado na Fig. 7.9, em que tanto a pressão confinante como o esforço direcional axial são variados. Com base nessa figura, podemos constatar que:

O AUMENTO DA PRESSÃO CONFINANTE EXIGE UM AUMENTO DO ESFORÇO DIFERENCIAL PARA QUE OCORRA O FRATURAMENTO DE UMA ROCHA.

Fig. 7.8 *Fissuras em Thingvellir, Islândia, formadas ao longo do eixo do rifte entre as placas da Eurásia e da Laurentia. As fissuras são fraturas extensionais abertas em basalto, e o deslocamento vertical (lado direito inferior) indica uma conexão com falhas subjacentes*

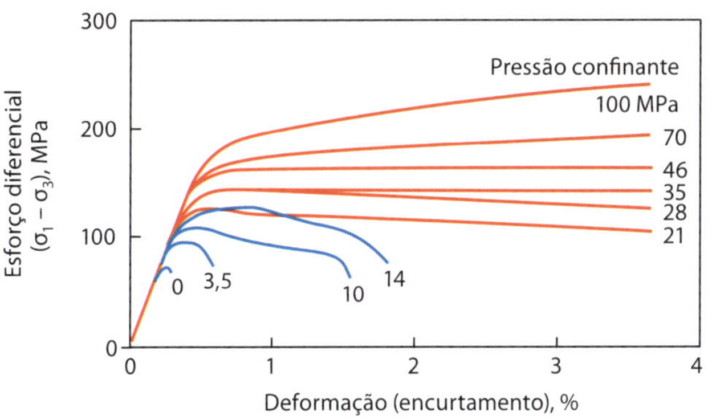

Fig. 7.9 *Curva de esforço-deformação da compressão triaxial de um mármore, em uma faixa limitada de valores de pressão confinante. A elevação da pressão confinante aumenta o esforço diferencial que uma rocha pode suportar antes de romper-se (curvas em azul). Acima de uma dada pressão confinante crítica, a rocha retém sua resistência e deforma-se plasticamente (curvas em vermelho)*

Fonte: Paterson (1958).

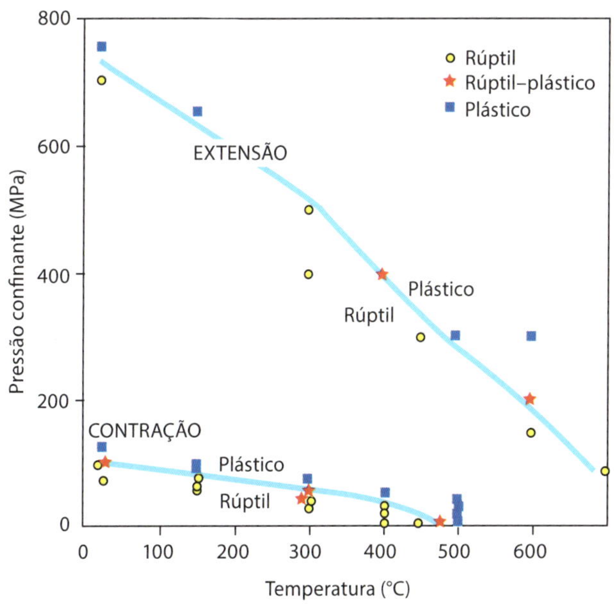

Fig. 7.10 *Variação da transição rúptil-dúctil em função da pressão confinante e da temperatura no calcário de Solenhofen*

Fonte: Heard (1960).

Boxe 7.2 Por que as fraturas de cisalhamento não se formam em ângulo de 45° em relação ao maior esforço principal?

Tanto Navier como Coulomb demonstraram que as fraturas de cisalhamento não se formam simplesmente ao longo das superfícies teóricas de máximo esforço de cisalhamento. O máximo esforço de cisalhamento possível em um plano é orientado a 45° em relação ao maior esforço principal (θ = 45°). Esse fato é extraído diretamente do diagrama de Mohr, no qual o valor do esforço de cisalhamento está em seu valor máximo quando 2θ= 90°. Entretanto, nessa situação o esforço normal σ_n através do plano é bastante grande. Tanto σ_s como σ_n diminuem enquanto θ aumenta, mas σ_n diminui mais rapidamente que σ_s. O equilíbrio ótimo entre σ_s e σ_n depende do ângulo de fricção interna Φ e, de acordo com o critério de Coulomb, ele é de aproximadamente 60° para a maioria dos tipos de rochas. Nesse ângulo (θ = 60°), σ_s ainda tem um valor grande, enquanto σ_n é consideravelmente menor. O ângulo depende também da pressão confinante (profundidade de deformação), da temperatura e dos fluidos nos poros. Os dados experimentais indicam que há uma dispersão de valores para um mesmo tipo de rocha e sob as mesmas condições.

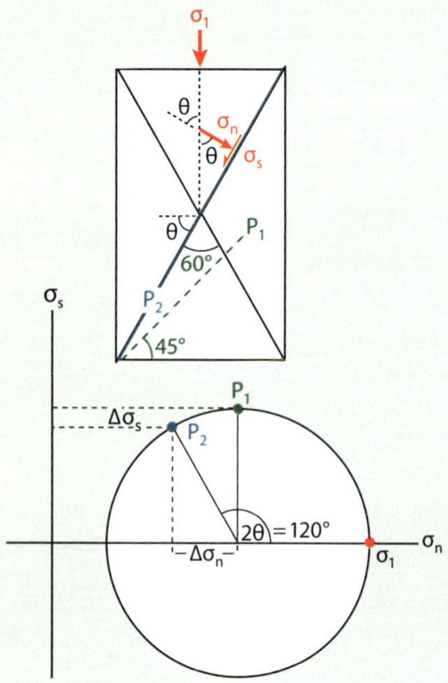

P_1 é o plano de máximo esforço resultante (2θ = 90°) e está a 45° em relação a σ_1. O plano P_2 está orientado a 30° em relação a σ_1 e apresenta esforço de cisalhamento ligeiramente menor (a diferença é $\Delta\sigma_s$), mas um esforço normal significativamente menor (indicado por $\Delta\sigma_n$). Portanto, é mais provável que uma fratura se forme ao longo de P_2 que ao longo de P_1

Na próxima seção, veremos como essa conexão entre pressão confinante (profundidade de soterramento) e esforço diferencial pode ser descrita por meio de uma relação simples entre esforço crítico normal e de cisalhamento. Essa relação é conhecida como critério de fraturamento de Coulomb para uma compressão confinada.

7.3.1 O critério de fraturamento de Coulomb

No final do século XVII, o físico francês Charles Augustin de Coulomb definiu um critério para prever o estado de esforços no qual uma dada rocha sob compressão está próxima da ruptura, ou seja, quando a rocha está sob **esforço crítico**. O critério considera o esforço crítico de cisalhamento (σ_s ou τ) e o esforço normal (σ_n) agindo em uma potencial fratura no momento da ruptura, em que ambos se relacionam entre si pela *tg* Φ, que é constante, sendo que Φ é o ângulo de fricção interna:

$$\sigma_s = \sigma_n \operatorname{tg} \phi \tag{7.1}$$

Segundo o critério de fraturamento de Coulomb, o esforço de cisalhamento necessário para o início de uma fratura de cisalhamento também depende do esforço normal através do plano de cisalhamento em potencial: quanto maior for o esforço normal, maior será o esforço de cisalhamento necessário para produzir uma fratura de cisalhamento. A *tg* Φ é comumente denominada **coeficiente de atrito interno** ou μ. Para a areia inconsolidada, esse coeficiente refere-se ao atrito entre os grãos de areia no ângulo crítico de inclinação da areia (ângulo de repouso: cerca de 30°), mas para rochas consolidadas o coeficiente é uma constante que varia entre 0,47 e 0,7. Em geral, o valor usado em cálculos genéricos é μ= 0,6.

UM CRITÉRIO DE FRATURAMENTO DESCREVE A CONDIÇÃO CRÍTICA NA QUAL UMA ROCHA SE FRATURA.

Três séculos depois de Coulomb, o engenheiro alemão Otto Mohr propôs seu conhecido diagrama circular (seção 4.7) no espaço σ_s–σ_n (espaço de Mohr). O critério de Coulomb pode ser convenientemente descrito por uma linha reta no espaço de Mohr, com μ representando sua inclinação e Φ, o ângulo de inclinação (note que há uma segunda linha representando a fratura conjugada de cisalhamento, na qual a magnitude do esforço de cisalhamento é idêntica, mas de sinal oposto).

Coulomb percebeu que uma fratura se forma apenas quando a resistência interna ou a coesão C da rocha for excedida. O critério completo de fraturamento de Coulomb (também chamado de critério de Navier-Coulomb, Mohr-Coulomb ou Coulomb-Mohr) é, portanto:

$$\sigma_s = C + \sigma_n \operatorname{tg} \phi = C + \sigma_n \mu \tag{7.2}$$

A constante C representa o esforço crítico de cisalhamento ao longo da superfície, onde σ_n = 0 (Fig. 7.11), e é também conhecida como **resistência coesiva**; sua contrapartida é a **resistência crítica à tração** T da rocha.

O diagrama de Mohr oferece um modo conveniente de interpretar o significado dessas constantes (Fig. 7.11). A Eq. 7.2 é uma equação geral da reta, onde C representa a intersecção com o eixo vertical (σ_s) e T, a intersecção com o eixo horizontal (σ_n). No ponto C, é evidente que σ_n = 0, ao passo que no ponto T, σ_s = 0. Por exemplo, a areia inconsolidada não tem resistência a esforços compressionais ou extensionais, o que significa que C = T = 0 e, portanto, seu critério de fraturamento de Coulomb se reduz à Eq. 7.1. Quanto mais litificado for um sedimento arenoso, maior será o valor de C. Entretanto, a litificação irá alterar não apenas o valor de C, mas também o de Φ e o de T. Os valores de C, T e Φ variam de um tipo de rocha para outro. Nas areias (arenitos), todos os valores aumentam com a elevação do grau de litificação.

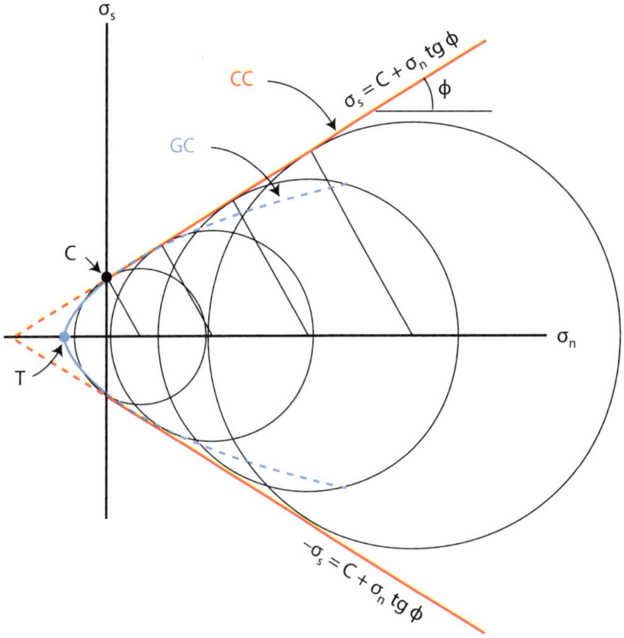

Fig. 7.11 *O critério de fraturamento de Coulomb define duas linhas retas (em vermelho) no diagrama de Mohr. Os círculos representam exemplos de estados críticos de esforço. A linha azul representa o critério de Griffith, a título de comparação. A combinação dos dois critérios é usada em alguns casos (CG no regime extensional e CC no regime compressional). CC, critério de Coulomb; CG, critério de Griffith; C, resistência coesiva; e T, resistência à tração da rocha*

Para sabermos se uma dada rocha segue o critério de fraturamento de Coulomb e para, se esse for o caso, determinarmos os seus valores de C, T e Φ, testes em laboratório são feitos. Em geral, utiliza-se um aparato de deformação em que a pressão confinante e a carga coaxial podem ser ajustadas. O estado dos esforços no momento da ruptura é registrado e lançado em um diagrama de Mohr. Isso pode ser feito para diversos estados críticos de esforços (Figs. 7.11 e 7.12); nos materiais denominados **materiais de Coulomb**, a linha que tangencia o círculo de Mohr representa o critério de fraturamento de Coulomb (Eq. 7.2). Ela é chamada de **envoltória de ruptura de Coulomb** de uma dada rocha.

Idealmente, o ponto no qual um círculo de Mohr toca a envoltória de ruptura representa a orientação do plano de ruptura (lembre-se do ângulo 2θ no diagrama de Mohr), assim como o esforço de cisalhamento e o esforço normal no plano no momento da ruptura. Qualquer círculo de Mohr que não toque a envoltória representa um estado estável de esforços (sem a possibilidade de fraturamento; Fig. 7.13A). A envoltória de ruptura de Coulomb é sempre positiva no fraturamento rúptil. Isso significa que quanto maior for o esforço médio (ou a pressão confinante), maior será o esforço diferencial necessário para causar o fraturamento. Em outras palavras:

QUANTO MAIOR FOR SUA PROFUNDIDADE NA CROSTA RÚPTIL, MAIS RESISTENTE UMA ROCHA SE TORNA E MAIOR SERÁ O ESFORÇO DIFERENCIAL NECESSÁRIO PARA FRATURÁ-LA.

Note também que o efeito do esforço principal intermediário (σ_2) é ignorado, e que o plano de fratura sempre contém σ_2, em concordância com a teoria dos falhamentos de Anderson (Fig. 5.13).

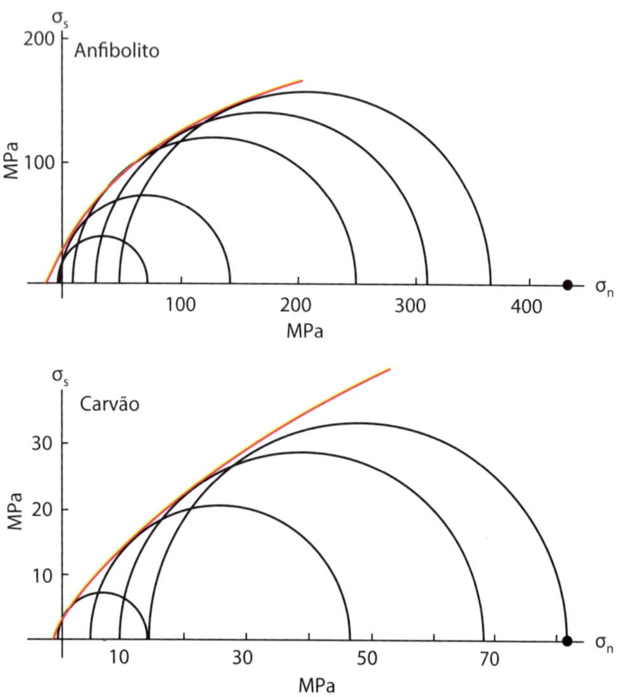

Fig. 7.12 *Envoltórias de Mohr para anfibolito e carvão mineral, baseadas em ensaios triaxiais. Quando a pressão confinante é aumentada, a resistência da rocha aumenta e um novo círculo pode ser traçado no diagrama. Note que a envoltória diverge da tendência linear definida pelo critério de Coulomb*
Fonte: Myrvang (2001).

A orientação da fratura pode ser expressa em função do ângulo de fricção interna (ϕ) e da orientação da fratura (θ):

$$2\theta = 90° + \phi \tag{7.3}$$

ou

$$\theta = 45° + \phi/2 \tag{7.4}$$

$\phi \approx 30°$ ($\mu \approx 0{,}6$) para a maioria das rochas, o que significa que o ângulo entre σ_1 e a fratura, que corresponde a 90° – θ(ver a Fig. 4.1), é de aproximadamente 30°. Portanto, os planos das falhas andersonianas normais e inversas têm mergulhos próximos a 60° e 30°, respectivamente (Fig. 7.14).

7.3.2 A envoltória de ruptura de Mohr

A **envoltória de ruptura de Mohr** é a curva no diagrama de Mohr que descreve os estados críticos de esforço em uma faixa de esforços diferenciais, não levando em conta se os materiais seguem ou não o critério de Coulomb. A envoltória, mostrada em vermelho na Fig. 7.15, separa o campo estável, onde a rocha não se fratura, do campo instável, que, em princípio, não chega a ser atingido, pois o fraturamento da rocha impede que tais estados de esforços existam.

Cada tipo de rocha tem sua própria envoltória de ruptura, determinada por meio do fraturamento experimental de amostras sob diferentes condições de pressão confinante e de esforço diferencial. Em alguns casos, o critério de fraturamento de Coulomb é uma aproximação razoavelmente boa dentro de um dado intervalo de esforços, mas em outros casos a envoltória é claramente não linear (Fig. 7.15). É comum uma situação onde a envoltória se torna achatada ao se aproximar do regime dúctil. De fato, o regime dúctil pode ser aproximado por um critério constante de esforço de cisalhamento (envoltória horizontal), que é conhecido como **critério de von Mises** (σ = constante; Fig. 7.16). Uma consequência da forma não linear da envoltória é que o ângulo θ entre σ_1 e o plano de ruptura diminui com o aumento do valor de σ_3.

7.3.3 O regime extensional

O critério de Coulomb indica o estado crítico de esforços necessário para a formação de uma fratura de cisalha-

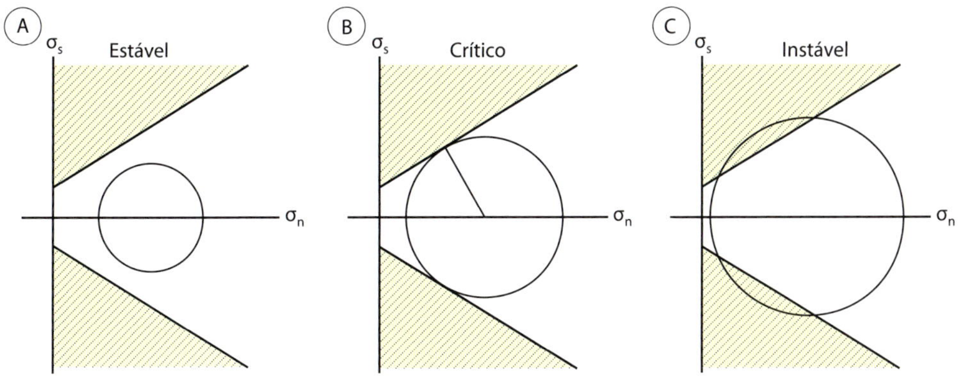

Fig. 7.13 *(A) Estado estável de esforço. (B) Situação crítica, na qual o círculo toca a envoltória. Nessa situação, a rocha está no limiar da ruptura, ou seja, sob um esforço crítico. (C) Situação instável, na qual o estado de esforços é superior ao necessário para a ruptura*

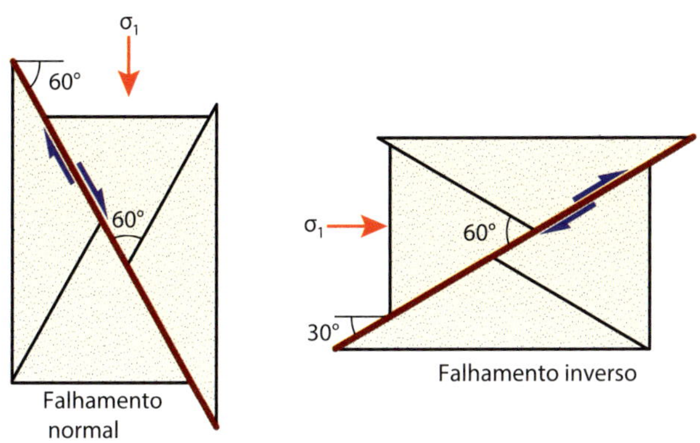

Fig. 7.14 *O ângulo entre o esforço principal máximo e o plano de cisalhamento situa-se, em geral, próximo a 30°. Devido a isso, as falhas normais têm mergulho com ângulo mais elevado (60°) que as falhas inversas (30°)*

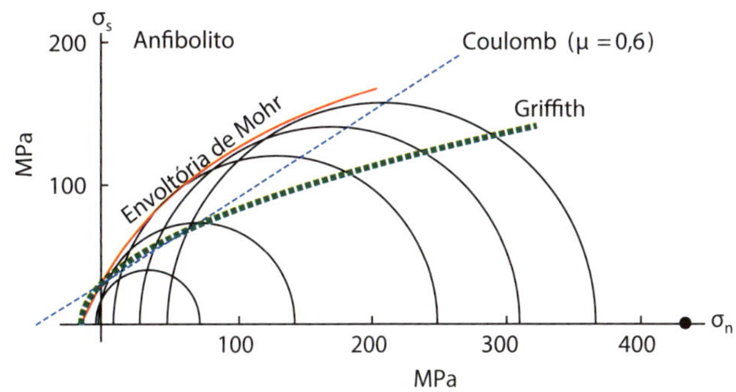

Fig. 7.15 *Critérios de fraturamento de Griffith e Coulomb, sobrepostos aos dados experimentais apresentados na Fig. 7.12A. Os critérios posicionam-se de modo a interceptar o eixo vertical juntamente com o círculo de Mohr (em C). Nenhum dos dois critérios se ajusta perfeitamente aos dados. O critério de Griffith é mais adequado em um esforço extensional (à esquerda da origem), mas mostra uma inclinação muito baixa em todo o regime compressional. O critério de Coulomb aproxima-se da envoltória em altas pressões confinantes (lado direito do diagrama)*

mento. Entretanto, os dados experimentais mostram que ele não prevê com sucesso as fraturas extensionais. Além disso, essas fraturas dependem do ângulo de fricção interna, que é fisicamente sem sentido no esforço extensional, o que indica que o critério de Coulomb não é apropriado para o regime extensional (à esquerda da origem do diagrama de Mohr). Os experimentos sugerem que a envoltória de Mohr no regime extensional possui a forma de uma parábola. Portanto, para que toda a faixa de estados de esforços na crosta seja coberta, é necessário combinar diferentes critérios de fraturamento, tais como o critério parabólico de fratura no campo extensional, o critério de Coulomb no fraturamento rúptil em regime compressivo e o critério de von Mises no regime plástico (Fig. 7.16).

O ponto em que a envoltória de Mohr intersecta o eixo horizontal do diagrama de Mohr representa o esforço crítico no qual as fraturas extensionais começam a propagar-se; trata-se do **esforço crítico de tração** T. Os dados experimentais indicam que o valor de T é menor que o da resistência coesiva C, e que ele varia de uma rocha para outra. Por que T varia tanto? Griffith sugere que isso se deve à forma, ao tamanho e à distribuição dos defeitos microscópicos da amostra em deformação.

7.3.4 Teoria da fratura de Griffith

Por volta de 1920, o engenheiro aeronáutico inglês Alan Arnold Griffith aplicou seus estudos sobre fraturas a uma escala atômica (Griffith, 1924). Ele observou que há uma grande diferença entre os materiais perfeitamente isotrópicos e a resistência real de rochas naturais determinada em laboratório. Griffith baseou

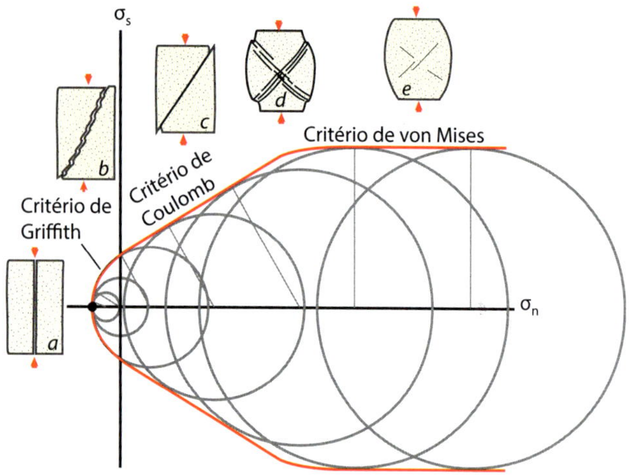

Fig. 7.16 *Três critérios diferentes de fraturamento combinados no espaço de Mohr. Os três diferentes estilos de fratura estão relacionados à pressão confinante: (a) fratura extensional, (b) fratura híbrida ou de modo misto, (c) fratura de cisalhamento, (d) faixas de cisalhamento semidúctil, (e) deformação plástica*

seu estudo teórico sobre a resistência ao fraturamento rúptil extensional na energia necessária para romper as ligações atômicas. A resistência extensional uniaxial de uma rocha sem defeitos é estimada em cerca de 1/10 de seu módulo de Young. Para uma rocha de alta resistência, E pode atingir cerca de 100 GPa (Tab. 6.1), o que corresponde a uma resistência extensional de aproximadamente 10 GPa (10.000 MPa). Os experimentos indicam que a resistência extensional é próxima de 10 MPa. Por que há essa enorme discrepância entre a teoria e a prática?

Segundo Griffith, as rochas e os minerais estão longe da perfeição. As rochas contêm abundantes defeitos microscópicos e microfraturas, cavidades vazias, poros e limites de grãos, características consideradas microscópicas nesse contexto. Para simplificar, Griffith modelou esses defeitos como microfraturas fortemente elípticas, que são, atualmente, denominadas **(micro)fraturas de Griffith**. Ele também considerou a concentração de esforços associada a essas microfraturas e a energia necessária para que elas cresçam e se conectem. Desse modo, Griffith obteve estimativas mais realistas (ainda que não perfeitas) da resistência extensional.

AS FRATURAS MICROSCÓPICAS, OS POROS E OUTROS DEFEITOS ENFRAQUECEM AS ROCHAS.

Ao contrário de Coulomb, Griffith encontrou uma relação não linear entre os esforços principais em uma rocha submetida a um esforço crítico (próxima à ruptura). Essa relação, denominada **critério de fraturamento de Griffith**, é dada pela equação:

$$\sigma_s^2 + 4T\sigma_n - 4T^2 = 0 \qquad (7.5)$$

Essa equação define uma parábola no diagrama de Mohr, no qual a resistência à tração T é a intersecção com o eixo horizontal. A intersecção entre a parábola de Griffith e o eixo vertical é encontrada ao considerarmos $\sigma_n = 0$ na Eq. 7.5, o que resulta em $\sigma_s = 2T$. Esse valor corresponde a C no critério de Mohr. Ou seja, a **resistência coesiva** de uma rocha é duas vezes maior que a sua resistência à tração ($C = 2T$), o que é uma boa aproximação em relação aos dados experimentais. Podemos aproveitar essa nova informação e reformular o critério de fraturamento de Coulomb da seguinte forma:

$$\sigma_s = 2T + \sigma_n\mu \qquad (7.6)$$

Essa formulação permite uma combinação simples do critério de Coulomb para o regime compressional com o de Griffith para o regime extensional.

Uma contribuição importante de Griffith foi a percepção de que a resistência rúptil da rocha é controlada por microfraturas intragranulares aleatoriamente orientadas e distribuídas. As microfraturas com orientações próximas ao esforço de cisalhamento máximo possivelmente irão crescer mais rapidamente que as outras e, então, conectar-se e formar fraturas que atravessarão a rocha como um todo.

Para as rochas não porosas, o critério de fraturamento de Griffith também é uma aproximação razoavelmente realista para o regime compressional. No entanto, o critério de Griffith prevê que a resistência à compressão uniaxial deve ser oito vezes maior que a resistência à tração uniaxial (Fig. 7.17); os experimentos, todavia, indicam que a **resistência à compressão** uniaxial das rochas varia entre dez e

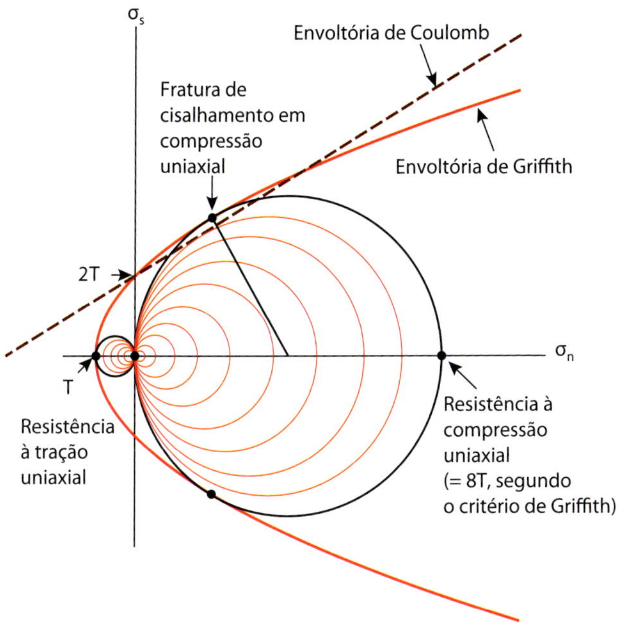

Fig. 7.17 *Ilustração do significado dos termos resistência à tração uniaxial e resistência à compressão uniaxial no diagrama de Mohr. Uniaxial significa que apenas $\sigma_1 \neq 0$, o qual é obtido em um aparato de deformação uniaxial onde a pressão confinante é igual a zero. Com a compressão gradual da amostra, a resistência à compressão uniaxial é atingida quando uma primeira fratura de cisalhamento se forma. Por sua vez, determinamos a resistência à tração uniaxial pela compressão da rocha até a formação de fraturas extensionais. Note que a resistência à compressão uniaxial é muito maior que a resistência à tração em uma mesma rocha, nas mesmas condições*

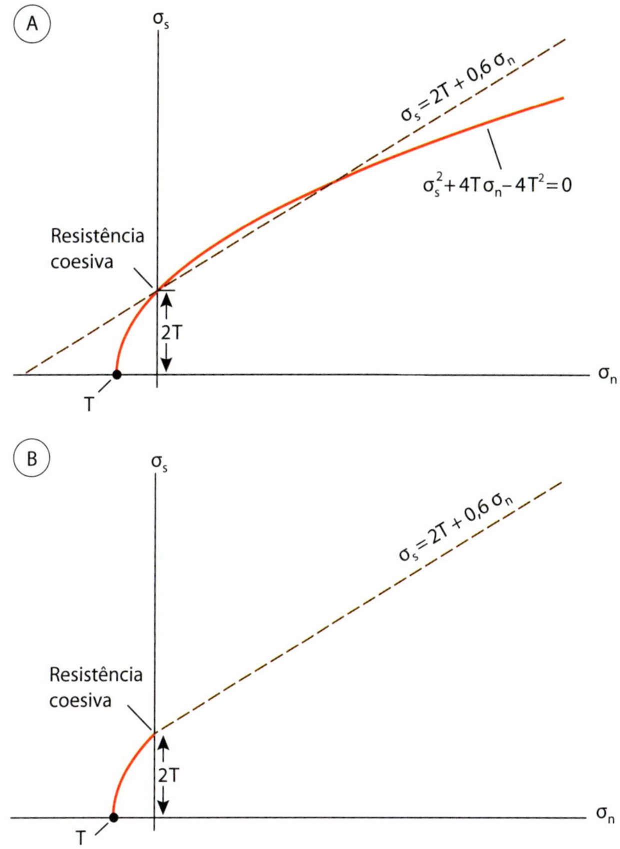

Fig. 7.18 *(A) Comparação dos critérios de fraturamento de Griffith e de Coulomb (o coeficiente de atrito interno escolhido foi 0,6). (B) Critério combinado Griffith-Coulomb*

50 vezes o valor da resistência à tração uniaxial. Essa discrepância resultou em vários critérios de fraturamento alternativos. Entretanto, para meios porosos como areia e arenito, o critério de Coulomb é bastante realista e pode ser combinado com sucesso com o critério de Griffith (Fig. 7.18).

7.4 Microdefeitos e ruptura

Griffith considerou que as fraturas extensionais desenvolvem-se a partir de microdefeitos planos ou microfraturas. No modelo de Griffith, uma fratura desenvolve-se por meio de um processo no qual as microfraturas orientadas de modo favorável em relação ao campo de esforços externos crescem e se conectam para formar uma macrofratura através da rocha. Como ilustrado na Fig. 7.19, tanto as fraturas extensionais como as de cisalhamento (falhas) podem formar-se dessa maneira.

Os dados indicam que as microfraturas ocorrem em frequência anomalamente alta nas proximidades de fraturas macroscópicas. Essa informação sugere que microfraturas se formam em uma **zona de processo** em frente à propagação da macrofratura. Nessa zona, os microdefeitos se expandem e se conectam, permitindo a formação de uma macrofratura. A zona de processo é, de certa forma, similar à parte frontal da zona de dano que envolve uma falha macroscópica, como discutido na seção 9.5. Muitos aspectos interessantes ocorrem na zona de processo, tal como o efeito do aumento do volume da rocha em função do crescimento de microfraturas, que pode diminuir a pressão local dos poros e, temporariamente, tornar a rocha mais resistente. Porém, o aspecto mais importante

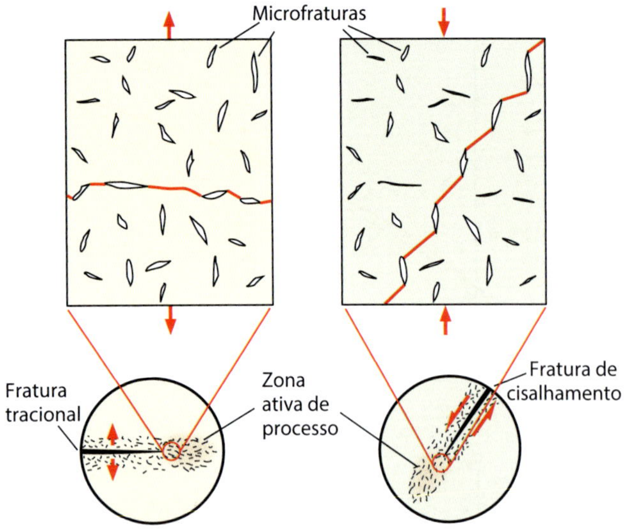

Fig. 7.19 *Ilustração simplificada do crescimento e propagação de fraturas extensionais (à esquerda) e de cisalhamento (à direita) pela propagação e conexão de microfraturas extensionais (defeitos). A propagação ocorre em uma zona de processo em frente à extremidade da fratura. As figuras dentro dos círculos são visualizações em escala centimétrica, enquanto as figuras nos retângulos ilustram a estrutura em microescala*

das microfraturas é a concentração de esforços em suas extremidades. Isso explica por que elas se desenvolvem formando fraturas macroscópicas.

O critério de fraturamento de Griffith baseia-se no fato de que os esforços se concentram no limite de microfraturas abertas, em um meio que não possua outros tipos de poros. Essa noção é intuitiva, pois o esforço que poderia ter sido transferido através da microfratura deve "encontrar seu caminho" em torno das extremidades dela. Se a microfratura for o espaço circular de um poro, então a concentração de esforços em seu limite (em torno de um círculo) irá corresponder a três vezes o esforço remoto, como ilustrado nas Figs. 7.20 e 7.21.

A concentração de esforços aumenta se o poro for elíptico e seu valor máximo será na linha limite da elipse. Para uma microfratura de forma elíptica com razão de 1:3, o **esforço local** na sua extremidade será sete vezes maior que o esforço remoto. O **esforço remoto**, também denominado **esforço de campo remoto**, designa o esforço existente em uma posição distante da anomalia local, ou seja, o estado de esforços que existiria na ausência da anomalia. Se a elipticidade for igual a 1:100, que é um valor mais realista nas microfraturas de Griffith, o esforço local na extremidade das microfraturas será 200 vezes maior que o esforço remoto. Essa concentração pode ser suficiente para romper as ligações atômicas locais e provocar o crescimento das microfraturas. Além disso, assim que estas começam a crescer, há um aumento de sua razão comprimento-largura, o que aumenta ainda mais a concentração de esforços em suas extremidades, promovendo a propagação da fratura.

O ESFORÇO CONCENTRA-SE NA EXTREMIDADE DE MICROFRATURAS ABERTAS EM UMA ROCHA, E A CONCENTRAÇÃO AUMENTA COM A DIMINUIÇÃO DA RAZÃO ESPESSURA/COMPRIMENTO DA MICROFRATURA.

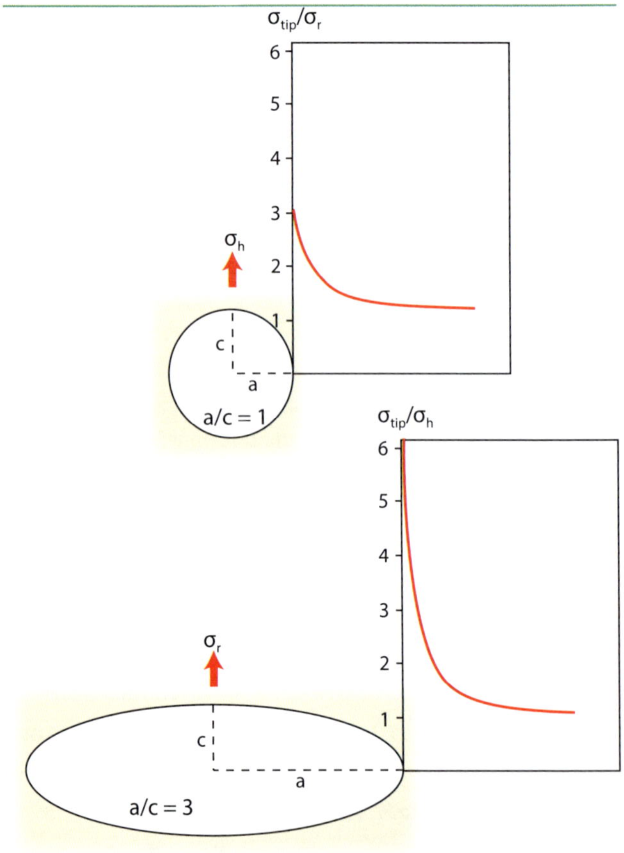

Fig. 7.20 *Concentração de esforços em torno de um poro ou microfratura com formas circular e elíptica em um meio elástico. O aumento da elipticidade a/c aumenta a concentração de esforços, conforme descrito na Eq. 7.7. O esforço de campo remoto σ_r é extensional (negativo). σ_{tip} é o esforço na circunferência do círculo e em um ponto de máxima curvatura da elipse (ponto extremo da fratura)*

Fonte: baseado em Engelder (1993).

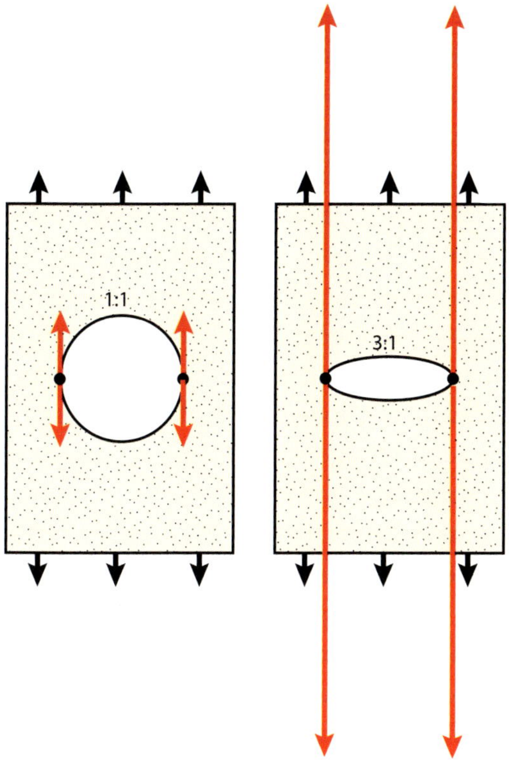

Fig. 7.21 *Ilustração da concentração local de esforços em um material com cavidades circular e elíptica. Se o material for uma folha de papel, isso significa que o papel com uma cavidade elíptica será mais facilmente rasgado. As setas em preto indicam o esforço remoto*

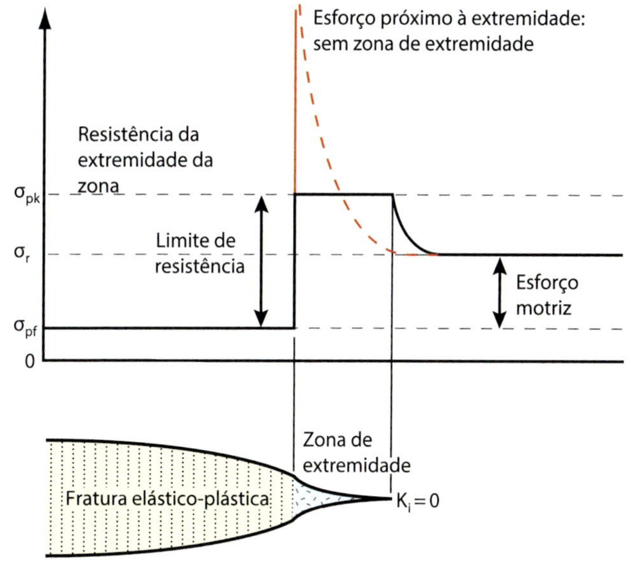

Fig. 7.22 *Distribuição dos esforços (resultantes no plano de fratura) próximo à extremidade de uma fratura elástico-plástica. O esforço amplificado pelos deslocamentos da parede da fratura (curva tracejada em vermelho) diminui com a distância a partir da extremidade da fratura até atingir σ_r, na rocha não fraturada do entorno. O comprimento s da zona de extremidade é definido por um valor constante de esforço limite (pico) σ_{pk}. O esforço motriz é a diferença entre o esforço remoto σ_r e a pressão de fluidos nos poros (ou resistência friccional residual σ_{pf}). O limite de resistência é a diferença entre σ_{pk} e o valor do contorno interno σ_i*
Fonte: Schultz e Fossen (2002).

Se modelarmos a microfratura como um poro vazio elíptico, então o esforço $-\sigma_{tip}$ na extremidade do poro pode ser expresso matematicamente pela relação:

$$-\sigma_{\text{tip}} = -\sigma_{\text{r}}\,(1 + (2a/c)) \qquad (7.7)$$

onde σ_r é o esforço remoto e a/c é a elipticidade (razão de aspecto da elipse). Para um espaço poroso circular, $a/c = 1$ e $\sigma_r > 0$. O esforço σ_t na extremidade torna-se $\sigma_{tip} = 3\sigma_r$. O modelo elíptico de microfraturas é obviamente uma aproximação. As fraturas tendem a ser mais agudas nas suas extremidades, o que causa uma concentração ainda maior dos esforços e aumenta a possibilidade de crescimento de uma microfratura (Fig. 7.22).

Essas considerações indicam que as fraturas provavelmente se iniciam a partir de microdefeitos na rocha. É por esse motivo que as engenharias Civil, Naval e Aeronáutica dão tanta importância aos microdefeitos e suas formas. Tudo depende da concentração dos esforços nas extremidades das microfraturas, que pode ser alta o suficiente para causar a sua propagação.

Os geólogos que lidam com Mecânica das Rochas usam o termo *força motriz* ou ***esforço motriz***. Para as fraturas extensionais modeladas por meio da teoria elástica linear, o esforço motriz é a diferença entre o esforço remoto resultante no plano de fratura e a pressão interna dos fluidos nos poros. Portanto, para que uma fratura extensional se propague, o esforço motriz deve ser grande o suficiente para exceder o esforço remoto resultante. De modo similar, para fraturas de cisalhamento fechadas, o esforço motriz (esforço de cisalhamento) deve exceder as forças de resistência – como a resistência friccional – para que o deslocamento possa ocorrer. O **fator de intensidade**

de esforço K_i leva em consideração tanto o esforço remoto como a forma e o comprimento da microfratura, e seu valor crítico K_{ic} é denominado **resistência ao fraturamento**. A resistência ao fraturamento pode, portanto, ser considerada como uma resistência do material contra o crescimento de uma fratura existente. Naturalmente, as rochas sedimentares têm valores de K_{ic} menores que as rochas ígneas. Não entraremos em detalhes da teoria do fraturamento elástico linear, mas discutiremos o modo como a temperatura, a trama e o tamanho da amostra podem afetar a sua resistência.

7.4.1 Efeito da trama, temperatura, geometria de esforços e tamanho da amostra sobre a resistência

Vimos que a presença de heterogeneidades em microescala, na forma de microfraturas, pode reduzir a resistência das rochas. Teoricamente, as microfraturas podem estar distribuídas na rocha de modo macroscopicamente isotrópico, ou seja, a rocha com a mesma resistência em todas as direções. Entretanto, a maioria das rochas tem uma anisotropia causada por sua trama sedimentar ou tectônica, como laminação, acamamento, foliação tectônica, lineação e trama cristalográfica (fraturas preexistentes serão tratadas separadamente a seguir), e a diferença no esforço diferencial crítico pode variar em várias centenas de unidades percentuais, dependendo de sua orientação. Uma rocha com anisotropia plana, como, por exemplo, uma clivagem ardosiana, irá se romper ao longo do plano de clivagem ou através deste, dependendo da orientação da clivagem em relação aos esforços principais. No espaço de Mohr existirão, portanto, duas envoltórias de ruptura (Fig. 7.23). A aplicação de uma delas dependerá da orientação da foliação.

Se a foliação estiver orientada de modo perpendicular ou paralelo a σ_1, não haverá esforço cisalhante resultante na foliação, e a envoltória a ser usada será a superior (azul) (Fig. 7.23A). Uma fratura de cisalhamento se forma através da foliação, em um ângulo característico de cerca de 30° com σ_1 (ou

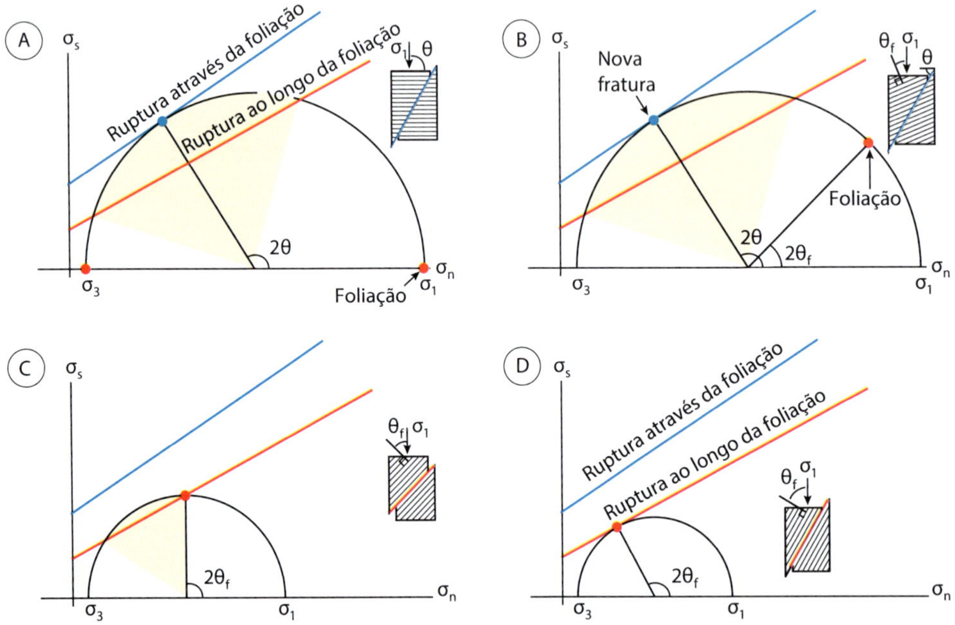

Fig. 7.23 *Representação do papel de uma foliação preexistente, em um valor constante de σ_3. (A) σ_1 agindo na direção perpendicular à foliação, caso em que o esforço diferencial se acumula até o círculo de Mohr tocar a envoltória superior, onde ocorre uma fratura através da foliação. (B) σ_1 agindo em alto ângulo com a foliação, ainda alto demais para a ruptura paralela à foliação (que continua fora do setor colorido). (C) σ_1 a 45° em relação à foliação, causando uma ruptura paralela à foliação. O setor indica a faixa de orientação da foliação em que a ruptura ao longo da foliação irá ocorrer nesse estado de esforços específico. (D) Ângulo entre σ_1 e a foliação, que permite a ruptura com o esforço diferencial mais baixo possível. Essa é a direção mais fraca de uma rocha foliada*

seja, $\theta \approx 60°$). As fraturas extensionais paralelas à foliação ao longo do plano de clivagem (divisão longitudinal) podem desenvolver-se mesmo sob baixa pressão confinante. Quando a foliação está orientada de modo mais próximo à orientação típica das fraturas de cisalhamento em rochas isotrópicas, fraturas de cisalhamento se desenvolvem ao longo da foliação em esforços diferenciais gradualmente mais baixos (Fig. 7.23B,C). A resistência e a orientação da fratura de cisalhamento são controladas pela orientação da foliação. Uma resistência mínima é obtida onde a orientação da foliação é representada pelo ponto em que o círculo de Mohr toca a envoltória de "ruptura ao longo da foliação" (Fig. 7.23D). O ângulo exato dependerá da fragilidade da foliação, que determinará, por sua vez, a inclinação da curva de ruptura inferior da Fig. 7.23.

A POSSIBILIDADE DE UMA ROCHA SE ROMPER AO LONGO DE UMA TRAMA OU FRATURA PREEXISTENTE DEPENDE DA ORIENTAÇÃO DA FRATURA EM RELAÇÃO AO CAMPO DE ESFORÇOS.

O diagrama de Mohr e as envoltórias de ruptura discutidas anteriormente consideram apenas a pressão confinante e o esforço diferencial, sem levar em conta σ_2. Os experimentos mostram que a influência de σ_2 é pequena e mais pronunciada quando dois dos eixos de esforços são de mesmo tamanho. Para um σ_1 vertical, o mergulho da fratura de cisalhamento é menor quando $\sigma_2 = \sigma_1$, e maior quando $\sigma_2 = \sigma_3$. Nas rochas foliadas, em que a foliação não contém o eixo de esforço principal intermediário, a influência de σ_2 é maior. Nesse caso, o esforço normal e o esforço de cisalhamento resultantes na foliação dependem dos três esforços principais.

A temperatura tem uma grande influência na reologia no regime plástico, mas sua influência dentro do regime rúptil é relativamente pequena na maioria dos minerais comuns. Entretanto, ela controla a amplitude da faixa de regime rúptil, pois o aumento da temperatura reduz a resistência ao esforço de von Mises (reduz o limite de resistência ou o esforço a partir do qual a rocha flui plasticamente).

Uma observação experimental interessante está relacionada ao tamanho da amostra: com o aumento de seu tamanho, sua resistência diminui. Isso ocorre porque há maior possibilidade de haver microfraturas em uma amostra grande do que em uma pequena. Como as microfraturas diferem em comprimento e forma, uma amostra grande tem maior probabilidade de conter microfraturas cuja forma cause maior concentração de esforços.

EM UM EXPERIMENTO, É PROVÁVEL QUE UMA AMOSTRA MAIOR DE ROCHA SE ROMPA ANTES DE UMA AMOSTRA PEQUENA.

A dependência do tamanho é ainda mais pronunciada em grandes escalas. Pense em todas as juntas, falhas e outras estruturas frágeis da crosta que poderão ser ativadas antes que a resistência da rocha propriamente dita seja alcançada. Tais estruturas frágeis controlam a resistência da crosta rúptil, o que significa que a resistência da crosta superior não chega a se aproximar da sugerida pelos dados experimentais obtidos em laboratório em amostras não fraturadas.

7.5 Terminação e interação de fraturas

Os estudos sobre a terminação de fraturas de cisalhamento revelam que elas se dividem, por vezes, em duas ou mais fraturas com orientações distintas, e que diferentes formas de fraturas podem ser encontradas nesse contexto, como indicado na Fig. 7.24. Já discutimos as ***wing cracks*** (fraturas em forma de asa), que são fraturas extensionais na terminação de fraturas de cisalhamento (Fig. 7.24A). As *wing cracks* são representadas por uma ou algumas fraturas exten-

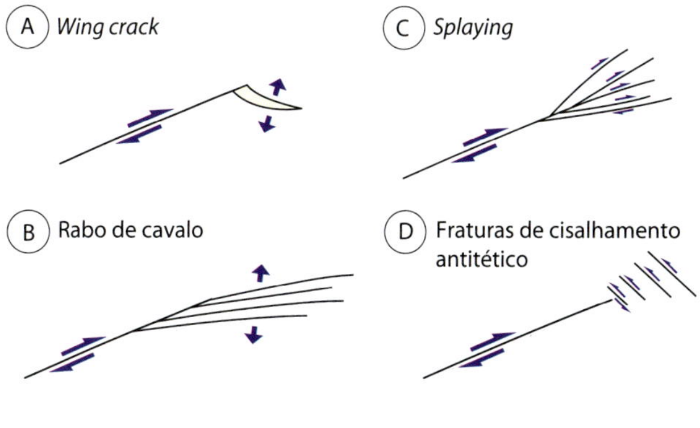

Fig. 7.24 *Fraturas menores na terminação de fraturas de cisalhamento*

Boxe 7.3 Crescimento de fraturas e *wing cracks*

Uma das peculiaridades da Mecânica das Rochas é que, apesar de uma amostra sob deformação desenvolver fraturas de cisalhamento que a atravessam por inteiro e formam um ângulo agudo (cerca de 30°) com σ_1, as fraturas de cisalhamento não podem crescer em seu próprio plano. Ao invés disso, fraturas do modo I são paralelas a σ_1. Tais fraturas são conhecidas como *wing cracks* ou *edge cracks*. Quando vistas em três dimensões, as *wing cracks* (modo I) irão se formar ao longo dos limites do modo II e do modo III da fratura principal.

Esse tipo de desenvolvimento é coerente com as considerações teóricas sobre os esforços. Mas como se dá a propagação da fratura de cisalhamento a partir desse estágio? A resposta geral é de que as *wing cracks* do modo I são rompidas por uma nova fratura de cisalhamento – um processo que se repete enquanto a fratura principal cresce. O resultado é uma zona de fraturas menores ao longo e em torno da fratura principal de cisalhamento, um tipo de zona de dano com menos deformação que as observadas nas zonas de falha no Cap. 9.

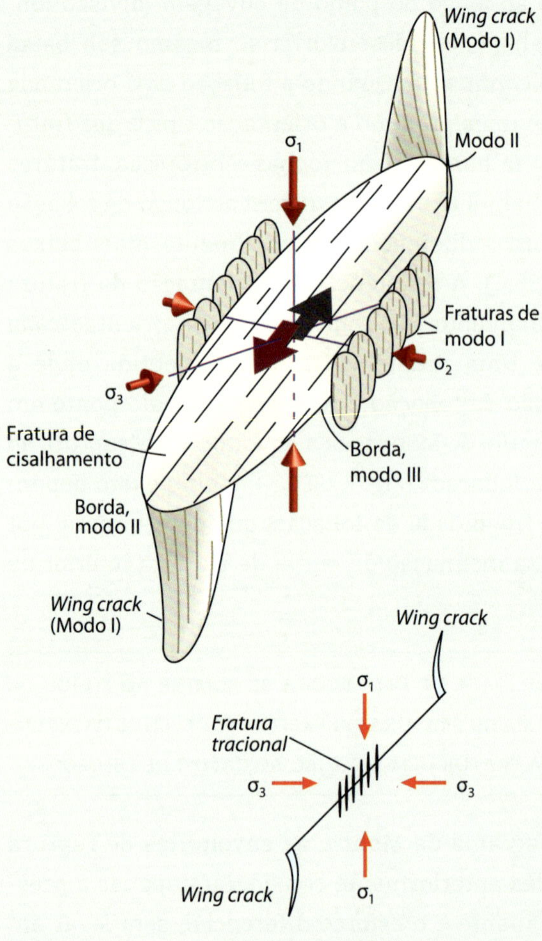

Ilustração baseada em Scholtz (1990)

sionais nas extremidades da fratura principal, e são associadas à súbita diminuição do deslocamento próximo a essas extremidades. Em outros casos, uma população inteira de fraturas menores, tipicamente extensionais, pode ocorrer na zona de extremidade. Elas têm arranjo simétrico em relação à fratura principal e são denominadas **fraturas tipo rabo de cavalo** (Figs. 7.24B e 7.25). As fraturas secundárias nas zonas de extremidade que apresentam uma abertura em forma de leque a partir da estrutura principal são comumente denominadas ***splay faults*** (Fig. 7.24C). Enquanto as *splay faults* são sintéticas em relação à falha principal, as fraturas antitéticas também podem ocorrer na zona de extremidade das fraturas, como mostrado na Fig. 7.24D.

As fraturas na zona de extremidade fazem com que a energia da fratura principal seja distribuída em diversos planos, o que reduz a energia em cada fratura e impede que o crescimento da fratura continue. A evolução de fraturas tipo rabo de cavalo ou *splay faults* pode, portanto, aprisionar a fratura principal e interromper a propagação nas suas extremidades.

O campo de esforços é perturbado em torno de fraturas em geral, especialmente em suas extremidades. Quando os campos de deformação elástica em volta de duas fraturas se sobrepõem, o campo local de esforço em torno de cada fratura interfere no campo vizinho e formas especiais se desenvolvem. Se uma fratura cresce em direção a outra preexistente, a nova fratura se curvará à medida que for submetida ao efeito da perturbação dos esforços causada pela outra fratura. A Fig. 7.26 mostra que a consequência na geometria resultante das fraturas depende do estado de esforços ao longo da fratura antiga. Se ambas as fraturas

Fig. 7.25 *Fraturas tipo wing cracks na terminação de uma banda máfica menos competente em um gnaisse, sugerindo sutil cisalhamento sinistral ao longo de sua margem. Tarituba, Rio de Janeiro*

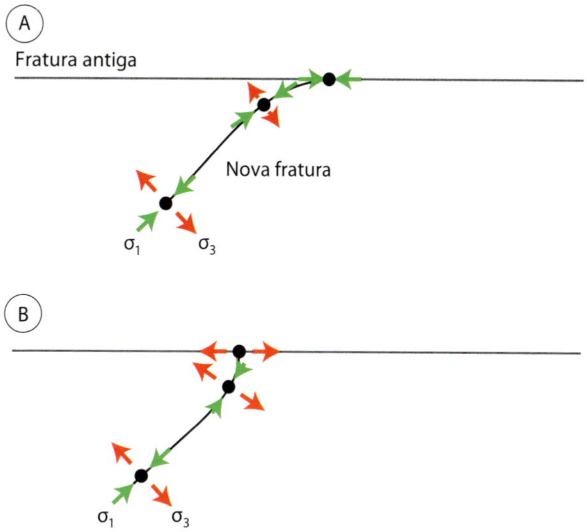

Fig. 7.26 *Reorientação local da direção de propagação de fraturas na vizinhança de uma fratura preexistente. A nova fratura cresce na direção da preexistente, buscando manter um ângulo de 90° em relação a σ_3. A geometria em (A) sugere que σ_1 é compressional, com contração ao longo da fratura preexistente. Se a nova fratura se curva contra a preexistente (B), então σ_1 e σ_3 provavelmente têm magnitude similar, com extensão ao longo da fratura preexistente*
Fonte: modificado de Dyer (1988).

se aproximarem uma da outra simultaneamente, elas irão afetar-se mutuamente, como discutido no próximo capítulo (Figs. 8.21 e 8.22).

7.6 Reativação e deslizamento friccional

Os critérios de fratura de Coulomb e de Griffith, como discutidos anteriormente, são válidos até a ruptura da rocha. Em decorrência disso, a teoria de falhamentos de Anderson, que também é baseada na teoria de Coulomb, é válida apenas para fraturas com deslocamento infinitesimal. Assim que uma fratura se forma, ela passa a representar um plano de fraqueza. Uma nova acumulação de esforços poderá causar a reativação de fraturas preexistentes em um baixo nível de esforços, em vez de criar uma nova fratura por meio do crescimento e da conexão entre defeitos microscópicos na rocha. A reativação de fraturas é um pré-requisito para o desenvolvimento de falhas de maior porte. Se não houvesse esse tipo de reativação, a crosta seria inteiramente cortada por pequenas falhas com pequenos deslocamentos.

A orientação de uma fratura preexistente e o seu atrito são os parâmetros mais importantes nesse contexto, além do campo de esforços (Fig. 7.27). A orientação relativa ao novo campo de esforços determina os esforços resultantes normal e de cisalhamento no plano. Quando σ_n está orientado de modo perpendicular à fratura, não há esforço de cisalhamento no plano, e a fratura é estável. Nos casos mais gerais, há um esforço de cisalhamento (resultante) no plano de fratura, e o atrito é o fator limitante da potencial reativação. O atrito local na fratura é comumente descrito pelo **coeficiente de fricção de deslizamento** (μ_f).

O coeficiente de fricção de deslizamento é simplesmente o esforço de cisalhamento necessário para

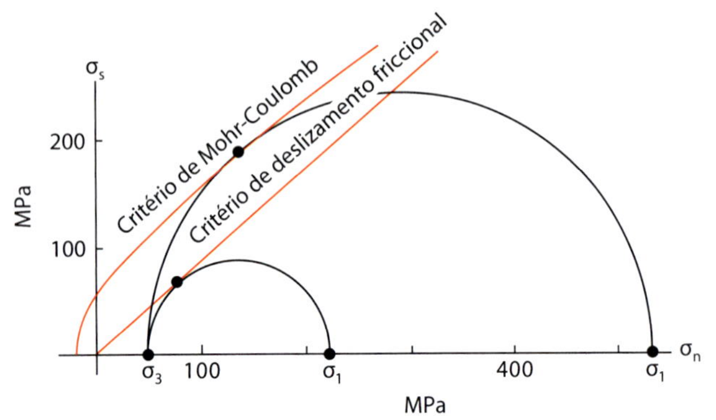

Fig. 7.27 *Efeito da fratura preexistente (plano de fraqueza) ilustrado no diagrama de Mohr. O critério de reativação (deslizamento friccional) é diferente do critério de uma rocha não fraturada do mesmo tipo. O esforço necessário para a reativação da fratura é consideravelmente menor que aquele para produzir uma nova fratura na rocha. Este exemplo é baseado em experimentos feitos em uma rocha cristalina sob pressão confinante de 50 MPa (cerca de 2 km de profundidade)*

ativar o deslizamento na fratura dividido pelo esforço normal que atua através dela:

$$\mu_f = \frac{\sigma_s}{\sigma_n} \tag{7.8}$$

No diagrama de Mohr, o coeficiente é representado por uma linha reta ("critério de deslizamento friccional na Fig. 7.27") que passa pela origem, pois considera-se que a fratura em si não tem coesão. Se a fratura possuir uma resistência coesiva (C_f), a expressão torna-se:

$$\mu_f = \frac{\sigma_s - C_f}{\sigma_n} \tag{7.9}$$

A magnitude de C_f, em geral, é baixa, e μ_f é similar para a maioria das rochas sob pressões confinantes de moderadas a altas. Sob baixa pressão confinante, a **rugosidade superficial** da fratura torna-se mais importante. As asperezas no plano de falha resistem ao deslizamento e podem causar, em pequenas profundidades, deformação do tipo *stick-slip* (ou cola e desliza) (Fig. 9.38). Em profundidades maiores, as asperezas têm um papel menor. Após numerosos experimentos, Byerlee foi capaz de definir empiricamente o esforço crítico de cisalhamento sob baixa pressão confinante como:

$$\sigma_s = 0{,}85\sigma_n \quad (\sigma_s < 200\,\text{MPa}) \tag{7.10}$$

enquanto a equação para pressões confinantes mais altas foi definida como:

$$\sigma_s = 50 + 0{,}6\sigma_n \quad (\sigma_s > 200\,\text{MPa}) \tag{7.11}$$

Essas equações, mostradas graficamente na Fig. 7.28, são conhecidas como **lei de Byerlee** e aplicam-se à maioria das rochas, com exceção daquelas ricas em argilominerais hidratados.

A LEI DE BYERLEE DESCREVE O AUMENTO VERTICAL NO ESFORÇO CRÍTICO DE CISALHAMENTO (ESFORÇO NECESSÁRIO PARA CAUSAR CISALHAMENTO) ATRAVÉS DA CROSTA SUPERIOR FRICCIONAL.

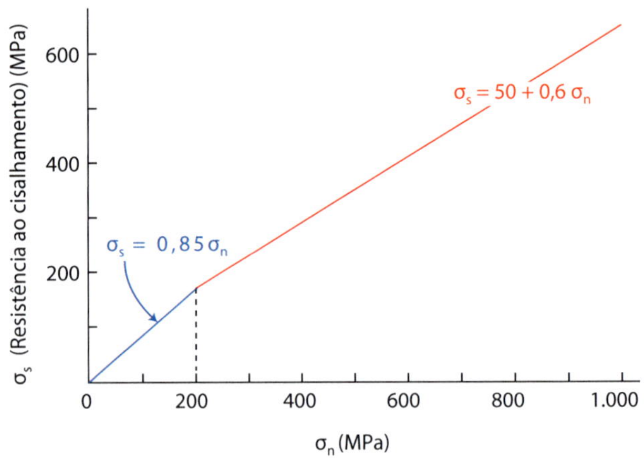

Fig. 7.28 *A lei de Byerlee é empírica; ela relaciona o esforço crítico de cisalhamento com o esforço normal. A escala horizontal indica a profundidade na crosta (aumenta para a direita)*

7.7 Pressão de fluidos, esforço efetivo e poroelasticidade

Um dos grandes desafios da Geologia Estrutural no século XX foi explicar como as gigantescas *nappes* de cavalgamento puderam ser transportadas por centenas de quilômetros sem se fragmentar (Boxe 17.4). Uma parte importante dessa explicação está relacionada à sobrepressão em zonas de cavalgamento, isto é, nas zonas de falhas de cavalgamento a pressão de fluidos nos poros é anomalamente alta.

Esse é apenas um caso entre muitos em que a pressão de fluidos tem um papel importante. Discutimos anteriormente a sobrepressão em sequências sedimentares (reservatórios de petróleo, Cap. 5), que pode ocorrer se a água dos poros de uma formação porosa e permeável for confinada entre camadas de rochas impermeáveis. A sobrepressão aumenta à medida que o peso da coluna de rochas atua na pressão dos poros. Um efeito adicional advém do fato de que a água, quando aquecida, se expande mais rapidamente que minerais e rochas. Se a água não puder escapar, sua expansão térmica aumentará ainda mais os efeitos da pressão de fluidos na camada permeável.

Em níveis mais profundos, as reações metamórficas causam a perda de água e de dióxido de carbono. Esse processo também pode causar sobrepressão, caso o fluido não possa escapar através das fraturas das rochas metamórficas, que são, em geral, impermeáveis. As fraturas extensionais preenchidas por minerais (veios), comuns em muitas rochas metamórficas de baixo grau, estão provavelmente relacionadas ao aumento da pressão de fluidos em função das reações metamórficas. A injeção de magma sob pressão também representa uma situação em que o esforço vertical é equilibrado pela pressão do fluido (magma). Finalmente, um aumento na pressão de fluidos pode causar a reativação de falhas e fraturas.

A PRESSÃO DE FLUIDOS CONTRAPÕE-SE AO ESFORÇO NORMAL RESULTANTE NA FRATURA, DE MODO QUE O ESFORÇO RESULTANTE DE CISALHAMENTO POSSA SER SUFICIENTE PARA A REATIVAÇÃO.

A formação de uma nova fratura ou a reativação de uma preexistente são controladas pela orientação da fratura em relação aos esforços principais e pelo esforço efetivo. O **esforço efetivo** ($\bar{\sigma}$) é a diferença entre o esforço remoto ou aplicado e a pressão de fluidos:

$$\bar{\sigma} = \sigma - p_f \tag{7.12}$$

Nas três dimensões, o esforço efetivo pode ser representado como:

$$\begin{bmatrix} \bar{\sigma}_{11} & \bar{\sigma}_{12} & \bar{\sigma}_{13} \\ \bar{\sigma}_{21} & \bar{\sigma}_{22} & \bar{\sigma}_{23} \\ \bar{\sigma}_{31} & \bar{\sigma}_{32} & \bar{\sigma}_{33} \end{bmatrix} = \begin{bmatrix} \sigma_{11} & \sigma_{12} & \sigma_{13} \\ \sigma_{21} & \sigma_{22} & \sigma_{23} \\ \sigma_{31} & \sigma_{32} & \sigma_{33} \end{bmatrix} - \begin{bmatrix} p_f & 0 & 0 \\ 0 & p_f & 0 \\ 0 & 0 & p_f \end{bmatrix} = \begin{bmatrix} \sigma_{11} - p_f & \sigma_{12} & \sigma_{13} \\ \sigma_{21} & \sigma_{22} - p_f & \sigma_{23} \\ \sigma_{31} & \sigma_{32} & \sigma_{33} - p_f \end{bmatrix} \tag{7.13}$$

ou, se os esforços principais coincidirem com nossos eixos de coordenadas,

$$\begin{bmatrix} \bar{\sigma}_1 & 0 & 0 \\ 0 & \bar{\sigma}_2 & 0 \\ 0 & 0 & \bar{\sigma}_3 \end{bmatrix} = \begin{bmatrix} \sigma_1 - p_f & 0 & 0 \\ 0 & \sigma_2 - p_f & 0 \\ 0 & 0 & \sigma_3 - p_f \end{bmatrix} \tag{7.14}$$

A pressão de fluidos enfraquece a rocha, permitindo que a deformação ocorra sob um esforço diferencial que, em outras condições, seria insuficiente para promover a ruptura. Em arenitos porosos, a pressão dos poros (fluidos) tem o seguinte efeito no critério de fraturamento de Coulomb:

$$\sigma_s = C - \mu(\sigma_n - p_f) \tag{7.15}$$

Um aumento na pressão dos poros diminui o esforço médio de σ_m para $\sigma_m - p_f$, enquanto o esforço diferencial ($\sigma_1 - \sigma_3$) permanece constante (Fig. 7.29).

Se o esforço efetivo for extensional (σ_3 negativo), ou seja, se

$$\bar{\sigma}_3 = \sigma_3 - p_f < 0 \tag{7.16}$$

uma fratura extensional poderá formar-se. Em rochas anidras ou hidrostaticamente pressurizadas, a formação de fraturas extensionais pode ser esperada apenas em níveis crustais muito rasos (até poucas centenas de metros), mas a sobrepressão de fluidos possibilita a existência de esforços extensionais locais mesmo a vários quilômetros de profundidade.

Podemos reescrever a Eq. 7.13 para enfatizar que o esforço total é a soma do esforço efetivo e da pressão nos poros:

$$\sigma = \bar{\sigma} + p_f \tag{7.17}$$

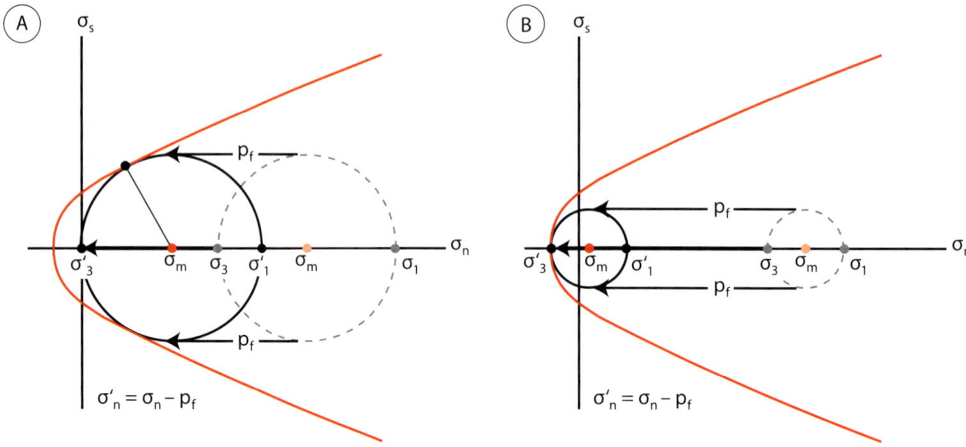

Fig. 7.29 *Efeito do bombeamento da pressão de fluidos nos poros (p_f) de uma rocha. O círculo de Mohr é "empurrado" para a esquerda (o esforço médio é reduzido), e uma fratura de cisalhamento se formará se a envoltória de fraturamento for tocada enquanto σ_3 ainda for positivo. Uma fratura extensional se forma caso a envoltória seja tocada no campo extensional, como mostrado no caso (B) (baixo esforço diferencial)*

ou seja,

$$\begin{bmatrix} \sigma_{11} & \sigma_{12} & \sigma_{13} \\ \sigma_{21} & \sigma_{22} & \sigma_{23} \\ \sigma_{31} & \sigma_{32} & \sigma_{33} \end{bmatrix} = \begin{bmatrix} \bar{\sigma}_{11} & \bar{\sigma}_{12} & \bar{\sigma}_{13} \\ \bar{\sigma}_{21} & \bar{\sigma}_{22} & \bar{\sigma}_{23} \\ \bar{\sigma}_{31} & \bar{\sigma}_{32} & \bar{\sigma}_{33} \end{bmatrix} + \begin{bmatrix} p_f & 0 & 0 \\ 0 & p_f & 0 \\ 0 & 0 & p_f \end{bmatrix} \tag{7.18}$$

Para ilustrar essa relação, imagine um arenito poroso e permeável (Fig. 7.30) exposto a um estado de referência uniaxial de esforços no interior de um recipiente. Inicialmente, consideremos que a rocha esteja seca e que seus grãos exerçam um esforço médio σ_n^w contra as paredes do recipiente. Esse esforço não é homogeneamente distribuído ao longo das paredes, pois se concentra nos pontos de contato entre os grãos e a parede (Fig. 7.31). O esforço σ_n^g no contato grão-parede depende da área na qual ele atua e pode ser expresso em função da porosidade Φ:

$$\sigma_n^g = \left(\frac{1}{1-\phi}\right)\sigma_n^w \tag{7.19}$$

Agora, preencheremos os poros com fluido sob moderada pressão p_f, fazendo com que a pressão contra a parede do recipiente aumente. As partes da parede que estão em contato com o fluido receberão a pressão de fluidos diretamente. Nos pontos de contato entre os grãos e a parede, o esforço normal aumentará em uma fração de p_f, ou seja, por um fator αp_f em que $\alpha < 1$. O aumento no esforço contra a parede, que denominaremos $\Delta\sigma_n$, não será igual a p_f, mas menor, segundo uma proporção que depende da porosidade da rocha:

$$\Delta\sigma_n = \phi p_f + (1-\phi)\,\alpha p_f \tag{7.20}$$

O fator α é conhecido como parâmetro poroelástico de Biot e representa o efeito poroelástico. Mas por que o aumento no esforço é menor que p_f? Porque os contatos dos grãos cimentados são elásticos. Portanto, uma parte da pressão de fluidos p_f é absorvida pela deformação elástica.

O efeito poroelástico é importante quando consideramos o estado de esforços em bacias sedimentares. Ele também pode contribuir para a formação e a propagação de fraturas em rochas porosas (Fig. 7.32). De acordo com a teoria de Griffith, um defeito de qualquer tipo representa um possível ponto de nucleação para uma fratura extensional. Com o aumento da pressão dos poros por um fator Δp_f, teremos uma nova pressão p_f, que será idêntica dentro e fora do defeito, pois a rocha é permeável. Nas paredes entre o defeito e a rocha, entretanto, o efeito poroelástico (Eq. 7.20) torna-se relevante. O aumento geral na pressão dos poros da rocha faz com que o esforço normal nas imediações do defeito aumente a uma taxa menor do que no interior do defeito. Como a pressão dos poros

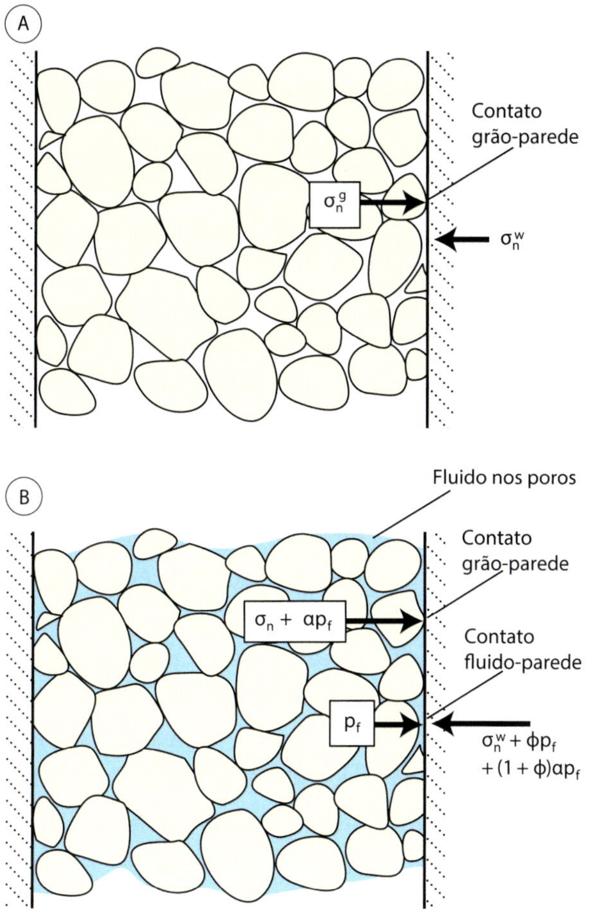

Fig. 7.30 *Efeito do aumento da pressão dos poros (p_f) sobre o esforço total em uma rocha porosa (modelo de esforço-deformação uniaxial fechado). Em uma rocha seca (A), os esforços serão transmitidos apenas através dos contatos grão-grão ou grão-parede do recipiente. Se uma baixa pressão de fluidos p_f for adicionada aos poros (B), então o aumento no esforço normal nos contatos grão-parede será menor que o aumento na pressão dos poros, devido à absorção do esforço pela deformação elástica dos grãos. Este é o efeito poroelástico*

Fonte: modificado de Engelder (1993).

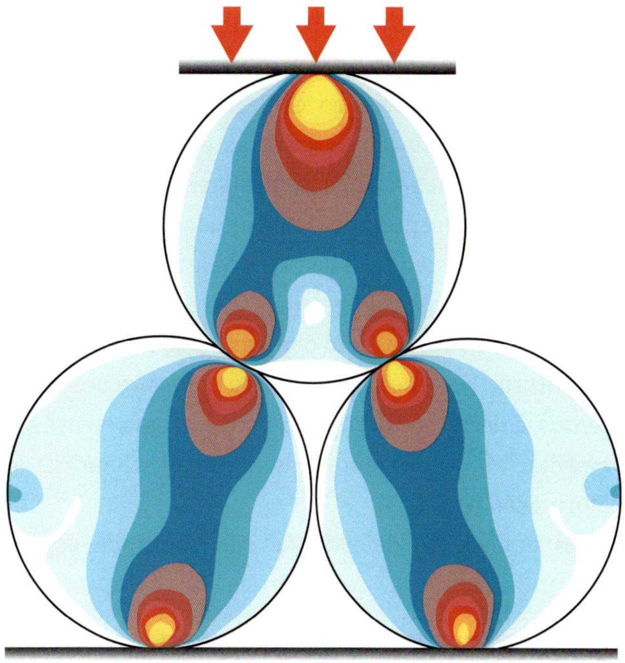

Fig. 7.31 *Ilustração da concentração de esforço (pontes de esforço) nas áreas de contato grão-grão em uma rocha porosa ou em um sedimento. As cores quentes indicam alto esforço*

Fonte: baseado em Gallagher et al. (1974).

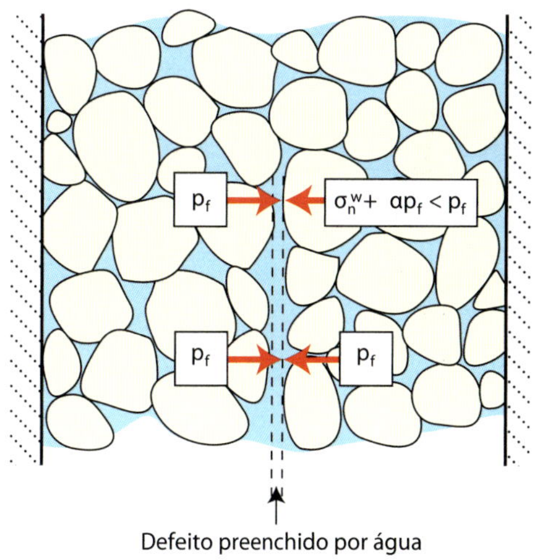

Fig. 7.32 *Situação de esforço em um defeito de uma rocha porosa permeável. O efeito poroelástico faz com que o esforço no contato grão-parede seja menor que a pressão dos fluidos nos poros. Ocorre um esforço extensional se a pressão dos poros for suficientemente alta*

aumenta, em algum momento a pressão de fluidos p_f no interior do defeito irá exceder o esforço normal médio exercido pelos grãos nos limites do defeito. As regiões limítrofes estarão sob extensão e poderão se separar à medida que o defeito se expanda para gerar uma fratura extensional maior. O esforço extensional concentra-se nas extremidades, e sua magnitude depende da forma do defeito ou fratura, de acordo com a Eq. 7.8. Quando a fratura extensional cresce, o volume da fratura aumenta, a pressão dos poros diminui e a propagação cessa ou é interrompida, até que a pressão dos poros se restabeleça. Esse tipo de histórico de propagação de fraturas é registrado pela formação das linhas de detenção (Fig. 8.17).

7.8 Bandas de deformação e fraturas em rochas porosas

As rochas respondem ao esforço no regime rúptil por meio da formação de fraturas extensionais e de cisalhamento (superfícies de deslizamento). Elas são nítidas e representam descontinuidades mecânicas de fraqueza, estando sujeitas à reativação durante novas acumulações de esforços. Esse, ao menos, é o modo como as rochas não porosas e pouco porosas se comportam. Nas rochas altamente porosas e nos sedimentos, a deformação rúptil é expressa por estruturas deformacionais diferentes, denominadas **bandas de deformação** (Fig. 7.33).

As bandas de deformação são zonas de espessura milimétrica a centimétrica de compactação, cisalhamento e/ou dilatação localizadas em rochas porosas deformadas. A Fig. 7.34 mostra como as bandas de deformação estão cinematicamente relacionadas com fraturas em rochas não porosas ou pouco porosas, mas há bons motivos para que essas bandas sejam diferenciadas das fraturas comuns. Elas são mais espessas e exibem menor deslocamento de cisalhamento que as superfícies comuns de deslizamento de mesmo comprimento. Isso levou à criação do termo **descontinuidades tabulares**, em oposição às **descontinuidades nítidas** representadas pelas fraturas. Outra diferença refere-se à coesão, pois enquanto há uma diminuição ou perda da coesão ao longo das fraturas comuns, a maioria das bandas de deformação tende a manter ou mesmo a aumentar a coesão das rochas. Além disso, as bandas de deformação tendem a comportar-se como corpos tabulares de baixa permeabilidade no interior de rochas altamente permeáveis. A redução de permeabilidade em bandas de deformação está relacionada ao colapso do volume dos poros, tal como observado em uma banda de deformação no Sinai, Egito (Fig. 7.35). Por outro lado, a maioria das fraturas comuns representa zonas de maior permeabilidade em rochas não porosas e impermeáveis. Portanto, essa distinção é particularmente importante no que diz respeito ao fluxo de fluidos em rochas-reservatório. O endurecimento por deformação, que ocorre durante crescimento de muitas bandas de deformação, também as diferencia das fraturas comuns, que estão associadas ao amolecimento por deformação.

Fig. 7.33 *Bandas de deformação cataclástica com poucos milímetros de espessura e rejeito centimétrico em rochas porosas da Formação São Sebastião. Note que as variações de cor causadas pela dissolução e precipitação de óxidos-hidróxidos de ferro são influenciadas pelas bandas de baixa permeabilidade. Bacia Tucano, Bahia, Brasil*

A diferença entre o fraturamento rúptil de rochas porosas e não porosas reside no fato de que as rochas porosas têm um volume de poros que pode ser utilizado na reorganização dos grãos. O espaço dos poros permite o rolamento efetivo e o deslizamento dos grãos. Mesmo se os grãos forem moídos, seus fragmentos podem ser organizados no espaço adjacente dos poros.

A LIBERDADE CINEMÁTICA ASSOCIADA AO ESPAÇO DOS POROS PERMITE A FORMAÇÃO DE UMA CLASSE ESPECIAL DE ESTRUTURAS, DENOMINADAS BANDAS DE DEFORMAÇÃO.

7.8.1 O que é uma banda de deformação?

Como podemos distinguir as bandas de deforma-

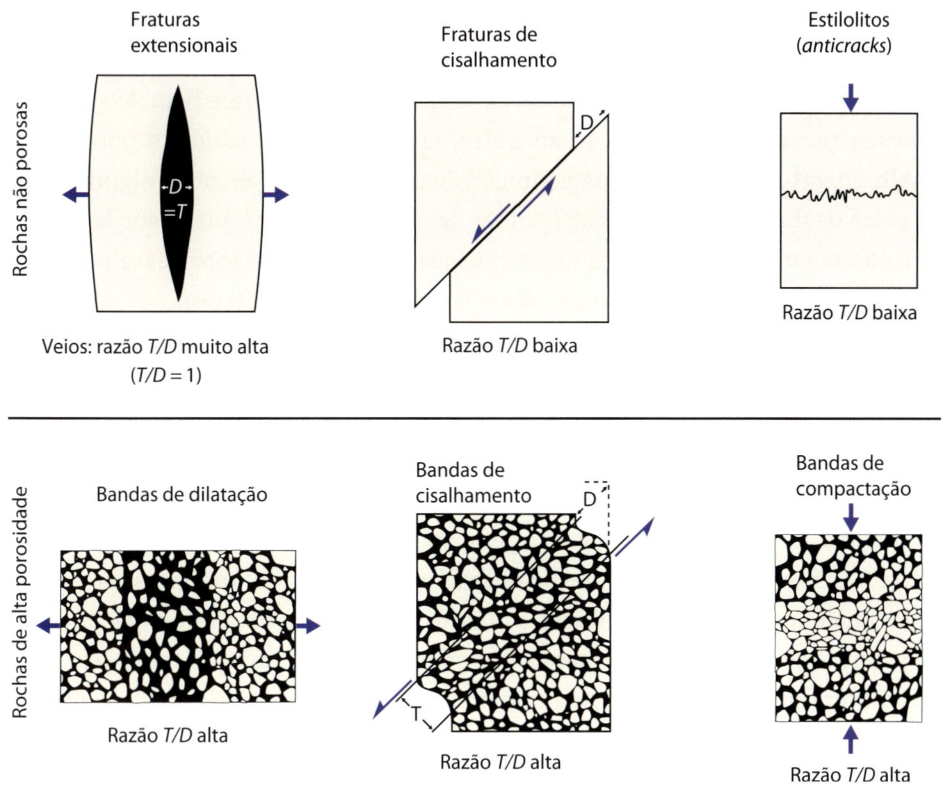

Fig. 7.34 *Classificação cinemática de bandas de deformação e sua relação com fraturas em rochas pouco porosas e não porosas. T, espessura; D, deslocamento*

ção das fraturas comuns das rochas não porosas? A seguir, listamos algumas características das bandas de deformação:

- As bandas de deformação são restritas aos meios granulares altamente porosos, principalmente aos arenitos porosos.
- Uma banda de deformação de cisalhamento é uma zona de deformação mais larga que uma zona de fraturas de cisalhamento de rejeito comparável.
- As bandas de deformação não desenvolvem grandes rejeitos. Mesmo bandas de deformação com 100 m de comprimento raramente têm rejeitos maiores que poucos centímetros, enquanto as fraturas de cisalhamento de mesmo comprimento tendem a apresentar deslocamentos de dimensões métricas.
- As bandas de deformação ocorrem como estruturas individuais, grupos ou em zonas associadas a superfícies de deslizamento (bandas de deformação falhadas). Isso está relacionado ao modo como as falhas se formam em rochas porosas, por meio do falhamento das zonas de bandas de deformação (Cap. 9).

7.8.2 Tipos de bandas de deformação

De forma similar às fraturas, as bandas de deformação podem ser classificadas em um contexto cinemático, no qual as **bandas de cisalhamento (deformação)**, as **bandas de dilatação** e as **bandas de compactação** são os componentes extremos (Fig. 7.34). Também é importante identificarmos os *mecanismos* que agem durante a formação das bandas de deformação. Os mecanismos de deformação dependem das condições internas e externas, tais como composição mineralógica, tamanho, forma e grau de seleção dos grãos, cimentação, porosidade, estado de esforços etc. Mecanismos diferentes produzem bandas com propriedades petrofísicas diferentes. Assim, uma classificação das bandas de deformação baseada nos processos de deformação é particularmente útil quando há interesse na permeabilidade e no fluxo de fluidos. Os mecanismos mais importantes são:

- fluxo granular (deslizamento nos limites de grãos e rotação de grãos)
- cataclase (fraturamento de grãos)
- lubrificação por filossilicatos
- dissolução e cimentação

As bandas de deformação são denominadas de acordo com os seus mecanismos característicos de deformação, como mostrado na Fig. 7.36.

As **bandas de desagregação** desenvolvem-se pela desagregação relacionada ao cisalhamento de grãos decorrente da rotação dos grãos, pelos deslizamentos nas bordas dos grãos e pela ruptura do cimento que une os grãos; esse processo foi denominado fluxo granular ou particulado no início deste capítulo (Fig. 7.1A). As bandas de desagregação são comumente encontradas em areias e arenitos pouco consolidados, e formam as "falhas" produzidas na maioria dos experimentos em caixas de areia. As bandas de desagregação podem ser quase invisíveis em arenitos maciços puros, mas são facilmente detectáveis quando cortam e deslocam camadas e lâminas (Fig. 7.37). Seus rejeitos verdadeiros são tipicamente da ordem de poucos centímetros, e sua espessura varia em função da granulometria. Areia (arenito) de granulação fina desenvolve bandas com cerca de 1 mm de espessura, ao passo que areia (arenito) mais grossa pode apresentar bandas individuais de até 5 mm.

O aspecto macroscópico das bandas de desagregação equivale às zonas de cisalhamento dúctil, em que as lâminas de areia podem ser traçadas continuamente através de toda a banda. A maioria dos depósitos de areia quartzosa pura e bem selecionada já se encontra, em geral, compactada, a ponto de o estágio inicial do cisalhamento envolver alguma dilatação (bandas de dilatação), ainda que a reorganização dos grãos causada pelo cisalhamento possa reduzir a porosidade em um momento posterior.

As **bandas filossilicáticas** (também chamadas de arcabouço de bandas de filossilicatos) formam-se em areias (arenitos) em que a proporção de minerais laminares for maior que 10% a 15%. Elas podem ser consideradas um tipo especial de bandas de desagregação, em que os minerais laminares facilitam o deslizamento dos grãos. Os minerais de argila tendem a misturar-se com os minerais granulares, ao passo que as micas de granulação mais grossa se alinham para formar uma trama local no interior das bandas, em decorrência da rotação induzida pelo cisalhamento. As bandas de filossilicatos são de fácil detecção, pois os filossilicatos alinhados conferem às bandas cores ou tramas que são semelhantes às camadas ricas em filossilicatos na rocha não deformada.

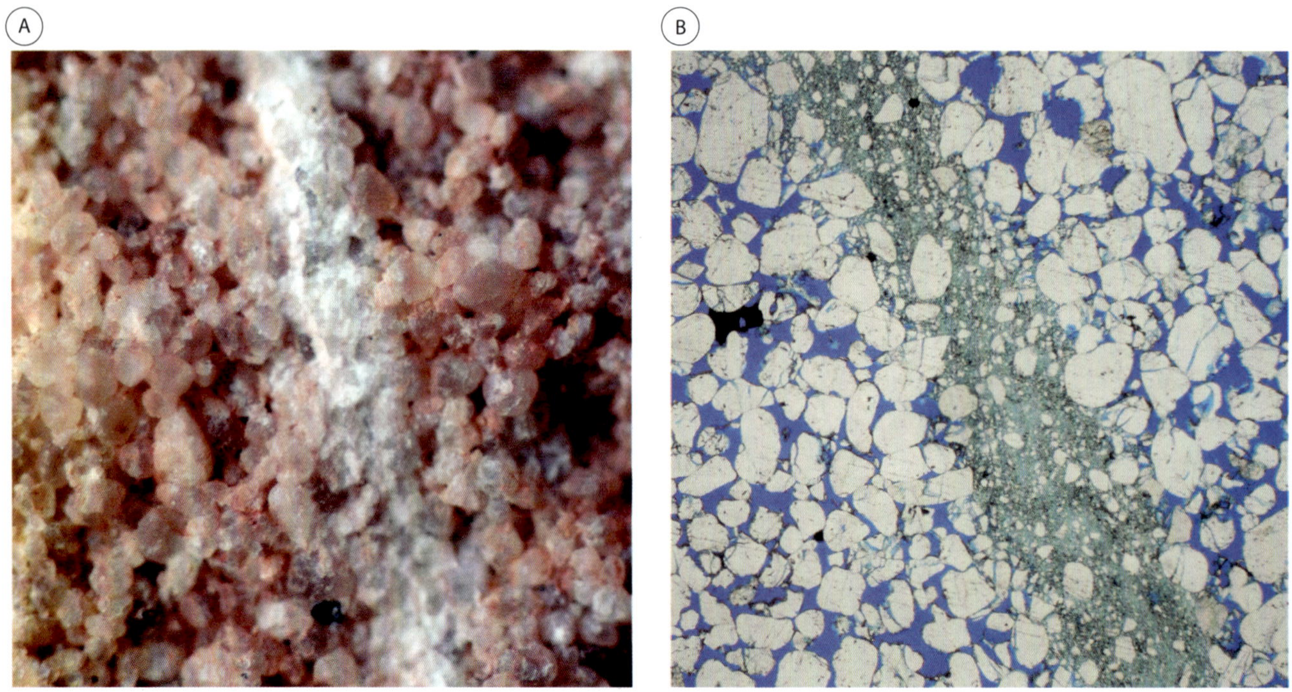

Fig. 7.35 *Banda de deformação cataclástica em afloramento (A) e em seção delgada (B) no arenito Nubiano, Sinai, Egito. Note a significativa redução de tamanho de grãos por fragmentação e a consequente redução da porosidade (o espaço dos poros é mostrado em azul na seção delgada). A largura das bandas é de cerca de 1 mm*

Se o teor de filossilicatos da rocha variar na interface entre camadas ou lâminas, as bandas de deformação podem mudar de uma banda de desagregação praticamente invisível para uma filossilicática. Se as argilas forem os minerais laminares predominantes, as bandas de deformação serão caracterizadas por granulação fina e baixa porosidade, podendo acumular rejeitos maiores que os poucos centímetros exibidos pelos demais tipos de bandas de deformação. Isso está relacionado ao efeito lubrificante dos minerais laminares e dos placoides ao longo das bandas de filossilicatos, que aparentemente compensa o endurecimento por deformação causado pelo intertravamento de grãos.

Se o conteúdo em argila da rocha for suficientemente alto (mais de cerca de 40%), a banda de deformação torna-se um **espalhamento de argila** (*clay smear*). Os espalhamentos de argila normalmente apresentam estrias e são classificados como superfícies de deslizamento, e não como bandas de deformação. Os exemplos de bandas de deformação que se transformam em espalhamentos de argila quando saem das camadas de arenitos são comuns.

As **bandas cataclásticas** formam-se onde a fragmentação mecânica dos grãos é significativa (Fig. 7.35). Essas são as bandas de deformação clássicas, descritas pela primeira vez por Atilla Aydin no Platô do Colorado, no oeste dos EUA. Aydin percebeu que muitas bandas cataclásticas consistem em um núcleo central cataclástico envolto por um manto de grãos compactados ou levemente fraturados. O núcleo é mais evidente e caracteriza-se por uma redução no tamanho dos grãos, grãos angulares e colapso significativo do espaço dos poros (Fig. 7.35). A moagem de grãos resulta em intertravamento dos grãos, que promove, por sua vez, um endurecimento por deformação. O endurecimento por deformação explica os pequenos rejeitos (≤3-4 cm) de cisalhamento observados em bandas de deformação cataclástica. Algumas delas, formadas no regime contracional, são constituídas de pura compactação (Fig. 7.37), mas a maioria das bandas em geral é formada por bandas de cisalhamento com algum grau de compactação transversal.

As bandas cataclásticas ocorrem mais frequentemente em arenitos deformados em profundidades de 1,5 km a 3 km, ainda que haja evidências de cátaclase em arenitos deformados em níveis mais rasos. Em níveis mais rasos, as bandas de deformação cataclástica apresentam tipicamente cataclase menos intensa que as rochas formadas entre 1,5 km e 3 km de profundidade.

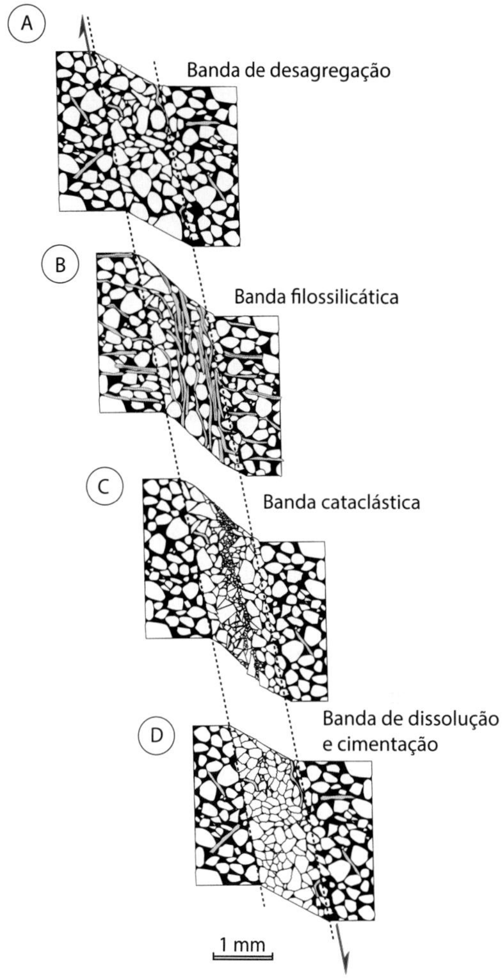

Fig. 7.36 *Diferentes tipos de bandas de deformação, separadas em função do mecanismo dominante de deformação*
Fonte: modificado de Fossen et al. (2007).

A cimentação e a dissolução de quartzo e de outros minerais podem ocorrer nas bandas de deformação em que os cristais de minerais diagenéticos crescem a partir de suas faces recém-quebradas por moagem ou deslizamento. O crescimento preferencial de quartzo é observado, em geral, em bandas de deformação de arenitos soterrados a mais de 2 km ou 3 km de profundidade (> 90°C), e pode ocorrer muito tempo após a formação das bandas.

7.8.3 Influência sobre o fluxo de fluidos

As bandas de deformação são comuns em reservatórios porosos de petróleo, gás e água, e podem ocorrer em bandas individuais, conjuntos de bandas ou em zonas danificadas por falhas (ver Cap. 9). Apesar de as bandas de deformação dificilmente serem capazes de formar armadilhas selantes que possam reter quantidades significativas de petróleo ao longo do tempo geológico, elas podem influenciar no fluxo de fluidos, dependendo da sua estrutura de permeabilidade interna e da sua espessura, bem como de sua distribuição de frequência e orientação. A relação entre cimento ferruginoso e bandas (Fig. 7.33) sugere que estas influenciem no fluxo de água através da rocha, provavelmente em tempos recentes. Em geral as zonas de deformação mais espessas, como a apresentada na Fig. 7.38, têm maior influência no fluxo de fluidos que uma banda individual ou um conjunto de poucas bandas.

As bandas de deformação cataclástica apresentam significativas perdas de permeabilidade.

A permeabilidade em zonas de deformação é controlada pelos mecanismos de deformação que atuam durante a sua formação, os quais dependem de fatores litológicos e físicos. Em geral, as bandas de desagregação apresentam pouca redução de porosidade e permeabilidade, enquanto as bandas filossilicáticas e, em especial, as bandas cataclásticas mostram perdas de permeabilidade de até várias ordens de grandeza. Como as bandas de deformação são delgadas, sua quantidade (espessura acumulada) é importante quando se estuda sua influência em reservatórios de petróleo.

Outros fatores importantes são a continuidade, as variações em porosidade/permeabilidade e a orientação das bandas. Muitas mostram variações significativas de permeabilidade ao longo de sua direção ou mergulho, em função de variações na intensidade da cataclase, de compactação ou de lubrificação por filossilicatos. As bandas de deformação tendem a definir conjuntos com orientação preferencial, em sistemas paralelos (Fig. 7.33) ou conjugados (Fig. 7.39), e essa anisotropia pode influenciar o fluxo de fluidos em um reservatório de petróleo, inclusive durante a injeção de água. Todos esses fatores dificultam a avaliação do efeito das bandas de deformação em reservatórios; por isso, cada reservatório deve ser avaliado individualmente, de acordo com parâmetros

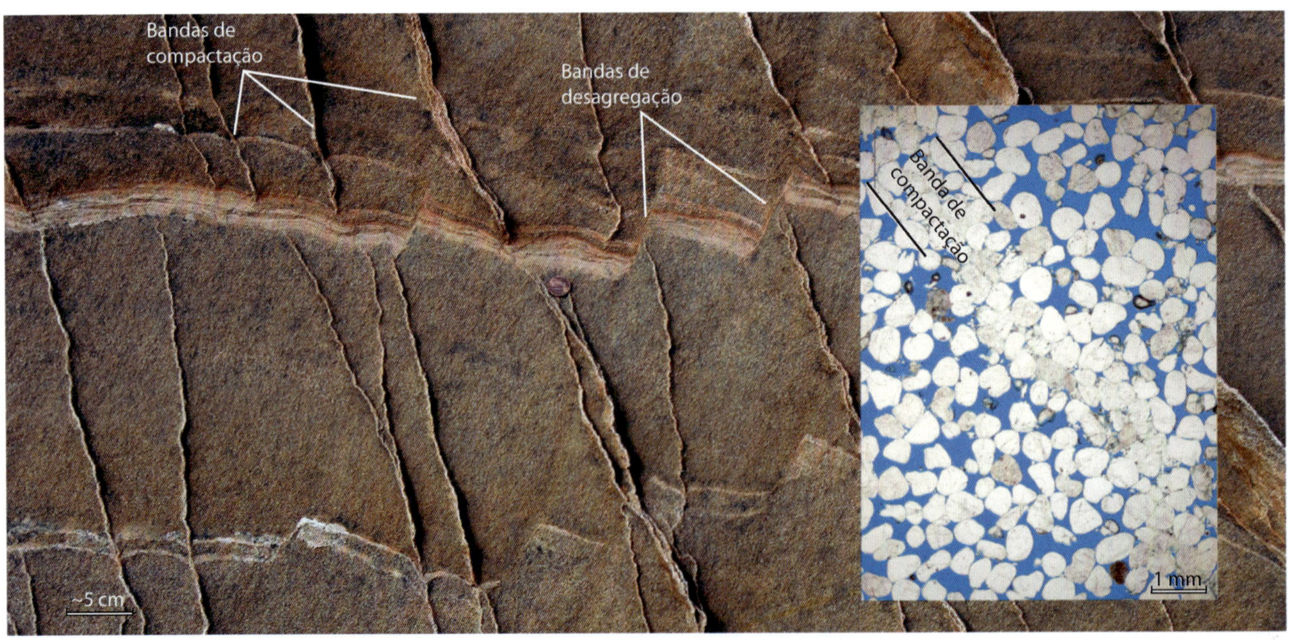

Fig. 7.37 *Bandas de compactação com mergulho para a direita sobrepondo-se a bandas de desagregação de sedimentos inconsolidados com mergulho para a esquerda (quase invisíveis). O arenito é bastante poroso, exceto em camadas delgadas, em que não há formação de bandas de compactação. Portanto, as bandas de compactação formam-se apenas em arenitos com alta porosidade. As fotomicrografias de seção delgada mostram que a compactação é acompanhada de dissolução e fratura de grãos. Arenito Navajo, sul de Utah, EUA*

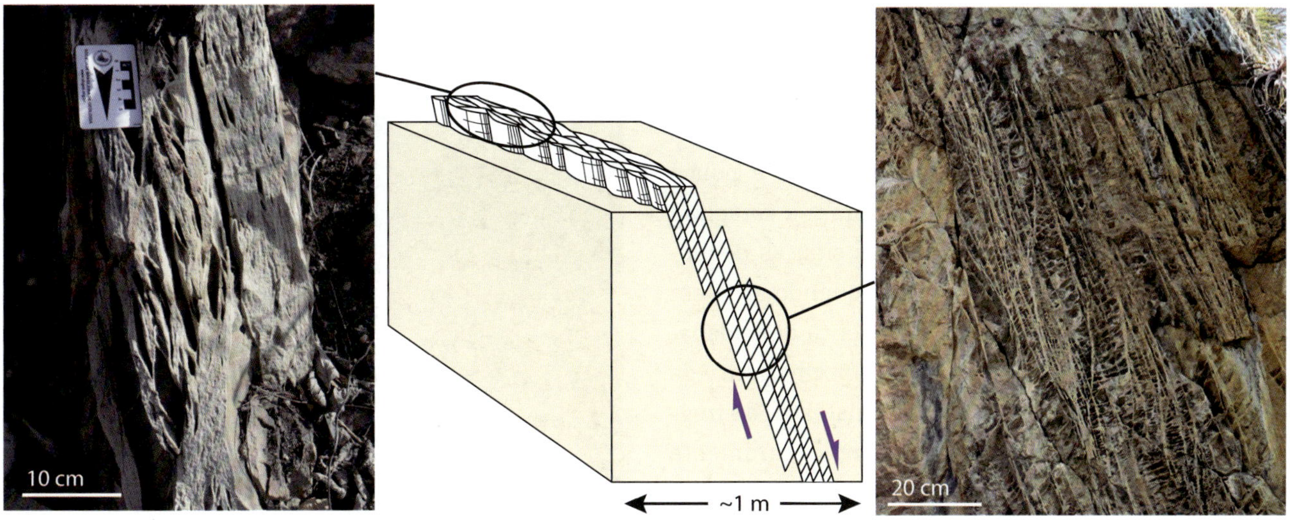

Fig. 7.38 *Conjunto de bandas de deformação (agrupamento ou zona) com rejeito normal. Note as diferenças geométricas entre as seções horizontal e vertical (imagens à esquerda e à direita, respectivamente). A geometria presente é de rejeito normal; um sistema transcorrente, consequentemente, estaria rotacionado. As estruturas características na direção de movimento (nesse caso, a direção de mergulho) são denominadas de estruturas em escada. Note também que o padrão anastomosado gera uma lineação geométrica (ver Cap. 14). Fotos da Formação São Sebastião, Bacia Tucano, Brasil*

locais como tempo e profundidade de deformação, história de soterramento e cimentação, composição mineralógica, fácies sedimentares etc.

A INFLUÊNCIA DAS BANDAS DE DEFORMAÇÃO NA PRODUÇÃO DE PETRÓLEO OU ÁGUA SUBTERRÂNEA DEPENDE DE FATORES COMO CONTRASTE DE PERMEABILIDADE, ESPESSURA CUMULATIVA, ORIENTAÇÃO, CONTINUIDADE E CONECTIVIDADE.

7.8.4 Que tipo de estrutura se forma, quando e onde?

Considerando que há vários tipos de bandas de deformação, com diferentes efeitos sobre o fluxo de fluidos, é importante compreender as condições subjacentes que controlam quando e onde tais bandas se formam. Diversos fatores são importantes, incluindo profundidade de soterramento, ambiente tectônico (estado de esforços) e propriedades das rochas, tais como grau de litificação, composição mineralógica, granulometria, grau de seleção e forma dos grãos. Alguns desses fatores – em especial a composição mineralógica, a granulometria, o grau de seleção e a forma dos grãos – são mais ou menos constantes em uma dada camada de rocha sedimentar. Eles podem, entretanto, variar de uma camada para outra e causar mudanças bruscas nas bandas de deformação.

Fatores como porosidade, permeabilidade, pressão confinante, estado de esforços e cimentação podem variar com o passar do tempo. As bandas de deformação mais antigas de uma rocha porosa são diferentes daquelas formadas em estágios tardios, na mesma camada de rocha, a uma maior profundidade de soterramento, por exemplo. Dessa forma, a sequência das estruturas de deformação em uma dada camada reflete as mudanças físicas que afetaram o sedimento ao longo de sua história de soterramento, litificação e soerguimento.

Um caso típico de desenvolvimento de estruturas em rochas sedimentares com histórico de soterramento e soerguimento é apresentado nas Figs. 5.11 e 7.40. As bandas de deformação formadas inicialmente em arenitos são tipicamente bandas de desagregação ou filossilicáticas. Tais estruturas formam-se sob baixas pressões confinantes (soterramento raso), quando os esforços nos pontos de contato entre os grãos são baixos e as ligações entre os grãos são fracas (Figs. 7.40 e 7.41). Diversas bandas de desagregação formadas em estágios iniciais estão relacionadas a processos de deformação local, controlados pela gravidade, tais como diapirismo local de folhelhos, movimentos profundos de evaporitos, deslizamentos gravitacionais e glaciotectônica.

As bandas de deformação cataclástica são mais comuns em arenitos deformados em profundidade de 1 km a 3 km, mas também podem ocorrer em profundidades menores, particularmente no regime de cavalgamento, em camadas de areia pura e pouco litificada. Dentre os fatores que facilitam a cataclase sob pequeno soterramento, podemos citar as pequenas áreas de contato entre os grãos (quando são bem selecionados e arredondados), a presença de feldspatos e outros minerais não placoides com clivagem e de dureza menor que a do quartzo e a existência de fragmentos líticos. O quartzo, por exemplo, raramente desenvolve fraturas transgranulares sob baixa pressão confinante, onde tende a fraturar-se em lascas. Em níveis mais profundos, a catáclase mais abrangente é favorecida pelos esforços maiores nos contatos entre os grãos. Existem muitos exemplos de bandas de deformação cataclástica nos arenitos jurássicos do Platô do Colorado (EUA), em que as relações temporais entre as bandas de desagregação inicial e as bandas cataclásticas tardias são bastante consistente.

Quando um arenito se torna coeso e perde porosidade durante a litificação, a deformação ocorre por propagação de fraturas, e não por colapso de poros. Além disso, superfícies de deslizamento, juntas e fraturas preenchidas por minerais se formam diretamente, sem a necessidade de bandas de deformação precursoras. Por esse motivo, as bandas de deformação tardias são quase que invariavelmente superfícies de deslizamento, juntas e fraturas preenchidas por minerais. As superfícies de deslizamento também podem se formar por falhamentos em zonas de deformação de baixa porosidade em qualquer profundidade de soterramento, de acordo com o modelo descrito no Cap. 9 (seção 9.5).

As juntas e os veios são tipicamente posteriores às bandas de desagregação e às bandas cataclásticas nos arenitos. A transição entre o bandamento por deformação e a formação de juntas pode ocorrer com a diminuição da porosidade, principalmente pela dissolução e precipitação de quartzo. O efeito desse endurecimento diageneticamente controlado pode variar localmente e, portanto, as bandas de deformação e juntas podem desenvolver-se simultaneamente em diferentes partes de uma camada de arenito. Como padrão geral, as bandas de deformação ocorrem em primeiro lugar, seguidas pelas bandas de deformação falhadas e, por fim, pelas juntas (fraturas extensionais, Fig. 7.40) e, talvez, pelas juntas falhadas.

Fig. 7.39 *Sistema conjugado de bandas de deformação cataclástica em arenito cretáceo da Bacia Tucano, Bahia, Brasil. Note que os dois conjuntos se cortam mutuamente e apresentam relevo positivo, devido à moagem de grãos e à dissolução/precipitação por pressão no interior das bandas*

As últimas fraturas em arenitos soerguidos tendem a formar extensos conjuntos de juntas, regionalmente mapeáveis, os quais são gerados ou influenciados pela remoção da sobrecarga e pelo resfriamento durante o soerguimento regional. Essas juntas são evidentes onde os arenitos são soerguidos e expostos, como no Platô do Colorado (Fig. 1.8), mas também se desenvolvem em reservatórios profundos de petróleo, não submetidos a soerguimento significativo. Dessa forma, o conhecimento da história de soterramento e soerguimento de uma bacia em relação à sequência de eventos de deformação é bastante útil quando estudamos as estruturas presentes em um reservatório de arenito. Por outro lado, os tipos de deformação também podem fornecer informações sobre a profundidade e outras condições existentes durante a deformação.

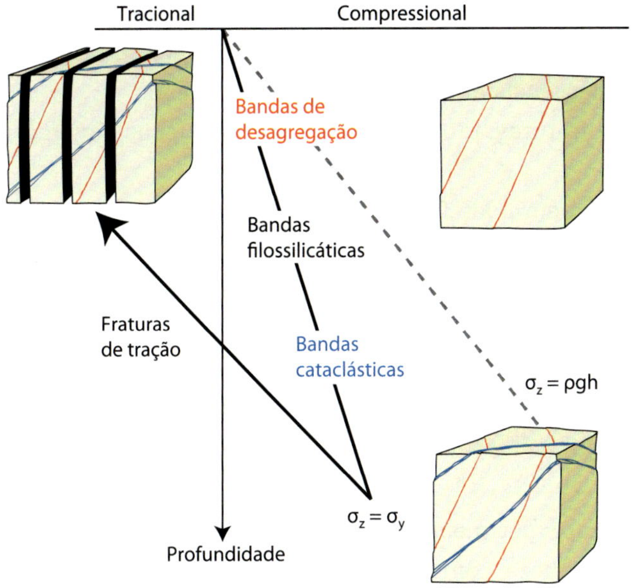

Fig. 7.40 *Diferentes tipos de bandas de deformação formados em diferentes estágios de soterramento. Fraturas extensionais (juntas) se formam mais comumente durante o soerguimento.*
Ver também Fig. 5.11
Fonte: Fossen et al. (2004).

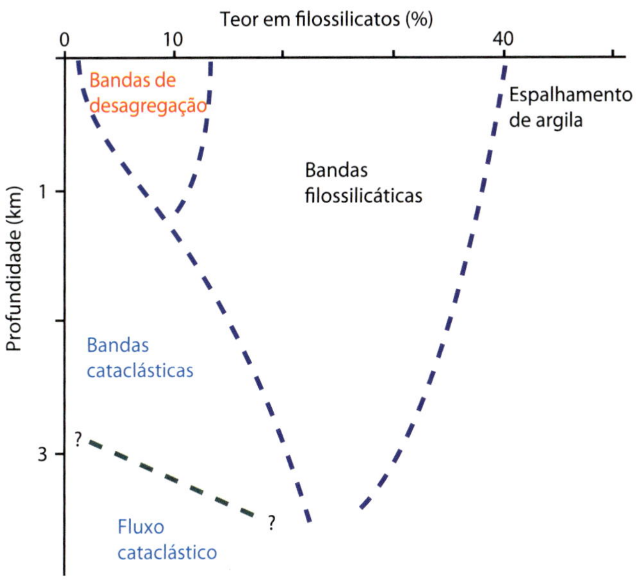

Fig. 7.41 *Esquema da relação entre tipos de bandas de deformação, teor em filossilicatos e profundidade. Muitos outros fatores influenciam a posição dos contornos indicados no diagrama, e os limites podem ser considerados como incertos*
Fonte: Fossen et al. (2007).

Resumo

A deformação rúptil tende a ser extremamente localizada e resulta em estruturas que enfraqueceram a crosta de modo significativo. A separação de diferentes tipos de estruturas rúpteis é importante, pois elas refletem o estado de esforços e de deformação durante a sua formação. Além disso, os diferentes tipos de fraturas afetam as rochas de modos diferentes em relação às suas propriedades mecânicas, potencial de reativação e permeabilidade. Esse tipo de estudo tem aplicações nas áreas de Engenharia, Sismologia, Hidrogeologia e Geologia de Petróleo. A formação de fraturas e de bandas de deformação é essencial para a formação e o crescimento de falhas, tema do Cap. 9. Há vários pontos importantes deste capítulo que devem ser lembrados:

- As fraturas se formam principalmente no regime rúptil, dominado pela mecânica rúptil.
- Os mecanismos de deformação rúptil são a cataclase (fratura de grãos), a rotação rígida de grãos e a translação por deslizamento friccional nas bordas de grãos (reorganização de grãos).
- Fraturas extensionais, tais como juntas, podem expandir-se e tornar-se estruturas extensionais, ao passo que as fraturas de cisalhamento não podem se expandir, a menos que pequenas fraturas extensionais se formem à frente da extremidade da fratura de cisalhamento e enfraqueçam a rocha. Nesse caso, as fraturas de cisalhamento podem expandir-se pela coalescência de microfraturas extensionais.
- Os esforços concentram-se nas extremidades de fraturas, tanto grandes como pequenas, favorecendo o seu crescimento.
- A alta pressão de fluidos em fraturas e poros também pode facilitar o fraturamento e a propagação de fraturas.
- As fraturas extensionais formam-se na direção perpendicular a σ_3.
- As fraturas de cisalhamento formam-se tipicamente em ângulos de 20° a 30° com σ_1.
- Um critério de fraturamento relaciona os esforços normal e de cisalhamento necessários para fraturar uma rocha, ou seja, os esforços críticos normal e de cisalhamento. O critério de Coulomb é linear, com razão constante entre os esforços críticos normal e de cisalhamento, sendo, portanto, representado por uma linha reta no espaço de Mohr.
- A resistência de rochas não deformadas, medida experimentalmente, não é representativa da crosta rúptil, pois esta contém inúmeras estruturas de fraqueza, como falhas e fraturas.
- O potencial de reativação de uma fratura depende de sua resistência friccional (de atrito), da pressão de fluidos no interior da fratura e da orientação relativa dos esforços principais. Estes também determinam o modo de reativação (extensão ou cisalhamento).
- Tanto as fraturas como as bandas de deformação são importantes para a permeabilidade das rochas deformadas, mas geralmente têm efeitos opostos: as fraturas aumentam a porosidade e as bandas de deformação reduzem-na.

Questões de revisão

1] Qual é a diferença entre fluxo cataclástico e fluxo granular?
2] O que é deslizamento friccional?
3] Qual é o processo de zona que se localiza na extremidade das fraturas de cisalhamento?
4] Qual é a diferença entre fraturas e bandas de deformação?
5] Por que as fraturas de cisalhamento não se formam a 45° em relação a σ_1, onde o esforço resultante de cisalhamento está em seu máximo?
6] O que são fraturas em forma de asa (*wing crack*) e como elas se formam?
7] O que significa afirmar que uma rocha está sob esforço crítico?
8] O que é uma envoltória de fraturamento e como ela é definida para uma rocha?
9] O que são as fraturas de Griffith e como elas afetam a resistência da rocha e a propagação de fraturas?
10] Por que grandes amostras de rocha têm resistência menor que amostras pequenas da mesma rocha?
11] O que é coeficiente de fricção de deslizamento e qual seria um valor representativo dele na crosta rúptil?

E-módulo

O módulo de *e-learning* denominado *Brittle deformation* é recomendado para este capítulo.

Leituras complementares

Fraturas e fraturamento

RECHES, Z.; LOCKNER, D. A. Nucleation and growth of faults in brittle rocks. *Journal of Geophysical Research*, v. 99, p. 18159-18172, 1994.

SCHOLZ, C. H. *The Mechanics of Earthquakes and Faulting*. Cambridge: Cambridge University Press, 2002.

SCHULTZ, R. A. Relative scale and the strength and deformability of rock masses. *Journal of Structural Geology*, v. 18, p. 1139-1149, 1996.

SEGALL, P.; POLLARD, D. D. Nucleation and growth of strike slip faults in granite. *Journal of Geophysical Research*, v. 88, p. 555-568, 1983.

Juntas

NARR, W.; SUPPE, J. Joint spacing in sedimentary rocks. *Journal of Structural Geology*, v. 13, p. 1037-1048, 1991.

POLLARD, D. D.; AYDIN, A. Progress in understanding jointing over the past century. *Geological Society of America Bulletin*, v. 100, p. 1181-1204, 1988.

Fraturas fechadas

FLETCHER, R. C.; POLLARD, D. D. Anticrack model for pressure solution surfaces. *Geology*, v. 9, p. 419-424, 1981.

MOLLEMA, P. N.; ANTONELLINI, M. A. Compaction bands: a structural analog for anti-mode I cracks in aeolian sandstone. *Tectonophysics*, v. 267, p. 209-228, 1996.

Papel dos fluidos

HUBBERT, M. K.; RUBEY, W. W. Role of pore fluid pressure in the mechanics of overthrust faulting. Part I: Mechanics of fluid-filled porous solids and its application to overthrust faulting. *Geological Society of America Bulletin*, v. 70, p. 115-205, 1959.

Bandas de deformação

ANTONELLINI, M.; AYDIN, A. Effect of faulting on fluid flow in porous sandstones: petrophysical properties. *American Association of Petroleum Geologists*, v. 78, p. 355-377, 1994.

AYDIN, A.; JOHNSON, A. M. Development of faults as zones of deformation bands and as slip surfaces in sandstones. *Pure and Applied Geophysics*, v. 116, p. 931-942, 1978.

DAVIS, G. H. Structural geology of the Colorado Plateau Region of southern Utah. *Geological Society of America Special Paper*, v. 342, p. 1-157, 1999.

FOSSEN, H.; SCHULTZ, R.; SHIPTON, Z.; MAIR, K. Deformation bands in sandstone: a review. *Journal of the Geological Society*, London, v. 164, p. 755-769, 2007.

JAMISON, W. R. Fault-fracture strain in Wingate Sandstone. *Journal of Structural Geology*, v. 11, p. 959-974, 1989.

RAWLING, G. C.; GOODWIN, L. B. Cataclasis and particulate flow in faulted, poorly lithified sediments. *Journal of Structural Geology*, v. 25, p. 317-331, 2003.

UNDERHILL, J. R.; WOODCOCK, N. H. Faulting mechanisms in high-porosity sandstones: New Red Sandstone, Arran, Scotland. *Geological Society*, London, Special Publication, v. 29, p. 91-105, 1987.

8 Juntas e veios

Quase todas as rochas que vemos em afloramentos apresentam juntas – fraturas extensionais delgadas que penetram nas rochas sem rejeitos significativos –, e muitas regiões com bons afloramentos mostram sistemas de juntas paralelas e planas. Como as juntas são comuns, diminuem a resistência das rochas e são condutos para os fluidos, constituem estruturas extremamente importantes na crosta superior. A construção de túneis, a Engenharia de Reservatórios, a Hidrogeologia em rochas cristalinas fraturadas e os mecanismos de intrusão de magmas são alguns dos campos que lidam de uma maneira ou de outra com as juntas, uma vez que elas são estruturas extensionais frágeis, que facilmente afetam processos geológicos. Por exemplo, tanto os geólogos como os engenheiros de petróleo se ocupam com as juntas. Por um lado, os geólogos não esperam encontrar juntas nas rochas selantes; por outro, os engenheiros criam deliberadamente juntas nas rochas reservatório, para promover o fluxo de fluidos para os poços. Em Geologia Estrutural também estudamos juntas devido às informações que proporcionam sobre o estado de esforços no momento de formação das rochas. O estudo da cronologia relativa das juntas com outras estruturas traz importantes informações sobre a evolução tectônica ou estrutural de uma região. As fraturas extensionais também podem conter veios mineralizados com potencial interesse econômico. Além disso, os minerais que preenchem os veios podem preservar registros da formação e, portanto, trazer dados importantes para a compreensão da história de deformação rúptil de uma região.

8.1 Definição e características

Uma junta é uma fratura que apresenta uma pequena abertura (pouco perceptível em muitos casos) perpendicular às suas paredes, mas sem rejeito de cisalhamento ou com rejeito desprezível. As juntas são em sua maioria fraturas extensionais (modo I ou modo aberto) que acomodam pequenas quantidades de deformação extensional (abertura), embora os pequenos rejeitos, que em geral estão presentes, possam dificultar a interpretação do deslocamento. Uma pequena quantidade de cisalhamento pode ocorrer e, nesse caso, temos um modo misto ou uma **fratura híbrida** (Cap. 7). Entretanto, se o deslocamento paralelo à fratura superar o deslocamento extensional perpendicular à fratura, temos uma fratura (predominantemente) de cisalhamento, que é, por definição, uma estrutura diferente de uma junta. Portanto, a cinemática é uma parte importante da definição de juntas, de acordo com o uso recente do termo.

UMA JUNTA É UMA FRATURA COM PEQUENO DESLOCAMENTO DE ABERTURA E CUJO REJEITO PARALELO AO PLANO É AUSENTE OU DESPREZÍVEL.

Boxe 8.1 Por que as juntas são importantes

- indicam paleoesforços (ortogonais a σ_3);
- aumentam a permeabilidade (água, petróleo, gás);
- são condutos para magma (diques);
- diminuem a resistência das rochas;
- podem ser reativadas como falhas;
- reduzem a estabilidade de taludes e controlam quedas de blocos;
- desestabilizam túneis e outros corpos rochosos explodidos;
- controlam erosão e topografia;
- controlam padrões de cavernas.

Uma junta individual é uma fratura contínua com geometria plana ou curvo-plana, sendo que as juntas planas são consideradas **juntas regulares**, e as não planas são denominadas **juntas irregulares**. Exemplos de juntas irregulares, não sistemáticas, são mostrados entre as juntas mais longas e regulares no esquema da Fig. 8.1B e nos sistemas poligonais na Fig. 8.1C. As juntas retilíneas, paralelas entre si e espaçadas por intervalos mais ou menos constantes são denominadas **juntas sistemáticas** (primeiro conjunto

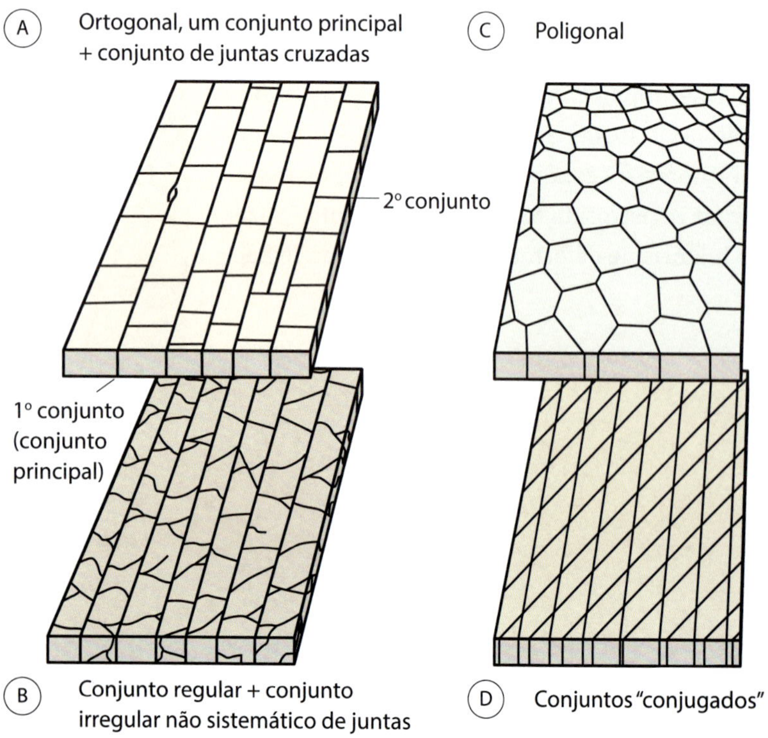

Fig. 8.1 *Alguns padrões de juntas comuns. Note que os conjuntos de juntas "conjugados" não são de fato conjugados, porque ambos devem ter se formado em momentos diferentes (em diferentes campos de esforços)*

na Fig. 8.1A,B, e ambos os conjuntos na Fig. 8.1D). Os dois conjuntos na Fig. 8.2 são regulares e sistemáticos. As juntas irregulares, em relação a sua geometria, atitude e espaçamento, não definem conjuntos e são denominadas **juntas não sistemáticas**. As juntas cruzadas na Fig. 8.1A,B são exemplos de juntas não sistemáticas. Juntas com atitude e morfologia similares definem um **conjunto de juntas**. A Fig. 8.1A,B,D mostra exemplos de sistemas com dois conjuntos de juntas.

As juntas são também denominadas **descontinuidades abruptas**. Isso significa que são estruturas facilmente perceptíveis – ao microscópio, em amostra de mão ou em escala de afloramento (Fig. 8.3) – e que alteram abruptamente as propriedades mecânicas das rochas, em particular sua coesão. A perda de coesão é uma propriedade importante das rochas afetadas por juntas. Por esse motivo, em muitos locais são as juntas que controlam a expressão topográfica. As juntas também fazem com que as rochas se separem em blocos, o que pode facilitar a instalação de uma pedreira. Ao mesmo tempo, as juntas podem instabilizar taludes, sendo um fator de risco geológico.

Fig. 8.2 *Dois conjuntos de juntas em alto ângulo no Arenito Cedar Mesa, Permiano, Parque Nacional Canyonlands, Utah, EUA*

Fig. 8.3 *Rocha sedimentar com alta densidade de juntas (folhelho, calcário) cortada por dique máfico. Durante a intrusão, algumas das juntas sofreram pequeno cisalhamento, indicado pelo deslocamento das camadas. Hovedøya, Oslo, Noruega*

Uma junta é constituída por duas paredes separadas por alguns centímetros, no caso das juntas maiores, ou por alguns milímetros, o que é mais comum. As fraturas extensionais com abertura maior são chamadas de **fissuras** e, quando preenchidas por minerais secundários, de **veios**, ainda que o limite entre juntas e fissuras não seja definido com precisão.

Um veio é uma fratura extensional preenchida por minerais secundários (cimento) introduzidos por fluidos que percolaram a fratura.

De fato, uma das características das juntas é a pequena quantidade de rejeito (extensional) que elas acomodam em relação ao seu comprimento. O deslocamento perpendicular às paredes da fratura é também denominado **abertura**. Fraturas de cisalhamento e falhas têm rejeitos muito maiores em relação ao seu próprio comprimento, quando comparadas com as juntas; uma junta de 100 m de extensão pode não ter mais que alguns poucos milímetros de deslocamento máximo (abertura), ao passo que uma falha com 100 m de extensão pode ter rejeito (de cisalhamento) tipicamente da ordem de 1 m.

O COMPRIMENTO DE UMA ÚNICA JUNTA PODE VARIAR DESDE MILÍMETROS ATÉ CENTENAS DE METROS.

Os dados de magnitude da abertura não são abundantes, talvez porque a abertura tenda a ser pequena, variável e de difícil medição em campo. Além disso, muitas juntas se fecham após sua formação, o que faz com que a abertura original seja desconhecida. Mais especificamente, as juntas tendem a se fechar quando cai a pressão interna dos fluidos que promovem sua propagação, o que ocorre imediatamente após um pulso de abertura de juntas.

Dados de abertura *versus* comprimento de veios, fissuras (medidas em superfície) e diques são mostrados na Fig. 8.4, e percebe-se uma relação similar à observada em falhas (Fig. 9.14): veios, fissuras e diques longos em geral são mais espessos que os curtos. Também se nota que diferentes populações ocupam posições ligeiramente diferentes no diagrama, sugerindo que fatores litológicos locais influenciem a relação abertura-comprimento. Dados de abertura de juntas se localizam em sua maioria abaixo dos dados mostrados na Fig. 8.4. Note também nessa figura que nenhum dos veios registrados é mais longo que 1 m, enquanto as fissuras e diques abrangem um intervalo mais amplo.

É possível que pelo menos parte das juntas com preenchimento mineral (veios) tenha preservado sua abertura original, contanto que os minerais de preenchimento tenham crescido durante a abertura das juntas (ou antes do seu fechamento). Também se considera que os diques possam refletir a abertura original de algumas juntas. Entretanto, note que as juntas podem ser reabertas em estágios tardios, caso as condições de esforços sejam alteradas. Portanto, analisar a abertura de juntas é mais complexo que lidar com a abertura de veios e com rejeitos de falhas.

As medidas de abertura de juntas são interessantes na solução de problemas práticos relacionados ao fluxo de fluidos, como em reservatórios de água ou de petróleo e na produção de energia geotérmica.

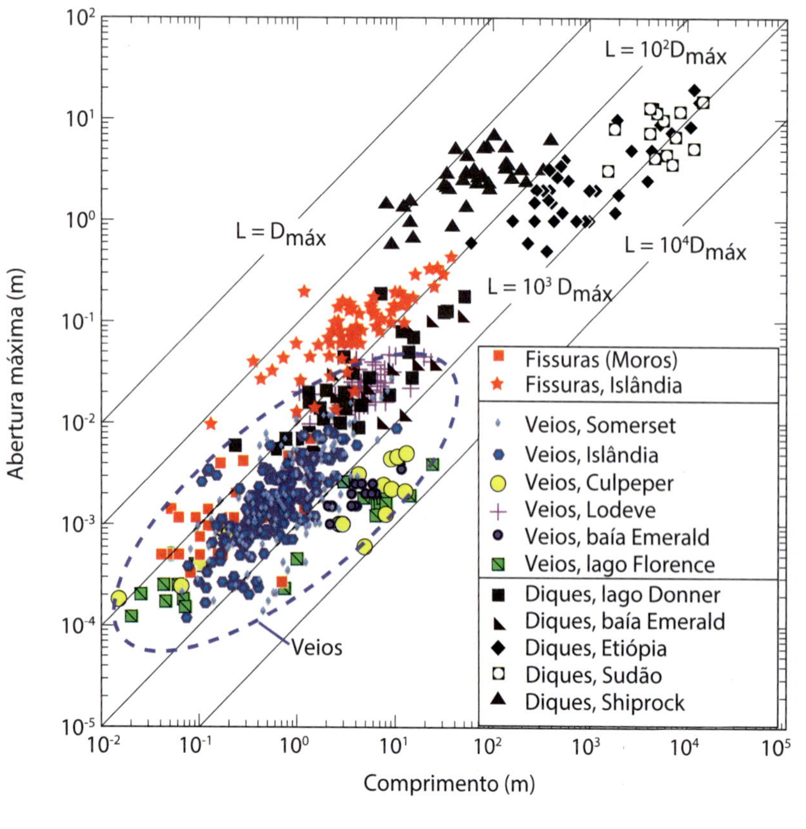

Fig. 8.4 *Relação sistemática entre o comprimento (de uma extremidade à outra, na direção horizontal) e o máximo deslocamento perpendicular às paredes (abertura) de fissuras, veios (dados delimitados pela elipse) e diques*
Fonte: dados de Gudmundsson (2000), Philipp (2012) e Schultz et al. (2013).

8.2 Cinemática e esforços

O panorama é simplificado substancialmente quando consideramos as juntas como estruturas extensionais ou fraturas de modo I, formadas perpendicularmente ao menor dos esforços principais (σ_3). Podemos, dessa forma, usar as juntas para orientar o campo de paleoesforços. De modo similar, podemos prever a potencial atitude de juntas para qualquer campo de esforços, conhecido ou modelado.

As juntas se formam em posição perpendicular ao menor dos eixos de esforços principais (σ_3).

E quando uma junta apresenta componente de rejeito de cisalhamento? Isso pode ser explicado pela reativação de cisalhamento em um campo de esforços com orientação diferente, onde σ_3 não é mais perpendicular à junta. As juntas com cisalhamento secundário fazem sentido, porque, quando uma junta se estabelece, ela representa uma região de fraqueza, que pode ser reativada de um modo controlado pelo estado de esforços no momento da reativação. Há muitos estudos que demonstram a reativação de juntas por cisalhamento. Entretanto, pode ser difícil, em alguns casos, distinguir entre juntas cisalhadas, que implicam duas fases de deformação (extensional, seguida por cisalhamento), e verdadeiras fraturas de cisalhamento com pequeno rejeito. Uma feição característica das juntas cisalhadas é a tendência a apresentar pequenos rejeitos em relação ao seu comprimento, significando que elas podem se localizar abaixo dos dados gerais de rejeito-comprimento de falhas mostrados na Fig. 9.54.

As juntas são fraturas em modo de abertura que se formam na parte do envelope de Mohr onde o esforço normal é negativo, ou seja, à esquerda do eixo vertical de esforço cisalhante (Fig. 8.5). Esse lado negativo do diagrama também acomoda fraturas em modo de abertura, que têm tanto componente de abertura como de cisalhamento. Portanto, as juntas que mostram um pequeno componente de rejeito de cisalhamento podem ter se formado como fraturas híbridas desse tipo, e não necessariamente pela reativação em um campo de esforços rotacionado. Se a rocha estiver em soterramento profundo e, portanto, do lado direito do diagrama de Mohr, é necessário acumular uma pressão interna de fluidos na junta incipiente que compense e exceda o vetor compressional σ_3 na rocha encaixante, como discutido na seção 7.7.

Vimos no Cap. 7 que as fraturas de cisalhamento tendem a formar sistemas conjugados com ângulo agudo próximo a 60°, ou um pouco menor se atingirem o campo tracional (lado esquerdo) do diagrama de Mohr (Fig. 8.5). Assim, onde encontramos dois conjuntos de juntas com essa relação angular, temos que considerar a possibilidade de eles terem se formado como fraturas de cisalhamento ou fraturas híbridas. Precisamos buscar evidências de cisalhamento, indicações de cronologia relativa entre os dois conjuntos e interpretações regionais para suas atitudes. Se encontrarmos evidências de cisalhamento nos dois conjuntos e considerarmos que eles se iniciaram como puras fraturas extensionais, serão necessárias três fases de deformação: (1) um campo de esforços com σ_3 orientado de modo perpendicular ao primeiro conjunto de juntas; (2) uma nova deformação com σ_3 orientado de modo perpendicular ao segundo conjunto de juntas (possivelmente gerando algum cisalhamento no primeiro conjunto); e (3) σ_H (máximo esforço compressivo horizontal) oblíquo aos dois conjuntos, para reativá-los como fraturas de cisalhamento. A interpretação alternativa – ou seja, de que os dois conjuntos se iniciaram simultaneamente como fraturas de cisalhamento ou

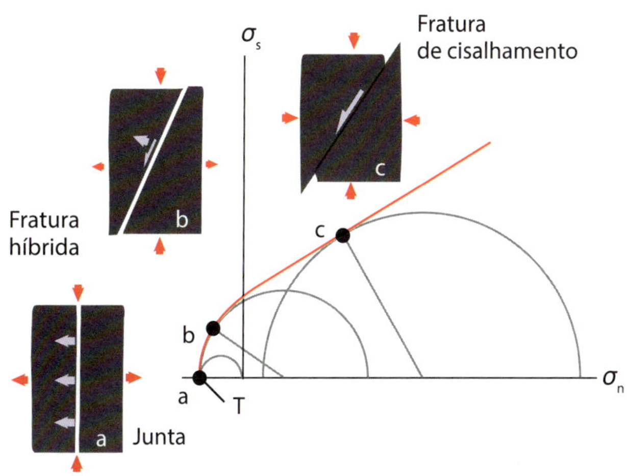

Fig. 8.5 *Idealmente, as juntas são fraturas sem cisalhamento ou quase sem cisalhamento, ou seja, elas são representadas pelo ponto onde o envelope de fraturamento cruza o eixo horizontal no diagrama de Mohr. T = resistência à tração*

híbridas – requer apenas uma fase de deformação (um campo de esforços). Nossa escolha do modelo tem importantes implicações na compreensão dos esforços e da história de deformação de uma dada região. Portanto, mesmo que juntas representem, por definição, fraturas extensionais, devemos ser cuidadosos ao interpretar fraturas similares a juntas em campo.

8.3 Como, quando e onde as juntas se formam

As juntas, bem como as fraturas extensionais em geral, formam-se em resposta a esforços gerados por processos tectônicos, sobrecarga ou variações de temperatura (Fig. 8.6). Como a sobrecarga cria um estado de esforços compressivos crescente com a profundidade e como há um esforço tracional envolvido na formação das juntas, elas se formam mais facilmente na parte superior da crosta. Esforços tracionais verdadeiros são esperados apenas em níveis muito rasos, normalmente até no máximo poucas centenas de metros abaixo da superfície. Em superfície ou próximo a ela, o esforço tracional pode gerar juntas e fraturas nas porções rúpteis, como nas camadas de basalto mostradas nas Figs. 5.5 e 7.8. As fraturas extensionais formadas por esforço mínimo σ_3 negativo (tracional) são também conhecidas como **fraturas de tração**.

As fraturas extensionais também se formam em regiões mais profundas da crosta, mas apenas com a ajuda da atividade de fluidos pressurizados ao longo das fraturas. Em outras palavras, certa pressão de fluidos é necessária para tornar efetivo o esforço tracional em um defeito de uma rocha (em que a junta pode se nuclear) ou na extremidade de um (micro)*crack* preexistente. As fraturas que se formam sob elevada pressão de fluidos, que temporariamente excede o esforço compressivo (σ_3) mínimo remoto e a resistência à tração da rocha, são denominadas **hidrofraturas**.

EM TERMOS MECÂNICOS, HÁ DOIS TIPOS DE FRATURAS EXTENSIONAIS: FRATURAS DE TRAÇÃO (RASAS) E HIDROFRATURAS (QUALQUER PROFUNDIDADE).

O efeito da elevada pressão nos poros sobre o fraturamento é mostrado na Fig. 7.29: a pressão de fluidos pode levar o círculo de Mohr para a direita e, dependendo de seu raio em relação ao envelope de fraturamento, tocar o envelope no lado esquerdo (negativo) do diagrama e, portanto, causar a formação de uma fratura de tração (junta). Podemos expressar essa relação em termos de resistência à tração T da rocha, esforço mínimo remoto σ_3 e pressão de fluidos p_f:

$$p_f > \sigma_3 + T \tag{8.1}$$

Portanto, a pressão de fluidos deve exceder não apenas o esforço geral sobre a rocha, mas também o esforço tracional necessário para romper a rocha. Em rochas sedimentares, p_f representa a pressão da água, óleo ou gás que ocupam os poros. No caso de rochas magmáticas, p_f é a pressão do magma.

Outra exigência para a formação de juntas é um moderado a baixo esforço diferencial. Se o esforço diferencial for grande, o círculo de Mohr irá tocar o envelope de ruptura em vez do ponto de resistência à tração (ponto c na Fig. 8.5), e fraturas de cisalhamento irão se formar, em vez de juntas.

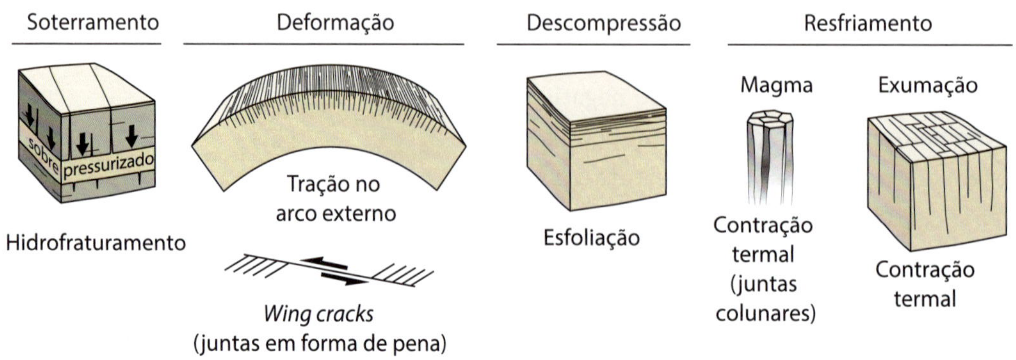

Fig. 8.6 *Algumas das principais maneiras pelas quais as juntas podem se formar na crosta*

A formação de juntas requer esforço efetivo de tração e baixo esforço diferencial.

Isso não significa que o esforço de campo distante ou regional precise ser tracional: essa condição se relaciona apenas às condições locais de nucleação de juntas ou à extremidade das juntas, no caso de sua propagação. O fato de que a maioria das juntas tende a formar conjuntos paralelos indica que há algum nível de esforço diferencial presente durante sua formação. Em contrapartida, as juntas colunares (Fig. 8.7) se formam onde o campo de esforços no plano horizontal é aproximadamente igual em todas as direções. As juntas se formam em rochas ígneas, metamórficas e sedimentares, mas são de interpretação mais simples em sequências de rochas sedimentares devido ao acamamento regular, às idades bem definidas, ao registro da história de soterramento e à diagênese.

Fig. 8.7 *Juntas colunares em basalto, formadas durante o resfriamento da lava. Reynir, Islândia*

8.3.1 Formação de juntas durante soterramento de camadas sedimentares

Ao serem soterrados, os sedimentos passam por mudanças rápidas em porosidade, e os fluidos (principalmente água) dos poros são expelidos. Se esses fluidos não encontram um canal de escape, eles são aprisionados (temporária ou permanentemente). Em consequência, as rochas podem ficar com sobrepressão e pouco compactadas, mantendo sua porosidade mais alta do que seria esperado em condições normais. Por exemplo, camadas de areia situadas entre camadas não permeáveis de folhelhos podem sofrer sobrepressão no início do soterramento, e a sobrepressão é uma força motriz para a formação de juntas (veios) por hidrofraturamento. A pressão excessiva que se forma nos poros das areias pode criar hidrofraturas por onde água e areia fluidizada podem extrudir. Injectitos são uma ampla família de estruturas em sedimentos não consolidados, e aqueles que formam corpos tabulares relacionados a juntas e veios são denominados **diques de arenito** ou **diques clásticos** (Fig. 8.8).

As estruturas tipo juntas em sedimentos não consolidados se formam em geral próximas à superfície, em profundidades rasas de soterramento. Para que juntas propriamente ditas se formem, entretanto, é necessário que a rocha tenha mais coesão, o que exige algum grau de litificação por cimentação e dissolução. A formação ou não de juntas durante o soterramento de camadas sedimentares depende do estado de esforços, das propriedades das rochas (que mudam durante o soterramento), da pressão de fluidos e dos esforços diferenciais; se ela ocorrer, acontecerá primeiro nas camadas mais competentes, tipicamente de arenito ou calcário. As camadas incompetentes intercaladas (p. ex., folhelho) não estarão suficientemente rígidas para manter os esforços diferenciais que se formam nas camadas mais competentes; não tanto quanto os fluidos, que não suportam nenhum esforço diferencial, mas mesmo assim menos rígidas que arenitos e calcários. As camadas inicialmente sofrem o esforço compressivo vertical e os folhelhos podem, em grande medida, ceder a essa carga vertical. Isso significa que, à medida que a pressão aumenta com o soterramento, os esforços tracionais vão surgir inicialmente nas camadas mais competentes, como os arenitos, no caso de uma sequência de arenitos e folhelhos. As juntas poderão se propagar nos folhelhos assim que a pressão dos fluidos nos poros se tornar alta o suficiente para o folhelho se romper por tração. Segundo esse modelo, pelo menos algumas das fraturas das camadas de arenito serão anteriores às camadas vizinhas de folhelhos.

A sobrepressão suficiente para produzir conjuntos de juntas por hidrofraturamento, também denominadas juntas hidráulicas, é mais facilmente atingida em profundidade de soterramento de alguns quilômetros, a menos que as rochas estejam submetidas a esforços tectônicos significativos. Além disso, um campo de esforços em que $\sigma_3 < \sigma_2$ (implicando campo de esforços triaxial, posto que σ_1 é sempre vertical em bacias sedimentares) é necessário para produzir juntas paralelas. A explicação mais óbvia para a existência de um campo de esforços triaxiais em uma bacia sedimentar é a presença de algum componente externo de esforço diferencial que se sobrepõe aos esforços gerados por soterramento. Assim sendo, enquanto o soterramento pode gerar esforços formadores de juntas, esforços diferenciais adicionais controlam a orientação das juntas. Em uma bacia tipo rifte, podemos esperar, de modo simplificado, que as juntas sejam subparalelas ao eixo do rifte, enquanto em um sistema transtracional os conjuntos seriam oblíquos às bordas da bacia.

8.3.2 Formação de juntas em resposta a esforços tectônicos

Os esforços tectônicos podem ser a causa direta da formação de juntas, não apenas em regimes extensionais, mas também em regimes contracionais. Juntas de alto ângulo de mergulho, orientadas de modo aproximadamente perpendicular às charneiras das dobras do ciclo Alleghaniano, na Província do Platô Apalachiano, são consideradas um produto da tectônica compressional (Fig. 8.9A, conjunto Ib). A compressão tectônica e o encurtamento a ela associado aumentaram a sobrepressão a ponto de permitir a formação de juntas. Essas juntas, denominadas **juntas cruzadas em dobras** (*cross-fold joints*), implicam um pequeno componente extensional paralelo ao eixo da dobra. Nessa região, as charneiras das dobras definem um amplo arco (Fig. 8.9) consistente com um sistema extensional paralelo às charneiras. Terry Engelder e colaboradores, que estudaram em detalhe as juntas e os padrões de juntas no Platô Apalachiano, encontraram um segundo conjunto de juntas cruzadas em dobras ligeiramente oblíquo à direção de encurtamento (Fig. 8.9A, conjunto Ia). Os dois conjuntos (Ia, Ib) se sobrepõem em idade e, se assumirmos que as juntas registram a direção de máximo esforço horizontal, isso significa que a orientação dos esforços deve ter variado ao

Fig. 8.8 *Quatro diques clásticos (arenito) em rochas sedimentares do Oligoceno, Monumento Nacional Badlands, Dakota do Sul, EUA. A altura do afloramento é de cerca de 10 m*

longo da história de formação de juntas. É interessante que essa variação tenha resultado em um novo conjunto de juntas com uma diferença angular < 18-30° em relação à direção de encurtamento sem que tenha havido reativação de cisalhamento no conjunto anterior. De fato, conjuntos de juntas que se intersectam em baixo ângulo (e sem evidência de cisalhamento) não são raros em sequências sedimentares. Por outro lado, dois conjuntos de falhas normais em geral não se formariam com diferença tão pequena de atitude; é mais fácil formar uma nova junta que uma nova falha ou fratura de cisalhamento (porque a resistência à tração em uma rocha é menor que sua resistência ao cisalhamento).

A atitude das juntas em relação às dobras orogênicas e suas relações de idade com a foliação (observações em afloramento indicam que as juntas podem ser tanto mais antigas como mais jovens que a foliação) revelam a origem tectônica das juntas do Alleghaniano mostradas na Fig. 8.9. Entretanto, é

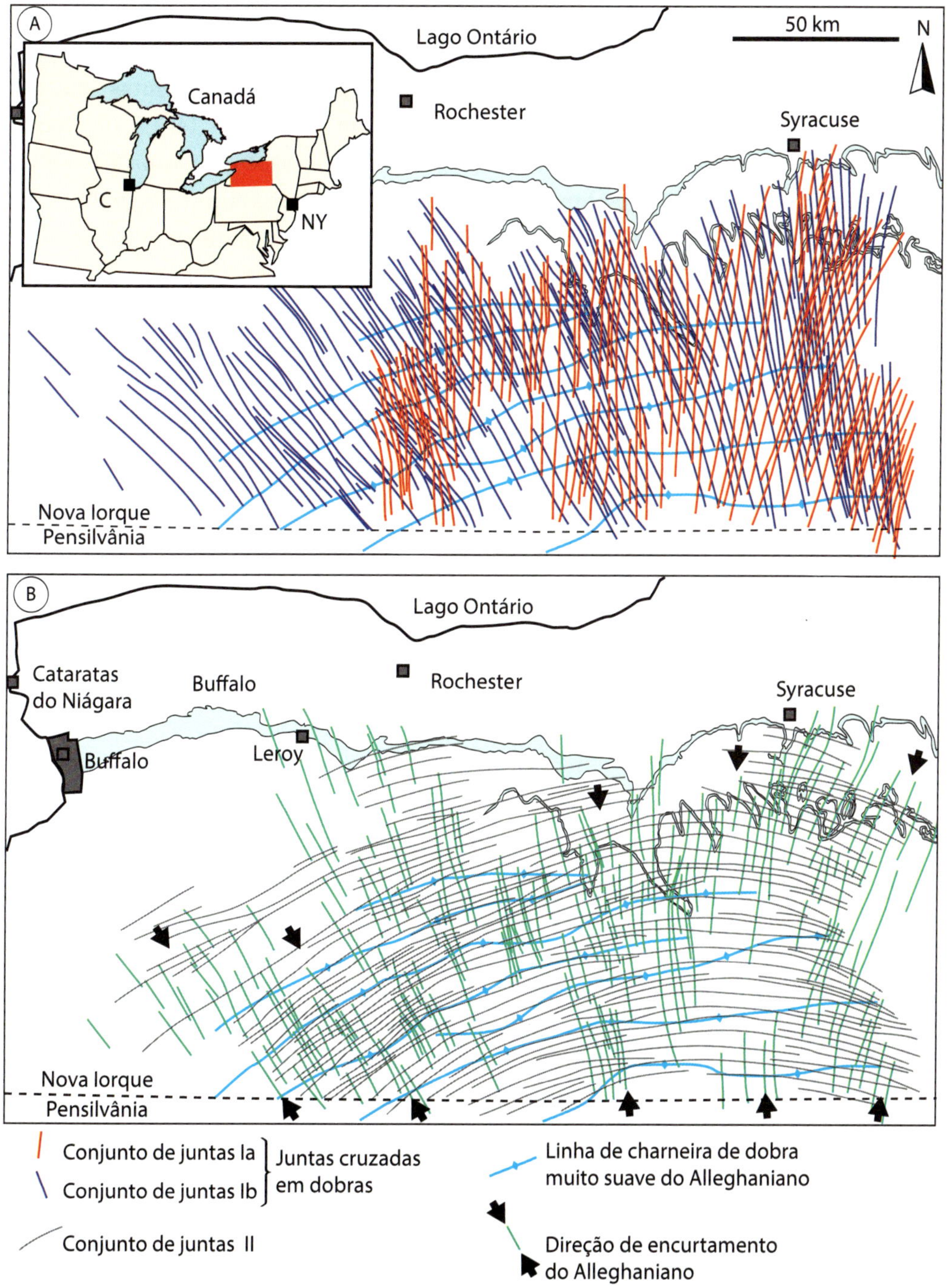

Fig. 8.9 *Traços de juntas no Platô Apalachiano. Terry Engelder mapeou e agrupou as juntas em conjuntos interpretados como tendo origens diferentes. Um dos subconjuntos (conjunto II) é aproximadamente perpendicular à direção de encurtamento do Alleghaniano*
Fonte: baseado em Engelder e Geiser (1980).

importante ter em mente que as juntas tectônicas também exigem alta pressão de fluidos criada pela carga vertical (sobrecarga). Há, portanto, um efeito combinado do aumento da pressão dos fluidos nos poros devido ao soterramento com o aumento de sobrepressão devido ao encurtamento horizontal e com o componente de esforço tectônico, que, em conjunto, resultou na formação de juntas no Platô Apalachiano, enquanto o esforço tectônico controlou a atitude das juntas.

8.3.3 Formação de juntas controlada por deformação e rejeito

Os campos de deformação podem gerar populações de juntas e controlar sua distribuição e orientação. Um exemplo clássico é o de formação de juntas durante o encurtamento paralelo ao acamamento em regimes contracionais. Em sua forma mais simples, podemos esperar que as juntas se formem com direção paralela à charneira das dobras e perpendicular ao acamamento na zona de charneira. Isso porque, como discutido no Cap. 12, o arco externo de uma camada competente em dobramento ativo sofre tração.

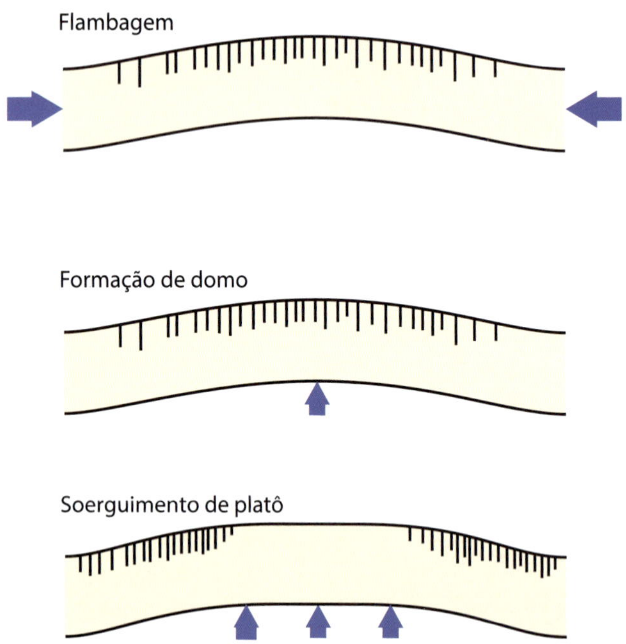

Fig. 8.10 *Exemplo de juntas produzidas por deformação durante flambagem (A) e soerguimento (domo e platô) (B, C). Esses três modelos podem representar a crosta como um todo, mas a formação de domos e flambagem também pode ocorrer em menor escala. Além do estiramento do arco externo, o soerguimento também gera juntas por resfriamento (não mostradas aqui)*

A deformação relacionada a dobramentos, em particular as juntas, tem sido relacionada com a curvatura da superfície: considera-se que, quanto mais abrupta for a mudança de atitude de uma camada, maior será a densidade de juntas (indicado esquematicamente na Fig. 8.10C). Esse é um modelo simples que funciona bem em alguns casos, mas há situações em que a correlação entre curvatura e densidade de juntas não é tão boa.

A deformação extensional no arco externo durante o dobramento forma populações de juntas que são controladas pelo tamanho e pela forma da dobra. Isso pode ocorrer em processos em escala crustal ou litosférica de soerguimento e formação de domos, em contexto de processos isostáticos (movimentos epirogenéticos), tais como derretimento de geleiras e eventos de tectônica colisional, ou de processos térmicos de convecção da astenosfera. Mesmo que a deformação relacionada a esses processos seja muito pequena para gerar conjuntos de juntas, ela pode ter efeito em combinação com a exumação, o resfriamento e outras fontes de esforços.

Em escala menor, a reativação de juntas e falhas por cisalhamento gera deformação extensional na região da extremidade e contração no outro extremo. A porção extensional desenvolve tipicamente juntas em alto ângulo, conhecidas como *wing cracks* (Fig. 8.11).

8.3.4 Formação de juntas durante exumação

As sequências de rochas sedimentares, assim como qualquer outro conjunto de rochas expostas em superfície, sempre apresentam juntas. Em contraste, dados de perfurações mostram que muitas sequências sedimentares que passaram apenas por soterramento não apresentam densidade menor de juntas, podendo não haver juntas em alguns casos. Durante a exumação ocorre a remoção da sobrecarga, reduzindo tanto o esforço vertical como o horizontal (este em menor grau). Há um componente térmico adicional que causa a contração da rocha durante o resfriamento, como discutido na seção 5.4. Essas juntas são em geral denominadas **juntas de alívio de carga** (*unloading*

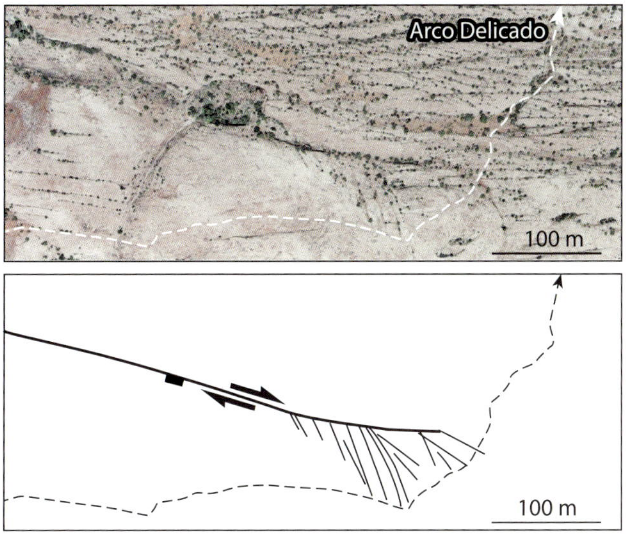

Fig. 8.11 *Juntas associadas à terminação de falha normal em arenito. Essas juntas em estilo de rabo de cavalo ou asas (wing cracks) podem ser explicadas por uma suave reativação destral de uma falha normal preexistente. Caminho para o Arco Delicado, Parque Nacional dos Arcos, Utah, EUA*

joints). De modo diferente de outros tipos de juntas, elas não se formam por hidrofraturamento.

Muito próximo à superfície, a presença de uma superfície livre se torna importante, além do fato de praticamente não haver carga de soterramento e de a temperatura ser mais baixa. O resultado é o desplacamento ou a delimanação, tipicamente formando juntas cuja atitude tem relação próxima com σ_3. A Fig. 5.3 mostra que σ_3 é geralmente perpendicular à superfície e, portanto, as juntas de delaminação em baixa profundidade, ou **juntas de esfoliação**, são em geral subparalelas à superfície do terreno, ou seja, sub-horizontais em áreas planas e paralelas ao talude em áreas montanhosas. As juntas de esfoliação são particularmente bem desenvolvidas em rochas homogêneas, como os granitos.

Durante o alívio de carga em rochas com foliação, as juntas também podem se formar como resultado de alívio de esforços ao longo de estruturas planas preexistentes (clivagens, acamamentos etc.). Um conjunto de **juntas de alívio** subparalelas à direção de charneiras de dobras e clivagem no Platô Alleghaniano (Fig. 8.9B) é provavelmente relacionado a esse tipo de alívio.

Outro resultado da exumação é o resfriamento e, com ele, a contração térmica. O resfriamento não chega a produzir padrões poligonais – como as juntas colunares que ocorrem em rochas basálticas em resfriamento muito mais rápido –, mas sim conjuntos de juntas regulares. A orientação regional das juntas formadas na exumação pode ser controlada por (1) estruturas preexistentes de fraqueza, (2) esforços tectônicos no momento da formação das juntas ou (3) esforço residual retido nas rochas durante a deformação em maiores profundidades.

Sem considerar qual desses mecanismos pode ser mais importante, uma vez que as juntas se formem com uma orientação preferencial, o esforço tracional através das juntas é reduzido e o outro esforço principal horizontal pode se tornar o esforço mínimo. Em consequência disso, um conjunto de juntas perpendiculares entre si pode se formar. Essas juntas, formadas por troca de σ_3, ocorrem mais provavelmente próximo à superfície, onde há maior chance de ambos os esforços horizontais serem de tração. Além disso, é possível que a orientação dos esforços tectônicos mude durante a exumação e, portanto, produza juntas com diferentes atitudes.

8.3.5 Formação de juntas e estratigrafia mecânica

Muitas rochas, em particular as sedimentares, são compostas de camadas com diferentes propriedades mecânicas, para as quais se aplicam os termos genéricos *competentes* e *incompetentes*. Em relação ao fraturamento, em geral nos referimos à resistência e à rigidez da rocha. A rigidez se refere a quão resistente é uma camada para se deformar sob a influência de esforços, o que é descrito pelo módulo de elasticidade E ou módulo de Young (ver Eq. 6.2). Uma camada **rígida** tem, por definição, um módulo de Young mais alto que o das camadas adjacentes. A **resistência** se relaciona ao esforço diferencial: uma rocha resistente pode suportar um maior esforço diferencial (grandes diferenças entre σ_1 e σ_3). Diferentes propriedades em diferentes camadas significa que as rochas sofrerão fraturamento em diferentes momentos de sua história de deformação.

Considere uma camada de calcário que esteja entre duas camadas de folhelho. Se todas as camadas forem ligeiramente estiradas, a de calcário será mais resistente que as de folhelho e irá concentrar em seu interior uma quantidade maior de esforços. A quantidade depende de *E*, de acordo com a lei de Hooke (Eq. 6.1), pois a deformação é a mesma para todas as camadas (elas são igualmente estiradas). O calcário provavelmente se fraturará primeiro, ainda que isso dependa da relação de resistência à tração dos dois tipos de rocha. O calcário pode se fraturar várias vezes antes que o folhelho comece a se fraturar, criando fraturas que são restritas à sua camada. Posteriormente se formarão fraturas que atravessarão a interface entre as camadas, mas a camada rígida e resistente de calcário irá conter mais fraturas que as de folhelho. Camadas desse tipo são mostradas na Fig. 8.12.

Um exemplo similar é o soterramento de camadas de arenito e folhelho. O arenito é mais resistente que o folhelho, o que significa que ele pode suportar maior esforço diferencial. O esforço máximo σ_1 é controlado pela carga e é o mesmo em todas as camadas. Entretanto, σ_3 pode ser menor nas camadas de arenito. Essa situação é mostrada na Fig. 5.11. À medida que a pressão nos poros aumenta com o soterramento, os círculos de Mohr do arenito e do folhelho se movem juntos para a esquerda, mas o arenito atinge o envelope antes e, portanto, começa a se fraturar antes. Em outras palavras, o arenito se fratura sob menor pressão de poros e desenvolve as fraturas antes que o fraturamento se inicie no folhelho. Em algum ponto a pressão nos poros é grande o bastante para causar o fraturamento do arenito e do folhelho, e então se formam juntas que atravessam os dois materiais. Essas relações são importantes quando tentamos analisar os padrões de juntas e sua distribuição em rochas acamadadas, como discutiremos posteriormente neste capítulo.

8.4 Distribuição de juntas

Em sua maioria, as juntas ocorrem em populações que definem conjuntos de abrangência local ou regional. O espaçamento ou a frequência são medidos ao longo de linhas de varredura paralelas ao acamamento. Na prática, uma linha de varredura é uma fita métrica longa disposta de modo perpendicular a um conjunto de juntas específico e com a qual são marcados os locais onde as juntas a interceptam e medidas as distâncias entre juntas consecutivas. Isso pode ser repetido para cada conjunto de juntas em uma camada. As linhas de varredura são fáceis de serem usadas em superfícies bem expostas de planos de acamamento, mas, se a linha de varredura for colocada em uma superfície vertical não ortogonal ao conjunto de juntas, uma correção geométrica deverá ser aplicada. Como no exemplo da Fig. 8.1D, em que um sistema de juntas é composto de dois conjuntos bem definidos de juntas, seria necessário distinguir entre os dois conjuntos diagonais e tratá-los e caracterizá-los individualmente. Além das linhas de varredura, as atitudes podem ser representadas em diagramas de roseta ou em estereogramas. Os diagramas de roseta são bastante atrativos, pois mostram as tendências com clareza.

Fig. 8.12 *Juntas em uma camada competente. Um conjunto regularmente espaçado se estende na direção da visada, enquanto outro conjunto, com espaçamento maior, está orientado em alto ângulo em relação ao primeiro. Somerset, Reino Unido*

8.4.1 Espaçamento característico entre juntas

Como comentado anteriormente, é a camada mecanicamente mais resistente ou mais rígida que desenvolve mais juntas (Fig. 8.12). Entretanto, resistência e rigidez não são tudo: o espaçamento também depende da espessura da camada, e as observações de campo mostram que as mais delgadas, em geral, apresentam maior frequência de fraturamento que as mais espessas, considerando situações em que as propriedades mecânicas de ambas sejam similares (Fig. 8.13).

Os conjuntos de juntas tendem a apresentar uma distribuição homogênea nas camadas mais resistentes de rochas acamadadas. Essa tendência de se distribuir pelo espaço é muito diferente nas fraturas de cisalhamento, que tendem a se aglomerar em zonas (falhas) e, portanto, representam um caso de concentração da deformação.

AS JUNTAS EM GERAL SE DISTRIBUEM NAS ROCHAS, ENQUANTO AS FRATURAS DE CISALHAMENTO TENDEM A SE AGRUPAR.

Trabalhos experimentais e observações de campo mostram que juntas em camadas relativamente resistentes crescem em número pelo progressivo surgimento de novas juntas entre as que já existem. Isso significa que a distância média entre as juntas (espaçamento) se torna gradualmente menor ao longo do tempo, mas há um ponto em que elas parecem atingir uma densidade de saturação que não é facilmente superada. Um conjunto de juntas desse tipo mostraria frequência de espaçamento enviesado com um valor característico. A Fig. 8.14A é um exemplo de distribuição desse tipo, e os experimentos mostram que o espaçamento é enviesado para um valor pequeno (negativamente enviesado) à medida que se aproxima do valor de saturação (cerca de 35 cm na Fig. 8.14A). Mais deformação pode ser acomodada pela abertura das juntas existentes ou pela formação de juntas cruzadas ou ainda, de modo mais eficiente, pelo cisalhamento das juntas existentes e pela formação de falhas.

Em muitas camadas de rochas competentes naturalmente deformadas, o espaçamento dominante ou a mediana do espaçamento das juntas S parece ser próximo à dimensão da espessura B. Portanto,

$$S = \alpha B$$

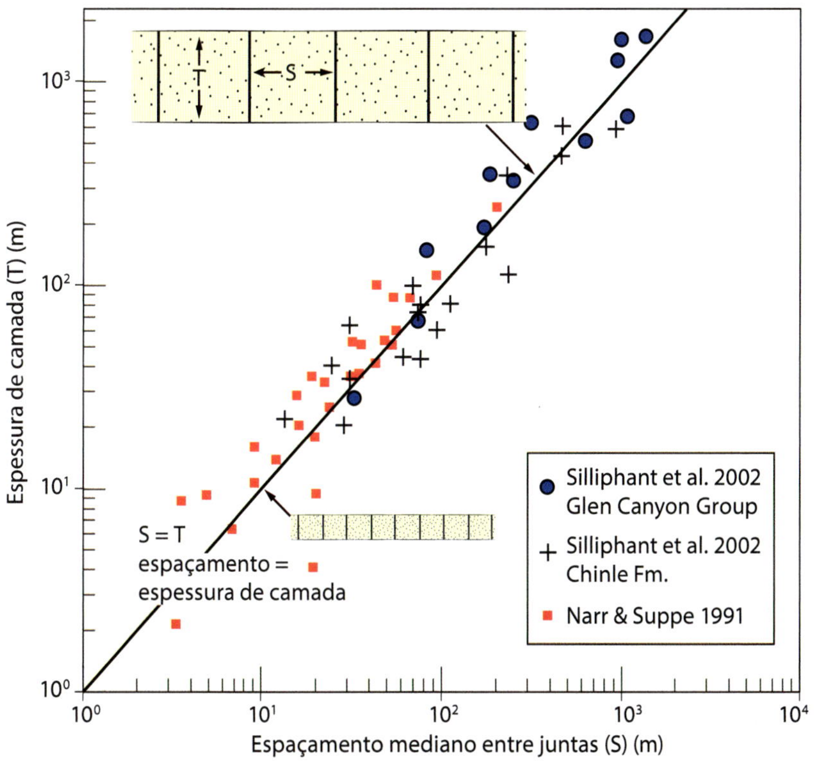

Fig. 8.13 *Relação entre o espaçamento mediano de juntas e a espessura das camadas hospedeiras das juntas. O gráfico mostra uma relação muito simples: espaçamento é aproximadamente igual à espessura da camada, independentemente da escala*

em que α é estatisticamente próximo a 1 (Fig. 8.13). A relação exata depende do tipo litológico e, mais especificamente, do contraste mecânico entre a camada com as juntas e as camadas vizinhas: quanto mais rígida for a camada, mais próximas serão as juntas e menor será a constante α. Esses fatores são responsáveis, pelo menos em parte, pelo espalhamento na Fig. 8.13. Por causa da relação entre espaçamento das juntas e espessura das camadas, a razão de espaçamento de fraturas (FSR, *fracture spacing ratio*), que é o valor da espessura dividido pela mediana do espaçamento, é uma forma prática de normalização quando comparamos camadas de diferentes espessuras com juntas.

8.4.2 Por que as juntas se espalham

Por que é tão comum as juntas se espalharem de modo mais ou menos regular em camadas resistentes e rígidas (Fig. 8.12), em vez de se concentrarem em zonas? Vários modelos mecânicos foram propostos para explicar esse comportamento e vamos discutir brevemente alguns deles. A maioria dos modelos focaliza as mudanças dos esforços e da deformação que ocorrem quando uma junta se forma em uma camada.

O **modelo de força de contato**, também usado para explicar a regularidade do comprimento de *boudins* formados em níveis crustais mais profundos (Cap. 15), concentra-se nas forças que se acumulam no contato entre camadas rígidas e pouco rígidas. Quando uma camada rígida se fratura e uma junta se abre, as camadas sobrejacentes e subjacentes menos rígidas não se fraturam e fluem em direção à nova fratura. Portanto, elas exercem um puxão sobre a camada rígida, que irá se fraturar se o puxão (tração na camada rígida) for suficientemente forte. A intensidade do puxão aumenta com a distância entre duas fraturas vizinhas, atingindo seu valor máximo na região central (Fig. 8.15), que se torna, portanto, o local mais provável para a instalação de uma nova junta. Esse processo se repete até que os segmentos intactos da camada rígida sejam curtos demais para que haja suficiente esforço acumulado. O comprimento crítico S (espaçamento) será maior em camadas mais espessas, porque a zona de alívio de pressão em torno das juntas existentes será mais larga e porque é necessária uma força maior de contato para criar esforço suficiente.

AS JUNTAS SE ESPAÇAM PORQUE NOVAS JUNTAS TENDEM A SE FORMAR EM LOCAIS DISTANTES DAS ZONAS DE ALÍVIO DE PRESSÃO GERADAS EM TORNO DAS JUNTAS EXISTENTES.

Mesmo se desconsiderarmos qualquer efeito de deformação diferencial e de forças de contato nas interfaces entre as camadas, haverá uma redução de

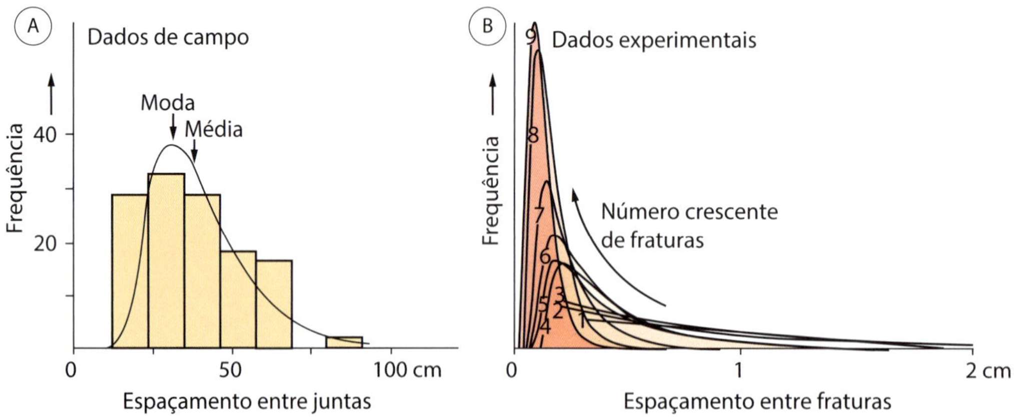

Fig. 8.14 *(A) Espaçamento de juntas de um conjunto de juntas paralelas em uma camada competente de 1 m de espessura em Nash Point, Gales do Sul, Reino Unido, uma área famosa por seus padrões de juntas. O máximo da curva ajustada (log normal) indica que o espaçamento é de 30-35 cm. (B) Espaçamento entre fraturas em diferentes estágios durante um experimento físico (curvatura de uma placa de poliestireno) até que o mínimo espaçamento tenha sido atingido (pico do gráfico em vermelho). As populações 1 e 9 são dos estágios inicial e final, respectivamente*

Fonte: Rives et al. (1992).

esforços em torno de uma junta, que pode ser tratada como um **modelo de sombra de esforços**. Em uma junta não coesa, o esforço tracional é nulo no local da junta e aumenta para ambos os lados a partir dela. A modelagem sugere que esse efeito de queda nos esforços em cada lado de uma junta decresça de modo não linear a partir dela até uma distância de cerca de cinco vezes a espessura da camada (*B*) e que essa redução nos esforços seja proeminente (nível de esforços < 70% do esforço remoto) na zona até 1*B* a partir da junta (Fig. 8.16A). Portanto, novas juntas tenderão a se formar fora ou na parte marginal dessa zona de redução de esforços (Fig. 8.16B). Uma camada mais espessa produz juntas mais longas, com zonas mais espessas de redução de esforços, favorecendo, portanto, um maior espaçamento entre elas.

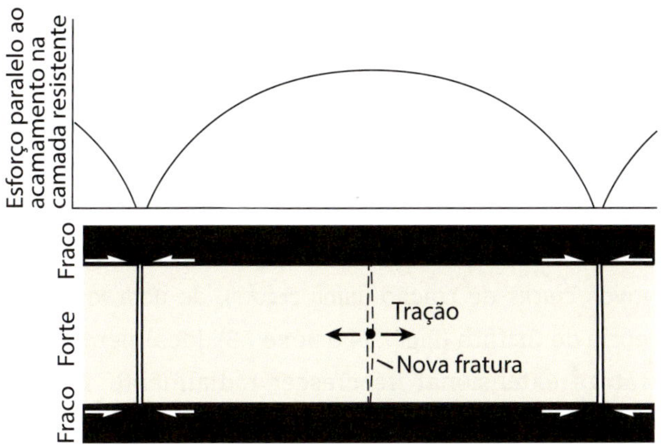

Fig. 8.15 *As camadas competentes (resistentes e rígidas) situadas entre camadas menos competentes irão se fraturar preferencialmente, enquanto que as camadas mais fracas não se fraturam e, assim, exercem um puxão na camada mais resistente (setas brancas de cisalhamento). O puxão cria uma tração entre duas juntas existentes e uma nova junta se forma na metade desse segmento, se o esforço de tração exceder a resistência à tração da camada*

Um terceiro modelo é particularmente aplicável a rochas porosas, tais como arenitos e calcários, e considera variações de pressão nos poros durante a formação das juntas. Assim que uma junta se forma, espaços adicionais de poros são criados, o que reduz a pressão de fluidos dos poros em sua vizinhança. Portanto, o círculo de Mohr efetivo se move para a direita (oposto do mostrado na Fig. 7.33), evitando que novas juntas se formem nas proximidades de uma junta existente. Em consequência, uma nova junta

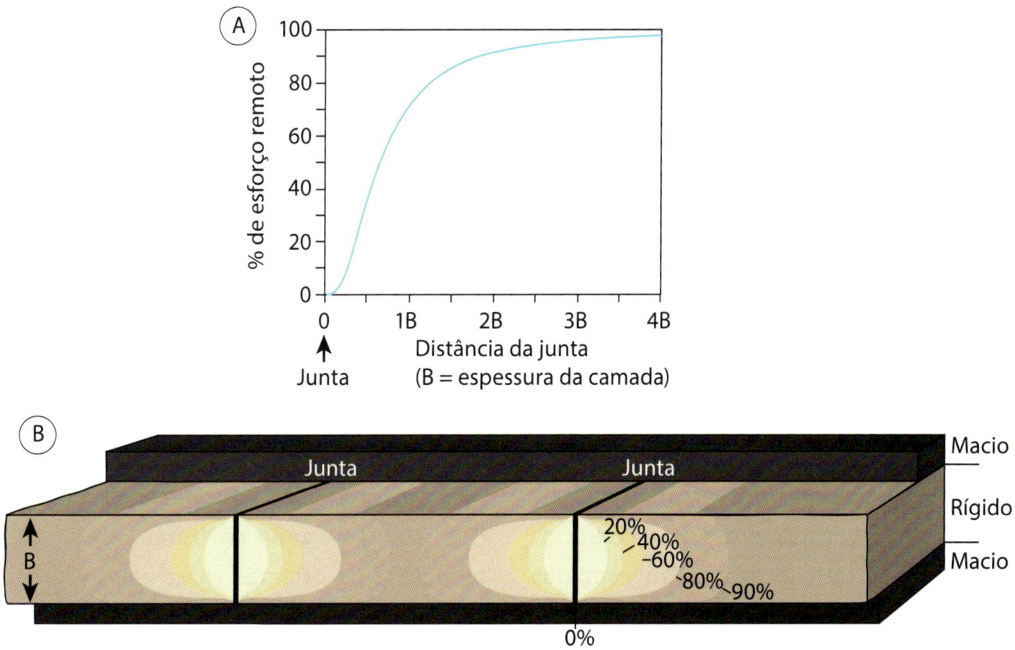

Fig. 8.16 *(A) Gráfico mostrando como o esforço remoto diminui em direção a uma junta isolada. A distância é expressa em termos de espessura da camada, indicando que essa diminuição dos esforços é independente da escala. O gráfico representaria uma linha horizontal iniciada no centro da junta mais à direita e prosseguindo para a direita. (B) Visualização tridimensional da queda nos esforços (em %) em torno das juntas*

Fonte: (A) baseado em Pollars e Segall (1987); (B) baseado na modelagem numérica de Fischer e Polansky (2006).

tenderá a se formar a certa distância de uma preexistente, e essa distância aumenta conforme aumenta a permeabilidade da rocha. Esse efeito de pressão nos poros depende de quão efetivamente a diferença de pressão nos poros é mantida ao longo do tempo.

Todos esses modelos e alguns outros não mencionados podem explicar o espaçamento regular das juntas visto na maioria das rochas por elas afetadas, embora sua importância relativa possa depender das condições locais quanto às propriedades da rocha e do campo de esforços. Muitos modelos preveem espaçamentos característicos maiores que os observados em rochas naturalmente afetadas por juntas. Isso pode ser explicado, parcial ou completamente, pela presença de **imperfeições** ou **defeitos** nas rochas não deformadas. Como discutido no Cap. 7, o esforço se concentra nos defeitos, o que faz deles pontos potenciais de nucleação de fraturas extensionais. Os defeitos reduzem a resistência de uma camada, e, se um defeito estiver localizado em um ponto "próximo demais" a uma junta preexistente, poderá levar à formação de uma nova junta. Portanto, algumas juntas podem se desenvolver abaixo da distância mínima prevista pelos modelos. Esse efeito também foi numericamente modelado e as referências são indicadas ao final deste capítulo. É interessante que os modelos usuais prevejam espaçamentos característicos entre juntas que são maiores que os observados em rochas naturalmente deformadas, o que indica que os modelos não capturam todas as características da rocha ou toda a essência do processo de formação de juntas.

UMA ALTA INCIDÊNCIA DE DEFEITOS TENDE A RESULTAR EM CONJUNTOS DE JUNTAS COM MENOR ESPAÇAMENTO.

As relações descritas acima (como na Fig. 8.13) são válidas para sequências de rochas acamadadas cujas camadas apresentam forte contraste mecânico e atingem até alguns metros de espessura. Em camadas mais espessas e em rochas com estratigrafia mecânica menos regular, como os gnaisses, o espaçamento das juntas tende a ser menos regular. Em alguns locais ocorrem amplas zonas ou corredores de juntas, algumas delas com superfícies de deslizamento ou falhas em suas partes centrais. Ainda que elas não sejam de fácil interpretação, várias parecem ser controladas por deformação tectônica externa ou pelas condições de contorno.

8.5 Crescimento e morfologia das juntas

As fraturas extensionais podem facilmente se propagar formando estruturas longas, em contraste com as fraturas de cisalhamento, que não podem se propagar em seu próprio plano, distribuindo, em vez disso, novos *cracks* de tração (*wing cracks*), de acordo com a teoria de Griffith (Fig. 7.24 e Boxe 7.3). Idealmente, uma fratura extensional irá crescer radialmente a partir de um ponto de nucleação, de modo que em qualquer ponto a frente de propagação (linhas em laranja nas Figs. 8.18 e 8.19) sempre tem a forma de uma elipse. A taxa de propagação aumenta após o início, até uma velocidade igual à metade da velocidade do som, e a superfície das juntas se torna rugosa até que ela se propague tão rapidamente que os reajustes ou oscilações de esforços na extremidade da fratura façam com que ela se curve. Em detalhe, as extremidades de alguma forma se bifurcam e micro-*cracks* formam-se fora do plano, devido ao alto esforço e às heterogeneidades na zona de extremidade. Como resultado, formam-se longas e estreitas rugosidades, que definem **estruturas plumosas** (linhas azuis na Fig. 8.17). As estruturas plumosas refletem a direção de propagação ao longo do eixo da pluma, como mostrado nas Figs. 8.18 e 8.19A. Em geral, o padrão plumoso se torna melhor definido com o distanciamento do ponto de nucleação.

Localmente, a fratura principal pode entrar em uma região com diferente orientação de esforços, o que pode ocorrer em uma interface de camadas ou um limite qualquer entre dois tipos de rochas com propriedades mecânicas diferentes, e, nesse caso, formam-se juntas retorcidas ou **plumas retorcidas** (Fig. 8.19C) na **zona de franja**. As plumas retorcidas tendem a se orientar ***en echelon*** (segmentos paralelos com sobreposição parcial que definem uma zona, como mostrado na Fig. 8.20), devido ao componente de cisalhamento na fratura, localmente imposto pela nova orientação de σ_3. Elas procuram se orientar de modo perpendicular a σ_3, e por esse motivo são retorcidas (Fig. 8.20).

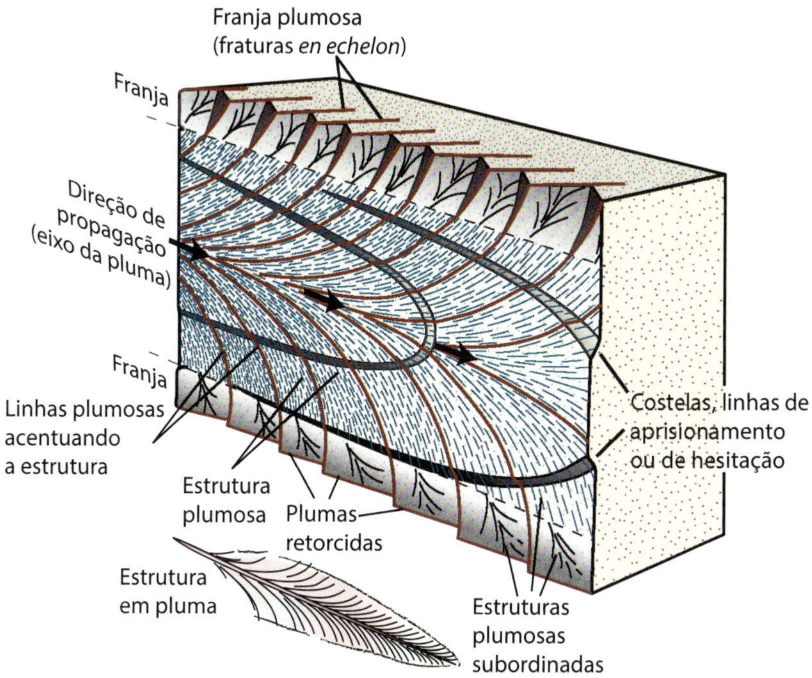

Fig. 8.17 *Ilustração esquemática das feições morfológicas relacionadas à propagação de juntas e que ocorrem na superfície de juntas. As costelas podem ser consideradas linhas do tempo, enquanto as estruturas plumosas formadas por linhas curvas indicam a direção de propagação*
Fonte: baseado em Hodgson (1961).

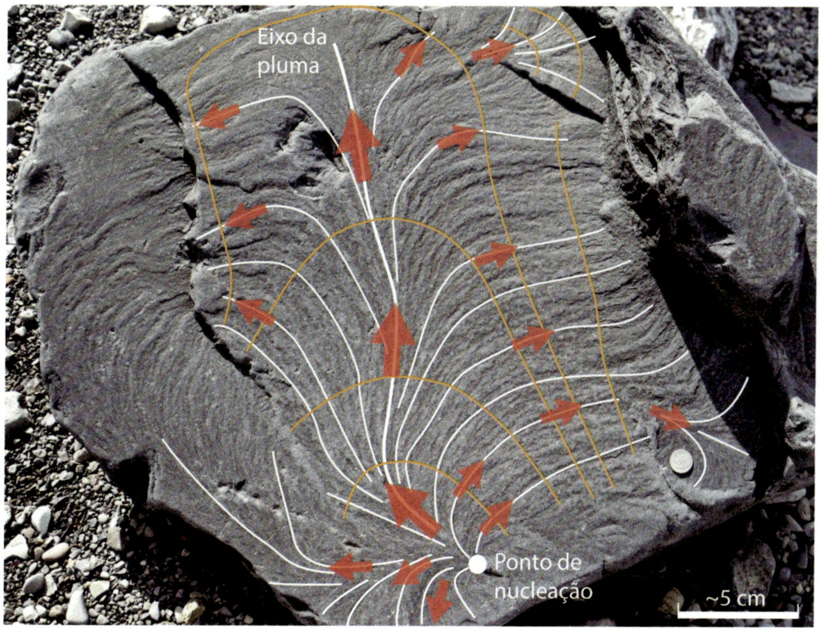

Fig. 8.18 *Interpretação de estrutura plumosa em superfície de junta. As linhas em laranja representam vários estágios da extremidade da junta e estão dispostas perpendicularmente às linhas plumosas marcadas em branco. As setas em vermelho indicam a direção local de propagação. Somerset, Reino Unido*

As fraturas extensionais tendem a crescer em pulsos. Cada pulso de propagação tende a terminar com uma propagação para fora do plano, que causa a desaceleração ou a total interrupção, até que suficiente energia seja acumulada para que o próximo pulso se inicie. Os locais de mínima velocidade de propagação formam irregularidades parabólicas (elípticas em rochas maciças) denominadas **costelas** ou **linhas de aprisionamento** (Fig. 8.17). As costelas quebram a superfície da fratura principal em zonas retorcidas e são perpendiculares às linhas de plumas retorcidas (Fig. 8.19A,B); juntas, essas estruturas fornecem informações únicas sobre a história de crescimento das fraturas extensionais. As estruturas plumosas são características de juntas em rochas de granulação fina, como os siltitos, enquanto as linhas de aprisionamento também podem estar presentes em rochas de granulação grossa, como arenitos e granitos.

Fig. 8.19 *(A) Sutis linhas de aprisionamento (linhas em laranja) e estruturas plumosas (linhas em branco) em metagrauvacas (Telemark, Noruega). (B) Linhas de aprisionamento de arranjo elíptico (em laranja) em uma parede de 50 m de altura no Arenito Navajo (Utah, EUA), indicando padrão de crescimento elíptico. As linhas vermelhas indicam a direção local de propagação em (A) e (B). O círculo branco representa o ponto de nucleação. (C) Marcas em plumas en echelon (plumas retorcidas) contornam fratura em metarriolito (Stord, Oeste da Noruega)*

8.6 Interação entre juntas e idades relativas

Em geral há mais de um conjunto de juntas afetando uma rocha e, nesses casos, é interessante definir a cronologia relativa. A avaliação das idades relativas de juntas pode ser uma tarefa difícil, devido aos pequenos rejeitos associados com as juntas. Em outras palavras, as relações de corte podem não ser evidentes. Não obstante, algumas pistas importantes podem estar contidas no modo como as juntas interagem.

A Fig. 8.1A mostra um padrão comum em que um conjunto é persistente, enquanto o outro está disposto de modo ortogonal e é limitado pelo primeiro, formando o que denominamos **intersecções em T**. Nessas

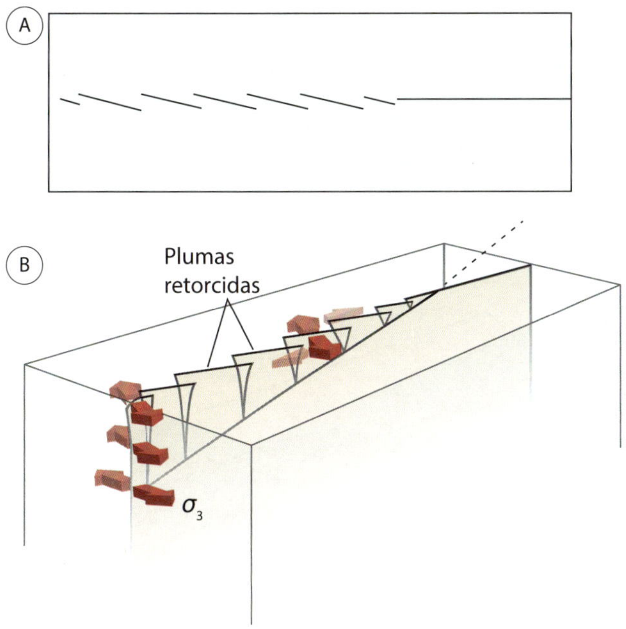

Fig. 8.20 *Torção de fraturas extensionais nos locais onde elas alcançam a interface com camadas com propriedades mecânicas diferentes. (A) Vista em planta, (B) vista 3D. Note a torção paralela de σ_3 e, em consequência, das fraturas (plumas) e compare com as plumas ilustradas na Fig. 8.19C*

situações é razoável pensar que o segundo conjunto foi limitado pelo mais persistente e, portanto, é mais jovem. Tecnicamente, a fratura confinada impõe um rejeito microscópico na junta existente, destral no lado direito do ponto de intersecção e sinistral do lado esquerdo. Entretanto, esse rejeito é tão pequeno que raramente é detectado.

No caso em que dois conjuntos de juntas são oblíquos entre si, podemos esperar uma deflexão do segundo em função das interações com o primeiro. A geometria é mostrada na Fig. 7.26 e depende do esforço remoto, se extensional ou compressional, ao longo da fratura mais antiga. O esforço é desviado e, da mesma forma, as juntas secundárias e a curvatura dessas juntas é que revelam sua idade mais recente.

Um resultado interessante das modelagens numéricas é que, assim que uma camada atinge seu nível de saturação em juntas, a orientação do σ_3 pode ser alterada de perpendicular para paralela às juntas. Isso pode resultar no crescimento de novas juntas perpendiculares ao primeiro conjunto, com a formação de típicas intersecções em T nos pontos de contato. O aspecto mais intrigante disso é que dois conjuntos perpendiculares, como os mostrados na Fig. 8.1A, podem se formar sem que haja alteração na orientação do campo remoto de esforços.

> Dois conjuntos perpendiculares de juntas podem se formar sequencialmente em um mesmo campo regional de esforços.

Os **padrões poligonais** (Fig. 8.1C) representam uma situação especial em que, em um intervalo de tempo limitado e relativamente curto, se formam **intersecções em Y**. Em lavas e intrusões rasas, as **juntas colunares** se formam rapidamente, à medida que o magma resfria e se contrai (contração térmica) (Fig. 8.7). Enquanto resfria, a rocha magmática se contrai em todas as direções no plano horizontal, e o resultado disso é um padrão mais ou menos hexagonal de juntas, que tipicamente começam a se formar nas regiões de topo e de base de um derrame (onde o resfriamento é mais rápido) e se propagam em direção à região de resfriamento mais lento, um pouco abaixo do centro do derrame. Sucessivos estágios de crescimento podem resultar em uma estrutura bandada de colunas, na qual cada banda ou zona representa superfícies de fratura, com propriedades morfológicas próprias, que podem indicar a direção de propagação das juntas.

As **intersecções em X** são compostas por dois conjuntos de juntas de idades diferentes orientadas em ângulo oblíquo entre si. De modo diferente do mostrado na Fig. 8.1D, o conjunto mais antigo em geral consiste de juntas lateralmente mais persistentes, onde as juntas do segundo conjunto são aprisionadas com mais frequência. Esses conjuntos podem parecer de fraturas conjugadas e, se esse for o caso, terão que ser interpretados como fraturas de cisalhamento ou de modo misto em vez de juntas verdadeiras. O termo juntas conjugadas, porém, deve ser usado com cuidado, pois "conjugado" em geral implica que as fraturas se formaram ao mesmo tempo.

As **juntas paralelas**, com espaçamento lateral entre si, também podem interagir umas com as outras se estiverem próximas o bastante. Uma extremidade de uma junta preexistente irá defletir o campo de esforço remoto, como mostrado na Fig. 8.21, e uma segunda extremidade de junta irá se propagar de acordo com o campo de esforços local resultante. Mais especificamente, ela irá seguir o traçado de σ_1, perpendicular a σ_3. A trajetória ou geometria exata irá depender do campo de esforço remoto, mas uma forma de gancho é esperada na extremidade da junta mais jovem (Figs. 8.21 e 8.22A), e, caso as duas juntas se propaguem simultaneamente uma em direção à outra, uma estrutura com duplo gancho irá se formar (Fig. 8.22B). As exceções são os casos em que o esforço diferencial é alto, quando as duas juntas permanecerão retas, e em que as duas extremidades estão muito separadas, a ponto de seus campos de esforços não interagirem.

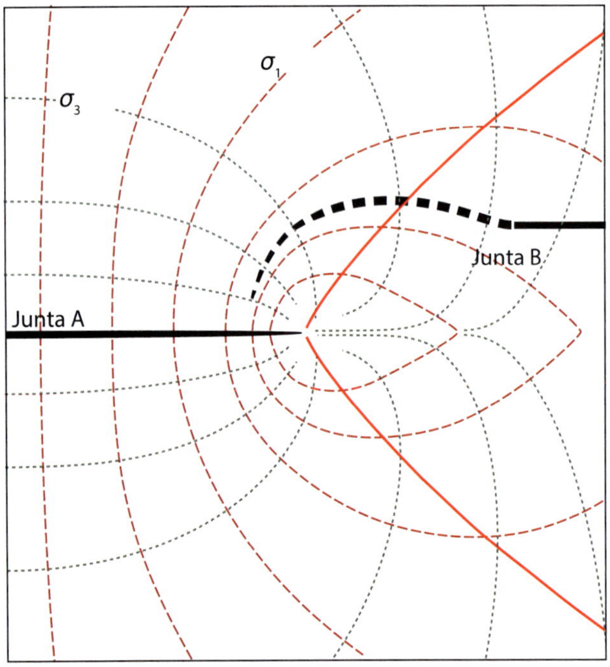

Fig. 8.21 *Orientação dos esforços principais ao redor da extremidade da junta A, em que σ_3 é tracional e, como sempre, perpendicular a σ_1. Se uma segunda junta B se aproximar se propagando da direita, ela será influenciada por esse campo de esforços para formar uma geometria em gancho (linha tracejada). Na realidade, a segunda junta também irá perturbar de modo dinâmico o campo de esforços à medida que se propaga, e uma previsão mais acurada da geometria resultante requer uma modelagem passo a passo da evolução temporal*

Fonte: baseado em Olson e Pollard (1989).

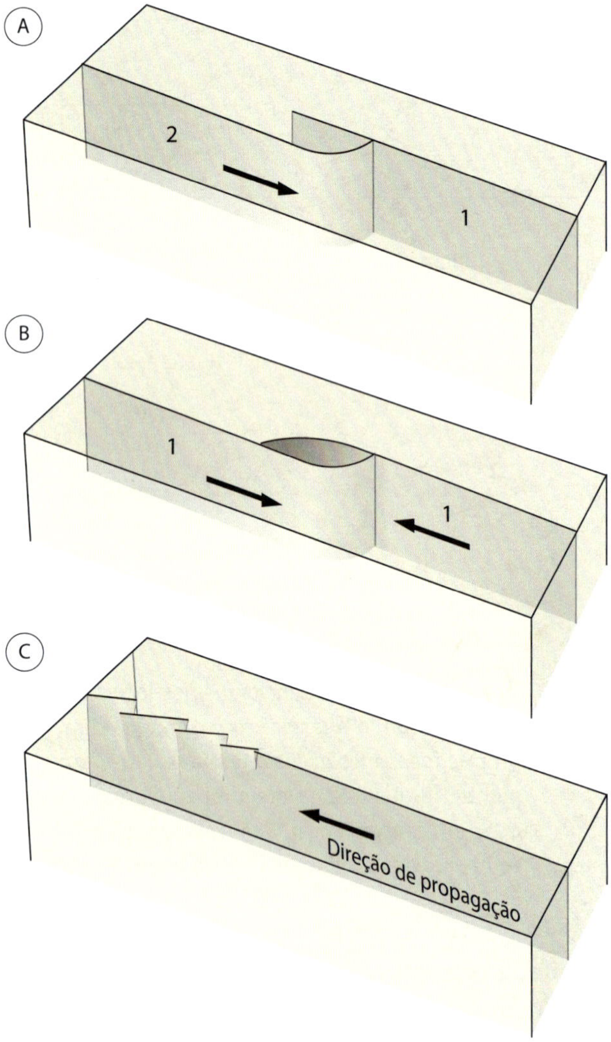

Fig. 8.22 *Ilustração da interação entre extremidades de juntas. (A) Apenas a junta 2 se propaga e se curva em direção à junta 1. (B) Ambas as juntas se propagam simultaneamente e ambas são defletidas. (C) Juntas desenvolvidas numa zona de franja com marcas de plumas retorcidas, vistas como fraturas en echelon em superfície. Seu arranjo indica a direção de propagação*

8.7 Juntas, permeabilidade e fluxo de fluidos

As juntas e as fraturas em geral são condutos em potencial para fluidos em rochas (Fig. 8.23), particularmente em rochas com permeabilidade primária baixa ou ausente, ou onde a permeabilidade foi reduzida por cimentação ou dissolução. Elas são importantes em reservatórios em calcários e em relação ao gás de folhelho (*shale gas*). Juntas e microfraturas podem conectar poros e aumentar a permeabilidade, criando uma per-

Fig. 8.23 *Junta em arenito de granulação fina com margens descoloridas (a perda de cor foi causada pela remoção da hematita que recobre os grãos). A descoloração é causada por fluidos com propriedades químicas redutoras, como* CO_2*, indicando que os fluidos percolaram ao longo da junta em algum momento e interagiram com a rocha hospedeira. Esses fluidos escaparam da camada subjacente de Arenito Navajo, sul de Utah, EUA. Luiza Zuluaga como escala*

meabilidade secundária denominada **permeabilidade de fratura**. Em rochas com matriz sem poros, as juntas (e falhas) representam tanto porosidade como permeabilidade. Esse é o caso de reservatórios de petróleo em rochas do embasamento, para os quais os hidrocarbonetos migraram através de juntas e falhas. As juntas e falhas também fornecem porosidade e permeabilidade em rochas ígneas e metamórficas, sendo importantes para as perfurações hidrogeológicas.

O fluxo de fluido em rochas fraturadas é um tema amplo e complexo, e neste livro vamos apenas apontar alguns parâmetros e relações fundamentais que se aplicam às rochas com juntas. Há vários parâmetros-chave que controlam a porosidade e a permeabilidade em rochas fraturadas, entre os quais a abertura e os fatores que controlam a conectividade (comprimento e altura das juntas, frequência, distribuição e atitude) são evidentes.

8.7.1 Abertura

A abertura, ou a separação entre as paredes, é talvez o parâmetro mais fundamental ao tratarmos de fluxo de fluidos em rochas com juntas. As juntas devem estar abertas para que os fluidos fluam, e, quanto mais abertas estiverem, mais rápido será o fluxo. Considere uma junta perfeitamente plana e com abertura *b*. Quanto fluido irá passar pela junta em um dado gradiente hidráulico ΔP (diferença de pressão entre as duas extremidades)? A resposta é dada pela relação cúbica

$$Q = -\rho g \frac{b^3}{12\mu} H \Delta P$$

em que Q é a taxa de fluxo volumétrico, μ é a viscosidade do fluido, ρ é a densidade do fluido, g é a aceleração gravitacional e H é a altura da junta. Embora essa fórmula desconsidere o fato de que as paredes das juntas nem sempre são lisas e paralelas, e, portanto, tenda a superestimar o fluxo, o termo de abertura cúbica tende a enfatizar a importância da abertura.

As juntas em geral apresentam altos valores de abertura? Podemos medir a abertura em superfície usando, por exemplo, um paquímetro. Essas medidas são relevantes para sistemas de juntas próximas à superfície e para estudos relacionados a águas subterrâneas, mas em profundidade esperamos que as juntas estejam fechadas ou praticamente fechadas, devido ao rápido aumento da pressão confinante com a profundidade (pressão litostática). As juntas em profundidade podem se abrir quando a pressão interna dos poros é maior que o esforço principal normal a elas, mas essa abertura é temporária. Assim que a junta se propaga, a pressão de poros cai e a junta se fecha. Ainda que as irregularidades e asperezas das paredes das juntas possam reter certa abertura, os valores geralmente pequenos de abertura fazem com que a porosidade e a permeabilidade relacionadas às juntas sejam baixas.

8.7.2 Conectividade

As juntas e fraturas em geral precisam se conectar para que o fluxo possa ir além da dimensão de uma única junta (Figs. 8.24 e 8.25). A conectividade pode ser modelada de diferentes maneiras, e os resultados dependem da qualidade e relevância dos dados de partida, que podem ser oriundos de mapeamento de campo, testemunhos de sondagem ou perfilagem de perfurações. Por exemplo, é importante saber se as juntas são restritas a uma camada com certas propriedades mecânicas ou se elas atravessam seções mais espessas. Em três dimensões, esses modelos facilmente se tornam complicados e imprecisos, principalmente porque a distribuição tridimensional das redes de fraturas é de difícil mapeamento. Por esse motivo, a permeabilidade é modelada numericamente a partir de uma série de considerações que são, em níveis variados, baseadas em dados reais.

A permeabilidade gerada pelas juntas pode ser suficiente para fazer com que as rochas que selam os reservatórios de petróleo tenham vazamentos. Isso é

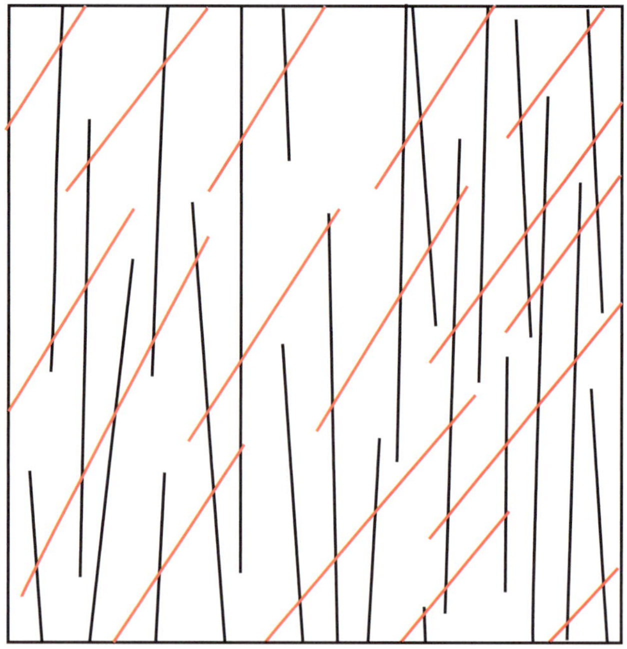

Fig. 8.25 *Dois conjuntos de juntas em uma superfície de acamamento. Apenas o conjunto preto fornece pouca permeabilidade em qualquer direção, mas em conjunto com o vermelho se forma uma boa conectividade. Tente se mover de um lado a outro da figura através de juntas conectadas. Lembre-se de que em 3D há mais oportunidades de movimento, dependendo da espessura das camadas com as juntas*

Fig. 8.24 *Rede de juntas bem conectadas no Arenito Aztec cimentado (Muddy Mountains, Nevada, EUA), delineadas por cimento portador de ferro trazido por fluidos que percolaram o sistema*

particularmente relevante em armadilhas estruturais que sofreram exumação após serem preenchidas por hidrocarbonetos, e que podem apresentar formação de juntas por alívio de pressão e contração térmica.

A permeabilidade das juntas também se torna importante na medida em que a Engenharia de Petróleo provoca o fraturamento artificial de reservatórios, através de um processo denominado fraturamento hidráulico (ver seção 5.2). Nesse processo, são produzidas juntas artificiais que podem se estender por até várias centenas de metros a partir do poço. O fraturamento hidráulico, ou *fracking*, é usado para aumentar a permeabilidade de folhelhos com o intuito de permitir a produção de gás de folhelho e restaurar a permeabilidade em torno de poços cuja permeabilidade foi reduzida por danos durante a produção. Assim como para as juntas naturais, a abertura dessas juntas colapsa para praticamente zero assim que a pressão cai, e, por esse motivo, alguns produtos são injetados para mantê-las abertas.

8.8 Veios

Em geral, um **veio** é uma fratura ou cavidade alongada preenchida por minerais secundários depositados a partir de um fluido aquoso que o percolou. Em Geologia Estrutural, estamos particularmente interessados no tipo de veio que se forma durante a abertura das paredes do veio (margens), ou seja, veios de dilatação ou de expansão preenchidos sincinematicamente. O outro grupo de veios preenche vazios e fissuras na crosta superior, já abertas por processos variados. Apesar de esses veios poderem abrigar interessantes minerais de minério ou gemas, eles não contêm o registro da história de abertura (alguns até crescem em vazios criados por dissolução), e, portanto, não vamos discutir sobre eles neste livro.

O termo *veio* é também aplicado a fraturas preenchidas por magma, como pequenos diques e *sills*, e leucossomas em migmatitos. Além disso, alguns geólogos estruturalistas incluem as sombras de pressão ou de deformação entre os vários tipos de veios. Em nossa abordagem, concentramos-nos nos **veios extensionais**, que definimos como volumes alongados com minerais secundários introduzidos em uma fratura na rocha encaixante enquanto a fratura estava sendo aberta, sendo, portanto, relacionados à cinemática da deformação (Fig. 8.26).

As estruturas resultantes são similares às juntas, preenchidas por um ou mais minerais secundários, como quartzo, carbonatos, epídoto ou clorita, com grande variedade de formas, ainda que tipicamente mais curtos e espessos que as juntas. Os veios também podem, em resposta à sobrepressão de fluidos e de modo similar aos diques, formar-se sob elevadas pressões confinantes (na litosfera profunda, incluindo o manto superior), ainda que sejam mais comumente relacionados às condições da crosta superior.

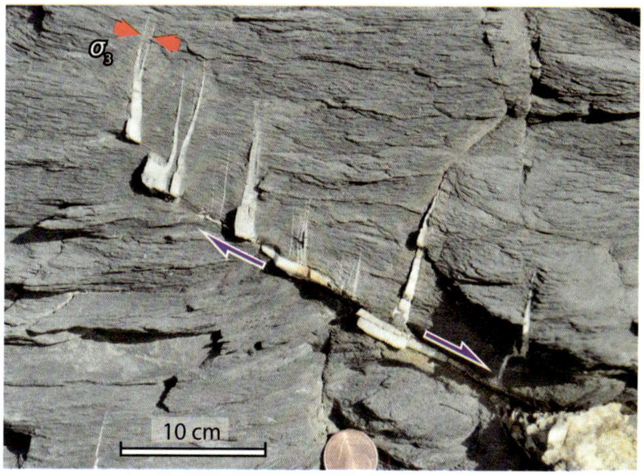

Fig. 8.26 *Exemplo de veio de calcita em folhelho. Esses veios estão partindo de um veio principal com mergulho para a direita, reativado por cisalhamento destral (setas em violeta), criando veios extensionais (wing cracks) na parte superior esquerda da capa*

8.8.1 Preenchimento de veios e mecanismos de crescimento

Os fluidos geram os minerais que preenchem os veios, e a morfologia desse preenchimento fornece pistas sobre a formação do veio. Se os minerais são aproximadamente equidimensionais e distribuídos de modo aleatório, a textura é denominada **textura maciça** (Fig. 8.27A), típica de minerais secundários crescidos em cavidades e fraturas abertas. Os minerais também podem ser **maciços alongados**, com o eixo maior perpendicular à parede da fratura (Fig. 8.27B). Cristais de formas alongadas são obtidos quando os minerais crescem lado a lado e em direção a um espaço aberto, que permite o crescimento no interior da fratura.

Isso também pode ocorrer se os minerais se fraturarem repetidamente, em locais diferentes a cada vez, e se estenderem durante o preenchimento do veio. Os minerais também podem ser **fibrosos** (Fig. 8.27D), quando a razão entre comprimento e espessura é extremamente grande (p. ex., 100:1). As fibras têm espessura relativamente constante através do veio, sem evidências de nucleação de novos grãos durante o crescimento das fibras.

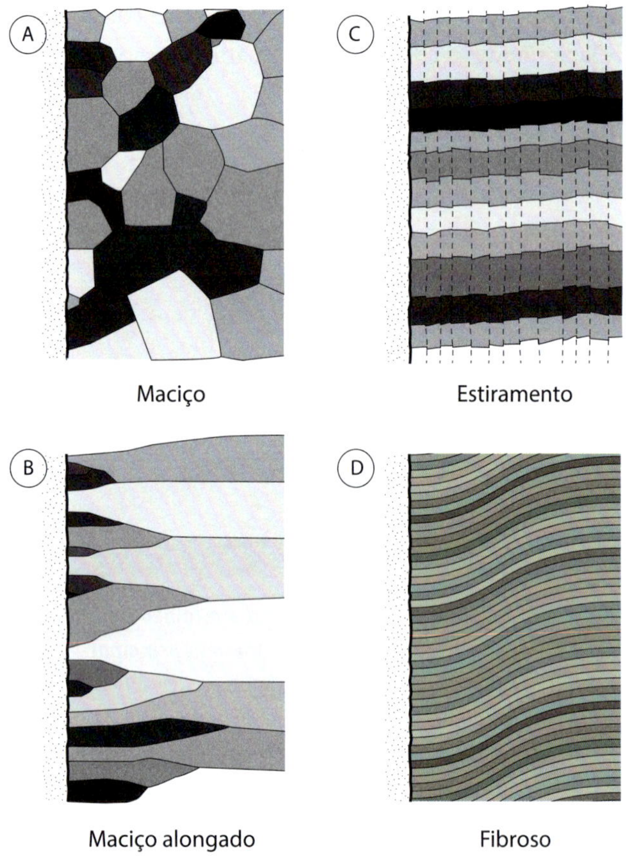

Fig. 8.27 *Morfologia de cristais em preenchimento de veios*

8.8.2 Veios sintaxiais

Quando os grãos alongados crescem a partir das paredes do veio em direção ao centro, de modo que os mais antigos são aqueles mais próximos às paredes, o veio resultante é denominado **veio sintaxial** (Fig. 8.28A). Uma vez que esse processo se inicia, é energeticamente mais favorável a continuação do crescimento dos cristais existentes do que a formação de novos cristais, de modo que os grãos seguem crescendo até o centro. Se uma fratura estiver aberta (preenchida por fluidos), o que é comum apenas em níveis crustais rasos, uma frente de crescimento cristalino pode se formar. Entretanto, no ponto onde os cristais que crescem em direções opostas se encontram, uma linha mediana se forma e reflete a geometria original da fratura.

Os veios sintaxiais se formam por crescimento mineral na linha mediana central do veio.

Em detalhe, podemos observar veios sintaxiais com a linha mediana deslocada devido a diferenças na taxa de crescimento dos cristais nos dois lados do veio. Em um caso extremo, o veio pode crescer apenas a partir de uma das paredes, sem apresentar, portanto, mediana central.

Os veios sintaxiais são formados pelos mesmos minerais presentes nas paredes do veio. Além disso, os grãos minerais alongados apresentam a mesma orientação óptica que os minerais das paredes. Dessa forma, em um quartzito ou em um arenito quartzoso, o veio será preenchido por quartzo, ao passo que, em um calcário ou mármore, o veio será de calcita. Em sua maioria, os minerais que formam os veios sintaxiais contêm poucas inclusões.

Os veios sintaxiais podem ser o resultado de um único evento de fraturamento, em que uma fratura extensional se forma e se abre, enquanto os cristais crescem a partir das paredes e preenchem a fratura completamente. Na medida em que os cristais crescem lado a lado, eles se tornam alongados na direção de crescimento (maciços alongados), mas diferenças nas taxas individuais de crescimento mineral (competição por crescimento) fazem com que alguns grãos fiquem mais largos e outros mais estreitos na direção do crescimento, como mostrado na Fig. 8.28B. Os cristais tendem a apresentar orientação preferencial cristalográfica porque a taxa de crescimento é diferente nas diferentes direções cristalográficas. No caso do quartzo, a direção mais rápida de crescimento é a direção do eixo cristalográfico *c*, que irá se posicionar em alto ângulo em relação às paredes do veio. Isso pode ser visto ao microscópio petrográfico com o auxílio da placa de gipso, inserida entre polarizadores cruzados.

Os veios sintaxiais podem se formar em eventos de fraturamento únicos ou repetidos. Neste último caso, o espaço criado durante o fraturamento é parcial ou completamente preenchido enquanto o crescimento cristalino prossegue. Esse processo é denominado cicatrização, e, onde ela é incompleta, a linha mediana é fraca e a deformação adicional irá se concentrar nessa linha. O processo de fraturamentos e cicatrizações repetidos é conhecido como **mecanismo de fraturamento e cicatrização** (*crack-seal mechanism*).

8.8.3 Estiramento de veios

O mecanismo de fraturamento e cicatrização nem sempre se limita a repetidos fraturamentos na mesma linha (mediana), ou seja, a linha na qual os cristais que crescem a partir das paredes se encontram. Fraturas em novas posições tendem a ocorrer se a cicatrização é completa entre cada evento de fraturamento. Se uma nova fratura se forma nos cristais de uma fratura previamente cicatrizada, os cristais irão crescer de forma alongada, daí o termo *estiramento de veio*. Uma feição característica desses minerais são as margens serrilhadas (irregulares) causadas por diferenças na espessura entre as partes cimentadas e partidas dos cristais. A Fig. 8.27C ilustra esse tipo de preenchimento de veio, em que as linhas verticais tracejadas refletem múltiplos eventos de fraturamento, separando zonas ou domínios referentes a episódios individuais de crescimento.

Em outros casos, uma nova fratura se forma no lado externo do veio, na rocha hospedeira. Nesses casos, fragmentos da rocha hospedeira são incorporados ao veio. Note que alguns veios podem transicionar do processo de estiramento para o processo sintaxial à medida que o veio se torna mais delgado em direção à sua extremidade.

O ESTIRAMENTO DE VEIOS SE FORMA POR REPETIDOS FRATURAMENTOS EM NOVOS LOCAIS, DENTRO OU FORA DO MATERIAL DE PREENCHIMENTO DO VEIO.

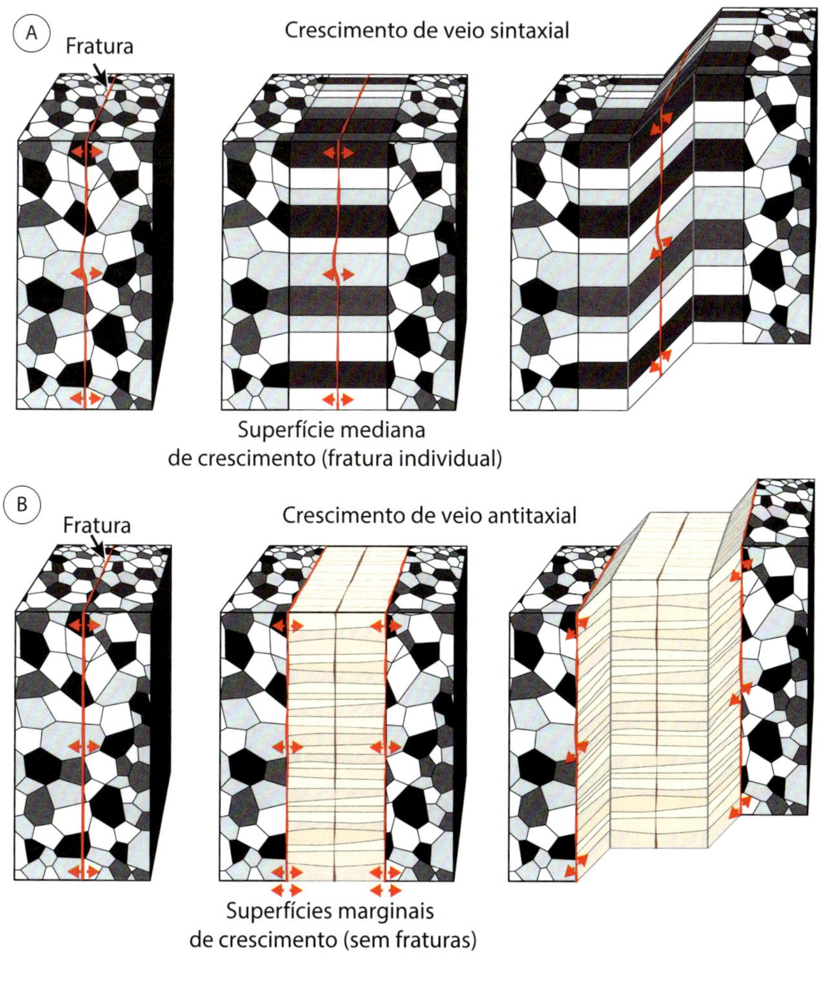

Fig. 8.28 *Ilustração do crescimento de veios sintaxiais e antitaxiais. As linhas em vermelho indicam locais de crescimento*

Note que os minerais formados no mecanismo de fraturamento e cicatrização podem ser bastante alongados, podendo se assemelhar à forma fibrosa. Entretanto, as fibras verdadeiras são muito mais "fibrosas" e formam o preenchimento dos veios antitaxiais, descritos a seguir.

8.8.4 Veios antitaxiais

Alguns veios são preenchidos por minerais verdadeiramente fibrosos, que são composicionalmente diferentes dos minerais presentes nas paredes dos veios. Portanto, os minerais fibrosos não têm relações cristalográficas com os que definem as paredes. Esses veios são tipicamente explicados pelo crescimento a partir da zona mediana em direção às paredes (Fig. 8.28B), ou seja, de modo oposto aos veios sintaxiais, e por isso são denominados veios antitaxiais. A zona mediana é preservada na porção central do veio, enquanto o veio se alarga ao longo de duas superfícies de crescimento, uma em cada parede do veio (bordas do veio). Se os dois lados crescem em taxas diferentes, a linha mediana será deslocada, ainda que os veios antitaxiais simétricos sejam relativamente comuns.

Os veios antitaxiais apresentam crescimento de fibras em suas paredes.

A zona mediana é uma feição característica (Fig. 8.29B), composta por materiais formados nos estágios iniciais de abertura do veio. É em geral uma zona delgada de fraturamento e cicatrização contendo minerais não fibrosos. É nas paredes externas desse veio inicial que o crescimento das fibras se inicia e, até certo ponto, o tamanho das fibras é controlado pela granulometria dos minerais desse preenchimento inicial. O crescimento de fibras em direção às duas paredes não é um processo de fraturamento e cicatrização, pois elas crescem sem fraturas adicionais ao longo de sua superfície de crescimento. São fibras verdadeiras com bordas suaves (não serrilhadas) e todas têm aproximadamente a mesma forma. Portanto, em contraste com os grãos minerais maciços alongados, as fibras têm pouca ou nenhuma competição por crescimento ou nucleação de novos grãos durante o crescimento.

Fig. 8.29 *(A) Veio sintaxial cuja taxa de abertura foi maior que a taxa de crescimento mineral; textura maciça alongada. (B) Veio antitaxial com gipsita, com linha mediana ligeiramente oblíqua (na ponta do dedo) que indica o local original da fratura. As fibras crescem a partir da linha mediana em direção às margens do veio. Somerset, Reino Unido*

As fibras podem se formar desde o início do metamorfismo (anquimetamorfismo) até a fácies xisto verde intermediária, por volta de 350 °C. Em condições mais altas, os mecanismos de deformação plástica dos cristais prevalecem (Cap. 11) e as fibras até então formadas tendem a se recristalizar.

8.8.5 Arranjo de veios

Os veios ocorrem com grande variedade de arranjos e situações, mas, como estruturas de abertura ou de modo misto, eles sempre implicam estiramento em sua direção perpendicular e são, portanto, importantes indicadores de deformação. Não é raro encontrar veios dispostos em zonas, onde os veios são paralelos entre si e ao mesmo tempo oblíquos à superfície que delimita a zona (Figs. 8.30 e 8.31B).

Em geral se usa termo **arranjo de veios *en echelon***, em que échelon é uma palavra francesa que se refere aos degraus de uma escada. Esses arranjos definem zonas de cisalhamento, e, para checar se a zona é de cisalhamento simples ou de outro tipo de deformação não coaxial, devemos observar se a extremidade faz um ângulo de cerca de 45° com a zona (Fig. 8.31B), que é o que esperaríamos no cisalhamento simples. Isso está relacionado com o fato de que a direção de máximo estiramento instantâneo (ISA_1) está sempre orientada em 45° em relação à zona de cisalhamento (Fig. 2.24) e considera a hipótese de que a extremidade de um veio registra o último incremento de deformação.

Fig. 8.30 *Arranjo de veios de quartzo* en echelon *em metassiltito de baixo grau. Note a presença de uma clivagem (linha tracejada em branco) perpendicular aos veios. Tanto os veios como a clivagem sofreram rotação (forma sigmoidal), consistente com cisalhamento destral (ver Fig. 8.31B). Os veios são preenchidos por cristais de quartzo alongados. Portugal*

O uso do termo *arranjo de veios en echelon* em geral define arranjos conjugados com um plano de simetria segundo a trajetória de σ_1, como mostrado na Fig. 8.32. As possibilidades de arranjos e de cinemática

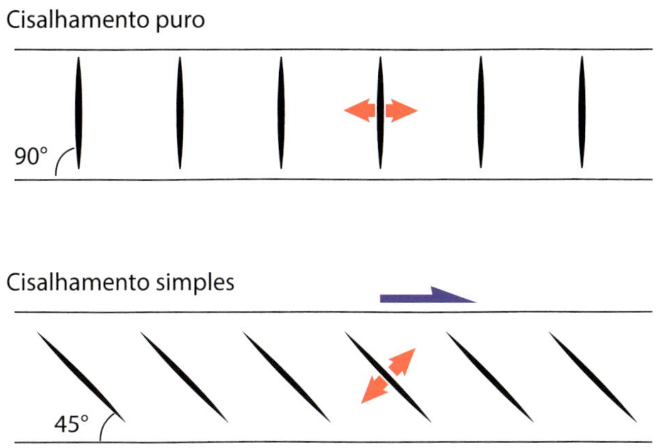

Fig. 8.31 *Início da formação de veios em cisalhamento puro e em cisalhamento simples, enfatizando a diferença em orientação relativa à zona que limita os veios*

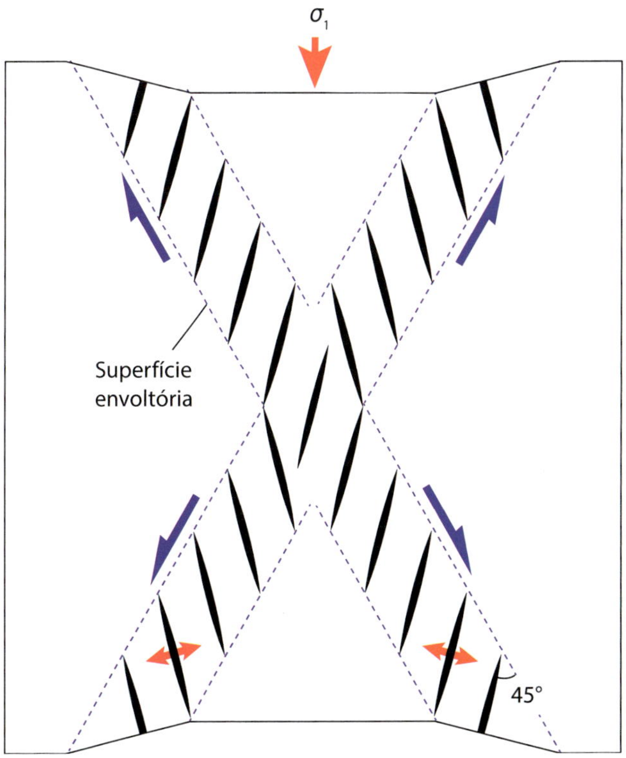

Fig. 8.32 *Ilustração esquemática de conjuntos conjugados de veios em um campo de esforços coaxial*

são similares às das falhas conjugadas, exceto que as falhas ou fraturas de cisalhamento são substituídas por conjuntos de veios. Portanto, juntos eles podem acomodar cisalhamento puro ou, de modo mais geral, deformações coaxiais tridimensionais.

A evolução dos arranjos de veios com o acúmulo de deformação é mostrada na Fig. 8.33. No cisalhamento puro, a evolução se dá pelo crescimento gradual e não rotacional do comprimento e da abertura (espessura) do veio. Entretanto, no cisalhamento simples a parte central do veio se rotaciona, enquanto a extremidade em propagação sempre terá orientação próxima a 45° em relação à zona. O resultado são veios curvos que, em algum ponto, podem ser transsectados por uma segunda ou até mesmo uma terceira geração de veios.

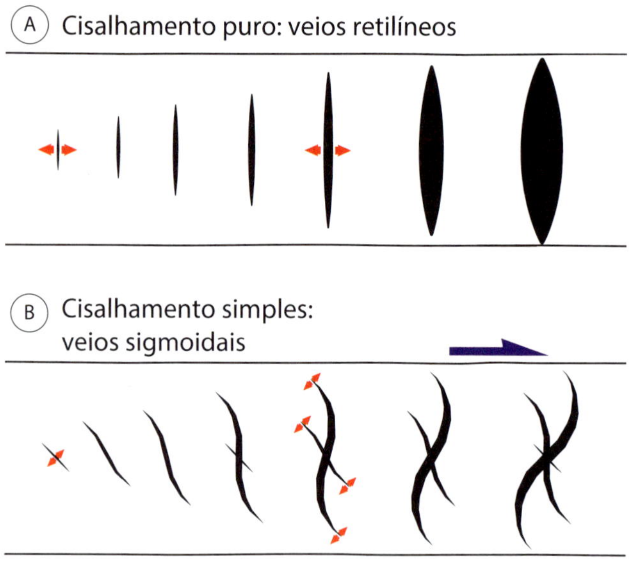

Fig. 8.33 *Evolução progressiva de veios em cisalhamento destral simples (A) e puro (B). A deformação aumenta para a direita*

Resumo

Juntas e veios são estruturas rúpteis comuns na parte superior da crosta, o que tem implicações para a resistência das rochas, a intrusão de diques, o fluxo de fluidos e a construção de túneis e outras construções subterrâneas. Essas estruturas contêm importantes informações sobre a parte final da história estrutural de muitas regiões, ainda que padrões complexos de juntas sejam de difícil interpretação. Estes são alguns dos pontos-chave que caracterizam juntas e veios:

- são estruturas em modo de abertura (extensionais);
- em grande parte, são hidrofraturas formadas quando a pressão de fluidos excede o esforço compressional de campo remoto;
- são fraturas de tração;
- as juntas tendem a se espalhar por grandes áreas, em vez de se concentrar em zonas bem definidas;
- juntas e veios se formam preferencialmente em camadas competentes (rígidas e resistentes);
- em camadas competentes, as juntas tendem a produzir um espaçamento característico durante seu desenvolvimento;
- há uma relação direta entre espaçamento de juntas e espessura de camadas, com razão próxima a um.

Questões de revisão

1] Qual é a diferença entre juntas, fissuras e veios?
2] Em uma sequência acamadada, é de se esperar que as camadas mais rígidas tenham um número maior ou menor de fraturas?
3] Uma camada mais espessa normalmente contém um número maior ou menor de juntas que uma camada delgada, contanto que as outras propriedades sejam similares?
4] Por que as juntas tendem a se espalhar homogeneamente em vez de se concentrar?
5] Qual é a relação entre a atitude de uma junta e os esforços?
6] Geometricamente, como as juntas se propagam?
7] Por que as juntas se formam primeiro nas camadas mais rígidas?

8] Qual é a diferença entre veios sintaxiais e antitaxiais?

9] As juntas se formam tipicamente durante a exumação das rochas. Por quê?

10] Na deformação extensional, por que há casos em que são formadas juntas (e veios) e outros em que são formadas fraturas de cisalhamento e falhas?

11] Quais estruturas podem estar presentes nas juntas e trazem informações sobre a história de crescimento?

12] As juntas são estruturas boas ou ruins no campo da Geologia de Petróleo? Por quê?

E-módulo

O módulo de *e-learning* denominado *Brittle deformation* é recomendado para este capítulo.

Leituras complementares

Juntas

BAI, T.; POLLARD, D. Fracture spacing in layered rocks: a new explanation based on the stress transition. *Journal of Structural Geology*, v. 22, p. 43-57, 2000.

BAI, T.; MAERTEN, L.; GROSS, M. R.; AYDIN, A. Orthogonal cross joints: do they imply a regional stress rotation? *Journal of Structural Geology*, v. 24, p. 77-88, 2002.

ENGELDER, T. Loading paths to joint propagation during a tectonic cycle: an example from the Appalachian Plateau, USA. *Journal of Structural Geology*, v. 7, p. 459-476, 1985.

ENGELDER, T.; GEISER, P. On the uses of regional joint sets as trajectories of paleostress fields during the development of the Appalachian Plateau, New York. *Journal of Geophysical Research*, v. 85, n. B11, p. 6319-6341, 1980.

FISCHER, M. P.; POLANSKY, A. Influence of flaws on joint spacing and saturation: results of one-dimensional mechanical modeling. *Journal of Geophysical Research*, v. 111, n. B7, p. 14, 2006.

NARR, W.; SUPPE, J. Joint spacing in sedimentary rocks. *Journal of Structural Geology*, v. 13, p. 1037-1048, 1991.

POLLARD, D. D.; AYDIN, A. Progress in understanding jointing over the past century. *Geological Society of America Bulletin*, v. 100, p. 1181-1204, 1988.

RAWNSLEY, K. D.; RIVES, T.; PETIT, J. P. Joint development in perturbed stress fields near faults. *Journal of Structural Geology*, v. 14, p. 939-951, 1992.

SCHÖPFER, M. P. J.; ARSLAN, A.; WALSH, J. J.; CHILDS, C. Reconciliation of contrasting theories for fracture spacing in layered rocks. *Journal of Structural Geology*, v. 33, p. 551-565, 2011.

Veios

BONS, P. D.; ELBURG, M. A.; GOMEZ-RIVAS, E. A review of the formation of tectonic veins and their microstructures. *Journal of Structural Geology*, v. 43, p. 33-62, 2012.

PHILIPP, S. L.; AFŞAR, F.; GUDMUNDSSON, A. Effects of mechanical layering on hydrofracture emplacement and fluid transport in reservoirs. *Frontiers in Earth Science*, v. 1, 2013. doi: 10.3389/feart.2013.00004.

VERMILYE, J. M.; SCHOLZ, C. H. Relation between vein length and aperture. *Journal of Structural Geology*, v. 17, p. 423-434, 1995.

9 Falhas

As falhas afetam as camadas de rochas e introduzem "defeitos" no arcabouço litológico primário. Elas são estruturas geológicas extremamente intrigantes e fascinantes para os que trabalham com Geologia Estrutural, ainda que em alguns casos possam frustrar estratígrafos, geólogos de petróleo e de mineração por dificultarem o mapeamento geológico e a interpretação de dados sísmicos. Hoje sabemos mais sobre as falhas do que há poucas décadas, em razão principalmente dos avanços da indústria do petróleo. Elas também representam desafios para a disposição de resíduos e para a construção de túneis. As falhas ativas têm uma relação próxima com terremotos e desastres sísmicos. Neste capítulo, abordaremos a geometria, a anatomia e a evolução de falhas e de conjuntos de falhas, com exemplos e aplicações relevantes para a indústria do petróleo.

9.1 Terminologia de falhas

Enquanto as fraturas e outras descontinuidades abordadas nos Caps. 7 e 8 são estruturas relativamente simples, as falhas são muito mais complexas e podem acomodar grande quantidade de deformação na crosta superior. O termo **falha** é usado de diferentes modos, dependendo do contexto. Uma definição simples e tradicional seria:

UMA FALHA É QUALQUER SUPERFÍCIE OU FAIXA ESTREITA ONDE É VISÍVEL UM DESLOCAMENTO CAUSADO POR CISALHAMENTO.

Esta definição é praticamente idêntica à de fratura de cisalhamento, e alguns geólogos usam os dois termos como sinônimos. Alguns geólogos referem-se às fraturas de cisalhamento com rejeitos milimétricos ou centimétricos como microfalhas. Entretanto, há uma tendência para restringir-se o uso do termo *fratura de cisalhamento* às estruturas de pequeno porte e de aplicar-se o termo *falha* às estruturas mais bem desenvolvidas, com rejeitos da ordem de 1 m ou mais.

A espessura de uma falha é outro aspecto relevante. As falhas são, em geral, expressas como planos ou superfícies, tanto na linguagem oral como na escrita e nas ilustrações, mas um exame minucioso revela que elas formam uma faixa com uma espessura mensurável e com estruturas rúpteis subsidiárias. A espessura é, em geral, muito menor que o rejeito, e muitas ordens de grandeza menor que o comprimento da falha. Uma falha pode ser considerada como uma superfície ou como uma faixa, dependendo da escala de observação, dos objetivos e do grau de precisão necessário.

As falhas tendem a formar zonas complexas de deformação, com múltiplos planos de cisalhamento, fraturas subsidiárias e, em alguns casos, bandas de deformação. Isso é particularmente visível quando consideramos grandes falhas, com rejeitos de porte quilométrico. Elas podem ser consideradas falhas simples em um mapa ou em um perfil sísmico, mas poderão ser descritas em campo como um conjunto de planos de falha. Em outras palavras, a dependência da escala é fundamental para o geólogo estruturalista. Isso levou a maioria dos geólogos a considerar as falhas como um volume de rochas deformadas de modo rúptil, volume este que é relativamente delgado em uma direção:

UMA FALHA É UM VOLUME TABULAR DE ROCHA COM UMA SUPERFÍCIE CENTRAL OU NÚCLEO DE CISALHAMENTO, ONDE O CISALHAMENTO É MAIS INTENSO, ENVOLTO POR UM VOLUME AFETADO EM MENOR GRAU POR UMA DEFORMAÇÃO RÚPTIL, QUE TEM RELAÇÃO ESPACIAL E GENÉTICA COM A FALHA.

O termo *falha* pode ainda ser aplicado a mecanismos de deformação (rúptil ou plástica). De modo informal, esse termo cobre tanto as descontinuidades rúpteis como as zonas de cisalhamento dúctil, dominadas pela deformação plástica. Isso está implícito quando discutimos grandes falhas que atravessam grandes porções da crosta em perfis sísmicos ou geológicos. O termo **falha rúptil** (em oposição à zona de cisalhamento rúptil) pode ser usado em casos em que é importante indicar o mecanismo de deformação. Na maioria dos casos, os geólogos implicitamente restringem o termo *falha* a deslizamentos ou descontinuidades causados por cisalhamento dominado por mecanismos de deformação rúptil, o que faz com que o termo *falha rúptil* seja algo redundante:

UMA FALHA É UMA DESCONTINUIDADE COM DESLOCAMENTO PARALELO ÀS SUAS PAREDES E DOMINADA POR MECANISMOS DE DEFORMAÇÃO RÚPTIL.

As descontinuidades, nesse contexto, referem-se principalmente às camadas de rochas, ou seja, as falhas cortam as camadas de rochas, que se tornam descontínuas. Entretanto, as falhas também representam descontinuidades mecânicas e de deslocamento. A Fig. 9.1 ilustra como o campo de deslocamento varia rapidamente através das falhas, tanto em mapa como em perfil. Uma definição cinemática, particularmente útil para trabalhos experimentais e monitoramento de falhas ativas por GPS, pode ser acrescentada:

UMA FALHA É UMA DESCONTINUIDADE NA VELOCIDADE OU NO CAMPO DE DESLOCAMENTO ASSOCIADOS À DEFORMAÇÃO.

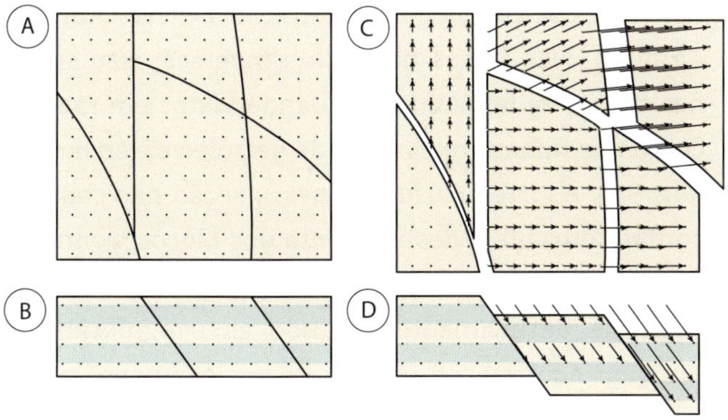

Fig. 9.1 *As falhas aparecem em mapas e perfis como descontinuidades no campo de velocidade de deslocamento ou de deslocamento. No mapa (A) e no perfil ao longo da borda inferior (B) sem deformação, os blocos à esquerda são mantidos fixos durante a deformação (C, D). Isso resulta em mudanças bruscas no campo de deslocamento (setas) através das falhas*

Como mencionado no Cap. 7, as falhas são diferentes das fraturas de cisalhamento, porque uma simples fratura de cisalhamento não pode expandir-se ao longo de seu próprio plano para tornar-se uma grande estrutura. As falhas, por sua vez, podem crescer pela criação de uma complexa zona de processos, com numerosas pequenas fraturas, sendo que algumas delas se conectam para formar as superfícies de deslocamento, enquanto as outras são abandonadas.

9.1.1 Geometria das falhas

As falhas não verticais separam o bloco superior, denominado **capa** ou teto, do bloco inferior, chamado de **lapa** ou muro (Fig. 9.2). Quando a capa é rebaixada em relação à lapa, há uma **falha normal**. No caso oposto, onde a capa é soerguida em relação à lapa, há uma **falha inversa**. Se o movimento for lateral, ou seja, no sentido do plano horizontal, temos uma **falha transcorrente**. As falhas transcorrentes podem ter rejeito sinistral (lateral esquerdo) ou destral (lateral direito) (do latim *sinister* = esquerda, *dexter* = direita).

Observa-se uma ampla gama de ângulos de mergulho dos planos de falhas, desde verticais até horizontais, mas alguns deles são mais comuns: as falhas transcorrentes têm ângulo de mergulho alto, e as falhas inversas possuem, tipicamente, ângulo de mergulho menor que o das falhas normais. Se o ângulo de mergulho for menor que 30°, a falha é denominada **falha de baixo ângulo**, ao passo que as **falhas de alto ângulo** têm mergulho maior que 60°. As falhas inversas de baixo ângulo são denominadas **falhas de cavalgamento**, especialmente se o movimento dos blocos for da ordem de dezenas ou centenas de quilômetros.

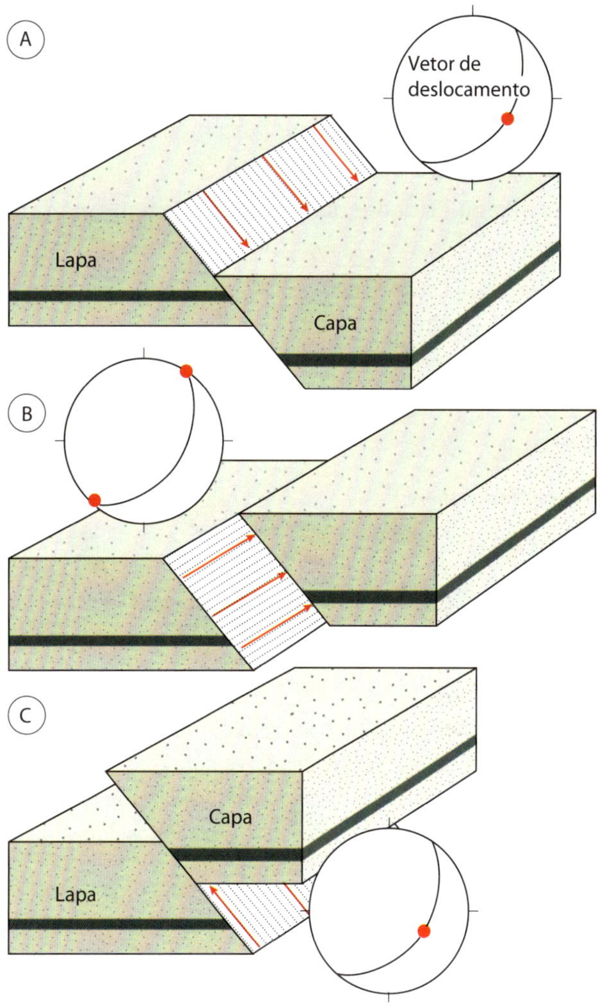

Fig. 9.2 *Falhas normal (A), transcorrente (sinistral) (B) e inversa (C). Esses são os membros extremos, mas há um espectro contínuo de falhas oblíquas. As projeções esféricas representam o plano de falha (grande círculo) e o vetor de deslocamento (ponto vermelho)*

Uma falha que se horizontaliza com o aumento da profundidade é uma **falha lístrica** (Fig. 9.3), enquanto as falhas cujo ângulo de mergulho aumenta com a profundidade são, por vezes, denominadas antilístricas. Os termos **rampa** e **patamar**, originalmente ligados à terminologia das falhas de cavalgamento, são usados para descrever a alternância de porções inclinadas e sub-horizontais em qualquer plano de falha. Por exemplo, uma falha que varia de inclinada para horizontal e novamente para inclinada tem uma **geometria rampa-patamar-rampa**.

As irregularidades são particularmente comuns em seções perpendiculares à direção de deslocamento da falha. Nas falhas normais e inversas, isso significa traços de falha curvos quando vistos em mapas, como nas falhas em campos de petróleo extensionais (Fig. 9.4). As irregularidades nessa seção não causam conflito durante o deslizamento dos blocos, contanto que os eixos das irregularidades coincidam com o vetor de deslizamento. Quando as irregularidades também ocorrem na direção de deslocamento, pode haver deformação na capa e/ou na lapa. Por exemplo, uma falha normal lístrica cria tipicamente estruturas antiformes (*rollover*) na capa (ver Cap. 21).

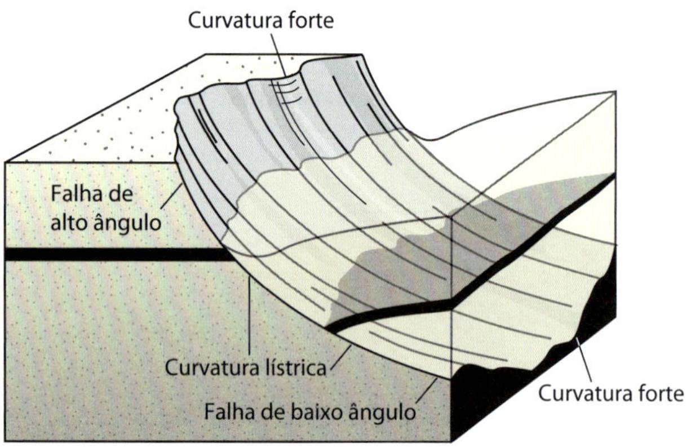

Fig. 9.3 *Falha normal lístrica com curvatura irregular nas seções perpendiculares à direção de deslocamento. Essas irregularidades podem ser vistas como grandes sulcos ou rugosidades pelas quais a capa pode deslizar*

Uma falha pode ter qualquer forma perpendicular à direção de deslizamento, mas formas não lineares na direção de deslizamento geram problemas de espaço e deformação da capa e/ou lapa.

O termo **zona de falha** refere-se tradicionalmente a uma série de falhas ou superfícies de deslizamento subparalelas, suficientemente próximas umas das outras para definir uma zona. A largura da zona depende da escala de observação – em campo ela varia de centímetros a metros, mas pode ser da

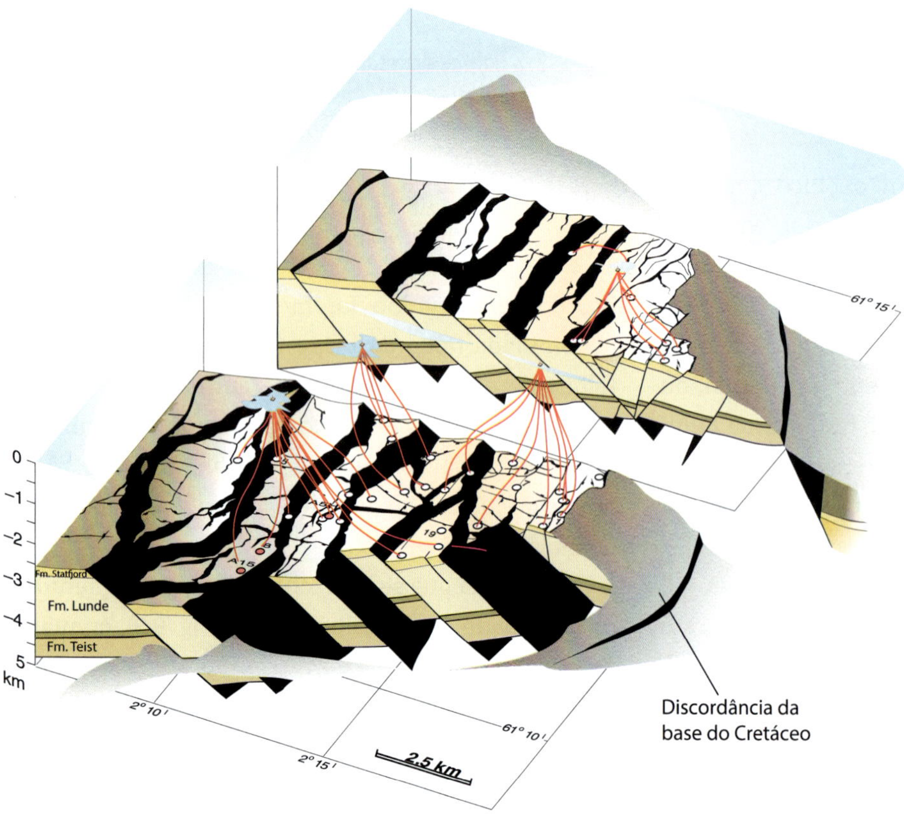

Fig. 9.4 *As falhas mestras no campo de petróleo Gullfaks (Mar do Norte) apresentam um alto grau de curvatura quando vistas em mapa, e traços retilíneos quando vistas em seções verticais (na direção do rejeito principal). As linhas vermelhas representam algumas trajetórias de perfuração neste campo*
Fonte: Fossen e Hesthammer (2000).

ordem de quilômetros ou mais quando estudamos falhas de grande porte, como a Falha de San Andreas (EUA). Pode haver algumas inconsistências quanto ao uso do termo *zona de falha*, particularmente em relação à parte central da falha, onde todas ou a maioria das estruturas originais da rocha são obliteradas, ou quanto ao núcleo e às zonas marginais de deformação associadas à falha. Essa situação, comum na literatura relacionada à Geologia de Petróleo, pode causar alguma confusão e, portanto, o uso do termo *zona de falha* requer uma especificação cuidadosa.

Duas falhas normais separadas que mergulham uma em direção à outra criam um bloco rebaixado denominado *graben* (Fig. 9.5). As falhas normais com mergulhos em direções opostas criam um bloco soerguido denominado *horst*. As falhas maiores em regiões falhadas são denominadas **falhas mestras** (*master faults*) e estão associadas a falhas menores, que podem ser sintéticas ou antitéticas. Uma **falha antitética** mergulha na direção da falha mestra, enquanto uma **falha sintética** mergulha na mesma direção da falha mestra (Fig. 9.5). Essas expressões são relativas e apenas fazem sentido quando as falhas menores estão relacionadas a falhas maiores específicas.

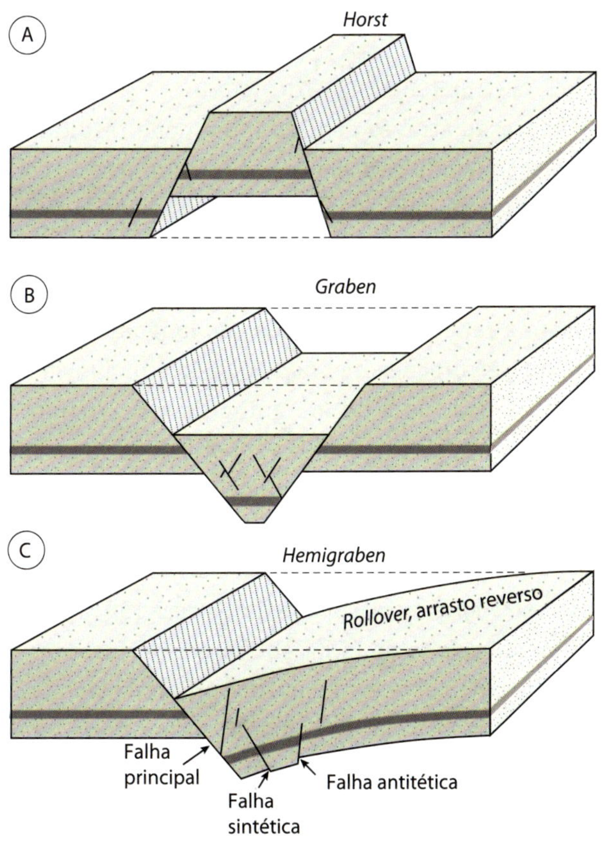

Fig. 9.5 *Ilustrações esquemáticas de* horst *(A),* graben *simétrico (B) e* graben *assimétrico (C), que também é conhecido como* hemigraben. *As falhas antitéticas e sintéticas são indicadas*

9.1.2 Rejeito, escorregamento e separação

O vetor que conecta dois pontos (*P* e *P'* na Fig. 9.6) que foram adjacentes antes do falhamento chama-se **vetor de deslocamento** (rejeito) local ou **rejeito líquido**. A Fig. 9.7 mostra um caso raro onde estes pontos podem ser identificados em campo, na forma de estruturas lineares (sulcos) que foram deslocados pela falha. Idealmente, uma falha transcorrente tem um rejeito horizontal, enquanto as falhas normal e inversa têm vetores de deslocamento na direção do mergulho. Em geral, o rejeito total que observamos nas falhas maiores é a soma de vários incrementos (terremotos), cada um com seu próprio vetor de deslocamento ou de rejeito. Há, portanto, uma diferença entre a deformação *stricto sensu*, que relaciona apenas os estados deformado e não deformado, e a *história* da deformação. Podemos procurar em campo as evidências do histórico dos rejeitos em feições como estrias múltiplas que registram múltiplos eventos de deslizamento, como veremos no Cap. 10.

Múltiplos vetores de deslocamento sobre a superfície de deslocamento resulta em um **campo de deslocamento** ou **campo de rejeito** nessa superfície. As estrias, os indicadores cinemáticos (Cap. 10) e o rejeito das camadas fornecem ao geólogo de campo informações sobre a direção, o sentido e a magnitude do rejeito. Muitas falhas apresentam desvios a partir dos rejeitos puros no sentido do mergulho ou no sentido da direção, ou seja, apresentam vetor de rejeito líquido oblíquo. Tais falhas são denominadas **falhas de rejeito oblíquo** (Figs. 9.6 e 9.8). O grau de inclinação é indicado pelo ***pitch*** (ou ***rake***), que é o ângulo entre a direção da superfície de deslizamento e o vetor de rejeito (estrias) (Fig. 9.6).

Se não soubermos qual é o verdadeiro vetor de deslocamento, como mostrado na Fig. 9.7, podemos ser enganados pelo rejeito aparente em uma seção arbitrária em um maciço rochoso falhado, seja ela sís-

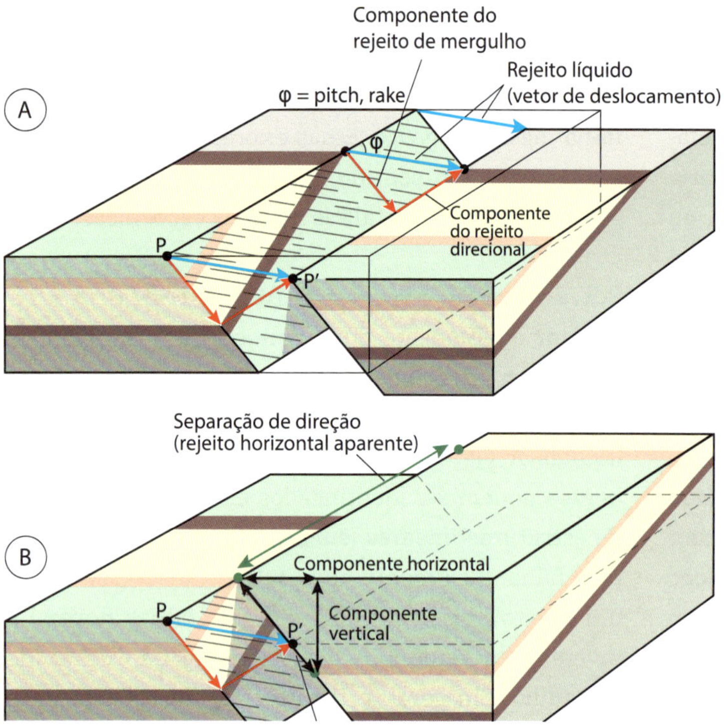

Fig. 9.6 *Ilustração de uma falha de rejeito oblíquo afetando camadas inclinadas. A falha é normal sinistral e as setas azuis mostram o deslocamento verdadeiro, ou rejeito total, que tem componentes de rejeito na direção do mergulho e de transcorrência (A). O vetor de rejeito total conecta pontos que foram adjacentes antes do falhamento (por exemplo, P e P' na figura). Em (B) a sequência estratigráfica da capa é prolongada até o nível da lapa. Nessa situação a direção e a separação de mergulho das camadas, que depende da orientação das camadas e do tipo de deslocamento da falha, podem ser mais facilmente percebidos. Os rejeitos aparentes vertical e horizontal são componentes da separação de mergulho*

mica ou na superfície de um afloramento vertical. O rejeito aparente de uma camada, observado em uma dada seção ou plano, é denominado de separação. A **separação horizontal** é o rejeito aparente das camadas vista em uma exposição horizontal ou em um mapa, enquanto a **separação de mergulho** é observada em uma seção vertical (Fig. 9.6B). Essas separações dependem da orientação das camadas e do tipo de rejeito da falha. Em uma seção vertical, a separação de mergulho pode ser decomposta em seus componentes vertical e horizontal, denominados **rejeito horizontal aparente** (*heave*) e **rejeito vertical aparente** (*throw*) (Fig. 9.6B). O rejeito verdadeiro ou total de uma falha pode ser observado apenas na seção vertical que contenha o vetor de deslocamento verdadeiro ou rejeito total da falha.

Uma falha que afeta uma sequência de camadas irá separar, nas três dimensões, cada superfície (interface estratigráfica), e dessa forma surgirão duas **linhas de corte de falha** (Fig. 9.9). Se a falha não for vertical e o vetor de deslocamento não for paralelo ao acamamento, o mapa da superfície falhada irá mostrar um espaço aberto entre duas linhas de corte. A largura do espaço aberto, que não apresentará contornos, está relacionada tanto ao mergulho da falha como ao seu rejeito de mergulho. Além disso, a abertura reflete o rejeito horizontal aparente visto na seção vertical através da falha (Fig. 9.9).

9.1.3 Separação estratigráfica

A perfuração através de uma falha pode resultar em uma **seção repetida** ou em uma **seção faltante** no **corte de falha** (ponto onde a perfuração intersecta a falha). Em perfurações verticais, o caso é simples: falhas normais omitem camadas (Fig. 9.10A) e falhas inversas causam a repetição de camadas ao longo da perfuração. Em perfurações inclinadas, onde a inclinação do furo é menor que a do mergulho da falha, como na perfuração G, na Fig. 9.10B, a repetição estratigráfica pode ser vista em falhas normais. O termo geral para a ausência ou a repetição de uma seção estratigráfica em poços perfurados através de uma falha é ***separação estratigráfica***. A separação estratigráfica é uma medida do rejeito de falha obtida em perfurações de poços de petróleo, e será igual ao componente vertical de rejeito de falha se as camadas forem horizontais. A maioria das camadas falhadas não é horizontal, e o componente vertical de rejeito deve ser calculado.

9.1.4 Falhas sindeposicionais

As falhas que atingem a superfície do terreno criam um alívio que afeta o padrão de deposição dos sedi-

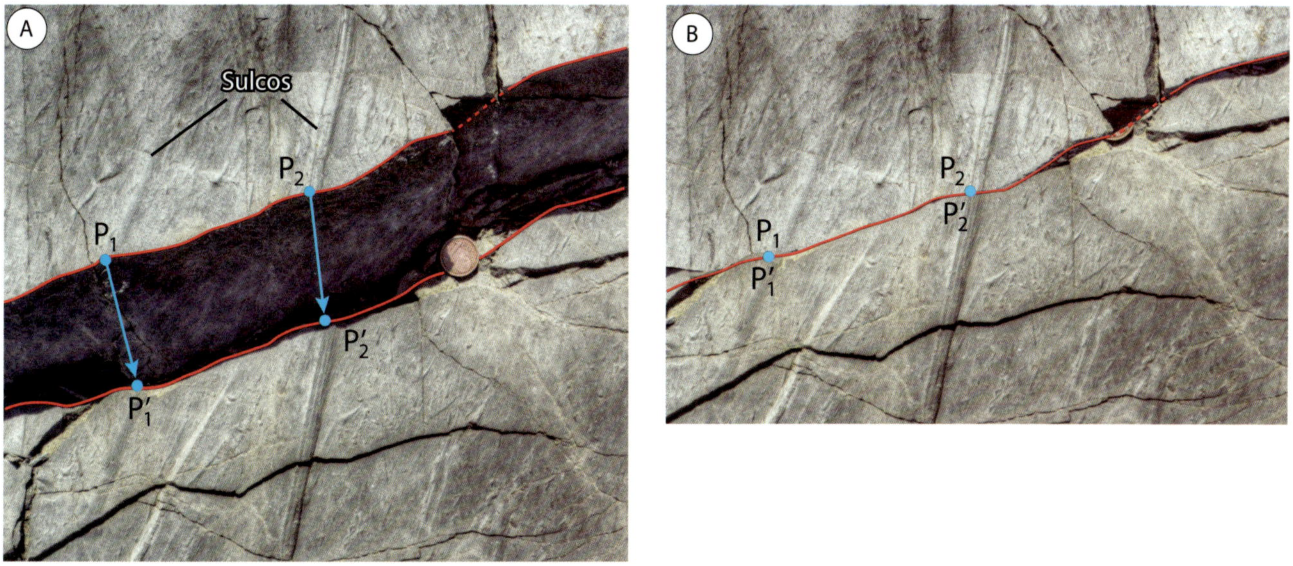

Fig. 9.7 *(A) Exemplo de campo de pequena falha (superfície de deslizamento) que corta a base de uma camada invertida de arenito em turbiditos carboníferos (região de Sagres, Portugal). Os sulcos podem ser correlacionados através da superfície de deslizamento e o vetor de deslocamento verdadeiro pode ser traçado conectando os pontos que estavam anteriormente em contato. (B) Imagem restaurada. A moeda de escala tem 16 mm de diâmetro*

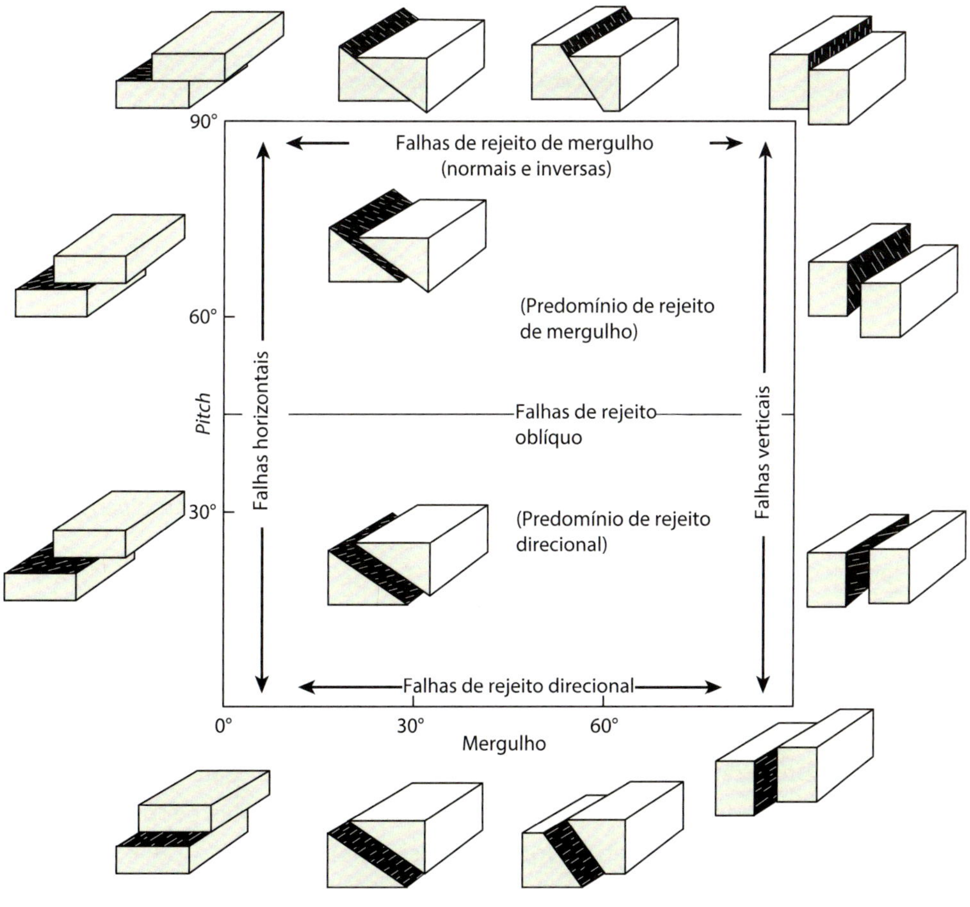

Fig. 9.8 *Classificação de falhas com base no mergulho do plano de falha e no pitch, que é o ângulo entre a direção de rejeito (vetor de deslocamento) e a direção do plano de falha*
Fonte: baseado em Angelier (1994).

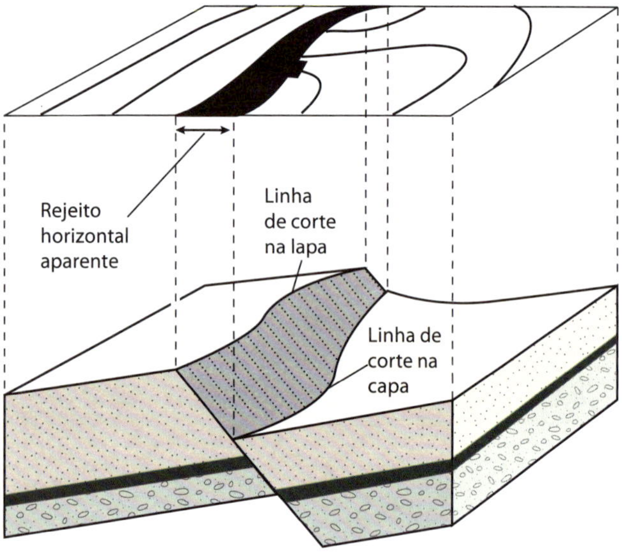

Fig. 9.9 *A relação entre uma falha simples, uma superfície em mapa e suas duas linhas de corte de falha. Mapas de contorno de estruturas desse tipo são amplamente usados na indústria do petróleo, onde são obtidos principalmente por meio de dados sísmicos de reflexão*

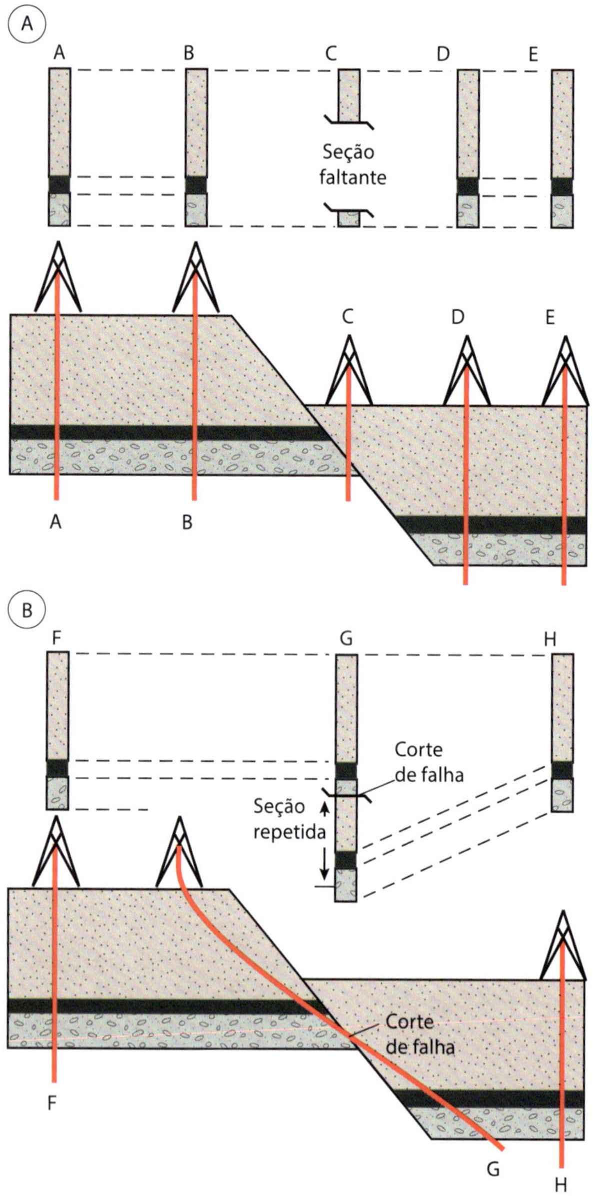

Fig. 9.10 *(A) Seção faltante em perfurações verticais (perfuração C) sempre indica falhas normais (considerando uma estratigrafia constante). (B) Camadas repetidas, normalmente associadas a falhas inversas, podem ocorrer onde uma falha normal tenha inclinação maior que a perfuração que a intercepta (perfuração G)*

mentos. Quando os sedimentos se depositam sobre toda a estrutura da falha (não apenas sobre a capa), as camadas são mais espessas sobre o lado da capa. Essa diferença se reflete ao longo de falhas sindeposicionais, o que, por sua vez, causa variações na atividade da falha ao longo do tempo. Esse efeito pode ser quantificado através do índice de expansão (Fig. 9.11), que é a razão de espessura de uma dada camada estratigráfica ao longo da falha:

$$\text{Índice de expansão} = t_{HW}/t_{FW} \quad \textbf{(9.1)}$$

onde t_{HM} é a espessura da camada na capa e t_{FW} é a espessura da camada na lapa.

Consideremos a falha normal simulada na Fig. 9.11. Todas as camadas da lapa, nesse exemplo, têm a mesma espessura unitária, para facilitar a comparação com as camadas que estão sobre a capa. Durante os períodos de atividade da falha, o índice de expansão é maior, sendo que esse índice é máximo nas camadas depositadas quando a falha é mais ativa, que é o caso da camada *f* na Fig. 9.11A. Isso também se reflete no diagrama de deslocamento, no qual os períodos de maior atividade ou de maior taxa de crescimento são indicados por maior gradiente de deslocamento (Fig. 9.11C). Nos locais onde a falha é completamente pós-deposicional, o índice é igual a 1. Note que, em falhas inversas sindeposicionais, as camadas sobre a lapa ficam mais espessas e o índice de expansão passa a ser menor que 1, para as camadas depositadas com atividade sindeposicional da falha.

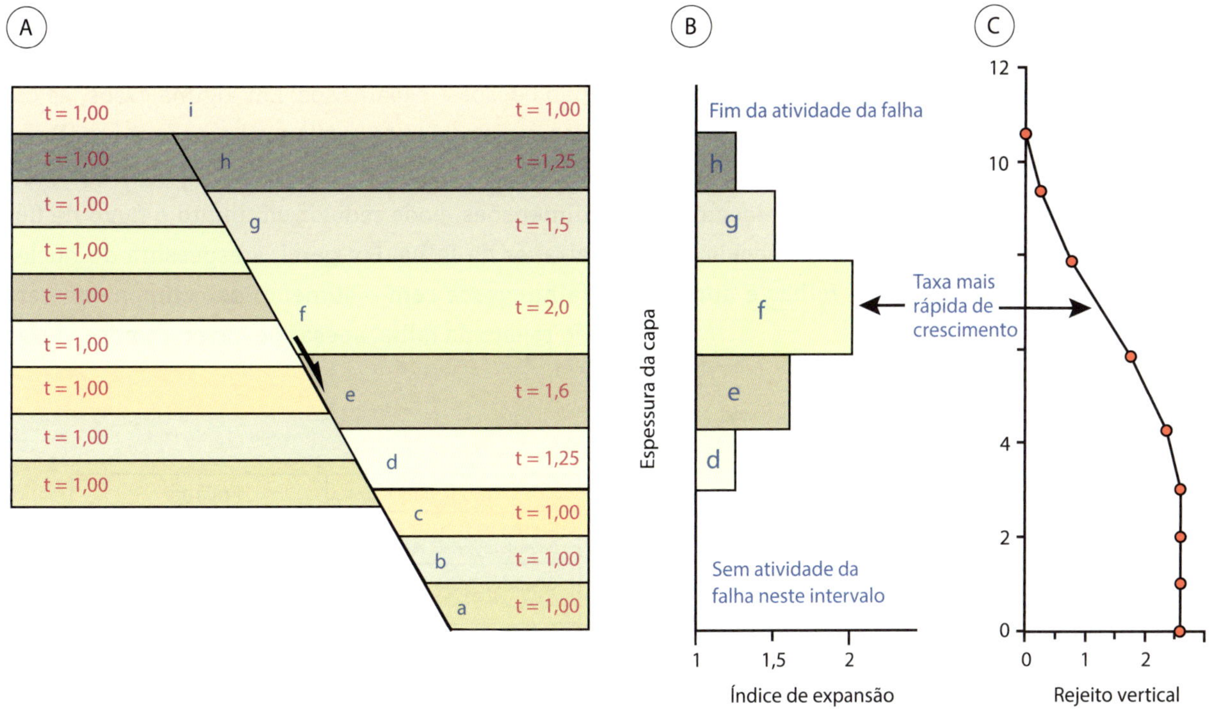

Fig. 9.11 *Falha sindeposicional (simulada) em que a espessura de algumas camadas é maior sobre a capa: (A) seção vertical teórica em uma falha normal; (B) diagrama de índice de expansão; (C) diagrama de deslocamento*

9.2 Anatomia de falha

As falhas registradas em perfis geológicos ou sísmicos são, em geral, representadas por linhas simples de espessura constante. Em detalhe, entretanto, as falhas raramente são superfícies simples ou zonas de espessura constante. De fato, elas são, em sua maioria, estruturas complexas formadas por uma quantidade praticamente imprevisível de elementos estruturais. Como há variações tanto ao longo como entre as falhas, não é fácil chegarmos a um modelo simples para descrever uma falha. Na maioria dos casos, é útil fazer uma distinção entre o **núcleo da falha** (ou superfície de deslizamento) e o volume ao seu redor, conhecido como **zona de dano de falha**, onde as rochas apresentam deformação rúptil (Fig. 9.12).

O núcleo da falha pode variar de uma simples superfície de deslizamento, com uma zona cataclástica de espessura milimétrica, a uma zona com várias superfícies de deslizamento ou até zonas intensamente cisalhadas com vários metros de espessura, onde apenas resquícios da rocha original estão preservados. Em rochas cristalinas, o núcleo da falha pode ser constituído por um material praticamente

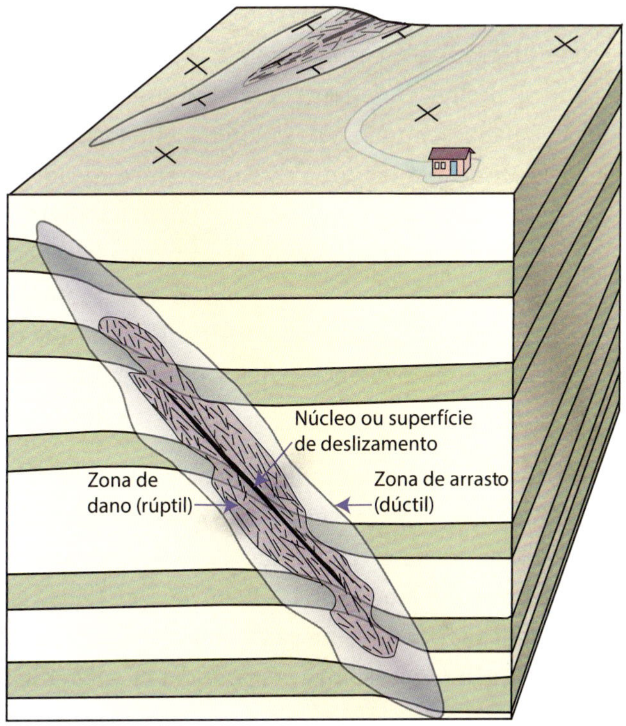

Fig. 9.12 *Anatomia simplificada de uma falha*

não coeso conhecido como ***gouge* de falha**, no qual argilominerais são formados a partir de feldspatos e outros minerais primários. Em outras situações, o núcleo da falha pode conter **cataclasitos** de alta dureza, particularmente em falhas formadas na parte inferior da crosta superior rúptil. Vários tipos de **brechas**, coesas ou não coesas, também são encontrados em núcleos de falhas. Em casos extremos, a fricção faz com que as rochas cristalinas sejam localmente fundidas, criando uma massa vítrea conhecida como **pseudotaquilito**. A classificação de falhas é apresentada no Boxe 9.1.

Em rochas sedimentares (moles), os núcleos de falhas são tipicamente constituídos por materiais não coesos e espalhados. Em alguns casos, as camadas mais moles de argila e silte podem espalhar-se e formar uma membrana que, se for contínua nas três dimensões, pode reduzir em muito o fluxo de fluidos através da falha. Em geral, a espessura do núcleo da falha cresce com o aumento da componente vertical do rejeito da falha, apesar de haver grandes variações

Boxe 9.1 Rochas de falha

Quando os movimentos de falha alteram suficientemente a rocha original, ela passa a ser uma rocha de falha rúptil. Há vários tipos de rochas de falha, dependendo do tipo litológico, da pressão confinante (profundidade), da temperatura, da pressão de fluidos, da cinemática etc. presentes durante o movimento da falha. É útil distinguir os diferentes tipos de rochas de falha e separá-los das rochas miloníticas formadas em regime plástico. Sibson (1977) sugeriu uma classificação (ver diagrama) baseada em suas observações de que as rochas de falhas rúpteis geralmente não são foliadas, enquanto os milonitos têm foliação. Além disso, ele fez uma distinção entre rochas coesas e não coesas em zonas de falha. Subdivisões adicionais foram propostas com base nas quantidades relativas de clastos grandes e de matriz fina. A classificação de Sibson é descritiva e pode ser aperfeiçoada, se considerarmos que as rochas cataclásticas podem apresentar foliação em alguns casos. Sua relação com os mecanismos microscópicos de deformação também é evidente, pois os milonitos são claramente separados das rochas cataclásticas na parte inferior do diagrama.

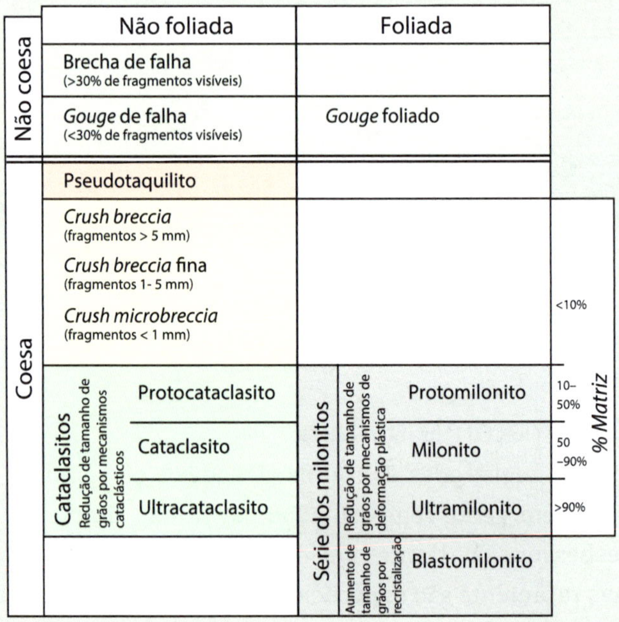

Brecha de falha é uma rocha inconsolidada com menos de 70% de matriz. Se a razão matriz-fragmentos for maior, a rocha é denominada ***gouge* de falha**. Um *gouge* de falha é, portanto, uma versão intensamente moída da rocha original, mas esse termo pode também ser usado para camadas de argila ou folhelho intensamente modificadas em núcleos de falhas em rochas sedimentares. Essas rochas de falha não consolidadas formam-se na parte superior da crosta rúptil. Elas formam condutos para o fluxo de fluidos em rochas não porosas, mas contribuem para a redução da permeabilidade em rochas porosas.

Pseudotaquilito é uma rocha escura, densa, vítrea ou microcristalina. Ela se forma pela fusão local das paredes da rocha pelo atrito do deslizamento. O pseudotaquilito pode apresentar injeções de veios em suas laterais, bordas congeladas, fragmentos de rochas encaixantes e estruturas vítreas. Essa rocha ocorre tipicamente em zonas de espessura milimétrica a centimétrica que fazem contato brusco com a

Boxe 9.1 Rochas de falha *(cont.)*

Injeção de veios de pseudotaquilito em gnaisse protomilonítico (Heimefrontfjella, Antártica)

rocha encaixante. Os pseudotaquilitos formam-se tipicamente na parte superior da crosta, mas também podem formar-se em profundidades maiores, nas regiões anidras da crosta inferior.

As ***crush breccias*** são caracterizadas por fragmentos grandes. Elas têm menos de 10% de matriz e são rochas coesas e duras. Os fragmentos são unidos por um cimento (geralmente quartzo ou calcita) e/ou por microfragmentos que foram moídos durante o falhamento.

Cataclasitos são diferentes das *crush breccias* pela sua menor razão fragmentos-matriz. A matriz é formada por microfragmentos moídos, que constituem uma rocha maciça com aspecto de sílex. É necessária uma certa temperatura para que a matriz assuma um aspecto de sílex e, portanto, considera-se que a maioria dos cataclasitos tenha se formado a 5 km de profundidade ou mais.

Milonitos não são exatamente rochas de falhas, ainda que tenham sido assim consideradas por Sibson. Os milonitos são subdivididos com base na proporção dos grãos originais, de tamanho grande, e da matriz recristalizada. Os milonitos são foliados e comumente apresentam lineações e abundantes evidências de processos de deformação plástica, em vez de deslizamento friccional e moagem de grãos. Os milonitos formam-se a profundidades e temperaturas maiores que os cataclasitos e as demais rochas de falha; e acima de 300°C para rochas ricas em quartzo. O membro extremo da série dos milonitos, o blastomilonito, é um milonito que se recristalizou após o término da deformação (recristalização pós-cinemática). Dessa forma, o blastomilonito apresenta grãos sem deformação e aproximadamente equidimensionais ao microscópio, com a foliação milonítica ainda visível em amostra de mão. A deformação plástica e os milonitos serão tratados nos Caps. 11 e 16.

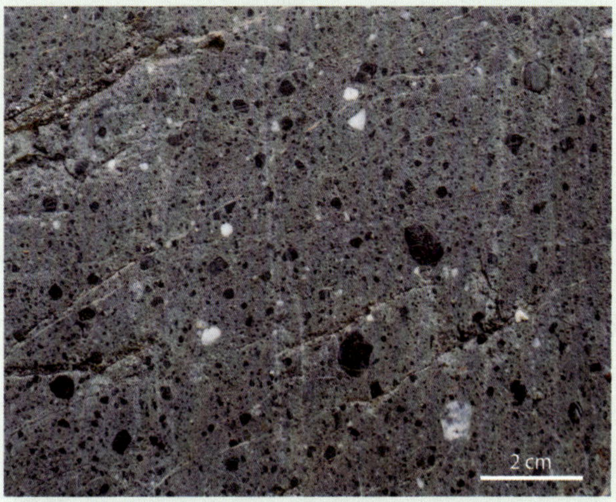

Cataclasito produzido por moagem de calcário na capa de uma superfície principal de rejeito da Falha Extensional de Wasatch, Provo, Utah, EUA

mesmo ao longo de uma falha simples cortando uma mesma rocha.

A zona de dano é caracterizada por estruturas de deformação rúptil em uma densidade maior que a densidade média no local (*background*). Ela envolve o núcleo da falha, estando presente tanto em suas extremidades como nas laterais. As estruturas encontradas na zona de dano incluem bandas de deformação, fraturas de cisalhamento, fraturas extensionais e estilolitos; a Fig. 9.13 mostra um exemplo de como as estruturas de pequena escala (bandas de deformação) ocorrem apenas nas proximidades do núcleo da falha, definindo, nesse caso, uma zona de dano na lapa com espessura de cerca de 15 m.

A largura da zona de dano pode variar de uma camada para outra, mas, assim como no núcleo da falha, há uma correlação positiva entre o rejeito da falha e a espessura da zona de dano (Fig. 9.14A). Diagramas logarítmicos, como o da Fig. 9.14, são amplamente usados na análise de falhas; linhas retas em diagramas desse tipo indicam haver uma relação constante entre os dois parâmetros utilizados. Para os dados que se situam sobre uma das linhas retas da figura, a razão entre o rejeito de falha *D* e a espessura da zona de dano DT é constante para falhas de qualquer magnitude; a distância entre as linhas adjacentes representa uma ordem de magnitude. Muitos dos dados da Fig. 9.14A situam-se em torno ou sobre a linha *D* = DT, o que significa que o rejeito da falha é igual ou um pouco maior que a espessura da zona de dano, ao menos para falhas com rejeito de até 100 m. Podemos usar esse diagrama para estimar os componentes de rejeito vertical a partir da espessura da zona de dano ou vice-versa, mas o grande espalhamento dos dados (acima de duas ordens de magnitude) causa um alto grau de incerteza em estimativas desse tipo.

Uma relação similar existe entre a espessura do núcleo da falha (CT) e o rejeito da falha (Fig. 9.14B). Essa relação situa-se entre as linhas retas *D* = 1.000 CT e *D* = 10 CT, o que significa que a espessura do núcleo da falha é estatisticamente em torno de 1/100 do rejeito da falha, para falhas com rejeito de até 100 m.

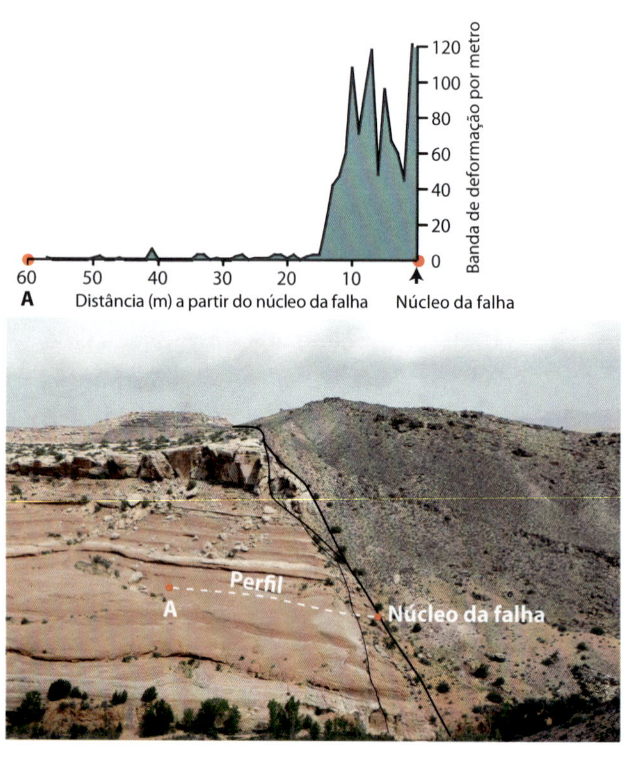

Fig. 9.13 *Zona de dano na lapa de uma falha normal, com rejeito vertical aparente de 150 m-200 m. A zona de dano na lapa foi caracterizada por meio de um diagrama de frequência de dados coletados ao longo do perfil. Uma lente de falha é visível em sua parte superior (Arenito Entrada, em Barlett Wash, próximo a Moab, Utah, EUA)*

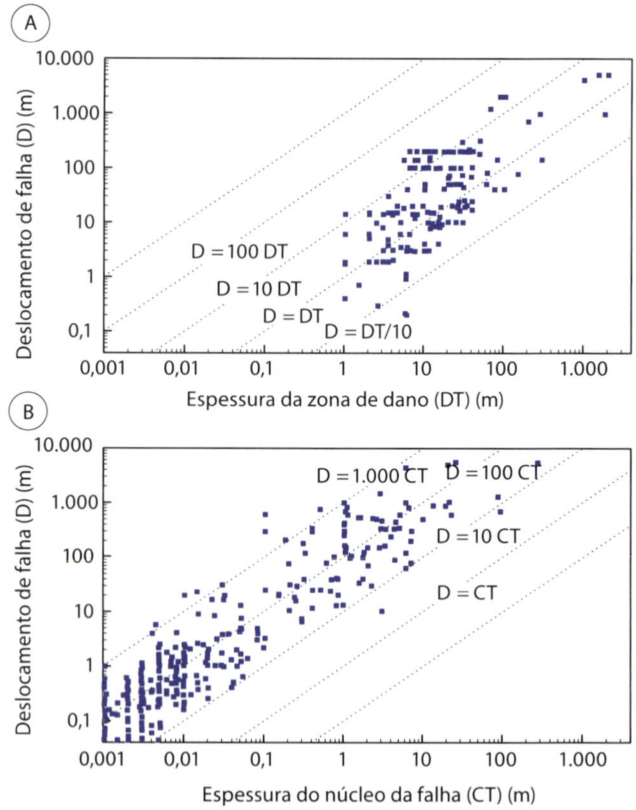

Fig. 9.14 *(A) Diagrama de espessura da zona de dano (DT) (de um lado da falha) versus o rejeito (D) de falhas em rochas sedimentares siliciclásticas. (B) Diagrama similar levando em conta a espessura do núcleo da falha (CT). Note os eixos com escala logarítmica. Dados compilados de várias fontes*

As camadas encontram-se, em geral, flexionadas (dobradas) em torno de falhas, particularmente em rochas sedimentares. O termo clássico para esse comportamento é **arrasto**, que deve ser usado como um termo geométrico puramente descritivo. A zona de arrasto pode ser mais larga ou mais estreita que a zona de dano, ou pode até estar ausente. A distinção entre a zona de dano e a zona de arrasto se faz pelo caráter de deformação dúctil desta, enquanto a zona de dano é, por definição, restrita à deformação rúptil. Ambas as zonas são partes da zona de deformação associada às falhas. De modo geral, as rochas moles desenvolvem zonas de arrasto mais pronunciadas que as rochas rígidas.

9.3 Distribuição de rejeito

Em alguns casos, é possível mapear variações no rejeito ao longo de uma falha em campo, tanto na direção horizontal como na vertical. Em ambas as direções, as falhas tendem a mostrar um rejeito máximo na parte central do seu traço, com diminuição gradual em direção às extremidades (Fig. 9.15). O perfil de rejeito pode variar da forma linear à de sino ou elíptica. Os perfis de rejeito podem ser divididos naqueles que têm um máximo central bem definido (tipo pico)ou um perfil em forma de sino e naqueles que têm uma parte central larga, com rejeito aproximadamente constante (tipo platô).

As falhas simples mostram, em geral, um aumento gradual no rejeito a partir de sua extremidade até a região central.

A coleta de dados para se estabelecer um perfil de rejeito com base em uma única falha pode ser uma tarefa difícil quando se pretende obter um quadro confiável da distribuição dos rejeitos na superfície da falha. Entretanto, blocos de dados sísmicos 3-D de alta resolução nos permitem traçar isolinhas de rejeito em diversas falhas. Estudos desse tipo dão suporte a modelos simples como os mostrados nas Figs. 9.15 e 9.16, em que o rejeito é maior na parte central de uma falha individual, decrescendo gradualmente em direção às extremidades – uma conclusão compatível com as observações de campo mencionadas nos parágrafos anteriores. Entretanto, note que o modelo da Fig. 9.16, em que uma falha isolada tem uma linha elíptica de extremidade e contornos elípticos de rejeito, é altamente idealizado e não considera o efeito mecânico da estratigrafia (camadas com diferentes propriedades mecânicas) e as complicações decorrentes da interação com a falha. Muitas falhas naturais apresentam padrões de deslocamentos compostos, como a mostrada na Fig. 9.17D. Nesse caso há dois máximos, indicados pelas cores quentes. Os perfis de deslocamento lateral apresentam dois picos (Fig. 9.17E); esse tipo de padrão é normalmente explicado pela conexão entre falhas, em que duas falhas individuais se ligam para formar uma única falha contínua. A interação de falhas pode ser complexa, criando padrões de deslocamento igualmente complexos. Nesse caso, o mapeamento dos deslocamentos é extremamente importante para compreendermos a história de crescimento das falhas.

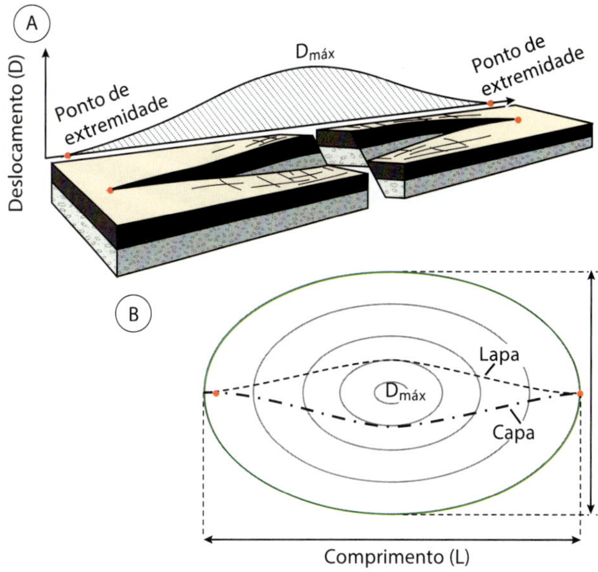

Fig. 9.15 *(A) Esquema de uma falha ideal, isolada. O perfil indica um rejeito máximo próximo à sua região central. (B) Esquema do plano de falha com contornos de rejeito. As linhas pontilhadas representam as linhas de corte nas paredes da capa e da lapa, e a distância entre elas indica a separação do mergulho*

Um modelo elíptico geometricamente similar pode ser aplicado a veios e outras fraturas extensionais, onde os vetores de deslocamento são perpendiculares à fratura. Devemos enfatizar que o modelo elíptico

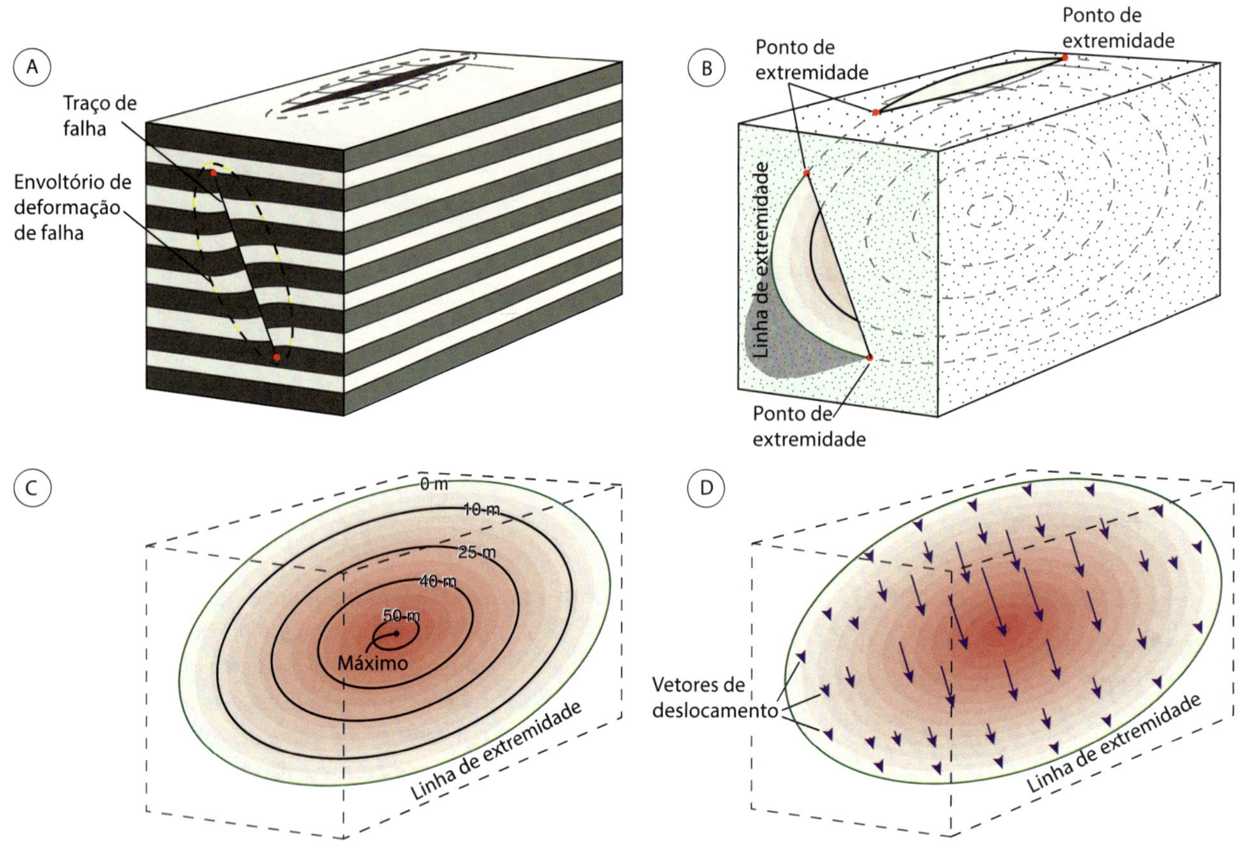

Fig. 9.16 *Aspectos geométricos de uma falha isolada (modelo elíptico de falha). (A) O traço da falha é a intersecção entre a superfície da falha e uma superfície arbitrária (afloramento, perfil sísmico). Os pontos finais do traço de falha são denominados pontos de extremidade (B). Esses pontos situam-se sobre a linha de extremidade, que é a linha de zero-rejeito que delimita a falha (C). O rejeito aumenta em direção ao centro da falha. Isso pode ser expresso por meio de linhas de contornos (C) ou vetores de deslocamento(D)*

simples de falha pretende descrever uma falha isolada em um meio isotrópico. Na maioria dos casos, o crescimento das falhas é complicado pela interação mecânica da falha com o acamamento das rochas, que causa desvios em relação a esse modelo simples.

9.4 Identificação de falhas em campos de petróleo

A coleta e a interpretação de informações sobre falhas são cruciais na exploração e produção de petróleo. A seguir, vamos revisar algumas importantes fontes de dados sobre falhas em campos de petróleo em contexto extensional; os mesmos princípios podem ser aplicados em regimes compressionais e de transcorrência.

9.4.1 Dados sísmicos

A interpretação de dados sísmicos é o modo mais usado para identificar e mapear falhas em subsuperfície. A identificação de falhas depende da presença de refletores sísmicos mapeáveis. As descontinuidades refletoras indicam a localização das falhas, e o rejeito de mergulho (*dip separation*) é estimado pela correlação entre os refletores sísmicos através da falha, como mostrado na Fig. 9.18.

Os dados sísmicos têm um limite de resolução que varia de um conjunto de dados para outro, mas, em geral, é difícil ou impossível identificar falhas com rejeito vertical aparente menor que 15 m ou 20 m, mesmo em dados sísmicos 3-D de alta resolução. As falhas que estão abaixo do limite de resolução sísmica são denominadas **falhas subsísmicas** (Boxes 9.2 e 9.3). Complicações ao longo das falhas, como lentes e ramificações, podem ser de difícil detecção com base apenas em dados sísmicos. As informações de perfurações, quando disponíveis, são importantes para auxiliar na interpretação dos dados sísmicos.

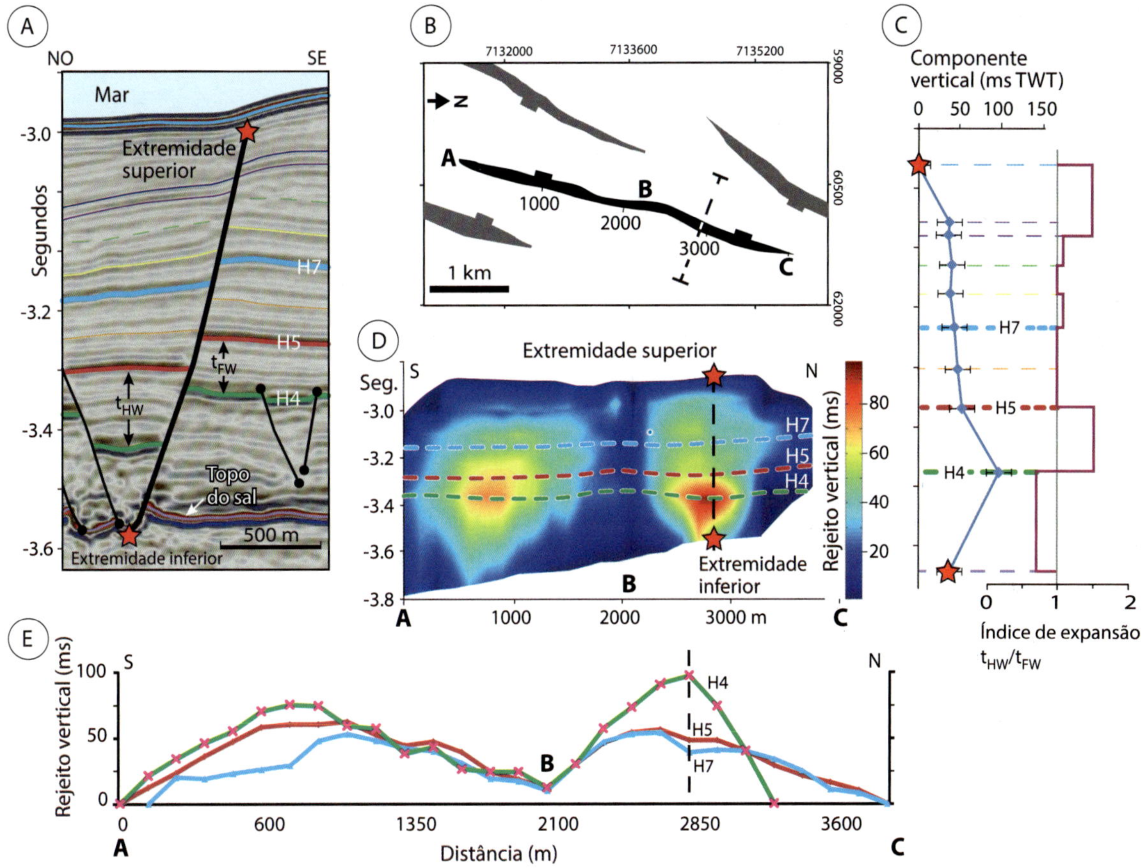

Fig. 9.17 *(A) Falha normal imageada por dados sísmicos. (B) Mapa mostrando a falha como uma estrutura isolada (extremidades livres de falhas). (C) Mapa de rejeito vertical aparente com deslocamento decrescente para cima. (D) Distribuição do rejeito vertical aparente na superfície da falha. Há dois máximos, sugerindo que duas falhas individuais se ligaram durante seu crescimento e formaram uma falha contínua. (E) Rejeito horizontal aparente em três níveis diferentes*

Como ilustrado na Fig. 9.19, um conjunto de dados sísmicos 3-D representa um cubo onde as falhas e os refletores podem ser estudados e interpretados em qualquer direção, incluindo seções horizontais (*time slices*). Isso permite a interpretação da geometria 3-D de falhas e de conjuntos de falhas.

As falhas em escala de bacia e os conjuntos de falhas regionais são, em geral, mapeados por meio de linhas sísmicas 2-D regionais. Em alguns casos, as linhas 2-D podem ser linhas sísmicas profundas que retratam a crosta inferior e o manto superior (Fig. 1.6). As linhas sísmicas profundas mostram as grandes falhas que penetram a crosta superior e, por vezes, atravessam toda a crosta, transformando-se em zonas de cisalhamento em maior profundidade.

9.4.2 Corte de falha e correlação de perfis de poços

As falhas nos poços são tipicamente identificadas por correlações estratigráficas. Como mostrado na Fig. 9.9, as falhas inversas e normais causam, respectivamente, repetição e omissão de seções estratigráficas. O conhecimento da estratigrafia a partir de poços vizinhos é a base para esse processo de identificação de falhas.

O tamanho das falhas identificáveis por esse método depende das características dos marcadores estratigráficos, do número de poços, da distância entre os poços na área, das variações de fácies sedimentares e da orientação dos poços. A identificação do **corte de falha** (*fault cut*, localização da falha no poço) também depende de suas assinaturas características nos perfis

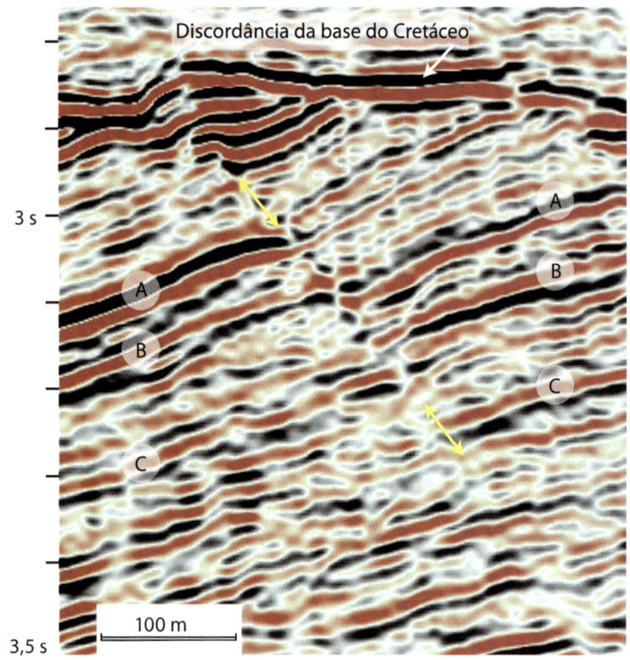

Fig. 9.18 *Uma falha imageada por dados sísmicos (setas). Não há reflexões claras marcando a falha propriamente dita. O rejeito de mergulho é identificado pela descontinuidade dos refletores (linhas de corte). Imagem obtida com base em dados sísmicos tridimensionais do campo de Visund, Mar do Norte*

de poços. Os testemunhos, em geral, não estão disponíveis, e as correlações entre os poços são feitas com base em perfilagens tradicionais, como registros de raios gama, densidade, nêutrons e resistividade. A Fig. 9.20 mostra um exemplo de como as falhas com apenas 6 m de separação estratigráfica podem ser detectadas em alguns locais do Grupo Brent, no Mar do Norte, onde há uma alta densidade de poços. Nesse exemplo, a falha foi confirmada pela descrição de testemunhos.

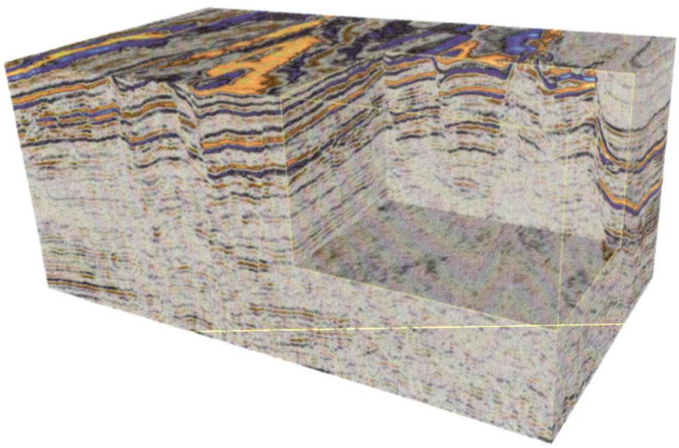

Fig. 9.19 *Falhas em um bloco de dados sísmicos 3-D; dados do Mar de Barents*

Boxe 9.2 Falhas subsísmicas

Dúctil ou rúptil? Tudo depende da escala de observação. Podemos considerar, por exemplo, o arrasto de larga escala na capa de grandes falhas normais. As camadas vistas em perfis sísmicos (ou vistas de grande distância) podem parecer contínuas, e a deformação pode ser descrita como dúctil. Pode haver um grande número de falhas subsísmicas, pois as camadas que parecem contínuas podem ser um efeito do tratamento dos dados sísmicos. Dois casos diferentes são mostrados. Em um deles, uma série de falhas subsísmicas antitéticas afeta as camadas; no outro, as falhas são sintéticas em relação à falha mestra. Como essas falhas são pequenas demais para serem detectadas pela sísmica, as duas imagens sísmicas são idênticas, mas o mergulho verdadeiro em escala de detalhe é diferente nos dois casos. Os dados de perfuração (*dipmeter*) são importantes, pois é comum a ocorrência de falhas subsísmicas. Se o mergulho medido na perfuração for igual ao mergulho sísmico, então a deformação é microscópica, talvez por fluxo granular (típico em sedimentos pouco litificados no momento da deformação).

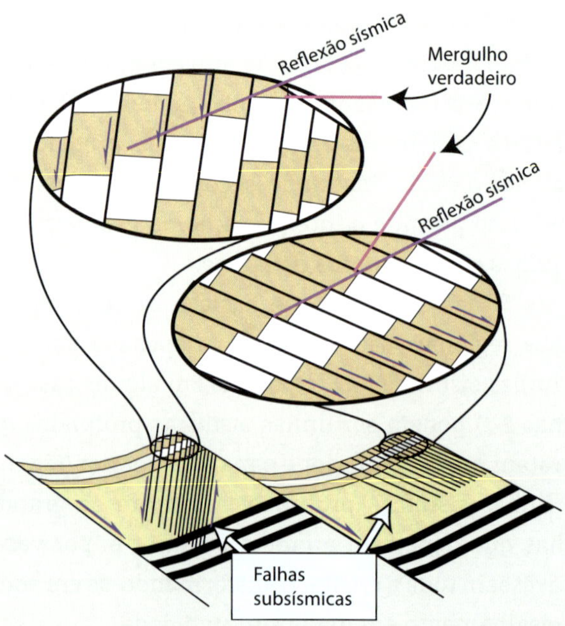

Fonte: Heshammer e Fossen (1998).

Boxe 9.3 Modelagem geomecânica de falhas em menor escala

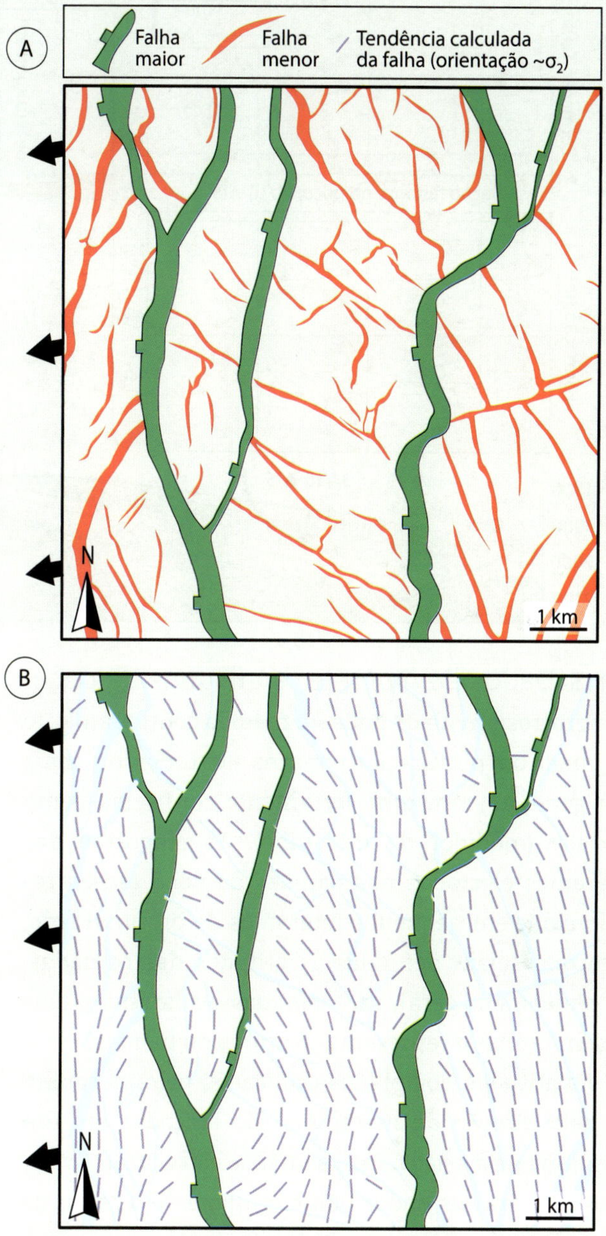

Padrão de falhas em parte da região de Oseber Sør, Mar do Norte (A), e modelo de tendência das falhas menores (B)
Fonte: baseado em Maerten et al. (2002, 2006).

Há várias formas de se modelar falhas subsidiárias ou subsísmicas a partir da interpretação de dados sísmicos. Inicialmente, podemos encontrar uma relação entre o número de falhas menores em relação às maiores com base nas falhas que estão na resolução da sísmica, para então extrapolar essa relação para o domínio subsísmico e prever o número de falhas subsísmicas na área de estudo (ver seção 18.9). Entretanto, essa técnica não nos dá informações sobre a localização ou a atitude das falhas subsísmicas.

A modelagem geomecânica pode nos dar algumas respostas se colocarmos o mapa do arranjo das falhas em um modelo em que as camadas de rocha tenham propriedades mecânicas realísticas (módulo de Young e razão de Poisson). Nesse caso, se aplicamos um esforço remoto ou um campo de deformação (no exemplo, a condição de contorno é um sistema extensional de orientação aproximadamente E-W), criamos um campo de esforços elásticos que, através do critério de fratura de Coulomb, nos permite prever as direções e a distribuição de densidade das falhas (não mostrada aqui). Esse método permite prever falhas menores, posteriores às principais. Com um s_1 vertical (ver Fig. 5.12, regime de falha normal), a direção da falha será paralela a s_2. Portanto, as direções calculadas das falhas são paralelas a s_2, que por sua vez é paralelo às linhas curtas de cor violeta no mapa.

Em nosso exemplo do Mar do Norte, usamos as falhas maiores para modelar as menores, e podemos usar as menores mapeadas para checagem (naturalmente há falhas subsísmicas de localização e atitude desconhecidas). A figura mostra em (B) uma variação significativa da direção da atitude calculada das falhas menores, indicando que a orientação de s_2 varia entre as maiores. A direção calculada das falhas (B) está razoavelmente de acordo (ainda que não perfeitamente) com as menores mapeadas por dados sísmicos na maior parte da área de (A), o que sugere que a orientação das falhas menores foi controlada por perturbações dos esforços causadas pelas maiores e sua geometria. Esse exemplo também mostra que pode haver falhas com ampla variação de atitude em uma única fase extensional.

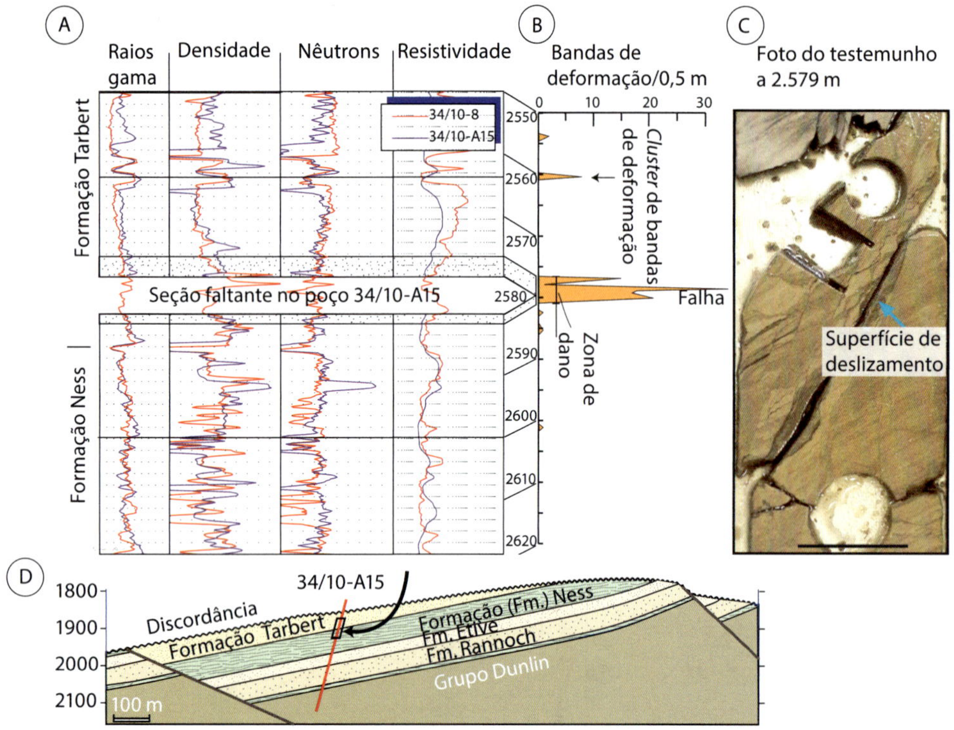

Fig. 9.20 *Separação de falha detectada pela correlação do perfil de poços vizinhos. O perfil completo no poço 8 é mostrado em vermelho, e a correlação indica que há um intervalo de cerca de 6 m faltante no poço A15. A zona de dano (laranja) estimada a partir da análise do testemunho é um pouco mais larga*
Fonte: baseado em Fossen e Hesthammer (2000).

9.4.3 Dados de *dipmeter* e imagens de poço

A microrresistividade pode ser medida continuamente ao longo da perfuração por três eletrodos ou mais (em geral, 16), em uma ferramenta conhecida como *dipmeter* (medidor de mergulho). As respostas dos diferentes eletrodos nas paredes do poço são correlacionadas em pequenos intervalos de profundidade, para que sejam definidas as atitudes das camadas. Os planos, em geral, são camadas ou lâminas, mas podem também representar fraturas ou bandas.

As atitudes dos planos (indicadas pelo mergulho ou pela direção de mergulho) são lançadas em um diagrama de *dipmeter*. Para a análise estrutural, é vantajoso separar os dados de mergulho e de direção de mergulho em diagramas individuais e comprimir a escala vertical, como mostrado na Fig. 9.21. As falhas podem ser identificadas por pelo menos três modos. O primeiro é pela identificação de mudanças bruscas de mergulho ou de direção de mergulho. Isso ocorre quando uma falha separa dois blocos em que as camadas têm atitudes diferentes, o que é uma situação bastante comum. Um exemplo é mostrado nas falhas em profundidade de 17 m e 31 m, na Fig. 9.21.

Outra característica marcante é a presença de intervalos locais com variações rápidas e progressivas no mergulho ou na direção de mergulho. Tais anomalias são conhecidas como **cúspides** (Fig. 9.22). Padrões de mergulho em forma de cúspide indicam, em muitos casos, arrastos causados por falha. A correlação de perfis de poços indica que há uma seção faltante a 9 m de profundidade, no exemplo da Fig. 9.22.

A terceira característica é o aparecimento de atitudes anômalas relacionadas a fraturas, superfícies de deslizamento (falhas) ou a bandas de deformação na zona de dano ou na superfície principal de deslizamento. Os valores altos de mergulho nos locais das falhas (na Fig. 9.21) podem constituir um exemplo disso.

Mais recentemente, tem-se difundido o uso de perfis mais contínuos baseados em imagens de microrresistividade de poços com base em dados de resistividade obtidos com ferramentas mais sofisticadas, como o **FMI** (*Formation MicroImager*). Essa ferramenta mede a microrresistividade por meio de algumas centenas de eletrodos. O resultado é uma imagem contínua da projeção da parede do poço, que lembra a imagem da própria rocha. Essas imagens são analisadas em computador para a interpretação de acamamento e dados estruturais.

A Fig. 9.23A mostra dois exemplos de imagens de microrresistividade em um poço em plataforma na Austrália, em que dois métodos diferentes geram imagens ligeiramente diferentes para o mesmo intervalo

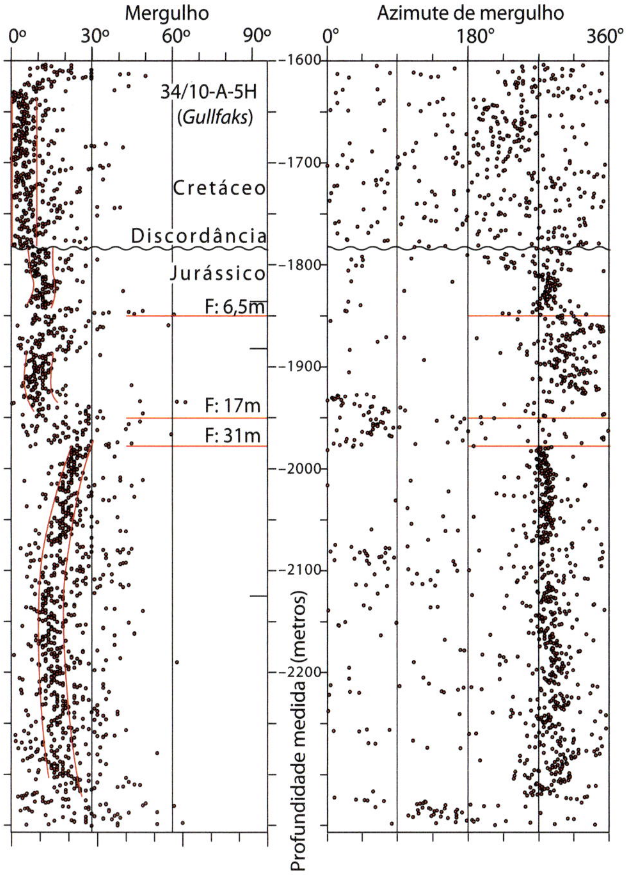

Fig. 9.21 *Dados de* dipmeter *do campo de Gullfaks, Mar do Norte, onde o mergulho e o azimute (direção) de mergulho são mostrados em função da profundidade medida do poço. As falhas identificadas por correlação estratigráfica (seções faltantes) são indicadas*

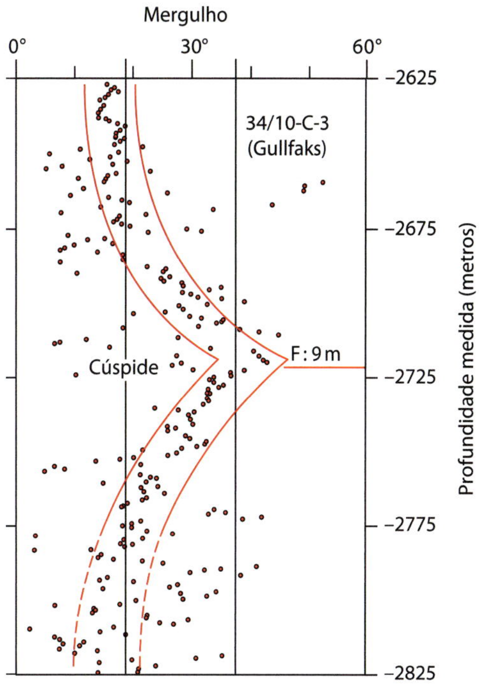

Fig. 9.22 *Dados de* dipmeter *(mergulho* versus *profundidade) mostrando uma geometria clássica em cúspide, relacionada ao arrasto em torno de uma falha de pequeno porte. Dados do Campo de Gullfaks, Mar do Norte*

de perfuração. O padrão sinusoidal visto nas imagens representa planos que cortam o poço em ângulo (Fig. 9.23B), ou seja, planos inclinados cortando um poço vertical. Um plano perpendicular ao poço é representado por uma linha horizontal. Portanto, o mergulho dos planos, dependendo de sua natureza, pode ser determinado com base na forma da curva (amplitude), que reflete o mergulho de camadas e falhas. Em geral, os acamamentos e laminações sedimentares são representados por uma série de planos de orientação similar, enquanto que falhas e fraturas tendem a se destacar como anomalias. A Fig. 9.23A mostra um exemplo de uma falha interpretada e, nesse caso, a deflexão do acamamento em torno da estrutura suporta essa interpretação. A deflexão pode ser representada em um diagrama de Schmidt (Fig. 9.23C) e pode ser interpretada na seção perpendicular ao eixo e dobra da estrutura, que é lida como uma dobra de arrasto (Fig. 9.23D). Nesse exemplo, a dobra de arrasto é maior na lapa do que na capa, e essas dobras são compatíveis com um rejeito normal.

9.4.4 Informações de testemunho de sondagem

Apenas uma pequena parte das perfurações em um reservatório é amostrada na forma de testemunhos, e apenas raramente as falhas estão presentes neles. As equipes de perfuração, em geral, relutam em fazer perfurações através de falhas, devido ao risco de retenção da perfuratriz e de possíveis problemas de pressão. Além disso, algumas rochas incoesas podem desmanchar-se quando perfuradas, formando **zonas de cascalho**. Entretanto, as falhas e as zonas de dano perfuradas representam informações valiosas. Essas amostras permitem a realização de análises microscópicas e de medições de permeabilidade. Além disso, a largura e a natureza da zona de dano e, em alguns casos, do núcleo da falha, podem ser estimadas. A

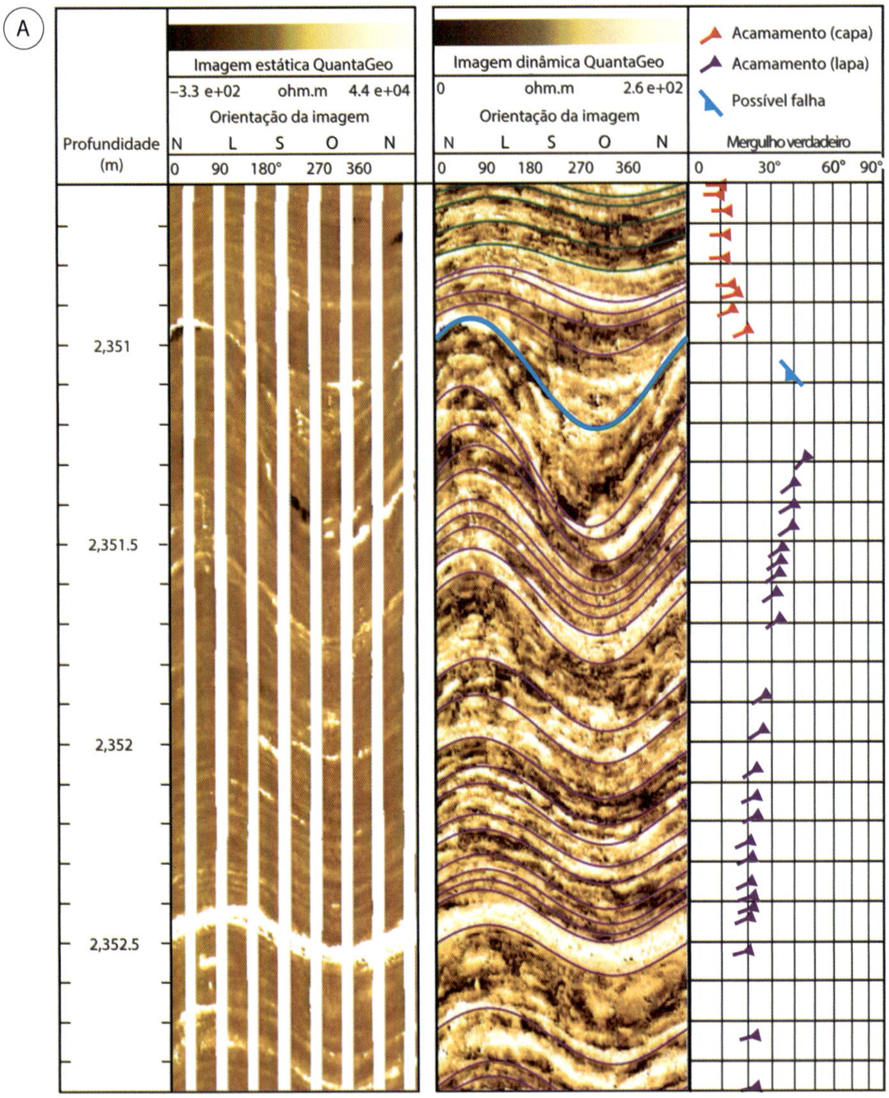

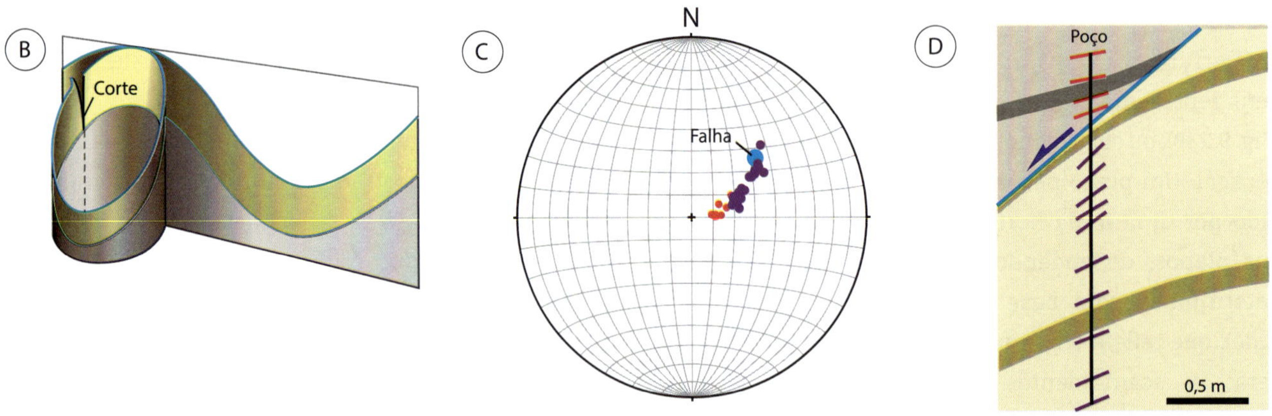

Fig. 9.23 *(A) Dois tipos de imagem de microrresistividade de um pequeno intervalo de um poço em North West Shelf, Austrália. As feições estruturais, visíveis até a escala de centímetros, devem ser interpretadas com base no conhecimento geológico local e geral. A coluna da esquerda mostra os símbolos de mergulho e de direção de mergulho (oeste e sudoeste) de feições planas interpretadas como acamamento e como uma pequena falha. (B) Quando a imagem é "aberta", uma camada inclinada (amarela) produz um traço senoidal na imagem do poço. (C) Os dados de atitude podem ser lançados em diagrama de Schmidt (polos de planos). (D) A partir da interpretação com base em dados de microrresistividade podemos gerar uma seção do através do poço, que é preferencialmente feita na direção de mergulho da falha*

Fonte: as imagens e sua interpretação em (A) foram cedidas por QuantaGeo Photorealistic Reservoir Geology Service.

Fig. 9.24 mostra um exemplo de um testemunho em uma falha com um intervalo faltante de 6 m. A superfície central de deslizamento e as bandas de deformação são visíveis.

A atitude das falhas e fraturas nos testemunhos pode ser medida se o testemunho estiver orientado. Em geral, ele não é orientado e, portanto, sua orientação é reconstituída com base em informações sobre a atitude das camadas, com dados de *dipmeter* ou sísmicos. Entretanto, isso é possível apenas se o acamamento não for horizontal.

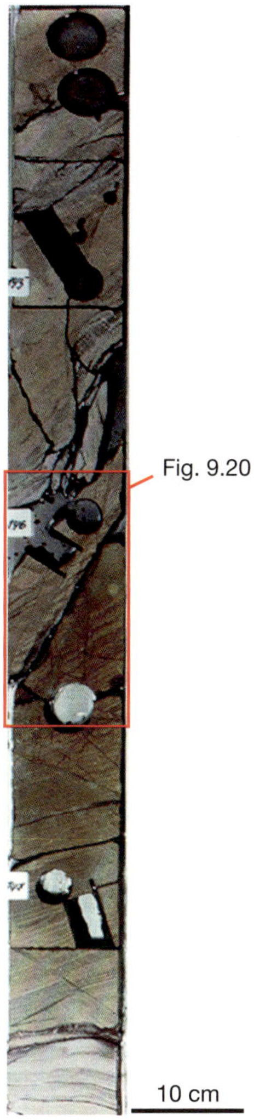

Fig. 9.24 *Intervalo de testemunho de sondagem com 1 m de comprimento através de uma falha (seção faltante de 6 m) no campo de Gullfaks, Mar do Norte. As perfurações no testemunho indicam locais de coleta de amostras para análise de permeabilidade. Ver também a Fig. 9.20*

9.5 Nascimento e crescimento das falhas

9.5.1 Formação de falhas em rochas não porosas

As falhas em rochas com baixa porosidade ou não porosas crescem a partir de pequenas fraturas de cisalhamento. Entretanto, isso não ocorre diretamente a partir de uma única fratura de cisalhamento, pois as fraturas não podem expandir-se em seu próprio plano. Em vez disso, elas se curvam e formam *wing cracks* ou outras fraturas relacionadas, de caráter tensional (Boxe 7.3). Os experimentos mostram que há uma fase de intenso microfraturamento antes do início do fraturamento e de sua propagação. Quando a densidade das microfraturas alcança um nível crítico, a fratura principal se expande pela conexão das microfraturas de orientação favorável. A zona de microfraturas (e mesofraturas) à frente da extremidade da fratura é denominada **zona de quebra friccional** ou **zona de processo**.

Para que uma falha se desenvolva, certo número de pequenas fraturas de cisalhamento, fraturas tensionais e fraturas híbridas deve se formar e se conectar. A superfície de falha incipiente é irregular, causando a moagem e o microfraturamento em suas paredes. Ocorre tipicamente a formação de um núcleo pouco espesso de rocha brechada ou moída. Durante o crescimento da falha, novas fraturas se formam nas paredes próximas a ela. Assim sendo, na maioria dos casos, o núcleo da falha, caracterizado por intensa deformação cataclástica, é envolvido por uma **zona de dano**, onde o fraturamento é menos intenso.

A formação e o crescimento de falhas é um processo complexo que envolve uma zona de processo frontal, onde microfraturas se formam e se conectam umas às outras.

As rochas naturais não são isotrópicas e, em muitos casos, as falhas se formam ao longo de zonas mesoscópicas preexistentes de fraqueza. Essas zonas de fraqueza podem ser dadas por interfaces de camadas ou diques, mas as estruturas que têm maior probabilidade de serem ativadas são as juntas, além, é claro, das falhas preexistentes. As juntas tendem a ser estruturas planas de fraqueza, com pouca ou nenhuma coesão. Elas também podem formar superfícies de até dezenas de metros de extensão, porque as estruturas extensionais têm a possibilidade de se expandirem em seu próprio plano. As falhas formadas a partir de juntas herdam algumas de suas características. Se uma falha se forma por deslizamento friccional a partir de uma junta simples e de grande porte, ela inicialmente tende a ser uma nítida superfície de deslizamento, praticamente sem núcleo de falha e zona de dano. Com o avanço do deslizamento, entretanto, a falha se expande pela conexão com outras juntas próximas à sua extremidade. A zona de dano então se espessa e o núcleo da falha se desenvolve.

A FORMAÇÃO DE FALHAS POR REATIVAÇÃO REQUER MENOR ESFORÇO, CAUSA MENOS DANO NAS IMEDIAÇÕES DA FALHA (ZONA DE DANO MAIS ESTREITA) E PODE RESULTAR EM MENOR GRADIENTE DE DESLOCAMENTO AO LONGO DA FALHA.

9.5.2 Formação de falhas em rochas porosas

Em rochas altamente porosas e em sedimentos, o crescimento de falhas segue uma trajetória um pouco distinta. O espaço dos poros permite que os grãos se reorganizem. Se os grãos de um arenito são fracamente cimentados, eles poderão reorganizar-se por rotação e por deslizamento friccional em suas bordas (translação) durante a deformação. Em outros casos, os grãos também podem fraturar-se internamente. Em ambas as situações, a deformação tende a ocorrer em zonas ou bandas estreitas, formando estruturas conhecidas como **bandas de deformação**. Diferentes tipos de bandas de deformação são discutidos no Cap. 7 (seção 7.8).

Observações de campo, trabalhos experimentais e simulações numéricas mostram que a deformação avança pela formação sequencial de novas bandas de deformação, adjacentes à banda inicial (Fig. 9.25). Isso significa que, de alguma forma, é mais fácil a formação de uma nova banda próximo àquela já existente do que prosseguir com o cisalhamento na banda inicial. O resultado disso é uma **zona de bandas de deformação**, cujo desenvolvimento pode ser explicado através do endurecimento por deformação. Considera-se que o endurecimento por deformação seja causado pela perda de porosidade no interior da banda, fenômeno mais pronunciado nos locais em que os grãos são moídos (bandas cataclásticas). Note a diferença entre as zonas de processo em rochas não porosas e em rochas altamente porosas. A zona de processo em rochas não porosas enfraquece a rocha e aumenta a sua porosidade, por meio da formação de fraturas. Em rochas altamente porosas, as bandas de deformação na zona de processo em muitos casos endurecem a rocha e reduzem a sua porosidade.

Uma vez que um certo número de bandas de deformação tenha se acumulado na zona de bandas de deformação, a porosidade estará suficientemente reduzida a ponto de permitir a formação e o crescimento de uma superfície de deslizamento. As superfícies de deslizamento são nucleadas em pequenas áreas, a partir de onde se propagam, se conectam e, por fim, formam as superfícies de deslizamento que cortam a rocha. Mecanicamente, as superfícies de deslizamento são estruturas de fraqueza que podem acumular, de modo relativamente rápido, vários metros de rejeito ou mais. As superfícies de deslizamento que atravessam a rocha são comumente associadas a zonas delgadas (de espessura milimé-

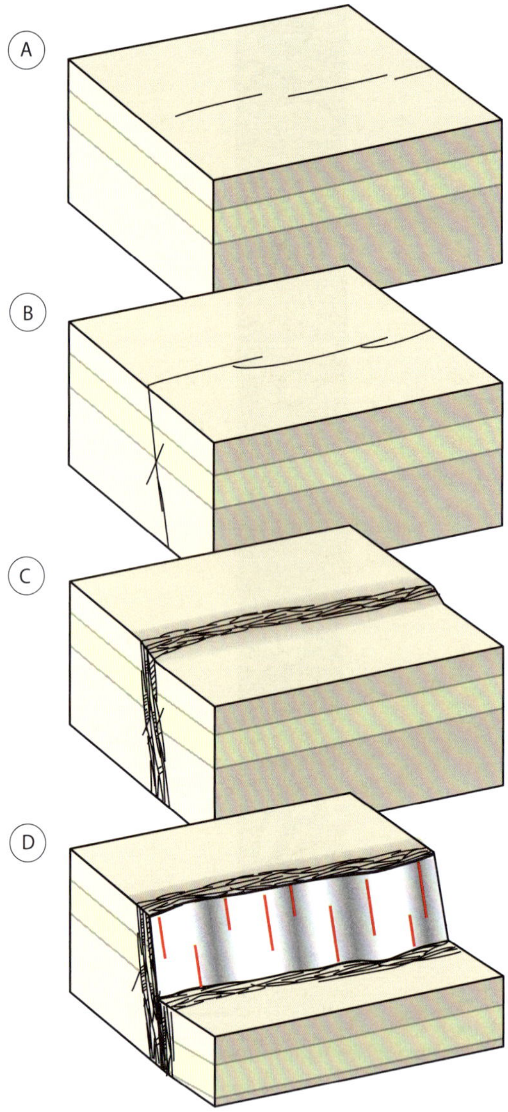

Fig. 9.25 *Modelo geral de formação de falhas em arenito poroso, proposto por Aydin e Johnson (1978): (A) bandas individuais de deformação; (B) conexão das bandas; (C) formação de uma zona de bandas de deformação; (D) falhamento dessa zona*

trica) de ultracataclasito, que podem ser consideradas o núcleo da falha.

AS FALHAS EM ROCHAS ALTAMENTE POROSAS FORMAM-SE A PARTIR DE ZONAS DE BANDAS DE DEFORMAÇÃO.

9.5.3 Zona de dano

O crescimento das bandas de deformação e/ou de fraturas ordinárias antes da formação de uma superfície de deslizamento através da rocha é relevante para o nosso entendimento da zona de dano. No momento da formação da superfície de deslizamento (falha), as fraturas preexistentes em seu entorno irão constituir a zona de dano. Assim que a falha estiver estabelecida, a zona de processo em frente da extremidade da falha avança com a expansão da falha, deixando atrás de si uma zona que será a zona inicial de dano (Fig. 9.26). Em uma rocha porosa, essa zona tende a ser formada por bandas de deformação. Como as falhas em rochas porosas se formam pelo falhamento das zonas de bandas de deformação (Fig. 9.25), o comprimento da zona de processo na banda de deformação tende a ser maior nas rochas porosas do que nas não porosas. Isso é particularmente válido se as bandas de deformação forem cataclásticas, situação em que a zona de processo pode atingir várias centenas de metros de comprimento.

Como as estruturas da zona de dano se formam além da extremidade de uma falha em propagação, as zonas de dano devem ser um pouco mais antigas que a superfície de deslizamento a ela associada. Em consequência, a espessura e a deformação em uma zona de dano deveriam ser independentes do deslocamento da falha. Dados empíricos (Fig. 9.14A) mostram, entretanto, que esse não é o caso, apesar de a falha (superfície de deslizamento) representar a porção mais frágil da rocha e ser, portanto, suscetível a reativações sem a criação de mais danos nas paredes laterais. Isso acontece porque as falhas não são estruturas planas perfeitas, e tampouco se expandem dentro de um plano perfeito. As falhas são irregulares em muitas escalas, porque as rochas são, ao mesmo tempo, heterogêneas e anisotrópicas. Por exemplo, as falhas podem curvar-se ao encontrar uma camada litologicamente distinta ou ao conectar-se com outras falhas (Fig. 9.27). A Fig. 9.28 mostra um exemplo de como os danos podem ser produzidos nas vizinhanças de uma falha curva, com uma suave dobra-falha.

AS ESTRUTURAS NA ZONA DE DANO FORMAM-SE ANTES, DURANTE E DEPOIS DA FORMAÇÃO DE UMA SUPERFÍCIE DE DESLIZAMENTO (FALHA).

Se a falha for temporária ou localmente plana e suave, pode haver períodos de acumulação de rejeito sem qualquer deformação adicional nas rochas adjacentes, ou seja, sem que haja expansão da zona de dano. Entretanto, em locais onde as falhas se conectam ou se curvam, os danos podem ocorrer durante o crescimento da falha, causando um alargamento da zona de dano. Posteriormente, a falha pode definir um traçado mais plano através das zonas complexas, e a

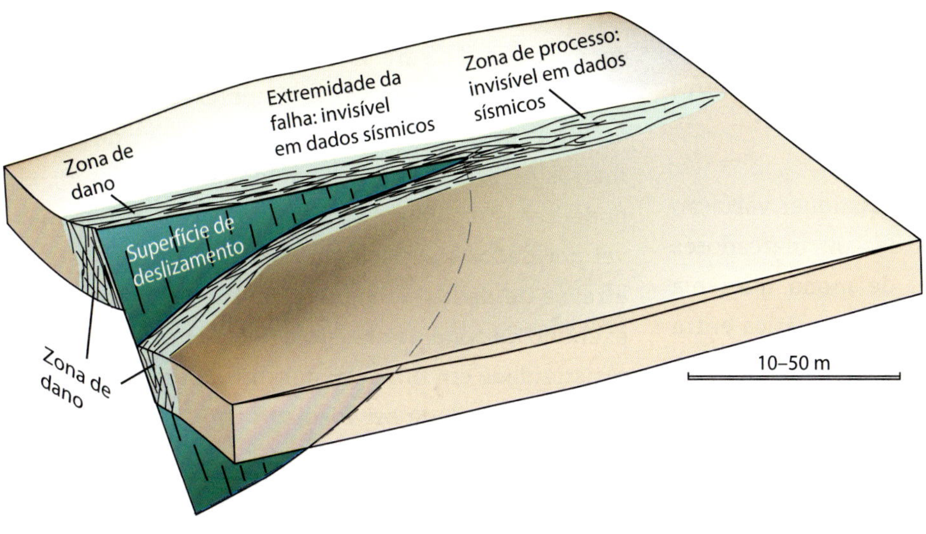

Fig. 9.26 *Falha envolvida por uma zona de dano, o que significa que há uma zona de processo além da extremidade da falha, onde a rocha é "processada" antes da propagação da falha. A zona de processo pode contribuir para a compartimentação de reservatórios de petróleo*
Fonte: Fossen et al. (2007).

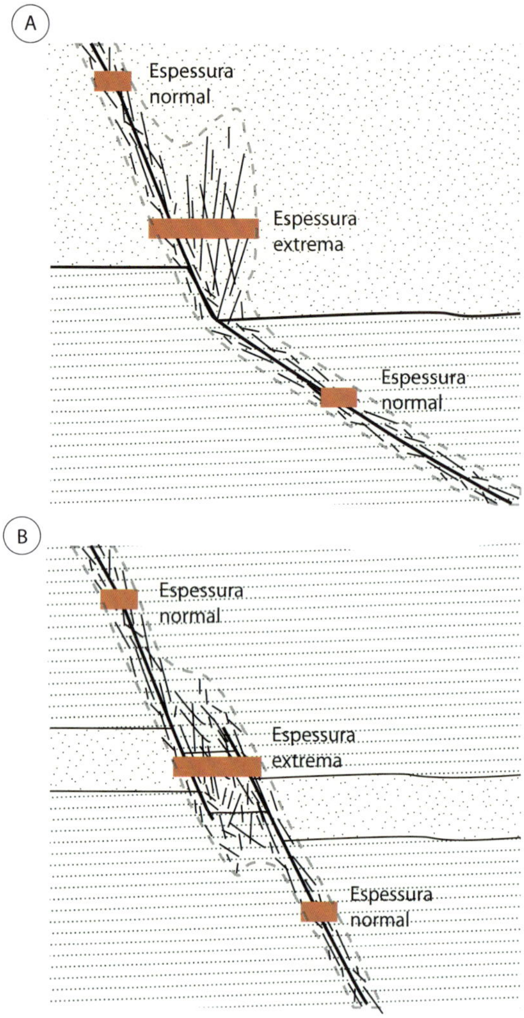

Fig. 9.27 *Variação na espessura da zona de dano relacionada à mudança no mergulho (A) ou à conexão de falhas (B). Nessas situações, as estruturas menores são incorporadas à zona de dano até que a falha possa cortar de modo mais uniforme essa zona complexa*

Fig. 9.28 *Antiforme na capa (dobra-falha curva) relacionada a um desvio na falha principal. A zona de dano é anomalamente larga, em razão de complicações causadas pela curvatura da falha principal. Bandas de cisalhamento sintéticas e antitéticas são indicadas por cores. Formação Matulla, Wadi Matulla, Sinai (Egito). O rejeito da falha supera os 4 m de altura do paredão*

zona de dano torna-se inativa. Portanto, o crescimento das zonas de dano pode ser temporal e local (Fig. 9.29), contribuindo para o espalhamento visto na Fig. 9.14A.

9.5.4 Zona de arrasto dúctil

O arrasto pode ser definido como qualquer variação sistemática na atitude de camadas ou marcadores nas adjacências de uma falha, de modo que seja possível identificar uma clara relação genética entre essas deflexões e a falha. Comumente, o termo *arrasto* descreve zonas com metros ou dezenas de metros de largura. Entretanto, as sinclinais na capa, relacionadas a falhas normais em bacias em riftes continentais, podem estender-se por até várias centenas de metros. De modo similar, antiformes de grande porte (arrasto reverso), com vários quilômetros de extensão no bloco de capa, podem estar associadas a grandes falhas lístricas.

O ARRASTO É UM DOBRAMENTO DE CAMADAS EM TORNO DE UMA FALHA, CAUSADO POR DEFORMAÇÃO RÚPTIL DIRETAMENTE RELACIONADA À FORMAÇÃO E/OU AO CRESCIMENTO DA FALHA.

O arrasto ocorre em camadas pouco competentes, que se deformam de modo dúctil mesmo na parte superior rúptil da crosta; ele é, portanto, mais comum nas falhas em sequências sedimentares. Mesmo que o arrasto, em geral, seja limitado a uma zona de poucos metros de espessura ao longo da falha (Fig. 9.30), ele pode ser suficientemente grande para ser mapeável por dados sísmicos; na Fig. 9.31, ele é registrado através de dados de *dipmeter*. A Fig. 9.23 mostra um exemplo de zona de arrasto detectada em imagem de resistividade em um poço durante a perfuração.

O arrasto pode ser formado em qualquer regime tectônico, mas o processo é mais eficiente se o ângulo entre o vetor de deslizamento da falha e o acama-

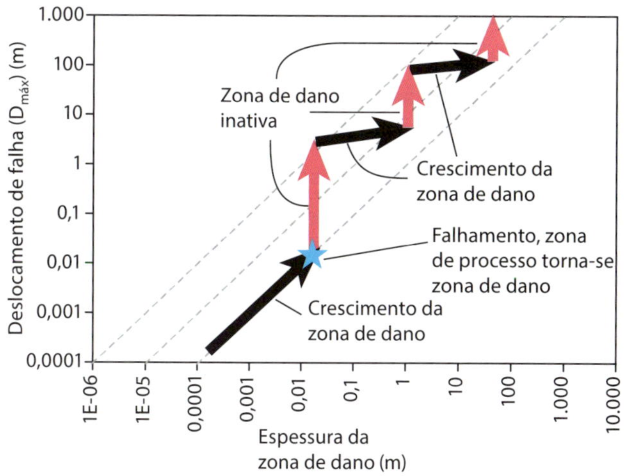

Fig. 9.29 *Esquema do crescimento periódico de uma zona de dano. O primeiro estágio é o crescimento da zona de processo. Quando uma falha se forma, a zona de processo converte-se em zona de dano e o deslizamento ocorre de modo suave por um certo período (seta vermelha), até que complicações bloqueiem a falha, o que provoca uma nova etapa de crescimento da zona de dano. Esse ciclo se repete durante o crescimento da falha e causa um considerável espalhamento dos dados de falhas em diagramas que relacionam rejeito e espessura da zona de dano*

mento for grande. Como o acamamento tende a ser sub-horizontal na maioria das rochas sedimentares, o arrasto é mais comumente associado a falhas normais e inversas, e menos comum em falhas transcorrentes. As dobras também podem desenvolver-se em camadas sub-horizontais ao longo de falhas transcorrentes (ver Fig. 19.10), mas, nesse caso, não são dobras de arrasto. Dessa forma, podemos considerar mais uma característica das dobras de arrasto:

OS EIXOS DAS DOBRAS DE ARRASTO ESTÃO EM ALTO ÂNGULO COM O VETOR DE DESLOCAMENTO DA FALHA.

Nas falhas em que o rejeito ocorre segundo o mergulho do plano de falha e que cortam camadas sub-horizontais, os eixos das dobras de arrasto são sub-horizontais.

Há dois tipos de arrasto geometricamente distintos: o normal e o inverso. O **arrasto normal** tem uma geometria similar às zonas de cisalhamento, em que as camadas se flexionam e se paralelizam com a falha (Figs. 9.30 e 9.33). Como o arrasto normal está associado a um deslocamento, o rejeito total é a soma do arrasto dúctil normal e do deslocamento visível

Fig. 9.30 *Arrasto de camadas de arenito fino em folhelho. Note como a fina camada de arenito no folhelho mostra evidências de fraturamento durante a deformação por arrasto. Grupo Rosário do Sul, Triássico, Rio Grande do Sul, Brasil*

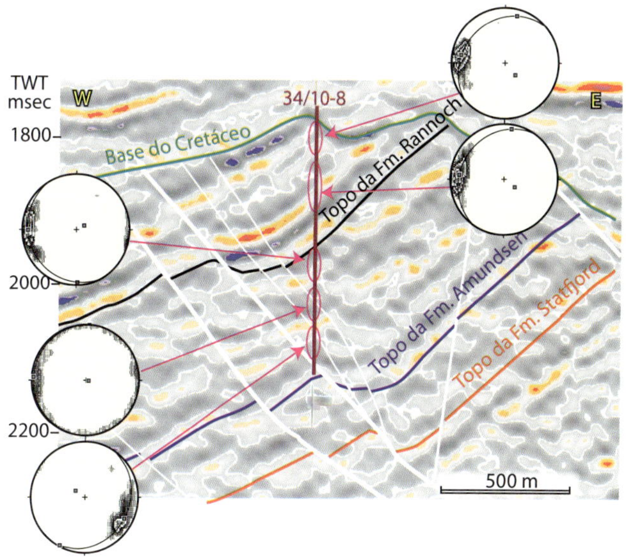

Fig. 9.31 *Dados de dipmeter coletados ao longo de um poço vertical no Mar do Norte. Os estereogramas mostram a direção de mergulho das camadas em intervalos selecionados. Uma mudança de oeste para leste no mergulho das camadas é consistente com o arrasto normal registrado pelos refletores sísmicos. Note também que a zona de arrasto se alarga para cima, o que é consistente com o modelo trishear*

da falha. O **arrasto inverso** é usado para estruturas antiformes (*roll over*) de maior porte que ocorrem no bloco de teto em falhas normais lístricas. Nesse caso, as camadas são côncavas na direção do deslizamento. Tanto o arrasto normal como o inverso correm ao longo de falhas, dependendo da geometria local das falhas.

Considerou-se inicialmente que as dobras de arrasto fossem causadas pelo atrito entre os blocos durante o movimento da falha, mas atualmente, esse conceito abrange um modelo que envolve a flexão de camadas anterior à formação da falha. Essa noção mais recente inclui várias situações de arrasto, em um modelo similar ao desenvolvimento das zonas de dano: em ambos os casos, as camadas são deformadas na ativação da extremidade da falha. A diferença é que o dobramento de arrasto é dúctil até uma certa escala, em geral até a escala de amostra de mão.

A geometria de uma dobra de arrasto contém informações sobre os processos de sua formação. Uma dobra de arrasto onde as camadas têm a mesma geometria ao longo da falha, com largura constante das isógonas de mergulho da zona de arrasto (ver Cap. 12) dispostas de modo paralelo ao traço da falha, pode ser modelada por cisalhamento simples. Em um caso como esse, teríamos uma zona de cisalhamento simples com uma descontinuidade central.

Em alguns casos, a zona de arrasto alarga-se para cima, e outro modelo cinemático deve ser aplicado. Um modelo popular é o *trishear*. Nesse modelo, que é discutido no Boxe 9.4, a zona de deformação ativa à frente da extremidade da falha é distribuída em uma zona triangular ou em forma de leque (Fig. 9.32). Essa zona move-se através da rocha enquanto a falha se propaga e não há mais a formação de dobras no momento em que a falha atravessa as camadas de rocha. A largura da zona triangular de deformação varia caso a caso, mas em todas as situações a zona de arrasto alarga-se para cima. Esse modelo parece funcionar particularmente bem em situações nas quais falhas no embasamento são reativadas e propagam-se pelas camadas sedimentares sobrepostas. Muitos exemplos dessas estruturas são encontrados nas áreas soerguidas do Platô do Colorado (EUA) e no antepaís (*foreland*) das Montanhas Rochosas, em Wyoming e no Colorado (EUA), onde as estruturas dobradas são, em geral, denominadas **dobras forçadas**.

As dobras que se formam além da extremidade de propagação das falhas são denominadas **dobras por propagação de falhas**. Dessa forma, muitas dobras de arrasto são dobras falhadas por propagação de falhas. Entretanto, o arrasto pode formar-se ou acentuar-se nas paredes de uma falha já existente. Assim como a zona de dano, o arrasto de falha pode desenvolver-se pelo bloqueio de movimento em decorrência da curvatura das falhas, da conexão de falhas da cimentação ou de outras complicações que podem aumentar o atrito local ou geral ao longo dos planos de falhas. O efeito da geometria de falhas não planas é discutido no Cap. 21, e o desenvolvimento de arrasto normal entre dois segmentos de falhas sobrepostos é ilustrado na Fig. 9.33. Esse último mecanismo pode fazer com que a camada dobrada (rotacionada), tipicamente formada por argila ou folhelho, se espalhe ao longo do plano de falha.

O ARRASTO PODE FORMAR-SE ALÉM DA EXTREMIDADE DA FALHA E NAS PAREDES DE UMA FALHA ATIVA.

Como consequência geométrica do deslocamento ao longo de uma falha, com nenhum rejeito na extremidade da falha e máximo deslocamento na região central *y*, é necessário haver flexão das camadas em torno dela (além de variações de espessura), o que produz **arrasto induzido por deslocamento**. Esse efeito geométrico ocorre em torno de qualquer um dos três tipos principais de falha, sendo mostrado nas normais e inversas na Fig. 9.34. A espessura e o ângulo de fechamento dessas falhas dependem do gradiente de deslocamento e das propriedades mecânicas das camadas (que controlam a largura da elipse mostrada na Fig. 9.34). Temos, portanto, vários modelos de formação de dobras de arrasto: arrasto induzido por deslocamento (Fig. 9.34), arrasto relacionado a dobras de propagação de falhas (Fig. 9.32), arrasto gerado por atrito (variável) ao longo de falhas e arrasto causado por falhas com geometria não plana (Figs. 21.6 e 21.7). Além disso, o arrasto pode se formar por compactação diferencial (como mostrado na Fig. 21.11) e, em falhas muito grandes, por rebote isostático (*isostatic rebound*)

Boxe 9.4 *Trishear*

O método *trishear*, proposto por Eric Erslev em 1991, permite fazer a modelagem da deformação dúctil em uma área triangular à frente da propagação da extremidade de uma falha. O lado do triângulo situado na capa move-se com uma velocidade constante sobre a lapa fixa. O triângulo é simétrico em relação à falha e o vetor de velocidade é idêntico em todos os pontos situados ao longo de qualquer raio com origem na extremidade da falha. Através da zona triangular, a velocidade aumenta em direção à capa. Além disso, a direção do vetor de velocidade varia gradualmente da capa em direção à lapa, como mostrado na figura. Podemos escolher o ângulo apical da zona *trishear*, o mergulho da falha, a magnitude do rejeito e a razão de propagação/rejeito (razão *P/S*; *propagation/slip*). A razão *P/S* determina quão rápido a extremidade da falha se propaga em relação ao deslizamento da falha. *P/S* = 0 significa que fixamos a zona triangular na lapa, enquanto *P/S* = 1 indica que fixamos a zona na capa. Na maioria dos casos, *P/S* > 1 não é uma aproximação realista. Podemos definir por tentativa e erro a geometria que mais se aproxima das observações de campo ou das estruturas definidas pela sísmica. Com um programa de modelagem *trishear*, podemos simular de modo surpreendentemente realista a deformação dúctil à frente da propagação da extremidade de uma falha e o arrasto resultante ao longo do plano de falha. Para compreendermos melhor o modelo *trishear* e os seus parâmetros, podemos usar o programa gratuito *FaultFold*, criado por Rich Allmendinger.

(A)

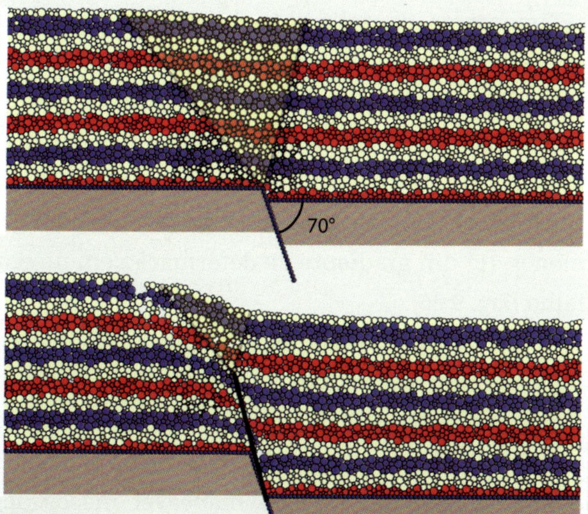

Modelo numérico de dobra de propagação de falha, com indicação aproximada do ângulo trishear (amarelo transparente). Modificado de Finch et al. (2004)

(B)

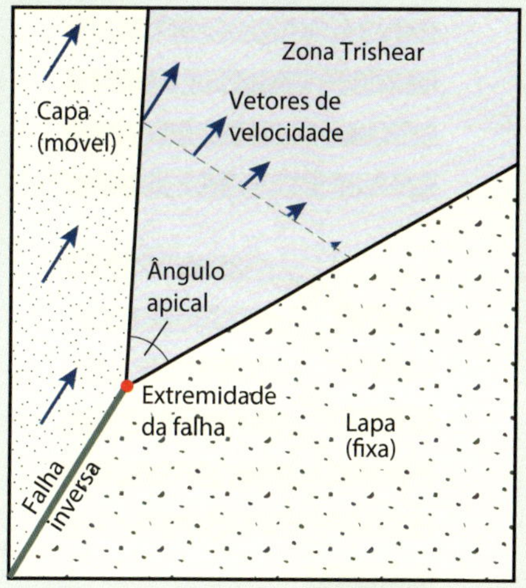

(C)

Modelo trishear *de uma falha inversa afetando uma sequência de camadas sedimentares. P/S = 1,5. A estrela indica a extremidade da falha em cada estágio*

Fig. 9.32 *Modelagem* trishear *do desenvolvimento de arrasto normal. Nesse modelo de dobra de propagação de falha, a zona de arrasto alarga-se para cima*

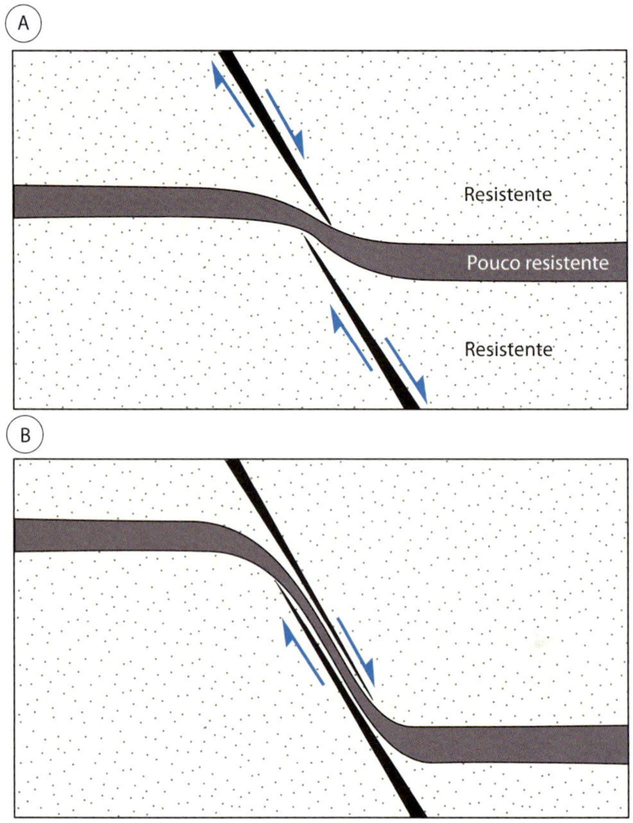

Fig. 9.33 *Arrasto normal em camadas menos competentes (p. ex., argila) entre dois segmentos de falha sobrepostos*

causado pelo fato de que a crosta é adelgaçada (falhas normais) ou espessada (falhas inversas) durante os falhamentos (Fig. 9.35).

9.5.5 Mecanismos de deformação por arrasto e a zona de dano

O arrasto pode ocorrer por fluxo granular, particularmente em sedimentos pouco litificados. O fluxo granular praticamente não deixa traços de deformação, exceto pela rotação do acamamento ou pela modificação de estruturas sedimentares. Em rochas sedimentares consolidadas, os grãos podem fraturar-se e causar um fluxo cataclástico distribuído. Os mecanismos são os mesmos que operam nas diferentes bandas de deformação discutidas no Cap. 7, mas a deformação durante o dobramento de arrasto é menos localizada e a deformação (*strain*) é, em geral, menor. Há um gradiente de deformação em direção à falha (Fig. 9.36).

Fraturas ou bandas de deformação podem ocorrer em zonas de arrasto. Nesses casos, a densidade – de fraturas ou de bandas de deformação – aumenta em direção à falha (Fig. 9.37). O aspecto das fraturas ou bandas de deformação mapeável mesoscopicamente indica se estão ou não na zona de dano. Onde as dobras de arrasto são bem desenvolvidas, a zona de arrasto tende a ser mais larga que a zona de dano, ainda que a situação oposta também possa ocorrer.

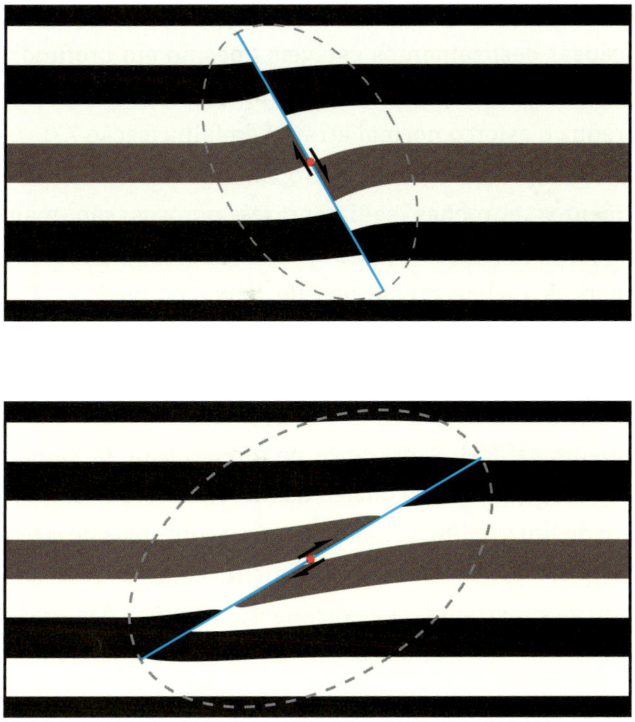

Fig. 9.34 *Arrasto formado como consequência geométrica de variações de deslocamento ao longo do traço de falha*

Algumas falhas em rochas metamórficas, apresentam bandamento com dobras similares às dobras de arrasto, como as apresentadas na Fig. 9.30. Um exame mais detalhado mostra que as dobras "de arrasto" são controladas por mecanismos de deformação plástica e, portanto, são zonas de cisalhamento em torno de falhas que podem ter se formado de várias formas, geralmente na zona de transição rúptil-dúctil. Em geral, não consideramos as estruturas de fluxo plástico como dobras de arrasto, apesar da grande similaridade entre elas.

9.5.6 Crescimento de falhas e sismicidade

Assim que uma superfície de falha se estabiliza, ela passa a representar uma estrutura de fraqueza na rocha, propensa a romper-se novamente com novos acúmulos de esforços. As falhas crescem por meio de dois mecanismos. O mais comum é o denominado "cola-desliza" (***stick-slip***), em que o movimento ocorre em eventos sísmicos bruscos, separados por períodos sem movimento (Fig. 9.38). O esforço acumula-se entre os episódios de movimento até que seja excedida a resistência de atrito na superfície de falha. Esse

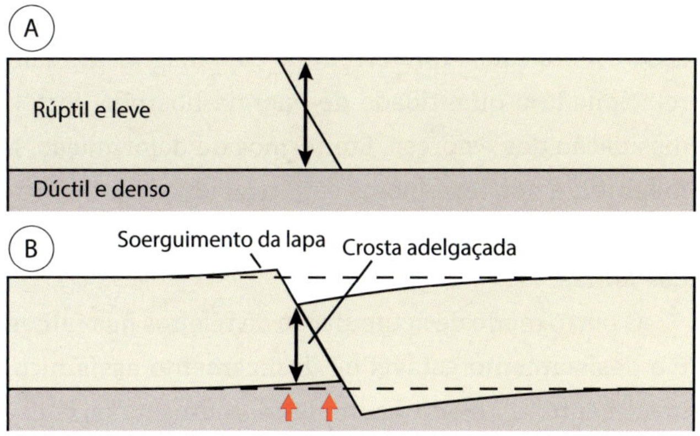

Fig. 9.35 *Soerguimento de capa resultante de reajuste isostático devido a adelgaçamento crustal em grandes falhas de rejeito normal. Note que a geometria resultante é também influenciada pelo arrasto induzido por deslocamento, como mostrado na figura*

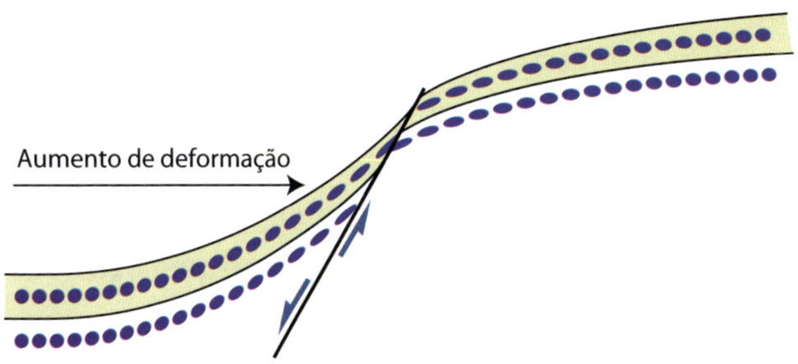

Fig. 9.36 *Elipses de deformação retratando a relação entre a atitude das camadas e a deformação. Modelo gerado com o programa trishear FaultFold (Allmendinger, 2003)*

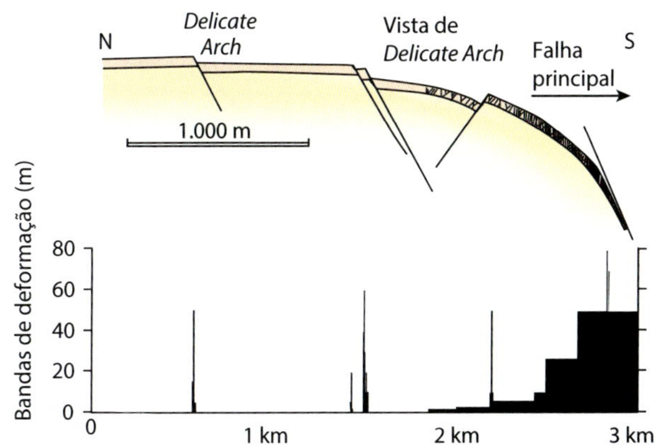

Fig. 9.37 *Dobramento de camadas (antiforme ou arrasto inverso) adjacente a uma falha principal (não indicada), acomodado pela geração de bandas de deformação. Note a relação entre a rotação das camadas e a densidade das bandas de deformação. Exemplo do Parque Nacional dos Arcos (EUA), baseado em Antonellini e Aydin (1994)*

é o modelo usado para explicar os terremotos, no qual cada evento causa um terremoto cuja magnitude está relacionada à quantidade de energia liberada com a dissipação dos esforços. Em termos de deformação, a magnitude dos terremotos está relacionada à quantidade de deformação elástica liberada pelo movimento das falhas.

O outro modo de acumulação de rejeitos nas falhas é o **deslizamento estável** ou **deslizamento assísmico**. Idealmente, o rejeito acumula-se a uma taxa constante durante o deslizamento estável (Fig. 9.38C). Alguns experimentos de laboratório mostram que um incremento gradual da força aplicada é necessário para que o movimento continue. Esse efeito é denominado **endurecimento por deslizamento** (Fig. 9.38D) e está relacionado aos danos na superfície de deslizamento durante a deformação.

Diversos fatores controlam se o movimento da falha será gradual ou se irá ocorrer em eventos súbitos. Os experimentos com rochas indicam que o deslizamento estável tem mais chance de ocorrer quando o esforço normal ao plano de falha for pequeno, o que é mais comum na parte mais superficial da crosta rúptil do que em níveis crustais mais profundos. As falhas de baixo ângulo ao longo de camadas com sobrepressão em sequências sedimentares também podem causar deslizamentos estáveis, mesmo em profundidades de vários quilômetros, porque a sobrepressão reduz o esforço normal através da falha (seção 7.7).

O tipo litológico é outro fator importante: sedimentos e rochas sedimentares porosos são mais sujeitos à deformação por deslizamento estável do que as rochas cristalinas de baixa porosidade. Em especial, o deslocamento tipo "cola-desliza" é favorecido em rochas pouco porosas e ricas em quartzo, enquanto a presença de argila favorece o deslizamento estável. A presença de um *gouge* de falha não coeso e argiloso no núcleo da falha tem efeito similar ao de um argilito: zonas espessas e contínuas de *gouge* argiloso promovem o deslizamento estável. Os *gouges* (ou as superfícies de deslizamento ao longo das zonas de *gouge*) tendem a representar canais de percolação de fluidos, e isso aumenta a probabilidade de ocorrência de um deslizamento estável.

Próximo à transição rúptil-dúctil, as temperaturas elevadas favorecem os mecanismos de deformação plástica, que, por sua vez, facilitam o deslizamento

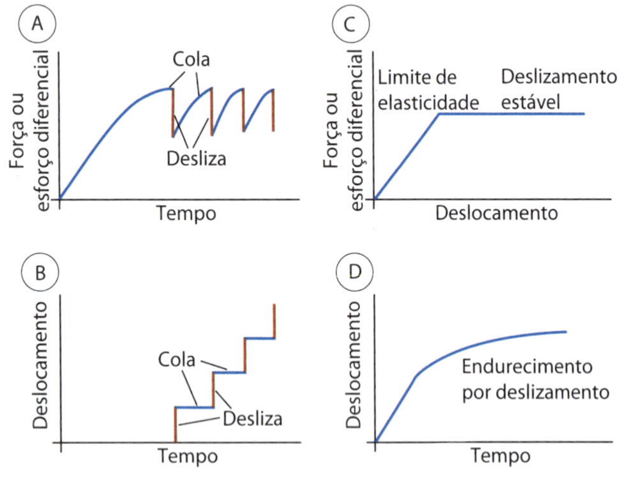

Fig. 9.38 *Gráficos idealizados que ilustram a diferença entre o deslizamento tipo "cola-desliza" (stick-slip) e o deslizamento estável: (A) e (B) são gráficos do deslizamento "cola-desliza"; (C), do deslizamento estável ideal; e (D), do deslizamento estável com endurecimento por deslizamento*

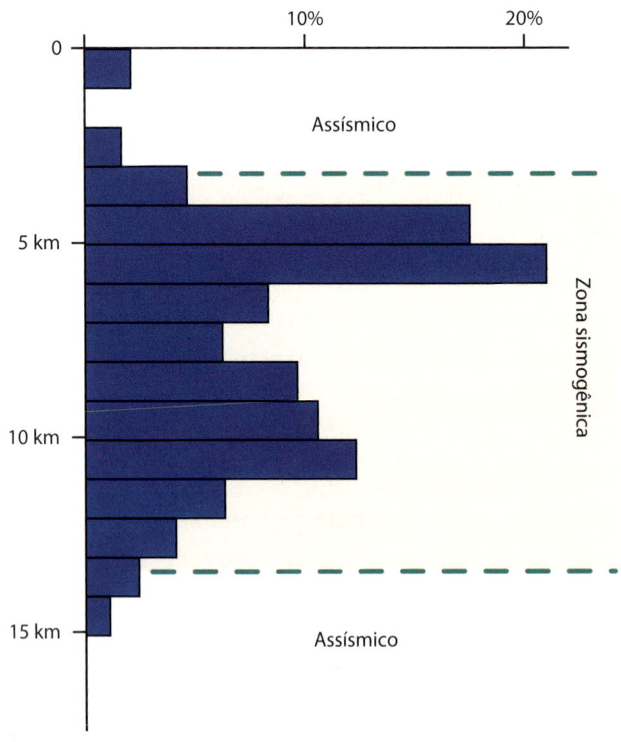

Fig. 9.39 *Distribuição de 630 terremotos na crosta abaixo de Parkfield, Califórnia (EUA). A distribuição é característica da crosta continental distante de zonas de subducção. Dados de Marone e Scholz (1988)*

estável. A deformação "cola-desliza" é menos importante no regime plástico, o que significa, em rochas graníticas, temperaturas aproximadamente acima de 300°C.

Em suma, podemos afirmar que na parte mais superficial da crosta (até dois quilômetros de profundidade) os terremotos são raros, devido aos baixos esforços normais, aos núcleos de falhas inconsolidados (*gouge*) e, pelo menos nas bacias sedimentares, à presença de rochas frágeis e porosas. Em profundidades maiores, podemos esperar uma maior atividade sísmica e movimentos do tipo "cola-desliza" até a profundidade da transição rúptil-dúctil. Isso é exatamente o que os dados sísmicos indicam, quando se define a **zona sismogênica** (Fig. 9.39).

Tipicamente, uma falha individual na zona sismogênica apresenta evidências de movimentos tanto do tipo "cola-desliza" como de deslizamento estável. Apesar dos eventos sísmicos serem responsáveis pela maior parte dos rejeitos acumulados ao longo do tempo, observa-se que um lento "rastejamento" **assísmico** ocorre entre os eventos **sísmicos**. Podem ocorrer ajustes **pós-sísmicos**, que podem ser sísmicos ou não. Nesse contexto, o termo *sísmico* refere-se às súbitas liberações de energia e movimentações por meio de terremotos. O termo *assísmico* significa a acumulação gradual de deslocamentos, mas sem a geração de terremotos.

Em geral, o deslizamento das falhas e a acumulação de rejeito são discutidos em termos do comportamento sísmico e assísmico. É importante perceber que um único terremoto é capaz de contribuir apenas com pouco mais que alguns metros de rejeito. Um terremoto de magnitude entre 6,5 e 6,9, ao ativar uma falha de 15 km a 20 km de extensão, causa um rejeito máximo de 1 m ao longo da falha. Apenas os terremotos maiores podem causar rejeitos da ordem de 10 m a 15 m. Isso tem uma implicação muito importante:

UMA FALHA COM 1 KM DE REJEITO DEVE TER SIDO O PRODUTO DE CENTENAS DE TERREMOTOS.

É importante notar que a acumulação de rejeitos pode demorar milhares ou milhões de anos, dependendo da taxa de deslocamento local. Taxas de rejeito vertical podem ser medidas pela datação de camadas sedimentares e pela medição dos deslocamentos. Taxas médias de deslocamento de cerca de 1 a 10 mm/ano foram encontradas para a maioria das falhas em áreas tectonicamente ativas.

As grandes falhas tendem a deslizar ao longo de apenas uma parte limitada de sua superfície total. A distribuição do rejeito total de uma grande falha equivale, portanto, à soma das contribuições de rejeitos dos eventos individuais (terremotos) (Fig. 9.40). Os eventos individuais de deslocamento produzem contornos de rejeito mais ou menos elípticos, similares aos mostrados na Fig. 9.15, mas a distribuição de rejeitos finitos de um grande número de eventos de deslocamento (terremotos) é mais difícil de prever ou de compreender. O **modelo característico de terremoto** considera que cada evento de deslocamento seja igual aos demais em termos de distribuição de rejeito e comprimento de ruptura. Entretanto, a localização do máximo de rejeito pode variar de um evento para outro. O **modelo de rejeito variável** prevê que tanto a magnitude do rejeito como o comprimento da ruptura podem variar de um evento para outro, enquanto o **modelo de rejeito uniforme** considera que o rejeito em um dado ponto é o mesmo em cada evento (a área varia). Não vamos entrar em detalhes sobre esses modelos, mas apenas afirmar que a acumulação de rejeitos resulta em um rejeito máximo próximo à região central da falha, diminuindo gradualmente em direção às extremidades (Fig. 9.15).

9.6 Crescimento de populações de falhas

As falhas crescem a partir de microfraturas ou de zonas de bandas de deformação e acumulam rejeitos ao longo do tempo, enquanto a deformação persistir. Além disso, elas tendem a nuclear-se em muitos locais diferentes quando uma região é submetida a um esforço crítico, como em um rifte; referimo-nos a esses grupos de falhas como **populações de falhas**. Em geral, muitas falhas em uma população logo se tornam inativas e se mantêm pequenas. Outras atingem um estágio intermediário antes de cessar seu movimento, e poucas crescem para formar falhas

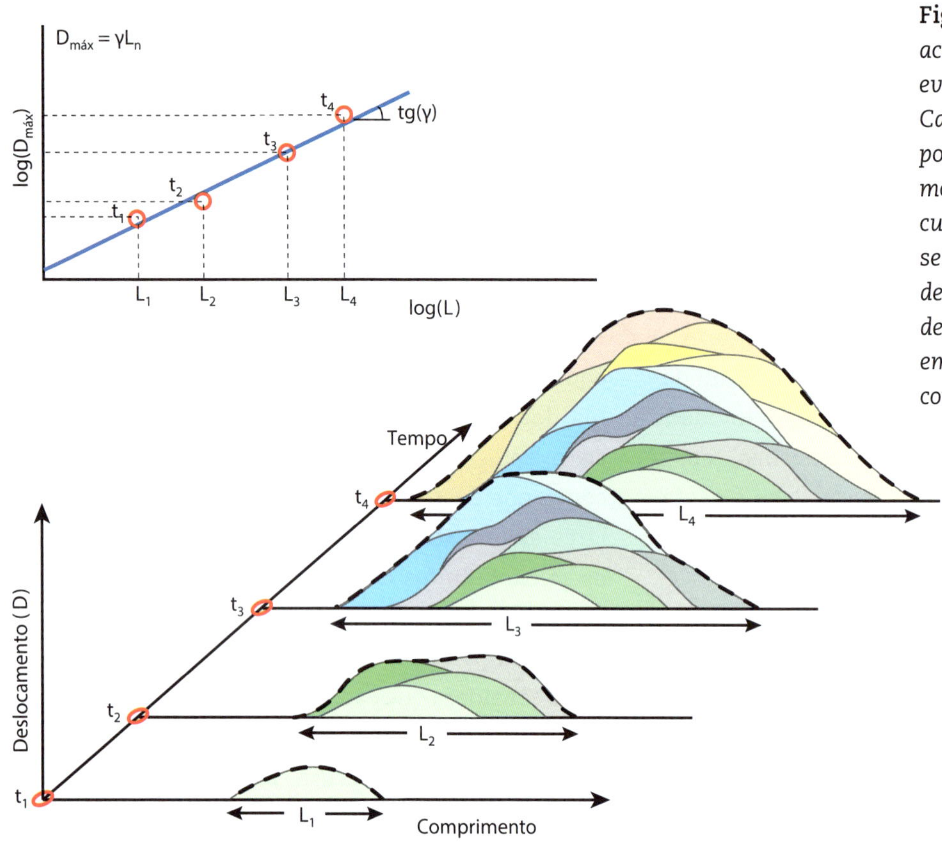

Fig. 9.40 *Esquema da acumulação de rejeitos através de eventos repetidos (terremotos). Cada evento contribui com poucos metros de rejeito. Neste modelo, observa-se um perfil cumulativo em forma de sino, que se assemelha a um único evento de deslizamento. O resultado desse modelo é uma linha reta em um diagrama logarítmico comprimento versus rejeito*

com grandes rejeitos. Dessa forma, uma população de falhas é sempre dominada pelas falhas menores, enquanto falhas longas adicionais se desenvolvem à medida que a deformação se acumula.

Em geral, as falhas não crescem como estruturas individuais por um longo tempo. À medida que elas crescem, tendem a interferir nas falhas vizinhas. Por esse processo, duas falhas podem unir-se para formar uma falha única e muito mais longa. O crescimento por conexão é um mecanismo bastante comum, que cria algumas das estruturas mais interessantes e importantes nas regiões falhadas (Figs. 9.41 e 9.42).

9.6.1 Conexão de falhas e estruturas de transferência

Em uma população na qual as falhas crescem em comprimento e em altura, as falhas e os campos de esforço e deformação ao seu redor irão afetar-se mutuamente. Vamos considerar duas falhas cujas extremidades se aproximam durante o crescimento. Antes de as extremidades se sobreporem (mas após o início da interferência entre os campos de esforços), as falhas são consideradas como **não sobrepostas** (Fig. 9.43A). Uma vez que as extremidades se sobreponham, as falhas são consideradas como **sobrepostas** (Fig. 9.43B,C). As falhas sobrepostas e não sobrepostas são consideradas como estando em conexão suave, pois não estão em contato físico direto. Posteriormente, elas podem conectar-se e formar uma **ligação direta** (Fig. 9.43D).

As falhas não sobrepostas "sentem" a presença da extremidade da falha vizinha, tendo em vista que a energia necessária para manter a deformação em operação continua aumentando. A taxa de propagação das extremidades das falhas diminui nos locais onde há falhas não sobrepostas, o que faz com que o gradiente local de deslocamento aumente. Isso causa a formação de perfis assimétricos de rejeito, onde o máximo é deslocado em direção à extremidade com sobreposição (Fig. 9.44; t_1).

A distribuição assimétrica do rejeito torna-se mais pronunciada à medida que as falhas se sobrepõem e as camadas na região de sobreposição se dobram. O dobramento é um resultado da transferência de deslocamento rúptil de uma falha para outra, e está diretamente relacionado aos altos gradientes de

Fig. 9.41 *População de fraturas extensionais na borda de uma estrada asfaltada. Cada fratura cresceu a partir de microfraturas, e as fraturas visíveis têm uma ampla faixa de tamanhos. O asfalto está mais ou menos saturado por fraturas e, portanto, a deformação adicional deverá ser acomodada por coalescência das fraturas existentes, em vez da nucleação de novas fraturas*

rejeito nas zonas de sobreposição de extremidades. Se a interferência entre as falhas ocorrer perpendicularmente à direção de deslizamento, que para falhas normais e inversas significa na direção horizontal, e se o acamamento for sub-horizontal, então o dobramento é expresso na forma de uma dobra em rampa. A dobra em si é denominada **rampa de transferência** (*relay ramp*), e a estrutura como um todo é conhecida como **estrutura de transferência** (Figs. 9.43C e 9.45). No Boxe 9.5 discutimos porque essas estruturas são especialmente interessantes para os geólogos de petróleo.

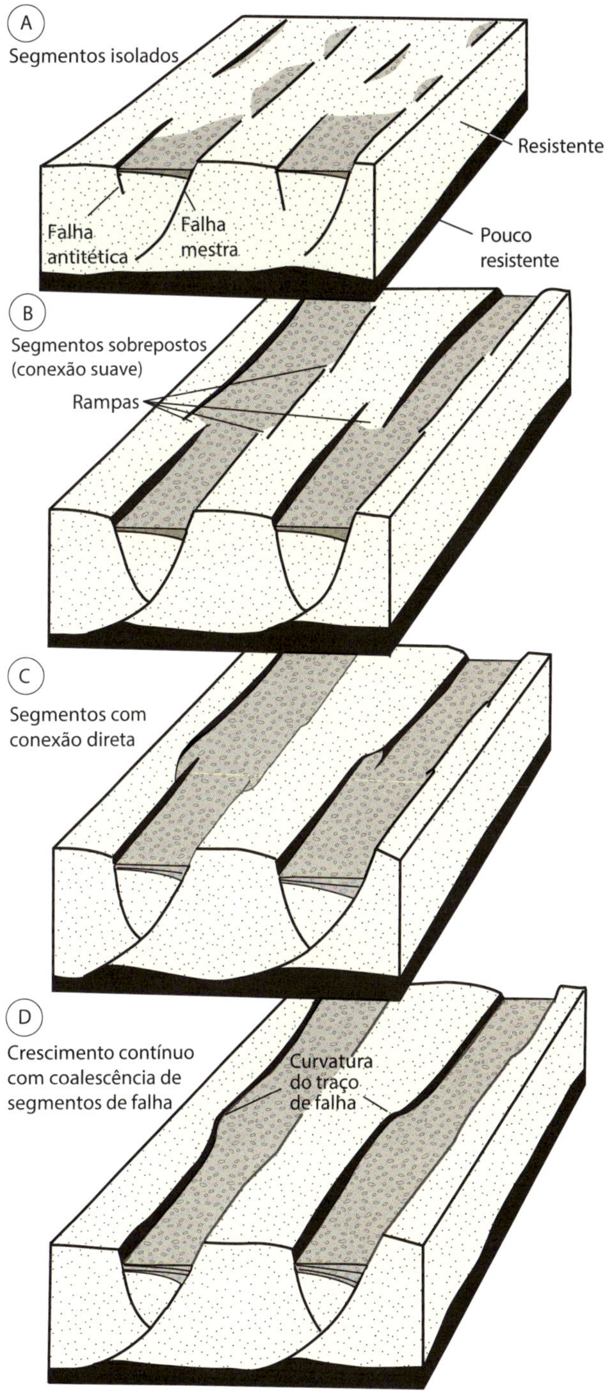

Fig. 9.42 *Modelo simplificado do desenvolvimento de uma parte de uma população de falhas em Canyonlands, Utah (EUA). As falhas desenvolvem-se a partir de fraturas isoladas, criando falhas longas por meio da formação e destruição de rampas de transferência*
Fonte: baseado em Trudgill e Cartwright (1994).

A rampa é uma dobra que pode conter fraturas extensionais, fraturas de cisalhamento, bandas de deformação e/ou pequenas falhas, dependendo das

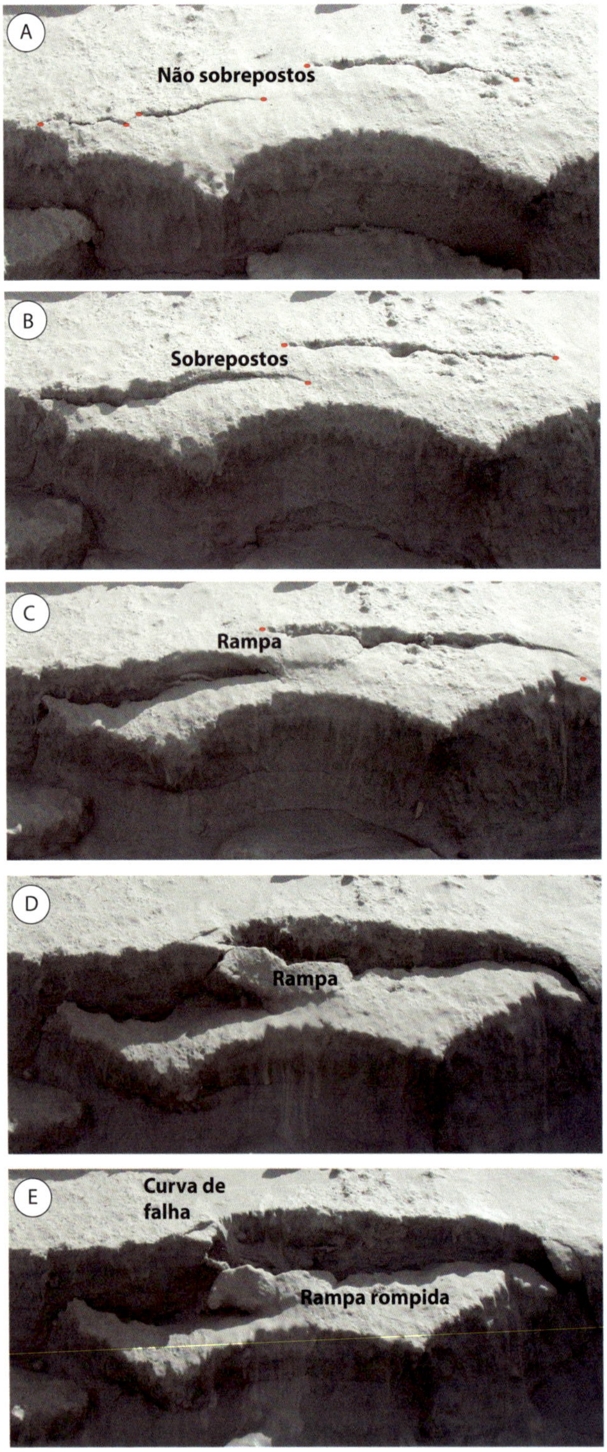

Fig. 9.43 *Desenvolvimento de sistemas de falhas curvas em areia inconsolidada. Duas fraturas isoladas (A) se sobrepõem (B, C) para formar uma rampa de transferência que posteriormente se rompe (D, E). As falhas foram produzidas por derramamento de água em uma praia de areia do lago Colorado (EUA). A largura da imagem é de aproximadamente 50 cm a 60 cm*

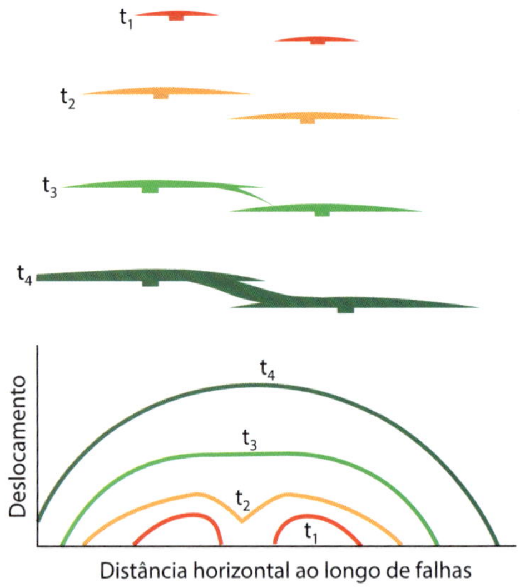

Fig. 9.44 *Ilustração da variação de deslocamento ao longo de duas falhas que se sobrepõem e coalescem. A parte superior mostra os dois segmentos vistos em mapa em quatro estágios de crescimento diferentes (t_1–t_4). A parte inferior mostra o perfil de deslocamento nos quatro estágios*

propriedades mecânicas da rocha no momento da deformação. Posteriormente, a rampa se rompe para formar uma **rampa rompida de transferência**, na qual as duas falhas passam a estar diretamente conectadas entre si e associadas a uma zona de dano anomalamente larga.

Além da ruptura, haverá um rejeito mínimo no local da estrutura de transferência. A curva de rejeito total ao longo da falha irá mostrar, portanto, dois máximos, um de cada lado da estrutura de transferência. Com o progresso da deformação e a acumulação de rejeito na falha, o perfil de rejeito aproxima-se do perfil de uma falha simples, com uma única região central de máximo (Fig. 9.44; t_4). Entretanto, a conexão ainda é caracterizada por uma zona de dano larga e por um degrau no traço horizontal de falha. Se o mapeamento for baseado em afloramentos pouco elucidativos ou em dados sísmicos (que sempre têm um problema de resolução), uma mudança súbita na atitude pode ser a única indicação de uma rampa rompida. Esses degraus, vistos em vários pontos da interpretação sísmica da Fig. 9.46, são muito importantes, porque podem indicar a localização de rampas de transferência rompidas e intactas.

Fig. 9.45 *Rampa de transferência entre dois segmentos sobrepostos de falhas, Parque Nacional dos Arcos, Utah (EUA). Há uma maior densidade de bandas de deformação no interior da rampa, em comparação com locais mais afastados*

As curvaturas em falhas vistas em mapas são bastante comuns em várias escalas. A Fig. 9.43 mostra o desenvolvimento de uma falha não plana na areia. A geometria final da falha é o resultado da interação entre segmentos individuais de falha, por meio da criação e ruptura de rampas de transferência. O padrão curvo de falhas visto em mapa é similar àquele apresentado por falhas muito maiores, como as falhas do norte do Mar do Norte (Fig. 9.47) e a falha Wasatch, Utah (EUA) (Fig. 9.48); portanto, é provável que essas grandes falhas tenham se formado pela conexão de falhas, como representado na Fig. 9.43. Assumindo que essa analogia seja válida, podemos interpretar a história de deformação a partir da geometria de um sistema inativo de falhas.

As rampas aparecem em todas as escalas e em todos os estágios de desenvolvimento das falhas. É importante perceber que as rampas de transferência e as zonas de sobreposição são formadas e destruídas continuamente durante o crescimento de uma população de falhas.

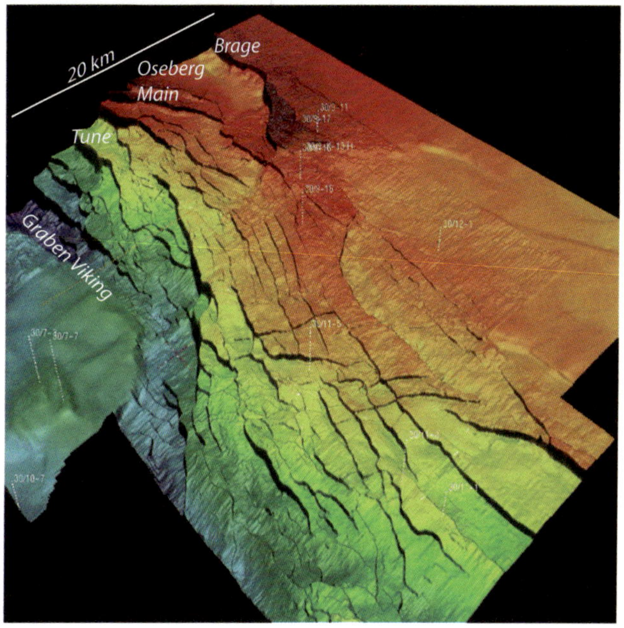

Fig. 9.46 *População de falhas normais no flanco leste do graben Viking, norte do Mar do Norte, ilustrado na base do nível Cretáceo (cores quentes indicam níveis mais rasos). A população apresenta vários graus de conexão entre as falhas*

O crescimento de falhas por conexão envolve a formação e a destruição de estruturas de transferência, desvios em relação à distribuição elíptica ideal de rejeitos, geração de espessas zonas de dano e curvaturas nas falhas nos locais de conexão.

9.6.2 Conexão de falhas na direção de rejeito

As falhas crescem tanto na direção normal como na direção paralela à direção de rejeito e, portanto, interferem nas direções vertical e horizontal (Fig. 9.49). Na seção anterior, discutimos a interação horizontal da extremidade de falhas normais. Agora vamos abordar a interferência entre as extremidades de falhas normais no plano vertical, ou seja, paralelo ao vetor de deslocamento. A conexão de falhas é mais comumente observada e descrita na visão em mapa. Seções verticais profundas são menos comuns do que longas exposições horizontais, e a continuidade de bons

Boxe 9.5 Rampas de transferência em reservatórios de petróleo

As rampas de transferência podem ser estruturas importantes em reservatórios de petróleo. No contexto da exploração, as rampas podem causar comunicação (migração de petróleo) ao longo de uma falha que nos outros locais está selada. Na fase de produção, as rampas de transferência podem representar canais para água, petróleo ou gás e causar a conexão de pressão entre blocos que estariam isolados. As rampas de transferência podem conter muitas estruturas subsísmicas, dependendo de seu estágio de maturação. Elas são, em geral, associadas a zonas de dano e podem causar problemas em poços. Tanto as rampas rompidas como as intactas podem ser facilmente reconhecidas por curvaturas súbitas no traço de falha. As inflexões podem representar um efeito de suavização no momento da interpretação de uma rampa rompida ou de uma rampa intacta próxima ou abaixo da resolução sísmica. Rampas de transferência intactas ou com ruptura incipiente podem apresentar um deslocamento mínimo na área da rampa, detectável por dados sísmicos.

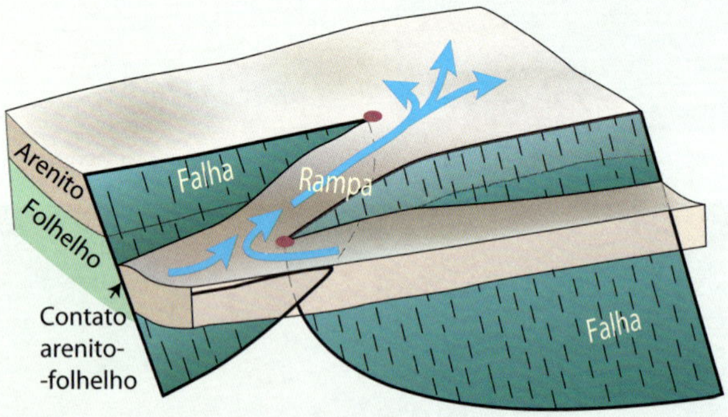

refletores sísmicos na direção horizontal faz com que seja mais fácil delinear as rampas de transferência em mapa do que em seção vertical. É necessário um bom conjunto de refletores para identificar e mapear zonas verticais de sobreposição em seções sísmicas. Há, portanto, uma alta probabilidade de que as zonas de transferência verticais sejam subestimadas nas interpretações sísmicas.

As falhas iniciam-se a partir de uma certa quantidade de deformação, que depende das propriedades mecânicas da rocha (módulo de Young etc.). Quando as camadas de rochas mais competentes começam a fraturar-se, as rochas menos competentes continuam a acumular deformação elástica e deformação dúctil. Quando essas fraturas se desenvolvem e formam falhas, elas irão interferir umas nas outras e conectar-se. Em muitos casos, os arenitos tornam-se falhados antes dos folhelhos. O processo é similar ao que é visto em mapa, exceto pela diferença no ângulo entre o vetor de deslocamento e o acamamento. Não observamos rampas como as da Fig. 9.45, mas sim rotação de camadas (Fig. 9.50). A rotação depende da geometria da falha e da interferência entre as falhas.

As **zonas de sobreposição contracionais** (Fig. 9.50 A-C) são zonas de sobreposição com encurtamento

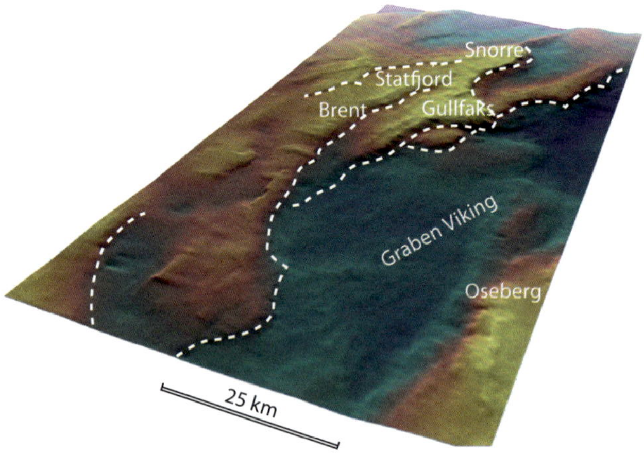

Fig. 9.47 *Sistemas de falhas curvas (linha branca tracejada) no norte da bacia do Mar do Norte (base do nível Cretáceo). Note as similaridades com as Figs. 9.43 e 9.48*

na direção de deslocamento. Em princípio, a redução de volume pode acomodar a deformação no interior dessas zonas. Entretanto, é mais comum a rotação das camadas dentro da zona de sobreposição (Fig. 9.50C).

As **zonas de sobreposição extensionais** (Fig. 9.50 D,E) são zonas em que o arranjo das falhas e o sentido do rejeito causam o estiramento no interior da zona de sobreposição. Camadas menos competentes, como folhelhos ou argilas, são rotacionadas nas zonas de sobreposição. Se a zona de sobreposição for estreita, essas camadas menos competentes podem espalhar-

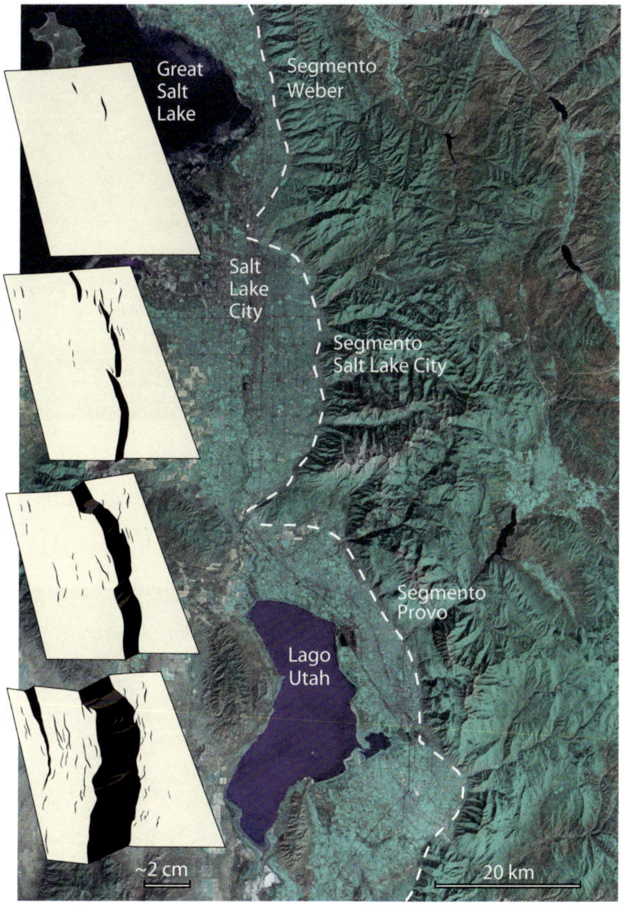

Fig. 9.48 *Zona de falha Wasatch, próxima a Salt Lake City, Utah (EUA), indicada pela linha branca tracejada. Note a forma curva da falha, que indica uma história de conexão entre segmentos. Modelos experimentais de extensão de blocos de gesso indicam como essas zonas de falhas se formam*

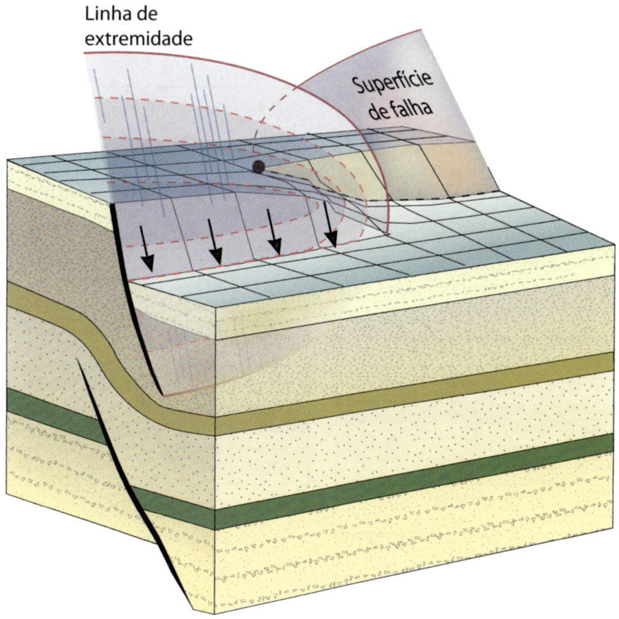

Fig. 9.49 *As falhas interferem umas nas outras tanto na direção horizontal como na vertical, enquanto crescem. Em ambos os casos, o rejeito é transferido de uma falha para outra e as camadas entre as zonas de sobreposição de extremidades tendem a dobrar-se, formando rampas ou dobras de arrasto*
Fonte: modificado de Rykkelid e Fossen (1992).

-se na zona de falha (Figs. 9.33 e 9.51). As observações de campo mostram que esse é um mecanismo comum de espalhamentos de argila em sequências sedimentares, que, em geral, são pequenos demais para serem detectados com base em dados sísmicos. Essas estruturas podem fazer com que as falhas se tornem selantes para o fluxo de fluidos, o que pode ter implicações importantes em reservatórios de petróleo e de água subterrânea.

9.6.3 O papel dos tipos litológicos

A **estratificação mecânica** é um fator importante quando as falhas se desenvolvem em rochas acamadadas. O momento de formação de falhas nas diferentes camadas é um aspecto, e o modo como as falhas se formam (fraturas ordinárias *versus* zonas de bandas de deformação) é outro. A estratificação mecânica indica que a rocha é formada por camadas que têm respostas mecânicas distintas aos esforços, ou seja, que têm diferentes resistências e módulos de Young (E). Em termos simples, camadas de argila ou folhelhos podem acomodar uma quantidade considerável de deformação dúctil, enquanto calcários e arenitos cimentados se fraturam sob quantidades menores de deformação. Em função disso, em uma sequência acamadada, as fraturas ou as bandas de deformação iniciam-se em algumas camadas, enquanto as camadas adjacentes são pouco ou não são afetadas por estruturas rúpteis (Fig. 9.52).

Quando uma banda de deformação ou uma fratura cresce em um meio homogêneo, há uma proporcionalidade entre rejeito máximo, comprimento e altura. Isso é ilustrado na Fig. 9.53A, onde a fratura (ou banda de deformação) atinge os limites superior e inferior da camada. Quando a fratura atinge os limites da camada (Fig. 9.53B), ela é denominada **fratura verticalmente**

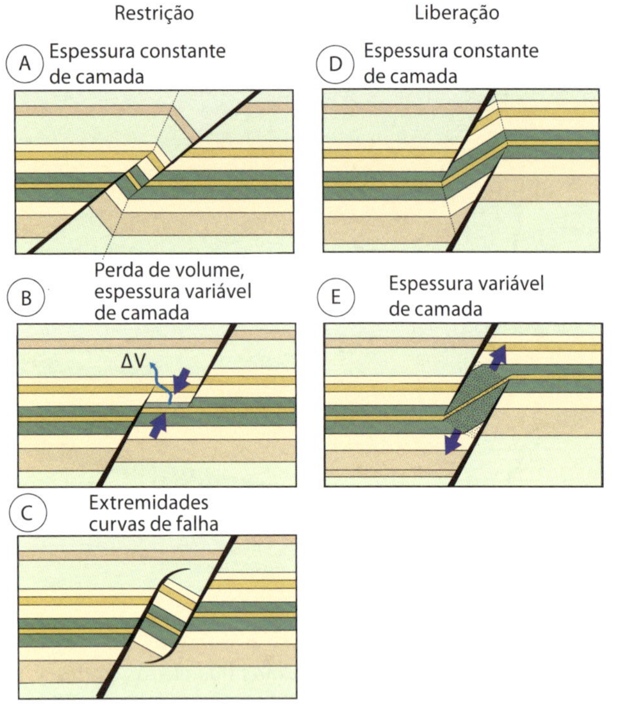

Fig. 9.50 *Diferentes tipos de zonas de sobreposição verticais (acamamento horizontal). (A) Tipo contracional, onde uma camada de espessura constante indica forte arrasto inverso; (B) tipo contracional compensado pela dilatação local; (C) zona contracional, onde as extremidades das falhas se curvam uma em direção à outra. Zonas extensionais com espessuras de camadas constantes (D) e variáveis (E), indicando arrasto normal*

Fonte: baseado em Rykkelid e Fossen (2002).

Fig. 9.51 *Sobreposição de falhas com espalhamento de folhelho na zona de sobreposição. Moab, Utah (EUA)*

Fig. 9.52 *Distribuição de bandas de deformação na lapa em uma falha com 6 m de rejeito. A frequência é consideravelmente maior no arenito altamente poroso (perfil 1) do que nas camadas de rochas de granulação mais fina (perfis 2 e 3) e na camada de arenito fino (perfil 4). Deserto de San Rafael, Utah (EUA)*

restrita e expande-se apenas na direção horizontal. Isso significa que a fratura se torna cada vez mais longa, enquanto sua dimensão vertical permanece constante, ou seja, sua excentricidade aumenta. De fato, sua forma tende a tornar-se mais retangular que elíptica.

No momento em que uma fratura é restrita, sua área aumenta apenas por crescimento paralelo ao acamamento, e a razão entre o rejeito e o comprimento (*D-L; displacement/length*) torna-se menor em comparação com o período de crescimento anterior à restrição. Em termos simples, isso ocorre porque o rejeito aumenta juntamente com a área da fratura, e como a área da fratura aumenta apenas segundo seu comprimento, o comprimento deve aumentar a uma taxa mais rápida em comparação com o rejeito.

Posteriormente, se a fratura continuar acumulando rejeito, ela irá romper a interface que a limita e expandir-se para o interior das camadas sobre ou subjacentes (Fig. 9.53C). A relação *D-L* irá retornar à

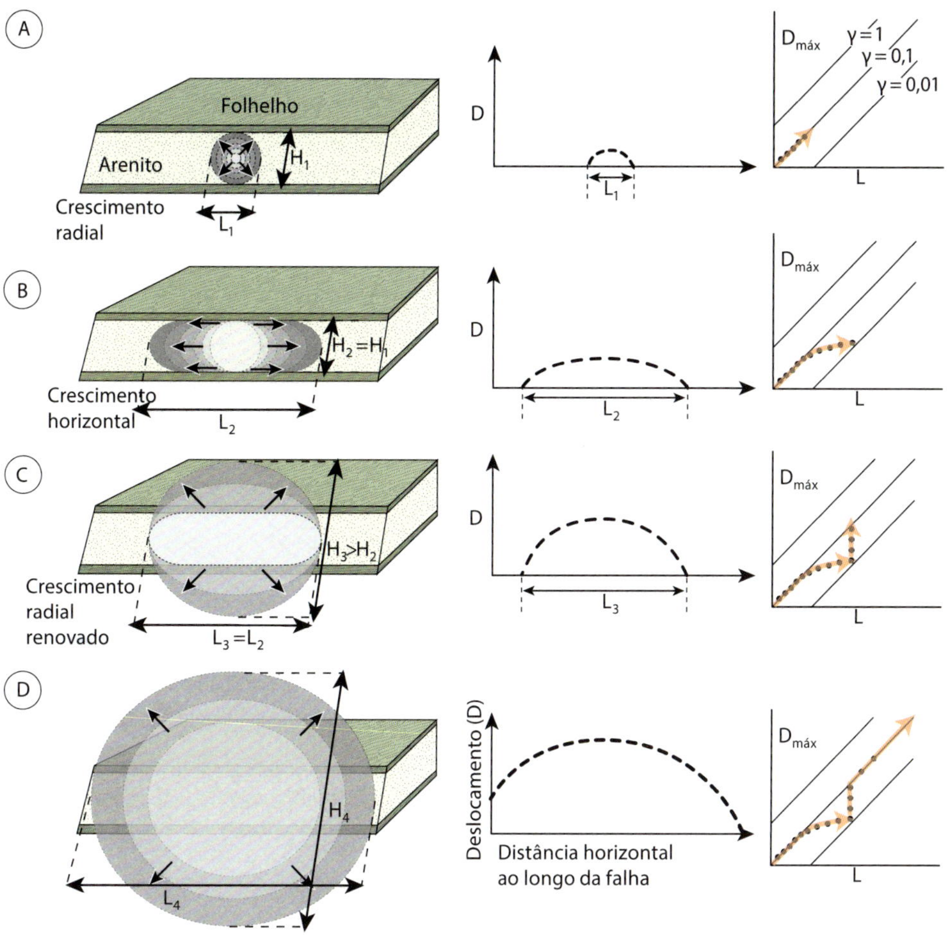

Fig. 9.53 *Crescimento de uma falha em uma sequência acamadada, com perfil de rejeito e evolução rejeito--comprimento mostrados à direita (eixos logarítmicos). A falha é nucleada na camada de arenito (A) com um perfil de rejeito normal e expande--se horizontalmente quando atinge os limites inferior e superior (B). Desenvolve-se, então, um perfil de rejeito relativamente longo, em forma de platô. Em algum ponto, a falha rompe a interface com as camadas vizinhas (C) e volta a crescer na direção vertical. O perfil de rejeito retoma sua forma normal. Essa influência litológica no crescimento das falhas causa dispersão de dados em diagramas D-L*

sua tendência original (Fig. 9.53D). O mesmo desenvolvimento é observado em bandas de deformação que afetam sequências de arenito e folhelho. Em um ponto crítico, os grupos de bandas de deformação no arenito são cortados por uma superfície de deslizamento (falha), que se estende para a camada de folhelho sobre ou subjacente.

9.6.4 Relações *D-L* durante o crescimento de falhas

O rejeito máximo ($D_{máx}$) ao longo de uma falha é uma função da excentricidade da falha (elipticidade: comprimento/altura ou razão *L/H*, *length/heigth*) e da resistência da rocha ao esforço (Fig. 7.21). Em geral, *L* é comparado com $D_{máx}$ em diagramas como o da Fig. 9.54. Linhas retas em diagramas logarítmicos indicam uma relação exponencial ou de **lei de potência** entre *D* e *L*, que pode ser expressa por:

$$D_{máx} = \gamma L^n \tag{9.1}$$

Falhas ou outras descontinuidades que crescem mantendo a proporção entre D e L, ou seja, $D_{máx} = \gamma L$, definem linhas retas diagonais no diagrama logarítmico, com inclinação igual a $\gamma(n = 1)$. Os dados de campo tendem a situar-se sobre linhas diagonais, apesar de haver uma considerável dispersão (Fig. 9.54). Algumas estruturas, incluindo juntas, veios, diques de rochas ígneas, bandas de deformação cataclástica e bandas de compactação, apresentam inclinações menores ($n \approx 0{,}5$). Isso pode estar relacionado com a sua sensibilidade em relação à estratificação mecânica, como discutido na seção anterior. A estratificação mecânica ocorre em diferentes escalas, desde camadas de espessura métrica até a espessura de toda a crosta rúptil. Portanto, é provável que seu efeito se repita em diferentes escalas, causando parte da dispersão vista na Fig. 9.54. Outra razão para a dispersão é o crescimento de falhas por conexão, como discutido anteriormente. A relação entre *D* e *L* pode ser relevante em vários casos, como quando o rejeito for conhecido com base em perfurações ou dados sísmicos e se pretenda estimar o comprimento total da falha. Entretanto, a dispersão dos dados faz com que essas estimativas sejam imprecisas.

9.7 Propriedades selantes e de comunicação das falhas

As falhas podem afetar o fluxo de fluidos de diferentes modos. As falhas em rochas não porosas ou pouco porosas representam, em geral, canais para os fluidos. Em particular, as fraturas das zonas de dano são um bom alvo para perfurações para água subterrânea em rochas desse tipo. O núcleo da falha é, em geral, menos permeável, em razão do seu conteúdo de minerais argilosos secundários (*gouge* de falha).

Em rochas muito porosas, as falhas tendem a representar barreiras ao fluxo de fluidos. Em um reservatório de petróleo, é importante perceber esse efeito ao longo do tempo geológico e durante a produção. Algumas falhas são selantes ao longo do tempo geológico (milhões de anos) e podem reter consideráveis quantidades de óleo e gás. Falhas que não são

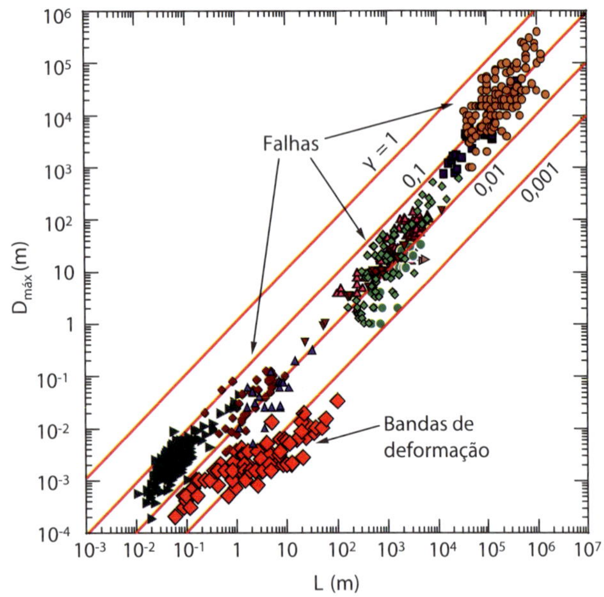

Fig. 9.54 *Diagrama rejeito-comprimento de falhas e bandas de deformação cataclástica, com dados de falhas de várias localidades e contextos. As bandas de deformação têm um claro desvio em relação à tendência geral, pois seu comprimento é mais longo do que o previsto pelo seu rejeito*
Fonte: modificado de Schultz e Fossen (2002).

selantes ao longo do tempo geológico podem desviar o fluxo de fluidos durante a produção de petróleo e gás (ao longo de dias ou anos). A capacidade das falhas de afetar o fluxo de fluidos é, em geral, denominada **transmissibilidade** ou **transmissividade**. A transmissibilidade de falhas é influenciada pela natureza da zona de dano, mas é controlada principalmente pela espessura e pelas propriedades do núcleo da falha.

As falhas tendem a aumentar a porosidade em rochas não porosas e a diminuir a porosidade em rochas porosas.

9.7.1 Justaposição

Os contatos litológicos ao longo de uma falha são essenciais quanto aos seus efeitos sobre o fluxo de fluidos em um reservatório poroso (Fig. 9.55). Onde o arenito está completamente justaposto a um folhelho, a falha é selante, independentemente das propriedades da falha em si. Esse tipo de selante é denominado **selante de justaposição** (1 na Fig. 9.55). Entretanto, onde arenito está justaposto a arenito, sem argila ou folhelho espalhado entre os blocos de arenito, a transmissibilidade da falha é apenas controlada pelas propriedades físicas do núcleo da falha e da zona de dano. Essas propriedades, por sua vez, são controladas pela quantidade de material de granulação fina espalhado ao longo da falha, da espessura do núcleo da falha, dos mecanismos de deformação no núcleo, nas bandas de deformação e em outras estruturas ao redor do núcleo da falha. A justaposição arenito-arenito ocorre se o rejeito for menor que a espessura da camada de arenito. Nesse caso, qualquer selante resultante da deformação rúptil ou da cimentação e dissolução ao longo de planos de falhas é denominado **selante de autojustaposição** (2 na Fig. 9.55). Se o rejeito da falha for maior que a espessura da camada de arenito, duas camadas distintas de arenito podem justapor-se. Se elas forem estratigraficamente separadas por uma camada de folhelho, este pode ser espalhado e formar uma membrana, produzindo, dessa forma, um **selante por espalhamento de folhelho** (3 na Fig. 9.55).

A confiabilidade das considerações sobre a justaposição de falhas depende de nossas observações e

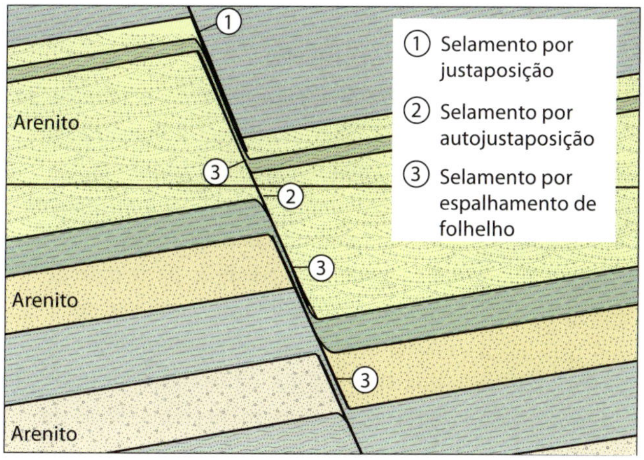

Fig. 9.55 *Croqui principal mostrando diferentes relações de contato ao longo de uma falha. As camadas amareladas são arenitos-reservatório, e as esverdeadas, folhelhos impermeáveis. Três tipos principais de selamentos são mostrados. Note que, para que a falha seja selante, a membrana deve ser contínua também na terceira dimensão, ao longo de todo o contato arenito-arenito*

interpretações da geometria de falhas. Em Geologia do Petróleo, as falhas em geral são mapeadas a partir de dados sísmicos (Fig. 9.18) e a limitação de resolução da sísmica pode ocultar complexidades que mudam completamente a comunicação através de uma falha. O exemplo mais simples é aquele no qual uma falha é tratada como uma estrutura simples (Fig. 9.56A), mas que, de fato, é composta por duas ou mais falhas separadas entre si por intervalo de metros ou dezenas de metros (Fig. 9.56B). Como mostrado na Fig. 9.56, essa complicação pode fazer com que uma falha passe de selante para não selante, já que nesse caso pode haver comunicação entre diferentes partes do reservatório em função das falhas (autojustaposição). Além disso, a divisão da falha em dois ramos pode ocorrer apenas em um segmento do seu comprimento total para permitir o fluxo de fluidos. Note que ela pode permanecer selante se houver cimentação ou espalhamento de argilas, formando um *gouge* impermeável (selante de autojustaposição), o que será discutido brevemente neste capítulo.

9.7.2 Cataclase

A cataclase no núcleo da falha reduz a granulometria e, portanto, a porosidade e a permeabilidade. A cataclase é favorecida em profundidades mais profundas (> 1 km), com baixo conteúdo de filossilicatos, grãos bem selecionados e baixa pressão de fluidos nos poros. Ela pode criar um cataclasito ou ultracataclasito denso, capaz de bloquear o fluxo de fluidos através da falha, mesmo que haja um arenito de alta permeabilidade em ambos os lados da falha. A cataclase também ocorre nas bandas de deformação na zona de dano; quanto mais bandas de deformação, maior será o seu efeito na transmissibilidade de falhas na etapa de produção. O efeito selante das bandas de deformação cataclástica na zona de dano é provavelmente desprezível na maioria dos casos.

9.7.3 Efeitos diagenéticos

As alterações diagenéticas que ocorrem durante ou depois dos processos de falhamento podem alterar as propriedades mecânicas e petrofísicas das rochas. A alteração mais importante é, provavelmente, aquela causada pela dissolução e precipitação de quartzo, que pode transformar a rocha falhada em um "quartzito" não permeável. A dissolução e cimentação de quartzo é um problema a temperaturas acima de cerca de 90° C (3 km). Em diversas bacias, como no Mar do Norte, a cimentação por quartzo ocorreu muito depois do falhamento, quando as rochas sedimentares foram soterradas na subsidência pós-rifte. O quartzo e outros minerais depositam-se preferencialmente em falhas, devido às superfícies de reação que se formam no falhamento em razão do fraturamento e da moagem dos grãos. Além disso, se houver percolação de fluidos através das falhas, pode ocorrer um aporte de soluções ricas em sílica. A cimentação por calcita em falhas é também bastante comum, mas tende a formar estruturas menos contínuas.

9.7.4 Espalhamento de argilas e folhelhos

A granulação muito fina confere às argilas e folhelhos pouca porosidade e permeabilidade, o que dificulta ou impede a percolação de fluidos através dessas rochas. Os argilominerais podem ser minerais secundários ao longo de falhas em praticamente qualquer tipo de rocha, mas na maioria das rochas sedimentares a fonte primária é a própria sequência sedimentar. As camadas de folhelho ou argila são incorporadas no

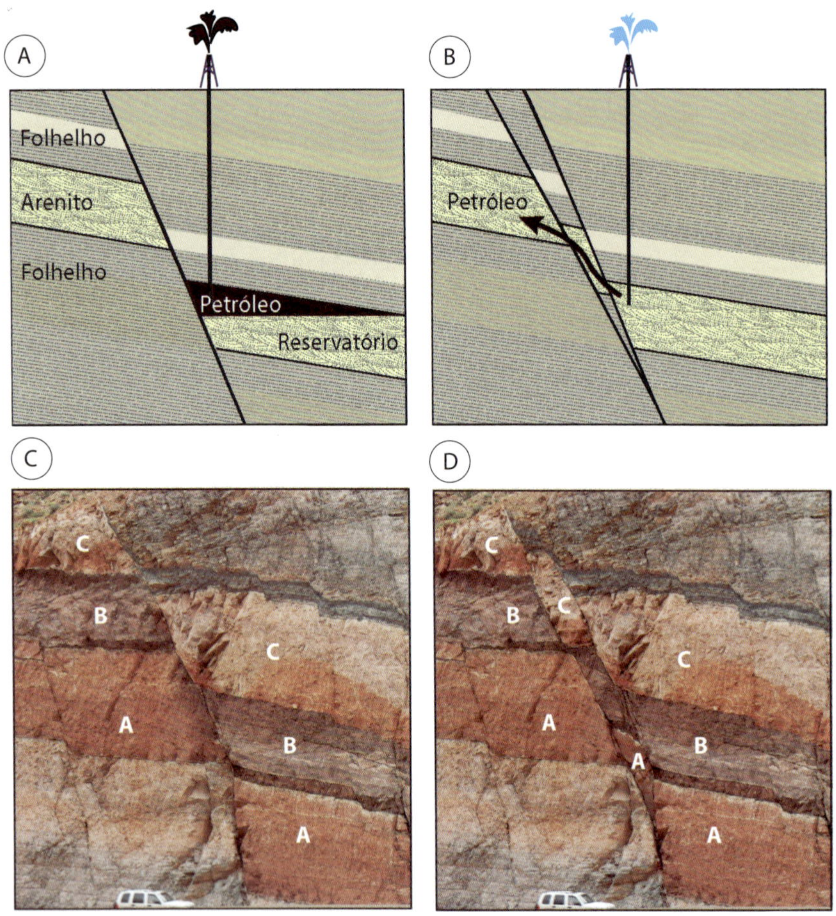

Fig. 9.56 *Diferença entre a comunicação em um reservatório por falha simples e por falha dupla. (A-B) Esquema principal, mostrando como a introdução de um ramo adicional de falha altera a falha de uma condição de selante de justaposição para uma condição de autojustaposição do reservatório (o que significa que o reservatório está em contato consigo mesmo através da estrutura de falha) (B). (C-D) Exemplo de campo em escala de afloramento, onde as camadas A, B e C passam de uma situação de não justaposição para autojustaposição. A imagem (D) é real, enquanto a imagem (C) foi manipulada. Imagens da Falha de Moab, Utah, EUA*

núcleo da falha durante os movimentos (Fig. 9.51 e 9.55) e espalhadas na forma de uma membrana mais ou menos contínua. Esse processo é denominado **espalhamento**.

As observações de campo e os dados experimentais indicam que a argila e o folhelho tendem a espalhar-se durante o falhamento, formando uma membrana no núcleo de falha e separando a capa e a lapa. A Fig. 9.57 mostra um exemplo em que uma membrana de espessura centimétrica sela arenitos altamente porosos, que poderiam ser um reservatório em potencial. Se uma membrana desse tipo representar uma barreira física para o fluxo de fluidos, ela é denominada **selante**, e a falha onde ela se forma é, então, uma **falha selante**. Uma membrana deve ser contínua sobre uma certa área crítica da falha para poder selá-la efetivamente. Quanto mais argila ou folhelho forem afetados pelo falhamento de sequências sedimentares, maior será a chance de ocorrer espalhamento e selamento. Um mecanismo comum é o espalhamento de argila ou folhelho entre dois **segmentos de falha verticalmente sobrepostos** (Fig. 9.51). Um mecanismo menos comum é a injeção, onde pressões elevadas em camadas de argila podem causar a **injeção de argila** no núcleo da falha. Um terceiro mecanismo que pode contribuir para o espalhamento de argila é a **abrasão de argila**, na qual ela é tectonicamente erodida das camadas argilosas ao longo da falha e incorporada ao núcleo desta.

O ESPALHAMENTO DE ARGILAS OU FOLHELHOS AO LONGO DE UMA FALHA PODE RESULTAR NO SELAMENTO DAS FALHAS EM UM RESERVARTÓRIO DE FLUIDOS.

A probabilidade de haver selamento aumenta com a disponibilidade de argila, ou seja, com o número de camadas argilosas e sua espessura acumulada; a probabilidade de selamento decresce com o aumento do rejeito da falha. Quanto maior for o rejeito da falha, maior será a probabilidade de o selante tornar-se descontínuo e perder seu efeito. Se a descontinuidade do selante for pequena e localizada, ele ainda pode ser eficiente na redução do fluxo de fluidos através das falhas.

Podemos quantificar o potencial de espalhamento de argila nas falhas. No caso mais simples, onde há uma única camada de argila ou folhelho e uma única falha (Fig. 9.58A), o **fator de espalhamento de folhelho** (SSF, *shale smear factor*) é dado pela razão entre o rejeito vertical aparente da falha (*throw*, T) e a espessura da camada de folhelho ou argila (Δz):

$$\text{SSF} = \frac{T}{\Delta z} \tag{9.2}$$

Isso indica a probabilidade local de espalhamento, que varia ao longo da falha em função de variações no rejeito e na espessura das camadas. Em falhas com rejeitos de dezenas de metros ou mais, um SSF ≤ 4 é considerado um indicativo de espalhamento contínuo e, portanto, do selamento da falha; em falhas menores, isso é menos previsível. Obviamente, há outros fatores que influenciam a capacidade selante de uma falha. Estimativas desse tipo devem ser usadas com cuidado.

Em casos nos quais há mais de uma fonte de argila ou de folhelho, sua contribuição combinada deve ser considerada. Isso pode ser feito em qualquer local da falha pela soma das espessuras das camadas de folhelho naquele local e pelo cálculo da porcentagem de argila ou de folhelho no intervalo do rejeito. Ao dividirmos esse valor pelo rejeito vertical (T), obtemos a **razão folhelho/*gouge*** (SGR, *shale gouge ratio*):

$$\text{SGR} = \frac{\sum \Delta z}{T} \times 100\% \tag{9.3}$$

De modo alternativo, se os argilominerais estiverem disseminados na sequência sedimentar, podemos usar a soma das frações em volume de argila de todas as unidades no intervalo, em vez da soma das espessuras das camadas de folhelho. Há uma grande possibilidade de haver selamento da falha com valores de SGR > 20%, sendo que essa probabilidade aumenta com o aumento da SGR. A probabilidade depende também das propriedades mecânicas das camadas de folhelho ou argila durante a deformação. Em geral, pequenas profundidades favorecem o espalhamento, enquanto em profundidades maiores há maior probabilidade de haver descontinuidade do selante.

Fig. 9.57 *Falha menor em camadas de folhelho e arenito fluvial da Formação Castlegate (Cretáceo), Salina, Utah (EUA). Uma membrana de espessura centimétrica de um material rico em argila, oriundo dos folhelhos da capa, sela a maior parte da seção. Note que a parte superior da falha não apresenta a membrana de folhelho pela ausência de camadas de folhelho naquele nível*

O espalhamento de argila também pode ser avaliado por meio de uma estimativa do **potencial de espalhamento de argila** (CSP, *clay smear potential*). O valor de CSP indica até que distância uma camada de argila ou folhelho pode ser espalhada antes de romper-se e tornar-se descontínua:

$$\text{CSP} = \sum \frac{\Delta z^2}{d} \tag{9.4}$$

onde d é a distância a partir da camada fonte de argila e Δz representa a espessura individual de cada camada de argila ou folhelho.

O carvão misturado com argila também pode ser espalhado em planos de falha. Entretanto, ele tem comportamento rúptil quando puro. Até mesmo a areia pode ser espalhada em planos de falha, quando pouco consolidada. O espalhamento de areia em baixa profundidade pode promover a comunicação entre as camadas através do plano de falha, mas é um fenômeno mais raro que o espalhamento de argila.

O FATOR DE ESPALHAMENTO DE FOLHELHO E ALGORITMOS SIMILARES AUXILIAM NAS ESTIMATIVAS DO POTENCIAL SELANTE DE UMA FALHA, MAS NÃO CONSIDERAM TODA A COMPLEXIDADE E AS VARIAÇÕES NATURAIS EXISTENTES EM UMA ZONA DE FALHA.

9.7.5 Justaposição e diagramas triangulares

Os tipos litológicos e os rejeitos são importantes fatores na estimativa do potencial selante das falhas. Como esses dois parâmetros variam ao longo das falhas, diferentes partes de uma falha podem ter diferentes propriedades ou potenciais selantes. Considerando um reservatório com arenitos porosos intercalados com folhelhos impermeáveis, pode ocorrer selamento por justaposição, por espalhamento de folhelho e por autojustaposição ao longo da mesma falha, com variações ocorrendo tanto verticalmente (Fig. 9.55) como lateralmente ao longo da falha.

A justaposição em função da estratigrafia e do rejeito pode ser representada por um **diagrama triangular** (Fig. 9.59). A estratigrafia local é lançada no eixo vertical e estendida de modo paralelo ao outros dois eixos, de modo que haja uma separação gradual das camadas. Esse efeito é similar ao que ocorre ao longo de uma falha, onde a separação das camadas aumenta com o aumento do rejeito. No diagrama, as camadas horizontais representam as camadas da capa, enquanto as camadas inclinadas representam a lapa. A separação das camadas e o rejeito aumentam para a direita no diagrama, e podemos interpretar as relações de contato para qualquer valor de rejeito de falha.

Os tipos litológicos (camadas) no diagrama são indicados em cores. Em uma sequência de arenitos e folhelhos, diferentes cores indicam justaposições do tipo arenito-arenito, arenito-folhelho e folhelho-folhelho. Além disso, os parâmetros SGR, SSF e CSP podem ser calculados para cada ponto do diagrama; o diagrama triangular pode ser colorido de modo a indicar a variação de um desses parâmetros, como, por exemplo, SGR (Fig. 9.60).

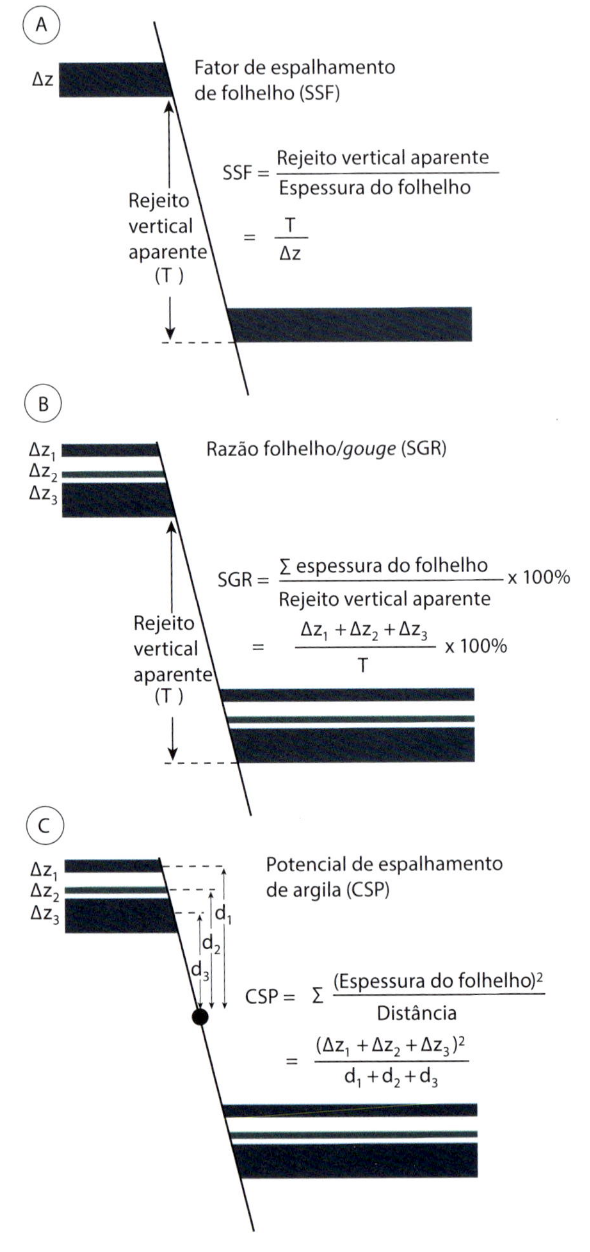

Fig. 9.58 *Três algoritmos para estimar a probabilidade de uma falha ser selante*

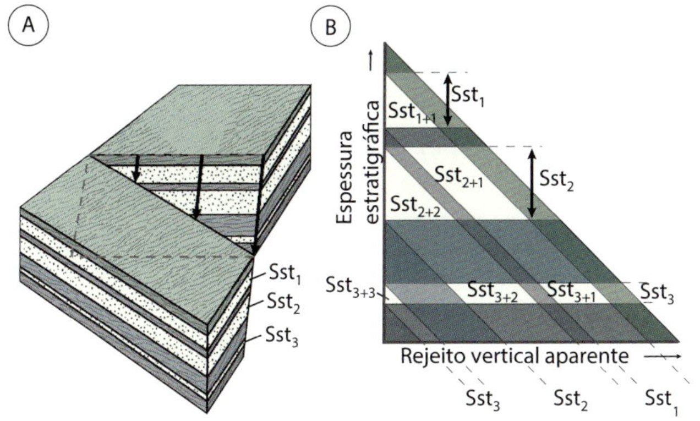

Fig. 9.59 *Construção de um diagrama triangular, considerando uma falha sintética com um aumento linear de rejeito (A). No diagrama, as camadas do bloco deslocado para cima são horizontais, mas no bloco oposto elas têm um mergulho. Isso é lançado no diagrama da direita (B). Como o deslocamento aumenta desde zero na extremidade esquerda, diferentes relações de contato litológico ocorrem em diferentes partes do diagrama. As áreas de contato arenito-arenito e arenito-argila podem ser facilmente identificadas (Sst = sandstone, arenito)*

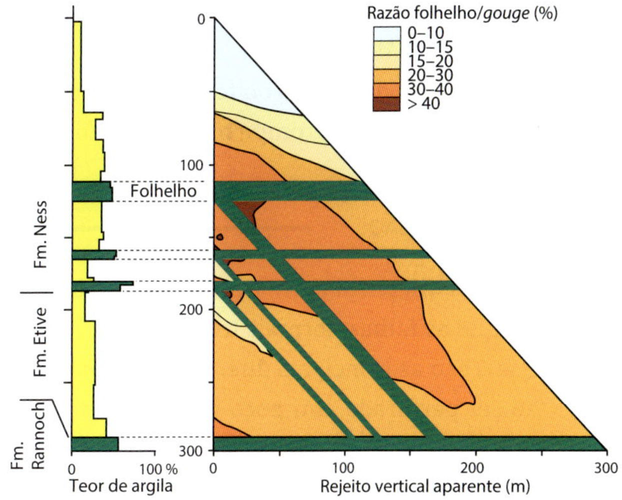

Fig. 9.60 *Valores de SGR podem ser inseridos no diagrama triangular, como neste exemplo do Grupo Brent, Mar do Norte (estratigrafia mostrada à esquerda). O valor de SGR é calculado para diferentes pontos do diagrama e as linhas de contorno são traçadas. Altos valores de SGR significam alta probabilidade selante*

Fonte: baseado em Høyland Kleppe (2003).

Resumo

Enquanto as falhas podem parecer simples quando indicadas por linhas em mapas geológicos e em seções sísmicas interpretadas, uma observação mais detalhada revela que elas são estruturas compostas e complexas. Apesar de o nosso entendimento sobre as falhas e estruturas relacionadas ter aumentado consideravelmente ao longo das últimas décadas, ainda são necessárias muitas pesquisas para que possamos prever ou modelar a geometria e as propriedades das falhas com base em informações como regime tectônico, tipo litológico e profundidade de soterramento. Alguns pontos-chave e questões de revisão deste capítulo são listados a seguir:

- Falhas têm um núcleo central, que é uma zona de alta deformação dominada por rochas de falha e superfície(s) de deslizamento.
- A zona de dano é uma zona de baixa deformação em torno do núcleo da falha, produzida durante a formação e evolução da falha.
- A espessura da zona de dano e do núcleo da falha tende a aumentar com o aumento do rejeito, mas a relação entre a espessura dessas estruturas e o crescimento da falha é complexa.
- As falhas crescem a partir de pequenas fraturas até formarem estruturas que podem ser traçadas em mapas, pela acumulação de rejeitos por eventos sucessivos (terremotos).
- As falhas acumulam rejeitos (deslocamentos) enquanto crescem em comprimento e altura (profundidade).
- Idealmente, o rejeito aumenta em direção ao centro da falha.
- Durante seu crescimento, as falhas tendem a interagir entre si e a conectar-se.
- A conexão de falhas é um processo gradual que ocorre por sobreposição e ligação direta entre segmentos de falhas.
- As estruturas de transferência de falhas são áreas complicadas que apresentam deformação em escala de detalhe (zonas de dano).

- Estruturas de arrasto podem formar-se pelo falhamento de uma dobra em evolução.
- A geometria das dobras de arrasto pode ser usada para determinar o sentido de deslocamento da falha.
- O espalhamento de argilas ou folhelhos ao longo das falhas pode selá-las.
- Uma falha selante interrompe o fluxo de fluidos entre os blocos (capa, lapa).

Questões de revisão

1] Qual é a diferença entre fratura de cisalhamento e falha?
2] Por que as falhas normais tendem a ser mais inclinadas do que as falhas inversas?
3] Quais são as principais diferenças entre um milonito e um cataclasito?
4] Ao ser perfurado, um poço vertical corta duas vezes a mesma seção estratigráfica (seção repetida). Que tipo de falha podemos inferir nesse caso e por que não podemos explicar essa situação por meio de um dobramento?
5] Por que a zona de dano cresce durante o falhamento?
6] Uma zona de dano seria visível em um conjunto de dados sísmicos 3-D de boa qualidade?
7] Como os dados de dipmeter podem ajudar a identificar falhas?
8] O selamento é um fator positivo ou negativo em termos de exploração e produção de petróleo?

E-módulo

O módulo de *e-learning* denominado *Faults* é recomendado para este capítulo.

Leituras complementares

Petróleo

AYDIN, A. Fractures, faults, and hydrocarbon entrapment, migration, and flow. *Marine and Petroleum Geology*, v. 17, p. 797-814, 2000.

CERVENY, K.; DAVIES, R.; DUDLEY, G.; KAUFMAN, P.; KNIPE, R. J.; KRANTZ, B. Reducing uncertainty with fault-seal analysis. *Oilfield Review*, v. 16, p. 38-51, 2004.

YIELDING, G.; WALSH, J.; WATTERSON, J. The prediction of small-scale faulting in reservoirs. *First Break*, v. 10, p. 449-460, 1992.

Taxas de rejeito e de crescimento

BARNETT, J. A. M.; MORTIMER, J.; RIPPON, J. H.; WALSH, J. J.; WATTERSON, J. Displacement geometry in the volume containing a single normal fault. *American Association of Petroleum Geologists Bulletin*, v. 71, p. 925-937, 1987.

FERILL, D. A.; MORRIS, A. P. Displacement gradient and deformation in normal fault systems. *Journal of Structural Geology*, v. 23, p. 619-638, 2001.

HULL, J. Thickness-displacement relationships for deformation zones. *Journal of Structural Geology*, v. 4, p. 431-435, 1988.

MOREWOOD, N. C.; ROBERTS, G. P. Surface observations of active normal fault propagation: implications for growth. *Journal of the Geological Society*, v. 159, p. 263-272, 2002.

ROBERTS, G. P.; MICHETTI, A. M. Spatial and temporal variations in growth rates along active normal fault systems: an example from The Lazio-Abruzzo Apennines, central Italy. *Journal of Structural Geology*, v. 26, p. 339-376, 2004.

WALSH, J. J.; WATTERSON, J. Displacement gradients on fault surfaces. *Journal of Structural Geology*, v. 11, p. 307-316, 1989.

WALSH, J. J.; WATTERSON, J. Geometric and kinematic coherence and scale effects in normal fault systems. In: ROBERTS, A. M.; YIELDING, G.; FREEMAN, B. (Ed.). The Geometry of Normal Faults, Special Publication, London: *Geological Society*, v. 56, p. 193-203, 1991.

YIELDING, G.; WALSH, J.; WATTERSON, J. The prediction of small-scale faulting in reservoirs. *First Break*, v. 10, p. 449-460, 1992.

Geometria e conexão de falhas

BENEDICTO, A.; SCHULTZ, R. A.; SOLIVA, R. Layer thickness and the shape of faults. *Geophysical Research Letters*, v. 30, p. 2076, 2003.

CAINE, J. S.; EVANS, J. P.; FORSTER, C. B. Fault zone architecture and permeability structure. *Geology*, v. 24, p. 1025-1028, 1996.

CHILDS, C.; WATTERSON, J.; WALSH, J. J. Fault overlap zones within developing normal fault systems. *Journal of the Geological Society*, v. 152, p. 535-549, 1995.

CHILDS, C.; MANZOCCHI, T.; WALSH, J. J.; BONSON, C. G.; NICOL, A.; SCHÖPFER, P. L. A geometric model of fault zone and fault rock thickness variations. *Journal of Structural Geology*, v. 31, p. 117-127, 2009.

PEACOCK, D. C. P.; SANDERSON, D. J. Geometry and development of relay ramps in normal fault systems. *American Association of Petroleum Geologists Bulletin*, v. 78, p. 147-165, 1994.

Zonas de dano

KIM, Y.-S.; PEACOCK, D. C. P.; SANDERSON, D. J. Fault damage zones. *Journal of Structural Geology*, v. 26, p. 503-517, 2004.

SHIPTON, Z. K.; COWIE, P. A conceptual model for the origin of fault damage zone structures in high-porosity sandstone. *Journal of Structural Geology*, v. 25, p. 333-344, 2003.

WIBBERLEY, C. A. J.; YIELDING, G.; DI TORO, G. Recent advances in the understanding of fault zone internal structure: a review. In: WIBBERLEY, C. A. J.; KURZ, W.; IMBER, J.; HOLDSWORTH, R. E.; COLLETTINI, C. (Ed.). The Internal Structure of Fault Zones: Implications for Mechanical and Fluid-Flow Properties, Special Publication. London: *Geological Society*, v. 299, p. 5-33, 2008.

Espalhamento e selamento de falhas

FÆRSETH, R. B.; JOHNSEN, E.; SPERREVIK, S. Methodology for risking fault seal capacity: Implications of fault zone architecture. *American Association of Petroleum Geologists Bulletin*, v. 91, p. 1231-1246, 2007.

HESTHAMMER, J.; BJØRKUM, P. A.; WATTS, L. I. The effect of temperature on sealing capacity of faults in sandstone reservoirs. *American Association of Petroleum Geologists Bulletin*, v. 86, p. 1733-1751, 2002.

KNIPE, R. J. Faulting processes and fault seal. In: LARSEN, R. M.; BREKKE, H.; LARSEN, B. T.; TALLERAAS, E. (Ed.). *Structural and Tectonic Modelling and its Application to Petroleum Geology*, NPF Special Publication. Amsterdam: Elsevier, 1992, p. 325-342.

MANZOCCHI, T.; WALSH, J. J.; YIELDING, G. Fault transmissibility multipliers for flow simulation models. *Petroleum Geoscience*, v. 5, p. 53-63, 1999.

Deformação de falhas

KING, G.; CISTERNAS, A. Do little things matter? *Nature*, v. 351, p. 350, 1991.

MARRETT, R.; ALLMENDINGER, R.W. Amount of extension on "small" faults: an example from the Viking Graben. *Geology*, v. 20, p. 47-50, 1992.

RECHES, Z. Analysis of faulting in three-dimensional strain field. *Tectonophysics*, v. 47, p. 109-129, 1978.

Dados de *dipmeter*, arrasto e propagação de dobras e falhamento

BENGTSON, C. A. Statistical curvature analysis techniques for structural interpretation of dipmeter data. *American Association of Petroleum Geologists*, v. 65, p. 312-332, 1981.

ERSLEV, E. A. Trishear fault-propagation folding. *Geology*, v. 19, p. 617-620, 1991.

GRASEMANN, B.; MARTEL, S.; PASSCHIER, C. W. Reverse and normal drag along a fault. *Journal of Structural Geology*, v. 27, p. 999-1010, 2005.

Rochas de falha

SIBSON, R. Fault rocks and fault mechanisms. *Journal of the Geological Society*, v. 133, p. 191-213, 1977.

SNOKE, A. W.; TULLIS, J.; TODD, V. R. *Fault-related Rocks:* A Photographic Atlas. Princeton: Princeton University Press, 1998.

Terminologia

PEACOCK, D. C. P.; KNIPE, R. J.; SANDERSON, D. J. Glossary of normal faults. *Journal of Structural Geology*, v. 22, p. 291-305, 2000.

Cinemática e paleoesforços em regime rúptil

10

Nos capítulos anteriores, vimos que há uma relação próxima entre esforços e falhamentos, considerando, por exemplo, o regime de esforços tectônicos de Anderson. Deve ser possível descobrir algo sobre o campo de esforços no momento do fraturamento e falhamento com base na orientação e na natureza das falhas e fraturas. Estudos desse tipo são denominados análise de paleoesforços, um campo de estudo que parte de diversas hipóteses. Apesar disso, em muitos casos a análise de paleoesforços chega a resultados razoáveis, o que pode ser verificado ao cruzarmos informações de diferentes fontes. O dado fundamental da análise de paleoesforços são as observações cinemáticas das falhas em campo. As estruturas mais relevantes e as bases da análise de paleoesforços em regime rúptil são apresentadas resumidamente neste capítulo.

10.1 Critérios cinemáticos

O vetor verdadeiro de deslocamento finito em uma superfície de falha pode ser encontrado diretamente onde um ponto na capa puder ser conectado a um ponto originalmente contíguo na lapa. Esses pontos podem ser charneiras de dobras ou outras estruturas lineares que tenham sido interceptadas pelo plano de falha.

Infelizmente, pontos como esses raramente são encontrados. Na maioria dos casos, ficamos satisfeitos se for possível correlacionar camadas ou refletores sísmicos entre os blocos falhados. Se a superfície da falha estiver exposta em afloramento, podemos usar as estrias (lineações) para estimar a orientação e o comprimento do vetor de deslocamento. Em geral, considera-se que as estrias indiquem a direção do rejeito. Entretanto, pode ser que elas revelem apenas a parte final da história de deformação, ou seja, os últimos rejeitos, e que as lineações relacionadas aos episódios anteriores de rejeito tenham sido obliteradas ou destruídas. Portanto, é necessária uma busca cuidadosa por lineações múltiplas, sobrepostas, quando se faz a análise de dados de rejeito em campo.

UMA LINEAÇÃO EM UMA SUPERFÍCIE DE DESLIZAMENTO PODE REPRESENTAR APENAS O ÚLTIMO DE MUITOS EVENTOS DE DESLOCAMENTO, E NÃO É NECESSARIAMENTE PARALELA AO VETOR DE DESLOCAMENTO TOTAL (FINITO).

Por vezes, não é possível correlacionar a estratigrafia ou os marcadores horizontais entre um lado e outro da falha. Nesse caso, não temos informações sobre as dimensões da falha (a largura da zona de dano e do núcleo da falha podem nos dar uma estimativa) e talvez nem saibamos se os movimentos da falha foram inversos ou normais, sinistrais ou destrais. A lineação na superfície de falha é útil, mas precisamos de mais critérios sistemáticos para determinar o sentido do rejeito. Tais critérios existem, ainda que muitos tendam a ser ambíguos. Por esse motivo, deve-se combinar o maior número possível de critérios cinemáticos para a análise cinemática de falhas.

10.1.1 Crescimento de minerais e estilolitos

As superfícies de falha nunca são estruturas perfeitamente planas, e indicadores cinemáticos relevantes podem ser encontrados onde há irregularidades na geometria dessas superfícies. Onde uma irregularidade causa contrações locais, como em uma inflexão contracional (Fig. 10.1), podemos encontrar estruturas como estilolitos (Fig. 10.2) e "clivagens". Inflexões com outra orientação, como na parte esquerda da Fig. 10.1, podem causar extensão e abertura de vazios, onde ocorre o crescimento de minerais. Um estudo da relação entre geometria da superfície de falha e ocorrência de estruturas contracionais *versus* extensionais pode revelar o sentido do rejeito com alto grau de certeza.

10.1.2 Fraturas subsidiárias

As pequenas fraturas que se desenvolvem ao longo de uma falha podem apresentar um arranjo geométrico que indica a direção do rejeito da falha. Essas peque-

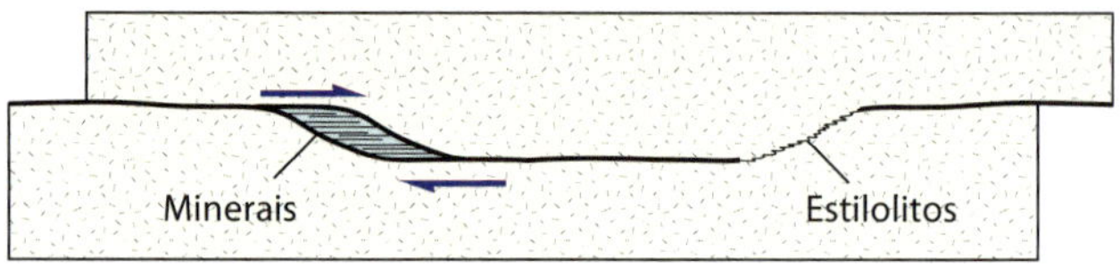

Fig. 10.1 *Irregularidades no plano de falha criam degraus onde pode haver crescimento de minerais ou estruturas de encurtamento (estilolitos). A localização dessas estruturas em relação à geometria local da falha fornece informações confiáveis sobre o sentido do rejeito*

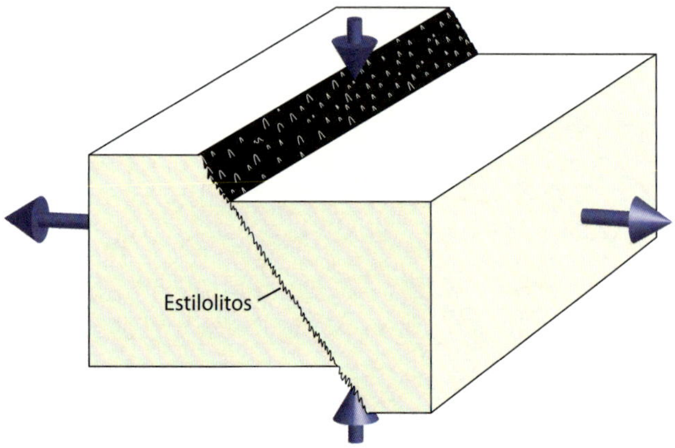

Fig. 10.2 *Falhas com um componente de encurtamento através de sua superfície podem resultar em dissolução por compressão e formação de estilolitos em calcários e mármores. Podem-se formar estruturas estilolíticas lineares, denominadas eslicolitos (slickolites), criando lineações paralelas à direção de deslocamento*

nas fraturas recebem diferentes nomes, dependendo de sua atitude e cinemática. A Fig. 10.3A mostra as diferentes categorias de fraturas em uma seção perpendicular ao plano principal da falha e paralela à direção do rejeito (plano M). **Fraturas T** é o nome geralmente dado a pequenas fraturas extensionais nesse contexto. Elas podem ser vazias, mas comumente são preenchidas por quartzo ou carbonatos e não apresentam estrias. A orientação das fraturas T em relação à superfície de deslocamento principal ou média (**superfície M**) caracteriza o sentido do rejeito. As fraturas T têm mergulho tipicamente de 45° na direção do rejeito, em relação a uma superfície **M horizontal** (Fig. 10.3A,C).

Um conjunto de fraturas de cisalhamento, conhecidas como **fraturas P**, é visível em alguns casos, com mergulho na direção oposta. Se M for horizontal, essas fraturas têm baixo ângulo com M e correspondem a falhas "inversas" ou "de cavalgamento" de baixo ângulo. Nessa situação, as fraturas de cisalhamento de Riedel ou **fraturas R** representam falhas "normais" de baixo ângulo, enquanto as **fraturas R'** correspondem a falhas inversas antitéticas em alto ângulo com M. As fraturas de Riedel tendem a ser mais comuns que as R' ou P, mas todos os tipos podem coexistir, e suas relações cinemáticas locais e suas posições em relação a M revelam o sentido de movimento da estrutura principal. As estruturas T são, provavelmente, as mais confiáveis de todas, por serem mais facilmente identificáveis entre as diversas fraturas de cisalhamento.

O geólogo francês Jean-Pierre Petit classificou as várias estruturas que podem ocorrer em superfícies de falha em critérios T, P e R, em que as letras maiúsculas indicam o elemento dominante na estrutura subordinada. Os **critérios T** abrangem as fraturas extensionais (T) que intersectam a superfície de falha estriada (M). Em seção geológica, T e M tendem a formar um ângulo agudo de intersecção que aponta para a direção do rejeito (Fig. 10.3A). As intersecções podem também ocorrer como estruturas curvadas que apontam para a direção do rejeito (Fig. 10.3B). Estas lembram estruturas erosivas (*chatter marks*) causadas por geleiras, quando grandes blocos de quartzito ou granito são arrancados pelo gelo.

Os **critérios P** são dominados por fraturas P e podem ocorrer junto com fraturas T (Fig. 10.3C). As superfícies P podem ser polidas ou estriadas, e caracterizam-se por baixo ângulo com M. As situações em que ondulações da superfície principal de rejeito criam um padrão sistemático com estrias nas faces

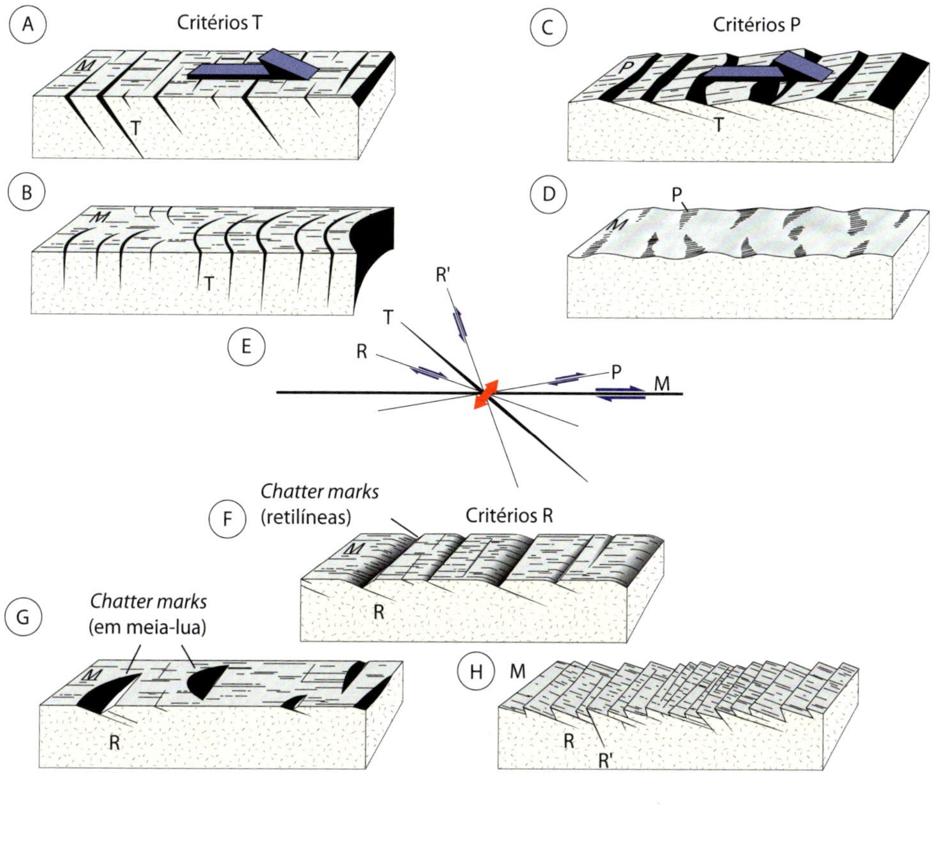

Fig. 10.3 *Critérios cinemáticos ao longo de uma falha destral, com fraturas subordinadas ou irregularidades. É usada a nomenclatura geral de fraturas em um sistema de cisalhamento (R, R', P, T e M). R significa fraturas de Riedel; P, fraturas de cisalhamento; T, fraturas extensionais; M, superfície média de rejeito (falha). A identificação dos tipos de fraturas subordinadas pode auxiliar na interpretação dos movimentos de falhas*
Fonte: baseado em Petit (1987).

contracionais (frontais ao deslocamento) e sem estrias nas faces extensionais (Fig. 10.3D) também podem ser consideradas como um critério P.

Os **critérios R**, que são os critérios cinemáticos mais usuais, são baseados no ângulo agudo entre R e M (Fig. 10.3F,G). As linhas de intersecção entre R e M têm ângulos altos (próximos a 90°) em relação às estrias em M; essas estruturas lineares retas (Fig. 10.3F) ou curvas (Fig. 10.3G) são comumente denominadas ***chatter marks***. As falhas com pequenos rejeitos podem não ter desenvolvido um plano contínuo de cisalhamento ou superfície M, e, nesse caso, pode haver um arranjo *en echelon* de fraturas R (Fig. 10.3H) e, em alguns casos, de fraturas R'. As fraturas R estão agrupadas e as estrias são pouco desenvolvidas.

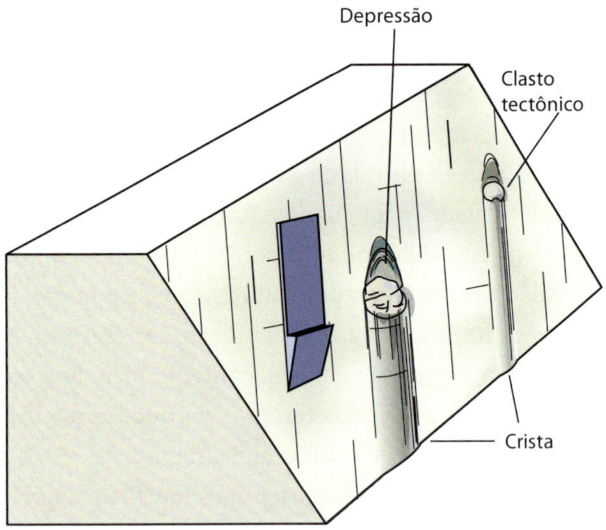

Fig. 10.4 *Asperezas pontiagudas ou clastos tectônicos situados em uma superfície de falha podem formar depressões em um bloco e cristas no bloco oposto. As lineações desse tipo são de ranhura e crista*

10.1.3 Arrancamento (*ploughing*), crescimento de minerais e espelhos de falha

As asperezas ou objetos relativamente mais resistentes (fragmentos de rochas, seixos ou grãos de minerais mais resistentes) em um dos lados do plano de falha podem escavar ranhuras ou estrias na parede do bloco oposto. Os materiais que estão na trajetória desses objetos são empurrados para o lado, enquanto uma cavidade em forma de meia-lua é aberta e, em geral, preenchida com material oriundo do bloco oposto. Uma crista (ou ranhura, dependendo do ponto de vista) pode, em alguns casos, ser encontrada à frente do objeto (Fig. 10.4). Tais lineações são, por vezes, denominadas **lineações de ranhura e crista**.

As cavidades em forma de meia-lua evoluem para ranhuras cujo comprimento corresponde idealmente ao deslocamento do objeto mais resistente em relação à superfície. Pelo menos é isso que gostaríamos que ocorresse. Mas há muitos exemplos de rejeitos de escala centimétrica que formam estrias de comprimento decimétrico ou mesmo métrico. Portanto, deve haver outros processos ocorrendo além da simples escavação da ranhura. Uma possibilidade é que algumas dessas estrias sejam **enrugamentos**, e não simplesmente ranhuras geradas por fricção. Estas são estruturas lineares formadas nos estágios iniciais do crescimento de fraturas e podem ser polidas e estriadas à medida que o rejeito se acumula. Isso pode resultar em estrias longas e bem desenvolvidas, formadas em rejeitos muito pequenos (em escala centimétrica ou mesmo milimétrica). Portanto, as estruturas de enrugamento de falhas não refletem necessariamente a magnitude do rejeito no plano. As estrias são tipicamente (mas não exclusivamente) encontradas em superfícies polidas denominadas **espelhos de falha**, onde são denominadas **estrias de atrito** (*slickenlines*).

Além de estrias friccionais, pode ocorrer a cristalização de minerais no *lee side* das rugosidades (irregularidades), o que marca o sentido do rejeito. Quando os minerais se cristalizam como fibras, a orientação das fibras tende a ser próxima à direção do rejeito. Com frequência percebe-se que os minerais precipitados nas superfícies de deslizamento de falhas são, em seguida, afetados por novos episódios de rejeito. Portanto, é comum observarmos *slickenlines* formadas sobre um preenchimento mineral deformado em planos de falha. As lineações relacionadas a fraturas serão discutidas posteriormente (Cap. 14).

10.2 Esforços de falhas

As descrições de falhas para análise de paleoesforços devem incluir a direção e o mergulho da falha no local, a orientação da lineação (usualmente dada por sua obliquidade, denominada *rake* ou *pitch*) e o sentido de movimento. Quando os dados são coletados em uma população de falhas, em princípio é possível obter informações não apenas sobre a deformação, mas também sobre a orientação dos esforços principais (σ_1, σ_2, σ_3) e suas magnitudes relativas (ou seja, a forma do elipsoide de esforços). Os métodos de avaliação de paleoesforços dependem de diversas considerações *a priori*. A mais básica delas é que as falhas analisadas tenham se formado em um mesmo campo de esforços. Além disso, as rochas são consideradas homogêneas, a deformação é considerada como relativamente baixa e as estruturas não foram rotacionadas desde a sua formação.

Grupos de pequenas falhas em áreas limitadas (um afloramento ou uma pedreira) podem ser analisados para a reconstrução do campo local de paleoesforços.

10.2.1 Conjuntos de falhas conjugadas

Um caso simples de deformação é a **deformação plana** (*plane strain*), expressa em termos de sistemas conjugados de falhas. Como mostrado na Fig. 10.5 para os três regimes tectônicos principais, um sistema conjugado tem dois conjuntos de falhas com mergulhos opostos, onde as lineações são perpendiculares à linha de intersecção das falhas. O sentido do rejeito é complementar nos dois conjuntos e o ângulo entre os dois conjuntos deve ser constante. De acordo com o critério de fraturas de Coulomb, que prevê que o ângulo das falhas e fraturas de cisalhamento com σ_1 seja controlado pelo atrito interno da rocha, o ângulo entre os dois conjuntos deve ser consistente com as propriedades mecânicas da rocha (e a pressão de fluidos nos poros) no momento da deformação. Mais importante, os conjuntos conjugados devem desenvolver-se simetricamente em torno dos esforços principais, seja em falhas normais, inversas ou transcorrentes (Fig. 10.5). De acordo com a teoria de falhamento de Anderson (seção 5.6), a direção do rejeito ou da lineação deve ocorrer segundo o mergulho (falhas normais ou inversas) ou segundo a direção (falhas transcorrentes). Portanto, as falhas conjugadas e suas estrias revelam a orientação dos esforços principais.

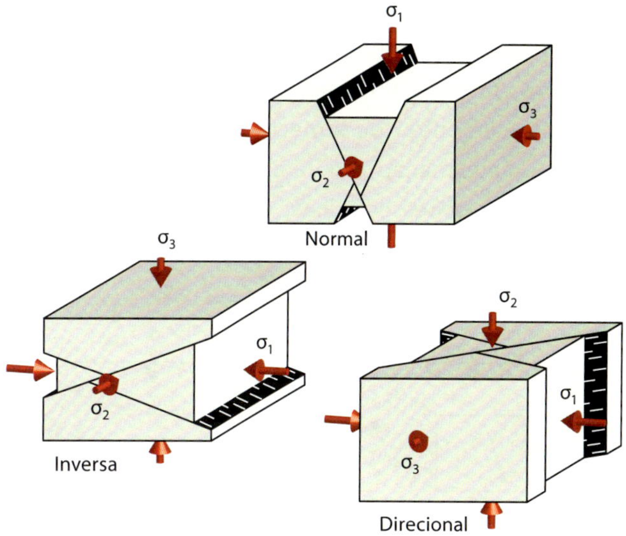

Fig. 10.5 *Fraturas de cisalhamento conjugadas e sua relação com os esforços, de acordo com as condições de Anderson para a deformação plana. O ângulo agudo é bissectado por σ_1, e as duas fraturas se intersectam ao longo de σ_2*

Os eixos de esforços máximos principais estão na bissetriz aguda do ângulo entre as falhas conjugadas.

Em alguns casos, podemos perceber que os esforços principais têm desvios a partir das direções horizontal ou vertical previstas por Anderson, que podem indicar que a área foi basculada depois da deformação ou que o campo de esforços foi rotacionado ou refratado através do maciço rochoso. Como mencionado no Cap. 6, desvios como esses podem ocorrer próximo a grandes falhas ou zonas de fraqueza.

Dois conjuntos conjugados de falhas indicam o plano de deformação (Fig. 10.6A,B), e os eixos de deformação são encontrados ao lançarmos os conjuntos de falhas em um diagrama de Wulf ou Schmidt (Fig. 10.6C). A orientação dos eixos de esforços principais pode ser inferida com base nas hipóteses de reologia isotrópica, de orientação constante do campo de esforços e de rotação desprezível dos blocos falhados. De fato, podemos traçar um paralelo com os conjuntos conjugados vistos em experimentos de Mecânica das Rochas e sua relação angular com os esforços principais.

Em outros casos, os sistemas de falhas podem conter mais de dois conjuntos conjugados. Um caso simples é mostrado (Fig 10.6D,E), onde dois pares de fraturas geneticamente relacionadas coexistem. Esse arranjo é considerado como **ortorrômbico**, com base em seus elementos de simetria. Uma vez mais, os eixos de deformação são facilmente encontrados a partir de projeções esféricas, e os eixos de esforços podem ser inferidos (Fig. 10.6F).

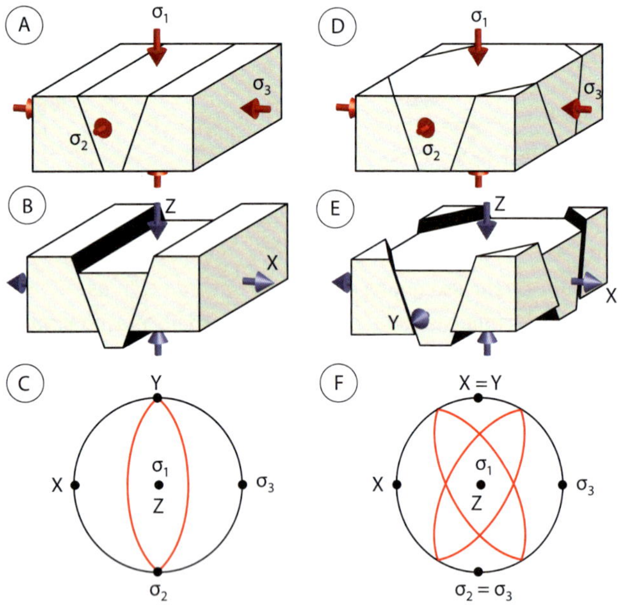

Fig. 10.6 *Um par simples de fraturas conjugadas de rejeito de mergulho (A-C) formado por deformação plana, além de conjuntos múltiplos produzidos por deformação 3-D (D-F). O padrão mostrado em (E) é denominado ortorrômbico, em razão do seu grau de simetria. Em casos ideais, os esforços principais (setas vermelhas) e a deformação são paralelos*

10.2.2 Populações complexas de falhas

Conjuntos de falhas conjugadas são encontrados em rochas que passaram por uma única fase de deformação rúptil. Em muitos casos, os padrões de fraturas indicam que houve reativações sob condições variáveis de esforços, o que produz arranjos mais complicados do que o padrão conjugado simples. Se há uma população complexa de fraturas ou falhas, cujos elementos estruturais tenham ampla faixa de atitudes, como essa população responderia a um novo campo de esforços?

Claramente, algumas falhas seriam reativadas e outras não. Apresentamos um exemplo similar na Fig. 7.22, na qual uma discreta foliação foi reativada dentro de uma certa faixa de atitudes. Agora estamos tratando de uma população de elementos frágeis e pretendemos definir a direção e o sentido do rejeito. Uma previsão desse tipo não é trivial, mas podemos fazer algumas considerações.

A hipótese mais evidente é que as falhas ou fraturas perpendiculares a um dos três esforços principais não apresentarão rejeitos. Isso é evidente, porque não há componente de cisalhamento nessa situação ($\sigma_S = 0$). Em qualquer outra orientação $\sigma_S \neq 0$, o deslizamento friccional (rejeito) irá ocorrer se σ_S exceder a resistência de atrito.

Parece razoável considerar que o rejeito em uma superfície ocorrerá na direção de máximo esforço de cisalhamento resultante. Se o esforço máximo de cisalhamento estiver na direção do mergulho, teremos falhas normais ou inversas; se ele for horizontal, teremos falhas transcorrentes. Qualquer outra situação resulta em falhas de rejeito oblíquo. Essa proposição é conhecida como **hipótese de Wallace-Bott:**

O REJEITO EM UMA FRATURA PLANA PODE SER CONSIDERADO PARALELO AO MÁXIMO ESFORÇO DE CISALHAMENTO RESULTANTE.

Nesta hipótese, considera-se que as falhas sejam planas, que os blocos sejam rígidos, que a rotação dos blocos seja desprezível e que as falhas sejam ativadas durante uma única fase de deformação sob um campo de esforços uniforme. É claro que estas são condições ideais. A intersecção de falhas, por exemplo, pode causar perturbações locais no campo de esforços. Por outro lado, observações empíricas e modelos numéricos sugerem que os desvios são relativamente pequenos na maioria dos casos, o que indica que a hipótese de Wallace-Bott é razoável. A partir dessas considerações simples, podemos medir uma população de falhas em termos das atitudes de seus planos de falha, de suas lineações e do sentido de rejeito, e usar esses dados para calcular a posição e o tamanho relativo dos eixos de esforços. Os métodos usados para esse fim são conhecidos como **inversão de esforços** ou **técnicas de inversão de rejeito de falhas**.

10.2.3 Paleoesforços a partir de inversão de rejeito de falhas

Enquanto os valores absolutos dos esforços principais, na maioria dos casos, não podem ser obtidos, sua magnitude relativa, ou seja, a forma do elipsoide de esforços pode ser estimada a partir de dados de uma população de falhas. Para isso, usamos a seguinte razão de esforços:

$$\phi = (\sigma_2 - \sigma_3)/(\sigma_1 - \sigma_3) \quad (10.1)$$

onde $0 \leq \phi \leq 1$. A razão ϕ também pode ser indicada por R (note que alguns autores definem R como $1 - \phi$). $\phi = 0$ em um elipsoide de esforços prolato, onde $\sigma_2 = \sigma_3$ (compressão uniaxial). Por sua vez, $\phi = 1$ implica que $\sigma_1 = \sigma_2$, e o elipsoide é oblato (tração uniaxial). Usamos a razão ϕ para expressar o tensor de esforços, que, no sistema de coordenadas definido pelos esforços principais, é expresso como:

$$\begin{bmatrix} \sigma_1 & 0 & 0 \\ 0 & \sigma_2 & 0 \\ 0 & 0 & \sigma_3 \end{bmatrix} \quad (10.2)$$

Um componente de esforço isotrópico pode ser adicionado ao tensor de esforços e os componentes podem ser multiplicados por uma constante sem mudar a orientação e a forma do elipsoide de esforços. Um tensor de esforços que contenha informações sobre a forma e a orientação do elipsoide de esforços, mas não sobre a magnitude absoluta dos esforços principais, é denominado **tensor reduzido de esforços**, que é aqui expresso em termos de duas constantes, k e l, onde $k = 1/(\sigma_1 - \sigma_3)$ e $l = -\sigma_3$:

$$\begin{bmatrix} \sigma_1 + l & 0 & 0 \\ 0 & \sigma_2 + l & 0 \\ 0 & 0 & \sigma_3 + l \end{bmatrix} \begin{bmatrix} k & 0 & 0 \\ 0 & k & 0 \\ 0 & 0 & k \end{bmatrix} = \begin{bmatrix} 1 & 0 & 0 \\ 0 & \phi & 0 \\ 0 & 0 & 0 \end{bmatrix} \quad (10.3)$$

Adicionar a constante l a cada um dos esforços principais equivale a adicionar um esforço isotrópico. Além disso, multiplicar os eixos pela constante k significa contrair ou inflar o elipsoide de esforços, mantendo sua forma.

Enquanto o tensor total de esforços possui seis variáveis, o tensor reduzido contém apenas quatro variáveis, representadas por ϕ e pela orientação dos esforços principais. Ou seja, o tensor reduzido de esforços nos dá a orientação e a forma do elipsoide de esforços. Discutimos como os esforços influenciam o rejeito em fraturas, causando rejeito na direção de máximo esforço cisalhante resultante, mas o caso inverso é mais relevante na análise de paleoesforços, onde o tensor (reduzido) de esforços é calculado a partir dos dados de rejeito.

POR MEIO DA INVERSÃO DO REJEITO DE FALHAS, BUSCAMOS RECONSTRUIR A ORIENTAÇÃO E A FORMA DO ELIPSOIDE DE ESFORÇOS COM BASE EM DADOS MEDIDOS DE REJEITOS DE FALHAS.

Como o tensor reduzido de esforços possui quatro variáveis, necessitamos dados de pelo menos quatro planos de falha para calculá-lo. O tensor que se ajusta a todos os dados é o tensor que estamos buscando. Entretanto, devido a erros nas medidas, deflexões locais dos esforços, rotações etc., buscamos um tensor que melhor se ajuste aos dados de rejeitos de falhas. Coletamos, portanto, dados de mais de quatro planos de falhas, em geral entre 10 e 20. Isso fornece muito mais equações que variáveis, e um modelo estatístico é aplicado para minimizar os erros.

Os cálculos são feitos por um programa computacional de inversão de esforços; há vários programas desse tipo disponíveis. Os resultados são apresentados em projeções esféricas, que mostram as orientações dos eixos de esforços principais, e em diagramas adimensionais de Mohr, que indicam os tamanhos relativos dos esforços principais (Fig. 10.7). Durante os cálculos do tensor reduzido de esforços, pode haver dados que não se encaixem no modelo. Esses dados são tratados separadamente, para avaliar se eles definem um segundo tensor que possa ser relacionado a outro evento tectônico. Um modo diferente e, em geral, mais seguro de distinguir entre subpopulações é o uso de critérios de campo, tais como relações de intersecção e fases minerais características presentes nos planos de falha.

Uma forma geométrica de definir os esforços a partir dos dados de rejeito de falhas é a construção de **diagramas de tangente de lineação** (Fig. 10.8). Isso

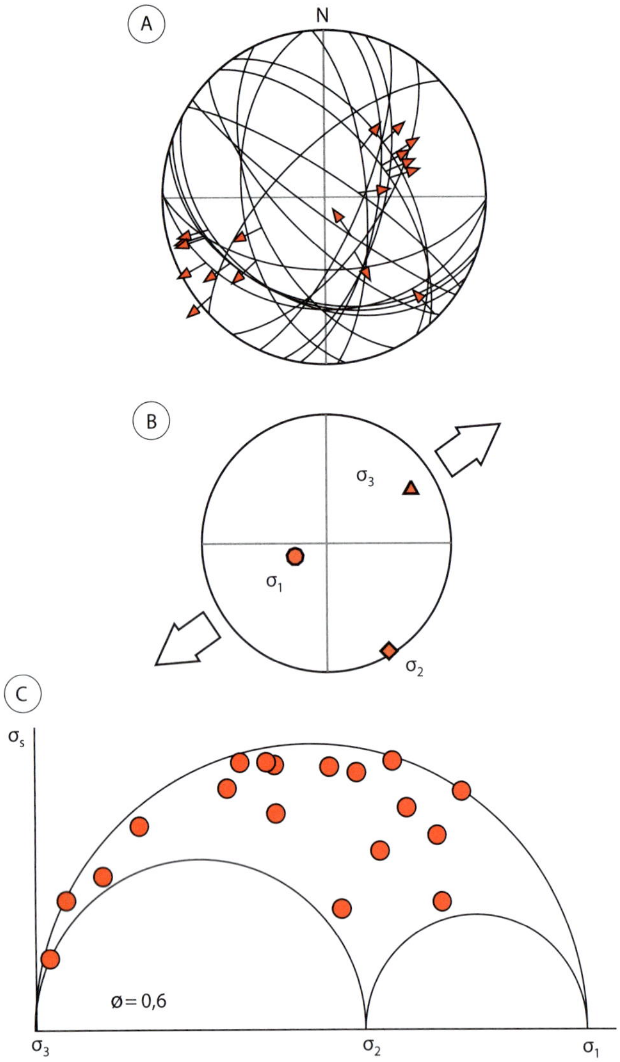

Fig. 10.7 *(A) Dados medidos de falha, indicados pelos grandes círculos (planos de falhas) e pelas setas (lineações), em um diagrama de hemisfério inferior de igual área. (B) Esforços principais calculados pela inversão de esforços. (C) Os dados lançados no diagrama adimensional de Mohr, indicando os valores relativos dos esforços principais*

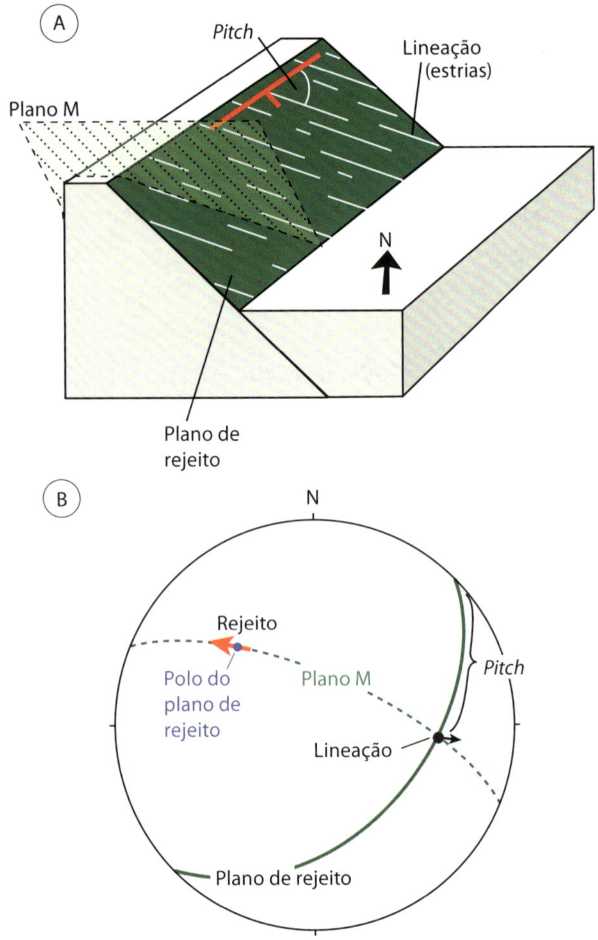

Fig. 10.8 *(A) Esquema do pitch medido em um plano de falha e (B) lançado em um diagrama esférico de igual área. Essa projeção também mostra como a tangente da lineação é encontrada para um plano de rejeito conhecido (como mostrado em (A)) e sua lineação (estria), ao lançarmos, no diagrama, um plano (plano de movimento ou plano M) que contenha a lineação e o polo do plano de rejeito. A tangente da lineação (seta vermelha) é a seta tangente ao plano M no polo do plano de rejeito. Sua direção descreve o movimento da lapa em relação à capa; nesse caso, houve um movimento normal, em que a lapa se moveu para cima e para oeste*

pode ser feito lançando-se cada plano de falha e sua lineação, o plano M, que contém o polo do plano de falha e da lineação, e traçando-se uma seta tangente ao plano M nesse polo. A direção da seta reflete o movimento da lapa em relação à capa. Quando superfícies de falha de atitudes diferentes são lançadas (Fig. 10.9), o padrão resultante pode revelar tanto as orientações como as magnitudes relativas (ϕ) dos eixos dos esforços principais (Fig. 10.10). Programas como *FaultKin* podem ser usados para lançar em diagramas os dados coletados em campo, mas é importante sabermos como esses programas processam os dados.

Muitos dados de falhas com atitudes variadas são necessários para obter-se bons resultados. No exemplo da Fig. 10.9, a distribuição dos dados não é consistente o bastante para definir as magnitudes relativas dos esforços, o que é uma situação comum quando se trabalha com conjuntos de dados reais,

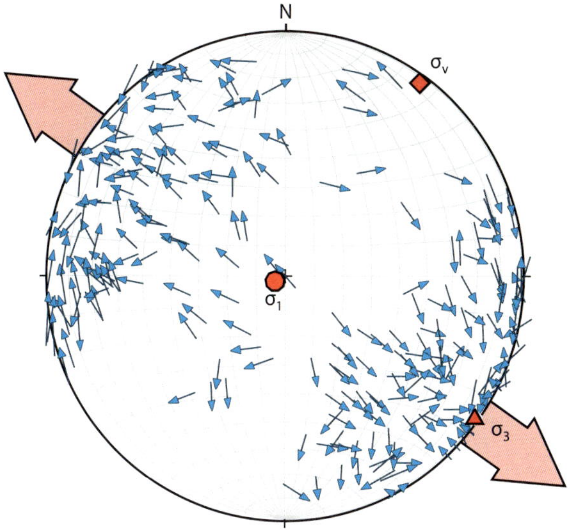

Fig. 10.9 *Diagrama de tangente de lineação para dados de falhas de gnaisses do embasamento a oeste de Bergen, na Noruega. σ_1 pode ser definido, mas o valor de ϕ, que, a princípio, seria obtido ao se comparar esta figura com a próxima, é mais difícil de ser obtido. Essa é uma situação bastante comum e ocorre, em parte, por causa das variações limitadas das atitudes de falhas*

especialmente conjuntos de dados de rochas submetidas a deformações polifásicas.

A análise de paleoesforços necessita ser tratada com cuidado por vários motivos. Um deles é o fato de que ela depende da nossa capacidade de identificar populações de falhas formadas em um campo de esforços que tenha sido constante durante a história do falhamento. Outro ponto é que o campo de esforços tenha sido uniforme no local de estudo. Sabemos que a interação de falhas e a estratificação mecânica tendem a perturbar o campo de esforços e, portanto, os modelos calculados são apenas aproximações. Os produtos da análise de paleoesforços devem ser interpretados considerando-se essas limitações e circunstâncias adicionais específicas de cada local.

10.3 Uma abordagem cinemática para dados de rejeito de falha

O método de modelagem de paleoesforços baseado na inversão de rejeitos de falhas relaciona esforço e rejeito por meio da hipótese de Wallace-Bott e baseia-se em considerações que são claramente sim-

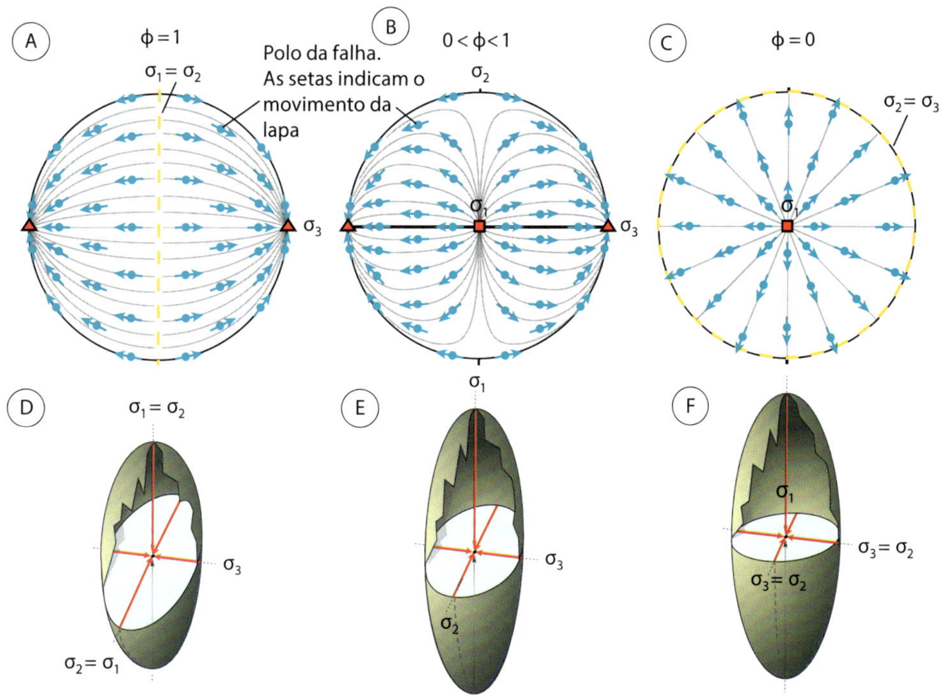

Fig. 10.10 *(A-C) Projeção estereográfica de polos de falhas (pontos). As setas indicam os movimentos da lapa em relação à capa. O padrão surge ao considerarmos falhas com diferentes atitudes, partindo da hipótese de que o movimento foi paralelo à direção de máximo esforço em cada superfície. O padrão depende da razão entre os esforços principais, expressa por ϕ. Ao plotarmos dados de campo nesses diagramas, é possível obtermos uma estimativa da orientação dos esforços principais de ϕ. A geometria do elipsoide de deformação também é mostrada (D-F)*
Fonte: baseado em Twiss e Moores (2007).

plificadas em relação à situação real da crosta. Por esse motivo, alguns estudiosos preferem uma abordagem puramente cinemática, que trata da deformação ou da taxa de deformação em vez dos esforços.

Graficamente, os métodos cinemáticos consistem em lançar os planos de falhas e suas respectivas lineações de rejeito em um diagrama de Schmidt (Fig. 10.11). Com base na orientação e no sentido do rejeito, eixos P e T são definidos para cada plano de falha, de modo similar às soluções de mecanismos focais tratadas no Boxe 10.1. Esses eixos são eixos de simetria dos quadrantes de contração e de extensão. Eles são perpendiculares entre si e são contidos no plano perpendicular ao plano de falha. O plano de falha também contém a lineação (direção do rejeito). Além disso, P e T estão em ângulo de 45° em relação ao plano de falha (Fig. 10.11). A posição de P e T depende do sentido do movimento da falha (normal, inversa, sinistral, destral).

Um par de eixos P e T é definido para cada falha de uma população. Para populações de falhas com uma certa variação na atitude dos planos de falha, obtemos uma certa distribuição dos eixos P e T. Idealmente, eles podem ser separados por duas superfícies ortogonais, que são ajustadas ao gráfico. O eixo intermediário de deformação (*Y*) é representado pela linha de intersecção entre os planos, enquanto *Z* e *X* são localizados no meio dos campos P e T, respectivamente (Fig. 10.11C). Dessa forma, obtemos a orientação dos eixos de paleodeformação – uma aproximação da magnitude pode ser feita adicionando-se informações sobre o rejeito ou a área de cada falha considerada na análise. O método cinemático pode ser aplicado rapidamente com programas computacionais e, na maioria dos casos, os eixos de deformação encontrados por esse método são muito próximos aos eixos de esforços definidos pelo método da inversão de rejeitos, descrito na seção anterior. O método cinemático também considera um campo de deformação uniforme e depende da separação correta dos dados de rejeitos produzidos em diferentes fases de deformação.

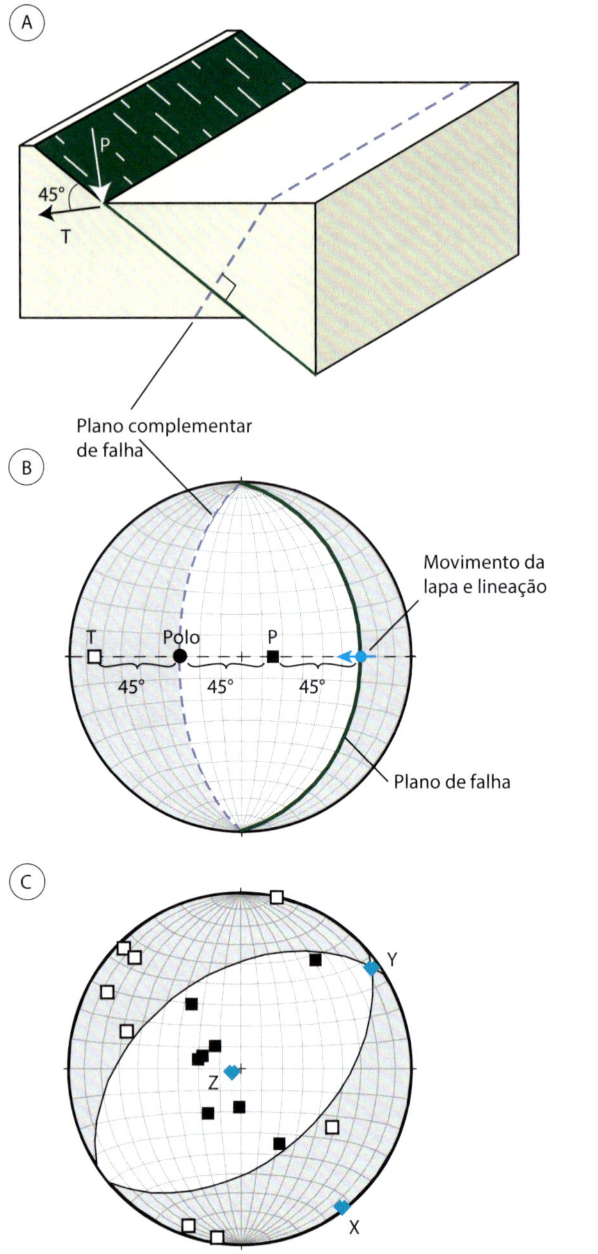

Fig. 10.11 *Análise cinemática de dados de falha. (A) Falha normal simples. (B) Estereograma do plano de falha, indicando a lineação e o sentido de movimento. O plano complementar de cisalhamento a 90° da falha é indicado. Os eixos P e T bissectam esses dois planos. (C) Dados de 16 falhas com diferentes orientações. Cada uma das falhas é representada no estereograma da mesma forma que a falha em (B). Idealmente, os eixos P e T irão situar-se em dois setores separados por dois planos ortogonais entre si. Se isso não ocorrer, ou seja, se essa condição não for satisfeita, as falhas podem ter se formado sob diferentes campos de esforços. Os poucos dados apresentados indicam um estiramento segundo NW-SE e um encurtamento vertical, ou seja, um regime extensional*

10.4 Estruturas contracionais e extensionais

Enquanto a análise de dados de rejeito é feita em fraturas de cisalhamento e de falhas, as estruturas

Boxe 10.1 Mecanismos focais e esforços

A **solução de plano de falha** pode ser encontrada pelo mapeamento da distribuição de ondas P ou S em torno do hipocentro de um terremoto. O plano de falha e seus planos de cisalhamento complementares ortogonais teóricos (denominados planos nodais) são lançados em projeções esféricas de igual área baseadas no princípio de que o sentido de rejeito (normal, inverso etc.) de uma falha controla a distribuição das ondas sísmicas. Os planos nodais são localizados por meio de observações dos primeiros movimentos de ondas P em várias estações sísmicas e da definição de seu caráter compressional ou extensional. Os planos são lançados em projeções esféricas e o resultado é uma projeção do tipo "bola de praia", mostrada abaixo. As informações sobre a primeira chegada de ondas (compressionais P, extensionais T) em várias estações sísmicas são usadas para delimitar as orientações dos planos nodais e de seus sentidos de movimento, conhecidas como mecanismo focal. Os quadrantes são separados pelo plano de falha e pelo plano nodal complementar, e os eixos P e T são localizados no meio dos quadrantes. Como mostrado abaixo, diferentes "bolas de praia" indicam diferentes **mecanismos focais** ou sentidos de movimento das falhas.

Não se pode definir, apenas a partir dos dados sísmicos, qual dos dois planos nodais de fato representa o plano de falha, a menos que se faça uma análise posterior. Apenas os eixos P e T são desconhecidos. P e T não são idênticos a σ_1 e σ_3, apesar de geralmente ser feita tal consideração. A crosta está repleta de estruturas de fraqueza e, portanto, muitos abalos podem ser esperados em resposta a reativações de fraturas preexistentes. Portanto, não há uma relação precisa entre a atitude da falha e o campo de esforços. Porém, sabemos que σ_1 deve estar localizado no campo P, e que σ_3 deve estar localizado no campo T. Assim, observações de múltiplos terremotos em falhas com diversas orientações produzem uma distribuição de dados que aumenta nossas chances de obter uma boa estimativa dos eixos de esforços. Em princípio, podemos usar a inversão de esforços para estimar os esforços principais a partir desses dados.

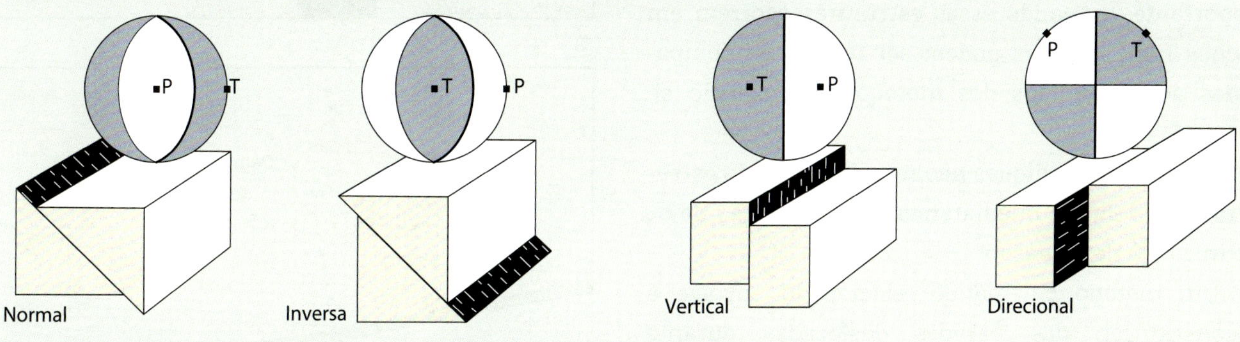

Projeções estereográficas (tipo bola de praia) de quatro tipos de falhas

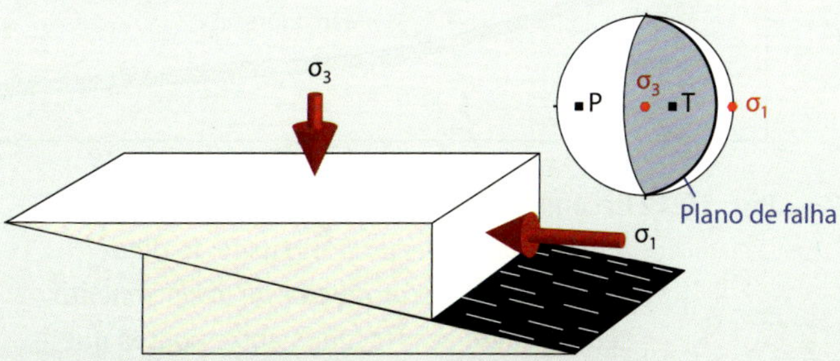

Exemplo no qual os esforços principais e os eixos P e T não são idênticos. Uma falha de cavalgamento de baixo ângulo é ativada com σ_3 vertical e σ_1 horizontal. Como P e T sempre bissectam os planos nodais, os esforços principais e os eixos P e T apenas serão coincidentes se a falha estiver orientada a 45° em relação a σ_1

contracionais e extensionais também são úteis em considerações sobre os esforços e as taxas de deformação. As estruturas contracionais, também conhecidas como *anticracks*, são encontradas como suturas de dissolução em estilolitos em rochas deformadas de modo rúptil. Em geral, essas estruturas representam deformação de pequena magnitude, com rotação pequena ou ausente. Portanto, uma conexão próxima entre os eixos de esforços e de deformação pode ser esperada. O mesmo aplica-se às estruturas extensionais de baixa deformação, como veios e juntas.

Os indicadores de paleoesforços devem registrar deformações de pequena magnitude, que não contenham rotação significativa, para assegurar que os eixos de esforço e de deformação possam ser correlacionados.

Enquanto as estruturas contracionais tendem a formar-se perpendicularmente a σ_1, as fraturas extensionais formam-se perpendicularmente ou em alto ângulo com σ_3. Isso faz com que as juntas e os veios forneçam as conexões mais rápidas e diretas entre esforço e deformação. A combinação de estruturas contracionais e extensionais é particularmente importante, e quando essas estruturas ocorrem em rochas falhadas, elas podem ser usadas ou comparadas aos resultados dos métodos de inversão de esforços.

Juntas, veios e diques não rotacionados são estruturas que definem imediatamente a orientação de σ_3 no início da deformação.

Um método cinemático relacionado envolve a reconstituição das paredes deslocadas durante a intrusão de um dique. A sobrepressão do magma durante a intrusão pode causar o fraturamento da rocha encaixante. Na presença de um esforço tectônico significativo, as fraturas e, portanto, os diques, tendem a orientar-se de modo perpendicular a σ_3. Na maioria dos casos, porém, as rochas contêm fraturas preexistentes que poderão ser preenchidas por magma.

As fraturas perpendiculares a σ_3 irão abrir-se preferencialmente de modo perpendicular às paredes, mas se quisermos encontrar a orientação de σ_3, devemos observar pontos em ambos os lados do dique que tenham sido adjacentes antes da intrusão. Esses pontos podem ser, por exemplo, degraus (Fig. 10.12), a partir dos quais podemos traçar os vetores de deslocamento (Fig. 10.13). Estruturas que foram separadas por diques também podem ser usadas, tais como veios, diques mais antigos, charneiras de dobras e camadas com mergulho de alto ângulo. Nesses casos, observamos a deformação (direção local de extensão), mas por causa dos pequenos deslocamentos envolvidos, é preferível correlacionar a direção de extensão horizontal com σ_H. Assumindo que o esforço vertical seja um dos eixos de esforço principais, podemos considerar que

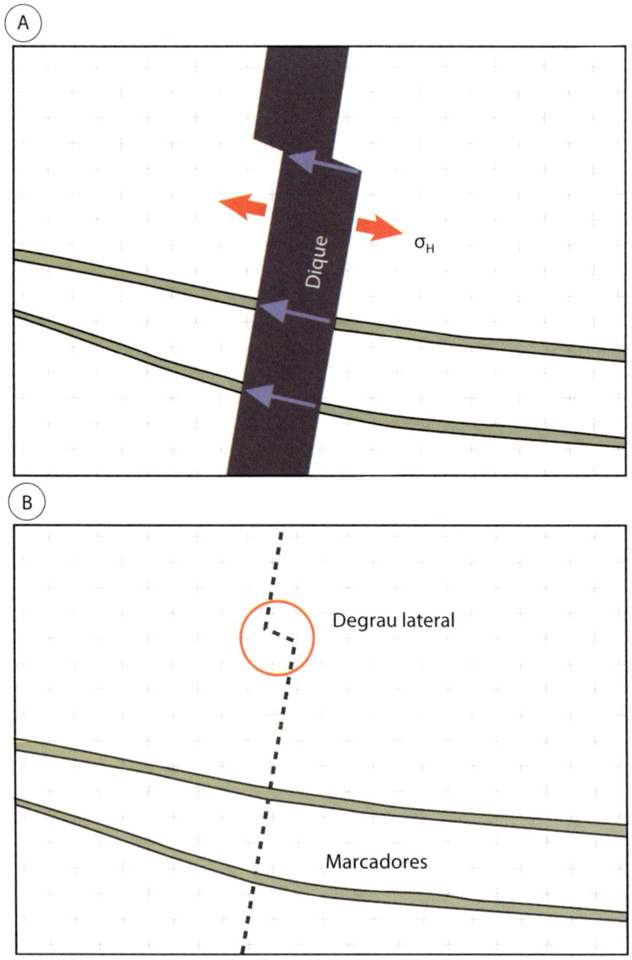

Fig. 10.12 *Reconstrução de uma seção horizontal (A) na situação anterior à intrusão do dique (B). Para encontrar o vetor de deslocamento, setas podem ser traçadas entre pontos que estavam adjacentes antes da intrusão. Para uma deformação pequena, esses vetores se aproximam de σ_H*

Fonte: Fossen (1998).

Fig. 10.13 *Intrusão de dique com degrau para a esquerda, adequada para a determinação de esforços. Os degraus estavam conectados antes da intrusão, e a direção de extensão, que se pode assumir como próxima à do esforço principal mínimo, é determinada ao ligarmos os degraus. Dique permiano na borda do sistema de rifte do Mar do Norte*

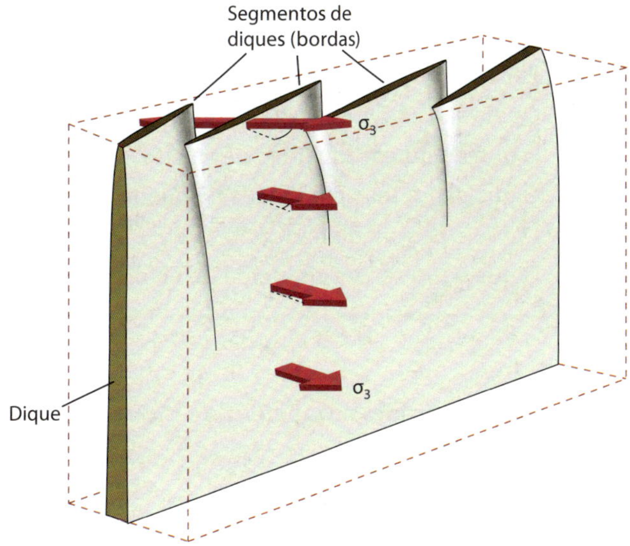

Fig. 10.14 *Sistema de diques* en echelon *que se conectam em profundidade – uma das interpretações populares de Anderson, publicada em 1951. Ele interpretou esse fenômeno como o resultado de uma rotação de σ_3 para cima, em direção à superfície, durante a intrusão do magma*

$\sigma_H = \sigma_3$. Encontramos, dessa forma, os esforços locais, e não é raro encontrarmos situações em que os diques foram rotacionados na direção vertical em uma geometria similar a uma franja (Fig. 10.14). Formas desse tipo indicam que σ_H muda de direção na direção vertical, de modo similar às zonas de franja em torno de fraturas (Fig. 7.26).

Resumo

Neste capítulo, discutimos brevemente os modos de determinar o sentido de rejeito de falhas e de usar as falhas e outras estruturas rúpteis para obter informações sobre paleoesforços. Em todos os casos, devemos estar atentos para o fato de que os esforços apenas podem ser deduzidos a partir dos padrões de deformação, e nunca observados diretamente. Algumas considerações *a priori* sempre devem ser feitas quando os esforços são determinados a partir da deformação. Portanto, devemos tomar cuidado ao buscar informações sobre paleoesforços a partir de rochas deformadas.

Os paleoesforços e o método de paleoesforços não foram tratados em detalhe neste capítulo; o leitor interessado deve explorar as referências listadas adiante, após os seguintes pontos-chave e as questões de revisão:

- Vários critérios cinemáticos podem auxiliar a determinar o sentido do rejeito de uma falha. Devemos ser capazes de fazer um esboço dos critérios mais importantes.
- Juntas e veios são estruturas extensionais que se formam perpendicularmente ao eixo de mínimo esforço e são, portanto, indicadores úteis de paleoesforços.
- Falhas conjugadas são conjuntos de estruturas úteis, que permitem uma rápida estimativa do campo de esforços.
- A inversão dos dados de rejeito indica a orientação dos esforços principais e a forma do elipsoide de esforços.
- Conjuntos complexos de falhas podem conter rejeitos formados em mais de um campo de esforços, os quais devem ser separados e tratados individualmente para se obter resultados úteis.

Questões de revisão

1] Por que devemos ter cuidado na interpretação de lineações como indicadores de rejeito?
2] Quais são as premissas para uma análise de paleoesforços bem-sucedida?
3] O que significa "inversão de rejeito"?
4] O que são falhas conjugadas e que informação elas fornecem sobre os esforços?
5] O que é postulado na hipótese de Wallace-Bott?
6] O que é um tensor reduzido de esforços?

E-módulo

A seção *Brittle structures* no módulo de *e-learning* denominado *Kinematic indicators* é recomendada para este capítulo.

Leituras complementares

Geral

ANDERSON, E. M. *The Dynamics of Faulting*. Edinburgh: Oliver & Boyd, 1951.

Sentido de rejeito

PETIT, J.-P. Criteria for the sense of movement on fault surfaces in brittle rocks. *Journal of Structural Geology*, v. 9, p. 597-608, 1987.

Esforço e deformação a partir de populações de falhas

ANGELIER, J. Fault slip analysis and palaeostress reconstruction. In: HANCOCK, P. L. (Ed.). *Continental Deformation*. Oxford: Pergamon Press, 1994, p. 53-100.

CASHMAN, P. H.; ELLIS, M. A. Fault interaction may generate multiple slip vectors on a single fault surface. *Geology*, v. 22, p. 1123-1126, 1994.

ETCHECOPAR, A.; VASSEUR, G.; DAIGNIERES, M. An inverse problem in microtectonics for the determination of stress tensors from fault striation analysis. *Journal of Structural Geology*, v. 3, p. 51-65, 1981.

LISLE, R. J.; ORFIE, T. O.; ARLEGUI, L.; LIESA, C.; SRIVASTAVA, D. C. Favoured states of palaeostress in the Earth's crust: evidence from fault-slip data. *Journal of Structural Geology*, v. 28, p. 1051-1066, 2006.

MARRETT, R.; ALLMENDINGER, R. W. Kinematic analysis of fault-slip data. *Journal of Structural Geology*, v. 12, p. 973-986, 1990.

Esforço a partir de estruturas extensionais e contracionais

DUNNE, W. M.; HANCOCK, P. L. Paleostress analysis of small-scale brittle structures. In: HANCOCK, P. L. (Ed.). *Continental Deformation*. Oxford: Pergamon Press, 1994, p. 101-120.

FRY, N. Stress space: striated faults, deformation twins, and their constraints on paleostress. *Journal of Structural Geology*, v. 23, p. 1-9, 2001.

JOLLY, R. J. H.; SANDERSON, D. J. Variation in the form and distribution of dykes in the Mull swarm, Scotland. *Journal of Structural Geology*, v. 17, p. 1543-1557, 1995.

A relação entre esforço e deformação

MARRETT, R.; PEACOCK, D. C. P. Strain and stress. *Journal of Structural Geology*, v. 21, p. 1057-1063, 1999.

TWISS, R. J.; UNRUH, J. R. Analysis of fault slip inversions: do they constrain stress or strain rate? *Journal of Geophysical Research*, v. 103, n. B6, p. 12205-12222, 1998.

WATTERSON, J. The future of failure: stress or strain? *Journal of Structural Geology*, v. 21, p. 939-948, 1999.

11 Deformação em microescala

Este livro trata principalmente das estruturas visíveis em seções delgadas, afloramentos, mapas e imagens de satélite. Entretanto, é útil e interessante abordarmos também os processos e os mecanismos que ocorrem em escala de cristais e de estrutura cristalina. Esta é a escala de observação mais difícil de ser tratada, mas um entendimento básico é importante como base para a compreensão de estruturas em mesoescala. Há uma diferença importante entre mecanismos rúpteis e plásticos de deformação. A deformação rúptil é brusca e violenta: as estruturas cristalinas são rompidas e permanentemente danificadas e enfraquecidas. Os mecanismos no regime plástico são mais complicados e lentos. Vários fatores influenciam na resposta em escala atômica de um cristal submetido a esforços, mas a temperatura é o fator isolado mais importante: a alta temperatura favorece os mecanismos de deformação plástica e suas microestruturas. Neste capítulo, revisaremos brevemente os mecanismos de deformação rúptil antes de abordarmos os fundamentos da deformação plástica em rochas e cristais.

11.1 Mecanismos de deformação e microestruturas

Quando uma rocha acumula deformação, alguns **processos de deformação** ocorrem em microescala, que fazem com que a rocha mude sua estrutura interna, sua forma ou seu volume. Os processos envolvidos podem variar; abordamos os processos rúpteis no Cap. 7 e há outros processos no regime plástico (Quadro 11.1). Se os processos em microescala causarem uma mudança na forma ou no volume da rocha, eles são denominados **mecanismos de deformação:**

> A DEFORMAÇÃO É ACOMODADA PELA ATIVAÇÃO DE UM OU MAIS MECANISMOS DE DEFORMAÇÃO EM MICROESCALA.

As estruturas que podem revelar o mecanismo predominante de deformação são, em geral, microscópicas e recebem o nome de **microestruturas**. Elas apresentam um intervalo de tamanho desde a escala atômica até a escala de agregados de cristais. A deformação **intracristalina** ocorre dentro de grãos minerais individuais. As menores estruturas de deformação desse tipo podem ser estudadas apenas ao microscópio eletrônico. Microestruturas intracristalinas maiores podem ser observadas ao microscópio óptico e abrangem fraturas de grãos, geminações de deformação e padrões ondulantes de extinção.

Quando os mecanismos de deformação produzem microestruturas que afetam mais de um grão mineral, tais como deslizamentos em contato de grãos ou fraturamento de agregados, a deformação é denominada **intercristalina**. A deformação intercristalina é particularmente comum na deformação rúptil.

Mecanismos de deformação e *processos de deformação* são termos próximos, por vezes usados como sinônimos. Entretanto, uma distinção entre eles pode ser útil. Alguns autores definem mecanismos de deformação como processos que levam à deformação. Há outras modificações microscópicas que podem ocorrer e que não causam deformação interna (*strain*), mesmo que possam estar relacionadas à deformação. Elas são consideradas processos de deformação e incluem rotação com recristalização, migração de limites de grãos (discutidas a seguir neste capítulo) e, em alguns casos, rotação rígida. Além disso, dois ou mais processos podem combinar-se para formar um mecanismo de deformação composto. Note que o termo *processo de deformação* também é usado com um sentido mais geral em outros campos da Geologia Estrutural.

Quadro 11.1 PANORAMA DOS PROCESSOS DE DEFORMAÇÃO NOS REGIMES RÚPTIL E PLÁSTICO

DEFORMAÇÃO RÚPTIL		fraturamento
		deslizamento friccional
FLUXO RÚPTIL	fluxo granular	deslizamento friccional
		rolamento
	fluxo cataclástico	fraturamento de grãos
FLUXO PLÁSTICO	difusão	difusão por via úmida
		difusão em bordas de grãos
		difusão em volume
	plasticidade cristalina	geminação
		fluência de deslocamentos

11.2 Mecanismos de deformação rúpteis *versus* plásticos

Os mecanismos de deformação rúptil dominam a crosta superior, enquanto os mecanismos de deformação plástica se tornam progressivamente mais importantes à medida que a pressão e, principalmente, a temperatura aumentam com a profundidade. Entretanto, mecanismos rúpteis também podem ocorrer nas partes mais profundas da litosfera, assim como mecanismos plásticos podem ocorrer próximo à superfície, em algumas situações. Isso acontece porque há outros fatores, além de pressão e temperatura, que controlam os mecanismos de deformação, como a reologia dos minerais submetidos a deformação, a disponibilidade de fluidos e a taxa de deformação. Enquanto os mecanismos de deformação rúptil dominam completamente a deformação de uma rocha granítica na crosta superior, a transição de um regime completamente rúptil para um regime completamente plástico é gradual. Há uma ampla faixa de condições físicas ou de profundidades na crosta onde os mecanismos rúpteis e plásticos coexistem. Para uma rocha granítica, por exemplo, quartzo e feldspato respondem de modos muito diferentes aos esforços, particularmente no intervalo de 300°C a 500°C. Como a maioria das rochas é composta por mais de um mineral e diferentes minerais têm diferentes intervalos de transição rúptil-plástica, a zona de transição rúptil-plástica pode ser uma faixa de vários quilômetros de espessura, mesmo para um único tipo de rocha. Portanto, mecanismos de deformação rúptil e plástica podem estar simultaneamente ativos na deformação de uma rocha. O exemplo clássico é o de uma rocha quartzo-feldspática deformada em torno de 400°C, na qual o quartzo flui de modo plástico e o feldspato desenvolve microfraturas rúpteis (Fig. 11.1).

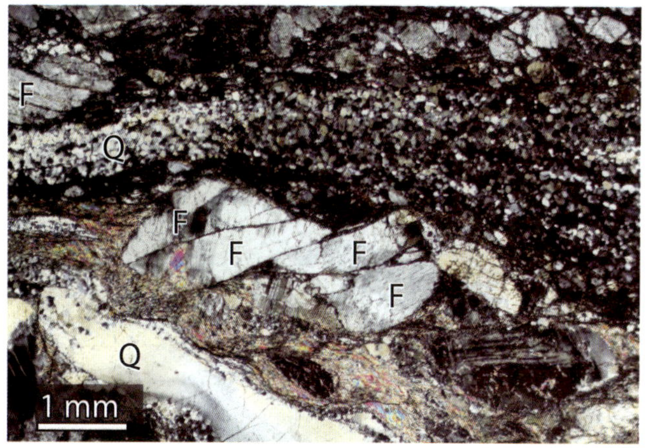

Fig. 11.1 *Grãos de feldspato se fraturando em quatro fragmentos, enquanto o quartzo se deforma de modo plástico. F = feldspato, Q = quartzo. Cap de Creus, Espanha*

Foto: Alessandro Da Mommio.

Os mecanismos controladores da deformação determinam se a deformação pertence ao regime rúptil ou ao regime plástico.

A deformação rúptil em um contexto predominantemente plástico é, em geral, restrita ao fraturamento intergranular. Isso é, uma vez mais, relacionado aos diferentes modos como os minerais respondem aos esforços. O fraturamento de um mineral rígido, como granada ou feldspato, em uma matriz de quartzo é um exemplo típico. As fraturas são restritas aos grãos de feldspato ou granada, enquanto os mecanismos de deformação plástica permitem que o quartzo flua de modo plástico.

11.3 Mecanismos de deformação rúptil

Os aspectos característicos da deformação rúptil são o fraturamento e o deslizamento friccional. Como discutido na seção 7.1, uma distinção pode ser feita entre o **fraturamento intergranular**, o **fraturamento intragranular**, o **deslizamento friccional** em fraturas e limites de grãos, e a **rotação de grãos**. A combinação desses mecanismos de deformação é denominada **fluxo cataclástico**. Note que as expressões intragranular e intracristalino são equivalentes, sendo que o termo *intragranular* é usado em meios granulares como areia e arenito, enquanto o termo *intracristalino* é usado em rochas cristalinas cuja porosidade é (quase) nula. A deformação de areia inconsolidada ou de arenito pouco consolidado soterrado a profundidades menores que 1 km é controlada por dois mecanismos: **rolamento de grãos** (rotação de grãos) e **deslizamento friccional nos contatos de grãos**. Os processos que envolvem esses mecanismos são denominados **fluxo particulado** ou **fluxo granular**. Nesse caso, a deformação é intergranular, pois não há deformação interna permanente nos grãos.

O fluxo granular caracteriza a deformação de sedimentos altamente porosos durante cisalhamento ou em resposta a carga vertical (compactação). Esta é a área de estudo da **Mecânica dos Solos**, que é importante para o estudo da instabilidade de taludes e de outros problemas de solos ligados à engenharia. Se os esforços através dos contatos entre os grãos forem suficientemente altos, os grãos de um sedimento altamente poroso ou de uma rocha sedimentar irão fraturar-se. As fraturas confinadas a grãos individuais são fraturas intragranulares. Sob certas circunstâncias (baixa pressão nos poros e pequenas áreas de contato), as microfraturas podem ocorrer próximo à superfície, em geral produzindo pequenas lascas dos grãos. Esse tipo de fraturamento é denominado **lascagem** (Fig. 11.2). Sob pressões confinantes maiores, correspondentes a profundidades de mais de 1 km, as fraturas dividem os grãos em fragmentos de tamanho mais homogêneo, e esse mecanismo pode ser denominado **fraturamento transgranular**. Usamos o termo *transgranular* como um substituto de *intergranular*, ou seja, em relação a fraturas que cortam *vários* grãos; esses termos, portanto, devem ser usados com cuidado. Uma vez fraturados, os grãos reorganizam-se por deslizamento friccional e rotação, causando uma redução de porosidade.

Grãos em rochas não porosas ou de baixa porosidade desenvolvem fraturas intergranulares já nos estágios iniciais da deformação. À medida que mais fraturas se formam, o deslizamento friccional ao longo dessas fraturas e a rotação de grãos podem ser suficientes para caracterizar a deformação como um fluxo cataclástico. A partir desse ponto, a rocha torna-se moída, formando um *gouge*, uma brecha ou um cataclasito (Boxe 9.1). Em geral, a catáclase em rochas de baixa porosidade envolve a dilatação e o aumento da permeabilidade, devido à formação e abertura de fraturas. O *gouge* não coeso e as brechas são predominantes até poucos quilômetros de profundidade, enquanto as brechas coesas e os cataclasitos são mais comuns em profundidades de aproximadamente 3-5 km a 10-12 km. No restante deste capítulo vamos abordar os mecanismos de deformação plástica em cristais.

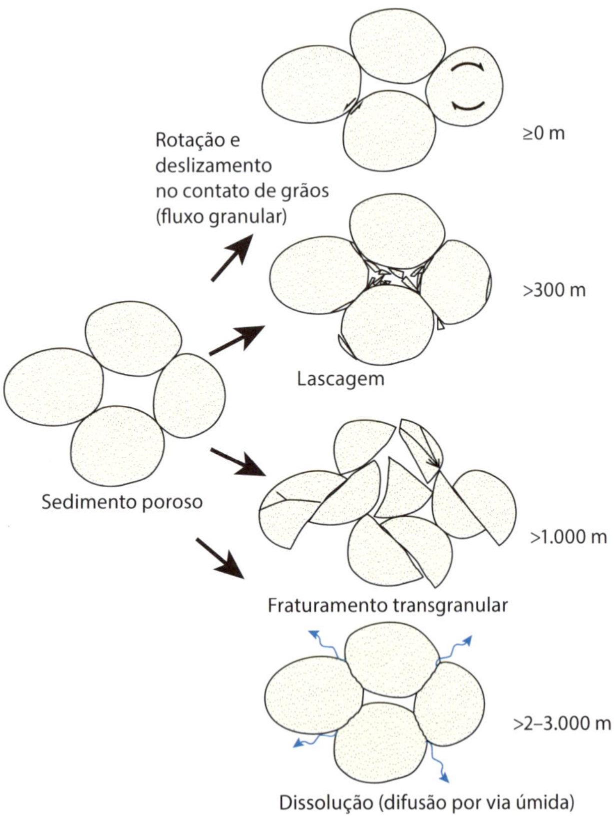

Fig. 11.2 *Mecanismos de deformação que atuam em baixas profundidades. As indicações de profundidade são aproximadas*

11.4 Geminação mecânica

Os esforços podem causar flexão mecânica ou torção das estruturas cristalinas de alguns minerais, mesmo a baixas temperaturas. O feldspato plagioclásio e a calcita (Fig. 11.3) são exemplos comuns. Algumas estruturas de deformação intercristalinas são conhecidas como **geminações de deformação**, geradas pelo processo de **geminação mecânica**. A geminação mecânica não causa a ruptura da estrutura cristalina e é, portanto, considerada um mecanismo de deformação plástica, mesmo que tenha ocorrido em baixas temperaturas. Essas estruturas devem ser separadas de as geminações formadas durante o crescimento cristalino (geminações de crescimento) e resfriamento (geminações de transformação). Como as geminações de deformação são encontradas apenas em um número limitado de minerais mais comuns, particularmente em calcita e plagioclásio, mas também em dolomita, microclínio, cianita, quartzo, biotita e jadeíta, elas são facilmente perceptíveis. Um critério útil de identificação é a tendência de as geminações mecânicas se afunilarem, tipicamente em direção à borda dos grãos, e formar padrões interdigitados (Fig. 11.3B).

A calcita apresenta um tipo de geminação de deformação formada por **deslocamento de geminados**, que envolve o cisalhamento simples ao longo do plano de geminação (Fig. 11.4). As porções flexionadas e não flexionadas são imagens especulares em torno do plano de geminação. O deslocamento de geminados de calcita ocorre sob esforços de cisalhamento pouco superiores ao valor crítico de cerca de 10 MPa para os geminados do tipo *e* (*e-twins*), que são os mais comuns em calcita; esse valor de esforço de cisalhamento parece ser mais ou menos independente do esforço normal, da temperatura e da taxa de deformação. Isso significa que a calcita pode deformar-se por geminação em qualquer nível crustal, mesmo em superfície, sempre que o esforço crítico for atingido. Os geminados de calcita de baixa temperatura (< 200°C) são tipicamente mais delgados e retilíneos que os formados em alta temperatura. Em altas temperaturas, os limites dos geminados podem se mover através das porções não geminadas do cristal por **migração de limite de geminados**, que consequentemente produzem orientação óptica ligeiramente diferente.

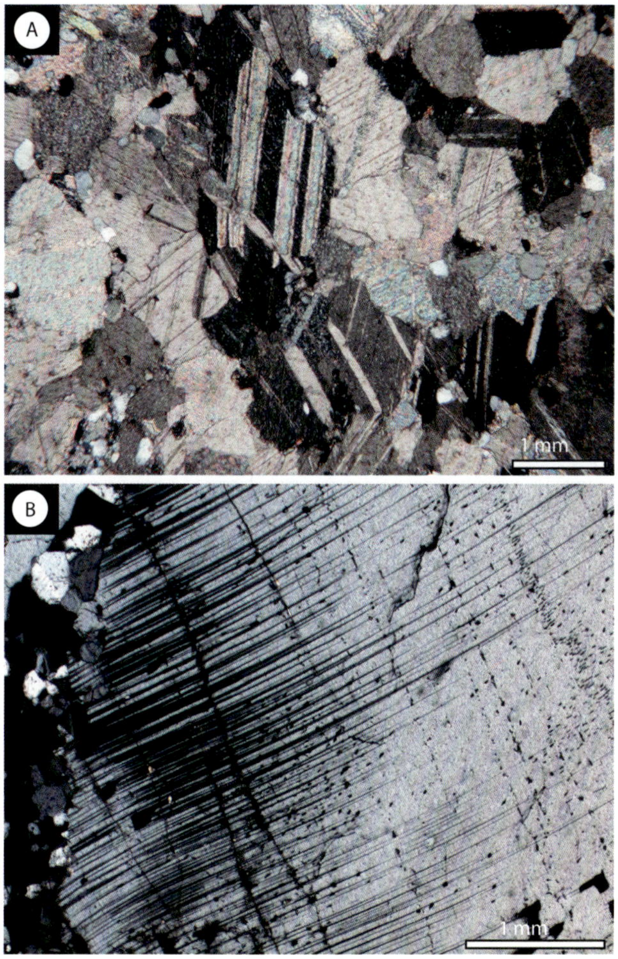

Fig. 11.3 *(A) Geminações de deformação em um agregado de cristais de calcita. (B) Geminações de deformação em plagioclásio (foto de Carolina Cavalcante)*

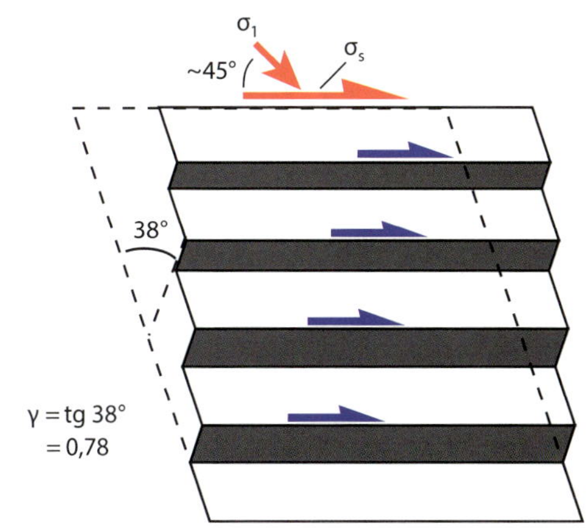

Fig. 11.4 *Geminações de deformação (deslizamento) em um cristal de calcita. O esforço está idealmente posicionado a 45° do plano de cisalhamento (deslizamento). As lamelas escuras foram cisalhadas (cisalhamento simples)*

A orientação ideal do plano de geminação de deformação é aquela onde o esforço de cisalhamento é máximo, ou seja, 45° em relação a σ_1 (Cap. 2). Essa relação entre a orientação de geminados bem desenvolvidos e σ_1 pode ser usada na análise de paleoesforços. A orientação dos eixos ópticos (coincidentes com o eixo c) de geminados de calcita pode ser determinada em platina universal (platina U) ou, de modo mais eficiente, em microscópio eletrônico de varredura equipado com detector de difração de elétrons retroespalhados (EBSD, *electron backscatter diffraction*), como descrito a seguir neste capítulo. A determinação estatística da orientação de eixos c por meio de numerosas medidas em uma lâmina indica a posição aproximada de σ_1. O método é, em essência, mostrado na Fig. 11.5.

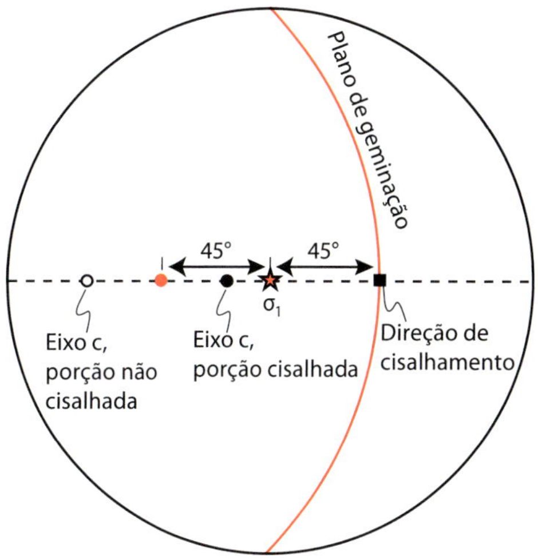

Fig. 11.5 *Orientação de σ_1 estimada por medições da orientação de planos de geminação e de eixos cristalográficos c de lamelas geminadas e não geminadas. Os eixos c situam-se em um grande círculo, que também contém σ_1 e o polo do plano de geminação (vermelho). Idealmente, o ângulo entre eles deve ser de 45°. Quando diversas medidas em grãos são lançadas no diagrama, a orientação de σ_1 pode ser encontrada estatisticamente*

A geminação mecânica pode acomodar deformações de cisalhamento de pequena magnitude. A quantidade de deformação de cisalhamento associada a uma única torção na estrutura cristalina é restrita a um ângulo fixo (38° em calcita), que é o ângulo que faz do plano de geminação um plano de simetria (especular). A deformação de cisalhamento na porção geminada de um cristal de calcita equivale a tg(38°) = 0,78. Dependendo de quanto do cristal está geminado, a deformação de cisalhamento total acomodada pelo grão será em torno de metade desse valor.

A GEMINAÇÃO MECÂNICA DE CALCITA É UM MECANISMO DE DEFORMAÇÃO PLÁSTICA DE PEQUENA MAGNITUDE E DE BAIXA TEMPERATURA QUE CONTÉM INFORMAÇÕES SOBRE O CAMPO DE ESFORÇOS NO MOMENTO DA DEFORMAÇÃO.

Após a formação de um geminado, a deformação subsequente pode ser acomodada pela formação de novos geminados. Em agregados de grãos de calcita geminados, os diferentes grãos são cisalhados de acordo com sua orientação cristalográfica. Aqueles grãos cuja orientação é favorável em relação ao eixo *X* do elipsoide de deformação são mais cisalhados que os demais grãos. Assim sendo, a orientação do elipsoide de deformação também pode ser determinada. Um exemplo clássico dos livros-texto mostra como os padrões de esforços ou de deformações de pequena magnitude foram mapeados em uma vasta região por meio do estudo de geminação de calcita nas rochas carbonáticas no antepaís das Montanhas Apalaches. Os esforços atribuídos à orogenia Alleghany nos Apalaches foram mapeados até 100 km para o interior do continente norte-americano, a partir da frente de cavalgamento na costa leste. Além disso, a calcita também pode ser usada em pequena escala, como no mapeamento de esforço e deformação relacionados ao dobramento de camadas.

11.5 Defeitos cristalinos

A estrutura cristalina de qualquer grão mineral, deformado ou não, contém um número significativo de defeitos. Esta é uma das formas de o cristal acumular energia (livre) em seu retículo. Quanto maior for a densidade de defeitos, maior será a energia acumulada.

Há dois tipos principais de defeitos. Alguns deles são chamados de **defeitos pontuais**, representados por vacâncias ou, secundariamente, por impurezas como átomos excedentes na estrutura (Fig. 11.6). O defeito pontual que nos interessa aqui é aquele representado pela ausência de um átomo. A migração das vacâncias é denominada **difusão** (Figs. 11.7 e 11.8).

Outro tipo de defeito são os **defeitos lineares** ou **deslocamentos**. Um deslocamento é um defeito móvel em linha que contribui para a deformação intracristalina por um mecanismo de **deslizamento** (*slip*) ou **migração**. Esse tipo de deslizamento implica movimento de uma frente de deslocamentos em um plano. Um plano de deslizamento é, em geral, o plano da estrutura cristalina com maior densidade de átomos.

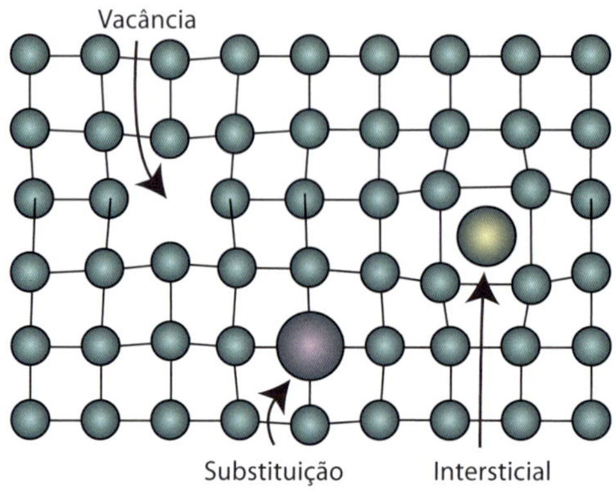

Fig. 11.6 *Os defeitos pontuais em uma estrutura cristalina incluem vacâncias (vazios), impurezas substitucionais e impurezas intersticiais. As vacâncias representam os defeitos pontuais mais importantes no fluxo plástico em cristais*

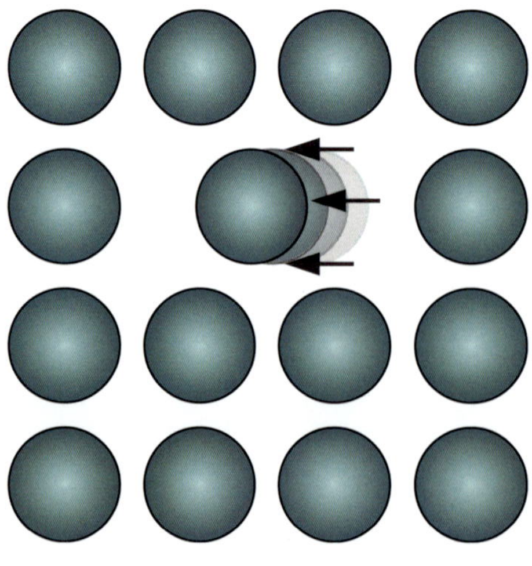

Fig. 11.7 *A migração de vacâncias através de uma estrutura cristalina se dá por difusão. Uma vacância se move e é substituída por um átomo vizinho*

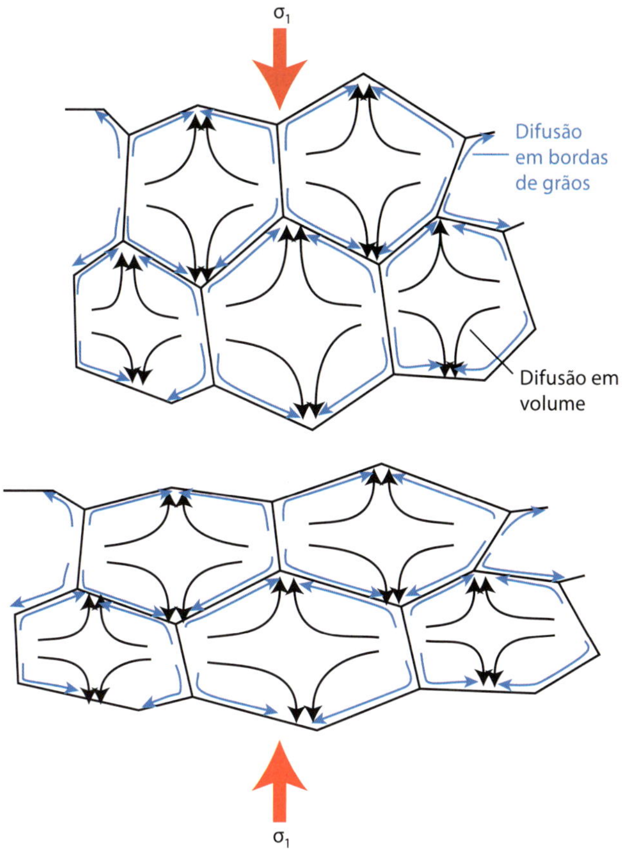

Fig. 11.8 *A difusão em um mineral pode ocorrer dentro dos grãos por difusão em volume, ou ao longo dos limites dos grãos. Em ambos os casos, as vacâncias se movem em direção aos locais de maior esforço e, dessa forma, os minerais acumulam deformação ao longo do tempo*

Há, ainda, os **defeitos planos**, que incluem estruturas como limites de grãos e de subgrãos, e planos de geminação. Esses defeitos são discutidos na seção 11.5.

Quando um cristal é afetado por deformação plástica, a densidade de deslocamentos aumenta. A deformação aumenta a densidade de defeitos do cristal e faz com que ele fique em um estado de alta energia. Um estado de baixa energia é mais estável e há, portanto, uma força termodinâmica no sentido de reduzir o número de defeitos cristalinos. Tanto a formação de defeitos (deslocamentos) como a sua redução ocorrem por migração dos defeitos dentro do retículo cristalino. Tais movimentos não ocorrem facilmente. É necessário energia para mover os deslocamentos e esse movimento irá ocorrer no plano ou na direção que necessite a menor quantidade de energia.

11.5.1 Difusão por fluência

A migração de vacâncias em retículos cristalinos (Fig. 11.7) é denominada **transferência de massa por difusão**, em geral chamada simplesmente de **difusão** ou de **difusão por fluência** (*diffusion creep*). A difusão de vacâncias através de cristais é conhecida como **difusão em volume** ou **fluência Nabarro-Herring** (Fig. 11.8). A taxa desse processo não é alta, talvez seja da ordem de poucos centímetros por milhões de anos. Em algum momento as vacâncias pontuais irão atingir o limite dos grãos e dissipar-se. As vacâncias migram na direção de locais de máximo esforço e, com isso, os cristais adquirem uma trama ou deformação. Durante esse processo, o cristal torna-se mais regular e sua estrutura aproxima-se da de um cristal perfeito. A difusão em volume requer uma grande quantidade de energia e, portanto, a taxa de migração é altamente dependente da temperatura: a alta temperatura faz com que a estrutura tenha uma alta energia vibracional, o que aumenta a taxa. Por esse motivo, a difusão em volume é importante apenas nas partes mais quentes da litosfera, principalmente na porção mais profunda da crosta e no manto. Embora possa ocorrer também na crosta média, se a temperatura for alta o bastante.

Em outros casos, a migração de vacâncias ocorre preferencialmente ao longo dos limites de grãos. Este tipo de difusão é conhecido como **difusão em bordas de grãos** ou **fluência de Coble**. A fluência de Coble necessita de um pouco mais de energia que a fluência Nabarro-Herring e é, em geral, mais importante na deformação da crosta plástica. Nos dois tipos de difusão, os grãos minerais mudam sua forma e, em razão disso, as rochas acumulam, ao longo do tempo, deformação mesoscópica visível em amostra de mão ou afloramento. É interessante notar que o tamanho dos grãos é importante, particularmente na fluência Nabarro-Herring: quanto menores os grãos, maior a taxa de deformação.

A **solução** (ou dissolução) **por pressão** é outro processo importante de difusão. Ela tem similaridades com a fluência de Coble e pode ser tratada matemática e geometricamente de modo similar. Entretanto, no caso da solução por pressão, a difusão ocorre em uma película fina de fluido presente ao longo dos limites dos grãos. Um nome mais adequado para solução por pressão é, portanto, **difusão por via úmida.** A difusão por via úmida pode ocorrer a temperaturas muito baixas (mesmo diagenéticas). Nesse tipo de difusão, o mineral é dissolvido e os íons são carregados pelo fluido, precipitando-se em outros locais. Esse mecanismo é quimicamente controlado, mas é também fortemente afetado pela pressão. A dissolução é significativamente mais rápida onde os esforços são altos, em especial nas superfícies orientadas de modo perpendicular a σ_1, enquanto a precipitação é favorecida nas superfícies que estão em alto ângulo com σ_3. Em rochas porosas, a difusão por via úmida nos contatos dos grãos é favorecida pela concentração de esforços nesses pontos (Fig. 7.33).

A precipitação pode ocorrer em um ponto distante ou mesmo em outra camada de rocha ou unidade. As rochas expostas à difusão por via úmida apresentam redução de volume. A difusão por via úmida é o principal mecanismo envolvido na **compactação química**, como em uma areia que esteja sendo litificada. A areia (arenito) quartzosa passa por solução via úmida a temperaturas acima de cerca de 90°C (Fig. 11.9). Esse mecanismo reduz o espaço nos poros em arenitos e faz com que o arenito fique mais coeso e resistente, reduzindo também a porosidade e a permeabilidade em rochas-reservatório. A difusão por via úmida é também comum em calcários, nos quais a solução por pressão forma suturas denominadas **estilolitos**.

Boxe 11.1 Quantos?

Em um cristal natural não deformado, a densidade de deslocamentos é de cerca de $10^6/cm^2$. Em um cristal deformado, a densidade é muitas ordens de grandeza superior (uma ordem de grandeza ou de magnitude acima significa que um número é 10 vezes maior).

Difusão em volume: vacâncias movem-se através dos cristais (controle por temperatura e esforços).

Difusão em bordas de grãos: vacâncias movem-se ao longo de limites de grãos (controle por temperatura e esforços).

Solução por pressão: íons movem-se em películas de fluidos e em fluidos dos poros (controle químico e por esforços).

Boxe 11.2 Mapas de mecanismos de deformação

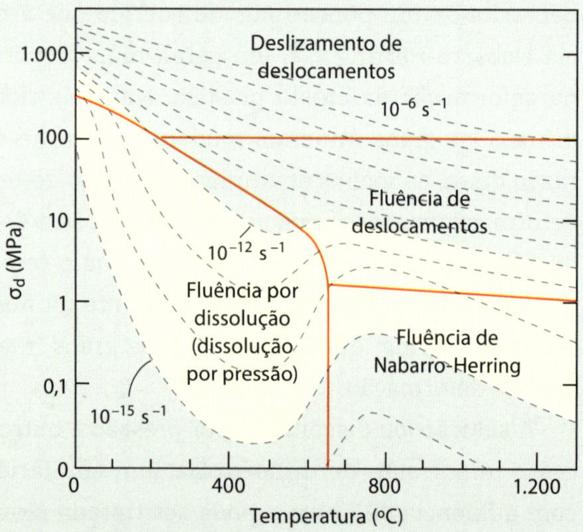

Fonte: Rutter (1976).

Os diferentes mecanismos de deformação que operam em um certo mineral sob condições físicas variáveis podem ser expressos em um mapa de mecanismos de deformação. Em mapas de esforço-temperatura são traçadas linhas de contorno com intervalos de taxas de deformação. Os mapas de mecanismos de deformação mostram intervalos onde diferentes mecanismos de deformação são predominantes. Esses mapas baseiam-se em dados experimentais, extrapolados para taxas de deformação e temperaturas geologicamente significativas, e em considerações teóricas. O exemplo mostrado ao lado é de quartzo. As taxas de deformação naturais realistas são mostradas em amarelo (10^{-12} a 10^{-15} s^{-1}). Note que mapas desse tipo caracterizam-se por alto grau de incerteza e disponibilidade limitada de dados.

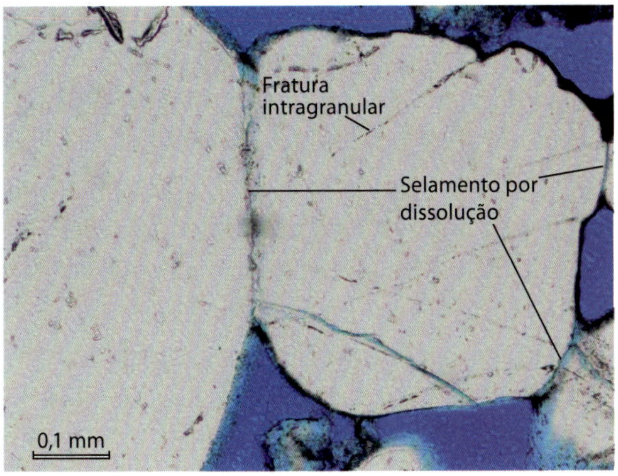

Fig. 11.9 *Solução por pressão em contato de grãos no Arenito Nubiano (Sinai, no Egito). Note também as fraturas intragranulares*

O **deslizamento de limite de grãos** acomodado por meio de difusão por via seca ou por via úmida pode ocorrer em altas temperaturas, quando a difusão é suficientemente rápida para modificar a forma dos grãos à medida que eles deslizam uns sobre os outros. Em contraste com o deslizamento friccional no regime rúptil, o deslizamento acomodado por difusão ao longo de limites de grãos não envolve fricção e não há abertura de vazios durante a deformação. Esse mecanismo de deformação, caracterizado por taxas de deformação relativamente rápidas sob baixo esforço diferencial, ocorre em rochas de granulação fina no manto e na crosta inferior, tipicamente após uma fase de redução de tamanho de grãos por recristalização dinâmica (fluência de deslocamento).

Grãos de pequenas dimensões favorecem a difusão, devido às pequenas distâncias entre os limites de grãos (trajetórias de difusão curtas).

As rochas deformadas por deslizamento de limites de grãos resultante de difusão são sempre de granulação fina e podem acomodar grandes quantidades de deformação sem o desenvolvimento de qualquer trama de orientação preferencial dos minerais. O processo de deformação denominado **fluência superplástica** ou **superplasticidade** é dominado pelo deslizamento em limites de grãos em rochas de granulometria fina.

11.5.2 Deslocamentos e fluência de deslocamentos

Um deslocamento é uma linha móvel de defeitos que contribui para a deformação intracristalina por meio de um mecanismo de **migração** ou **deslizamento**. Deslizamento, nesse contexto, corresponde a uma frente de deslocamento dentro de um **plano de deslizamento** (Fig. 11.10), e não deve ser confundido com o deslizamento friccional associado à deformação rúptil ou com o rejeito de falhas. Os planos de deslizamento são direções cristalográficas relativamente frágeis, controladas pela estrutura cristalina, e são, em geral, planos com maior densidade de átomos. Em conjunto com o vetor de rejeito (vetor de Burger), um plano específico de rejeito define um **sistema de rejeito**. Os minerais têm um ou mais planos deste tipo, em geral, diversos, que podem ser ativados de modos variados, dependendo da temperatura e do estado de esforços. A mica, por exemplo, tem apenas um plano de deslizamento, enquanto o quartzo tem quatro. Tanto a magnitude do esforço diferencial como a orientação do campo de esforços em relação ao plano de rejeito determinam se um sistema de rejeito será ativo ou não, e o esforço crítico de cisalhamento resultante no plano deve ser suficientemente alto para que o sistema seja ativado.

A maioria dos minerais tem vários sistemas de rejeito que são ativados em um dado nível crítico de esforço resolvido de cisalhamento. O nível de esforço crítico é altamente dependente da temperatura

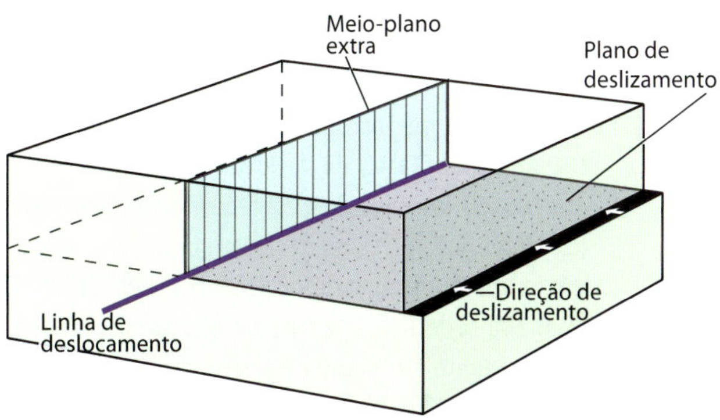

Fig. 11.10 *Bloco-diagrama representando o conceito de linha de deslocamento, plano de deslizamento, meio-plano extra do retículo e direção de deslizamento para um deslocamento em linha. Compare-o com as duas próximas figuras*

Fonte: baseado em Hobbs et al. (1976).

A temperatura é o mais importante fator individual externo que determina em qual nível crítico de esforço de cisalhamento um sistema de rejeito será ativado. Um dos planos no quartzo é o plano basal (perpendicular ao eixo cristalográfico c), que é ativado em baixo grau metamórfico (300°C-400°C). A ativação do plano de deslizamento basal do quartzo produz uma forte orientação preferencial dos eixos c (o eixo c e o eixo óptico do quartzo são coincidentes), que, quando determinada opticamente, pode indicar o mecanismo e o contexto cinemático da deformação. Em altas taxas de deformação, os eixos c do quartzo são orientados em alto ângulo com a foliação.

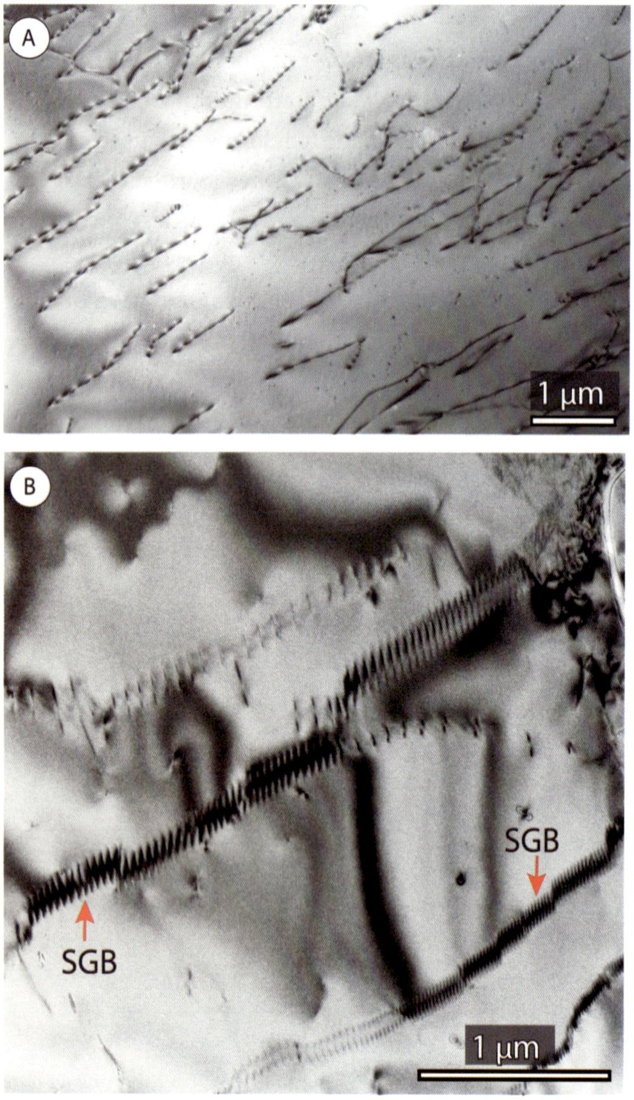

Fig. 11.11 *Imagem por microscopia eletrônica de transmissão (TEM) de deslocamentos em quartzo de um veio de quartzo milonitizato (cisalhado). Em (A), os deslocamentos (DL) são vistos como linhas subparalelas através da imagem, refletindo, nesse caso em particular, deslizamento em plano de rejeito cristalográfico {1-102}<11-20>. Para mais informações, veja Morales et al., (2011); (B) imagem TEM de mármore Carrara deformado, em que os deslocamentos se uniram para formar paredes de deslocamento, definindo limites de subgrãos (SB)*
Foto: Luiz Morales.

Os deslocamentos são pequenos demais para serem vistos ao microscópio óptico e podem ser identificados apenas ao microscópio eletrônico de transmissão (Fig. 11.11A,B). Estudos revelam a existência de dois tipos de deslocamento. O mais simples é o **deslocamento em linha**, que ocorre ao longo da aresta de um meio-plano extra do retículo cristalino (Fig. 11.12A). O deslocamento em linha move-se no plano horizontal (Fig. 11.12A), que é o plano de deslizamento. A linha de deslocamento, que é o final do meio-plano extra, é perpendicular à sua direção de deslizamento.

O outro tipo é o **deslocamento em parafuso**, no qual a linha de deslocamento é orientada de modo paralelo à direção de deslizamento. O plano de deslizamento é vertical na Fig. 11.12B. Os deslocamentos em parafuso são similares ao ato de rasgar uma folha de papel. Os movimentos desses dois tipos de deslocamento através de um cristal são diferentes e eles podem unir-se e formar deslocamentos compostos.

O termo **fluência de deslocamentos** abrange tanto a formação como a movimentação e a destruição de deslocamentos em um cristal. Apenas um pequeno volume em torno de um defeito em linha é deformado durante a fluência de deslocamento. O processo de migração de um deslocamento em linha é denominado **deslizamento de deslocamento** (Fig. 11.13). Posteriormente, quando o deslocamento tenha atravessado todo o cristal, o processo se completa. Esse processo é diferente do microfraturamento rúptil, no qual o grão inteiro é cortado quase que instantaneamente.

A fluência de deslocamentos permite que a deformação ocorra sob um esforço diferencial muito menor que o necessário para o fraturamento rúptil. Por esse motivo, as rochas não se fraturam enquanto a fluência de deslocamentos estiver ocorrendo, e essa é a

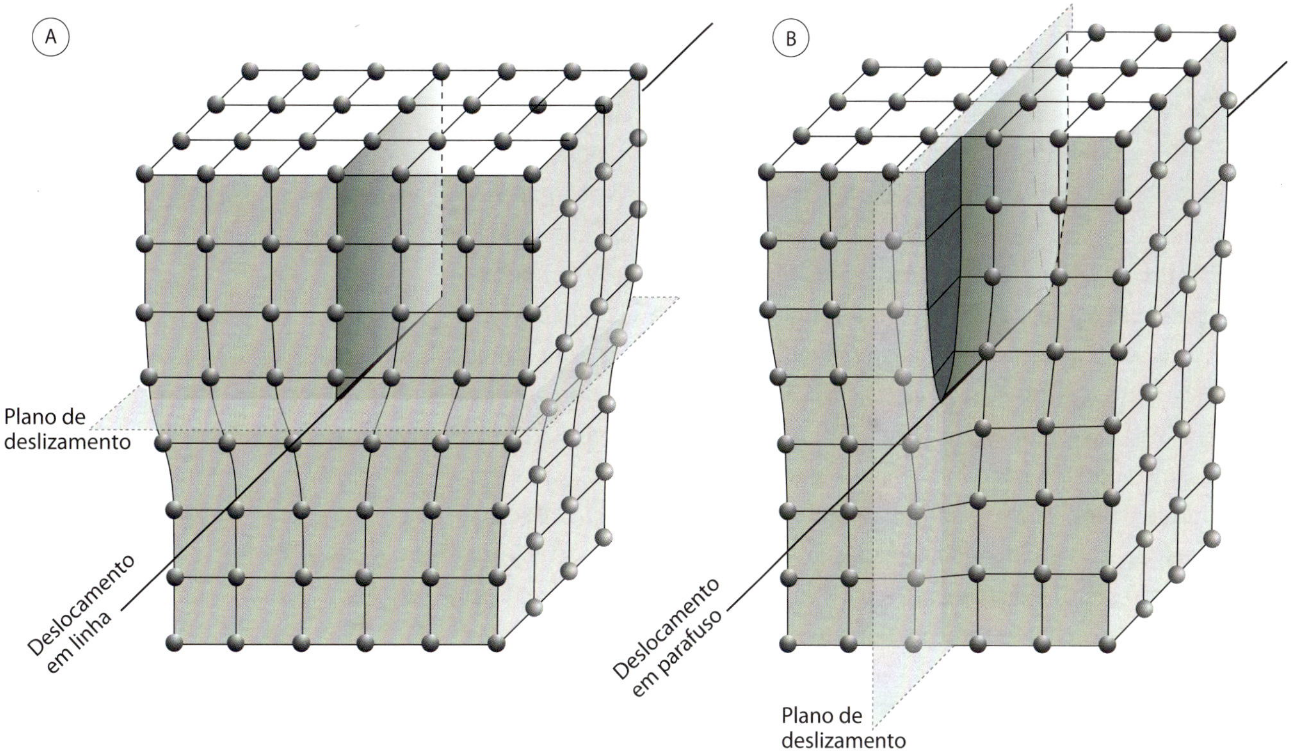

Fig. 11.12 *Dois tipos de deslocamento. Um deslocamento em linha (A) ocorre quando um meio-plano extra de átomos interrompe o retículo, ao passo que um deslocamento em parafuso (B) envolve a torção do retículo*

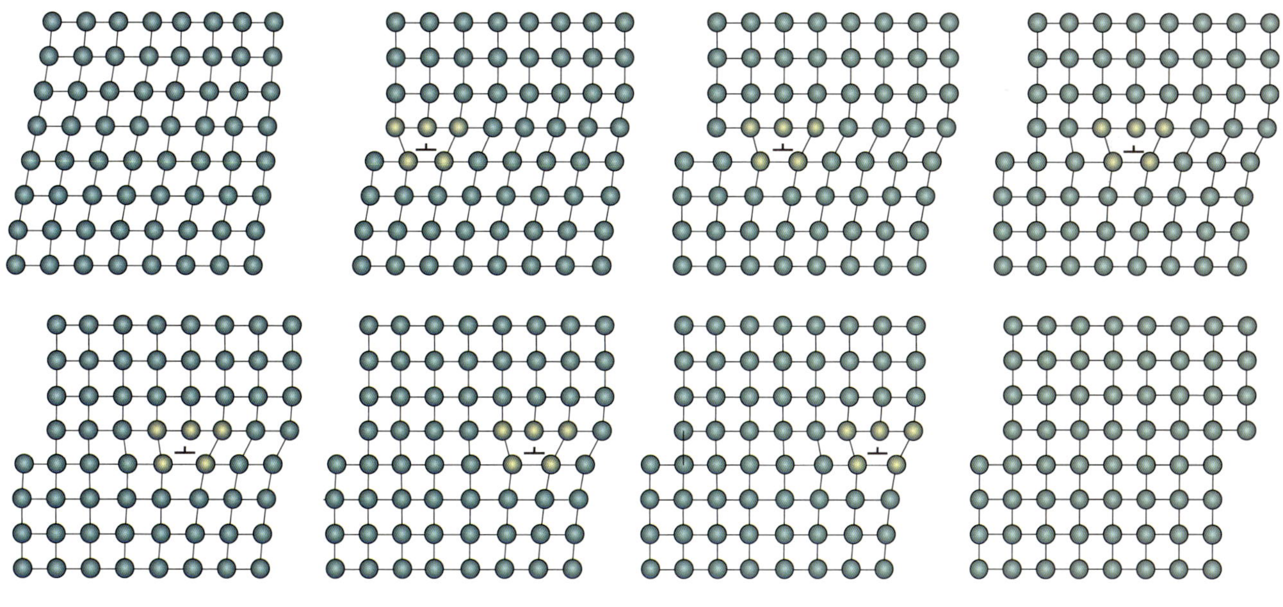

Fig. 11.13 *Formação e movimentação de um deslocamento em linha através de um retículo cristalino. O processo pode ser comparado à locomoção de uma lagarta, pois apenas as ligações ao longo do deslocamento em linha (que é perpendicular à página) são quebradas ao mesmo tempo. Portanto, a energia envolvida para a movimentação do deslocamento é mantida em um nível baixo. O fraturamento instantâneo do cristal como um todo necessitaria de uma quantidade muito maior de energia*

razão pela qual a resistência da crosta diminui com o aumento da profundidade, quando a transição rúptil-plástica é atingida (Boxe 11.3).

Outra diferença muito importante entre fraturamento rúptil e deformação por fluência de deslocamentos é que os deslocamentos não deixam vestígios:

Boxe 11.3 Leis de fluxo

As leis de fluxo são úteis para estimar a resistência da litosfera. As leis de fluxo e os dados experimentais indicam que a crosta se torna menos competente à medida que a temperatura e a pressão aumentam dentro do regime plástico. Ao mesmo tempo, sabemos que há um limite de temperatura para a deformação plástica. A temperaturas mais baixas, o deslizamento friccional controla a resistência da crosta, o que significa que a resistência da crosta superior é controlada pela quantidade de esforço necessária para a ativação ou formação de fraturas. Esse regime é controlado pela lei de Byerlee (Cap. 7). É necessário combinarmos as leis de Byerlee e de fluxo para obtermos um modelo realista da resistência da crosta como um todo. O ponto de intersecção entre a lei de Byerlee e a lei de fluxo plástico corresponde à transição rúptil-plástica (ver Fig. 6.18). De fato, essa intersecção não é abrupta, mas ocorre como uma transição gradual.

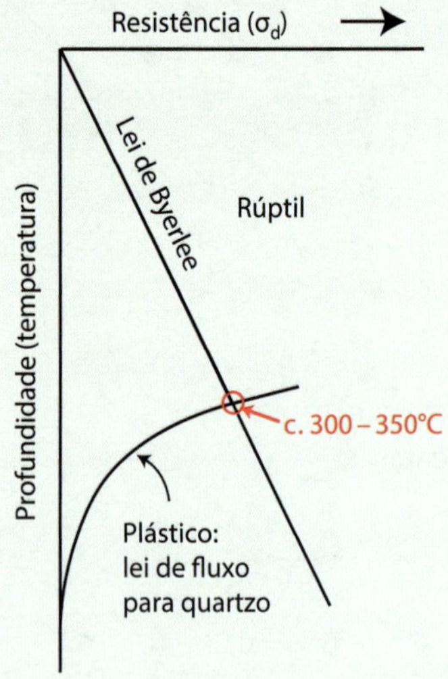

Os movimentos dos deslocamentos não danificam nem enfraquecem o mineral.

Uma vez que um deslocamento tenha atravessado o cristal, este estará perfeitamente recuperado em relação a esse defeito em particular. O defeito dissipa-se sem que haja um enfraquecimento, o que teria ocorrido no caso de fraturamento. Portanto, a fluência de deslocamentos não reduz a resistência interna dos cristais.

Quando um cristal é deformado, a densidade de deslocamentos aumenta. Chamamos essa energia de **energia de deformação**. Podemos afirmar que o esforço diferencial cria novos deslocamentos nos limites dos grãos e que esses deslocamentos migram através do cristal. Dessa forma, o esforço diferencial adiciona energia ao cristal:

Uma alta densidade de defeitos implica um cristal com alto estado de energia.

Um estado de baixa energia é mais estável e há, portanto, uma força termodinâmica para diminuir o número de defeitos em um cristal. O deslizamento de defeitos em escala atômica requer energia. O movimento ocorre no plano cristalográfico e na direção em que a migração dos deslocamentos requer o mínimo de energia.

Durante a migração dos deslocamentos, estes podem encontrar interstícios, substituições ou outros deslocamentos. Se o deslocamento tiver pouca energia, ele poderá não superar o obstáculo e permanecerá bloqueado. **Acumulações de deslocamentos** ocorrem quando múltiplos deslocamentos são bloqueados em conjunto. A transposição de obstáculos exige que os deslocamentos alterem seus planos de deslizamento, em um processo denominado **deslizamento cruzado** (*cross slip*). Isso é possível nos deslocamentos em parafuso, ao passo que os deslocamentos em linha "saltam" para outro plano de deslizamento por um processo conhecido como **escalada** (*climb*). Tanto a escalada como o deslizamento cruzado requerem energia, que, nesse contexto, corresponde à temperatura. Como regra geral, escalada e deslizamento cruzado ocorrem acima de 300°C em quartzo e de 500°C em feldspatos. Abaixo dessas temperaturas, a migração dos deslocamentos é mais difícil e ocorre rapidamente uma transição do regime plástico em cristais para o regime rúptil ou friccional. Em geral:

A migração de deslocamentos é mais importante onde a temperatura é demasiado baixa para permi-

TIR A DIFUSÃO EM VOLUME E ONDE A UMIDADE É BAIXA A PONTO DE NÃO PERMITIR A DIFUSÃO POR VIA ÚMIDA.

11.5.3 Leis de fluxo

A migração de deslocamentos depende não apenas da temperatura (T), mas também do esforço diferencial (σ_d) e da energia de ativação (E^*) envolvidos. Essas três variáveis podem ser relacionadas à taxa de deformação ($\dot{e}$) por meio de uma lei de fluxo, que também depende do mecanismo de deformação e é uma equação constitutiva, pois relaciona esforço e taxa de deformação.

AS LEIS DE FLUXO RELACIONAM OS ESFORÇOS E A TAXA DE DEFORMAÇÃO, E DEPENDEM DO MECANISMO PREDOMINANTE DE DEFORMAÇÃO, QUE, POR SUA VEZ, DEPENDE DO MINERAL E DA TEMPERATURA.

Para a migração de deslocamentos, ou seja, onde a temperatura é demasiado baixa para que os deslocamentos possam escalar sobre os obstáculos do retículo, a lei de fluxo é:

$$\dot{e} = A exp\ (\sigma_d)\ exp\ (-E^*/RT) \quad (11.1)$$

onde A é uma constante determinada empiricamente; R é a constante dos gases; e T é a temperatura em K. Para temperaturas mais elevadas, onde os deslocamentos escalam os obstáculos, a lei torna-se:

$$\dot{e} = A(\sigma_d)^n\ exp\ (-E^*/RT) \quad (11.2)$$

Note que o esforço é a principal variável na Eq. 11.2. O esforço diferencial é elevado à enésima potência e a fluência de deslocamentos, onde os deslocamentos podem tanto deslizar como escalar, é denominada **fluência exponencial**. Os valores típicos de n situam-se entre 3 e 5 na fluência exponencial. Esta é a lei de fluxo mais amplamente usada, aplicável a muitos ambientes na crosta e mesmo no manto.

Se a temperatura for realmente elevada (ou se o tamanho dos grãos for muito pequeno), aplica-se a lei de fluxo por difusão:

$$\dot{e} = A(\sigma_d) exp\ (-E^*/RT) \quad (11.3)$$

A Eq. 11.3 é idêntica à de fluência de deslocamentos (Eq. 11.2), com $n = 1$, o que indica uma relação linear entre taxa de deformação e esforço, típica da deformação perfeitamente viscosa (newtoniana).

11.6 Da escala atômica às microestruturas

As estruturas de deformação em escala atômica, como, por exemplo, os deslocamentos, podem ser observadas apenas por microscopia eletrônica, com aumento de 10.000 a 100.000 vezes. Entretanto, os efeitos dessas estruturas e os mecanismos a elas relacionados podem ser estudados ao microscópio óptico. Elas são denominadas **microestruturas** e trazem informações sobre temperatura, estado de esforços e propriedades reológicas no momento da deformação. Microestruturas e microtexturas de recuperação e de recristalização de grãos podem ser observadas ao microscópio óptico. Os mecanismos que controlam esses processos são aqueles em escala atômica discutidos na seção anterior.

11.6.1 Recuperação

Processos como a fluência de deslocamentos reduzem a energia interna de um grão mineral por meio da migração de deslocamentos para o limite de grão ou da sua coleta em zonas no interior dos grãos. Os deslocamentos podem organizar-se em **paredes de deslocamentos** (Figs. 11.11B e 11.14). Tais paredes são visíveis em seções delgadas se contiverem suficientes deslocamentos. O que as torna visíveis é a mudança da orientação cristalográfica. Para minerais como o quartzo, as porções do cristal nos dois lados da parede apresentam ângulos de extinção ligeiramente diferentes. Portanto, a **extinção ondulante** é indicativa da presença de paredes de deslocamento em grãos minerais. Em estágios iniciais, as paredes são largas e difusas, e tais transições difusas entre setores do cristal com orientação óptica ligeiramente diferente são, por vezes, denominadas de **bandas de deformação**. Estas não têm nenhuma relação com as bandas de deformação mesoscópica em arenitos deformados (Cap. 7) e, a menos que o significado esteja claro pelo contexto, esse termo deve ser reservado para descontinuidades em escalas de afloramento, cau-

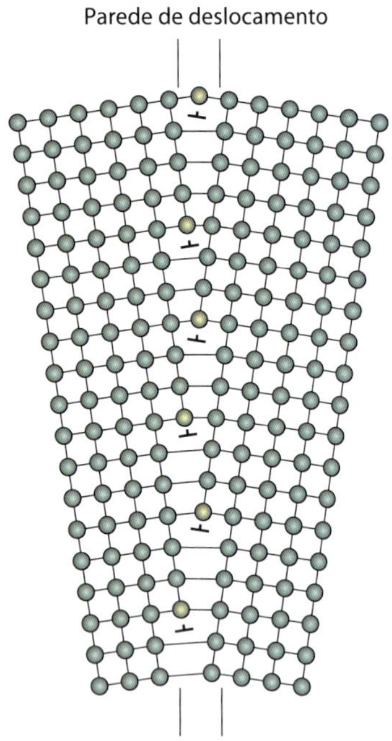

Fig. 11.14 *Parede de deslocamentos formada por deslocamentos em linha. As paredes de deslocamentos separam partes de um cristal com orientações ligeiramente diferentes do retículo, como no caso dos limites entre subgrãos*

Fig. 11.15 *Formação de subgrãos e recristalização de quartzo. Um cristal grande é deformado, formando um núcleo reliquiar envolto por um manto de subgrãos e grãos novos (estrutura núcleo-manto). Banda de quartzo em filito cisalhado, Caledonides da Escandinávia*

sadas pela deformação de rochas porosas. À medida que a deformação se acumula, os deslocamentos migram ainda mais e se arranjam em **limites de subgrãos** nitidamente visíveis, definindo redes que delineiam manchas ou subgrãos com poucos indícios de deformação ou não deformados, em um processo denominado **formação de subgrãos**. Os subgrãos são porções poligonais de um grão mineral, ligeiramente deslocadas (em geral, > 5°) em relação aos domínios vizinhos ou ao cristal hospedeiro. A formação de subgrãos (Figs. 11.15 e 11.16) é um estágio avançado do processo de **recuperação**, em que os grãos deformados podem reduzir sua energia pela remoção ou redistribuição dos deslocamentos.

A RECUPERAÇÃO ENGLOBA TODOS OS PROCESSOS QUE MOVEM, ANULAM OU AGRUPAM OS DESLOCAMENTOS EM PAREDES QUE SEPARAM PORÇÕES DO GRÃO ORIGINAL COM ORIENTAÇÕES CRISTALOGRÁFICAS LIGEIRAMENTE DIFERENTES.

11.6.2 Recristalização

A **recristalização** ocorre quando a recuperação se prolonga até os deslocamentos dos subgrãos serem

Fig. 11.16 *Transição de subgrãos para recristalização na cauda de um grão de quartzo maior. Note as sombras suaves dos subgrãos à medida que eles rotacionam e se desalinham com o grão principal. Heimefrontfjella, Antártica*

removidos e os grãos se tornarem livres de deformação ou sem extinção ondulante. Esse tipo de recristalização, em que os subgrãos rotacionam até poderem ser classificados como grãos individuais (por definição, a partir de 10° em relação aos subgrãos vizinhos), é conhecida como **recristalização por rotação de subgrão** (Fig. 11.17). A rotação de subgrãos requer que os deslocamentos possam migrar e escalar com relativa liberdade; esse processo é favorecido por temperaturas elevadas e pode ser denominado fluência de deslocamentos acomodados por escalada.

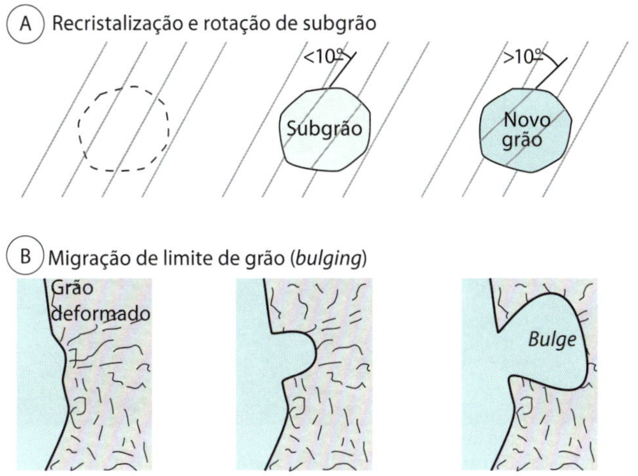

Fig. 11.17 *(A) Ilustração de recristalização pela rotação de subgrãos. (B) Bulging, resultado da migração do limite de grão para o interior de um grão mais deformado (com mais deslocamentos)*

Os minerais também podem recristalizar-se pela migração de limites de grãos, um processo denominado **migração de limite de grão** ou **recristalização por migração**. Em geral, a migração de limite de grão é causada por diferenças na energia de deformação, em que um grão com alta densidade de deslocamentos tem mais energia livre que um grão vizinho não deformado (sem deslocamentos). Ao longo do contato entre os dois grãos, haverá um pequeno movimento de átomos do grão mais deformado, para adequar-se ao retículo do grão não deformado. Nesse sentido, o limite entre os grãos migra para o interior do grão com maior densidade de defeitos. A migração de limite de grãos é o mecanismo predominante de recristalização durante a deformação em alta temperatura (> 500-600°C). Em altas temperaturas os limites de grãos se movem mais livremente, varrendo grãos inteiros e gerando tamanhos de grãos similares aos da rocha original, ou seja, não necessariamente envolvendo redução de tamanho de grãos. Limites de grãos lobados (altamente curvados) são típicos (Fig. 11.18), com granulometria variável.

Em muitos casos na crosta, a recristalização é descrita como uma combinação de migração de limite de grão e rotação de subgrão. Os grãos recristalizados tendem a ser maiores que os subgrãos relacionados e, em muitos casos, seus contornos são mais retilíneos.

Fig. 11.18 *Limites lobados de grãos, sugerindo migração de limites de grãos. Além disso, os subgrãos podem ser vistos como sombras nos grãos maiores, o que sugere que a rotação de subgrãos tenha sido um mecanismo adicional de recristalização. As setas vermelhas apontam casos típicos de limite de grãos lobados. SG = subgrãos*

Uma variante de baixa temperatura do processo é denominada de *bulging* (Fig. 11.17B), que envolve a migração ao longo de uma faixa mais estreita de um limite de grão, podendo levar à formação de novos grãos, mas muito menores que os grãos hospedeiros. A nucleação de novos grãos não deformados que crescem para o interior de um cristal deformado também é descrita. Ambos os processos de migração de limites de grãos são favorecidos pela temperatura e por diferenças na densidade dos deslocamentos. O *bulging* é tipicamente dominante em baixa temperatura, ao passo que a rotação de subgrãos se torna progressivamente mais importante com a elevação da temperatura, até que a migração de limite de grãos passa a ser dominante em alta temperatura.

A recristalização é o processo pelo qual grãos deformados e com alta densidade de deslocamentos são substituídos por grãos não deformados e praticamente sem deslocamentos.

A recristalização que ocorre enquanto a rocha está sendo deformada (sob esforço diferencial) é denominada **recristalização dinâmica** (Fig. 11.19). As rochas

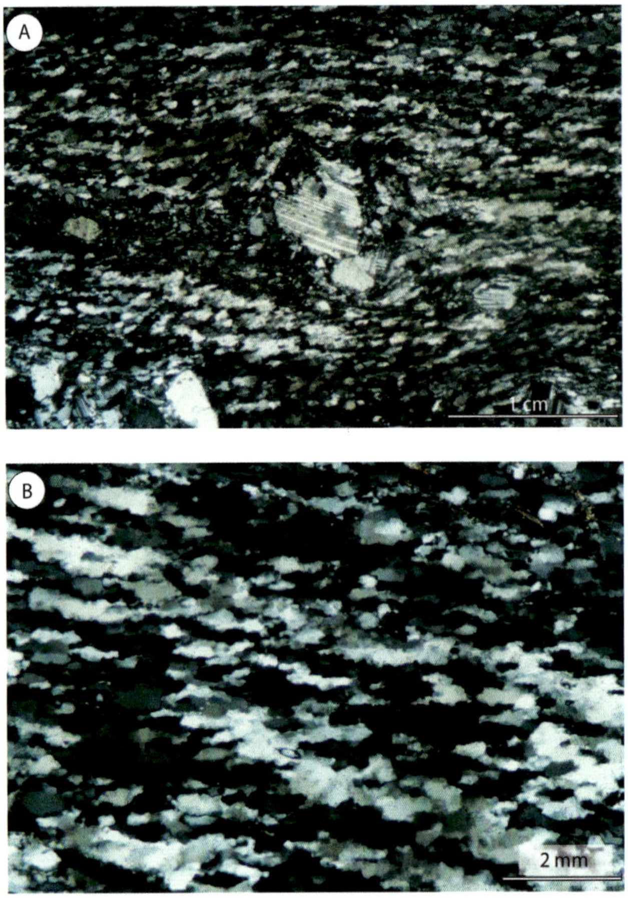

Fig. 11.19 *Recristalização dinâmica em zona de cisalhamento na fácies xisto verde, dominada por rotação de subgrãos. Os novos grãos são oblíquos à foliação principal porque foram submetidos apenas à parte final da deformação não coaxial. O grão na parte central da imagem (A) é um porfiroclasto de feldspato; (B) é uma vista mais aproximada de (A)*

também podem recristalizar-se quando a deformação cessa, particularmente em altas temperaturas. Nesse caso, o processo é denominado **recristalização estática** ou **anelamento**. A recristalização estática tende a produzir cristais maiores e mais homogêneos, tipicamente em arranjo poligonal (Fig. 11.20). Grãos formados em recristalização dinâmica são continuamente recristalizados sob a influência de esforços tectônicos. Novos deslocamentos formam-se nos grãos, visíveis em seção delgada pela sua extinção ondulante. Os grãos recristalizados de modo dinâmico deformam-se com orientação preferencial que depende do sentido do cisalhamento. Há uma competição entre a deformação contínua por mecanismo de deformação plástica em cristais e a recuperação estimulada pela temperatura durante a recristalização dinâmica. Quanto mais elevada for a temperatura, mais rápida será a recristalização.

Fig. 11.20 *Agregado recristalizado de quartzo e feldspato em migmatito de alta temperatura, mostrando textura poligonal característica de recristalização estática. Faixa Ribeira, Brasil*

Foto: Carolina Cavalcante.

A ACUMULAÇÃO DE DESLOCAMENTOS É CONTRABALANÇADA PELA RECRISTALIZAÇÃO, QUE ENVOLVE A FORMAÇÃO DE NOVOS GRÃOS OU A MIGRAÇÃO DE SEUS LIMITES.

Uma das características das rochas recristalizadas é o **efeito de fixação** (*pinning*) dos minerais não recristalizados, como, por exemplo, pequenos cristais de mica em quartzito ou em milonitos ricos em quartzo. Esses minerais impedem a migração de limites de grãos e fazem com que a rocha recristalizada tenha uma granulometria mais fina ou mais heterogênea.

11.6.3 Orientação cristalográfica preferencial (CPO, *crystallographic preferred orientation*)

Os diferentes processos de deformação e os mecanismos que atuam durante a deformação tendem a causar a orientação preferencial cristalográfica dos minerais formadores de rocha. A orientação preferencial cristalográfica (CPO, *crystallographic preferred orientation*), também denominada de orientação preferencial de retículo (LPO, *lattice preferred orientation*), pode influenciar no processo de deformação localizada e de enfraquecimento em rochas deformadas tanto na crosta como no manto; portanto, é uma característica com implicações reológicas em pequena e grande escala. A CPO pode ser evidente em minerais placoides ou alongados. As micas, por exemplo, são comumente encontradas como cristais paralelos que definem uma clivagem tectônica em ardósias e filitos, o que contribui para a xistosidade. Como as micas em geral estão orientadas com seu plano basal paralelo à clivagem/xistosidade, essas rochas apresentam forte CPO representada pelo eixo [001] (perpendicular ao plano basal). Isso ocorre porque as micas deslizam facilmente em seu plano de clivagem, que é cristalográfico, especialmente fraco em escala atômica. Portanto, o plano basal é de deslocamento no retículo das micas.

Em muitos minerais não filossilicatos, como quartzo, feldspato, calcita ou olivina, as CPOs não são facilmente detectadas e interpretadas. Podemos ter uma noção disso ao inserir a placa de gipso no microscópio petrográfico, que teria a tendência de mostrar o predomínio de uma única cor em caso de forte CPO. No passado, a platina universal era montada em um microscópio petrográfico para a determinação da orientação preferencial do eixo *c* do quartzo, por exemplo. Além disso, métodos volumétricos, como o goniômetro de texturas por difração de raios X ou de nêutrons, têm sido usados para medir a orientação cristalográfica em rochas. O método mais completo usado atualmente é a difração de elétrons retroespalhados (EBSD), baseada em microscopia eletrônica de varredura (Boxe 11.4). Diversos padrões de CPO podem ser encontrados em rochas deformadas, dependendo, entre outros fatores, dos sistemas de rejeito, temperatura, deformação finita, coaxialidade (W_k), esforço diferencial e dos processos de recristalização que podem ocorrer durante o desenvolvimento da CPO. Adicionalmente, rochas e minerais raramente apresentam orientação cristalográfica totalmente aleatória anterior a qualquer fase de deformação.

Os padrões de CPO são resultado de mudanças na orientação cristalográfica dos grãos minerais durante a deformação plástica. Minerais como quartzo, feldspato, piroxênio, anfibólio e calcita se deformam primeiramente por fluência de deslocamentos e, secundariamente, por geminação. Os padrões de CPO resultantes se formam devido a deslizamentos intracristalinos. A mica é um mineral simples, pois o deslizamento ocorre apenas em um plano (plano basal (001)) e em uma direção cristalográfica nesse plano (por exemplo, na direção [100]). Considerados em conjuntos, o plano de deslizamento – representado entre ( ) – e a direção de deslizamento – representada entre [ ] – constituem um **sistema de deslizamento**. Portanto, a designação do sistema de deslizamento da mica é (001)[100]. A notação é diferente quando um dado sistema de deslizamento é formado por planos simétricos de deslizamento e direções simétricas de deslizamento, sendo os planos simétricos representados entre { } e as direções simétricas representadas entre < >. Por exemplo, no quartzo, que é um mineral trigonal, o sistema prismático de deslizamento {0-110}<2-1-10> representa os três planos prismáticos simétricos (0-110), (10-10) e (-1100) e as três direções simétricas de deslizamento [2-1-10], [-12-10] e [-1-120]. Na literatura, alguns desses sistemas de deslizamento são também representados por letras que representam certas formas cristalográficas, como {m}<a>, para o prisma de deslizamento <a>, ou {c}<a> para o plano basal <a> do quartzo (exemplo acima). Os planos de deslizamento são planos de fraqueza na estrutura cristalina, ao longo dos quais os deslocamentos preferencialmente se movem (deslizamento de deslocamentos, Fig. 11.10, 11.12 e 11.13), sendo que o deslizamento ocorre apenas em direções cristalográficas específicas. São necessários cinco sistemas de deslizamento para manter a perfeita coesão em um agregado mineral em deformação. Em geral, os sistemas de deslizamento são ativos em menor número e os problemas de espaço decorrentes são resolvidos por microfraturas, *kinks* e geminações no regime de baixa temperatura e por deslizamento de limite de grão em regime de alta temperatura.

Os minerais podem ter vários sistemas de deslizamento, mas nem todos precisam necessariamente ser ativados. Inicialmente, há um esforço mínimo crítico resolvido de cisalhamento em um dado plano de deslizamento que deve ser superado para que um deslocamento possa se mover naquele plano. Portanto, cada plano de deslizamento tem sua própria resistência, que está relacionada às ligações da estrutura cristalina. O esforço resolvido de cisalhamento depende da magnitude e da orientação do campo externo de esforços em relação ao plano de deslizamento. Na deformação de um agregado monominerálico composto por grãos com diferentes orientações, um sistema de deslizamento específico será apenas ativado em grãos com orientação favorável. Entretanto, vários sistemas de deslizamento podem ser ativos ao mesmo tempo. Por exemplo, quatro dos sistemas de deslizamento do quartzo estão ilustrados na parte inferior da Fig. 11.21 e não é uma situação incomum encontrar evidências do funcionamento simultâneo de deslizamento de rombo <a>, basal <a> e prisma <a>. Qual sistema será dominante depende principalmente de temperatura, condições de deformação, processos concorrentes de deformação e de recuperação; diferentes sistemas causam rotações diferentes dos cristais e, portanto, diferentes padrões de CPO.

11.6.4 Apresentação de dados de CPO

Dados de CPO podem ser apresentados pela projeção de eixos cristalográficos como polos em diagramas de igual área, em geral mostrando a orientação de um eixo específico em cada diagrama (Fig. 11.21). Os polos são geralmente contornados por isolinhas e tendem a definir o que é conhecido como figura de polos, que pode definir um ou múltiplos pontos de máxima concentração (Fig. 11.21), guirlandas fendidas ou guirlandas cruzadas (Figs. 11.22 e 11.23). As figuras de polos de rochas deformadas por fluência de deslocamentos refletem o(s) sistema(s) de deslizamento ativo(s) durante a deformação, especialmente durante a parte final, pois os registros iniciais são progressivamente apagados com o acúmulo da deformação. Nas figuras de polos, a CPO é representada em um arcabouço externo de referência. No caso de rochas deformadas, as tramas e estruturas definidas macroscopicamente são importantes elementos de referência; é um procedimento padrão representar a foliação como um plano vertical E-W e a lineação como uma linha horizontal E-W (são necessárias amostras orientadas para esse tipo de análise). Portanto, orientamos os dados esféricos em relação a um contorno de referência definido por uma foliação vertical (E-W) e uma lineação horizontal de direção E-W. Há outros métodos mais sofisticados para plotagem de dados de CPO, que não serão discutidos neste livro. Ao invés disso, apresentamos alguns padrões gerais que podem ser úteis na interpretação das condições de cinemática, deformação e temperatura presentes na deformação plástica, com ênfase em quartzo.

Quartzo é, provavelmente, o mineral que tem recebido mais atenção no que se refere à análise CPO, mesmo que haja problemas ainda não completamente compreendidos. A distribuição de eixo *c* em rochas é geralmente apresentada e suas projeções esféricas (figura de polos) podem refletir a geometria da deformação (forma do elipsoide de deformação) ou o sentido do cisalhamento. A deformação coaxial geralmente produz figuras de polos simétricas em relação à foliação, enquanto as assimétricas tendem a ser atribuídas a rochas deformadas em condições não coaxiais,

Boxe 11.4 A técnica EBSD

A difração de elétrons retroespalhados, mais conhecida como EBSD, é uma técnica que usa a microscopia eletrônica de varredura (MEV) para a obtenção de informações sobre a orientação cristalográfica de todos os grãos minerais em seções delgadas polidas e orientadas. Como resultado, são gerados mapas, diagramas de orientação cristalográfica, dados de tipo e composição de minerais, distribuição de tamanho de grãos, limites de grãos, desalinhamentos, entre outros. A teoria por trás desse método requer uma abordagem aprofundada, que está além do escopo deste livro; um exemplo de análise EBSD de seção delgada é mostrado na figura a seguir. A seção delgada (A) é mapeada em relação à mineralogia (B), em que o feldspato é representado em vermelho, o quartzo em amarelo e a granada em preto. Além disso, a orientação cristalográfica dos grãos é mostrada em diferentes cores em mapa similar (C). Nessa abordagem, os

Boxe 11.4 A técnica EBSD *(cont.)*

ângulos de Euler são usados e codificados por cores (detalhes não mostrados). São apresentadas projeções de igual área de eixos cristalográficos selecionados, em especial a distribuição do eixo *c* do quartzo (D) e de dois eixos cristalográficos do feldspato ((010) e (001)) (E, F). O histograma de tamanho de grãos de quartzo também é apresentado (G). Esse exemplo é de uma zona de cisalhamento de alta temperatura da Faixa Ribeira, Brasil, e mostra padrões típicos de deformação em alta temperatura. A técnica de EBSD permite obter grande quantidade de informações microestruturais em tempo relativamente curto, informações que no passado demandariam longo tempo para sua obtenção ou que talvez até fossem impossíveis de se obter.

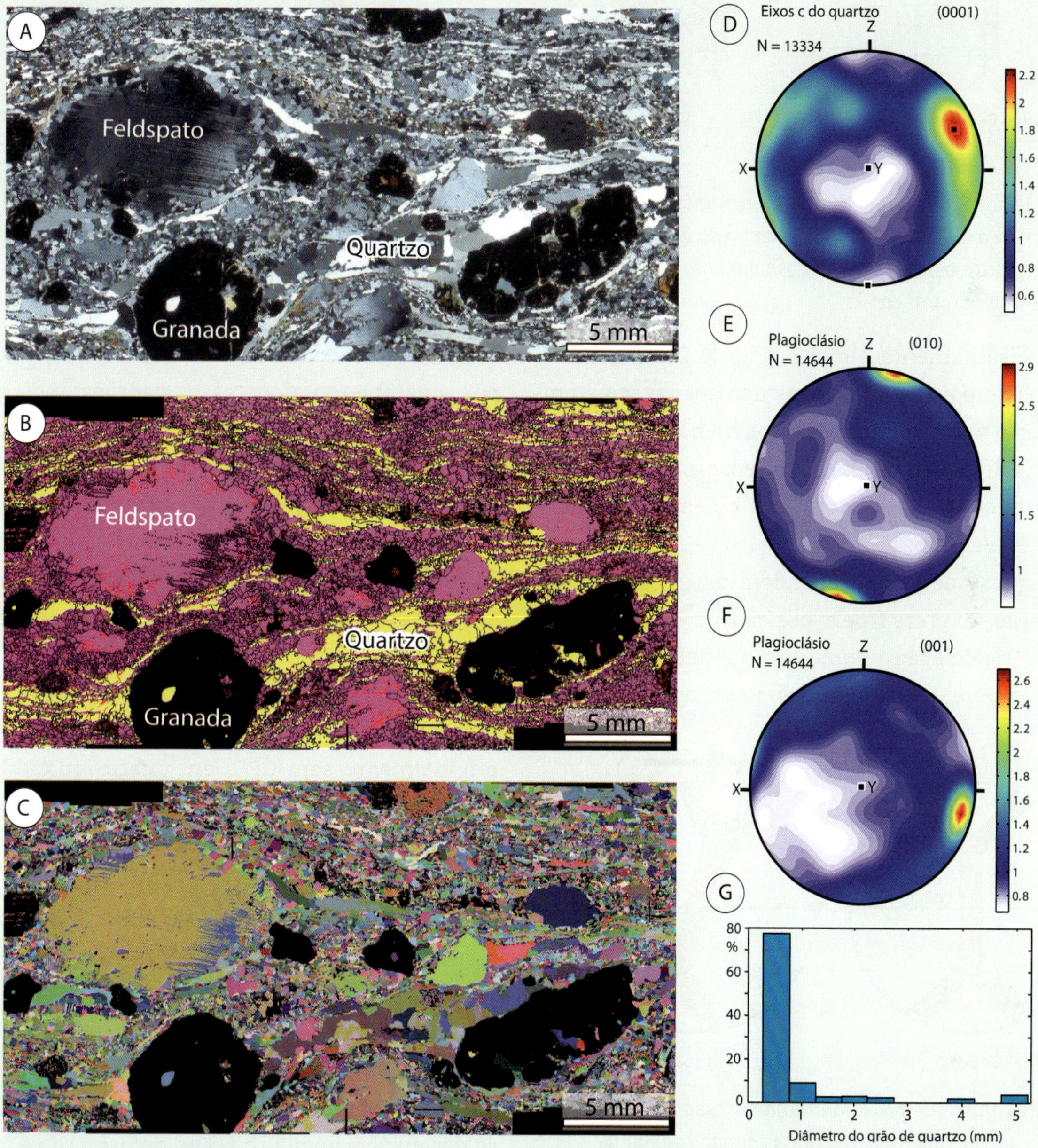

Exemplo de dados EBSD obtidos em seção delgada em amostra de zona de cisalhamento de alta temperatura, Faixa Ribeira, Brasil
Imagem: Carolina Cavalcante.

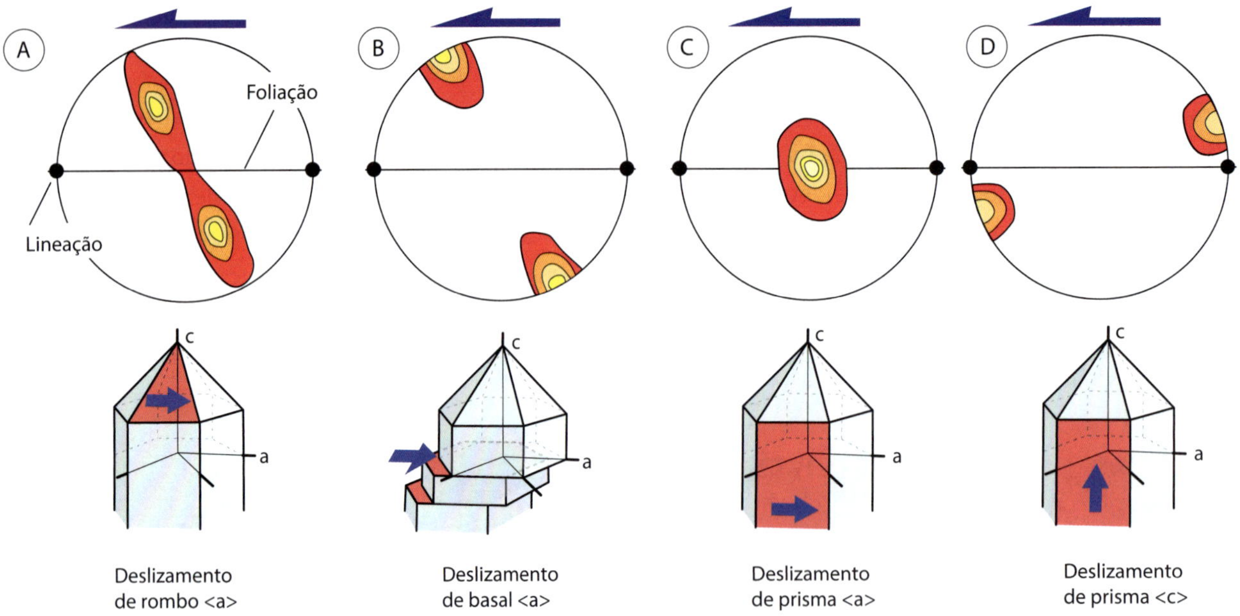

Fig. 11.21 *Quatro sistemas de deslizamento em quartzo e as típicas figuras de polos produzidas (projeções de igual área de eixo c). Note a orientação da foliação (vertical com direção E-W) nos diagramas. Na parte inferior da figura os sistemas de deslizamento são mostrados esquematicamente em relação às faces do cristal e aos eixos cristalográficos*

como o cisalhamento simples (Fig. 11.22). Portanto, as figuras de polos assimétricas não apenas sugerem deformação não coaxial, mas também indicam o sentido do cisalhamento (Fig. 11.22B), em especial quando usadas em conjunto com critérios cinemáticos independentes (ver Cap. 16).

As figuras de polos dependem da geometria da deformação, expressa pela posição no diagrama de Flinn. A modelagem numérica da deformação do quartzo sugere que diferentes tipos de guirlandas

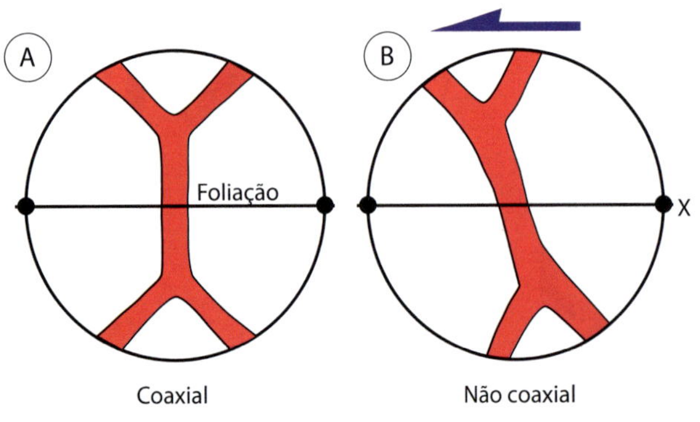

Fig. 11.22 *Figuras de polos (guirlandas cruzadas) típicas de (A) sistemas coaxial e (B) não coaxial de deformação de baixa temperatura em quartzo. A figura coaxial é simétrica em relação à foliação, enquanto a não coaxial é assimétrica; X representa a lineação (horizontal)*

se desenvolvem em deformação por constrição e por achatamento e que esses padrões (mostrados na Fig. 11.13) podem ser usados, com o devido cuidado, como um guia qualitativo para avaliar a geometria da deformação, por exemplo, em milonitos ricos em quartzo. A Fig. 11.23 também mostra que os padrões de polos mudam com o incremento da deformação.

Esse efeito é claramente demonstrado na Fig. 11.24, com resultados de Renée Heilbronner e Jan Tullis (2006) de deformação experimental (temperatura 900°C, pressão 1,5 GPa) de amostras cisalhadas de quartzito originalmente sem CPO, em quatro quantidades de deformação de cisalhamento. A temperatura relativamente alta compensa as taxas de cisalhamento de cerca de $2 \times 10^{-5}\ s^{-1}$, que é muito mais alta que as taxas naturais de deformação plástica. Portanto, as tramas resultantes são relevantes para amostras naturalmente deformadas a cerca de 500°C.

Heilbronner e Tullis demonstraram que as figuras de polos variam com o aumento da deformação e que um padrão estável ou em equilíbrio dinâmico se desenvolve apenas em alta deformação e completa recristalização (g ≥ 8 nas condições dos experimentos). A partir do que podemos depreender da Fig. 11.21 sobre a relação entre sistemas de deslizamento e

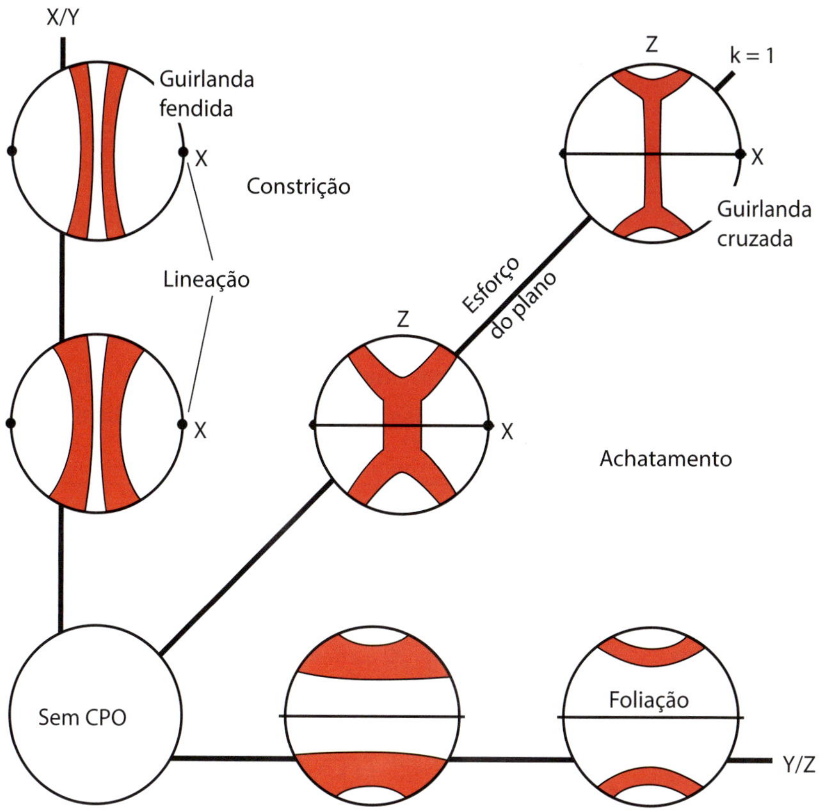

Fig. 11.23 *Relações entre padrões de CPO de eixo c de quartzo e deformação, baseadas principalmente em experimentos numéricos (ver Lister e Hobbs, 1980). Note a orientação da foliação e da lineação (X)*

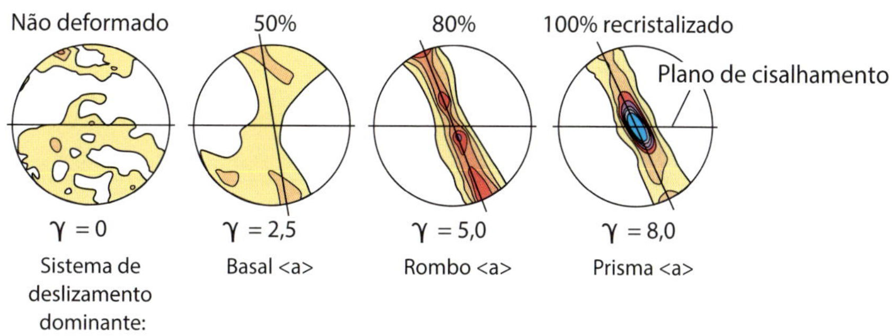

Fig. 11.24 *Projeção esférica (hemisfério superior) de orientação de eixo c de quartzo em diferentes estágios de deformação por cisalhamento simples experimental. A rocha original é um quartzito não deformado (quartzito Black Hills). A figura de polos gradualmente se desenvolve em uma guirlanda (banda) oblíqua à foliação e, posteriormente, desenvolve um máximo central*

Fonte: modificado de Heilbronner e Tullis (2006).

figuras de polos, podemos ver uma transição de deslizamento basal <a> que cria um máximo periférico alargado na Fig. 11.24B, através de uma guirlanda inclinada com dois máximos que indica deslizamento de rombo <a>, até uma guirlanda com máximo central característica de deslizamento de prisma <a>. Os autores relacionam essa mudança ao modo como a rocha se recristaliza, e a recristalização por migração de borda de grão afeta o modo como ela se deforma. Em geral, o tamanho de grãos diminui e a orientação dos grãos varia. Os domínios cristalográficos dos grãos mais favoravelmente orientados tendem a se expandir mais rapidamente que outros domínios, particularmente se a migração de borda de grãos estiver ativa. Desse modo, vemos que o mecanismo predominante pode mudar com o acúmulo da deformação.

O sistema de deslizamento predominante pode mudar com o incremento da deformação, causando mudanças também nas figuras de polos.

A temperatura é um fator importante para a ativação de sistemas de deslizamento. Em quartzo, os deslizamentos basal e rombo <a> são ativados com relativa facilidade em baixa temperatura no regime plástico, como indicado pelas guirlandas geradas nessas condições (Fig. 11.25A,B). Em temperatura mais alta, o prisma <a> é mais facilmente ativado, produzindo um ponto máximo central (Fig. 11.25C). Em temperaturas muito altas, o sistema prisma [c] é o que se ativa mais facilmente, o que muda a figura de polos para a configuração da Fig. 11.25D. Desse modo, as figuras de polos podem fornecer informações sobre a temperatura predominante durante a deformação, ainda que magnitude da deformação, trajetória de deformação, taxa de deformação, presença de fluidos e CPO preexistentes normalmente tenham grande influência sobre a CPO observada na maioria dos minerais. Em geral, se enfatiza que para compreender e tirar máximo proveito das informações contidas nos dados de CPO é necessário o conhecimento completo de cristalografia e mineralogia, complementado por Geologia Estrutural. Neste capítulo apenas arranhamos a superfície desse vasto campo da microtectônica, no qual ainda há muito a ser explorado.

11.6.5 Esforço e tamanho de grãos

A recristalização é provocada por diferenças na densidade de deslocamentos através dos limites dos grãos, o que depende da atuação de esforços diferenciais. Portanto, a densidade de deslocamentos em uma rocha deformada pode revelar algo sobre o esforço diferencial no momento da deformação. O tamanho dos subgrãos e dos grãos recristalizados de modo dinâmico está relacionado ao esforço diferencial durante a deformação.

O uso do tamanho dos grãos para estimar paleoesforços em rochas recristalizadas de modo dinâmico é um método conhecido como **paleopiezometria** ("piezo" deriva da palavra grega para pressão). Em geral, o tamanho médio dos grãos diminui com o aumento do esforço diferencial e da taxa de deformação. A temperatura também é importante: baixas temperaturas implicam esforços maiores e menores tamanhos de grãos (Fig. 11.26). Isso é consistente com a observação

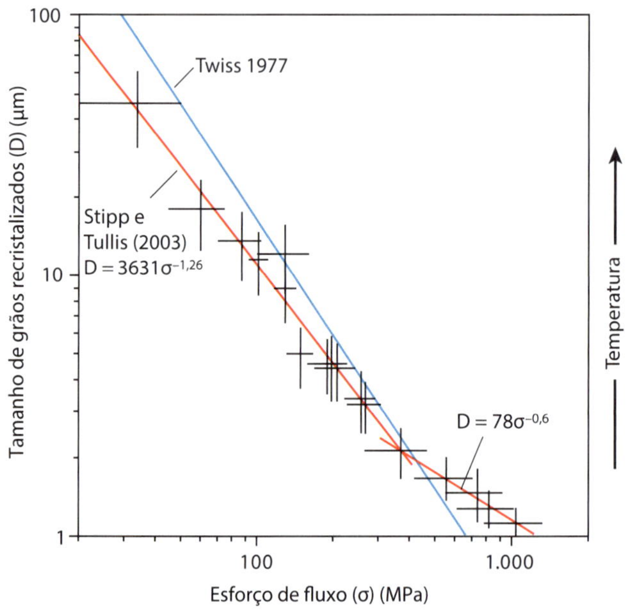

Fig. 11.26 *Tamanho de grãos versus esforço diferencial em quartzo. Dados experimentais de Stipp e Tullis (2003) são mostrados juntamente com duas curvas que melhor se ajustam a eles. Uma curva aproximada de modo teórico (Twiss, 1977) é mostrada para comparação*

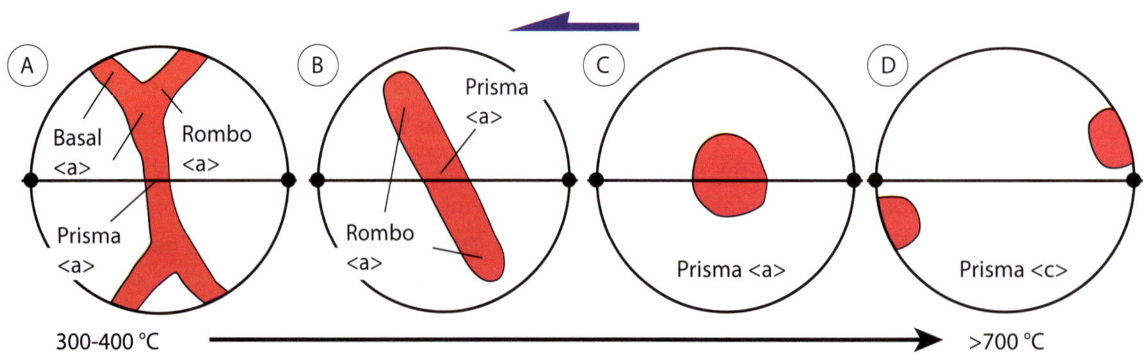

Fig. 11.25 *Diagramas de polos de eixo c de quartzo característicos de diferentes regimes de temperatura. Diferentes sistemas de deslizamento são ativados em diferentes temperaturas, como indicado na figura (ver também Fig. 11.21, em que cada sistema de deslizamento é separado)*

geral de que os milonitos da fácies xisto verde têm menor granulometria que os milonitos da fácies anfibolito. Os valores estimados dos esforços em rochas naturalmente deformadas variam de alguns MPa em milonitos de alta temperatura a cerca de 100 MPa em milonitos de baixa temperatura (ou seja, milonitos formados próximo à transição rúptil-plástica).

O método baseia-se na hipótese de que a deformação seja estável. Nesse contexto, isso significa que o tamanho médio dos grãos é constante para subgrãos e grãos recristalizados, independentemente da duração da deformação. As diferenças nas curvas da Fig. 11.26 indicam que há uma incerteza considerável nesse método. Há incertezas quanto à definição do tamanho médio dos grãos e, além disso, diferentes mecanismos de recristalização podem causar diferentes relações entre esforço e tamanho de grãos; a influência dos fluidos também deve ser considerada. O crescimento estático (pós-cinemático) de minerais que interferem com as texturas de recristalização dinâmica é outra fonte de erro. Apesar disso, esse é o único modo disponível de quantificar esforços na crosta média e inferior.

Resumo

A deformação plástica em microescala é a base de todas as estruturas de deformação plástica visíveis em amostras de mão, afloramentos, mapas, perfis etc. Dobras, zonas de cisalhamento plástico, zonas miloníticas e estruturas similares são resultantes de processos de fluência de deslocamentos e difusão. É importante termos isso em mente ao discutirmos essas estruturas nos próximos capítulos. Antes disso, reveja os pontos deste resumo e responda às questões de revisão:

- Os mecanismos de deformação rúptil envolvem o deslizamento friccional e a ruptura do retículo cristalino e das ligações atômicas. A deformação plástica é "cicatrizante" do retículo e não deixa defeitos.
- A deformação plástica pode ocorrer por geminação, por diferentes tipos de difusão e por fluência de deslocamentos.
- Os minerais podem recristalizar-se durante a deformação (recristalização dinâmica ou sincinemática) ou após a deformação (recristalização estática ou pós-cinemática).
- A recristalização dinâmica compete com a formação de deslocamentos e com a deformação dos grãos.
- O esforço necessário para promover a migração dos deslocamentos diminui com o aumento da temperatura.
- O tamanho dos grãos recristalizados pode ser relacionado ao esforço diferencial e pode ser usado, até certo ponto, na estimativa de paleoesforços.
- A recristalização ocorre pela concentração de deslocamentos ao longo de limites de grãos novos ou preexistentes, permitindo o aparecimento de domínios isentos de deslocamentos (novos grãos).
- A extinção ondulante em quartzo indica a presença de deslocamentos (deformação).

Questões de revisão

1] Qual é a diferença entre um plano de deslizamento em um cristal deformado e um plano de deslizamento associado a um falhamento rúptil?

2] Quais são as principais diferenças entre deformação rúptil e plástica?

3] Por que o fraturamento intracristalino é comum na deformação rúptil de rochas altamente porosas?

4] Cite dois mecanismos de deformação plástica que podem operar em níveis crustais rasos.

5] O que significa o termo *fluência de deslocamentos* e como ele se distingue da difusão?

6] Que mecanismo de deformação é particularmente ativo em rochas de granulação fina em altas temperaturas (na crosta inferior ou no manto)?

7] Que informações em grãos de quartzo recristalizados de modo dinâmico são perdidas durante sua recristalização estática?

8] Qual é a diferença entre recristalização por rotação de subgrãos e por migração de limites de grãos?

E-módulo

O módulo de *e-learning* denominado *Plastic deformation* é recomendado para este capítulo.

Leituras complementares

Geral

DE MEER, S.; DRURY, M.; BRESSER, J. H. P.; PENNOCK, G. M. Current issues and new developments in deformation mechanisms, rheology and tectonics. In: DE MEER, S.; DRURY, M. R.; BRESSER, J. H. P.; PENNOCK, G. M. (Ed.). Deformation Mechanisms, Rheology and Tectonics: Current Status and Future Developments. Special Publication 200. London: *Geological Society*, p. 1-27, 2002.

KARATO, S.-I. *Deformation of Earth Materials*: An Introduction to the Rheology of Solid Earth. Cambridge: Cambridge University Press, 2008.

KNIPE, R. J. Deformation mechanisms: recognition from natural tectonites. *Journal of Structural Geology*, v. 11, p. 127-146, 1989.

PASSCHIER, C. W.; TROUW, R. A. J. *Microtectonics*. Berlin: Springer Verlag, 2006.

Fluência de deslocamentos

HIRTH, G.; TULLIS, J. Dislocation creep regimes in quartz aggregates. *Journal of Structural Geology*, v. 14, p. 145-159, 1992.

Leis de fluxo

CARTER, N. L.; TSENN, M. C. Flow properties of continental lithosphere. *Tectonophysics*, v. 136, p. 27-63, 1987.

SCHMID, S. M. Microfabric studies as indicators of deformation mechanisms and flow laws operative in mountain building. In: HSÜ, K. J. (Ed.). *Mountain Building Processes*. London: Academic Press, 1982, p. 95-110.

Piezometria e tamanho de grãos

SHIMIZU, I. Theories and applicability of grain size piezometers: the role of dynamic recrystallization mechanisms. *Journal of Structural Geology*, v. 30, p. 899-917, 2007.

STIPP, M.; TULLIS, J. The recrystallized grain size piezometer for quartz. *Journal of Geophysical Research*, v. 30, 2003. (doi:10:1029/2003GL018444).

CPO e EBSD

HEILBRONNER, R.; TULLIS, J. Evolution of *c* axis pole figures and grain size during dynamic recrystallization: results from experimentally sheared quartzite. *Journal of Geophysical Research*, v. 111, p. 19, 2006. (doi: 10.1029/2005jb004194).

PRIOR, D.; BOYLE, A.; BRENKER, F.; CHEADLE, M.; DAY, A.; LOPEZ, G.; PERUZZO, L.; POTTS, G.; REDDY, S.; SPIESS, R.; TIMMS, N. E.; TRIMBY, P.; WHEELER, J.; ZETTERSTROM, L. The application of electron backscatter diffraction and orientation contrast imaging in the SEM to textural problems in rocks. *American Mineralogist*, v. 84, p. 1741-1759, 1999.

Imagens de texturas e microestruturas

SNOKE, A. W.; TULLIS, J.; TODD, V. R. *Fault-related Rocks*: A Photographic Atlas. Princeton: Princeton University Press, 1998.

Dobras e dobramento

12

As dobras são estruturas visualmente atrativas e que podem formar-se em praticamente qualquer tipo de rocha, contexto tectônico e profundidade. Por tais motivos, elas são conhecidas, admiradas e analisadas desde muito antes de a Geologia tornar-se uma ciência (Leonardo da Vinci analisou dobras há cerca de 500 anos, e Nicholas Steno, em 1669). Nossa compreensão sobre o que são dobras e dobramento mudou com o passar do tempo. Os fundamentos do que podemos considerar a teoria moderna das dobras consolidou-se nas décadas de 1950 e 1960. As dobras, sejam observadas em micro, meso ou macroescala, são nossa janela mais importante para a história local e regional de deformação no passado. Suas formas trazem importantes informações sobre o tipo de deformação, a cinemática e a tectônica de uma área. Além disso, elas podem ter uma grande importância econômica, tanto como armadilhas para petróleo como na explotação de minérios e outros recursos minerais. Neste capítulo, iremos inicialmente abordar os aspectos geométricos das dobras e, a partir daí, discutir os processos e mecanismos ativos durante o dobramento.

12.1 Descrição geométrica

As **dobras** se formam quando estruturas inicialmente planas se transformam em estruturas curvas por deformação dúctil. É fascinante observar a formação e o desenvolvimento das dobras em laboratório; podemos aprender muito sobre dobras e dobramento por meio de experimentos em condições físicas controladas e simulações numéricas. A modelagem deve sempre ser baseada na observação de rochas naturalmente dobradas e, portanto, é fundamental a análise geométrica de dobras formadas em diferentes ambientes e tipos de rocha. A análise geométrica é importante não apenas para a compreensão de como os vários tipos de dobras se formam, mas também na avaliação de armadilhas para hidrocarbonetos e corpos de minério dobrados. Há uma grande quantidade de expressões descritivas em uso, pois as dobras existem em todas as formas e tamanhos. Assim sendo, iremos apresentar, neste capítulo, o jargão básico relacionado às dobras e à sua geometria.

12.1.1 Forma e orientação

As dobras são mais bem estudadas em seção perpendicular às camadas dobradas, ou seja, perpendicular à superfície axial (Fig. 12.1). Vamos considerar esta seção específica nas descrições ao longo de todo este capítulo, a menos que outra situação seja explicitamente indicada. Em geral, as dobras são formadas por uma **charneira** que liga dois **flancos** com orientações distintas. A charneira pode ser aguda e nítida, mas, geralmente, sua curvatura é gradual, definindo uma **zona de charneira**. Há uma grande variedade de dobras, desde as angulosas como as ***kink bands*** e as **dobras em *chevron*** (dobras angulosas), até as charneiras arredondadas das dobras concêntricas (Fig. 12.2). A classificação das dobras em relação à curvatura da charneira é também denominada **angularidade** (*bluntness*).

A forma das dobras também pode ser comparada com funções matemáticas, caso em que podemos aplicar os conceitos de **amplitude** e **comprimento de onda**. As dobras não necessariamente têm a regularidade das funções matemáticas que aprendemos nas aulas de álgebra elementar. Mesmo assim, a análise harmônica simples (transformada de Fourier) tem sido aplicada na descrição da forma de dobras, em que a função matemática é ajustada à superfície dobrada. A forma da transformada de Fourier usada pelos geólogos, nesse caso, é:

$$f(x) = b_1 \text{ sen } x + b_3 \text{ sen } 3x + b_5 \text{ sen } 5x \ldots \quad \textbf{(12.1)}$$

Esta série converge rapidamente e, portanto, é suficiente considerar apenas os primeiros coeficientes, b_1 e b_3, na descrição das dobras naturais. Com base nesse método, Peter Hudleston propôs um sistema de classificação visual de dobras (Fig. 12.3).

Em rochas compostas por múltiplas camadas, as dobras podem repetir-se com forma similar na direção do traço axial (Fig. 12.2A-C). Essas dobras são denominadas **harmônicas**. Se as dobras diferirem em comprimento de onda ou forma ao longo do traço axial, ou se desaparecerem nessa direção, elas são consideradas dobras **desarmônicas**.

O ponto de máxima curvatura em uma camada dobrada, localizado no centro da zona de charneira, é denominado **ponto de charneira** (Fig. 12.1). Os pontos de charneira conectam-se para formar uma **linha de charneira**, que é, em geral, curva, mas quando aparece como uma linha reta muitos geólogos, de modo impreciso, se referem a ela como **eixo de dobra**.

Isso nos leva a um importante elemento da geometria de dobras: a **cilindricidade**. Dobras com linhas de charneira retilíneas são dobras **cilíndricas**. Uma dobra cilíndrica pode ser vista como um cilindro parcialmente aberto, onde o cilindro pode ser definido por um número infinito de linhas imaginárias retilíneas e paralelas (linhas azuis na Fig. 12.4A), que têm atitude em comum (direção e caimento) e definem o eixo da dobra, mas não definem nenhum ponto fixo no espaço; são linhas imaginárias que representam o eixo da dobra, mas que não conectam os pontos de máxima curvatura (linha de charneira). Note, entretanto, que a cilindricidade não exige que um cilindro possa ser ajustado à dobra, mas que uma superfície dobrada possa ser delineada por uma linha reta que se move mantendo-se paralela a si mesma. Dependendo da escala de observação, todas as dobras são não cilíndricas, pois devem começar e terminar em algum lugar, ou transferir deformação para as dobras vizi-

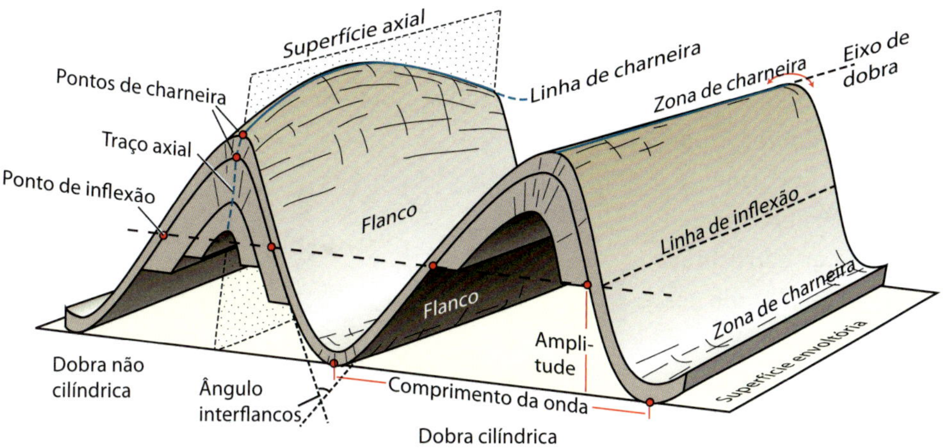

Fig. 12.1 *Aspectos geométricos das dobras*

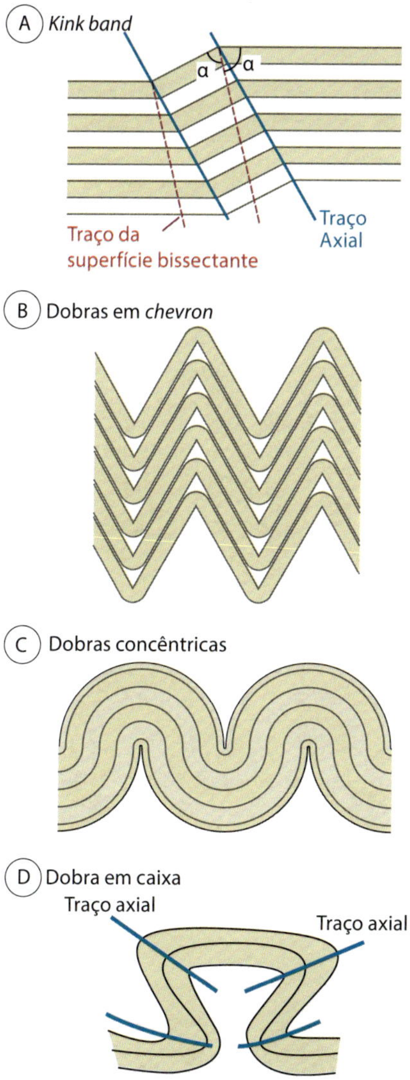

Fig. 12.2 *(A)* Kink band, *cujo plano bissectante do ângulo entre os flancos é diferente do plano axial. (B) Dobras em* chevron *(harmônicas). (C) Dobras concêntricas, onde os arcos são circulares. (D) Dobras em caixa, com dois conjuntos de planos axiais*

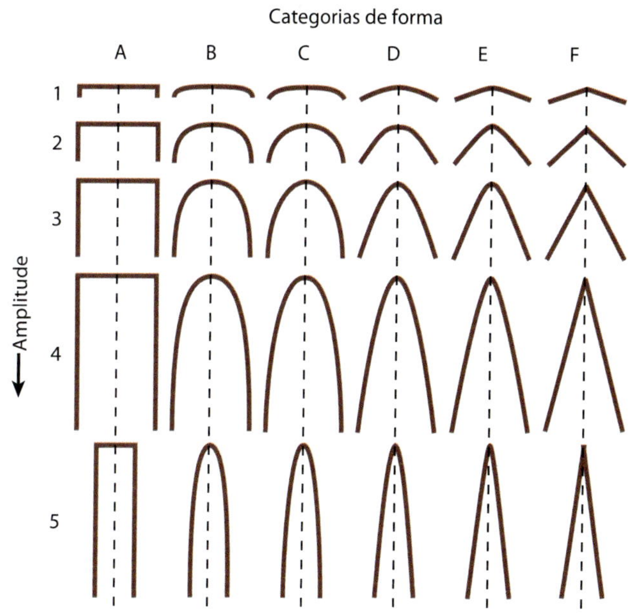

Fig. 12.3 *Classificação de dobras baseada na forma*
Fonte: Hudleston (1973).

nhas (Boxe 12.1), mas o grau de cilindricidade varia de uma dobra para outra. Portanto, parte de uma dobra pode parecer cilíndrica quando vista em afloramento (Fig. 12.5A), mesmo que seu eixo deva estar curvado em uma escala mais ampla.

A cilindricidade tem importantes implicações. A mais relevante delas é que os polos de uma camada com uma dobra cilíndrica definem um grande círculo, cujo polo (eixo π) representa o eixo da dobra (Fig. 12.6A). Quando um diagrama é construído com grandes círculos em vez de polos, os grandes círculos de uma camada com uma dobra cilíndrica irão intersectar-se em um ponto comum que representa o eixo da dobra, nesse caso denominado eixo β (Fig. 12.6B). Esse método pode ser muito útil no mapeamento de dobras em campo, bem como na análise de outras estruturas cilíndricas, como as superfícies onduladas de falhas.

Outra propriedade conveniente das dobras cilíndricas é a possibilidade de projetá-las linearmente, por exemplo, de um plano para um perfil. Consideramos a cilindricidade ao projetarmos as estruturas mapeadas em um perfil geológico; esse método foi amplamente utilizado no início do século XX, nos mapeamentos dos Alpes Suíços, por geólogos como Emile Argand e Albert Heim. Como a validade dessas projeções se baseia na cilindricidade verdadeira das estruturas projetadas, a incerteza aumenta com a distância da projeção.

A **superfície axial** ou **plano axial**, se for perfeitamente plana, conecta as linhas de charneira de duas ou mais superfícies dobradas. Esse nome, porém, pode induzir a erros, já que não é diretamente relacionado ao eixo da dobra, como discutido acima; um nome mais lógico seria superfície de charneira. O **traço axial** de uma dobra é a linha de intersecção da superfície axial com a superfície de observação em afloramento ou em uma seção geológica. O traço axial conecta pontos de charneira nessa superfície. Note que a superfície axial não necessariamente bissecta os flancos (Fig. 12.2A). Também é possível haver dois conjuntos de superfícies axiais, que é o caso nas **dobras em caixa**, também chamadas de **dobras con-**

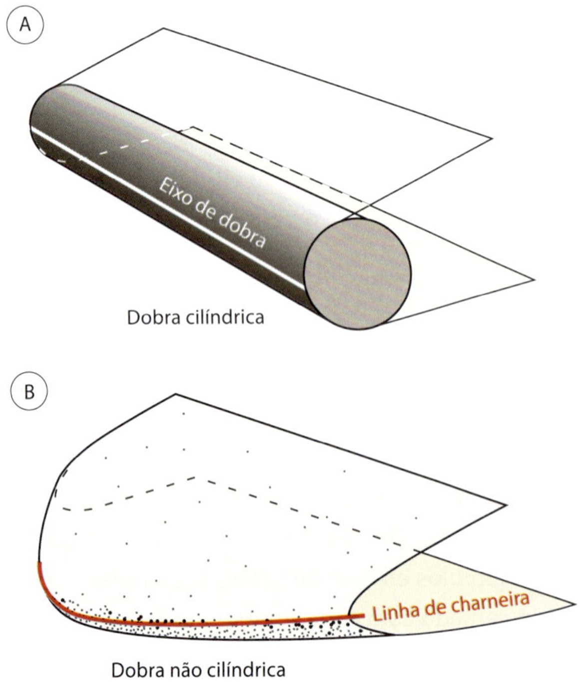

Fig. 12.4 *Dobras de geometria cilíndrica e não cilíndrica*

Fig. 12.5 *(A) Camada de arenito dobrada em turbidito de Almograve, Portugal, mostrando geometria quase cilíndrica em escala de afloramento. (B) Dobras não cilíndricas, Córsega; algumas das cherneiras são delineadas por linhas tracejadas*

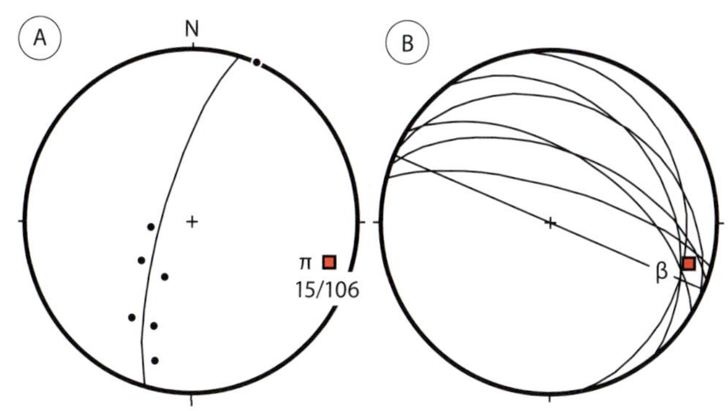

Fig. 12.6 *Medições de acamamento em uma camada dobrada de conglomerado. (A) Os polos do acamamento definem um grande círculo. O polo desse grande círculo (eixo π = 15/106) representa o eixo da dobra. (B) Os mesmos dados plotados como grandes círculos. Em uma dobra perfeitamente cilíndrica, os grandes círculos devem intersectar-se em um ponto (eixo β = 15/106) que representa o eixo da dobra. Dados da dobra mostrada no Boxe 3.3*

jugadas, em razão dos seus conjuntos conjugados de superfícies axiais (Fig. 12.2D). As dobras com superfícies axiais de atitudes variáveis são denominadas **dobras policlinais**.

A atitude de uma dobra é descrita pela atitude de sua superfície axial e de sua linha de charneira. Esses dois parâmetros podem ser lançados em um diagrama de classificação de dobras (Fig. 12.7). Os termos mais comumente usados são *dobras* **normais** (plano axial vertical e linha de charneira horizontal) e *dobras* **recumbentes** (plano axial e linha de charneira horizontais).

A maioria das dobras da Fig. 12.7 são dobras **antiformes**. Uma antiforme é uma estrutura cujos flancos mergulham e se afastam da zona de charneira, que é o oposto de uma **sinforme**, que tem a forma de um canal (Fig. 12.8B,C). Quando a sequência estratigráfica é conhecida, uma antiforme é denominada **anticlinal** se as rochas forem progressivamente mais jovens ao afastarem-se da superfície axial da dobra (Figs. 12.8E e 1.10). De modo análogo, uma **sinclinal** é uma dobra

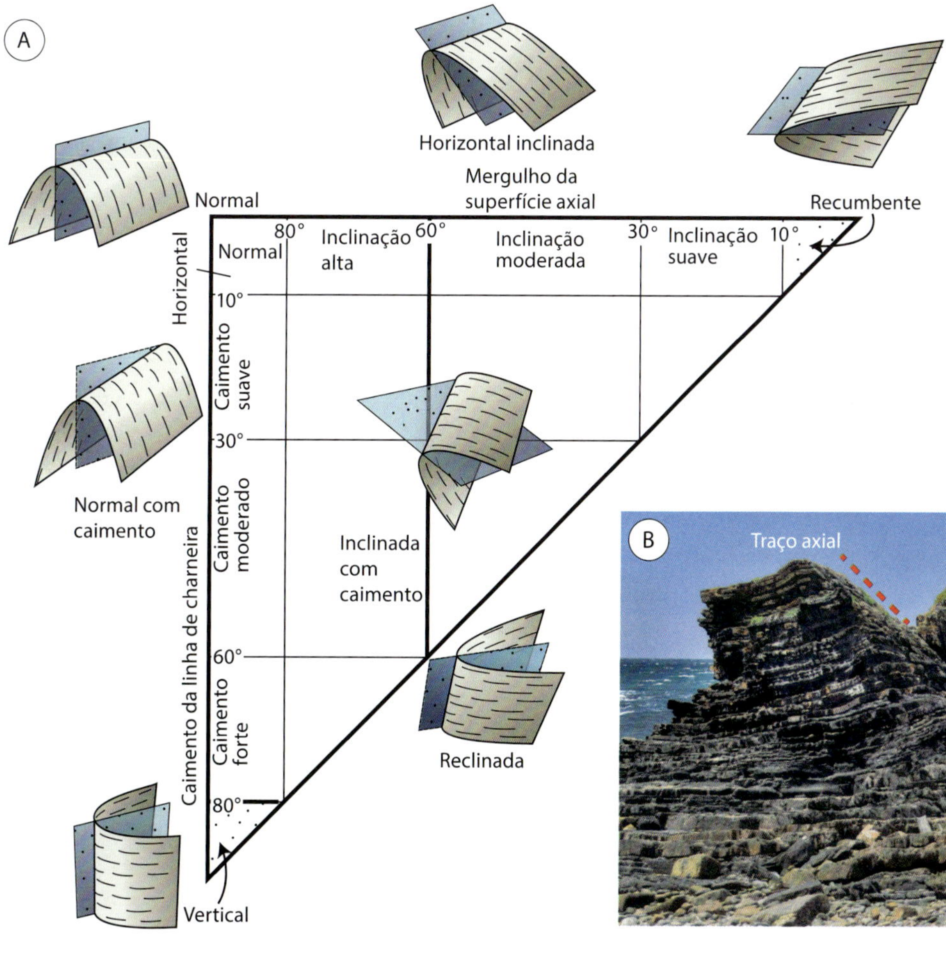

Fig. 12.7 *(A)Classificação de dobras baseada na orientação da linha de charneira e da superfície axial; (B) Dobra inclinada horizontal, com superfície axial mergulhando para a direita. Mesma localidade da Fig. 12.6A, mostrando um eixo horizontal e dobra*
Fonte: baseado em Fleuty (1964).

em forma de canal, cujas camadas são progressivamente mais jovens em direção à superfície axial (Fig. 12.8D). Nesse contexto, a **direção oposta** de uma dobra é a direção ao longo da superfície axial, normal à sua charneira e em direção às camadas mais jovens. As sinformes e antiformes podem ser tanto normais como inclinadas (Fig 12.7). Podemos até encontrar sinclinais e anticlinais recumbentes, porque suas definições se baseiam na estratigrafia e na idade relativa das camadas. Entretanto, os termos *sinforme* e *antiforme recumbente* ou *vertical* não fazem sentido.

Imagine uma dobra cerrada à isoclinal que tenha sido redobrada em uma fase tectônica tardia. Isso faz com que apareçam sinformes e antiformes secundárias. A direção estratigráfica que aponta para a camada mais jovem em relação à superfície axial irá depender se estamos no flanco normal ou invertido da dobra recumbente (Fig. 12.8H). Necessitamos de mais dois nomes para distinguir estes casos: anticlinal sinformal e sinclinal antiformal (Fig. 12.8F,G). Uma dobra **anticlinal sinformal** é uma anticlinal porque as camadas se tornam mais jovens ao afastarem-se da superfície axial; ao mesmo tempo, ela tem a forma de uma sinforme, ou seja, sinformal. Do mesmo modo, uma dobra **sinclinal antiformal** é sinclinal por causa das relações estratigráficas, mas tem a forma de uma antiforme. Tecnicamente, uma anticlinal sinformal corresponde a uma anticlinal na posição invertida, e uma sinclinal antiformal é uma sinclinal invertida. Confuso? Lembre-se de que esses termos apenas se aplicam no mapeamento de sequências de camadas afetadas por múltiplos dobramentos, tipicamente em cinturões orogênicos.

Como mencionado, a maioria das dobras são não cilíndricas em algum grau. Uma antiforme normal não cilíndrica é, por vezes, denominada **dobra com duplo caimento**. Grandes antiformes com duplo caimento podem formar importantes armadilhas para petróleo e gás; de fato, elas representam algumas das maiores armadilhas para hidrocarbonetos. Quando a não cilindricidade é significativa, a antiforme torna-se um **domo**, que é similar a uma tigela invertida (ou um molde oco do Yosemite's Half Dome). Os domos são armadilhas clássicas de hidrocarbonetos, por exemplo, acima de estruturas salinas; alguns geólogos se referem a essas estruturas como **fechamento por mergulho em quatro direções** (*four-way dip closure*). Por outro lado, na terminologia das dobras, uma sinforme fortemente não cilíndrica é uma **bacia** (uma tigela em posição normal).

Dobra monoclinal é uma dobra subcilíndrica com apenas um flanco inclinado (Fig. 12.8A). As dobras monoclinais (ou apenas monoclinas) são, em geral, estruturas mapeáveis relacionadas à reativação (ou compactação diferencial) de falhas subjacentes ou de estruturas de sal (Fig. 1.10).

Além da atitude e das relações estratigráficas, as dobras são comumente descritas em relação ao

Boxe 12.1 Estruturas de dobras sobrepostas

As dobras individuais podem sobrepor-se e interferir umas nas outras. Assim como as falhas, elas iniciam-se como pequenas estruturas e interagem pela formação de estruturas de sobreposição ou de transferência. Estruturas de dobras sobrepostas foram mapeadas pela primeira vez em cinturões de dobramento e cavalgamento, particularmente nas Montanhas Rochosas do Canadá. Muitos dos princípios fundamentais das estruturas de dobras sobrepostas vieram do estudo das populações de dobras. As sobreposições de dobras são zonas onde a deformação é transferida de uma dobra para outra. Mudanças bruscas na amplitude das dobras são características de estruturas de dobras sobrepostas.

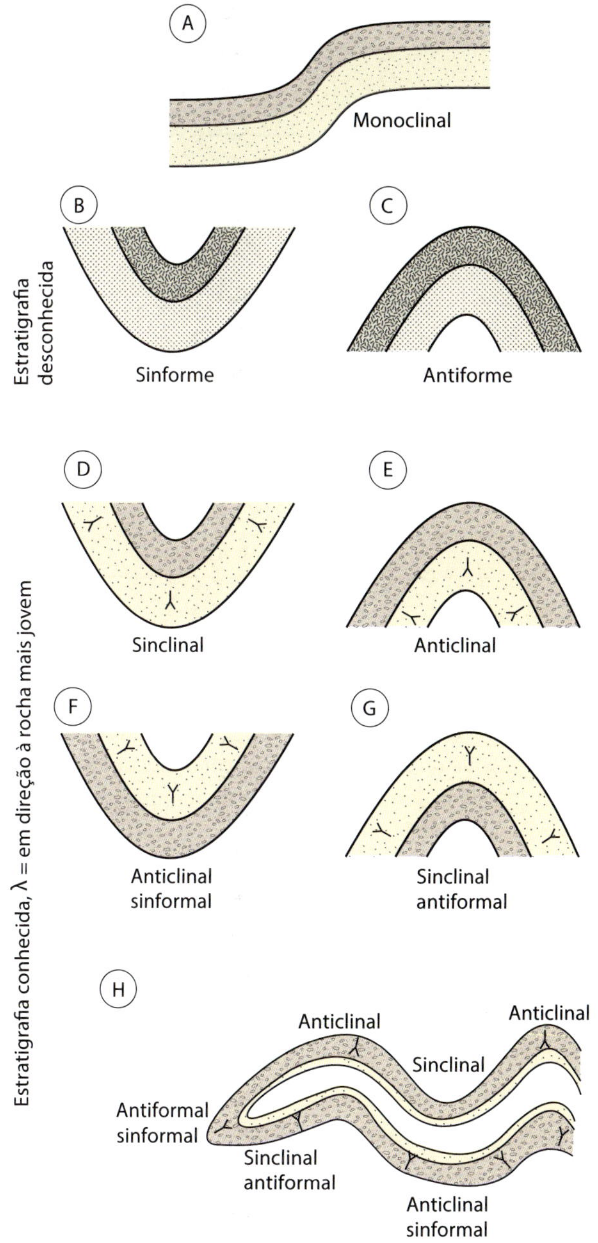

Fig. 12.8 *Formas básicas de dobras. A figura inferior ilustra como os diversos tipos de sinformes e antiformes podem ocorrer em uma dobra redobrada*

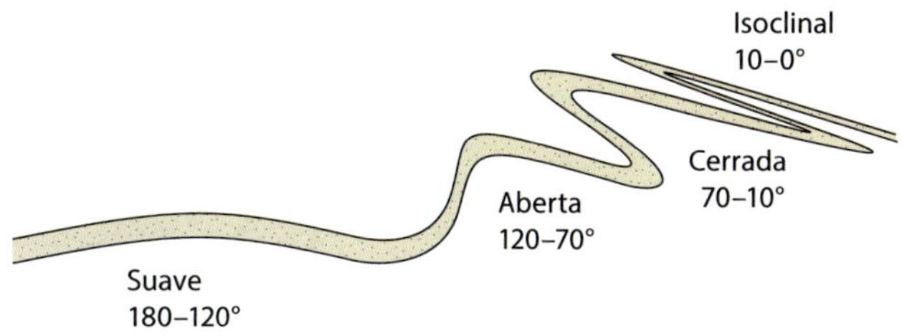

Fig. 12.9 *Classificação de dobras com base no ângulo interflancos*

ângulo interflancos, que é o ângulo interno entre os dois flancos. Com base nesse ângulo, as dobras podem ser divididas em suaves, abertas, cerradas e isoclinais (Fig. 12.9). O ângulo interflancos geralmente reflete a quantidade de deformação durante o dobramento.

As dobras tendem a ocorrer em grupos ou sistemas e, apesar de elas não serem muito sistemáticas, dobras vizinhas tendem a apresentar estilos em comum, especialmente quando ocorrem em sequências ou "comboios". Nesses casos, elas podem ser descritas em termos de comprimento de onda, amplitude, ponto de inflexão e por uma superfície de referência denominada **superfície envoltória**. Trata-se da superfície que tange os flancos individuais ao longo de uma camada dobrada (Fig. 12.1). Note que a superfície envoltória não conecta necessariamente as linhas de charneira, apesar de que isto possa ocorrer em dobras simétricas.

12.1.2 Isógonas de mergulho

Em alguns tipos de dobras, as camadas preservam suas espessuras, enquanto outros tipos apresentam espessamento de flancos ou charneira. Estas e outras feições relacionadas foram analisadas pelo geólogo inglês John Ramsay, que classificou as dobras geometricamente por meio de **isógonas de mergulho**. Ao orientarmos uma dobra de modo que seu traço axial se torne vertical, isolinhas ou isógonas de mergulho podem ser traçadas entre pontos de igual mergulho nas superfícies interna e externa de uma camada dobrada. As isógonas de mergulho retratam a diferença entre as duas superfícies (interna e externa) e, portanto, as mudanças na espessura da camada. Com base nas isógonas de mergulho, as dobras podem ser classificadas em três classes principais (Fig. 12.10):

Classe 1: as isógonas de mergulho convergem para o arco interno, que é mais fechado que o arco externo.

Classe 2 (dobras similares ou **dobras de cisalhamento)**: as isógonas de mergulho são paralelas ao traço axial. As formas dos arcos interno e externo são idênticas.

Classe 3: as isógonas de mergulho divergem em direção ao arco interno, que é mais aberto que o arco externo.

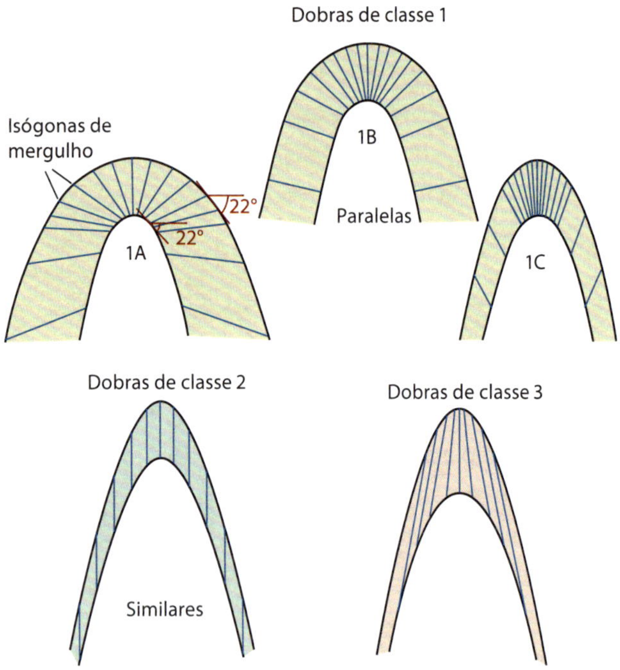

Fig. 12.10 *Classificação de Ramsay (1967) baseada nas isógonas de mergulho, que são linhas que conectam pontos de mesmo mergulho em dobras com orientação vertical*

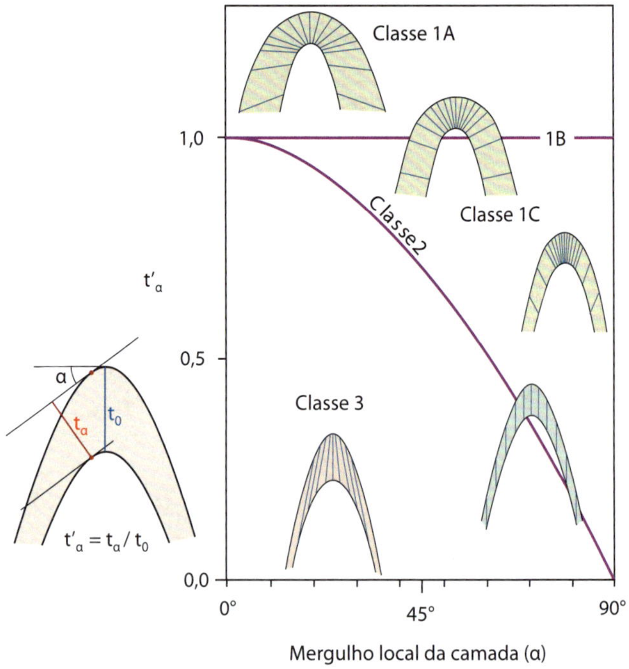

Fig. 12.11 *Classes de dobras lançadas em um diagrama onde a espessura normalizada da camada é considerada em relação ao mergulho da superfície dobrada. A espessura local da camada dividida pela espessura da camada no flanco equivale a t'_α, segundo Ramsay (1967)*

As dobras de classe 1 são subdivididas em 1A, 1B e 1C. As dobras 1A são caracterizadas por zonas de charneira adelgaçadas, enquanto as dobras 1B têm espessura de camada constante e são também denominadas **dobras paralelas** ou, se tiverem forma circular, **dobras concêntricas** (Fig. 12.2C). Dobras de classe 1C apresentam flancos ligeiramente adelgaçados. As dobras de classe 2 e, em especial, de classe 3 apresentam flancos ainda mais adelgaçados e charneiras espessadas. Dentre essas classes, as formas das classes 1B (paralelas) e 2 (similares) se destacam por serem mais comuns e mais fáceis de identificar em campo.

No diagrama de classificação baseado nas isógonas de mergulho (Fig. 12.11), as dobras são consideradas estruturas normais (plano axial vertical), de modo que o mergulho do flanco (α) aumente para os dois lados a partir de 0° no ponto de charneira. O parâmetro vertical no diagrama, t'_α ,é a versão normalizada da espessura ortogonal, que é indicada por t_α na Fig. 12.11. Esta é a espessura ortogonal da camada medida em um dos dois pontos correspondentes de igual mergulho em cada arco (pontos vermelhos na Fig. 12.11). Para as dobras da classe 1B, $t'_\alpha = t_\alpha$, independentemente da posição na camada dobrada, e cada flanco da dobra estará situado no diagrama sobre a linha horizontal $t'_\alpha = 1$. Dessa forma, lançando as medidas de uma única camada dobrada, obteremos uma série de pontos que definem duas linhas (uma para cada lado do ponto de charneira) na Fig. 12.11.

12.1.3 Simetria e ordem

As dobras podem ser simétricas ou assimétricas em seção geológica. Uma dobra é perfeitamente simétrica se os dois lados do traço axial forem imagens especulares um do outro, quando observados em seção geológica perpendicular à superfície axial. Isso significa que os dois flancos têm o mesmo comprimento. As dobras em *chevron* e as concêntricas (Fig. 12.2) são exemplos de dobras simétricas.

Se estendermos esse conceito para as três dimensões, o plano axial torna-se um plano de simetria (especular), e as dobras mais simétricas possíveis terão outros dois planos de simetria perpendiculares

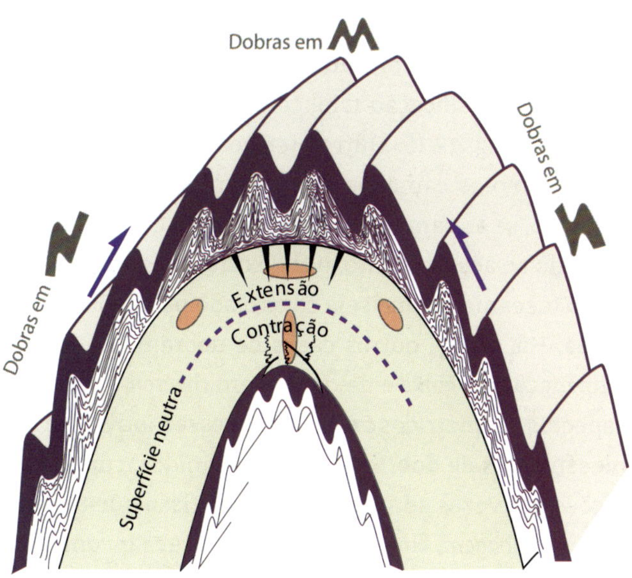

Fig. 12.12 *Dobras em Z, M e S podem ser relacionadas a dobras de ordem mais baixa e, nesse caso, elas provêm informações sobre a geometria da dobra de grande escala*

ao plano axial. Estas são características da **simetria ortorrômbica**. Nas dobras simétricas, o plano bissetriz coincide com o plano axial. Portanto, as *kink bands* (Fig. 12.2A) não são simétricas. De fato, esta é a diferença entre *kink bands* e dobras em *chevron*: estas são simétricas, enquanto aquelas têm um flanco curto e outro longo. Isso nos deixa com apenas um plano de simetria: o perpendicular à superfície axial, e a simetria passa a ser **monoclínica**.

As dobras simétricas geralmente são denominadas **dobras em M**, e as dobras assimétricas são denominadas **dobras em S** e **dobras em Z** (Fig. 12.12). A distinção entre dobras em S e em Z pode causar certa confusão, mas as dobras em Z têm flancos curtos que parecem ter sido rotacionados no sentido horário em relação aos flancos longos. Elas imitam, portanto, a letra Z, quando consideramos um flanco curto e os dois flancos longos adjacentes. As dobras em S implicam rotação no sentido anti-horário e assemelham-se à letra S (não há nenhuma relação entre as dobras e a angularidade das letras S e Z). É interessante notar que as dobras em S transformam-se em dobras em Z quando vistas da direção oposta. Dobras com caimento são, em geral, analisadas em observação na direção do caimento (*plunge*), e a direção de observação deve ser indicada no caso das dobras com eixos horizontais.

Os sistemas de dobras com assimetria consistente apresentam uma **vergência**, a qual pode ser especificada, e a direção de vergência é dada pelo sentido de deslocamento do flanco superior em relação ao flanco inferior (Fig. 12.13). Podemos também relacioná-la à rotação no sentido horário do flanco curto inclinado na Fig. 12.13, em que uma rotação horária implica vergência para a direita.

A vergência de dobras é importante na análise estrutural por diversos motivos. As dobras grandes geralmente apresentam dobras menores em seus flancos e zonas de charneira (Fig. 12.12). As dobras maiores são chamadas de dobras de primeira ordem, e as dobras menores associadas são de segunda ordem ou de ordens mais elevadas. Essas dobras menores são denominadas **dobras parasíticas**. As dobras de primeira ordem podem ser de qualquer tamanho, mas quando são visíveis em escala de mapa, é provável que apenas as dobras de segunda ordem e de ordens mais elevadas sejam visíveis em afloramento. Se um sistema de dobras corresponde a dobras parasitas (de segunda ordem) de uma estrutura sinformal ou antiformal de primeira ordem, sua assimetria e sua vergência indicam sua posição na estrutura de larga escala. As dobras parasíticas têm vergência direcionada para a zona de charneira (Fig. 12.12). A relação entre dobras parasíticas e dobras de ordens mais baixas pode ser extremamente útil no mapeamento de estruturas dobradas que são grandes demais para serem vistas em afloramentos individuais.

A vergência de sistemas assimétricos de dobras em zonas de cisalhamento não está, em geral, relacionada a dobras de ordem mais baixa, e pode dar informações sobre o sentido de cisalhamento da res-

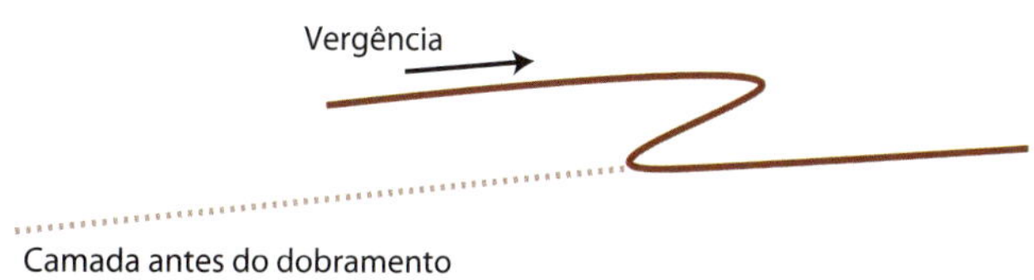

Fig. 12.13 *Conceito de vergência de dobra. A dobra da ilustração tem vergência para a direita e é uma dobra em Z, de acordo com a rotação no sentido horário do flanco mais curto*

pectiva zona. Essa análise cinemática requer que a seção observada contenha o vetor de cisalhamento e que este possa ser usado juntamente com outros indicadores cinemáticos independentes (ver Cap. 16).

A (as)simetria de dobras pode também refletir a deformação e a orientação do elipsoide de deformação. Em geral, as camadas paralelas a ISA_3 (direção de encurtamento mais rápido, ver Cap. 2) irão desenvolver dobras simétricas. Na deformação coaxial, essa relação é direta (Fig. 12.14), mas em cisalhamento simples e outros tipos de deformação não coaxial, a situação é mais complexa, pois as camadas são rotacionadas através da posição de ISA_3 durante a deformação.

A ASSIMETRIA DE DOBRAS PODE SER RELACIONADA À POSIÇÃO DA DOBRA EM UMA DOBRA DE ORDEM MAIS BAIXA, AO SENTIDO E À ORIENTAÇÃO DO CISALHAMENTO DA CAMADA DOBRADA EM RELAÇÃO À ELIPSE DE DEFORMAÇÃO.

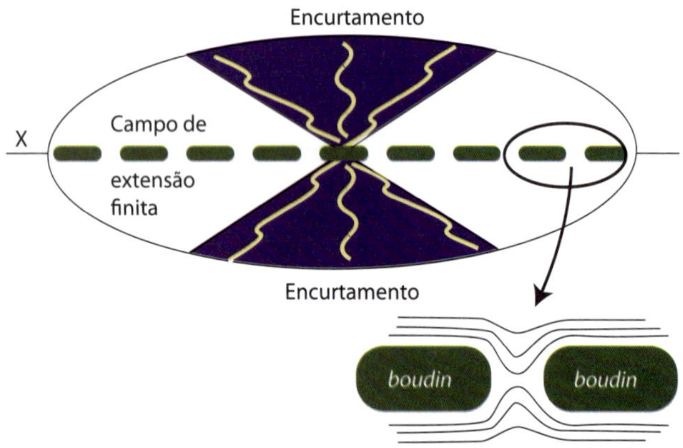

Fig. 12.14 *Vergência de dobra em relação ao elipsoide de deformação em deformação coaxial. Note que as dobras também podem ocorrer entre* boudins *no campo de extensão finita*

12.2 Dobramento: mecanismos e processos

Todos os geólogos que mapeiam e descrevem dobras em campo têm, provavelmente, uma mesma pergunta em mente: como essas estruturas de fato se formaram? Na condição de geólogos, tendemos a buscar uma história ou um mecanismo simples que possa explicar relativamente bem nossas observações. Os dobramentos não são exceções, e há diferentes abordagens e termos relacionados a esses processos. Uma abordagem possível é considerar o modo como um esforço atua sobre uma camada de rocha, o que conduz à classificação tríplice e à terminologia mostradas na Fig. 12.15. Outros termos se relacionam ao modo como as camadas de rocha reagem, como, por exemplo, se as camadas se dobram com cisalhamento paralelo ao acamamento, por flexura ortogonal ou por outro mecanismo que seja controlado pela reologia da rocha. Há, ainda, outros casos de dobramento, como a formação de *kinks* e de dobras em *chevron*, com seus aspectos geométricos próprios. Por esse motivo, vários mecanismos de dobramento são definidos, cujas definições por vezes se sobrepõem. É por isso que termos como *flambagem*, *kink* e *flexura* podem causar confusão quando discutidos em termos de mecanismos como deslizamento flexural e cisalhamento simples. Em suma, estamos lidando com diferenças na orientação nos eixos de esforços em relação às propriedades de acamamento, cinemáticas e reológicas, e, portanto, com mecanismos que enfatizam diferentes aspectos dos dobramentos.

A principal diferença nos modos como as rochas são dobradas está na resposta passiva ou ativa do acamamento em relação ao campo de deformação imposto. Vamos iniciar por considerar o **dobramento ativo** (flambagem), em que há um importante contraste de competência ou de viscosidade entre a camada dobrada e a rocha ao seu redor. Veremos também o **dobramento passivo**, no qual as camadas são simplesmente marcadores passivos sem diferenças reológicas, e a **flexura**, em que as forças são aplicadas através da camada (Fig. 12.15). Nos itens seguintes, vamos discutir modelos conhecidos como mecanismos de **dobramento flexural** (deslizamento flexural, cisalhamento flexural e flexura ortogonal), que podem contribuir tanto no dobramento ativo como no passivo. Por fim, discutiremos a formação de ***kinks*** e de **dobras em *chevron***.

12.2.1 Dobramento ativo (dobras de classe 1B)

O **dobramento ativo** ou **flambagem** (*buckling*) é um processo que pode iniciar-se quando uma camada é encurtada na direção paralela ao seu acamamento (Fig. 12.16). Dobras como as representadas na

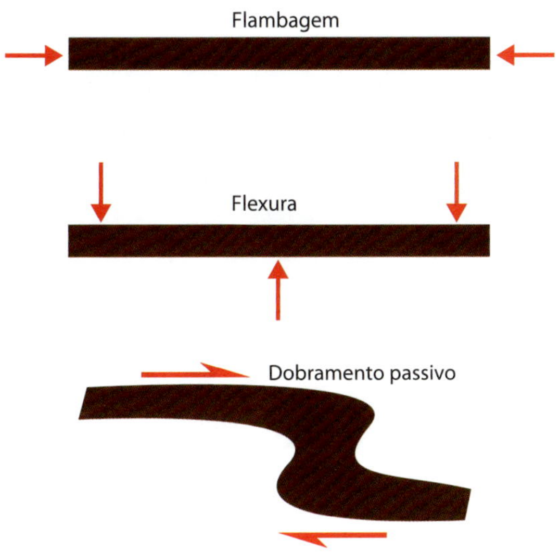

Fig. 12.15 *Relação entre os mecanismos de dobramento e o modo como as forças são aplicadas*

Fig. 12.17 parecem ter se formado em resposta a um encurtamento paralelo ao acamamento. Um contraste de viscosidade é necessário para que haja um dobramento ativo, com a camada dobrada sendo mais competente que a matriz (rocha). As dobras desse tipo são dobras arredondadas, tipicamente paralelas e com uma forma aproximadamente senoidal.

O DOBRAMENTO ATIVO OCORRE QUANDO UMA CAMADA COMPETENTE CONTIDA EM UMA MATRIZ MENOS COMPETENTE É ENCURTADA NA DIREÇÃO PARALELA AO SEU COMPRIMENTO.

Se uma camada isotrópica de rocha de limites perfeitamente planos e paralelos estiver orientada de modo perfeitamente paralelo a σ_1 ou ISA$_1$, ela irá encurtar-se sem se dobrar, mesmo que haja um contraste significativo de viscosidade entre ela e a matriz. Entretanto, se houver pequenas irregularidades nas interfaces das camadas, essas irregularidades podem expandir-se para formar dobras ativas com tamanho e forma que dependerão da espessura da camada dobrada e do contraste de viscosidade com o entorno.

O DOBRAMENTO ATIVO IMPLICA A EXISTÊNCIA DE ENCURTAMENTO PARALELO AO ACAMAMENTO E DE CONTRASTE DE VISCOSIDADE, ALÉM DE IRREGULARIDADES ONDE AS DOBRAS POSSAM NUCLEAR-SE.

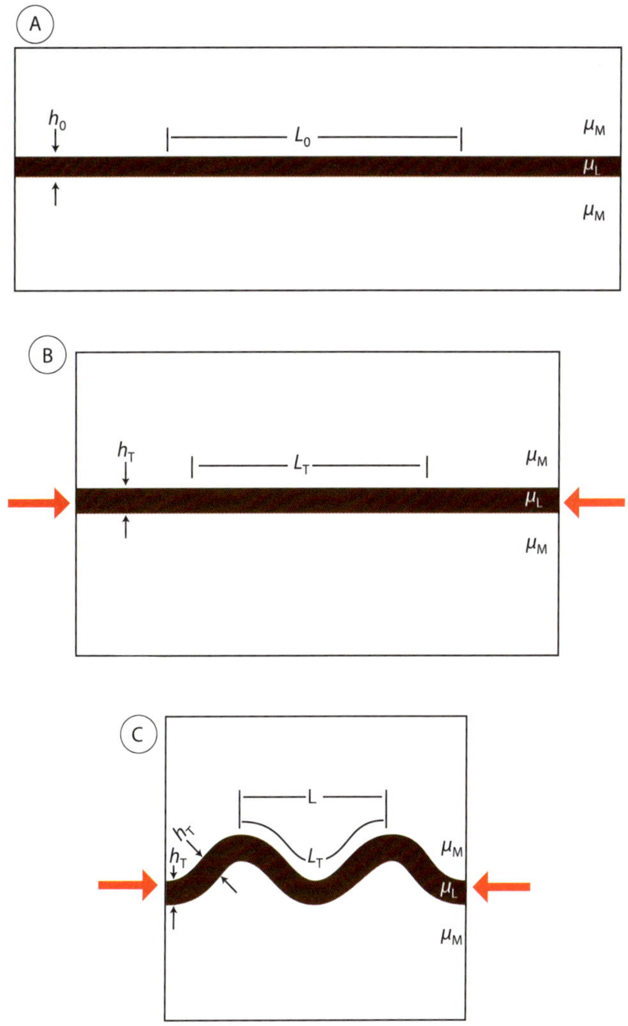

Fig. 12.16 *Dobramento ativo de uma camada única. O comprimento original L_0 passou a ser L_T após o encurtamento inicial (A, B), enquanto μ_L e μ_M representam a viscosidade da camada e da matriz, respectivamente. A espessura original da camada h_0 (A) aumenta durante a fase inicial de espessamento (B). O comprimento de onda é indicado por L, ao passo que o comprimento total do arco é dado por L_T*

Fonte: baseado em Hudleston (1986).

O dobramento ativo (flambagem) de camadas competentes individuais em uma matriz menos competente (Fig. 12.16) é relativamente fácil de estudar em laboratório e também em simulações numéricas. As dobras em camadas únicas têm as seguintes características:

- A razão entre comprimento de onda e espessura (*L/h, length/heigth*) será constante em cada camada dobrada se o material for mecanicamente homogêneo e deformado sob as mesmas condições físicas. Essas dobras são denominadas **dobras periódicas**. Se a espessura da camada variar, o comprimento de onda irá variar proporcionalmente (Fig. 12.17).

- O efeito do dobramento desaparece rapidamente com o distanciamento a partir da camada dobrada (distância correspondente a cerca de um comprimento de onda).
- As dobras em camadas competentes se aproximam do modelo de dobra Classe 1B (espessura constante. Se houver duas ou mais camadas competentes dobradas, as camadas incompetentes entre elas serão dobradas em dobras das classes 1A e 3 (Fig. 12.18). As charneiras em cúspide apontam para as camadas mais competentes.
- A parte externa da camada competente é estirada, ao passo que a parte interna é encurtada. As duas partes são tipicamente separadas por uma **superfície neutra** (Fig. 12.19). Note que o encurtamento paralelo ao acamamento, que sempre ocorre antes do dobramento, pode reduzir ou eliminar as zonas externas extensionais.
- A direção normal à superfície axial ou à clivagem axial indica a direção de máximo encurtamento (Z).

Se as camadas forem viscosas newtonianas e se desconsiderarmos qualquer encurtamento paralelo

Fig. 12.17 *Duas camadas dobradas de diferentes espessuras. A camada superior, mais delgada, apresenta um comprimento de onda principal menor que o da camada inferior*

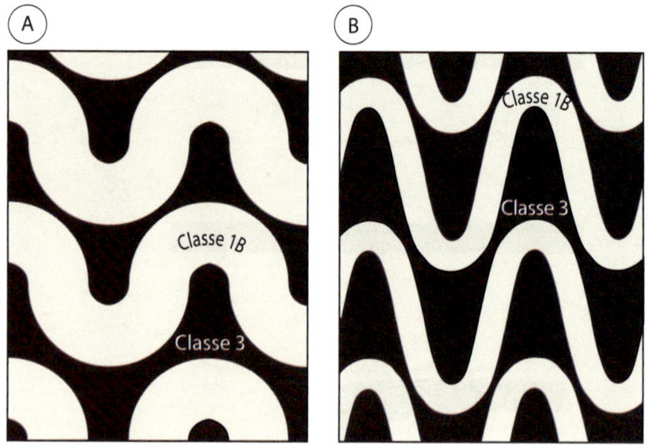

Fig. 12.18 *Alternância de dobras de classe 1B e classe 3 é comum em camadas dobradas. As camadas mais competentes apresentam dobras de classe 1B*

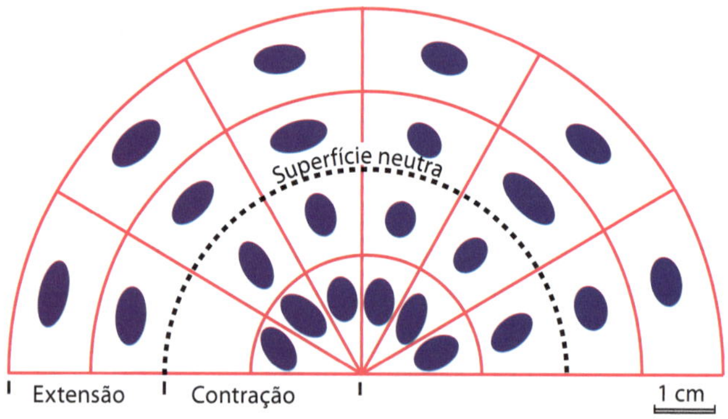

Fig. 12.19 *Distribuição da deformação na zona de charneira de uma camada dobrada de calcário em um folhelho. O estiramento do arco externo é separado do encurtamento do arco interno por uma superfície neutra*

Fonte: Hudleston e Holst (1984).

ao acamamento, a relação entre comprimento de onda e espessura é dada por:

$$L_d/h = 2\pi\,(\mu_L/6\mu_M)^{1/3} \qquad (12.2)$$

onde μ_L e μ_M indicam a viscosidade da camada competente e da matriz, respectivamente; L_d é o comprimento de onda dominante e h é a espessura. Os experimentos e a teoria mostram que um encurtamento homogêneo (T) ocorre inicialmente, juntamente com o crescimento das irregularidades em dobras suaves e de grande comprimento de onda. Quando as dobras mais acentuadas atingem ângulos de abertura em torno de 160°-150°, a importância do encurtamento paralelo ao acamamento diminui. A partir desse ponto, as dobras crescem sem qualquer aumento significativo em espessura. A Eq. 12.2 pode ser expandida para incluir o espessamento paralelo ao acamamento:

$$L_{dT}/h_T = 2\pi(\mu_L/6\mu_M (T + 1)\, T^2)^{1/3} \quad \textbf{(12.3)}$$

Nesse caso, L_{dT} é a expressão revisada do comprimento de onda dominante, e h_T é a espessura quando o encurtamento paralelo ao acamamento (espessamento) é levado em consideração. O fator T é idêntico à razão de deformação X/Z, ou seja, $(1 + e_1)/(1 + e_3)$.

O contraste de viscosidade $\mu_L/6\mu_M$ pode ser estimado pela medida do comprimento médio da camada dobrada ao longo de um comprimento de onda e de h_T para uma população de falhas (as fórmulas não são apresentadas aqui). Além disso, deve-se estimar o encurtamento T paralelo ao acamamento nas camadas competentes.

O dobramento ativo pode ser modelado considerando-se uma viscosidade linear ou newtoniana (Eq. 6.23). A maioria das rochas apresenta, provavelmente, um comportamento reológico não linear durante a deformação plástica, o que tem consequências no dobramento ativo. Considera-se, então, uma reologia de equação exponencial (Eq. 6.24), cujo expoente é $n > 1$. Quanto maior for o expoente n, mais rápido será o crescimento da dobra e menor será o encurtamento T paralelo ao acamamento. Muitas dobras naturais apresentam valores baixos de T e baixas razões L/h (< 10), o que indica uma reologia não linear. Entretanto, as diferenças não são grandes entre os resultados de reologia viscosa e de equação exponencial.

As dobras ativas são mais facilmente reconhecidas em camadas simples (únicas) competentes, mas podem também ser encontradas em conjuntos de várias camadas competentes paralelas. Em um sistema de multicamadas, L_d/h é significativamente menor do que em uma camada única. Duas camadas delgadas próximas uma da outra comportam-se como uma camada única, cuja espessura é a soma das camadas delgadas, o que pode ser simulado experimentalmente (Fig. 12.20). No caso de alternância de camadas delgadas e espessas, o processo de dobramento terá início primeiramente nas camadas delgadas (Fig. 12.21A,B). Em algum momento, as camadas espessas irão começar a se dobrar (com comprimento de onda mais longo) e a dominar o desenvolvimento subsequente do sistema. O resultado são dobras relativamente grandes, controladas pelas camadas espessas, associadas a dobras menores, de segunda ordem, formadas anteriormente (Fig. 12.21C). Um exemplo de dobramento em multicamadas no qual o comprimento de onda é controlado pelo empilhamento das camadas é mostrado na Fig. 12.22.

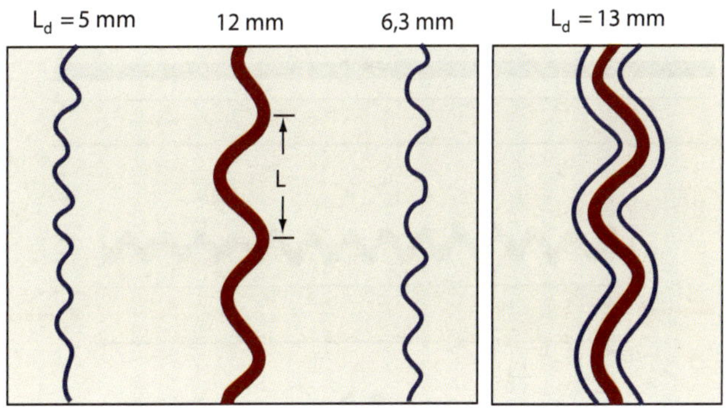

Fig. 12.20 *Dobramento de camadas múltiplas. As camadas afastadas umas das outras comportam-se como camadas individuais (à esquerda). Quanto mais próximas as camadas estiverem umas das outras, maior será a tendência de se comportarem como uma camada única, de espessura maior que a das camadas individuais*
Fonte: baseado em experimentos de Currie et al. (1962).

Diversos mecanismos podem estar envolvidos no dobramento ativo. Os mais simples podem ser coletivamente denominados **dobramento flexural** e são divididos em flexura ortogonal, deslizamento flexural e fluxo flexural. Além disso, há sempre a possibilidade de haver mudança de volume, particularmente na zona de charneira. Vamos revisar brevemente esses modelos ideais, após discutirmos os outros dois modelos de dobramento conhecidos como dobramento passivo e flexura.

12.2.2 Dobramento passivo (dobras de classe 2)

O **dobramento passivo** é típico de rochas nas quais ocorre fluxo passivo, ou seja, onde o acamamento

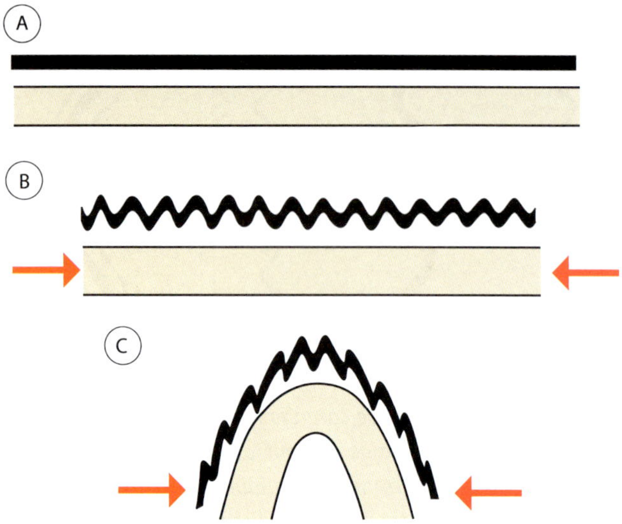

Fig. 12.21 *Ilustração do modo como o dobramento começa em camadas delgadas. Assim que a camada espessa começa a se dobrar, as dobras menores na camada delgada tornam-se dobras parasíticas e assimétricas, em função do fluxo flexural*

Fig. 12.22 *Pacote de múltiplas camadas com dobramento ativo (flambagem), onde as camadas competentes (claras) e incompetentes são dobradas em conjunto, produzindo dobras harmônicas. Formação ferrífera bandada, Minas Gerais, Brasil*

não exerce influência mecânica sobre o dobramento. Nesses casos, o acamamento serve apenas de expressão visual, sem contraste mecânico ou de competência entre as camadas. Camadas desse tipo são denominadas **camadas passivas**. As dobras perfeitamente passivas produzidas por cisalhamento simples são dobras de classe 2 (similares), e as dobras passivas associadas a cisalhamento simples, ou onde há um componente significativo de cisalhamento simples, são denominadas **dobras de cisalhamento** (Fig. 12.23A).

DOBRAS PASSIVAS GERADAS POR CISALHAMENTO SIMPLES SÃO DOBRAS PERFEITAMENTE SIMILARES.

As dobras passivas com geometria perfeita de classe 2 podem ser facilmente simuladas pelo cisalhamento diferencial de uma pilha de cartas de baralho. A marcação de linhas perpendiculares às cartas na lateral da pilha auxilia na visualização da dobra. Entretanto, a formação de dobras passivas não é restrita ao cisalhamento simples. As dobras passivas podem formar-se em resposta a qualquer tipo de deformação dúctil, como em cisalhamento simples, em transpressão (Cap. 19) e mesmo em deformação coaxial (Fig. 12.23B). Portanto, o cisalhamento simples é apenas uma possibilidade em um espectro infinito de modelos cinemáticos que podem produzir dobras passivas.

O DOBRAMENTO PASSIVO PRODUZ DOBRAS HARMÔNICAS ONDE O ACAMAMENTO NÃO TEM INFLUÊNCIA MECÂNICA E, PORTANTO, NÃO INFLUENCIA A FORMA DA DOBRA.

Exemplos de dobramento passivo podem ser encontrados onde camadas passivas são afetadas por zonas de cisalhamento ou por deformação heterogênea. As dobras de arrasto ao longo de falhas (Cap. 9) são exemplos típicos em regime rúptil, ainda que sequências estratificadas possam conter camadas com propriedades mecânicas contrastantes, o que favorece o deslizamento flexural entre as camadas (ver, adiante, deslizamento flexural). As dobras passivas são encontradas com frequência em zonas miloníticas, em particular em rochas monominerálicas, como quartzito (Fig. 12.24), mármore e sal.

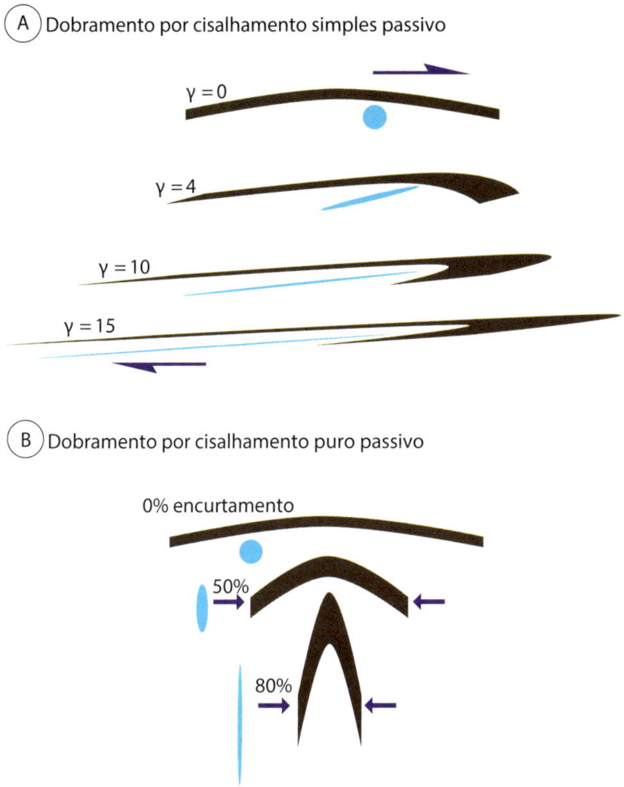

Fig. 12.23 *Formação de dobras de classe 2 por (A) cisalhamento simples e (B) cisalhamento puro de uma camada suavemente curvada. Não há contraste de viscosidade, o que significa que as camadas podem ser consideradas passivas*

Fig. 12.24 *Dobramento harmônico passivo de quartzito em zona milonítica caledoniana. A geometria similar dessa dobra em Z e o contexto de zona milonítica caledoniana indicam que ela é uma dobra de cisalhamento*

12.2.3 Flexura

A **flexura** (*bending*) ocorre se as forças agirem em alto ângulo através da camada (Fig. 12.25), de modo distinto das dobras ativas (flambagem), onde a força principal age de modo paralelo à camada. Este é, também, o caso do dobramento passivo, e os dois tipos têm uma relação próxima. Entretanto, a flexura geralmente é considerada como algo diretamente forçado sobre as camadas pela forma e pela cinemática das camadas vizinhas. Vários aspectos das flexuras têm sido estudados em detalhe na engenharia, por sua relevância no campo da construção civil, como nas vigas horizontais suportadas por pilares verticais.

As flexuras ocorrem quando os esforços atuam em alto ângulo através das camadas, e podem envolver mais de um mecanismo de deformação.

Os resultados clássicos de flexuras, em Geologia, são as **dobras forçadas**, geradas em camadas sedimentares sobrepostas a blocos rígidos do embasamento (Fig. 12.25C). O deslocamento é imposto aos sedimentos pelo movimento de falha preexistente do embasamento, e os sedimentos não competentes deformam-se em dobramento monoclinal até um ponto crítico de ruptura, quando a falha começa a propagar-se para cima na seção. Essas estruturas são particularmente bem expostas no Platô do Colorado e nas Montanhas Rochosas (EUA), onde foram produzidas por diversos soerguimentos relacionados à orogenia Laramide.

A flexura como tal é um modelo de condição limite ou relacionado à carga externa, não um modelo de deformação interna (*strain*), particularmente quando uma superfície livre é envolvida nos processos de dobramento forçado mencionados anteriormente (Fig. 12.25C). Ou seja, há muitos modos alternativos de acumulação interna de dobramento e deformação em uma dobra durante a flexura.

Uma resposta óbvia às flexuras é a deformação por cisalhamento simples e, nesse caso, retornamos ao dobramento passivo. O modelo de dobramento passivo por cisalhamento simples pode funcionar se houver zonas largas de falhas sob a dobra, ou se a dobra for muito estreita. Na maioria dos casos, o

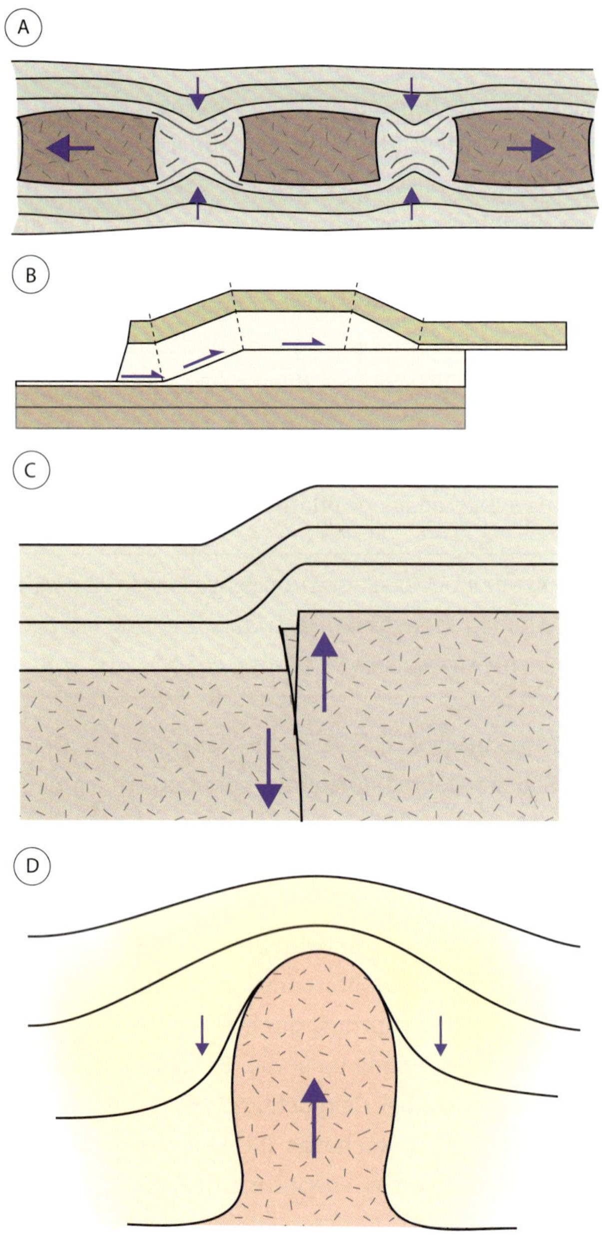

Fig. 12.25 *Exemplos de flexura em vários contextos e escalas: (A) entre* boudins*; (B) acima de rampas de cavalgamento; (C) acima de falhas reativadas; (D) acima de intrusões rasas e diápiros de sal*

dobramento alarga-se para cima, indicando que houve uma mudança no modelo de cisalhamento simples. O modelo *trishear* (Boxe 9.4) distribui o cisalhamento em uma zona triangular adiante de uma propagação da dobra e parece ser apropriado a diversas estruturas mapeadas.

Mesmo assim, o modelo *trishear* não é capaz de explicar todas as feições presentes nas dobras forçadas. Estudos de campo mostram evidências de deslizamento ou cisalhamento paralelo ao acamamento. Isso se manifesta na forma de estrias nas superfícies mais frágeis ou de bandas de deformação paralelas ao acamamento. Discutiremos esse mecanismo a seguir, como deslizamento flexural. O mecanismo flexural relacionado, descrito adiante como flexura ortogonal, também pode resultar de cargas de flexura.

Há muitos exemplos de flexura. As dobras relacionadas a falhas (*fault-bend folds*), por exemplo, ocorrem onde fatias de cavalgamento são passivamente encurvadas ao se moverem sobre uma estrutura em rampa (Fig. 12.25B) (ver Cap. 17). Essas dobras são, em geral, modeladas como *kinks*, relacionadas ao deslizamento flexural. Elas também podem ser modeladas por cisalhamento simples, o que geralmente é feito para dobras relacionadas a falhas não planas (p. ex., lístricas) (ver Cap. 21).

A **compactação diferencial**, na qual uma sequência sedimentar é mais compactada em um local que em outro, em função de diferentes graus de compactação das camadas subjacentes, também é um tipo de flexura. Esse caso é comum em cristas de blocos maiores de falha em bacias sedimentares pós-rifte, mas pode ocorrer também ao longo de diápiros de sal e intrusões rasas. As dobras formadas por compactação diferencial são suaves.

A **intrusão forçada** de magma ou de camadas de evaporito também pode dobrar as camadas sobrejacentes (Fig. 20.21). Uma vez mais, o mecanismo de acumulação de deformação pode variar, sendo o deslizamento flexural um componente comum.

As flexuras são menos comuns no regime plástico, por causa da alta ductilidade da rocha como um todo ou de sua maior parte. As flexuras são frequentemente associadas a *boudins* rígidos (Figs. 12.25A e 12.26).

12.2.4 Deslizamento flexural e fluxo flexural (classe 1B)

O **deslizamento flexural** corresponde ao deslizamento ao longo das interfaces das camadas durante o dobramento (Fig. 12.27). Este é um dos três modelos cinemáticos de dobras (além de fluxo flexural e flexura ortogonal) que mantém a espessura da camada e produz dobras paralelas ou de classe 1B. Experi-

Fig. 12.26 *Dobramento passivo de camadas entre* boudins

mentos de deslizamento flexural simples podem ser feitos ao dobrarmos sanduíches duplos com geleia. O sanduíche mantém sua espessura enquanto ocorre o deslizamento entre as fatias de pão, até que a dobra se torne fechada demais. Um pré-requisito para o dobramento flexural é um meio acamadado ou com forte anisotropia mecânica.

Na natureza, a anisotropia pode ser dada por camadas ricas em micas em um quartzito ou milonito, ou camadas delgadas de folhelho entre camadas mais espessas de arenito ou calcário em sequências sedimentares. O deslizamento flexural é mais comum no regime rúptil da crosta superior, mas pode ocorrer na parte média da crosta, onde estão presentes mecanismos de deformação plástica. Na parte superior da crosta, o acamamento atua como falhas e pode haver o desenvolvimento de estrias (linhas vermelhas, Fig. 12.27A) nas superfícies de deslizamento.

O deslizamento máximo ocorre nos pontos de inflexão e decresce em direção às charneiras, onde é nulo. O sentido do deslizamento é oposto em cada flanco e o deslizamento é consistente em relação às charneiras, onde ocorre a inversão de seu sentido. O deslizamento relativo no lado convexo de uma dobra com deslizamento flexural é sempre em direção à charneira, ao passo que no lado côncavo é o contrário.

Estrias de atrito em camadas pouco competentes dobradas e de espessura constante são indicativas de deslizamento flexural.

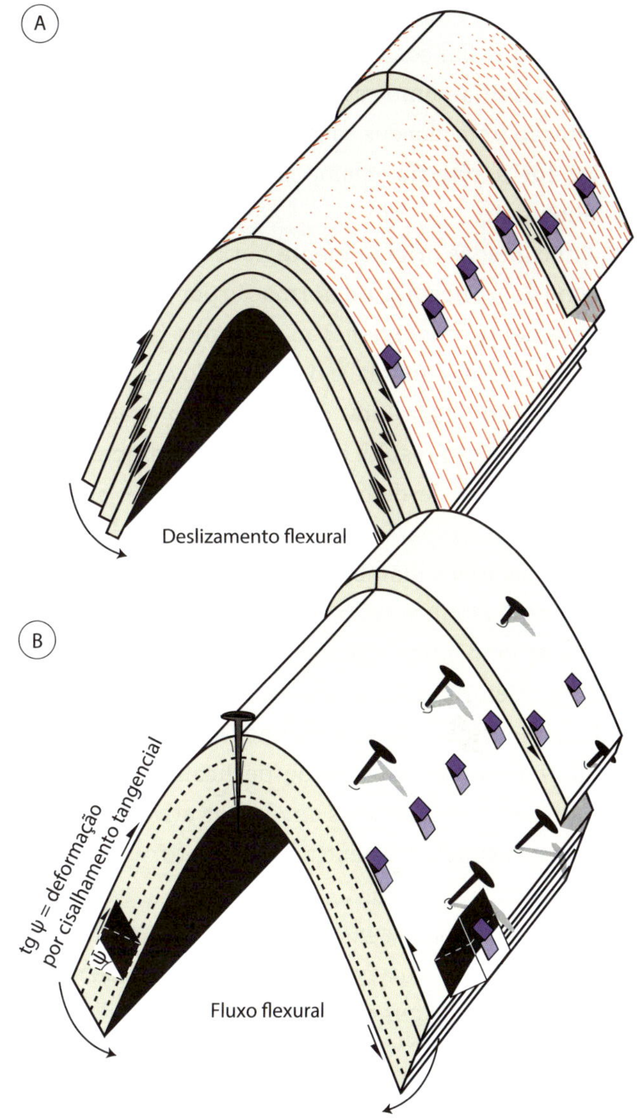

Fig. 12.27 *(A) Deslizamento flexural, com sentido oposto em cada flanco e decrescendo em direção à charneira. (B) Fluxo flexural, onde os flancos são cisalhados. Idealmente, a espessura das camadas é preservada em ambos os modelos*

Nos casos em que a deformação é distribuída de modo mais homogêneo nos flancos, na forma de deformação por cisalhamento, que é mais comum no regime plástico, o deslizamento flexural se transforma em **cisalhamento flexural** ou **fluxo flexural**. O fluxo flexural pode ser simulado ao dobramos um caderno ou uma pilha de cartas (lembre-se de desenhar círculos como marcadores de deformação). Nesse processo, o deslizamento ocorre entre as folhas de papel. Se desenharmos marcadores de deformação na lateral das páginas do caderno, perceberemos que a deformação é nula na zona de charneira e aumenta ao longo dos flancos. Isso ocorre porque a deformação por cisalhamento está diretamente relacionada à orientação (rotação) das camadas (Fig. 12.27B): quanto maior for a rotação, maior será a deformação por cisalhamento.

Em camadas originalmente horizontais, dobradas em uma dobra normal, a deformação por cisalhamento é diretamente proporcional ao mergulho (γ = tangente do mergulho da camada) e o sentido do cisalhamento é oposto em cada um dos lados do traço axial (Fig. 12.27B). Isso resulta em um padrão característico de distribuição de deformação na dobra. A superfície neutra que separa a contração da extensão, típica nas dobras ativas (flambagem), não está presente nas dobras de fluxo flexural puro. O fluxo flexural produz deformação idêntica nas partes interna e externa da dobra e a deformação aumenta com o afastamento da charneira. Evidências de combinação de flexura ortogonal (ver adiante) e fluxo ou deslizamento flexural são, em geral, encontradas em dobras ativas e, nesses casos, uma superfície neutra pode existir.

As dobras flexurais puras não têm superfície neutra e a deformação aumenta com o distanciamento a partir da zona de charneira.

As dobras flexurais são dobras de classe 1B perfeitas. Podemos estimar a magnitude do encurtamento paralelo ao acamamento por meio da medição do comprimento de qualquer uma das camadas dobradas. As camadas mantêm seu comprimento original, pois elas foram planos de cisalhamento ao longo da história do dobramento. Consideram-se comprimento e espessura constantes das camadas para simplificar a reconstrução em seções transversais (Cap. 21).

12.2.5 Flexura ortogonal (também classe 1B)

A **flexura ortogonal**, também chamada de deformação tangencial longitudinal, é um tipo de deformação com características próprias:

Todas as linhas originalmente ortogonais ao acamamento permanecem ortogonais durante a história da deformação.

O resultado disso é o estiramento da parte externa e o encurtamento da parte interna da camada dobrada. O eixo mais longo do elipsoide de deformação é, portanto, ortogonal ao acamamento na parte interna da camada e paralelo na parte externa, como na camada dobrada de calcário da Fig. 12.19.

A Fig. 12.28 mostra uma comparação entre o fluxo flexural e a flexura ortogonal. Esses modelos têm em comum a produção de dobras paralelas (classe 1B), mas têm padrões de deformação distintos: a superfície neutra (sem deformação) que separa a parte externa estendida e a parte interna contraída nas camadas dobradas não existe no fluxo flexural, em que a deformação é idêntica através da dobra ao longo das isógonas de mergulho. Durante a história de dobramento, a superfície neutra se move para dentro em direção ao núcleo da dobra, o que pode resultar em estruturas de contração sobrepostas por estruturas extensionais.

A flexura ortogonal produz dobras paralelas com uma superfície neutra.

Uma flexura ortogonal pura apenas é possível em dobras abertas. Quando as dobras tornam-se mais fechadas, as condições para a existência de flexura ortogonal tornam-se progressivamente mais difíceis de serem mantidas, e há uma transição gradual para deslizamento ou fluxo flexural. Evidências de flexura ortogonal são encontradas tipicamente em camadas competentes e rígidas, que resistem à deformação dúctil. Alguns autores simplificaram a definição de flexura ortogonal como um mecanismo que resulta em extensão da parte externa e contração da parte interna. Se eliminarmos os requisitos de ortogonalidade, esse modelo torna-se mais genérico e aplica-se a um número maior de exemplos naturais.

12.2.6 *Kinking* e dobramento em *chevron*

Kink bands são comuns em rochas laminadas e anisotrópicas, ricas em filossilicatos; algumas ocorrências de campo são mostradas na Fig. 12.29. As *kink bands* são zonas com largura de centímetros a decímetros, através das quais a foliação é rotacionada de modo abrupto. As zonas mais largas são, em alguns

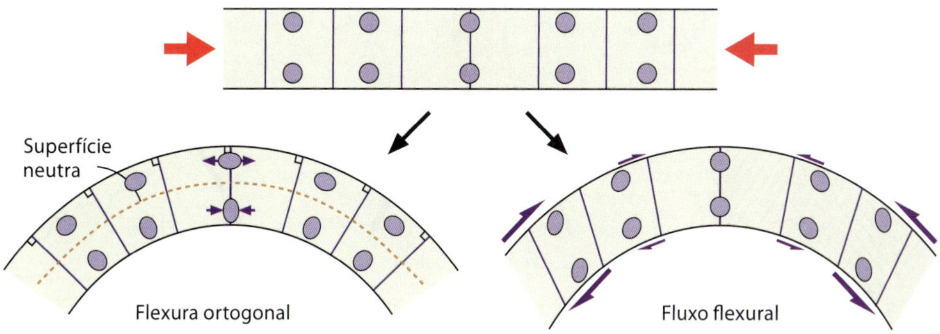

Fig. 12.28 *Encurtamento paralelo ao acamamento resultando em flexura ortogonal e fluxo flexural. Observe o que acontece com as linhas originalmente ortogonais. As elipses de deformação estão indicadas*

casos, denominadas dobras em *kink*. As *kink bands* e as dobras em *kink* são caracterizadas por forte assimetria e geometria de classe 2. Elas são similares às **dobras em *chevron***, que também são dobras de classe 2, mas diferem quanto à simetria. Ambas são estruturas de deformação de baixa temperatura (baixo grau metamórfico), com uma forte anisotropia mecânica representada pela laminação ou pela alternância de camadas competentes e incompetentes; ambas implicam encurtamento paralelo ao acamamento.

As *kink bands* clássicas têm charneiras angulosas e não chegam a apresentar uma estreita zona de charneira, como no caso do arco externo de dobras em *chevron*. Há outra diferença importante entre as duas: enquanto as dobras em *chevron* se iniciam com superfície axial perpendicular à direção de encurtamento, as *kink bands* são oblíquas a essa direção, ocorrendo tipicamente em pares conjugados.

Quando observamos conjuntos conjugados de *kink bands* de baixa deformação (Fig. 12.29A,B), considera-se que σ_1 ou ISA_1 esteja na bissetriz dos conjuntos (Fig. 12.30). Como já mencionado, a determinação do esforço a partir da deformação não é simples, e em pequenas deformações as correlações são melhores. Se houver um único conjunto de *kink bands*, sabemos que $\sigma 1$ é oblíquo à banda, mas sua orientação precisa é desconhecida, pois as *kink bands* podem rotacionar durante a deformação progressiva. Além disso, a formação de *kink bands* ainda não é totalmente conhecida em detalhe e parece haver diversos mecanismos possíveis.

As dobras em *kink* geradas por flexura não revelam diretamente a orientação dos esforços. Suas orientações são controladas pela forma local das rampas ou dos desvios nos planos de falhas. Nesses casos, portanto, o ângulo bissetriz entre duas zonas de *kinks*

Fig. 12.29 *(A)* Kink bands *conjugadas em gabro anortosito milonitizado em Bergen, na Noruega. (B) Dobras similares a* kinks *em sedimentos oceânicos em Oman. (C) Dobras* chevron *em sedimentos oceânicos, São Francisco, EUA*

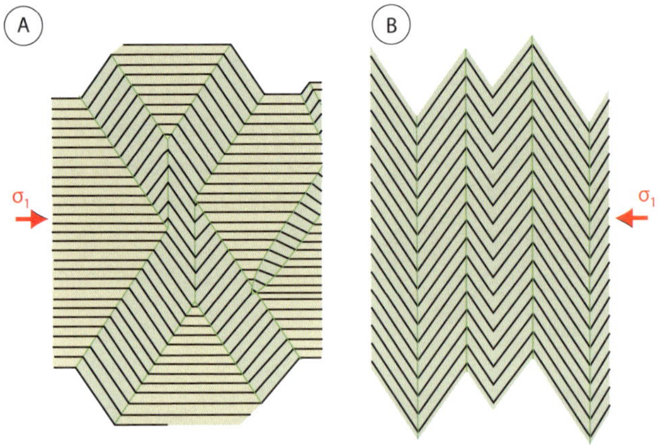

Fig. 12.30 *(A) A orientação de σ_1 pode ser determinada a partir da orientação de pares conjugados de* kink bands. *(B) O crescimento contínuo das* kink bands *pode produzir dobras em* chevron

geralmente não representa σ_1 ou ISA_1. Veja os Caps. 17 e 21 para exemplos dessas estruturas.

Os experimentos demonstram que conjuntos conjugados podem fundir-se para formar dobras em *chevron*, se a deformação for suficientemente alta (cerca de 50%) (Fig. 12.30). Entretanto, geralmente não se atinge um encurtamento de 50% por formação de *kinks* em rochas naturalmente deformadas e, portanto, esta talvez não seja a forma mais comum de formação de dobras em *chevron*. As dobras em *chevron* clássicas, em camadas de espessura centimétrica, formam-se mais comumente por deslizamento flexural em rochas acamadadas durante o encurtamento paralelo ao acamamento (Fig. 12.31). O contexto típico é o de camadas competentes separadas por camadas incompetentes delgadas, como, por exemplo, quartzito ou *chert* intercalado com folhelho ou filito. O deslizamento flexural ocorre entre as camadas competentes, que se deformam apenas nas estreitas zonas de charneira. Assim como nas dobras ativas, as charneiras apresentam estiramento no arco externo e encurtamento no arco interno. A Fig. 12.32 mostra um exemplo disso, onde veios extensionais são formados no arco externo e estruturas contracionais (menos evidentes) ocorrem no arco interior. Além disso, problemas geométricos na zona de charneira requerem fluxo da rocha incompetente em direção à charneira ou, alternativamente, colapso da camada competente na charneira (Figs. 12.31 e 12.33). O colapso na

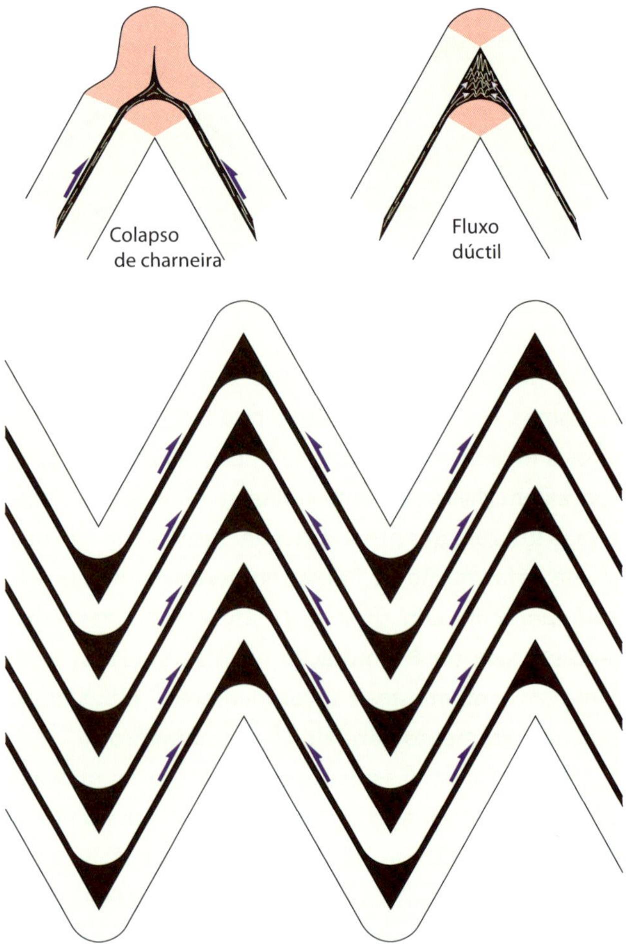

Fig. 12.31 *Dobras em chevron formadas pelo mecanismo de deslizamento flexural apresentam problemas de espaço na zona de charneira, que podem ser resolvidos por fluxo dúctil das camadas incompetentes (escuras) ou por colapso das camadas competentes na zona de charneira. As partes deformadas das camadas competentes são marcadas em vermelho, indicando que a espessura das camadas é mantida nos flancos*

charneira é particularmente comum em camadas competentes relativamente espessas, intercaladas com camadas mais finas. Outra maneira de resolver os problemas de compatibilidade de charneira é por falhamento inverso (Fig. 12.33).

12.3 Padrões de interferência de dobras e dobras redobradas

Em áreas afetadas por duas ou mais fases de deformação, um conjunto secundário de dobras pode sobrepor-se a um conjunto mais antigo. As dobras

Fig. 12.32 *Fraturas extensionais (veios) no arco externo, estirado, de camadas competentes dobradas; dobras em* chevron *em Varanger, no norte da Noruega*

Fig. 12.33 *Problemas de compatibilidade de charneira resolvidos por colapso dúctil de charneira e falhamento inverso. Detalhe da Fig. 17.23 (dobras de deformação glaciotectônica). A altura do afloramento é de cerca de 13 m*

modificadas por dobras posteriores são denominadas **dobras redobradas** e os padrões resultantes são **padrões de interferência de dobras**. John Ramsay diferenciou quatro padrões principais, com base na orientação relativa dos planos axiais e dos eixos das dobras (Figs. 12.34 e 12.35). O tipo 1 é a estrutura clássica em domo e bacia; o tipo 2 é conhecido como tipo bumerangue (Fig. 12.36) e o tipo 3, como tipo em forma de gancho. Há, ainda, um padrão de tipo 0, definido por dois conjuntos idênticos de dobras, separados temporalmente. Esse padrão resulta apenas em estruturas dobradas mais fechadas.

Os quatro padrões mostrados na Fig. 12.34 representam extremos de uma gama de possíveis padrões de interferência, como indicado na Fig. 12.35. Note que a aparência em afloramento depende da seção através das estruturas dobradas e dos mecanismos

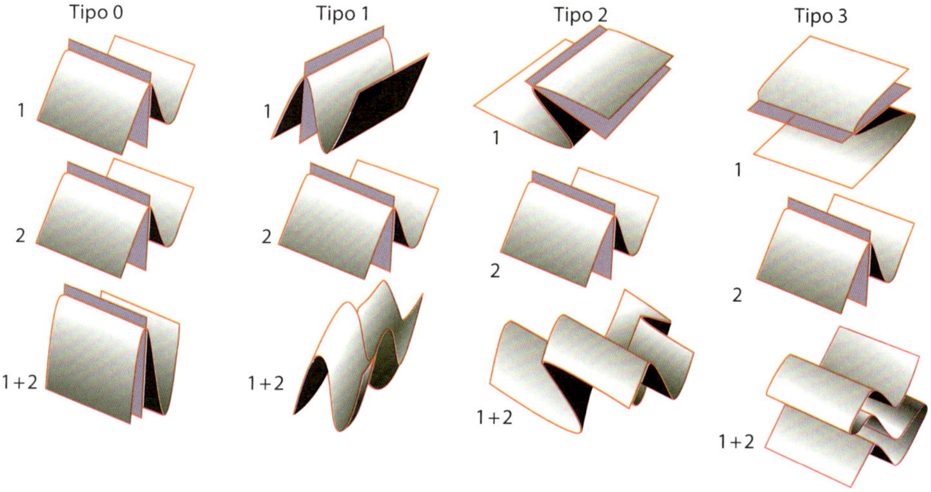

Fig. 12.34 *Principais tipos de superposição de dobras (1 + 2, abaixo) formados por superposição do sistema 2 sobre o sistema 1*
Fonte: baseado em Ramsay (1967).

de dobramento; os padrões mostrados na Fig. 12.35 são qualitativamente úteis em diversas situações. Em alguns casos, é possível fazer um exercício de reconstrução da geometria do primeiro conjunto de estruturas dobradas.

Os padrões de interferência surgem, por definição, a partir da superposição de uma segunda fase de deformação sobre um conjunto anterior de estruturas de deformação, e, na maioria dos casos, é possível determinar as idades relativas com base nas relações de superposição. Uma relação típica de superposição é uma clivagem de plano axial crenulada por outra (portanto, mais recente). A ocorrência dessas relações e os padrões de interferência são tradicionalmente considerados como evidências de deformação polifásica. Entretanto, é importante

Fig. 12.36 *Padrão de interferência de dobras do tipo 1-2 em formações ferríferas bandadas do norte de Minnesota, EUA. As camadas avermelhadas de cherte se comportam como camadas competentes durante o dobramento*

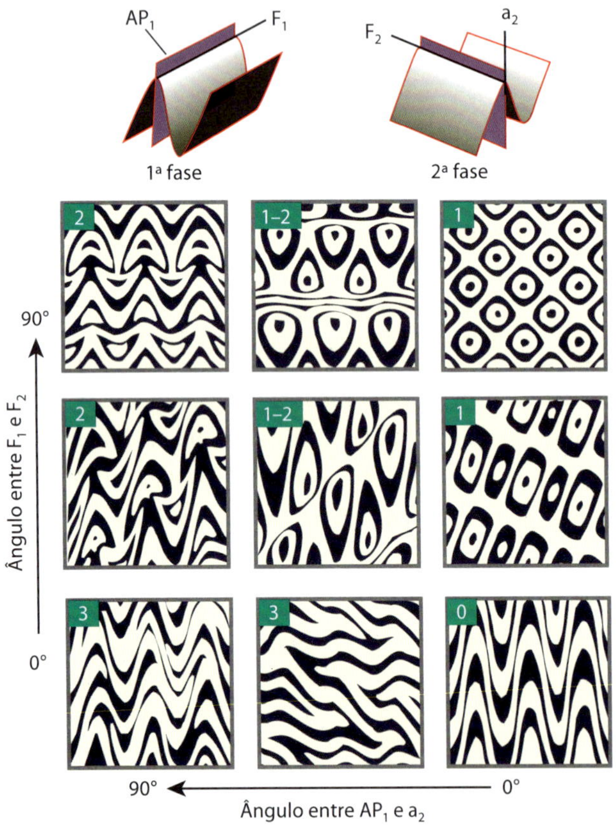

Fig. 12.35 *Padrões de interferência de dobras cilíndricas, classificados de acordo com a orientação relativa dos eixos das dobras (direção vertical) e do ângulo entre o primeiro plano axial e a direção a2 indicada na parte superior da figura. Os padrões são numerados de 0 a 3, de acordo com Ramsay (1967)*

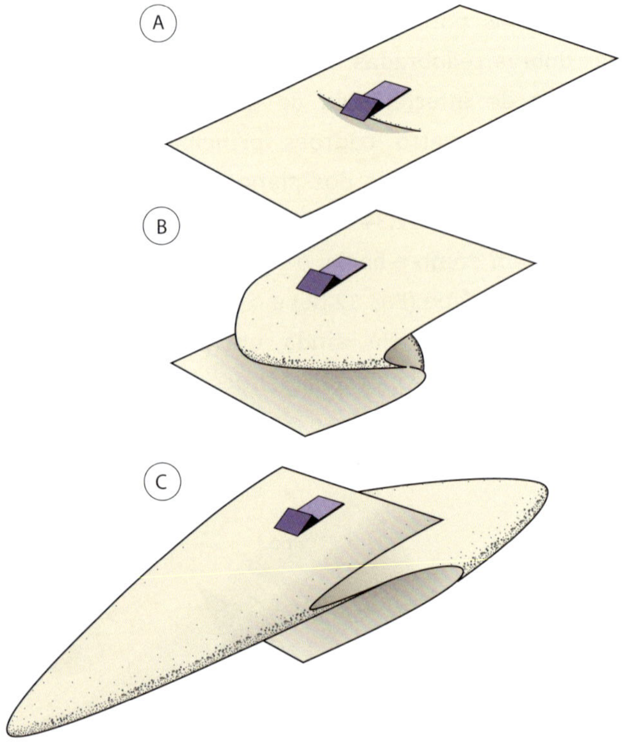

Fig. 12.37 *Desenvolvimento de dobras em bainha (dobras altamente não cilíndricas) pela amplificação de irregularidade preexistente. Note que é necessária uma alta deformação por cisalhamento para formar dobras em bainha por cisalhamento simples. A deformação por cisalhamento aumenta de (A) para (C)*

compreender que alguns padrões de interferência de dobras podem resultar de um único período de fluxo não constante (descontínuo), onde a orientação de ISA varia local ou regionalmente no transcurso da deformação, ou onde dobras e foliações são internamente rotacionadas durante a deformação, como em uma zona de cisalhamento. Em particular, os padrões do tipo 1 podem resultar de uma única fase de deformação heterogênea não coaxial ou da amplificação de irregularidades preexistentes (Fig. 12.37). Dobras extremamente não cilíndricas em zonas de cisalhamento de alta deformação são também denominadas **dobras em bainha**. Em geral, é importante que sejamos capazes de reconhecer as relações geométricas entre as diferentes fases de dobramento por meio dos padrões ilustrados na Fig. 12.35.

Os padrões discutidos anteriormente e nas Figs. 12.34 e 12.35 envolvem duas deformações, cada uma produzindo dobras de tamanho comparável. Há outros casos em que a amplitude e o comprimento de onda de dois conjuntos de dobras são muito diferentes, o que requer um trabalho de mapeamento para identificar suas relações. Um desses casos é mostrado na Fig. 12.38, onde dobras secundárias são pequenas em comparação com as estruturas primárias dobradas. Compare essas dobras com aquelas mostradas na Fig. 12.12; há uma significativa diferença na vergência, o que exige uma interpretação alternativa. Como podemos explicar o que vemos na Fig. 12.38? Uma explicação simples é que a dobra de grande escala foi posteriormente afetada por encurtamento vertical, iniciando um cisalhamento paralelo ao acamamento

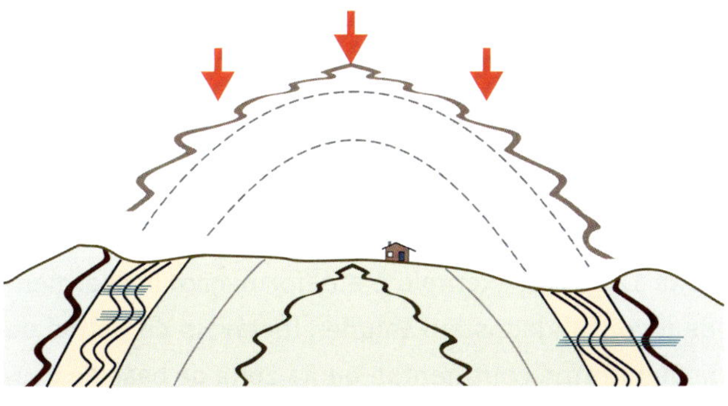

Fig. 12.38 *Dobramento do tipo "árvore de natal" formado por encurtamento vertical após a formação de uma antiforme de primeira ordem. Uma clivagem de plano axial sub-horizontal é típica. Compare com a Fig. 12.14*

em cada flanco. Isso pode ocorrer se uma deformação do tipo colapso gravitacional ocorrer no estágio final ou após uma deformação orogênica com dobramentos; nesse caso, formam-se pequenas dobras assimétricas não relacionadas às dobras de magnitude maior (Fig. 12.12). Sua assimetria é relacionada à orientação das camadas preexistentes (Fig. 12.38). Esse padrão é similar ao de uma árvore de natal e, por esse motivo, um de meus professores do passado (Donald Ramsay) usava o termo ***dobras em árvore de natal***. Elas são comuns em algumas partes da orogenia caledoniana, que passou por uma fase final influenciada por colapso gravitacional.

12.4 Dobras em zonas de cisalhamento

Em zonas de cisalhamento de alta deformação ou em zonas miloníticas, as dobras se formam e se desenvolvem continuamente durante o cisalhamento (Fig. 12.39). O dobramento pode ocorrer se as camadas estiverem inicialmente no lado contracional ou onde as camadas estiverem rotacionadas em razão de irregularidades nessa zona. Essas dobras são consideradas passivas se o contraste de competência entre as camadas for desprezível durante o dobramento. O caráter ativo ou passivo da dobra pode ser avaliado pela análise geométrica, pois as dobras passivas são de classe 2 e as dobras ativas, de classes 1 e 3 (Figs. 12.10 e 12.11).

Em altas deformações, a foliação em uma zona de cisalhamento será, teoricamente, paralela ao plano de cisalhamento. Ela ainda estará no campo extensional, mas tão próxima ao plano de cisalhamento que apenas uma pequena perturbação no acamamento pode fazê-la entrar no campo contracional. O resultado é uma família de dobras com vergência de acordo com o sentido de cisalhamento. Esse tipo de rotação pode ocorrer em torno de lentes tectônicas ou heterogeneidades (ver Fig. 16.13), ou por uma pequena rotação de ISA em decorrência de uma mudança no campo de esforços ou de rotação da zona de cisalhamento.

Se uma linha de charneira de dobra situar-se no plano de cisalhamento, ela permanecerá nessa posição sem ser rotacionada. Em geral, porém, as linhas de charneira iniciam-se com um certo ângulo em relação ao plano de cisalhamento e são rotacionadas em direção ao paralelismo com esse plano. Considera-se que dobras abertas com linhas de charneira em alto ângulo com a direção de transporte (Fig. 12.37A) tenham sido menos cisalhadas do que dobras mais fechadas e com linhas de charneira mais próximas da direção de transporte (Fig. 12.37C). Esse comportamento rotacional das charneiras de dobras em fluxo não coaxial tem sido usado para explicar por que muitas zonas de cisalhamento de alta deformação contêm dobras com charneiras subparalelas à lineação. A expressiva rotação das charneiras pode resultar em dobras em bainha, onde a linha de charneira é subparalela à lineação em sua maior parte, exceto nas porções onde a linha de charneira é fortemente curvada (Fig. 12.37C). Seções através de dobras em bainha assemelham-se a padrões de tipo 1 de interferência de dobras, mas essas dobras são formadas durante um único evento de cisalhamento (ainda que não necessariamente em uma história de cisalhamento simples perfeito).

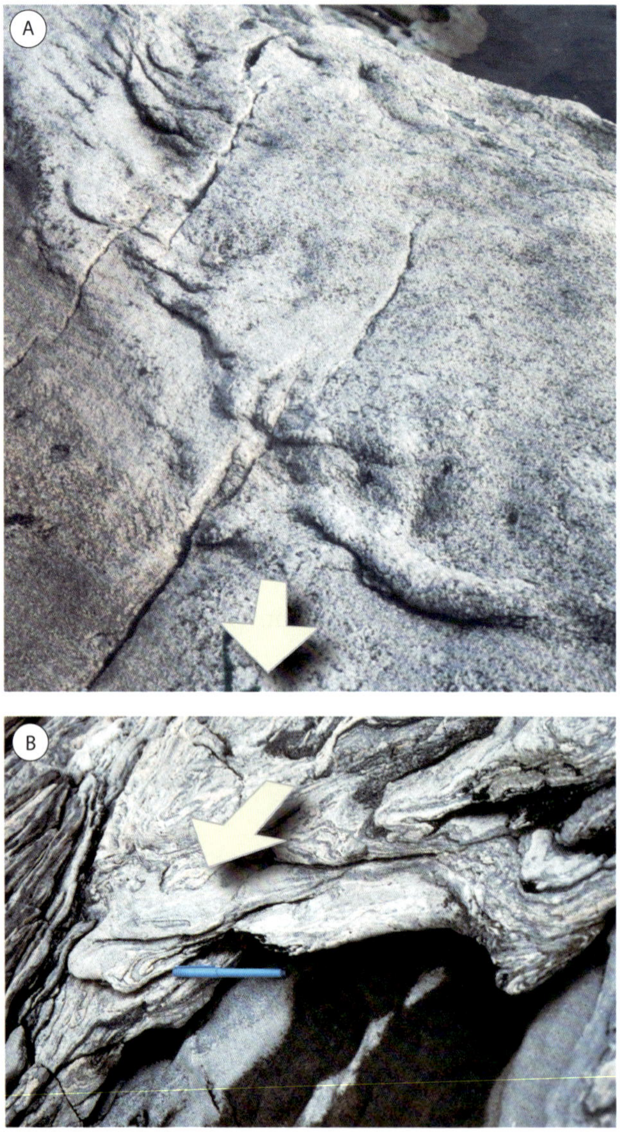

Fig. 12.39 *(A) Dobras em estágio inicial em zona de cisalhamento caledoniana. As linhas de charneira perfazem um alto ângulo com a lineação e com a direção de transporte (seta). (B) Estágio mais maduro de dobramento na mesma zona de cisalhamento. As linhas de charneira estão fortemente curvadas e redobradas, com orientações tanto paralelas como oblíquas e ortogonais à direção de transporte (seta)*

AS CHARNEIRAS DE DOBRAS PODEM CURVAR-SE DURANTE UM ÚNICO EVENTO DE CISALHAMENTO, FORMANDO DOBRAS FORTEMENTE NÃO CILÍNDRICAS, COM FORMA SIMILAR AO PADRÃO DE INTERFERÊNCIA DO TIPO I.

As dobras em zonas de cisalhamento podem também se formar de outras maneiras. A foliação pode ser perpendicular às paredes da zona de cisalhamento, que é o caso em muitas zonas de cisalhamento transcorrente de alto mergulho (Cap. 19). As dobras formam-se com linhas de charneira oblíquas à zona de cisalhamento. A obliquidade depende do número de vorticidade e da orientação exata do acamamento em relação à zona de cisalhamento. Exemplos de dobras desse tipo ocorrem ao longo da falha de San Andreas, na Califórnia, EUA.

12.5 Dobramento em níveis crustais rasos

A maioria das dobras discutidas anteriormente e encontradas na natureza são formadas em regime plástico, mas elas também podem formar-se no regime rúptil na parte superior da crosta. As dobras podem formar-se até mesmo em superfície ou próximo a ela (Boxe 12.2). Um exemplo é a deformação de sedimentos inconsolidados em taludes instáveis de deltas ou da plataforma continental, ou na zona de base de deslizamentos de terra. Em geral, as dobras formadas nesses ambientes são fortemente não cilíndricas.

A fluidização ou liquefação de sedimentos logo após o soterramento pode criar camadas contorcidas

Boxe 12.2 Dobramento dúctil de sedimentos

A maioria das dobras resulta do fluxo plástico na crosta média e inferior, mas dobramentos também podem ocorrer em níveis crustais mais rasos. As dobras podem formar-se pela deformação de sedimentos inconsolidados por instabilidade gravitacional ou desidratação. O dobramento de sedimentos porosos soterrados ocorre facilmente se a pressão de fluidos nos poros aumentar de modo expressivo (sobrepressão). Em casos extremos, o sedimento é liquefeito e comporta-se como um fluido até a pressão de fluidos se normalizar. As dobras em sedimentos geralmente são não cilíndricas, similares às dobras não cilíndricas encontradas em zonas miloníticas. Elas também apresentam uma vasta gama de estilos, de isoclinal suave normal a recumbente.

Acima: camadas de arenito fluvial, dobradas logo após a sedimentação, antes de sua consolidação. Tucano basin, Bahia. Abaixo: interface dobrada arenito-folhelho no membro Dewer Bridge, próximo a Moab, Utah, nos EUA, sotoposta a camadas completamente planas na base do membro Slick Rock

As dobras em sedimentos inconsolidados têm diversas características. Em geral, elas não apresentam clivagem de plano axial, comum em dobras formadas em condições metamórficas. A imagem superior mostra uma dobra fechada formada logo após a deposição de um arenito, sem evidência de clivagem de plano axial. Outra característica é que as dobras em sedimentos inconsolidados tendem a ser confinadas a níveis estratigráficos restritos, onde as camadas sobrepostas e sotopostas não se encontram dobradas, como se vê na imagem inferior, onde o acamamento horizontal é visível poucos metros acima da dobra. Além disso, descontinuidades nítidas (fraturas) e deformação cataclástica não estão presentes.

e dobras relacionadas a **diápiros de lama** e **intrusões de areia**. Os mecanismos que desencadeiam esse processo podem ser sobrecarga de peso, acamamento inclinado, terremotos e até mesmo impacto de meteoritos. Em larga escala, os diápiros de sal flexionam e dobram as camadas em sua trajetória para a superfície. A tectônica de dobramento em baixa profundidade inclui a formação de **dobras de propagação de falhas** adiante da extremidade de propagação de falhas (ver Cap. 17), como, por exemplo, em prismas acrescionários. As estruturas dobradas em ambiente raso relacionadas a cavalgamento ou a diápiros de sal são normalmente afetadas por erosão e apresentam variações na espessura das camadas; portanto, sua natureza e suas relações temporais podem ser analisadas a partir do registro sedimentar.

As deflexões de camadas ao longo de uma falha, conhecidas como **arrasto** ou **espalhamento**, são outro exemplo de dobras relacionadas a falhas e formadas em ambiente crustal raso, bem como dobras decorrentes da rotação da capa (ou ***rollovers***) em função da forma da falha (Caps. 9 e 21).

Resumo

Os modelos simples de dobramento, como o deslizamento flexural e o cisalhamento simples, são atrativos e úteis em muitos casos. Não obstante, devemos estar cientes de que as dobras podem ter tido uma história com diferentes mecanismos ativos, simultaneamente ou em diferentes momentos. Podemos utilizar a distribuição da deformação e a geometria das dobras para investigar o mecanismo predominante; a partir de observações de campo e de resultados experimentais podemos, até certo ponto, prever tanto seu mecanismo como sua geometria, se tivermos informações sobre contraste de competência, espessura das camadas, composição mineralógica e anisotropia. Use os itens a seguir e as questões de revisão para testas seus conhecimentos sobre dobras e dobramento:

- As dobras se formam e ocorrem em todos os níveis crustais.
- As dobras de flambagem (dobras ativas) e em *chevron* implicam encurtamento paralelo ao acamamento.
- As dobras de cisalhamento envolvem um aumento no comprimento das camadas, e não necessariamente o encurtamento perpendicular à superfície axial.
- Camadas mais espessas produzem dobras de comprimento de onda mais longo do que camadas delgadas.
- Nenhuma dobra é perfeitamente cilíndrica, e a maioria das dobras não cilíndricas se forma nas zonas de cisalhamento.
- A assimetria das dobras parasíticas indica a geometria da dobra de ordem mais baixa à qual elas estão ligadas.
- Pequenas dobras assimétricas não precisam necessariamente estar associadas a estruturas de ordem mais baixa; nas zonas de cisalhamento, dobras desse tipo indicam o sentido do cisalhamento.
- As dobras formadas em sedimentos inconsolidados tendem a não apresentar clivagem de plano axial e a estar confinadas a certos níveis estratigráficos.

Questões de revisão

1] Desenhe um mapa esquemático de um domo, de uma bacia, de uma sinforme normal e de uma anticlinal sinformal normal com caimento.
2] Como pode se formar um padrão em domo e bacia?
3] Como podemos distinguir entre fluxo flexural e flexura ortogonal?
4] Como podemos identificar uma dobra ativa (flambagem)?
5] Como podemos identificar uma dobra de cisalhamento?
6] Qual é a diferença entre uma dobra paralela e uma dobra similar?
7] Que tipos de dobras são paralelos?
8] Onde podemos esperar encontrar dobras similares?
9] Em que contexto se formam as dobras monoclínicas?
10] Se comprimirmos uma camada delgada e uma camada espessa até que se inicie a flambagem, qual dessas camadas se dobrará primeiro?
11] Qual dessas duas camadas irá espessar-se em maior grau antes do dobramento?
12] Qual dessas duas camadas irá formar as dobras maiores?
13] Que condições produzem dobras mais e menos concêntricas e paralelas?
14] Como as isógonas de mergulho podem nos auxiliar a distinguir entre as dobras ativas (flambagem) e as dobras por cisalhamento?
15] Por que se formam dobras assimétricas nos flancos de dobras de ordem mais baixa?

E-módulo

O módulo de *e-learning* denominado *Folding* é recomendado para este capítulo.

Leituras complementares

Geral

DONATH, F. A.; PARKER, R. B. Folds and folding. *Geological Society of America Bulletin*, v. 75, p. 45-62, 1964.

HUDLESTON, P. J. Extracting information from folds in rocks. *Journal of Geological Education*, v. 34, p. 237-245, 1986.

RAMSAY, J. G.; HUBER, M. I. *The Techniques of Modern Structural Geology 2*: Folds and Fractures. London: Academic Press, 1987.

Dobras em zonas de cisalhamento

BELL, T. H.; HAMMOND, R. E. On the internal geometry of mylonite zones. *Journal of Geology*, v. 92, p. 667-686, 1984.

COBBOLD, P. R.; QUINQUIS, H. Development of sheath folds in shear regions. *Journal of Structural Geology*, v. 2, p. 119-126, 1980.

FOSSEN, H.; HOLST, T. B. Northwest-verging folds and the northwestward movement of the Caledonian Jotun Nappe, Norway. *Journal of Structural Geology*, v. 17, p. 1-16, 1995.

HARRIS, L. B.; KOYI, H. A.; FOSSEN, H. Mechanisms for folding of high-grade rocks in extensional tectonic settings. *Earth-Sciences Review*, v. 59, p. 163-210, 2002.

KRABBENDAM, M.; LESLIE, A. G. Folds with vergence opposite to the sense of shear. *Journal of Structural Geology*, v. 18, p. 777-781, 1996.

PLATT, J. P. Progressive refolding in ductile shear zones. *Journal of Structural Geology*, v. 5, p. 619-622, 1983.

SKJERNAA, L. Tubular folds and sheath folds: definitions and conceptual models for their development, with examples from the Grapesvare area, northern Sweden. *Journal of Structural Geology*, v. 11, p. 689-703, 1989.

VOLLMER, F. W. A computer model of sheath-nappes formed during crustal shear in the Western Gneiss Region, central Norwegian Caledonides. *Journal of Structural Geology*, v. 10, p. 735-745, 1988.

Flambagem

BIOT, M. A. Theory of folding of stratified viscoelastic media and its implications in tectonics and orogenesis. *Geological Society of America Bulletin*, v. 72, p. 1595-1620, 1961.

HUDLESTON, P.; LAN, L. Information from fold shapes. *Journal of Structural Geology*, v. 15, p. 253-264, 1993.

SHERWIN, J.-A.; CHAPPLE, W. M. Wavelengths of single layer folds: a comparison between theory and observation. *American Journal of Science*, v. 266, p. 167-179, 1968.

Geometria das dobras

BELL, A. M. Vergence: an evaluation. *Journal of Structural Geology*, v. 3, p. 197-202, 1981.

STABLER, C. L. Simplified fourier analysis of fold shapes. *Tectonophysics*, v. 6, p. 343-350, 1968.

Mecanismos e processos

BOBILLO-ARES, N. C.; BASTIDA, F.; ALLER, J. On tangential longitudinal strain folding. *Tectonophysics*, v. 319, p. 53-68, 2000.

HUDLESTON, P. J.; TREAGUS, S. H.; LAN, L. Flexural flow folding: does it occur in nature? *Geology*, v. 24, p. 203-206, 1996.

RAMSAY, J. G. Development of chevron folds. *Geological Society of America Bulletin*, v. 85, p. 1741-1754, 1974.

TANNER, P. W. G. The flexural-slip mechanism. *Journal of Structural Geology*, v. 11, p. 635-655, 1989.

Deformação em dobras

HOLST, T. B.; FOSSEN, H. Strain distribution in a fold in the West Norwegian Caledonides. *Journal of Structural Geology*, v. 9, p. 915-924, 1987.

HUDLESTON, P. J.; HOLST, T. B. Strain analysis and fold shape in a limestone layer and implications for layer rheology. *Tectonophysics*, v. 106, p. 321-347, 1984.

RAMBERG, H. Strain distribution and geometry of folds. *Bulletin of the Geological Institution of the University of Uppsala*, v. 42, p. 1-20, 1963.

ROBERTS, D.; STRÖMGÅRD, K. E. A comparison of natural and experimental strain patterns around fold hinge zones. *Tectonophysics*, v. 14, p. 105-120, 1972.

Dobras em contextos extensionais

CHAUVET, A.; SÉRANNE, M. Extension-parallel folding in the Scandinavian Caledonides: implications for late--orogenic processes. *Tectonophysics*, v. 238, p. 31-54, 1994.

FLETCHER, J. M.; BARTLEY, J. M.; MARTIN, M. W.; GLAZNER, A. F.; WALKER, J. D. Large-magnitude continental extension: an example from the central Mojave metamorphic core complex. *Geological Society of America Bulletin*, v. 107, p. 1468-1483, 1995.

13 Foliação e clivagem

Os termos *foliação* e *clivagem* são aplicados a estruturas tectônicas planas e penetrativas em rochas. As foliações tectônicas têm uma relação próxima com as dobras e as lineações, e são os tipos mais comuns de estruturas encontradas em rochas metamórficas; sua ampla ocorrência as torna especialmente importantes no estudo da história de deformação das rochas. As foliações primárias, como o acamamento, são necessárias para a formação das dobras ativas (flambagem) e na observação de dobras em rochas em geral. Na ausência de outros marcadores de deformação, as foliações tectônicas fornecem informações valiosas sobre a deformação, pois a maioria das foliações está relacionada a um encurtamento perpendicular. As clivagens e as foliações são típicas de xistos e ardósias, que têm grande importância econômica em todo o mundo. Neste capítulo, introduziremos a terminologia básica e discutiremos como e sob que condições os diferentes tipos de foliação são formados. As foliações relacionadas a zonas de cisalhamento são tratadas no Cap. 16.

13.1 Conceitos básicos

13.1.1 Trama

Em Geologia Estrutural, **trama** é um termo usado para descrever componentes penetrativos distribuídos em maciços rochosos (Figs. 13.1 e 13.2). A trama pode ser composta por minerais achatados ou alongados segundo uma orientação preferencial. Os exemplos incluem lâminas de mica em um micaxisto ou acículas de actinolita em um actinolitaxisto.

UMA TRAMA É FORMADA POR MINERAIS E AGREGADOS DE MINERAIS SEGUNDO UMA ORIENTAÇÃO PREFERENCIAL PENETRATIVA NA ROCHA COM ESPAÇAMENTO EM ESCALA MICROSCÓPICA A CENTIMÉTRICA.

O fato de a trama consistir de elementos penetrativos significa que os minerais restritos à superfície da fratura não formam uma trama, mesmo se estiverem perfeitamente alinhados. O espaçamento entre os elementos que constituem uma trama é tipicamente menor que 1 cm, o que exclui conjuntos de falhas ou pequenas zonas de cisalhamento.

Minerais, agregados de minerais, seixos em conglomerados etc. podem arranjar-se de diferentes modos e gerar diferentes tipos de tramas. É importante distinguir entre tramas lineares, planas e aleatórias. Uma **trama linear** é caracterizada por elementos alongados com orientação preferencial. Uma **trama plana** contém minerais tabulares ou laminares, ou outros objetos "achatados" com orientação preferencial. Ela não define necessariamente um plano no sentido matemático – os elementos estruturais planos, em geral, curvam-se em torno de objetos rígidos e podem ser afetadas por dobramentos subsequentes. De fato, o termo *trama curvo-plana* seria mais apropriado em alguns casos. Uma **trama aleatória** é aquela onde não há orientação preferencial. Tramas completamente aleatórias não são comuns em rochas, mas tramas aproximadamente aleatórias podem ocorrer em rochas sedimentares (clastos, oóides) e ígneas (fenocristais) não deformadas. Clastos e fenocristais podem adquirir uma orientação preferencial durante sua sedimentação ou cristalização. As **tramas primárias** ou, mais especificamente, as tramas

Fig. 13.1 *Foliação horizontal bem desenvolvida (xistosidade), desenvolvida em quartzo xisto, próximo à base da Nappe de Passos, porção sul da Faixa Brasília, Brasil*

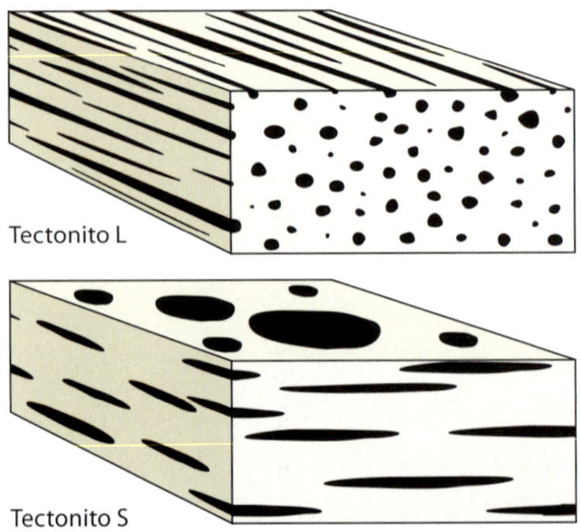

Fig. 13.2 *Trama é uma configuração de objetos penetrativos na rocha. Objetos lineares formam tramas L (acima) e objetos planos formam tramas S (abaixo). Essas rochas são denominadas tectonitos L e S, respectivamente*

sedimentares e magmáticas, devem ser levadas em conta na análise da deformação tectônica em uma rocha. O reconhecimento da trama primária é necessário para a interpretação das tramas deformacionais e para garantir que não haja confusão entre as estruturas primárias e aquelas formadas por deformação.

Quase qualquer rocha, seja ela magmática, sedimentar ou metamórfica, apresenta uma trama, mas as tramas são particularmente bem desenvolvidas em rochas metamórficas fortemente deformadas, denominadas tectonitos. Nessas rochas, as **tramas tectônicas** são denominadas de acordo com a forma e a organização de seus elementos. As rochas que apresentam trama linear marcante são os **tectonitos L** e aquelas com trama plana marcante são os **tectonitos S** (Fig. 13.1). **Tectonitos LS** é o termo usado para rochas deformadas que contêm tanto uma trama linear como uma trama plana. Uma relação próxima entre a trama e a forma do elipsoide de deformação é considerada em rochas metamórficas altamente deformadas: tramas L indicam deformação por constrição, tramas LS relacionam-se à deformação plana e tramas S registram deformação por achatamento.

13.1.2 Foliação

O termo **foliação** (do latim *folium*, folha) é, em geral, aplicado a qualquer estrutura plana ou curvo-plana que defina uma trama em uma rocha metamórfica, mas pode também incluir estruturas primárias, como acamamento sedimentar ou magmático. Alguns geólogos preferem reservar o termo *foliação* para as estruturas planas formadas por deformação tectônica, mas é comum a inclusão de acamamento deposicional e outras estruturas primárias planas nessa definição. É importante fazermos uma clara distinção entre as **foliações primárias**, que se formam durante a deposição de sedimentos e a cristalização de rochas magmáticas, e as **foliações secundárias**, como as clivagens plano-axiais em rochas metamórficas. As foliações primárias incluem acamamento em rochas sedimentares, bandamento de fluxo em rochas vulcânicas e acamamento magmático em rochas intrusivas. As foliações secundárias são produzidas por esforços e deformação, e são, em sua maioria, **foliações tectônicas**, porque se formam em resposta a esforços tectônicos. O exemplo mais importante de foliação secundária não tectônica é a foliação de compactação. Em Geologia Estrutural, tendemos a restringir o termo *foliação* a estruturas planas formadas por deformação; uma tentativa de esquema de classificação é mostrada na Fig. 13.3.

UMA FOLIAÇÃO TECTÔNICA É UMA ESTRUTURA PLANA FORMADA POR PROCESSO TECTÔNICO, E INCLUI CLIVAGEM, XISTOSIDADE E FOLIAÇÃO MILONÍTICA.

Uma foliação é uma trama e, por isso, superfícies isoladas, como falhas ou juntas, não representam uma foliação. Fraturas paralelas distribuídas em uma amostra de mão não apresentam **coesão**, que é a segunda característica das foliações. Apesar de as rochas tipicamente se romperem ao longo da foliação, é necessário um esforço para superar sua coesão.

UMA ROCHA FOLIADA É, POR DEFINIÇÃO, COESA, EMBORA ELA SE ROMPA PREFERENCIALMENTE AO LONGO DE SUA FOLIAÇÃO.

Uma foliação pode ser definida por zonas de diferentes granulometrias, objetos achatados (p. ex., seixos de conglomerados), grãos tabulares recristalizados com uma orientação uniforme, minerais

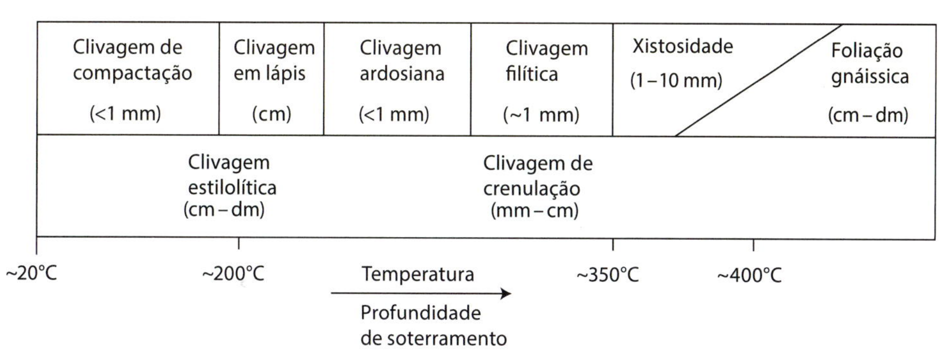

Fig. 13.3 *Quadro esquemático dos tipos importantes de clivagem e foliação, dispostos de acordo com a profundidade na crosta ou temperatura, com indicação do espaçamento entre os domínios de foliação. As temperaturas indicadas são apenas aproximadas*

placoides arranjados em zonas ou domínios de espessura milimétrica, microfraturas coesas densamente distribuídas ou microdobras (crenulações).

13.1.3 Clivagem

O termo **clivagem** refere-se à propriedade que uma rocha tem de romper-se ou clivar em superfícies aproximadamente paralelas. A clivagem abrange um subgrupo de foliações – nem todas as rochas foliadas se rompem preferencialmente ao longo de sua foliação. As clivagens ocorrem em rochas metamórficas de grau incipiente a muito baixo (até xisto verde baixo) e em gnaisses micáceos ou xistos na forma de clivagem de crenulação tardia.

Fig. 13.4 *Clivagem espaçada em calcário (Formação Twin Creek) no Cinturão Sevier, Thomas Fork, Wyoming, EUA. A clivagem se formou durante encurtamento paralelo ao acamamento e é perpendicular à direção de encurtamento (Z). A mão de Arlo Weil aparece na imagem como escala*

Tanto a clivagem como a crenulação são penetrativas em escala de amostra de mão e o espaçamento entre os elementos planos é variável. Se a distância for maior que 1 mm e os planos forem perceptíveis em amostra de mão como superfícies ou zonas individuais, a clivagem é denominada **clivagem espaçada** (Fig. 13.4 e parte esquerda da Fig. 13.5; Boxe 13.1). A estrutura será uma **clivagem contínua** se o espaçamento dos elementos planos for igual ou menor que 1 mm (à direita na Fig. 13.5). Naturalmente, as rochas com uma foliação contínua se partem em fatias ou lascas mais finas que as rochas com foliações espaçadas.

A clivagem de rochas não deve ser confundida com a clivagem de minerais, que é a tendência de um mineral romper-se ao longo de planos cristalográficos específicos.

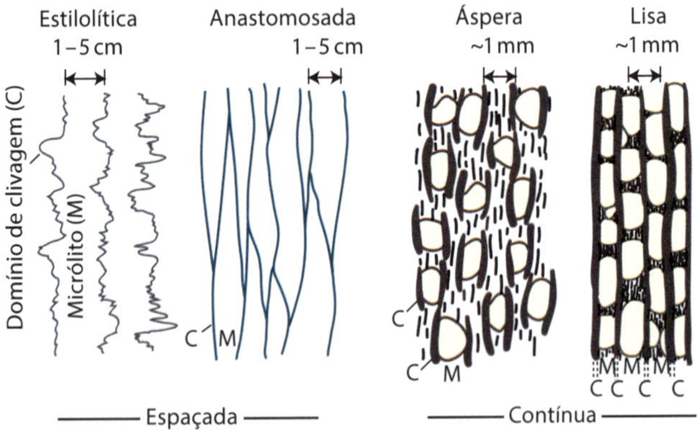

Fig. 13.5 *Tipos de clivagem disjuntiva. As clivagens estilolíticas (calcários) e anastomosadas (arenitos) são, em geral, espaçadas; as clivagens contínuas em rochas de granulação mais fina são divididas em variantes ásperas e lisas, sendo que uma clivagem áspera pode evoluir para uma clivagem lisa. Todas as clivagens disjuntivas ocorrem em domínios, e os domínios de clivagem (C) são separados por rochas indeformadas chamadas micrólitos (M)*

13.2 Terminologia de idades relativas

O geólogo austríaco Bruno Sander introduziu, por volta de 1930, a designação S para foliações. As foliações em um dado afloramento que puderem ser atribuídas a diferentes idades são designadas por S_n, onde o *n* subscrito indica sua idade relativa. As

Boxe 13.1 Clivagem de fratura

O termo *clivagem de fratura* (clivagem espaçada) pode ser usado para indicar fraturas em pequenos intervalos em rochas não metamorfizadas ou de grau metamórfico muito baixo, particularmente em calcários e arenitos. As clivagens de fratura podem formar-se por fraturamento de planos de clivagem preexistentes. A clivagem ordinária se dá por contração perpendicular aos planos de clivagem. As fraturas de clivagem, como aqui definidas, envolvem extensão através de seus planos; elas são, portanto, mais bem classificadas como um arranjo de fraturas de pequena escala.

As fraturas de cisalhamento também ocorrem próximo umas das outras e de modo suficientemente sistemático, que se assemelha a uma clivagem. Esse tipo de "clivagem" é muito restrito, tipicamente em núcleos de falha e zonas de dano. Há outros usos do termo *clivagem de fratura* na literatura e, portanto, é melhor evitá-lo para não causar mal-entendidos.

Clivagem ardosiana (mergulho para a esquerda) em transição para clivagem disjuntiva espaçada (vertical) na camada de arenito fino sobreposta. A clivagem disjuntiva pode ser denominada clivagem de fratura em decorrência do fraturamento ao longo das suturas de solução por pressão

Fraturas mergulhando para a direita em arenito próximo a Temple Mountain, Utah (EUA), semelhantes a clivagens, Arenito Navajo

foliações primárias, como acamamento sedimentar e magmático (Fig. 13.6), são denominadas S_0. A foliação secundária mais antiga é designada por S_1, a segunda por S_2, e assim por diante. As foliações são, em geral, relacionadas a dobras e, nesse caso, as designações de dobras (F, *folds*) e foliações (S) compartilham os mesmos sufixos. Por exemplo, as dobras relacionadas à primeira foliação (S_1) são designadas F_1 etc. Já utilizamos essa terminologia na Fig. 12.35, na qual denominamos eixos de dobras de duas fases diferentes de dobramento por F_1 e F_2, respectivamente. De modo similar, as fases de deformação são designadas por D_1, D_2 etc.

13.3 Desenvolvimento de clivagem

Há diversos tipos de clivagem e uma rica terminologia disponível. Para lidarmos de modo eficiente com clivagens e foliações, é útil considerar o nível crustal e o tipo litológico. O **nível crustal** está relacionado à temperatura (e pressão); com o aumento da temperatura ocorre inicialmente uma progressiva mobilização dos minerais e, em temperaturas mais elevadas, os minerais tendem a recristalizar-se. Em torno de 350°C a 375°C, as rochas deixam o domínio da clivagem e entram no domínio da xistosidade ou da foliação milonítica. O **tipo litológico** e a **composição mineralógica** são importantes, pois os diferentes minerais reagem de modo diferente aos esforços e à temperatura. Os filossilicatos são particularmente importantes no desenvolvimento de clivagens. Em geral, se não houver filossilicatos na rocha, não haverá a formação de uma clivagem ou xistosidade bem marcada. A formação de clivagem em rochas calcárias é controlada pela mobilidade dos carbonatos e pela facilidade de formação de estilolitos.

Vamos considerar aqui os tipos mais comuns de foliação desenvolvidos por deformação durante o metamorfismo progradante, ou seja, quando uma rocha é soterrada em profundidades progressivamente maiores.

A CLIVAGEM É UMA VERSÃO DE BAIXA TEMPERATURA DA FOLIAÇÃO E É MAIS BEM DESENVOLVIDA EM ROCHAS COM ABUNDANTES MINERAIS PLACOIDES.

13.3.1 Clivagem de compactação

A primeira foliação secundária formada em rochas sedimentares é relacionada à sua história de compactação. A reorientação de grãos minerais e o colapso dos poros resultam na acentuação e no retrabalhamento da foliação primária (acamamento). Em uma argila ou argilito, o resultado é um folhelho com nítida **clivagem de compactação** (Fig. 13.7A). Nesse processo ocorre também dissolução; alguns quartzitos apresentam suturas de dissolução por pressão. Essas estruturas são mais comuns em calcários, onde a dissolução de carbonatos produz suturas sub-horizontais e irregulares, com quartzo ou carbonato sendo dissolvidos e outros minerais residuais sendo concentrados. As suturas podem ser estilolitos ou suturas de dissolução por pressão, e a foliação é denominada **clivagem estilolítica** (Fig. 13.5, à esquerda), que é um tipo de **clivagem de dissolução (por pressão)**.

O espaçamento entre as suturas em rochas calcárias geralmente é de vários centímetros. De fato, as superfícies estilolíticas podem ser espaçadas demais para definir uma clivagem. Por outro lado, a clivagem de compactação em folhelhos é reconhecível ao microscópio como uma clivagem contínua. As clivagens não tectônicas são, em geral, consideradas como foliações S_0.

Fig. 13.6 *(A) Duas gerações de foliações em metagabro em um fragmento de ofiólito caledoniano. O acamamento magmático primário (S_0) foi retrabalhado por uma foliação de cisalhamento (S_1) durante o Caledoniano; (B) Formação precoce e local de clivagem em argilito. A formação de clivagem é associada a dobramentos em pequena escala próximos a um bolsão de quartzo. Sucessão de* foreland *Sergipano, Brasil*

13.3.2 Desenvolvimento tectônico inicial e clivagem disjuntiva

Uma foliação tectônica geralmente se forma quando uma rocha sedimentar é exposta a esforços tectônicos, que causam progressivo encurtamento horizontal das camadas – uma condição típica em regiões de antepaís de cinturões orogênicos. Em calcários e em alguns arenitos, a primeira foliação tectônica a se formar é uma clivagem de dissolução por pressão tipicamente estilolítica (com padrão de sutura em zigue-zague em seção geológica). Se σ_1 for horizontal, uma clivagem vertical de dissolução por pressão formará um alto ângulo com S_0 e com estruturas de compactação previamente formadas.

A dissolução por pressão é também importante quando folhelhos são submetidos a esforços tectônicos. Nesse caso, a dissolução de grande parte do quartzo causa a concentração e a reorientação dos argilominerais. Em algum ponto do processo, a clivagem secundária será tão pronunciada como a clivagem primária, e os argilominerais serão orientados igualmente segundo S_0 e S_1. O folhelho irá fraturar-se ao longo tanto de S_0 como de S_1, em fragmentos na forma de lápis segundo uma **clivagem em lápis** (Figs. 13.7B e 13.8). O Boxe 13.2 traz uma discussão sobre essas clivagens. A clivagem em lápis também ocorre onde duas clivagens tectônicas se desenvolvem na mesma rocha em razão de variações locais ou regionais no campo de esforços. A clivagem em lápis de origem puramente tectônica é associada a rampas de cavalgamento, formadas durante uma mesma fase de deformação.

Se persistir um encurtamento tectônico, ele irá posteriormente prevalecer sobre a clivagem de compactação. Enquanto os grãos de argila progressivamente se reorientam em posição vertical, os grãos de quartzo são dissolvidos e removidos, de modo similar ao colapso de um castelo de cartas de baralho. Também podem ocorrer microdobramentos em cristais de argila. O resultado é uma clivagem contínua que domina totalmente a estrutura e a textura da rocha. A rocha passa, então, a ser uma ardósia, cuja foliação é conhecida como **clivagem ardosiana** (estágio c, Fig. 13.7).

A formação de clivagem ardosiana ocorre em grau metamórfico muito baixo, apenas no início da recristalização de argilominerais e crescimento de micas neoformadas. Uma visão mais detalhada de uma clivagem ardosiana bem desenvolvida revela que há redistribuição dos minerais. Passam a existir domínios com predominância de quartzo e feldspato, ou **domínios QF**, que separam os **domínios M**, ricos em filossilicatos, ainda que esse tipo de estrutura em domínios se desenvolva melhor em filitos (Figs. 13.9 e 13.10). As letras Q, F e M referem-se a quartzo, feldspato e mica. É necessário observar a rocha ao microscópio para a identificação dos domínios M individuais, cuja espessura é consideravelmente menor que 1 mm. Como mostrado a seguir, diversos tipos de clivagem e foliação configuram-se como estruturas em domínios e podem, portanto, ser denominados **clivagens em domínios**.

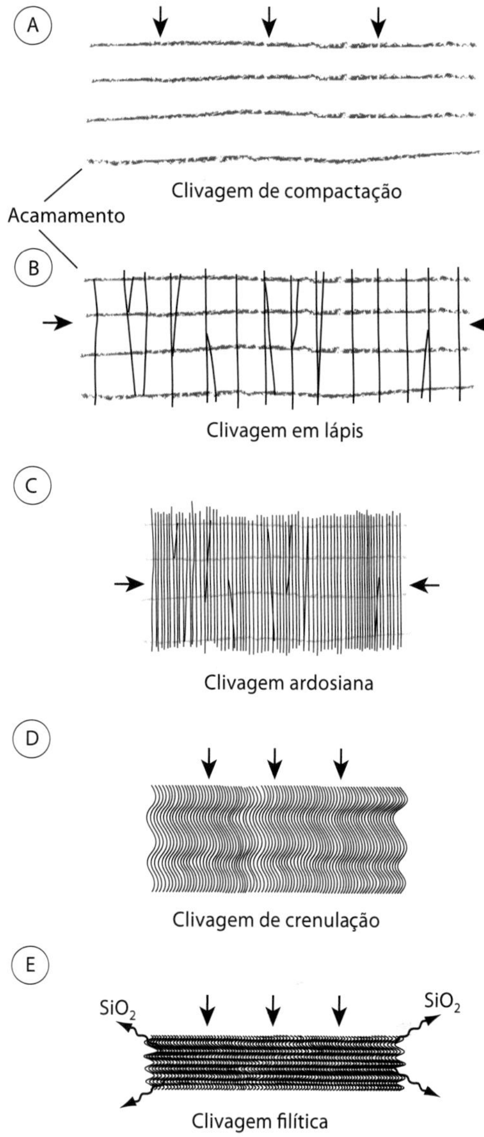

Fig. 13.7 *Desenvolvimento teórico de clivagem em argilito*

O termo **clivagem disjuntiva** (Fig. 13.5) é, em geral, usado em referência a uma clivagem em domínio

Fig. 13.8 *Clivagem em lápis em folhelho no cinturão de dobramento e cavalgamento em antepaís caledoniano próximo a Oslo, Noruega*

formada em uma fase tectônica inicial em rochas previamente não foliadas, como argilitos, arenitos e calcários. O termo indica que a clivagem corta a rocha, em vez de dobrar ou crenular foliações preexistentes.

Em um modelo antigo, considerava-se que a clivagem ardosiana seria formada pela rotação física dos grãos. Hoje sabemos que a difusão por via úmida ou a dissolução por pressão são os principais processos nas estruturas em domínios que caracterizam a clivagem ardosiana. Os grãos de quartzo e feldspato são dissolvidos na direção perpendicular à orientação da clivagem e adquirem forma lenticular (ou forma de disco em três dimensões). Nesse processo, os filossilicatos são concentrados e formam-se os domínios M. Dada a importância da dissolução por pressão, é possível usar o termo *clivagem de dissolução* (por pressão) como sinônimo de clivagem ardosiana.

A CLIVAGEM OCORRE PELA ROTAÇÃO DE GRÃOS, PELO CRESCIMENTO MINERAL EM UMA DIREÇÃO PREFERENCIAL E, PRINCIPALMENTE, PELA DIFUSÃO VIA ÚMIDA (DISSOLUÇÃO POR PRESSÃO) DOS MINERAIS MAIS SOLÚVEIS DA ROCHA.

A difusão por via úmida faz com que os minerais se difundam em uma película muito fina de fluido, localizada nas bordas dos grãos. O material é precipitado nas sombras de pressão dos grãos maiores e mais rígidos nos domínios QF, ou é transportado para fora da rocha. De fato, uma quantidade significativa de material parece deixar a maioria das faixas ardosianas, o

Boxe 13.2 Clivagem em lápis e deformação

O desenvolvimento de clivagem em lápis pode ser representado em um diagrama de Flinn, como o mostrado abaixo. O passo I envolve a compactação por soterramento. O achatamento progressivo causa uma trajetória inicial ao longo do eixo horizontal. A compactação se completa no estágio 1. O encurtamento tectônico horizontal (passo II) transforma a elipse de deformação em uma forma prolata (estágio 2). As estruturas em lápis são então formadas. Se a deformação prosseguir (passo III), o eixo Z torna-se vertical e a clivagem tectônica começa a predominar. A deformação torna-se perfeitamente oblata novamente no estágio 3 e a continuação da deformação (passo IV) causa estiramento vertical.

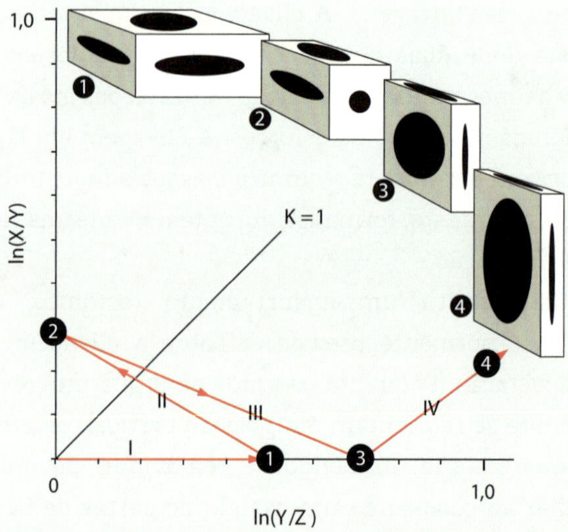

que representa interessantes aspectos termodinâmicos e de fluxo de fluidos através da crosta superior.

13.3.3 Fácies xisto verde: da clivagem à xistosidade

Os filossilicatos neoformados podem crescer a partir dos argilominerais em folhelhos e ardósias que entram no campo do metamorfismo de fácies xisto verde. Assim, forma-se um filito e a clivagem transforma-se em uma **clivagem filítica** (Figs. 13.7E e 13.9).

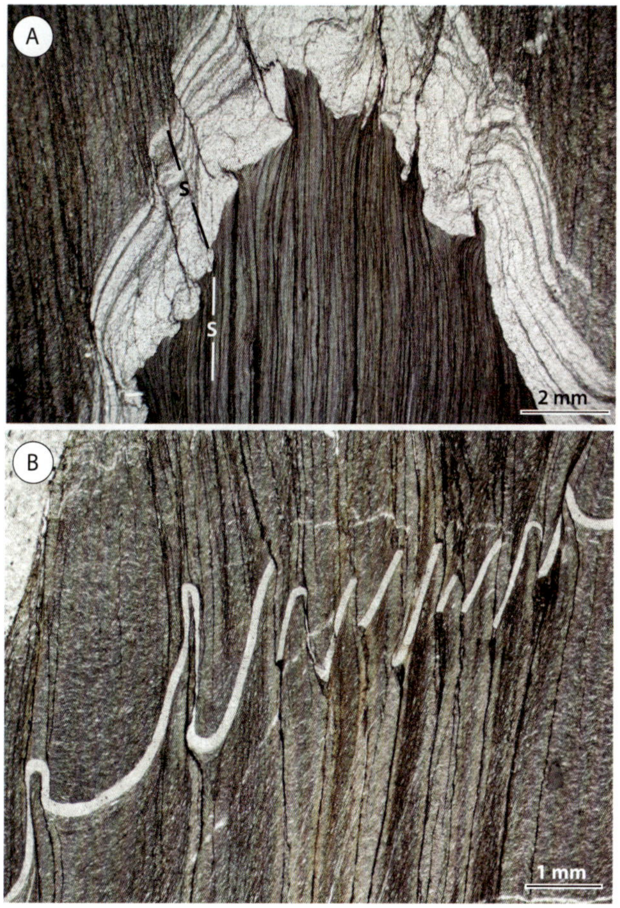

Fig. 13.9 *A clivagem de crenulação, embora possua similaridades com a clivagem filítica, é microscópica e, portanto, não visível a olho nu. Note que a clivagem filítica, nesse caso, é afetada por camadas arenosas mais competentes, nas quais o espaçamento é muito mais largo e com outra atitude (clivagem refratada). Em (B) a camada delgada de areia é afetada por dissolução ao longo de alguns micrólitons na clivagem. Solanas, Sardenha, Itália*
Fotos: Alessandro da Mommio.

As micas crescem com seu plano basal aproximadamente perpendicular ao eixo Z do elipsoide de deformação, e mais ou menos perpendicular a σ_1. Os cristais de mica neoformados são paralelos entre si e definem a clivagem filítica. A clivagem ainda é contínua e o desenvolvimento de domínios QF e M é mais pronunciado do que na clivagem ardosiana. A clivagem em domínios desenvolve-se de modo mais eficiente por dissolução (difusão por via úmida) quando a temperatura atinge as condições da fácies xisto verde (Fig. 13.10).

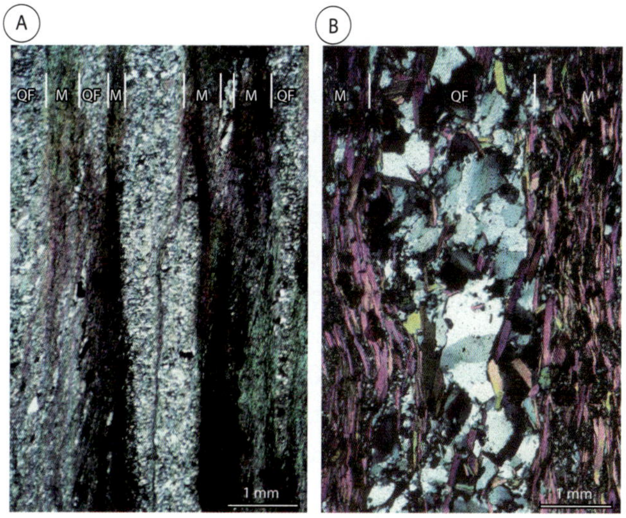

Fig. 13.10 *(A) Clivagem filítica em filito de fácies xisto verde baixa. (B) Clivagem formada em fácies xisto verde mais alta, com granulação mais grossa e domínios QF (centro) e M bem desenvolvidos*

Quando o argilito original atinge a fácies xisto verde alta e a fácies anfibolito baixa, os cristais de mica tornam-se maiores e mais visíveis em amostra de mão. Ao mesmo tempo, a foliação torna-se menos plana, envolvendo agregados quartzo-feldspáticos e minerais metamórficos mais rígidos, como granada, cianita e anfibólio. A foliação deixa, então, de ser uma clivagem e passa a ser uma **xistosidade** – a rocha passa a chamar-se **xisto**.

A xistosidade é também encontrada em rochas ricas em quartzo, como quartzoxistos e granitos cisalhados. Nesse caso, os domínios M e QF têm espessura de milimétrica a centimétrica e são mais regulares e planos nos micaxistos. É por esse motivo que os quartzoxistos e os granitos cisalhados se quebram facilmente em placas, frequentemente usadas na construção civil. Em suma, enquanto a difusão por via úmida (dissolução) e a reorientação de grãos predominam na formação da clivagem ardosiana, a recristalização é mais importante na formação da xistosidade.

13.3.4 Clivagem tectônica secundária (clivagem de crenulação)

Uma clivagem tectônica pode ser afetada por uma clivagem posterior (S_2 ou posterior) se a orientação de ISA (ver Cap. 2) variar local ou regionalmente, ou se ocorrer uma nova fase de deformação. Como a clivagem tende a formar-se na direção perpendicular à direção de máximo encurtamento (Z), uma nova clivagem irá formar-se e sobrepor-se à clivagem preexistente. Em muitos casos, isso ocorre por meio do dobramento da foliação anterior por uma série de microdobras, em que a clivagem é denominada **clivagem de crenulação**. Assim sendo, uma clivagem de crenulação caracteriza-se por uma série de microdobras em escala centimétrica ou menor, com superfícies plano-axiais paralelas (Fig. 13.11). Dependendo do ângulo entre a foliação preexistente e o campo secundário de esforços, a clivagem de crenulação poderá ser simétrica ou assimétrica. Uma **clivagem de crenulação simétrica** apresenta flancos de mesmo comprimento, enquanto uma **clivagem de crenulação assimétrica** é composta por pequenas dobras assimétricas, com geometria em S ou Z.

Uma clivagem de crenulação através da qual seja possível traçar de modo contínuo a foliação anterior é denominada **clivagem de crenulação zonal**. Na situação oposta, onde há uma descontinuidade nítida entre os domínios QF e M, a clivagem é denominada **clivagem de crenulação distinta**. Nesse caso, os domínios M são mais delgados que os domínios QF e assemelham-se a microfalhas. As clivagens de crenulação distinta e zonal podem gradar uma para a outra em um mesmo afloramento.

A clivagem de crenulação é restrita a rochas com uma foliação preexistente bem desenvolvida e, ao menos em parte, definida por filossilicatos. Ela é geralmente encontrada em bandas micáceas, podendo estar ausente em bandas adjacentes pobres em mica. A espessura dos domínios foliados afetados pela crenulação está relacionada ao comprimento de onda da nova clivagem de crenulação: domínios mais espessos produzem comprimentos de onda de crenulação mais longos. Esta é a mesma relação que há entre espessura da camada e comprimento de onda (discutida no Cap. 12), onde o contraste de viscosidade é relevante. Uma relação próxima também existe entre clivagem de crenulação e dobramento, como discutido na seção a seguir.

Podemos encontrar clivagens de crenulação em qualquer estágio de desenvolvimento, desde uma clivagem tênue até uma marcante, em que a recristalização e a dissolução por pressão produzem nítidas estruturas em domínios QF-M. Nesse último caso, a foliação original pode ser quase totalmente obliterada na observação de amostras de mão, ainda que permaneça visível ao microscópio petrográfico. A evolução progressiva da clivagem de crenulação é acompanhada por um progressivo encurtamento através da clivagem e, posteriormente, uma clivagem de foliação pode transformar-se em uma foliação filítica.

Fig. 13.11 *Clivagem de crenulação assimétrica afetando uma foliação milonítica. A clivagem é mais nítida na faixa micácea central e menos desenvolvida nas camadas quartzo-feldspáticas adjacentes*

13.4 Clivagem, dobras e deformação

13.4.1 Clivagem de plano axial

Na maioria dos casos, há uma relação geométrica próxima entre clivagens e dobras, como, por exemplo, na dobra mostrada na Fig. 13.12; em geral, essas duas estruturas formam-se simultaneamente. Em termos geométricos, uma clivagem divide a dobra mais ou menos segundo sua superfície axial, em particular nas proximidades da zona de charneira. Se a clivagem for paralela à superfície axial, ela é denominada **clivagem de plano axial**.

Em muitos casos, as clivagens são de plano axial e representam uma importante ligação entre foliação tectônica e dobras em rochas deformadas.

Ao estudarmos em detalhe as relações entre clivagens e dobras, podemos perceber uma diferença entre

Fig. 13.12 *Clivagem ardosiana distinta em metassedimentos de grau metamórfico muito baixo, em plano axial de sinclinal inclinada de larga escala.* S_0 *= acamamento,* S_1 *= clivagem. Scotch Hill Sinclinal, Vermont, EUA*

a orientação do plano axial e a da clivagem. De fato, a orientação da clivagem pode variar de uma camada para outra. Essa variação ocorre entre camadas com contraste de competência ou viscosidade e é denominada **refração de clivagem**. Quanto maior o contraste de competência, maior a refração.

A clivagem pode formar diversos padrões na zona de charneira. A Fig. 13.13 mostra um desenho dos padrões de clivagem desenvolvidos em camadas incompetentes de folhelho entre camadas de arenito, em *nappes* caledonianas em Finnmark, Noruega. Em geral, a clivagem é perpendicular ao eixo de encurtamento, ou seja, representa o plano *XY* do elipsoide de deformação. O padrão visto na zona de charneira em camadas de folhelho é particularmente interessante. Na parte superior, a clivagem (e o plano *XY*) é perpendicular ao acamamento, o que é consistente com encurtamento paralelo à camada competente. Na parte inferior do folhelho, a clivagem paralela ao acamamento ajusta-se ao estiramento do arco externo da camada inferior de arenito. Entre essas zonas, há um local onde a clivagem desaparece, que é o chamado **ponto neutro** (Fig. 13.13). A superfície neutra encontrada em dobras clássicas de flambagem (ver Cap. 12) não está presente devido à influência do cisalhamento flexural. Mesmo em camadas competentes, um componente de cisalhamento flexural reduz a superfície neutra a um ponto neutro (Fig. 13.14C).

O padrão de clivagem mostrado na Fig. 13.13 nem sempre ocorre. De fato, é mais comum encontrarmos uma clivagem contínua entre camadas competentes e incompetentes (Fig. 13.14A), ou a clivagem desenvolvida apenas na camada incompetente. O padrão final de clivagem está ligado à história inicial de deformação, porque ele é influenciado pela quantidade de encurtamento paralelo ao acamamento anterior à formação da clivagem. Mais especificamente, a clivagem será contí-

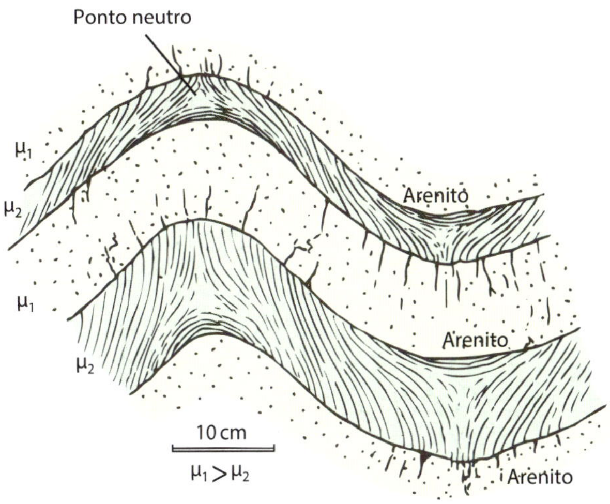

Fig. 13.13 *Camadas dobradas de arenito e folhelho. A clivagem não plana no folhelho (em verde) reflete variações locais na orientação do plano XY. Note que não há clivagem nos pontos neutros. Compare com a próxima figura*

Fonte: Roberts e Strömgård (1972).

nua se já estiver bem desenvolvida quando se inicia o dobramento. O resultado é ilustrado na Fig. 13.14A. Se, por outro lado, a camada começar a dobrar-se antes do estabelecimento da clivagem, é mais provável encontrarmos a situação ilustrada na Fig. 13.14C.

Os estudos de campo mostram que a refração da clivagem ocorre quando camadas com contraste de competência são dobradas. Podemos explicar esse fenômeno por uma diferença na deformação por cisalhamento (γ) entre as camadas competentes e incompetentes (Fig. 13.15). Nesse modelo de cisalhamento flexural, a elipse de deformação na interface entre camadas competentes e incompetentes é compartilhada pelos elipsoides de deformação de ambas as camadas (Fig. 13.16).

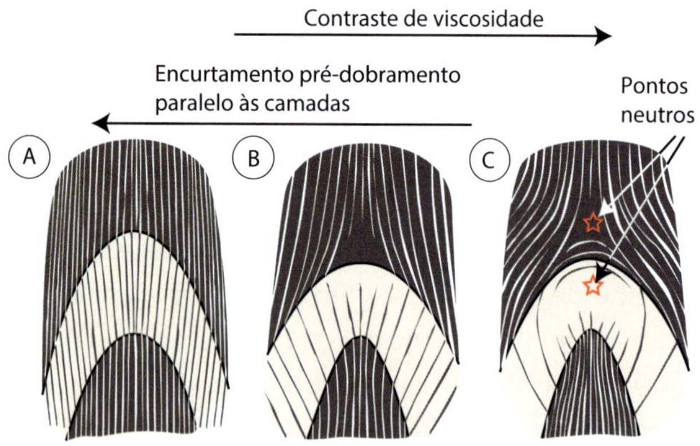

Fig. 13.14 *Diferentes padrões de clivagem dentro e em torno das zonas de charneira de camadas competentes dobradas. A quantidade de encurtamento paralelo ao acamamento anterior ao dobramento é relevante, juntamente com o contraste de viscosidade*

Fonte: baseado em Ramsay e Huber (1987).

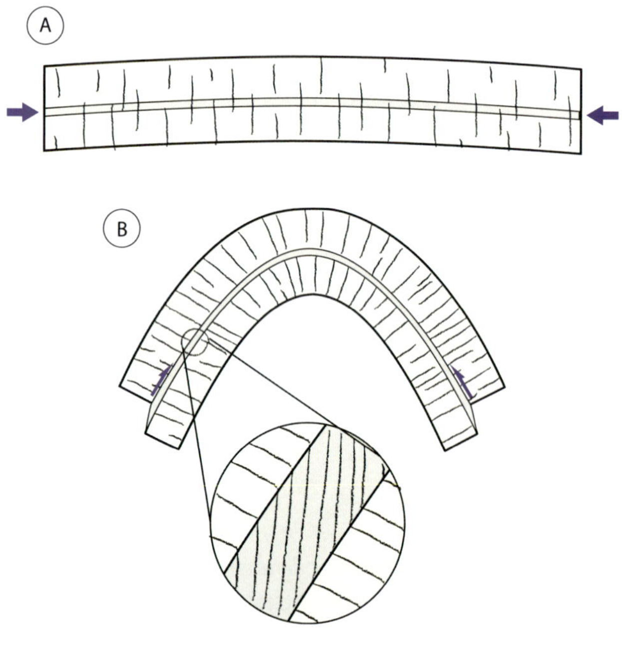

Fig. 13.15 *Refração de clivagem causada por cisalhamento local em camadas incompetentes nos flancos de dobra (cisalhamento flexural)*

A REFRAÇÃO DE CLIVAGEM REVELA O CONTRASTE DE COMPETÊNCIA ENTRE AS CAMADAS E A LOCALIZAÇÃO NA ESTRUTURA DOBRADA, E É INFLUENCIADA PELO ENCURTAMENTO PARALELO AO ACAMAMENTO ANTERIOR AO DOBRAMENTO E PELO CISALHAMENTO FLEXURAL DURANTE O DOBRAMENTO.

A relação angular entre a clivagem e o acamamento está relacionada à posição em relação à estrutura dobrada como um todo (Fig. 13.17). Independentemente de sua tendência de apresentar refração, a clivagem tem uma orientação consistente através da dobra, enquanto a atitude das camadas varia sis-

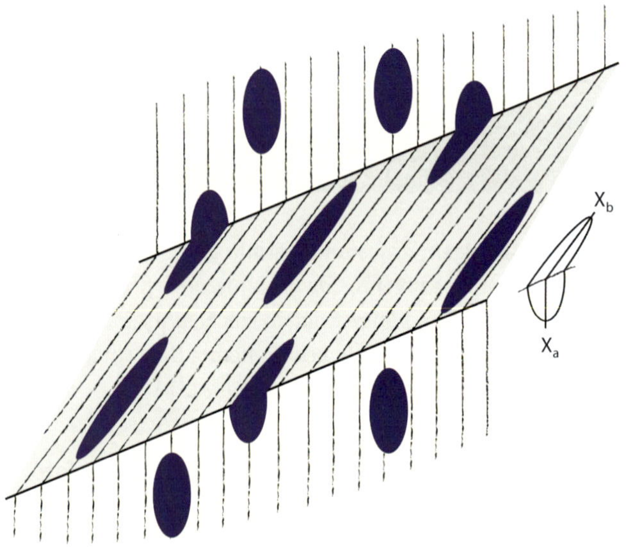

Fig. 13.16 *Deformação associada a refração de clivagem (considerando ausência de deslizamento ao longo das interfaces das camadas). A deformação deve ser compatível através das interfaces, ou seja, os elipsoides de deformação devem ajustar-se uns aos outros, como indicado. Nessa situação, a única deformação possível é o cisalhamento simples e/ou a mudança de volume através do acamamento*

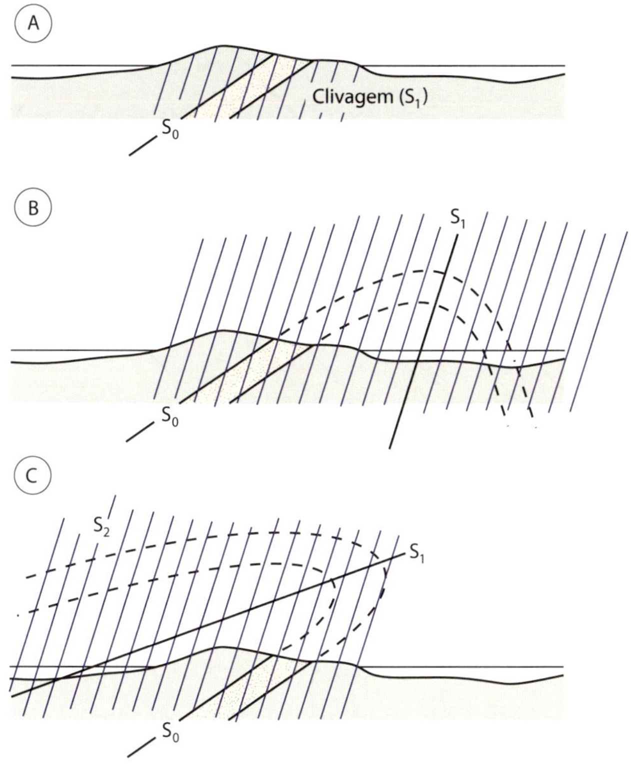

Fig. 13.17 *(A) Relação entre clivagem e acamamento em uma área deformada. (B) Interpretação de uma dobra de larga escala, considerando que haja uma relação entre a clivagem e a dobra. Se a dobra apresentar uma forma completamente diferente (C), então dobra e clivagem devem ser relacionadas a episódios diferentes de deformação*

tematicamente. Como mostrado na Fig. 13.17A,B, a geometria da dobra pode ser facilmente reconstituída (qualitativamente) a partir das relações entre clivagem e acamamento em um único ponto. Esse método considera uma relação genética entre a clivagem e o dobramento. Uma clivagem posterior, não relacionada ao dobramento, pode ocorrer em uma área com deformação polifásica e, nesse caso, não há relação angular entre a clivagem e a geometria da dobra (Fig. 13.17C).

13.4.2 Deformação (*strain*)

Uma clivagem formada em baixo grau metamórfico, seja uma clivagem ardosiana ou, em parte, uma clivagem de crenulação ou filítica, é geralmente considerada como representativa de *XY* ou do plano de achatamento. Nesse caso, a história de deformação é claramente coaxial (Fig. 13.18A), e as variações

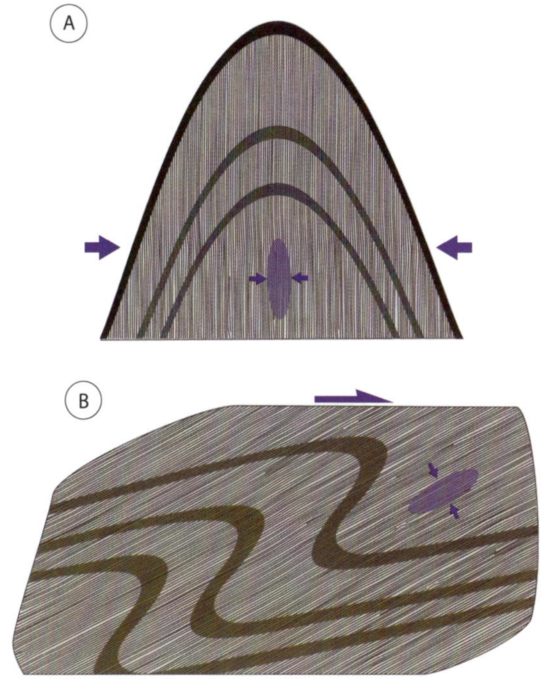

Fig. 13.18 *Relação simples entre a direção de encurtamento (setas), a elipse de deformação e a clivagem (A) em dobras normais em faixas de ardósia e (B) em zonas de cisalhamento*

na orientação da clivagem na zona de charneira (Fig. 13.13) são feições particularmente úteis. Mas essa situação é verdadeira também em deformações não coaxiais, como o cisalhamento simples (Fig. 13.18B). Neste, a foliação rotaciona em direção ao plano de cisalhamento; em uma zona de cisalhamento, a foliação representa o plano *XY* – uma característica muito útil discutida adiante, no Cap. 16. Como sempre, há exceções que devem ser consideradas, como, por exemplo, onde se inicia um deslizamento na foliação ou onde a foliação envolve lentes ou outros objetos rígidos.

A forma do elipsoide de deformação pode ser mais difícil de definir, mas sabemos, a partir da concentração de minerais insolúveis nos domínios M de clivagem, que a perda de volume é um componente importante da deformação relacionada à clivagem. Em baixa temperatura e nível crustal raso, a compactação de sedimentos pode representar uma redução de volume da ordem de 30% a 40%. A clivagem dominada por dissolução por pressão em calcários pode causar perdas de volume ainda maiores; rochas com clivagem ardosiana bem desenvolvida apresentam evidências de encurtamento de até 50% a 75% (Fig. 13.16). Como isso pode ser definido? Felizmente, marcadores de deformação, como fósseis e manchas de redução química em rochas sedimentares (esferas de redução em três dimensões), podem ser preservados. Quando deformadas, essas manchas de redução passam de círculos a elipses, que representam seções do elipsoide de deformação local (Boxe 3.1). Fósseis cuja forma original é conhecida também podem ser usados para estimar a deformação em rochas (metas) sedimentares com clivagem.

A MAIORIA DAS CLIVAGENS É PRÓXIMA AO PLANO *XY* DO ELIPSOIDE DE DEFORMAÇÃO E CARACTERIZA-SE POR SUBSTANCIAL PERDA DE VOLUME.

O encurtamento perpendicular à clivagem pode ou não ser compensado por estiramento no interior do plano de clivagem. Se a dissolução por pressão (difusão por via úmida) não for balanceada por precipitação, o encurtamento no plano *XY* pode não ser compensado. Nesse caso, a deformação causa uma perda anisotrópica de volume e a elipse de deformação torna-se oblata. Uma perda significativa de volume tem sido registrada em diversos estudos (Fig. 13.19), o que mostra que a difusão de material para fora da rocha é um mecanismo importante durante a formação de clivagens. Por outro lado, o material dissolvido pode precipitar-se nos domínios QF, ainda que na maioria dos casos essa precipitação pareça ter uma menor importância. Enquanto a compactação física pode ser importante na formação de clivagem de compactação em rochas porosas, a difusão por via úmida torna-se mais importante à medida que a temperatura se eleva.

A DISSOLUÇÃO POR PRESSÃO (DIFUSÃO POR VIA ÚMIDA) É AMPLAMENTE RESPONSÁVEL PELA FORMA OBLATA DOS ELIPSOIDES DE DEFORMAÇÃO ASSOCIADOS À FORMAÇÃO DE CLIVAGENS.

A clivagem filítica e a foliação em xistos nem sempre são o resultado de encurtamento coaxial, mas também podem ser formadas ou influenciadas por cisalhamento simples. Durante o cisalhamento não coaxial, as **bandas de cisalhamento** podem desenvolver uma aparência similar às clivagens de plano axial (Fig. 13.20). As bandas de cisalhamento são também chamadas de clivagens de crenulação extensional e representam pequenas zonas de cisalhamento que estendem o acamamento ou a foliação. As bandas de cisalhamento não estão diretamente ligadas ao elipsoide de deformação, mas fornecem importantes informações sobre o sentido do cisalhamento (Cap. 16). Pode ser difícil a distinção entre clivagens de crenulação ordinária e bandas de cisalhamento, mas as bandas de cisalhamento não estão diretamente ligadas ao dobramento e, portanto, não são clivagens de plano axial. Elas podem também apresentar estrias relacionadas ao deslizamento local. É recomendável restringir o uso do termo *clivagem* a foliações formadas por um significativo componente de encurtamento através da estrutura.

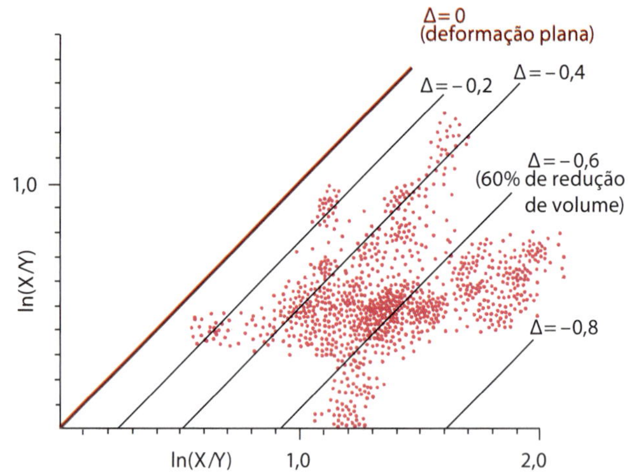

Fig. 13.19 *Dados de deformação de ardósia com clivagem ardosiana bem desenvolvida. Os dados situam-se completamente dentro do campo do achatamento. Δ indica o fator de perda de volume (Cap. 2). Dados de Ramsay e Woods (1973)*

13.4.3 Dobras transectadas

Na maioria das dobras, a superfície axial teórica tem aproximadamente a mesma direção da clivagem de plano axial. Com menor frequência, pode ocorrer uma diferença significativa na orientação da clivagem e da superfície axial (Fig. 13.21), mesmo se o dobramento e a clivagem forem geneticamente relacionados e em uma situação em que não haja refração de clivagem decorrente de contraste reológico entre

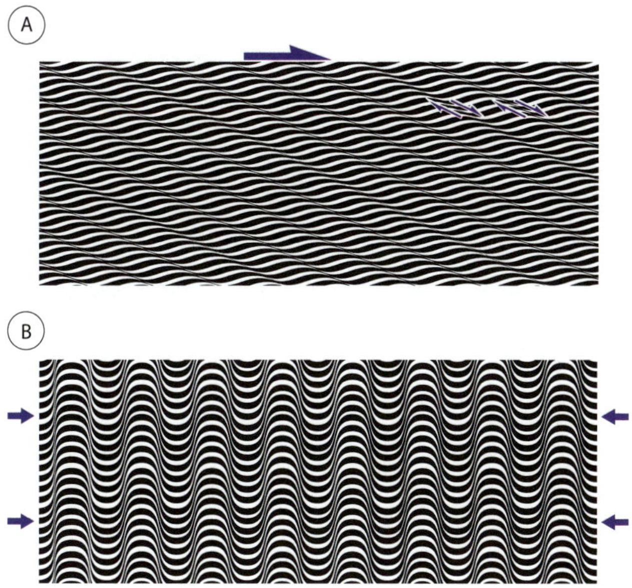

Fig. 13.20 *(A) Bandas de cisalhamento (clivagem de crenulação extensional) onde a laminação é primariamente deslocada pelo cisalhamento. (B) Clivagem de crenulação simétrica formada por encurtamento paralelo ao acamamento. Note que a clivagem de crenulação ordinária pode também ser assimétrica*

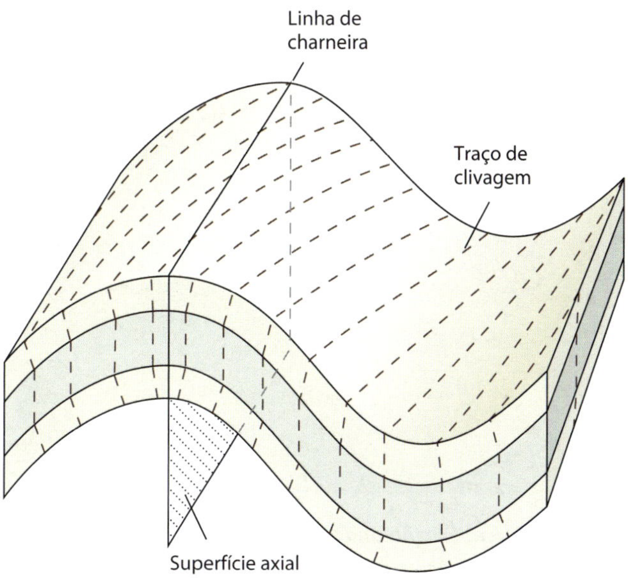

Fig. 13.21 *Clivagem transectando a superfície axial de uma dobra transectada*

as camadas. Nesses casos, a clivagem transecta não apenas a superfície axial, mas também a charneira da dobra (Fig. 13.21). Clivagens desse tipo são chamadas de **clivagem de transecção** e as dobras, de **dobras transectadas**.

Os grandes cinturões ardosianos do País de Gales e das Uplands do sul da Escócia apresentam exemplos clássicos de dobras transectadas. A obliquidade é sistemática nessas regiões, com a clivagem rotacionada no sentido horário em relação ao eixo da dobra (Fig. 13.21). A incompatibilidade sistemática entre os planos axiais e as clivagens nas Caledonides britânicas tem sido atribuída à transpressão sinistral (ver Cap. 19). Nesse regime tectônico, as dobras e as clivagens rotacionam durante a deformação e pode haver um pequeno lapso de tempo entre o início do dobramento e da formação de clivagem, o que produz as dobras transectadas. Estas, porém, podem também se formar durante a deformação coaxial, no caso de fluxo em estado não constante, ou seja, se ISA for rotacionado em relação à rocha que está sendo deformada.

13.5 Foliações em quartzitos, gnaisses e zonas miloníticas

Os quartzitos com mica podem desenvolver uma foliação conhecida como **xistosidade**. Há suficientes cristais de filossilicatos em quartzitos impuros para permitir a formação de clivagens contínuas como em ardósias e filitos; os quartzitos impuros ou **quartzoxistos** se rompem de modo regular em placas de espessura centimétrica a decimétrica, tipicamente usadas em pavimentação e revestimento. A ruptura em placas decorre principalmente da orientação paralela dos filossilicatos, que produzem uma anisotropia na rocha.

Enquanto a difusão por via úmida controla a formação de clivagem, outros mecanismos de deformação plástica tornam-se mais importantes durante a formação de xistosidade.

Um quartzito puro não pode desenvolver uma xistosidade bem definida, por não conter filossilicatos que possam ser reorientados e concentrados. Em vez disso, uma trama formada pelo achatamento dos grãos de quartzo pode representar uma anisotropia na rocha, mas não tão pronunciada como em um quartzoxisto. Os quartzitos puros preservam um **bandamento quartzítico** referente a variações de granulação ou de cor, geralmente registrando dobras cerradas ou isoclinais similares, na qual a deformação for elevada. Em outras situações, a foliação pode ser visível apenas em escala microscópica, na qual grãos plasticamente achatados são visíveis.

Os granitos e outras rochas quartzo-feldspáticas pobres em filossilicatos não desenvolvem clivagens de modo eficiente, porque se a quantidade de micas for pequena, é necessário muito tempo e energia para reorganizá-las em uma clivagem. Entretanto, em baixas temperaturas e na presença de água, a alteração de feldspatos para micas pode favorecer a formação de rochas foliadas. Algumas rochas magmáticas apresentam alta razão feldspato/quartzo. Os feldspatos requerem temperatura consideravelmente mais elevada para se deformar plasticamente em comparação com o quartzo, e não têm a mesma mobilidade do quartzo na difusão por via úmida.

Isso não significa que não haja foliação em rochas magmáticas deformadas. Em alguns casos, podemos observar uma clivagem espaçada em rochas magmáticas de granulação grossa. O espaçamento entre os domínios enriquecidos em mica pode ser de vários centímetros. Granitos e outras rochas magmáticas com alta deformação desenvolvem uma foliação por reorientação e achatamento de minerais e de agregados de minerais. Em muitos casos, esse processo pode estar relacionado à deformação não coaxial, em contraste com as deformações coaxiais, que parecem ser as responsáveis pela clivagem em muitos filitos e ardósias. A foliação tectônica em rochas magmáticas deformadas é denominada **xistosidade** (como um quartzo xisto), **bandamento gnáissico**, ou como apresentado na Fig. 13.22A, **foliação migmatítica** em vez de clivagem.

Em geral, o bandamento gnáissico é o resultado dos tipos de processos apresentados na Fig. 13.23A, onde estruturas como diques, veios e foliações são achatadas e rotacionadas até um paralelismo praticamente completo. Esse processo é denominado **transposição** e a estrutura plana assim gerada é uma **foliação de transposição**, formada por **camadas transpostas**. O bandamento pode ser marcado, por exemplo, por diques graníticos (Fig. 13.24). Tanto a deformação coaxial como a não coaxial podem resultar em foliações transpostas, se a deformação for intensa. Em deformação de alta temperatura, a fusão parcial pode ser um processo importante, criando uma foliação

Fig. 13.22 *(A) Foliação gnáissica (migmatítica), formada por fusão parcial. A estrutura é composta por componentes claros e escuros, denominados leucossomas e melanossomas, respectivamente, sendo que os leucossomas representam a fusão extraída da rocha em alta temperatura. Duas vênulas graníticas cortam a foliação. Presidential Range, New Hampshire, EUA. (B) Gnaisse milonítico próximo a Além Paraíba, Faixa Ribeira, Brasil*

magmática formada por leucossomas (claros) e melanossomas (escuros) (Fig. 13.22A).

Mesmo se não houver estruturas planas preexistentes nas rochas magmáticas, a alta deformação e, em particular, a alta deformação não coaxial, pode resultar em **foliação milonítica** (Fig. 13.22B). As foliações miloníticas são relacionadas à transposição de camadas e ao bandamento gnáissico, mas a distância entre os domínios de foliação é menor, tipicamente em escala milimétrica a centimétrica (Fig. 13.23). Isso é uma consequência da alta deformação envolvida, que achata os objetos e adelgaça as camadas. As zonas miloníticas com espessura de mais de uma centena de metros são tipicamente zonas de cisalhamento transcorrentes, de cavalgamento ou extensionais com grandes rejeitos (em escala quilométrica). Os milonitos e as estruturas miloníticas em zonas de cisalhamento são discutidos em mais detalhe no Cap. 16.

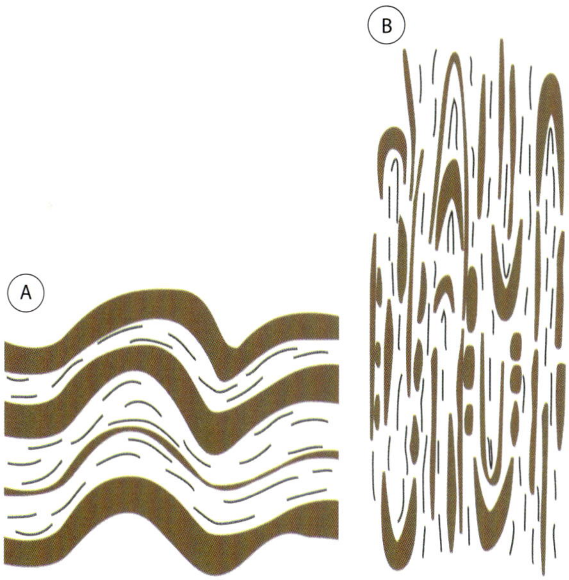

Fig. 13.23 *Esquema da transposição por encurtamento horizontal e extensão vertical. Tanto a deformação coaxial como a não coaxial podem produzir feições desse tipo. O resultado (B) é uma rocha bandada com dobras intrafoliais e charneiras de dobras isoladas. Note como a foliação predominante é transposta de horizontal (A) para vertical (B)*

Fig. 13.24 *Dique granítico transposto em gnaisse, com vestígios de charneiras de dobras, revelando uma história de deformação similar à apresentada na Fig. 13.23. Nesse caso, a deformação envolveu considerável quantidade de cisalhamento. Faixa Ribeira, Rio de Janeiro, Brasil*

Resumo

As foliações são comuns em rochas metamórficas e frequentemente usadas na definição de diferentes tipos de rochas metamórficas. Na ausência de foliações, é difícil realizar uma análise estrutural adequada. Neste capítulo abordamos os diferentes tipos de foliação e como eles podem formar-se. Há muitos mecanismos e relações que não foram explorados em detalhe neste capítulo, e há outros aspectos do desenvolvimento de foliações que ainda exigem mais estudos. Alguns dos pontos mais importantes a serem lembrados são:

- Em termos simples, as foliações se formam em rochas metamórficas e as fraturas se formam em níveis crustais rasos.
- A maioria das foliações se forma na perpendicular ou em alto ângulo em relação à direção de encurtamento.
- As foliações propiciam importantes informações sobre a deformação, na ausência de marcadores regulares de deformação.

- Diferentes tipos de foliação refletem variações litológicas, de temperatura e de profundidade de soterramento durante a deformação.
- As clivagens comumente definem a superfície axial das respectivas dobras.
- A xistosidade geralmente se forma durante o cisalhamento e não está necessariamente relacionada a dobramentos.
- A dissolução por pressão remove grandes volumes de rocha durante a formação de clivagens, mas não durante a formação de xistosidade ou de foliações miloníticas.

Questões de revisão

1] Qual é a diferença entre foliações primária, secundária e tectônica?
2] Como as foliações primárias podem ser reconhecidas em rochas sedimentares metamorfizadas e deformadas?
3] O que distingue uma zona de fraturas de uma clivagem ou foliação?
4] Que tipo de deformação pode produzir dobras transectadas?
5] O que favorece a formação de uma clivagem contínua (densa)?
6] Qual é o mecanismo mais importante para a formação de clivagens?
7] Qual é o significado dos domínios QF e M?
8] O que é clivagem de refração e como podemos explicá-la?
9] Como podemos usar o ângulo entre a clivagem e uma foliação pré-clivagem para interpretar a forma de uma dobra de grande escala?
10] Por que a clivagem está sempre associada a uma deformação por achatamento (elipsoide de deformação oblato)?
11] Qual é a diferença entre bandas de cisalhamento (clivagem de crenulação extensional) e clivagem de crenulação ordinária?

E-módulo

O módulo de *e-learning* denominado *Foliation and cleavage* é recomendado para este capítulo.

Leituras complementares

Geral

DIETERICH, J. H. Origin of cleavage in folded rocks. *American Journal of Science*, v. 267, p. 155-165, 1969.

RAMSAY, J. G.; HUBER, M. I. *The Techniques of Modern Structural Geology* 1: Strain Analysis. London: Academic Press, 1983.

Perda de volume e deformação

BEUTNER, E.; CHARLES, E. Large volume loss during cleavage formation, Hamburg sequence, Pennsylvania. *Geology*, v. 13, p. 803-805, 1985.

GOLDSTEIN, A.; KNIGHT, J.; KIMBALL, K. Deformed graptolites, finite strain and volume loss during cleavage formation in rocks of the taconic slate belt, New York and Vermont, U.S.A. *Journal of Structural Geology*, v. 20, p. 1769-1782, 1999.

MANCKTELOW, N. S. On volume change and mass transport during the development of crenulation cleavage. *Journal of Structural Geology*, v. 16, p. 1217-1231, 1994.

RAMSAY, J. G.; WOODS, D. S. The geometric effects of volume change during deformation processes. *Tectonophysics*, v. 16, p. 263-277, 1973.

ROBIN, P.-Y. Theory of metamorphic segregation and related processes. *Geochimica et Cosmochimica Acta*, v. 43, p. 1587-1600, 1979.

Clivagem ardosiana

SIDDANS, A. W. B. Slaty cleavage: a review of research since 1815. *Earth-Science Reviews*, v. 8, p. 205-212, 1972.

SORBY, H. C. On the origin of slaty cleavage. *Edinburgh New Philosophical Journal*, v. 55, p. 137-148, 1853.

WOOD, D. S. Current views of the development of slaty cleavage. *Annual Reviews of Earth Science*, v. 2, p. 1-35, 1974.

Clivagem de crenulação

COSGROVE, J. W. The formation of crenulation cleavage. *Journal of the Geological Society*, v. 132, p. 155-178, 1976.

GRAY, D. R.; DURNEY, D. W. Crenulation cleavage differentiation: implications of solution-deposition processes. *Journal of Structural Geology*, v. 1, p. 73-80, 1979.

HANMER, S. K. The role of discrete heterogeneities and linear fabrics in the formation of crenulations. *Journal of Structural Geology*, v. 1, p. 81-91, 1979.

SWAGER, N. Solution transfer, mechanical rotation and kink-band boundary migration during crenulation--cleavage development. *Journal of Structural Geology*, v. 7, p. 421-429, 1985.

WORLEY, B.; POWELL, R.; WILSON, C. J. L. Crenulation cleavage formation: evolving diffusion, deformation and equilibration mechanisms with increasing metamorphic grade. *Journal of Structural Geology*, v. 19, p. 1121-1135, 1997.

Clivagem em lápis

ENGELDER, T.; GEISER, P. The relationship between pencil cleavage and lateral shortening within the Devonian section of the Appalachian Plateau. New York, *Geology*, v. 7, p. 460-464, 1979.

Refração de clivagem

TREAGUS, S. H. A theory of finite strain variation through contrasting layers, and its bearing on cleavage refraction. *Journal of Structural Geology*, v. 5, p. 351-368, 1983.

TREAGUS, S. H. Strain refraction in layered systems. *Journal of Structural Geology*, v. 10, p. 517-527, 1988.

Clivagem em dobras transectadas

JOHNSON, T. E. Nomenclature and geometric classification of cleavage-transected folds. *Journal of Structural Geology*, v. 13, p. 261-274, 1991.

14 Lineações

As estruturas lineares caminham de mãos dadas com as estruturas planas em rochas deformadas; elas são estruturas mesoscópicas que apontam para uma direção específica. Já abordamos o papel das lineações encontradas em superfícies de deslizamento e como elas podem ser indicadoras cinemáticas e de paleoesforços. As lineações são mais comuns em rochas metamórficas, onde elas geralmente estão associadas à deformação e às direções de transporte ou cisalhamento. Neste capítulo, vamos separar diferentes tipos de lineações comumente encontrados em rochas deformadas e discutir sua origem e implicações.

14.1 Terminologia básica

O termo **lineação** é usado para descrever elementos lineares que ocorrem em uma rocha, como as estruturas lineares observadas no gnaisse da Fig. 14.1. Diversas **estruturas lineares primárias** ou não tectônicas podem ocorrer em rochas deformadas e não deformadas. Nas rochas magmáticas podem ocorrer lavas em cordas, lineações de fluxo e juntas colunares em basaltos, ao passo que nas rochas sedimentares podem ocorrer alinhamentos dos eixos mais longos de seixos não esféricos, sulcos e alinhamentos de fósseis. Neste livro, estamos interessados em estruturas lineares resultantes de deformação, embora as estruturas primárias possam ser relevantes, como no caso das lineações de intersecção entre S_0 e S_1 (ver adiante).

Uma lineação é um elemento de trama no qual uma dimensão é consideravelmente maior que as outras duas.

Os elementos de trama que constituem as **estruturas tectônicas lineares** são objetos físicos alongados, tais como agregados minerais ou seixos de conglomerados deformados, linhas de intersecção entre dois conjuntos de estruturas planas, e estruturas lineares definidas geometricamente, como linhas de charneira de dobras e eixos de crenulação. Podemos distinguir entre **lineações penetrativas**, que definem uma trama linear ou uma trama L, **lineações superficiais**, que se restringem a uma superfície (p. ex., estrias de atrito), e **lineações geométricas** não físicas, como os eixos de dobras e as lineações de intersecção.

Lineação não deve ser confundido com **lineamento**, termo usado para estruturas lineares em escala de mapas topográficos, fotografias aéreas, imagens de satélite ou em modelos digitais de terreno. A maioria dos lineamentos corresponde à intersecção de estruturas planas, como fraturas e foliações com a superfície do terreno.

14.2 Lineações relacionadas à deformação plástica

As lineações penetrativas são encontradas quase que exclusivamente em rochas deformadas em regime

Fig. 14.1 *Lineação sub-horizontal em gnaisse, definida por minerais e agregados minerais alongados. Zona de Cisalhamento Além Paraíba-Pádua, Faixa Ribeira, Rio de Janeiro, Brasil*

plástico. Se a lineação for o elemento dominante da trama, de modo que uma trama S seja incipiente ou ausente, as rochas são classificadas como **tectonitos L**. Podemos ver em rochas com marcadores de deformação que a maioria dos tectonitos L situa-se no campo da constrição no diagrama de Finn, ou seja, $X \gg Y \geq Z$ (Fig. 2.14). Um equilíbrio entre uma foliação (trama S) e uma lineação penetrativa (trama L) é mais comum, e rochas desse tipo são denominadas **tectonitos LS**, os quais tendem a situar-se próximo à diagonal no diagrama de Flinn. Os **tectonitos S**, nos quais a trama linear é ausente ou incipiente, situam-se tipicamente no campo do achatamento no diagrama de Flinn.

14.2.1 Lineações minerais

Uma trama linear penetrativa é tipicamente composta por minerais prismáticos, como acículas de anfibólio, ou por minerais e agregados minerais alongados, como agregados quartzo-feldspáticos em gnaisses. As lineações minerais podem formar-se por vários processos:

Os minerais e agregados minerais podem formar uma trama linear por recristalização, dissolução/precipitação ou rotação rígida.

A **rotação** física de minerais prismáticos em uma matriz menos competente pode, em alguns casos, ocorrer durante a deformação. Um exemplo são cristais de epídoto ou anfibólio em um micaxisto, onde esses minerais crescem de modo estático e são alinhados em zonas localizadas de deformação. Na maioria dos casos, o contraste de competência entre os minerais alongados e a matriz não é suficientemente grande para que a rotação seja importante. Em vez disso, a **recristalização sincinemática**, por meio de mecanismos de deformação plástica ou de um processo de **dissolução/reprecipitação**, dá uma nova forma aos minerais e agregados minerais. Além disso, a precipitação de quartzo em sombras de pressão ou **sombras de deformação** é uma possibilidade de crescimento de minerais ou agregados de minerais em uma direção preferencial. Mesmo a moagem ou **cataclase** de minerais e agregados rúpteis pode alterar a forma de minerais e produzir elementos lineares de trama.

A CATÁCLASE, A DISSOLUÇÃO POR PRESSÃO E A RECRISTALIZAÇÃO CONTRIBUEM PARA A MODIFICAÇÃO DA FORMA DE MINERAIS E AGREGADOS DE MINERAIS DURANTE A DEFORMAÇÃO.

Em uma rocha homogeneamente deformada, se um agregado mineral esférico apresentar forma esférica no início da deformação, sua forma após a deformação corresponderá ao elipsoide de deformação. Na maioria dos casos, a forma original é desconhecida e, portanto, a forma final fornece apenas uma impressão qualitativa da forma do elipsoide de deformação. Não obstante, os agregados deformados de minerais em gnaisses têm sido usados na análise de deformação, mesmo que a diferença de viscosidade entre agregados e matriz possa inserir uma incerteza nos resultados. Esse tipo de análise é especialmente útil se a forma original for conhecida e o contraste de competência for pequeno.

Os conglomerados e oólitos deformados são exemplos de rochas em que as formas lineares podem ser quantitativamente relacionadas à deformação (ver Cap. 4). Essas e outras lineações definidas pela forma de objetos deformados são **lineações de estiramento** (Fig. 14.2), e a trama a ela relacionada é uma **trama de forma**. Lineações de estiramento e tramas de forma são comuns em rochas deformadas plasticamente, como os gnaisses.

Fig. 14.2 *Lineações de estiramento em augen gnaisse, mostrando uma marcante trama L (tectonito L). Note o lápis como escala. Western Gneiss Region, Caledonides da Noruega*

O ESTIRAMENTO DE MINERAIS E AGREGADOS DE MINERAIS EM UMA LINEAÇÃO PENETRATIVA DE ESTIRAMENTO É O TIPO MAIS COMUM DE LINEAÇÃO EM ROCHAS METAMÓRFICAS DEFORMADAS.

Quartzo, calcita e alguns outros minerais comuns podem produzir cristais fibrosos e bem alinhados, que definem elementos lineares. Essas lineações minerais são denominadas **lineações de fibras minerais**. As fibras crescem na direção de estiramento instantâneo (ISA_1), mas podem também crescer de modo perpendicular às paredes. Além disso, uma vez formadas, as fibras podem ser rotacionadas para outra posição com a deformação progressiva. Além de ocorrer em veios em rochas retrometamorfizadas e em rochas sedimentares não metamorfizadas, como argilitos com sobrepressão, as fibras são comumente encontradas em sombras de deformação de porfiroclastos em rochas metamórficas, em metamorfismo de baixo grau. As fibras não se formam se a pressão e a temperatura forem altas, e é rara sua ocorrência acima das condições da fácies xisto verde médio. Essa ocorrência restrita faz com que as lineações de fibras minerais sejam menos comuns e menos penetrativas que a maioria dos outros tipos de lineação.

A **formação de bastões**, ou ***rodding***, gera agregados minerais alongados facilmente distinguíveis do restante da rocha. Os bastões ou *rods* de quartzo são comuns em micaxistos e gnaisses. Os *rods* são considerados como lineações de estiramento, mas são comumente influenciados por outros processos formadores de estruturas. Eles podem representar charneiras isoladas de dobras ou estar relacionados a estruturas de boudinagem ou *mullion* (ver adiante) ou a veios deformados com geometria originalmente alongada.

14.2.2 Lineações de intersecção

Diversas rochas deformadas contêm mais de um conjunto de estruturas planas. Uma combinação de acamamento e clivagem é o exemplo mais comum. Em muitos casos, as estruturas planas se intersectam e a linha de intersecção é denominada **lineação de intersecção**. Se a primeira clivagem tectônica (S_1) corta o acamamento primário (S_0), a lineação de intersecção resultante (L_1) aparece no plano de acamamento (Fig. 14.3). As lineações de intersecção formadas pela intersecção de duas lineações tectônicas também são comuns. Na maior parte dos casos, as lineações de intersecção relacionam-se a dobramentos, com a lineação sendo paralela ao traço axial e à linha de charneira. Note que em dobras transectadas (Fig. 13.21) há um ângulo entre a lineação e o traço axial.

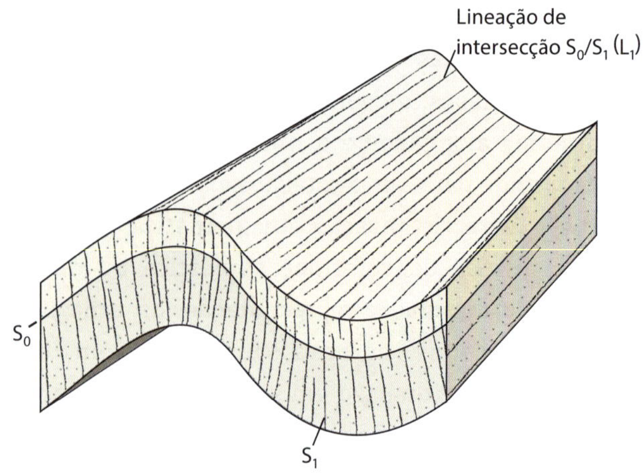

Fig. 14.3 *Lineações de intersecção visíveis nos planos de acamamento ou foliação intersectados por uma lineação posterior*

Em algumas rochas deformadas, as lineações de intersecção ocorrem apenas localmente. Entretanto, sua frequência e distribuição são suficientes para que elas sejam consideradas estruturas penetrativas. Como as demais lineações, as lineações de intersecção podem ser dobradas em eventos posteriores, auxiliando na reconstrução da história deformacional da rocha.

14.2.3 Eixos de dobras e lineações de crenulação

Os eixos de dobras são geralmente considerados estruturas lineares, apesar de serem linhas teóri-

Boxe 14.1 Usando minerais magnéticos para definir a trama (método ASM)

Algumas rochas deformadas não apresentam lineações ou foliações visíveis. Nestes casos, o método ASM (anisotropia de susceptibilidade magnética) pode ser útil. A susceptibilidade magnética é a facilidade com a qual um material pode ser magnetizado, um parâmetro que pode ser medido em laboratório. Se a susceptibilidade de um mineral varia com a orientação, o que em geral ocorre, o material tem anisotropia de susceptibilidade magnética.

Para medir a ASM de uma amostra, é necessário coletar um testemunho orientado em campo e medir a susceptibilidade em diferentes posições em laboratório, descrevendo a variação direcional através do assim chamado tensor de susceptibilidade. De modo similar ao tensor tridimensional de deformação ou matriz de deformação, o tensor tem três vetores próprios (k_1, k_2, k_3) ou três eixo principais, e pode ser representado pelo **elipsoide de susceptibilidade**.

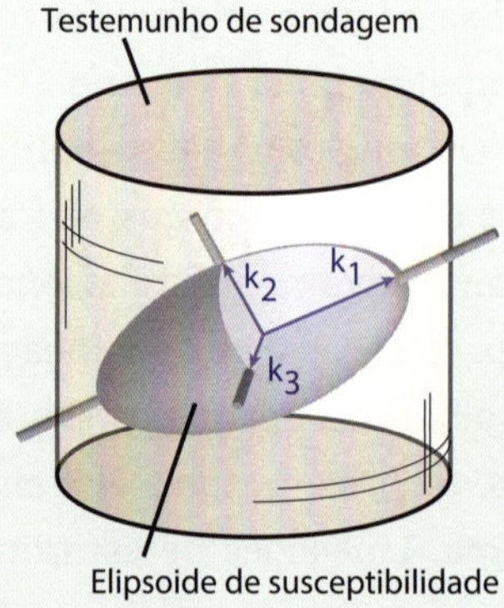

O eixo maior (k_1) em geral corresponde ao eixo mais longo (X) do elipsoide de deformação e, portanto, à lineação de estiramento. De modo similar, o eixo menor (k_3) do elipsoide de susceptibilidade tende a ser perpendicular à foliação. Entretanto, há casos onde esta relação pode ser mais complicada. O uso do elipsoide de susceptibilidade como uma *proxy* do elipsoide de deformação pode ser incerto, ainda que a correção tenha sido comprovada em casos específicos. Por exemplo, se a biotita for o mineral magnético predominante, o elipsoide de susceptibilidade será tipicamente oblato, independentemente do real geometria da deformação. Portanto, para se aplicar a ASM é necessário analisar em detalhe os minerais que são responsáveis pela susceptibilidade da rocha. Uma descoberta importante e potencialmente útil é que a ASM regitra apenas o último incremento de deformação, ainda que seja difícil dizer qual foi a magnitude do último incremento.

A figura mostra um exemplo do aplicação do método ASM em uma área de anatexia (migmatitos) na Faixa Araçuaí, Neoproterozoico, Brasil. O método ASM define as atitudes de foliações similares às atitudes observadas em campo (compare os gráficos de foliação magnética e foliação em afloramentos), o que indica que os dados de foliação e lineação magnéticas pode servir de *proxy* da trama onde foliação e lineação não são visíveis em afloramento. Lineações (à direita), detectáveis apenas pelo método ASM, são mostradas em diagramas de igual área à direita.

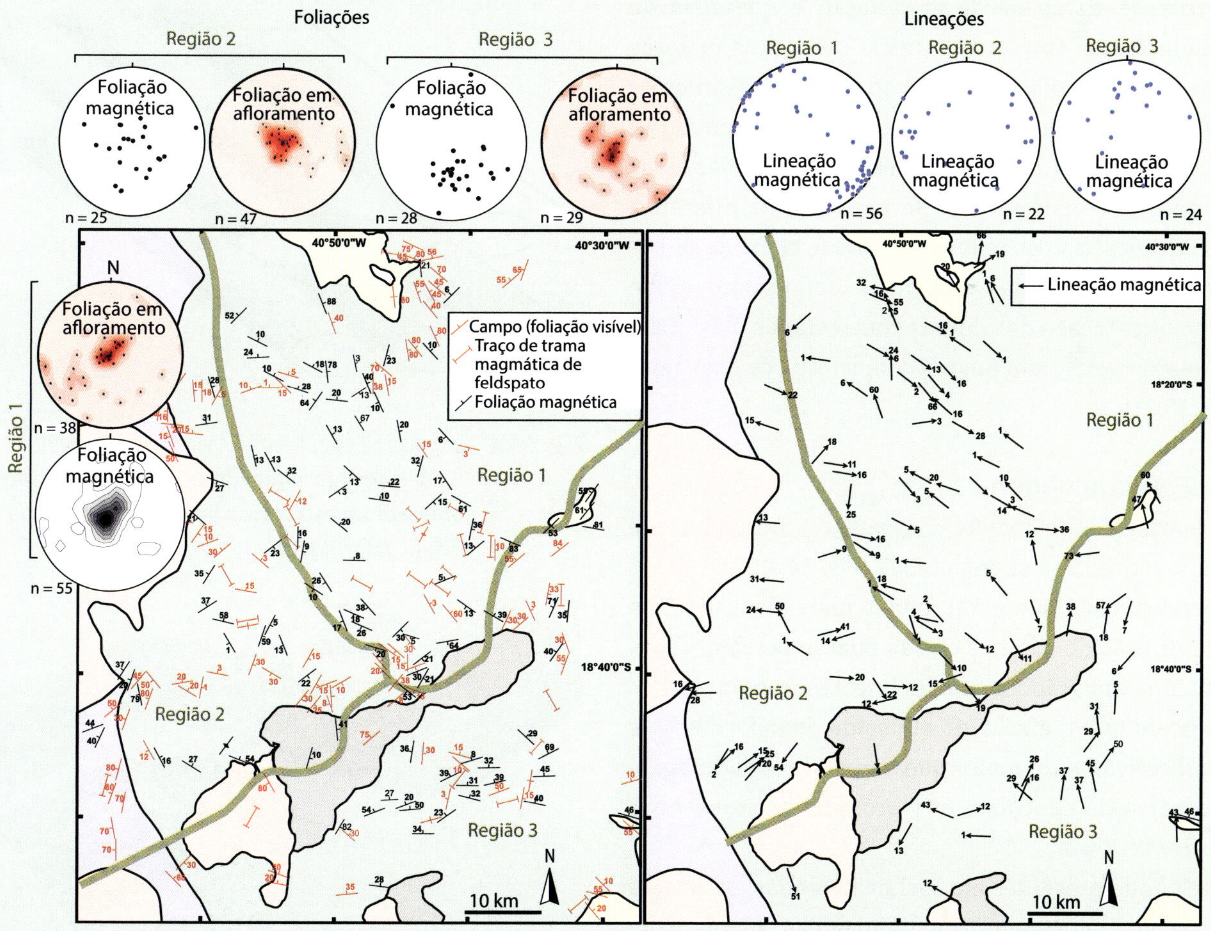

Elipsoide de deformação (figura superior) e dois mapas mostrando foliação medida em campo, foliação magnética (esquerda) e lineação magnética ASM (direita). Dados cedidos por Carolina Cavalcante. Para mais informações, ver Cavalcante et al. (2013)

cas relacionadas à forma geométrica da superfície dobrada. Algumas rochas apresentam uma densidade suficientemente alta de eixos paralelos de dobras a ponto de constituir uma trama. Esse é o caso das rochas metamórficas ricas em filossilicatos, onde pequenas dobras ou crenulações formam um **lineação de crenulação**. As lineações de crenulação são, portanto, compostas por numerosas charneiras em escala milimétrica a centimétrica de dobras de pequena amplitude. Elas são comuns em filitos, xistos e em camadas micáceas em quartzoxistos, milonitos e gnaisses que passaram por múltiplas fases de deformação. As lineações de crenulação têm uma relação próxima com as lineações de intersecção, mas são diferentes por serem marcadas por charneiras de dobras visíveis a olho nu.

Durante o dobramento de rochas acamadadas, formam-se clivagens de crenulação e lineações de crenulação em um estágio inicial, e dobras maiores em estágios tardios do processo. Portanto, é interessante comparar a atitude de lineações de crenulação com a dos eixos de dobras a elas relacionadas, mas ligeiramente mais jovens. Se houver uma diferença nas atitudes, isso pode indicar o modo como as camadas são rotacionadas durante a deformação. Cabe mencionar o caso das dobras transectadas, nas quais a lineação perfaz um ângulo com a linha de charneira (Fig. 13.21).

14.2.4 Boudinagem

Os ***boudins*** são camadas competentes de rocha que foram estiradas e segmentadas (Fig. 14.4). Os *boudins* individuais são, em geral, muito mais alongados em uma direção do que nas outras duas e, portanto, definem uma lineação. Os *boudins* lineares formam-se nos casos em que o eixo *X* do elipsoide de deformação é significativamente maior que o eixo *Y*. A boudinagem tipo barra de chocolate (ver próximo capítulo) pode ocorrer se $X \approx Y$.

Quando presentes em rochas dobradas, os *boudins* aparecem tipicamente nos flancos das dobras, com seus eixos mais longos orientados na direção do eixo da dobra (Fig. 14.5). Em geral, as estruturas de boudinagem são mais facilmente identificáveis em seções perpendiculares ao eixo mais longo dos *boudins*. Por esse motivo, pode ser difícil reconhecer os *boudins* como feições lineares em rochas deformadas. Além disso, como os *boudins* se restringem às camadas competentes, sua ocorrência é mais limitada que a maioria das lineações.

14.2.5 *Mullion*

Mullion é o nome dado a estruturas lineares de deformação que se restringem à interface entre rochas competentes e incompetentes. O termo *mullion* tem sido usado de diferentes maneiras na literatura, desde estrias em planos de falha (*mullions* de falha) até estruturas na interface de camadas formadas por deformação extensional ou contracional paralela ao acamamento. Vamos atribuir essa denominação a estruturas em interfaces de camadas onde o contraste

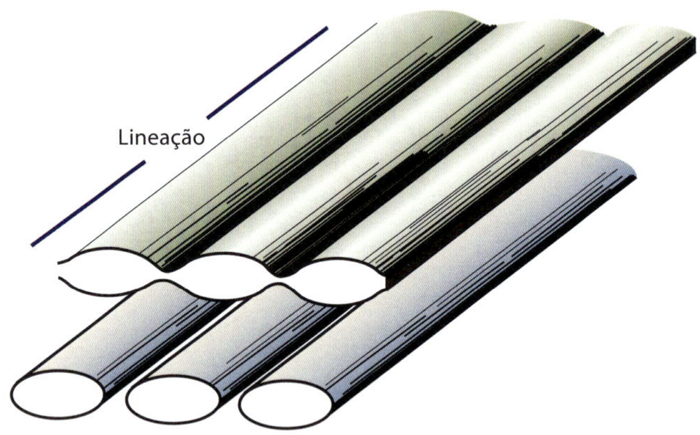

Fig. 14.4 *Estruturas cilíndricas de estricção* (pinch-and-swell) *(acima) e* boudins *(abaixo), que representam estruturas lineares em diversas rochas deformadas*

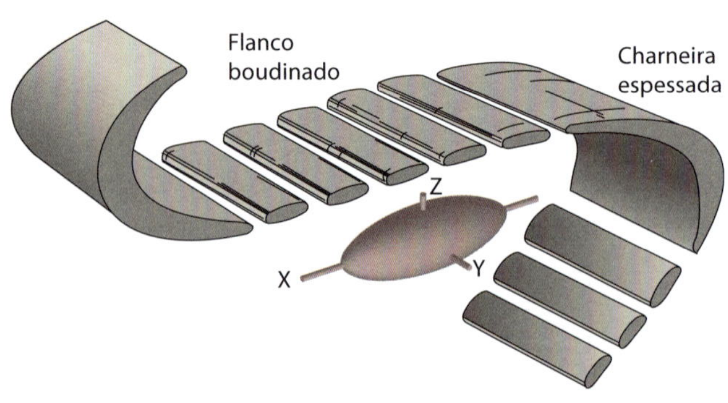

Fig. 14.5 *Ligação próxima entre dobramento e boudinagem. As charneiras das dobras se espessam, enquanto os flancos são estirados e boudinados. O elipsoide de deformação é indicado*

de viscosidade seja significativo. Nessa situação, a forma em cúspide dos *mullions* sempre aponta para a rocha competente, ou seja, para aquela com maior viscosidade no momento da deformação (Fig. 14.6). Os *mullions* têm uma relação próxima com as dobras de flambagem, no sentido de que sua formação é condicionada pelo contraste em viscosidade, seu encurtamento é paralelo ao acamamento e seu comprimento de onda está relacionado ao contraste de viscosidade. Mas os *mullions* diferem das dobras por flambagem por terem menor comprimento de onda e estarem restritos a uma única interface de camadas. Uma situação na qual os *mullions* são comuns em rochas metamórficas é no limite entre quartzitos e filitos ou micaxistos. Os *mullions* também ocorrem na superfície de bolsões de quartzo em micaxistos.

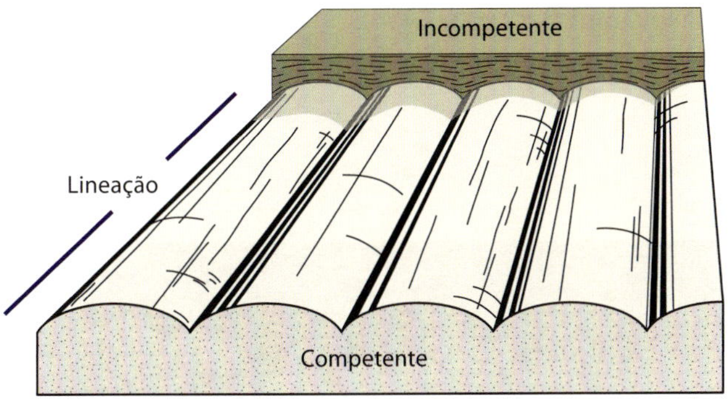

Fig. 14.6 *Estruturas em* mullion *formam lineações na interface entre camadas com contraste marcante de competência (viscosidade)*

14.2.6 Estruturas em lápis

A formação de estruturas em lápis resulta da interferência nítida entre a clivagem de compactação e uma clivagem tectônica subsequente (ver Cap. 13). As estruturas em lápis têm uma orientação preferencial e formam lineações em rochas não metamórficas e metamórficas de grau muito baixo.

14.3 Lineações no regime rúptil

Algumas lineações ocorrem apenas em superfícies de fraturas. Elas não constituem elementos de trama e são mais características do regime rúptil na crosta superior. Essas lineações representam crescimento mineral em fraturas extensionais, estrias escavadas em planos de fraturas de cisalhamento e falhas, intersecção de fraturas e curvatura de fraturas formadas em um estágio anterior.

As **lineações minerais** no regime rúptil geralmente se restringem a **fibras minerais**, que crescem em uma direção preferencial em fraturas (Fig. 14.7). O crescimento de minerais em fraturas requer que estas apresentem alguma abertura, seja como verdadeiras fraturas extensionais ou como fraturas de cisalhamento com um componente extensional. Além disso, os minerais devem crescer em uma direção preferencial, para que possam ser considerados uma lineação. Minerais como quartzo, antigorita, actinolita, gipsita e anidrita podem ocorrer com hábito fibroso em fraturas.

As fibras minerais são encontradas em diversas fraturas extensionais ou de modo I (Fig. 14.8). A orientação das fibras é comumente considerada como representativa da direção de extensão. Fibras curvas podem ocorrer e indicam que houve variação na direção de extensão, no transcurso da deformação ou após a formação de fibras.

Apesar de um movimento extensional estar envolvido na formação de lineações de fibras minerais, isso não significa que essas lineações se restrinjam a fraturas extensionais. Em razão da forma irregular da maioria das fraturas de cisalhamento, um componente de extensão pode ocorrer em segmentos

Fig. 14.7 *Dois conjuntos perpendiculares de lineações minerais em uma superfície de falha em um serpentinito. As duas direções indicam movimentos sob dois campos de esforços distintos. Ofiólito Leka, Caledonides da Escandinávia*

Fig. 14.8 *Lineação fibrosa em fratura extensional, onde as fibras cresceram na direção perpendicular das paredes da fratura*

extensionais, onde os minerais crescerão enquanto as paredes se afastam (Fig. 14.9), precipitando-se a partir dos fluidos em circulação no sistema de fraturas. Assim, o sentido do deslizamento é identificável com base na relação entre o crescimento das fibras e a geometria das fraturas.

AS FRATURAS DE CISALHAMENTO NÃO PLANAS PODEM CONTER SEGMENTOS EXTENSIONAIS (*PULL-APART*), ONDE FIBRAS MINERAIS PODEM CRESCER E FORMAR UMA LINEAÇÃO LOCAL.

As **estrias** ou **estrias de atrito** são lineações encontradas em fraturas de cisalhamento e formadas pela abrasão física entre os blocos (Fig. 14.10). Uma superfície suave e estriada de falha é denominada **espelho de falha**, que tende a ser uma superfície polida, recoberta por uma camada delgada (≤ 1 mm) de rocha cominuída e coesa em plano de falha. Objetos rígidos e asperezas podem escavar **sulcos de falha** (Fig. 14.11). O termo **lineação de sulco** pode ser usado para esse tipo de estria.

Essas estrias de atrito formadas mecanicamente podem apresentar similaridades com estrias glaciais. O exame detalhado de espelhos de falha estriados revela que, em muitos casos, eles se formam no preenchimento mineral ou são lineações fibrosas.

HÁ DOIS TIPOS PRINCIPAIS DE ESTRUTURAS LINEARES EM FALHAS: AS FORMADAS POR ABRASÃO MECÂNICA (ESTRIAS) E AS FORMADAS POR CRESCIMENTO MINERAL (LINEAÇÕES FIBROSAS DE DESLIZAMENTO).

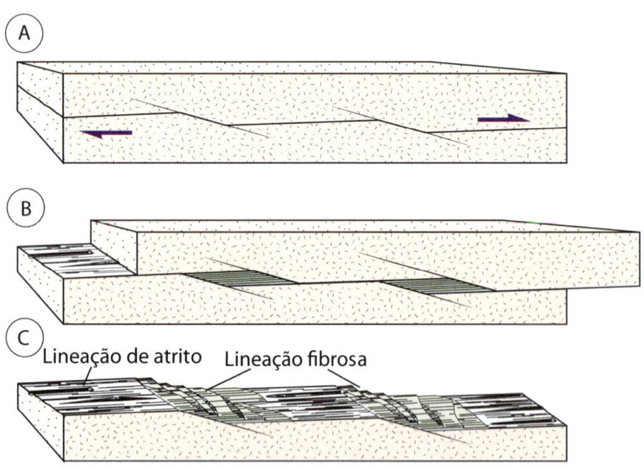

Fig. 14.9 *Formação de lineações fibrosas em fraturas irregulares de cisalhamento. (A) Estágio inicial. (B) Estágio final. O bloco superior foi removido para melhor visualização em (C). As lineações de atrito (estrias) são encontradas em superfícies que não se abriram durante o falhamento*

Fig. 14.10 *Espelho de falha com estrias em calcita. Falha de menor porte em calcário, Catskill, Nova Iorque, EUA*

Fig. 14.11 *Estudantes analisando estrias de falha em plano de falha entre calcário e arenito; também visto na Fig. 10.4. Falha Moab, Utah, EUA*

Os minerais podem crescer durante a movimentação de uma falha, e é comum encontrarmos uma combinação de lineações fibrosas e estrias. Essas lineações podem ter a mesma idade ou idades diferentes; em alguns casos, existem dois ou mais conjuntos distintos de lineações que podem ou não estar relacionados à abrasão mecânica.

As **estrias geométricas** relacionam-se a irregularidades ou enrugamentos de uma superfície de falha. Essas irregularidades podem ter uma orientação preferencial ou um eixo na direção do deslizamento e aparecer como lineações na parede exposta. Um tipo especial de estria geométrica são as estrias em forma de charuto observadas nas paredes de zonas de alta densidade de bandas de deformação (Fig. 14.12). As estrias geométricas e as estrias físicas podem coexistir.

As **lineações de intersecção** são encontradas em fraturas onde o plano principal de deslizamento é intersectado por fraturas secundárias, como fraturas de Riedel ou fraturas tensionais. As linhas de intersecção tipicamente (mas não necessariamente) formam um alto ângulo com a direção do deslizamento, em contraste com as estrias e as lineações minerais, que tendem a ser paralelas à direção do deslizamento.

Por fim, há um tipo de lineação típico de calcários deformados, que se forma na direção perpendicular a suturas de dissolução por pressão bem desenvolvidas, onde o encurtamento ocorre através da superfície da fratura, e que é constituído de estruturas tubulares denominadas **eslicolitos** (*slickolites*). Essas estruturas geralmente apontam na direção da contração e são, portanto, um tipo de lineação cinematicamente diferente das demais lineações discutidas anteriormente.

Fig. 14.12 *Lineações em zona de bandas de deformação (sentido normal). A lineação aponta para baixo segundo o mergulho e é uma expressão da geometria ondulada das bandas de deformação, como mostrado na Fig. 7.38. Formação São Sebastião (fluvial), Bacia Tucano, Bahia, Brasil*

14.4 Lineações e cinemática

Os geólogos sempre têm a sensação de que estruturas lineares indicam, de algum modo, o padrão cinemático ou de movimentação durante a deformação. Discutiremos a seguir essa possibilidade, inicialmente no regime rúptil na crosta superior e, em seguida, no regime plástico.

14.4.1 Cinemática relacionada a falhas

Lineações são estruturas importantes para a compreensão do sentido de movimento em superfícies individuais de deslizamento e da cinemática de populações de planos de falhas. As lineações fibrosas, as estrias de atrito e as lineações geométricas também dão indicações sobre o movimento, embora uma determinação confiável do sentido de movimento possa exigir informações adicionais.

LINEAÇÕES FIBROSAS, ESTRIAS DE ATRITO E OUTRAS LINEAÇÕES ASSOCIADAS A FALHAS SÃO PARALELAS À DIREÇÃO DE MOVIMENTO, MAS NÃO REVELAM POR SI SÓ O SENTIDO DO CISALHAMENTO.

Para distinguirmos entre falhas normais e inversas, ou sinistrais e destrais, são necessárias informações detalhadas sobre a morfologia das fraturas em relação ao crescimento mineral, a geometria de fraturas de segunda ordem, a correlação de marcadores através da superfície de deslizamento ou a observação de dobras de arrasto nas adjacências da falha. Há várias indicações de que o método tradicional de "sentir" o sentido de movimento pelo tato na própria superfície de falha não é confiável. Em vez disso, podemos observar em detalhe qualquer irregularidade e outras estruturas no plano de falha e em suas proximidades que possam ser úteis na reconstituição da sua geometria e formação, para avaliarmos o sentido do deslizamento. Isso requer a compreensão das implicações das fraturas extensionais e dos diferentes tipos de fraturas de cisalhamento formados durante um falhamento, tendo em mente diagramas como os da Fig. 10.3.

É comum observarmos dois ou mais conjuntos de estruturas lineares em um único plano de deslizamento (Fig. 14.7). Diferentes conjuntos registram diferentes movimentos em diferentes etapas, indicando que o campo de esforços variou entre os diferentes episódios de **deslizamento** ou que complicações geométricas locais tenham perturbado o campo de esforços durante o falhamento. Em alguns casos, a história de crescimento dos minerais e sua composição nesses planos podem auxiliar na interpretação da sequência relativa dos movimentos.

14.4.2 Lineações e eixos cinemáticos no regime plástico

As lineações são comuns em zonas de cisalhamento plástico e em zonas miloníticas, incluindo as zonas de cisalhamento extensionais, transcorrentes e rochas miloníticas associadas a falhas de cavalgamento (*nappes*). Um exemplo deste último caso é o padrão linear observado na *nappe* Moine, sobre a zona de cavalgamento basal no norte da Escócia (Fig. 14.13). As lineações são reconhecidas como importantes indicadores cinemáticos desde o século XIX, mas até meados do século XX discutiu-se se as lineações se formam na direção paralela ou perpendicular à direção geral de movimento.

Por volta de 1950, o geólogo austríaco Bruno Sander inovou ao propor uma abordagem baseada em sistemas de coordenadas e simetria. Ele introduziu o conceito de **eixos cinemáticos** ao definir três eixos ortogonais, *a*, *b* e *c*, onde o eixo a representa a direção de transporte e o eixo *c* é perpendicular ao plano de cisalhamento (Fig. 14.14). O debate era: as lineações e os eixos das dobras são paralelos aos eixos cinemáticos *a* ou *b*?

Sander e sua escola insistiram que as lineações representam a direção *b*, ou seja, não a direção de transporte. Outros, como o geólogo britânico E. M. Anderson e o geólogo norueguês Aders Kvale, tinham visão oposta à de Sander. Nas Caledonides, a lineação de estiramento (Figs. 14.13 e 1.15) é paralela à direção regional de transporte. A lineação também é paralela às charneiras das dobras cerradas. Anderson, Kvale e outros concluíram, portanto, que a lineação é, na maioria dos casos, paralela ao eixo *a*. Essa visão tornou-se geralmente aceita.

O conceito de eixos cinemáticos foi logo abandonado e substituído pelos **eixos de deformação**, com

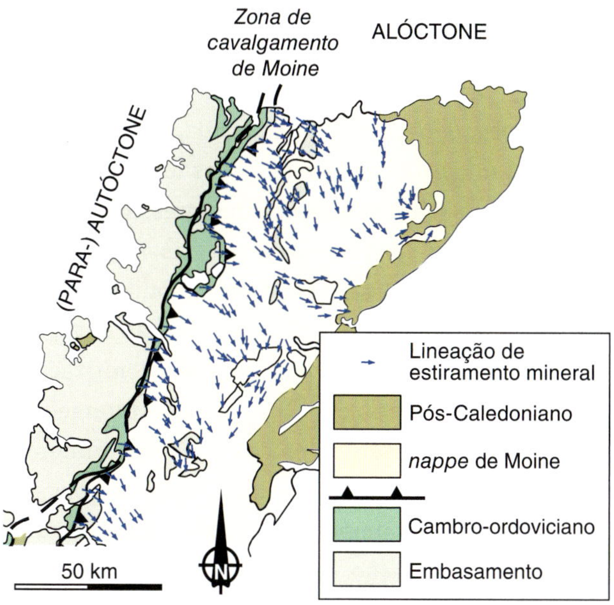

Fig. 14.13 *Padrão de lineação na Série Moine (*nappe*), sobre a zona de cavalgamento de Moine, no norte das Caledonides, Escócia. A maior parte das lineações próxima à zona em questão é orientada quase perpendicular a ela, o que é consistente com cavalgamento para oeste-noroeste (note que as setas indicam a direção de mergulho da lineação, não a direção de cavalgamento). Em locais mais distantes, a lineação de cavalgamento assume um padrão mais variado e a direção de transporte é mais difícil de ser deduzida*
Fonte: baseado em compilação de Law e Johnson (2010).

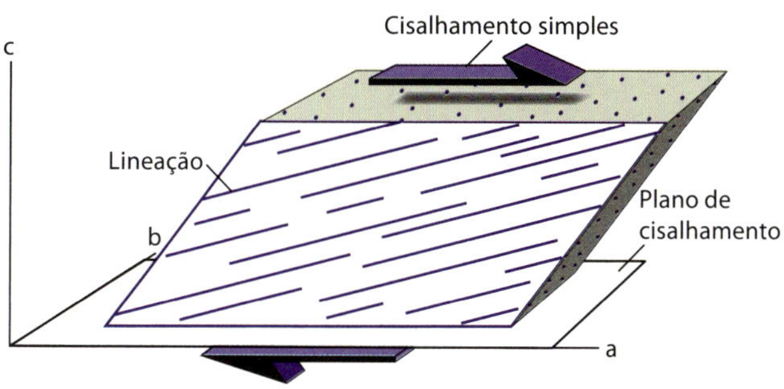

Fig. 14.14 *Lineação de estiramento e sua relação com os eixos cinemáticos de Sander em cisalhamento simples. A lineação rotaciona em direção ao eixo cinemático* a *(direção de transporte ou de cisalhamento) com o aumento da deformação*

suas relações angulares com as paredes das zonas de cisalhamento ou com outros planos de referência adequados. Em cisalhamento simples, a lineação de estiramento situa-se no plano *a-c* de Sander, ou *XZ* do elipsoide de deformação, e rotaciona de sua posição inicial a 45° do plano de cisalhamento em direção à superfície de cisalhamento (ou seja, o eixo cinemático *a*; Fig. 14.14). A lineação tem, portanto, uma orientação que depende da deformação. Se ela for muito intensa, a lineação de estiramento aproxima-se do eixo *a*. Em uma *nappe* com deformação penetrativa, a tendência da orientação da lineação indica a direção de transporte. O sentido verdadeiro do transporte ou do cisalhamento não pode ser determinado apenas com base nas lineações, mas requer o estudo das estruturas assimétricas discutidas no Cap. 16.

As lineações de estiramento geralmente indicam a direção de transporte quando projetadas no plano de cisalhamento.

As direções de transporte são menos importantes quando lidamos com deformações coaxiais como o cisalhamento puro. Mesmo nesses casos, porém, um padrão característico de transporte pode ser previsto. Imagine uma *nappe* com rochas incompetentes sofrendo um colapso coaxial acima de um embasamento rígido. Espera-se, nesse caso, um padrão de lineações com arranjo consistente, e em caso de cisalhamento puro perfeito, as lineações serão paralelas à direção de transporte. Dessa forma, a lineação torna-se uma perfeita lineação a na nomenclatura de Sander.

Em outros tipos de deformação, como na transtração (*transtension*), as lineações podem ser oblíquas à direção de cisalhamento, independentemente da intensidade da deformação (ver Cap. 19). De fato, sua orientação pode também variar de modo significativo. Outros tipos de deformação, como as combinações oblíquas de cisalhamento simples e puro (onde o plano de cisalhamento e o plano de achatamento do cisalhamento puro são oblíquos entre si), podem produzir uma ampla gama de orientação de lineações. A relação entre lineações e direção de transporte pode ser complexa, mas é importante perceber que a interpretação de uma lineação depende do tipo de deformação, seja cisalhamento simples, puro ou uma combinação de ambos.

Os padrões lineares em escala de mapa também estão relacionados à deformação e à cinemática. Um exemplo é o padrão de lineação radial gerada por colapso gravitacional tridimensional (Fig. 17.29). A observação desses padrões de lineação sugere que a deformação não é plana. Entretanto, há muitos locais onde as lineações são paralelas em amplas áreas, e os dados de deformação podem ser usados para determinar se elas foram formadas durante uma deformação plana (sem transporte perpendicular à lineação) ou não. Se o elipsoide de deformação for aproximadamente plano (na diagonal no diagrama de Flinn), temos um bom motivo para considerar uma deformação plana com lineação indicando a direção de transporte. Se a deformação divergir da deformação plana, pode haver uma relação mais complexa entre a direção de transporte e as lineações. Em geral, considerar *a priori* que as lineações indiquem a direção de transporte é uma boa hipótese de trabalho; um padrão como o mostrado na Fig. 14.14 é tipicamente considerado como um indicador da direção de transporte por estar em alto ângulo com o cavalgamento, como no cavalgamento de Moine, Escócia, ainda que, em detalhe, a situação seja mais complexa.

14.4.3 Charneiras de dobras e tipos relacionados de lineações

As lineações de estiramento frequentemente são o tipo de lineação mais fácil de interpretar, quando o objetivo é determinar a direção de transporte. Os eixos de dobras, as lineações de crenulação e as lineações de intersecção podem ser mais ambíguas. Essas lineações podem ser produzidas por uma fase tardia de deformação superimposta, não relacionada ao movimento principal. Em outros casos, elas são as últimas expressões de uma fase de deformação progressiva e, nesse contexto, podem fornecer informações importantes sobre a cinemática. Isso ocorre em milonitos, onde a foliação é continuamente dobrada e novas clivagens são formadas repetidamente durante a milonitização.

Os eixos de dobras e as lineações de intersecção são geneticamente diferentes das lineações minerais e de estiramento, e têm uma relação mais complicada com a direção de transporte, que pode estar em alto ângulo com a lineação de estiramento (Fig. 14.15A) ou ser oblíqua ou paralela (Fig. 14.15B). Não é raro encontrarmos, em zonas de alta deformação, eixos de dobras e lineações de intersecção aproximadamente paralelos à lineação mineral e de estiramento (Figs. 14.15 e 14.16).

Os eixos de dobras paralelos a outras lineações ainda eram considerados um problema em meados do século XX. Atualmente, há um conjunto de explicações razoáveis para eixos de dobras paralelos e outras lineações. É claro, por exemplo, que os eixos das dobras podem ser rotacionados até ficarem paralelos à direção de cisalhamento. É o caso de quando vamos da Fig. 14.16A para a Fig. 14.16B, o que pode ocorrer se a linha de charneira for curvada e a deformação for alta (Fig. 12.39). Isso pode ocorrer também se houver

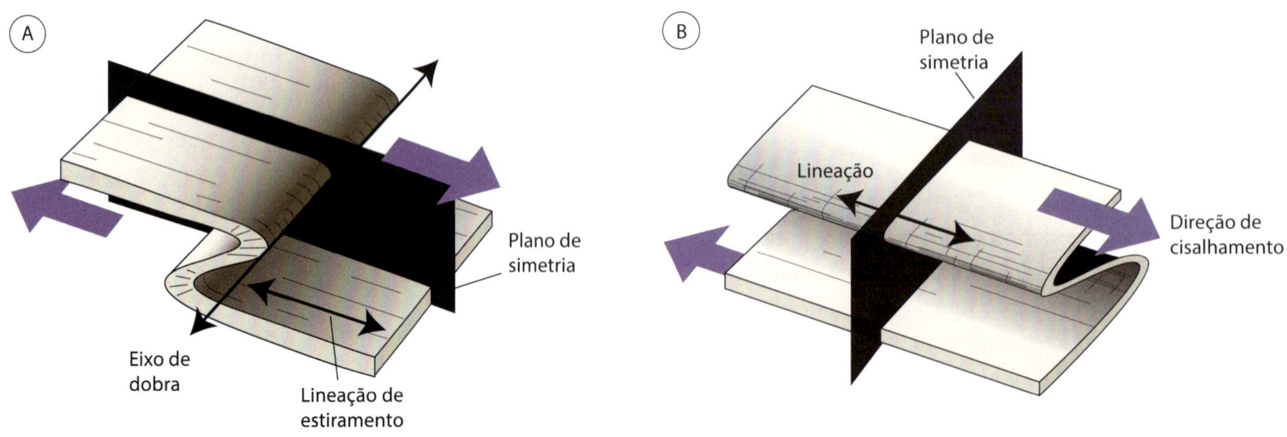

Fig. 14.15 *Dobras e simetria. As dobras podem apresentar eixos paralelos ou perpendiculares à lineação de estiramento. Aplicar o conceito de simetria para estimar a direção de transporte não é um procedimento confiável quando lidamos com dobras*

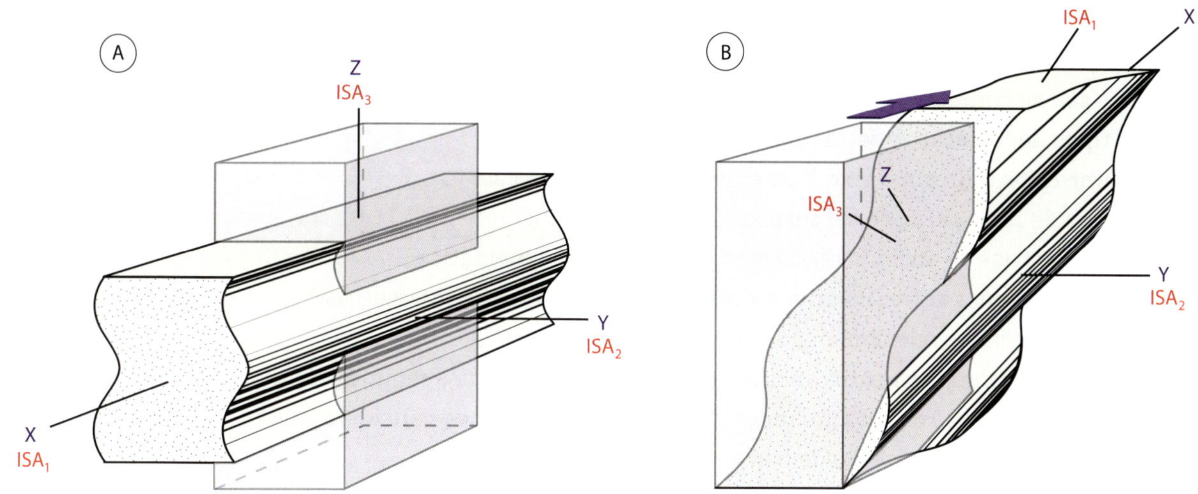

Fig. 14.16 *Dobras e lineações de estiramento formadas por cisalhamento puro (A) e simples (B). Em ambos os casos, os eixos das dobras e as lineações de estiramento tornam-se subparalelos (perfeitamente paralelos em cisalhamento puro, subparalelos em cisalhamento simples)*

um componente local de movimento transcorrente. As dobras também podem formar-se na direção paralela ao estiramento ou à direção de cisalhamento, por exemplo, ao longo de lentes fortemente estiradas de um material mais competente. A Fig. 14.16A apresenta um modelo em que o acamamento vertical em uma zona de alta deformação é afetado por cisalhamento puro (A) e simples (B). Em (A), as dobras são paralelas a *X* (direção de estiramento) sem qualquer rotação. Em (B), as dobras também se formam paralelas a *X* e à lineação de estiramento, mas são rotacionadas para a direção de transporte horizontal com o aumento da deformação.

As dobras podem formar-se com eixos em qualquer ângulo em relação à direção de transporte, e tipicamente rotacionam para essa direção com o acúmulo da deformação e com dobras mais cerradas.

Resumo

As lineações são importantes pela sua relação próxima com a cinemática, ou seja, com as direções de transporte. Juntamente com a foliação que as contêm, as lineações podem fornecer importantes informações sobre a história de deformação. Os *boudins*, frequentemente considerados como uma lineação, são outro tipo de estrutura que merece maior atenção e que, por esse motivo, será tratado no próximo capítulo. Alguns pontos importantes deste capítulo são:

- As lineações abrangem objetos alongados, estrias de atrito em superfícies de falha, linhas de intersecção entre superfícies planas e linhas não físicas, como eixos de dobras.
- Cada tipo de lineação deve ser interpretado separadamente.
- No regime rúptil, as lineações formam-se em fraturas extensionais, veios e fraturas de cisalhamento.
- No regime plástico, as lineações formam tramas penetrativas isoladas (trama L) ou associadas a foliações (trama LS).
- O estiramento de minerais e de agregados de minerais produz lineações de estiramento.
- Uma lineação de estiramento muito pronunciada pode indicar uma deformação prolata.
- Muitas lineações têm uma relação próxima com deformação ou deslizamento e, portanto, com a cinemática.
- Para o uso de uma lineação como indicador da direção de transporte (direção de movimento), é necessário saber como essa lineação se formou.
- As lineações de estiramento são úteis na estimativa da direção de transporte em cinturões orogênicos, ao passo que as lineações de intersecção e as charneiras de dobras são menos confiáveis.

Questões de revisão

1] Quais são as similaridades entre *mullions* e dobras ativas (flambagem)?
2] Que tipos de lineação se formam no regime rúptil?
3] Que lineações marcam o eixo X do elipsoide de deformação?
4] Que tipo de lineação pode ser relacionado ao ISA_1?
5] Como as estrias de atrito (*slickenlines*) se relacionam à cinemática?
6] Qual é a diferença entre lineação de crenulação e lineação de intersecção?
7] Como os *boudins* se relacionam ao elipsoide de deformação?
8] Quais são as diferenças entre lineações minerais formadas nos regimes rúptil e dúctil?
9] Por que é necessário termos um modelo de deformação quando consideramos as relações entre lineação de estiramento e direção de transporte?
10] Como as diversas lineações são definidas e como elas se desenvolvem?

E-módulo

O módulo de *e-learning* denominado *Lineations* é recomendado para este capítulo.

Leituras complementares

Geral

CLOOS, E. *Lineation*: A critical review and annotated bibliography, v. 18. Boulder: Geological Society of America, 1946.

SANDER, B. *Gefügekunde der Gesteine*. Vienna: Springer-Verlag, 1930.

SANDER, B. *Einführung in die Gefügekunde der Geologischen Körper*, v. 1. Vienna: Springer-Verlag, 1948.

SANDER, B. *Einführung in die Gefügekunde der Geologischen Körper*, v. 2. Vienna: Springer-Verlag, 1950.

TURNER, F. J.; WEISS, L. E. *Structural Analysis of Metamorphic Tectonites*. New York: McGraw-Hill, 1963.

Lineações de estiramento

MCLELLAND, J. M. The origin of ribbon lineation within the southern Adirondacks, U.S.A. *Journal of Structural Geology*, v. 6, p. 147-157, 1984.

Direção de transporte

ELLIS, M. A.; WATKINSON, A. J. Orogen-parallel extension and oblique tectonics: the relation between stretching lineations and relative plate motions. *Geology*, v. 15, p. 1022-1026, 1987.

KVALE, A. Linear structures and their relation to movements in the Caledonides of Scandinavia and Scotland. *Quaternary Journal of the Geological Society*, v. 109, p. 51-73, 1953.

LIN, S.; WILLIAMS, P. F. The geometrical relationship between the stretching lineation and the movement direction of shear zones. *Journal of Structural Geology*, v. 14, p. 491-498, 1992.

PETIT, J.-P. Criteria for the sense of movement on fault surfaces in brittle rocks. *Journal of Structural Geology*, v. 9, p. 597-608, 1987.

RIDLEY, J. Parallel stretching lineations and fold axes oblique to a shear displacement direction: a model and observations. *Journal of Structural Geology*, v. 8, p. 647-653, 1986.

SHACKLETON, R. M.; RIES, A. C. The relation between regionally consistent stretching lineations and plate motions. *Journal of Structural Geology*, v. 6, p. 111-117, 1984.

Rotação de lineações

SANDERSON, D. J. The development of fold axes oblique to the regional trend. *Tectonophysics*, v. 15, p. 55-70, 1973.

SKJERNAA, L. Rotation and deformation of randomly oriented planar and linear structures in progressive simple shear. *Journal of Structural Geology*, v. 2, p. 101-109, 1980.

WILLIAMS, G. D. Rotation of contemporary folds into the X direction during overthrust processes in Laksefjord, Finnmark. *Tectonophysics*, v. 48, p. 29-40, 1978.

Trama magnética (ASM)

BORRADAILE, G.; JACKSON, M. Structural geology, petrofabrics and magnetic fabrics (AMS, AARM, AIRM). *Journal of Structural Geology*, v. 32, p. 1519-1551, 2010.

15 Boudinagem

No regime plástico, as camadas tendem a dobrar-se quando encurtadas, particularmente se houver um contraste de viscosidade entre as camadas. Neste capítulo, vamos abordar a forma como as camadas estiradas se partem em fragmentos conhecidos como *boudins*. Os *boudins* clássicos são o oposto das dobras ativas (de flambagem) e fornecem evidências de extensão paralela ao acamamento, que serão preservadas mesmo se as camadas forem posteriormente encurtadas e dobradas. Assim como as dobras, os *boudins* se formam de diferentes maneiras e fornecem diferentes tipos de informação que merecem nossa atenção.

15.1 Boudinagem e estruturas de estricção

O termo *boudin*, que significa salsicha em francês, foi usado pela primeira vez em 1908 por Max Lohest, em referência a *boudins* encurtados ou *mullions* em Bastogne, Bélgica. Antes disso, os *boudins* e as estruturas de estricção (*pinch-and-swell structures*) já haviam sido descritos diversas vezes. A definição e o significado exatos de *boudin* e boudinagem foram mudando ao longo do século XX, mas há, atualmente, um consenso de que **boudins** são estruturas extensionais formadas por extensão paralela ao acamamento, e **boudinagem** é o processo de formação de *boudins* a partir de camadas originalmente contínuas.

Os *boudins* clássicos formam-se onde camadas competentes isoladas são fragmentadas por mecanismos de deformação plástica, rúptil ou por uma combinação de ambas (Fig. 15.1). A camada boudinada situa-se em uma matriz plasticamente deformada. Como indicado na Fig. 15.1, os *boudins* são separados por fraturas extensionais rúpteis (à esquerda) ou por fraturas de cisalhamento simétricas ou assimétricas (no centro e à direita). Em vez de fraturas, os *boudins* também podem ser separados por zonas delgadas de cisalhamento dúctil, confinadas à camada boudinada.

Os boudins são fragmentos mais ou menos regulares quanto à forma e ao espaçamento, produzidos pelo estiramento de foliações ou camadas competentes.

Há também exemplos de áreas regularmente espaçadas marcadas por adelgaçamento de camadas competentes, sem sua separação em fragmentos isolados ou *boudins*. Essas estruturas são denominadas **estruturas de estricção** (*pinch-and-swell*), e o processo pelo qual elas se formam é conhecido como ***necking***. Nas estruturas de estricção, elementos similares a *boudins* encontram-se conectados entre si (Fig. 15.2B). A formação de *boudins* regulares e de estruturas de estricção é controlada por temperatura, taxa de deformação e contraste de viscosidade ou foliação bem definida. A alta temperatura facilita os mecanismos de deformação plástica, mesmo em camadas competentes. Um alto contraste de viscosidade e uma alta taxa de deformação favorecem o fraturamento das camadas competentes. Esses parâmetros afetam também a forma dos *boudins*.

15.2 Geometria, viscosidade e deformação

Um conjunto de *boudins* tem **espessura**, **largura** e **separação** mensuráveis (Fig. 15.2A). Os experimentos mostram que os *boudins* são mais largos nas camadas espessas do que nas estreitas, assim como as camadas espessas afetadas por flambagem têm comprimentos de onda mais longos que as camadas delgadas (Fig. 12.20). Durante a boudinagem, uma camada competente é fragmentada em mais e mais *boudins*, até que uma razão característica largura/espessura ou **razão de aspecto** seja atingida. As razões de aspecto típicas situam-se no intervalo de 2 a 4 (Figs. 15.3 e 15.4) e a progressão da deformação extensional irá apenas aumentar o espaçamento entre os *boudins*. Em alguns casos, podemos comparar a razão de aspecto dos *boudins* com o comprimento de onda característico das dobras ativas ou de flambagem.

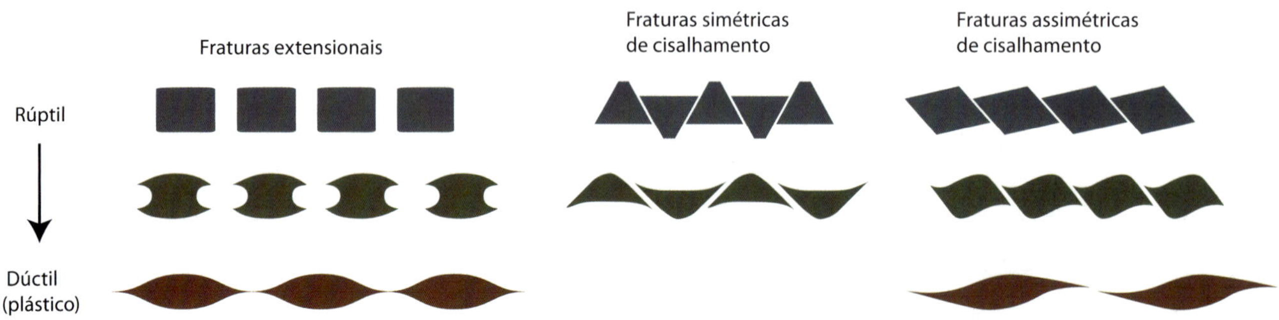

Fig. 15.1 *A forma dos* boudins *é, em grande parte, controlada pela separação dos* boudins *por fraturas extensionais ou de cisalhamento, e pela influência dos mecanismos de deformação plástica* versus *rúptil. Os* boudins *assimétricos podem indicar deformação não coaxial*

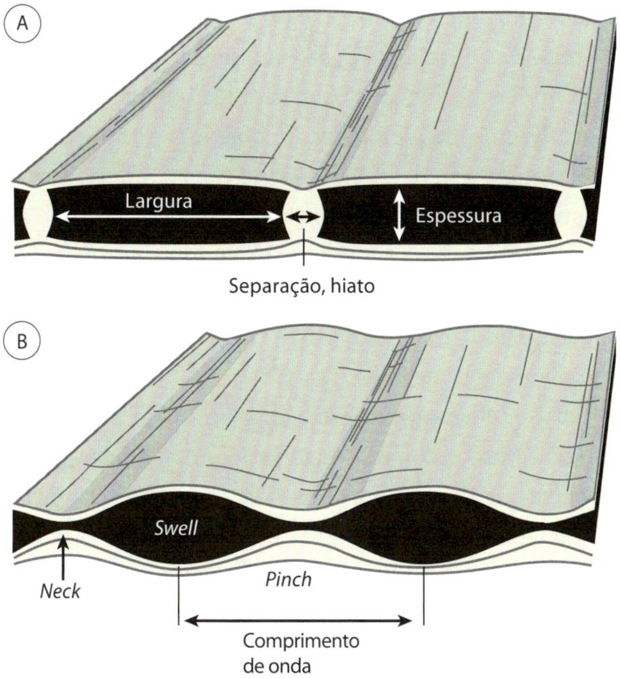

Fig. 15.2 *Terminologia para a descrição de* boudins *e estruturas de estricção*

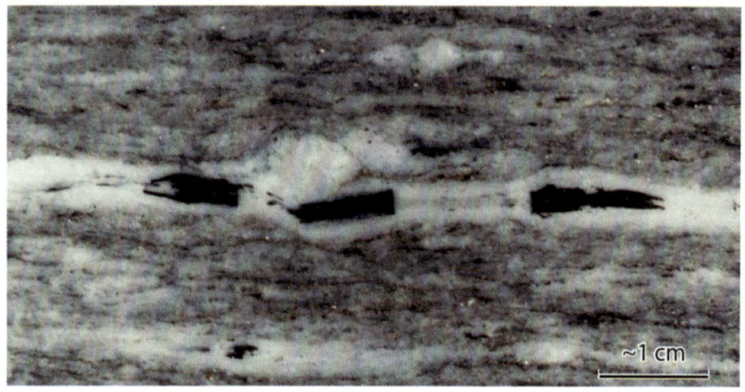

Fig. 15.3 *Cristais de anfibólio visível em amostra de mão (Suíça). Os cristais têm 2 mm de espessura*

A separação corresponde à distância entre os *boudins*. Diferentemente da razão de aspecto, a separação é independente do contraste de viscosidade entre a camada boudinada e a matriz ou as camadas adjacentes. Ela depende principalmente da deformação, em particular da quantidade de estiramento paralela ao acamamento. A separação é, portanto, mais variável que a razão de aspecto dos *boudins*.

Fig. 15.4 *Dique máfico boudinado (metamorfizado em anfibolito) em gnaisse proterozoico em Búzios, Brasil. Júlio Almeida como escala*

Hans Ramberg reproduziu experimentalmente em laboratório o estiramento de camadas competentes em uma matriz menos competente. Ele observou que as camadas mais competentes formam os *boudins* mais retangulares (Fig. 15.5A,B e 15.6). Camadas menos competentes desenvolvem estruturas de estricção (Fig. 15.7). Os experimentos de Ramberg mostraram que a forma dos *boudins* reflete o contraste de viscosidade durante a deformação. Arestas arredondadas ou puxadas para fora (*pulled out*) (Fig. 15.7 e 15.8) indicam que as bordas dos *boudins* foram deformadas por mecanismos de deformação plástica, similares aos que afetam a matriz. Em alguns casos, a deformação plástica é visível apenas em uma margem (Fig. 15.5D). Os experimentos demonstram que o contraste de viscosidade pode ser diferente nas duas bordas dos *boudins*, sendo que contraste é menor onde a deformação plástica afeta os *boudins*.

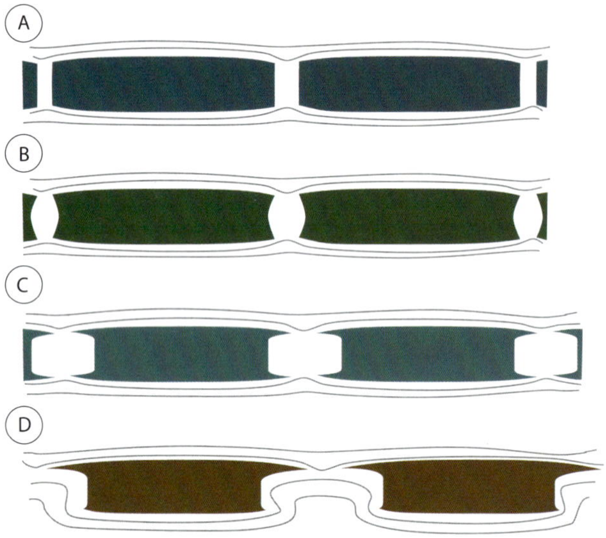

Fig. 15.5 *Diferentes tipos de geometria de* boudins *relacionados com o fraturamento extensional. (A) Retangular, (B) componente plástico fraco, (C) componente plástico marcado ao longo das bordas e (D) componente plástico pronunciado ao longo da margem superior e praticamente ausente ao longo da margem inferior, indicando que o contraste de viscosidade é maior ao longo da margem inferior*

A modelagem numérica mostra que a concentração de esforços é maior nos vértices dos *boudins*, o que explica por que os vértices são as primeiras partes a deformar-se. Nos casos em que a concentração de esforços causa a deformação dos *boudins*, pode haver a formação de **boudins em forma de barril** (Fig. 15.B), **boudins em forma de boca de peixe** (Figs. 15.5C, 15.8 e 15.9) e **boudins** tipo chapéu de formatura (Fig. 15.5D).

Os *BOUDINS* RETANGULARES INDICAM ALTO CONTRASTE DE COMPETÊNCIA E DEFORMAÇÃO MAIS RÚPTIL QUE OS *BOUDINS* EM FORMA DE BARRIL.

Ramberg e seus colaboradores fizeram análises teóricas que mostram que o esforço extensional que causa a boudinagem aumenta a partir dos vértices em direção à parte central das bordas dos *boudins*. Isso significa que os *boudins* longos estão submetidos a maior esforço extensional em suas partes centrais que os *boudins* curtos. A divisão dos *boudins* inicialmente formados continua até que o esforço extensional na sua

Fig. 15.6 Boudins *retangulares de anfibolito em migmatito. Os vértices angulosos dos* boudins *sugerem alto contraste de competência entre os* boudins *e a matriz migmatítica. Gnaisse proterozoico, Halden, Noruega*

Fig. 15.7 *Estruturas de boudinagem em banda de anfibolito (diques máficos metamorfizados) em quartzoxisto, porção norte das Caledonides da Noruega. Os* boudins *são fortemente afetados por deformação plástica, provavelmente como início de um processo de estricção (Fig. 14.2B)*
Foto: Steffen Berg.

Fig. 15.8 *Terminação esquerda de* boudin *mostrado na Fig. 15.4. A estrutura mostra evidência de cisalhamento ao longo da margem externa do* boudin, *enquanto a parte interna se comporta de modo mais rígido, criando uma estrutura tipo boca de peixe*

parte central fique abaixo de um limite crítico, o que ocorre quando o seu comprimento se torna menor que um valor crítico. O comprimento do *boudin* fica abaixo de um valor crítico quando o esforço extensional nele for menor que a resistência do material à extensão. Esse modelo explica por que os *boudins* individuais em uma mesma camada ou faixa tendem a apresentar comprimento dentro de um certo intervalo.

As estruturas de estricção têm similaridades ainda maiores com a flambagem. Nos casos em que o contraste de viscosidade é significativo, uma relação matemática entre o comprimento de onda dominante (L_d) e a espessura (h) pode ser diretamente aplicada. A relação é dada pela fórmula clássica de Biot:

$$L_d/h = 2\pi(\mu_L/6\mu_M)^{1/3} \tag{15.1}$$

onde L_d/h representa a razão de aspecto comprimento/espessura das estruturas. As estruturas de estricção também se formam (por um mecanismo conhecido como dobramento de ressonância) se o contraste de viscosidade for pequeno, mas, nesses casos, os valores de L_d/h tendem a situar-se no intervalo entre 4 e 6.

As dobras ativas (flambagem) podem formar-se tanto em meios não lineares (newtonianos) como em meios lineares. Entretanto, as estruturas de estricção

Fig. 15.9 *Deformação plástica nas margens (circuladas) dos* boudins *em gnaisse proterozoico do sudoeste da Noruega, correspondente ao tipo boca de peixe mostrado na Fig. 15.5C*

formam-se apenas em meios com propriedades não newtonianas. Essa restrição é um dos motivos pelos quais as dobras são mais comuns que as estruturas de estricção e os *boudins* em rochas deformadas. Outro motivo é que as dobras ativas podem formar-se pela amplificação de irregularidades iniciais durante o encurtamento paralelo ao acamamento. As irregularidades tendem a ser suprimidas durante o estiramento paralelo ao acamamento ou durante o encurtamento perpendicular ao acamamento e, portanto, têm pouco efeito na formação de *boudins* clássicos. As dobras também podem formar-se por mecanismos passivos, em rochas onde as camadas não apresentam contraste de viscosidade. Por outro lado, a formação de *boudins* em camadas sem contraste de viscosidade é restrita a casos de rochas com foliação bem desenvolvida em zonas de cisalhamento (ver seção 15.4).

15.3 Boudinagem assimétrica e rotação

Até este ponto, abordamos os *boudins* como estruturas simétricas, mas os ***boudins* assimétricos** (Figs. 15.1 e 15.10) são comuns em rochas metamórficas deformadas. Eles são separados por fraturas de cisalhamento ou bandas de cisalhamento (zonas de cisalhamento de pequena escala), que tendem a desaparecer assim que deixam a camada boudinada. Se esta comportar-se de modo rúptil durante a deformação, o esforço diferencial ou a resistência da camada competente irá determinar se haverá formação de fraturas de cisalhamento ou de fraturas extensionais. Em geral, as fraturas extensionais se formam quando $(\sigma_1 - \sigma_3) < 4T_0$, onde T_0 é a resistência à tração da rocha.

Os *boudins* separados por fraturas de cisalhamento são, em alguns casos, afastados sem evidências de rotação ou cisalhamento (Fig. 15.11A,B). Esses *boudins* são paralelos à foliação ao seu redor, e as fraturas de cisalhamento se abrem de modo extensional. Tal comportamento é visto tipicamente em gnaisses

Fig. 15.10 Boudins *assimétricos em gnaisse anfibolítico. Os* boudins *são separados por fraturas de cisalhamento no anfibolito. As fraturas transformam-se em zonas de cisalhamento dúctil e desaparecem ao afastar-se dos* boudins. *O cisalhamento apresentado na imagem é sinistral. A imagem tem aproximadamente 1 m de altura*

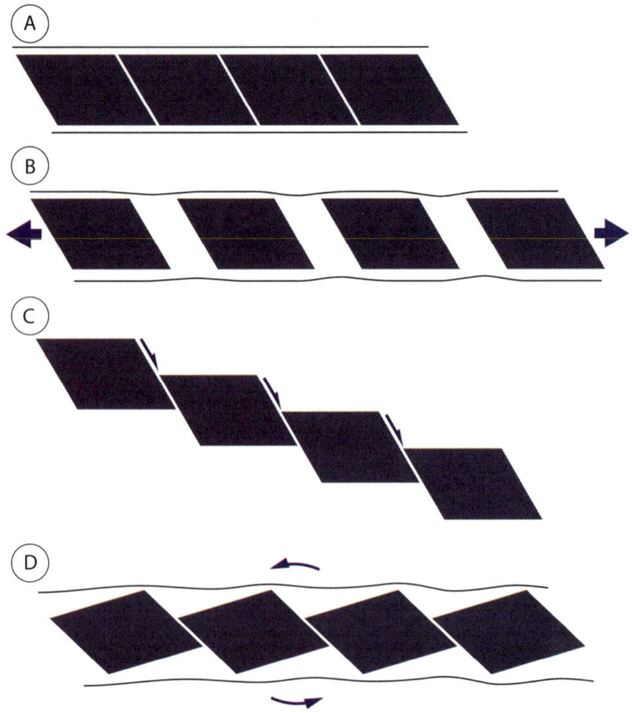

Fig. 15.11 Boudins *assimétricos podem formar-se por esforço extensional através de zona de cisalhamento (A, B), ou pela combinação de cisalhamento ao longo de fraturas de cisalhamento (C) e rotação de* boudins *(D)*

migmatíticos, onde as camadas anfibolíticas são fragmentadas e separadas, e o espaço entre elas é preenchido por fusão ou minerais neoformados.

Onde os *boudins* são separados por estruturas de cisalhamento, eles apresentam significativa rotação (Fig. 15.11C,D). Esse processo é similar ao modelo dominó de sistemas de falha (ver Cap. 18), que se aplica tanto a *boudins* assimétricos como a blocos rotacionados por falhas em contextos extensionais (Fig. 18.3). A rotação mantém os *boudins* alinhados com a foliação geral da rocha.

Os *boudins* assimétricos também podem formar-se pela rotação de *boudins* simétricos durante deformação não coaxial. Experimentos mostram que o cisalhamento simples paralelo ao acamamento causa rotação de *boudins* previamente existentes. Em que direção os *boudins* irão ser rotacionados? Em termos simples, os *boudins* curtos e competentes rotacionam como objetos rígidos, de modo sintético em relação à direção de cisalhamento. Isso significa que, se o sentido de cisalhamento for horário, a rotação dos *boudins* também o será. Entretanto, *boudins* longos, ou com grande razão de aspecto, são rotacionados de modo contrário à direção de cisalhamento.

Portanto, um *boudin* irá rotacionar de modo sintético ou antitético em relação ao sentido de cisalhamento, dependendo de sua forma ou razão de aspecto (Fig. 15.12). Porém, a rotação depende também do tipo de fluxo (W_k), da presença ou ausência de foliação nos *boudins*, da ocorrência de rejeito em suas bordas, da existência de fraturas extensionais ou de bandas de cisalhamento separando os *boudins* e do contraste de competência durante a deformação. De modo geral, quanto maior esse contraste, mais rígidos serão os *boudins*, e objetos rígidos são mais facilmente rotacionados durante cisalhamento. Se os *boudins* forem assimétricos e separados por bandas de cisalhamento, eles tendem a apresentar rotação reversa antitética (efeito dominó). O efeito da presença de uma foliação marcada será discutido na próxima seção. As observações de campo mostram que a maioria dos *boudins* (mas não todos) é rotacionada contra o sentido do cisalhamento (Figs. 15.10 e 15.13).

BOUDINS CURTOS, SIMÉTRICOS E RÍGIDOS TENDEM A ROTACIONAR SEGUNDO O SENTIDO DE CISALHAMENTO, AO PASSO QUE BOUDINS LONGOS TENDEM A APRESENTAR UMA ROTAÇÃO REVERSA.

Um fator adicional, em geral desconsiderado, é a orientação da camada boudinada antes de sua deformação. Até aqui, consideramos de modo implícito que o acamamento era aproximadamente paralelo à direção extensional, mas isso nem sempre ocorre. Os *boudins* podem formar-se em qualquer orientação dentro de um campo de estiramento instantâneo. A Fig. 15.14 mostra como uma camada pode ser rotacionada a partir de um alto ângulo em direção ao paralelismo com o plano de achatamento (XY) durante a deformação coaxial. Os objetos rígidos rotacionam mais lentamente que a foliação ao seu redor, causando o aparecimento da assimetria. Os experimentos mostram que, quanto mais quadrados forem os *boudins*, maior será a diferença de rotação entre eles e a foliação. Se a deformação coaxial for suficientemente prolongada, a diferença irá diminuir, mas esse processo tipicamente termina antes que seja atingido o subparalelismo.

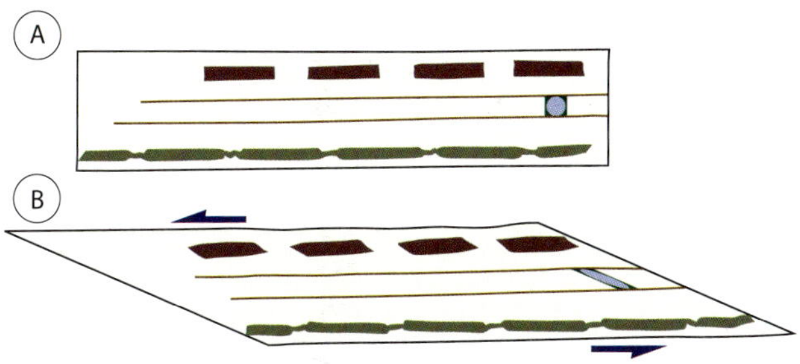

Fig. 15.12 *Estudo experimental do efeito da razão de aspecto de* boudins *durante cisalhamento. Os* boudins *curtos são rotacionados de modo sintético em relação ao sentido de cisalhamento, ao passo que os* boudins *longos apresentam uma rotação reversa*
Fonte: baseado em Hammer (1986).

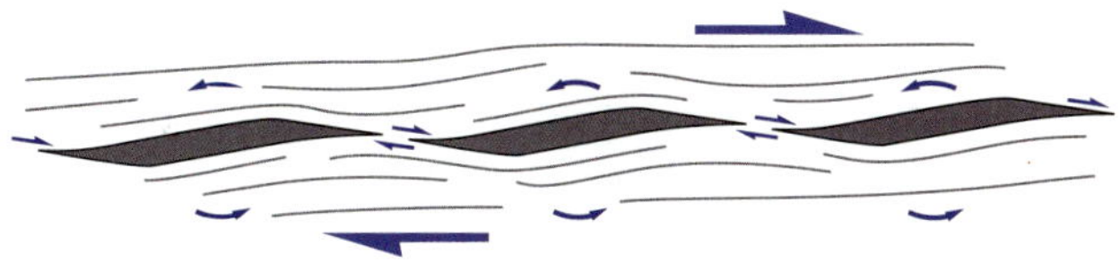

Fig. 15.13 *Sentido típico de rotação de* boudins *durante cisalhamento simples. A rotação se dá "contra" o sentido de cisalhamento e pode ser denominada rotação reversa*

E a deformação não coaxial? É impossível definir se a deformação é coaxial ou não coaxial apenas com base na observação de uma única ocorrência de *boudins* rotacionados. Estes podem formar-se tanto em deformação coaxial como não coaxial, e estruturas adicionais devem ser usadas para avaliar sua vorticidade.

15.4 Boudinagem de foliação

Na discussão anterior, consideramos a boudinagem de camadas individuais – boudinagem no sentido clássico. Entretanto, diversas rochas, em especial aquelas fortemente deformadas, apresentam acamamento ou foliação marcante. Assim como as camadas competentes podem estar suficientemente próximas umas das outras para influenciar no dobramento ativo (flambagem), camadas densamente empacotadas podem interferir e gerar estruturas de boudinagem com uma espessura consideravelmente maior que a

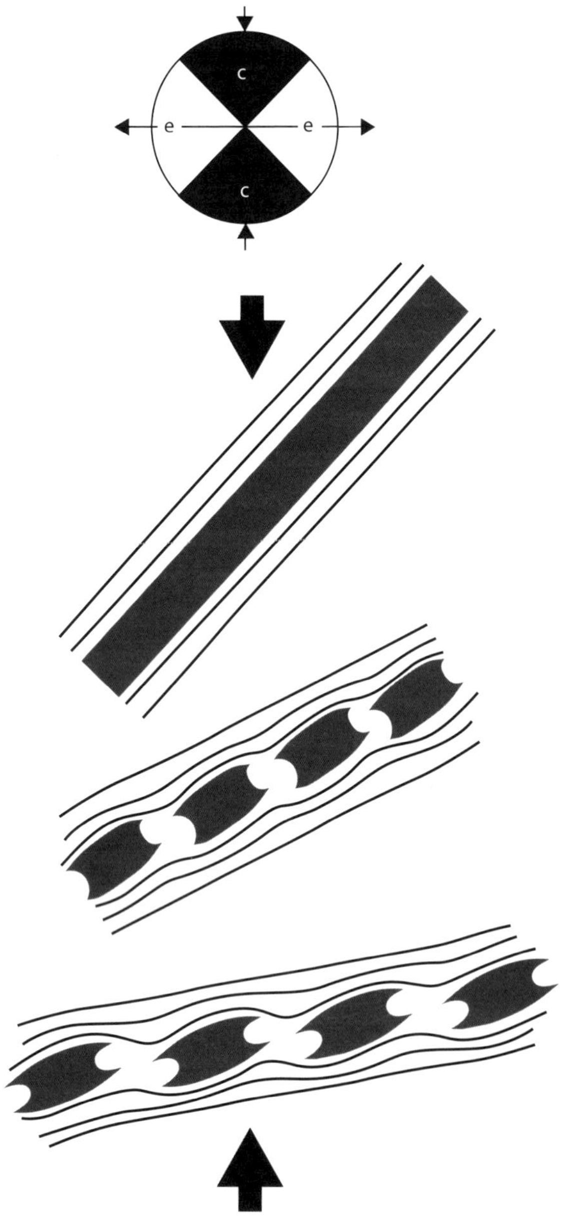

Fig. 15.14 Boudins *assimétricos formados em cisalhamento puro em uma camada oblíqua ao plano de achatamento*

de camadas ou lâminas individuais. Uma anisotropia plana pode ser dada por um acamamento mesoscopicamente identificável, uma xistosidade pronunciada ou uma foliação milonítica em escala microscópica. Estruturas como essas podem gerar um tipo especial de boudinagem, conhecido como **boudinagem de foliação**. Os *boudins* de foliação são até várias ordens de magnitude mais espessos que o microacamamento representado pela foliação, mas se assemelham aos *boudins* clássicos em muitos aspectos.

A BOUDINAGEM DE FOLIAÇÃO OCORRE ONDE HÁ UMA FORTE ANISOTROPIA PLANA (FOLIAÇÃO) EM ROCHAS DEFORMADAS.

Os ***boudins* de foliação simétricos** são separados por fraturas extensionais, preenchidas por quartzo ou outros minerais hidrotermais, ou, ainda, pelo fluxo de camadas adjacentes (Fig. 15.15). A foliação no interior do *boudin* é tipicamente comprimida em direção à fratura extensional (Fig. 15.16). A fratura pode ser bastante irregular, dando a impressão de que a foliação foi rompida.

Os ***boudins* de foliação assimétricos** (Fig. 15.17; ver também a figura da folha de rosto deste capítulo) são separados por fraturas de cisalhamento rúptil ou por bandas de cisalhamento dúctil, mostrando movimentos relativos ao longo das fraturas ou bandas. Aparentemente, o preenchimento mineral é menos comum que nos *boudins* simétricos de foliação. Os *boudins* assimétricos de foliação podem ser vistos em várias escalas. Eles são encontrados como estruturas simples ou conjugadas e têm muitas similaridades com as bandas de cisalhamento discutidas no Cap. 16. Assim como as bandas de cisalhamento, eles são indicadores cinemáticos confiáveis se apenas um conjunto de fraturas de cisalhamento ou bandas

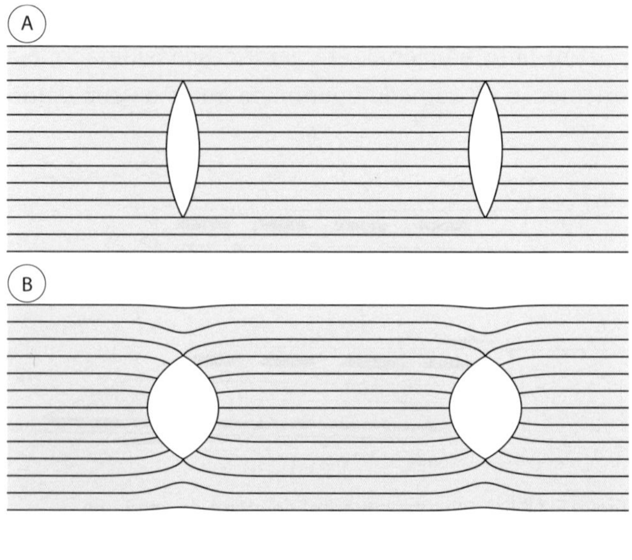

Fig. 15.15 *Princípio da boudinagem simétrica de foliação. (A) Formação de fraturas extensionais. (B) Fechamento vertical e abertura horizontal das fraturas*

Fonte: baseado em Platt e Vissers (1980).

Fig. 15.16 *Boudinagem simétrica de foliação em gnaisse da fácies anfibolito. Faixa Ribeira, Rio de Janeiro, Brasil*

de cisalhamento for formado. Eles são mais confiáveis que os *boudins* clássicos, porque não há contraste de viscosidade entre os *boudins* e a rocha ao seu redor, o que elimina o efeito da rotação de um corpo rígido e favorece a rotação sintética. Em vez disso, a rotação é controlada pela rotação geometricamente necessária da foliação ao redor de uma fratura de cisalhamento ou de uma banda de cisalhamento de dimensões limitadas (Fig. 15.17).

A forte foliação que se desenvolve em muitos tectonitos é geralmente considerada um obstáculo ao estiramento paralelo à foliação. Isso provavelmente explica por que a boudinagem de foliação é comum em rochas com foliação marcante: a foliação simplesmente se rompe, permitindo que ocorra mais movimento extensional. A boudinagem de foliação é, portanto, um tipo de estrutura que se desenvolve em um estágio relativamente tardio da deformação, após o desenvolvimento pleno da foliação.

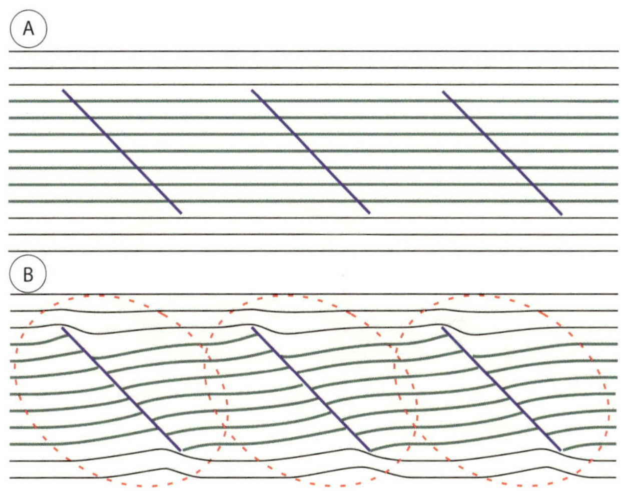

Fig. 15.17 *Boudinagem assimétrica de foliação. (A) Formação de fratura de cisalhamento. (B) Movimento ao longo das fraturas (bandas de cisalhamento), causando a rotação da foliação entre as fraturas*

Fonte: Inspirado em Platt e Vissers (1980).

15.5 Boudinagem e a elipse de deformação

Os *boudins* são, em geral, observados em seções próximas à seção XZ do elipsoide de deformação finita. Todas as figuras apresentadas até aqui representam essa seção. Entretanto, a terceira direção também é importante, porque ela contém informações relevantes sobre o respectivo campo de esforços (Fig. 15.18). A obtenção de um controle tridimensional em campo pode ser um desafio, mas devemos sempre procurar evidências de deformação na direção Y.

Os *boudins* são comumente mostrados com formas do tipo barra ou bastão, em que o corte perpendicular à seção XZ não apresenta nem boudinagem nem dobramento da camada boudinada. Os *boudins*

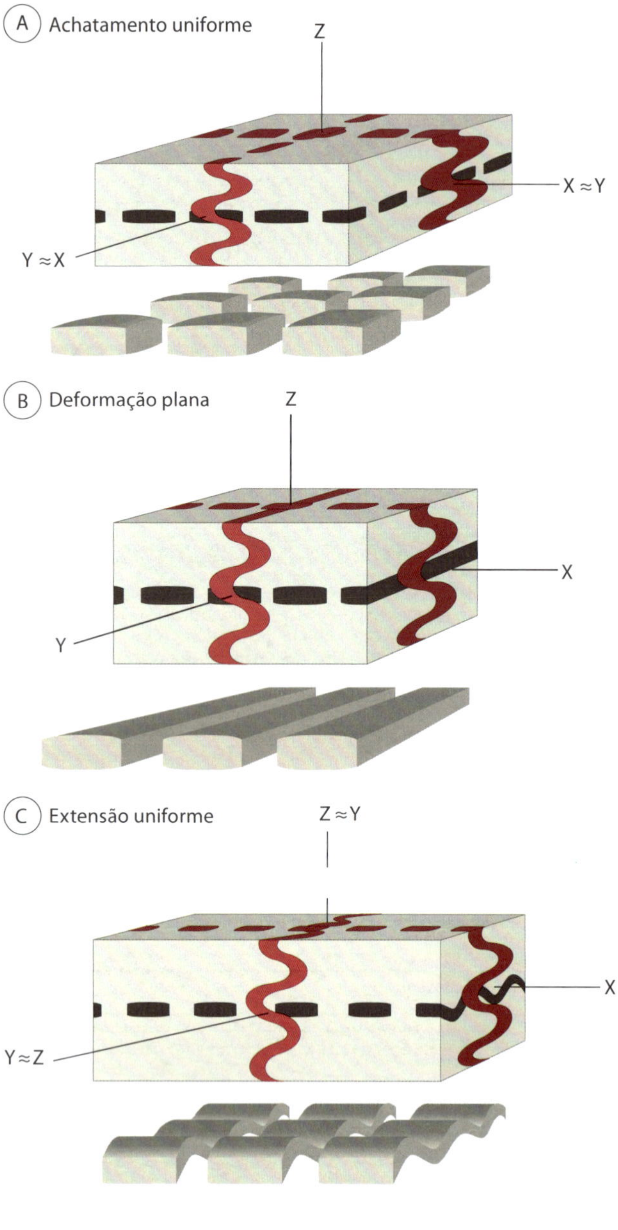

Fig. 15.18 *Relação entre geometria de boudinagem e geometria de deformação. Tipicamente, as dobras e os boudins ocorrem em camadas com orientações distintas, mas uma única camada pode apresentar boudins em uma direção e dobras em outra, se a deformação for constricional. A camada 3-D na base de cada esquema representa a camada de cor preta no bloco-diagrama*

são arranjados como dormentes de uma ferrovia (Fig. 15.18B), sem encurtamento ou estiramento ao longo de seus eixos. Essa geometria é consistente com a deformação plana, com o eixo Y orientado segundo o eixo mais longo dos *boudins* (Fig. 15.18B).

Se as camadas são boudinadas em duas direções (Figs. 15.18A e 15.19), há estiramento em duas direções e, portanto, deformação por achatamento. Se for possível demonstrar que o estiramento é igual em duas direções, temos evidências de achatamento uniforme, ou seja, um elipsoide de deformação oblato, onde $X \gg Y = Z$. Esse padrão de boudinagem é denominado **boudinagem tipo barra de chocolate**.

Em alguns casos, as camadas apresentam boudinagem em uma direção e dobramento em outra (Fig. 15.18C), o que indica que há um encurtamento paralelo ao acamamento em uma direção e um estiramento paralelo ao acamamento em outra. A Fig. 15.18C mostra que isso ocorre em um campo de deformação extensional uniaxial, mas podemos observar essa geometria em outros campos, dependendo da orientação das camadas. De fato, todas as camadas verticais na Fig. 15.18A-C que contêm X apresentam essa geometria. Assim sendo, considera-se mais de uma camada dobrada/boudinada para estabelecer o tipo de deformação em um afloramento.

Fig. 15.19 *Boudinagem tipo barra de chocolate em flanco de sobra em turbiditos dobrados do Carbonífero, Almograve, Portugal. As camadas mais competentes de arenito foram boudinadas em duas direções com a formação de veios ortogonais de quartzo. Análises sugerem que ambas as direções de estiramento paralelas ao acamamento (conjuntos de veios) se formaram sequencialmente como resultado de mudança na orientação dos esforços (e da deformação) durante a progressiva rotação do flanco da dobra. Ver Reber et al. (2010) e Zulauf et al. (2011) para mais informações*

Essas estruturas, formadas quando as camadas são simultaneamente dobradas em uma direção e boudinadas em outra, não devem ser confundidas com dobras boudinadas ou *boudins* dobrados. As dobras boudinadas podem formar-se durante a deformação progressiva, quando as camadas são rotacionadas da posição de encurtamento para a de estiramento. Por sua vez, os *boudins* dobrados (Fig. 15.20) não se formam em uma deformação única, em estado constante, porque as camadas apenas são rotacionadas do campo de encurtamento para o de estiramento, e nunca na direção oposta.

As dobras boudinadas geralmente se formam durante a deformação progressiva, mas são necessárias duas fases de deformação para formar *boudins* dobrados.

Fig. 15.20 Boudins *dobrados em banda granítica em gnaisse neoproterozoico na região de Três Rios, Brasil. Essas estruturas não podem se formar em uma única fase de deformação, a menos que a orientação de ISA se altere durante a deformação (em estado não constante)*

Entretanto, as camadas boudinadas podem ser dobradas durante a deformação progressiva, se a foliação for rotacionada para o campo de encurtamento em torno de lentes tectônicas ou outras heterogeneidades da zona de cisalhamento. Portanto, antes de usarmos os *boudins* dobrados como evidências conclusivas de deformação multifásica, outras possibilidades devem ser levadas em consideração.

15.6 Boudinagem em larga escala

Algumas imagens de perfis sísmicos da crosta inferior registram sistemas conjugados de refletores, que são, de alguma forma, diferentes dos padrões da crosta média e superior. Esses sistemas conjugados ocorrem em escala de centenas de metros ou quilômetros e são comumente interpretados como zonas de cisalhamento com mergulhos opostos, separando megalentes de rochas menos deformadas. O ruído sísmico pode gerar padrões similares e, portanto, a interpretação de dados sísmicos nem sempre é uma tarefa simples. O estudo de porções expostas de rochas da crosta inferior fornece um suporte à interpretação de estruturas de boudinagem de larga escala. Elas podem não ser consideradas uma boudinagem clássica por si, mas as similaridades são suficientes para permitir que sejam citadas nesse contexto. Tais padrões são consistentes com encurtamento vertical e estiramento lateral (cisalhamento puro), e são particularmente característicos da crosta inferior em riftes continentais e em outras áreas extensionais (Fig. 15.21).

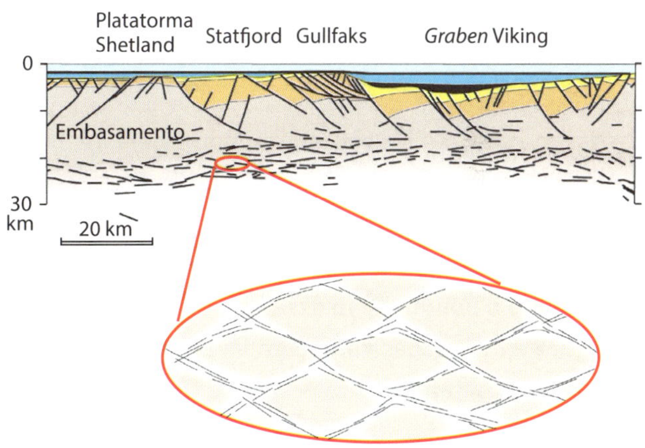

Fig. 15.21 *Estruturas da crosta inferior interpretadas a partir de linhas sísmicas profundas são, em alguns casos, interpretadas como* boudins *de larga escala e relacionadas a encurtamento vertical*

A boudinagem pode também ocorrer em escala maior, tendo sido sugerido que a crosta média possa ser partida em fragmentos similares a *boudins* (Fig. 15.22). Um movimento extensional considerável é necessário para causar a boudinagem da crosta dessa maneira. Em escala ainda maior, toda a litosfera pode desenvolver estruturas de estricção e *boudins* (Boxe 15.1).

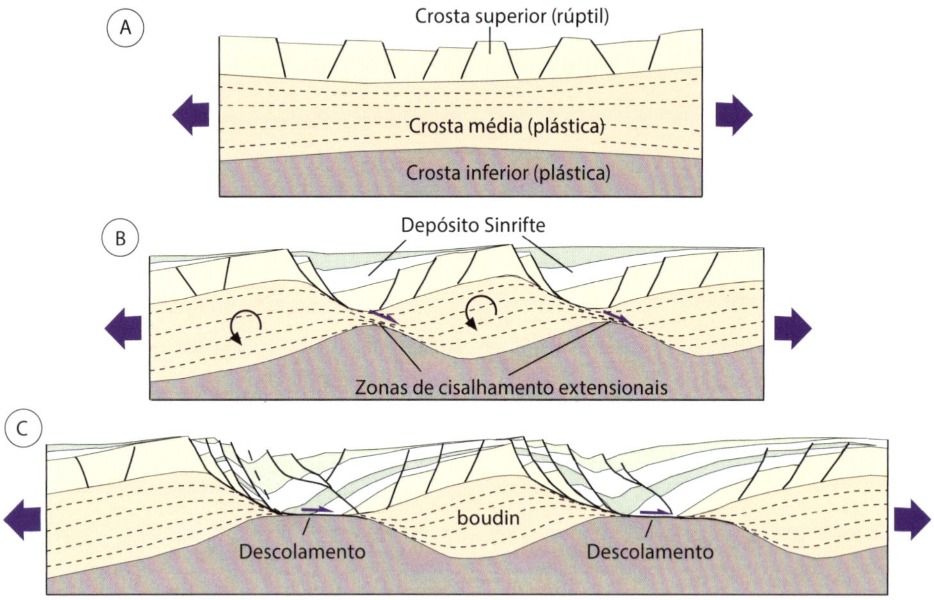

Fig. 15.22 *Modelo idealizado da crosta média em contexto extensional com* boudins *assimétricos*
Fonte: simplificado de Gartrell (1997).

Boxe 15.1 Boudinagem litosférica

Diversas estruturas ou feições geológicas são independentes de escala, e a boudinagem não é exceção. A boudinagem clássica depende de acamamento e de diferenças nas propriedades reológicas, sendo que tais diferenças ocorrem também em escala de litosfera/astenosfera. Assim, se a litosfera, relativamente competente, for estirada durante um rifteamento, irão formar-se estruturas semelhantes a *boudins* em mesoescala, que podem ser descritas como *necking* e boudinagem litosférica.

Assim como os *boudins* em menor escala, os *boudins* litosféricos podem ser simétricos ou assimétricos; suas diferentes formas são controladas pela reologia da litosfera, por parâmetros como contraste de viscosidade, amolecimento por deformação durante a história de deformação e acoplamento da crosta e do manto litosférico subjacente. Por exemplo, os modelos indicam que o amolecimento por deformação favorece a boudinagem assimétrica, com o desenvolvimento de núcleos ou complexos metamórficos (ver Fig. 18.8). Camadas competentes também têm um papel importante, e o manto superior é o componente mais competente.

Dois exemplos são mostrados a seguir. Um deles é uma seção geológica do Mediterrâneo e da França, passando pela ponta sul da Itália. Essa seção mostra um espalhamento de retroarco, que no perfil pode ser descrito em termos de boudinagem da crosta e como estrutura de estricção em escala da litosfera como um todo. Note que o estreitamento na porção noroeste é o mais antigo nesse modelo, em decorrência do mecanismo de divisão do arco em ambientes de retroarco.

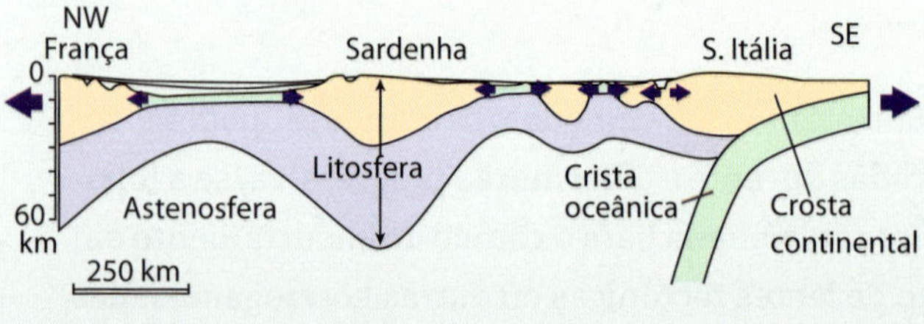

Perfil através do Mediterrâneo, mostrando o adelgaçamento da litosfera e a boudinagem da crosta
Fonte: baseado em Gueguen et al. (1997).

O outro exemplo é um dos muitos modelos numéricos criados por Ritske Huismans, em que as boudinagens simétrica e assimétrica da

Boxe 15.1 Boudinagem litosférica *(cont.)*

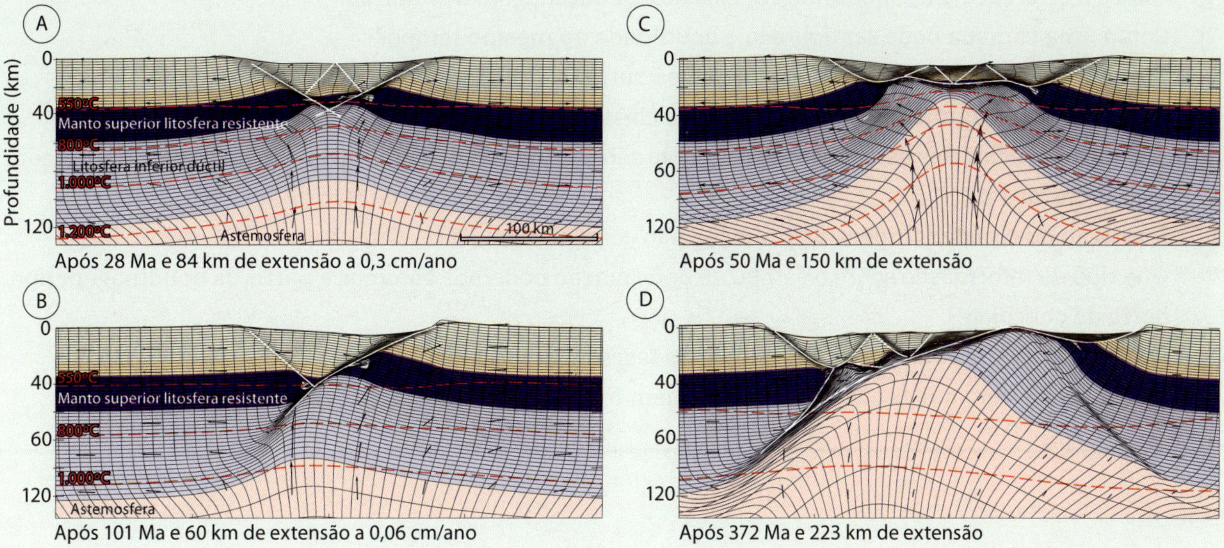

Boudinagem simétrica (A, B) e assimétrica (C, D) da litosfera. Para mais detalhes, consulte Huismans e Beaumont (2003)

litosfera são retratadas pela modelagem de deformação plana de elemento finito. Note que os sistemas de *boudins* na parte superior da litosfera comportam-se de modo rúptil, enquanto a parte inferior deforma-se de modo dúctil por mecanismos de deformação plástica.

Resumo

A boudinagem ocorre quando camadas ou foliações se rompem em resposta a movimentos extensionais paralelos ao acamamento. A boudinagem clássica é controlada pela espessura da camada e pelo contraste de viscosidade, ao passo que a boudinagem de foliação é menos dependente de contrastes de viscosidade. A boudinagem clássica é a contrapartida extensional do dobramento ativo (flambagem), enquanto a boudinagem de foliação depende fortemente de uma anisotropia de foliação e, portanto, não pode ser considerada como uma contrapartida extensional direta do dobramento passivo. Os *boudins* são úteis na análise de deformação e podem ser usados na determinação do sentido de cisalhamento, se forem considerados a orientação original da camada, a razão de aspecto e os contrastes de viscosidade. Os pontos mais importantes que devemos ter em mente são:

- A boudinagem sempre indica um estiramento paralelo ao acamamento na seção que está sendo observada.
- *Boudins* dobrados geralmente indicam duas fases de deformação, ao passo que dobras boudinadas podem formar-se durante um única fase de deformação progressiva.
- *Boudins* curtos e rígidos rotacionam como inclusões rígidas.
- *Boudins* longos tende a rotacionar de modo reverso em relação ao sentido de cisalhamento.
- A forma dos *boudins* (angular, barril ou em boca de peixe) reflete um contraste de viscosidade durante a deformação.
- Os *boudins* de foliação geralmente são assimétricos, indicando o sentido de cisalhamento em zonas de deformação não coaxial.

Questões de revisão

1] Qual é a diferença entre boudinagem clássica e boudinagem de foliação?
2] Como uma camada pode ser dobrada e boudinada ao mesmo tempo?
3] Por que, em alguns casos, se desenvolvem estruturas de estricção em vez de *boudins*?
4] Onde se concentram os esforços nos *boudins* clássicos?
5] Por que os *boudins* e as estruturas de estricção são menos comuns que as dobras em rochas metamórficas deformadas?
6] A rotação dos *boudins* implica deformação não coaxial?
7] Que tipo de informação sobre o campo de deformação podemos obtemos a partir da boudinagem tipo barra de chocolate?
8] Por que as dobras boudinadas indicam duas fases de deformação?
9] Existem casos em que *boudins* dobrados podem formar-se durante a deformação progressiva?

E-módulo

O módulo de *e-learning* denominado *Boudinage* é recomendado para este capítulo.

Leituras complementares

Geral

GOSCOMBE, B. D.; PASSCHIER, C. W.; HAND, M. Boudinage classification: end-member boudin types and modified boudin structures. *Journal of Structural Geology*, v. 26, p. 739-763, 2004.

PRICE, N. J.; COSGROVE, J. W. *Analysis of Geological Structures*. Cambridge: Cambridge University Press, 1990. Cap. 16.

Boudinagem clássica

LLOYD, G. E.; FERGUSON, C. C. Boudinage structure: some interpretations based on elastic-plastic finite element simulations. *Journal of Structural Geology*, v. 3, p. 117-128, 1981.

RAMBERG, H. Natural and experimental boudinage and pinch-and-swell structures. *Journal of Geology*, v. 63, p. 512-526, 1955.

SMITH, R. B. Unified theory on the onset of folding, boudinage, and mullion structure. *Geological Society of America Bulletin*, v. 86, p. 1601-1609, 1975.

STRÖMGÅRD, K. E. Stress distribution during formation of boudinage and pressure shadows. *Tectonophysics*, v. 16, p. 215-248, 1973.

Boudinagem e deformação 3-D

GHOSH, S. K. Theory of chocolate tablet boudinage. *Journal of Structural Geology*, v. 10, p. 541-553, 1988.

ZULAUF, J.; ZULAUF, G. Coeval folding and boudinage in four dimensions. *Journal of Structural Geology*, v. 27, p. 1061-1068, 2005.

***Boudins* dobrados**

SENGUPTA, S. Folding of boudinaged layers. *Journal of Structural Geology*, v. 5, p. 197-210, 1983.

Boudinagem de foliação

LACASSIN, R. Large-scale foliation boudinage in gneisses. *Journal of Structural Geology*, v. 10, p. 643-647, 1988.

PLATT, J. P.; VISSERS, R. L. M. Extensional structures in anisotropic rocks. *Journal of the Geological Society*, v. 2, p. 397-410, 1980.

Boudinagem litosférica

GUEGUEN, E.; DOGLIONO, C.; FERNANDEZ, M. Lithospheric boudinage in the western Mediterranean back-arc basin. *Terra Nova*, v. 9, p. 184-187, 1997.
HUISMANS, R. S.; BEAUMONT, C. Symmetric and asymmetric lithospheric extension: relative effects of frictional--plastic and viscous strain softening. *Journal of Geophysical Research*, v. 108, 2003. (doi:10.1029/2002JB002026).
RESTON, T. J. The formation of non-volcanic rifted margins by the progressive extension of the lithosphere: the example of the West Iberian margin. In: KARNER, G. D.; MANATSCHAL, G.; PINHEIRO, L. M. (Ed.). *Imaging, Mapping and Modelling Continental Lithosphere Extension and Breakup*. Special Publication, 282. London: Geological Society, 2007. p. 77-110.

Boudinagem e cinemática

HANMER, S. Asymmetrical pull-aparts and foliation fish as kinematic indicators. *Journal of Structural Geology*, v. 8, p. 111-122, 1986.

Zonas de cisalhamento e milonitos

16

A deformação, em especial a por cisalhamento, tende a localizar-se em zonas ou bandas. Já discutimos alguns tipos de estruturas de deformação localizada, como fraturas de cisalhamento e falhas que se formam no regime rúptil. Essa deformação localizada também ocorre no regime plástico, no qual as foliações e os marcadores cisalhados tendem a ser contínuos através de uma faixa ou zona. As zonas de cisalhamento clássicas representam um importante membro extremo de um espectro de possibilidades, em que tanto os mecanismos de deformação em microescala como a ductilidade variam. As zonas de cisalhamento podem ter até vários quilômetros de espessura, bem como ocorrer em escala de amostra de mão. Neste capítulo, vamos abordar a organização interna das zonas de cisalhamento e seu padrão de deformação, partindo das definições, passando pelas zonas de cisalhamento ideais, até chegar aos tipos mais complexos de zonas de alta deformação. A parte final é voltada às estruturas cinemáticas, que são aquelas que podem revelar o sentido de movimento em uma zona de cisalhamento e o crescimento dessas zonas.

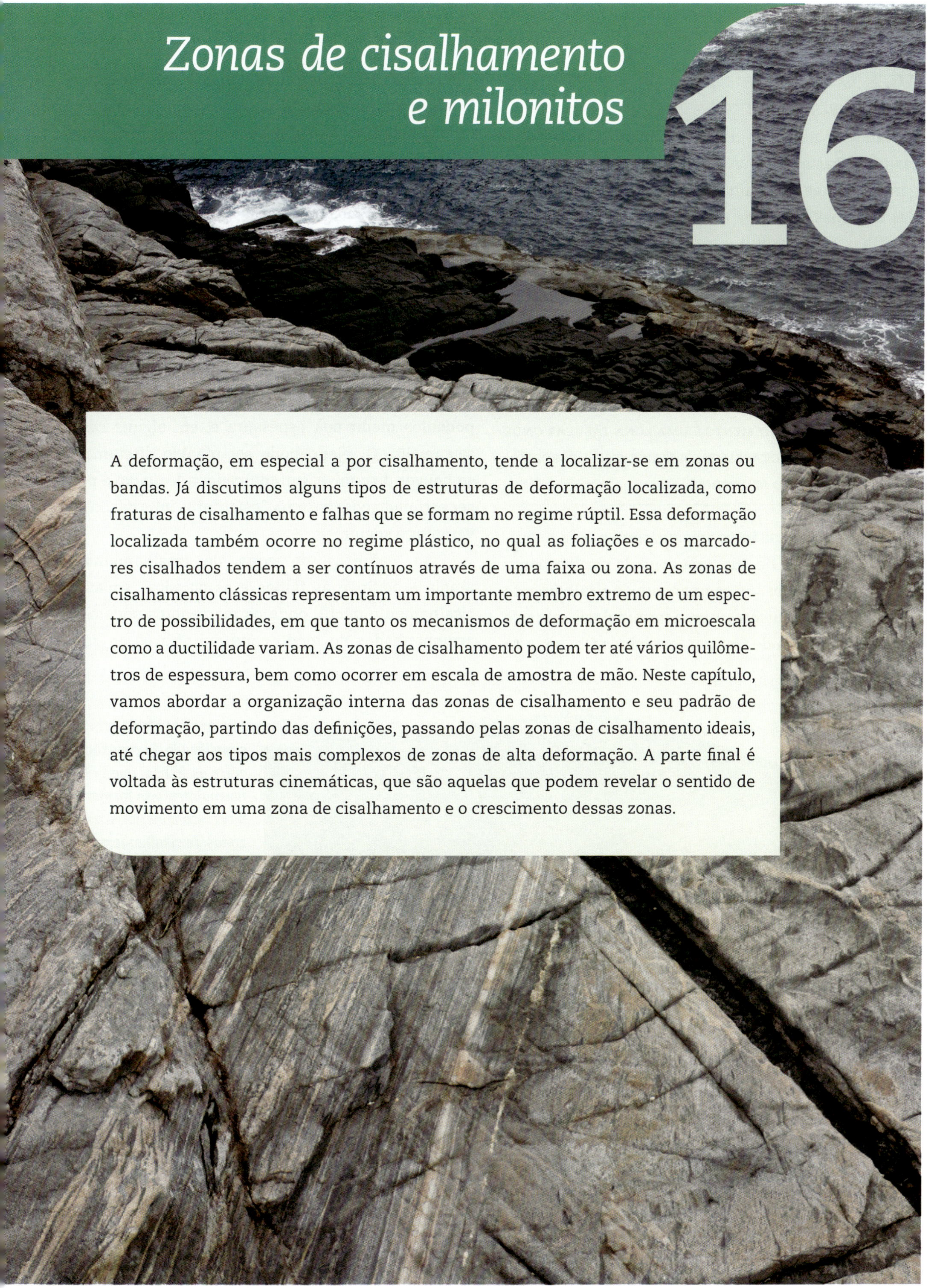

16.1 O que é uma zona de cisalhamento?

As falhas e as zonas de cisalhamento são estruturas próximas entre si. A Fig. 16.1 ilustra a concepção geral de zonas de cisalhamento como partes profundas de falhas. Tanto as zonas de cisalhamento como as falhas são estruturas de deformação localizada, ambas envolvem deslocamento paralelo às paredes e ambas tendem a crescer em espessura e comprimento em função do acúmulo de deslocamento. Uma definição simples e bastante geral de **zona de cisalhamento** é a seguinte:

UMA ZONA DE CISALHAMENTO É UMA ZONA TABULAR ONDE A DEFORMAÇÃO É NOTAVELMENTE MAIOR QUE A DEFORMAÇÃO NAS ROCHAS AO SEU REDOR.

Alguns pesquisadores adicionariam a essa definição a informação de que uma zona de cisalhamento contém pelo menos um componente de cisalhamento simples, mas se quisermos uma terminologia que seja consistente com a de fraturas, estilolitos e bandas de deformação (Fig. 7.34), uma zona de esforço coaxial localizado também poderia ser vista como uma zona de cisalhamento. Isso abre uma classificação de zonas de cisalhamento de acordo com o tipo de deformação, como as **zonas de cisalhamento puro**, as **zonas de cisalhamento subsimples** e as **zonas de cisalhamento simples**.

Uma zona de cisalhamento é limitada por duas margens ou **paredes de zonas de cisalhamento**, que separam a zona de cisalhamento dos **blocos adjacentes** (Fig. 16.2). Isso permite que apliquemos a terminologia capa-lapa usada no Cap. 9. Assim que as margens de uma zona de cisalhamento são definidas, podemos medir sua espessura e, em alguns casos, seu rejeito. O rejeito pode ser medido diretamente se houver disponível um marcador adequado, e pode ser estimado com base nas estruturas internas, como veremos a seguir.

Essa definição de zona de cisalhamento é ampla e abrange as falhas e as clássicas **zonas de cisalhamento dúctil**, onde os marcadores podem ser acompanhados de modo contínuo através da zona.

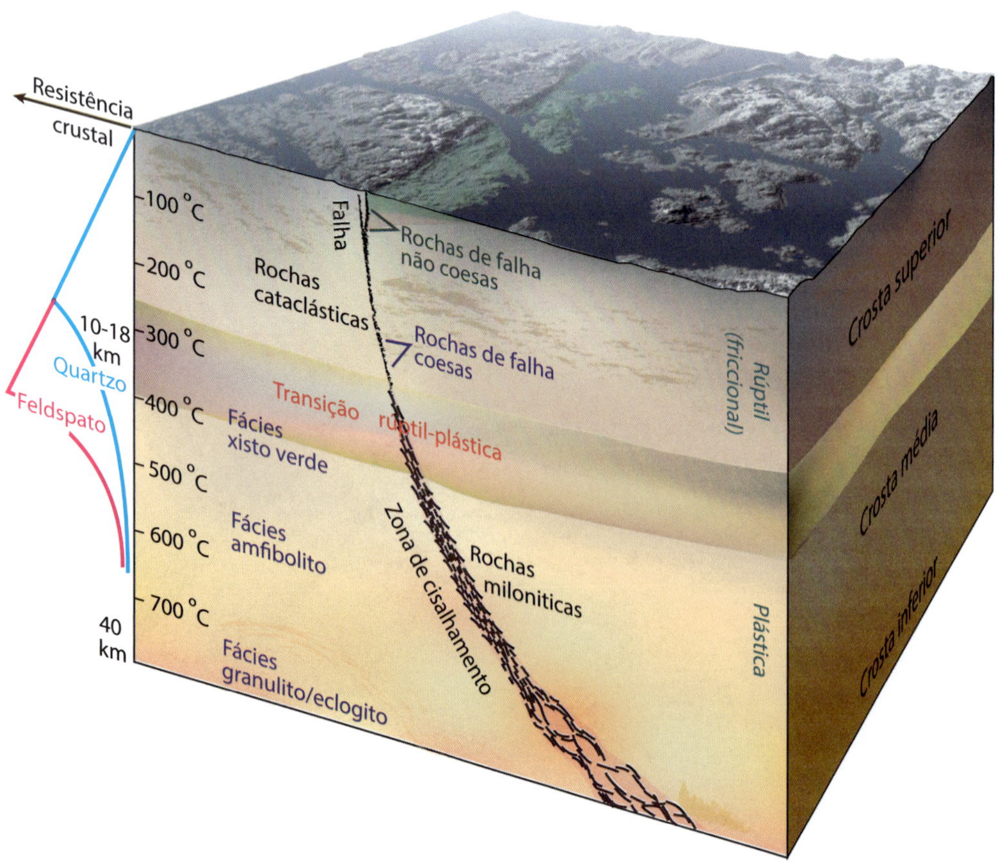

Fig. 16.1 *Modelo simplificado da conexão entre as falhas, que normalmente se formam na crosta superior, e as zonas de cisalhamento dúctil. A transição é gradual e denominada transição rúptil-plástica. Sua profundidade depende do gradiente térmico e da composição mineralógica da crosta. Em rochas graníticas, essa profundidade normalmente é de 10 a 15 km*

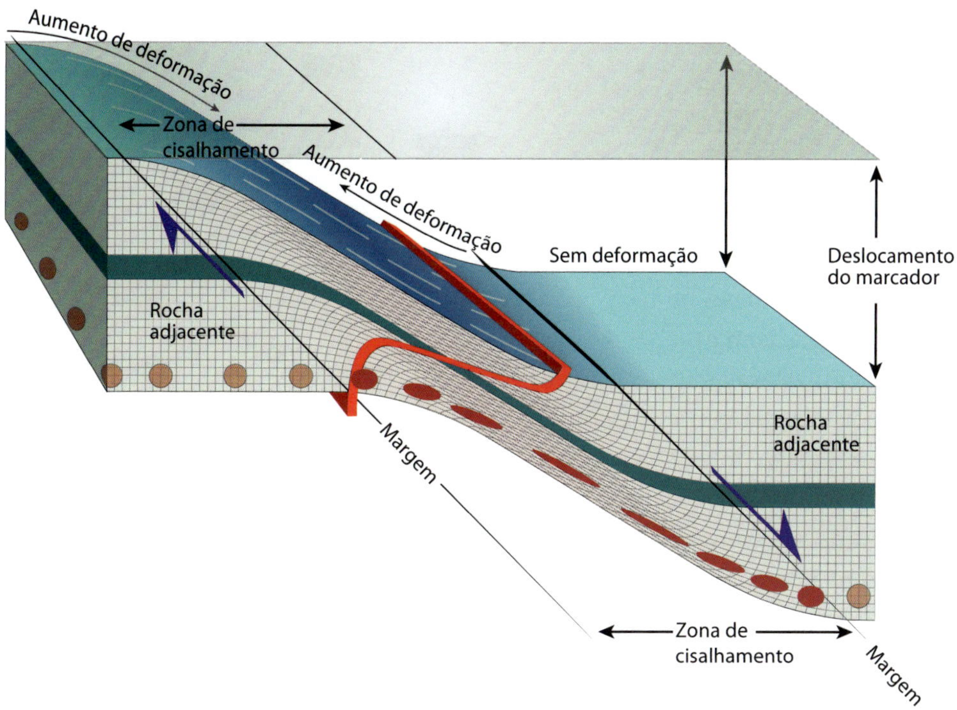

Fig. 16.2 *Zona de cisalhamento ideal deformando uma malha com dois planos marcadores e marcadores circulares. Note que os quadrados da malha e os marcadores planos mudam de atitude e de espessura ao longo da zona. A deformação é máxima na parte central da zona de cisalhamento*

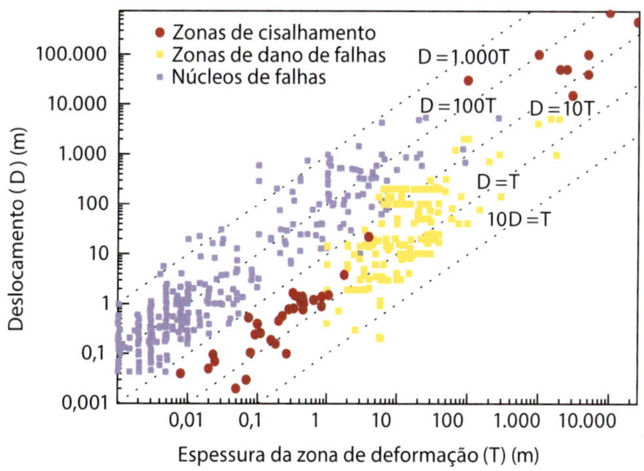

Fig. 16.3 *Relação entre espessura da zona de cisalhamento e rejeito: em zonas de cisalhamento dúctil dominadas por mecanismos de deformação plástica, em zonas de dano e núcleos de falhas e apenas em núcleos de falhas (dados da Fig. 9.14)*

Entretanto, há diferenças relevantes entre as falhas e as zonas de cisalhamento dúctil clássicas em termos de distribuição de rejeitos, anatomia e mecanismos de deformação. Inicialmente, qualquer zona de cisalhamento tem espessura significativa em relação ao rejeito. Desse modo, um cataclasito com milímetros de espessura associado com um único plano friccional com rejeito de alguns metros é delgado demais para ser considerado uma zona de cisalhamento. Falhas bem desenvolvidas tendem a apresentar uma anatomia dividida em um núcleo de alta deformação e uma zona de dano de baixa deformação (Fig. 9.12). Podemos observar na Fig. 16.3 que, para um dado rejeito, o núcleo de uma falha tende a ser mais delgado que o de uma zona de cisalhamento. Porém, a espessura combinada do núcleo e da zona de dano de uma falha corresponde aproximadamente à espessura de uma zona de cisalhamento de mesmo rejeito. Outra diferença entre falhas e zonas de cisalhamento dúctil está na distribuição da deformação, pois as variações são mais graduais nas zonas de cisalhamento dúctil. Além disso, essas zonas podem envolver mecanismos de deformação plástica e rúptil, ao passo que as falhas são totalmente dominadas por mecanismos rúpteis.

Em suma, as falhas são zonas de cisalhamento não dúctil, que formam uma subclasse de zonas de cisalhamento com características próprias. Outras subclasses dessas zonas podem ser definidas com base na cinemática, mecanismos de deformação em microescala (plástica ou rúptil), grau metamórfico, significado tectônico etc. Dependendo do regime tectônico, as zonas de cisalhamento podem apresentar cisalhamento normal, inverso, transcorrente ou oblíquo, assim como as falhas. As zonas de cisalhamento extensionais e contracionais tendem a apresentar baixo ângulo de mergulho (< 30°), ao passo que as transcorrentes têm alto ângulo de mergulho. As zonas de cisalhamento ocorrem praticamente em qualquer escala, em regime tectônico e profundidade, ainda que sejam mais comuns no regime plástico.

16.1.1 Classificação cinemática

Assim como as falhas e as fraturas, as zonas de cisalhamento podem ser classificadas com base no movimento relativo entre os blocos, ou seja, com base na cinemática (Fig. 16.4). Apesar de muitas zonas de cisalhamento serem dominadas por cisalhamento simples, podem ocorrer também processos de dilatação, compactação e/ou cisalhamento puro. As zonas de cisalhamento em areias e arenitos apresentam uma faixa de variação que vai de zonas de compactação (bandas de compactação), passando por zonas de cisalhamento simples (bandas de cisalhamento simples), até atingir as zonas de dilatação (bandas de dilatação). O cisalhamento puro também é possível em núcleos de falhas, onde argila e areia são extrudidas ou injetadas mais livremente.

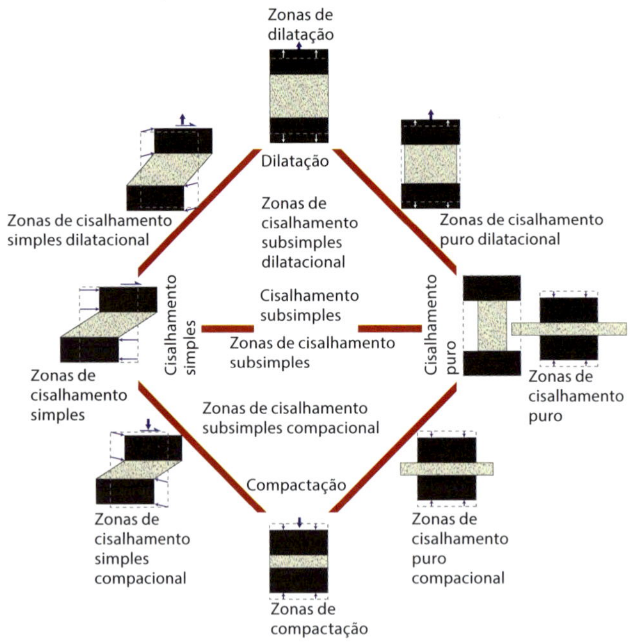

Fig. 16.4 *Classificação cinemática de zonas de cisalhamento (deformação plana). Note que o cisalhamento puro pode envolver tanto encurtamento como estiramento perpendicular à zona de cisalhamento*

APESAR DE A MAIORIA DAS FALHAS SER DOMINADA POR CISALHAMENTO SIMPLES, HÁ UM ESPECTRO COMPLETO DE VARIAÇÃO 2-D, DESDE ZONAS DE COMPACTAÇÃO, PASSANDO POR ZONAS DE CISALHAMENTO SIMPLES, ATÉ ZONAS DE DILATAÇÃO.

As zonas de cisalhamento plástico podem apresentar desvios significativos em relação ao cisalhamento simples. Entretanto, na perspectiva da deformação, uma zona de cisalhamento ideal apresenta cisalhamento simples com ou sem compactação ou dilatação adicionais. Vamos discutir essas zonas de cisalhamento ideais antes de abordar as mais complexas. Mas, antes disso, discutiremos uma outra forma de classificar zonas de cisalhamento: em termos de deformação rúptil, plástica e dúctil, que são termos algo ambíguos.

16.1.2 Zonas de cisalhamento rúptil *versus* zonas de cisalhamento plástico

Nossa definição geral de zona de cisalhamento no início deste capítulo não faz restrição aos mecanismos de deformação em microescala. Assim, uma zona de cisalhamento pode conter alguns elementos (grãos minerais, lentes, camadas) que se deformam de modo plástico e outros que deformam-se de modo rúptil simultaneamente, ou todo o conjunto pode deformar-se de modo plástico ou rúptil. O(s) mecanismo(s) de deformação ativo(s) depende(m) da temperatura, pressão, reações metamórficas, cimentação, taxa de deformação e quantidade de fluidos disponíveis, além da distribuição dos minerais e de suas propriedades ao longo da zona. É importante notar que os mecanismos de deformação podem variar ao longo da vida de uma zona de cisalhamento, por mudanças nas condições físicas.

No regime predominantemente rúptil da crosta superior (Fig. 16.1), os mecanismos de deformação rúptil são dominantes e, portanto, a deformação é caracterizada por fluxo cataclástico. Como discutido no Cap. 7, o fluxo cataclástico envolve microfraturamento, deslizamento friccional em limites de grãos e rotação rígida de fragmentos de grãos. Em areia e em arenito pouco cimentado em níveis crustais rasos, as zonas de cisalhamento podem desenvolver-se por fluxo granular, que envolve reorganização friccional de grãos sem que estes se fraturem. Enquanto essa deformação ocorrer em uma zona de espessura finita, é possível classificar tal zona como uma zona de cisalhamento, ou como banda de deformação por cisalhamento, se ocorrer em escala de amostra de mão. As zonas de cisalhamento formadas predominantemente por mecanismos de deformação rúptil são denominadas **zonas de cisalhamento rúptil** ou **zonas de cisalhamento friccional**. Enquanto uma superfície individual de deslizamento pode ser delgada demais para ser considerada uma zona de cisalhamento, falhas mais bem desenvolvidas, com núcleos e zonas de dano, podem ser consideradas como membros extremos do espectro de variação das zonas de cisalhamento, ainda que a maioria de nós prefira o termo *falha* ou *núcleo de falha* quando nos referimos a descontinuidades rúpteis que cortam de modo abrupto as estruturas de maciços rochosos.

Em níveis crustais mais profundos, no regime plástico, os mecanismos de deformação plástica passam a ter um maior efeito, conforme discutido no Cap. 11. Se houver predomínio de mecanismos de deformação plástica, formam-se **zonas de cisalhamento plástico**. Na zona de transição rúptil-plástica, que pode abranger um amplo intervalo de profundidade em rochas polimineralicas, como granitos, por exemplo, formam-se as **zonas de cisalhamento rúptil-plástico**, onde tanto os mecanismos rúpteis como os plásticos são importantes. **Zona de cisalhamento semirrúptil** é outro termo usado nesse contexto, aplicado a zonas de cisalhamento rúptil com influência de mecanismos de deformação plástica. A maioria das zonas de cisalhamento plástico contém elementos rúpteis, como porfiroclastos fraturados de feldspato ou granada, a menos que a temperatura seja muito alta.

16.1.3 Zonas de cisalhamento dúctil

O termo *zona de cisalhamento dúctil* é popular, mas também ambíguo, pois há geólogos que usam o termo *dúctil* para referir-se a mecanismos de deformação plástica. Não é recomendável considerarmos ductilidade e plasticidade como sinônimos, ainda que, de fato, a maioria das zonas de cisalhamento dúctil sejam plásticas. O termo *ductilidade* refere-se à continuidade de elementos marcadores originalmente contínuos em uma zona de cisalhamento. Uma **zona de cisalhamento perfeitamente dúctil** não contém descontinuidades internas, e as camadas marcadoras cortadas pela zona de cisalhamento podem ser traçadas continuamente em escala mesoscópica (Fig. 16.2). Esse tipo de deformação pode ser denominado deformação contínua. A maioria das zonas de cisalhamento plástico e parte das zonas de cisalhamento rúptil preservam a continuidade dos marcadores passivos. A zona de cisalhamento mostrada na Fig. 16.5 é um exemplo de zona de cisalhamento dúctil formada por mecanismos de deformação rúptil em pequena profundidade. Desse modo, uma zona de cisalhamento dúctil pode ser formada por mecanismos de deformação rúptil ou plástica em microescala.

Os marcadores passivos podem ser traçados de modo contínuo através de uma zona de cisalhamento perfeitamente dúctil.

As observações de campo indicam que muitas zonas de cisalhamento, incluindo aquelas dominadas

Fig. 16.5 *Zona de cisalhamento delgada (banda de desagregação) no Arenito Navajo (Parque Nacional dos Arcos, Utah, EUA), apresentando lâminas de arenito contínuas através da zona. Essa banda de cisalhamento formou-se antes da litificação*

por deformação plástica, apresentam descontinuidades internas abruptas na forma de superfícies de deslizamento, fraturas extensionais, veios ou estruturas de dissolução por pressão. Essas zonas de cisalhamento podem ser denominadas **semidúcteis**. Descontinuidades são encontradas em muitas zonas de cisalhamento plástico, mas são mais típicas em zonas de cisalhamento rúptil (friccional).

Muitas falhas apresentam pouca ou nenhuma ductilidade, com uma transição rápida da rocha praticamente não deformada para uma brecha intensamente cisalhada, um *gouge* de falha ou um cataclasito no núcleo de falha. Entretanto, outras falhas apresentam dobras de arrasto e espalhamento em seu núcleo e, portanto, indicam uma combinação de deformação contínua e descontínua. Uma dobra de propagação de falha (*fault-propagation fold*) pode ser considerada uma zona de cisalhamento dúctil (Fig. 9.32 e Boxe 9.4). No momento e no local onde a falha afeta a dobra, a estrutura é cortada por uma deformação descontínua e torna-se semidúctil. Portanto, a deformação em uma zona de cisalhamento pode variar no espaço e no tempo, de contínua (dúctil) a (semi)descontínua.

Resumindo o que foi discutido nas duas últimas seções, as zonas de cisalhamento podem ser classificadas de acordo com sua ductilidade (continuidade de marcadores) e plasticidade (proporção entre mecanismos de deformação plástica *versus* rúptil). O termo *zona de cisalhamento rúptil* pode ter dois significados (Fig. 16.6): tanto deformação friccional em microescala (sem plasticidade), que é nosso uso preferencial, como completa descontinuidade de estruturas (sem ductilidade). Nos dois casos, as zonas de cisalhamento rúptil situam-se no extremo inferior esquerdo do diagrama mostrado na Fig. 16.6.

16.2 A zona de cisalhamento plástico ideal

A **zona de cisalhamento ideal** é limitada por duas superfícies perfeitamente planas (retilíneas em seção geológica) que a separam da(s) rocha(s) adjacente(s) não deformada(s) pela zona de cisalhamento (uma trama anterior pode estar presente). As zonas de cisalhamento ideais são dúcteis e, portanto, não apresentam superfícies de deslizamento e outras

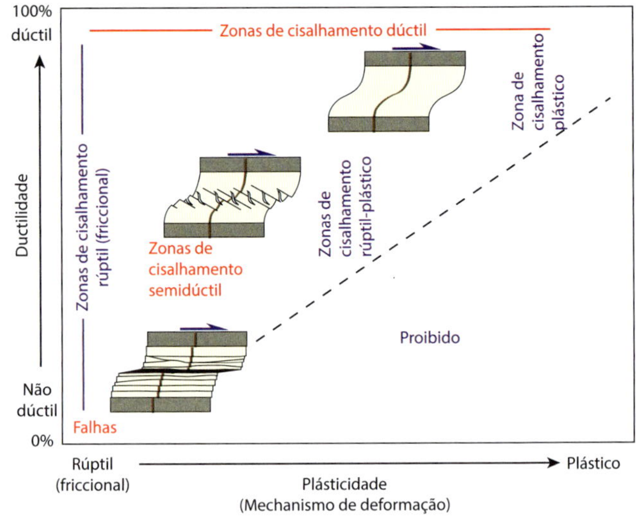

Fig. 16.6 *Classificação simples de zonas de cisalhamento baseada no mecanismo de deformação (eixo horizontal) e na ductilidade mesoscópica (continuidade de marcadores)*

descontinuidades. Em uma zona de cisalhamento plástico ideal, podemos observar uma foliação, uma lineação e evidências de variações na deformação, as quais contêm importantes informações sobre a zona.

Para uma análise mais detalhada, um sistema de coordenadas pode ser colocado com seu eixo horizontal ao longo da margem da zona de cisalhamento e paralelo à direção de cisalhamento (Fig. 16.7). Podemos, então, simular o movimento das paredes, mantendo a distância entre elas constante. O resultado é um cisalhamento simples perfeito (Fig. 16.8B). Se desejarmos, podemos ainda aumentar ou diminuir a distância entre as paredes, inserindo um componente de dilatação ou compactação. Isso implicaria variação de volume (Fig. 16.8D), que pode ocorrer antes, durante ou após o cisalhamento simples; o resultado final será, em princípio, o mesmo.

AS ZONAS DE CISALHAMENTO IDEAIS SÃO PERFEITAMENTE DÚCTEIS E ENVOLVEM CISALHAMENTO SIMPLES COM OU SEM COMPONENTE ADICIONAL DE COMPACTAÇÃO OU DILATAÇÃO.

Qualquer deformação que se desvia do cisalhamento simples (com ou sem um componente adicional de compactação ou dilatação) requer a presença de descontinuidades para se formar e, portanto, contradiz as restrições impostas a uma zona de

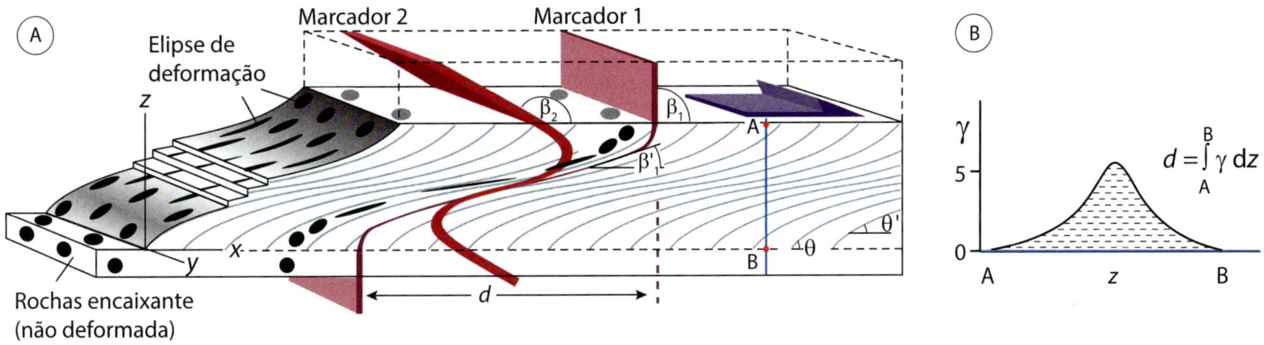

Fig. 16.7 *(A) Zona de cisalhamento com uma foliação geneticamente relacionada a ela. A foliação está em ângulo de aproximadamente 45° com a zona de cisalhamento ao longo de suas margens. Esse ângulo é reduzido à medida que aumenta a deformação em direção ao centro da zona. θ' é o ângulo entre a zona de cisalhamento e a foliação. (B) O deslocamento pode ser determinado por meio do cálculo da área sob o perfil de deformação por cisalhamento através de zona, se a deformação for do tipo cisalhamento puro ou pela medição da mudança de ângulo de um dos dois marcadores (ver Eq. 16.2)*

cisalhamento ideal (Fig. 16.8C). Tal desvio na deformação causará a extrusão de material ao longo da zona e criará incompatibilidades estruturais, ou seja, diferentes partes da zona de cisalhamento não se ajustam em uma rede contínua, causando o surgimento de sobreposições, hiatos ou outras descontinuidades. Em um nível avançado, os testes de compatibilidade são etapas necessárias na análise de deformação em zonas de cisalhamento.

As zonas de cisalhamento plástico clássicas ideais são encontradas em rochas aproximadamente isotrópicas, particularmente em rochas magmáticas (Fig. 16.9). Nesses casos, uma matriz de deformação de cisalhamento simples (Eq. 2.16) ou de cisalhamento simples e dilatação/compactação combinados pode ser usada para modelar a deformação. Por meio dessas matrizes, a deformação por cisalhamento, a forma e a orientação da elipse de cisalhamento e o deslocamento podem ser calculados em qualquer ponto da zona de cisalhamento. Vamos abordar agora as estruturas presentes em uma zona de cisalhamento ideal e que informações elas nos fornecem.

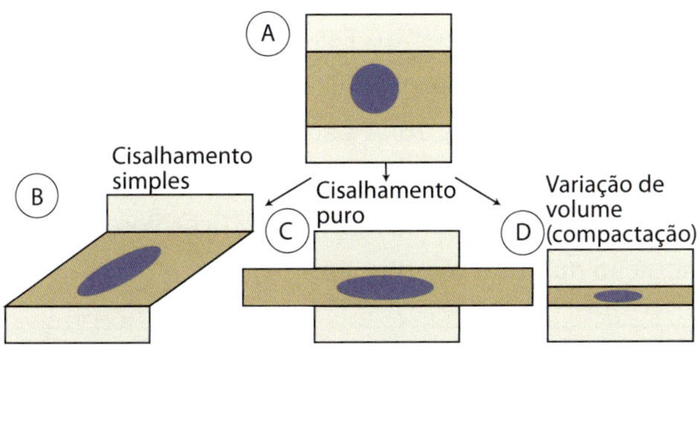

Fig. 16.8 *A diferença entre cisalhamento simples, cisalhamento puro e mudança de volume vertical isotrópica*

Fig. 16.9 *Zona de cisalhamento dúctil em metabasalto, onde agregados de feldspato (amígdalas) se tornam progressivamente mais deformados em direção ao interior da zona de cisalhamento (para baixo na imagem). A linha branca indica como a foliação relacionada à zona de cisalhamento é rotacionada em direção ao paralelismo com a zona*

Foto: Graham B. Baird.

16.2.1 Foliação e deformação

Estruturas características desenvolvem-se à medida que o rejeito e a deformação se acumulam em zonas de cisalhamento plástico. A orientação e a geometria dessas estruturas dependem do tipo da zona de cisalhamento e da quantidade de deformação. Se uma zona de cisalhamento se desenvolve em uma rocha praticamente isotrópica, uma foliação pode surgir após uma pequena deformação por cisalhamento. Podemos ver uma foliação tênue desse tipo ao longo das margens de zonas de cisalhamento (Figs. 16.9 e 16.10). O ângulo θ entre essa foliação inicial e as margens será próximo a 45° em uma zona de cisalhamento simples. Na maioria dos casos, esse ângulo será ligeiramente menor, porque é necessária certa quantidade de deformação para que a foliação se torne visível, e durante esse primeiro incremento de deformação, a foliação será rotacionada.

A foliação inicial incipiente também pode ser vista ao longo das margens com baixa de deformação de uma zona de cisalhamento bem desenvolvida; o ângulo que ela perfaz com a zona de cisalhamento (denominado θ') decresce em direção à parte central mais deformada. A foliação inicia-se na perpendicular da direção de encurtamento mais rápido (ISA_3); porém, como o cisalhamento simples é não coaxial, a foliação irá constantemente rotacionar em direção ao paralelismo com o plano de cisalhamento. Em deformação de cisalhamento baixa e moderada (até 10-15), a foliação é uma foliação de achatamento que representa a orientação do plano XY da elipse de deformação. Essa relação próxima entre a orientação da foliação da zona de cisalhamento e a deformação pode ser muito útil quando desejamos mapear a deformação em zonas de cisalhamento. Em uma zona de cisalhamento simples, onde θ' indica o ângulo entre a foliação e a zona de cisalhamento, essa relação é dada por:

$$\theta' = 0{,}5\ \mathrm{tg}^{-1}\,(2/\gamma) \qquad (16.1)$$

Note que essa relação é válida apenas para uma zona de cisalhamento simples, onde a foliação se formou durante a formação da zona de cisalhamento em uma rocha previamente não deformada e em

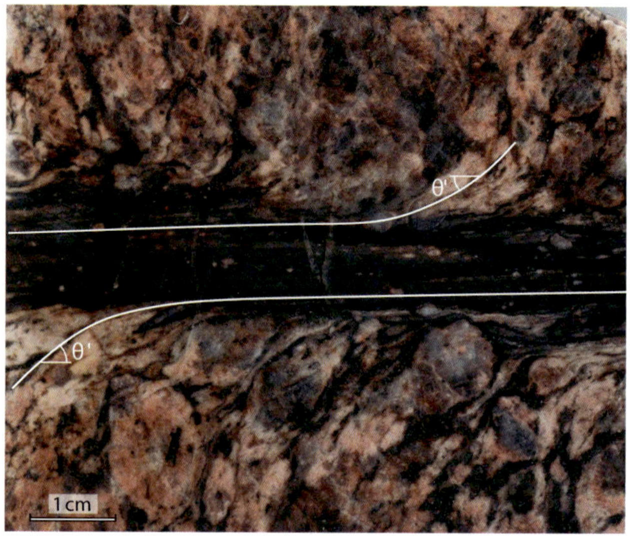

Fig. 16.10 *Zona de cisalhamento no Sienito Diana, em Harrisville, Estado de Nova Iorque, EUA, com grande aumento de deformação em direção à porção ultramilonítica central da zona. Isso é expresso pela mudança na orientação da foliação e por uma forte diminuição do tamanho dos grãos na zona*
Foto: Graham B. Baird.

uma seção perpendicular à foliação na direção de cisalhamento.

Em alguns casos, a zona de cisalhamento contém marcadores de deformação e, dessa forma, pode-se estimar a razão de aspecto $R = X/Z$ da elipse de deformação. Podemos, portanto, relacionar a orientação da foliação com a forma da elipse de deformação e com γ (Fig. 16.11).

Se houver um componente de compactação (ou dilatação) através de uma zona de cisalhamento simples, a incipiente foliação ao longo das margens irá perfazer um ângulo θ menor (ou maior) que 45° com a zona de cisalhamento. Esse ângulo dependerá da quantidade de compactação, o que significa que não podemos usar a Fig. 16.11 se a zona de cisalhamento for afetada por compactação, mas podemos torná-la mais completa, com contornos indicativos de compactação ou dilatação (Fig. 16.12A).

Há uma relação simples entre deformação por cisalhamento, orientação da foliação e deformação em uma zona de cisalhamento ideal.

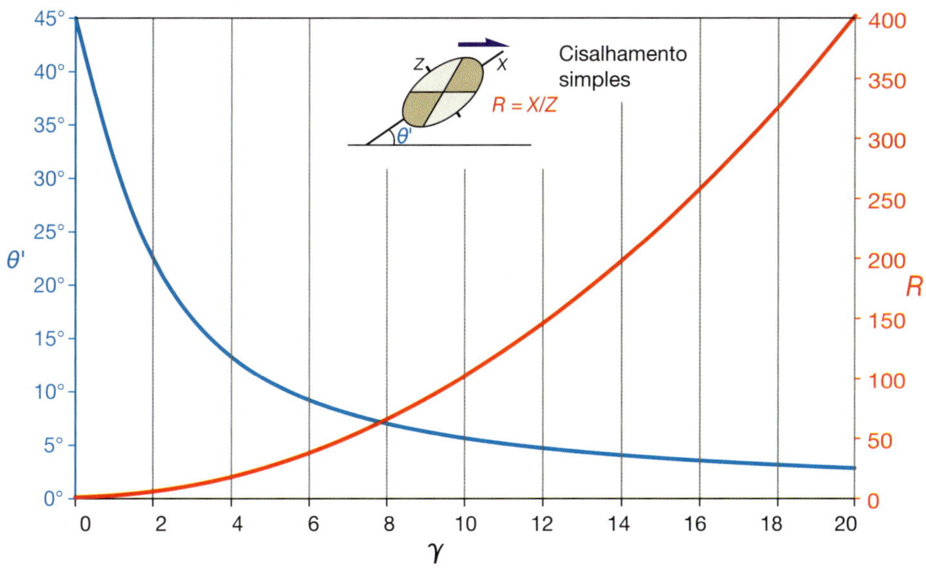

Fig. 16.11 *Curvas indicando como o ângulo θ′ entre o eixo de máxima deformação finita (X) e o plano de cisalhamento diminui com o aumento de deformação em cisalhamento simples. A curva em azul representa a deformação por cisalhamento (γ) e a curva em vermelho, a razão de aspecto R = X/Z da elipse de deformação. Note as diferentes escalas para γ e R (acima e abaixo)*

16.2.2 Lineações

Uma lineação de estiramento pode desenvolver-se juntamente com a foliação em zonas de cisalhamento plástico. Idealmente, em uma zona de cisalhamento simples, a lineação indica o eixo X do elipsoide de deformação. A lineação de estiramento situa-se na superfície de foliação e, portanto, define o mesmo ângulo θ′ com o plano de cisalhamento (Fig. 16.11). A projeção da lineação no plano de cisalhamento indicará a direção de cisalhamento (Fig. 16.12), que é também a apófise de fluxo de cisalhamento simples.

16.2.3 Deslocamento e deflexão de marcadores passivos

Há uma conexão entre o deslocamento (*offset*) total e a deformação finita em uma zona de cisalhamento. No cisalhamento simples, essa conexão pode ser demonstrada graficamente por um perfil de deformação por cisalhamento através da zona. O comprimento da curva irá representar a espessura da zona e o valor da deformação por cisalhamento, a deformação em qualquer ponto através da zona. Calculando-se a integral através da zona ou a área sob a curva cisalhamento-deformação, podemos obter o valor do deslocamento total *d* (Fig. 16.7B).

Em alguns casos, as zonas de cisalhamento podem cortar marcadores como diques, veios ou acamamento (Fig. 16.7A). Esses marcadores indicam diretamente o deslocamento através da zona de cisalhamento, e esse resultado pode ser comparado com o método da integral ilustrado na Fig. 16.7B. Lembre-se de que o método da integral assume que o plano *XY* é representado pela foliação e que a zona de cisalhamento representa uma deformação por cisalhamento simples. Uma discrepância significativa entre os dois métodos indica que há um desvio da deformação em relação ao cisalhamento simples. Isso pode ser explicado por encurtamento ou dilatação adicionais através da zona, ou talvez pela influência de outros tipos de deformação. Antes de discutirmos outros tipos de deformação, vamos abordar a rotação passiva de marcadores que atravessam uma zona de cisalhamento simples.

Um marcador linear inicialmente perpendicular à zona de cisalhamento é uma referência útil, pois seu ângulo de rotação representa o cisalhamento angular. De modo mais geral, se um marcador originalmente perfaz um ângulo β com uma zona de cisalhamento (Fig. 16.5A), o novo ângulo β', após a deformação, dependerá do tipo de deformação na zona. Em cisalhamento simples, a relação entre esses ângulos e a deformação por cisalhamento γ é dada por:

$$\gamma = \cot \beta' - \cot \beta \quad \textbf{(16.2)}$$

Lembre-se de que $\cot \beta = 1/\text{tg}\,\beta$. Podemos também aplicar a matriz de deformação **D** para encontrar a nova orientação dos marcadores. Em uma seção (análise bidimensional), o marcador pode ser representado por um vetor unitário **l**, e sua nova orientação é dada por:

$$\mathbf{l'} = \mathbf{Dl} \tag{16.3}$$

onde **l'** é o vetor que representa a nova orientação. Em cisalhamento simples, **D** é a matriz simples da Eq. 2.16. É fácil demonstrar que, se **l** = (*x*, *y*), a nova orientação será **l'** = ($x + \gamma y$, *y*):

$$\mathbf{l}' = \begin{bmatrix} 1 & \gamma \\ 0 & 1 \end{bmatrix} \begin{bmatrix} x \\ y \end{bmatrix} = \begin{bmatrix} x + \gamma y \\ y \end{bmatrix} \tag{16.4}$$

Para outros tipos de deformação que não o cisalhamento simples, outras matrizes devem ser usadas.

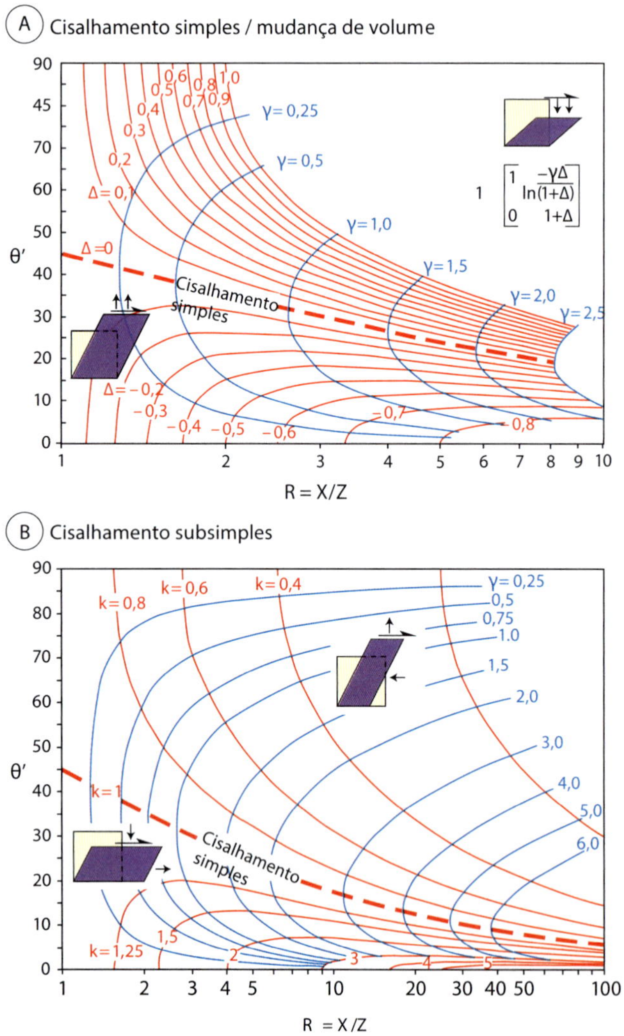

Fig. 16.12 *Diagrama R–θ' de (A) cisalhamento simples e compactação, e (B) cisalhamento simples e puro simultâneos (ambos como deformação plana). A curva de cisalhamento simples inicia-se em θ = 45°. Note que os eixos horizontais são logarítmicos*

Uma das vantagens do uso de matrizes é que a orientação de qualquer linha (não apenas uma perpendicular ao plano de cisalhamento e ao longo da direção de cisalhamento) pode ser facilmente considerada. Em uma análise tridimensional desse tipo, os planos são tratados por meio de seus polos. Nesse caso, a deformação altera a orientação do vetor **p** para uma nova orientação representada pelo vetor **p'**, segundo:

$$\mathbf{p'} = \mathbf{pD}^{-1} \tag{16.5}$$

Como as rotações de linhas e planos são determinadas pelo tipo de deformação e, portanto, pela matriz de deformação **D**, podemos facilmente modelar a forma como as linhas e os planos rotacionam durante a história de deformação, em função dos incrementos de deformação. O cisalhamento simples produz rotações ao longo de grandes círculos, o que difere da rotação causada por outros tipos de deformação (Figs. 2.30 e 19.22). As estruturas passivas lineares e planas progressivamente deflectadas em direção ao centro da zona de cisalhamento podem ser indicadas em um gráfico, e suas trajetórias de rotação fornecem informações importantes sobre o tipo de deformação. Na prática, essas análises são feitas lançando-se em um gráfico a orientação dos marcadores nas partes externa e interna das porções deformadas de zonas de cisalhamento, e comparando-as com as trajetórias numericamente modeladas, com base nas Eqs. 16.3 e 16.4.

Antes de prosseguirmos para os tipos mais gerais de zonas de cisalhamento, vamos sumarizar alguns fatos sobre zonas de cisalhamento simples, zonas de compactação e a combinação de ambas.

16.2.4 Zonas de cisalhamento simples

As características de uma zona de cisalhamento simples são:

- Deformação plana com W_k= 1.
- Ausência de encurtamento ou estiramento ao longo da zona ou na direção normal a ela.
- ISA_1 orientado a 45° em relação ao plano de cisalhamento (paredes).
- O eixo *X* do elipsoide de deformação inicia-se

a 45° em relação às paredes e é progressivamente rotacionado em direção ao paralelismo com o plano de cisalhamento, de acordo com a equação $\theta'=0{,}5\ tg^{-1}(2/\gamma)$.

- Sabendo-se o valor de θ', a deformação local por cisalhamento é dada por $\gamma = 2/tg(2\theta')$.
- Os marcadores passivos que perfazem um ângulo inicial β em relação à direção de cisalhamento passam a perfazer um ângulo β' após a deformação, segundo a relação $\cot\beta' = \cot(\beta) + \gamma$.
- A vorticidade (w) é idêntica à taxa de deformação por cisalhamento: $w = \dot{\gamma}$.

16.2.5 Zonas de dilatação e compactação

Uma zona de compactação ou de dilatação é uma zona de deformação que apresenta compactação ou dilatação pura na direção perpendicular às suas paredes (Fig. 16.8D). Essas zonas de deformação, representam membros extremos no espectro da cinemática das zonas de cisalhamento (Fig. 16.4, à esquerda) e são, portanto, feições relevantes. Zonas espessas de compactação ou dilatação são raras, mas zonas com espessura milimétrica a decimétrica ocorrem em rochas porosas e representam tipos especiais de bandas de deformação, conhecidos como bandas de dilatação/compactação. Dessas zonas podemos destacar:

- Deformação plana e coaxial com $W_k = 0$.
- Encurtamento ou estiramento perpendicular à zona.
- ISA com orientação paralela e perpendicular à zona.
- X é paralelo à zona em seu início e permanece assim durante sua evolução.
- Os marcadores passivos que perfazem um ângulo inicial β com o vetor de cisalhamento passam a perfazer um novo ângulo β' após a deformação, de acordo com a fórmula:

$$\cot\beta' = \frac{\cot\beta}{1+\Delta} \qquad (16.6)$$

onde Δ é a mudança de volume através da zona (ver seção 2.12).

- Vorticidade $w = 0$.

16.2.6 Zonas de cisalhamento com dilatação/compactação

As zonas de cisalhamento que combinam cisalhamento simples e dilatação ou compactação são denominadas **zonas de cisalhamento com compactação** ou **dilatação**. Essas zonas, onde o cisalhamento simples e a compactação/dilatação são simultâneos, provavelmente são estruturas comuns e são caracterizadas por:

- Deformação plana com $0 < W_k < 1$.
- Deformação geralmente não coaxial.
- Encurtamento (compactação) ou estiramento (dilatação) perpendicular à zona de cisalhamento.
- Ausência de encurtamento ou estiramento ao longo da zona de cisalhamento.
- ISA_1 orientado de modo oblíquo à zona de cisalhamento (< 45° em zonas de cisalhamento com compactação, > 45° em zonas de cisalhamento com dilatação) (Fig. 16.12A).
- X é inicialmente oblíquo à zona e rotaciona de acordo com a seguinte relação:

$$tg\,2\theta' = 2\frac{(1+\Delta)\,\Delta\gamma/\ln(1+\Delta)}{1-[\Delta\gamma/\ln(1+\Delta)]^2-(1+\Delta)^2} \qquad (16.7)$$

- Em cisalhamento com compactação, $\theta < 45°$ e θ' é sempre menor que em cisalhamento simples para uma dada quantidade de deformação por cisalhamento. Em zonas de cisalhamento com dilatação, a orientação de X pode apresentar uma faixa de valores, dependendo da deformação e da quantidade de dilatação, mas sempre com θ maior que no cisalhamento simples para uma dada quantidade de deformação por cisalhamento.
- Os marcadores passivos que perfazem um ângulo inicial β com o vetor de cisalhamento passam a perfazer um novo ângulo β' após a deformação, de acordo com a equação:

$$\cot\beta' = \frac{\cot\beta + \Delta\gamma/\ln(1+\Delta)}{1+\Delta} \qquad (16.8)$$

Todas essas fórmulas podem ser extraídas da matriz de deformação.

16.3 Adição de cisalhamento puro a uma zona de cisalhamento simples

Muitas zonas de cisalhamento apresentam desvios a partir das zonas de cisalhamento ideais: as paredes podem não ser paralelas, superfícies de deslizamento ou outras descontinuidades nítidas podem ocorrer no interior ou ao longo da zona, as paredes podem estar deformadas e o deslocamento pode ser variável ao longo da zona. Uma zona de cisalhamento que apresenta algum desses desvios em relação ao modelo ideal pode ser denominada **zona de cisalhamento geral**.

UMA ZONA DE CISALHAMENTO GERAL É AQUELA QUE APRESENTA UM DESVIO EM RELAÇÃO À ZONA DE CISALHAMENTO DÚCTIL IDEAL.

Poucas zonas de cisalhamento naturais apresentam paredes perfeitamente planas e paralelas, em razão de heterogeneidades litológicas ou de variações nas condições internas durante a deformação. Paredes não paralelas entre si ou curvas criam desvios locais em relação ao padrão de fluxo do cisalhamento simples.

Descontinuidades nítidas e superfícies de deslocamento são visíveis em muitas zonas de cisalhamento. Essas descontinuidades internas permitem que haja um componente de cisalhamento puro. Se as paredes das zonas de cisalhamento não estiverem deformadas, um cisalhamento puro com encurtamento através da zona de cisalhamento irá adelgaçar essa zona e o material será extrudido ao longo da zona (Fig. 16.8C). Por outro lado, se o componente de cisalhamento puro envolver encurtamento paralelo à zona, ela irá se alargar, com fluxo de material para a parte que está em expansão.

Nos locais onde uma zona de cisalhamento se torna mais espessa, é provável que ocorra espessamento de camadas, imbricamentos e dobramentos. O adelgaçamento local de zonas de cisalhamento, por sua vez, é associado ao adelgaçamento das camadas e, possivelmente, à formação de bandas de cisalhamento extensional. A Fig. 16.13 mostra ambos os efeitos: adelgaçamento de camadas onde a zona de cisalhamento se torna mais delgada, no lado esquerdo da lente rígida, e espessamento e dobramento a sotavento (*lee side*) (parte central da figura). Além disso, variações ao longo da direção na deformação coaxial podem causar variações na espessura das zonas de cisalhamento e o aparecimento de superfícies internas de deslizamento de abrangência local. Um exemplo é mostrado na Fig. 16.14, onde uma zona de cisalhamento predominantemente plástica passa de um caráter completamente dúctil na sua porção inferior para um caráter semidúctil na sua porção central e superior.

Pode-se formar uma lineação relacionada ao deslocamento se houver deslizamento friccional em zonas de cisalhamento. Essas lineações se formam nos planos de deslizamento, que podem ou não ser paralelos à zona de cisalhamento, e não devem ser confundidas com as lineações de estiramento (Fig. 16.15).

Superfícies de deslizamento e outras feições rúpteis em zonas de cisalhamento predominantemente plásticas se formam quando as zonas de cisalhamento são exumadas e resfriadas durante o cisalhamento. Elas também podem ocorrer no regime plástico, predominante na crosta inferior, independentemente de variações de pressão e temperatura. O deslizamento pode ocorrer onde minerais placoides se alinham e formam um plano de fraqueza mecânica, e onde há um aumento temporário e localizado da taxa de

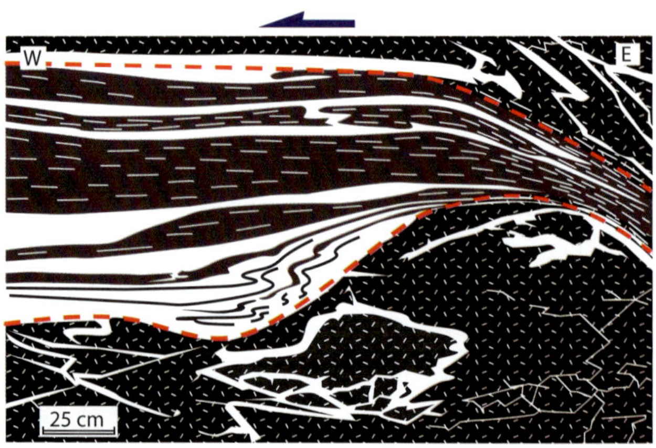

Fig. 16.13 *Dobras deformadas a sotavento (*lee side*) de uma lente tectônica. Note o espessamento a sotavento, o adelgaçamento do lado oposto e a vergência das dobras. As linhas vermelhas pontilhadas marcam a zona de cisalhamento*
Fonte: modificado de Fossen e Rykkelid (1990).

deformação. Um estreitamento das paredes da zona de cisalhamento ou uma perturbação do fluxo por uma inclusão rígida de grande porte podem causar um aumento da taxa de deformação local. Condições externas também podem fazer com que uma zona de cisalhamento acumule deslocamento a uma taxa maior. Finalmente, não podemos desconsiderar o papel dos fluidos.

Fig. 16.14 *Zona de cisalhamento plástico com uma descontinuidade local ao longo de sua margem esquerda, sugerindo que a deformação apresenta um desvio em relação ao cisalhamento simples. Caneta como escala*

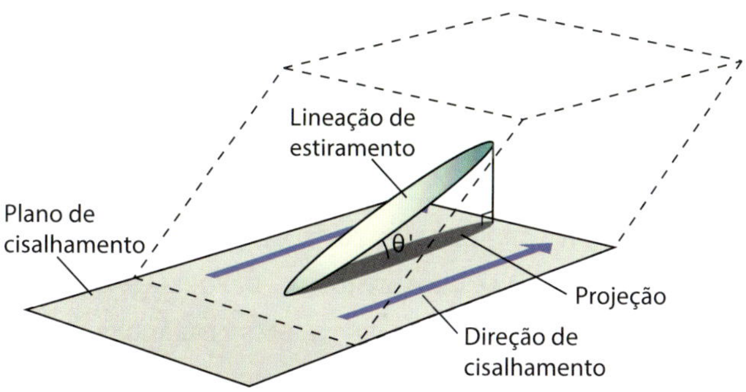

Fig. 16.15 *Representação do papel da lineação de estiramento em uma zona de cisalhamento com deformação plana. Idealmente, sua projeção no plano de cisalhamento indica a direção de cisalhamento. Desvios podem ocorrem se houver um contraste de viscosidade entre o elemento linear e a matriz*

As rochas anidras tendem a responder de modo rúptil a um esforço. Um grau variável de hidratação de uma rocha pode controlar seu comportamento reológico, mesmo na crosta inferior. Portanto, diversos fatores podem causar a formação de descontinuidades nítidas e transitórias em zonas de cisalhamento. Superfícies transitórias de deslizamento, pseudotaquilitos e outros elementos rúpteis em uma deformação predominantemente plástica geralmente são obliterados pelo cisalhamento plástico e a recristalização metamórfica subsequentes.

Algumas zonas de cisalhamento têm paredes deformadas por esforços coaxiais durante o cisalhamento. Nesse caso, a compatibilidade da deformação será preservada se a deformação coaxial for homogênea através das paredes da zona de cisalhamento e da própria zona de cisalhamento (Fig. 16.16C), o que significa que não ocorrerão as descontinuidades vistas nas Figs. 16.8C e 16.16B – as paredes e a zona de cisalhamento serão estiradas em conjunto (Fig. 16.16C).

16.3.1 Zonas de cisalhamento subsimples

A discussão anterior demonstra que há um amplo espectro de zonas de cisalhamento com deformação plana, onde os cisalhamentos simples e puro são combinados simultaneamente no mesmo plano. Conhecemos esse tipo de deformação do Cap. 2 como

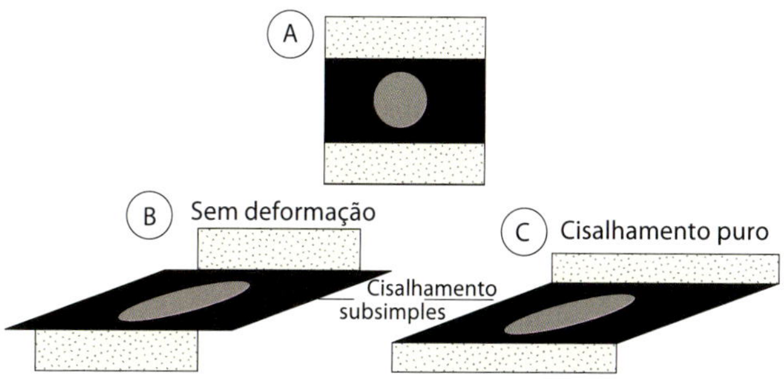

Fig. 16.16 *Uma zona de cisalhamento (A) que envolve deformação coaxial (B) tem problemas de compatibilidade em suas margens, que são resolvidos se os blocos adjacentes apresentarem a mesma quantidade de deformação coaxial (C)*

cisalhamento subsimples e, portanto, tais são denominadas **zonas de cisalhamento subsimples**.

As zonas de cisalhamento subsimples correspondem à deformação plana onde ocorrem simultaneamente os cisalhamentos simples e puro.

Nessas zonas, observamos um ângulo inicial $\theta > 45°$ entre a foliação e a margem se a zona estiver se espessando e < 45° se o cisalhamento puro estiver causando um adelgaçamento da zona. A relação próxima entre θ', deformação (*strain*) e tipo de deformação pode ser usada na análise de zonas de cisalhamento naturais. Isso é feito por meio do lançamento dos dados de atitude da foliação em diagramas como o da Fig. 16.12B. Esse diagrama, em particular, foi construído para cisalhamento subsimples e, portanto, se houver uma mudança adicional de volume, ele será alterado. Em qualquer evento, os dados situados fora da curva devem ser explicados por mudanças adicionais de volume ou deformação coaxial. Para separar essas duas situações, devemos procurar evidências a favor ou contra mudanças de volume, como estilolitos, veios, minerais neoformados ou concentração de minerais imóveis na zona de cisalhamento.

As lineações de estiramento em zonas de cisalhamento subsimples irão, como no caso das zonas de cisalhamento simples, refletir a direção de cisalhamento quando projetadas no plano de cisalhamento (Fig. 16.15). Note que, se o componente de cisalhamento simples for pequeno ou nulo, a lineação indica a direção de estiramento causado por cisalhamento puro, e não pode mais ser indicativa da direção de cisalhamento.

Vamos considerar em mais detalhe a relação entre deformação e deslocamento. Consideremos o vértice superior direito (1,1) do marcador quadrado na zona de cisalhamento (Fig. 16.17). Se aplicarmos um cisalhamento simples para que esse ponto ocupe uma nova posição (3,1), o deslocamento corresponderá a uma elipse de deformação com razão axial própria (Fig. 16.17A). Se, por outro lado, aplicarmos um cisalhamento puro para obter o mesmo deslocamento horizontal desse vértice, perceberemos que o cisalhamento puro gerará uma deformação maior (compare as elipses na Fig. 16.17A,B). Alguns casos de deformação subsimples requerem menor deformação para produzir o mesmo deslocamento paralelo à zona de cisalhamento (Fig. 16.17C). De fato, o cisalhamento subsimples que requer uma mínima deformação é aquele com $W_k = 0{,}82$, o que significa que tal cisalhamento tem a relação de deformação mais eficiente para criar um deslocamento paralelo à zona de cisalhamento.

É necessária uma deformação menor para que um dado deslocamento seja produzido por cisalhamento subsimples do que por cisalhamento puro ou simples.

16.4 Zonas de cisalhamento com deformação não plana

As zonas de cisalhamento foram abordadas até aqui segundo a perspectiva de uma deformação plana, na qual toda a deformação coaxial (cisalhamento puro) atua no mesmo plano que o cisalhamento simples. Qualquer deformação plana (sem variação anisotrópica de volume) produz elipsoides de deformação situados na diagonal do diagrama de Flinn. Entretanto, as medidas de deformação podem apresentar desvios significativos em relação à deformação plana (Fig. 16.18), implicando estiramento ou encurtamento causado por um componente de cisalhamento simples e/ou coaxial na terceira direção (eixo *Y*). Isso abre uma ampla classe de zonas de cisalhamento genéricas que produzem deformação em três dimensões. Em tais zonas, as foliações e as lineações podem apresentar diversas atitudes e rotacionar de diferentes maneiras; não há uma relação simples entre a orientação das lineações e a direção de cisalhamento.

As zonas de cisalhamento com deformação não plana apresentam geometria de deformação constricional ou por achatamento, e as lineações podem não representar a direção de transporte.

É importante determinar se uma dada zona de cisalhamento apresenta deformação plana ou não. Podemos procurar evidências de campo, como variações em espessura e fluxo em mais de uma direção. Se houver marcadores de deformação (Fig. 16.9), pode-

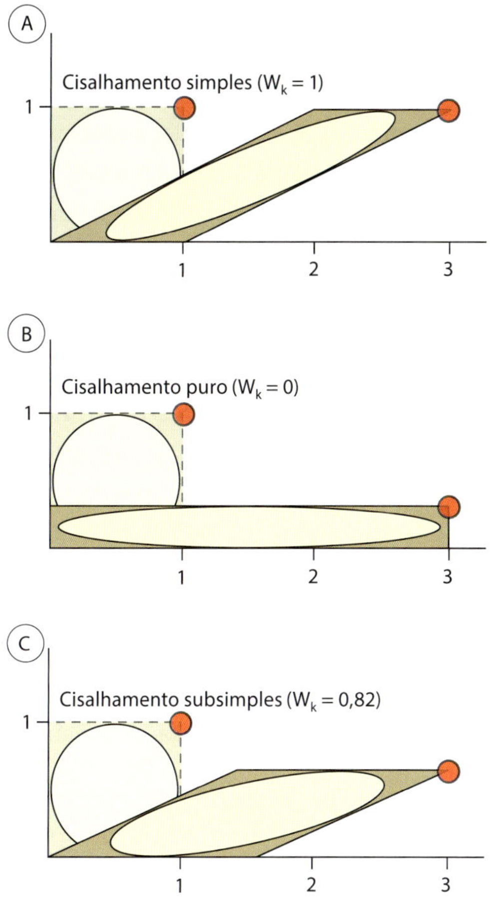

Fig. 16.17 *Comparação de deslocamento paralelo à zona de cisalhamento e deformação. Um quadrado com um círculo é deformado por cisalhamento simples, puro e subsimples, de modo que o deslocamento do vértice superior direito seja o mesmo em todas as situações. A deformação resultante é a maior em cisalhamento puro e a menor em cisalhamento subsimples*

Fonte: baseado em Fossen e Tikoff (1997).

mos seccioná-los e lançá-los no diagrama de Flinn (Fig. 16.18); os dados nessa figura são de zonas de cisalhamento do tipo mostrado na Fig. 16.9 e, mesmo que essa zona de cisalhamento pareça simples à primeira vista, os dados de deformação mostrados na Fig. 16.18 indicam uma deformação não plana. Isso significa que a zona de cisalhamento da Fig. 16.9 não pode ser uma zona de cisalhamento simples.

Se percebermos que a deformação em uma zona de cisalhamento é tridimensional, deparamo-nos com uma enorme faixa de possibilidades. Ainda podemos pensar em termos de cisalhamentos puro e simples, mas é necessário combinar elementos desses tipos

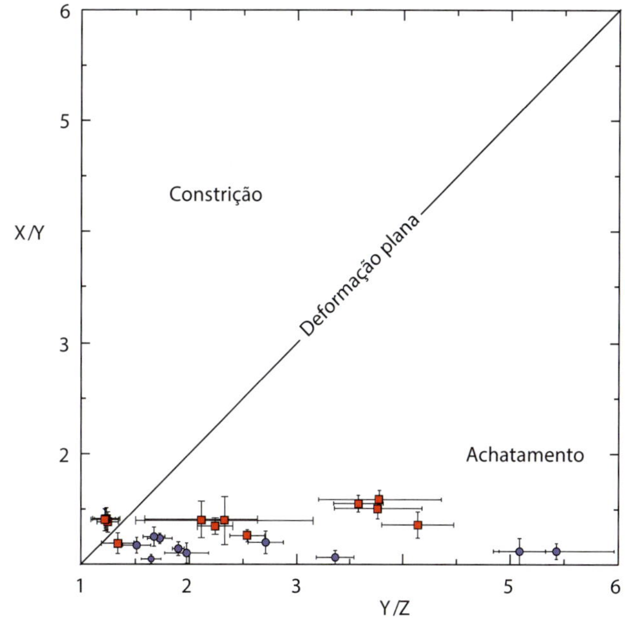

Fig. 16.18 *Diagrama de Flinn com estimativas de deformação de duas amostras de zonas de cisalhamento similares àquela mostrada na Fig. 16.9, cortadas paralela e perpendicularmente à direção de cisalhamento. Os dados de deformação indicam claramente que as duas zonas de cisalhamento são afetadas por achatamento e, portanto, apresentam um desvio em relação ao cisalhamento simples. Dados de Bhattacharyya e Hudleston (2001)*

de cisalhamento em mais de um plano. Na Fig. 16.19, mostramos como é possível combinar uma deformação coaxial tridimensional com até três sistemas ortogonais de cisalhamento simples. A matriz de deformação torna-se, portanto, tridimensional:

$$\begin{bmatrix} k_x & \Gamma_{xy} & \Gamma_{xz} \\ 0 & k_y & \Gamma_{yz} \\ 0 & 0 & k_z \end{bmatrix} \quad \textbf{(16.9)}$$

Essa matriz pode ser usada para gerar modelos desses tipos de deformação, e os cálculos geralmente são realizados em programas de computador. Há, também, casos em que a deformação coaxial atua em um ângulo oblíquo ao(s) componente(s) de cisalhamento, o que representa uma situação mais complexa. Essas muitas possibilidades tornam a análise tridimensional de zonas de cisalhamento com deformação não plana um desafio e, em geral, buscamos os modelos mais simples para explicar os dados

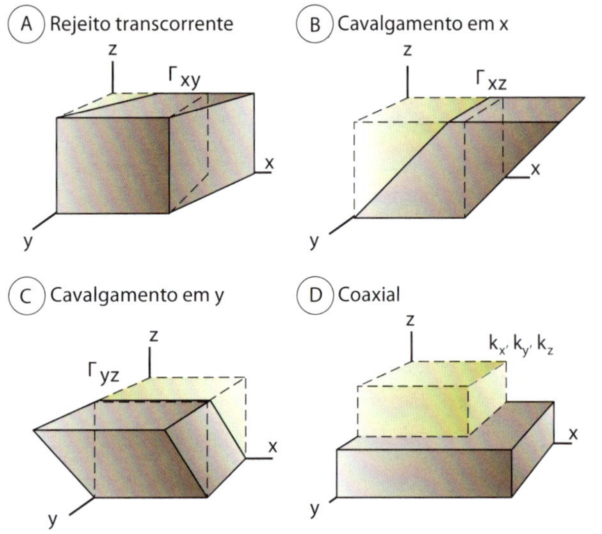

Fig. 16.19 *Componentes de deformação ortogonal que podem ser combinados na matriz de deformação tridimensional da Eq. 16.9*
Fonte: baseado em Fossen e Tikoff (1997).

obtidos. A transpressão e a transtração são dois modelos populares e próximos de zonas de cisalhamento com deformação tridimensional simples, discutidos no final do Cap. 19.

16.5 Milonitos e indicadores cinemáticos

16.5.1 Milonitos

Nas partes centrais de algumas zonas de cisalhamento plástico (p. ex., Fig. 16.10), a deformação pode ser alta a ponto de achatar e transpor totalmente as texturas e estruturas preexistentes. As rochas tornam-se fortemente bandadas e são denominadas **milonitos** – termo criado em trabalhos pioneiros na zona de cavalgamento de Moine, na Escócia (ver Boxe 16.1). As características dos milonitos variam em função da temperatura, pressão, composição mineralógica, granulação, presença de fluidos e taxa de deformação. Em geral, os milonitos têm granulação mais fina que as rochas ao seu redor (muito visível na Fig. 16.10), além de apresentarem foliação e lineações bem definidas.

As zonas ou cinturões miloníticos podem atingir até vários quilômetros de espessura, particularmente em escudos pré-cambrianos e em áreas erodidas de orógenos colisionais. Nesses casos, as paredes externas e o plano de cisalhamento são difíceis de ser definidos, e o interior da zona é marcado por fortes heterogeneidades. As variações não se restringem à deformação finita, com lentes e lascas de rochas menos deformadas, e o tipo de deformação pode variar através da zona de cisalhamento. O resultado é uma rica variedade de estruturas, como dobras, clivagens, foliações, lineações e outras, discutidas adiante neste capítulo. Ainda se trata de uma zona de cisalhamento, no sentido mais geral do termo, mas é certamente mais complexa e variada que as zonas de cisalhamento ideais abordadas na primeira parte desta seção. As zonas miloníticas espessas são, por esse motivo, instigantes e desafiadoras.

As rochas fortemente cisalhadas encontradas em zonas de cisalhamento de alta deformação foram descritas de diversas formas ao longo do século passado. A classificação mais comum é apresentada nos Boxes 9.1 e 16.1. A classificação divide essas rochas em protomilonitos, nos quais os grãos originais são predominantes (90%-50%), milonitos (50%-10% de grãos originais) e ultramilonitos (< 10% de grãos originais intactos). A transição de protomilonito, passando por milonito até ultramilonito é reconhecível em muitas zonas de cisalhamento, mas sua identificação é mais difícil em rochas que foram expostas a episódios anteriores de intensa deformação.

Vestígios da textura original ou de minerais originais podem ser encontrados em grandes lentes ou fragmentos envolvidos pela foliação milonítica. Se essas lentes tiverem comprimento de dezenas de centímetros ou mais, elas são chamadas de **lentes protolíticas**. Os fragmentos de cristais individuais são denominados **porfiroclastos**. Os feldspatos tipicamente formam porfiroclastos em rochas graníticas deformadas em cisalhamento sob condições de fácies xisto verde, onde a temperatura é relativamente baixa e não permite a deformação cristaloplástica dos feldspatos.

16.5.2 Indicadores cinemáticos

A percepção do potencial das microestruturas como indicadores cinemáticos aumentou consideravelmente nas décadas de 1970 e 1980. A compreensão da ligação entre estruturas simétricas e assimétricas representou um importante avanço no estudo das rochas fortemente cisalhadas. Muitos milonitos apresentam estruturas com simetria monoclínica (baixa),

Boxe 16.1 Milonito *versus* cataclasito

O termo **milonito** foi usado com dois significados ao longo do século XX. A palavra é originária do latim e refere-se à moagem ou fragmentação em pequenos pedaços. Esse processo foi considerado responsável pela formação da zona de cavalgamento de Moine, na Escócia – local onde o termo *milonito* foi usado pela primeira vez. Com a valiosa ajuda da microscopia óptica e eletrônica, hoje sabemos que os milonitos são formados principalmente por mecanismos de deformação plástica.

O termo *milonito* é aplicado atualmente a rochas fortemente deformadas, que passaram por redução de sua granulação em decorrência de deformação plástica, ao passo que o termo **cataclasito** é usado quando o fluxo cataclástico é dominante. A cataclase pode ocorrer durante a milonitização, se o feldspato for fragmentado em uma matriz onde o quartzo for plasticamente deformado, por exemplo.

Os milonitos são separados em três subgrupos, dependendo de quanto da matriz original permanecer intacta (não recristalizada):

- **protomilonito**: < 50% matriz (cristais neoformados);
- **milonito**: 50%-90% matriz;
- **ultramilonito**: > 90% matriz.

Os milonitos são comuns em zonas de cisalhamento extensionais, de cavalgamento e em zonas de cisalhamento de alto ângulo.

que são simplesmente denominadas **estruturas assimétricas** pela maioria dos geólogos. A assimetria é relacionada ao componente rotacional, à não coaxialidade da deformação ou ao fato de os objetos serem rotacionados em uma direção preferencial (Fig. 16.20). Ela também se reflete na trajetória das partículas durante a deformação não coaxial. A deformação coaxial produz estruturas com grau mais alto de simetria (ortorrômbica), em função da trajetória simétrica das partículas. A ligação entre simetria e coaxialidade é mostrada esquematicamente em diversas estruturas na Fig. 16.20. As estruturas formadas por fluxo coaxial são, em alguns casos, denominadas ortorrômbicas.

A (AS)SIMETRIA DAS ESTRUTURAS MILONÍTICAS PODE SER USADA PARA AVALIAR O SENTIDO DE CISALHAMENTO E, EM ALGUNS CASOS, O GRAU DE COAXIALIDADE DE UMA ZONA MILONÍTICA.

A seguir, vamos abordar as estruturas monoclínicas, as quais fornecem informações sobre o sentido de deslocamento ou de cisalhamento em zonas miloníticas. Estudamos inicialmente uma zona de cisalhamento na seção perpendicular à foliação e que contém a lineação (Fig. 16.21); a seção perpendicular à lineação também é interessante para a avaliação da deformação tridimensional.

16.5.3 Marcadores defletidos

Já discutimos como os marcadores preexistentes (lineares ou planos) são rotacionados em zonas de cisalhamento (Fig. 16.2). Mesmo se não pudermos observar as margens da zona de cisalhamento, a rotação de marcadores planos de uma área de baixa deformação para uma de alta deformação fornece um critério plausível para a determinação do sentido de cisalhamento, por exemplo, ao longo das bordas de lentes tectônicas em zonas de cisalhamento.

16.5.4 Foliação milonítica e bandas de cisalhamento (estruturas S-C)

A foliação desenvolvida em uma zona de cisalhamento é considerada como indicativa do plano *XY* do elipsoide de deformação. O sentido de rotação da foliação a partir da margem em direção ao interior de uma zona de cisalhamento é, em geral, um indicador cinemático seguro.

Com a acumulação da deformação, um conjunto de superfícies de deslizamento ou bandas de cisalhamento se forma na direção paralela às paredes da zona de cisalhamento (Fig. 16.22A). Essas bandas de cisalhamento são denominadas C (do francês *cisaillement*, que se refere ao movimento de uma tesoura) e a foliação é denominada S (do inglês

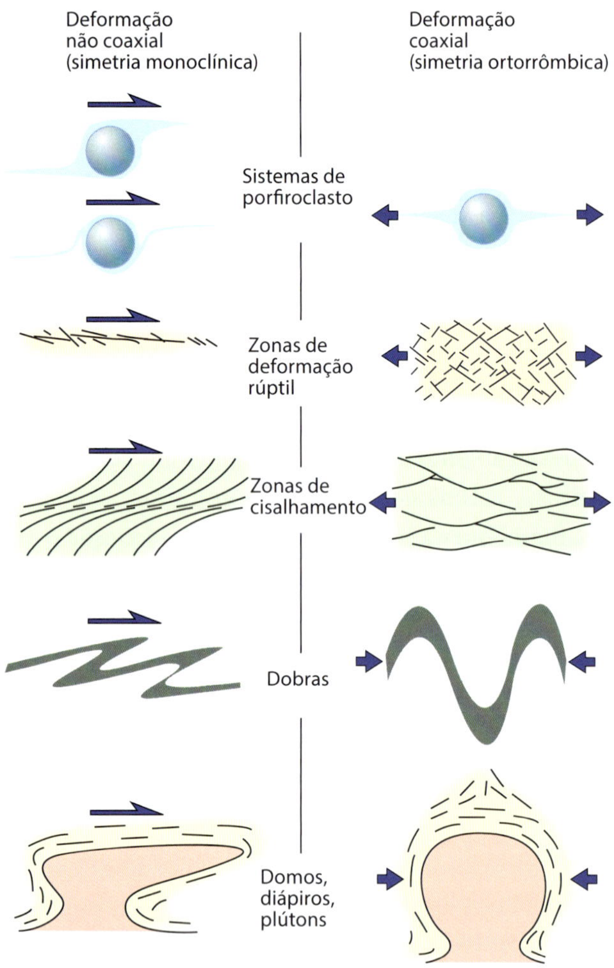

Fig. 16.20 *Estruturas assimétricas (à esquerda) caracterizam a deformação não coaxial, ao passo que a deformação coaxial tende a formar estruturas mais simétricas*
Fonte: baseado em Choukroune et al. (1987).

schistosity ou do francês *schistosité*). As superfícies C não chegam a formar planos contínuos, mas pequenas zonas de cisalhamento que afetam a foliação no interior da zona de cisalhamento principal. Em detalhe, a foliação se curva para dentro e para fora das superfícies C; o sentido do desvio apresentado pela foliação reflete o sentido de cisalhamento da zona como um todo. As superfícies C são especialmente frequentes em zonas de cisalhamento em rochas magmáticas (Fig. 16.23).

Se a deformação por cisalhamento for alta (acima de 10), o ângulo entre a zona de cisalhamento e a foliação torna-se imperceptível. A foliação é composta, portanto, pela foliação rotacionada e pelas superfícies C. Heterogeneidades da rocha e planos micáceos favorecem o deslizamento e representam perturbações ao fluxo, podendo obliterar a situação simples vista em baixa deformação.

As complicações em alta deformação favorecem a formação de novas estruturas que podem indicar a cinemática do fluxo. Em especial, um novo conjunto de bandas de cisalhamento, oblíquas às margens da zona de cisalhamento, forma-se em alta deformação (Fig. 16.22B). Essas bandas de cisalhamento são denominadas C' se a sua obliquidade for perceptível em relação à zona de cisalhamento; elas são comuns em milonitos ricos em minerais placoides. As superfícies C são similares às fraturas de Riedel (R) em zonas de cisalhamento rúptil, e apenas podem ser diferenciadas das superfícies C paralelas às zonas de cisalhamento quando sua orientação em relação às margens da zona de cisalhamento puder ser determi-

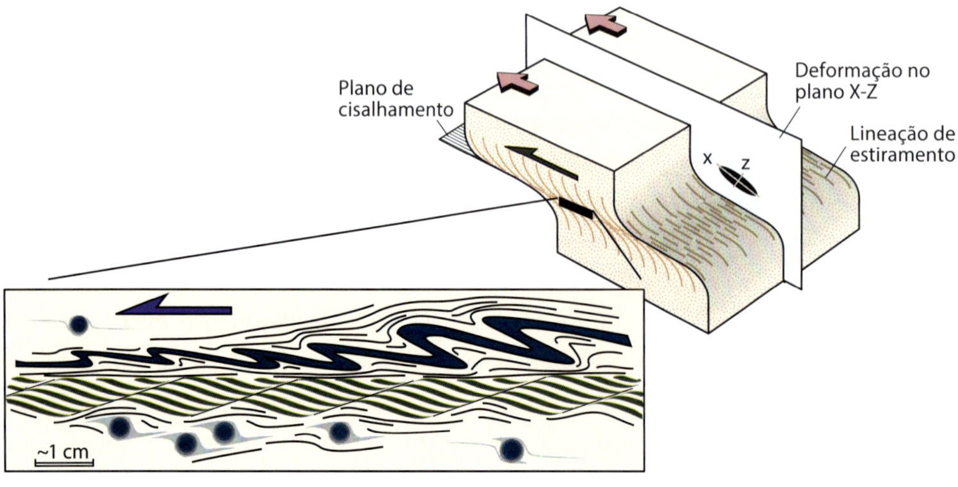

Fig. 16.21 *Esquema da direção de observação para determinar o sentido de cisalhamento e de estruturas assimétricas que indicam o sentido de cisalhamento*

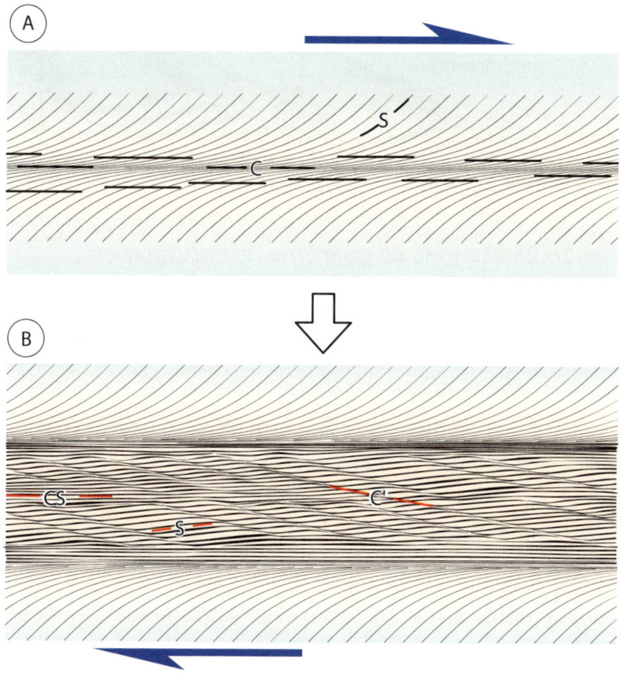

Fig. 16.22 *Esquema do desenvolvimento de estruturas S-C em zona de cisalhamento em rocha magmática. (A) A foliação neoformada (S) é cortada por superfícies de cisalhamento (C) paralelas às margens da zona de cisalhamento. (B) Com a continuação da deformação, S é rotacionada em direção ao paralelismo com C e em conjunto essas estruturas são denominadas foliação CS. Bandas de cisalhamento novas e oblíquas (C') podem formar-se e causar a rotação reversa da foliação CS, que passa, então, a ser denominada S*

Fig. 16.23 *(A) Granito da zona de cisalhamento Armorican, Bretanha, França, onde as estruturas S-C foram originalmente descritas. As superfícies S representam a foliação (plano XZ), os planos C são bandas de cisalhamento paralelas à direção da zona de cisalhamento (porém não é possível perceber essa relação apenas pela figura). Algumas bandas de cisalhamento oblíquas (C') são visíveis na imagem. (B) Dois conjuntos de superfícies planas (S e C) em granito de granulação grossa que, em conjunto, indicam sentido sinistral de cisalhamento. Suíte Neoproterozoica, Ipanema, Rio de Janeiro, Brasil*

nada. Essa informação nem sempre está disponível e, portanto, os geólogos estruturalistas Gordon Lister e Arthur Snoke sugeriram, em 1984, que qualquer tipo de estrutura composta por duas estruturas planas formadas durante um cisalhamento progressivo deve ser denominado estrutura S-C. Os milonitos que apresentam estruturas S-C são denominados **milonitos S-C.**

Os milonitos S-C são compostos por dois conjuntos de estruturas planas, uma foliação (S) e bandas de cisalhamento (C) que transectam obliquamente a foliação e com frequência a rotacionam.

O ângulo entre S e C varia, mas tipicamente está entre 25° e 45°. A relação angular entre a foliação e as bandas de cisalhamento (C) (Figs. 16.24 e 16.25) é um indicador confiável do cisalhamento se a relação angular for consistente. Quanto maior for o grau de coaxialidade, menor será essa consistência; a deformação coaxial geralmente produz conjuntos de bandas de cisalhamento com mergulhos opostos. Entretanto, uma relação angular consistente entre as bandas de cisalhamento e a foliação geral é comum em zonas miloníticas. É importante lembrar que as bandas de cisalhamento podem formar-se em um estágio relativamente tardio da evolução de uma zona de cisalhamento, refletindo, portanto, a parte final da história de deformação.

16.5.5 Foliações em microescala

As foliações oblíquas à foliação principal ou ao bandamento milonítico podem ocorrer em agregados minerais que se recristalizam de modo dinâmico durante a deformação. Os agregados ou veios deformados de quartzo são exemplos típicos. Os agregados formam parte da foliação milonítica principal, e os

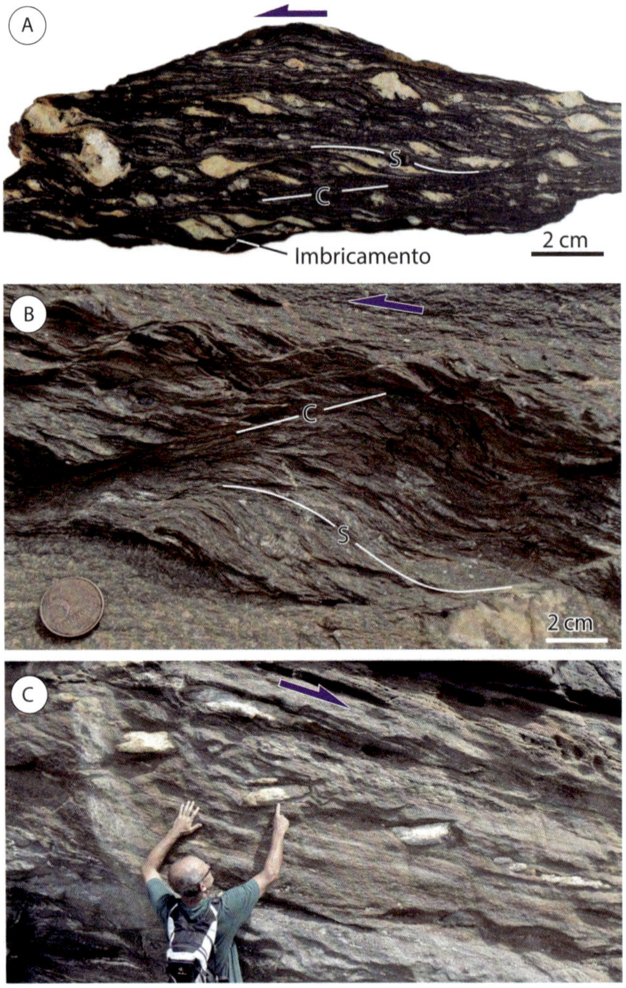

Fig. 16.24 *(A) Estrutura S-C em granito protomilonítico, Antártica. Note o arranjo imbricado dos porfiroclastos de feldspato. (B) Bandas de cisalhamento em filito, juntamente com dobras assimétricas, décollement basal caledoniano. (C) Boudins assimétricos em gnaisse granítico. Dobras assimétricas em torno de inclusão representam uma estrutura em quadrante – Caledonides a leste de Bergen, Noruega*

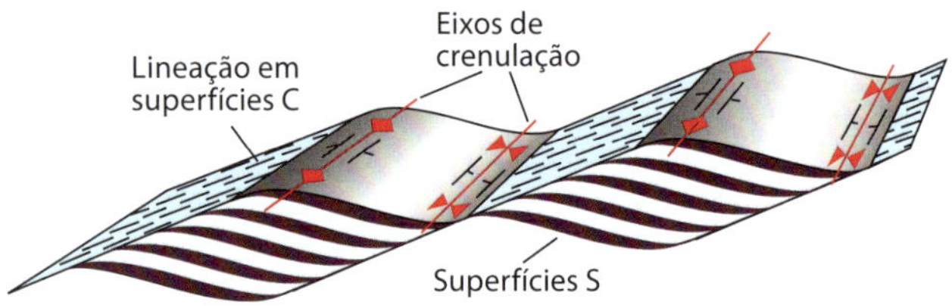

Fig. 16.25 *Esquema da geometria de estruturas em bandas de cisalhamento do tipo S-C. O eixo de crenulação situa-se tipicamente em alto ângulo com o sentido de cisalhamento, o que se reflete por uma lineação que pode aparecer nas bandas de cisalhamento (superfícies C). O rejeito pode ou não ocorrer nas superfícies S*

eixos mais longos dos grãos deformados definem uma foliação oblíqua (Figs. 16.26 e 16.27). Há dois processos concorrentes atuando sobre esses agregados. Um deles é a deformação produzida pelo estiramento dos grãos; o outro é a recristalização dinâmica e a recuperação, que apaga o registro da deformação nesses grãos. A foliação oblíqua no interior dos agregados reflete apenas o último incremento de deformação, ao passo que a foliação principal resulta de toda a história de deformação e, portanto, representa uma orientação próxima à do plano de cisalhamento. O ângulo entre a foliação milonítica e a trama marcada pela forma dos grãos dentro dos agregados indica que a deformação é não coaxial, revela o sentido do cisalhamento e indica até mesmo o grau de não coaxialidade (ou W_k) da deformação. Se os grãos no interior dos agregados forem apenas levemente deformados, o ângulo deve ser próximo a 45° no caso de cisalhamento simples (W_k = 1). Em relação à terminologia S-C, neste caso (Fig. 16.26), tanto S como C são foliações, e também podem ser denominadas S_i (interna) e S_m (milonítica) (Fig. 15.27).

16.5.6 *Mica fish*

Os porfiroclastos de mica em rochas miloníticas tendem a apresentar caudas que sistematicamente se curvam e se afastam da orientação geral dos porfiroclastos (Fig. 16.26). Essas estruturas são conhecidas como ***mica fish***, e a assimetria resultante indica o sentido do cisalhamento. Os *mica fish* geralmente são confinados às bandas de cisalhamento e podem ser considerados uma estrutura do tipo S-C.

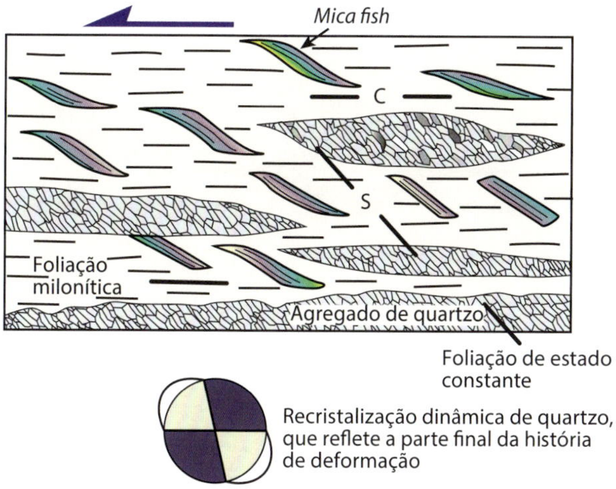

Fig. 16.26 *Estruturas S-C típicas em milonitos com predomínio de quartzo e mica*

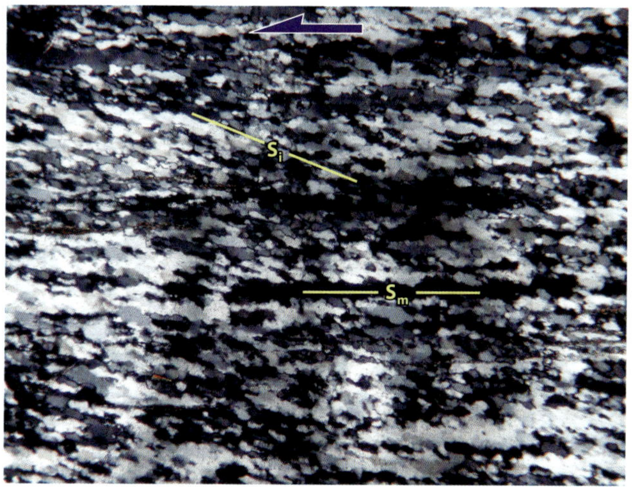

Fig. 16.27 *Seção delgada de um milonito com uma foliação milonítica horizontal (S_m). Os grãos de quartzo estão estirados segundo uma direção S_i oblíqua a S_m, e a relação angular é consistente com um sentido de cisalhamento anti-horário (topo para a esquerda). Podemos aplicar a terminologia S-C, onde S_m equivale a C e S_i, a S*

16.5.7 *Fish* de foliação e boudinagem de foliação

Algumas porções de milonitos fortemente foliados podem ser retrorrotacionadas em relação à direção de cisalhamento. As estruturas resultantes são denominadas **fish de foliação** (*foliation fish*), que são semelhantes aos *mica fish*, mas ocorrem em larga escala (p. ex., métrica) (Fig. 15.12). Essas estruturas também são conhecidas como **boudinagem assimétrica de foliação**.

16.5.8 Boudinagem

As camadas competentes boudinadas podem ser usadas como indicadores cinemáticos, contanto que se conheça sua atitude aproximada antes do início da deformação. Se essa camada for localizada no campo de estiramento ativo em uma deformação não coaxial, os *boudins* podem ser rotacionados contra a direção de cisalhamento (Fig. 16.24C) (ver também Cap. 15).

16.5.9 Porfiroclastos

Os porfiroclastos de feldspato, quartzo, mica e de outros minerais podem desenvolver um manto de material recristalizado na forma de cauda (Fig. 16.28A-C). A deformação coaxial produz caudas simétricas em relação à foliação milonítica geral (tipo Φ, Fig. 16.28C). Nos tipos de deformação não coaxial, tende a haver uma geometria assimétrica, e a forma final depende de W_k e da espessura do manto em relação ao núcleo (taxa de recristalização), entre outros fatores. As estruturas assimétricas são classificadas em tipo σ, onde as caudas têm uma geometria escalonada, e δ, onde as caudas são mais delgadas e fortemente curvadas, influenciadas pela rotação dos porfiroclastos (Fig. 16.29). Uma diferença característica entre os dois tipos é que no tipo σ as caudas estão presentes de ambos os lados da linha de referência da foliação, ao passo que as caudas no tipo δ cruzam essa linha.

Em muitos casos, os porfiroclastos apresentam crescimento de quartzo ou de outros minerais em sombras de pressão ou **sombras de deformação**, as quais são assimétricas na deformação não coaxial e apresentam similaridades com os porfiroclastos do tipo σ (Fig. 16.30).

O porfiroclasto de granada da Fig. 16.30 também apresenta um padrão de inclusões. Esse padrão pode representar uma foliação crenulada envolvida pelo crescimento do cristal de granada, mas também pode formar-se durante o crescimento sincinemático dos porfiroclastos. Neste último caso, o padrão indica o sentido de rotação e, portanto, o sentido de cisalhamento em deformação não coaxial.

16.5.10 Dobras e clivagem

As dobras assimétricas e as clivagens de plano axial relacionadas podem fornecer informações sobre o

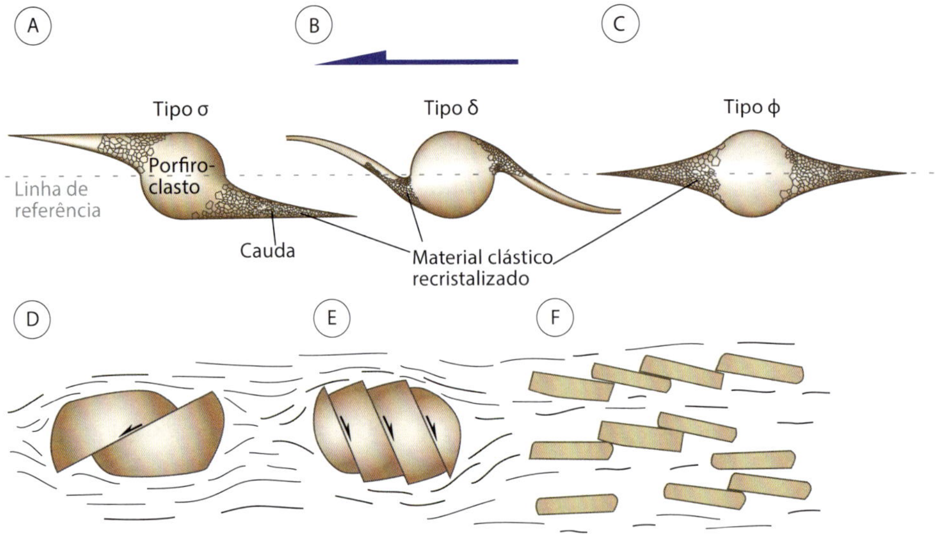

Fig. 16.28 *Sistemas porfiroclásticos. (A-C) Porfiroclastos com caudas recristalizadas. Porfiroclastos tipo σ apresentam caudas que não cruzam a linha de referência, ao passo que os do tipo δ a cruzam. (A) e (B) apresentam simetria monoclínica (com eixo de rotação perpendicular à página). O tipo Φ é simétrico em relação à linha de referência. (D) Porfiroclasto fraturado com fratura sintética. (E) Fraturas antitéticas de cisalhamento. (F) Imbricação de porfiroclastos. Todas as estruturas, exceto (C), são consistentes com cisalhamento sinistral*

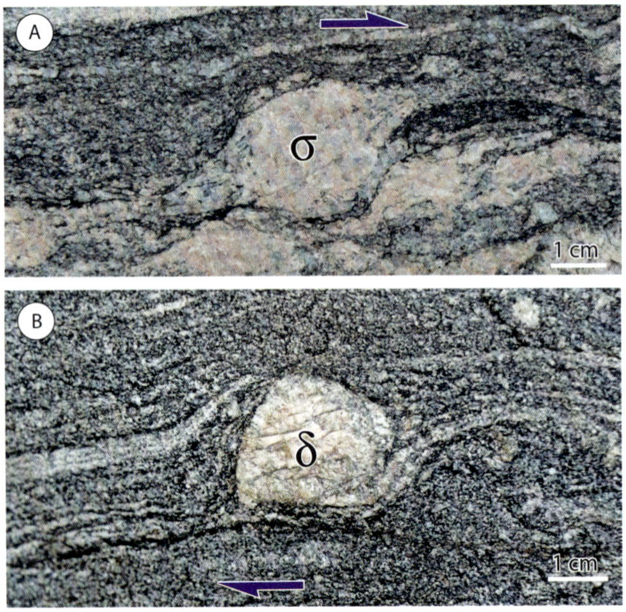

Fig. 16.29 *(A) δ-porfiroclasto com caudas longas e (B) δ-porfiroclastos indicando rotação durante cisalhamento, movimento de topo para a esquerda. Western Gneiss Region, Caledonides Noruegueses*

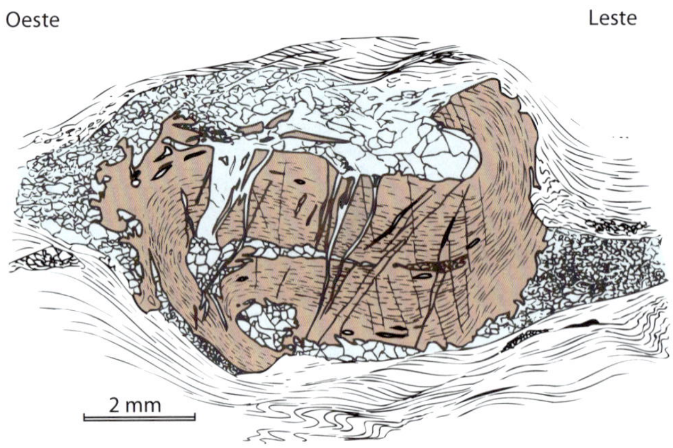

Fig. 16.30 *Granada rotacionada com caudas de quartzo (em azul) nas sombras de deformação. O padrão de inclusões indica sentido horário de cisalhamento (topo para E). As bandas de cisalhamento mais jovens e as fraturas extensionais na granada indicam sentido oposto de cisalhamento*

Fonte: modificado de Fossen (1992).

sentido de cisalhamento em rochas fortemente deformadas, se soubermos a orientação aproximada da camada dobrada antes do início da deformação. Em zonas miloníticas, encontramos com frequência a própria foliação milonítica sendo dobrada durante a história deformacional. A foliação é rotacionada através do plano de cisalhamento e para dentro do campo contracional. Nesses casos, a vergência das dobras assimétricas indica o sentido de cisalhamento (Fig. 16.21). Para que sejam formadas dobras miloníticas, é necessário que a foliação rotacione para o campo da contração instantânea. Uma rotação de poucos graus é suficiente e pode ocorrer facilmente onde a foliação é perturbada em torno de inclusões ou lentes rígidas. Alternativamente, as dobras assimétricas podem formar-se a partir de feições pré-deformacionais, como estratificações cruzadas ou diques discordantes, situados inicialmente no campo da contração. Nessas situações, a vergência deve ser interpretada com cuidado, particularmente se a orientação inicial do marcador for desconhecida. As dobras assimétricas também podem indicar um "falso" sentido de cisalhamento em casos especiais (Fig. 16.31).

A assimetria e a não cilindricidade significativa (linhas de charneira com forte curvatura) são feições características de dobras em zonas miloníticas (Figs. 16.32 e 16.33). Por vezes, o flanco invertido dessas dobras assimétricas é deslocado por pequenas falhas inversas ou de cavalgamento (Fig. 16.32), o que auxilia na determinação do sentido de cisalhamento.

16.5.11 Estruturas em quadrantes

A associação de estruturas de contração e de tração em torno de lentes tectônicas e de objetos rígidos em um milonito define o sentido de cisalhamento. A área em torno desses objetos pode ser dividida em setores ou quadrantes de acresção e de estiramento ou adelgaçamento de camadas (Fig. 16.33), correspondendo aos setores nos quais o objeto apresenta encurtamento/estiramento. As estruturas variam de acordo com a rotação da foliação em torno do objeto. Nos quadrantes de adelgaçamento, as partículas apresentam aceleração de movimento para contornar a aresta do objeto. Além do adelgaçamento da camada, pode haver evidências de dissolução (concentrações de mica). Nos setores de acresção, as camadas se espessam e se dobram devido à desaceleração do movimento das partículas.

Em uma escala menor, as mirmequitas podem ocorrer preferencialmente na periferia de grãos de feldspato potássico, nos quadrantes de encurtamento (aceleração) (Fig. 16.33b). A mirmequita provavelmente se forma nesses quadrantes em resposta ao elevado esforço diferencial.

16.5.12 Orientação cristalográfica

O padrão de orientação de eixo *c* (e de eixo *a*) de quartzo pode ser usado para determinar o sentido de cisalhamento em milonitos ricos em quartzo. Um número representativo de medidas é lançado em um diagrama de Schmidt (de igual área), com a foliação na vertical e a lineação orientada segundo E-W no gráfico. O padrão que surge, ou guirlanda, é tipicamente assimétrico em uma deformação não coaxial para vários sistemas de deslizamentos, como mostrado na Fig. 11.21. A assimetria indica o sentido de cisalhamento (Fig. 16.34). A verdadeira guirlanda irá depender dos sistemas de deslizamento cristalino que forem ativados e, portanto, da temperatura durante a deformação, além da geometria da deformação (elipsoides de deformação prolatos *versus* oblatos), como discutido no Cap. 11.

16.5.13 Imbricamento de objetos

Os cristais rígidos e alongados em uma rocha em deformação podem ser imbricados em uma zona milonítica (Fig. 16.28F). Esse imbricamento requer uma alta densidade de cristais e é comum em rochas magmáticas porfiríticas, particularmente se elas não estavam completamente solidificadas no início da deformação (deformação magmática).

Fig. 16.31 *Desenvolvimento progressivo de dobras em cisalhamento simples (a deformação aumenta para a esquerda). Essa orientação inicial, em particular, pode resultar em uma vergência aparentemente inconsistente com o sentido de cisalhamento*

Fig. 16.32 *Dobras formadas por deformação não coaxial em gnaisses. A vergência das dobras assimétricas indica o transporte do topo para a esquerda. Uma pequena estrutura similar a um cavalgamento (seta) corta o flanco invertido da dobra. A estrutura completa pode ser considerada uma estrutura S-C, onde as dobras intrafoliais são delimitadas por duas bandas C*

16.5.14 Estruturas de transferência de cisalhamento

As rochas heterogêneas podem apresentar uma partição da deformação, em que o cisalhamento simples ou o deslizamento é localizado em camadas mais frágeis, ricas em micas. Em alguns casos, o cisalhamento é transferido de um ponto para outro, particularmente nos pontos de terminação das camadas frágeis. A zona de transferência ou de sobreposição pode ser contracional ou extensional, dependendo do arranjo das camadas frágeis e do sentido do cisalhamento. As estruturas contracionais correspondem a conjuntos de dobras e/ou estruturas de imbricação, ao passo que as estruturas extensionais são dominadas pelas bandas de cisalhamento. A Fig. 16.35 mostra como a direção de cisalhamento pode ser determinada a partir dessas estruturas.

16.5.15 Grãos minerais microfalhados

Os grãos minerais deformados de modo rúptil em uma matriz com deformação plástica podem apresentar nítidas fraturas de cisalhamento intragranular. O exemplo mais comum é o do feldspato rúptil em uma matriz dúctil rica em quartzo, com deformação em condições de fácies xisto verde. A orientação e o sentido de deslocamento nessas fraturas estão

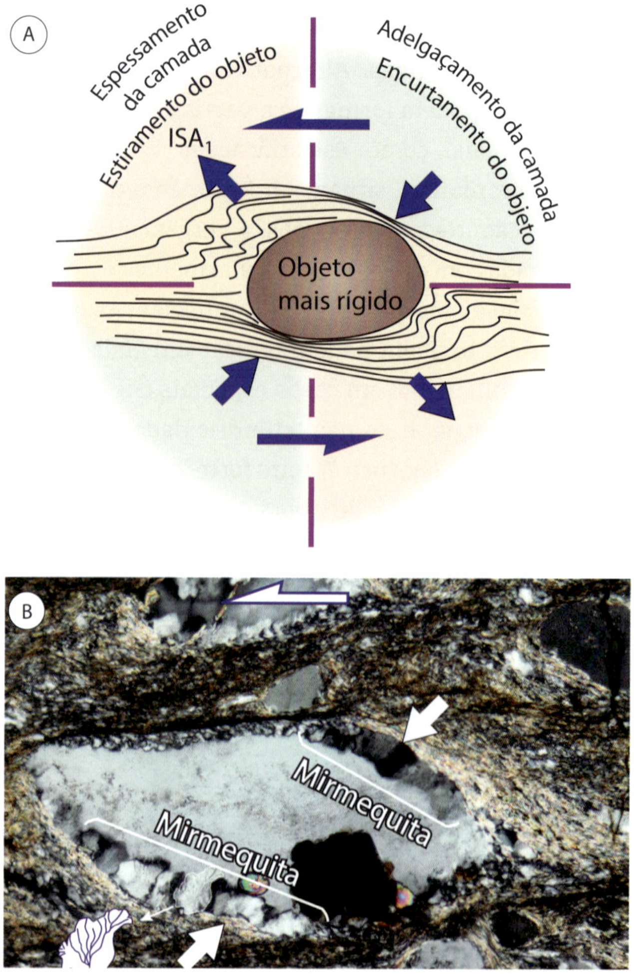

Fig. 16.33 *(A) Setores (quadrantes) de adelgaçamento/espessamento ou de encurtamento/estiramento em torno de um objeto rígido em uma zona milonítica, indicando o sentido de cisalhamento. Essas estruturas que indicam diferentes campos de deformação nesses setores são denominadas estruturas em quadrantes, assim como conjuntos de camadas dobradas ou adelgaçadas. (B) Mirmequita desenvolvida em setores perpendiculares à direção de máximo encurtamento (setas). Detalhes das mirmequitas são destacados na imagem. Milonito, Khumbu, Nepal*
Foto: Alessandro Da Mommio.

relacionados ao sentido de cisalhamento. Porém, essas estruturas de cisalhamento podem tanto ser sintéticas como antitéticas em relação à direção de cisalhamento (Fig. 16.28D,E). Sua orientação depende não apenas do sentido de cisalhamento e de W_k, mas também da forma do grão, de sua orientação e de

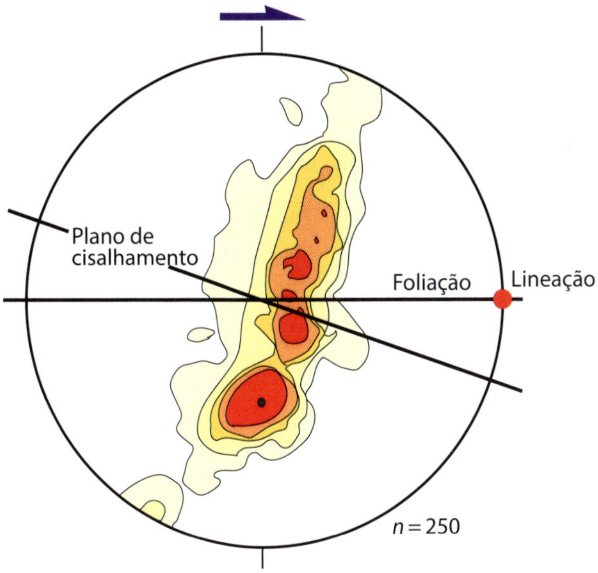

Fig. 16.34 *Medidas em platina universal da orientação de eixo c de quartzo (n = 250) em amostra de quartzito cisalhado, lançadas em diagrama de Schmidt com a foliação vertical em direção E-W e lineação horizontal. Um padrão assimétrico em relação à foliação (com tendência E-W no diagrama), como o desse exemplo, revela o sentido de cisalhamento. Esse padrão é característico de sistema de deslizamento dominado pelo rombo <a>*

Fonte: Fossen (1993).

qualquer clivagem ou outro plano cristalográfico de fraqueza que o grão possua. Os grãos minerais fraturados devem, portanto, ser interpretados com cuidado na análise cinemática.

16.5.16 Fibras e veios

A orientação de veios extensionais (Fig. 16.36A) indica o sentido de cisalhamento em milonitos, além de indicar, em alguns casos, W_k e as orientações de ISA. Se os veios contiverem minerais fibrosos, as fibras podem fornecer uma melhor definição da direção de estiramento.

Os veios formados por deformação não coaxial irão rotacionar a partir do momento de sua formação, o que resultará em uma geometria sigmoidal, que poderá ser usada para determinar o sentido de cisalhamento (Figs. 16.36 e Cap. 8 (seção 8.8)).

Dobras especiais podem surgir em torno de veios em milonitos, onde o sentido de cisalhamento indicado pela geometria da dobra parece ser oposto ao sentido de deslocamento do veio. Sua geometria surge em decorrência do cisalhamento do veio (Fig. 16.37). Esse exemplo mostra que devemos ser cautelosos ao determinar o sentido de cisalhamento a partir de dobras associadas a veios em rochas miloníticas.

Em geral, populações de veios ou diques que apresentam uma diversidade de orientações são úteis na reconstrução da história cinemática e de deformação. Seu aspecto indica se eles se localizam no campo de estiramento, de encurtamento ou de estiramento seguido de encurtamento. Por exemplo, veios que formam dobras boudinadas têm uma história de encurtamento seguido de estiramento. O tamanho e a distribuição dos campos é um reflexo de W_k e da cinemática (ver Cap. 2).

16.6 Crescimento de zonas de cisalhamento

Muitas zonas de cisalhamento são simples e bem definidas, ainda que nosso conhecimento sobre sua formação e desenvolvimento ainda não seja completo. Para simplificar, geralmente consideramos que elas se formam em rochas homogêneas, tais como granitos. Na prática, as zonas de cisalhamento formam-se

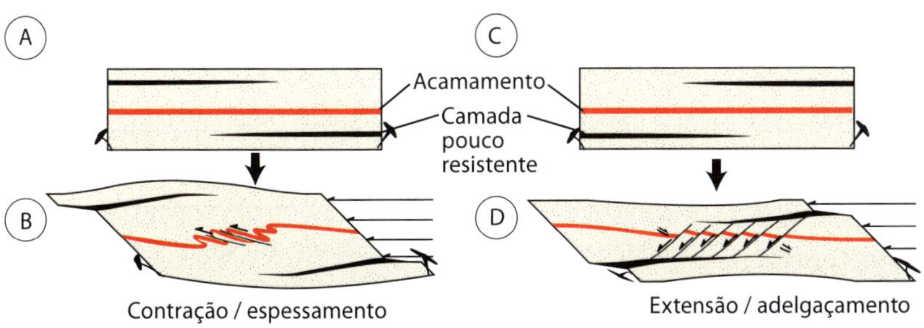

Fig. 16.35 *A transferência de deformação de cisalhamento localizada de uma camada frágil para outra pode produzir estruturas contracionais ou extensionais*

Fonte: baseado em Rykkelid e Fossen (1992).

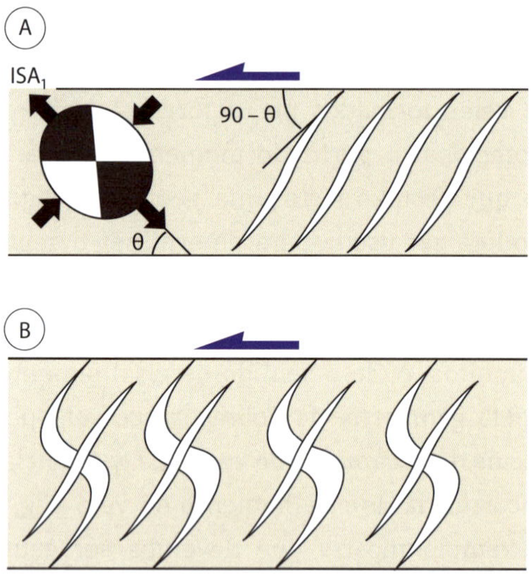

Fig. 16.36 *Veios extensionais* en echelon *em uma zona de cisalhamento. As extremidades dos veios são orientadas de modo perpendicular a ISA$_1$. Os veios são cisalhados em formas sigmoidais e podem ser cortados por veios mais jovens*

segundo a direção mais fraca de uma rocha, como em camadas micáceas, zonas parcialmente fundidas, veios, fraturas, camadas de granulação mais fina, diques etc. Essas situações devem ser tratadas individualmente em cada zona de cisalhamento.

Assim que uma zona de cisalhamento surge, podemos imaginar diversas histórias de evolução, que produzirão diferentes tipos de zonas de cisalhamento, ilustradas esquematicamente na Fig. 16.38:

- Zonas de cisalhamento de **tipo I** são zonas de cisalhamento com endurecimento por deformação, onde a deformação na parte central é retardada enquanto a zona se espessa. A parte central, portanto, registra a primeira parte da história de deformação, enquanto as partes marginais registram apenas a parte final da história. As zonas de cisalhamento de tipo I apresentam perfis de deslocamento largos, tipo platô.
- Zonas de cisalhamento de **tipo II** são zonas de cisalhamento com amolecimento por deformação, que rapidamente atingem uma certa espessura e, após um certo tempo, concentram a deformação em sua parte central. Portanto, as zonas marginais mantêm-se inativas e a parte ativa da zona de cisalhamento é menos espessa. O resultado são zonas de

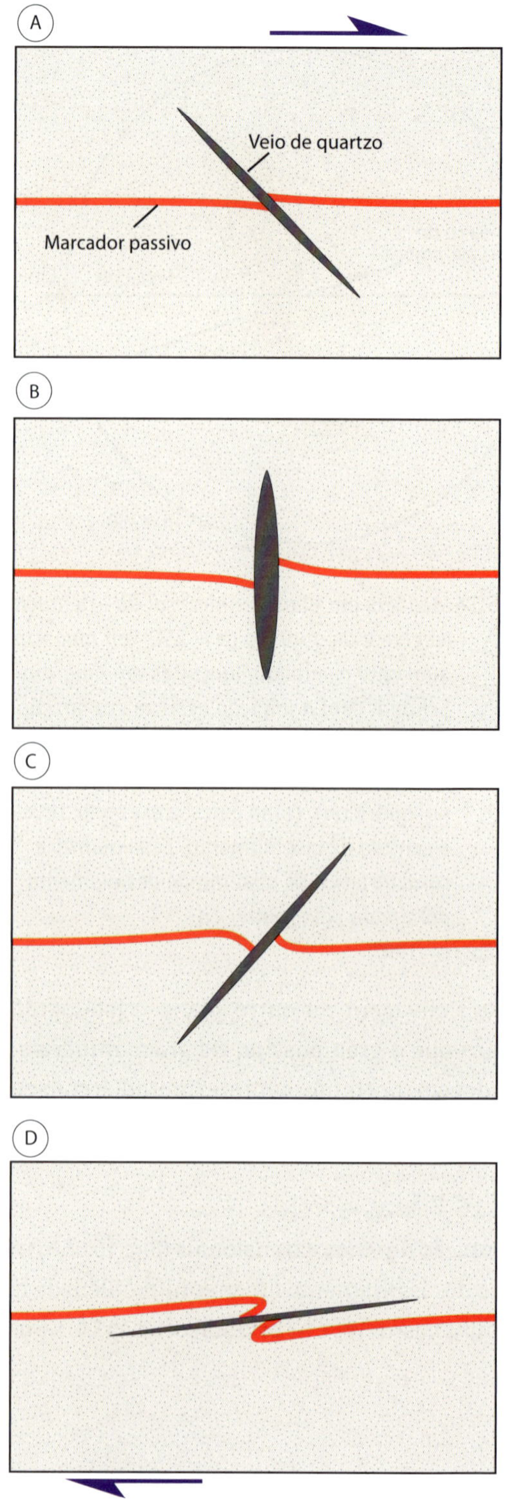

Fig. 16.37 *Desenvolvimento de uma fratura extensional com sentido de cisalhamento aparentemente invertido. (A) Um veio extensional forma-se em um regime de cisalhamento. (B) A fratura se abre, causando uma dobra suave na superfície marcadora. A fratura é rotacionada com a continuidade do cisalhamento, e o deslocamento ao longo da fratura é oposto ao sentido de cisalhamento (C,D)*
Fonte: baseado em Hudleston (1989).

Boxe 16.2 Contando fases de deformação

A idade relativa tem importância fundamental em Geologia Estrutural, sendo reconhecida em situações nas quais uma foliação (S_n) é superimposta por outra (S_{n+1}), ou em que um conjunto de dobras (F_n) é redobrado por outro (F_{n+1}). As observações de idade relativa são feitas tipicamente em campo, em escala de afloramento. Os desafios surgem quando se pretende correlacionar foliações e dobras entre dois locais diferentes, porque a atitude e o tipo da foliação, bem como o estilo e a geometria da dobra, podem variar de um afloramento para outro.

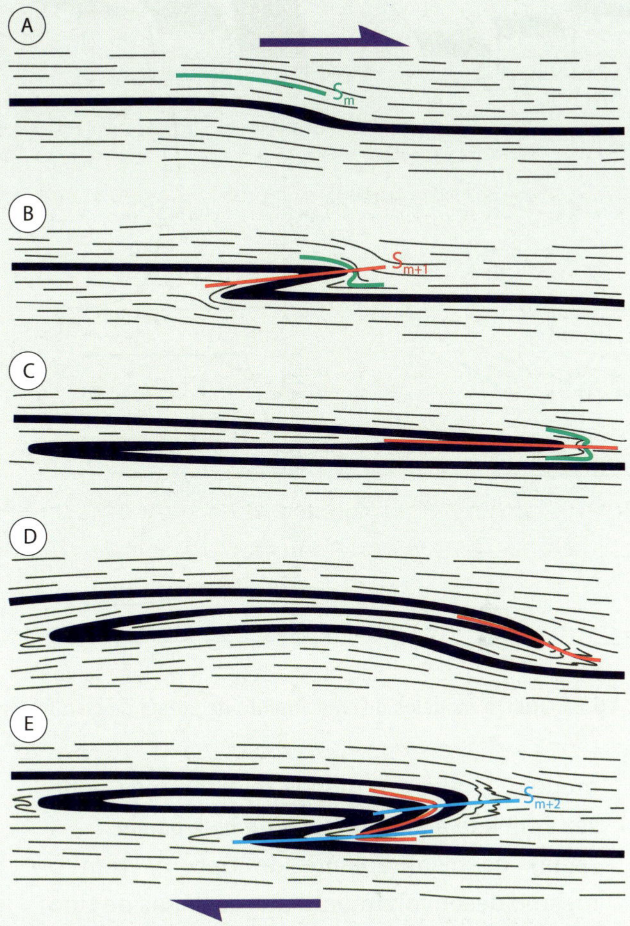

Dobramento e redobramento progressivos durante cisalhamento contínuo e formação de foliações superimpostas

Outros desafios aparecem quando se tenta correlacionar estruturas superimpostas de diferentes fases de deformação (D1, D2, ...), o que é particularmente difícil quando a deformação é não coaxial, porque essas deformações envolvem a rotação da foliação *X-Y* em direção ao plano de cisalhamento. Em alta deformação, a foliação se torna milonítica e muito próxima ao plano de cisalhamento e pode, portanto, ser facilmente rotacionada através do plano. Isso acontece tipicamente onde a foliação se curva, por exemplo, em torno de lentes tectônicas de rochas mais resistentes ou menos deformadas (Fig. 16.13). Nesse caso, a foliação entra facilmente no campo do encurtamento instantâneo e passa a se dobrar, e uma nova foliação plano-axial pode se formar. Assim, novas estruturas e estruturas superimpostas podem se formar durante um único evento de deformação progressiva, como mostrado na figura. Em outros casos, a deformação pode ser não estacionária, no sentido de que a atitude dos eixos de estiramento instantâneo varia gradualmente durante a deformação, fazendo com que estruturas de estiramento passem a sofrer encurtamento e vice-versa. Desse modo, precisamos ser cautelosos quando relacionarmos estruturas superimpostas a fases de deformação: a superposição e o redobramento podem ocorrer dentro de um evento simples de deformação progressiva (e durante condições metamórficas variáveis), em particular no caso de cisalhamento. É importante sempre considerar a geometria das estruturas e suas relações em um contexto tectônico regional.

cisalhamento delgadas, com altos gradientes de deformação.

- Zonas de cisalhamento de **tipo III** desenvolvem-se com espessura constante e toda a zona se deforma sem indícios de concentração interna da deformação. As zonas de cisalhamento desse tipo mantêm sua espessura, que é igual à sua espessura ativa. Esse

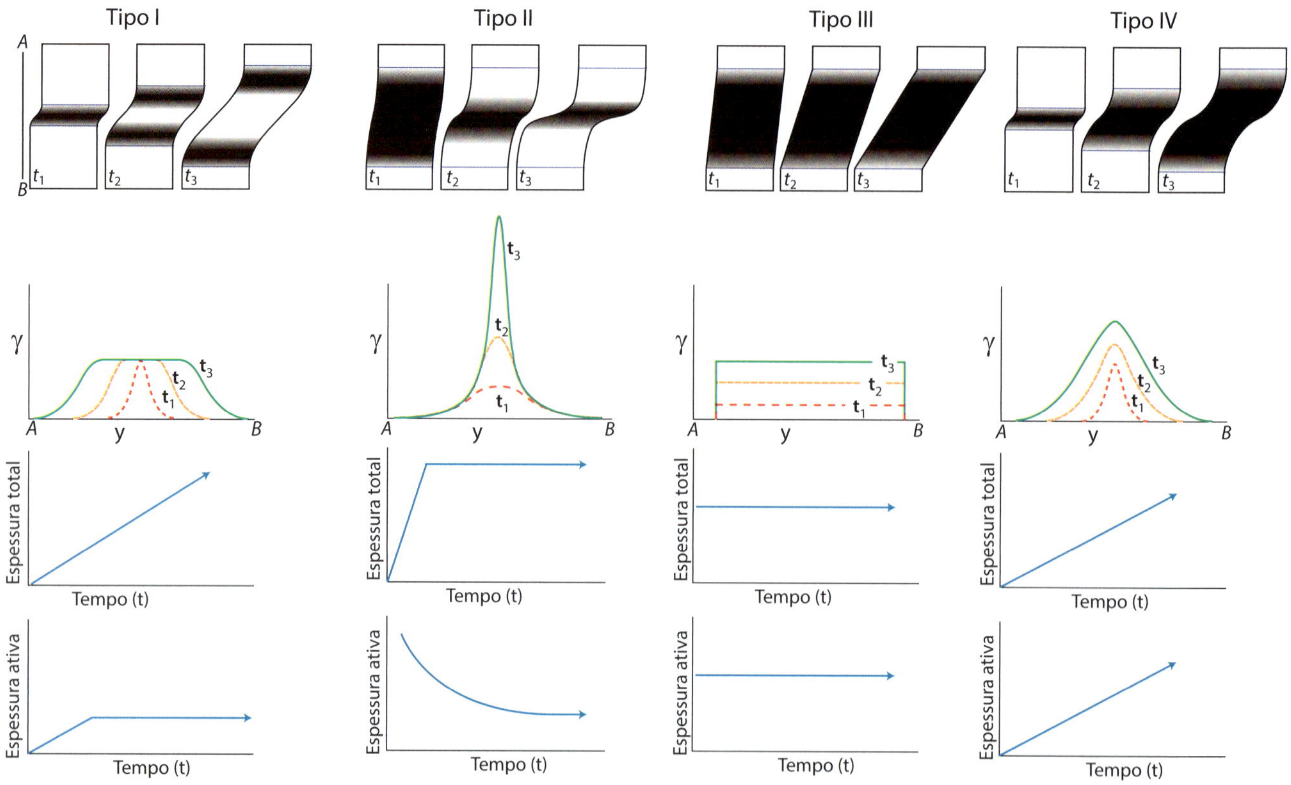

Fig. 16.38 *Quatro modelos de crescimento de zonas de cisalhamento*

modelo é, talvez, o menos realista, mas pode ser aplicado a alguns tipos de *kink bands*.

- Zonas de cisalhamento de **tipo IV** têm o mesmo desenvolvimento que as zonas de tipo I, mas toda a zona de cisalhamento permanece ativa durante a história de deformação. Em outras palavras, a zona cresce em espessura e a deformação aumenta das margens em direção ao centro. As margens apenas registram o último incremento de deformação, ao passo que a parte central registra toda a história de cisalhamento.

Em geral, as zonas de cisalhamento apresentam uma correlação positiva entre o deslocamento ou o comprimento e a espessura (Fig. 16.3). Essa observação indica que a maioria das zonas de cisalhamento torna-se mais espessa com o progresso da deformação, favorecendo os tipos I e IV de zonas de cisalhamento. Portanto, as margens registram o último incremento de deformação. Para determinar o modo como essas zonas se desenvolveram, podemos comparar zonas de cisalhamento com diferentes deslocamentos, ou seja, em diferentes estágios de desenvolvimento.

Algumas zonas de cisalhamento foram soerguidas ao longo de sua história, passando do regime plástico para o regime transicional plástico-rúptil e, posteriormente, para o regime rúptil. Isso pode resultar em uma concentração do cisalhamento em uma ou mais zonas delgadas, ou seja, do tipo II, mas a deformação não necessariamente se concentra na parte central da zona. Diversas zonas de cisalhamento com quilômetros de espessura passaram por exumação sincinemática e desenvolveram zonas de cisalhamento (semir)rúpteis estreitas e tardias em sua parte superior. Exemplos disso são as zonas de cisalhamento em núcleos metamórficos complexos (Boxe 18.3). As zonas de cisalhamento tipo II preservam rochas cisalhadas formadas nos estágios inicial e intermediário do cisalhamento, o que é útil no estudo da trajetória *P-T* de uma zona de cisalhamento (ver Cap. 22).

As zonas de cisalhamento desenvolvem-se de diferentes modos, dependendo das propriedades das rochas, dos fluidos, dos mecanismos de deformação e das reações metamórficas. De modo geral, elas apresentam um estágio inicial de alargamento.

Resumo

As zonas de cisalhamento são estruturas importantes e, em geral, contêm estruturas internas que refletem o tipo e a história de deformação, sendo importantes na compreensão do desenvolvimento tectônico de uma área. As zonas de cisalhamento não revelam diretamente se foram formadas em regime extensional, contracional ou de transcorrência. Os cisalhamentos simples, subsimples e quaisquer outros tipos de zona de cisalhamento podem formar-se em qualquer regime tectônico, e é necessário conhecermos sua orientação durante a deformação para podermos fazer inferências. Em outras palavras, as zonas de cisalhamento devem ser inseridas em um contexto tectônico. Nos próximos três capítulos, veremos como as zonas de cisalhamento e as falhas ocorrem nos três principais regimes tectônicos. Revisemos alguns pontos importantes deste capítulo:

- Zonas de cisalhamento são zonas onde a deformação é maior que nas rochas dos blocos adjacentes.
- Zonas de cisalhamento são subdivididas com base em sua ductilidade (dúctil ou rúptil) e seu mecanismo de deformação (rúptil/friccional ou plástico).
- Zonas de cisalhamento dúctil preservam a continuidade original das camadas passivas.
- Zonas de cisalhamento plástico desenvolvem uma foliação cuja orientação está relacionada à deformação.
- Se soubermos o tipo de deformação (p. ex., cisalhamento simples) e a deformação (*strain*) através de uma zona, esses parâmetros podem ser usados para calcular o deslocamento.
- Estruturas assimétricas indicam o sentido de cisalhamento.
- Sempre devemos considerar o máximo possível de indicadores na determinação do sentido de cisalhamento.

Questões de revisão

1] Qual é a diferença entre uma zona de cisalhamento e uma fratura?

2] Desenhe a margem superior da zona de cisalhamento da Fig. 16.9. Esta margem pode ser facilmente definida?

3] Que tipos de dados suportam o modelo de que o alargamento da zona de cisalhamento é concomitante com o acúmulo de deslocamento? Onde devemos procurar pelo último incremento de deformação?

4] Que hipóteses devem ser assumidas para considerarmos que o último incremento de deformação é representativo dos incrementos iniciais em uma zona de cisalhamento?

5] O que significam as estruturas S-C?

6] Quais são os indicadores cinemáticos de cisalhamento mais e menos confiáveis descritos neste capítulo?

7] Como podemos obter informações sobre a trajetória (evolução) de deformação em uma zona de cisalhamento?

E-módulo

Os módulos de *e-learning* denominados *Shear zones* e *Kinematic indicators* são recomendados para este capítulo.

Leituras complementares

Geral

PASSCHIER, C. W.; TROUW, R. A. J. *Microtectonics*. Berlin: Springer-Verlag, 2006.

Imagens e descrições

SNOKE, A. W.; TULLIS, J.; TODD, V. R. *Fault-related Rocks*: A Photographic Atlas. Princeton: Princeton University Press, 1998.

Zonas de cisalhamento ideais

RAMSAY, J. G. Shear zone geometry: a review. *Journal of Structural Geology*, v. 2, p. 83-99, 1980.

RAMSAY, J. G.; HUBER, M. I. *The Techniques of Modern Structural Geology* v. 1: Strain Analysis. London: Academic Press, 1983.

Zonas de cisalhamento complexas

PASSCHIER, C. W. Monoclinic model shear zones. *Journal of Structural Geology*, v. 20, p. 1121-1137, 1998.

Estruturas cinemáticas

BERTHÉ, D.; CHOUKROUNE, P.; JEGOUZO, P. Orthogneiss, mylonite and non-coaxial deformation of granites: the example of the South Armorican Shear Zone. *Journal of Structural Geology*, v. 1, p. 31-42, 1979.

DENNIS, A. J.; SECOR, D. T. On resolving shear direction in foliated rocks deformed by simple shear. *Geological Society of America Bulletin*, v. 102, p. 1257-1267, 1990.

LISTER, G. S.; SNOKE, A. W. S-C mylonites. *Journal of Structural Geology*, v. 6, p. 617-638, 1984.

PASSCHIER, C. W.; WILLIAMS, P. R. Conflicting shear sense indicators in shear zones: the problem of non-ideal sections. *Journal of Structural Geology*, v. 18, p. 1281-1284, 1996.

PLATT, J. P. Secondary cleavages in ductile shear zones. *Journal of Structural Geology*, v. 6, p. 439-442, 1984.

SIMPSON, C. Determination of movement sense in mylonites. *Journal of Geological Education*, v. 34, p. 246-261, 1986.

WHEELER, J. The determination of true shear senses from the deflection of passive markers in shear zones. *Journal of the Geological Society*, v. 144, p. 73-77, 1987.

Deformação em zonas de cisalhamento

BHATTACHARYYA, P.; HUDLESTON, P. Strain in ductile shear zones in the Caledonides of northern Sweden: a three-dimensional puzzle. *Journal of Structural Geology*, v. 23, p. 1549-1565, 2001.

HUDLESTON, P. Strain compatibility and shear zones: is there a problem? *Journal of Structural Geology*, v. 21, p. 923--932, 1999.

SIMPSON, C.; DE PAOR, D. G. Strain and kinematic analysis in general shear zones. *Journal of Structural Geology*, v. 15, p. 1-20, 1993.

Objetos rígidos e porfiroclastos

BJØRNERUD, M. Mathematical model for folding of layering near rigid objects in shear deformation. *Journal of Structural Geology*, v. 11, p. 245-254, 1989.

PASSCHIER, C. W.; SIMPSON, C. Porphyroclast systems as kinematic indicators. *Journal of Structural Geology*, v. 8, p. 831-843, 1986.

PASSCHIER, C. W.; SOKOUTIS, D. Experimental modelling of manteled porphyroclasts. *Journal of Structural Geology*, v. 15, p. 895-909, 1993.

Crescimento de zonas de cisalhamento

MEANS, W. D. Shear zones and rock history. *Tectonophysics*, v. 247, p. 157-160, 1995.

SIBSON, R. H. Transient discontinuities in ductile shear zones. *Journal of Structural Geology*, v. 2, p. 165-171, 1980.

Zonas de cisalhamento em sedimentos inconsolidados

LEE, J.; PHILLIPS, E. Progressive soft sediment deformation within a subglacial shear zone: a hybrid mosaic--pervasive deformation model for middle Pleistocene glaciotectonised sediments from Eastern England. *Quaternary Science Reviews*, v. 27, p. 1350-1362, 2008.

MALTMAN, A. J.; BOLTON, A. How sediments become mobilized. In: VAN RENSBERGEN, P.; HILLIS, R. R.; MALTMAN, A. J.; MORLEY, C. K. (Ed.). *Subsurface Sediment Mobilization*. Special Publication 216. London: Geological Society, 2003, p. 9-20.

Regimes contracionais 17

As falhas contracionais ocorrem em qualquer regime tectônico, mas são mais comuns em margens destrutivas de placas e em zonas orogênicas intracratônicas. As estruturas contracionais despertaram grande interesse entre o final do século XIX e o final do século XX, quando o foco foi deslocado para as estruturas extensionais. Os estudo das falhas contracionais resultou no desenvolvimento de seções geológica balanceadas (*balanced cross sections*) e despertou o interesse para as sobreposições de falhas e estruturas de transferência, para a relação entre rejeito e comprimento de falha e para as propriedades mecânicas dos falhamentos. O entendimento das falhas contracionais é importante não apenas para a melhor compreensão dos processos orogênicos em geral, mas também para o aperfeiçoamento dos métodos de exploração de petróleo, pois muitas reservas de petróleo se localizam em dobras e cinturões de cavalgamento. Neste capítulo são apresentados conceitos fundamentais referentes às falhas contracionais e estruturas relacionadas, com ênfase em estruturas de cavalgamento em cinturões orogênicos.

17.1 Falhas contracionais

As estruturas de deformação contracional formam-se quando as rochas são encurtadas por forças tectônicas ou gravitacionais. Encontramos falhas contracionais e dobras em todas as porções de zonas colisionais, em sedimentos não metamorfizados em prismas acrescionários de zonas de subducção, na base de deltas com instabilidade gravitacional e em sedimentos de margem continental depositados sobre camadas de argila ou evaporito. Até mesmo o avanço de geleiras pode produzir dobras e cavalgamentos, e há diversos exemplos relacionados à última glaciação no norte da Europa e da América do Norte.

Considere um dado volume de rocha acamadada sendo encurtado na direção de seu acamamento (Fig. 17.1). Diversas micro e macroestruturas irão formar-se. O encurtamento pode ser acomodado por diminuição de volume (Fig. 17.1B), pela formação de estilolitos, por dissolução nos contatos de grãos ou por compactação física. Podemos imaginar uma resposta por cisalhamento puro se o encurtamento for compensado por espessamento vertical, com as camadas mantendo sua atitude (Fig. 17.1C) ou sendo dobradas por flambagem (Fig. 17.1D). Por fim, o encurtamento pode também produzir falhas contracionais (Fig. 17.1E) e dobras geneticamente relacionadas, que são o assunto central deste capítulo.

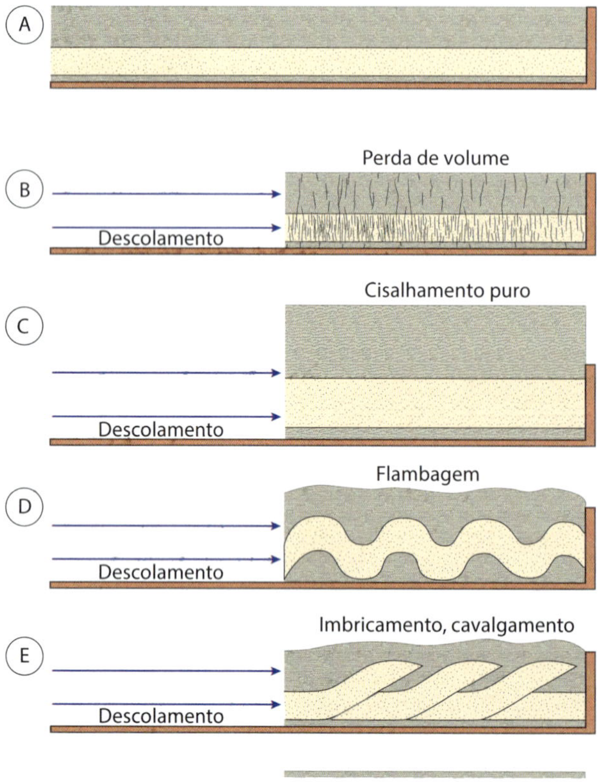

Fig. 17.1 *O encurtamento de camadas pode resultar em um amplo espectro de regimes de deformação e estruturas: (B) compactação horizontal, (C) cisalhamento puro sem dobramento, (D) flambagem, (E) imbricação*

As falhas e as zonas de cisalhamento contracionais representam um encurtamento da crosta ou de uma camada de referência (Fig. 17.2). Quando a superfície da crosta é a referência, como em uma análise regional, as falhas contracionais são exclusivamente **falhas inversas** e **falhas de cavalgamento**. As falhas inversas têm ângulo de mergulho maior (> 30°) que as falhas de cavalgamento e não acumulam deslocamentos de grande magnitude como os cavalgamentos, havendo, entretanto, uma gradação entre esses dois tipos de falhas. As falhas contracionais podem ocorrer em qualquer escala, da microescala a cinturões orogênicos e zonas de subducção.

Em escala de afloramento, é conveniente usar o acamamento litológico como referência. Falhas normais e transcorrentes podem aparentar um encurtamento de uma camada de referência, o que ocorre se as falhas inversas forem rotacionadas e invertidas, assemelhando-se a falhas normais, ou onde as falhas normais têm mergulho menor que o acamamento de referência (Fig. 17.3).

As falhas contracionais são falhas geneticamente inversas ou de cavalgamento, mas podem ser outros tipos de falhas se o acamamento da rocha for usado como referência.

Tudo é uma questão de referência e de escala. A seguir, vamos usar a superfície terrestre como referência e, nesse caso, as falhas contracionais são exclusivamente falhas inversas e de cavalgamento, a menos que seja feito algum comentário em contrário.

17.2 Falhas de cavalgamento

17.2.1 Terminologia de *nappes*

Um **cavalgamento** é uma falha ou zona de cisalhamento de baixo ângulo cuja capa foi transportada por sobre a lapa. O movimento deve ser

Fig. 17.2 *(A) Falha inversa de inclinação moderada em rochas sedimentares clásticas. Note a pessoa como escala (círculo), San Rafael Swell, Utah, EUA. (B) Pequena falha de cavalgamento e encurtamento em camadas sedimentares do Terciário, Valle de La Luna, Atacama, Norte do Chile. A escala é aproximadamente a mesma que em (A)*

Fig. 17.3 *Falhas contracionais que também são falhas normais. Elas são consideradas contracionais porque encurtam ou contraem as camadas afetadas*

predominantemente segundo a direção da linha de maior mergulho (*dip-slip*). Chegou-se a sugerir que o termo *cavalgamento* fosse reservado a falhas com deslocamento horizontal maior que 5 km, pois há diversos exemplos de cavalgamentos que superam em muito esse valor, como o cavalgamento de Moine, na Escócia (Boxe 17.1). Não obstante, a maioria dos geólogos aplica o termo *cavalgamento* mesmo a falhas inversas de baixo ângulo em escala de afloramento (Fig. 17.2). No caso das falhas de cavalgamento desenvolvidas em sequências de rochas mais jovens para o topo, podemos afirmar que:

As falhas de cavalgamento transportam rochas mais antigas para cima de rochas mais jovens, e rochas de maior grau metamórfico para cima de rochas de menor grau metamórfico.

Por esse critério, tanto a estratigrafia como o grau metamórfico podem ser usados na identificação e no mapeamento de cavalgamentos; o controle estratigráfico é particularmente importante no mapeamento de falhas de cavalgamento em diversos cinturões de cavalgamento. Ainda assim, devemos notar que as premissas contidas nessa afirmação não são necessariamente respeitadas se as rochas tiverem passado por fases anteriores de deformação ou metamorfismo.

A falha de cavalgamento é a estrutura que separa o substrato da ***nappe* de cavalgamento**. As *nappes* de cavalgamento são feições características de orógenos contracionais, como o Caledoniano-Apalachiano ou os Alpes. Portanto, quando nos referimos à atitude de estruturas no interior de *nappes* de cavalgamento, geralmente nos referimos ao além-país e ao antepaís. O **além-país** (*hinterland*) é a área central de uma zona de colisão, enquanto o **antepaís** (*foreland*) é a porção marginal e, portanto, mais afastada em direção ao interior do continente. Nos orógenos colisionais há, portanto, um antepaís em cada continente, separados por um além-país em comum.

Embora algumas *nappes* de cavalgamento possam ocorrer como camadas individuais, elas geralmente contêm diversas camadas tectônicas internas, separadas por falhas de cavalgamento. As menores unidades em uma *nappe* de cavalgamento são conhecidas como "cavalos", que serão discutidos em detalhe na próxima seção. Todas as unidades internas de cavalgamento têm espessura menor que a largura e o comprimento. Um conjunto de *nappes* de cavalgamento com características litológicas e/ou estruturais em comum forma um **complexo de nappes**.

Uma *nappe* de cavalgamento é delimitada por uma **falha mestra de base** (*sole thrust* ou *floor thrust*) e uma **falha mestra de topo** (*roof thrust*). No caso comum de *nappes* empilhadas, a falha mestra de topo de uma *nappe* forma a base da *nappe* sobreposta. A *nappe* mais rasa de uma pilha de *nappes* é delimitada no topo pela superfície erosiva livre. O cavalgamento basal, que separa a pilha de *nappes* das rochas menos deformadas do embasamento, é também conhecido como **descolamento** (*detachment* ou *décollement*) – termo também usado em falhas extensionais de baixo ângulo ou zonas de cisalhamento com sentido de movimento indeterminado.

As *nappes* expostas em superfície podem ser descontínuas, devido à remoção de algumas de suas porções por erosão seletiva. A porção remanescente de uma *nappe* é denominada ***klippe*** (terminologia alemã) ou **maciço isolado** (*outlier*). De modo análogo, o "buraco" erosivo em uma *nappe* que expõe as rochas subjacentes é denominado ***fenster*** (terminologia alemã) ou **janela estrutural**, como visto no mapa das Caledonides da Escandinávia (Fig. 17.4). A comparação das rochas das *nappes* com as do embasamento subjacente permite determinar se as *nappes* pertencem à mesma unidade ou não, o que tem implicações quanto ao deslocamento do cavalgamento. Há uma terminologia própria para essas relações. A partir da base, o embasamento é denominado **autóctone**, termo de origem grega que se refere a algo que foi formado no local em que se encontra. Fatias do embasamento e de sua cobertura sedimentar transportadas por cavalgamento por apenas poucos quilômetros são denominadas **parautóctones**. Idealmente, as unidades parautóctones são facilmente correlacionáveis com as rochas do embasamento. Acima das unidades parautóctones de origem local, podem ocorrer unidades **alóctones**, termo também de origem grega, em que "alo" significa diferente e "ctone", terreno. As unidades alóctones são transportadas por dezenas ou até centenas de quilômetros de sua posição original. Há diversas unidades alóctones em uma sequência de

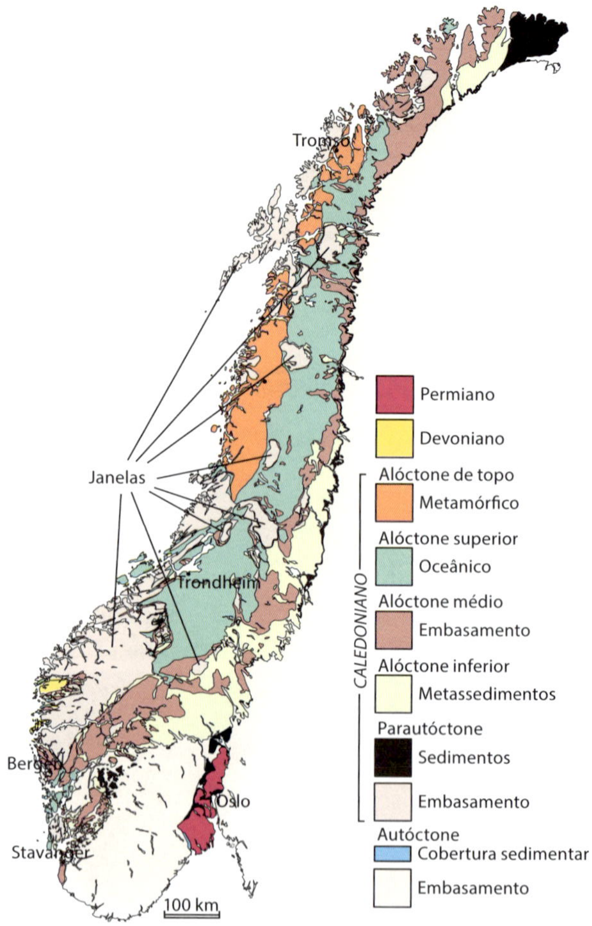

Fig. 17.4 *Tectonoestratigrafia das Caledonides da Escandinávia. As nappes inferiores, transportadas por distâncias mais curtas, são denominadas Alóctone Inferior, ao passo que o Alóctone Superior contém as unidades transportadas por distâncias maiores. As unidades parautóctones foram transportadas por distâncias pequenas e as unidades* in situ *são denominadas autóctones*

nappes, que podem ser divididas em alóctone inferior, média e superior, assim como nas Caledonides da Escandinávia (Fig. 17.4).

17.2.2 Geometrias das falhas

As falhas contracionais no antepaís de uma zona orogênica formam tipicamente **zonas de imbricação** (Fig. 17.5), que correspondem a uma série de falhas inversas de atitude similar, conectadas entre si por uma falha mestra de base de baixo ângulo. Se houver uma falha mestra de topo definindo o limite superior

Boxe 17.1 A zona de cavalgamento de Moine

A zona de cavalgamento caledoniana de Moine, no noroeste das Highlands da Escócia, se tornou uma área clássica de estudo de cavalgamentos. Nesta zona, uma grande unidade metassedimentar do Proterozoico Superior (unidades Moine e Dalradian) foi transportada para noroeste por cavalgamento por sobre o embasamento arqueano (Lewisian) e sua cobertura sedimentar. Um cavalgamento com rejeito de cerca de 100 km levou à formação de estruturas imbricadas, duplexes, milonitos e outras estruturas e rochas tipicamente associadas a grandes cavalgamentos. As primeiras ideias sobre cavalgamentos surgiram no mapeamento geológico desta região na segunda metade do século XIX. O mapeamento revelou que rochas antigas (gnaisses descolados do embasamento) encontram-se sobre rochas mais jovens (sedimentos cambro-ordovicianos), observação esta que levou ao conceito de tectônica de cavalgamento. A estratigrafia foi a chave para o mapeamento da zona de cavalgamento de Moine. A estratigrafia cambro-ordoviciana é particularmente bem conhecida na área e possibilitou o mapeamento de impressionantes estruturas duplex através desta zona de cavalgamento. O reconhecimento e o balanceamento de seções em estruturas duplex foi inspirado no mapeamento de estruturas similares nas Montanhas Rochosas do Canadá nas décadas de 1970 e 1980.

Além da zona de cavalgamento de Moine, o cavalgamento de Outer Hebrides, a falha de Great Glen e a falha Highland Boundary são outras estruturas fundamentais na Escócia. Elas são falhas pré-cambrianas

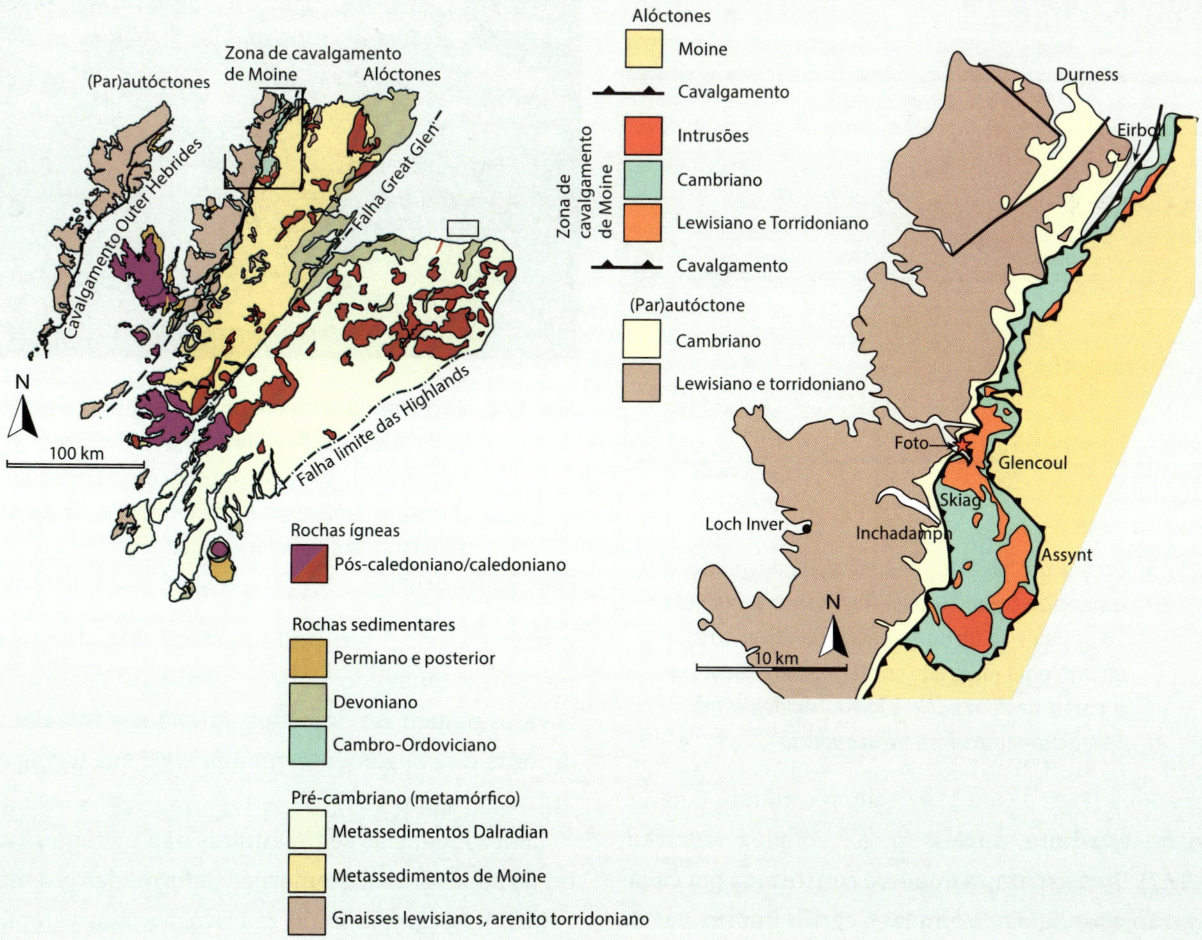

Boxe 17.1 A zona de cavalgamento de Moine *(cont.)*

que foram reativadas antes, durante e após a orogenia caledoniana. A reativação de falhas preexistentes é uma feição típica de cinturões orogênicos.

Contato brusco por cavalgamento entre gnaisse pré-cambriano (sobrejacente) e quartzito cambriano (subjacente) na zona de cavalgamento de Moine

Lasca (sliver) de embasamento arqueano (Lewisian) sobre camadas sedimentares cambrianas. Rochas mais antigas encontram-se sobre rochas mais jovens, o que é uma feição clássica em regiões de cavalgamentos e nappes

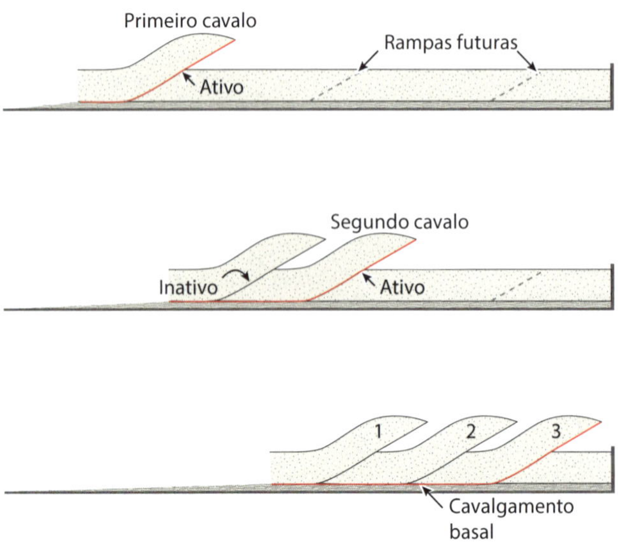

Fig. 17.5 *Formação "padrão" de uma zona de imbricação, conhecida como "cavalgamento em sequência". Os cavalos se tornam mais jovens em direção ao antepaís (à direita) neste modelo. Desvios a partir deste modelo são conhecidos como "cavalgamentos fora de sequência"*

Fig. 17.6 *Estrutura duplex em arenito dolomítico próximo a Ny-Ålesund, Svalbard (ilha no território ártico norueguês), formada durante a contração do Terciário. Note os cavalos em forma de S e as falhas mestras de base e de topo*
Foto: Steffen Bergh.

dessa zona (Figs. 17.6 a 17.8), todo o conjunto é denominado **estrutura duplex** (p. ex., duplex Moelven, Fig. 17.7). Uma estrutura duplex é constituída por **cavalos** arranjados de modo similar a cartas imbricadas de um baralho. Os cavalos apresentam tipicamente uma geometria em S em perfil vertical (Fig. 17.9) e com mergulho tendendo para o além-país. Note que os cavalos podem ser dobrados, falhados e rotacionados durante o cavalgamento, modificando sua forma e sua atitude originais.

Em sequências sedimentares não metamorfizadas ou de baixo grau metamórfico deformadas em regime rúptil, os segmentos de imbricação com rampas de maior inclinação tendem a formar-se primeiro. Eles se

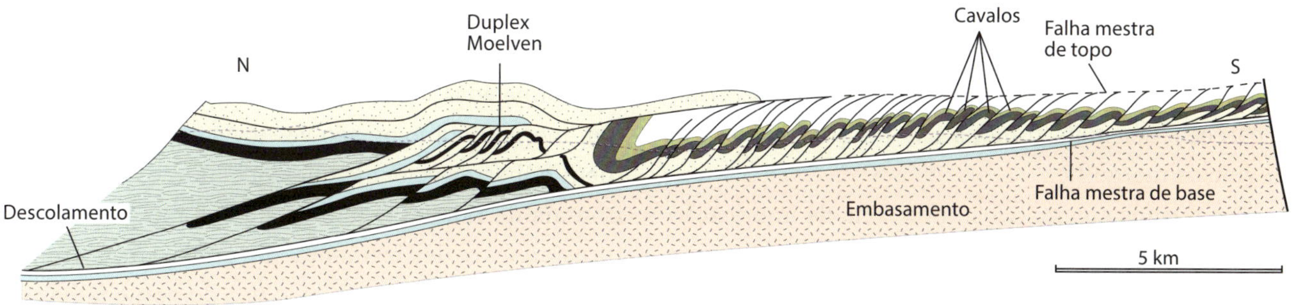

Fig. 17.7 *Seção geológica do antepaís caledoniano ao norte de Oslo, Noruega. O cavalgamento de base se localiza em folhelhos pouco competentes acima do embasamento. A interpretação de um cavalgamento de topo permite que a estrutura de imbricação, na parte sul, seja considerada uma estrutura duplex. Note a similaridade com o modelo mostrado na Fig. 17.11*

Fonte: Baseado em Morley (1986).

Fig. 17.8 *Estrutura de cavalgamento em microescala e dobras relacionadas (seção delgada). Essas estruturas, incluindo os cavalgamentos de topo, de base e os cavalos, são similares àquelas encontradas em maior escala. Zona de cavalgamento terciário em folhelhos do Carbonífero, Isfjorden, Svalbard, Noruega. A imagem tem 2 cm de largura*

Foto: Steffen Bergh

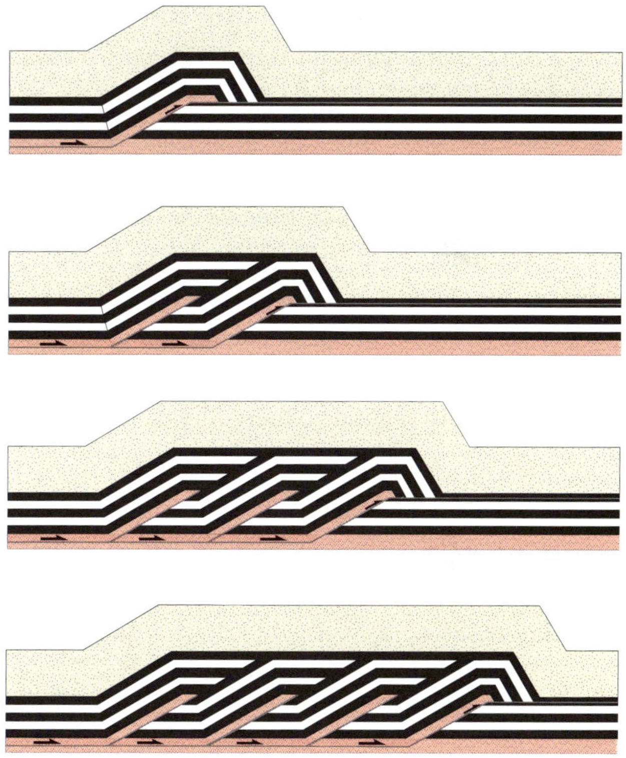

Fig. 17.9 *Esquema do desenvolvimento de um duplex. O duplex cresce em direção à esquerda (antepaís), por um processo de cavalgamento ou propagação em sequência. Note a dobra dupla em kink no cavalo frontal*

formam nas camadas mais competentes, que são as camadas que se fraturam primeiro durante o encurtamento paralelo ao acamamento. Podemos perceber esse processo se imaginarmos a compressão de uma sequência de camadas alternadas de placas de chocolate e de geleia. O chocolate, mais rígido, iria se romper antes e, após isso, as falhas iriam se ligar através das camadas de geleia. Isso é, grosseiramente, o que ocorre em uma sequência de calcários e folhelhos durante um encurtamento paralelo ao acamamento: o calcário concentra a maior parte dos esforços e se rompe. Essas camadas são consideradas como *gouges* de esforço, e o resultado são falhas inversas nas camadas de calcário e cavalgamentos de baixo ângulo nos folhelhos.

A combinação de dois cavalgamentos de baixo ângulo em diferentes níveis estratigráficos, conectados por uma falha inversa de alto ângulo (rampa), forma um conjunto denominado **falha com patamar-rampa-patamar** (*flat-ramp-flat fault*), uma terminologia também aplicada a falhas extensionais. As rampas também podem produzir cavalgamentos ou falhas inversas com sentido oposto de deslocamento

(Figs. 17.10 e 17.11). Esses **retroempurrões** (*back-thrusts*) formam-se em decorrência de complicações geométricas nas rampas (note a rampa na Fig. 17.10) e parecem ser mais comuns nas rampas com maior ângulo de mergulho.

Em termos cinemáticos, uma zona de imbricação transfere o deslizamento de um nível estratigráfico para outro superior, na direção do antepaís. O descolamento horizontal ou falha mestra de base tem parte de seu deslocamento relacionada aos deslocamentos de cada falha individual que separa cavalos. No topo, o deslocamento é "coletado" pela falha mestra de topo. Portanto, o cavalgamento de base termina se todo o seu deslocamento for transferido para o cavalgamento de topo.

Várias rampas apresentam direção aproximadamente perpendicular à direção de transporte e são chamadas de **rampas frontais** na terminologia de cavalgamentos. Entretanto, as rampas podem também ser oblíquas em relação à direção de transporte (Fig. 17.12). As **rampas oblíquas** são falhas com deslizamento oblíquo, formadas por uma combinação de deslocamento segundo o mergulho da falha e deslocamento direcional. As rampas com direção paralela à direção de movimento da camada de cavalgamento são conhecidas como **rampas laterais**. Muitas delas têm mergulho alto ou são verticais e, de fato, constituem falhas direcionais que conectam os segmentos frontais de rampa. O fato de que as rampas laterais transferem o deslizamento de uma rampa frontal para outra também justifica o uso do nome **falhas de transferência**. Outro termo usado para esse tipo de falha é **falha de rasgamento**.

Como em qualquer outro sistema de falha, as falhas de cavalgamento são conectadas e formam uma rede tridimensional. Uma falha divide-se em um **ponto de ramificação** (Fig. 17.13) ou, em três dimensões, em uma **linha de ramificação**. As linhas de ramificação encerram unidades tectônicas (*nappes* de cavalgamento ou cavalos), a menos que a falha de cavalgamento termine como uma falha cega. A parte da linha de ramificação que delimita a unidade na parte frontal é denominada **linha frontal de ramificação** (*leading branch line*), ao passo que, na parte posterior, é denominada **linha posterior de ramificação** (*trailing branch line*).

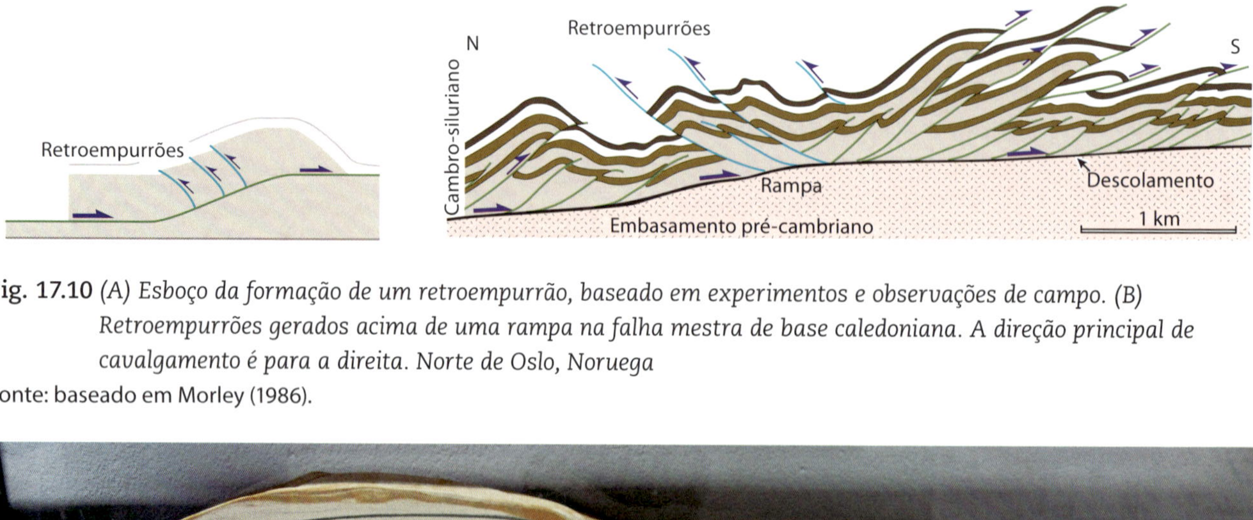

Fig. 17.10 *(A) Esboço da formação de um retroempurrão, baseado em experimentos e observações de campo. (B) Retroempurrões gerados acima de uma rampa na falha mestra de base caledoniana. A direção principal de cavalgamento é para a direita. Norte de Oslo, Noruega*
Fonte: baseado em Morley (1986).

Fig. 17.11 *Modelo em caixa de areia produzido na Universidade de Montpellier por Jacques Malavieielle. Uma zona de imbricação é vista no lado esquerdo do modelo, acima de um deslocamento (falha mestra de base), sob a qual se desenvolveu um sistema mais dúctil nas porções central e esquerda do modelo. A modelagem experimental em sistemas de cavalgamento tem melhorado consideravelmente nossa compreensão desses sistemas*

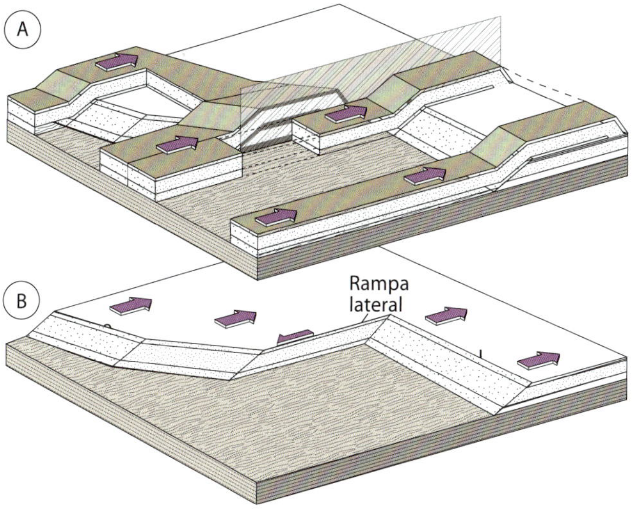

Fig. 17.12 *Diversas rampas de cavalgamento e suas geometrias. (A) Camadas da capa, onde as rampas aparecem como dobras. (B) Capa removida*

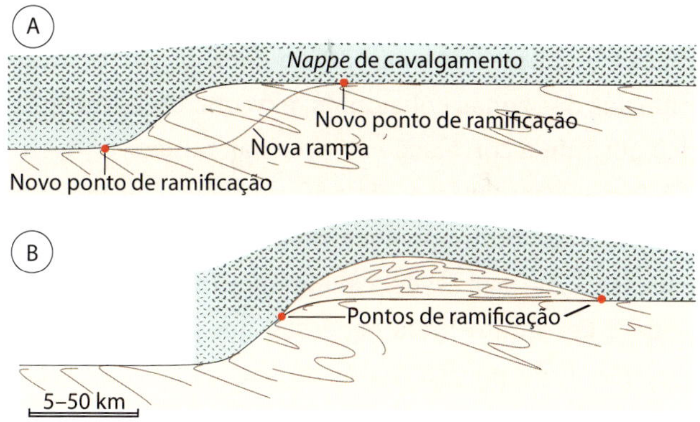

Fig. 17.13 *Formação de uma nova* nappe *de cavalgamento em uma rampa. Os pontos de ramificação são indicados*

Os pontos e as linhas de ramificação podem ocorrer em escala de afloramento, por exemplo, em uma zona de imbricação, mas podem também ser identificados em escala regional. Alguns autores sugerem que a atitude da linha de ramificação pode ser usada para inferir a direção de movimento de *nappes* individuais. Isso se baseia na hipótese de que as rampas são predominantemente frontais e laterais; rampas oblíquas são menos comuns, mas também são encontradas.

17.2.3 Estilos de antepaís e além-país

O estilo de deformação em um regime contracional depende dos tipos litológicos envolvidos, bem como da profundidade e da duração da deformação (tempo). Em cinturões orogênicos, há uma diferença entre estruturas formadas em uma área marginal no antepaís e em uma área mais central no além-país.

A imbricação clássica e as estruturas duplexes são bastante comuns no antepaís. Encontramos essas estruturas na sequência sedimentar de cobertura do embasamento. No caso dos Alpes (Fig. 17.14), o estilo antepaís é exemplificado pelos Montes Jura, onde sedimentos juro-cretáceos são dobrados e imbricados. Uma seção através de uma parte das estruturas do antepaís caledoniano é apresentada na Fig. 17.7, mostrando a expressiva imbricação e formação de duplex. Em ambos os casos, o embasamento praticamente não é deformado e é separado da cobertura sedimentar encurtada por um cavalgamento de base ou descolamento. Esse contexto é conhecido como **tectônica *thin-skinned*** (pouco espessa) e é característico de

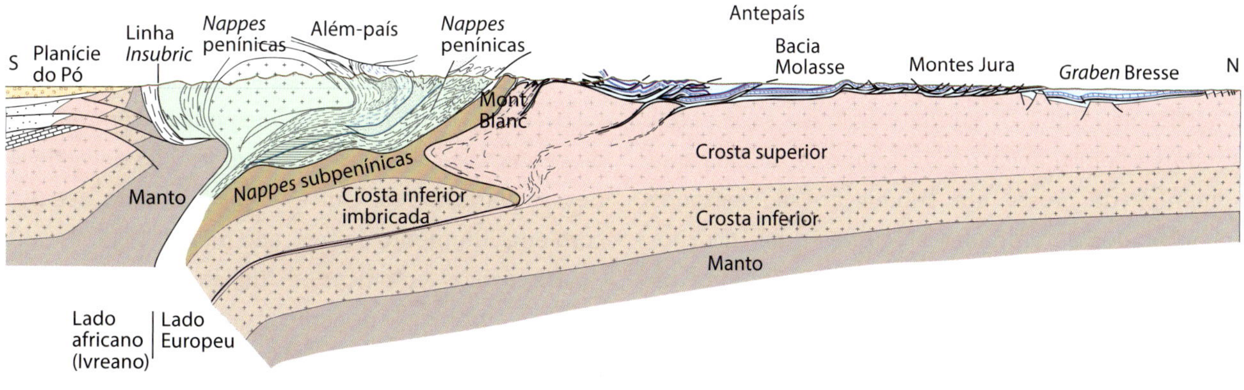

Fig. 17.14 *Seção geológica dos Alpes, mostrando deformação pouco profunda no antepaís ao norte (à direita) e deformação mais profunda e complexa no além-país. A imbricação na crosta inferior é inferida com base em dados sísmicos*
Fonte: baseado em Schmid e Kissling (2000).

regiões deformadas de antepaís. O estilo de deformação é simples se comparado com as partes mais internas das zonas colisionais, e o controle estratigráfico permite a correlação através das falhas.

O embasamento é afetado no além-país em um contexto denominado **tectônica *thick-skinned*** (muito espessa). As *nappes* de cavalgamento no além-país podem ser muito mais espessas que as de antepaís e conter uma porção maior de rochas metamórficas e magmáticas. A interpretação da zona de colisão alpina (Fig. 17.14) sugere que toda a crosta inferior esteja imbricada. Outra característica do além-país é a ocorrência de terrenos de arcos de ilha ou *outboard*, cavalgados sobre a margem continental de um oceano pré-colisional, durante a colisão continente-continente. As *nappes* de além-país podem variar de internamente indeformadas a deformadas de modo penetrativo. Quando as *nappes* são dobradas, elas são denominadas ***nappes* de dobras**. As *nappes* deformadas a ponto de apresentar uma foliação milonítica penetrativa são denominadas ***nappes* miloníticas**. A **tectônica *thick-skinned*** pode também ocorrer distante de zonas colisionais importantes, onde falhas preexistentes do embasamento são reativadas durante o encurtamento e o soerguimento tectônico vertical, como na Orogenia Laramide (Boxe 17.2).

A TECTÔNICA CONTRACIONAL *THIN-SKINNED* (POUCO ESPESSA) PRODUZ ESTRUTURAS CLÁSSICAS DE CAVALGAMENTO COM DUPLEXES E DOBRAS RELACIONADAS, AO PASSO QUE A TECTÔNICA *THICK-SKINNED* (MUITO ESPESSA) FORMA NAPPES MAIORES E COM DEFORMAÇÃO MAIS COMPLEXA.

Em uma zona orogênica, o embasamento pode ser afetado por uma pilha de *nappes* de cavalgamento em forma de cunha. A cunha orogênica se espessa e se alarga com o decorrer do tempo, à medida que fragmentos da crosta em subducção são lascados e incorporados às unidades alóctones e há incorporação de rochas da crosta oceânica. O restante do embasamento é transportado para regiões mais profundas da zona de subducção, onde é metamorfizado em alto grau e intensamente deformado. As estruturas no além-país tendem a formar-se em maiores profundidades que as de antepaís, favorecendo zonas de cisalhamento plástico e deformação plástica em geral. Também ocorre, evidentemente, deformação rúptil em níveis crustais rasos no além-país, comumente influenciada por falhamentos extensionais.

17.3 Rampas, cavalgamentos e dobras

O desenvolvimento temporal de zonas de imbricação pode variar, mas há um modelo de evolução normal ilustrado nas Figs. 17.5 e 17.9. Nesse modelo, escamas tectônicas e cavalos são formados em sequência, com falhas sucessivamente mais jovens na direção do cavalgamento. Essa progressão de duplexes e zonas de imbricação em direção ao antepaís é denominada **cavalgamento em sequência**. O cavalgamento mais distante em direção ao antepaís é também o mais jovem e carrega sobre si os demais cavalos em direção ao antepaís.

O CAVALGAMENTO EM SEQUÊNCIA PERMITE QUE A ZONA DE DEFORMAÇÃO CONTRACIONAL SE EXPANDA EM DIREÇÃO AO ANTEPAÍS, O QUE É CONSISTENTE COM O PROGRESSIVO ALARGAMENTO DAS ZONAS COLISIONAIS ATIVAS.

As falhas de cavalgamento que não seguem um padrão sistemático de expansão são chamadas de **fora de sequência**. O cavalgamento fora de sequência pode influenciar a geometria geral de um duplex ou de uma zona de imbricação, complicando as relações estratigráficas. Mesmo que o cavalgamento seja em sequência, o resultado pode variar em função do deslocamento acumulado em cada cavalo. Na Fig. 17.9, a magnitude do deslocamento é pequena e igual em todas as falhas. Se houver um incremento sucessivo de deslocamento de um cavalo para outro, pode formar-se uma pilha de cavalos em vez da sequência vista na Fig. 17.9. É evidente que pode haver uma gama de geometrias de imbricação em função de variações nesses parâmetros. Um exemplo de uma estrutura com empilhamento é mostrado na Fig. 17.15.

Os cavalos tectônicos em duplexes são gerados pela sucessiva formação de rampas em camadas competentes, que atuam como **guias de esforços** (*stress guides*), no sentido de que elas transmitem e focalizam os esforços de modo mais eficiente que as camadas adjacentes. Portanto, a estratigrafia controla tanto a localização

Boxe 17.2 Orogenias Sevier e Laramide: estilos de deformação *thin-skinned* *versus thick-skinned*

O Sistema Orogênico Cordilherano no oeste dos EUA se desenvolveu em dois cinturões orogênicos que, embora estejam relacionados à convergência entre a Placa Farallon – que está em subducção – e a margem continental da América do Norte, têm geometrias diferentes. Um deles é a Faixa Sevier, do Cretáceo inferior ao Paleoceno, caracterizada por dobras e cavalgamentos com um estilo estrutural *thin-skinned*. Sua porção leste envolve a sucessão sedimentar do Paleozoico-Mesozoico (perfil A na seção abaixo), em que lâminas de cavalgamento foram deslocadas para cima de um nível basal frágil de descolamento em folhelhos cambrianos. Mais para oeste, estratos neoproterozoicos e rochas do embasameto foram incorporados nas lâminas de cavalgamento onde a zona de descolamento basal corta para baixo em direção ao além-país. As camadas na Faixa Sevier sofreram encurtamento inicial E-W paralelo ao acamamento, seguido por cavalgamentos de larga escala direcionados para leste, que com o tempo avançaram para o antepaís, formando uma cunha clássica de dobramento-cavalgamento. O encurtamento ocorreu em alto ângulo com a margem da placa e com o alto topográfico do arco magmático em direção ao além-país.

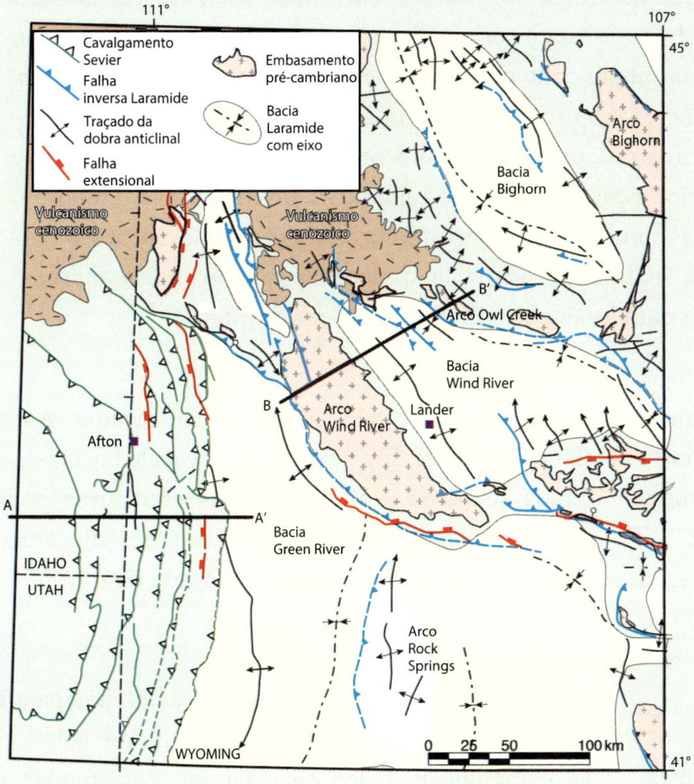

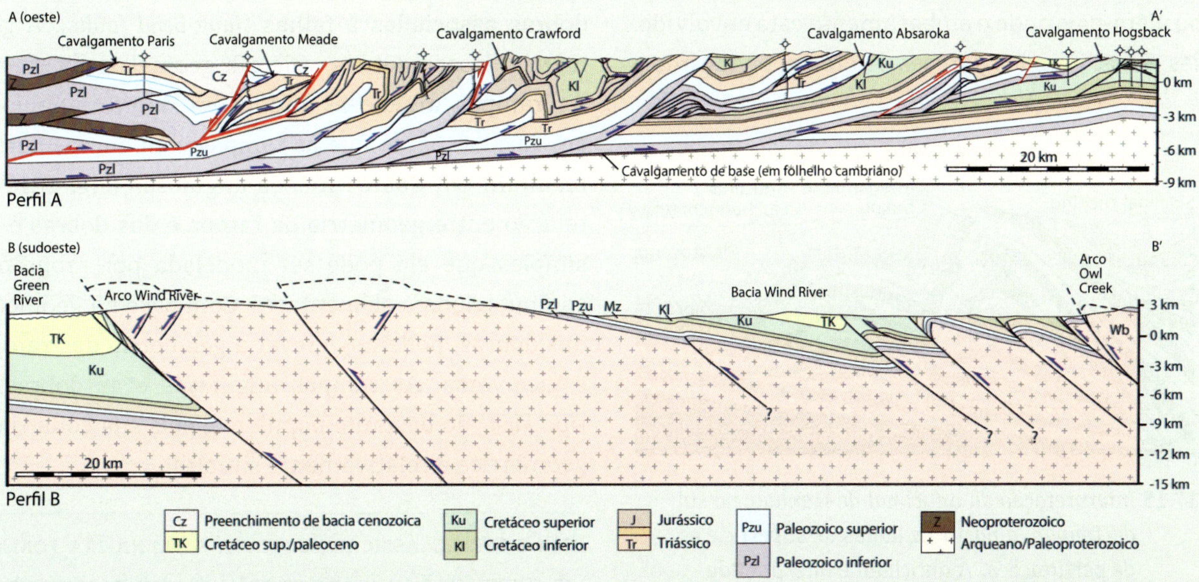

Mapas e perfis baseados em Yonkee e Weil (2013) e Coogan (1992) e referências desses artigos. Consulte essas publicações para mais informações

Boxe 17.2 Orogenias Sevier e Laramide: estilos de deformação *thin-skinned versus thick-skinned (cont.)*

O segundo cinturão, a Faixa Laramide de antepaís, se formou principalmente durante o Cretáceo e o Paleoceno, em parcial sobreposição temporal com a Faixa Sevier, mas caracterizada por falhas profundas no embasamento com estilo estrutural *thick-skinned* (perfil B). As camadas sedimentares foram mais delgadas na Faixa Laramide, que se desenvolveu em crosta cratônica, não formando uma cunha de propagação de cavalgamentos. As rochas na Faixa Laramide sofreram encurtamento SW-NE paralelo ao acamamento, seguido por falhas inversas em larga escala e soerguimento de arcos anastomosados que afetam o embasamento, com orientação parcialmente controlada por zonas de fraqueza preexistentes. A diferença de estilo estrutural e direção de encurtamento pode estar relacionada a processos mais profundos da litosfera, pois os esforços foram transmitidos acima de um segmento de subducção *flat-slab* que se desenvolveu durante o Cretáceo Superior e com movimento relativo de placas SW-NE. Embora o processo exato ainda não esteja completamente compreendido, as diferenças entre os dois cinturões orogênicos ilustram a importância da arquitetura sedimentar primária, da participação do embasamento e da mudança das condições de borda de placa para as estruturas geológicas resultantes.

como o tamanho dos cavalos tectônicos: quanto mais espessas forem as camadas competentes, maiores serão os cavalos. Além disso, as camadas não competentes controlam a localização dos descolamentos.

As rampas tendem a formar-se nas camadas competentes e os descolamentos, nas camadas não competentes.

Os maiores duplexes ou imbricações são encontrados no além-país onde o embasamento está envolvido. Nesses casos, grandes porções da crosta, ou mesmo a

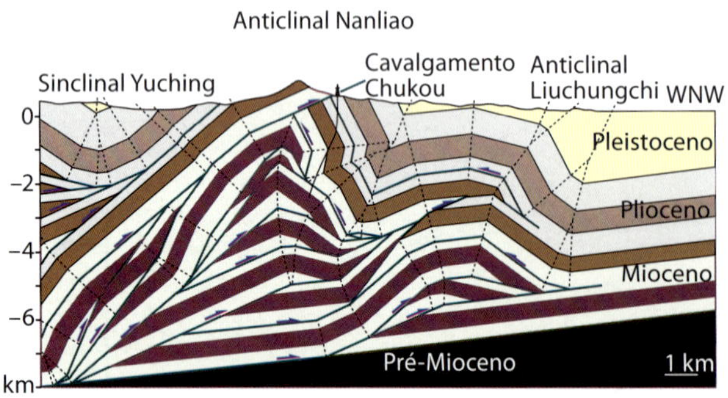

Fig. 17.15 *Interpretação da anticlinal de Nanliao, no sul de Taiwan, a partir de dados de superfície e de perfurações. A anticlinal é interpretada como uma pilha de escamas de cavalgamento imbricadas umas sobre as outras. Interpretação de John Suppe (1983)*

crosta como um todo, podem ser imbricadas. A identificação desses duplexes de larga escala baseia-se em dados sísmicos profundos; essas estruturas podem ser identificadas em pequena escala em afloramento (Fig. 17.6) ou mesmo em seção delgada (Fig. 17.8).

17.3.1 Dobras relacionadas a falhas

No momento em que uma rampa é estabelecida e a capa inicia seu movimento ascendente sobre ela, as camadas do bloco de capa são deformadas por **dobras associadas a falhas** (*fault-bend faults*). A geometria dessas dobras reflete a geometria da rampa. As rampas angulosas produzem dobras angulosas em *kink*, ao passo que as rampas com curvas suaves resultam em dobras menos angulosas (Fig. 17.16). A relação entre geometria da rampa e das dobras é tão simples que ela pode ser modelada por programas computacionais elementares. Com base na geometria das dobras, podemos prever a geometria das rampas e vice-versa. As rampas angulosas e as dobras do tipo *kink* são bastante populares, pois sua construção geométrica é relativamente simples.

Uma dobra clássica associada a falha irá formar-se onde uma unidade tectônica for passivamente transportada sobre uma rampa (inflexão) em seu cavalgamento de base.

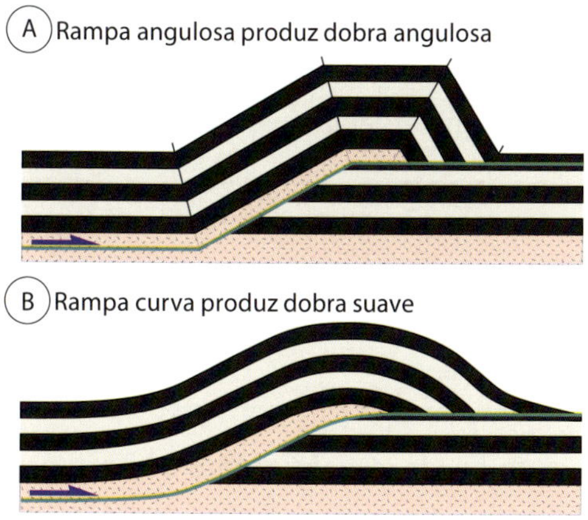

Fig. 17.16 *Conexão entre geometria de rampa e dobra*

Um aspecto interessante das dobras associadas a falhas é a história de deformação das camadas da capa ao atingir e passar por uma rampa. Inicialmente, as camadas são flexionadas para cima para acomodar-se à rampa. Em seguida, ao passar pela rampa, as camadas são retrodeformadas à sua posição original, geralmente horizontal (Fig. 17.17). Portanto, as camadas são deformadas duas vezes em uma curta distância de transporte. Nesse sentido, a rampa é um local onde as camadas da capa são processadas antes de serem transportadas em direção ao antepaís para um nível estratigráfico superior. Também é interessante notar que, enquanto a dobra associada a falha é estacionária, a dobra no limite posterior do cavalo ou da escama tectônica é passivamente transportada em direção ao antepaís. Esse mecanismo é, em geral, considerado como um deslizamento ou cisalhamento flexural, que preserva a espessura e o comprimento das camadas e permite uma construção cinemática simples de seções geológicas (Fig. 17.17).

17.3.2 Dobras de propagação de falhas

Assim como nas falhas normais e direcionais, muitas falhas inversas e de cavalgamento podem formar uma zona dúctil em torno de suas extremidades, à medida que se formam e se propagam. Uma dobra em zona de extremidade será particularmente bem desenvolvida onde as falhas de cavalgamento afetarem rochas sedimentares não metamorfizadas ou de baixo grau metamórfico. Uma dobra na extremidade de uma falha é uma **dobra de propagação de falha**

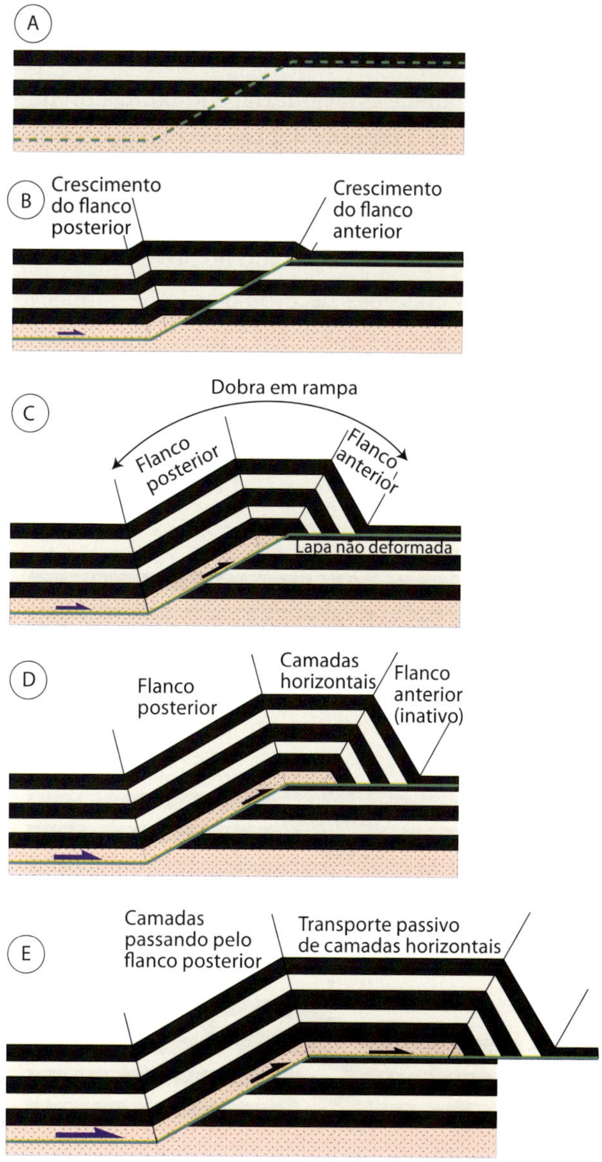

Fig. 17.17 *Desenvolvimento de uma dobra associada a falha. Note que as camadas são rotacionadas para mergulhar para o além-país na região da rampa e, depois, rotacionadas de volta à posição horizontal ao deixar a rampa. Note também que o flanco anterior é transportado de modo passivo para o antepaís (à direita), ao passo que o flanco posterior é estacionário*

(*fault-propagation fold*) – nome originalmente aplicado a um tipo particular de dobra que se desenvolve à frente da propagação de falhas de cavalgamento, mas que também pode ser usado, de modo mais geral, para dobras formadas à frente da extremidade de qualquer tipo de falha em propagação. As dobras de propagação de falhas diferem das dobras associadas a falhas e de outras dobras, porque se movem juntamente com a extremidade de propagação da falha. Uma dobra associada a falha, por outro lado, localiza-se na rampa e permanece estacionária, enquanto a rocha se move através da dobra. As dobras associadas a falhas também tendem a apresentar camadas mais inclinadas e, em alguns casos, invertidas no flanco anterior. Um exemplo sísmico é mostrado no Boxe 17.3.

As dobras clássicas de propagação de falhas formam-se em camadas sub-horizontais, onde as falhas têm propagação ascendente na seção. Um modelo simples de formação dessas dobras é mostrado na Fig. 17.18. A manutenção de espessura constante de camada permite a construção simples da geometria da dobra em função do gradiente de deslizamento e do mergulho e geometria da falha. O resultado é uma dobra assimétrica com vergência para o antepaís.

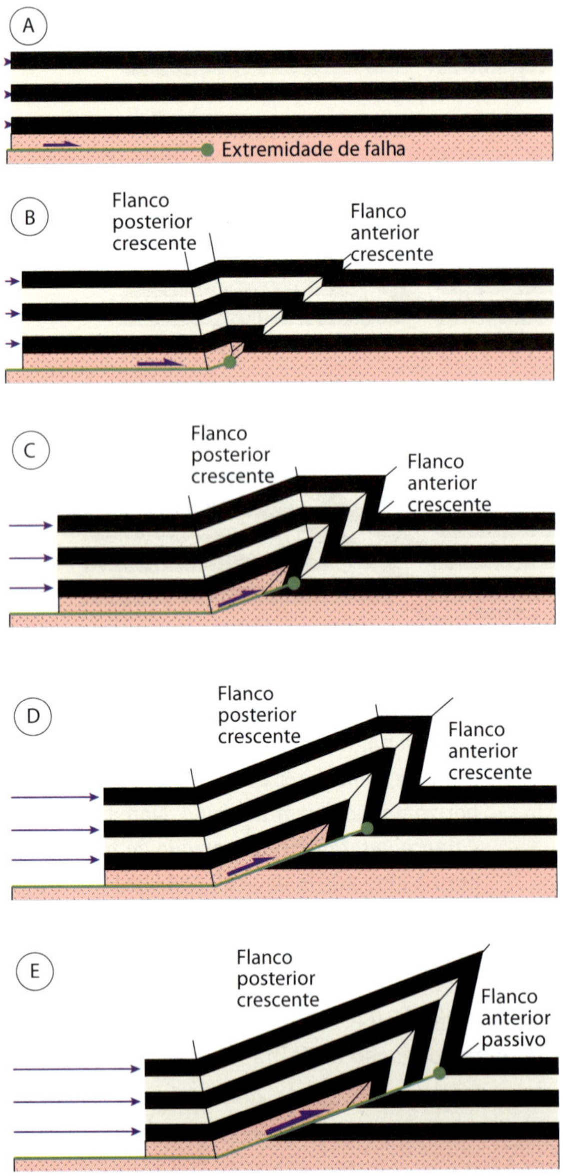

Fig. 17.18 *Desenvolvimento progressivo de uma dobra de propagação de falha*

UMA DOBRA DE PROPAGAÇÃO DE FALHA FORMA-SE ACIMA DA LINHA DE EXTREMIDADE DE UM CAVALGAMENTO, PARA ACOMODAR A DEFORMAÇÃO NOS BLOCOS ADJACENTES EM TORNO DA EXTREMIDADE.

Em geral, a falha de cavalgamento irá romper-se através da dobra de propagação de falha se ela continuar acumulando deslocamento. Como resultado, podem formar-se dobras de arrasto ao longo da falha, principalmente na capa, mas, em alguns casos, também na lapa (Fig. 17.19). As falhas de cavalgamento tendem a romper-se no flanco inclinado mais curto ou sinclinal inferior, criando relações de alto ângulo entre a falha e as camadas do bloco de capa (Figs. 17.19 e 17.20).

17.3.3 Dobras de descolamento

As dobras associadas a falhas formam-se em rampas, ao passo que as dobras de propagação de falhas se formam quando as falhas se propagam através das camadas. Entretanto, há outro tipo de dobra que pode formar-se caso o deslizamento se restrinja ao acamamento. Esse tipo de dobra, conhecido como **dobra de descolamento** (*detachment fold, décollement fold*), forma-se onde as camadas acima de um descolamento

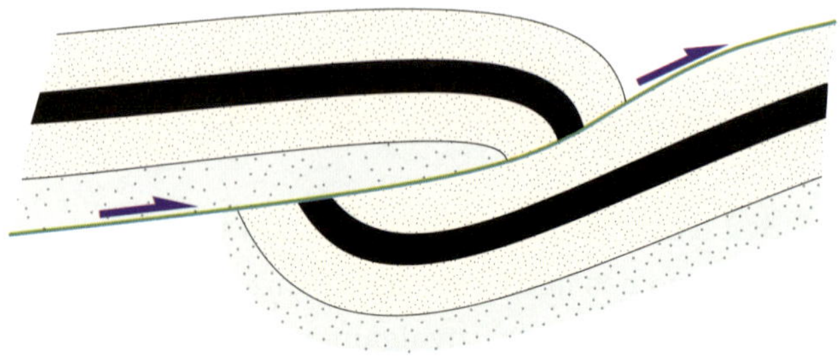

Fig. 17.19 *As camadas tendem a apresentar arrasto nas proximidades de cavalgamentos e falhas inversas. Esse tipo de arrasto pode formar-se onde uma falha corta uma dobra de propagação de falha. A ductilidade das camadas e a geometria da rampa determinam a geometria final da rampa*

Boxe 17.3 Imagens sísmicas

A construção de imagens de falhas inversas e estruturas relacionadas a partir de dados sísmicos é um desafio, particularmente onde as camadas e as falhas forem inclinadas e a estratigrafia se repetir na direção vertical. Não obstante, as estruturas contracionais são importantes armadilhas para petróleo em várias partes do mundo e, portanto, sua correta identificação e interpretação tem importância crucial. Nesses casos, as informações de sondagens são muito úteis, particularmente os dados de *dipmeter*.

O exemplo abaixo é do Campo de Província, na bacia intramontana Magdalena, na Colômbia, com descolamento e dobra, modificados por falhas inversas originadas no descolamento (dobras de propagação de falhas). As inconformidades e o crescimento das camadas mostram que as estruturas evoluíram durante a sedimentação, e sua forma anticlinal define uma armadilha para petróleo. As linhas verticais são poços com dados de *dipmeter* usados na interpretação feita por Andrés Mora, Cristina Lopez e colaboradores da Ecopetrol-ICP.

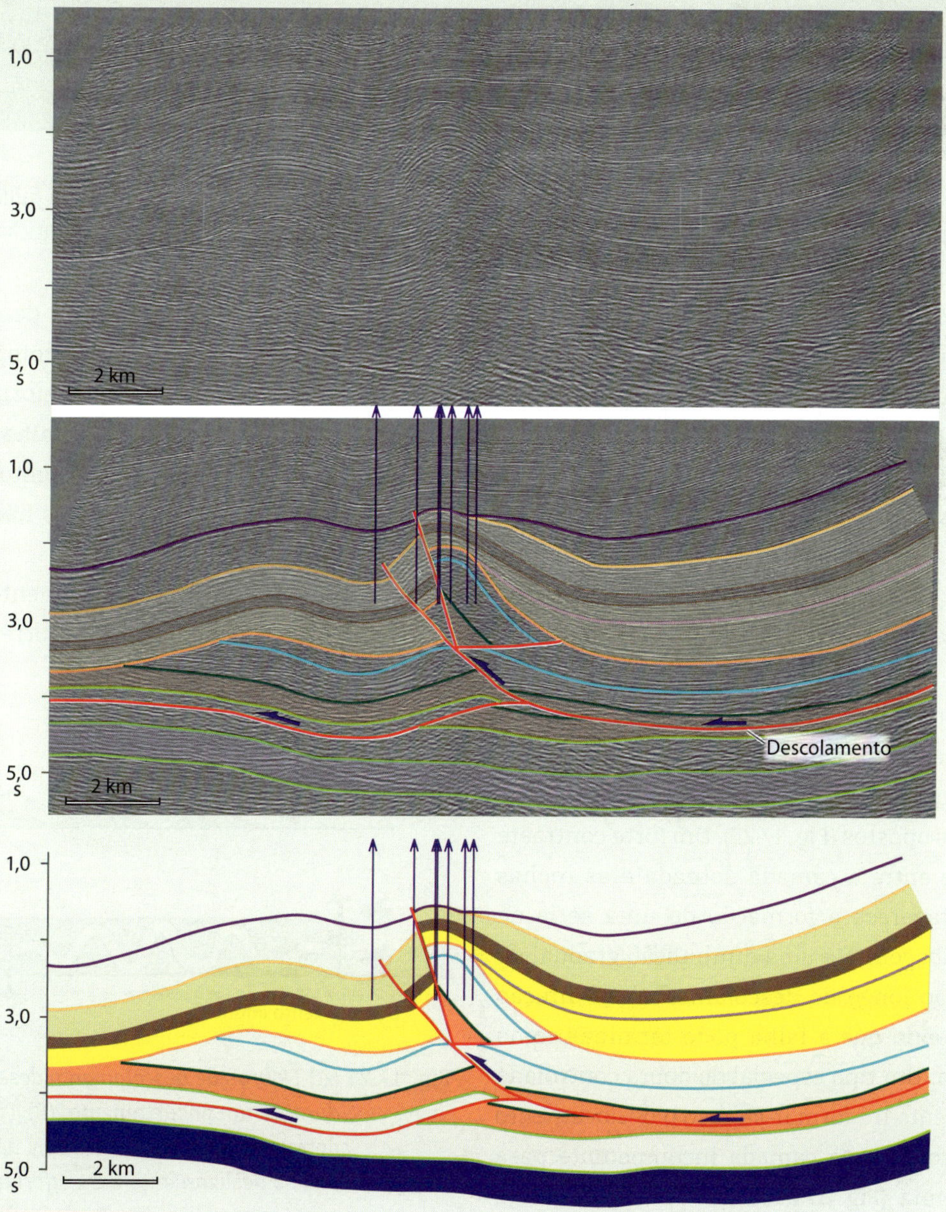

Fig. 17.20 *Dobra de propagação de falha nas Montanhas Rochosas Canadenses, na terminação norte da falha de cavalgamento Lewisian. Pequenas falhas de cavalgamento acompanham o par assimétrico anticlinal-sinclinal*

são mais encurtadas que seu substrato. De fato, o substrato geralmente permanece não deformado (Fig. 17.21A). As dobras de descolamento tendem a desenvolver-se de forma tipicamente concêntrica acima de camadas não competentes, como folhelhos com sobrepressão ou evaporitos (Tipo 1B). Como essas dobras se formam por flambagem, as camadas incompetentes fluem para acomodar a diferença geométrica entre o descolamento plano e as camadas dobradas sobrejacentes.

As dobras de descolamento são geralmente normais e paralelas (espessura constante de camadas), ou em forma de caixa e com superfícies plano-axiais com mergulhos opostos (Fig. 17.22). Um forte contraste de viscosidade entre a camada dobrada e as rochas ao seu redor favorece a formação de uma série de dobras de flambagem. Há uma diminuição gradual do deslizamento ao longo do descolamento em direção ao antepaís, sendo que a falha pode terminar como uma falha cega. Um tipo especial de dobra controlada pelo descolamento irá formar-se caso o deslocamento seja transferido de uma camada incompetente para outra mais acima (Fig. 17.21B). Em princípio, isso é similar ao que ocorre nas rampas de cavalgamento, mas, em alguns casos, camadas competentes entre camadas menos competentes se deformam por flambagem em vez de imbricar-se com falhas e duplexes. A transferência vertical de deslocamento pode ser causada pela terminação das camadas não competentes (Fig. 17.21B).

As dobras clássicas de descolamento são normais, mas podem ser invertidas em decorrência da distri-

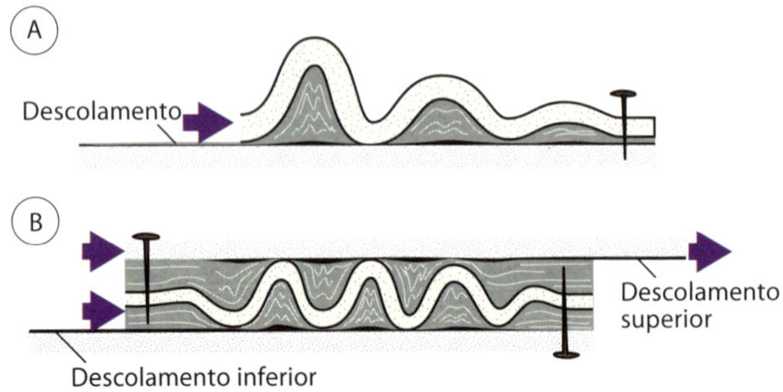

Fig. 17.21 *(A) Dobras de descolamento desenvolvidas durante um encurtamento. (B) Tipo correlato de dobras se formando entre dois descolamentos, onde o deslizamento é transferido para cima na seção, segundo a direção de transporte*

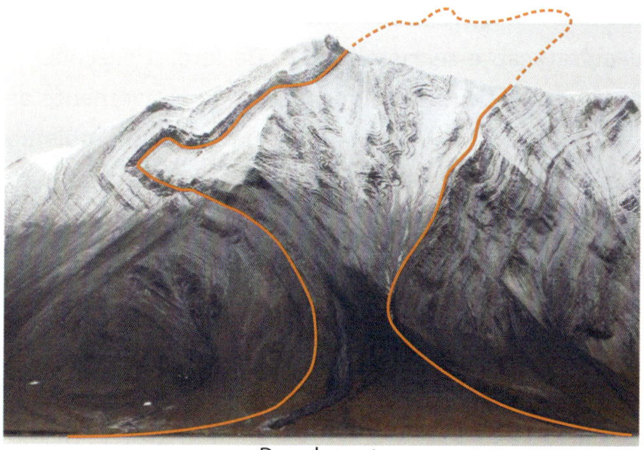

Fig. 17.22 *Dobra de descolamento em grande escala relacionada ao cinturão de dobramento e cavalgamento terciário em Spitsbergen, Noruega. O descolamento localiza-se abaixo do nível do mar*
Foto: Mina Aase

buição do cisalhamento simples. Elas podem, ainda, ser rompidas por falhas para formar dobras de propagação de falhas (Boxe 17.2). As dobras de descolamento dos Montes Jura, na região de antepaís dos Alpes (Fig. 17.14), são um exemplo clássico de dobras desse tipo. As camadas competentes dobradas são calcários sobrepostos a evaporitos. As dobras de descolamento também são comuns acima de descolamentos em folhelhos e evaporitos expostos à glaciotectônica (Fig. 17.23), em sedimentos inconsolidados e em gnaisses miloníticos (Fig. 17.11).

As dobras de descolamento ocorrem acima de descolamentos em qualquer escala e representam o desacoplamento entre as rochas deformadas acima da falha e o substrato não deformado.

17.4 Cunhas orogênicas

17.4.1 O modelo de cunha

Os cinturões de dobramento e cavalgamento têm uma forma geral de cunha em seção geológica, com adelgaçamento em direção ao antepaís. Essa tectônica em cunha ocorre tipicamente em cadeias de montanhas e em prismas acrescionários sobre zonas de subducção. Em alguns casos, apenas a seção de baixo grau do antepaís é considerada, ao passo que, em outros, a seção completa de um cinturão orogênico é considerada, do antepaís ao além-país. Em ambos os casos, há uma geometria em cunha.

A formação de cunhas tectônicas pode ser comparada à formação de uma pilha de neve em forma

Fig. 17.23 *Dobras quaternárias de descolamento formadas na última glaciação escandinava, quando geleiras empurraram para o sul depósitos de diatomitos e cinzas vulcânicas do Eoceno no noroeste de Jylland, Dinamarca. O descolamento propriamente dito não está exposto*

de cunha na frente da pá de um trator (Fig. 17.24). Em níveis crustais rasos, onde predominam os mecanismos de deformação rúptil, a forma da cunha depende não apenas da força aplicada e da gravidade, mas também (1) da fricção ao longo do cavalgamento basal ou descolamento, (2) da energia interna ou coeficiente de fricção do material no interior da cunha e (3) da erosão na superfície da cunha (Fig. 17.25A). Em princípio, a geometria da cunha é independente de seu tamanho absoluto e, desse modo, à medida que a cunha aumenta seu comprimento, ela se deforma internamente para manter estável sua forma.

A forma de uma cunha acrescionária ou orogênica é controlada pela fricção basal, pela resistência interna do material e pela erosão. As cunhas menos resistentes e com pequena fricção basal tendem a ser longas e pouco espessas em seção geológica.

A **fricção basal** é um importante fator controlador no modelo de cunha. Quanto menor for a fricção basal inferior, mais baixa e mais longa será a cunha. Em cunhas orogênicas, a fricção basal é controlada pelas propriedades do plano de fraqueza correspondente ao descolamento basal. O descolamento geralmente ocorre em camadas ricas em filossilicatos, mas a pressão de fluidos pode ser um fator ainda mais importante. Os fluidos têm um papel relevante em zonas de subducção; a zona de descolamento atua como um conduto para fluidos liberados pelos sedimentos e, nas zonas metamórficas, pelos processos de desidratação e recristalização. De fato, a descoberta de que os fluidos enfraquecem significativamente as zonas de cavalgamento ajuda a explicar um problema mecânico clássico dos cavalgamentos (Boxe 17.4). Um coeficiente de fricção uniforme é geralmente usado nos modelos mais simples, mas uma variação gradual talvez seja uma hipótese mais realista, produzindo uma curvatura na inclinação da cunha. Podemos usar a analogia do trator empurrando neve ou areia: nos locais onde a fricção basal aumenta devido a irregularidades no solo, mais força é necessária e a pilha torna-se mais alta, com maior inclinação. Isso mostra por que a forma da cunha depende da fricção basal.

O esforço no interior da cunha deve ser, em todos os pontos, idêntico à resistência do material que está sendo deformado, ou seja, o esforço deve ser crítico em cada ponto da cunha. Por esse motivo, o modelo de cunha orogênica é denominado **modelo de cunha crítica**. Onde o esforço for maior, o material irá imediatamente se deformar para que o equilíbrio seja restabelecido. Em simulações matemáticas, o crité-

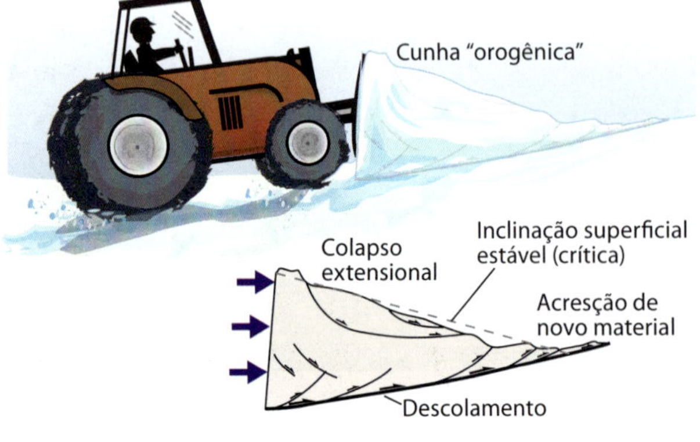

Fig. 17.24 *A criação e a evolução de cunhas orogênicas são similares, em alguns aspectos, ao acúmulo de neve ou solo na frente da pá de um trator*

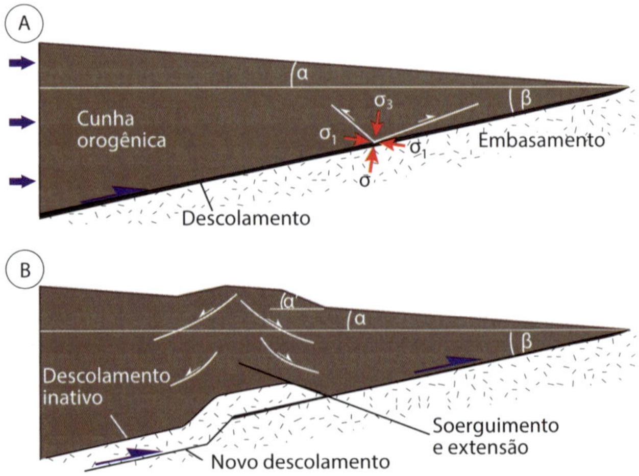

Fig. 17.25 *(A) Fundamentos de uma cunha orogênica. Há uma relação próxima entre o deslizamento do descolamento, sua fricção, a força aplicada na extremidade, a gravidade e a resistência interna ou as propriedades reológicas da cunha. (B) A incorporação de uma fatia do embasamento* (tectonic underplating) *provoca soerguimento e instabilidade. Consequentemente, a cunha responde adelgaçando-se através de falhas normais. Desse modo, falhas normais podem formar-se em uma cunha tectônica orogênica ativa*

rio de fratura de Coulomb é usado nos modelos de cunha crítica, particularmente em cunhas crustais rasas (crosta superior). Esses modelos são conhecidos como **cunhas de Coulomb**. Cunhas orogênicas maiores e mais profundas, como a cunha caledoniana do sudoeste da Noruega (Fig. 17.26), são controladas pelas leis do fluxo plástico; modelos simples de cunhas em meios viscosos e plásticos têm sido desenvolvidos para tais casos.

A **erosão** e a deposição na superfície da cunha, que causam remoção, adição ou redistribuição de material, reduzem a inclinação superficial da cunha e a tornam instável. Como resultado, o material da cunha pode ser soerguido verticalmente pela redistribuição interna de rochas e sedimentos. Na prática, isso corresponde a falhamentos inversos e, talvez, dobramentos, para que o equilíbrio seja atingido e o talude superficial se estabilize. Nesse processo, as rochas são deslocadas verticalmente e as rochas metamórficas são trazidas para níveis crustais mais rasos.

A geometria estável característica das cunhas é atingida quando toda a cunha estiver em um ângulo crítico e prestes a entrar em colapso. O material acumula-se na parte frontal por imbricação e formação de estruturas em duplex, como descrito anteriormente. Nas cunhas rasas, as rochas em subsuperfície permanecem indeformadas. No além-país de uma grande cunha orogênica, entretanto, blocos do embasamento podem ser incorporados, provocando a reorganização da zona de descolamento e de suas propriedades friccionais, juntamente com o crescimento vertical da cunha. Isso é ilustrado esquematicamente na Fig. 17.25B, onde uma fatia do embasamento é arrancada e incorporada à cunha, que se torna localmente mais espessa. Esses espessamentos locais criam uma instabilidade no talude superficial, que, por sua vez, é compensada por adelgaçamento local através de uma tectônica extensional. O adelgaçamento ocorre na parte superior da cunha por falhas normais, ao passo que prossegue o movimento do topo em direção ao antepaís, ao longo da zona de descolamento.

17.4.2 Modelos gravitacionais

O modelo em que o movimento da placa é a força motriz do trator não é o único sugerido para explicar

Boxe 17.4 *Nappes* de cavalgamento: mecanicamente impossíveis?

A analogia com uma pilha empurrada por um trator foi temporariamente rejeitada em favor de modelos controlados pela gravidade, em razão de aspectos mecânicos: como as enormes *nappes* de cavalgamento podem ser empurradas horizontalmente ou contra declividades por dezenas ou centenas de quilômetros sem ser internamente moídas? Cálculos mecânicos simples indicam que as *nappes* se fragmentariam ou dobrariam no estágio inicial. Hubbert e Rubey resolveram esse problema em um artigo clássico de 1959, em que eles enfatizam a importância da pressão de poros na zona de cavalgamento basal. Uma sobrepressão próxima à pressão litostática diminuiria consideravelmente a força necessária para deslocar uma *nappe*. A alta pressão de fluidos (P_f) na zona de descolamento permite subtrair do esforço efetivo normal σ_n um valor igual a P_f. Aplicando-se o critério de fraturamento de Coulomb, o esforço de cisalhamento no descolamento basal torna-se:

$$\sigma_s = C - (\sigma_n - P_f)\mu$$

Outros autores ressaltaram a importância de as *nappes* não se moverem como blocos rígidos. Em vez disso, o movimento ocorre pela acumulação de numerosos pequenos deslizamentos, seja sob a forma de terremotos ou de fluência episódica. A analogia usada para explicar esse tipo de movimento é o deslocamento de uma lagarta. Desse modo, a resistência friccional que deve ser superada é muito menor do que se houvesse um deslocamento simultâneo em todo o cavalgamento basal.

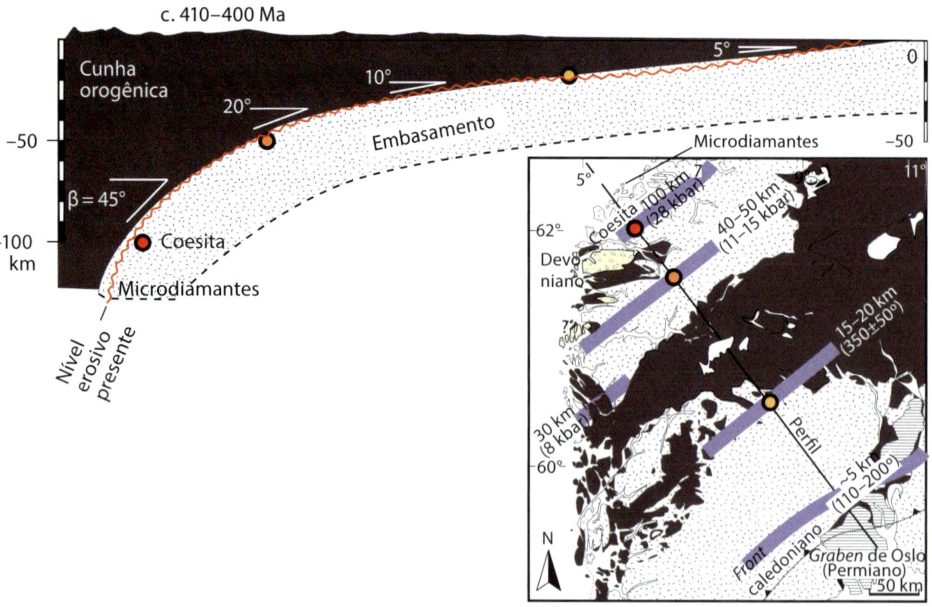

Fig. 17.26 *Reconstrução simplificada da cunha orogênica do sudoeste da Noruega, formada no final da orogenia caledoniana, com base em dados de paleopressão e temperatura*
Fonte: modificado de Fossen (2000).

a formação de cunhas no contexto de encurtamento crustal. A gravidade também foi sugerida como uma força motriz predominante no cavalgamento orogênico em direção ao antepaís. Enquanto um cinturão orogênico se desenvolve, as montanhas mais altas se desenvolvem na sua parte central. O volume elevado de rochas no além-país representa um potencial gravitacional que pode (ou não) causar o movimento de uma *nappe* de cavalgamento (Fig. 17.27). O Platô Tibetano, nos Himalaias, é um exemplo atual. A primeira variante do modelo gravitacional considera que as falhas de cavalgamento se formam quando os blocos de rocha (*nappes* de cavalgamento) deslizam para baixo a partir da região elevada no além-país. Esse modelo é também denominado modelo de deslizamento suave (Fig. 17.28A).

O **modelo de deslizamento suave** (*gliding model*) foi popular nas décadas de 1950 e 1960, especialmente nos Alpes, onde muitas das falhas de cavalgamento mapeadas apresentam mergulho em direção ao antepaís. Entretanto, imagens sísmicas de cinturões orogênicos ativos mostram que o descolamento basal sempre mergulha para o além-país. A situação atual nos Alpes, com mergulho para o antepaís, provavelmente é uma modificação tardia. O modelo de deslizamento suave não é, portanto, aplicável aos grandes cavalgamentos, mas pode ser importante em menor escala e em níveis crustais rasos no interior de cunhas orogênicas.

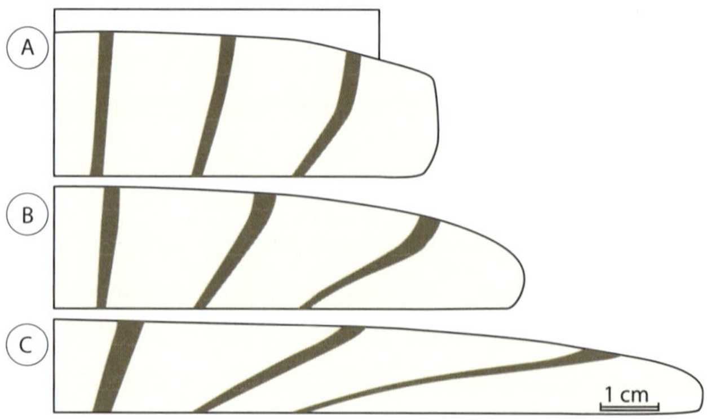

Fig. 17.27 *Simulação experimental de espalhamento gravitacional. Note que a maior parte do espalhamento ocorre pelo fluxo da porção superior, ao passo que a porção basal apresenta pouco ou nenhum movimento. Juntamente com a deformação dos marcadores originalmente verticais, isso indica um componente significativo de cisalhamento simples. Entretanto, a mudança na altura e no comprimento da direção de cisalhamento (horizontal) revela um componente de cisalhamento puro. A deformação se dá, portanto, por cisalhamento subsimples*
Fonte: baseado em Ramberg (1981).

Colapso gravitacional é um termo comumente ligado a falhas normais, ainda que tal colapso também possa causar falhas inversas e de cavalgamento. O colapso gravitacional em zonas contracionais ocorre se a crosta espessada não for suficientemente resistente para sustentar seu próprio peso. Esse colapso pode estar relacionado ao enfraquecimento decorrente de um aquecimento regional e da intrusão de magmas. Outro modelo aponta para a delaminação da porção inferior e mais densa da litosfera. A remoção dessa raiz densa causa o soerguimento da litosfera e possibilita o colapso para cima de uma porção menos densa, ambas as porções causando um movimento induzido pela gravidade em direção ao antepaís (Fig. 18.21). O colapso pode resultar em novas falhas ou zonas de cisalhamento normais, ou na reativação de cavalgamentos e falhas extensionais de baixo ângulo.

Em princípio, a gravidade pode empurrar as *nappes* de cavalgamento em direção ao antepaís, no caso de a porção espessada e soerguida de além-país da cunha orogênica se adelgaçar por fluxo em direção ao antepaís. Esse processo tem muitas similaridades com as geleiras, cujo fluxo também é causado pela gravidade. Se o material da cunha for apenas extrudido em direção ao antepaís, perpendicularmente ao *front* orogênico, o modelo é denominado **modelo de extrusão** (Fig. 17.28C). Entretanto, se a área soerguida se espalhar em um padrão mais ou menos radial ou concêntrico (Fig. 17.28D), o modelo é denominado **modelo de espalhamento**. Ambos os modelos podem ser simulados na cozinha com massa de pão, que é suficientemente mole para sofrer colapso gravitacional e espalhar-se. Se não for confinada, a massa flui em um padrão radial (modelo de espalhamento), mas, se ela for confinada em duas laterais, irá extrudir-se em um modo de cisalhamento puro (modelo de extrusão). Esses mecanismos também podem ser modelados de uma forma mais sofisticada, numérica ou experimentalmente (Fig. 17.29). Hans Ramberg analisou esse tipo de deformação com experimentos físicos em seu famoso laboratório em Uppsala, Suécia, e posteriormente em simulações numéricas, modelando diversos casos de movimentos de *nappes* causados apenas por colapso gravitacional. Alguns pesquisadores consideram que essa abordagem se aplica perfeitamente aos cinturões orogênicos, enquanto outros argumentam que ela subestima o componente de esforço horizontal em contextos orogênicos. Não obstante, um dos aspectos interessantes desse colapso gravitacional é que toda a cunha ou pilha de *nappes* se torna mais delgada para compensar sua expansão lateral. Nesses

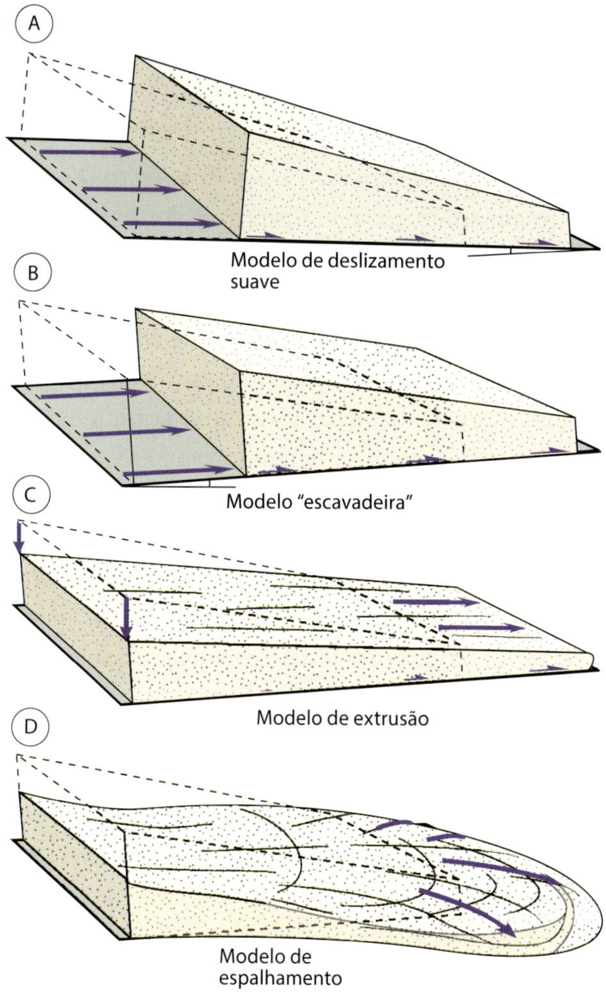

Fig. 17.28 *Diversos modelos de translação de* nappes. *O deslizamento suave (A) requer um descolamento com mergulho para o antepaís, enquanto (B) requer uma translação contra o mergulho. Os casos (A) e (B) são translações rígidas, causadas pela gravidade (A) ou por uma força da região posterior (B). Os casos (C) e (D) também são movidos pela gravidade, diferindo pelas condições de contorno (material confinado nas laterais ou não). Combinações desses modelos são possíveis*

modelos, os cavalgamentos são formados passivamente em consequência do espalhamento sobre um embasamento rígido (Fig. 17.28B), com o deslocamento aumentando em direção ao antepaís. Tecnicamente, esse deslocamento diminui até deixar de existir no além-país.

Os modelos que explicam a orogenia e o cavalgamento de larga escala devem levar em conta o

COLAPSO GRAVITACIONAL, ASSIM COMO O ENCURTAMENTO DECORRENTE DE ESFORÇOS VINDOS DA PARTE POSTERIOR (*PURE PUSH-FROM-BEHIND-TYPE SHORTENING*).

Os modelos de extrusão e espalhamento também têm implicações para a história deformacional. O adelgaçamento vertical e a extensão lateral da cunha são componentes significativos da deformação coaxial através de toda a cunha. O modelo de extrusão simples é dominado por cisalhamento puro e subsimples, ao passo que a deformação coaxial tridimensional é característica do espalhamento radial. A partir do modelo apresentado na Fig. 17.29, é evidente que o modelo de espalhamento produz uma distribuição radial do eixo *X* do elipsoide de deformação finita na porção inferior, e um padrão concêntrico na porção superior. Tanto a forma como a orientação do elipsoide de deformação podem, portanto, ser consideradas nos modelos de transporte de *nappes*. Os *fronts* curvos de cavalgamentos podem ser outro indicador de espalhamento gravitacional.

Algumas *nappes*, como a *nappe* Jotun, nas Caledonides da Escandinávia, apresentam pouca ou nenhuma deformação interna acima da forte deformação não coaxial em sua base. Elas não são *nappes* de espalhamento ou de extrusão, pois tais *nappes* devem ser suficientemente não competentes para se deformar internamente, o que requer temperatura e composição mineralógica apropriadas. As *nappes* ricas em quartzo, por exemplo, têm uma maior tendência ao colapso do que as ricas em feldspato, em temperatura entre 300°C e 500°C. Uma camada alóctone de evaporito (Cap. 20) pode espalhar-se por gravidade em superfície, devido à capacidade de fluxo do sal, mesmo em condições superficiais. Grandes porções de depósitos de talude continental deslizam sobre sedimentos argilosos e camadas de evaporitos, formando estruturas de imbricação e dobras de descolamento na região de sopé. O delta do Níger é um exemplo de tectônica gravitacional, onde o modelo de cunha pode ser aplicado adequadamente (Fig. 17.30).

17.4.3 Tectônica de inversão

Quando a crosta se contrai, ela é facilmente influenciada pelas estruturas preexistentes. Já vimos como

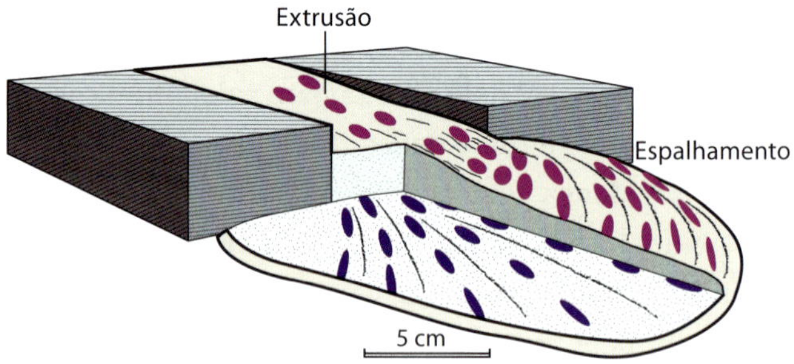

Fig. 17.29 *Modelo de espalhamento em laboratório. A deformação entre os blocos rígidos é uma extrusão. Assim que o material deixa os blocos que o confinam, o espalhamento assume um padrão radial de deformação em sua porção inferior e um estiramento concêntrico em sua porção superior. As elipses de deformação estão indicadas na figura*

Fonte: baseado em Merle (1989).

os descolamentos se formam ao longo das camadas litológicas não competentes, como folhelhos e evaporitos. De modo análogo, as falhas preexistentes poderão ser reativadas se estiverem em orientação favorável de deslizamento.

A reativação de falhas na contração é mais expressiva na inversão de falhas normais. Esse fenômeno e seu oposto (falhas inversas reativadas como falhas normais) são denominados **inversão**. Quando a contração se inicia, geralmente há falhas normais preexistentes. A maioria dos cinturões orogênicos, senão todos, tem um histórico pré-contração que inclui rifteamento e falhamentos normais em margens continentais, e foi comprovado que essas falhas normais relacionadas a riftes podem ser reativadas em episódios posteriores de encurtamento. Portanto, a reativação de falhas normais é previsível nos estágios iniciais de uma orogenia. Um exemplo é mostrado na Fig. 17.31, no qual falhas normais relacionadas a riftes no Canal de Bristol, Reino Unido, foram reativadas durante a contração alpina. A contração reverte o rejeito, modifica a capa e o que parece ser um arrasto normal pré-inversão, como sugerido nos esquemas em destaque na Fig. 17.31.

O exemplo da Fig. 17.31 representa a inversão simples de uma falha normal. Entretanto, falhas normais tendem a apresentar um mergulho maior que as falhas contracionais, particularmente em sua porção

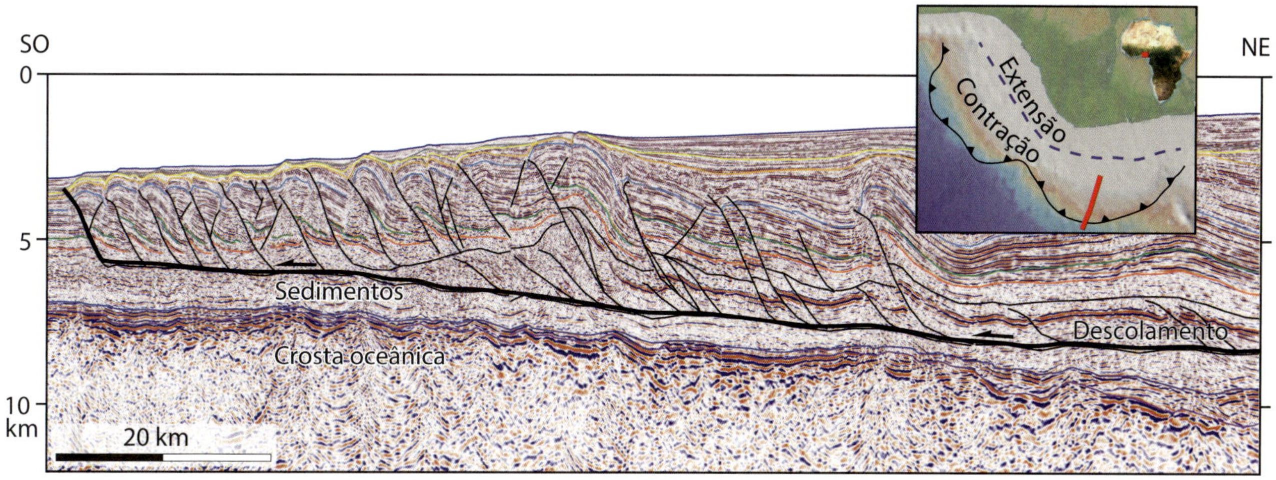

Fig. 17.30 *Exemplos de estruturas de contração na parte inferior e frontal do delta do Níger, Nigéria, formadas por esforço gravitacional das partes mais elevadas do talude do delta. Dados sísmicos tridimensionais fornecidos por cortesia de ION Geophysical. Ver Bellingham et al. (2014) para mais informações*

superior, o que torna as falhas normais menos favoráveis a reativação quando σ_1 é horizontal. Além disso, as falhas normais de alto mergulho podem apenas acomodar uma quantidade limitada de encurtamento horizontal. A contração, portanto, pode resultar em **falhas de atalho** com mergulho mais suave, especialmente nas partes superiores e mais inclinadas das falhas normais. Um exemplo esquemático, baseado na antiga margem continental sul-americana no norte do Chile, é mostrado na Fig. 17.32. A falha normal é posteriormente transformada em uma rampa de cavalgamento com uma zona de imbricação nos sedimentos sinrifte depositados durante o rifteamento pré-colisional. Retroempurrões similares àqueles indicados na Fig. 17.10 também se formam. Portanto, as rampas em regiões de cavalgamento podem formar-se a partir de estruturas extensionais preexistentes.

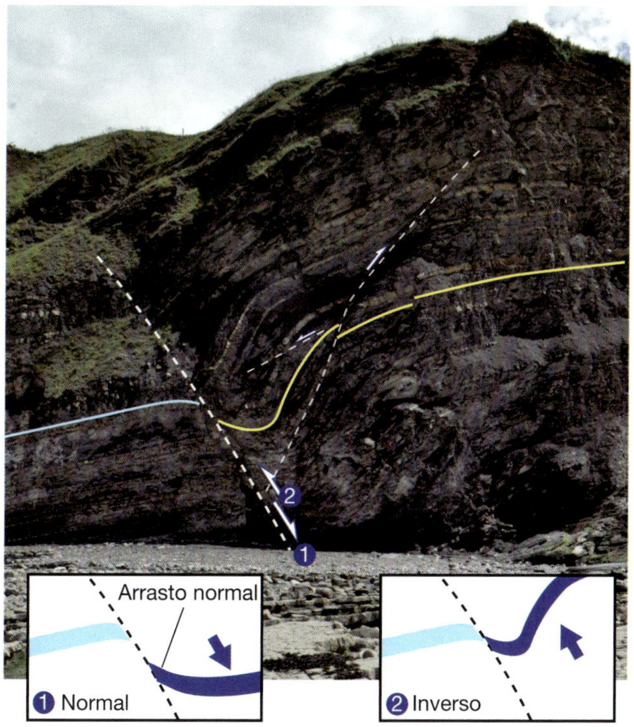

Fig. 17.31 *Falha de Quantocks Head em West Kilve, Reino Unido, mostrando dobras na capa durante a inversão (reversão) de uma falha normal. A falha tem 40-50 m de rejeito vertical normal aparente e os estratos em contato através da falha são estratigraficamente diferentes*

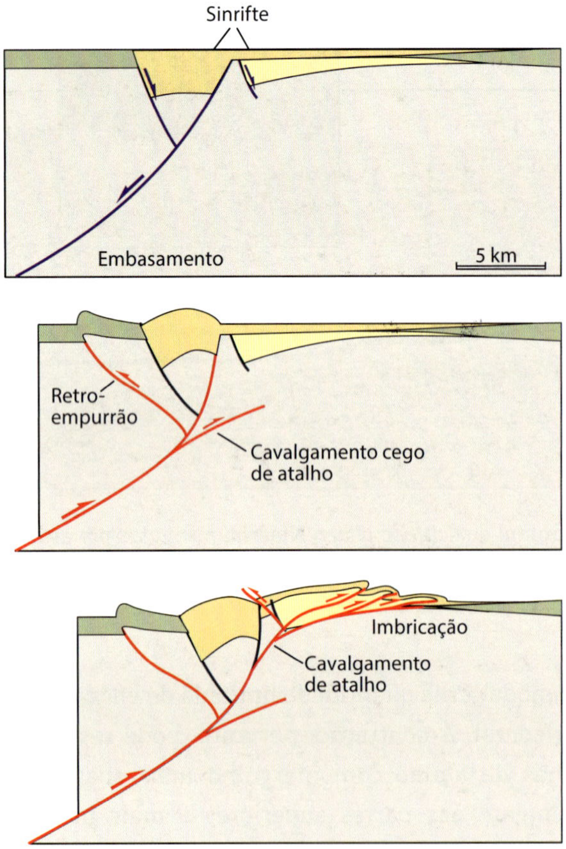

Fig. 17.32 *Exemplo de modelo de inversão, no qual duas fases extensionais (Triássico e Jurássico Superior – Cretáceo Inferior) foram encurtadas durante inversão de deslizamento na falha principal e formação de novos cavalgamentos em níveis rasos. As falhas contracionais são mostradas em vermelho*

Fonte: baseado em estruturas mapeadas no norte do Chile por Amilibia et al. (2008).

Resumo

Estruturas contracionais são comuns e importantes, principalmente em contextos orogênicos, mas também nas porções inferiores de diversas margens continentais. O transporte de enormes massas de rochas da crosta por até centenas de quilômetros é impressionante; a beleza estética e a consistência geométrica e cinemática das estruturas em pequena escala, incluindo estruturas em duplex e dobras relacionadas a falhas, são muito apreciadas pelos geólogos. Grande parte da terminologia apresentada neste capítulo foi desenvolvida em terrenos de baixo grau metamórfico ou em rochas sedimentares não metamorfizadas. Estruturas similares também ocorrem em contexto de além-país, afetando uma maior espessura crustal, somando-se às zonas de cisalhamento plástico e miloníticas discutidas no capítulo anterior. Aspectos importantes a serem lembrados são:

- A situação mecânica ou reológica é sempre importante no que diz respeito às estruturas resultantes.
- Os descolamentos formam-se em zonas de fraqueza e podem transportar espessas pilhas de *nappes* se houver elevada pressão de fluidos.
- Os descolamentos podem separar rochas não deformadas da lapa e rochas deformadas da capa, ou blocos com diferentes estilos de deformação.

- As rampas podem formar-se em unidades competentes que atuam como guias de esforços, mas também se formam pela reativação de falhas normais preexistentes.
- As unidades alóctones são transportadas por cavalgamento, ao passo que as autóctones não.
- As nappes de cavalgamento e as escamas tectônicas formam cunhas que se tornam mais delgadas em direção ao antepaís e que podem ser modeladas com o modelo de cunha crítica.
- Variações nas condições no interior da cunha ou abaixo dela podem causar instabilidades e espessamento por cavalgamentos e dobramentos, ou colapso por falhamentos extensionais.
- O colapso em larga escala da parte central e mais espessa da cunha pode causar cavalgamentos no antepaís.

Questões de revisão

1] O que são linhas de ramificação e como elas podem ser úteis?
2] Se você estivesse procurando petróleo, que tipo de estrutura contracional abordada neste capítulo você iria procurar?
3] O que é uma *nappe* milonítica?
4] Qual é a diferença entre uma dobra de propagação de falha e uma dobra associada a falha?
5] Onde podemos esperar encontrar retroempurrões?
6] Qual é o contexto ideal para a formação de dobras de descolamento?
7] Como as falhas extensionais podem se formar em um cinturão de dobramento e cavalgamento?
8] Que condições determinam a forma de uma cunha orogênica?
9] Como essas condições podem variar durante um evento orogênico?
10] Por que é de se esperar que haja falhas normais preexistentes em um cinturão orogênico?

E-módulo

O módulo de *e-learning* denominado *Contraction* é recomendado para este capítulo.

Leituras complementares

Nappes de cavalgamento

MCCLAY, K.; PRICE, N. J. (Ed.). *Thrust and Nappe Tectonics*. Special Publication 9. London: Geological Society, 1981.

RAMBERG, H. Some remarks on the mechanism of nappe movement. *Geologiske Föreningen i Stockholm Förhandlingar*, v. 99, p. 110-117, 1977.

Estruturas de cavalgamento

BONINI, M.; SOKOUTIS, D.; MULUGETA, G.; KATRIVANOS, E. Modelling hanging wall accommodation above a rigid thrust. *Journal of Structural Geology*, v. 22, p. 1165-1179, 2000.

BOYER, S. E.; ELLIOTT, D. Thrust systems. *American Association of Petroleum Geologists Bulletin*, v. 66, p. 1196-1230, 1982.

BUTLER, R. W. The terminology of structures in thrust belts. *Journal of Structural Geology*, v. 4, p. 239-245, 1982.

BUTLER, R. W. H. The nature of "roof thrusts" in the Moine Thrust Belt, NW Scotland: implications for the structural evolution of thrust belts. *Journal of the Geological Society*, v. 161, p. 1-11, 2004.

ELLIOT, D. The motion of thrust sheets. *Journal of Geophysical Research*, v. 81, p. 949-963, 1976.

MITRA, G.; WOJTAL, S. (Ed.). *Geometries and Mechanisms of Thrusting, with Special Reference to the Appalachians*. Special Paper 222. Boulder: Geological Society of America, 1988.

Dobras associadas a falhas

SUPPE, J. Geometry and kinematics of fault-bend folding. *American Journal of Science*, v. 283, p. 684-721, 1983.

Deformação (*strain*)

COWARD, M. P.; KIM, J. H. Strain within thrust sheets. In: MCCLAY, K. R.; PRICE, N. J. (Ed.). *Thrust and Nappe Tectonics*. Special Publication 9. London: Geological Society, 1981, p. 275-292.

SANDERSON, D. J. Models of strain variations in nappes and thrust sheets: a review. *Tectonophysics*, v. 88, p. 201--233, 1982.

Modelo de cunha crítica

DAHLEN, F. A. Critical taper model of fold-and-thrust belts and accretionary wedges. *Annual Reviews Earth Planetary Science*, v. 18, p. 55-99, 1990.

Dobras de propagação de falhas

ERSLEV, E. A. Trishear fault-propagation folding. *Geology*, v. 19, p. 617-620, 1991.

NARR, W.; SUPPE, J. Kinematics of basement-involved compressive structures. *American Journal of Science*, v. 294, p. 802-860, 1994.

Cavalgamentos e fluidos

FYFE, W.; KERRICH, R. Fluids and thrusting. *Chemical Geology*, v. 49, p. 353-362, 1985.

HUBBERT, M. K.; RUBEY, W. W. Role of fluid pressure in mechanics of over-thrust faulting. *Geological Society of America Bulletin*, v. 70, p. 115-166, 1959.

Cavalgamento gravitacional não orogênico

CORREDOR, F.; SHAW, J. H.; BILOTTI, F. Structural styles in the deep-water fold and thrust belts of the Niger Delta. *American Association of Petroleum Geologists Bulletin*, v. 89, p. 753-780, 2005.

Cavalgamento e concentração de hidrocarbonetos

MCCLAY, K. (Ed.). Thrust Tectonics and Hydrocarbon Systems. *American Association of Petroleum Geologists Memoir*, v. 82, 2004.

Alguns exemplos de cinturões de cisalhamento e estruturas orogênicas

HOSSACK, J. R.; COOPER, M. A. Collision tectonics in the Scandinavian Caledonides. In: COWARD, M. P.; RIES, A. C. (Ed.). *Collision Tectonics*. Special Publication 19. London: Geological Society, 1986, p. 287-304.

LAW, R. D.; BUTLER, R. W. H.; HOLDSWORTH, R.; KRABENDAM, M.; STRACHAN, R. (Ed.). *Continental Tectonics and Mountain Building*: The Legacy of Peach and Horne. Special Publication 335. London: Geological Society, 2010.

LAW, R. D.; SEARLE, M. P.; GODIN, L. (Ed.). *ChannelFlow, Ductile Extrusion and Exhumation in Continental Collision Zones*. Special Publication 268. London: Geological Society, 2006.

MCQUARRIE, N. Crustal scale geometry of the Zagros fold-thrust belt, Iran. *Journal of Structural Geology*, v. 26, p. 519-535, 2004.

18 Regimes extensionais

Tradicionalmente, as estruturas extensionais foram menos estudadas que as contracionais. Entretanto, esse panorama alterou-se na década de 1980, quando se percebeu que muitas falhas e zonas de cisalhamento consideradas como cavalgamentos apresentam evidências de estruturas extensionais de baixo ângulo. Reconhecidas pela primeira vez na província Basin and Range, no oeste dos EUA, as falhas e zonas de cisalhamento extensionais são hoje reconhecidas em diversos cinturões orogênicos. A maioria dos pesquisadores concorda que o estudo das estruturas extensionais mudou significativamente nossa compreensão dos orógenos e dos ciclos orogênicos. O atual interesse nas falhas extensionais também se deve ao fato de que muitas das reservas de hidrocarbonetos em *offshore* estão localizadas em contextos de rifte, com armadilhas controladas por falhas normais. O aproveitamento da maioria dos reservatórios de hidrocarbonetos requer uma compreensão detalhada das falhas extensionais, suas propriedades e sua complexidade.

18.1 Falhas extensionais

As **falhas extensionais** causam a extensão da crosta ou de uma camada de referência em rochas deformadas. Uma falha extensional em camadas horizontais é ilustrada esquematicamente na Fig. 18.1B. A falha apresenta um deslocamento próximo à espessura das camadas, de modo que o sentido e a magnitude do rejeito podem ser facilmente identificados. Outras falhas extensionais chegam a acumular até rejeitos de cem quilômetros, que são expressivos, ainda que não se igualem aos deslocamentos de centenas de quilômetros em cavalgamentos e falhas direcionais. Nessa escala, a própria crosta terrestre é a referência natural escolhida. Se a distância entre dois pontos na superfície da Terra, um em cada lado da falha, aumentar durante a deformação, houve uma extensão nessa direção. Mas isso também pode ocorrer em uma falha de rejeito direcional, dependendo das posições relativas dos dois pontos. Desse modo, devemos avaliar a extensão na direção perpendicular à direção da falha para podermos definir se a falha é, de fato, uma falha extensional. Essa é a principal direção de extensão em uma falha com rejeito no rumo do mergulho (Fig. 18.1B), assim como ela é a principal direção de encurtamento em falhas contracionais com deslocamento no rumo do mergulho. Uma falha perfeitamente direcional não apresenta mudanças na distância entre os pontos na direção perpendicular à falha.

Em falhas menores, o termo *falha extensional* pode ser usado se houver um movimento extensional em uma camada de referência, não importando a atitude da camada. Nesse sentido, falhas inversas podem ser falhas extensionais se a camada de referência apresentar um deslocamento extensional. Um exemplo de falha inversa extensional é mostrado na Fig. 18.2, juntamente com a interpretação de como ela se formou e foi rotacionada. É útil, portanto, especificar a superfície de referência por meio de termos como, por exemplo, *extensão crustal* ou *extensão paralela ao acamamento*.

UMA FALHA INVERSA TAMBÉM PODE SER UMA FALHA EXTENSIONAL, SE UM ACAMAMENTO TECTÔNICO OU SEDIMENTAR FOR USADO COMO REFERÊNCIA.

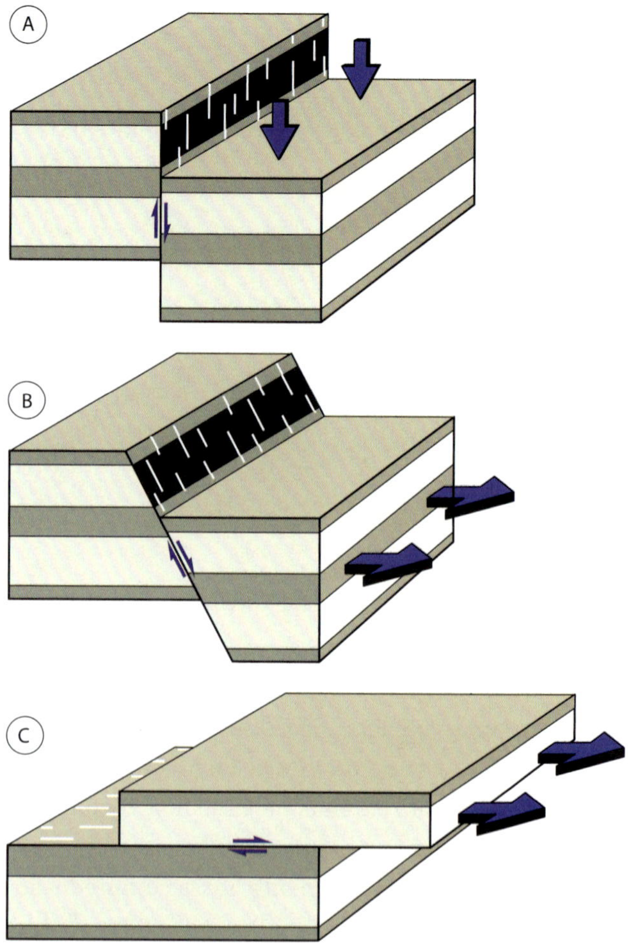

Fig. 18.1 *Com a superfície terrestre como referência, as falhas extensionais (B) representam um espectro de falhas normais que vai das verticais (A) às horizontais (C). As falhas verticais e horizontais não são extensionais nem contracionais*

O mergulho do plano de falha também é importante. Como indicado na Fig. 18.1, as falhas extensionais cobrem um espectro que vai das falhas verticais (Fig. 18.1A) às horizontais (Fig. 18.1C). As falhas verticais não implicam movimento extensional ou de encurtamento da crosta, apenas movimentos verticais (Fig. 18.1A). Podemos imaginar o falhamento vertical de um bloco como um análogo de larga escala do movimento das teclas de um piano – as teclas se movem verticalmente, mas o teclado mantém sua largura. Essa tectônica vertical foi dominante na maior parte do Platô do Colorado, no oeste dos EUA, durante o evento Laramide, no Cretáceo. Em geral, as falhas orientadas de modo perpendicular a uma camada não causam estiramento ou encurtamento da camada.

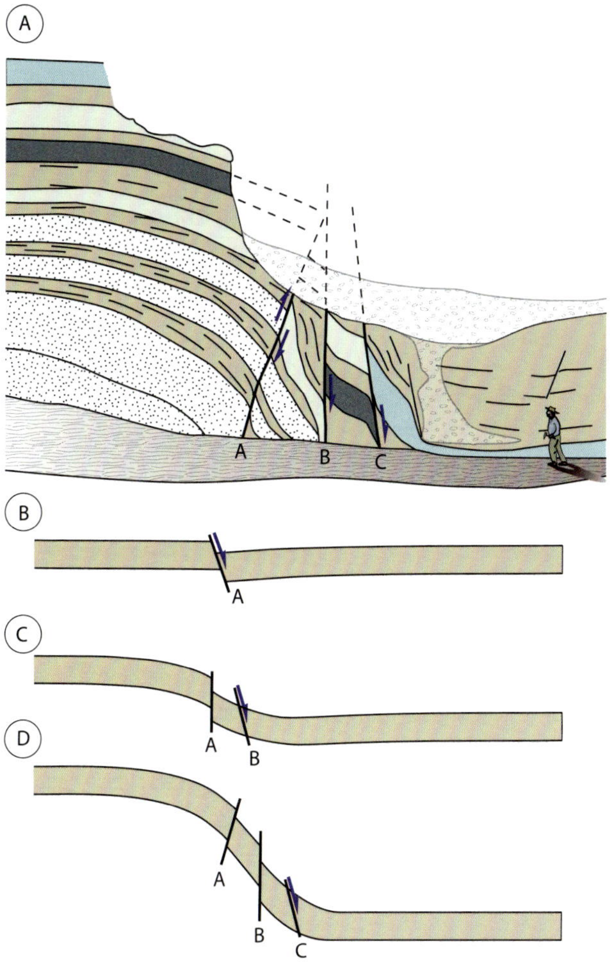

Fig. 18.2 *(A) Falhas inversas e normais coexistindo em uma camada dobrada ao longo de uma falha. Tanto as falhas inversas como as normais são falhas extensionais, porque elas causam movimento extensional nas camadas. As falhas inversas provavelmente se formaram como falhas normais (B) e foram rotacionados durante o dobramento (C, D). Deserto de San Rafael, Utah, EUA*

As falhas horizontais (ou paralelas ao acamamento) representam um dos membros extremos: elas não causam o estiramento ou encurtamento da camada em si (Fig. 18.1C). Falhas paralelas ao acamamento ocorrem em porções planas de falhas extensionais ou contracionais.

As falhas extensionais são comumente consideradas como tendo mergulho a partir de 60°, com base no critério de fraturamento de Coulomb e na teoria de falhamento de Anderson, discutidos na seção 7.3 (Fig. 7.14). Entretanto, o mapeamento em campo e a interpretação sísmica mostram que falhas extensionais, tanto de alto como de baixo ângulo de mergulho, são comuns. De fato, elas coexistem em muitos contextos extensionais. Como podemos explicar essas constatações?

A explicação mais simples leva em consideração que a maioria das rochas (ou todas) tem uma anisotropia herdada das fases iniciais de deformação. Portanto, uma explicação para falhas de alto mergulho é a reativação de juntas ou de falhas transcorrentes. Lembre-se de que as juntas são próximas à vertical porque elas se formam na direção perpendicular a σ_3, que tende a ser horizontal na crosta superior.

Nessa mesma linha de argumentação, podem-se formar falhas normais de baixo ângulo, por reativação de falhas de cavalgamento; muitas falhas extensionais de baixo ângulo são interpretadas desse modo. Ao mesmo tempo, experimentos e observações de campo indicam que algumas falhas extensionais de alto e de baixo ângulo formam-se em uma única fase extensional, sem a reativação de estruturas de fraqueza preexistentes. Em particular, algumas falhas normais de baixo ângulo devem ter sido rotacionadas de um ângulo de mergulho inicialmente alto para um baixo ângulo, ao passo que outras falhas de baixo ângulo são interpretadas como tendo sido formadas diretamente, sem rotação significativa. Vamos iniciar abordando esses casos com um modelo simples de rotação de falhas, conhecido como modelo dominó.

18.2 Sistemas de falhas

18.2.1 O modelo dominó

As seções através de um rifte na crosta superior tipicamente mostram uma série de blocos rotacionados, arranjados de modo análogo ao de peças de dominó ou de livros em uma estante (Fig. 18.3A). Essa analogia tem sido denominada **tectônica em estante de livros** (*bookshelf tectonics*) ou **modelo dominó (rígido)**:

O modelo dominó rígido descreve uma série de blocos rígidos de falha, simultaneamente rotacionados de modo uniforme.

O modelo dominó rígido é de fácil manuseio, e a Fig. 18.3 mostra como a rotação rígida dos blocos e falhas permite restaurar os sistemas. Entretanto, as características e limitações do modelo (Boxe 18.1) impõem desafios geométricos à sua aplicação a situações geológicas realistas (Boxe 18.2). Como sempre, a aplicação de modelos deve considerar as condições de contorno e a compatibilidade com o entorno. Em particular, espaços vazios e sobreposições não são aceitáveis. O primeiro desafio é definir a situação

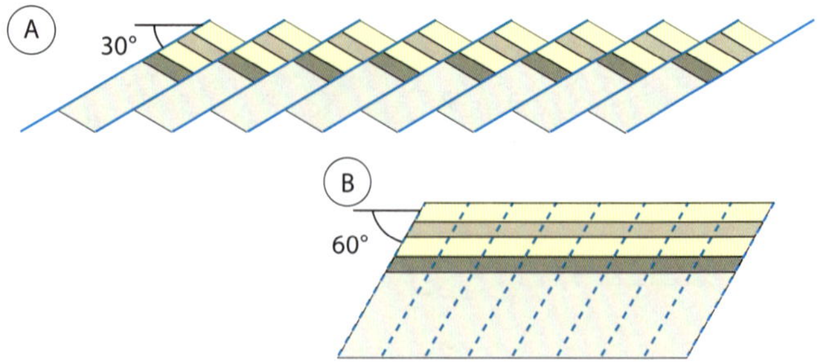

Fig. 18.3 *(A) Esquema do modelo dominó de blocos rígidos de falha. (B) Os blocos de falha podem ser restaurados por rotação rígida até que seu acamamento retorne à horizontal. Nesse caso, teremos de aplicar uma rotação de 30° para a remoção do deslocamento*

Boxe 18.1 Modelo dominó rígido

- Não há deformação interna nos blocos.
- Falhas e camadas rotacionam simultaneamente e a uma mesma taxa.
- As falhas terminam com o mesmo rejeito, que é constante ao longo das falhas.
- Todas as falhas têm o mesmo mergulho (paralelo).
- As falhas têm o mesmo rejeito.
- As camadas e as falhas são planas.
- Todos os blocos são rotacionados ao mesmo tempo e a uma mesma taxa.

Boxe 18.2 O sistema dominó de Gullfaks

O campo de petróleo de Gullfaks, no setor norueguês do Mar do Norte, forma um sistema dominó limitado por um complexo de *horst* a leste. O sistema dominó contém de quatro a seis blocos principais, cada um subdividido por falhas menores. Dados de perfurações mostram que há um grande número de falhas subsísmicas e estruturas relacionadas, incluindo uma grande população de bandas de deformação. Além disso, o mergulho do acamamento apresenta uma diminuição sistemática para oeste dentro de cada bloco. Portanto, um modelo dominó rígido perfeito não é aplicável nesse caso. Se os blocos forem rotacionados ao contrário, de modo rígido, para que o acamamento médio volte a ser horizontal, as falhas apresentam apenas um mergulho de 45°. Esse mergulho é menor que o mergulho de cerca de 60° esperado a partir das considerações mecânicas discutidas no Cap. 6. A discrepância pode ser explicada pelos sistemas de falhas internos aos blocos.

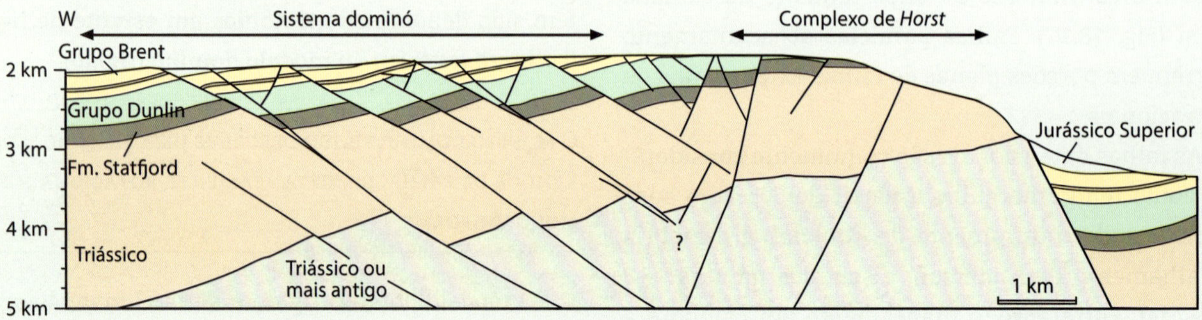

nas extremidades do sistema dominó. Isso pode ser resolvido de modo bastante elegante com uma falha lístrica (Fig. 18.4). Uma falha lístrica pode também ser colocada no outro extremo, acompanhada por um conjunto de blocos de falha em dominó com mergulho oposto. Um *graben* será necessário na parte central para conectar os dois extremos.

Um segundo problema de compatibilidade existe entre a base dos blocos e o substrato. Esse problema pode ser solucionado considerando-se um meio móvel na base dos blocos em rotação, como argila, sal ou uma intrusão magmática. Se os blocos forem suficientemente grandes para atingir a transição rúptil-plástica na crosta, o problema do espaço basal pode ser eliminado pelo fluxo plástico das rochas em subsuperfície.

Podemos também resolver o problema do espaço basal considerando uma deformação penetrativa nas partes basais dos blocos. Entretanto, isso representaria um desvio em relação ao modelo dominó ideal e sua hipótese de blocos rígidos e, portanto, não deformados internamente. Se essa exigência for cumprida, a restauração de uma seção geológica na direção extensional é simples, como mostrado no Cap. 21. Os blocos são simplesmente rotacionados ao contrário, até que as camadas voltem à posição horizontal e o rejeito tenha sido removido.

18.2.2 O modelo dominó *soft*

Os blocos falhados raramente ou nunca se comportam como objetos rígidos, principalmente onde os riftes afetam rochas não competentes ou sedimentos inconsolidados. Além disso, já vimos (Cap. 9) que as falhas ocorrem em populações onde dimensões das falhas individuais (largura, comprimento, rejeito, área) tendem a distribuir-se seguindo uma lei de potência. O modelo de dominó rígido requer que todas as falhas tenham o mesmo comprimento e rejeito, sem gradientes de deslocamento.

Devido aos desvios naturais em relação ao modelo dominó rígido, foi proposto o **modelo dominó *soft***, que considera a acumulação de deformação interna no interior dos blocos. Com isso, são possíveis variações no tamanho e nos rejeitos das falhas, além de dobramento de camadas.

O MODELO DOMINÓ SOFT PERMITE A DEFORMAÇÃO NO INTERIOR DOS BLOCOS FALHADOS.

A quantidade de extensão não pode mais ser determinada pelo simples balanço linear ou pela rotação reversa rígida dos blocos. Em vez disso, um modelo representativo para a deformação interna dos blocos deve ser selecionado. Uma deformação por cisalhamento simples dúctil pode ser uma abordagem adequada, como discutido no Cap. 21.

18.2.3 Por que se formam os sistemas em dominó?

A extensão da crosta pode resultar tanto em um sistema aproximadamente simétrico de *horst* e *graben*, como em um sistema em dominó dos tipos descritos anteriormente. A extensão total e o adelgaçamento crustal podem ser os mesmos, mas os arranjos de falhas dependem do modo como as rochas respondem à deformação, ou seja, como a deformação é acomodada na crosta (compare Figs. 18.3 e 18.5). Claramente,

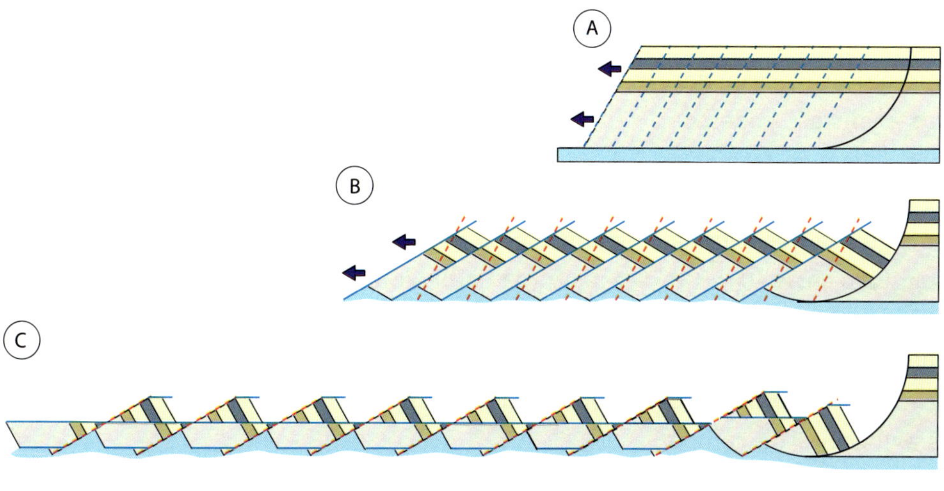

Fig. 18.4 *Esquema do desenvolvimento de um sistema dominó. (A) A transição para a lapa não deformada é acomodada por uma falha lístrica. (B) Um novo conjunto de falhas se desenvolve em uma extensão de alta magnitude. (C) O padrão resultante de falhas pode tornar-se bastante complexo. Para uma descrição mais detalhada, ver Nur (1986)*

um dos fatores mais importantes para facilitar o desenvolvimento de um sistema de falhas em estilo dominó é a presença de uma zona de fraqueza de baixo ângulo. Isso pode ser dado por uma formação litológica com sobrepressão, uma camada plástica de argila (argilito), uma camada de sal ou uma falha preexistente que possa ser reativada.

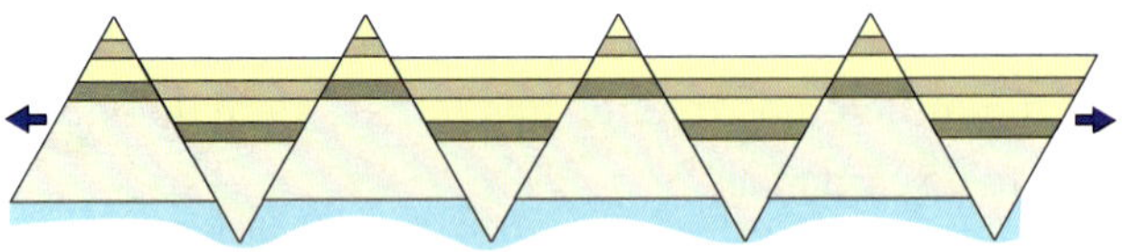

Fig. 18.5 *Uma alternativa para o modelo dominó de estiramento é o desenvolvimento de sistemas* horst *e* graben. *Esse estilo de deformação é idealmente simétrico e a deformação global se dá por cisalhamento puro*

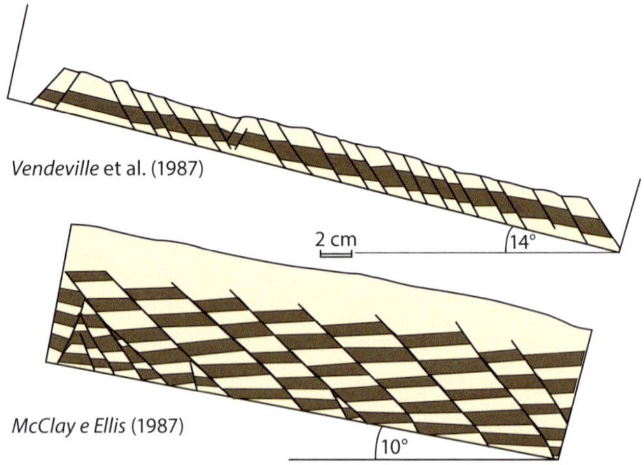

Fig. 18.6 *Experimentos com caixas de areia nos quais a base do modelo foi inclinada antes da extensão. A inclinação pode ser a causa da uniformidade do ângulo e da direção de mergulho das falhas*

Por outro lado, a ausência de uma camada de fraqueza ou zona de descolamento com caimento suave favorece um modelo simétrico de *horst* e *graben*. A importância da inclinação da camada basal pouco competente ou da zona de descolamento foi demonstrada em diversos experimentos físicos (Fig. 18.6).

18.2.4 Conjuntos de múltiplas falhas em sistema dominó

Se um sistema dominó for exposto em uma grande extensão (Fig. 18.4), as falhas serão rotacionadas para uma posição tão diferente de sua posição original, que haverá a formação de um novo conjunto de falhas (Fig. 18.4B, falhas em vermelho). Isso ocorre quando o esforço de cisalhamento ao longo da primeira falha diminui e fica abaixo do esforço crítico de cisalhamento da rocha, que depende da resistência do bloco adjacente e das propriedades mecânicas (fricção) das falhas. Com valores friccionais realistas, podemos demonstrar que as novas falhas devem se formar a partir de uma rotação de 20° e 45°. Para uma falha inicial com mergulho de 60°, isso significa que a falha pode ser rotacionada até um mergulho entre 40° e 15° e continuar ativa. A partir desse ponto, as falhas em dominó originais tornam-se inativas e novas falhas se formam, cortando as mais antigas e permitindo a continuidade da rotação. As evidências de campo em favor desse modelo foram identificadas em áreas extensionais de grande magnitude, como na Província Basin and Range, no oeste dos EUA.

18.3 Falhas de baixo ângulo e complexos de núcleo

Por um longo tempo, as falhas de baixo ângulo com rejeitos expressivos eram quase exclusivamente mapeadas em cinturões de dobramento e cavalgamento, onde eram consideradas como falhas contracionais. A visão tradicional de falhas normais como estruturas de alto ângulo, com mergulhos tipicamente de 60°, era bastante consagrada. Essa distinção simplista, baseada na Mecânica das Rochas, passou a ser menos rigorosa com o mapeamento da Província Basin and Range (EUA) nos anos 1970, e depois disso, em várias outras partes do mundo. Percebeu-se que as falhas extensionais de baixo ângulo são bastante comuns em contextos extensionais, apesar de a maioria das falhas normais ter mergulho mais inclinado. A interpretação de imagens sísmicas recentes, bem como a modelagem física e numérica, confirma a possibilidade de as falhas extensionais ocorrerem como estruturas de baixo ângulo. O que nem sempre fica claro é se elas foram ativas como estruturas de baixo ângulo ou se são simplesmente falhas normais rotacionadas de alto ângulo.

18.3.1 O problema das falhas normais de baixo ângulo

As falhas normais de baixo ângulo têm sido tema de discussão entre os geólogos estruturalistas desde que foram mapeadas e interpretadas em número significativo nas décadas de 1970 e 1980. Elas são muito eficientes na acomodação de deformação extensional – diferentemente das falhas normais de alto ângulo – e, portanto, fazem sentido do ponto de vista cinemático. Falhas normais de baixo ângulo têm sido descritas em diversas regiões do mundo, mas ainda não está claro como e porquê elas se formam.

Há um problema tanto mecânico quanto sísmico nas falhas normais de baixo ângulo. Do ponto de vista mecânico, as falhas normais devem formar ângulos iniciais de mergulho de 60° se o esforço máximo for vertical e se a rocha for mecanicamente isotrópica (condição de Anderson, seção 6.6) (ver Boxe 8.2, no qual as fraturas de cisalhamento podem ser consideradas como falhas normais). O problema sísmico está relacionado aos dados de mecanismo focal de terremotos (Boxe 10.1). Nos dados sísmicos globais não há registros de terremotos moderados a fortes (magnitude maior que 5,5) em falhas normais de baixo ângulo, o que pode ser interpretado como evidência contra a existência de falhas normais de baixo ângulo sismicamente ativas. Uma explicação possível seria que essas falhas representem falhas normais de alto ângulo que foram rotacionadas durante a deformação ou que, simplesmente, elas não produzam grandes terremotos. Vamos abordar algumas dessas questões a seguir.

As falhas normais de baixo ângulo podem se formar por rotação rígida ou dúctil de falhas normais de alto ângulo.

18.3.2 Falhas normais rotacionadas

O modelo de rotação de falhas (Fig. 18.4) é uma possibilidade de explicar como se formam falhas normais de baixo ângulo. Os primeiros conjuntos de falhas (em azul) nessa figura foram rotacionados por um conjunto posterior (em vermelho) para uma posição horizontal. Entretanto, muitas falhas extensionais de baixo ângulo em larga escala são persistentes e não foram rompidas por falhas mais jovens, como na Fig. 18.4C (falhas em vermelho). Portanto, precisamos de outros modelos para explicar a formação dessas estruturas. Um modelo popular no final da década de 1980 considerava a extensão na escala da crosta como um todo. Os efeitos isostáticos da extensão requerem que a base do modelo seja imóvel – uma condição que não está presente nos experimentos físicos com base fixa (Fig. 18.6).

A Fig. 18.7 ilustra o princípio desse modelo. Uma falha normal lístrica forma-se na crosta superior, tornando-se mais horizontal ao longo de uma zona de fraqueza com descolamento próximo à transição rúptil-plástica. A capa do descolamento maior pode ser denominada **placa superior**, e a lapa, **placa inferior**. Após uma certa quantidade de extensão, um novo conjunto de falhas forma-se na capa, ao passo que as falhas iniciais são desativadas. A desativação é, em parte, causada pelo soerguimento isostático da porção adelgaçada da crosta. O soerguimento rotaciona a falha original até o ponto onde passa a ser mecanicamente favorável a criação de uma nova falha na capa. Esse processo se repete até que uma série de blocos rotacionados em estilo dominó e *hemigrabens* relacionados se estabeleça. Nesse modelo, a falha mais inclinada é a falha ativa e mais jovem (compare essa geometria com os cavalos em um complexo duplex).

Note que esses blocos de falha em estilo dominó são diferentes do modelo dominó clássico, porque eles se desenvolvem em diferentes momentos. Portanto, esse modelo é um exemplo de como um arranjo de blocos de falha em estilo dominó pode surgir por um processo que não segue o modelo dominó ideal.

18.3.3 Rolamento de charneiras e complexos de núcleos metamórficos

O modelo mostrado na Fig. 18.7 envolve deformação por cisalhamento simples na crosta inferior e média. Durante essa deformação, a crosta superior é adelgaçada e a Moho é soerguida. A erosão dos complexos falhados soerguidos leva à exposição de blocos da placa inferior. A deformação na placa superior é rúptil, mas o cisalhamento ao longo do descolamento horizontal é inicialmente plástico. Entretanto, essa deformação adquire um caráter rúptil à medida que o descolamento é soerguido. Posteriormente, quando o descolamento for exposto, ele irá aparecer como um núcleo de rochas metamórficas e miloníticas afetado por estruturas rúpteis em uma janela através das rochas da placa superior (Fig. 18.7H). As rochas da placa inferior são denominadas **complexo de núcleo metamórfico**; esses complexos foram mapeados e descritos pela primeira vez na região de Basin and Range, no Arizona e em Nevada (EUA). Complexos similares foram então encontrados em toda a cordilheira do oeste da América do Norte (Boxe 18.3) e em muitas outras regiões do mundo, incluindo áreas associadas com dorsais mesoceânicas.

Uma análise detalhada da Fig. 18.7 revela que o cisalhamento vertical na lapa (à direita) cessa gradualmente. O cisalhamento na direção oposta, no lado do bloco de capa, permanece ativo sob a parte ativa do sistema de falhas, movendo-se na direção da capa. Se considerarmos a flexura da crosta como uma dobra, a zona de charneira será vista se movendo ou rolando na direção da capa com o desenvolvimento extensional. Esse efeito é denominado **modelo de rolagem de charneira** – um modelo que tem sido aplicado a muitos complexos de núcleo metamórfico.

O MODELO DE ROLAGEM É UM MODELO DE ROTAÇÃO DÚCTIL DE FALHA NO QUAL A DEFORMAÇÃO ROTACIONAL MIGRA ATRAVÉS DA LAPA ENQUANTO ESTA VAI SENDO DESNUDADA.

18.3.4 Falhas normais ativas de baixo ângulo

Os modelos clássicos construídos a partir das considerações idealizadas de Anderson de esforços principais verticais e horizontais e rochas isotrópicas (Fig. 5.13), do critério de fraturamento de Mohr-Coulomb e da lei de Byerlee, preveem que as falhas normais são travadas e se tornam inativas quando de baixo ângulo. Em termos simples, isso ocorre porque o esforço de cisalhamento em uma falha é reduzido à medida que seu ângulo com s_1 aumenta (Fig. 4.2). A Fig. 7.23 é também relevante, porque mostra que há uma faixa limitada (setor amarelo) de ângulos de mergulho de falhas (atitude de foliações) nos quais as reativações são favorecidas. Fora dessa faixa uma nova falha deve se formar. A largura desse setor depende da resistência do material (fricção interna) da estrutura preexistente

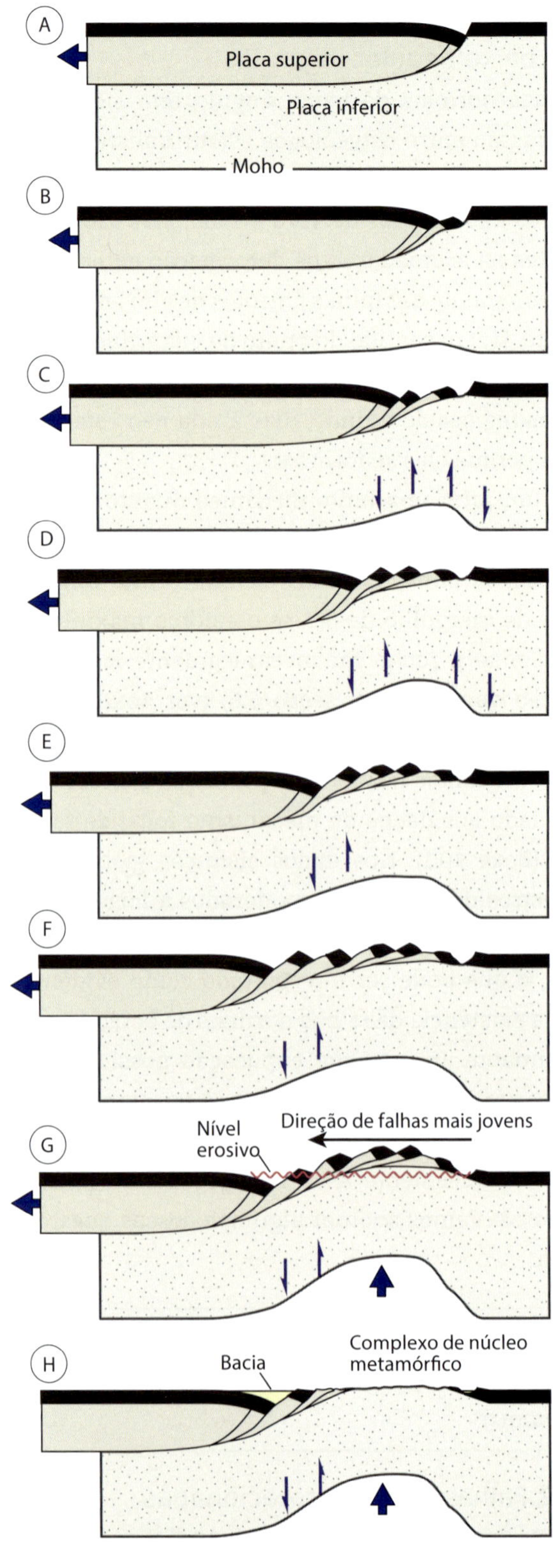

Fig. 18.7 *Desenvolvimento de um complexo de núcleo metamórfico durante extensão em escala crustal e compensação isostática. Note como novos blocos de falha em forma de cunha são sucessivamente arrancados da capa. Note também como a compensação isostática é acomodada por meio de cisalhamento vertical*
Fonte: baseado em Wernicke e Axen (1988).

e do estado de esforços. Para os coeficientes de fricção comuns, os valores críticos de mergulho são entre 30° e 40°.

Há, entretanto, diversos casos nos quais é possível mostrar que falhas normais de baixo ângulo foram ativas como estruturas de baixo ângulo, rotacionadas ou não. Isso inclui informações microssísmicas, ou seja, dados de pequenos terremotos que ocorrem ao longo de estruturas de baixo ângulo. Um exemplo de falha normal de baixo ângulo é mostrado na Fig. 18.8, em que rochas cataclásticas de falha caracterizam as falhas tardias ao longo de uma zona de descolamento de baixo ângulo e que não parece ter havido rotação sin ou pós-orogênica significativa. Outro exemplo é a reativação do cavalgamento de Meade, EUA, no perfil A do Boxe 17.2 (linhas vermelhas na figura indicam a falha extensional). Nesse último caso, a falha normal segue o cavalgamento, que é mais inclinado na parte superior da seção e menos ao longo do folhelho cambriano em profundidade. Esses e muitos outros exemplos (ver "Leituras complementares" ao final deste capítulo) envolvem falhas ou zonas de cisalhamento anteriores que foram reativadas em condições extensionais.

As falhas normais de baixo ângulo representam heterogeneidades que fogem à situação ideal de Anderson. Nesse contexto podemos novamente usar o argumento da sobrepressão que usamos nos cavalgamentos. Em outras palavras, uma camada estratigráfica de baixo ângulo ou uma zona de falha com elevada pressão de fluidos podem ter resistência extremamente baixa, praticamente sem fricção. Camadas delgadas de sal são outro exemplo; nessas situações são observados descolamentos extensionais de baixo ângulo em plataformas continentais, como na plataforma *offshore* na Nigéria/Angola e no Brasil. Em rochas ígneas e metamórficas, as estruturas de fraqueza são representadas por falhas preexistentes e zonas de cisalhamento que também podem apresentar sobrepressão, particularmente durante eventos sísmicos.

Algumas falhas normais de baixo ângulo, atualmente ativas, foram detectadas sismicamente através da assim chamada microssismicidade, que se relaciona a terremotos pequenos e frequentes – que podem ser registrados às centenas em poucos meses –, tipicamente gerados ao longo de falhas e fraturas preexistentes. Dados de microssismicidade através do Golfo de Corinto e da Falha Altotiberina, nos Apeninos, na Itália, são bons exemplos: nesses lugares há uma boa correspondência entre reflexões sísmicas interpretadas como descolamentos de baixo ângulo e atividade microssísmica. Portanto, há evidência de atividade de falhas normais de baixo ângulo, mas sem grandes terremotos. Duas explicações possíveis surgem imediatamente: os grandes terremotos têm intervalos de recorrência tão longos que ainda não foram detectados, ou muitos deles ocorrem em condições de resistência tão baixa que a fluência e os pequenos terremotos dominam o sistema em detrimento dos processos de cola-desliza (*stick-slip*) que criam os eventos sísmicos maiores. Um núcleo de falha de baixa resistência pode conter minerais mecanicamente fracos, como minerais placoides (argilominerais, micas, clorita) ou talco. Sabemos que uma parte significativa da Falha de San Andreas, EUA, apresenta comportamento assísmico (fluência, *creep*) com apenas terremotos de pequena magnitude (microssísmica). Uma zona de falha de baixo ângulo poderia mais facilmente capturar fluidos e criar uma sobrepressão que diminuiria a resistência da rocha de falha. Não obstante, o silêncio sísmico quase completo das falhas normais de baixo ângulo permanece como um desafio em escala global.

É interessante que as falhas normais de baixo ângulo possam ser produzidas experimentalmente, tanto como descolamentos ou cortando falhas normais prévias de alto ângulo. Os descolamentos de falhas são facilmente produzidos inserindo uma camada menos resistente ou plástica na parte basal do modelo; mas mesmo sem essas camadas predefinidas, as falhas de baixo ângulo podem se formar. Na natureza, uma camada de baixa resistência ou uma falha podem conectar esses segmentos. Um exemplo é mostrado na Fig. 18.9, em que a falha 5 (em vermelho) corta a falha 1, mais inclinada, e passa a acomodar a extensão subsequente de modo eficiente, como uma falha de baixo ângulo. Note que a falha 5 (vermelha) tem baixo ângulo apenas em uma parte de seu comprimento total e que ela se forma pela conexão entre

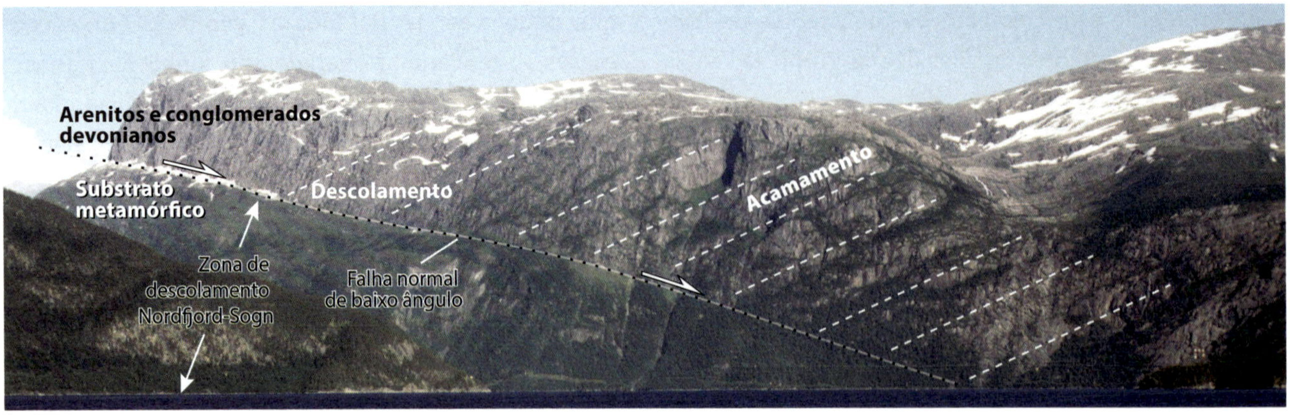

Fig. 18.8 *Falha de baixo ângulo sob a Bacia Hornelen, Devoniano, Caledonides da Escandinávia, separando arenitos e conglomerados devonianos de rochas miloníticas do descolamento de Nordfjord-Sogn. Essa falha é rúptil, localizada entre tramas miloníticas da zona de descolamento extensional de Nordfjord-Sogn e a bacia superimposta*

Foto: Vegard V. Vetti.

Boxe 18.3 Complexos de núcleo metamórfico

Um típico complexo de núcleo metamórfico é constituído por um núcleo de rochas metamórficas exposto em uma janela através de rochas não metamórficas, tipicamente sedimentares, de idade consideravelmente mais jovem. Essas duas unidades ou placas são separadas por um descolamento com evidências de significativo rejeito por cisalhamento. O descolamento é rúptil, sobrepondo-se a tramas miloníticas não coaxiais na placa inferior gnáissica. Em geral, um complexo de núcleo metamórfico é controlado por uma zona de cisalhamento ou de descolamento extensional de baixo ângulo, que se torna mais delgada na placa superior (capa), de modo que as rochas da placa metamórfica inferior ascendem isostaticamente e, posteriormente, são expostas em superfície.

O complexo de núcleo metamórfico ilustrado aqui é assimétrico e com um único descolamento. Há exemplos com dois descolamentos, um de cada lado do domo e com sentidos opostos de cisalhamento. A compreensão do desenvolvimento dos complexos de núcleo

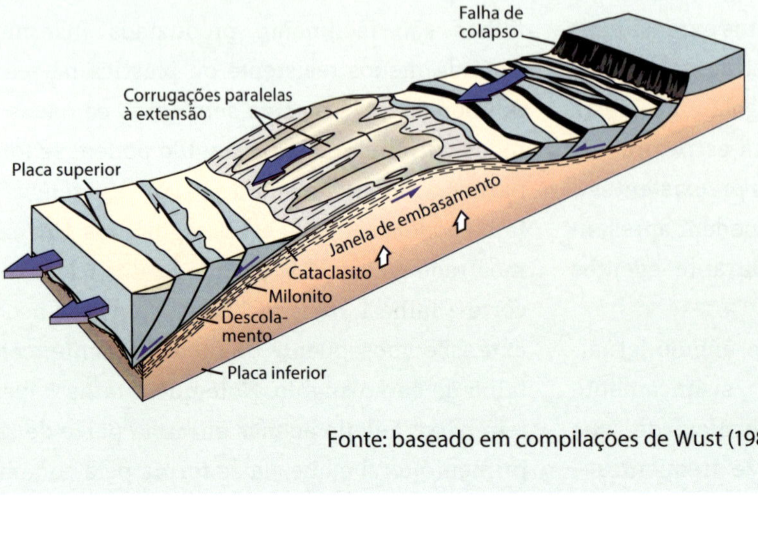

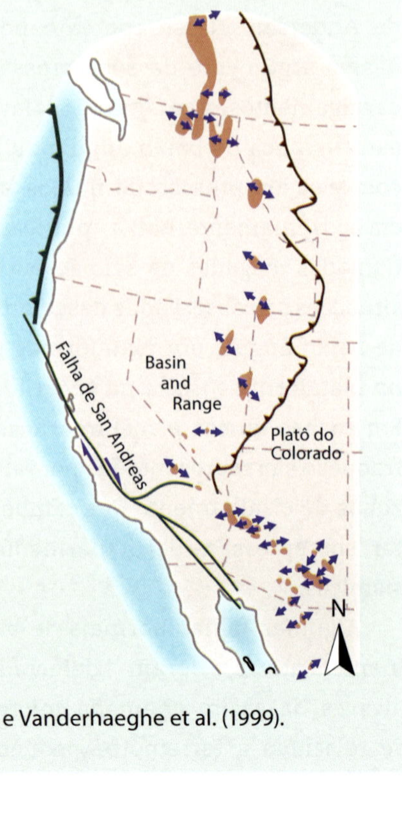

Fonte: baseado em compilações de Wust (1986) e Vanderhaeghe et al. (1999).

Boxe 18.3 Complexos de núcleo metamórfico *(cont.)*

metamórfico requer um trabalho de campo detalhado, combinado com outras fontes de informação, como dados geocronológicos, informações estratigráficas e dados sísmicos. O mapa apresenta a localização de complexos de núcleo metamórfico e as direções extensionais associadas na Cordilheira da América do Norte.

Complexos de núcleo oceânico são as contrapartidas oceânicas aos complexos de núcleo metamórfico-continentais. Eles se formam ao longo de cadeias mesoceânicas e são reconhecidos como cadeias perpendiculares ao eixo do rifte, com a convexidade voltada para cima ("anti-lístrica"). Internamente, a cadeia é composta por peridotito serpentinizado da crosta inferior ou do manto superior e as falhas são de baixa resistência, com minerais secundários "escorregadios", como talco e clorita. Essas falhas de descolamento provavelmente se iniciam durante períodos de baixa atividade magmática, quando a crosta sofre estiramento por falhas durante certo tempo, o suficiente para que uma das falhas normais acumule grande rejeito e seja rotacionada a uma posição de baixo ângulo por rotação isostaticamente dirigida, similar ao mostrado na Fig. 18.7.

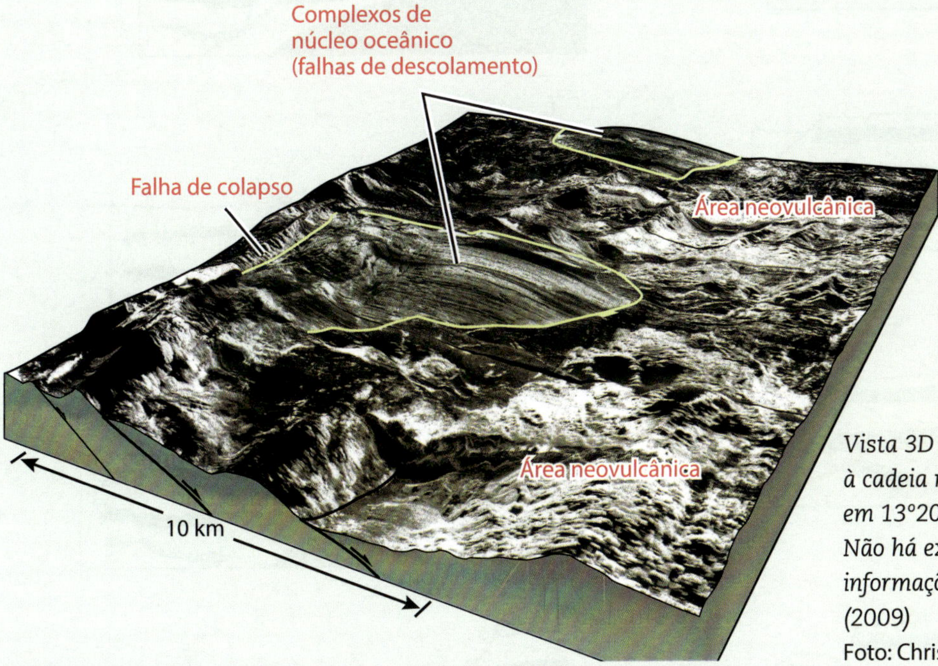

Vista 3D do fundo oceânico próximo à cadeia mesoceânica do Atlântico em 13°20'N, voltado para NW. Não há exagero vertical. Para mais informações, ver MacLeod et al. (2009)
Foto: Chris MacLeod e Roger Searle.

dois segmentos mais inclinados. A falha 6 na Fig. 18.10 é um exemplo de uma falha que se inicia com ângulo de 25° em suas partes intermediária e inferior (a parte superior é mais inclinada). Nesse caso, a geometria de falha pode ser controlada por um embasamento rígido.

Além da presença de uma estrutura de menor resistência na crosta, há também a possibilidade de que s_1 não seja vertical em todos os pontos da crosta, como nas proximidades de uma estrutura do embasamento mostrada na Fig. 18.10 ou em torno de uma falha de baixo ângulo de baixa resistência, como um cavalgamento preexistente. Esse é outro importante desvio em relação às condições de Anderson e que pode levar à formação ou ativação de falhas normais de baixo ângulo; ainda é necessária uma melhor

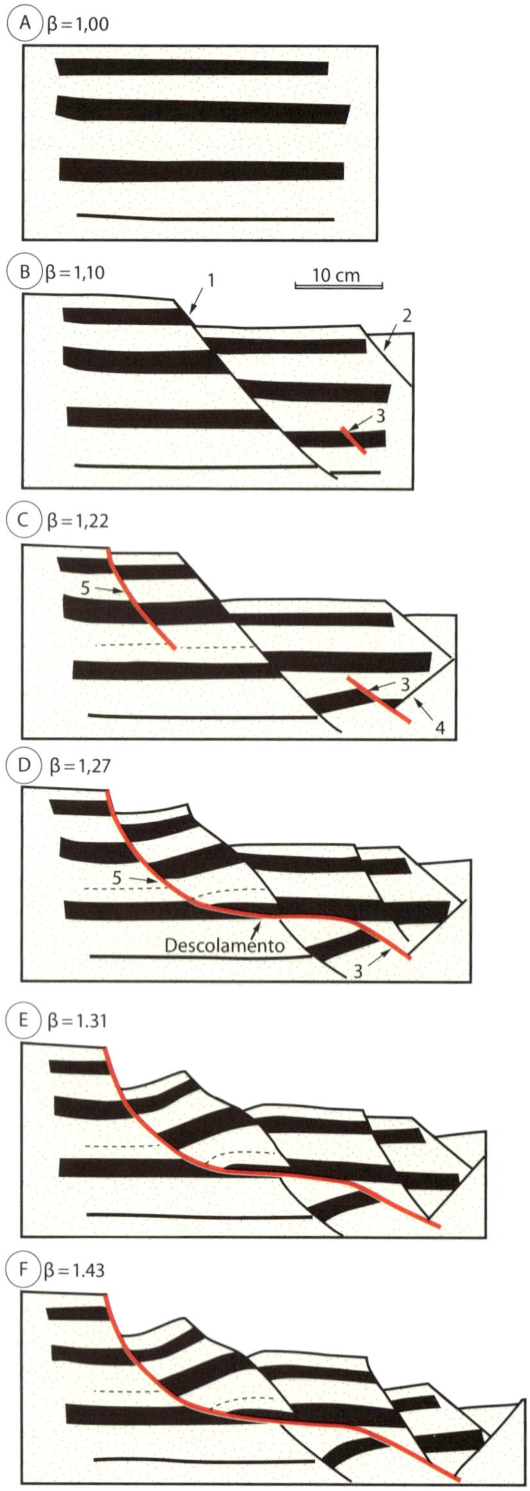

Fig. 18.9 *Experimento em massa de gesso mostrando como uma falha de baixo ângulo pode formar-se em um estágio relativamente tardio da história de deformação extensional. Note que a falha tardia (em vermelho) corta as falhas preexistentes de alto ângulo e que um horst está prestes a estabelecer-se acima do segmento de patamar da falha. Um pseudoacamamento foi marcado em preto nas paredes externas antes do movimento extensional*
Fonte: Fossen et al. (2000).

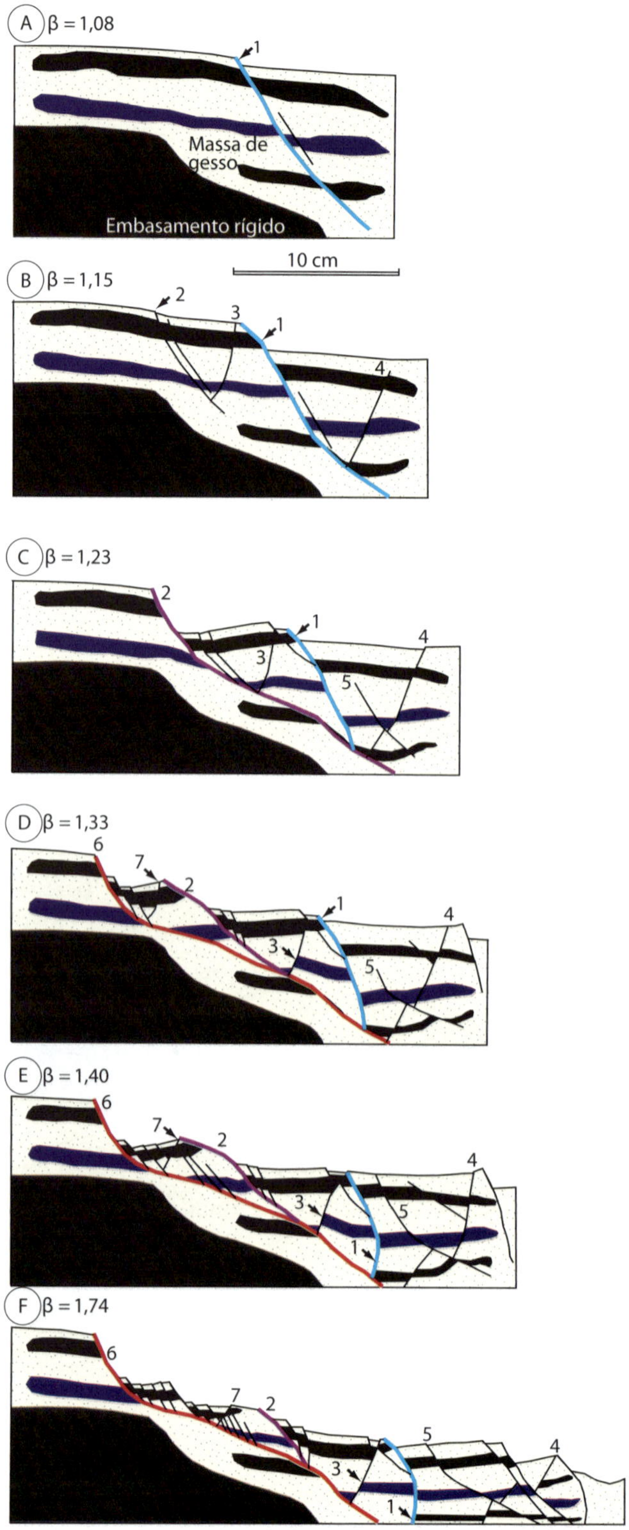

Fig. 18.10 *Colapso da lapa em um experimento com massa de gesso. Note como as novas falhas se formam sequencialmente na lapa, ao mesmo tempo que o mergulho da falha principal diminui*

compreensão de como os esforços principais podem variar em subsuperfície.

Finalizamos essa discussão sobre falhas normais de baixo ângulo observando que há geólogos que não acreditam em sua existência (apenas como falhas de alto ângulo rotacionadas) e interpretam algumas falhas normais clássicas de baixo ângulo no oeste dos EUA como deslizamento de terra e inconformidades. Outros veem evidências suficientes de dados sísmicos e de campo e se consideram como "aqueles que acreditam", mesmo que ainda não tenhamos explicações para todos os aspectos das falhas normais de baixo ângulo. Esse é um problema clássico interessante que merece contínua atenção.

A formação direta de falhas de baixo ângulo requer a existência de estruturas mecanicamente fracas de baixo ângulo na crosta, ou orientações anômalas dos esforços.

18.4 Geometria rampa-patamar-rampa

Vimos como as falhas extensionais podem ter uma geometria lístrica. Outra geometria particularmente comum em falhas extensionais de larga escala é a combinação de duas rampas ligadas por um segmento sub-horizontal. A geometria em rampa-patamar-rampa gera deformação extensional na capa, que deve ajustar-se à geometria da falha durante os movimentos. Um exemplo de **geometria rampa-patamar-rampa** é mostrado na Fig. 18.9 (falha em vermelho), onde o patamar (segmento de falha de baixo ângulo) desenvolve-se pela ligação dos dois segmentos mais inclinados da falha.

Como ilustrado na Fig. 18.11, uma série de blocos de falha em forma de cunha pode desenvolver-se acima de um conjunto rampa-patamar-rampa, onde as falhas extinguem-se para cima ou atingem a superfície (ver também a parede da capa da falha 6, Fig. 18.10F). Uma série dessas falhas ou blocos de falha é denominada **zona de imbricação** extensional, similar ao termo usado no regime contracional. Há um tipo correlato de estrutura extensional, uma série de lentes que, juntas, formam um **duplex extensional**. Os duplexes extensionais têm base e topo de modo similar aos duplexes contracionais.

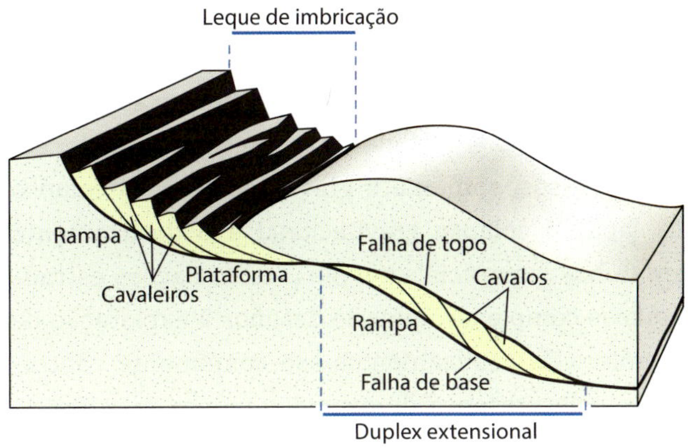

Fig. 18.11 *Esquema de uma imbricação extensional e de uma estrutura duplex. Cavalos (horses) e cavaleiros (riders) são mostrados em amarelo*

Em alguns casos, desenvolve-se um complexo de *horsts* sobre o patamar, em experimentos (Fig. 18.10) ou em sistemas de riftes, como o do Mar do Norte (Boxe 18.2); arranjos de falhas em estilo dominó geralmente se desenvolvem atrás desses cavalos enquanto a lapa colapsa. O desenvolvimento de um complexo de *horsts* é simulado na Fig. 18.10. O primeiro *horst* é definido pelas falhas 1 e 3, e o segundo, pelas falhas 2 e 7.

18.5 Colapso de lapa *versus* de capa

Com frequência, consideramos que as zonas de imbricação extensionais são produzidas por sucessivas formações de falhas e fatias no bloco de capa. A observação geral de que a capa tende a ser mais deformada que a lapa é um argumento a favor dessa ideia. Esse processo certamente ocorre e é denominado **colapso do bloco de capa**. Um exemplo de tal colapso é apresentado na Fig. 18.10, em que mais e mais falhas são acrescentadas ao bloco de capa da falha 6 durante a última parte do experimento (D-F). Outro exemplo está representado na Fig. 18.7.

Experimentos como o da Fig. 18.10 também mostram um **colapso do bloco de lapa**, em que novas falhas cortam sucessivamente o bloco de lapa. Podemos observar esse processo nos primeiros estágios do experimento, em que uma nova falha sintética (2) forma-se na lapa da falha 1 (Fig. 18.10A-C). Em um estágio tardio, a falha 6 forma-se ainda mais para dentro da lapa, antes que sua capa colapse na zona de imbricação.

O colapso de lapa ocorre onde gigantescos blocos de falha se formam e são rotacionados em sistemas de rifte; as cristas elevadas desses blocos colapsam sob a influência da gravidade e das forças tectônicas. Em alguns casos, somente a gravidade causa o colapso da lapa. O colapso gravitacional e o deslizamento em falhas superficiais curvas criam relações estratigráficas complexas, que são desafios à exploração de petróleo. Os deslizamentos são comumente controlados pela presença de camadas menos resistentes, como argila, sedimentos com sobrepressão e sal, e desenvolvem tipicamente dobras e falhas contracionais no sopé, além de falhas extensionais na parte central e posterior (Fig. 18.12).

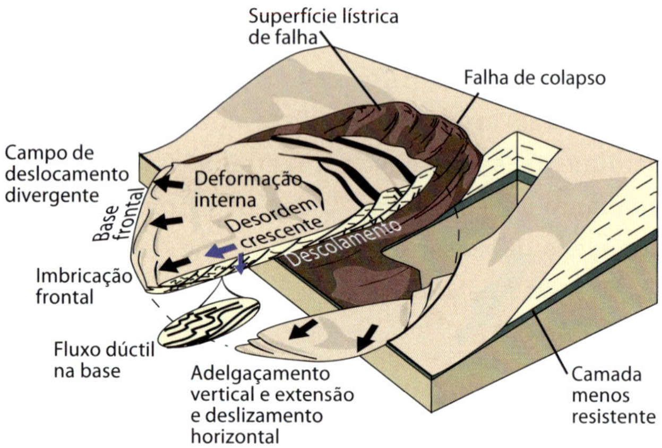

Fig. 18.12 *Deslizamentos geram estruturas extensionais na parte central e posterior, e estruturas contracionais na parte frontal (inferior) do sistema*

18.6 Rifteamento

Um rifte forma-se quando a crosta é estirada por forças tectônicas. Vários aspectos podem estar ligados à geração de riftes, e os dois modelos extremos são conhecidos como rifteamento ativo e passivo. No **modelo de rifteamento ativo**, o rifte é gerado pela ascensão de material quente do manto astenosférico (plumas), causando a formação de domos e esforços tracionais no local. O resultado é um rifte dominado por magmatismo e não necessariamente com muita extensão. No **modelo de rifteamento passivo**, o rifte forma-se por esforços remotos relacionados à tectônica de placas. Os riftes passivos tendem a formar-se em zonas de fraqueza herdadas na litosfera, como estruturas reativadas de antigas zonas orogênicas.

O RIFTEAMENTO ATIVO É CONTROLADO POR PLUMAS MANTÉLICAS E O RIFTEAMENTO PASSIVO, POR ESFORÇOS LIGADOS À TECTÔNICA DE PLACAS.

Os riftes naturais tendem a apresentar componentes de ambos os modelos. Em um caso simplificado, o rifteamento inicial pode ser o resultado de formação de domos em larga escala na crosta (Fig. 18.13A). Sistemas de fraturas inclinadas formam-se nesse estágio e podem atingir níveis suficientemente profundos para promover a geração de magmas do manto e subsequentes intrusões. O estágio seguinte é o principal, marcado pelo estiramento, quando a crosta passa por adelgaçamento vertical e alargamento lateral (Fig. 18.13B). As falhas e os blocos de falha principais formam-se durante esse estágio. Quando o estiramento cessa, inicia-se o estágio final de subsidência (Fig. 18.13C). Após isso, a crosta é resfriada e o embasamento rebaixado recebe sedimentos pós-rifte. As falhas limitam-se, principalmente, àquelas formadas por compactação diferencial.

O desenvolvimento extensional de um rifte se reflete em sua sequência sedimentar. A sequência **pré-rifte** é depositada antes do movimento extensional, ao passo que a sequência **sinrifte** é depositada durante o rifteamento. Os sedimentos sinrifte apresentam espessura e variação faciológica de acordo com o crescimento das falhas; o espessamento da capa, o adelgaçamento da lapa e a não sedimentação na lapa também são características. A sequência **pós-rifte** é controlada pela geometria dos blocos de falha e pela subsidência térmica após o término da extensão.

Dois modelos extremos bastante simples para o crescimento de riftes podem ser deduzidos com base nos aspectos anteriormente discutidos neste capítulo. Um deles relaciona-se ao modelo dominó, em que a largura final do rifte é estabelecida no estágio inicial e as falhas do sistema dominó acumulam rejeitos e rotacionam juntamente com os blocos de dominó, à medida que a extensão é acumulada. O outro modelo extremo envolve o colapso em larga escala da lapa. Nesse modelo, o rifte expande-se a partir de seu eixo e as falhas tornam-se progressivamente mais jovens ao se afastar do *graben* central. Naturalmente, os

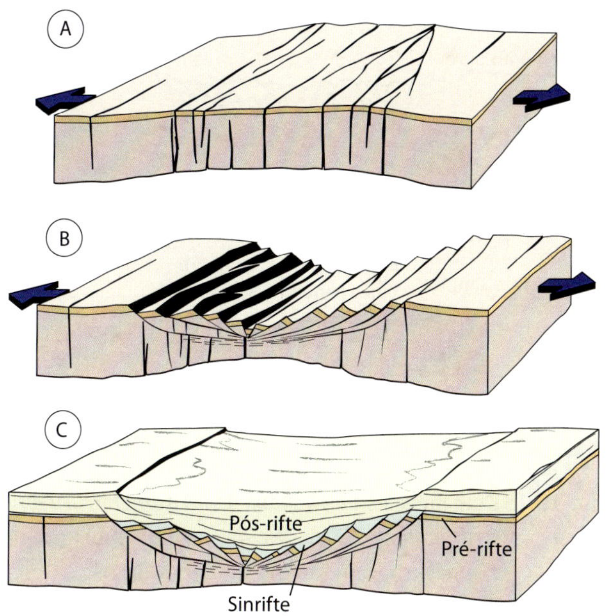

Fig. 18.13 *Três estágios de desenvolvimento de um rifte. (A) Extensão inicial, que cria ou reativa fraturas que atingem níveis crustais profundos. A deformação é baixa nesse estágio e há preenchimento de fraturas por magma, com a formação de diques. (B) Estágio de estiramento, durante o qual formam-se os principais complexos de falhas. Os sedimentos sinrifte não estão representados. (C) Subsidência pós-rifte e sedimentação. As falhas de compactação na sequência pós-rifte formam-se por compactação diferencial*

riftes são complexos e envolvem elementos de diversos modelos. Em geral, o desenvolvimento dos riftes depende de diversos fatores, incluindo os processos e a estrutura térmica do manto e a estrutura mecânica da crosta (distribuição e atitude das estruturas de fraqueza preexistentes).

18.7 *Hemigrabens* e zonas de acumulação

Os riftes simétricos são raros e a maioria deles tem uma falha mestra em um de seus flancos. À medida que nos deslocamos em um rifte, podemos perceber que a localização da falha mestra varia de um lado para outro. Essa é uma característica comum de riftes, que tem sido estudada em detalhe por Bruce R. Rosendahl e colaboradores, na região do lago Tanganica, no sistema de rifte do leste da África. Nesse caso, o rifte desenvolve-se como uma série de *hemigrabens* com mergulhos opostos. Cada *hemigraben* tem uma geometria curva, em meia-lua, e, onde um *hemigraben* termina, outro se inicia, tipicamente com mergulho oposto. Dependendo do arranjo dos *grabens* e das falhas secundárias na capa, podem-se formar altos (*horsts*) e baixos (*grabens*) bacinais (Fig. 18.14). O termo **zona de acomodação** pode ser usado especificamente para esse tipo de estrutura de sobreposição de *hemigrabens*. Note que seções (quase) simétricas ocorrem apenas em zonas onde dois *hemigrabens* têm mergulhos opostos (Fig. 18.14).

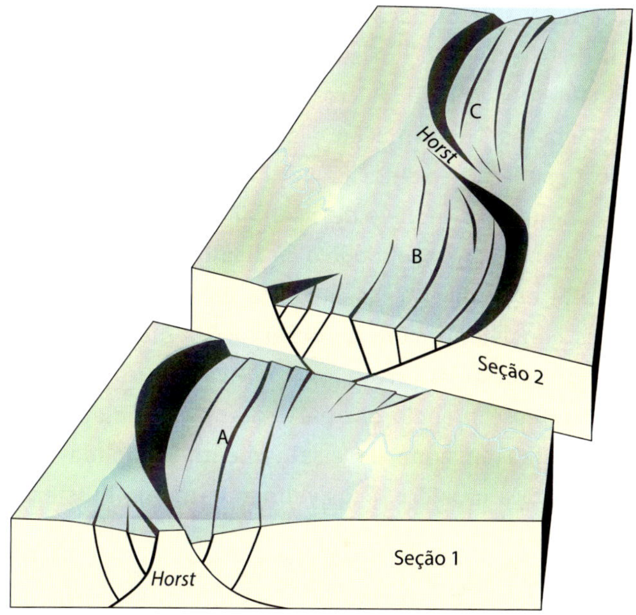

Fig. 18.14 *Sistema de rifte composto por* hemigrabens *sobrepostos, que se interferem mutuamente. As sobreposições são denominadas zonas de acomodação por Rosendahl et al. (1980), com base em dados do grande rifte do leste da África. Diferentes tipos de arranjos de* hemigrabens *podem ocorrer. As zonas de acomodação podem conter* horsts *(seção 1) ou* grabens *(seção 2)*

18.8 Modelos de cisalhamento puro e simples

O estiramento crustal em zonas de rifte pode ser discutido em termos de modelos de cisalhamento puro ou de cisalhamento simples (Figs. 18.15 e 18.16). O modelo de cisalhamento puro é também denominado **modelo de McKenzie**, enquanto que o de cisalhamento simples é conhecido como **modelo de Wernicke**, em alusão aos seus respectivos autores nas décadas de 1970 e 1980.

A CROSTA PODE SER ADELGAÇADA DE MODO SIMÉTRICO E UNIFORME POR UM CISALHAMENTO GERAL PURO, OU DE MODO ASSIMÉTRICO E MAIS LOCALIZADO, CONTROLADO POR UMA ZONA DE CISALHAMENTO INCLINADA.

No **modelo de cisalhamento puro**, que foi o primeiro a ser proposto, a contribuição total das falhas individuais do rifte cria um adelgaçamento simétrico da crosta. A deformação geral ocorre por cisalhamento puro e a extensão horizontal é balanceada por adelgaçamento vertical. A crosta inferior torna-se mais delgada por deformação plástica, ao passo que a crosta superior se deforma por falhamentos rúpteis.

Enquanto o modelo de cisalhamento puro é simétrico por natureza, o **modelo de cisalhamento simples** resulta em um rifte assimétrico e, nesse sentido, é mais consistente com as observações discutidas na seção anterior. O termo *cisalhamento simples* é usado porque esse modelo em particular é controlado por uma falha ou zona de cisalhamento inclinada que transecta a crosta e, possivelmente, toda a litosfera. O descolamento envolve um cisalhamento simples localizado, expressivo o bastante para que o termo *modelo de cisalhamento simples* seja válido. Os dois lados

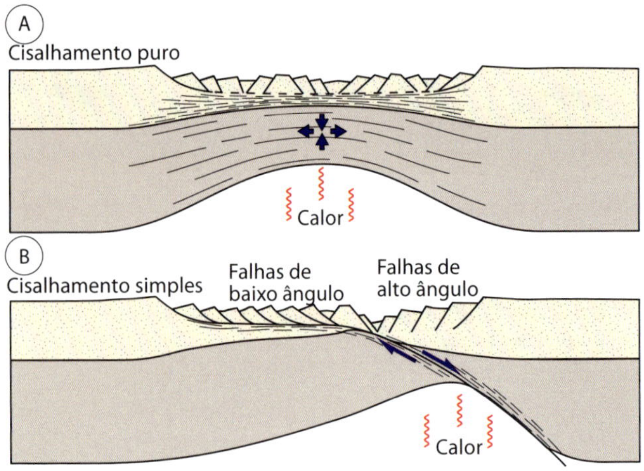

Fig. 18.15 *Dois modelos idealizados de estiramento crustal e rifteamento. O modelo de cisalhamento puro é simétrico, com um máximo térmico sob a região central do rifte. O modelo de cisalhamento simples geralmente é dominado por uma zona de cisalhamento de baixo ângulo, que produz uma assimetria no rifte*

de um rifte controlado por um descolamento inclinado são geometricamente diferentes, assim como sua estrutura térmica. No modelo de cisalhamento puro, o maior gradiente de temperatura situa-se sob a região central da bacia, enquanto que no modelo de cisalhamento simples ele é deslocado (Fig. 18.15). Isso tem consequências para o desenvolvimento de padrões de soerguimento e subsidência, e há diferen-

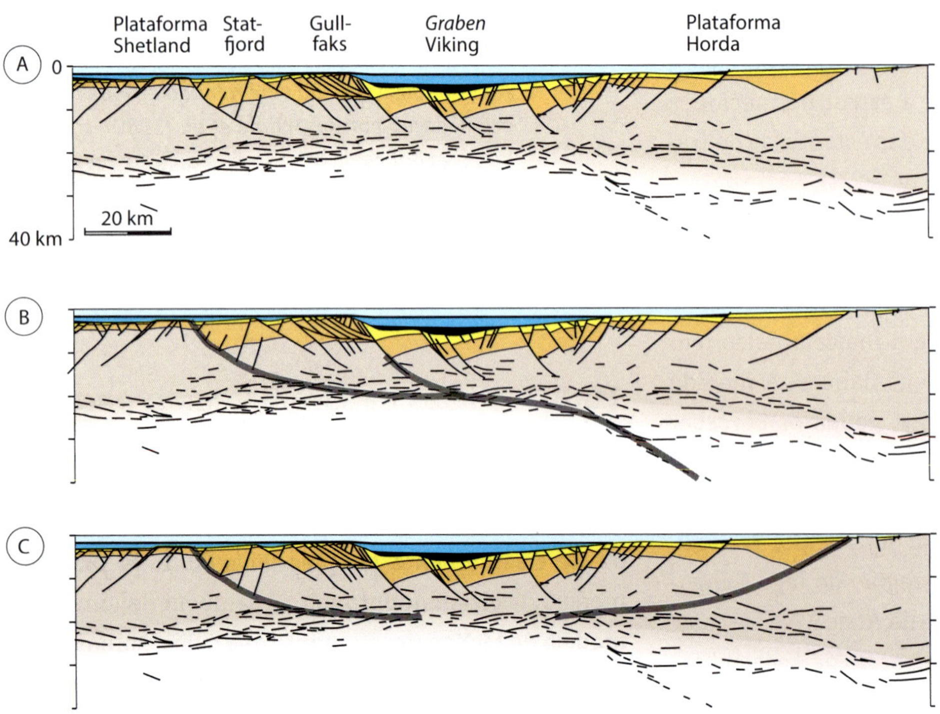

Fig. 18.16 *Seção baseada em uma linha sísmica profunda através da porção norte do Mar do Norte. Esta seção foi interpretada tanto em termos de cisalhamento puro (B) como de cisalhamento simples (C), e podemos considerar que ela contém elementos de ambos os modelos*
Fonte: baseado em Odinsen et al. (2000).

tes versões do modelo de cisalhamento simples, que produzem resultados diferentes.

18.9 Estimativas de estiramento, fractais e lei de potência

A quantidade de extensão através de um rifte pode ser determinada de várias maneiras. Podem ser usadas seções geológicas a partir de perfis sísmicos profundos, que registram o adelgaçamento da crosta sob o rifte. Se o princípio de conservação da área for aplicado, ou seja, se considerarmos que não houve transporte de material para dentro ou para fora da seção e que não houve assimilação de material crustal pelo manto, a extensão pode ser estimada com a restauração da seção (ver Cap. 21) até o ponto onde a espessura crustal se torne constante e igual à das margens do rifte.

Um método puramente estrutural de estimar a quantidade de extensão é a soma de componentes horizontais de rejeito ao longo de um horizonte de referência através do rifte. Se a rotação dos blocos for pequena, a soma deveria representar a extensão total ao longo da seção. Entretanto, há tipicamente uma diferença entre a deformação estimada a partir da soma dos rejeitos horizontais e a calculada a partir do balanço de seções da crosta.

Na maioria dos casos, a soma dos rejeitos subestima o estiramento. Em alguns casos, as duas estimativas diferem por um fator dois. Por que tal discrepância?

O BALANÇO DE SEÇÕES DA CROSTA RESULTA EM ESTIMATIVAS DE EXTENSÃO TIPICAMENTE MAIS ALTAS QUE A SOMA DOS REJEITOS HORIZONTAIS ATRAVÉS DE UM RIFTE.

Uma explicação possível para isso é que a parte inferior da crosta estirada pode ser assimilada pelo manto. Portanto, a hipótese de conservação de área não é satisfeita e a extensão é subestimada. Por outro lado, a assimilação de material crustal não chega a ser expressiva a ponto de explicar tal discrepância, exceto, talvez, em riftes ativos com intenso magmatismo.

Uma análise detalhada do modelo de deslocamento de falhas revela que este não considera a contribuição de falhas subsísmicas, ou seja, das estruturas pequenas demais para aparecer nas seções geológicas onde é feita a soma dos rejeitos. Poderíamos considerar que as falhas que não aparecem em linhas sísmicas ou seções geológicas não façam muita diferença. Entretanto, se a quantidade dessas falhas for grande, elas podem, em conjunto, representar uma quantidade significativa de extensão. Mas, como podemos corrigir a extensão causada por essas falhas, se elas estão abaixo do limite de resolução?

Esse problema foi intensamente analisado nas décadas de 1980 e 1990, e percebeu-se que a distribuição dos rejeitos (ou dos rejeitos horizontais) das populações de falhas varia sistematicamente segundo uma lei de potência (ver Boxe 18.4). O método consistiu na coleta de dados de rejeitos de falhas em linhas sísmicas, mapas geológicos e afloramentos, lançando-os em gráficos cumulativos com eixos logarítmicos. O rejeito foi medido para cada falha ao longo de um dado horizonte em linhas sísmicas ou perfis geológicos paralelos e organizados em planilhas. Os valores de rejeito foram lançados no eixo horizontal do gráfico e o número cumulativo, ao longo do eixo vertical. Na prática, isso significa representar o máximo rejeito com o número cumulativo 1, o segundo maior rejeito com o número cumulativo 2, e assim por diante.

Alternativamente, o número cumulativo por quilômetro pode ser lançado no eixo vertical. Nesse caso, a frequência é retratada, ou seja, com que frequência falhas com um dado rejeito ocorrem estatisticamente em uma dada direção de perfil.

Muitas populações de rejeitos de falhas definem um segmento de reta, o que implica uma **distribuição segundo uma lei de potência**. Uma lei de potência ou relação autossimilar indica que os dados definem uma linha aproximadamente reta em um gráfico log-log. Matematicamente, isso pode ser descrito pela expressão:

$$N = aS^{-D} \qquad \textbf{(18.1)}$$

onde S é o deslocamento vertical ou horizontal; N é o número cumulativo de rejeitos de falha; e a é uma constante. O expoente D descreve a dimensão fractal ou a inclinação da linha reta. Como estamos trabalhando em um espaço log-log, é adequado reescrevermos a expressão como:

$$\log N = \log a - D \log S \qquad (18.2)$$

que é a equação de uma linha reta com inclinação $-D$. O expoente D descreve a relação entre o número de pequenos e de grandes rejeitos. Um valor alto de D implica um grande número de falhas pequenas para cada falha grande. Portanto, quanto maior for o valor D, maior será o erro das estimativas de estiramento se as pequenas falhas (subsísmicas) não forem conside-

Boxe 18.4 Fractais e autossimilaridade

Um fractal é uma forma geométrica que pode ser dividida em partes menores, cada parte com uma forma correspondente à parte maior. Os fractais são considerados autossimilares, significando que uma ou mais propriedades suas se repetem em diferentes escalas. Isso é válido para muitas propriedades das estruturas geológicas, como falhas e dobras, ainda que alguns aspectos não sejam autossimilares. Por exemplo, grandes dobras podem ser constituídas por dobras menores de mesma forma, que, por sua vez, podem ser constituídas por dobras ainda menores, mas de mesma forma. Ou um conjunto de fraturas visto em imagem de satélite pode ser idêntico ao padrão de fratura observado em campo ou em seção delgada em uma amostra da mesma área. As feições não são idênticas, mas similares em algumas escalas (p. ex., 100 km acima da superfície, em superfície e ao microscópio). É por isso que a escala sempre deve ser indicada em imagens de estruturas geológicas.

Propriedades especiais ou tamanhos de populações de fraturas geralmente são considerados. Em uma dimensão, o rejeito de falha é um tamanho desse tipo. Se a distribuição de rejeitos de uma população de falhas define uma linha reta em um diagama log-log (Fig. 18.17), os rejeitos são autossimilares. Isso significa que, para um rejeito de falha escolhido ao acaso, há sempre um número fixo de falhas com um décimo do rejeito escolhido. Assim, para cada falha com 1 km de rejeito, haverá 100 falhas com rejeito de 100 m; para cada falha com rejeito de 100 m haverá 100 falhas com rejeito de 10 m, e assim por diante. A relação é descrita pelo expoente D (Eq. 18.2). Em duas e três dimensões, a autossimilaridade e as dimensões fractais podem ser aplicadas no comprimento e em outros aspectos geométricos das falhas. A teoria fractal tem diversas aplicações em Geologia e é útil saber suas bases matemáticas e suas aplicações geológicas.

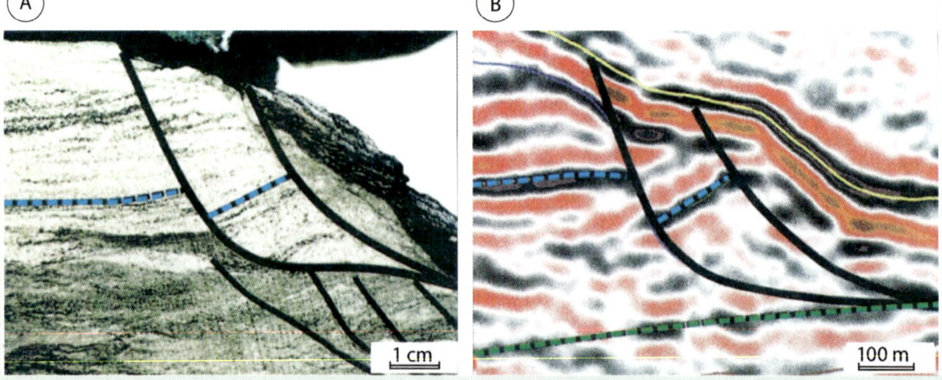

Estruturas em (A) escala centimétrica (testemunho) e (B) escala hectométrica, ambas do campo de Statfjord, Mar do Norte. As duas estruturas têm aparência similar e ilustram o conceito de autossimilaridade aplicado à geometria de falhas

Fonte: Hesthammer e Fossen (1999).

radas. Os valores de D mais comuns em populações de falhas situam-se entre 0,6 e 0,8.

Os dados reais raramente definem uma linha reta perfeita em diagramas cumulativos log-log (Fig. 18.17). Entretanto, um segmento central retilíneo pode ser visto (entre 10 e 100 m, Fig. 18.17), truncado por segmentos curvos nas extremidades. O truncamento é causado pela subestimação de falhas com rejeitos muito pequenos (problema de resolução) e de falhas com rejeitos muito grandes (os perfis nem sempre intersectam as falhas maiores em uma dada área). Esse efeito é por vezes denominado efeito de censura. Para compensar o efeito de truncamento inferior, o segmento reto pode ser prolongado para o domínio das falhas com menores rejeitos (para cima, no domínio dos pequenos rejeitos na Fig. 18.17). Mas a reta não pode ser prolongada indefinidamente e, em algum ponto, essa relação será interrompida. Em rochas porosas e sedimentos, essa interrupção pode ocorrer quando o rejeito se aproxima do tamanho dos grãos da rocha deformada, ou antes.

Como exemplo, a extensão mesozoica na porção norte do rifte do Mar do Norte é estimada em quase 100 km pelo balanço de área crustal (adelgaçamento crustal). A soma dos rejeitos horizontais das falhas, pela interpretação de linhas sísmicas regionais, indica uma extensão de cerca de 50 km. Tem sido demonstrado que a maior parte (ou mesmo o total) dessa diferença pode ser atribuída às falhas subsísmicas, se as relações segundo a lei de potências puderem ser extrapoladas para falhas subsísmicas pequenas.

A CONTRIBUIÇÃO DAS FALHAS SUBSÍSMICAS PODE SER RESPONSÁVEL PELA DISCREPÂNCIA ENTRE O BALANÇO DE SEÇÕES CRUSTAIS E A SOMA DOS REJEITOS HORIZONTAIS DE FALHAS EM PERFIS REGIONAIS ATRAVÉS DO RIFTE.

18.10 Margens passivas e riftes oceânicos

Se um rifte continental passar por suficiente extensão, a crosta como um todo irá se romper e será substituída por crosta oceânica. Uma **margem passiva** se estabelece em cada margem do rifte, que passa a se localizar em crosta oceânica. No *graben* Viking, no Mar do Norte, o estiramento relacionado ao rifte do Jurássico Superior e Cretáceo Inferior cessou após cerca de 150% (β = 1,5). O estiramento além de 1,5 geralmente causa o início de magmatismo e vulcanismo, que aumentam progressivamente até que uma crosta oceânica se forma, a partir de um fator de estiramento de cerca de 3,0. Seções transversais através de margens passivas mostram tipicamente blocos de falha rotacionados, limitados por falhas normais com mergulho em direção ao oceano, que se horizontalizam ou terminam na base da crosta superior rúptil. Esses blocos de falha rotacionados são o resultado do rifteamento anterior.

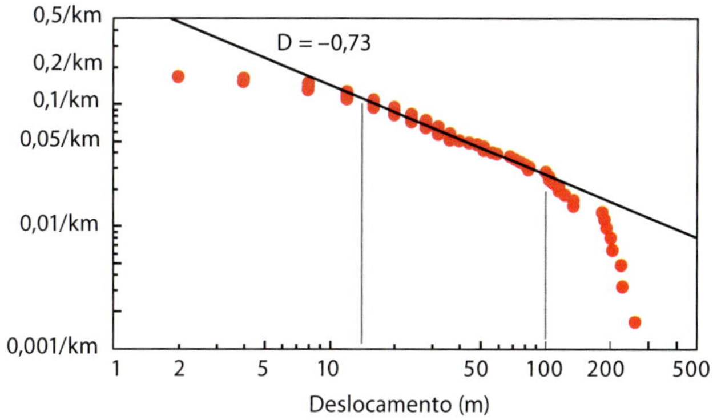

Fig. 18.17 *Diagrama log-log indicando o rejeito de falhas em relação ao seu número cumulativo (normalizado em relação ao comprimento). Os dados definem uma linha aproximadamente reta na porção central do diagrama. A amostragem insuficiente das falhas menores e maiores é o que causa o desvio em relação à reta nas extremidades da linha. Dados de uma subpopulação de falhas no Campo de Gullfaks, Mar do Norte*

Fonte: Fossen e Rørnes (1996).

Pequenas atividades sísmicas ocorrem nas margens passivas após o rifteamento. Os movimentos das falhas nesse contexto são causados, principalmente, pela gravidade, resultando não apenas em deslizamentos, mas também em sistemas de falhas extensionais em larga escala em camadas menos competentes de sal ou argilito (camada em preto, Fig. 18.18). Exemplos de larga escala das margens do oceano Atlântico são mostrados no Cap. 20 (Figs. 20.24 a 20.27).

Durante a subsidência gradual das margens continentais passivas e sua cobertura por sedimentos clásticos, a atividade tectônica dos riftes oceânicos geralmente é significativa. Uma das principais diferen-

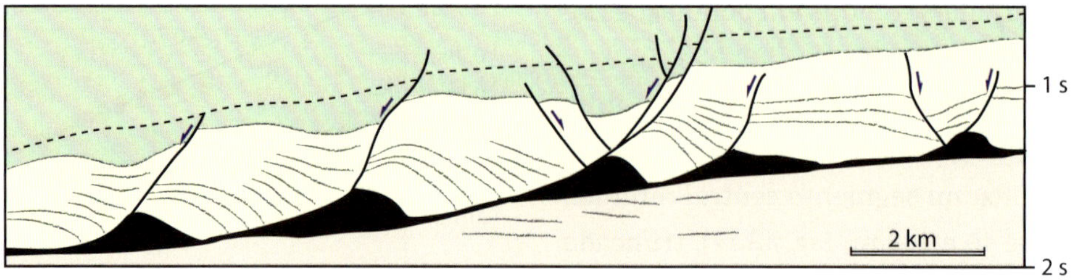

Fig. 18.18 *Extensão sinsedimentar causada por gravidade, acima do descolamento de baixo ângulo na bacia de Kwanza, na margem passiva no oeste da África (Angola). Os blocos de falha estão se movendo sobre uma fina camada de sal e, portanto, descolados de seu substrato. O sal flui de modo plástico e acomoda problemas de área causados pela rotação dos blocos de falha*

Fonte: modificado de Duval et al. (1992).

ças entre riftes continentais e oceânicos é o expressivo aporte de magmas e calor no contexto oceânico. Além disso, ocorre pouca ou nenhuma erosão nos riftes oceânicos, apenas deslizamentos gravitacionais.

O aporte de magmas e a litosfera delgada fazem com que as áreas de rifte oceânico sejam estruturas positivas (elevadas) no balanço geral, com um *graben* relativamente estreito ao longo do eixo central. A energia potencial referente à elevação relativa do rifte é parcialmente liberada por falhas lístricas normais. Descolamentos de baixo ângulo com rejeito normal ocorrem em cadeias mesoceânicas, juntamente com complexos de núcleo metamórfico similares, em forma e cinemática, àqueles encontrados em áreas de extensão continental. Nos **complexos de núcleo metamórfico oceânicos**, as rochas do manto são expostas em janelas submarinas, em razão de desnudamento tectônico através de falhas normais. A situação é similar àquela retratada na Fig. 18.8, mas sem erosão.

Nosso conhecimento sobre a Geologia Estrutural nas cadeias mesoceânicas é limitado pela dificuldade de acesso. Entretanto, novos dados sísmicos e topográficos de oceano profundo estão trazendo informações sobre esses processos.

18.11 Extensão e colapso orogênico

A extensão não se limita às zonas de rifte e às margens passivas. Algumas das falhas e zonas de cisalhamento extensionais mais impressionantes são encontradas em cadeias de montanhas ativas e em zonas orogênicas onde a convergência de placas cessou.

A orogenia é um dos diversos estágios do ciclo de Wilson. Em outras palavras, os cinturões orogênicos com frequência são construídos sobre antigas margens divergentes ou riftes, e eles tipicamente passam por um estágio tardio de rifteamento. Nos estágios iniciais de um típico ciclo orogênico, enquanto uma crosta oceânica ainda existe entre dois continentes convergentes, a extensão pode ocorrer por rifteamento no retroarco (Fig. 18.19A). O estiramento também ocorre na porção superior da crosta oceânica, ao entrar em subducção sob o arco de ilhas. Esse estiramento é um exemplo de larga escala da extensão de camadas flambadas na parte externa do arco, discutidas no Cap. 12.

No estágio tardio da colisão continente-continente, podem-se formar falhas e zonas de cisalhamento extensionais na cunha orogênica, onde a cunha se torna instável, como discutido no capítulo anterior. Se uma grande fatia do embasamento for incorporada, a espessura da cunha aumenta excessivamente e, em razão disso, formam-se falhas ou zonas de cisalhamento normais (Fig. 18.19B). Foi sugerido, em referência ao orógeno dos Himalaias, que uma fatia descolada do embasamento aquecido pode ter densidade suficientemente baixa para ascender por flutuabilidade (*buoyance*), com a formação de uma falha de cavalgamento na sua parte inferior e de uma falha normal na parte superior (Fig. 18.19C). Uma geometria com adelgaçamento do embasamento no além-país iria favorecer a extrusão dessas fatias em direção ao antepaís.

A Fig. 18.20 mostra como esse modelo pode funcionar. A fatia pode ser um bloco rígido, mas pode também ser plástico e apresentar fluxo interno. A extrusão do embasamento aquecido e menos denso

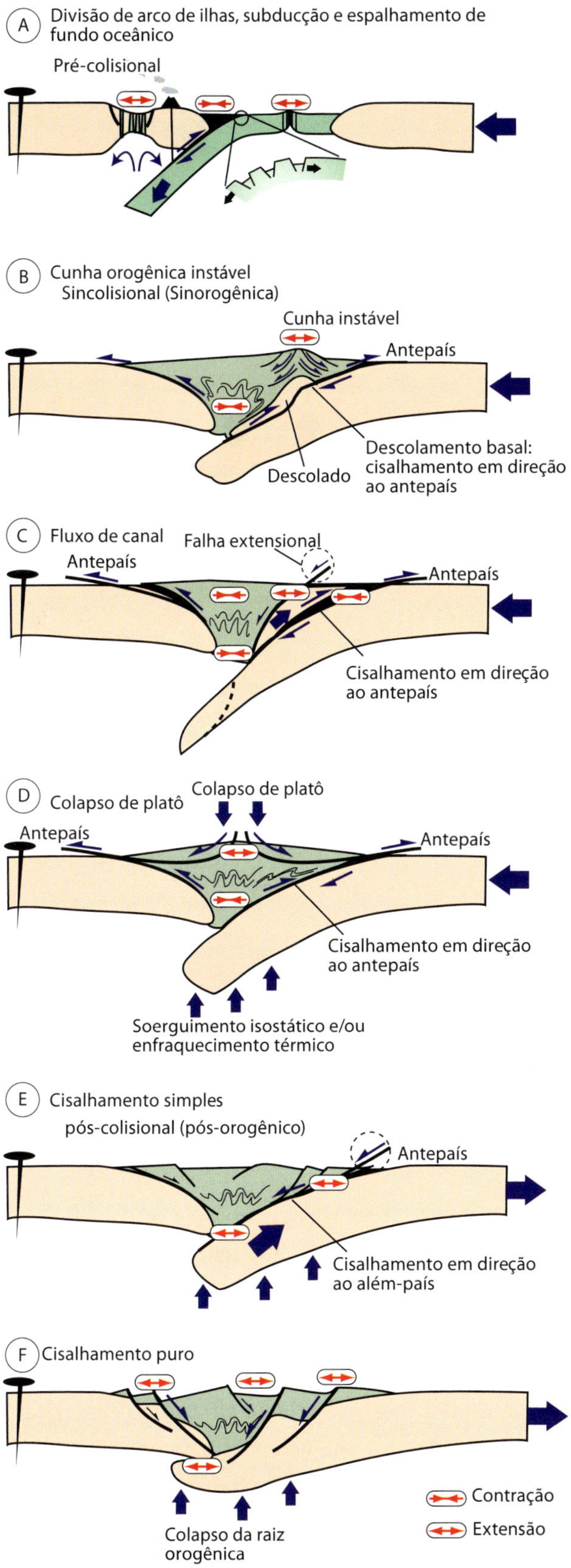

Fig. 18.19 *Diferentes tipos de extensão relacionados a um ciclo orogênico*
Fonte: modificado de Fossen (2000).

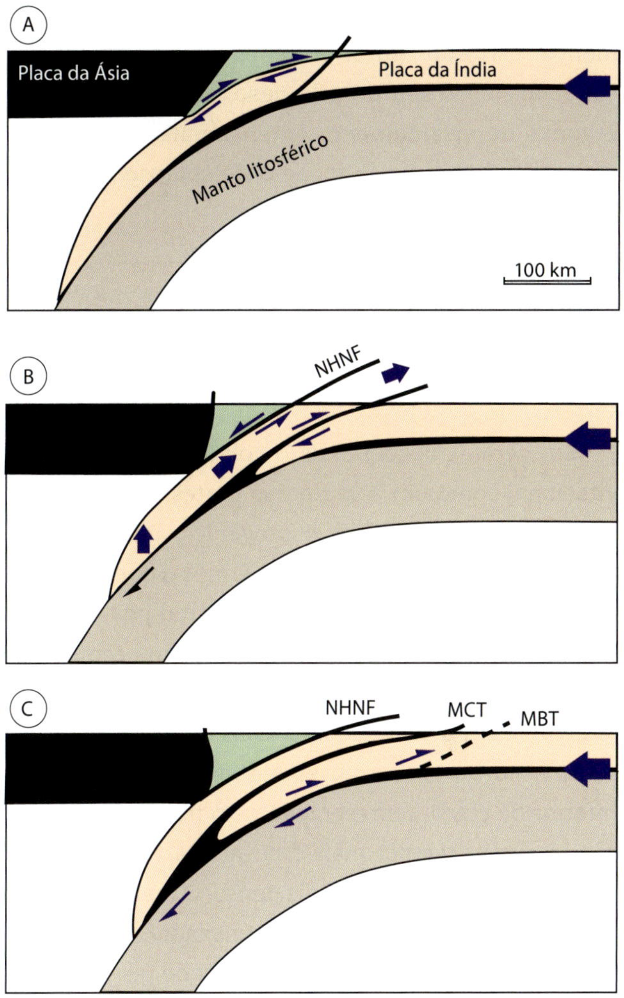

Fig. 18.20 *Modelo de formação de uma grande falha normal (NHNF) nos Himalaias. Uma fatia de crosta continental é descolada e soerguida por uma combinação de compressão e flutuabilidade. A fatia está sobre um cavalgamento (MCT) e sob uma falha normal (NHNF). Baseado na modelagem física de Chemenda et al. (1995). NHNF é a sigla para* North Hymalaya Normal Fault*; MCT,* Main Central Thrust*; MBT,* Main Boundary Thrust

no além-país, por meio de fluxo de baixa viscosidade em direção ao antepaís, é denominada **fluxo de canal**. Novamente, o topo do canal define uma zona de cisalhamento normal, formando-se em um regime geral contracional.

Um terceiro modelo de estiramento sinconvergente considera variações na estrutura térmica da crosta inferior e do manto litosférico. Durante uma colisão continente-continente, o material crustal é subductado e aquecido. O aquecimento torna a crosta menos resistente, possivelmente até o ponto em que ela colapse sob seu próprio peso, ao longo de falhas e zonas de cisalhamento extensionais (Fig. 18.19D). Podemos chamar esse modelo de **colapso orogênico gravitacional**.

O COLAPSO EXTENSIONAL CAUSADO PELA GRAVIDADE OCORRE QUANDO A CROSTA SE TORNA MUITO ESPESSA (E POUCO RESISTENTE) PARA SUPORTAR SEU PRÓPRIO PESO.

Em geral, consideramos o colapso orogênico gravitacional como um colapso das partes mais elevadas das montanhas do edifício orogênico, mas pode ser igualmente importante considerarmos o que ocorre na base da crosta. A subducção continental pode forçar a crosta continental para baixo por até uma centena de quilômetros. Uma parte importante da crosta subductada é menos densa que as rochas da litosfera ao seu redor e, portanto, é passível de flutuabilidade; a parte inferior da placa, representada pelo manto litosférico, é (por algum tempo) mais fria que as rochas ao seu redor e, potencialmente, mais densa. O mesmo é válido para qualquer crosta oceânica anexada ao limite do continente. Além disso, as transições de fases, como a eclogitização, podem aumentar a densidade das rochas na zona de raiz. Provavelmente, a parte mais densa de uma raiz orogênica pode ser removida e afundar no manto. Esse modelo é conhecido como **modelo de delaminação** (Fig. 18.21) e resulta em aquecimento mais rápido da raiz orogênica remanescente, fusão parcial e aumento da atividade magmática.

A delaminação de uma raiz densa libera a parte flutuante da raiz, causando um soerguimento orogênico (Fig. 18.19D). A raiz então colapsa para cima, em um modelo denominado **colapso de raiz orogênica** (Fig. 18.19F). Isso pode acontecer por deformação coaxial, em que a raiz se espalha lateralmente na base da crosta. Esse processo pode também causar fluxo em canal. Uma consequência natural do colapso da raiz e do soerguimento regional é o colapso gravitacional da parte superior do edifício orogênico. Isso ocorre atualmente no Platô Tibetano, e os modelos considerados envolvem delaminação e colapso da raiz, e modelos similares.

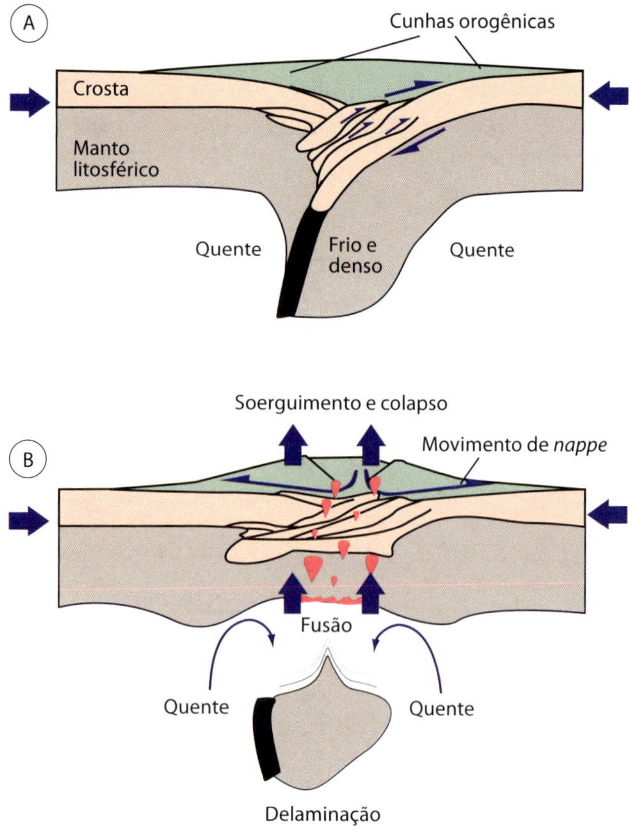

Fig. 18.21 *Delaminação provocando colapso orogênico e da raiz do orógeno. (A) A raiz mais fria e densa puxa a crosta continental para baixo. (B) Delaminação e descida da raiz densa, causando o colapso para cima da crosta continental profunda, soerguimento e colapso da parte superior da zona colisional (na cunha orogênica), com transporte de rochas em um nível elevado do além-país em direção ao antepaís*

18.12 Extensão pós-orogênica

Através da história divergente de um cinturão orogênico, o sentido de movimento do cavalgamento basal se mantém em direção ao antepaís, como no exemplo caledoniano da Fig. 18.22A. Assim que o sentido de cisalhamento é revertido e a cunha orogênica se move em direção à porção central da zona de colisão (Fig. 18.22B), o orógeno entra no estágio cinemático divergente ou pós-orogênico. Nesse estágio, a deformação extensional é predominante em todos os níveis crustais. Um modo de deformação extensional pós-orogênica envolve a inversão dos cavalgamentos basais e de níveis crustais mais rasos no interior da

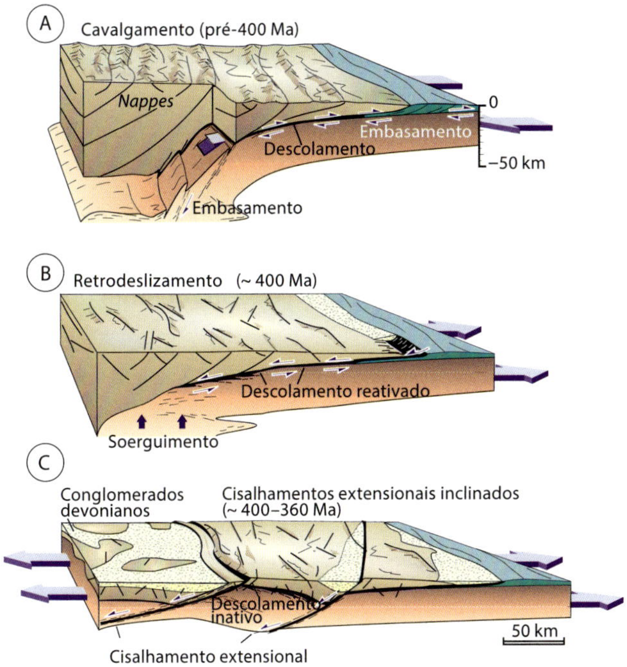

Fig. 18.22 *Desenvolvimento de falhas e zonas de cisalhamento extensionais de baixo ângulo nas Caledonides, no sul da Escandinávia. (A) Colocação (emplacement) de nappes na convergência de placas. (B) Retrodeslizamento da cunha orogênica, causando inversão do sentido de cisalhamento no descolamento basal. (C) Formação de zonas de cisalhamento e falhas com mergulho para o além-país, cortando os cavalgamentos e o embasamento*
Fonte: baseado em Fossen (2000).

cunha orogênica (Figs. 18.19E e 18.22B). A reativação das zonas de cavalgamento basal pode causar a formação de complexos de núcleos metamórficos, como descrito anteriormente.

Outro modo de deformação extensional é a formação de zonas de cisalhamento com mergulho para o além-país, cortando toda a crosta. Essas zonas de cisalhamento podem formar-se após o além-país ter sido soerguido e os cavalgamentos orogênicos, rotacionados para orientações desfavoráveis à sua reativação extensional (Figs. 18.19F e 18.22C). Essas zonas de cisalhamento com mergulho para além-país afetam tipicamente toda a crosta, além de transectar e rotacionar o cavalgamento basal revertido. Exemplos bem desenvolvidos dessas estruturas foram interpretados nas Caledonides da Escandinávia.

Resumo

As estruturas de deformação extensional, como falhas normais e zonas de cisalhamento ou de descolamento, são comuns em diversos contextos tectônicos e também em contextos não tectônicos (p. ex., deslizamentos gravitacionais). Elas controlam estruturas em rifte e estágios de contração pós-colisional de ciclos de formação de cadeias de montanhas e são importantes nas orogenias. Elas também afetam a formação de bacias em superfície – um aspecto que não foi abordado neste capítulo. Alguns pontos importantes sobre as estruturas extensionais são:

- As falhas extensionais tendem a causar extensão de uma superfície de referência, tipicamente a superfície da crosta ou uma camada, no caso de falhas menores.
- Vários sistemas de falhas extensionais em larga escala podem ser simulados pelo modelo dominó soft, que permite a deformação interna dos blocos.
- Zonas de descolamento inclinadas favorecem a formação de blocos de falha uniformemente rotacionados (sistemas dominó).
- De modo similar às falhas contracionais, as falhas extensionais podem formar zonas de imbricação, duplexes e geometrias rampa-patamar-rampa.

- Um complexo de núcleo metamórfico caracteriza-se por rochas metamórficas expostas em uma janela e separadas das rochas sobrejacentes (rochas não metamórficas ou metamórficas de baixo grau, cisalhadas) por um descolamento extensional.
- Há uma relação sistemática entre o número de falhas pequenas e grandes em muitas populações de falhas extensionais;
- Uma vez estabelecidas, essas relações podem ser usadas para estimar o número ou a densidade de falhas que estão abaixo da resolução de um certo conjunto de dados.
- Falhas e descolamentos extensionais são comumente encontrados em orógenos e se formam tanto durante como depois da história colisional.
- O colapso gravitacional sinconvergente da parte central de uma zona colisional pode causar extensão do além-país e cavalgamento em direção ao antepaís.
- A extensão pós-convergente ocorre, em geral, pela reativação de cavalgamentos como descolamentos extensionais.

Questões de revisão

1] Como uma falha inversa pode, em casos especiais, também ser uma falha extensional?
2] O que não é realista no modelo dominó?
3] Como as falhas extensionais de baixo ângulo se formam, se o esperado é que falhas normais tenham mergulho de cerca de 60°?
4] Dê pelo menos dois exemplos de desenvolvimento de falhas que criam blocos de falha tipo dominó, mas que contradizem o modelo dominó.
5] Explique a formação de um conjunto de falhas extensionais sobreposto a falhas extensionais mais antigas durante uma mesma fase extensional.
6] Em que contextos se formam os complexos de núcleos metamórficos?
7] O que significa o mecanismo de rolagem de charneira durante um falhamento de descolamento extensional?
8] Por que o balanço de seções crustais produz estimativas diferentes de extensão, em comparação com a soma dos rejeitos horizontais das falhas através da seção?
9] O que pode causar o soerguimento de todo o orógeno durante ou ao final de uma história colisional?

E-módulo

O módulo de *e-learning* denominado *Extension* é recomendado para este capítulo.

Leituras complementares

JACKSON, J.; MCKENZIE, D. The geometrical evolution of normal fault systems. *Journal of Structural Geology*, v. 5, p. 472-483, 1983.

WERNICKE, B.; BURCHFIEL, B. C. Modes of extensional tectonics. *Journal of Structural Geology*, v. 4, p. 105-115, 1982.

Colapso orogênico e extensão

ANDERSEN, T. B.; JAMTVEIT, B.; DEWEY, J. F.; SWENSSON, E. Subduction and eduction of continental crust: major mechanisms during continent-continent collision and orogenic extensional collapse, a model based on the Norwegian Caledonides. *Terra Nova*, v. 3, p. 303-310, 1991.

BRAATHEN, A.; NORDGULEN, Ø.; OSMUNDSEN, P. T.; ANDERSEN, T. B.; SOLLI, A.; ROBERTS, D. Devonian, orogen--parallel, opposed extension in the Central Norwegian Caledonides. *Geology*, v. 28, p. 615-618, 2000.

DEWEY, J. F. Extensional collapse of orogens. *Tectonics*, v. 7, p. 1123-1139, 1987.

ENGLAND, P. C.; HOUSEMAN, G. A. The mechanics of the Tibetan plateau. *Royal Society of London Philosophical Transactions A*, v. 326, p. 301-320, 1988.

FOSSEN, H.; RYKKELID, E. Postcollisional extension of the Caledonide orogen in Scandinavia: structural expressions and tectonic significance. *Geology*, v. 20, p. 737-740, 1992.

HACKER, B. R. Ascent of the ultrahigh-pressure Western Gneiss Region, Norway. *Geological Society of America Special Paper*, v. 419, p. 171-184, 2007.

HOUSEMAN, G.; ENGLAND, P. A dynamical model of lithosphere extension and sedimentary basin formation. *Journal of Geophysical Research*, v. 91, p. 719-729, 1986.

WHEELER, J.; BUTLER, R. W. H. Criteria for identifying structures related to true crustal extension in orogens. *Journal of Structural Geology*, v. 16, p. 1023-1027, 1994.

Fluxo em canal

GODIN, L.; GRUJIC, D.; LAW, R. D.; SEARLE, M. P. Channel flow, ductile extrusion and exhumation in continental collision zones: an introduction. In: LAW, R.D.; SEARLE, M. P.; GODIN, L. (Ed.). *Channel Flow, Ductile Extrusion and Exhumation in Continental Collision Zones*, Special Publication 268. London: Geological Society, 2006. p. 1-23.

Falhas normais rotacionadas e complexos de núcleos metamórficos

BRUN, J. P.; CHOUKROUNE, P. Normal faulting, block tilting, and décollement in a stretched crust. *Tectonics*, v. 2, p. 345-356, 1983.

BUCK, W. R. Flexural rotation of normal faults. *Tectonics*, v. 7, p. 959-973, 1988.

DAVIS, G. H. Shear-zone model for the origin of metamorphic core complexes. *Geology*, v. 11, p. 342-347, 1983.

FLETCHER, J. M.; BARTLEY, J. M.; MARTIN, M. W.; GLAZNER, A. F.; WALKER, J. D. Large-magnitude continental extension: an example from the central Mojave metamorphic core complex. *Geological Society of America Bulletin*, v. 107, p. 1468-1483, 1995.

LISTER, G. S.; DAVIS, G. A. The origin of metamorphic core complexes and detachment faults formed during Tertiary continental extension in the northern Colorado river region, U.S.A. *Journal of Structural Geology*, v. 11, p. 65-94, 1989.

MACLEOD, C. J.; SEARLE, R. C.; MURTON, B. J.; CASEY, J. F.; MALLOWS, C.; UNSWORTH, S. C.; ACHENBACH, K. L.; HARRIS, M. Life cycle of oceanic core complexes. *Earth and Planetary Science Letters*, v. 287, p. 333-344, 2009.

MALAVIEILLE, J.; TABOADA, A. Kinematic model for postorogenic Basin and Range extension. *Geology*, v. 19, p.555-558, 1991.

NUR, A.; RON, H.; SCOTTI, O. Fault mechanics and the kinematics of block rotations. *Geology*, v. 14, p. 746-749, 1986.

SCOTT, R. J.; LISTER, G. S. Detachment faults: Evidence for a low-angle origin. *Geology*, v. 20, p. 833-836, 1992.

WERNICKE, B.; AXEN, G. J. On the role of isostasy in the evolution of normal fault systems. *Geology*, v. 16, p. 848--851, 1988.

Falhas extensionais em regimes contracionais

BURCHFIEL, B. C. et al. The south Tibetan detachment system, Himalayan orogen: extension contemporaneous with and parallel to shortening in a collisional mountain belt. *Geological Society of America Special Paper*, v. 269, 1992.

PLATT, J. P. Dynamics of orogenic wedges and the uplift of high-pressure metamorphic rocks. *Geological Society of America Bulletin*, v. 97, p. 1037-1053, 1986.

Sistemas de rifte

ANGELIER, J. Extension and rifting: the Zeit region, Gulf of Suez. *Journal of Structural Geology*, v. 7, p. 605-612, 1985.

GIBBS, A. D. Structural evolution of extensional basin margins. *Journal of the Geological Society*, v. 141, p. 609-620, 1984.

ROBERTS, A.; YIELDING, G. Continental extensional tectonics. In: HANCOCK, P. L. (Ed.). *Continental Deformation*. Oxford: Pergamon Press, 1994. p. 223-250.

Modelos de cisalhamento puro e de cisalhamento simples em riftes

KUSZNIR, N. J.; ZIEGLER, P. A. The mechanics of continental extension and sedimentary basin formation: a simple-shear/pure-shear flexural cantilever model. *Tectonophysics*, v. 215, p. 117-131, 1992.

MCKENZIE, D. Some remarks on the development of sedimentary basins. *Earth and Planetary Science Letters*, v. 40, p. 25-32, 1978.

WERNICKE, B. Uniform-sense normal simple shear of the continental lithosphere. *Canadian Journal of Earth Sciences*, v. 22, p. 108-125, 1985.

Zonas de acomodação

ROSENDAHL, B. R. Architecture of continental rifts with respect to East Africa. *Annual Review of Earth and Planetary Science*, v. 15, p. 445-503, 1987.

Falhas normais de baixo ângulo

ABERS, G. A. Slip on shallow-dipping normal faults. *Geology*, v. 37, p. 767-768, 2009.

ANDERS, M. H.; CHRISTIE-BLICK, N. Is the Sevier Desert reflection of west-central Utah a normal fault? *Geology*, v. 22, p. 771-774, 1994.

AXEN, G. J. Mechanics of low-angle normal faults. In: KARNER, G. D. et al. (Eds.). *Rheology and deformation of the lithosphere at continental margins*. New York: Columbia University Press, 2004. p. 46-91.

CHIARALUCE, L.; CHIARABBA, C.; COLLETTINI, C.; PICCININI, D.; COCCO, M. Architecture and mechanics of an active low-angle normal fault: Alto Tiberina Fault, northern Apennines, Italy. *Journal of Geophysical Research*, v. 112, 2007. doi:10.1029/2007JB005015.

COLLETTINI, C.; HOLDSWORTH, R. E. Fault zone weakening and character of slip along low-angle normal faults: insights from the Zuccale fault, Elba, Italy. *Journal of the Geological Society*, v. 161, p. 1039-1051, 2004.

HREINSDOTTIR, S.; BENNETT, R. A. Active aseismic creep on the Alto Tiberina low-angle normal fault, Italy. *Geology*, v. 37, p. 683-686, 2009.

KAPP, P.; TAYLOR, M.; STOCKLI, D.; DING, L. Development of active low-angle normal fault systems during orogenic collapse: Insight from Tibet. *Geology*, v. 36, p. 7-10, 2008.

WERNICKE, B. Low-angle normal faults and seismicity: a review. *Journal of Geophysical Research*, v. 100, n. B10, p. 20.159-20.174, 1995.

Falhas de rejeito direcional, transpressão e transtração

19

As falhas de rejeito direcional constituem uma importante classe de falhas, estudada há mais de 100 anos. As primeiras falhas desse tipo a despertar a atenção dos pesquisadores localizam-se na Califórnia (EUA), no Japão e na Nova Zelândia, onde longas falhas de rejeito direcional e com deslocamentos consideráveis atingem a superfície da Terra. Elas são conhecidas por sua relação com terremotos devastadores, particularmente na Califórnia e na Turquia. O conhecimento sobre essas falhas e seus regimes tectônicos é, portanto, de interesse público e acadêmico. Neste capítulo, abordaremos os tipos básicos de falhas de rejeito direcional, sua formação e seus contextos tectônicos, e também discutiremos as falhas de transpressão e transtração – deformações tridimensionais que conectam o rejeito direcional com regimes contracionais e extensionais.

19.1 Falhas de rejeito direcional

As **falhas de rejeito direcional** são falhas cujo vetor de rejeito é paralelo à direção da falha e, portanto, paralelo à superfície terrestre (Fig. 19.1). As **zonas de cisalhamento de rejeito direcional** são versões mais profundas, dominadas por mecanismos de deformação plástica; entretanto, há uma tendência de se usar o termo *falha de rejeito direcional* nos dois casos. As falhas (e as zonas de cisalhamento) de rejeito direcional têm mergulho tipicamente maior que as demais falhas e podem aparecer como traços retilíneos em mapas geológicos. Curvaturas e irregularidades geométricas podem ocorrer, com importantes implicações para as estruturas associadas a falhas de rejeito direcional. As falhas de rejeito direcional existem em todas as escalas e incluem algumas das mais longas e famosas falhas do mundo. A falha de San Andreas, na Califórnia (EUA), e a falha do Norte da Anatólia, na Turquia, são bem conhecidas e especialmente temidas por causa dos seus terremotos.

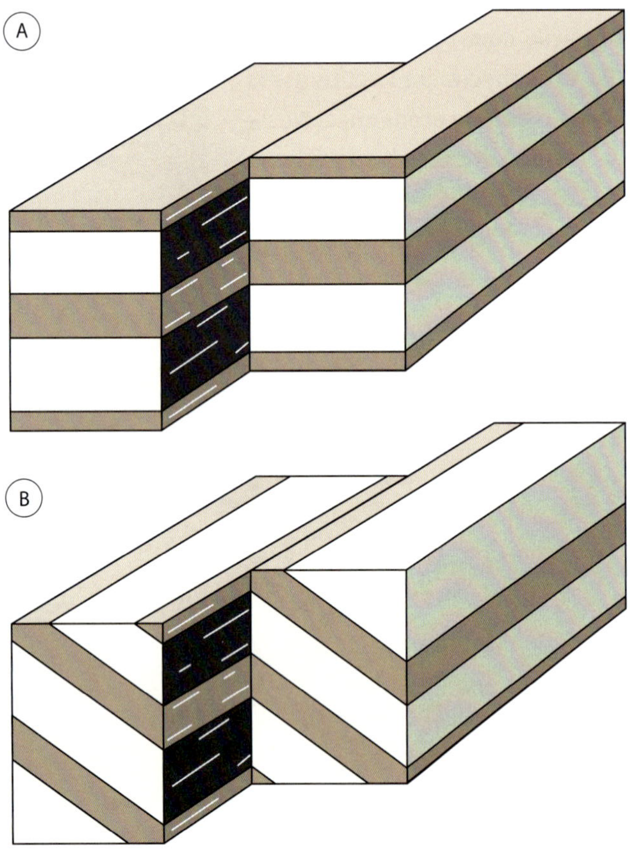

Fig. 19.1 *Falhas de rejeito direcional puro não causam deslocamento de camadas verticais ou horizontais (A), ou paralelas à direção da falha (B). Portanto, sua identificação apenas a partir de dados sísmicos pode ser difícil. O sentido de movimento mostrado nos esquemas é sinistral (lateral esquerdo)*

AS FALHAS E AS ZONAS DE CISALHAMENTO DE REJEITO DIRECIONAL TENDEM A TER ALTO ÂNGULO DE MERGULHO – MUITAS SÃO RETILÍNEAS QUANDO VISTAS EM MAPA.

Uma falha de rejeito direcional pode ser **sinistral** (lateral esquerda) ou **destral** (lateral direita) e, idealmente, não envolve movimentos verticais dos blocos. Enquanto o rejeito das falhas normais e inversas é fortemente limitado pela espessura da crosta, as falhas de rejeito direcional podem estender-se por todo o globo e, ao menos teoricamente, acumular uma quantidade infinita de rejeito. As falhas de rejeito direcional global nunca foram encontradas, e apenas ilustram o fato de que falhas de rejeito direcional podem, teoricamente, acumular grandes deslocamentos. Famosas falhas e zonas de cisalhamento de rejeito direcional, como a falha Great Glen, na Escócia; a zona Tornquist, no norte da Europa; a falha Billefjorden, em Spitsbergen, Noruega; a zona de cisalhamento Great Slave Lake, no Canadá; a zona de cisalhamento Nordre Strømfjord, no sul da Groenlândia; e a falha Alpina, na Nova Zelândia, registram centenas ou milhares de quilômetros de deslocamentos laterais, ainda que alguns autores considerem esses rejeitos menores.

19.2 Falhas de transferência

As falhas de rejeito direcional têm várias funções cinemáticas e recebem diferentes nomes. As **falhas de transferência** são falhas de rejeito direcional que transferem deslocamentos de uma falha para outra. Em geral, qualquer tipo de falha que esteja conectada a outra falha irá realizar uma transferência de deslocamento, mas este termo é usado especificamente para um tipo particular de falha de rejeito direcional cujas extremidades terminam em outras falhas ou fraturas extensionais. As falhas de transferência são, portanto, limitadas e não podem crescer livremente, o que tem implicações na relação rejeito-comprimento.

As falhas de transferência transferem deslocamentos entre duas falhas extensionais ou contracionais por meio de movimentos de rejeito direcional.

As falhas de rejeito direcional ocorrem em todas as escalas e podem conectar diversos tipos de estruturas, tais como fraturas extensionais abertas ou preenchidas por minerais (Fig. 19.2), veios, diques, falhas normais com a mesma direção de mergulho (Fig. 19.3A) ou oposta (Fig. 19.4), falhas oblíquas, falhas inversas (Fig. 19.3B), entre outras. Em larga escala, as falhas de transferência deslocam o eixo de riftes continentais, justapondo localmente falhas normais com mergulhos opostos. Nas cadeias mesoceânicas, os *grabens* oceânicos também são deslocados por falhas de transferência. Quando as falhas de transferência oceânicas (Fig. 19.5) foram descobertas na década de 1960, elas receberam o nome de **falhas transformantes**.

Fig. 19.2 *Falhas de transferência sinistral entre duas fraturas extensionais. Trilha para Delicate Arch, Utah, EUA*

As falhas transformantes são grandes falhas de rejeito direcional (escala quilométrica ou maior) que segmentam ou definem limites de placas. O termo foi usado pela primeira vez em referência às muitas falhas de transferência que definem os limites de placas ou deslocam as cadeias mesoceânicas (Fig. 19.6). Em outros locais, elas conectam cadeias mesoceânicas com limites destrutivos de placas

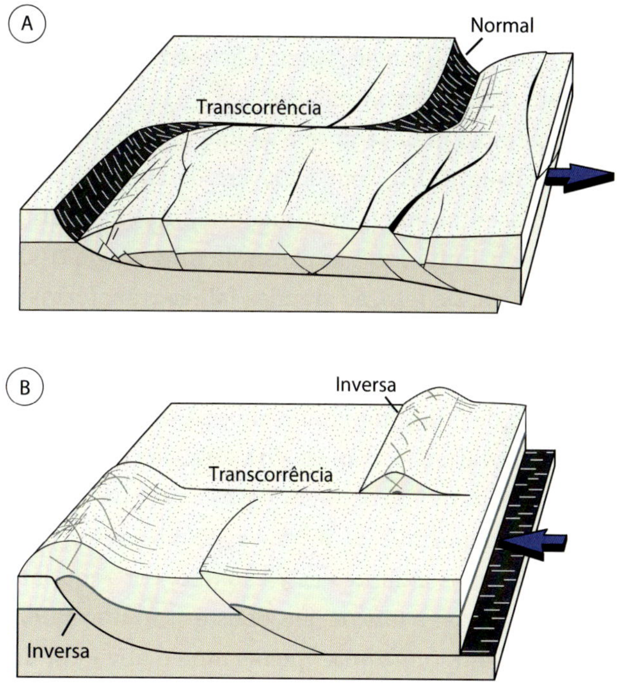

Fig. 19.3 *Movimentos de transcorrência podem ocorrer ao longo de rampas laterais, tanto em contextos extensionais como contracionais. Falhas de rejeito direcional desse tipo são falhas de transferência e podem atingir deslocamentos significativos, com pouca ou nenhuma variação ao longo de sua direção. Cada terminação da falha de transferência é conectada a uma falha extensional ou contracional*

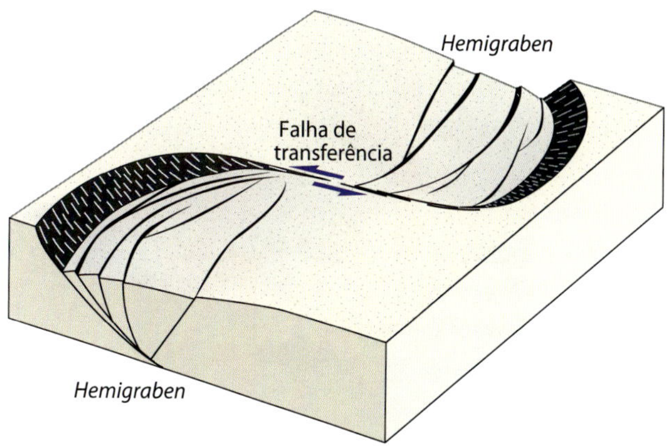

Fig. 19.4 *Falhas de rejeito direcional que conectam* hemigrabens *de polaridade oposta são um tipo de falha de transferência. Essas falhas são comuns em riftes, como nos sistemas de rifte do leste da África e no rifte do Mar do Norte*

(arcos de ilhas; Fig. 19.6B) ou conectam dois segmentos de limites destrutivos de placas (Fig. 19.6C). As falhas transformantes que definem limites de placas podem ser muito longas, particularmente aquelas que ocorrem na crosta continental.

O exemplo mais famoso é a **falha de San Andreas**, na Califórnia (EUA), com 1.200 km de comprimento, que representa uma falha transformante continental ao longo do limite entre as placas da América do Norte e do Pacífico. De fato, as grandes falhas transformantes são zonas de falha, em vez de simples falhas. A falha de San Andreas e as falhas associadas formam uma zona de falhas mais ou menos paralelas, de comprimentos variados, com largura total de cerca de 100 km. Dobras também ocorrem nessa zona, juntamente com falhas normais e inversas. Vamos retornar a esse tema mais adiante neste capítulo. Por enquanto, vamos enfatizar o fato de que, dentre as muitas falhas existentes em uma zona, apenas uma é ativa em um dado momento. Nesse sentido, uma zona de falhas como a San Andreas é diferente da maioria das zonas de cisalhamento ativas no regime plástico, onde a deformação é acumulada em toda a zona, ou em uma parte significativa dela.

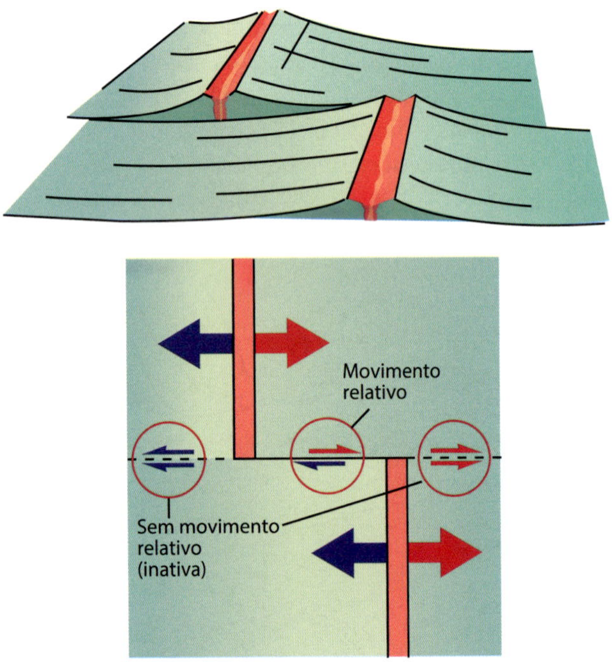

Fig. 19.5 *Falha transformante em cadeia mesoceânica (visão em perspectiva e em mapa). A falha é ativa apenas entre os dois segmentos da cadeia (exceto por pequenos ajustes verticais). O deslocamento é constante ao longo da parte ativa da falha e seu comprimento cresce a uma taxa diretamente proporcional à taxa de espalhamento lateral*

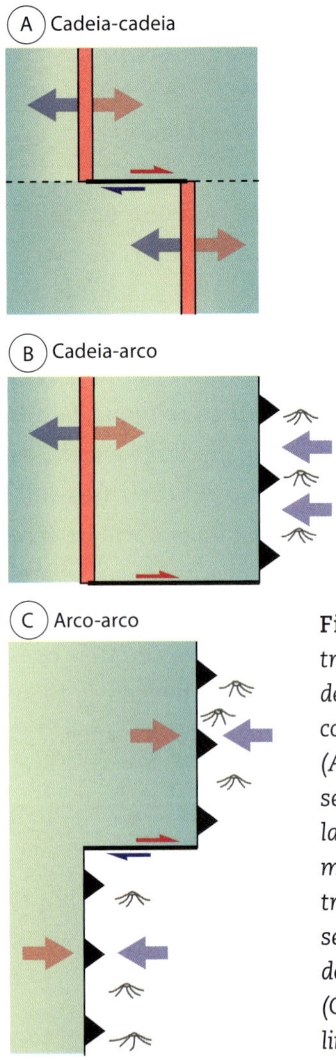

Fig. 19.6 *Falhas transformantes são falhas de rejeito direcional que conectam limites de placas. (A) Falha entre dois segmentos de espalhamento lateral de uma cadeia mesoceânica. (B) Falha transformante conectando um segmento de rifte e um arco de ilhas/zona de subducção. (C) Falha deslocando um limite destrutivo de placas*

19.3 Falhas transcorrentes

O termo **falha transcorrente** é preferencialmente usado para falhas de rejeito direcional na crosta continental cujas extremidades são livres, ou seja, não delimitadas por outras estruturas. Suas extremidades livres movem-se de modo que o comprimento da falha aumenta à medida que o deslocamento se acumula. Essas falhas de rejeito direcional seguem, portanto, uma relação normal de rejeito-comprimento, ou seja, o deslocamento máximo aumenta sistematicamente com o comprimento da falha (Fig. 9.54), o que não significa que elas nunca encontrem obstáculos ou complicações durante o seu crescimento. De fato, as falhas transcorrentes são livres para crescer, interagir e conectar-se, formando estruturas mais longas, assim como as falhas extensionais da Fig. 9.42, mas não têm o papel cinemático específico das falhas transformantes.

As falhas transcorrentes têm extremidades livres e crescem em comprimento enquanto acumulam rejeito direcional.

Em contraste com as falhas extensionais e contracionais, as falhas transcorrentes (e outras de rejeito direcional) não dominam grandes áreas, como no caso das áreas de falhas normais em riftes continentais ou de cavalgamentos em cinturões de cavalgamento e dobramento, mas, em vez disso, são restritas a uma única zona. As falhas transcorrentes deslocam as rochas lateralmente e, como a maioria das falhas são superfícies de fraqueza em relação aos blocos adjacentes, o deslocamento é mais facilmente concentrado por cisalhamento contínuo ao longo de uma zona de rejeito direcional já existente. Entretanto, assim como em qualquer tipo de falha, a largura de uma zona de falha de rejeito direcional aumenta com o seu comprimento, à medida que ela acumula deslocamento.

As falhas de rejeito direcional livre (falhas transcorrentes) formam-se no interior de placas e são, portanto, **falhas intraplacas**. Em contraste, as falhas transformantes que ocorrem ao longo das margens de placas (discutidas na seção anterior) são **falhas interplacas**.

As falhas transcorrentes longas intersectam a superfície da Terra. Em profundidade, elas podem terminar em outras estruturas, como falhas de cavalgamento, falhas extensionais, em zonas de subducção (Fig. 19.7), ou podem atravessar a transição rúptil-plástica e continuar como zonas de cisalhamento plástico de alto ângulo.

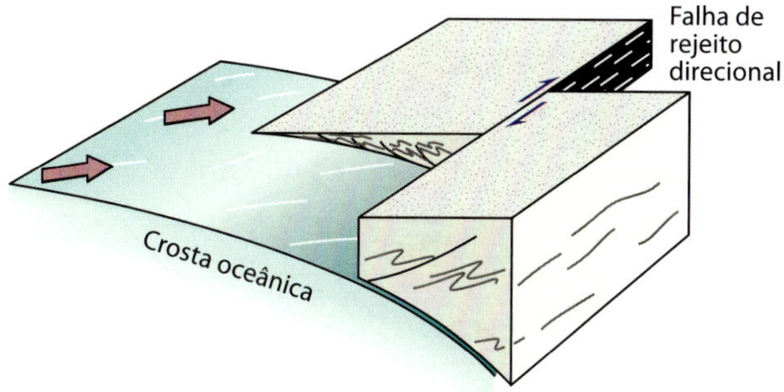

Fig. 19.7 *Falha de rejeito direcional em uma zona de subducção com vetor de subducção oblíquo. Esse modelo tem sido aplicado à Falha de San Andreas, onde a placa oceânica é a Placa do Pacífico e o bloco descolado é o Bloco Salina*

19.4 Desenvolvimento e anatomia de falhas de rejeito direcional

19.4.1 Falhas individuais (cisalhamento simples)

As falhas de rejeito direcional formam-se quando partes da crosta se movem a taxas diferentes na superfície terrestre. Assim como as falhas normais e inversas, as falhas de rejeito direcional são complexas quando analisadas em detalhe. Diversas estruturas secundárias são associadas a falhas de rejeito direcional e os trabalhos experimentais têm auxiliado na identificação das mais importantes. Os experimentos em argila de Riedel, no início do século XX, são os mais famosos. A configuração desses experimentos (Fig. 19.8) consistia em dois blocos rígidos de madeira cobertos por uma camada de argila. Os blocos moviam-se um em relação ao outro e os esforços eram transferidos para a camada de argila, que se deformava progressivamente.

Riedel logo percebeu que a camada de argila não desenvolvia uma única falha simples, mas uma zona de deformação composta por um arranjo de pequenas fraturas. Essas fraturas subsidiárias são classificadas com base na sua atitude e sentido de deslocamento em relação à tendência geral da zona de falhas de rejeito direcional. O primeiro conjunto de fraturas a se formar são as fraturas de cisalhamento. Um conjunto, conhecido como **fraturas de cisalhamento de Riedel** ou fraturas R (ou, de modo menos formal, cisalhamentos de Riedel), perfaz um baixo ângulo com a zona geral de cisalhamento e apresenta o mesmo sentido de deslizamento (Fig. 19.8B). Na Fig. 19.9A, as fraturas são mostradas juntamente com outro conjunto de fraturas, as **fraturas de cisalhamento P** (cisalhamentos P). As fraturas P usualmente se desenvolvem após o estabelecimento das fraturas R e seu desenvolvimento está, provavelmente, relacionado a

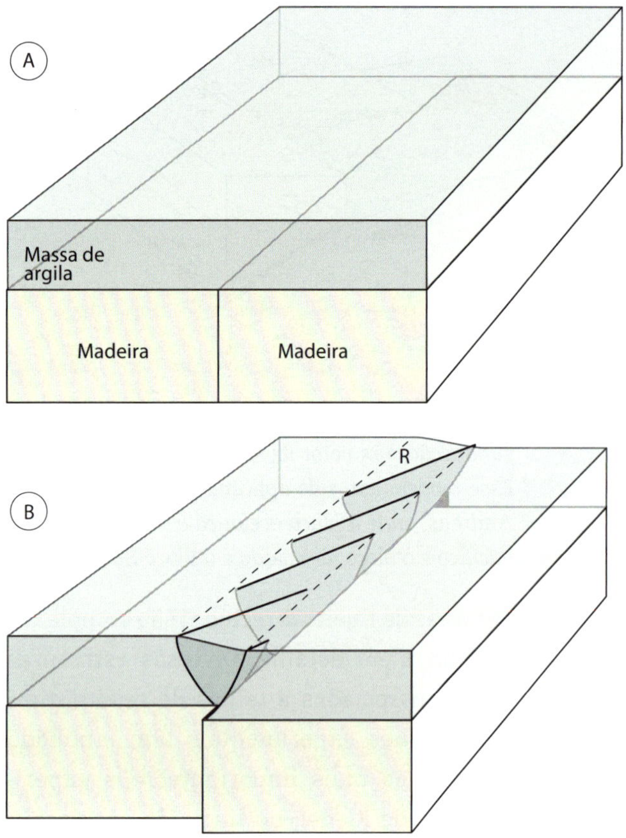

Fig. 19.8 *Modelo físico com dois blocos de madeira sob uma camada de argila. Note a geometria das fraturas R e o espessamento para cima da zona de cisalhamento*

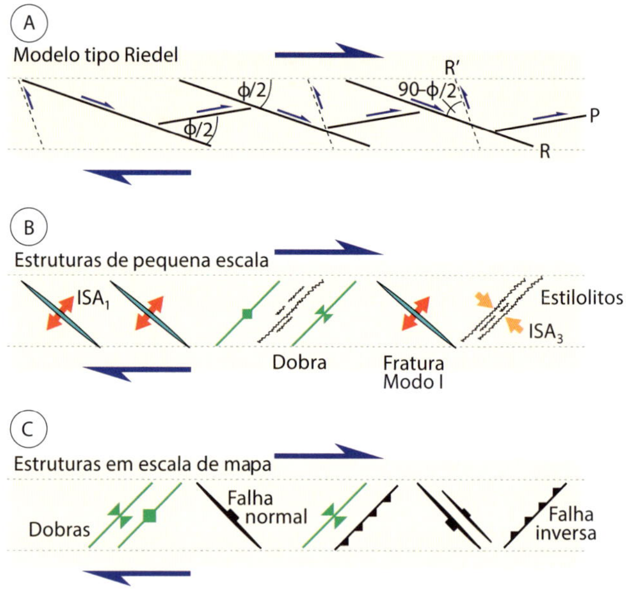

Fig. 19.9 *Estruturas formadas por movimento direcional destral. (A) Modelo de Riedel, onde R e R' são fraturas sintéticas e antitéticas de Riedel, respectivamente. Cisalhamentos P são secundários e conectam as superfícies R e R'. O ângulo de fricção interna é representado por Φ. (B) Outras estruturas de pequena escala que podem formar-se em uma zona de falhas de rejeito direcional. (C) Estruturas de larga escala*

variações temporais no campo local de esforços ao longo da zona de cisalhamento, à medida que o rejeito se acumula. Um terceiro conjunto de fraturas é apresentado na Fig. 19.9A (linhas tracejadas), identificado como fraturas antitéticas e que se encontram em alto ângulo com a zona. Elas são denominadas **fraturas de cisalhamento R'** e são menos desenvolvidas que as fraturas R.

UMA ZONA DE FALHAS DE REJEITO DIRECIONAL DESENVOLVE-SE PELA CONEXÃO ENTRE VÁRIAS ESTRUTURAS RÚPTEIS DE PEQUENA ESCALA, QUE SE INSTALAM NA FASE INICIAL DO PROCESSO.

Além das fraturas rúpteis R, R' e P, também podem ocorrer fraturas extensionais ou **fraturas T** (em azul na Fig. 19.9B). No contexto de zona de cisalhamendo do modelo de argila de Riedel, as fraturas T se formam perpendicularmente ao máximo eixo de estiramento instantâneo (ISA_1, setas vermelhas na Fig. 19.9B). Em grandes zonas de falhas de rejeito direcional, falhas normais com deslizamento no rumo do mergulho irão se formar mais ou menos na mesma direção das fraturas T. Dobras também podem desenvolver-se em zonas de cisalhamento de rejeito direcional (estruturas em verde nas Figs. 19.9B,C e 19.10), tipicamente antes que a deformação se localize em falhas definidas. Os traços axiais das dobras encontram-se inicialmente em alto ângulo (cerca de 90°) com o eixo de estiramento instantâneo *mínimo* (ISA_3, setas alaranjadas na Fig. 19.9B), contanto que o acamamento seja aproximadamente horizontal. Além disso, as dobras se iniciam com charneiras subparalelas à ISA_1 e, portanto, passam por estiramento paralelo à charneira, que pode ser expresso por uma lineação de estiramento paralela – ou quase – a ela ou por veios em alto ângulo com a charneira. Camadas inclinadas também podem ser dobradas em zonas de cisalhamento de rejeito direcional, mas, nesses casos, as relações entre ISA e os eixos de dobras são mais complexas. Outras estruturas contracionais, como estilolitos e falhas inversas, também podem formar-se em zonas de cisalhamento de rejeito direcional (Fig. 19.9B,C); elas terão aproximadamente a mesma direção que os eixos das dobras.

Um experimento simples de dobramento pode ser feito com um movimento de cisalhamento simples com as duas mãos em um pedaço de tecido. As dobras se formam imediatamente em um dado ângulo com a direção de cisalhamento e suas charneiras refletem a direção do estiramento instantâneo no início do dobramento. Posteriormente, as dobras rotacionam à medida que a deformação de cisalhamento se acumula. Experimente!

Um modo de formação e crescimento de falhas de rejeito direcional é a geração de fraturas individuais de cisalhamento e de fraturas extensionais que, posteriormente, conectam-se. Outras possibilidades de formação de grandes falhas de rejeito direcional são indicadas no Boxe 19.1 e exemplos dessas falhas são apresentados no Boxe 19.2.

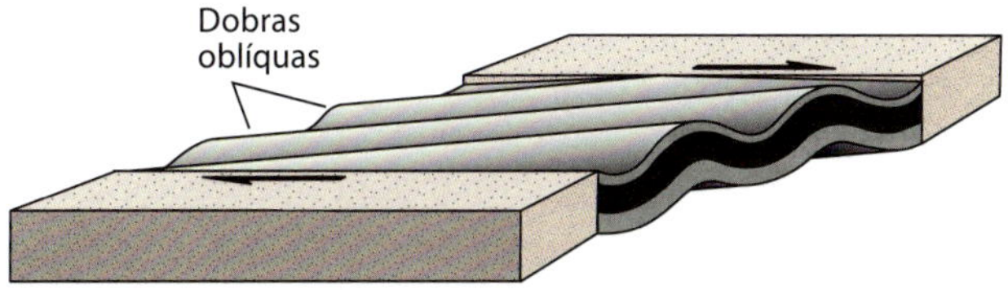

Fig. 19.10 *Dobras formadas por movimento direcional em uma ampla zona de deformação com acamamento horizontal*

19.4.2 Falhas conjugadas de rejeito direcional (cisalhamento puro)

As falhas de rejeito direcional podem ocorrer como estruturas simples ou em zonas de falhas mais ou menos paralelas. Entretanto, elas também podem

Boxe 19.1 Como se formam falhas longas de rejeito direcional?

A Mecânica das Rochas indica que, quando uma fratura de cisalhamento se forma, o campo de esforços nas extremidades gera fraturas extensionais locais, também chamadas de fraturas em asa (*wing cracks*). Isso foi inicialmente demonstrado com um corte retilíneo em uma placa plástica, seguido da imposição de um campo de esforços. Isso posto, como uma falha de rejeito direcional com até centenas de quilômetros de comprimento pode formar-se?

Além do modelo em que as falhas crescem pela conexão de pequenas fraturas, foi sugerido que as falhas possam formar-se por fraturas extensionais ou juntas originalmente longas – mas não tão longas a ponto de atingir centenas de quilômetros. Um comprimento dessa magnitude pode ser atingido pela conexão e reativação de juntas. O modelo de juntas falhadas requer uma fase individual de extensão e formação de juntas anterior ao falhamento de rejeito direcional, ou seja, sugerindo que as falhas de rejeito direcional tenham uma história deformacional em duas fases. Um modelo alternativo considera que o crescimento de falhas de rejeito direcional possa aproveitar outras estruturas de fraqueza; se as juntas não estiverem disponíveis, outras estruturas podem ser aproveitadas, como diques, interfaces entre camadas ou foliações de alto mergulho. Algumas dessas estruturas são muito mais longas que juntas, e as falhas de rejeito direcional podem formar-se mais facilmente como estruturas longas, sem que a formação de fraturas em asa bloqueie seu desenvolvimento.

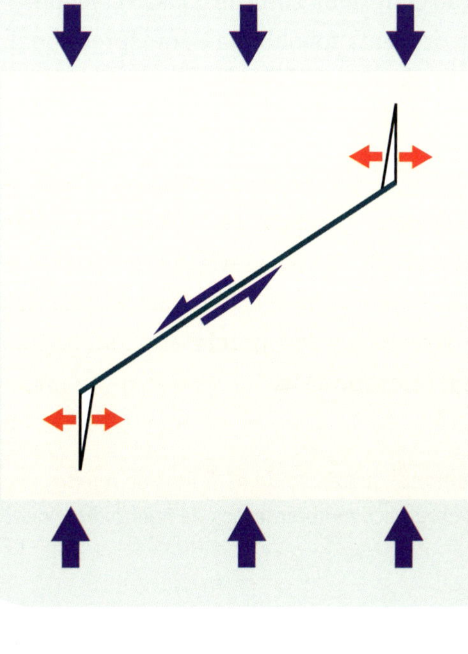

Boxe 19.2 Deslizamento lateral no Atlântico Norte

Várias falhas extensas e topograficamente salientes transectam as Caledonides do Atlântico Norte, desde Svalbard, ao norte, até as Ilhas Britânicas, ao sul. As mais famosas e notáveis são a falha Great Glen, na Escócia, e a falha Billefjorden, em Svalbard. Essas estruturas apresentam muitas das características das falhas de rejeito direcional, como traços de falha retilíneos e mergulho em alto ângulo. As falhas encontram-se, em sua maior parte, cobertas, e as porções expostas são complicadas por reativações superpostas, mas elas separam terrenos ou unidades litológicas com evoluções tectonometamórficas distintas. Portanto, há um consenso entre os geólogos de que elas tenham se comportado como falhas de rejeito direcional na parte final da orogenia caledoniana.

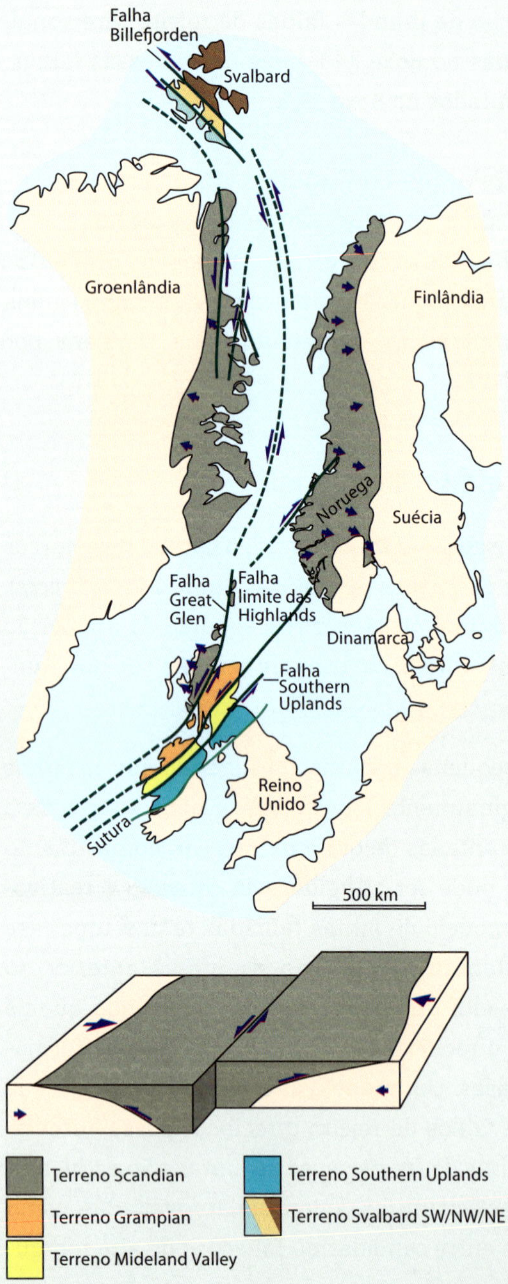

A quantidade de rejeito direcional é difícil de estimar, e interpretações muito diferentes têm sido propostas. As estimativas extremas apontam para rejeitos entre 1.000 km e 2.000 km no final do Caledoniano para esse sistema de falhas de rejeito direcional. O geólogo britânico W. Brian Harland foi um dos primeiros a sugerir um rejeito direcional, e na década de 1960 ele sugeriu uma conexão entre a falha Billefjorden, em Svalbard, e a falha Great Glen, na Escócia – uma interpretação que implica estender esse sistema de falhas de rejeito direcional por mais de 3.500 km. Ele pode até mesmo conectar-se a sudoeste com as falhas de rejeito direcional dos Apalaches, em Newfoundland, Canadá. A maioria dos pesquisadores atualmente considera rejeitos da ordem de poucas centenas de quilômetros, em vez de milhares.

Não obstante, um sistema significativo de falhas de rejeito direcional na porção central da zona de colisão caledoniana indica que essa orogenia foi oblíqua e transpressional, com o componente de rejeito direcional localizado no além-país.

Hoje sabemos que, em diferentes momentos e sob a influência de diferentes campos de esforços, muitas dessas falhas de alto ângulo foram reativadas como falhas normais e inversas. Esta é uma feição característica das falhas de rejeito direcional, resultando em um padrão complexo, de difícil interpretação.

Mapa simplificado das Caledonides do Atlântico Norte (reconstrução devoniana), enfatizando as falhas de rejeito direcional. Também é indicado o conceito de partição entre encurtamento orogênico e movimentos de rejeito direcional paralelos ao orógeno formar sistemas conjugados (Fig. 19.11), implicando atividade simultânea e sob o mesmo campo de esforços.

As falhas de rejeito direcional encaixam-se tanto no modelo de Anderson como no critério de fraturamento de Coulomb. Em termos simples, o ângulo agudo entre os dois conjuntos é bissectado por σ_1 (seta vermelha, Fig. 19.11) e o valor do ângulo é determinado pela fricção interna da rocha. Cinematicamente, essas falhas resultam do cisalhamento puro no plano horizontal, em que o encurtamento em uma direção é compensado por extensão ortogonal em outra. Nesse modelo ideal, não há estiramento ou contração na direção vertical.

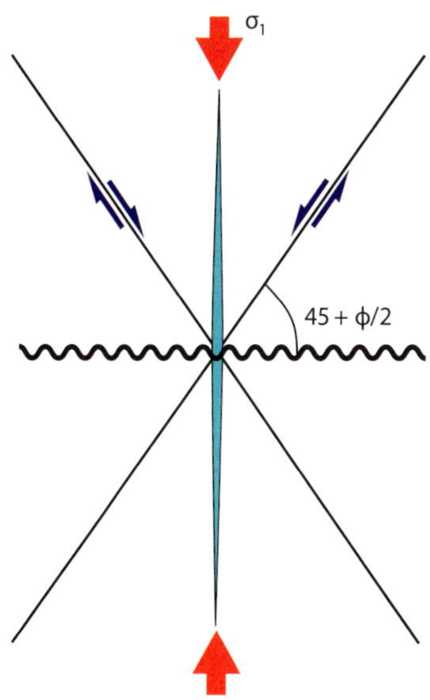

Fig. 19.11 *Modelo de cisalhamento puro conjugado na formação de falhas de rejeito direcional. A orientação de fraturas extensionais (vertical) e estilolitos (horizontal) é indicada. O modelo considera que ambos os conjuntos sejam ativos de modo aproximadamente simultâneo*

O exemplo mais famoso de larga escala de falhas conjugadas de rejeito direcional é o sistema de falhas do norte dos Himalaias (Fig. 19.12B). Nesse local, o continente indiano move-se para norte em direção ao continente eurasiano e parte do movimento convergente é acomodada lateralmente pelo transporte de material para fora da zona colisional, com encurtamento paralelo a essa zona (Fig. 19.12A). O modelo indica que a área ao norte da zona de colisão

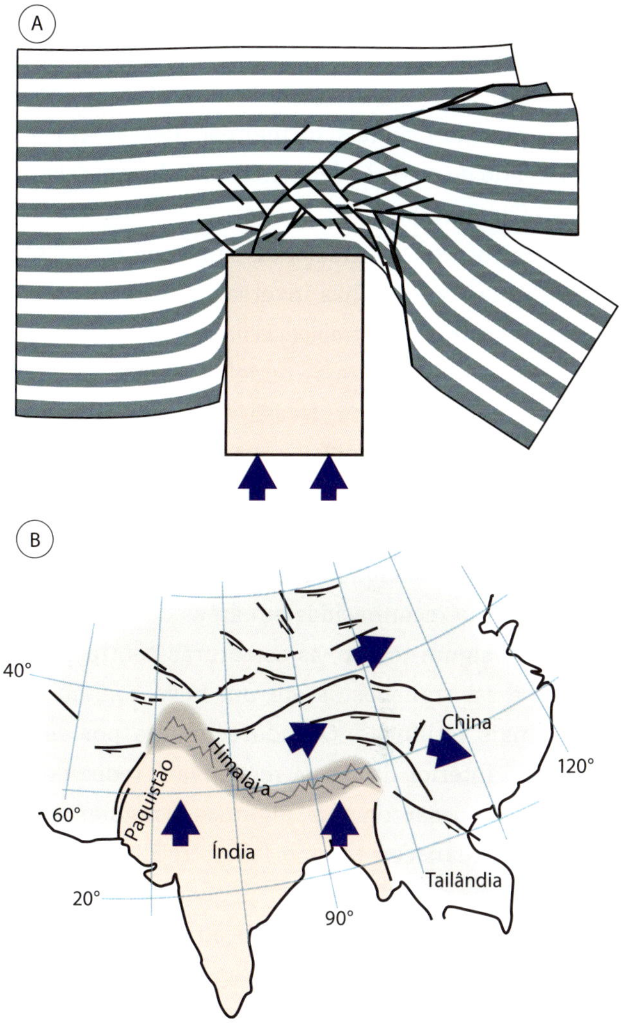

Fig. 19.12 *Formação de falhas de rejeito direcional à frente de um bloco rígido. Dois conjuntos de falhas, que podem ser considerados como conjugados, formam-se enquanto há uma extrusão lateral de material. O modelo é considerado como um análogo da região norte dos Himalaias. O experimento é descrito por Tapponnier et al. (1986)*

dos Himalaias é menos resistente que a placa rígida Indiana.

19.4.3 Curvatura de falha

Nas seções que contêm o vetor de deslocamento (visto em mapa), as falhas de rejeito direcional são perfeitamente retilíneas. Entretanto, mesmo os modelos experimentais mais simples produzem falhas ou segmentos de falhas subsidiárias, oblíquas à direção geral da falha (Fig. 19.9). Essas anomalias são, em geral, explicadas pela conexão de falhas (Figs. 19.8 e

19.9A). Quando segmentos individuais de falhas se sobrepõem e se conectam na vista em mapa, forma-se um ***stepover*** ou **curvatura de falha**. Estruturas contracionais ou extensionais formam-se nessas curvas, dependendo do sentido de rejeito da falha em relação à curva (Fig. 19.13).

As estruturas contracionais incluem estilolitos, clivagens, dobras e falhas inversas, e formam-se em **curvas de restrição** (*restraining bend*). A curva de restrição da Fig. 19.13 localiza-se onde uma falha sinistral se curva para a direita. Nesse contexto, podem-se formar falhas subparalelas contracionais de rejeito oblíquo ou inverso, limitadas por dois segmentos de rejeito direcional e denominadas **duplexes contracionais de rejeito direcional**. Em larga escala, as curvas restritivas são reconhecidas em áreas de relevo positivo. Após algum tempo, as estruturas contracionais tendem a ser transpostas por um novo conjunto de falhas mais retilíneas. O endurecimento por deformação no interior da curva restritiva é reduzido ou eliminado, apesar de que algumas irregularidades possam permanecer. Mesmo falhas retilíneas, como a Falha de San Andreas, têm pequenas curvas restritivas que criam contrações localmente, por vezes denominadas de cristas de pressão (Fig. 19.14).

CURVAS AO LONGO DE FALHAS DE REJEITO DIRECIONAL SÃO ESTRUTURAS INSTIGANTES, QUE CONTÊM ESTRUTURAS EXTENSIONAIS OU CONTRACIONAIS, DEPENDENDO DO SENTIDO DE MOVIMENTO E DA DIREÇÃO DA CURVATURA (PARA A DIREITA OU ESQUERDA).

As **curvas de liberação** formam-se onde uma falha sinistral se curva para a esquerda (Fig. 19.13) ou onde uma falha destral se curva para a direita. Essas curvas produzem estruturas extensionais, como falhas normais e fraturas extensionais. Fraturas extensionais são comuns em curvas de liberação em mesoescala, ao passo que falhas com um rejeito normal significativo tendem a dominar os casos de larga escala. Séries de falhas extensionais paralelas e limitadas em ambos os lados por falhas de rejeito extensional (Fig. 19.13) são denominadas **duplexes extensionais de rejeito direcional**. As falhas normais geram estruturas negativas, ou seja, bacias que podem ser preenchidas

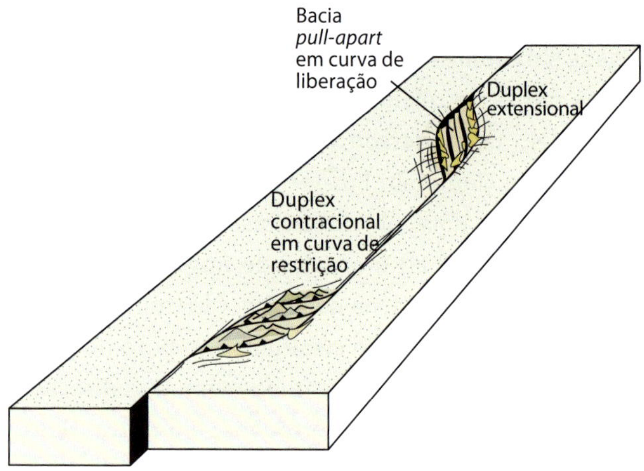

Fig. 19.13 *Duplexes extensional (transtracional) e contracional (transpressional) desenvolvidos em curvas em um sistema de falhas de rejeito direcional. Exemplos de larga escala podem causar a formação de bacias ou orogenias locais*

com sedimentos em várias escalas. A Fig. 19.14 apresenta como o Vale da Morte (Califórnia, EUA) está localizado em uma curva de liberação, onde falhas normais causaram um rebaixamento da região montanhosa até um nível próximo ao nível do mar e, em alguns pontos, até mesmo abaixo do nível do mar. Ao longo do tempo, uma bacia como essa irá se alargar ou alongar enquanto novas falhas normais se desenvolvem. O Mar Morto é outro exemplo famoso de bacia desse tipo, criada em uma zona de sobreposição entre duas falhas de rejeito direcional e conhecida como **bacia *pull-apart***.

19.4.4 Imagens sísmicas e estruturas em flor

Os dados sísmicos de reflexão fornecem informações sobre as falhas de rejeito direcional em profundidade. As falhas de rejeito direcional puro podem ser de difícil detecção apenas com base em dados sísmicos, não somente porque a maioria delas é demasiado inclinada para gerar reflexões, mas também porque camadas horizontais ou camadas de direção paralela ao traço da falha não apresentam rejeito vertical (Fig. 19.1). Uma possibilidade, portanto, é procurar por estruturas de restrição ou de liberação, em que há movimentos verticais associados a falhas normais, inversas e dobras. Uma feição característica dessas curvas é sua tendência para ramificação e alargamento para cima (Fig. 19.16). Essas estruturas são

Fig. 19.14 *Crista suave localizada em uma curva restritiva ao longo da Falha de San Andreas próximo a Palmdale, EUA, onde as camadas de rochas da Formação Anaverde (Plioceno?) foram lindamente dobradas devido a encurtamento horizontal*

conhecidas como **estruturas em flor**. As estruturas em flor associadas a curvas restritivas são consideradas positivas, e as associadas a curvas de liberação são denominadas estruturas em flor negativas.

As falhas de rejeito direcional bifurcam-se e alargam-se em direção à superfície, particularmente nas curvas de restrição e de liberação. Uma possível causa são as mudanças mecânicas próximas à superfície. Enquanto uma falha é, em geral, muito menos resistente que os blocos adjacentes, esse contraste diminui em rochas sedimentares em pequena profundidade. Nesse contexto, é mais fácil a formação de múltiplas falhas.

19.5 Transpressão e transtração

Vimos que as curvas em falhas de rejeito direcional podem produzir componentes locais contracionais ou extensionais. O tipo de deformação que ocorre nessas curvas é denominado **transpressão** (*transpression*) e **transtração** (*transtension*). Esses modelos não precisam restringir-se às curvas de falhas – eles podem dominar todo o comprimento de uma falha de rejeito direcional, se a falha ou zona de cisalhamento não for de rejeito direcional puro. No caso de uma zona de cisalhamento, isso significa que há um desvio em relação ao cisalhamento simples. A falha pode conter um componente adicional de encurtamento ou estira-

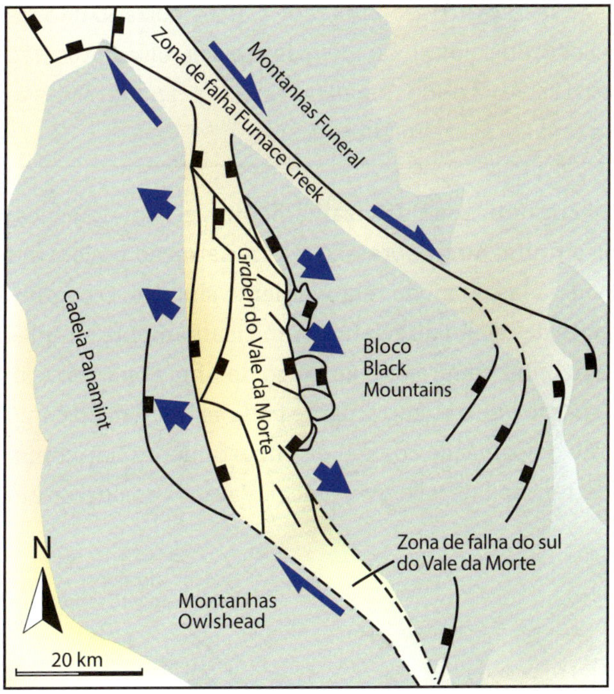

Fig. 19.15 *O Mar Morto é uma área-tipo para bacias pull-apart. Área-tipo é o local onde a feição foi descrita pela primeira vez, nesse caso por Burchfiel e Stewart (1966)*
Fonte: baseado parcialmente em Wright et al. (1974).

mento perpendicular ao plano de falha.

Em geral, a transpressão corresponde a uma faixa de combinações de rejeito direcional e deformação coaxial envolvendo encurtamento perpendicular à

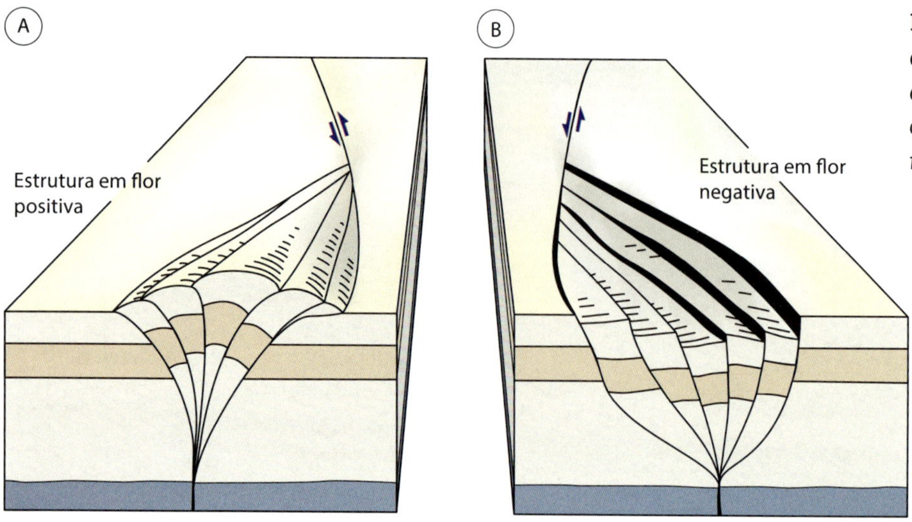

Fig. 19.16 *Principais feições de estruturas em flor (A) negativa e (B) positiva, desenvolvidas em curvas de liberação e de restrição, respectivamente*

zona (Fig. 19.17), e a transtração engloba combinações de rejeito direcional e estiramento perpendicular. Em outras palavras:

TRANSPRESSÃO (TRANSTRAÇÃO) É UMA COMBINAÇÃO DE REJEITO DIRECIONAL OU MOVIMENTO POR CISALHAMENTO SIMPLES AO LONGO DE UMA FALHA E ENCURTAMENTO (EXTENSÃO) PERPENDICULAR A ELA.

Em uma zona de cisalhamento vertical de espessura finita, a transpressão e a transtração podem ser modeladas de modo relativamente simples. O componente de rejeito direcional é um cisalhamento simples horizontal com rejeito ao longo de uma zona vertical, ao passo que o encurtamento pode ser modelado como uma deformação coaxial de encurtamento horizontal e extensão lateral e/ou vertical. Vamos considerar um componente coaxial de cisalhamento puro com extensão vertical (Fig. 19.18). Esse é o modelo matemático mais simples proposto para a transpressão, apresentado por Sanderson e Marchini (1984). Com base na teoria da deformação (Cap. 2), a aplicação simultânea de dois componentes pode ser representada pela matriz de deformação:

$$D = \begin{bmatrix} 1 & \Gamma & 0 \\ 0 & k & 0 \\ 0 & 0 & k^{-1} \end{bmatrix} = \begin{bmatrix} 1 & \frac{\gamma(1-k)}{\ln(k^{-1})} & 0 \\ 0 & k & 0 \\ 0 & 0 & k^{-1} \end{bmatrix} \quad (19.1)$$

A matriz é tridimensional porque os componentes de cisalhamento puro e de cisalhamento simples atuam em planos perpendiculares entre si. O componente de cisalhamento simples ou de rejeito direcional é indicado por γ, e o valor de k determina a quantidade de encurtamento ou extensão através da zona.

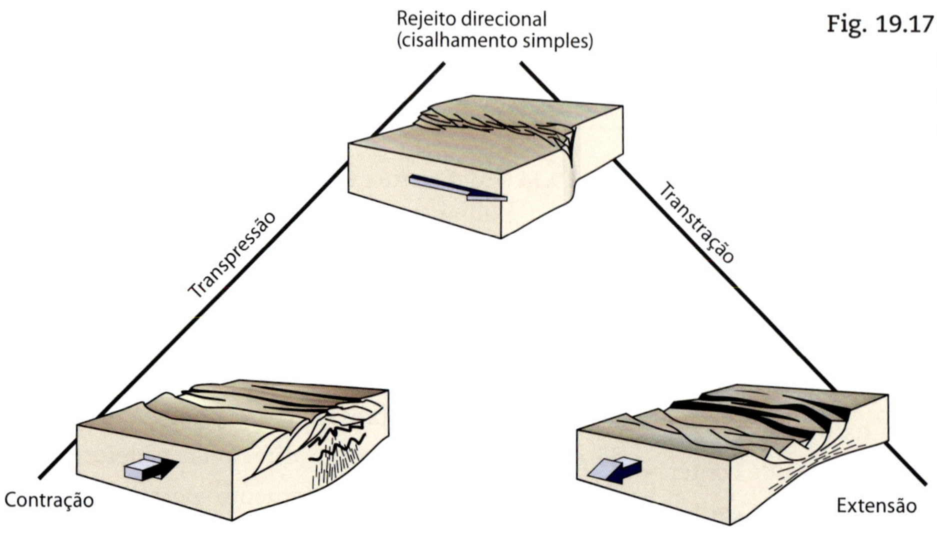

Fig. 19.17 *Transpressão e transtração representam ligações de contração, rejeito direcional e extensão*

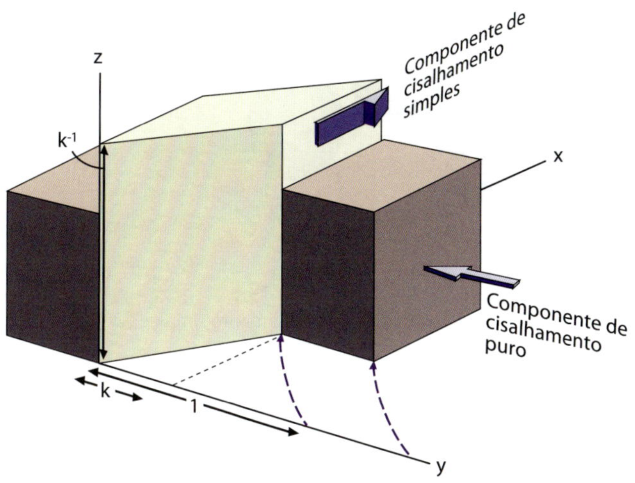

Fig. 19.18 *Modelo simples de Sanderson e Marchini (1984) para transpressão: deformação homogênea entre dois blocos rígidos*

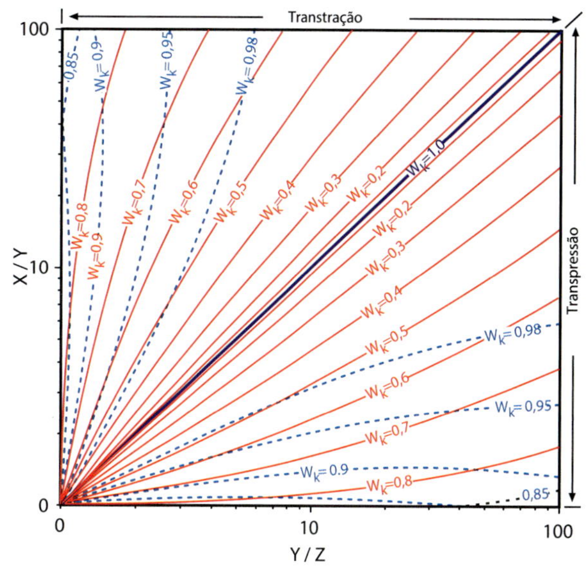

Fig. 19.19 *Diagrama de Flinn com representação de trajetórias de W_k constantes*
Fonte: Baseado em Fossen et al. (1994)

Para $k = 0{,}7$, a zona torna-se 30% mais delgada devido à transpressão. Para $k = 1{,}2$, a espessura da zona aumenta 20% com a transtração. Como sempre, assim que definimos uma matriz de deformação podemos definir a orientação e a forma da elipse de deformação, de W_k e ISA, e por meio das matrizes incrementais podemos calcular os padrões de rotação de linhas e planos passivos (Apêndice A). Vamos aproveitar esta oportunidade para detalhar alguns aspectos da transpressão e da transtração.

19.5.1 Elipsoide de deformação

Em níveis crustais profundos, onde a deformação se acumula principalmente por mecanismos plásticos, os marcadores de deformação podem permitir o mapeamento da deformação no interior das zonas de cisalhamento. A partir da matriz de deformação (Eq. 19.1), podemos demonstrar que, em nosso modelo:

A TRANSPRESSÃO RESULTA EM ELIPSOIDES OBLATOS (ACHATADOS) E A TRANSTRAÇÃO GERA ELIPSOIDES PROLATOS.

O eixo longo *X* do elipsoide de deformação é sempre horizontal na transtração (Figs. 19.20C,D) e vertical na transpressão, com um forte componente de cisalhamento puro ($W_k < 0{,}81$) (Fig. 19.20A). Na transpressão dominada por cisalhamento simples em que o componente de cisalhamento puro é relativamente pequeno, *X* é inicialmente horizontal e depois passa a vertical. Ocorre uma mudança entre *Y* e *X* quando a trajetória de deformação atinge e ultrapassa o eixo horizontal do diagrama de Flinn (linhas azuis tracejadas da Fig. 19.19). Isso ocorre na deformação em que *Y* cresce mais rapidamente que *X*, fazendo com que ambos se igualem e depois se invertam. Essa transição é marcada por uma deformação por achatamento perfeito.

Uma mudança similar ocorre entre *Y* e *Z* na transtração, nesse caso por meio de uma deformação por constrição perfeita. Podemos observar ambos os casos nas duas linhas $W_k = 0{,}85$ da Fig. 19.19, a partir das quais se percebe que uma alta deformação é necessária para que essa transição ocorra. Outras trajetórias irão surgir se houver mudanças no número de vorticidade cinemática W_k durante a história deformacional ou se outros modelos de transpressão forem escolhidos. Entretanto, a seguinte regra geral é importante:

UMA TRANSPRESSÃO DOMINADA POR CISALHAMENTO PURO PRODUZ LINEAÇÕES VERTICAIS, AO PASSO QUE UM FORTE COMPONENTE DE CISALHAMENTO SIMPLES FAVORECE A FORMAÇÃO DE LINEAÇÕES HORIZONTAIS.

A orientação do eixo mais longo da elipse de deformação no plano horizontal, seja ele *X* ou *Y*, pode ser usada a partir da seguinte equação:

$$\theta' = \text{tg}^{-1}[(\lambda - \Gamma^2 - 1)/k\Gamma] \quad (19.2)$$

onde θ' é o ângulo entre o eixo horizontal mais longo e a zona de cisalhamento vertical. Conhecendo a razão de deformação R na seção horizontal, podemos estimar o valor de W_k por meio da Fig. 19.21A.

19.5.2 Estruturas lineares

Vimos que a lineação em uma zona de transpressão é oblíqua, apresentando ângulo θ' em relação à zona de cisalhamento, ou vertical, se houver um componente significativo de cisalhamento puro. Podem ocorrer linhas e planos rotacionados de modo mais ou menos passivo durante a história de deformação. Usando a pré-multiplicação de matriz (seção 2.22) e pequenos incrementos de deformação, podemos calcular como as linhas e os planos irão rotacionar durante a deformação progressiva. Vamos nos ater às linhas, ainda que a rotação dos planos possa ser abordada da mesma maneira. Linhas com diferentes atitudes originais definem diferentes trajetórias em qualquer tipo de deformação, como ilustrado em projeções de igual área da Fig. 19.22 (à esquerda). Em cisalhamento simples (zona de cisalhamento com rejeito direcional perfeito), as linhas rotacionam ao longo de grandes círculos (Fig. 19.22, W_k = 1). Em cisalhamento puro (W_k = 0), emerge um padrão simétrico. Em transtração, as trajetórias são controladas pela apófise de fluxo oblíquo e as linhas irão, posteriormente, ficar paralelas a essa apófise (Fig. 19.22). Isso significa que a deformação de estruturas lineares irá concentrar-se em uma orientação oblíqua à zona de cisalhamento e à direção de cisalhamento. Em nosso modelo, o ângulo α entre a apófise e a zona de cisalhamento será:

$$\alpha = \text{tg}^{-1}[(\ln k)/\gamma] \quad (19.3)$$

A angularidade será qualitativamente similar, mas não idêntica, à obliquidade da lineação de estiramento (Eq. 19.2). Portanto, o uso de uma lineação para determinar a direção de transporte não é estritamente correto nas zonas de transtração. Na prática, se pudermos identificar um gradiente de deformação de uma margem de baixa deformação até o centro da zona, por exemplo, o padrão de rotação poderá ser comparado aos padrões teóricos mostrados na Fig. 19.22, permitindo que se defina o tipo de transpressão ou transtração. Se dados de deformação estiverem disponíveis, então a Fig. 19.19 também poderá ser usada.

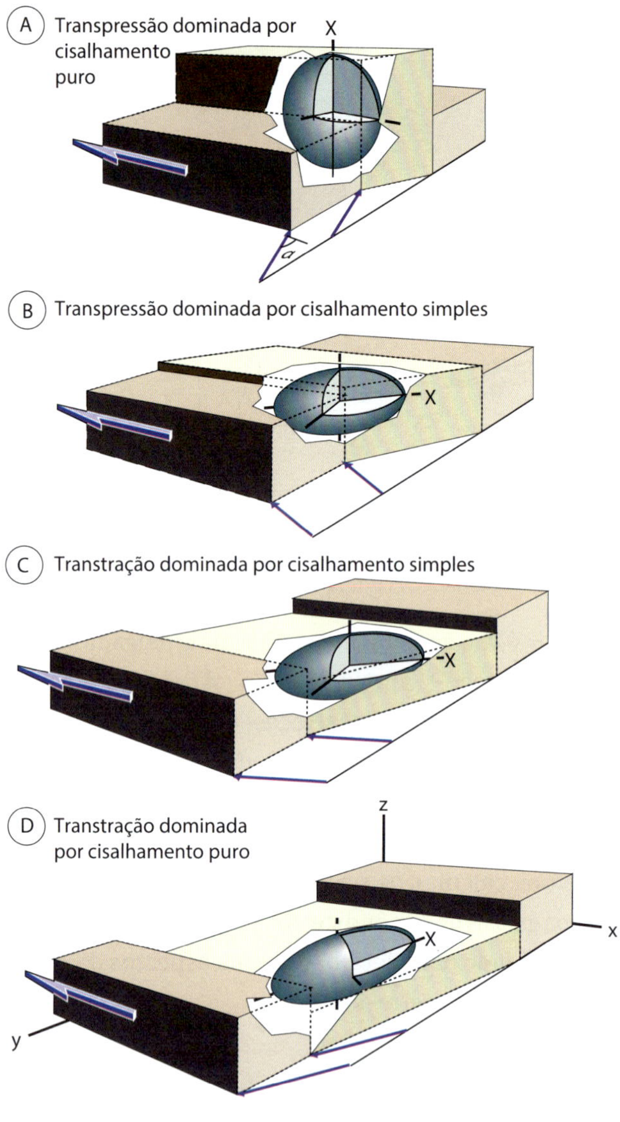

Fig. 19.20 *Orientação e forma do elipsoide de deformação finita de quatro classes de transpressão/transtração discutidas no texto*
Fonte: baseado em Fossen et al. (1994).

É importante compreender que o modelo simples de transpressão ou transtração aqui descrito é apenas uma dentre muitas possibilidades. Nem todas as zonas de cisalhamento de rejeito direcional são verticais; a extrusão lateral e outros modelos cinemáticos também são possíveis. Não obstante, o modelo simples mostrado na Fig. 19.18 ilustra como a transpressão pode ser modelada e como ela pode causar o

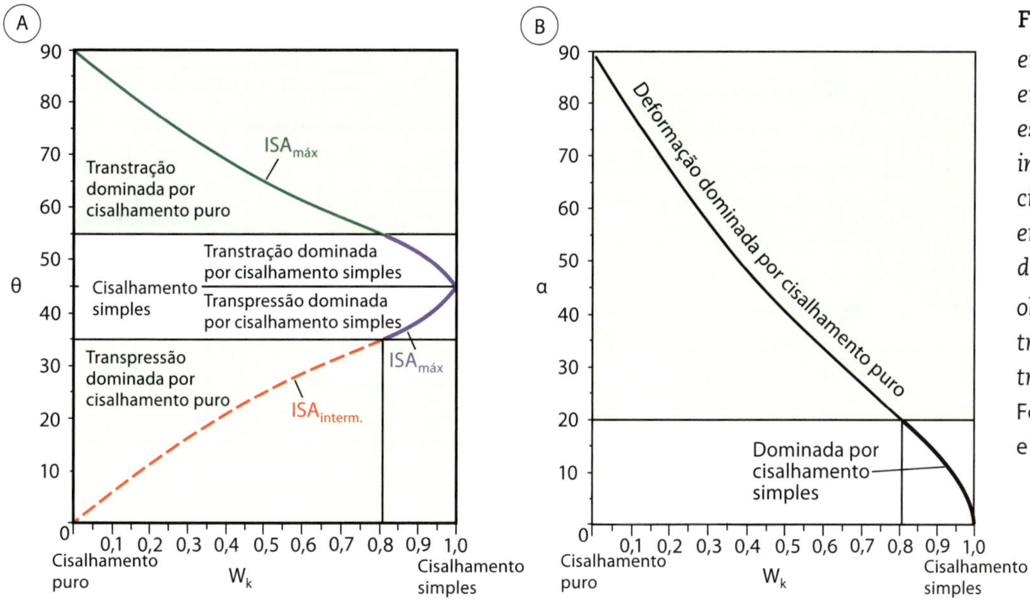

Fig. 19.21 *(A) Relação entre W_k e o ângulo θ entre o eixo de máximo estiramento horizontal instantâneo e a zona de cisalhamento. (B) Relação entre α (orientação da apófise de fluxo oblíquo) e W_k(tanto para transpressão como para transtração)*
Fonte: baseado em Fossen e Tikoff (1993).

movimento vertical de rochas, o que, em larga escala e combinado com o efeito da erosão, pode transportar rochas metamórficas para níveis crustais mais rasos.

19.6 Partição da deformação

As rochas naturais tendem a ser anisotrópicas e heterogêneas, o que faz a deformação ser distribuída de modo desigual em maciços de rochas deformadas. Isso pode estar primariamente relacionado à anisotropia pré-deformacional da rocha e, secundariamente, às estruturas que se formam durante a deformação. Em especial, quando uma falha ou zona de cisalhamento de baixa resistência se forma, é provável que ela concentre o componente de cisalhamento puro, enquanto o volume dos blocos adjacentes deve acomodar os componentes coaxiais da deformação necessários para contrabalançar a deformação prescrita pelas limitações externas ou condições de contorno (Fig. 19.23). Esse fenômeno é chamado de **partição de deformação**:

A PARTIÇÃO DE DEFORMAÇÃO É A DECOMPOSIÇÃO INTERNA DA DEFORMAÇÃO TOTAL ATRAVÉS DE UMA ZONA DEFORMADA EM ZONAS OU DOMÍNIOS COM DIFERENTES TIPOS DE DEFORMAÇÃO.

A redistribuição seletiva da deformação no interior das zonas pode ocorrer de muitas maneiras e em vários contextos, como, por exemplo, nas zonas de cisalhamento dúctil em escala de afloramento, onde o cisalhamento simples é dividido entre bandas de cisalhamento oblíquas à zona de cisalhamento e a retrorrotação dos blocos de rocha entre as bandas de cisalhamento. Entretanto, o termo *partição de deformação* tornou-se muito popular entre os pesquisadores que estudam a deformação em margens oblíquas de placas e prismas acrescionários.

19.6.1 Margens de placas e partição de deformação em larga escala

Uma margem oblíqua de placa é aquela onde o movimento da placa ou seu vetor de velocidade é oblíquo à margem. A deformação ao longo dessas margens será marcada por transpressão generalizada se a margem for oblíqua convergente, e por transtração se a margem for oblíqua divergente. Se conhecermos o vetor de movimento de uma placa em relação à outra, poderemos definir a orientação da apófise de fluxo horizontal oblíqua, pois ambos são idênticos (Fig. 2.21). Esse fato bastante útil pode ser aplicado em modelos estruturais de zonas de deformação ao longo de margens de placas.

A partição de deformação ao longo de margens de placas dominadas por falhas de rejeito direcional envolve um equilíbrio entre a quantidade de rejeito direcional ou de cisalhamento simples, por um lado, e a quantidade de encurtamento ou extensão (deformação coaxial), por outro. Se a maior parte do

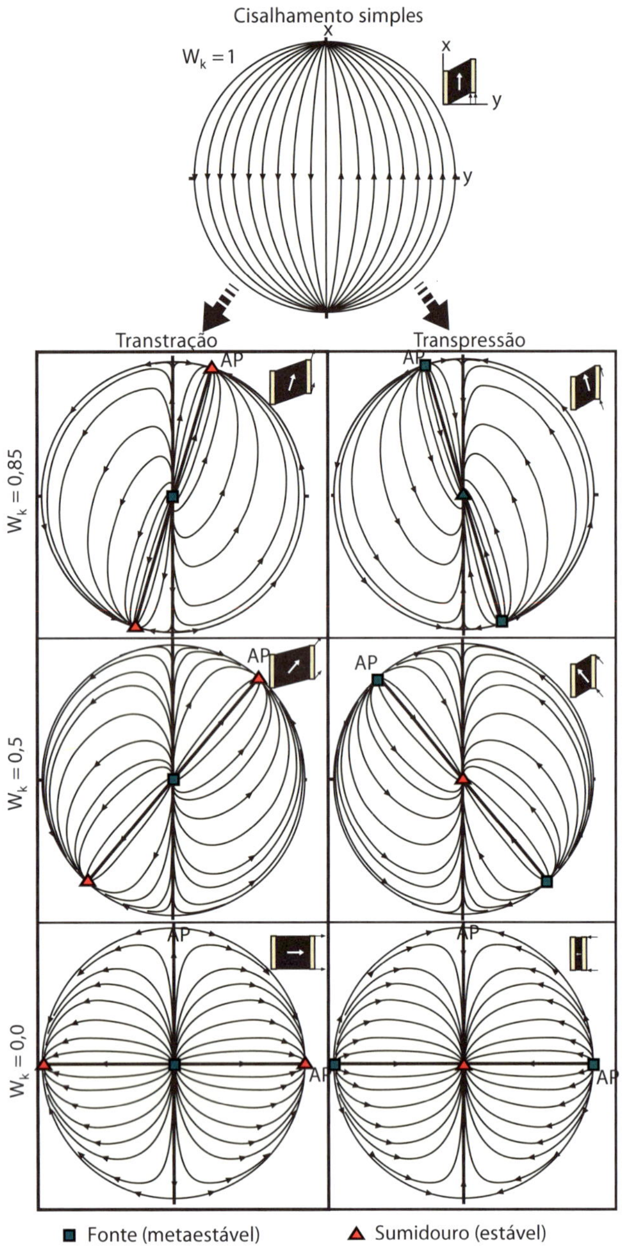

Fig. 19.22 *Padrões de rotação de estruturas lineares passivas, mostrados em estereogramas (projeção de igual área). AP = apófise de fluxo*

Fonte: Fossen et al. (1994).

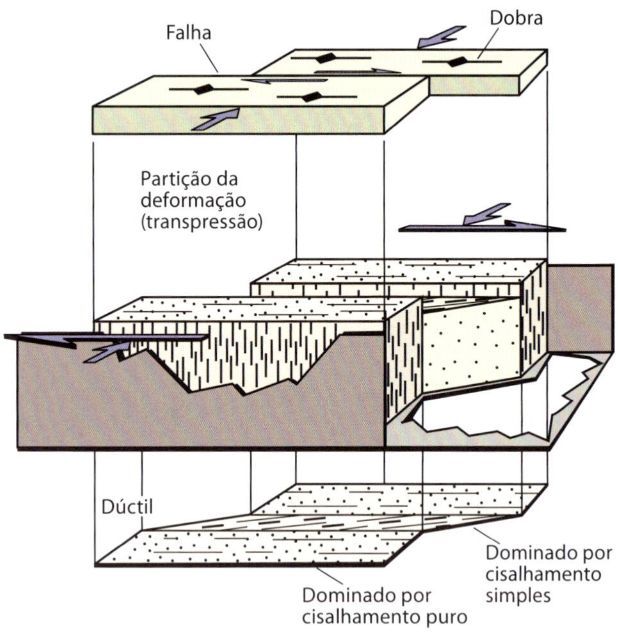

Fig. 19.23 *Ilustração da partição de deformação em uma zona de transpressão. Alguns blocos são submetidos a cisalhamento simples, enquanto em outros predomina o cisalhamento puro. Nos níveis crustais mais rasos, o cisalhamento simples é reduzido a uma ou poucas falhas*

cisalhamento simples estiver localizada ao longo de uma ou algumas falhas de rejeito direcional, então o resto da zona será dominado por deformação coaxial.

No interior da zona de deformação nas margens de placas, a deformação pode dividir-se livremente, contanto que sua soma corresponda ao total previsto com base no vetor de movimento de placa e da orientação da placa da margem.

O sistema de falhas de San Andreas, geralmente considerado como uma falha de rejeito direcional,é ligeiramente transpressional, porque o vetor da placa perfaz um ângulo de 5° com o limite da placa na Califórnia central (Fig. 19.24). Com base apenas nessa informação, podemos deduzir da Fig. 19.20B que W_k = 0,985 e que a deformação é muito próxima de cisalhamento simples (rejeito direcional). Essa situação permite prever que a orientação de ISA_1 está a 42,5° da margem da placa. Entretanto, como o componente de cisalhamento simples é assimilado pelas falhas de rejeito direcional, os domínios entre as falhas acomodam uma quantidade significativa de encurtamento horizontal (cisalhamento puro). Isso explica por que ISA_1 (e σ_1) não está orientado a 42,5°, mas em um ângulo muito menor nesses domínios. Isso também explica por que os eixos das dobras são quase paralelos às falhas existentes nos domínios com predomínio de cisalhamento puro. Mesmo jovens, as falhas abertas são orientadas com 6° a 12° em relação à placa da margem, enquanto a deformação total na zona prevê uma orientação inicial das dobras próxima a 40°.

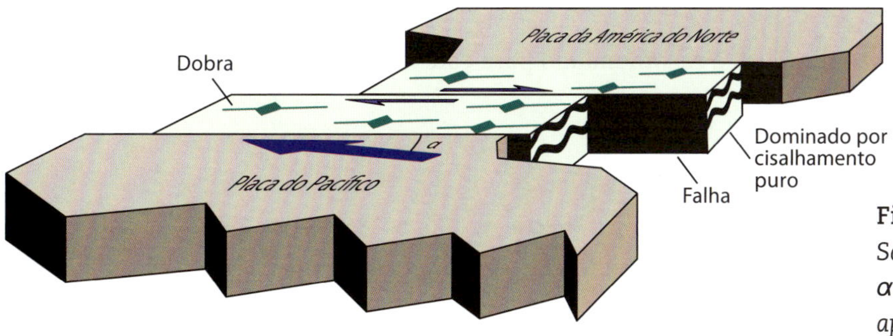

Fig. 19.24 *Esquema da zona de falha de San Andreas, Califórnia, EUA. O ângulo α entre as duas apófises de fluxo é de apenas 5°, mas como o cisalhamento simples é localizado nas falhas, o cisalhamento puro predomina no volume entre as falhas; por esse motivo, os eixos das dobras são subparalelos às falhas, e não como aqueles indicados na Fig. 19.10*

A partição da deformação é, portanto, um importante aspecto em muitas zonas de rejeito direcional e margens de placas.

Resumo

Vimos como as zonas de rejeito direcional formam importantes estruturas em muitas partes do mundo, particularmente ao longo de limites transformantes de placas. As estruturas de rejeito direcional são particularmente interessantes onde ocorrem complicações geométricas, ou onde a deformação geral apresenta um desvio em relação ao cisalhamento simples (transpressão, transtração). Apesar de haver muitos modelos de transpressão e transtração que poderiam ser detalhados, os modelos simples, baseados nos padrões identificados em mapas e em campo, podem explicar muitas das principais estruturas e gerar questões adicionais que contribuam para a compreensão dessas estruturas. Alguns pontos importantes e questões relevantes são:

- As zonas de rejeito direcional ocorrem ao longo de limites transformantes de placas como falhas transformantes.
- Elas também ocorrem no interior dos continentes como falhas transcorrentes.
- A transpressão (transtração) ocorre onde há um componente de encurtamento (extensão) através de uma zona de rejeito direcional.
- A partição da deformação é encontrada em muitas zonas de deformação transpressional.
- Os modelos simples de transpressão preveem a partição em domínios de deformação coaxial separados por zonas de cisalhamento simples (falhas de rejeito direcional).

Questões de revisão

1] Quais são as características de falhas ou zonas de cisalhamento em larga escala?

2] Qual é o papel das falhas de transferência e em que contextos elas podem ocorrer?

3] Que tipo de estruturas se forma onde uma falha de rejeito direcional apresenta uma curva abrupta?

4] Como seria o perfil através de uma curva de restrição? E de uma curva de liberação?

5] Que tipos de contextos são representados pelo Vale da Morte?

6] O que pode acontecer com as falhas de rejeito direcional em profundidade?

7] Como poderíamos explicar a deformação por achatamento em uma zona de cisalhamento com um movimento claramente de rejeito direcional?

8] Assim como o Vale da Morte, o Mar Morto é um local onde podemos caminhar em terra seca abaixo do nível do mar, em uma depressão aparentemente sem motivo no contexto de uma falha de rejeito direcional. Como poderíamos explicar essa situação?

9] Como as falhas de rejeito direcional acomodam cisalhamento puro em larga escala?

E-módulo

O módulo de *e-learning* denominado *Strike-slip faults* é recomendado para este capítulo.

Leituras complementares

Falhas de rejeito direcional (geral)

SYLVESTER, A. G. Strike-slip faults. *Geological Society of America Bulletin*, v. 100, p. 1666-1703, 1988.

WILCOX, R. E.; HARDING, T. P.; SEELY, D. R. Basic wrench tectonics. *American Association of Petroleum Geologists Bulletin*, v. 57, p. 74-96, 1973.

WOODCOCK, N. H.; SCHUBERT, C. Continental strike-slip tectonics. In: HANCOCK, P. L. (Ed.). *Continental Deformation*. Oxford: Pergamon Press, 1994. p. 251-263.

Curvas de restrição e de liberação

AYDIN, A.; NUR, A. Evolution of pull-apart basins and their scale independence. *Tectonics*, v. 1, p. 91-105, 1982.

BURCHFIEL, B. C.; STEWART, J. H. "Pull-apart" origin of the central segment of Death Valley, California. *Geological Society of America Bulletin*, v. 77, p. 439-442, 1966.

CUNNINGHAM, W. D.; MANN, P. (Ed.) *Tectonics of Strike-slip Restraining and Releasing Bends*. Special Publication 290. London: Geological Society, 2007.

PEACOCK, D. C. P. Displacements and segment linkage in strike-slip fault zones. *Journal of Structural Geology*, v. 13, p. 1025-1035, 1991.

WESTAWAY, R. Deformation around stepovers in strike-slip fault zones. *Journal of Structural Geology*, v. 17, p. 831-846, 1995.

Transpressão e transtração

OLDLOW, J. S.; BALLY, A. W.; LALLEMANT, G. A. Transpression, orogenic float, and lithospheric balance. *Geology*, v. 18, p. 991-994, 1990.

SANDERSON, D.; MARCHINI, R. D. Transpression. *Journal of Structural Geology*, v. 6, p. 449-458, 1984.

TIKOFF, B.; GREENE, D. Stretching lineations in transpressional shear zones: an example from the Sierra Nevada Batholith, California. *Journal of Structural Geology*, v. 19, p. 29-39, 1997.

TREAGUS, S. H.; TREAGUS, J. E. Transected folds and transpression: how are they associated? *Journal of Structural Geology*, v. 14, p. 361-367, 1992.

Modelagem teórica de transpressão/transtração

FOSSEN, H.; TIKOFF, T. B.; TEYSSIER, C. T. Strain modeling of transpressional and transtensional deformation. *Norsk Geologisk Tidsskrift*, v. 74, p. 134-145, 1994.

JONES, R. R.; HOLDSWORTH, R. E.; CLEGG, P.; MCCAFFREY, K.; TRAVARNELLI, E. Inclined transpression. *Journal of Structural Geology*, v. 26, p. 1531-1548, 2004.

ROBIN, P. Y. F. Strain and vorticity patterns in ideally ductile transpression zones. *Journal of Structural Geology*, v. 16, p. 447-466, 1994.

TIKOFF, B.; TEYSSIER, C. T. Strain modeling of displacement-field partitioning in transpressional orogens. *Journal of Structural Geology*, v. 16, p. 1575-1588, 1994.

Acumulações de hidrocarbonetos

HARDING, T. P. Predicting productive trends related to wrench faults. *World Oil*, p. 64-69, jun. 1976.

Expressões sísmicas

HSIAO, L. Y.; GRAHAM, S. A.; TILANDER, N. Seismic reflection imaging of a major strike-slip fault zone in a rift system: Paleogene structure and evolution of the Tan-Lu fault system, Liaodong Bay, Bohai, offshore China. *American Association of Petroleum Geologists Bulletin*, v. 88, p. 71-97, 2004.

Modelos físicos

CLIFTON, A. E.; SCHLISCHE, R. W.; WITHJACK, M. O.; ACKERMANN, R. V. Influence of rift obliquity on fault--population systematics: results of experimental clay models. *Journal of Structural Geology*, v. 22, p. 1491-1509, 2000.

MCCLAY, K.; DOOLEY, T. Analogue models of pull-apart basins. *Geology*, v. 23, p. 711-714, 1995.

TIKOFF, B.; PETERSON, K. Physical experiments of transpressional folding. *Journal of Structural Geology*, v. 20, p. 661-672, 1998.

Exemplos de falhamentos de rejeito direcional

STORTI, F.; HOLDSWORTH, R. E.; SALVINI, F. (Ed.). *Intraplate Strike-slip Deformation Belts*. Special Publication 210. London: Geological Society, 2003.

TAPPONNIER, P.; PELTZER, G.; ARMIJO, R. On the mechanics of the collision between India and Asia. In: COWARD, M. P.; RIES, A. C. (Ed.). *Collision Tectonics*. Special Publication 19. London: Geological Society, 1986. p. 115-157.

Tectônicas do sal

20

O sal como rocha tem propriedades e comportamentos muito diferentes da maioria das rochas. Quando sequências sedimentares contendo sal são deformadas, elas desenvolvem características próprias e, por vezes, estilos estruturais fascinantes. Cristas, *pillows*, diápiros e mesmo geleiras de sal são estruturas especiais, importantes em diversos contextos. Mesmo quando o sal é restrito a uma fina camada, ele pode controlar o desenvolvimento estrutural e expandir a área afetada pela deformação, devido à sua tendência de comportar-se como uma zona de descolamento. As estruturas relacionadas ao sal são importantes nos regimes tectônicos contracionais e extensionais, e também são importantes porque muitas das reservas de petróleo estão em províncias que contêm sal ou que foram deformadas pela tectônica do sal. Neste capítulo, vamos abordar especificamente as estruturas e a tectônica do sal, apresentando uma visão panorâmica da geometria das estruturas, dos processos envolvidos e dos contextos tectônicos em diversos locais em todo o mundo.

20.1 Tectônica do sal e halocinese

As camadas de sal são partes integrantes do registro sedimentar em muitas bacias, incluindo bacias cratônicas, em riftes, em margens passivas e em antepaíses, e têm um papel importante quando a sequência em que se encontram é afetada por deformação, seja em contexto extensional, contracional ou de rejeito direcional. A seção da Fig. 20.1 representa um contexto de rifte, onde as camadas de sal de Zechstein, do Permiano, estendem-se por centenas de quilômetros. A Fig. 20.2 mostra que essa camada de sal pode ser traçada através da maior parte do norte da Europa (do Reino Unido à Polônia) e que sua espessura originalmente constante foi remodelada em concentrações de contornos circulares ou elípticos quando vistos em mapa. A seção geológica (Fig. 20.1) mostra claramente que o sal forma estruturas que não seguem a orientação aproximadamente horizontal das camadas de uma bacia.

O sal nessa seção foi deformado (por fluxo). Usamos o termo **tectônica do sal** quando a participação do sal na deformação chega a afetar o tipo, a geometria, a localização e/ou o grau de deformação das estruturas. Esse termo cobre qualquer deformação ou estrutura deformacional relacionada ao sal, incluindo a deformação relacionada ao descolamento. Outro termo que se aplica ao movimento de sal em subsuperfície e à formação de diápiros é **halocinese**, do grego *halos* (sal ou halita) e *kinesis* (movimento).

A influência do sal na deformação depende de sua espessura, extensão e posição na coluna estratigráfica; do seu grau de reativação do embasamento e das propriedades físicas das camadas sobrejacentes. A deformação pode ser local e não relacionada à tectônica de placas, sendo controlada apenas pelo contraste de densidade entre o sal e as rochas sobrejacentes. Em outros casos, possivelmente mais comuns, o sal responde a um campo regional de esforços tectônicos. A seguir, vamos discutir algumas das estruturas mais comumente associadas ao movimento do sal, após uma breve revisão das suas propriedades especiais.

20.2 Propriedades e reologia do sal

O sal tem propriedades físicas e reológicas que fazem dele uma rocha fundamentalmente diferente da maioria das demais (Boxe 20.1). Em primeiro lugar, as camadas de sal nas sequências sedimentares podem consistir de halita pura, mas comumente contêm minerais como anidrita, gipsita e argilominerais. A halita pura tem densidade relativamente baixa (2.160 g/cm^3), enquanto a do sal impuro é um pouco maior. Portanto, o sal é menos denso que a maioria das rochas carbonáticas, porém é mais denso que os sedimentos siliciclásticos não consolidados. O que podemos afirmar sobre o contraste de densidade que, de acordo com muitos livros introdutórios, promove o diapirismo de sal?

A resposta está relacionada à diferença na compactação entre o sal e os sedimentos porosos. O sal, que praticamente não apresenta porosidade mesmo em níveis crustais rasos, é praticamente incompressível e, portanto, não se torna mais denso com o aumento da carga sobrejacente. Esse comportamento é diferente do da maioria das rochas sedimentares, que podem ser significativamente compactadas. Os sedimentos são fisicamente compactados e quimicamente alterados durante o soterramento, o que causa um aumento de densidade com a profundidade de soterramento. Portanto, há uma inversão de densidade (camada mais densa sobre camada menos

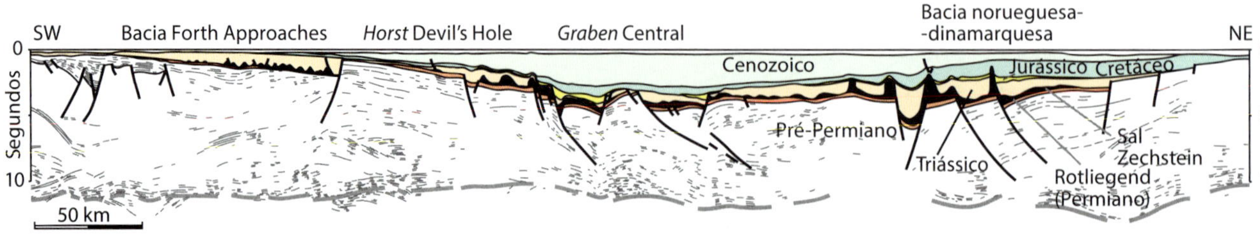

Fig. 20.1 *Seção geológica (interpretação de linha sísmica) através de múltiplas estruturas de sal na porção sul do Mar do Norte. A localização do perfil é indicada na Fig. 20.2*

Fonte: baseado em Zanella et al. (2003).

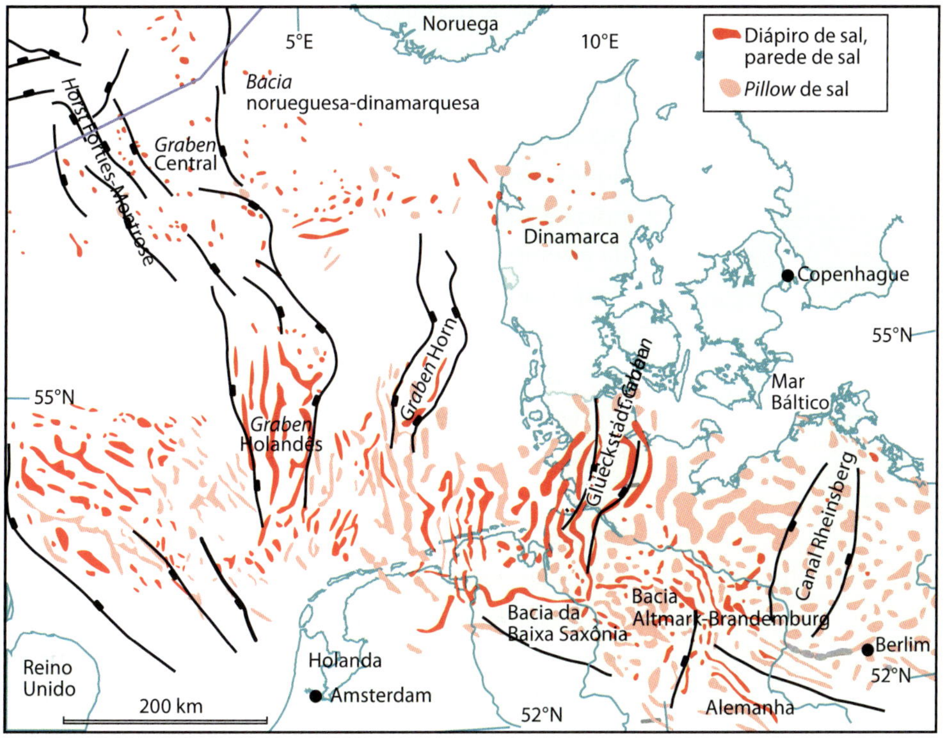

Fig. 20.2 *Mapa das estruturas de sal e falhas principais do sul da bacia do Mar do Norte e norte da Europa. Note a relação próxima entre a orientação das estruturas de sal e as falhas*
Fonte: baseado parcialmente em Scheck et al. (2003).

densa) no momento em que a densidade das rochas sobrejacentes supera a do sal. Nesse momento, pode-se estabelecer uma situação gravitacional instável, que, sob certas circunstâncias, resulta no fluxo de sal em direção à superfície.

A que profundidade podemos esperar que a inversão de densidade e a flutuabilidade do sal ocorra? Isso depende da curva de compactação, que, por sua vez, depende das propriedades dos sedimentos e da taxa de soterramento (taxa de sedimentação). A flutuabilidade do sal em várias profundidades deve, portanto, ser calculada de acordo com as condições locais; não obstante, algumas generalizações podem ser feitas.

Os sedimentos siliciclásticos tendem a atingir densidades acima de 2,2 g/cm^3 a cerca de 1-2 km de profundidade. A profundidade exata depende da granulometria, da seleção e composição mineralógica e do tipo de sedimento – nos sedimentos siliciclásticos, a argila compacta-se mais rapidamente que a areia. Cálculos simples podem ser feitos para somar a densidade dos minerais da rocha (ρ_s) e dos fluidos dos poros (ρ_f):

$$\rho = \Phi\rho_f + (1 - \Phi)\,\rho_s \qquad (20.1)$$

Nessa fórmula, a porosidade (Φ) reflete a compactação. Para um sedimento siliciclástico com 30% de porosidade, densidade mineral média de 2,7 g/cm^3 e com água salgada nos poros (densidade de 1,04 g/cm^3), a densidade das rochas é aproximadamente a mesma que a de um sal levemente impuro (2,2 g/cm^3). Portanto, uma porosidade menor que 30% é necessária para que as camadas sobrepostas se tornem mais densas que uma camada de sal. Isso ocorrerá em profundidade relativamente rasa, talvez entre 600 m e 700 m, se o sedimento for de granulação fina, ao passo que uma sequência arenosa de densidade igual a 2,2 g/cm^3 deverá atingir uma profundidade de 1.500 m a 2.000 m. Além disso, a densidade média das rochas sobrejacentes deve exceder a da camada de sal para que um diápiro se forme e atinja a superfície apenas por flutuabilidade, o que requer um soterramento de, pelo menos, 1.600 m – o valor mais comum é de 3.000 m. No Golfo do México, essa profundidade é de aproximadamente 2.300 m.

As camadas de sal tornam-se instáveis por gravidade e movem-se para cima por flutuabilidade quando soterradas a uma profundidade em que sua densidade torna-se menor que a densidade média das rochas sobrejacentes.

Boxe 20.1 Propriedades do sal

Constituinte comum das bacias sedimentares.
Baixa resistência mecânica.
Baixa densidade (2.160 g/cm^3).
Alta condutividade térmica.
Praticamente incompressível.
Impermeável.
Viscoso, comporta-se como um fluido.
Favorece a formação de grandes áreas deformadas.
Facilita a formação de descolamentos horizontais.
Cria estruturas propícias para armadilhas de fluidos.

Reologicamente, o sal se deforma de modo plástico quando submetido a uma carga, mesmo em condições superficiais. O sal se fratura apenas sob alta taxa de deformação, como em terremotos ou na mineração (ou pelo impacto de um martelo). Na maioria das condições geológicas, o sal flui como um material viscoelástico. Por esse motivo, as minas de sal têm sido usadas como depósitos de resíduos.

O componente elástico da deformação de sal pode ser desprezado na maior parte dos casos, devido às baixas taxas de relaxamento envolvidas, e o fluxo pode ser considerado um material **viscoso**. Em detalhe, dois mecanismos dominam a deformação de sal: **difusão por via úmida** e **fluência de deslocamentos** (*dislocation creep*). A difusão por via úmida, na qual o material é dissolvido e transportado ao longo dos limites dos grãos em uma fina película de fluido (Cap. 11), é o mecanismo predominante de deformação quando há água no sal. Como a difusão por via úmida envolve o transporte ao longo dos limites dos grãos e a área superficial aumenta com a diminuição da granulometria, a difusão geralmente é mais rápida e mais eficiente em sal de granulação fina. Uma baixa taxa de deformação e esforços diferenciais favorecem a difusão por via úmida. Na ausência de água para o transporte de sal, o comportamento é diferente. Nesse caso, a fluência de deslocamentos é o principal mecanismo de deformação, a menos que o sal simplesmente se frature (sal seco ou em condições próximas à superfície).

Qualquer um desses mecanismos de deformação pode ser facilmente ativado em camadas de sal, pois o sal tem resistência muito baixa e flui com facilidade. Como o sal praticamente não é compressível na maioria das condições geológicas, ele pode ser tratado como um fluido em modelagens geológicas.

O QUE TORNA O SAL ESPECIAL SÃO A SUA BAIXA DENSIDADE E A SUA CAPACIDADE DE FLUIR COMO UM FLUIDO, MESMO À SUPERFÍCIE E, ESPECIALMENTE, QUANDO SUBMETIDO A UMA CARGA.

20.3 Diapirismo, geometria e fluxo de sal

20.3.1 Estruturas de sal

Há tempos se sabe que os volumes de sal na crosta apresentam grande variedade de formas geométricas, desde estruturas alongadas conhecidas como anticli-

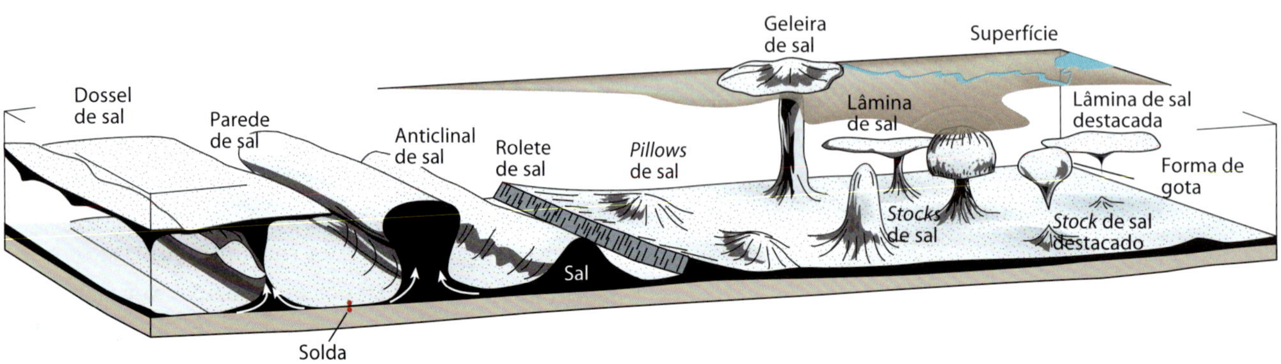

Fig. 20.3 *Diferentes tipos de estruturas de sal, seus nomes e formas. A maturação aumenta da parte central da figura para a direita e para a esquerda*

nais e *pillows* de sal, até estruturas mais localizadas, como os *stocks* de sal. Embora muitas dessas estruturas sejam genericamente consideradas como diápiros, diferentes nomes são atribuídos a elas (Fig. 20.3). O termo **diápiro** deriva das palavras gregas *dia* (através) e *peran* (perfurar), e é usado em Geologia para descrever um corpo, geralmente de sal, magma ou lama saturada em água, que se move para cima por gravidade e intrude as rochas sobrejacentes. Portanto, as estruturas conhecidas como ***pillows** de sal* (almofadas) e **anticlinais de sal**, que apenas se curvam e soerguem as camadas sobrejacentes, não são diápiros *stricto sensu*, porque não intrudem ou cortam as camadas superiores. A maioria dessas estruturas representa diversos estágios que podem levar à formação de um verdadeiro diápiro. O processo de desenvolvimento de um diápiro é conhecido como **diapirismo**.

Um diápiro de sal é uma massa de sal que fluiu para cima de modo dúctil e atravessou as camadas sobrejacentes.

O fluxo de uma camada de sal para uma estrutura desse tipo é normalmente denominado **extração de sal** ou, de modo mais correto, mas menos usual, **expulsão de sal**. Em termos simples, há dois tipos principais ou extremos de fluxo. Um deles é o **fluxo de Poiseuille**, que ocorre quando o sal flui para uma estrutura durante o crescimento de uma anticlinal ou um diápiro de sal (Fig. 20.4A). Nesse caso, o fluxo é restrito pelas forças de cisalhamento viscoso ao longo dos limites do corpo de sal, um efeito conhecido como **arrasto de bordas**. Esse efeito faz o sal fluir mais rapidamente na parte central da camada em comparação com a base e o topo; em função disso, o fluxo em uma camada de sal é retardado quando a espessura é pequena, da ordem de poucas dezenas de metros. Se o sal for completamente extraído, as camadas que o limitavam se tocam, formando uma **solda de sal** (Fig. 20.3), tipicamente indicada em seções geológicas e sísmicas por pares de pontos (Fig. 20.5).

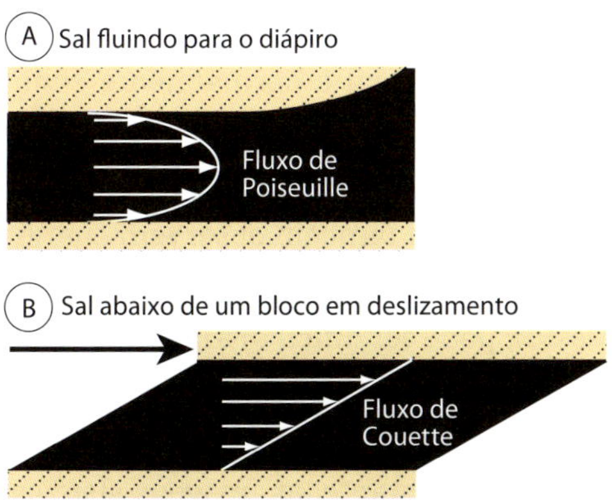

Fig. 20.4 *Dois tipos principais de fluxo em camadas de sal em deformação. As setas indicam a velocidade – o perfil de velocidade é parabólico em (A) e linear em (B)*

As soldas de sal podem fixar anticlinais e domos e, portanto, restringir o crescimento das estruturas de sal.

As soldas de sal sempre irão conter algum vestígio de sal – mesmo que a espessura da camada de sal remanescente seja de poucos centímetros, ela irá representar uma zona de fraqueza que poderá concentrar a deformação. A importância de uma solda de sal é que ela interrompe o fluxo lateral de sal para o interior de estrutura(s) adjacente(s).

O outro tipo de fluxo é conhecido como **fluxo de Couette** (Fig. 20.4B), que envolve cisalhamento simples no interior da camada de sal, conforme as camadas sobrejacentes são transladadas em relação ao substrato. Esse tipo de fluxo é típico de camadas de sal que representam descolamentos, mas os dois tipos de fluxo podem estar superpostos. Idealmente, no fluxo de Couette não ocorre um efeito de borda como o que ocorre no fluxo de Poiseuille.

20.3.2 Geometrias de diápiros de sal

Os diápiros de sal podem apresentar várias formas. Quando vistos em planta, eles geralmente são alongados, tipicamente de acordo com os eixos de falhas regionais ou *grabens*, como nos exemplos do norte da Europa (Fig. 20.2). Eles também podem ser circulares, uma forma apresentada por muitos diápiros no *graben* Central (parte NW da Fig. 20.3). Alguns apresentam formas triangulares em seção geológica, com o sal tornando-se menos espesso para cima. Isso é comum onde as estruturas de sal são conectadas com falhas nas rochas sobrejacentes (ver adiante estruturas de sal reativas). Os diápiros de sal com forma de plugue

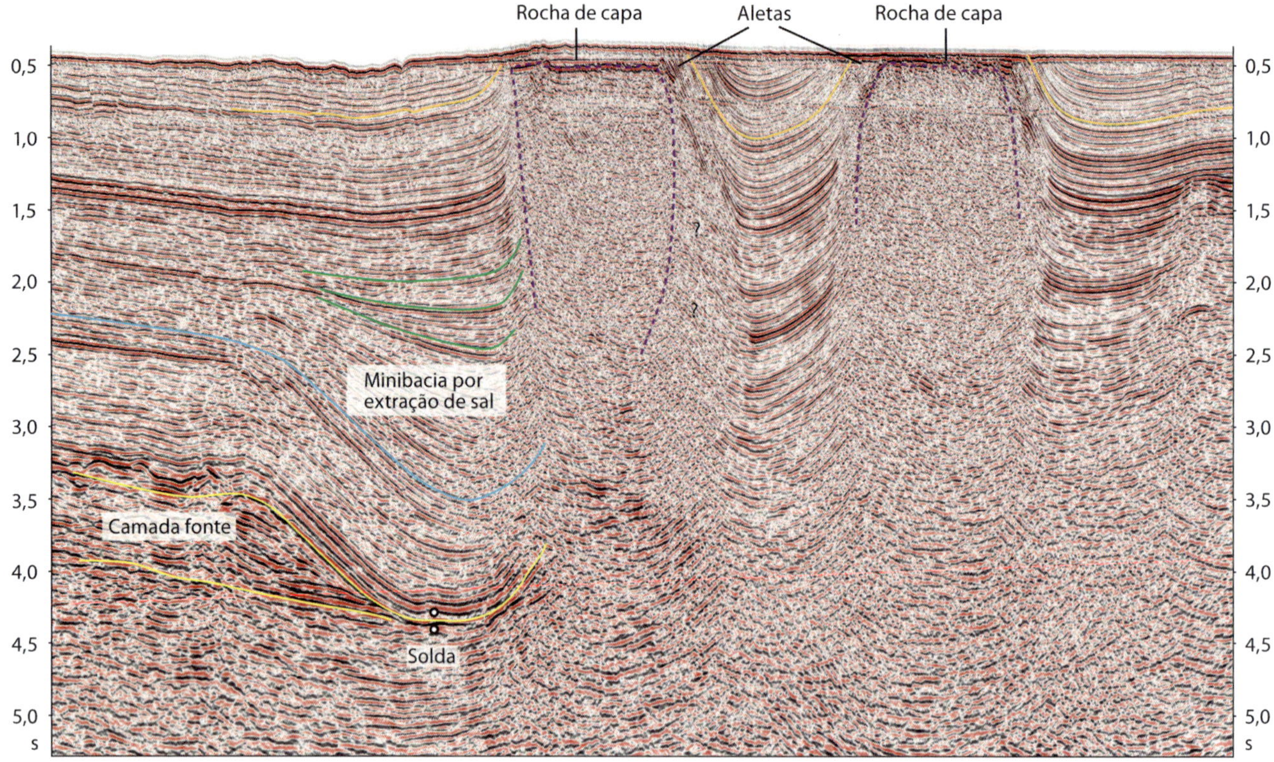

Fig. 20.5 *Estruturas de sal em imagem de uma linha sísmica 2-D. As duas estruturas atingiram a superfície (agora cobertas por uma delgada cobertura quaternária) e desenvolveram capas refletoras. As partes mais profundas das estruturas de sal são obscurecidas por ruído sísmico. A camada fonte foi interpretada com base em uma estrutura de solda de sal. A história de crescimento é marcada no registro sedimentar: a espessura se altera nas proximidades do início do diápiro, acima do horizonte em azul, após a deposição de aproximadamente 1,5-2 km de espessura de sedimentos. Note uma minibacia acima da solda. Dados fornecidos por cortesia de Norwegian Petroleum Directorate*

são conhecidos como **stocks de sal** (Fig. 20.3). As estruturas alongadas de sal que aparecem como *stocks* em seção geológica são conhecidas como **paredes de sal**. A Fig. 20.6 mostra exemplos bem desenvolvidos de paredes de sal da área Moab (bacia Paradox), sudeste de Utah (EUA).

Muitos diápiros têm uma **haste** e uma parte superior mais larga, conhecida como **bulbo**. Em casos extremos, a haste pode estar ausente, com o bulbo totalmente desligado de sua camada fonte. Bulbos isolados de sal são denominados **diápiros em forma de gota**. Esses corpos desconectados podem apresentar uma geometria assimétrica causada pelo movimento lateral do sal nas camadas sedimentares mais jovens e, nesse caso, o sal é considerado **alóctone**. Os diápiros também podem achatar-se e unir-se em um nível estratigráfico ou em vários níveis, o que é menos comum, formando **dosséis de *stocks* de sal**.

A maior parte das informações que temos sobre a forma das estruturas de sal foi obtida por dados sísmicos. O sal é acusticamente homogêneo e geralmente não produz refletores sísmicos. Portanto, o sal puro aparece em linhas sísmicas como áreas "sismicamente transparentes" com um padrão característico de ruído. O topo do sal é normalmente bem visível, mas as paredes tendem a ser muito inclinadas e não aparecem em linhas sísmicas (Fig. 20.5). As estruturas e as camadas de sal também absorvem energia e dificultam a identificação das camadas subjacentes a elas. Sendo assim, pode ser difícil distinguir entre bulbos e *stocks* de sal. Em alguns casos, pode ser ainda mais difícil distinguir entre estruturas de sal e de impacto (Boxe 20.2). Não obstante, as imagens sísmicas estão sendo continuamente melhoradas, e os levantamentos sísmicos 3-D modernos produzem imagens de sal que não seriam possíveis há uma década.

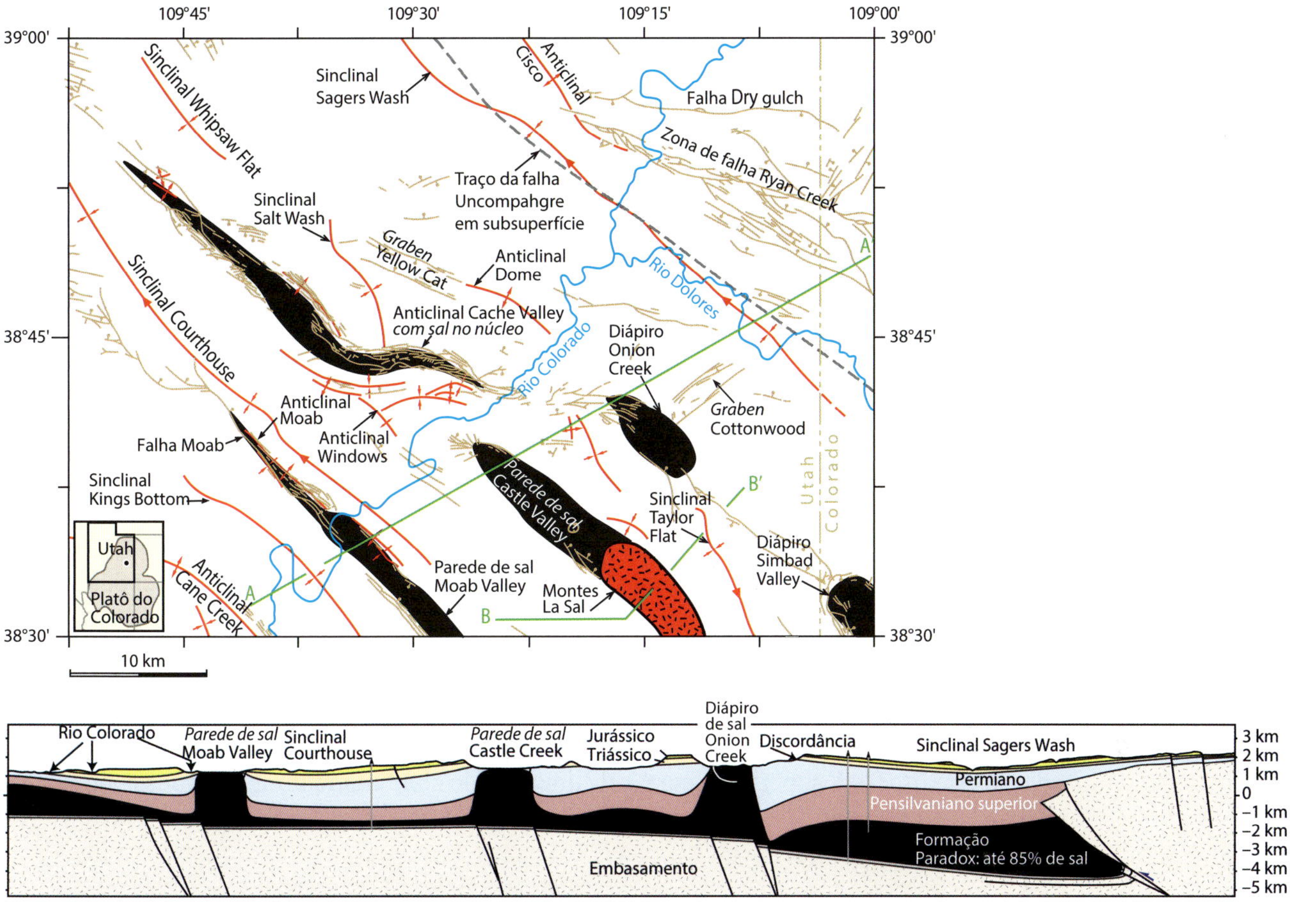

Fig. 20.6 *Estruturas de sal na área de Moab, sudeste de Utah (EUA), vistas em mapa e seção. As paredes alongadas de sal são predominantes, mas diápiros mais circulares também ocorrem. As paredes de sal seguem a tendência NE-SW das falhas de longa atividade do embasamento, conforme as falhas mais recentes, relacionadas a colapso, ocorrem nas camadas de cobertura. Tais estruturas de sal iniciaram-se em condições contracionais ou extensionais? Questões simples podem ser difíceis de responder*

Fonte: baseado principalmente em Doelling (2001).

20.3.3 Modelagem de estruturas de sal: a abordagem fluida

Na década de 1930, deu-se destaque ao contraste de densidade entre o sal e as rochas sobrejacentes, assim como à capacidade do sal de fluir mesmo em temperatura geologicamente baixa. Com isso, houve um período em que não apenas o sal, mas mesmo as camadas sedimentares de cobertura eram modeladas como fluidos. É relativamente fácil produzir um modelo físico dessa situação, como demonstrado por Lewis Lomax Nettleton em 1934, com uma camada de xarope de milho sobre uma camada de óleo cru menos denso. O resultado dessa instabilidade foi a formação de um diápiro, com gotas do óleo menos denso subindo através do xarope mais denso (Fig. 20.7), à semelhança das luminárias tipo *lava lamp*, nas quais as gotas de cera aquecida se movimentam. Nos experimentos com fluidos, o fluido mais denso ("sedimento") afunda na camada menos densa de fluido subjacente ("sal").

Modelos experimentais mais sofisticados que fazem uso de **centrífugas** têm sido usados desde 1960; quem mais desenvolveu e expandiu os limites dos experimentos com centrífugas foi Hans Ramberg e seus colaboradores, em seu laboratório em Uppsala, Suécia. Ramberg e seu grupo usaram materiais dúcteis de baixa resistência como análogos das rochas e deformaram seus modelos aplicando até 2.000 g. A centrífuga acentua o papel da gravidade. Além disso, a densidade e a viscosidade dos materiais experimentais, e a espessura das camadas estratigráficas (geometria) são projetadas para representar uma versão em escala de uma situação geologicamente

Boxe 20.2 Estrutura de sal ou de impacto?

Pode ser difícil definir se uma estrutura circular está relacionada a um diápiro de sal ou a uma estrutura de impacto. Ambos os processos produzem estruturas circulares com falhas, perturbações estratigráficas etc.

O Domo Upheaval, em Canyonlands National Park, Utah (EUA), é um exemplo desse tipo. Ele se localiza na margem da Paradox Basin, que contém sal do Carbonífero. O movimento de sal nessa área tem causado várias anticlinais de sal, principalmente nas áreas de Moab e do Parque Nacional dos Arcos, mas estruturas circulares do tipo do Domo Upheaval estão ausentes.

A "cratera" Silverpit é uma estrutura similar no Mar do Norte, identificada por interpretação sísmica como uma depressão com falhas circulares (falhas em anel). Essa feição tem sido interpretada tanto como uma estrutura de impacto como de sal, não havendo consenso entre os pesquisadores.

Então, como podemos distinguir entre as estruturas de sal e de impacto? A evidência mais importante a ser procurada é o quartzo com sinais de impacto, onde lamelas de deformação plana são diagnósticas de deformação de alta pressão por impacto de meteorito. As lamelas são bandas de deslocamentos dispostas segundo direções cristalográficas e podem ser observadas ao microscópio eletrônico de transmissão. Essas lamelas foram descritas no Upheavel Dome (Buchener; Kenkmann, 2008), favorecendo a hipótese de uma origem por impacto. Além disso, um impacto poderia causar uma enfraquecimento da crosta e favorecer o fluxo de sal em direção à superfície; portanto, um modelo combinado também é possível.

À direita: parte central do Domo Upheaval, Utah. Embaixo, à esquerda: interpretação sísmica da estrutura Silverpit (Stewart; Allen, 2005). Embaixo, à direita: modelo de terreno do Domo Upheaval

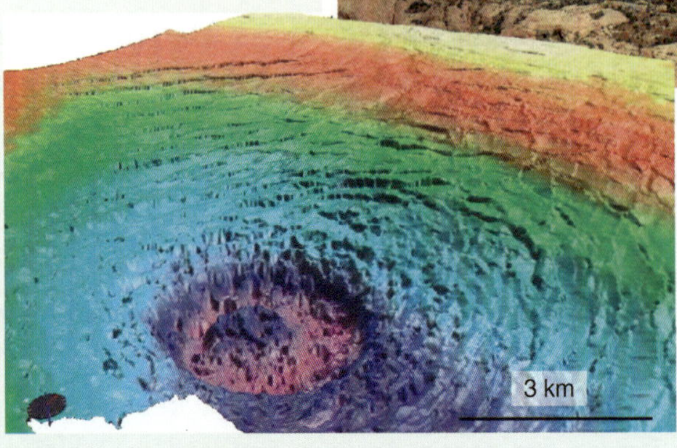

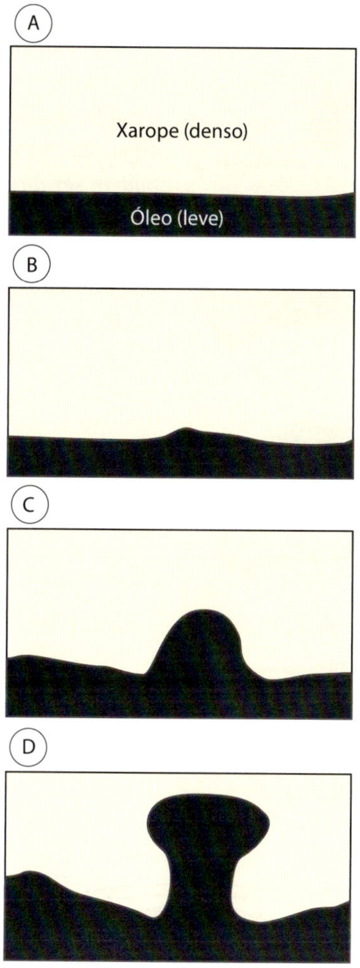

Fig. 20.7 *Experimento no qual um xarope denso de milho foi colocado sobre uma camada de óleo menos denso. Experimento publicado por Nettleton (1934)*

realista, em que as proporções relevantes e os contrastes são mantidos. Uma parte importante dos experimentos físicos é a **escala**, conforme discutido no Cap. 1 (seção 1.8). Note que os modelos realistas em centrífuga não exigem que a densidade e a viscosidade das camadas sejam idênticas às das camadas geológicas, mas os contrastes de viscosidade e densidade entre as camadas devem ser os mesmos no modelo e na natureza.

Os experimentos com centrífugas produzem diápiros muito similares aos diápiros de sal da crosta superior. O desenvolvimento progressivo dos diápiros pode ser estudado por meio desses modelos. Um exemplo é mostrado na Fig. 20.8, onde vemos as etapas desde domos abertos ou *pillows* (Fig. 20.8A) e diápiros (Fig. 20.8B), diápiros isolados e com forma de cogumelo intrudindo as camadas sobrejacentes (Fig. 20.8C), até os dosséis de sal (Fig. 20.8D). Durante os experimentos, podem ser feitas interrupções e novas camadas de sedimentos podem ser adicionadas. Posteriormente, o sal espalha-se em superfície ou próximo a ela, formando os dosséis de sal. O Dasht-e Kavir (grande pântano salgado), no Irã, é uma área onde o modelo de centrífuga pode ser aplicado com sucesso para explicar a formação das estruturas de sal, incluindo diápiros em forma de cogumelo e dosséis (compare as Figs. 20.8 e 20.9). O alto grau de ductilidade das camadas sobrejacentes é incomum e favorece a progressão das estruturas de sal por toda a estratigrafia. Sua natureza dúctil, com a formação de dobras em vez de falhas e fraturas, é ilustrada na Fig. 20.10.

Em um caso teórico em que as camadas sobrejacentes se comportassem como um fluido perfeito, as camadas sobre o sal iriam tornar-se mais delgadas durante a ascensão do sal, sem se fraturar, não chegando a formar diápiros *stricto sensu*. Tais estruturas são pouco comuns, o que indica que apenas as camadas de sal devem ser tratadas nos modelos como se fossem fluidas.

20.3.4 Modelagem de estruturas de sal: abordagem rúptil

Há um consenso de que uma modelagem que considere as camadas sobrejacentes como um fluido seja uma simplificação grosseira. Os fluidos não têm resistência ao cisalhamento, diferentemente das rochas e dos sedimentos. A gravidade é, sem dúvida, a força motriz, mas para que um diápiro de sal tenha início, é necessário que a resistência das camadas sobrejacentes seja excedida. Portanto, se as camadas superiores forem resistentes e rúpteis (calcários ou rochas sedimentares siliciclásticas compactadas), o contraste de densidade não é suficiente para iniciar o diapirismo. Lembre-se de que uma certa espessura sedimentar é necessária para que haja uma inversão de densidade significativa (talvez 2-3 km), o que significa que os sedimentos sobre o sal foram litificados e tornaram-se mecanicamente resistentes. As considerações físicas indicam que é improvável que o diapirismo tenha início sem o auxílio de uma falha ou fratura

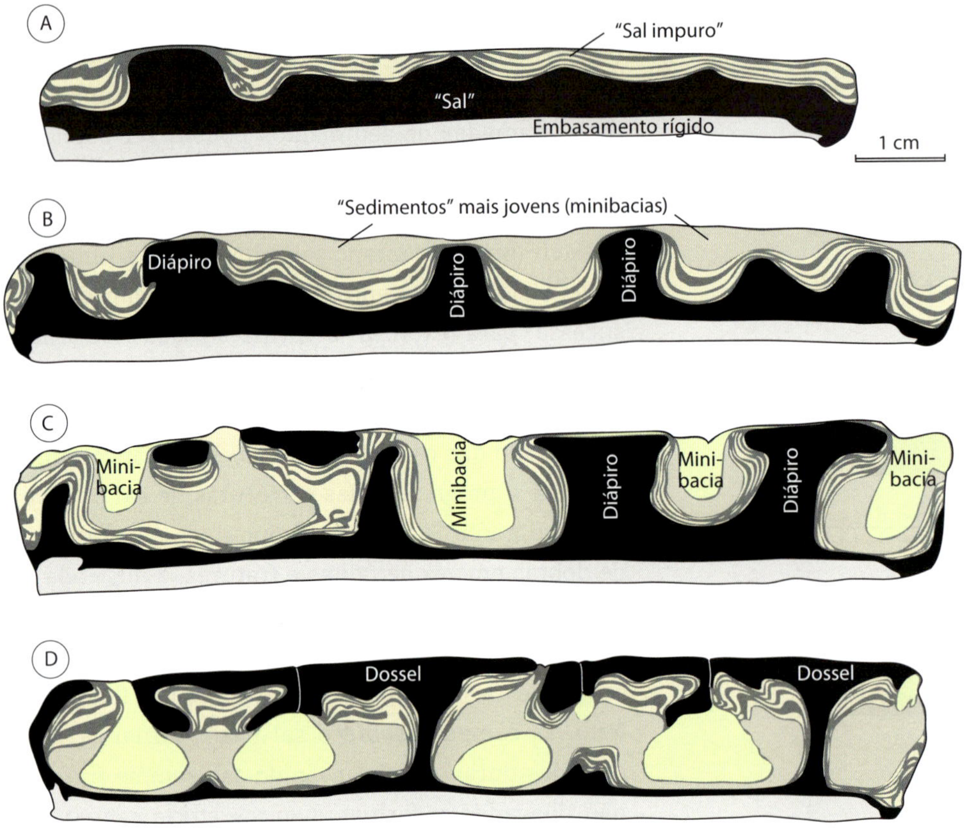

Fig. 20.8 *Seções através de um modelo em centrífuga, em escala e em diferentes estágios de evolução. As seções não podem ser diretamente correlacionadas entre si, mas fornecem uma boa aproximação do desenvolvimento de diápiros e dosséis. O modelo foi feito no laboratório de Hans Ramberg, em Uppsala, Suécia, para reproduzir os diápiros de sal de Dasht-e Kevir, no Irã, como descrito por Jackson et al. (1990)*

tectônica. Por outro lado, assim que a resistência do teto for vencida e o diapirismo tiver início, o modelo clássico do diapirismo por gravidade poderá prosseguir mais facilmente.

AS FRATURAS RÚPTEIS PODEM REDUZIR A RESISTÊNCIA DO TETO E PERMITIR QUE O SAL ASCENDA PARA FORMAR DIÁPIROS.

Por esse motivo, o modelo com centrífuga foi largamente substituído por caixas simples de deformação, onde a extensão ou a contração podem ser controladas pelos movimentos das laterais, a inclinação pode adicionar força gravitacional e a sedimentação durante o diapirismo pode ser controlada. Esses modelos, tipicamente formados por gel viscoso de silicone recoberto por areia (rúptil), têm sido aplicados com sucesso nas últimas décadas, reproduzindo diversas estruturas de sal sismicamente mapeáveis em bacias sedimentares. Diversos trabalhos experimentais relevantes têm sido desenvolvidos nas Universidades de Rennes (França) e do Texas, em Austin (EUA), onde o modelo da Fig. 20.11 foi produzido.

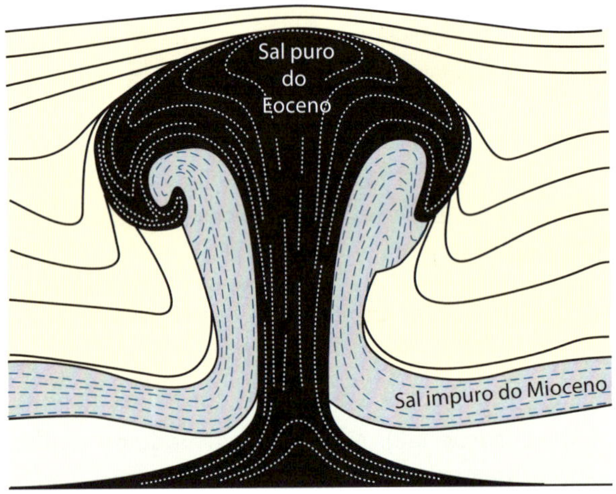

Fig. 20.9 *Geometria típica de diápiros em forma de cogumelo de Dasht-e Kent, Irã. Mais informações sobre essas estruturas são fornecidas por Jackson et al. (1990)*

20.3.5 Controles sobre o fluxo de sal

Uma camada de sal recoberta por uma camada de rocha mais densa é uma situação instável, mas o sal não irá se mover a menos que haja algum tipo de anomalia gravitacional ou mecânica. As variações laterais na espessura e/ou na densidade das camadas sobrejacentes são denominadas **carga diferencial**.

Fig. 20.10 *Estruturas de sal expostas em Dasht-e Kavir, Irã. As formas circulares dos diápiros são visíveis. Note as dobras nas camadas sobrejacentes, que também contêm sal*
Imagem: Nasa.

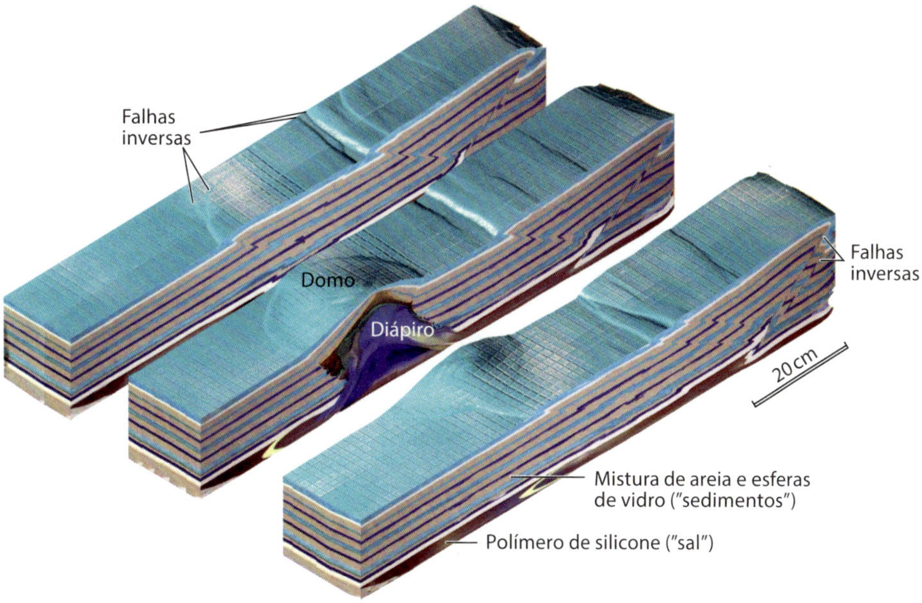

Fig. 20.11 *Exemplo de experimento físico com um análogo de sal coberto por sedimentos. Este é um entre vários modelos que simulam a contração de uma sequência sedimentar com um diápiro de sal preexistente. Durante o experimento, o teto do diápiro assumiu a forma de domo e falhas inversas se desenvolveram ao longo da direção do domo. Imagem por cortesia de Tim Dooley, Laboratório de Geodinâmica Aplicada da Universidade do Texas, Austin, EUA*

Alguns pesquisadores também consideram as variações na resistência como um tipo de carga diferencial. A carga diferencial é um fator importante para o movimento do sal e está relacionada a variações laterais no campo de esforços na camada de sal. Como o sal se comporta como um fluido viscoso podemos descrever essa situação como uma **pressão diferencial**, que não pode ser sustentada pelo sal ao longo do tempo. Portanto, a carga diferencial provoca o início do fluxo de sal em direção às áreas de baixa pressão. O movimento do sal em resposta à carga diferencial não ocorre devido à inversão de densidade e, portanto, é diferente do modelo de flutuabilidade, o que significa que a carga diferencial é eficiente mesmo em níveis crustais rasos, provocando o movimento de sal quando novos sedimentos são depositados de modo heterogêneo sobre a camada de sal.

Uma carga diferencial pode ocorrer se, por algum motivo, uma área for soterrada (ou erodida) com um peso maior que nas regiões adjacentes; nesse caso, o sal começa a fluir para fora da área de maior carga. Essa diferença pode ser causada por uma variação lateral na espessura e/ou na inclinação das camadas sobrejacentes (Fig. 20.12A), ou por variações litológicas e de densidade (variações faciológicas, ocorrências localizadas de derrames de lava etc.). Além disso, uma diferença de elevação também pode desencadear o fluxo de sal (Fig. 20.12B). A maioria das estruturas de sal está associada com falhas e dobras, o que indica que muitas delas (mas não todas) sofreram a influência de deformação tectônica durante o movimento do sal. Se um corpo de sal for encurtado na direção horizontal, ele irá fluir para cima, como uma pasta de dente sendo extraída de um tubo vertical. No caso de estiramento regional, o movimento horizontal causa uma expansão lateral da camada de sal, com consequente redução da espessura. Nesse modelo simples, os limites de cada lado do corpo de sal controlam o fluxo, um efeito que pode ser denominado **carga de deslocamento**.

UMA CARGA VERTICAL (SEDIMENTAR) OU LATERAL (TECTÔNICA) PODE PROVOCAR O FLUXO DO SAL, INDEPENDENTEMENTE DE INVERSÕES DE DENSIDADE OU DA PROFUNDIDADE DE SOTERRAMENTO.

O termo **carga térmica** refere-se ao fato de que o sal se expande quando aquecido, aumentando sua flutuabilidade. Esse processo pode acelerar o movimento em direção à superfície. Também se considera que uma carga térmica possa causar convecção (movimento do sal aquecido para cima e do sal frio para baixo). Esse processo pode não ser expressivo na maioria das estruturas de sal, mas pode explicar algumas feições peculiares (estruturas em vórtex) encontradas em Dasht-e Kavir, Irã (Fig. 20.9).

20.3.6 Estruturas acima e ao redor de diápiros de sal

O fluxo de sal pode afetar as rochas adjacentes. A simples fricção entre o sal em movimento e as rochas ao seu redor pode resultar em **dobras de arrasto** friccional. Essas dobras de arrasto formam-se em sedimentos não consolidados ou pouco consolidados; entretanto, na maioria dos casos, o sal é menos resistente que as rochas vizinhas, e as dobras friccionais não se formam.

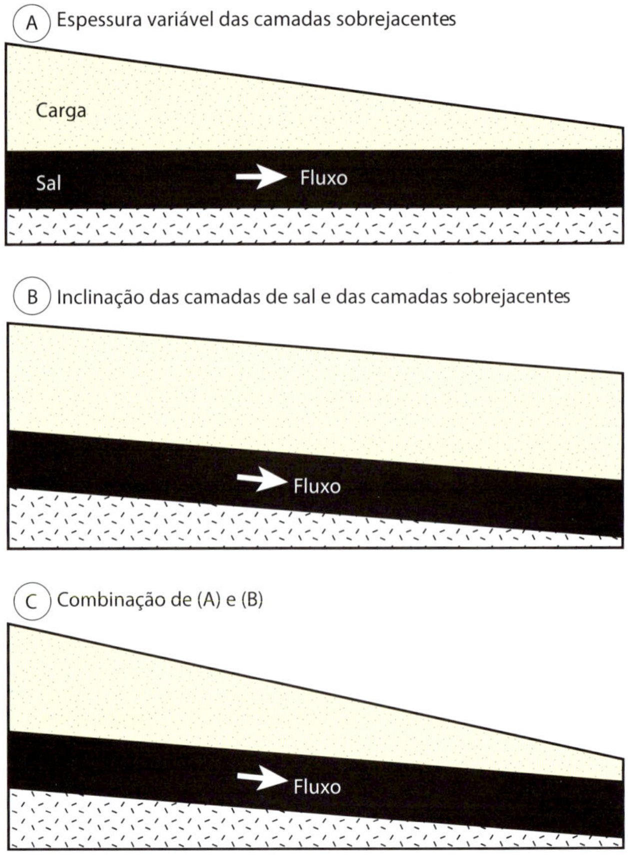

Fig. 20.12 *Situações em que a carga provoca o fluxo de sal. (A) Fluxo relacionado à carga diferencial (p. ex., no delta de um rio), que causa diferenças na pressão. (B) Fluxo causado por diferenças na elevação em decorrência de basculamento. (C) Combinação dos dois mecanismos, comum em margens continentais. Nesses modelos simples, as terminações são restritas, o que impede que as camadas sobrejacentes deslizem sobre a camada de sal*

Não obstante, é comum a rotação (dobramento) de camadas em torno de estruturas de sal. Por exemplo, podem-se formar largas zonas de arrasto, porque o sal é praticamente incompressível, ao passo que as rochas siliciclásticas podem ser compactadas. Portanto, a **compactação diferencial** pode causar dobras aparentes de arrasto ao longo de estruturas de sal que se tornam mais delgadas para cima. Em outros casos, pode ocorrer a intrusão forçada de sal nas camadas sobrejacentes, como será discutido na próxima seção. Como resultado, **aletas** (*flaps*) de camadas sedimentares podem ser empurradas para cima durante o diapirismo (Fig. 20.13A). Um terceiro mecanismo de dobramento é a extração de sal, ou seja, o adelgaçamento da camada fonte de sal para o diápiro. A extração de sal causa uma subsidência local das camadas sobrejacentes, formando um **sinclinal de borda** ou uma **minibacia** em torno das estruturas de sal. Esse mecanismo geralmente age em conjunto com a compactação diferencial para formar minibacias nos flancos, com camadas que definem dobras que se abrem para baixo.

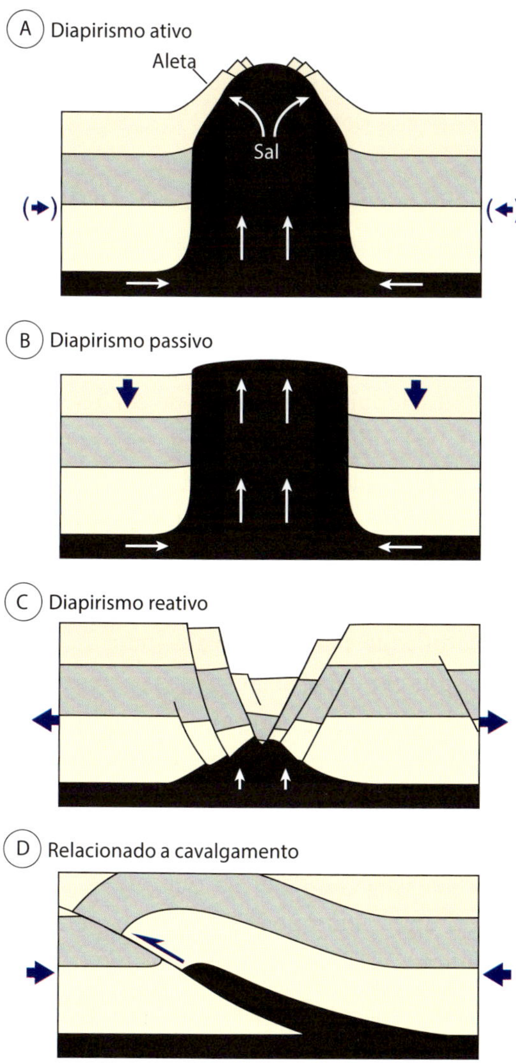

Fig. 20.13 *Principais classes de diápiros e diapirismo. (A) Diapirismo ativo movido por contraste de densidade e ascensão forçada do sal (flutuabilidade); (B) evolução passiva à medida que os sedimentos são depositados em torno de estruturas de sal; (C) formação reativa em resposta à extensão; (D) estrutura de sal formada durante contração (cavalgamento)*

Dobras de classe 2 sismicamente perceptíveis formam-se a partir do cisalhamento vertical relacionado à extração de sal e à compactação diferencial.

Uma estrutura mais complexa se forma quando diápiros rasos crescem rapidamente durante a sedimentação (diapirismo passivo, ver a seguir), como mostrado na Fig. 20.14. O teto e a borda do diápiro são envolvidos por camadas finas de sedimentos, mas seu relevo em superfície aumenta conforme os sedimentos são compactados e o diápiro ascende. Em algum ponto, o relevo torna-se suficientemente elevado para que a escarpa colapse por gravidade e/ou o sal rompa as camadas e emerja em superfície. Ao mesmo tempo, as camadas (aletas) em torno da borda do diápiro tornam-se ainda mais inclinadas e, em alguns casos, até mesmo invertidas, antes de serem soterradas por novas camadas de sedimentos. Esse desenvolvimento se repete e o resultado é o **empilhamento de ciclos halocinéticos**, separados por discordâncias próximas às estruturas de sal.

Uma estrutura em domo suave é, em geral, encontrada acima de estruturas de sal que não atingiram a superfície (Fig. 20.15). Novamente, uma estrutura em domo desse tipo pode ser relacionada tanto à compactação diferencial como ao crescimento do sal. As falhas no topo do diápiro de sal são comuns e, na maioria dos casos, são falhas normais, formadas enquanto as camadas são dobradas e estiradas pelos movimentos do sal. São raros os casos de falhas inversas acima das bordas dos diápiros de sal, formadas pelo soerguimento forçado do teto pelo sal. Em todos os casos, as falhas acima das estruturas de sal tendem a refletir a geometria vista em mapa da estrutura de sal, de modo que diápiros circulares (idealmente) desenvolvem padrões de falhas circulares, ao passo que diápiros elípticos e paredes de sal desenvolvem falhas com traços mais lineares. A orientação dos esforços tectônicos ou das fraturas herdadas pode influenciar o padrão estrutural sobre as estruturas de sal. As **falhas concêntricas**, comumente observadas acima de diápiros de sal circulares e ilustradas em preto na Fig. 20.15, podem, em muitos casos, ser relacionadas ao colapso das estruturas de sal. Além

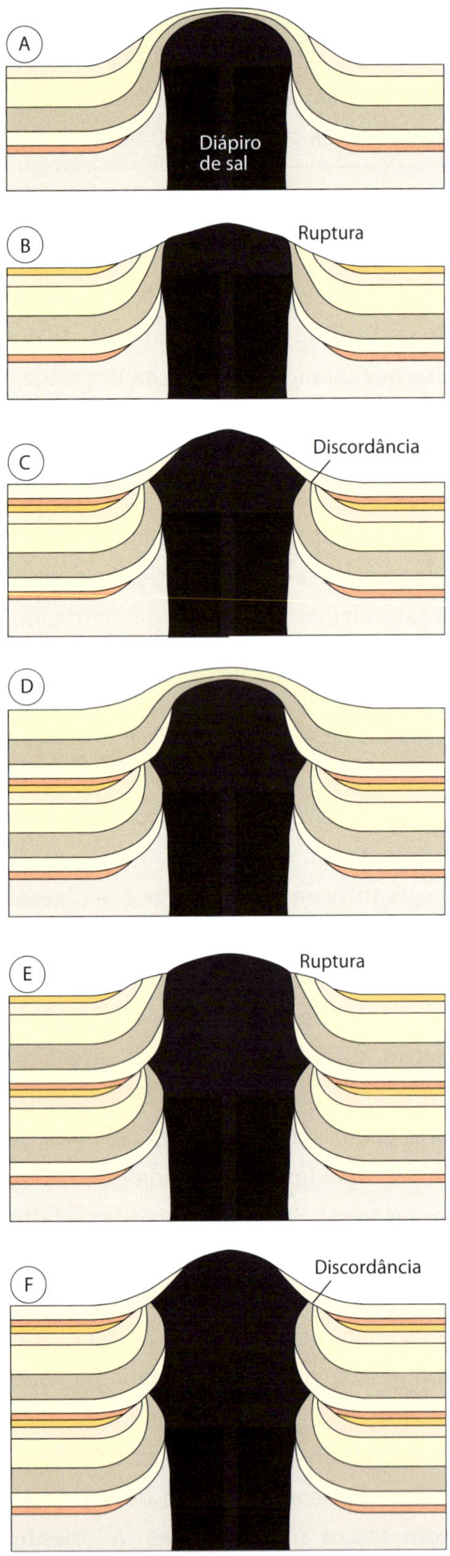

Fig. 20.14 *Formação de sequências halocinéticas ao longo de uma estrutura vertical de sal. Ocasionalmente, o sal em ascensão rompe o teto (os sedimentos de teto deslizam por gravidade para o lado) e dobra as camadas. Uma discordância se forma ao iniciar a deposição da próxima sequência sedimentar*
Fonte: baseado em Rowan et al. (2003).

disso, **falhas radiais** (em vermelho na Fig. 20.15) têm sido descritas em alguns domos de sal, criadas pela expansão do sal subjacente. Fraturas de pequena escala também formam padrões acima das estruturas de sal, tais como padrões concêntricos, radiais e outros.

No interior do sal, há significativos gradientes de deformação, pois a velocidade de fluxo decai até zero em direção às margens. O fluxo é provavelmente simples ao longo da camada fonte de sal, mas, no interior da estrutura, os padrões podem ser mais complexos. Isso é evidenciado pelo padrão dobrado do acamamento em minas de sal e nas partes expostas de domos de sal, que se relaciona ao fluxo não linear de sal no interior dos diápiros.

20.4 Diápiros em ascensão: processos

Assim que um diápiro inicia sua ascensão, ele irá crescer para formar um diápiro cuja forma depende de fatores como taxa de sedimentação ou erosão, regime tectônico, resistência das camadas sobrejacentes, carga gravitacional, temperatura do sal, espessura da camada de sal e disponibilidade de sal, entre outros. Nos modelos tradicionais de diapirismo, os diápiros podem forçar sua ascensão através das camadas devido à carga diferencial, térmica ou de deslocamento. Durante esse **diapirismo ativo**, as aletas no teto são forçadas para fora, causando uma rotação para cima das camadas ao longo das partes superiores das paredes de sal (Fig. 20.13A). Como já mencionado, as forças de flutuabilidade relativas à inversão de gravidade não são, em geral, suficientes para iniciar um diapirismo ativo. Apenas quando um diápiro está bem estabelecido e as camadas sobrejacentes estão adelgaçadas, o diapirismo pode prosseguir pela força da flutuabilidade.

O termo **diapirismo passivo** é usado para diápiros expostos ou muito rasos que ascendem continuamente a uma taxa mais ou menos equivalente à taxa de sedimentação (Fig. 20.13B). Portanto, nesse caso, é necessário que o diapirismo seja iniciado por outro mecanismo. Uma vez estabelecido, os sedimentos ao redor irão sofrer subsidência por compactação e afundar na camada fonte de sal, que, por sua vez, torna-se mais delgada em função da alimentação do diápiro.

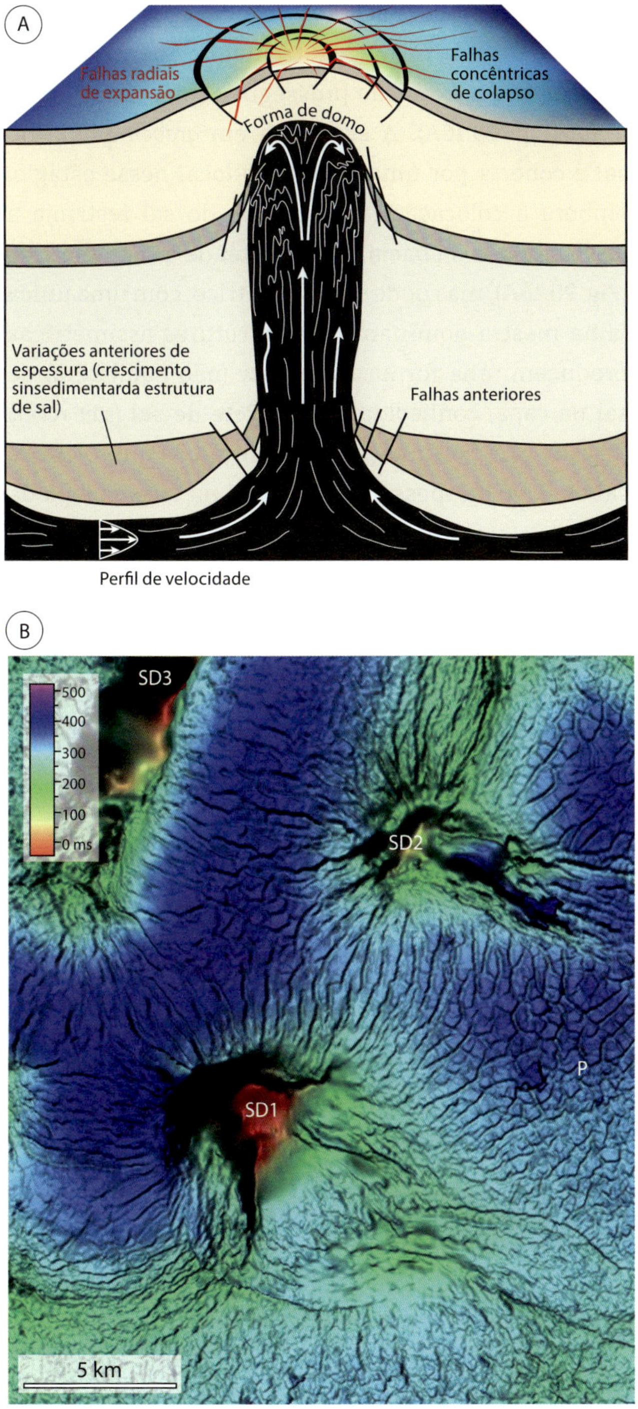

Fig. 20.15 *(A) Algumas estruturas subsidiárias comuns associadas a domos de sal. (B) Mapas de estruturas iluminadas a partir de interpretação sísmica, Top Brussel Marl, Mar do Norte, Holanda, com cores codificadas para espessura a partir do Grupo Base North Sea (em tempo). A cor vermelha (sem espessura) significa que o sal perfurou o Brussels Marl. Note as estruturas radiais (pequenas falhas) em torno dos domos de sal (SD1-3), rompendo o padrão regional poligonal de falhas (P). Ver Harding et al. (2015) para mais informações*
Imagem: Rachel Harding.

Esse processo, no qual a subsidência cria uma minibacia em torno de um diápiro de sal, onde novas camadas sedimentares se acumulam, é conhecido como ***downbuilding***. Se esse processo for ativo por um longo período e se a camada fonte de sal for suficientemente espessa, podem-se formar diápiros de grande porte. Se a taxa de ascensão do sal for maior que a taxa de sedimentação, o diápiro se desenvolve em uma estrutura que se alarga para cima. No caso oposto, em que a taxa de ascensão é menor que a de sedimentação, o diápiro tem uma forma que se estreita para cima. Não é comum encontrarmos diápiros passivos com paredes verticais, que indicariam um equilíbrio entre a taxa de sedimentação e a de ascensão do sal (taxa de fluxo). A depleção da camada fonte pode reduzir ou interromper os movimentos do sal, fazendo com que o diápiro seja soterrado.

Conforme já enfatizamos, o enfraquecimento do teto por falhas e fraturas é necessário para o desenvolvimento da maioria das estruturas de sal. As deformações envolvidas neste fraturamento podem ser mínimas. Entretanto, em alguns casos, as rochas sobrepostas encontram-se significativamente afetadas por falhas tectônicas e o sal preenche os espaços entre os blocos deslocados pelas falhas (Fig. 20.13C). Neste caso, o sal ascende como uma reação à deformação tectônica, normalmente extensional, e o processo é denominado **diapirismo reativo**. Os experimentos indicam que o diapirismo passivo cessa assim que a extensão é interrompida, demonstrando sua dependência da taxa de deformação extensional. A deformação contracional também pode promover o diapirismo, pois o sal pode se intrudir nas camadas sobrepostas na capa de uma falha de cavalgamento (Fig. 20.13D).

O DIAPIRISMO PODE SER ATIVO, QUANDO CAUSADO POR CARGA; PASSIVO, QUANDO OS SEDIMENTOS SE ACUMULAM AO REDOR DO DIÁPIRO; OU REATIVO, EM RESPOSTA À DEFORMAÇÃO TECTÔNICA.

A maioria dos diápiros naturais contém elementos de dois ou de todos os processos de diapirismo. A importância da interação entre os falhamentos e o diapirismo de sal requer uma abordagem mais detalhada da tectônica de sal em diferentes regimes tectônicos.

20.5 Diapirismo de sal em regime extensional

Muitas acumulações de sal ocorrem em bacias de margens continentais extensionais e margens continentais passivas. Como tais regiões tendem a apresentar longos ou repetidos períodos extensionais, muitas camadas de sal são afetadas por uma tectônica regional extensional. Especificamente, muitas províncias de diápiros (se não todas) surgem em fases extensionais regionais, apesar de poderem ser modificadas por deformação contracional, como discutido a seguir.

Vários experimentos físicos têm demonstrado que as falhas e fraturas extensionais diminuem a resistência das camadas sobrejacentes e permitem que se inicie um diapirismo reativo. A formação de *grabens* nas camadas sobrejacentes resulta tipicamente em um diápiro em forma de triângulo que ascende à medida que a extensão prossegue e gera espaço para o sal (Fig. 20.16A). A estrutura em *graben* acima do sal é coberta por uma minibacia local nesse estágio, embora a colocação (*emplacement*) do sal restrinja a profundidade da bacia. O *graben* tende a ser simétrico (Fig. 20.16A), mas pode ser assimétrico, com uma única falha mestra dominante. As estruturas assimétricas produzem uma forma triangular (não equilátera) de sal na capa, conhecida como **rolete de sal** (*salt roller*) (Fig. 20.3). A continuação da evolução de um rolete de sal envolve o espessamento do sal na face de lapa da falha.

Em áreas de falhamentos e fraturamentos extensionais, o sal pode iniciar seu movimento quando as camadas sobrejacentes se tornam suficientemente delgadas e enfraquecidas. Após um estágio inicial de diapirismo reativo, o sal pode forçar ativamente seu

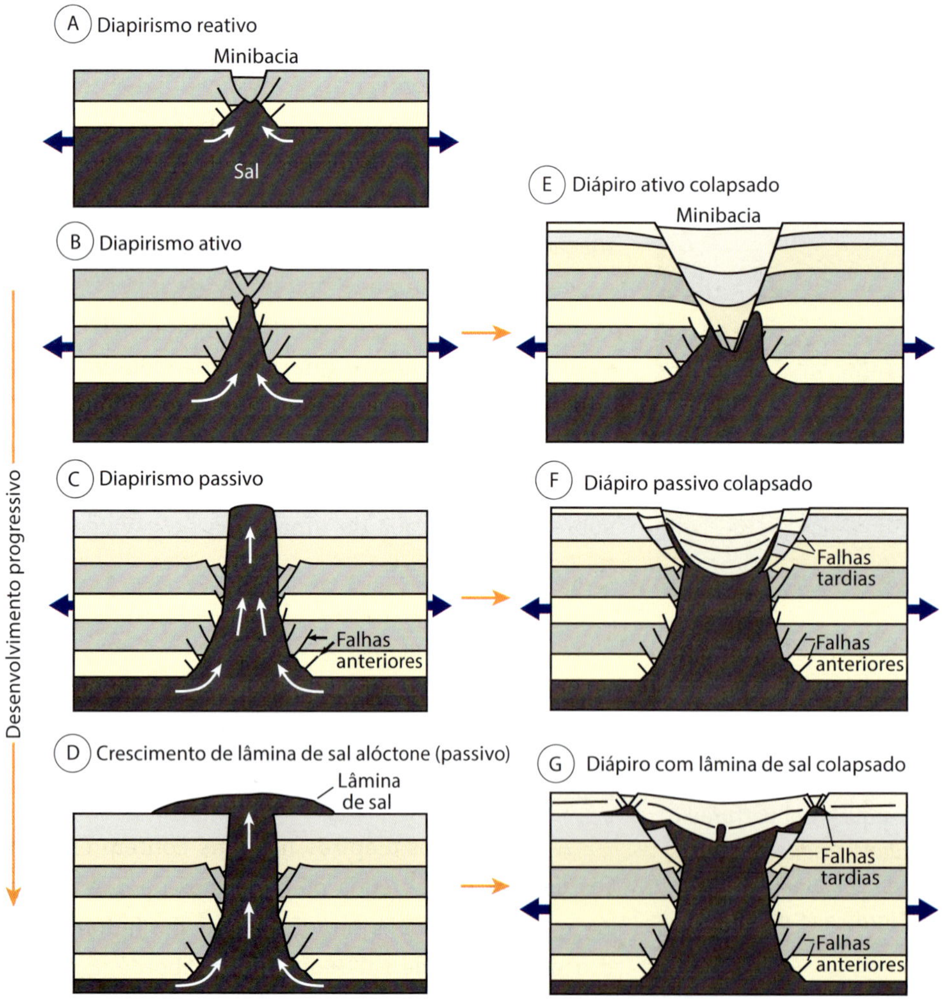

Fig. 20.16 *Ilustração da evolução completa idealizada de um diápiro de sal movimentando-se em direção à superfície, através dos estágios de diapirismo reativo (A), ativo (B) e passivo (C). Em qualquer estágio, a estrutura de sal pode colapsar, produzindo estruturas indicadas na coluna à direita (E-G)*
Fonte: baseado em Hudec e Jackson (2007) e suas referências.

caminho para cima por flutuabilidade, se a camada acima da camada fonte de sal for, em média, mais densa que a camada de sal (Fig. 20.16B). Há uma diferença significativa na densidade entre a estrutura de sal e das rochas ao seu redor, sendo que o peso extra da compactação dos sedimentos nas paredes pressiona o sal e favorece seu fluxo para dentro da estrutura. Essa carga pode ser suficiente para promover o diapirismo de sal, o que significa que a extensão ativa não é necessária nesse estágio. Durante o estágio passivo, as camadas do teto são arqueadas em um domo e estiradas, resultando em camadas com mergulho maior ou aletas ao longo das margens superiores do diápiro de sal.

Se a rocha fonte for suficientemente espessa, o sal pode atingir a superfície e atuar como um diápiro passivo (Fig. 20.16C). Dessa forma, o sal pode fluir por diapirismo reativo, ativo e passivo durante a ascensão do diápiro em um contexto extensional. O sal pode fluir lateralmente em superfície (tipicamente no fundo marinho) como uma **lâmina de sal** alóctone (Fig. 20.16D), como discutido em detalhe no Boxe 20.3. Note como as falhas precoces são preservadas nas partes mais profundas das paredes de sal, mesmo em estágios avançados de diapirismo (Figs. 20.16C,D), revelando sua história extensional inicial.

As estruturas de sal podem passar por todos os estágios evolutivos mostrados na Fig. 20.16A-D, mas sua evolução pode ser interrompida ou revertida a qualquer momento no caso de colapso de um diápiro de sal. A coluna da direita da Fig. 20.16 mostra o resultado do colapso de diápiros de sal em várias etapas de crescimento. A evolução real de qualquer exemplo dado depende do equilíbrio entre taxa de extensão, de sedimentação, viscosidade (temperatura, pureza) e disponibilidade do sal (espessura da camada). Durante a extensão, a largura do diápiro de sal aumenta, e o fluxo de sal para o interior da estrutura deve superar a taxa de extensão para que a estrutura possa crescer.

Se a estrutura se alargar muito rapidamente durante a extensão, ela irá colapsar. É evidente que, se a camada fonte de sal for exaurida e uma solda de sal se formar, o colapso vai ocorrer independentemente da taxa de extensão. Uma história de crescimento e colapso, ou ascensão e queda, de um diápiro de sal é comum e pode ser reproduzida experimentalmente em laboratório, onde as taxas de extensão e sedimentação podem ser controladas.

A EXTENSÃO PODE CAUSAR A FORMAÇÃO DE DIÁPIROS DE SAL, MAS PODE TAMBÉM ESTIRÁ-LOS E ALARGÁ-LOS A PONTO DE CAUSAR SEU COLAPSO VERTICAL.

20.6 Diapirismo em regime contracional

Quando uma sequência sedimentar sobreposta a uma camada de sal é encurtada em uma contração regional (tectônica ou puramente gravitacional), ela pode ser flambada (dobras ativas). A flambagem cria cristas antiformes de baixa pressão, para as quais o sal flui, acomodando o dobramento das camadas sobrejacentes. Longos anticlinais de sal formam-se desse modo e podem causar variações significativas na espessura deposicional, se o processo for sinsedimentar, com adelgaçamento de camadas em direção às cristas antiformes.

A formação de anticlinais de sal durante o dobramento contracional das camadas sobrepostas não é realmente um diapirismo, pois as camadas sobrepostas permanecem intactas: o diapirismo requer a perfuração do teto. A perfuração pode ocorrer por meio da formação de cavalgamentos (Fig. 20.13D), mas a geometria da estrutura de sal resultante é muito assimétrica e pode não se assemelhar aos diápiros clássicos, como os discutidos anteriormente.

Enquanto a flambagem e as falhas inversas são modos de iniciar um diápiro durante uma contração regional, a maioria dos diápiros de larga escala encontrados em áreas de contração regional provavelmente teve início durante um estágio extensional, sendo ampliada ou retrabalhada no encurtamento. É importante perceber que os diápiros de sal representam elementos de fraqueza, que se deformam preferencialmente se a região for submetida a um encurtamento horizontal. Quando isso ocorre, as estruturas de sal se tornam mais estreitas e o sal é forçado para cima e para os lados. Diversas estruturas características podem resultar, dependendo da quantidade de sal, do desenvolvimento estrutural e da sedimentação. O espectro de resultados estruturais será maior se a contração puder formar e retrabalhar as estruturas de sal. Vamos descrever alguns dos tipos mais importantes de estruturas de sal relacionados à contração.

O SAL É MENOS RESISTENTE QUE AS DEMAIS ROCHAS, A PONTO DE INFLUENCIAR O MODO COMO UMA CONTRAÇÃO REGIONAL É EXPRESSA, SEJA POR DOBRAS DE DESCOLAMENTO E IMBRICAÇÃO, SEJA PELA EXTRUSÃO DE DIÁPIROS EXISTENTES EM LÂMINAS E GELEIRAS DE SAL.

20.6.1 Diápiros em forma de gota

A amplificação contracional das estruturas de sal preexistentes pode resultar na formação de **diápiros em forma de gota** (Fig. 20.17), em que um diápiro que originalmente se alargava para cima é comprimido até se formar uma solda de sal na parte central da estrutura. A parte superior isolada é denominada gota e a parte inferior da raiz é um pedestal. O sal flui para cima nesse processo, em muitos casos impulsionado pela flutuabilidade, mas também pela superfície superior livre. De fato, a flutuabilidade não é necessária para que esse processo ocorra, pois a compressão tectônica do sal é suficiente. Os exemplos de estruturas em gota são comumente vistos em dados sísmicos de áreas onde ocorreu encurtamento de estruturas de sal, mas também ocorrem em regimes extensionais (Fig. 20.18).

Nas situações em que a solda de sal é inclinada, ela pode ser reativada como uma falha inversa em um processo de encurtamento. A geometria final de um diápiro em gota e estruturas relacionadas dependerá da geometria preexistente e da taxa de sedimentação. Também é importante considerar se a contração se dá apenas por cisalhamento puro (Fig. 20.17) ou se há um componente de cisalhamento ao longo da camada basal de sal.

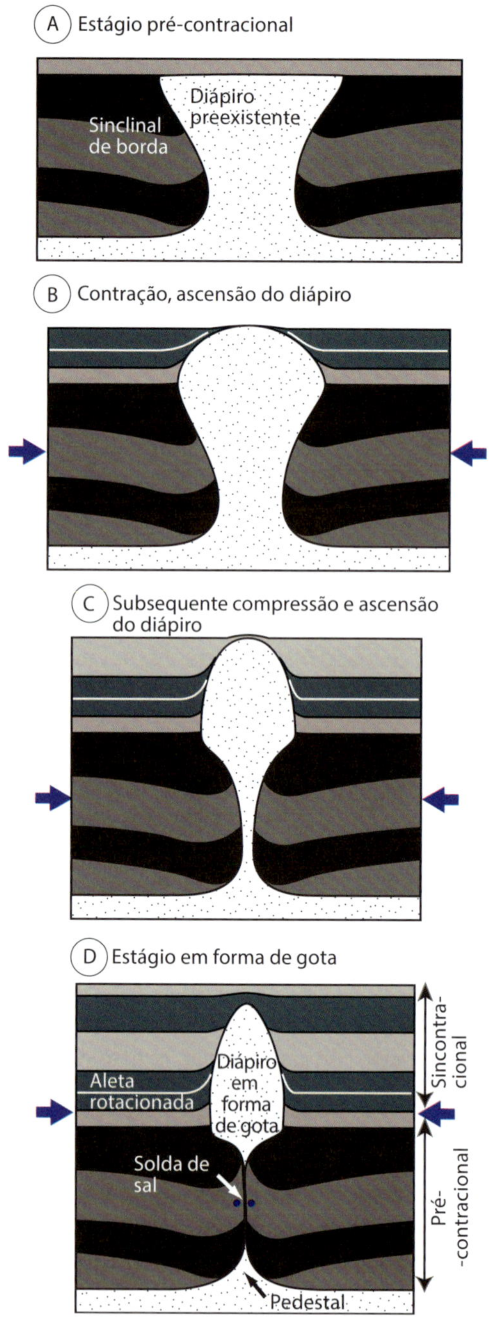

Fig. 20.17 *Esquema da transformação de um diápiro em forma de ampulheta formado durante o estiramento (A) em um diápiro em gota (D), em decorrência da contração*
Fonte: baseado em Hudec e Jackson (2007).

20.6.2 Lâminas de sal

O sal pode atingir a superfície terrestre (área emersa ou marinha submersa) e extravasar como um lento fluxo de lava de um vulcão. Apesar de as lâminas de sal serem conhecidas há mais de um século, a maioria dos milhares de lâminas mapeadas é submarina, detectadas em imagens sísmicas e sondagens em riftes e margens passivas nas últimas décadas. Já comentamos que isso pode ocorrer sob a influência de encurtamento (Fig. 20.16D) se a taxa de movimentação vertical do sal for maior que a de sedimentação. Entretanto, o acesso ao sal que atinge a superfície em áreas emersas é mais fácil e as estruturas são mais bem desenvolvidas se for adicionada uma compressão ao sistema.

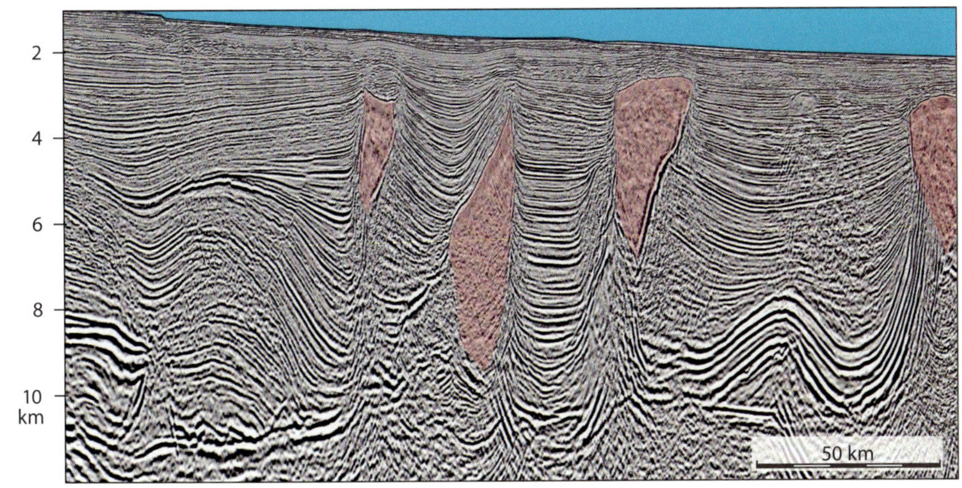

Fig. 20.18 *Seção sísmica do cânion submarino do Mississippi, no Golfo do México, mostrando diápiros em gota (destacados de stocks de sal). A camada fonte de sal localiza-se de 10-11 km de profundidade (não interpretada). As dobras se formaram devido à extração de sal no regime extensional. Imagem fornecida por cortesia de TSG-NOPEC*

O sal que flui lateralmente em lâminas em superfície ou entre camadas estratigráficas é considerado **alóctone**, porque se sobrepõe a rochas mais jovens e de níveis estratigráficos mais altos, similar a uma *nappe* de cavalgamento. As lâminas de sal são também denominadas ***nappes* de sal**.

O SAL QUE PENETRA ENTRE AS CAMADAS SOBREJACENTES É ALÓCTONE E DENOMINADO LÂMINA DE SAL SE A SUA LARGURA FOR PELO MENOS CINCO VEZES MAIOR QUE A SUA ESPESSURA.

A extrusão de sal depende da relação entre a taxa de sedimentação e a taxa de fluxo de sal. Se não forem depositados sedimentos, a lâmina de sal segue o topo da camada superior e é confinada a esse nível estratigráfico ou erosivo no soterramento. Esse é o caso das estruturas de sal subaéreas do Irã (Boxe 20.3), que fluem por gravidade segundo a declividade, como uma geleira. As irregularidades e a fricção basais provocam um fluxo diferencial no interior do sal, perceptível por meio de marcadores dobrados nas **geleiras de sal**. A maior parte do fluxo ocorre próximo à base, na forma de um fluxo de Couette, com a língua da geleira rolando sobre o terreno à frente. Entretanto, se sedimentos se acumularem em torno das margens da estrutura de sal, o fluxo terá que subir para transpor esses obstáculos, a uma taxa que dependerá das taxas de sedimentação e de extrusão de sal. Portanto, podem-se formar séries de rampas e plataformas (Fig. 20.19A), onde as rampas indicam períodos de sedimentação mais rápida ou de avanço mais lento do sal. Em geral, o mecanismo pelo qual as lâminas de sal avançam é conhecido como **avanço extrusivo.**

As lâminas submarinas de sal geralmente são influenciadas pela sedimentação, e há muitos casos em que a parte central ou posterior da lâmina de sal é coberta por sedimentos, enquanto apenas a parte frontal permanece exposta. Essas lâminas avançam por extrusão através da parte frontal exposta, em um mecanismo que pode ser denominado **avanço por abertura frontal** (*open-toed advance*). Esse tipo de avanço favorece a expansão lateral em uma direção preferencial, acentuando a assimetria da estrutura. Enquanto o avanço extrusivo é causado pelo fluxo do sal através do alimentador, o avanço por abertura frontal corresponde a um fluxo resultante do acúmulo de sedimentos sobre a lâmina de sal, à medida que as minibacias subsidem sobre o sal (Fig. 20.19B). Falhas normais (Figs. 20.19B e 20.20) indicam que o sal flui em direção à porção frontal (*toe*) e que há um arrasto friccional entre o sal e a base da minibacia. Posteriormente, as minibacias podem atingir a base da camada de sal, formando uma solda que conecta o alimentador e a lâmina de sal. Se isso ocorrer, o suprimento de sal através do alimentador é interrompido e o avanço da extrusão do sal alóctone isolado prossegue pela carga sedimentar ou por translação tectônica, caso a solda atue como um descolamento (cavalgamento). Posteriormente, a lâmina de sal resultante de um avanço por abertura frontal é totalmente soterrada (Fig. 20.20). A erosão pode, em alguns casos, causar o reinício do fluxo em estruturas como essas.

Boxe 20.3 Geleiras de sal

Nos locais onde o sal flui para fora de um diápiro (plugue de sal) acima do nível do mar, ele flui por gravidade na direção de maior mergulho. Nas regiões secas, como no Irã, o fluxo ocorre durante períodos de chuva, quando o sal se umedece. Por outro lado, a parte superior da lâmina de sal se deforma de modo rúptil pela formação de juntas. Isso revela o efeito dos fluidos no mecanismo de deformação; condições úmidas favorecem a deformação plástica. O sal em superfície, fluindo por gravidade na direção do maior mergulho, é denominado geleira de sal. As montanhas Zagros, no Irã, são conhecidas pelas suas geleiras de sal, com fluxo estimado de 0,3 m a 16 m/ano. As geleiras de sal submarinas ocorrem onde a taxa de extrusão de sal é maior que a taxa de dissolução pela água do mar, como, por exemplo, no Golfo do México, onde diversas geleiras de sal submarinas já foram mapeadas.

No fluxo segundo a declividade, o sal se deforma por dobramento, em decorrência do campo de velocidades não constantes (a velocidade aumenta da base para o topo). Dobras recumbentes podem ser vistas em diversas escalas, as maiores delas sendo mapeáveis. Essas dobras são dobras similares (classe 2), porque não envolvem estratificação mecânica e se formam porque as camadas passivas entram no campo contracional durante o fluxo.

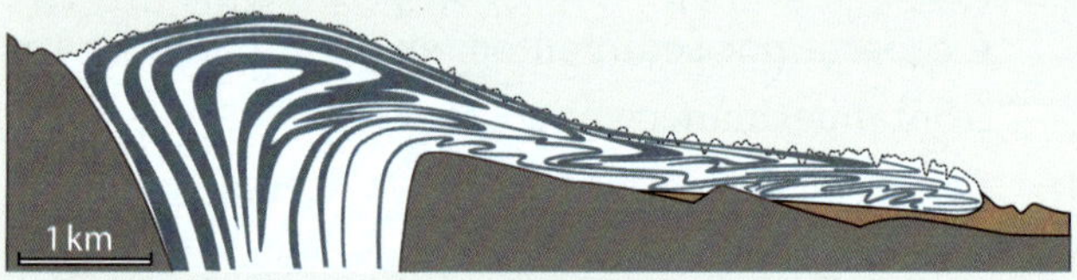

Perfil esquemático através de uma geleira de sal no Irã, baseado no trabalho de Chris Talbot (1979)

Plugue de sal Anguru, no sul do Irã, onde o sal impuro, com contribuição de folhelhos vermelho-acastanhados e de derrames de rochas vulcânicas esverdeadas, flui para fora da montanha na parte central da imagem, cobrindo camadas sedimentares mais jovens (amareladas)
Foto: Mahmoud Hajian.

Algumas lâminas de sal completamente soterradas apresentam um mecanismo de **avanço por cavalgamento**, quando há um cavalgamento em sua zona de sopé (Fig. 20.19C). Os cavalgamentos tectônicos em locais onde há lâminas de sal na capa implicam a presença de uma camada menos resistente na base da camada de sal ou no topo da camada de sedimentos subjacentes, eliminando a resistência friccional que ocorre durante a extrusão e o avanço por abertura frontal. As rampas e plataformas ao

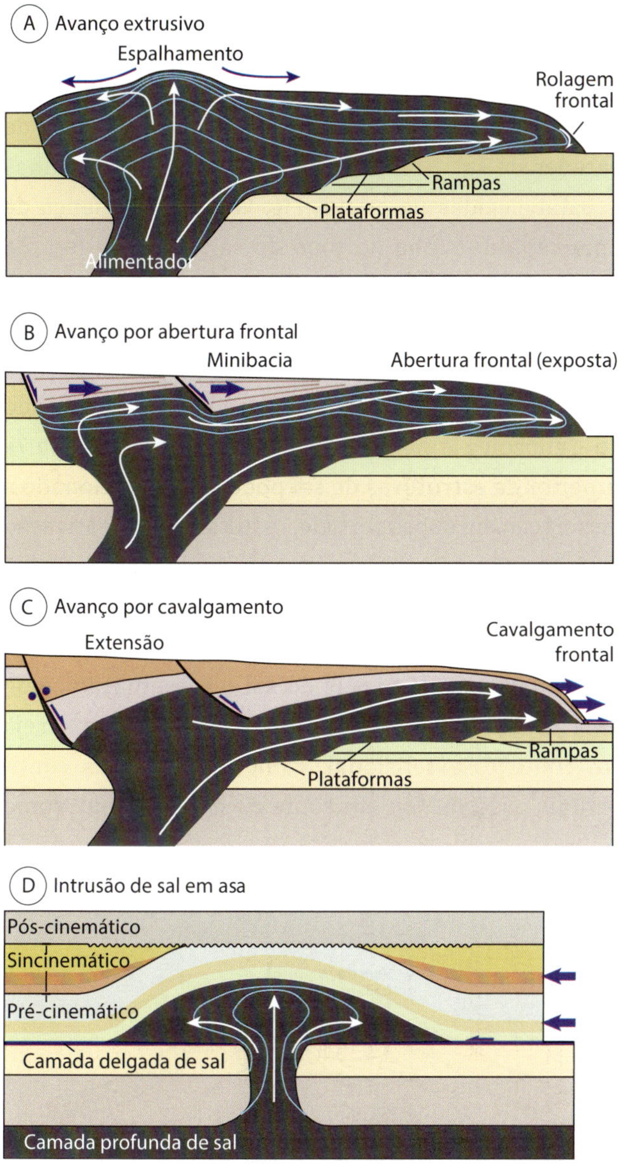

Fig. 20.19 *Desenvolvimento esquemático de diferentes estruturas alóctones de sal (lâminas de sal)*
Fonte: baseado em Hudec e Jackson (2006).

longo dessas estruturas são relacionadas à propagação do cavalgamento (Cap. 17), e não a variações nas taxas de sedimentação. Há uma grande similaridade entre a geometria rampa-patamar-rampa resultante de estruturas basais formadas na extrusão de lâminas e no avanço por abertura frontal, e as estruturas de cavalgamento.

Há casos em que várias lâminas de sal se formam numa mesma região; se elas forem próximas o bastante, pode ocorrer coalescência e formação de uma unidade contínua ou um **dossel de sal**, que poderá cobrir uma extensa área. Assim que se forma, o dossel

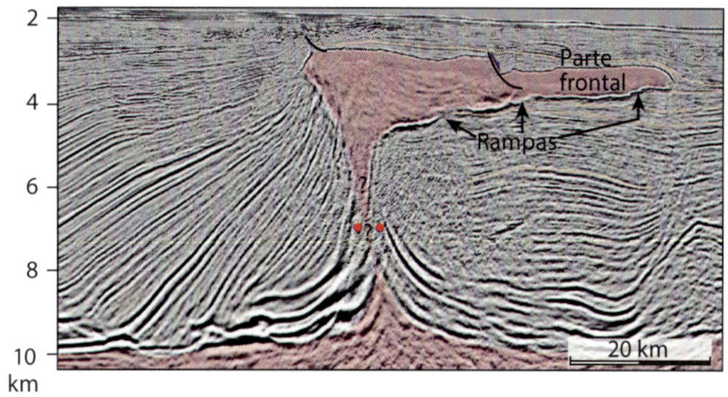

Fig. 20.20 *Estrutura clássica de lâmina de sal no Golfo do México (cânion Mississippi). Imagem fornecida por cortesia de TSG-NOPEC*

pode atuar como uma camada qualquer de sal, permitindo a criação de diápiros secundários que ascendem às unidades estratigráficas superiores.

20.6.3 Intrusões de sal

Os tipos de lâminas de sal anteriormente descritos formam-se na superfície ou próximo a ela. É possível, ainda que não muito comum, que haja intrusão de sal em níveis estratigráficos profundos. Essas estruturas são denominadas **intrusões de sal (em asa)** (*salt (wing) intrusions*), conhecidas no Mar do Norte, onde a principal camada de sal (sal permiano Zechstein) se intrudiu em uma camada superior, relativamente delgada, de evaporito do Triássico. As estruturas resultantes assemelham-se a intrusões de lacólitos magmáticos (Fig. 19.21). A presença de uma camada superior de evaporito de baixa resistência parece ter sido necessária para que a intrusão de sal se formasse; isso também está relacionado à contração regional que comprimiu o sal e formou dobras de descolamento acima da camada superior de evaporito. As dobras de descolamento criaram espaços para o sal fluir. Em

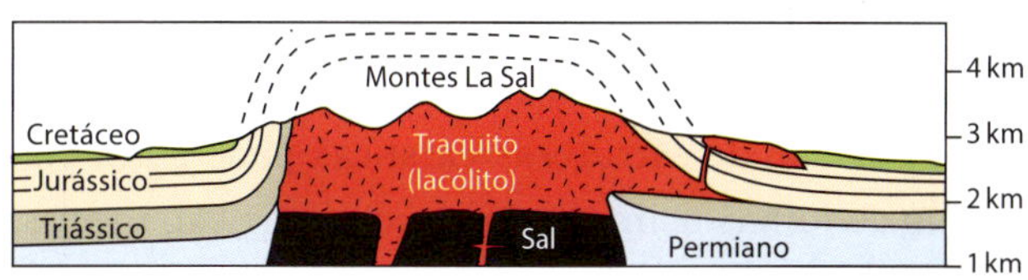

Fig. 20.21 *Ocorrência rara de um diápiro de sal (parede de sal) intrudido por magma. A intrusão é um lacólito similar às intrusões de sal descritas no texto. Área Moab, Utah, EUA*
Fonte: baseado em Doelling (2001).

geral, o sal flui lateralmente, mas, no caso das intrusões de sal, o fluxo é vertical ao longo de falhas.

20.7 Diapirismo em contextos de rejeito direcional

Qualquer falha ou fratura enfraquece as camadas sobrejacentes e facilita a formação de diápiros de sal. Entretanto, é nas curvas de liberação (extensionais), nos sistemas de rejeito direcional, que os diápiros de sal tendem a formar-se. Nesses locais, as camadas superiores são enfraquecidas por sucessivos falhamentos e fraturamentos, e a acomodação espacial se dá por extensão horizontal. Os diápiros de sal nas curvas de liberação desenvolvem-se praticamente do mesmo modo que o descrito anteriormente na extensão regional: eles podem ascender e, em seguida, colapsar, se a taxa de fluxo de sal para dentro do diápiro for suficientemente lenta em relação à taxa de extensão. Em curvas restritivas (contracionais) de falhas de rejeito direcional, o sal pode representar descolamentos locais onde se instalam cavalgamentos.

Curvas de liberação em falhas de rejeito direcional são locais ideais para a instalação de diapirismo reativo e são os locais onde podemos esperar a formação de diápiros nesse tipo de falha.

20.8 Colapso de sal por carstificação

As estruturas de sal cujo topo está à superfície ou próximo a ela são sujeitas à dissolução por água meteórica, o que pode resultar não apenas na formação de uma capa de minerais e rochas insolúveis, mas também em carstificação, similar à formação de carstes em calcários e mármores. Em ambos os casos, a carstificação pode causar colapso gravitacional das rochas e dos sedimentos sobrepostos, mas como a solubilidade do sal é maior (cerca de 360 g/l), seu potencial de colapso gravitacional é maior.

O colapso de estruturas cársticas pode gerar sistemas de falhas acima das estruturas de sal, mesmo após um longo período de interrupção do movimento do sal. Pode ser difícil distinguir essas falhas dos *grabens* e dos sistemas de falhas circulares que se formam pelo colapso extensional de uma estrutura de sal durante um estiramento regional, podendo, ainda, haver a sobreposição simultânea de ambos os processos. As cadeias de sal da bacia Paradox, no sudoeste de Utah, são um exemplo, dentre muitos, em que a dissolução do sal parece ter causado o colapso recente de paredes de sal, possivelmente pelo colapso de falhas já estabelecidas na crista (Fig. 20.22). A presença de uma capa de rocha no topo do sal, ou seja, de uma rocha residual formada por gipsita e argila, indica que ocorreu a dissolução do sal. Essas estruturas de sal foram expostas relativamente há pouco tempo, como resultado do soerguimento do Platô do Colorado no Cenozoico e no Quaternário. O colapso da parte superior de estruturas de sal pode estar relacionado à dissolução em subsuperfície, resultando na reativação de falhas preexistentes e na geração de novas falhas.

20.9 Descolamentos de sal

Um dos principais papéis do sal é sua atuação como uma zona de descolamento de baixa resistência, seja em contexto extensional, como em margens continentais passivas, ou em contexto contracional, como

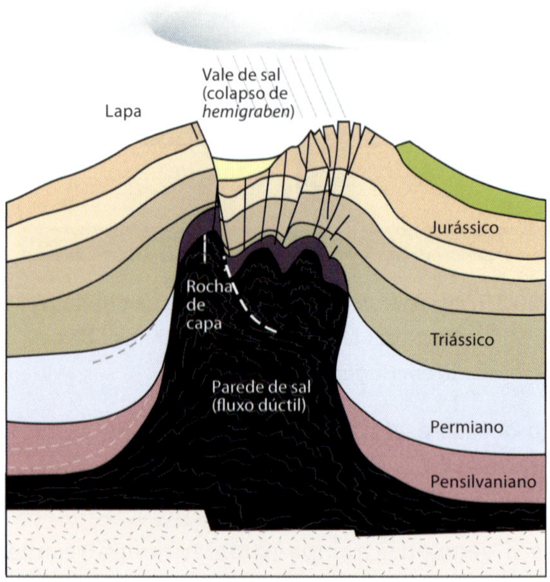

Fig. 20.22 *Seção geológica genérica em paredes de sal na bacia Paradox, sudeste de Utah, EUA. O colapso da estrutura no topo do sal foi, em parte, gerado pela reativação de um sistema regional de juntas do Terciário durante a dissolução do sal, embora a maior parte dos falhamentos esteja relacionada a bandas de deformação cataclástica, que devem ter se formado anteriormente e em maiores profundidades*

em cunhas orogênicas (cinturões de dobras e cavalgamentos). Enquanto estruturas de sal, como diápiros, apenas se formam se houver uma espessa camada de sal disponível, os descolamentos podem formar-se mesmo em camadas de sal de 1 m de espessura ou menos, contanto que o sal tenha abrangência lateral.

A presença de sal pode fazer uma grande diferença no modo como a deformação é acomodada e distribuída. Em geral, a baixa resistência e a natureza viscosa do sal permitem que áreas muito maiores sejam deformadas, contanto que o sal tenha uma abrangência suficiente. O sal também pode ser responsável pelo **desacoplamento** entre o substrato e as camadas sobrejacentes, o que significa que o estilo de deformação nas camadas superiores é diferente das camadas inferiores. As dobras de descolamento (Cap. 17) são exemplos importantes de descolamento de sal. Padrões de falhas completamente diferentes acima e abaixo de uma camada de sal também são típicos, porque as falhas não atravessam as camadas de sal, a menos que a camada seja muito delgada ou a falha seja muito expressiva.

Em cunhas orogênicas, o sal também facilita os descolamentos, separando os blocos rochosos fortemente imbricados e as rochas dobradas das rochas do embasamento menos deformado ou mesmo não deformado. Portanto, o sal facilita a deformação *thin-skinned* em zonas colisionais, como no antepaís dos Alpes e Pirineus (Fig. 20.23) e no cinturão de dobramentos e cavalgamentos de Zagros, no Irã (Fig. 21.3). As formações de sal nesses contextos concentram a deformação e preservam as rochas adjacentes (superiores) da deformação, mesmo que elas sejam transportadas por dezenas ou centenas de quilômetros. Em consequência da baixa fricção dos descolamentos de sal, a cunha de rochas deformadas torna-se mais longa e delgada em seção geológica e pode estender-se por distâncias maiores em direção ao antepaís, comparada com cunhas na ausência de sal. Portanto, os descolamentos de sal podem tornar os cinturões orogênicos mais largos.

As camadas de sal em cunhas orogênicas facilitam os descolamentos, que geram deformação *thin-skinned* e com menor inclinação da cunha orogênica.

O papel do sal nas cunhas orogênicas é mais pronunciado na porção rúptil da crosta, onde o contraste reológico e mecânico entre o sal e as demais rochas é maior. Em níveis crustais mais profundos, outras rochas perdem a resistência, e os mecanismos de deformação plástica tornam-se mais generalizados; na profundidade em que predominam os fenômenos metamórficos, unidades delgadas de calcário ou filito podem atuar do mesmo modo que as camadas de sal em níveis mais rasos.

Os descolamentos de sal também podem formar-se por gravidade. As expressões mais extremas de descolamentos de sal ocorrem em margens passivas, como na região *offshore* do oeste da África e do Brasil. Nessas áreas, as camadas de sal com mergulho para o oceano facilitam a ocorrência de deslizamentos gravitacionais das camadas sobrejacentes. O mergulho de poucos graus não é significativo, mas é suficiente devido à baixa resistência do sal. Além disso, há a carga na parte superior da seção, decorrente do aporte dos sistemas de delta dos rios. O padrão geral de deformação é o mesmo de qualquer processo de

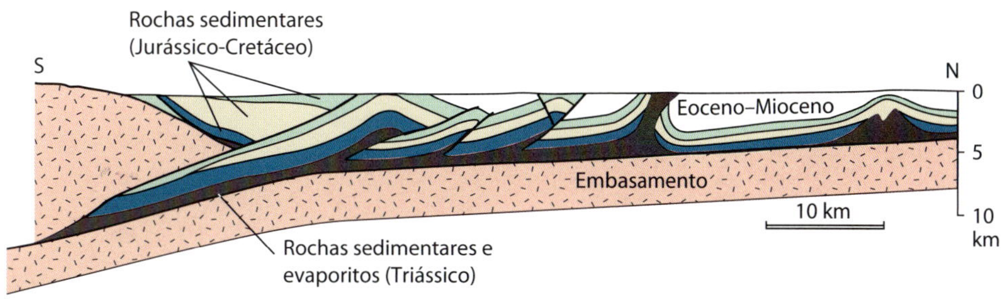

Fig. 20.23 *Exemplo do papel do sal em uma zona de descolamento, desacoplando o embasamento de sua cobertura sedimentar encurtada no antepaís da cunha orogênica dos Pirineus*
Fonte: modificado de Hayward e Graham (1989)

deslizamento gravitacional, com extensão na parte posterior e contração na parte anterior (Figs. 20.24 e 20.25; ver também Fig. 18.12). Análogos de pequena escala podem ser encontrados em várias situações cotidianas, como nos deslizamentos de neve no telhado de uma casa aquecida. O calor da casa gera uma fina película de água que faz a neve deslizar, causando estiramento na parte superior e contração (dobramento) na parte inferior (Fig. 20.26).

Na parte superior dos descolamentos de sal em margens continentais, um estiramento extremo pode ser atingido e os blocos podem apresentar um movimento *pull-apart* sobre o sal. As **jangadas** (*rafts*) formam-se onde as falhas extensionais desconectam completamente os blocos de falha acima dos descolamentos de sal (Figs. 20.24 e 20.25). A formação de jangadas é bem documentada na costa de Angola, onde blocos de falha movimentam-se como blocos separados sobre uma camada de sal.

Em algum ponto ao longo do descolamento, a extensão dá lugar à contração, produzindo estruturas contracionais; isso ocorre porque a inclinação se torna pequena demais e o descolamento se horizontaliza, e também porque as camadas de sal em margens continentais terminam em algum ponto em direção ao oceano. A Fig. 20.27 ilustra um exemplo no qual o término de uma camada de sal bloqueia o descolamento à esquerda da imagem, com estruturas contracionais na capa. A fricção aumenta dramaticamente no ponto de terminação e os sedimentos que chegam devido ao descolamento se acumulam, formando impressionantes estruturas contracionais. Essas estruturas incluem dobras de descolamento, diápiros de sal comprimidos e falhas de cavalgamento ou inversas (Figs. 20.25 e 20.27). As lâminas de sal, que se formam comumente na contração, são encontradas na parte inferior contracional dos descolamentos de sal; se houver sal o suficiente, podem-se formar dosséis de sal.

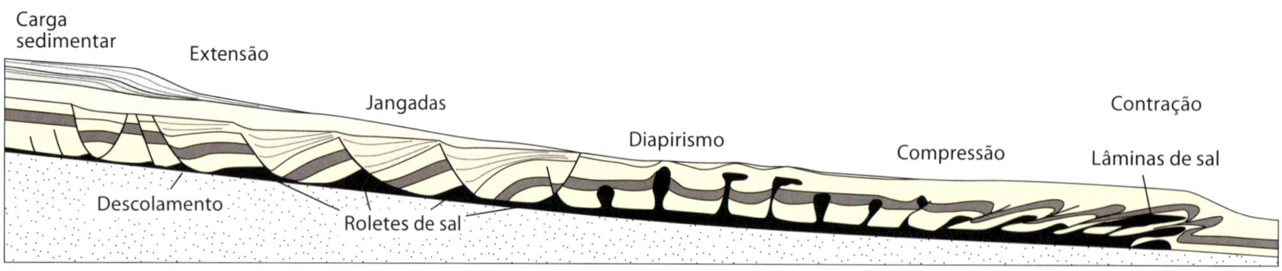

Fig. 20.24 *Esquema de estruturas comumente encontradas em margens continentais passivas com descolamento de sal*

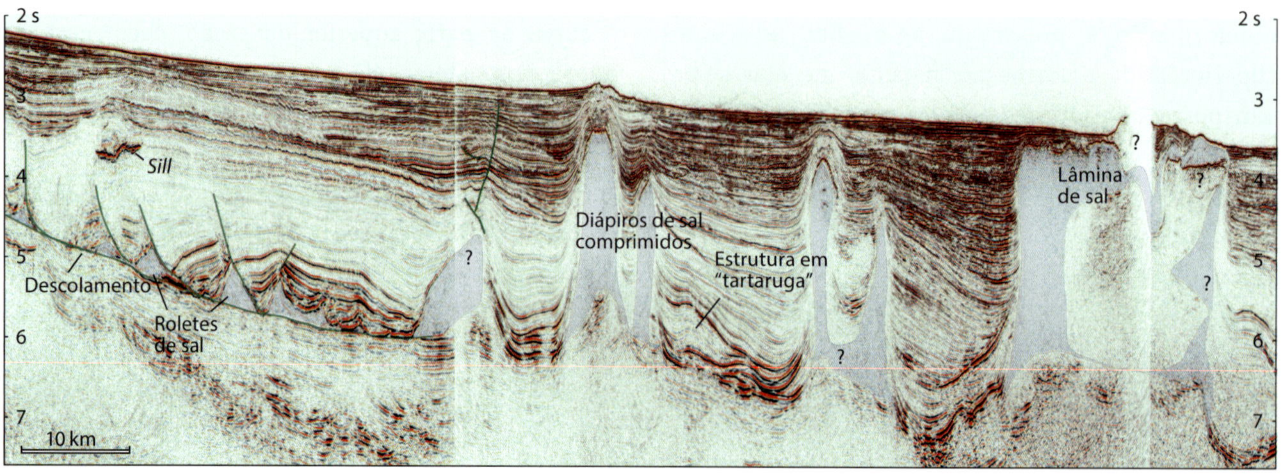

Fig. 20.25 *Linha sísmica da bacia do Espírito Santo, na costa do Brasil, com falhas extensionais e "jangadas" na parte superior esquerda, diápiros de sal na parte central e sal alóctone à direita. Um descolamento define a base das estruturas, particularmente à esquerda da imagem. Imagem fornecida por cortesia de CGGVeritas*

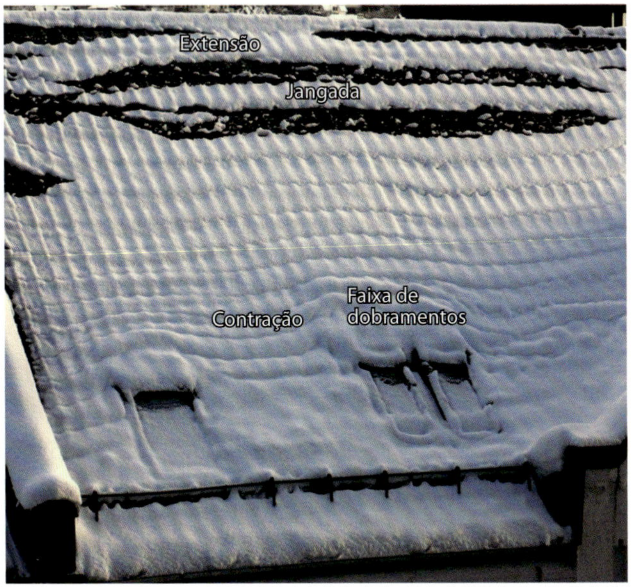

Fig. 20.26 *Movimento lento de neve em um telhado escorregadio, criando estruturas extensionais na parte superior e contracionais na base, nos pontos onde o fluxo é detido pelas janelas e pela calha. Vista da janela do escritório do autor, em Bergen, Noruega*

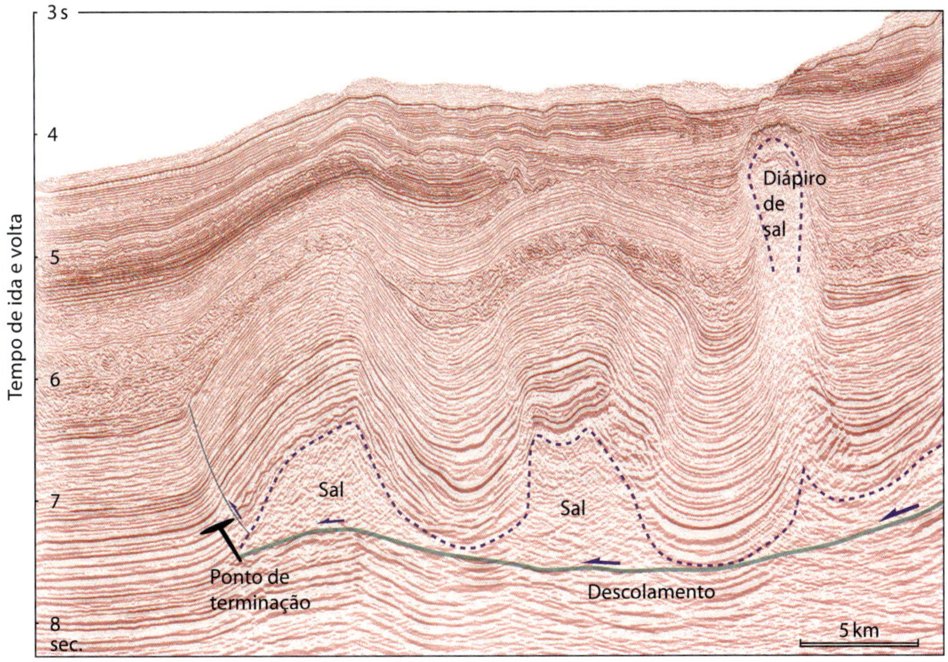

Fig. 20.27 *Terminação de uma camada de sal no sentido do mergulho em margem passiva no oeste do Senegal, África. O ponto de terminação detém o descolamento, resultando em contração (dobramento) das camadas sobrepostas. Imagem fornecida por cortesia de Ophir Energy, Rocksource ASA e AGC*

Resumo

O sal é um tipo especial de rocha que se deforma de modo viscoso por deformação plástica na maioria das condições geológicas. Uma camada de sal soterrada pode ser considerada um fluido em sobrepressão pelo peso das camadas sobrejacentes. A baixa resistência do sal faz com que ele concentre a deformação regional, sua incompressibilidade causa a formação de minibacias enquanto os sedimentos ao seu redor são compactados, e sua baixa densidade promove sua flutuabilidade quando o soterramento atinge um nível crustal crítico. As taxas de sedimentação, os tipos de sedimentos, a deformação tectônica e a taxa de fluxo de sal são algumas das muitas variáveis relevantes, que fazem cada ocorrência de sal ser um caso especial. Alguns dos pontos importantes discutidos neste capítulo são:

- O sal geralmente é menos denso que as camadas superiores (baixa profundidade se for coberto por calcários e alguns quilômetros se a cobertura for por sedimentos siliciclásticos), mas o enfraquecimento do teto é necessário para que o diapirismo tenha início.

- Muitos diápiros de sal se iniciam devido à carga diferencial ou em resposta a falhamentos nas camadas sobrejacentes.
- Os diápiros são amplificados e modificados por crescimento passivo, ou por estiramento ou contração regional.
- Altas taxas de extensão podem alargar e rebaixar os diápiros, cujas partes superiores podem colapsar e formar uma minibacia de cobertura.
- A contração pode afetar os diápiros, que podem atingir a superfície e extrudir sob a forma de lâminas ou geleiras de sal.

Questões de revisão

1] Por que o diapirismo não se inicia apenas pela inversão de densidade?
2] O que significa diapirismo reativo e em que regime(s) tectônico(s) ele ocorre?
3] O que faz os modelos clássicos com centrífugas não serem realistas?
4] Qual é a diferença entre diapirismo ativo e passivo e como podemos distingui-los?
5] O que significa *downbuilding*?
6] Por que não encontramos diápiros na parte superior de descolamentos gravitacionais como o da Fig. 20.24?
7] O que determina se irá formar-se uma parede de sal ou um diápiro de sal?
8] Qual é a diferença entre uma lâmina de sal e um dossel de sal?
9] Qual é o efeito de uma camada basal de sal em uma cunha orogênica?
10] Faça uma interpretação rápida da Fig. 1.6 e identifique o nível estratigráfico do sal, delineie as estruturas de sal e interprete as dobras.

E-módulo

O módulo de *e-learning* denominado *Salt tectonics* é recomendado para este capítulo.

Leituras complementares

Geral

HUDEC, M. R.; JACKSON, J. A. Terra infirma: understanding salt tectonics. *Earth-Science Reviews*, v. 82, p. 1-28, 2007.

Diapirismo

STEWART, S. A. Implications of passive salt diapir kinematics for reservoir segmentation by radial and concentric faults. *Marine and Petroleum Geology*, v. 23, p. 843-853, 2006.

VENDEVILLE, B. C.; JACKSON, M. P. A. The rise of diapirs during thin-skinned extension. *Marine and Petroleum Geology*, v. 9, p. 331-371, 1992.

Lâminas de sal alóctone

HUDEC, M. R.; JACKSON, M. P. A. Advance of allochthonous salt sheets in passive margins and orogens. *American Association of Petroleum Geologists Bulletin*, v. 90, p. 1535-1564, 2006.

Margens passivas (tectônica de descolamento de sal)

BRUN, J. P.; FORT, X. Compressional salt tectonics (Angolan margin). *Tectonophysics*, v. 382, p. 129-150, 2004.

JACKSON, J.; HUDEC, M. R. Stratigraphic record of translation down ramps in a passive-margin salt detachment. *Journal of Structural Geology*, v. 27, p. 889-911, 2005.

Processos de dissolução de sal

GUTIÉRREZ, F. Origin of the salt valleys in the Canyonlands section of the Colorado Plateau Evaporite: dissolution collapse versus tectonic subsidence. *Geomorphology*, v. 57, p. 423-435, 2004.

21 Balanceamento e restauração

A restauração de uma seção ou de um mapa geológico ao seu estado original, anterior à deformação, é uma parte importante da interpretação estrutural. A intenção é restaurar uma seção deformada e obter uma seção geológica verossímil e não deformada. Para simplificar, em geral consideramos que o comprimento ou a área (ou volume, em análises tridimensionais) são preservados. Se a seção estiver preservada, ela será balanceada quando seu comprimento, área ou volume tiverem sido restaurados a partir da seção deformada. Exercícios como esse foram feitos pela primeira vez em áreas contracionais, mas atualmente são feitos com frequência em áreas extensionais. No balanceamento, fazemos interpretações baseadas em parâmetros geológicos importantes, apesar de não haver garantia de que a seção balanceada esteja correta. Neste capítulo, veremos as premissas e os métodos básicos para o balanceamento e a restauração, principalmente de seções e mapas, enfatizando suas utilidades e limitações.

21.1 Conceitos básicos e definições

As incertezas contidas em qualquer conjunto de dados geológicos sempre deixam espaço para diferentes interpretações. O princípio conhecido como navalha de Occam sugere que devemos favorecer as explicações e os modelos mais simples, e isso é válido no balanceamento de seções geológicas: se levarmos em consideração todos os pequenos detalhes, encontraremos dificuldades técnicas e simplesmente não estaremos usando nosso tempo de modo adequado. Ainda que uma abordagem simples possa produzir inconsistências ou mesmo erros no balanceamento de seções, ela fornecerá informações importantes sobre a deformação em questão.

Vamos discutir o significado dos termos *balanceamento* e *restauração*. O **balanceamento** ajusta uma interpretação geológica para que ela não apenas seja geologicamente razoável em si, mas também restaurável ao seu estado pré-deformacional, de acordo com hipóteses acerca da deformação. Portanto, o balanceamento é um método que aporta realismo aos nossos mapas e seções geológicos. Uma seção balanceada deve ser **admissível**, o que significa que suas estruturas devem ser geologicamente razoáveis entre si em relação ao contexto tectônico, ou seja, as estruturas devem poder ser **restauradas** (retrodeformadas).

A **restauração** envolve o manuseio de uma seção ou mapa, trabalhando no sentido contrário à seta do tempo para produzir uma **retrodeformação**. Em termos da teoria da deformação, discutida no Cap. 2, isso equivale a aplicar uma matriz de deformação D^{-1} recíproca ou inversa, exceto que a deformação geralmente não é uma transformação linear. Devemos decidir se a deformação pode ser explicada por rotação, translação, cisalhamento simples, fluxo flexural ou alguma combinação desses processos. A aplicação de versões recíprocas dessas deformações deve fazer com que a seção ou mapa deformado seja restaurado. Uma restauração realista requer a compatibilidade entre os diferentes elementos da seção, principalmente entre as camadas, que devem permanecer coerentes na seção. Isso significa que a seção restaurada não tenha sobreposições ou hiatos, ou que eles sejam mínimos; que os rejeitos das falhas (exceto das falhas de eventos anteriores de deformação) sejam removidos e que sejam removidas as dobras nas camadas sedimentares, que devem ser rotacionadas à sua posição no plano horizontal. Portanto, quando restauramos uma seção estratigráfica previamente não deformada:

NÃO ESPERAMOS ENCONTRAR SOBREPOSIÇÕES, HIATOS, REJEITOS DE FALHAS, CAMADAS CURVAS E CAMADAS NÃO HORIZONTAIS EM UMA SEÇÃO RESTAURADA.

Na prática, não seremos capazes de restaurar perfeitamente as seções ou mapas nos casos de deformação complexa, mas este deve ser nosso objetivo durante a restauração. Em outras palavras, pretendemos que a seção ou mapa restaurado seja realista, tanto quanto possível. Apenas quando demonstramos que uma seção geológica pode ser restaurada a um estado pré-deformacional verossímil é que tal seção está balanceada.

UMA SEÇÃO GEOLÓGICA NÃO ESTÁ BALANCEADA ATÉ QUE UMA VERSÃO RESTAURADA ACEITÁVEL SEJA OBTIDA.

Tecnicamente, não precisamos necessariamente seguir a história ou a sequência deformacional durante a restauração; apenas os estágios deformado e não deformado são comparados. Podemos, portanto, isolar diferentes componentes da deformação, como rotação rígida, deslocamento de blocos (translação) e deformação interna de blocos (deformação dúctil). Também é possível começarmos por um modelo não deformado e deformá-lo até que ele atinja um estado similar ao da seção que está sendo interpretada. Esse procedimento não é considerado um balanço, mas uma **modelagem para a frente** (*forward modeling*).

Há diversos motivos para que o balanceamento e a restauração sejam cada vez mais usados. Eles auxiliam a avaliar se uma interpretação é realista e auxiliam nas estimativas de deformação, como, por exemplo, na determinação da quantidade de extensão ou encurtamento ao longo de uma seção. Na década de 1960, Clarence Dahlstrom e colaboradores aplicaram esse procedimento para reconstruir seções através das Montanhas Rochosas em Alberta, Canadá, representando-as em um estágio anterior à contração, e calcular a quantidade de encurtamento ocorrido. Posteriormente, os mesmos princípios foram usados em áreas extensionais, como a província Basin and Range e a bacia do Mar do Norte. O geólogo escocês Alan Gibbs foi um dos primeiros a aplicar os princípios da restauração a seções transversais do rifte do Mar do Norte.

UMA SEÇÃO OU MAPA BALANCEADO NÃO PRECISA SER NECESSARIAMENTE CORRETO, MAS É PROVÁVEL QUE SEJA MAIS CORRETO QUE UMA SEÇÃO QUE NÃO POSSA SER BALANCEADA.

Apesar de o balanceamento de seções ser mais comum, a restauração e o balanceamento podem ser feitos em uma, duas ou três dimensões. A restauração unidimensional é conhecida como restauração de linha; a restauração bidimensional é geralmente aplicada a seções, mas pode também ser aplicada a mapas, ao passo que a restauração e o balanceamento tridimensionais consideram os possíveis movimentos em três dimensões.

21.2 Restauração de seções geológicas

A forma mais simples de restauração baseia-se na reconstrução de uma linha reta mapeada ao seu estado antes do início da deformação. As considerações unidimensionais simples são tipicamente feitas com marcadores estratigráficos observados em seção geológica; o princípio é ilustrado na Fig. 21.1 para um marcador horizontal. Ao considerar-se a geometria das falhas, o uso de dois ou mais marcadores estratigráficos transformam esse procedimento em um balanceamento de seção bidimensional.

O balanceamento sistemático de seções foi aplicado pela primeira vez nas Montanhas Rochosas, em Alberta, Canadá, nas décadas de 1950 e 1960, por geólogos estruturalistas dedicados à pesquisa de petróleo, que realizaram o balanceamento de marcadores estratigráficos em cavalgamentos e dobras, reconstituindo seu comprimento pré-deformacional. A premissa básica era que o comprimento e a espessura das camadas, medidos perpendicularmente à camada, permanecem constantes. Esse procedimento

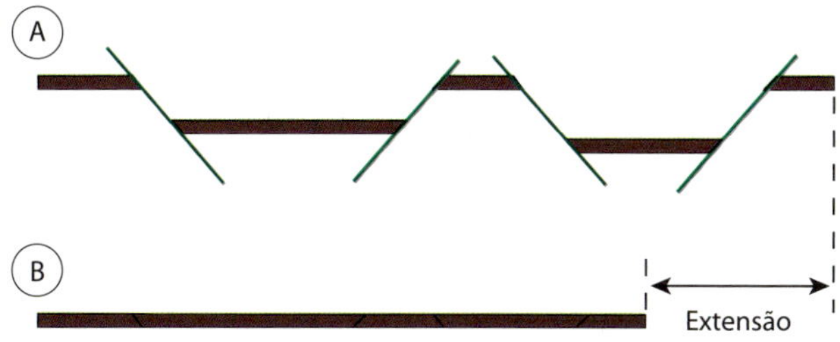

Fig. 21.1 *Conceito de restauração unidimensional com um marcador horizontal. Nesse caso, os segmentos da linha podem ser movidos ao longo do traço das falhas até que eles formem uma linha contínua. A extensão é definida pela comparação entre os estados deformado e não deformado*

foi bem-sucedido nas seções em Alberta porque uma grande parte da deformação nessa área concentra-se em folhelhos de baixa resistência. A concentração da deformação produziu falhas de descolamento e dobramentos por deslizamento flexural, que preservam a espessura das camadas. Os marcadores estratigráficos foram mapeados em trabalhos de campo tradicionais, ao passo que nos trabalhos mais recentes se utilizam também dados remotos, incluindo interpretações de linhas sísmicas e de dados de perfuração. A restauração unidimensional pode ser feita em qualquer direção, e o resultado é a quantidade de extensão ou contração naquela direção. Na restauração de seções em geral, porém, a principal premissa é analisarmos as seções que contenham o vetor de rejeito ou os eixos máximo e mínimo do elipsoide de deformação, e que a deformação seja plana (Boxe 21.1). Essas premissas são suficientemente satisfeitas em muitos (mas não em todos) regimes contracionais e extensionais, fazendo com que o balanceamento em seção seja significativo.

O BALANCEAMENTO DE SEÇÕES GERALMENTE REQUER DEFORMAÇÃO PLANA E UMA SEÇÃO NA DIREÇÃO DE MÁXIMO REJEITO.

Se a deformação não for plana, ou seja, se houver um componente de deformação perpendicular à seção analisada, haverá movimento de material para dentro ou para fora da seção, o que implica alteração de comprimento ou área. É possível considerar essa deformação se a deformação global for estimada, mas

Boxe 21.1 Condições para o balanceamento de seções transversais

- Interpretação geológica consistente.
- Deformação plana.
- A seção deve conter a direção de transporte tectônico.
- A escolha do modo de deformação (cisalhamento vertical, rotação rígida etc.) deve ser razoável e baseada no conhecimento sobre a deformação em um dado contexto tectônico.
- O resultado deve ser geologicamente verossímil, baseado na experiência e em observações independentes.

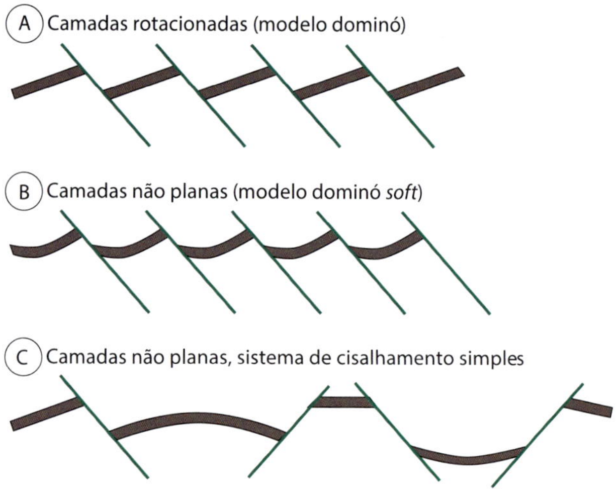

Fig. 21.2 *(A) Camadas rotacionadas podem ser restauradas por rotação rígida e remoção do rejeito das falhas, se elas não tiverem sido dobradas. (B), (C) As camadas dobradas devem ser restauradas por uma deformação (dúctil) penetrativa, tal como cisalhamento vertical ou inclinado*

para isso precisamos de procedimentos mais complexos de modelagem tridimensional. Por ora, vamos nos restringir aos casos de deformação plana. Uma implicação importante é que se usarmos uma restauração unidimensional em uma região de deformação não plana, a interpretação será incorreta.

21.2.1 Restauração de blocos rígidos

O caso mais simples de restauração de seções é aquele em que os blocos de falha se comportam como blocos rígidos durante a deformação, de modo que apenas a rotação rígida e a translação sejam necessárias à restauração. As camadas sedimentares previamente não deformadas terminam como linhas retas na seção (planos em três dimensões), ao passo que os traços de falhas podem ser curvos. O sistema dominó na Fig. 21.2A é um exemplo no qual tanto rejeito (translação) como rotação (anti-horária) estão envolvidos. Cada bloco pode ser restaurado por rotação na seção até que as camadas se tornem horizontais, antes de se remover o rejeito das falhas. Isso pode ser feito facilmente com uma tesoura ou um programa gráfico de computador. Antes de começar, fixe um dos extremos e use esse **ponto fixo** como ponto de referência. O resultado não é apenas a extensão, mas também o mergulho inicial das falhas e a quantidade de rotação dos blocos. Esse é um exemplo simples de restauração de comprimento constante. Quando usamos dois ou mais horizontes, vemos que a restauração por rotação rígida também preserva a área.

21.2.2 Área e comprimento constantes

Se consideramos que um marcador foi restaurado ao seu comprimento inicial, isso significa que ele foi encurtado ou estirado apenas pela formação discreta de separações ou sobreposições visíveis. Essa é a base da **restauração de comprimento constante** (ou balanceamento de comprimento constante), que geralmente é aplicada na restauração de seções e é muito útil quando uma restauração rápida é necessária. Esse tipo de restauração é usado com frequência em cinturões de dobramentos e cavalgamentos, não apenas nas Montanhas Rochosas do Canadá, mas em quase todas as regiões orogênicas dominadas por uma tectônica *thin-skinned* (de pequena profundidade). A Fig. 21.3 mostra um exemplo do cinturão de dobramentos e cavalgamentos de Zagros, Irã, que é uma área controlada por um descolamento de sal e, portanto, adequada para uma restauração de comprimento constante.

A restauração de comprimento constante é adequada em situações em que as camadas são planas

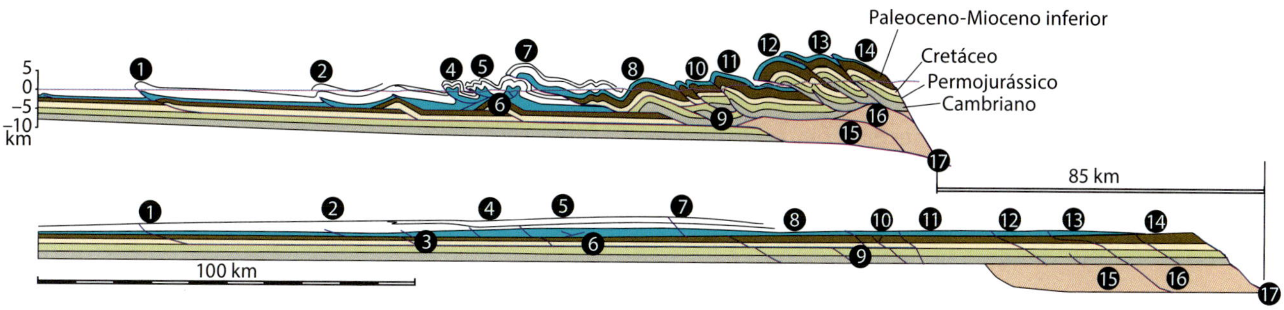

Fig. 21.3 *Seção geológica através do cinturão de dobramentos e cavalgamentos de Zagros, Irã. A seção foi balanceada pelo método de camada sinuosa, que envolve a medição dos comprimentos do topo e da base de cada formação nos blocos entre as falhas, ajustando-se o comprimento de rampas e plataformas na seção restaurada com os da seção deformada, preservando-se a espessura das camadas (área constante). Os números são indicados para auxiliar na correlação entre as duas seções*

Fonte: modificado de McQuarrie (2004).

e horizontais (Figs. 21.1 e 21.2A). Em muitos casos, as camadas são curvadas, e o conceito de comprimento constante torna-se duvidoso.

Quando os segmentos de linha são curvos, há um componente de deformação dúctil, e a rotação rígida dos blocos não permite a restauração da linha.

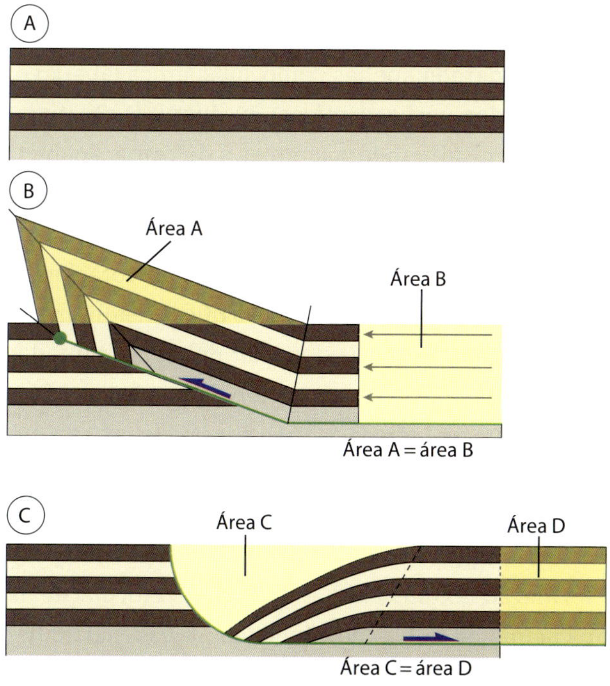

Fig. 21.4 *Balanceamento de seções de área constante na direção de transporte. (A) Seção não deformada, (B) dobra de propagação de falha, (C) falha lístrica extensional. Note que o comprimento da camada varia se houver deformação interna por cisalhamento, mas não se o mecanismo for de deslizamento flexural ou cisalhamento flexural*

É possível que os comprimentos das linhas sejam preservados durante um dobramento – tudo depende do modo como a deformação se acumula. Se o comprimento da linha for modificado, ainda assim a área pode ser preservada e, nesse sentido, uma **restauração de área constante** pode ser mais robusta e aplicável. O balanceamento de área fará sentido se encolhermos uma seção em uma direção e a estirarmos de alguma forma em outra. Usando a Fig. 21.4B como exemplo, as áreas A e B devem ser iguais. Isso será verdadeiro mesmo que tenha havido variação no comprimento e na espessura das camadas, contanto que não tenha havido compactação ou movimento de material para fora ou para dentro da seção. O balanceamento de área também tem implicações nas estimativas da profundidade de descolamentos. Por exemplo, a área C é igual à área D na Fig. 21.4C. Se conhecermos a extensão (deslocamento horizontal da capa), poderemos facilmente estimar a profundidade na qual as falhas lístricas se horizontalizam. Este é o mesmo caso das dobras de propagação de falhas (Fig. 21.4B).

21.2.3 Deslizamento flexural

A conservação do comprimento de linha e da espessura de camada torna a restauração uma tarefa simples. O deslizamento flexural preserva ambos, pois o dobramento das camadas com deslizamento flexural implica apenas deslizamento paralelo ao acamamento. Se a deformação for distribuída, ainda pode ocorrer cisalhamento flexural, com o plano de cisalhamento ao longo do acamamento.

Em um regime contracional, o cisalhamento simples paralelo ao acamamento é muito comum, pois o deslizamento ou cisalhamento se instala mais facilmente nas camadas de menor resistência mecânica. Mesmo se as camadas começarem a se dobrar, o deslizamento ou cisalhamento paralelo ao acamamento pode criar dobras de deslizamento flexural ou de cisalhamento flexural – ou seja, esses mecanismos de dobramento preservam tanto o comprimento como a área da camada.

O DESLIZAMENTO FLEXURAL E O CISALHAMENTO FLEXURAL PRESERVAM O COMPRIMENTO E A ESPESSURA DAS CAMADAS, E, PORTANTO, TAMBÉM A SUA ÁREA.

O deslizamento flexural é conveniente na modelagem ou balanceamento de estruturas contracionais, como dobras associadas a falhas e dobras de propagação de falhas. As dobras associadas a falhas podem ser exploradas movendo-se um livro ou um maço de papéis por cima de uma rampa. Se desenharmos quadrados com círculos no lado do maço de papéis, veremos como a deformação se acumula sem alterar o comprimento dos papéis.

A restauração pode ser feita medindo-se com uma régua o comprimento de cada marcador na seção deformada. Os marcadores são movidos para seus pontos originais de *cut-off* (pontos onde eles foram cortados pela rampa) e retificados, enquanto a espessura da camada é mantida, como demonstrado na Fig. 21.5. Se a espessura da camada se alterar na seção deformada, o método do deslizamento flexural não resultará em uma seção corretamente restaurada. Um método similar pode ser usado para restaurar as dobras de deslizamento flexural, como as dobras de descolamento.

Em regimes extensionais, o cisalhamento paralelo ao acamamento também pode ocorrer, mas é menos frequente. Isso porque o deslizamento se inicia mais provavelmente em 20°-30° em relação a σ_1 (Cap. 7), que é vertical no regime extensional e horizontal no regime contracional. Outro mecanismo usado na restauração de seções estendidas considera o cisalhamento simples através do acamamento.

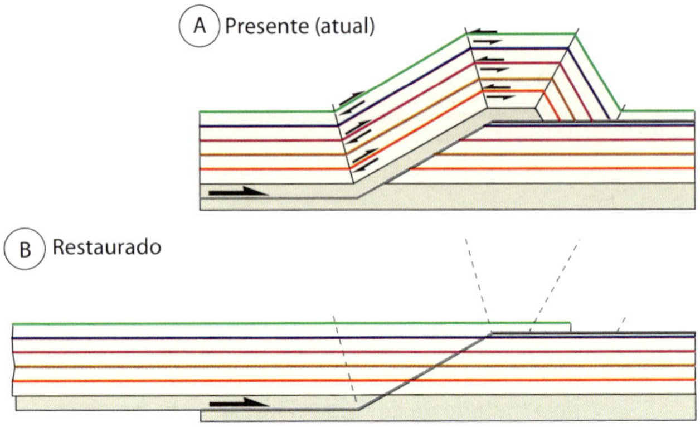

Fig. 21.5 *Comprimento e espessura constantes foram considerados nessa restauração. Cada linha da capa foi retificada por rotação de segmentos individuais e movida novamente para encaixar-se na estratigrafia da lapa, de modo consistente com a restauração do deslizamento flexural*

21.2.4 Cisalhamento

O cisalhamento simples distribuído é um conceito que permite que deformação em pequena escala possa ser tratada como deformação dúctil, na qual a continuidade da camada é preservada. O verdadeiro mecanismo de deformação em pequena escala não é realmente importante nesse caso e, em seção sísmica, ela é considerada apenas como subsísmica (abaixo da resolução dos perfis sísmicos) ou dúctil. O objetivo é atribuir ao cisalhamento simples a deformação dúctil nos blocos de falha, como exemplificado no Boxe 21.2. Como já discutido no Cap. 16, o cisalhamento simples que atua através das camadas as rotaciona e altera seu comprimento, ao passo que o cisalhamento simples heterogêneo flexiona ou dobra as camadas. Entretanto, o cisalhamento simples preserva a área, de modo que a hipótese da área constante em regimes extensionais é mais realista que a da conservação do comprimento das camadas.

O uso clássico de cisalhamento (simples) em deformação extensional é feito na deformação da capa acima de falhas normais não planas, particularmente em falhas extensionais lístricas (Fig. 21.6). A deformação de área constante da capa de uma falha lístrica foi, em princípio, modelada por **cisalhamento vertical**. Essa técnica é também conhecida como **construção Chevron**, em referência à indústria petrolífera que a utilizou pela primeira vez (não confundir com as dobras em *chevron* mencionadas no

Boxe 21.2 O que realmente significam cisalhamento vertical e inclinado?

A deformação dúctil ou distribuída das camadas em uma seção deformada pode ser modelada de várias maneiras. É conveniente usarmos o cisalhamento simples, cujas variáveis são a deformação (*strain*) por cisalhamento e a inclinação do plano de cisalhamento, denominada **ângulo de cisalhamento**. Em escala de seção sísmica ou geológica, podemos não ser capazes de observar as estruturas deformacionais que fizeram com que uma camada não seja mais plana. As estruturas podem ser falhas subsísmicas, bandas de deformação, fraturas extensionais ou estruturas de reorganização em microescala. Portanto, a deformação é dúctil na escala de observação e seus efeitos podem ser modelados por cisalhamento simples.

Alguns pesquisadores afirmam que a orientação de pequenas falhas na capa representa um guia para a escolha do ângulo de cisalhamento. As duas figuras abaixo mostram capas com falhas em pequena escala, em sua maioria sintéticas em relação à falha principal. Entretanto, seu arranjo sugere cisalhamento antitético, como indicado pelas setas em amarelo. Estes exemplos mostram a dificuldade envolvida no uso de pequenas falhas na determinação do ângulo de cisalhamento.

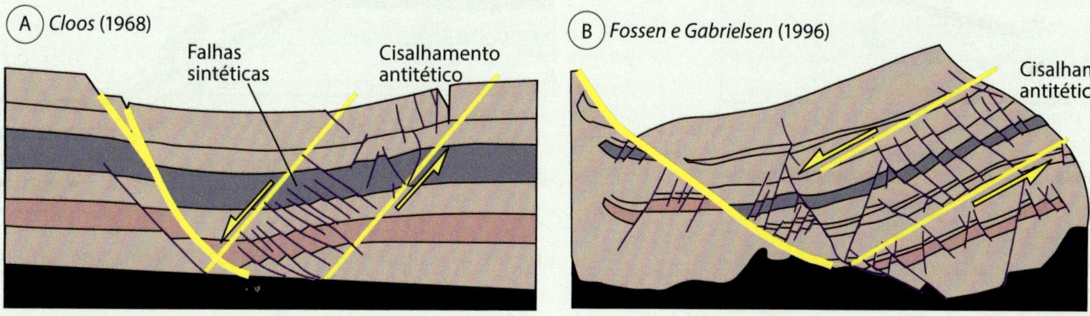

Cap. 12). O cisalhamento vertical não envolve estiramento ou encurtamento na direção horizontal, mas camadas individuais são estendidas, rotacionadas e adelgaçadas.

Logo se percebeu que a deformação por cisalhamento da capa poderia apresentar um desvio em relação ao cisalhamento vertical. Tanto o **cisalhamento antitético** (plano de cisalhamento com mergulho contra o plano da falha principal) como o **cisalhamento sintético** foram considerados. As diferenças entre ambos são mostradas na Fig. 21.6, que indica que as falhas antitéticas afetam uma porção maior da capa e implicam menor rejeito de falha que o cisalhamento vertical. A escolha do ângulo correto de cisalhamento nem sempre é fácil e, em geral, são feitas tentativas para encontrar o melhor valor. Parece que o cisalhamento antitético com um ângulo de cisalhamento em torno de 60° é adequado a diversos casos de capas deformadas acima de falhas lístricas, ao passo que o cisalhamento sintético produz camadas com mergulho excessivamente alto, não realista, na maioria dos casos (Fig. 21.6D). O cisalhamento vertical pode ser mais realista se considerarmos grandes porções da crosta.

O cisalhamento sintético é adequado em casos em que o mergulho das falhas aumenta para baixo, tanto de modo gradual (falhas antilístricas) como abrupto (Fig. 21.7). O cisalhamento sintético também se aplica a alguns casos em que se desenvolve um sinclinal na capa. Entretanto, nos casos em que o sinclinal se alarga para cima, o modelo ***trishear*** (Boxe 9.4) pode ser uma alternativa mais realista. Um exemplo é mostrado na Fig. 21.8, onde a modelagem *trishear* progressiva (A) reproduz a seção (B) adequadamente.

O modelo *trishear* não tem ângulo fixo, mas envolve uma zona triangular de deformação, que é ligada à extremidade da falha e representa uma zona de processo dúctil espacialmente anterior à falha. *Trishear* é um modelo interessante que explica as estruturas locais de arrasto e o dobramento de camadas em torno das falhas, mas não é aplicável a seções regionais completas, como é o cisalhamento vertical ou inclinado. Entretanto, é possível combinar o cisalhamento vertical geral através de uma seção vertical e aplicar localmente o modelo *trishear* para especificar as falhas dentro da seção.

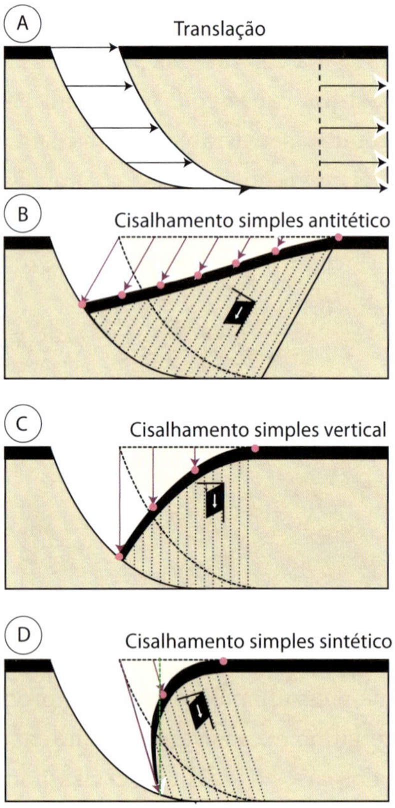

Fig. 21.6 *Deformação da capa acima de uma falha lístrica. (A) Translação pura. (B-D) Cisalhamento antitético, vertical e sintético. Note as diferentes geometrias da capa e o fato de que o cisalhamento afeta apenas a parte esquerda da capa*

21.2.5 Outros modelos

Outras hipóteses têm sido usadas para modelar a deformação dúctil na capa de falhas não planas, incluindo o **rejeito constante** ao longo da falha mestra e o **componente horizontal constante de rejeito** (*constant fault heave*). Vimos, no Cap. 9, como o rejeito pode variar ao longo das falhas; portanto, mesmo que tais hipóteses sejam geometricamente possíveis, elas

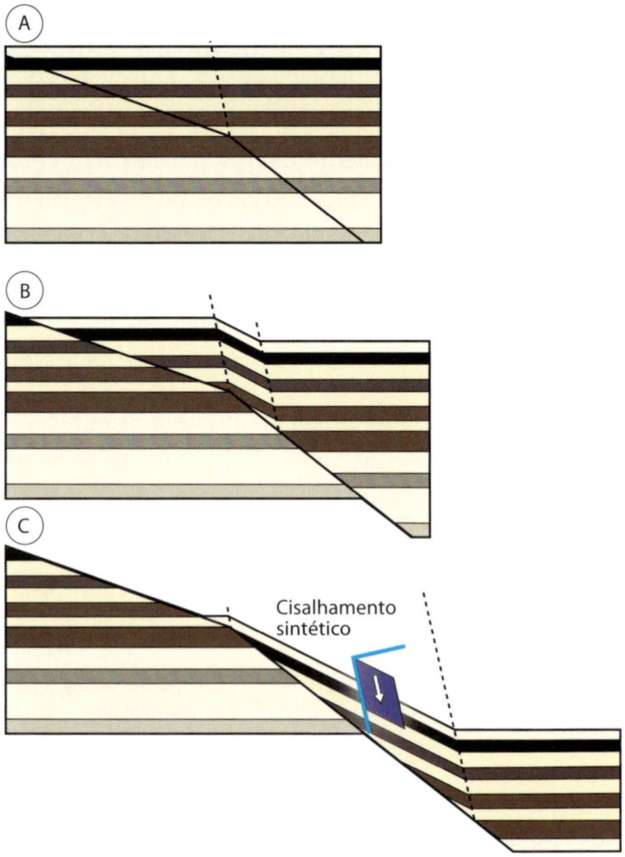

Fig. 21.7 *Cisalhamento sintético local da capa de uma falha normal. O cisalhamento simples é relacionado ao aumento do mergulho da falha para baixo*

não são geologicamente razoáveis, exceto em casos especiais. Entretanto, se o rejeito em uma dada falha for muito maior que a seção estudada, sua variação pode ser relativamente pequena, e um rejeito constante pode ser uma aproximação aceitável. Em geral, o teste das diferentes hipóteses durante a restauração de uma seção fornece explicações alternativas e suas diferenças destacam as incertezas envolvidas nessa prática.

21.2.6 O efeito da compactação

Uma área constante implica preservação da área mesmo que sua forma se altere durante a deformação. Todavia, a compactação (encurtamento vertical) de sedimentos pode ocorrer durante ou depois da deformação tectônica, diminuindo a área em seções verticais. O efeito da compactação nas falhas e dobras é significativo quando as sequências sedimentares são deformadas em pequena profundidade, antes

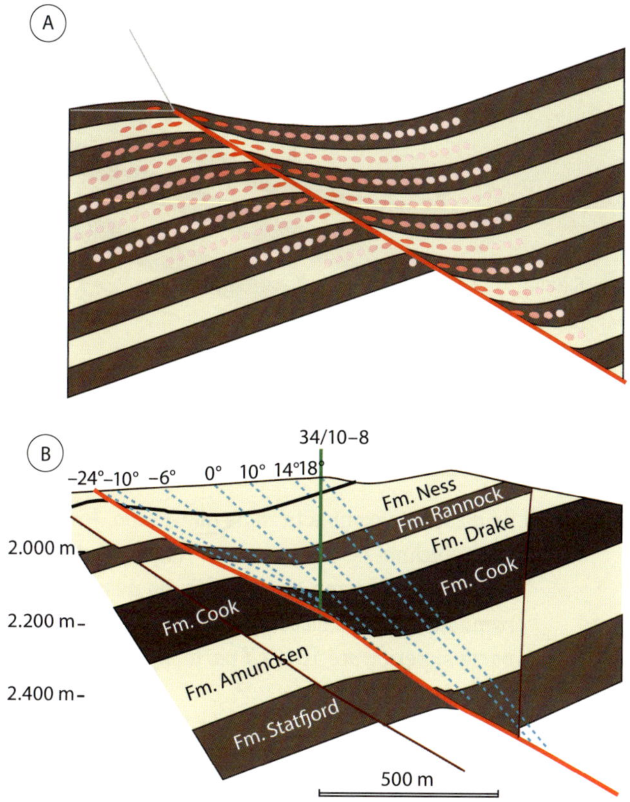

Fig. 21.8 *(A) Modelo* trishear *aplicado a uma falha normal com mergulho suave que se propaga para cima na seção. Ocorre a formação de um sinclinal de capa. (B) Seção do Campo de Gullfaks, Mar do Norte, interpretada por dados sísmicos e perfurações. As isógonas de mergulho (em azul) são baseadas em dados de* dipmeter *e interpretações sísmicas. Note as similaridades geométricas*

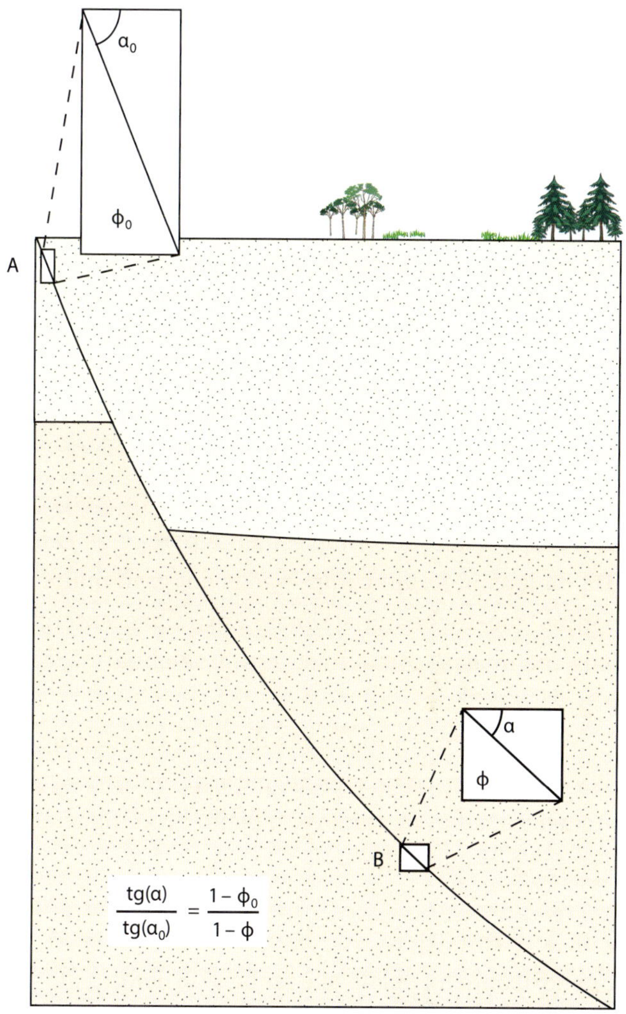

Fig. 21.9 *Efeito da compactação na geometria de falhas sinsedimentares (crescimento de falhas). O mergulho da falha diminui com a profundidade devido ao aumento da compactação nessa direção. O conhecimento da porosidade original pode ser usado para calcular o mergulho original em qualquer ponto da falha. O valor de Φ_0 é tipicamente em torno de 40% para arenitos e 65%-70% em argila. Note que pode haver outros motivos para que as falhas se horizontalizem em profundidade*

de seu soterramento e litificação. O crescimento de falhas em contextos de delta é um exemplo realista e relevante em locais como o Golfo do México. O efeito primário é mostrado esquematicamente na Fig. 21.9, na qual percebe-se que o mergulho da falha decresce para baixo, apenas em função da compactação.

A compactação também tem um efeito geométrico sobre novas falhas formadas em uma sequência sedimentar. Isso é ilustrado na Fig. 21.10, em que as porções superiores de falhas inicialmente retas se horizontalizam e as falhas tornam-se levemente antilístricas. Esse efeito decorre da compactação diferencial, em que as camadas mais rasas se compactam mais que as camadas profundas, já compactadas.

Outros efeitos relacionados à compactação estão relacionados ao fato de que a areia se compacta menos que a argila. A argila tem uma porosidade inicial próxima a 70%, ao passo que a da areia é de cerca de 40%. Assim, se uma falha se forma em uma sequência de areia-argila recentemente depositada, a compactação subsequente irá fazer com que a falha tenha um mergulho menor nas camadas de argila que nas de areia.

Há também o efeito de compactação diferencial em cada lado da falha. Se o deslocamento em uma falha se tornar grande, da ordem de centenas de metros ou

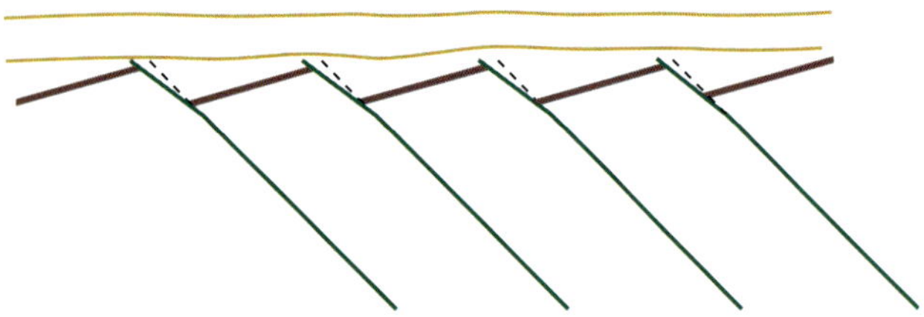

Fig. 21.10 *A compactação pós-tectônica é maior na parte superior de uma sequência sedimentar. A diminuição do mergulho da falha será, portanto, maior na parte rasa. Uma falha com mergulho inicialmente uniforme irá se horizontalizar em direção ao topo, devido à compactação horizontal*

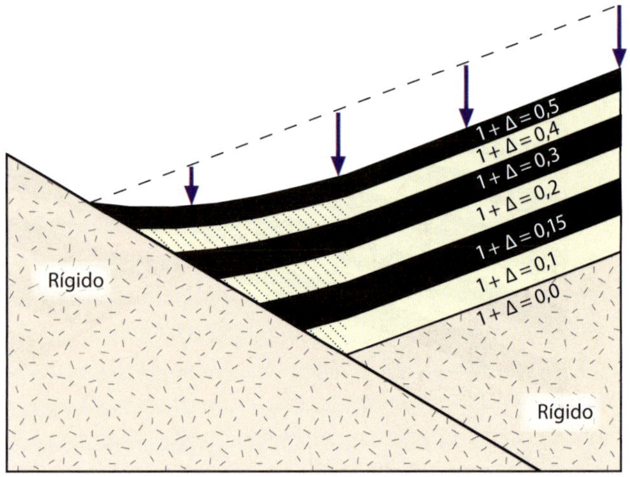

Fig. 21.11 *Se a capa se compacta mais que a lapa, forma-se uma sinclinal de compactação. Neste exemplo, considera-se a capa como rígida, ao passo que as camadas na capa se compactam desde 50% na parte superior até 10% na parte inferior, sobre o embasamento rígido*

mais, as camadas da capa irão se compactar mais que as da lapa adjacente, simplesmente porque as camadas da lapa já foram compactadas em grau maior ou porque são rochas cristalinas. Em falhas extensionais inclinadas, o resultado é um sinclinal de capa (Fig. 21.11).

A maioria dos programas de balanceamento utiliza curvas de compactação para os diversos tipos litológicos, a fim de remover o efeito da compactação durante a restauração.

21.3 Restauração da vista em mapa

Um horizonte mapeado que tenha sido deformado por falhamentos extensionais é retratado por uma série de blocos de falha isolados; em falhamentos compressionais, os blocos são sobrepostos, e pode haver uma combinação dos dois casos. Se considerarmos o caso de falhas extensionais (Fig. 21.13A), a separação entre os blocos reflete a quantidade de estiramento. O padrão mapeado com blocos de falha lembra um quebra-cabeça, e a restauração consiste em colocar os blocos em sua posição anterior à deformação (Fig. 21.13B). O objetivo é restaurar o quebra-cabeça a um estado em que as aberturas e as sobreposições sejam mínimas, seja manualmente ou por computador. Se os blocos não apresentarem deformação interna e o acamamento for horizontal, a reconstrução será relativamente simples, pelo menos em princípio.

Na situação comum em que as camadas têm mergulho, uma rotação de blocos rígidos pode ser necessária para se obter o acamamento horizontal. Porém, se as camadas não forem planas, a superfície deverá ser desdobrada ou erros adicionais serão introduzidos no modelo. A escolha do modelo de deformação pode não ser fácil – precisamos decidir se projetaremos os pontos materiais na superfície dobrada por cisalhamento oblíquo, cisalhamento vertical ou por outro tipo de transformação. Se consideramos que a superfície é constante, um modelo de dobramento com deslizamento flexural será adequado.

Mesmo que tais incertezas e imprecisões não possam ser plenamente modeladas, o resultado da restauração de um mapa geralmente é bastante útil. O campo de deslocamentos emerge da conexão entre pontos antes e depois da deformação (Fig. 21.12C). A orientação dos vetores de rejeito permite distinguir entre deformação plana e não plana (vetores de rejeito paralelos e vetores divergentes, respectivamente), e avaliar a influência do espalhamento gravitacional durante a deformação. Adicionalmente, uma deformação não plana significa que a área não foi conservada em nenhuma seção no volume deformado, e as seções não poderão ser corretamente balanceadas: portanto, se criarmos um balanceamento, ele estará errado! Se a deformação for plana, as seções escolhidas para balanceamento deverão ser orientadas de modo paralelo ao vetor de rejeito. A restauração de mapas nos permite escolher de modo mais preciso essa direção.

A restauração de mapas inclui os aspectos a seguir. Os movimentos relativos dos pontos em cada lado da

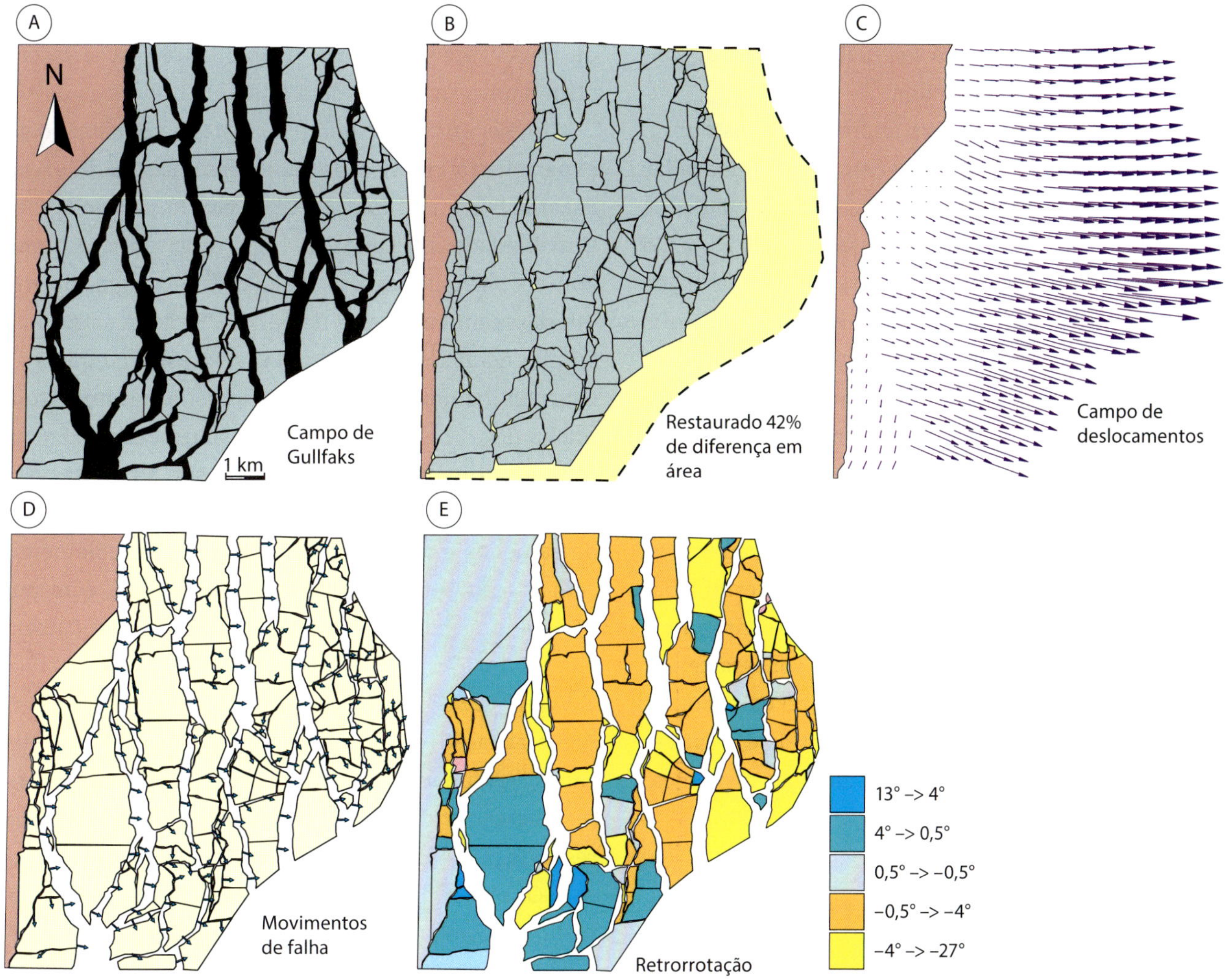

Fig. 21.12 *Restauração do mapa da Formação Statfjord, Campo de Gullfaks. (A) Situação atual. (B) Versão restaurada. (C) Campo de deslocamentos relativos no bloco do extremo oeste. (D) Rejeito de falha. (E) Rotação segundo um eixo vertical*

Fonte: Rouby et al. (1996).

falha fornecerá o vetor de rejeito da falha (Fig. 21.12D) ou, se as camadas não forem horizontais, o componente horizontal do vetor de rejeito. A natureza do rejeito das falhas (segundo o mergulho, oblíquo, direcional etc.) será definida; o grau de rotação dos blocos em torno de um eixo vertical também se torna visível na restauração do mapa (Fig. 21.12E). A quantidade de deformação em qualquer direção horizontal será também visível. Finalmente, as áreas de hiatos e/ou sobreposições fornecem uma indicação da consistência da restauração e do grau de confiabilidade de nossas interpretações.

21.4 Restauração baseada em geomecânica

A maioria dos métodos de restauração que abordamos até aqui são puramente geométricos e cinemáticos. Também é possível considerar as propriedades mecânicas das rochas e das camadas de rochas em métodos de elemento finito ou de simulação numérica. Isso envolve conceitos de Mecânica Básica (teoria elástica linear) e leis da Física, para calcular a distribuição de esforços em vários pontos durante a deformação. Para isso, os modelos são feitos em malhas, nas quais cada ponto (nó) tem suas propriedades materiais e se comporta de acordo com a teoria elástica em resposta aos deslocamentos ou forças impostos. Os nós se movem segundo um deslocamento calculado a partir do cálculo de força nos nós da malha.

Como exemplo, considere as três camadas dobradas mostradas na Fig. 21.13A. Às camadas dobradas são atribuídas propriedades mecânicas (módulo de Young E = 10 GPa e razão de Poisson ν = 0,25) e há liberdade para deslizamento entre as interfaces de camadas. Os nós então se deslocam para uma linha alvo horizontal, estando também livres para se mover lateral e horizontalmente, paralelos à origem. O resultado, mostrado na Fig. 21.13B, são camadas horizontais em que as diferenças em seus comprimentos são acomodadas por deslizamento flexural. Cada camada tem uma distribuição similar de esforços, com tensão no arco interno e compressão no arco externo, conforme discutido no Cap. 12 (lembre-se que, durante a restauração, o processo é revertido e por isso temos tensão no arco interno e compressão no externo). Se o deslocamento flexural não for permitido e, ao invés disso, as três camadas foram consideradas mecanicamente como uma camada, teríamos uma geometria de restauração diferente e um padrão de esforços semelhante, mas consideravelmente maiores.

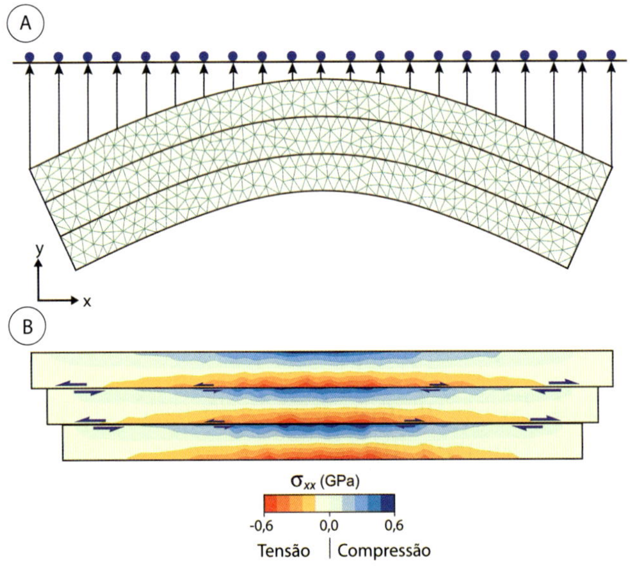

Fig. 21.13 *Restauração de três camadas dobradas, combinando propriedades dos materiais (E = 10 GPa, ν = 0,25) e restrições cinemáticas. (A) Dobra com malha a ser restaurada. (B) Camadas restauradas, com esforço horizontal calculado, mostrando que houve compressão no arco interno e tensão no arco externo durante o dobramento (note que isso é o oposto do que é mostrado na figura, que mostra as propriedades da restauração)*

Um segundo exemplo (Fig. 21.14) é relacionado ao experimento clássico de falhas em caixas de areia, desenvolvido por Ken McClay em Royal Holloway, Universidade de Londres, Inglaterra, no qual uma lâmina plástica em um embasamento rígido forma um descolamento basal de baixa fricção. A situação é similar àquela mostrada na Fig. 21.6, mas ao invés de usar cisalhamento vertical ou inclinado, criamos uma malha (Fig. 21.14A) e fizemos a restauração mecânica. Note que a malha é feita de modo que os limites dos elementos são definidos ao longo das falhas, limites de camadas e descolamento. Com um descolamento sem fricção, o resultado é mostrado em (C), com um estágio intermediário mostrado em (B), na Fig. 21.14.

21.5 Restauração em três dimensões

A restauração de mapas é considerada, em alguns casos, tridimensional. Entretanto, uma verdadeira restauração tridimensional envolve volume e implica restauração simultânea de mapa e seções transversais. Os blocos de falha são considerados como objetos tridimensionais que podem ser deslocados e deformados internamente, mas não de modo independente uns dos outros. A restauração tridimensional é complexa, e uma abordagem de detalhe está além do objetivo deste livro.

Na restauração tridimensional, cada superfície é tratada matematicamente como uma rede de triângulos (ou outros polígonos) que podem ser deformados. A aplicação de um modelo de cisalhamento vertical equivale a segurar um conjunto de lápis que conectem diferentes superfícies, onde cada lápis está livre para se mover de modo ligeiramente diferente dos lápis vizinhos. Uma vantagem da restauração tridimensional é a oportunidade de computar a deformação não plana. Entretanto, as muitas possibilidades envolvidas e o tempo necessário para preparar e construir modelos de restauração tridimensional fazem com que as formas mais simples de restauração sejam mais atrativas. Elas podem não ser tão precisas, mas podem fornecer informações importantes, em tempo relativamente curto.

21.6 *Backstripping*

As técnicas de restauração discutidas anteriormente são puramente cinemáticas e não levam em consideração a resposta elástica ou isostática da crosta. Isso pode ser feito em restaurações de larga escala. ***Backstripping*** é um tipo de restauração isostática, feito quando o objetivo é a definição da história de subsidência de uma bacia, e que consiste da sucessiva remoção de sequências sedimentares e respectivos balanceamentos isostáticos. Esse tipo de restauração é aplicado a bacias de rifte para determinar a magnitude da extensão litosférica durante o rifteamento, com base na taxa de subsidência pós-rifte. O procedimento envolve a remoção passo a passo de camadas progressivamente mais antigas, corrigindo os efeitos da compactação, calculados a partir de curvas de compactação-profundidade, e da subsidência causada pela carga sedimentar. Assim como o balanceamento de seções, esse procedimento pode ser feito em uma, duas ou três dimensões, esta última sendo menos usual. O *backstripping* unidimensional considera o modelo de isostasia de Airy, ao passo que o *backstripping* bi- ou tridimensional considera a isostasia flexural, em que a compensação isostática leva em consideração as variações laterais na carga. As estimativas paleobatimétricas são geralmente necessárias para definir os estágios anteriores da batimetria da bacia.

Não vamos abordar o *backstripping* em detalhe neste livro (veja as sugestões de leitura para um tratamento mais detalhado), mas, em termos gerais, a modelagem de seções geológicas em um rifte envolve:

- remoção da camada de água e computação da resposta isostática flexural;
- remoção da unidade estratigráfica mais jovem;
- descompactação da estratigrafia remanescente;
- cálculo da resposta flexural isostática à remoção da carga sedimentar;
- adição do soerguimento térmico segundo uma estimativa de β e da idade do rifte.

Esse procedimento é repetido para cada unidade estratigráfica até a base da sequência pós-rifte, produzindo uma série de seções transversais restauradas. Um esquema é apresentado na Fig. 21.15.

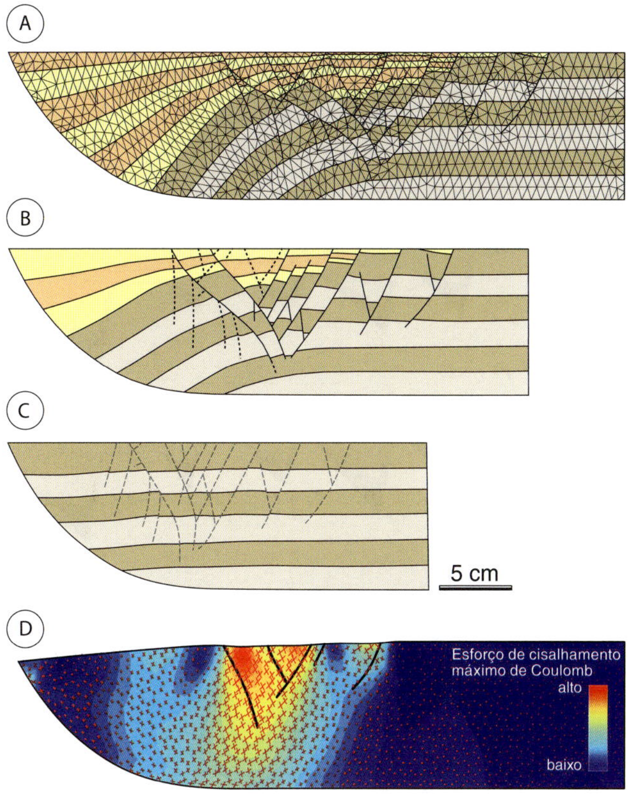

Fig. 21.14 *Restauração com base geomecânica em modelo de caixa de areia (McClay, 1990) realizado por Laurent e Frantz Maerten. Parâmetros geomecânicos: E = 2 MPa, ν = 0,3, ângulo de fricção = 31°. As falhas não têm fricção, mas permanecem em contato. (A) Resultado final (ponto inicial da restauração), (B) estágio intermediário, (C) estágio restaurado. As falhas tracejadas são incipientes. (D) Esforço de cisalhamento máximo de Coulomb e atitude do plano de cisalhamento após um primeiro incremento de deformação (restauração). As linhas em preto são falhas se formando no estágio inicial de deformação, cuja localização e atitude têm bom ajuste com os dados previstos de esforços. Ver Maerten e Maerten (2006) para mais informações*

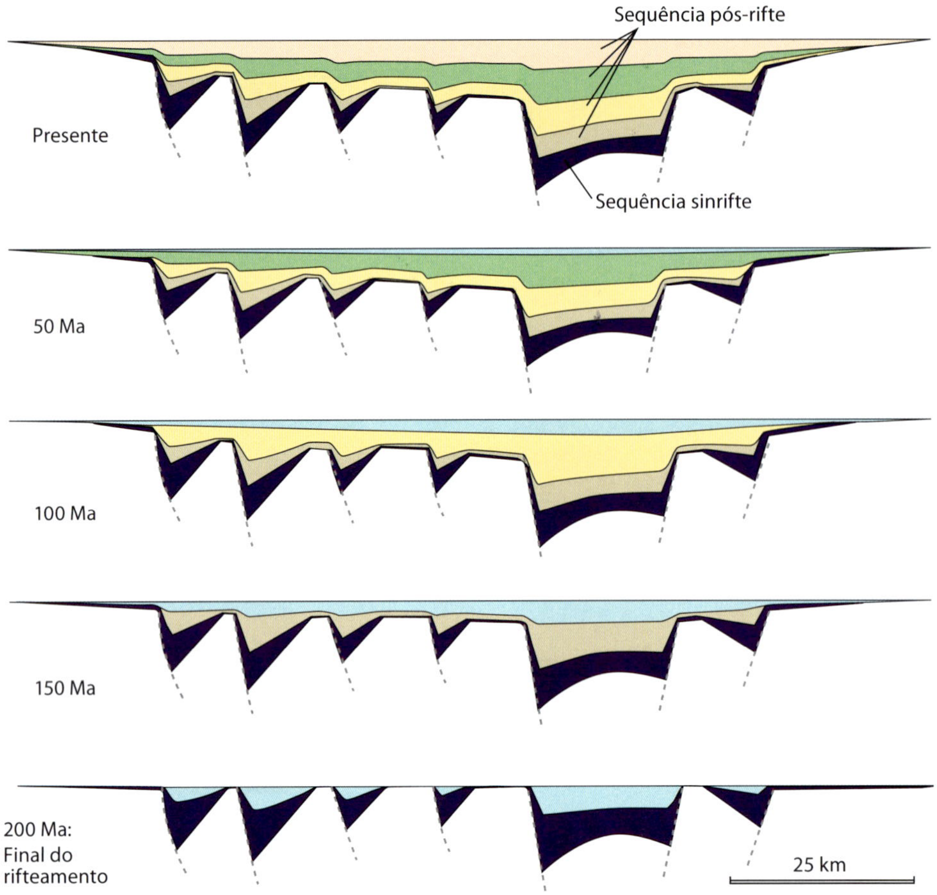

Fig. 21.15 *Esquema do backstripping de uma seção através de um rifte, considerando a resposta flexural (isostasia), compactação e subsidência térmica. As unidades sedimentares são sucessivamente removidas e as seções podem ser testadas em relação a marcadores paleobatimétricos, como as cristas de falha erodidas*
Fonte: baseado em Roberts et al. (1993).

Resumo

A restauração de seções e mapas pode ser útil, porque fornece estimativas da deformação regional e permite avaliar quais modelos de deformação explicam melhor as estruturas observadas. Se uma seção não puder ser restaurada, tanto a interpretação como as hipóteses usadas na restauração devem ser criticamente reavaliadas. Se uma seção ou mapa for totalmente restaurado para um estado geologicamente viável, com interpretações balanceadas e consistentes, a restauração não necessariamente estará correta. A restauração é sempre uma solução de compromisso em relação às complexidades da deformação natural. Uma restauração nunca será correta em todos os detalhes, mas é um procedimento útil, contanto que suas limitações sejam consideradas. A restauração pode ser feita com papel e tesoura, com um programa de computação gráfica ou com programas especialmente desenvolvidos para esse objetivo. Alguns pontos importantes a lembrar são:

- Uma interpretação balanceada é aquela que resulta na restauração de uma seção geologicamente consistente ao seu estado pré-deformacional.
- Um estado restaurado (não deformado) consistente implica, em geral, camadas sedimentares horizontais, sem sobreposições ou espaços vazios entre blocos de falha.
- Se as hipóteses básicas feitas durante a restauração forem consistentes, a interpretação geológica balanceada será a interpretação mais provável.
- Sempre há mais de uma interpretação em uma restauração.
- As condições e hipóteses usadas na restauração devem ser criticamente avaliadas, com base em toda a experiência e informação disponíveis.

Questões de revisão

1] Quais são as duas condições básicas que devem ser atendidas para que o balanceamento de seções faça sentido?
2] Qual é a diferença entre restauração e modelagem para a frente (*forward modeling*)?
3] O que significa deformação dúctil no contexto da restauração?
4] Qual é o modelo mais comum usado na restauração de seções com deformação dúctil?
5] Como podemos restaurar uma camada dobrada?
6] Que informações podem ser obtidas com a restauração de um mapa?

E-módulo

O módulo de *e-learning* denominado *Balancing and restoration* é recomendado para este capítulo.

Leituras complementares

Geral

ROWLAND, S. M.; DUEBENDORFER, E. M. *Structural Analysis and Synthesis*. Oxford: Blackwell Science, 2007.

Contração

DAHLSTROM, C. D. A. Balanced cross sections. *Canadian Journal of Earth Sciences*, v. 6, p. 743-757, 1969.

HOSSACK, J. R. The use of balanced cross-sections in the calculation of orogenic contraction: a review. *Journal of the Geological Society*, v. 136, p. 705-711, 1979.

MOUNT, V. S.; SUPPE, J.; HOOK, S. C. A forward modeling strategy for balancing cross sections. *American Association of Petroleum Geologists Bulletin*, v. 74, p. 521-531, 1990.

SUPPE, J. Geometry and kinematics of fault-bend folding. *American Journal of Science*, v. 283, p. 684-721, 1983.

WOODWARD, N. B.; GRAY, D. R.; SPEARS, D. B. Including strain data in balanced cross-sections. *Journal of Structural Geology*, v. 8, p. 313-324, 1986.

WOODWARD, N. B.; BOYER, S. E.; SUPPE, J. Balanced Geological Cross-sections: An Essential Technique in Geological Research and Exploration. *American Geophysical Union Short Course in Geology*, v. 6, 1989.

Extensão

DE MATOS, R. M. D. Geometry of the hanging wall above a system of listric normal faults – a numerical solution. *American Association of Petroleum Geologists Bulletin*, v. 77, p. 1839-1859, 1993.

GIBBS, A. D. Balanced cross-section construction from seismic sections in areas of extensional tectonics. *Journal of Structural Geology*, v. 5, p. 153-160, 1983.

MORRIS, A. P.; FERRILL, D. A. Constant-thickness deformation above curved normal faults. *Journal of Structural Geology*, v. 21, p. 67-83, 1999.

NUNNS, A. Structural restoration of seismic and geologic sections in extensional regimes. *American Association of Petroleum Geologists Bulletin*, v. 75, p. 278-297, 1991.

WESTAWAY, R.; KUSZNIR, N. Fault and bed "rotation" During continental extension: block rotation or vertical shear? *Journal of Structural Geology*, v. 15, p. 753-770, 1993.

WITHJACK, M. O.; PETERSON, E. T. Prediction of normal-fault geometries – a sensitivity analysis. *American Association of Petroleum Geologists Bulletin*, v. 77, p. 1860-1873, 1993.

Estruturas de sal

HOSSACK, J. Geometric rules of section balancing for salt structures. In: JACKSON, M. P. A.; ROBERTS, D. G.; SNELSON, S. (Ed.). *Salt Tectonics*: A Global Perspective. Memoir 65. American Association of Petroleum Geologists, 1993. p. 29-40.

ROWAN, M. G. A systematic technique for sequential restoration of salt structures. *Tectonophysics*, v. 228, p. 331-348, 1993.

Restauração tridimensional e de mapas

ROUBY, D.; FOSSEN, H.; COBBOLD, P. Extension, displacement, and block rotation in the larger Gullfaks area, northern North Sea: determined from map view restoration. *American Association of Petroleum Geologists Bulletin*, v. 80, p. 875-890, 1996.

ROUBY, D.; XIAO, H.; SUPPE, J. 3-D Restoration of complexly folded and faulted surfaces using multiple unfolding mechanisms. *American Association of Petroleum Geologists Bulletin*, v. 84, p. 805-829, 2000.

Backstripping

ROBERTS, A. M.; YIELDING, G.; BADLEY, M. E. Tectonic and bathymetric controls on stratigraphic sequences within evolving half-graben. In: WILLIAMS, G. D.; DOBB, A. (Ed.). *Tectonics and Seismic Sequence Stratigraphy*. Special Publication 71. London: Geological Society, 1993. p. 81-121.

WATTS, A. B. *Isostasy and Flexure of the Lithosphere*. Cambridge: Cambridge University Press, 2001.

22 Uma breve visão panorâmica

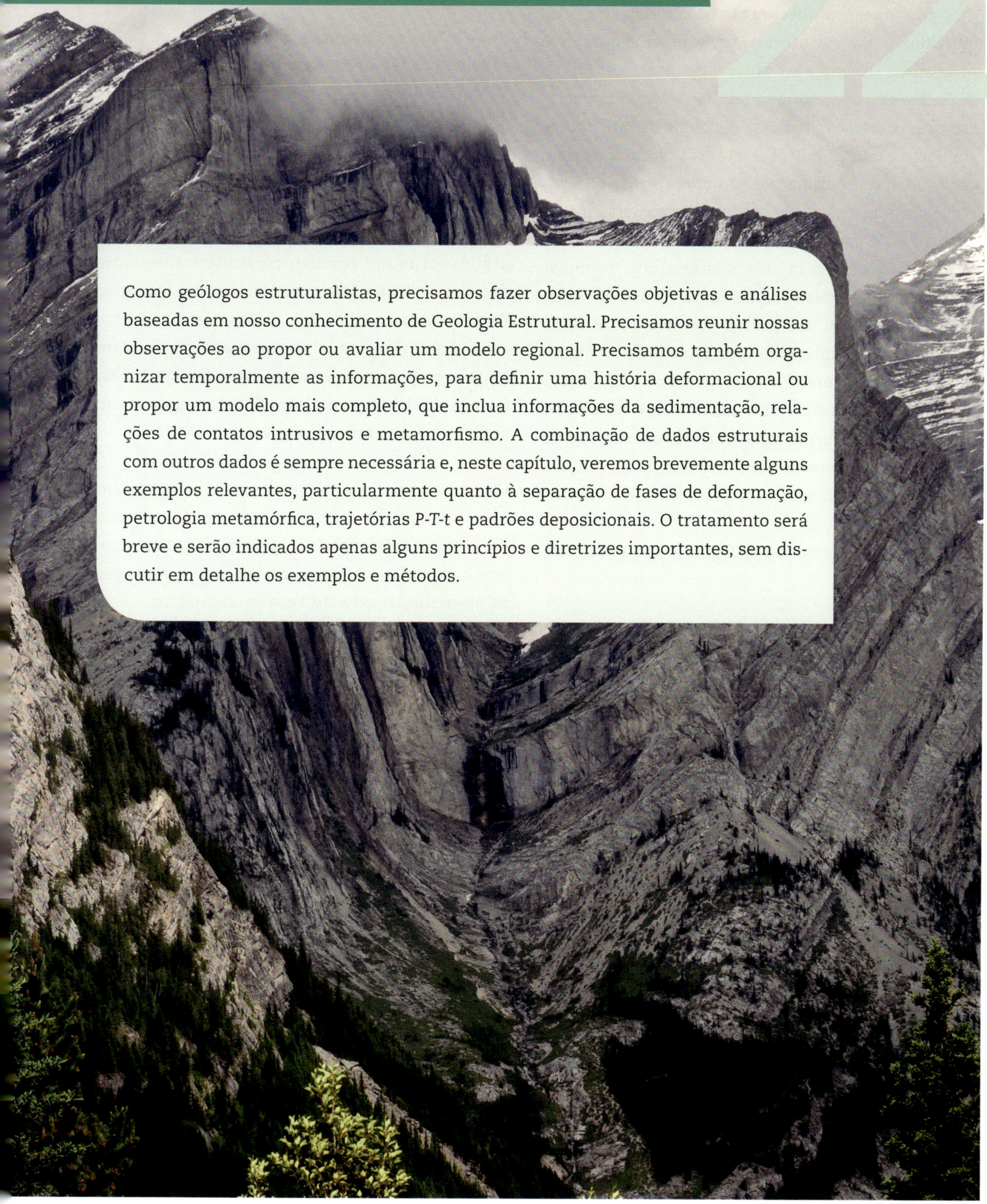

Como geólogos estruturalistas, precisamos fazer observações objetivas e análises baseadas em nosso conhecimento de Geologia Estrutural. Precisamos reunir nossas observações ao propor ou avaliar um modelo regional. Precisamos também organizar temporalmente as informações, para definir uma história deformacional ou propor um modelo mais completo, que inclua informações da sedimentação, relações de contatos intrusivos e metamorfismo. A combinação de dados estruturais com outros dados é sempre necessária e, neste capítulo, veremos brevemente alguns exemplos relevantes, particularmente quanto à separação de fases de deformação, petrologia metamórfica, trajetórias *P-T-t* e padrões deposicionais. O tratamento será breve e serão indicados apenas alguns princípios e diretrizes importantes, sem discutir em detalhe os exemplos e métodos.

22.1 Síntese

Neste livro, vimos diferentes tipos de estruturas, como falhas, dobras e foliações. Neste ponto, devemos possuir um conhecimento básico sobre os tipos individuais de estruturas, para usarmos quando necessário. Devemos ser capazes de identificar blocos de falha em dominó, bandas de deformação cataclástica, subgrãos, bandas de deformação, dobras similares e muitas outras estruturas discutidas nesta obra. Quando examinamos um afloramento ou uma seção sísmica, nosso cérebro busca automaticamente geometrias e padrões familiares. Com a combinação de observações em muitos afloramentos, podemos propor algumas questões, tais como: As dobras observadas apresentam um padrão consistente de estilo e vergência? As dobras de uma dada área ou afloramento são consistentes, ou seja, podem ser explicadas por uma única fase de deformação, ou é necessária uma história deformacional mais complexa? Se as falhas afetam camadas dobradas (Fig. 22.1), o falhamento e o dobramento ocorreram em uma mesma fase de deformação ou em momentos diferentes, sob diferentes campos de esforços e condições físicas? Talvez tenhamos que fazer medições das várias estruturas e lançar os dados em diagramas de projeção esférica para obtermos uma resposta. Talvez também seja necessário fazer a análise da deformação e a análise cinemática. Isso pode ainda não ser suficiente, e talvez tenhamos que trazer informações de outras disciplinas, como petrologia metamórfica, geocronologia e estratigrafia.

Fig. 22.1 *Falhas e dobras em afloramento. Em (A) o padrão de dobras ajusta-se sistematicamente às falhas inversas, fazendo com que seja natural atribuir as dobras e falhas a uma mesma fase deformacional. Em (B) não há conexão cinemática entre as falhas normais e as dobras, sugerindo que sejam expressões de duas fases de deformação*

22.2 Fases de deformação

Em geral, os geólogos estruturalistas buscam evidências de duas ou mais **fases de deformação**. Essa prática foi muito popular, particularmente entre as décadas de 1960 e 1980; juntamente com informações da petrologia metamórfica e datações radiométricas, essa abordagem ainda tem importância fundamental para os geólogos estruturalistas de hoje. Há várias formas de definir uma fase de deformação e esta, a seguir, é uma definição possível:

UMA FASE DE DEFORMAÇÃO É UM INTERVALO DE TEMPO EM QUE ESTRUTURAS SÃO FORMADAS DE MODO CONTÍNUO EM UMA REGIÃO, COM UMA EXPRESSÃO EM COMUM, QUE PODE ESTAR LIGADA A UM CAMPO PARTICULAR DE ESFORÇOS OU DE DEFORMAÇÃO, OU A UM PADRÃO CINEMÁTICO.

É claro que as condições *P-T*, o campo de esforços e a cinemática podem variar continuamente durante a deformação e, portanto, a definição de fases de deformação discreta pode ser limitada, mas, ainda assim, ela é útil em muitas situações. As estruturas formadas durante uma única fase de deformação devem ter algumas características em comum. Por exemplo, dobras formadas durante uma única fase de deformação devem apresentar vergência consistente e desenvolver clivagens com assembleia mineral consistente com uma certa condição metamórfica. No regime rúptil, as fraturas extensionais formadas durante uma única fase de deformação devem apresentar a mesma atitude (exceto se influenciadas por anomalias locais nos esforços) e ser preenchidas pelos mesmos minerais. A cinética das falhas, discutida no Cap. 10, deve apresentar um padrão consistente se consideramos que as falhas e fraturas se formaram no mesmo campo de esforços regionais.

Um princípio muito importante ao considerarmos uma história deformacional regional é o das **relações de superposição**, que ajudam a determinar as idades relativas de duas ou mais estruturas encontradas em um mesmo afloramento ou em uma mesma amostra. Uma falha normal rúptil cortando uma zona de cisalhamento plástico é uma forte evidência de duas fases de deformação. No regime dúctil, os padrões de interferência de falha (Cap. 12) podem revelar características de duas fases diferentes de deformação.

Mas o **estilo estrutural** e a atitude não são, necessariamente, bons critérios, porque o estilo das estruturas é influenciado por variações reológicas e aspectos locais, bem como por variações na magnitude da deformação. Portanto, dobras abertas e cerradas podem formar-se em uma mesma fase, dobras concêntricas de descolamento podem formar-se acima de um descolamento, ao passo que dobras cerradas de cisalhamento podem formar-se no interior do descolamento propriamente dito. Além disso, fraturas extensionais podem desenvolver-se em um calcário competente, enquanto bandas de deformação se formam em arenitos e superfícies de deslizamento, em folhelhos adjacentes. Portanto, locais com relações de superposição são inestimáveis na determinação de idades relativas.

A identificação das idades relativas entre estruturas nem sempre é fácil, mesmo que todas as estruturas ocorram em um mesmo afloramento ou área. Por exemplo, falhas com diferentes atitudes podem ser contemporâneas (ver Fig. 9.4).

22.3 Deformação progressiva

Muitas rochas passaram por duas ou mais fases de deformação relacionadas a eventos tectônicos, como uma colisão de um complexo de arco de ilhas com uma margem continental ou uma colisão continente-continente. Cada evento tectônico como esses pode produzir diversas fases de deformação. A deformação que representa o efeito combinado de duas ou mais fases é denominada **polifásica**. Entre as décadas de 1960 e 1980, o conceito de fases de deformação foi aplicado com frequência em escala de afloramento ou mesmo de amostra de mão. Atualmente, a maioria dos geólogos estruturalistas diria que uma fase de deformação deve ter um caráter mais regional, no sentido de que uma mesma relação seja encontrada em vários afloramentos em uma região. Não há uma definição clara da abrangência regional necessária para que um conjunto de estruturas seja considerado como uma fase de deformação individual. Por exemplo, uma curva em uma falha de rejeito direcional produz um conjunto de estruturas deformacionais sobrepostas a estruturas anteriores (Fig. 19.13). Qual deve ser o porte dessa curva para que se possa definir uma fase de deformação para esse conjunto de estruturas? Provavelmente o porte deve ser grande (um quilômetro quadrado ou mais?), mas com frequência, em Geologia Estrutural, o termo *fase de deformação* é usado com significados diferentes.

Outro exemplo relevante em que o termo *deformação polifásica* deve ser tomado com cautela é em locais onde dobramentos e formação de clivagens ocorrem em zonas de cisalhamento e zonas miloníticas. As dobras podem formar-se esporadicamente em zonas miloníticas ativas, dependendo de efeitos geométricos locais, como a formação de lentes tectônicas. As estruturas em quadrante discutidas no Cap. 16 (ver Fig. 16.33) são um bom exemplo disso, assim como as dobras em bainha da Fig. 12.39. Dobras e foliações formadas esporadicamente em zonas de cisalhamento progressivo podem produzir um resultado final com dobras redobradas e sobreposição de foliações, que podem não ser consideradas evidências de deformação polifásica. Em vez disso, consideramos essas estruturas como sendo formadas em **deformação progressiva**. Entretanto, se a zona de cisalhamento permanecer inativa por um intervalo substancial de tempo e for reativada em outro nível crustal ou em regime de esforços diferente, então podemos considerá-la uma nova fase de deformação.

A deformação polifásica implica fases de deformação discreta, ao passo que a deformação progressiva envolve um processo contínuo e gradual em escala regional.

Note que qualquer fase de deformação envolve deformação progressiva, pois as estruturas se desenvolvem ao longo do tempo.

22.4 Texturas metamórficas

As condições metamórficas são importantes, pois têm grande influência nos tipos de estrutura, nos mecanismos de deformação em microescala e nos processos que atuam durante a deformação. O **metamorfismo progressivo** envolve o aumento de temperatura e pressão, enquanto o **metamorfismo regressivo** (ou retrometamorfismo) corresponde à situação oposta. As trajetórias metamórficas, ou trajetórias *P-T*, podem ser determinadas por meio da análise das assembleias minerais metamórficas e, nas rochas deformadas, essas assembleias podem ser relacionadas a estruturas específicas de deformação. As paragêneses minerais do metamorfismo progressivo são comumente sobrepostas por estruturas deformacionais e assembleias minerais retrometamórficas durante a exumação.

22.4.1 Porfiroblastos

Alguns minerais metamórficos crescem e formam cristais muito maiores que o tamanho médio dos cristais ao seu redor. Os grandes cristais metamórficos são denominados **porfiroblastos** e são comuns em micaxistos e gnaisses. Os porfiroblastos mostrados na Fig. 22.2 apresentam inclusões que definem uma foliação interna, fortemente curvada na Fig. 22.2A e mais retilínea na Fig. 22.2B. Essas foliações internas são vestígios de foliações do período de crescimento do mineral e refletem condições metamórficas, orientação e geometria de trama daquele período. Os porfiroblastos são importantes por representar pequenas janelas para os estágios iniciais da história de deformação. A Fig. 22.3 ilustra como uma foliação inicial pode ser preservada no interior de porfiroblastos.

Mas qual é a implicação de um padrão de inclusões retilíneo ou curvo? Os porfiroblastos podem crescer antes, durante ou depois de uma dada fase de deformação, e são denominados **pré-tectônicos**, **sintectônicos** e **pós-tectônicos**, respectivamente. Alguns pesquisadores usam o termo **intertectônico**, quando há evidências de que o crescimento ocorreu entre duas fases de deformação, ainda que, em geral, tal situação seja classificada como pré-tectônica. As trilhas de inclusões sintectônicas tendem a ser curvas, porque os porfiroblastos são objetos rígidos e rotacionam com facilidade durante seu crescimento. Se for feito um croqui quadro a quadro da rotação de um porfiroblasto, resultará em um padrão curvo de inclusões.

Portanto, o exemplo da Fig. 22.2A pode ser interpretado como sintectônico. Os padrões pré-tectônicos (intertectônicos) de inclusões tendem a ser retilíneos (Fig. 22.2B), ao passo que curvaturas na parte externa do porfiroblasto sugerem rotação na parte final da história de crescimento. Devemos acrescentar que as trilhas de inclusões pré-tectônicas (intertectônicas) também podem ser curvas, se uma fase de deformação anterior houver produzido uma clivagem curva (crenulação) (Fig. 22.3).

Os porfiroblastos pós-tectônicos são mais fáceis de identificar, porque eles simplesmente crescem sobre a trama existente, que pode ser traçada continuamente através dos porfiroblastos.

22.4.2 Trajetórias *P-T*

As rochas submetidas a tectonometamorfismo em eventos orogênicos passam por variações nas condições metamórficas que podem ser retratadas por trajetórias no espaço pressão-temperatura, denominadas **trajetórias** *P-T* (Fig. 22.4). As rochas guardam, na maioria dos casos, uma memória dos diferentes estágios ou fases de seu desenvolvimento tectonometamórfico, o que permite estimar sua trajetória *P-T*. Por exemplo, muitos porfiroblastos contêm inclusões minerais formadas sob condições *P-T* diferentes daquelas indicadas pela mineralogia principal da matriz. Em alguns casos, é possível estimar as condições *P-T* de ambos os estágios, por meio de análises químicas dos minerais em equilíbrio por microssonda eletrônica.

O mesmo pode ser feito em paragêneses minerais preservadas nas rochas adjacentes ou em lentes tectônicas de zonas de cisalhamento, como mostrado na Fig. 22.5, na qual um paragnaisse proterozoico é preservado no bloco adjacente a zonas de cisalhamento eclogíticas do Paleozoico Inferior (A e B) e em lentes em zonas de cisalhamento eclogíticas mais largas (C). Os pseudomorfos de minerais metamórficos que cresceram em condições *P-T* mais altas e passaram por retrometamorfismo em um estágio

Fig. 22.2 *(A) Porfiroblasto de granada em micaxisto, mostrando um padrão sigmoidal de inclusões, que representa uma foliação anterior, agora desconectada e em alto ângulo com a foliação externa. (B) Porfiroclasto de anfibólio com trilhas de inclusões em arranjo (predominantemente) retilíneo. As trilhas retilíneas podem indicar crescimento pré ou intertectônico, mas a curvatura nas proximidades da borda do cristal indica que uma deformação se iniciou na parte final da história de crescimento do mineral*

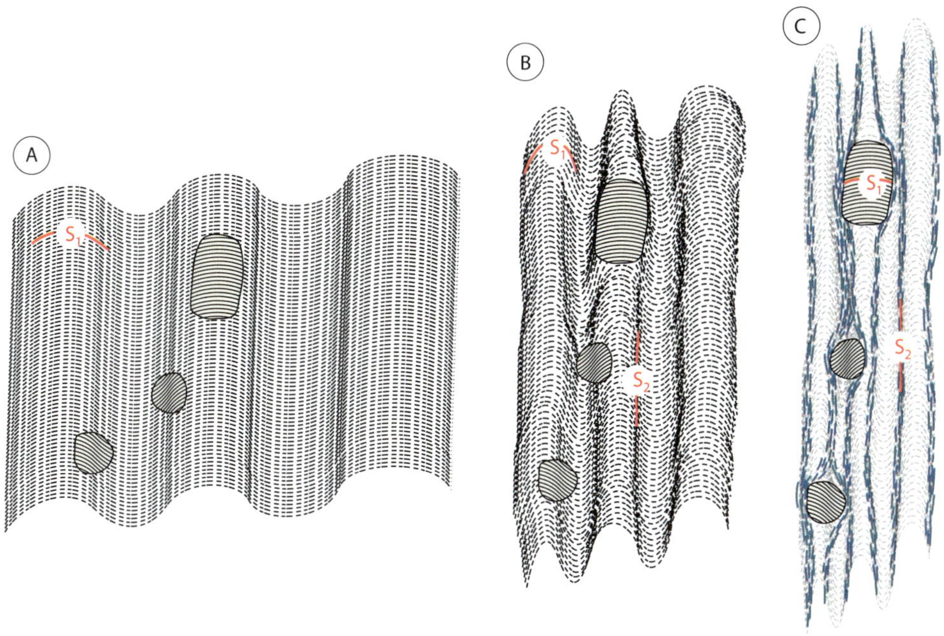

Fig. 22.3 *Desenvolvimento de porfiroblastos com foliação interna oblíqua (S_1), herdada da trama da rocha durante o crescimento do mineral (A)*

posterior também fornecem informações sobre as condições metamórficas anteriores (pico?). Por exemplo, pseudomorfos de quartzo substituindo coesita podem ser encontrados em alguns terrenos de ultra-alta pressão. Além disso, o zoneamento químico de porfiroblastos e as texturas de reação podem fornecer informações sobre o desenvolvimento *P-T*. Esse tipo de informação é utilizado na **termobarometria**, uma área baseada em dados experimentais e calibrações laboratoriais e que nos permite apresentar em diagramas *P-T* (Fig. 22.4A,B) o desenvolvimento tectonometamórfico de uma região. Sem entrar de fato no campo da petrologia metamórfica, os diagramas *P-T* são importantes porque refletem as condições metamórficas durante ou entre as fases de deformação. Quando as assembleias minerais metamórficas podem ser relacionadas a estruturas como clivagens ou zonas de cisalhamento bem definidas, podemos definir uma ligação clara entre a Geologia Estrutural e a tectônica.

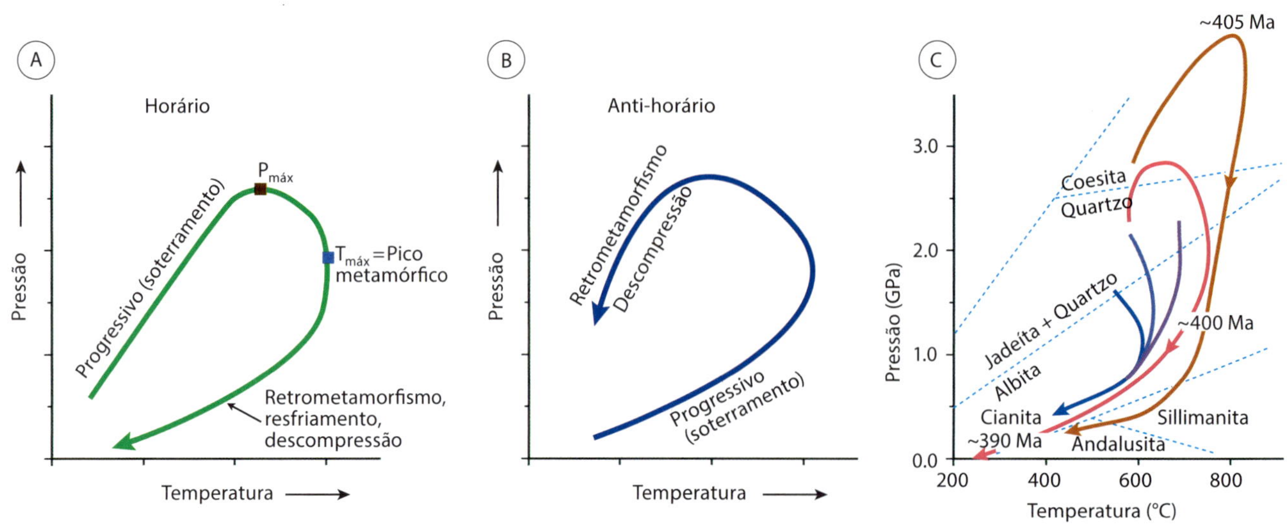

Fig. 22.4 *Trajetórias P-T (A) horária e (B) anti-horária. (C) Trajetórias P-T-t em diferentes locais da crosta continental caledoniana subductada no sudoeste da Noruega, relevantes nas Figs. 17.26 e 18.22. Baseado em compilação de Labrousse et al. (2004). As idades relacionam-se às duas trajetórias mais profundas. As transições de fases bem definidas são indicadas como referência*

Os diagramas *P-T* podem ser construídos se obtivermos informações sobre os diferentes estágios da história *P-T* e, portanto, se obtivermos dados confiáveis sobre deformação heterogênea e reequilíbrio metamórfico.

Também são relevantes as formas das trajetórias *P-T*. As trajetórias *P-T* podem ser horárias ou anti-horárias em diagramas onde a temperatura é indicada no eixo horizontal e a pressão, no vertical. Uma **trajetória horária** (Fig. 22.4A) é característica de casos em que uma crosta continental relativamente fria é subductada rapidamente, atingindo, portanto, o pico de pressão antes que a rocha atinja o pico térmico da trajetória *P-T*. A subducção do escudo durante a colisão caledoniana continente-continente é um exemplo bem definido (Fig. 17.26), e suas trajetórias *P-T* horárias são mostradas na Fig. 22.4C. Muitas trajetórias horárias representam rochas que passaram por aquecimento na primeira parte de sua exumação. Note que uma trajetória *P-T* e sua forma dependem da taxa de soterramento e de exumação, e do caminho percorrido na cunha orogênica, que, por sua vez, é controlado tanto pela tectônica regional como pelo desenvolvimento estrutural local. A Fig. 22.4B mostra uma **trajetória anti-horária**, que pode ser atribuída a diferentes ambientes tectônicos onde o aquecimento precede o espessamento crustal, como, por exemplo, onde o rifteamento precede a orogenia, ou onde a intrusão de magma na base da crosta precede o espessamento.

Um pré-requisito na determinação de uma trajetória *P-T* é a disponibilidade de suficientes informações sobre a história metamórfica das rochas. As paragêneses minerais devem ser formadas nos vários pontos ao longo da trajetória e devem resistir à parte final da história tectonometamórfica. Os minerais em uma rocha anidra podem não se alterar ou não se recristalizar, mesmo que haja uma mudança significativa nas condições. Entretanto, assim que ocorre interação das rochas com fluidos, as reações metamórficas e o retrometamorfismo podem ocorrer prontamente. Isso significa que uma rocha pode ter passado por condições metamórficas que não estão registradas em sua assembleia mineral. Os fluidos são proximamente associados às zonas de cisalhamento e, portanto, o cisalhamento pode formar canais para a percolação de fluidos, e os minerais gerados nessas condições *P-T* específicas serão encontrados ao longo da zona de cisalhamento. Essa relação entre deformação e metamorfismo é importante e produz as heterogeneidades que nos auxiliam a obter informações sobre as condições antes e durante a deformação. Em geral, zonas de

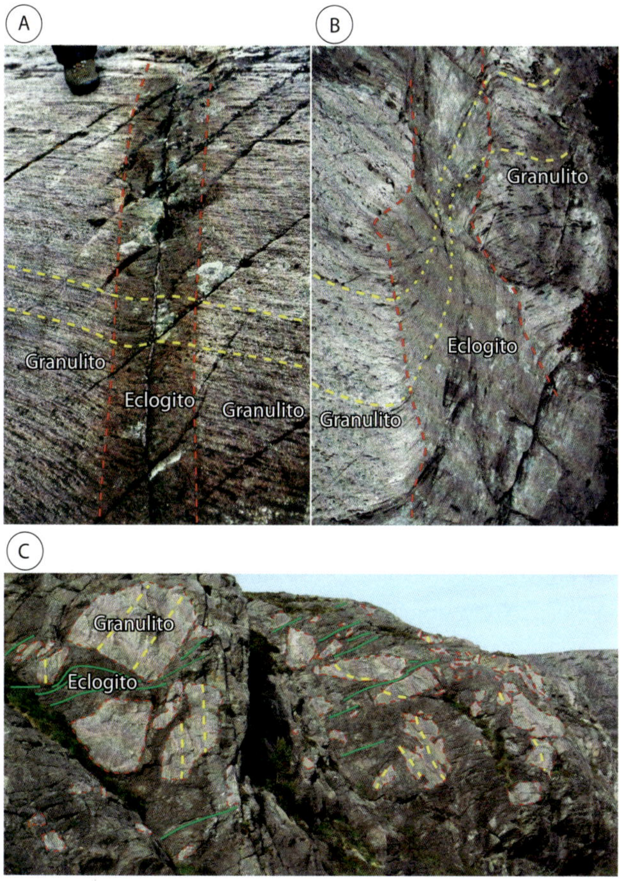

Fig. 22.5 *Relação próxima entre metamorfismo e estruturas de deformação durante a eclogitização caledoniana de granulitos de idade Grenville, de Bergen Arcs, nas Caledonides do sudoeste da Noruega. Eclogitização seletiva ao longo de uma fratura (A), de uma zona de cisalhamento plástico (B) e em uma zona de cisalhamento mais larga (C). A sequência (A-C) representa um aumento na deformação e no metamorfismo. A eclogitização seletiva pode ser explicada pela infiltração de fluidos em fraturas e zonas de cisalhamento. As condições P-T calculadas e as idades U/Pb são diferentes nos eclogitos e granulitos, como demonstrado por Austrheim (1987), Bingen et al. (2004) e Raimbourg et al. (2005)*

cisalhamento de diferentes idades contêm diferentes assembleias minerais metamórficas, que são importantes fontes de informação que nos ajudam a definir suas trajetórias *P-T*.

22.5 Datações radiométricas e trajetórias *P-T-t*

O sentido (horário ou anti-horário) de uma trajetória *P-T* pode ser estimado simplesmente a partir das relações de superposição vistas em campo ou em seção delgada; não obstante, informações de idades absolutas baseadas em dados radiométricos são úteis (Fig. 22.4C). Em termos simples, diferentes métodos podem datar a idade de equilíbrio metamórfico ou de resfriamento abaixo da temperatura de fechamento das reações metamórficas. A datação direta do metamorfismo pode ser feita por datação U/Pb de zircão, monazita ou titanita que se cristalizaram durante o metamorfismo. Esse método pode fornecer a idade de cristalização do zircão ou a história de crescimento de cristais zonados.

Uma síntese estrutural útil deve levar em consideração todas as idades disponíveis e que permitam definir a história tectonotermal das rochas.

A maioria dos dados de $^{40}Ar/^{39}Ar$ de anfibólios e micas brancas é interpretada como idade de resfriamento, indicando o momento em que o mineral foi resfriado abaixo da temperatura de difusão do argônio. Essa temperatura é de cerca de 500°C em hornblenda e 350°C em muscovita. Além disso, é possível que micas brancas cristalizadas durante cisalhamento em temperatura próxima ou inferior a 350°C retenham o argônio desde o momento de sua cristalização – nesse caso, as idades de $^{40}Ar/^{39}Ar$ representariam a idade de crescimento do mineral e, portanto, a idade do evento tectonometamórfico correspondente à zona de cisalhamento. O método $^{40}Ar/^{39}Ar$ também pode ser aplicado a feldspato potássico, que, nesse contexto, pode ser considerado um mineral com múltiplos domínios e que retém argônio em um intervalo entre 350°C e 150°C, e que, portanto, pode ser usado na modelagem da trajetória tempo-temperatura nesse intervalo.

A parte inferior de uma trajetória *P-T* pode ser definida por dados de traços de fissão em apatita, onde uma temperatura de anelamento de 150°C é considerada. Ao combinar-se esses e outros métodos radiométricos não mencionados aqui, além de relações estratigráficas independentes, a trajetória *P-T* pode ser atribuída a um intervalo de tempo absoluto, passando a ser denominada uma **trajetória *P-T-t***. É importante notar que os dados radiométricos podem dificultar as interpretações e que os dados e interpretações publicados devem ser avaliados criticamente.

A datação de rochas magmáticas intrudidas entre eventos tectonometamórficos é útil, e as idades de cristalização tendem a ser mais acuradas e confiáveis que as demais informações geocronológicas. Diversos outros métodos e técnicas, além dos mencionados aqui, têm sido usados, e as novas técnicas desenvolvidas nas últimas décadas oferecem melhor precisão.

22.5.1 Microtexturas e mecanismos de deformação

As informações termobarométricas e os dados radiométricos referentes a eventos tectonotermais devem ser correlacionados com processos de deformação em microescala. O conhecimento sobre como as rochas e os minerais se deformam em diferentes condições *P-T* nos auxilia a identificar estruturas que têm em comum os mesmos mecanismos de deformação. Em conjunto, essa abordagem ajuda a reconhecer, mapear e agrupar diferentes tipos de estruturas em uma região.

22.6 Tectônica e sedimentação

Os sedimentos e metassedimentos são importantes em regiões metamórficas porque eles se depositaram à superfície. Se uma unidade (metas)sedimentar apresentar um contato basal primário intacto ou modificado, podemos deduzir que este foi seu substrato no momento da deposição. Nos casos em que conhecemos a idade dos sedimentos, esta é uma importante peça de informação que deve ser acrescentada às trajetórias *P-T-t*. Por exemplo, a trajetória mostrada na Fig. 22.4 das Caledonides do sudoeste da Noruega, é limitada por sedimentos do início do Devoniano Médio (cerca de 397 Ma) e antecedida por sedimentos (cerca de 425 Ma) depositados sobre crosta oceânica e encontrados em fragmentos ofiolíticos em uma zona de colisão.

A conexão entre sedimentação e tectônica é ainda mais evidente quando a deformação ocorre à superfície ou próximo a ela. Já vimos como as bacias locais ou minibacias podem formar-se em torno e entre diápiros de sal em crescimento, em função da retirada de sal da camada (Figs. 20.5 e 20.18). Os padrões deposicionais em torno de diápiros de sal, com suas variações de espessura, discordâncias e padrões de migração de depocentros, refletem a história de crescimento das estruturas de sal e de formação e movimentação das falhas relacionadas. A formação de sequências cinemáticas ilustradas na Fig. 20.14 é um desses tipos de relações. Para decifrar os padrões estratigráficos, podemos utilizar o método de *backstripping*, que pode fornecer informações que seriam difíceis de obter por outro modo.

O REGISTRO SEDIMENTAR SINTECTÔNICO PRESERVADO NOS RIFTES, ORÓGENOS E CONTEXTOS DE REJEITO DIRECIONAL REFLETE A HISTÓRIA TECTÔNICA DA ÁREA EM TERMOS DE RELAÇÕES TEMPORAIS DE MOVIMENTOS DE FALHAS, CRESCIMENTO OU COLAPSO DE ESTRUTURAS DE SAL, EXUMAÇÃO, EVENTOS METAMÓRFICOS E OUTROS EVENTOS TECTÔNICOS LOCAIS OU REGIONAIS.

Os padrões de sedimentação associados a falhas são comuns em qualquer contexto tectônico que envolva movimento de falhas com componente vertical. O preenchimento de bacias *pull-apart* (Cap. 19) reflete as relações temporais do movimento das falhas e da taxa de subsidência, que, por sua vez, relaciona-se à geometria da falha e à taxa de rejeito. Nos regimes contracionais, encontramos cunhas clásticas na frente de propagação de *nappes* de cavalgamento e cunhas orogênicas em crescimento. Essas bacias de antepaís refletem o relevo de superfície criado pelas unidades alóctones e sua composição. A aproximação de uma frente orogênica pode gerar um aumento no aporte de sedimentos clásticos em bacias de antepaís, sedimentação mais rápida, granulometria mais grossa e composição mineralógica e tipo de clastos que podem ser exóticos na área original de antepaís. Por exemplo, o súbito aparecimento de cromita na sequência de antepaís do Caledoniano nas proximidades de Oslo, Noruega, é interpretado como uma evidência da aproximação de ofiolitos alóctones vindos do além-país. Em um estágio posterior, a frente orogênica atingiu a área e as camadas foram afetadas por encurtamento *thin-skinned*. Toda essa sequência, que é considerada sinorogênica, contém importantes informações sobre a orogenia, muito antes de haver sido afetada pela deformação orogênica.

Em bacias de rifte, as sequências sedimentares podem ser agrupadas em sequências pré, sin e pós-rifte. Mais localmente, uma falha normal principal (Fig. 22.6) pode estar associada a uma cunha de sedimentos clásticos sintectônicos, que geralmente se torna mais delgada e com granulometria mais fina ao distanciar-se da falha, juntamente com um aumento no mergulho conforme aumenta a profundidade (Figs. 22.7 e 22.8). O aumento no mergulho das camadas ao longo do mergulho é mais pronunciado na Fig. 22.7 devido à geometria fortemente lístrica da falha principal. As falhas lístricas rotacionam as camadas de modo eficiente, à medida que há incrementos de rejeito e aporte de novas camadas sedimentares. O modelo da Fig. 22.7 explica como uma sequência de camadas com mais de 20 km de espessura de conglomerados e arenitos pode acumular-se sem chegar a ser soterrada a mais de 10 km de profundidade, como durante o colapso da orogênese caledoniana no sudoeste da Noruega. Esse mecanismo pode, em princípio, permitir a acumulação de uma espessura sedimentar infinita sem que as camadas mais profundas sejam soterradas a uma profundidade maior que o descolamento. Esse exemplo ilustra como a geometria de falhas e a tectônica podem controlar a sedimentação e a estratigrafia.

As zonas de transferência de falhas também influenciam os padrões deposicionais, e os **leques deposicionais em zonas de transferência** tendem a ser consideravelmente maiores que outros tipos de leques desenvolvidos ao longo de falhas ativas, como ilustrado na Fig. 22.8. Esse tipo de relação entre tectonismo e padrões deposicionais é interessante para os geólogos de petróleo, pois formam cunhas clásticas de granulação grossa ao longo de sistemas de falhas (armadilhas estratigráficas). A taxa de rejeito é outro fator importante, pois falhas com altas taxas de rejeito têm maior influência sobre os padrões deposicionais do que aquelas com taxas baixas.

Fig. 22.6 Hemigraben *com camadas rotacionadas na capa e apresentando uma discordância interna e adelgaçamento estratigráfico com o distanciamento da falha, que é uma característica da sedimentação sintectônica. Caleta Herradura, Chile. O penhasco tem de 50 m a 70 m de altura*

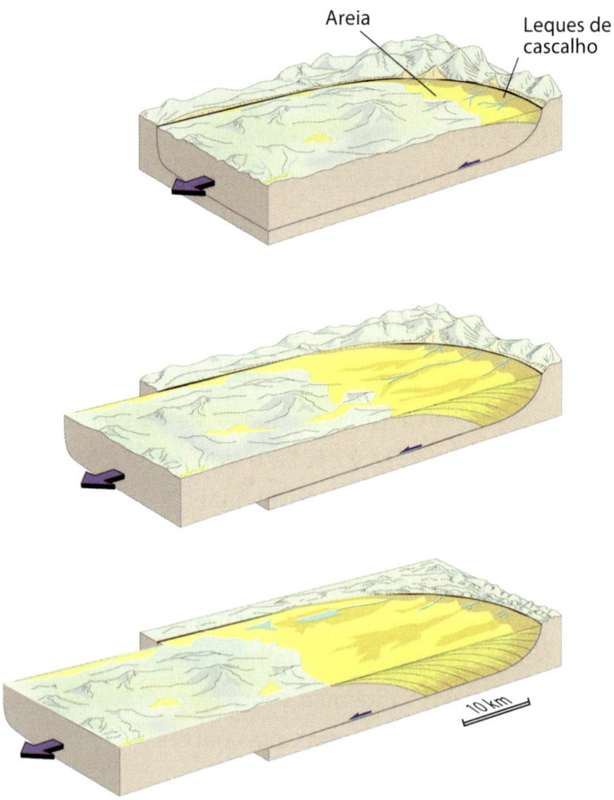

Fig. 22.7 *Modelo de falha lístrica que permite a acumulação de sedimentos com espessura estratigráfica de dezenas de quilômetros. Esse modelo explica relações estratigráficas encontradas em bacias devonianas formadas no colapso extensional do orógeno caledoniano*

Fonte: Fossen et al. (2008).

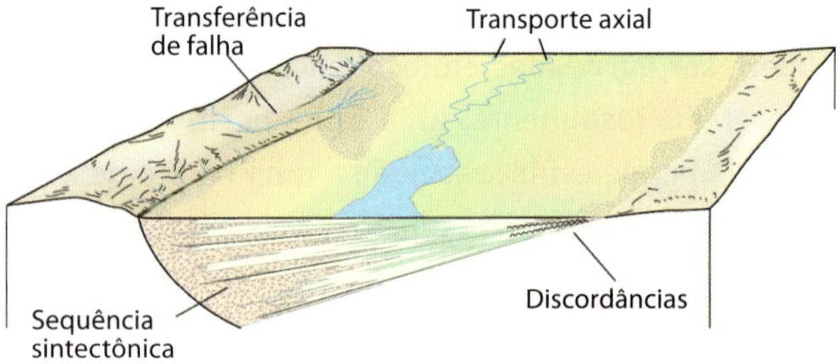

Fig. 22.8 *Os sedimentos sintectônicos na capa de uma falha normal formam volumes em forma de cunha, com o material de granulometria mais grossa depositado ao longo das escarpas de falha. As transferências de falhas podem atrair sistemas fluviais com sedimentos grossos, que, em geral, produzem grandes leques nessas zonas*

Resumo

Os aspectos mais importantes da Geologia Estrutural são observações cuidadosas, anotações completas e detalhadas, e o tratamento mais objetivo possível dos dados. Quanto mais estudarmos exemplos de rochas deformadas, seja em campo, em dados sísmicos ou em laboratório, melhor compreenderemos a evolução das estruturas em diversas condições crustais. Devemos estar atentos a algumas informações relevantes comentadas neste capítulo:

- As relações de superposição são essenciais na reconstrução da história tectônica de uma região.
- As estruturas podem formar-se de modo contínuo e progressivo em um longo período de tempo, ou em fases discretas, separadas por períodos de quietude tectônica.
- Os minerais metamórficos são úteis porque podem indicar as condições *P-T* no momento de sua formação e, além disso, alguns deles podem ser datados por métodos radiométricos.
- Rochas metamorfizadas e deformadas de modo polifásico geralmente apresentam registros de mais de um evento tectonometamórfico, devido à deformação localizada e às transformações metamórficas incompletas.
- As estruturas formadas próximo à superfície, especialmente falhas e estruturas de sal, podem influenciar o relevo e, portanto, os padrões de sedimentação.

Questões de revisão

1] Como a petrologia metamórfica pode auxiliar na interpretação de um conjunto de estruturas sobrepostas formadas por deformação progressiva ou por eventos deformacionais separados?
2] Liste outros métodos e critérios que podem ser usados com essa finalidade.
3] Como podemos distinguir entre porfiroblastos pré (inter), sin e pós-tectônicos?
4] Em que contexto tectônico podemos encontrar trajetórias *P-T* horárias?
5] Faça um diagrama *P-T-t* com base nas seguintes informações da província eclogítica de Bergen Arcs (para referências, consultar Bingen et al., 2004): (1) fácies granulito, quase 1 GPa e 800°C-850°C há cerca de 930 Ma (idade U-Pb em zircão); (2) fácies eclogito, 1,8 GPa-2,1 GPa e cerca de 700°C há 423 ± 4 Ma (idade U-Pb em borda de sobrecrescimento de zircão); (3) cisalhamento em fácies anfibolito, 0,8 GPa-1,2 GPa e cerca de 690°C há 409 ± 8 Ma (Rb/Sr). Outras idades: diques anteriores ao cisalhamento em fácies anfibolito: entre 422 ± 6 Ma e 428 ± 6 Ma (Rb/Sr) e 418 ± 9 Ma (U-Pb).
6] O que caracteriza as sequências pré, sin e pós-tectônicas no contexto de um *hemigraben*?

Leituras complementares

BARKER, A. J. *Introduction to Metamorphic Textures and Microstructures*, 2 ed. Cheltenham: Stanley Thornes, 1998.
BEST, M. G. *Igneous and Metamorphic Petrology*, 2 ed. Oxford: Blackwell, 2003.
GAWTHORPE, R.; LEEDER, M. R. Tectonosedimentary evolution of active extensional basins. *Basin Research*, v. 12, p. 195-218, 2000.
PASSCHIER, C. W.; TROUW, R. A. J. *Microtectonics*. Berlin: Springer, 2006.
SPRY, A. *Metamorphic Textures*. Oxford: Pergamon Press, 1969.

Apêndice A - Detalhes sobre a matriz de deformação

A matriz de deformação não representa apenas uma definição precisa da deformação, mas também contém preciosas informações sobre a deformação. Com um pouco de conhecimento de álgebra linear, é possível extrair da matriz a elipse (elipsoide) de deformação (*strain*), sua orientação, rotação e linhas e planos de deformação; no caso de deformação em estado constante, é possível definir parâmetros de fluxo, tais como apófises de fluxo e eixos de estiramento instantâneo. Os métodos e as fórmulas fornecidos aqui podem ser inseridos em planilhas de cálculo ou tratados com planilhas disponibilizadas no *site* deste livro na internet.

A.1 Matriz de deformação e elipsoide de deformação (*strain*)

A teoria apresentada neste livro é baseada na decomposição da deformação em componentes de cisalhamento simples (γ) e puro ou coaxial (k), que podem ou não implicar mudança em área ou volume, como definido no Cap. 2.

Em duas dimensões (deformação plana), a matriz de deformação transforma um ponto ou vetor (x, y) para uma nova posição (x', y'):

$$\begin{bmatrix} x' \\ y' \end{bmatrix} = \begin{bmatrix} D_{11} & D_{12} \\ D_{21} & D_{22} \end{bmatrix} = \begin{bmatrix} x \\ y \end{bmatrix} \qquad \text{(A.1)}$$

ou

$$\mathbf{x'} = \mathbf{Dx} \qquad \text{(A.2)}$$

Em álgebra linear, isso é uma transformação linear e implica deformação homogênea. Para utilizarmos a matriz de deformação, devemos conhecer tanto os princípios da deformação como as operações de vetores. Consulte um livro-texto de álgebra linear elementar para detalhes sobre tais operações; vamos nos ater a métodos e equações usados na obtenção de informações sobre a deformação. Pode ser conveniente conhecermos melhor os conceitos de autovetor ou vetor próprio (*eigenvector*), e de autovalor ou valor próprio (*eigenvalue*).

Qualquer vetor $\mathbf{x}$ diferente de zero e um número correspondente λ na equação

$$\mathbf{Ae} = \lambda\mathbf{e} \qquad \text{(A.3)}$$

são um vetor próprio e um valor próprio, respectivamente. Por razões que não serão tratadas aqui, a matriz $\mathbf{A}$ que queremos analisar quanto a vetores próprios e a valores próprios não é $\mathbf{D}$, mas o produto da matriz $\mathbf{DD^T}$:

$$\mathbf{DD^Te} = \lambda\mathbf{e} \qquad \text{(A.4)}$$

Pode-se demonstrar que há apenas dois vetores próprios com valores próprios correspondentes em uma matriz 2 × 2, e três em uma matriz 3 × 3. O que acontece com um vetor próprio durante a transformação (deformação)? A Eq. A.3 indica que ele apenas se estende ou se encurta (dependendo do valor próprio λ). Não há a presença de deformação de cisalhamento (ou esforço de cisalhamento, se considerarmos a matriz de esforços), e os vetores próprios representam a orientação dos eixos principais de deformação (ou dos eixos de esforços). Os valores próprios representam o estiramento quadrático; portanto, a raiz quadrada de um valor próprio é o comprimento do eixo principal de deformação.

Os vetores próprios e os valores próprios podem ser facilmente calculados em programas de computador, e matrizes de duas ou três dimensões podem ser facilmente manipuladas em uma planilha. Vamos considerar como exemplo uma deformação plana, com cisalhamento simples com ou sem variação adicional de volume:

$$\mathbf{D} = \begin{bmatrix} k_x & \frac{\gamma(k_x - k_y)}{\ln(k_x/k_y)} \\ 0 & k_y \end{bmatrix} = \begin{bmatrix} k_x & \Gamma \\ 0 & k_y \end{bmatrix} \qquad \text{(A.5)}$$

Primeiramente se forma a matriz simétrica $\mathbf{DD^T}$:

$$\begin{bmatrix} k_x & \Gamma \\ 0 & k_y \end{bmatrix} \begin{bmatrix} k_x & 0 \\ \Gamma & k_y \end{bmatrix} = \begin{bmatrix} k_x^2 + \Gamma^2 & k_y\Gamma \\ k_y\Gamma & k_y^2 \end{bmatrix} \qquad \text{(A.6)}$$

Para uma explicação do termo fora da diagonal (Γ), ver Fossen e Tikoff (1993).

Podemos, então, encontrar os valores próprios (três, em três dimensões: $\lambda_1 > \lambda_2 > \lambda_3$) e os valores próprios ($\mathbf{e}_1 > \mathbf{e}_2 > \mathbf{e}_3$). Em duas dimensões, se você tiver algum conhecimento de álgebra linear, é relativamente fácil realizar o cálculo manualmente, mas o resultado é simplesmente:

$$\lambda = \frac{\Gamma^2 + k_x^2 + k_y^2 \pm \sqrt{\left(\Gamma^2 + k_x^2 + k_y^2\right)^2 - 4k_x^2k_y^2}}{2} \qquad \text{(A.7)}$$

$$\mathbf{e} = \begin{bmatrix} \frac{-k_y\Gamma}{\Gamma^2 + k_x^2 - \lambda} \\ 1 \end{bmatrix} \qquad \text{(A.8)}$$

Note que a Eq. A.7 tem duas soluções e, portanto, dois valores próprios. Note também que algumas das equações deduzidas da matriz de deformação colapsam em cisalhamento simples perfeito e em cisalhamento puro.

A.2 Variação em área ou volume

A variação em área ou volume (Δ) relacionada à deformação homogênea pode ser determinada pelo cálculo do determinante da matriz **D**, denominada det **D** (ver Boxe 2.1). O determinante é idêntico ao produto dos valores próprios de $\mathbf{DD^T}$. A variação de volume (variação de área em duas dimensões implica variação de volume se não houver deformação segundo a terceira dimensão) torna-se det **D** – 1 multiplicado por 100%. Em nossa matriz de deformação plana (Eq. A.5), obtemos:

$$\det \mathbf{D} = \begin{vmatrix} k_x & \Gamma \\ 0 & k_y \end{vmatrix} = k_x k_y \qquad \text{(A.9)}$$

Podemos perceber que, nesse caso, não há variação de volume se $k_x = 1/k_y$, pois assim o determinante será igual a 1.

A.3 Orientação do elipsoide de deformação

O ângulo θ' entre o maior eixo principal de deformação e a direção de cisalhamento é:

$$\theta' = \cos^{-1}(e_{11}) \qquad \text{(A.10)}$$

onde e_{11} é o primeiro componente do vetor próprio mais longo normalizado de $\mathbf{DD^T}$ (o vetor próprio mais longo corresponde ao maior valor próprio, indicado por λ_1). Note que a forma normalizada de um vetor **x** é $\mathbf{x}/(\mathbf{x}^T\mathbf{x})^{1/2}$. No exemplo bidimensional da seção A.1, o ângulo pode ser encontrado pela equação:

$$\theta' = \mathrm{tg}^{-1}\left(\frac{\Gamma^2 + k_x^2 - \lambda_1}{-k_y\Gamma}\right) \qquad \text{(A. 11)}$$

A.4 Extensão e rotação de linhas

Podemos analisar a variação na orientação de uma linha qualquer a partir de sua orientação inicial, dada pelo vetor unitário **l** (dado pelos cossenos de direção da linha) para a nova direção **l'** pela transformação:

$$\mathbf{l}' = \mathbf{Dl} \qquad \text{(A.12)}$$

O ângulo de rotação da linha (ϕ) pode ser encontrado pela fórmula:

$$\cos\phi = \frac{\mathbf{l^T l'}}{\sqrt{\mathbf{l'^T l'}}} \qquad \text{(A.13)}$$

e a extensão quadrática (λ) da linha é simplesmente:

$$\lambda = \mathbf{l'^T\, l'} \qquad \text{(A.14)}$$

O ângulo β entre o maior eixo principal de deformação ($\mathbf{e}_1$) e a linha é:

$$\beta = \cos^{-1}(\mathbf{e}_1^T \mathbf{l}') \tag{A.15}$$

onde $\mathbf{e}_1$ é o vetor próprio normalizado correspondente ao maior valor próprio (λ_1) de $\mathbf{DD}^\mathbf{T}$. O novo vetor $\mathbf{l}'$ tem, em geral, um comprimento diferente da unidade, mas pode ser normalizado para revelar os novos cossenos de direção em relação aos eixos de coordenadas.

A.5 Rotação de planos

Os planos são tratados por meio de seus polos (normais). Se $\mathbf{p}$ for o polo de um plano anterior à deformação, a nova orientação do plano será dada por $\mathbf{p}'$, onde:

$$\mathbf{p}' = \mathbf{p}\mathbf{D}^{-1} \tag{A.16}$$

A rotação de $\mathbf{p}$ é igual à rotação do plano e pode ser determinada pela equação:

$$\cos\phi = \frac{\mathbf{p}^\mathbf{T}\mathbf{p}'}{\sqrt{\mathbf{p}'^\mathbf{T}\mathbf{p}'}} \tag{A.17}$$

A.6 ISA

Em termos da matriz de deformação, os eixos de estiramento principal podem ser determinados pela estimativa de vetores próprios de $\mathbf{DD}^\mathbf{T}$ para uma quantidade muito pequena (infinitamente) de deformação. Na matriz de deformação da Eq. A.5, o ângulo θ entre a direção de estiramento mais rápido (ISA_1) e a direção de cisalhamento, ou eixo x do sistema de coordenadas, é:

$$\theta = \mathrm{tg}^{-1}\left\{-\frac{2}{\gamma}\left(\ln k_x - \frac{\ln(k_x+k_y)}{2} \pm \frac{\sqrt{\ln(k_x+k_y)^2+\gamma^2}}{2}\right)\right\} \tag{A.18}$$

A.7 Apófises de fluxo

As apófises de fluxo de uma (intervalo de) deformação constante podem ser extraídas da matriz de deformação. Sabemos que o cisalhamento puro tem apófises de fluxo paralelas aos eixos de coordenadas (eixos da elipse de deformação), sendo duas quando em um sistema bidimensional e três apófises perpendiculares em um sistema tridimensional. Na matriz de deformação da Eq. A.5, o componente de cisalhamento simples na direção x faz com que uma das apófises de fluxo seja oblíqua. A apófise torna-se:

$$\begin{bmatrix} 1 \\ 0 \end{bmatrix} \begin{bmatrix} \frac{\gamma}{\ln(k_x/k_y)} \\ 1 \end{bmatrix} \tag{A.19}$$

As duas apófises correspondem a AP_1 e AP_2 na Fig. 2.19. A terceira apófise (AP_3) é perpendicular ao plano x–y considerado nesse caso. O ângulo agudo α entre as duas apófises de fluxo é:

$$\alpha = \mathrm{tg}^{-1}\left(\frac{\ln(k_1/k_2)}{\gamma}\right) \tag{A.20}$$

A relação entre as apófises de fluxo e ISA_1 na deformação plana é dada por:

$$\alpha = 90 - 2\theta \tag{A.21}$$

A.8 Número de vorticidade cinemática (W_k)

Em uma deformação que se acumule de modo estável ao longo do tempo, ou seja, cujas apófises de fluxos e ISA permaneçam constantes, o número de vorticidade cinemática W_k pode ser calculado a partir da matriz de deformação. O exemplo de deformação plana torna-se:

$$W_k = \frac{\gamma}{\sqrt{2(\ln k_x)^2 + 2(\ln k_y)^2 + \gamma^2}} \tag{A.22}$$

ou

$$W_k = \cos\left\{\mathrm{tg}^{-1}\left(\frac{2\ln k}{\gamma}\right)\right\} \tag{A.23}$$

Podemos demonstrar também que:

$$W_k = \cos\alpha = \cos(90 - 2\theta) \tag{A.24}$$

sendo que α foi definido na seção anterior.

A.9 Decomposição polar de D

As deformações não coaxiais envolvem rotação do elipsoide de deformação durante a deformação e, por esse motivo, são também denominadas deformações rotacionais, em oposição às deformações não rotacionais ou coaxiais, como o cisalhamento puro. Se quisermos extrair e quantificar o componente rotacional da deformação representada por uma matriz de deformação **D**, podemos decompor (dividir) **D** em uma matriz de deformação **S** (*strain*) e uma matriz rotacional **R**, de modo que:

$$\mathbf{D} = \mathbf{SR} \tag{A.25}$$

A matriz simétrica **S** contém apenas o componente de deformação (*strain*) pura, descrevendo a forma da elipse/elipsoide de deformação, enquanto **R** contém o componente rotacional.

A.9.1 A matriz de rotação R

A matriz de rotação **R** é definida como:

$$R = \begin{bmatrix} \cos\omega & -sen\omega \\ sen\omega & \cos\omega \end{bmatrix} \tag{A.26}$$

O ângulo ω pode ser escrito em termos dos componentes de deformação, e para o nosso caso de deformação plana, temos:

$$\text{tg}\,\omega = \frac{D_{12} - D_{21}}{D_{11} + D_{22}} = \frac{\Gamma}{(k_x + k_y)} \tag{A.27}$$

$$= \frac{\gamma(k_x - k_y)}{\ln(k_x - k_y)(k_x + k_y)}$$

Portanto, a expressão

$$\omega = \text{tg}^{-1}\left(\frac{\Gamma}{k_x + k_y}\right) \tag{A.28}$$

pode ser inserida na matriz de rotação (Eq. A.26).

A.9.2 A matriz de deformação S (*strain*)

Ao rearranjarmos a Eq. A.25, obtemos a seguinte expressão para a matriz **S** (*strain*):

$$\mathbf{S} = \mathbf{DR}^{-1} = \begin{bmatrix} D_{11} & D_{12} \\ D_{21} & D_{22} \end{bmatrix} \begin{bmatrix} \cos\omega & sen\omega \\ -sen\omega & \cos\omega \end{bmatrix} \tag{A.29}$$

$$= \begin{bmatrix} D_{11}\cos\omega - D_{12}sen\omega & D_{11}sen\omega + D_{12}\cos\omega \\ D_{21}\cos\omega - D_{22}sen\omega & D_{21}sen\omega + D_{22}\cos\omega \end{bmatrix}$$

O comprimento dos eixos longo e curto da elipse de deformação finita, e os elementos diagonais da matriz **S** são completamente definidos em termos de componentes de deformação. Em nosso exemplo de deformação plana, temos:

$$\mathbf{S} = \begin{bmatrix} k_x\cos\omega - \Gamma\,\text{sen}\,\omega & k_x sen\omega + \Gamma\cos\omega \\ -k_y\,\text{sen}\,\omega & k_y\cos\omega \end{bmatrix} \tag{A.30}$$

Se desejarmos, podemos dar um passo adiante. **S** é sempre simétrica e definida como positiva para transformações geologicamente realistas e, portanto, ortogonalmente diagonalizável. Isso apenas significa que **S** pode ser transformada em uma matriz diagonal por meio de uma nova matriz **P**, cujas colunas sejam os vetores próprios de **S**:

$$\mathbf{S} = \mathbf{PS_dP}^{-1}$$

A diagonal $\mathbf{S_d}$ é agora uma matriz diagonal com as deformações quadráticas principais ao longo da diagonal:

$$\mathbf{S_d} = \begin{bmatrix} \lambda_1 & 0 \\ 0 & \lambda_2 \end{bmatrix} \tag{A.31}$$

$$\mathbf{S} = \begin{bmatrix} e_{11} & e_{21} \\ e_{12} & e_{22} \end{bmatrix} \begin{bmatrix} \lambda_1 & 0 \\ 0 & \lambda_2 \end{bmatrix} \begin{bmatrix} e_{11} & e_{12} \\ e_{21} & e_{22} \end{bmatrix} \tag{A.32}$$

A.9.3 Interpretação

Podemos escrever a transformação total como:

$$\mathbf{D} = \mathbf{PS_dP}^{-1}\mathbf{R} \tag{A.33}$$

ou

$$\mathbf{D} = \begin{bmatrix} e_{11} & e_{21} \\ e_{12} & e_{22} \end{bmatrix} \begin{bmatrix} \lambda_1 & 0 \\ 0 & \lambda_2 \end{bmatrix} \begin{bmatrix} e_{11} & e_{12} \\ e_{21} & e_{22} \end{bmatrix} \begin{bmatrix} \cos\omega & -sen\omega \\ sen\omega & \cos\omega \end{bmatrix} \tag{A.34}$$

Podemos interpretar essa decomposição do seguinte modo: inicialmente a matriz **R** rotaciona todo o sistema em um ângulo ω. Isso descreve o componente rotacional da deformação. Em seguida, aquele que irá tornar-se o eixo mais longo da elipse (elipsoide) de deformação é rotacionado segundo $\mathbf{P}^{-1}$ para tornar-se paralelo ao eixo x do sistema de coordenadas, onde ele é deformado por **S** e, então, rotacionado de volta à posição segundo **P**. Ao relacionar isso à Eq. A.33, lembre-se de que a multiplicação da matriz não é comutativa e é feita de trás para frente, ou seja, a última matriz é aplicada em primeiro lugar.

Apêndice B - Projeções esféricas

Em Geologia, os dados de atitudes tridimensionais, como estratificações, foliações e lineações, geralmente são projetados em duas dimensões através de projeções esféricas. Uma vez projetados, os dados podem ser analisados e comparados, e suas relações e características estruturais podem ser convenientemente avaliadas. As projeções esféricas têm sido usadas desde o início da geologia estrutural moderna, primeiro com métodos manuais de projeção e, mais recentemente, com programas gráficos específicos, disponíveis para computadores pessoais.

B.1 Projeção estereográfica (equiangular)

A projeção esférica é a representação da atitude de estruturas planas e lineares em um diagrama em duas dimensões. A atitude de um plano é representada ao imaginarmos que esse plano atravessa o centro de uma esfera (Fig. B.1A). A linha de intersecção entre o plano e a esfera irá representar um círculo, formalmente conhecido como *grande círculo*. Exceto no campo da cristalografia, no qual se usa o hemisfério superior, os geólogos estruturalistas usam o hemisfério inferior nas projeções estereográficas (Fig. B.1B). Podemos projetar esse plano no plano horizontal que passa pelo centro da esfera. Esse plano será nosso **plano de projeção** e irá intersectar a esfera ao longo de um círculo horizontal, denominado **círculo primitivo**.

Para realizar uma projeção, conectamos pontos na parte inferior de nosso grande círculo com o ponto mais alto da esfera ou zênite (linhas vermelhas em B.1C). Uma projeção em forma de círculo (parte de um círculo) se forma no plano de projeção horizontal e é chamada de **projeção estereográfica** do plano. Se o plano for horizontal, ele irá coincidir com o círculo primitivo e se for vertical, será representado por uma linha reta. As projeções estereográficas de planos são formalmente denominadas traços ciclográficos, mas são quase sempre chamadas de **grandes círculos**, devido à sua relação próxima com os grandes círculos anteriormente definidos.

Assim que compreendemos como a projeção estereográfica de um plano é feita, as projeções de **linhas** tornam-se evidentes, pois uma linha é um subconjunto de um plano. As linhas são projetadas como pontos, assim como os planos são projetados como grandes círculos. Um grande círculo pode ser considerado como sendo formado por pontos, cada um representando uma linha em seu interior. Portanto, uma linha contida em um plano, como uma estria ou uma lineação mineral, aparecerá como um ponto no grande círculo correspondente ao plano.

Na Fig. B.2 também projetamos a linha normal a um dado plano, denominada **polo** desse plano. A projeção é encontrada orientando-se a linha através do centro e conectando sua intersecção com o hemisfério inferior com o zênite (linha vermelha na Fig. B.2A). A intersecção dessa linha (vermelha) com o plano de pro-

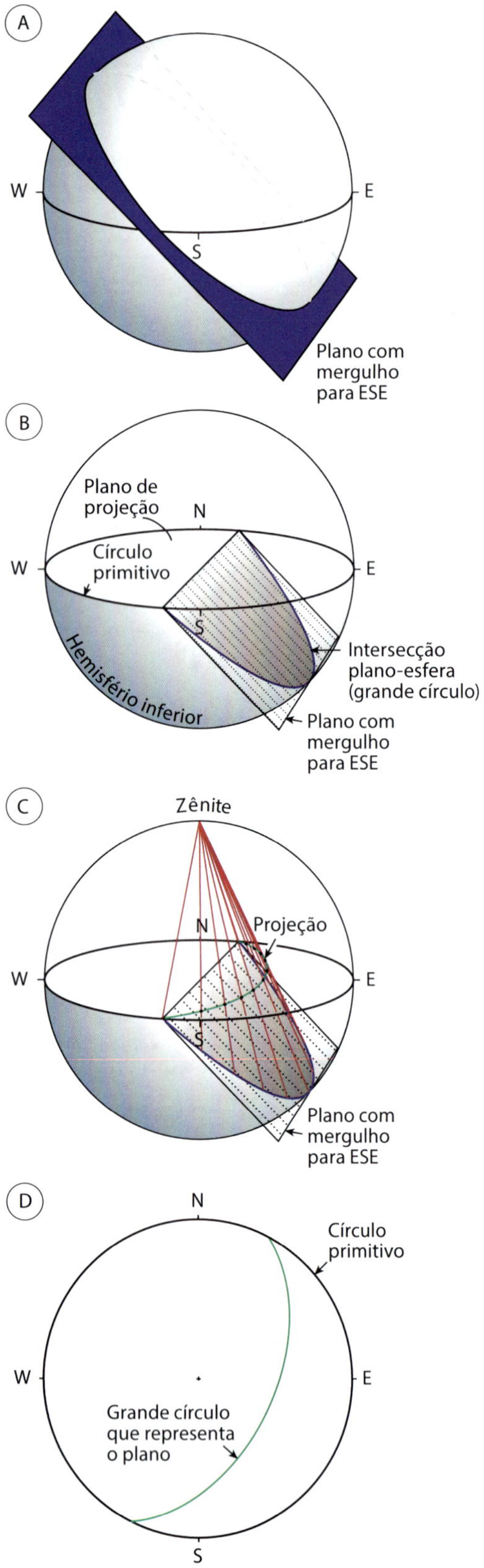

Fig. B.1 *Projeção estereográfica de um plano com mergulho para ESE*

jeção é o polo desse plano. Portanto, os planos podem ser representados de duas maneiras: como projeções de grandes círculos ou como polos. Note que as linhas horizontais situam-se no círculo primitivo (polos completamente horizontais são representados por dois símbolos opostos) e as linhas verticais situam-se no centro do diagrama.

Para que o uso das projeções estereográficas seja mais prático, definimos uma malha de referência com superfícies conhecidas. Marcamos no círculo primitivo as direções geográficas (norte, sul, leste, oeste) e podemos traçar latitudes e longitudes como em um globo. Nas três dimensões (Fig. B.3), observando-se a partir do polo sul em direção ao polo norte, temos:

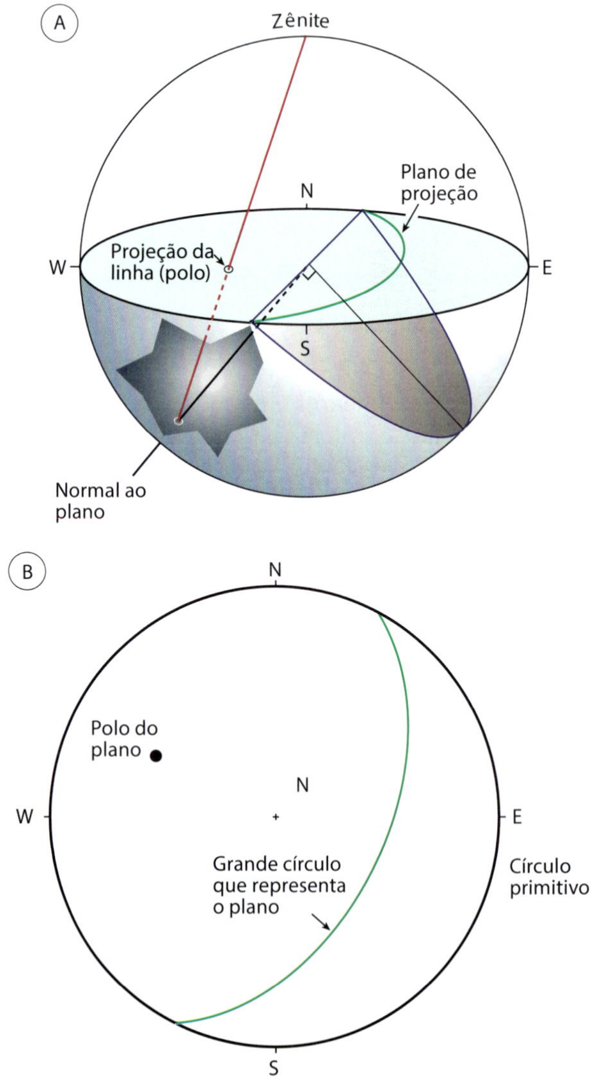

Fig. B.2 *Projeção estereográfica de uma linha, nesse caso representando a normal ou polo de um plano*

longitudes e latitudes são linhas de intersecção entre os grandes círculos (significado original) e os assim chamados pequenos círculos. Ao projetarmos os pequenos e os grandes círculos no plano de projeção horizontal, tipicamente em intervalos de 2 e 10 graus, obtemos um **estereograma** (*stereonet*).

As longitudes são planos que se intersectam em uma linha comum (linha N-S) e, portanto, aparecem como grandes círculos na rede estereográfica. As latitudes não são definidas por planos, mas por cones coaxiais em relação à linha N-S, e suas projeções são denominadas **pequenos círculos** (assim como suas projeções na rede estereográfica). A rede que emerge a partir dessas projeções é conhecida como **rede de Wulff**.

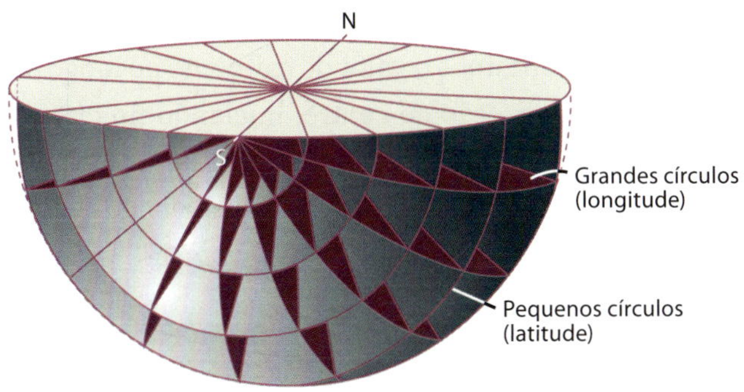

Fig. B.3 *Para comparar a rede estereográfica com as longitudes e latitudes de nosso planeta, lembre-se de que o eixo norte-sul é horizontal na rede estereográfica e vertical nas ilustrações mais comuns da Terra*

B.2 Projeção de igual área

A rede de Wulff permite trabalharmos com relações angulares (ela preserva os ângulos entre os planos), o que pode ser útil em alguns casos, como nas projeções cristalográficas. Entretanto, na geologia estrutural, geralmente é mais importante preservarmos a área, para que a densidade de projeções em uma parte do gráfico possa ser diretamente comparada com a densidade de pontos em outra parte. O método de construção é o mesmo, mas como essa projeção é de igual área, e não estereográfica (Fig. B.4), as posições dos planos e das linhas são um pouco diferentes. O diagrama é denominado **rede de Schmidt**, ou simplesmente **rede de igual área** (a Fig. B.5 apresenta a projeção de igual área). Múltiplos dados lançados em uma rede de igual área podem ser contornados por isolinhas quanto à sua densidade, o que pode ser útil quando avaliamos concentrações de dados estruturais em torno de certas direções geográficas. Um uso típico das isolinhas é no tratamento de dados de eixos *c* (cristalográficos) de quartzo (Fig. 16.34), onde as linhas mostram o número de pontos como uma porcentagem dentro de uma dada área de 1% no gráfico. O traçado das isolinhas pode ser facilmente realizado com diversos programas disponíveis para computadores pessoais.

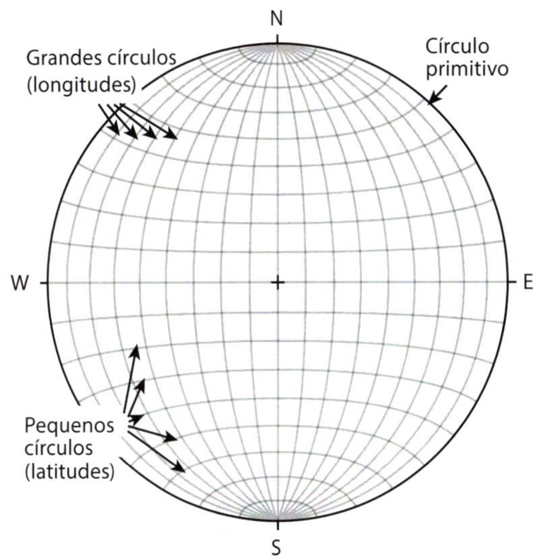

Fig. B.4 *Rede de igual área*

B.3 Representação de planos

Os planos podem ser representados em redes de Wulff ou de Schmidt de duas maneiras diferentes: por meio de grandes círculos ou de polos (Fig. B.2). Na Fig. B.6, demonstramos como se traça manualmente essas estruturas, iniciando pela representação de um grande círculo.

Um plano de direção 030 (ou N 30° E) e com mergulho de 30° para SE é usado como exemplo. Uma folha plástica ou papel transparente é colocada sobre uma rede previamente definida (escolhemos uma rede de igual área) e fixada no centro dessa rede por um percevejo. O círculo primitivo e o norte (N) são marcados na folha transparente. Podemos então marcar a direção do plano, que é 030 (Fig. B.6A) e rotacionar a folha trans-

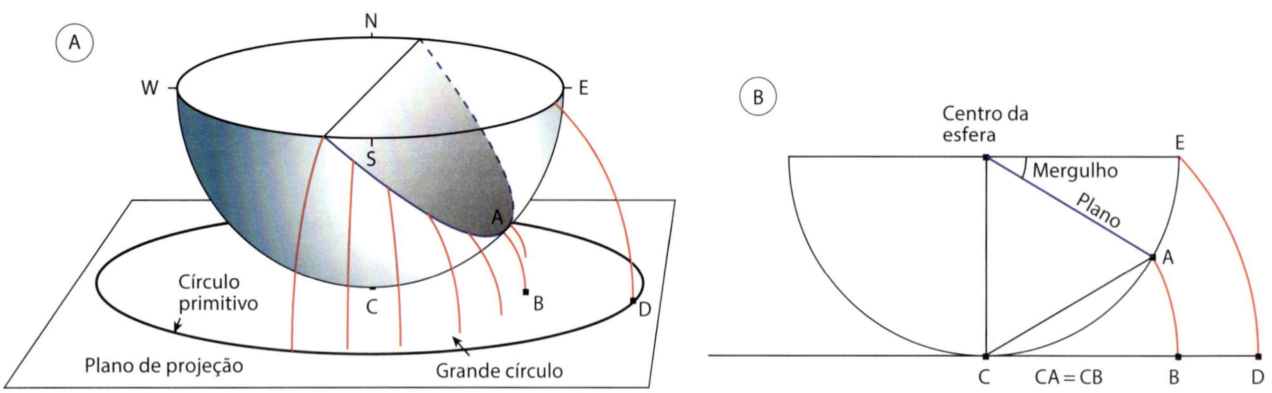

Fig. B.5 *Projeção em uma rede de igual área. Um plano é projetado no plano de projeção, que nesse caso é tangencial ao polo inferior da esfera. A projeção é ilustrada em 3-D (A) e em um perfil através de C e A (B)*

parente até que essa marca coincida com a direção N da rede que está embaixo (Fig. B.6B); isso corresponde à rotação de 30° no sentido anti-horário da folha transparente. Contamos, então, o valor do mergulho para dentro a partir do círculo primitivo e traçamos o grande círculo que corresponde a esse mergulho (Fig. B.6B). Quando o N no papel transparente retorna à sua posição original (Fig. B.6C), temos o grande círculo que representa esse plano específico. Quanto menor for seu mergulho, mais próximo ele estará do círculo primitivo, que representa um plano horizontal.

O procedimento é similar para a representação de polos. A única diferença é que contamos o mergulho a partir do centro do diagrama para a direção oposta à do mergulho, para a esquerda em nosso exemplo. Se tudo estiver correto, haverá um ângulo de 90° entre o grande círculo e o polo correspondente a um mesmo plano (Fig. B.6B). O polo situa-se, portanto, no lado oposto do diagrama em relação ao grande círculo correspondente. Os polos são geralmente mais usados em análises estruturais que envolvem grandes quantidades de medidas de atitudes e, em particular, quando o interesse é agrupar atitudes de estruturas (que é o caso mais comum).

B.4 Representação de linhas

A representação da atitude de uma linha é similar (mas diferente) da representação da atitude de um plano. Por exemplo, consideremos uma linha com caimento de 40° para 030 (NE). Assim como o plano, marcamos a direção (030) (Fig. B.7A), rotacionamos a folha transparente em 30° no sentido anti-horário, como no caso do plano (Fig. B.7B), ou até que ela atinja a direção E (rotação horária de 60° em nosso exemplo). Em seguida, contamos o valor do caimento ao longo da linha reta em direção ao centro, iniciando no círculo primitivo, para marcar o polo (Fig. B.7B). Rotacionamos de volta a folha transparente para a sua posição original e a tarefa está completa (Fig. B.7C).

B.5 *Pitch* (*rake*)

Quando analisamos falhas, é conveniente lançarmos tanto o plano de rejeito como as lineações em um mesmo estereograma. Nesse caso, a lineação se situará no grande círculo que representa o plano de rejeito. O ângulo entre a direção horizontal e a lineação, denominado ***rake*** ou ***pitch***, é representado no gráfico por meio da rotação do grande círculo do plano para a posição N-S e, em seguida, contando-se o número de graus a partir da horizontal (N ou S), ou seja, o valor do *pitch* medido em campo (Fig. B.8). Os usuários da regra da mão direita sempre medem o *pitch* no sentido horário a partir da direção, de modo que o ângulo possa ser de até 180°. A regra da mão direita foi usada na Fig. B.8. Outros preferem medir o ângulo agudo e contá-lo a partir da direção apropriada, e, nesse caso, o valor de *pitch* não excederá 90°.

B.6 Ajuste de um plano a linhas

Se soubermos que duas ou mais linhas estão contidas em um mesmo plano, esse plano poderá ser definido ao representarmos as linhas em estereogramas. As

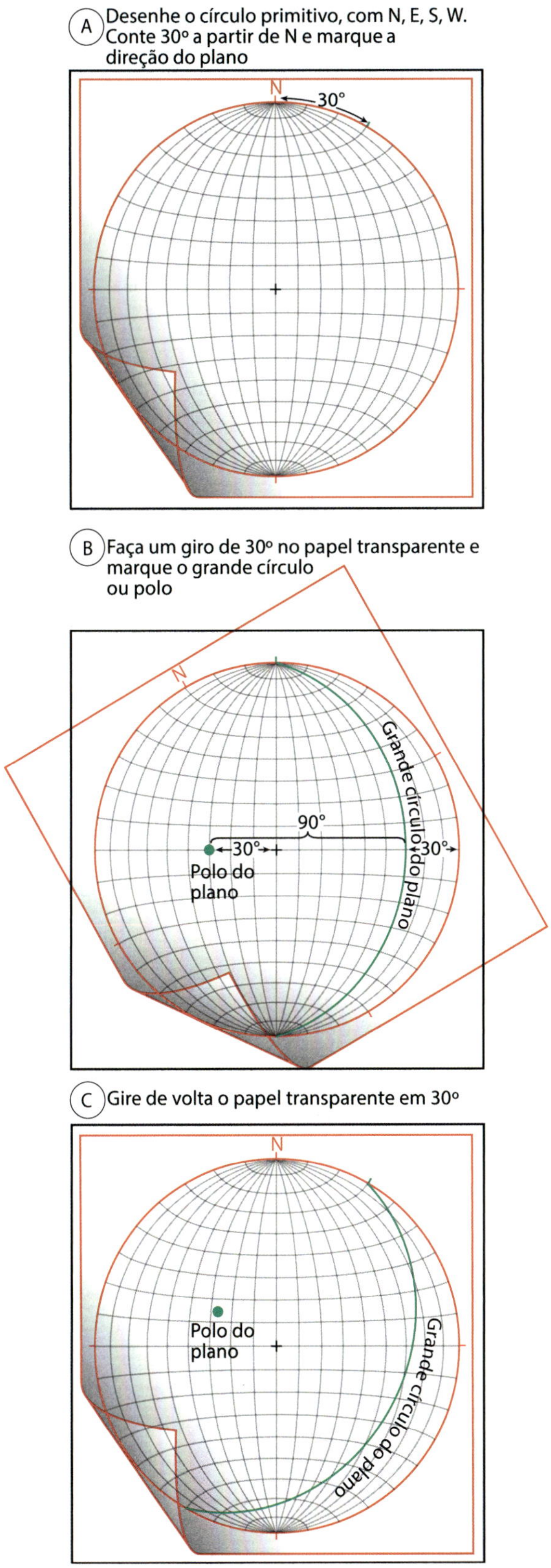

Fig. B.6 *Representação de um plano N 030° E, 30 SE em rede de Schmidt*

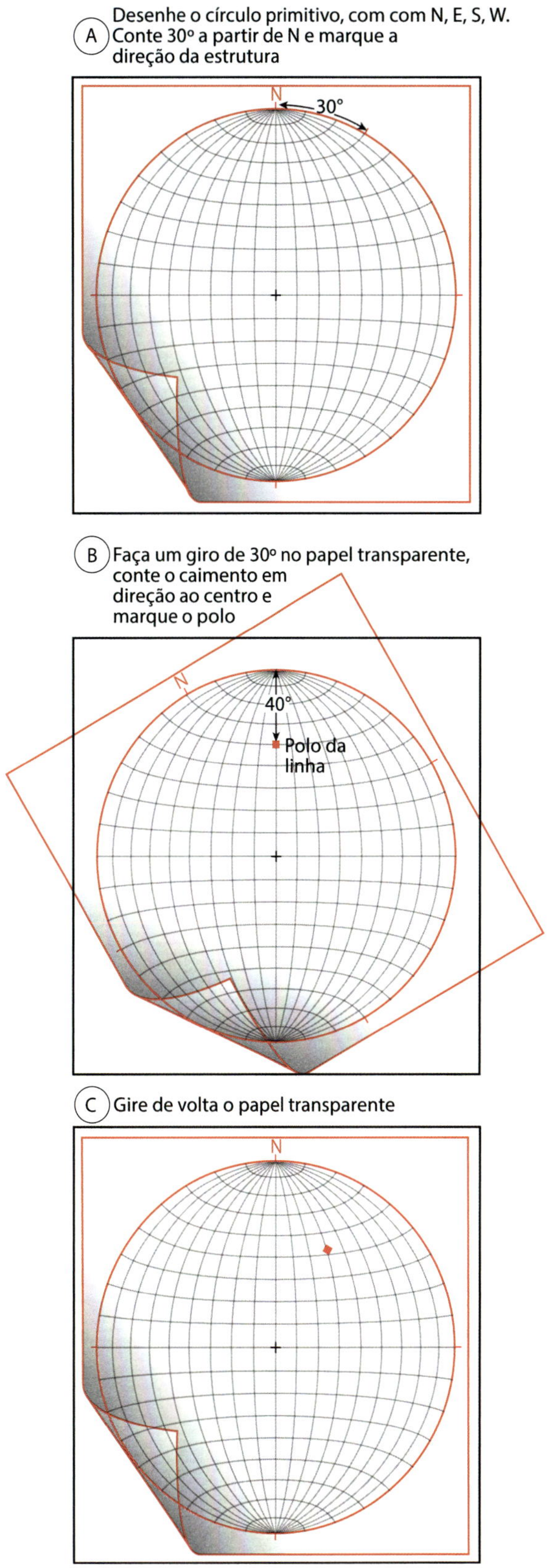

Fig. B.7 *Representação em estereograma (igual área) de uma linha com caimento de 40° para N 030° E*

linhas são rotacionadas até que elas se situem em um mesmo grande círculo, que representa o plano em questão.

B.7 Linha de intersecção

A linha de intersecção entre dois planos é vista mais facilmente ao representarmos os grandes círculos referentes aos dois planos; nesse caso, a linha de intersecção é representada pelo ponto de intersecção entre os dois grandes círculos. Quando representamos os dois planos como polos, a linha de intersecção é o polo do grande círculo que contém esses dois polos.

B.8 Ângulo entre planos e linhas

O **ângulo entre dois planos** pode ser definido pela representação dos planos como polos, rotacionando-se o papel transparente até que os dois polos estejam situados sobre um grande círculo. O ângulo entre os planos é encontrado contando-se os graus entre os dois pontos ao longo do grande círculo (Fig. B.8, em que se considera o ângulo entre dois conjuntos de fraturas). O **ângulo entre duas linhas** pode ser definido de modo similar, em que as duas linhas são ajustadas a um mesmo grande círculo (o plano que as contém), e a distância entre elas (em graus) corresponde ao ângulo (Fig. B.8, lineações).

B.9 Atitude a partir de mergulhos aparentes

A determinação da atitude de estruturas planas a partir de **mergulhos aparentes** pode ser útil. Se dois ou mais mergulhos aparentes forem medidos em dois planos de atitude arbitrária, cada plano representado por um grande círculo e o mergulho aparente (medido em afloramento) representado por um ponto, então o plano que desejamos determinar é aquele que melhor se ajusta aos pontos. Um problema inverso seria a determinação de mergulhos aparentes de uma dada estrutura ou trama plana exposta em superfícies selecionadas. Podemos lançar a trama plana em um grande círculo e seu mergulho aparente será definido pelo ponto de intersecção entre ela e a superfície de interesse.

B.10 Rotação de planos e linhas

A rotação de estruturas planas e lineares pode ser feita movendo-as ao longo de um grande círculo, cujo polo representa o eixo de rotação. A rotação em torno

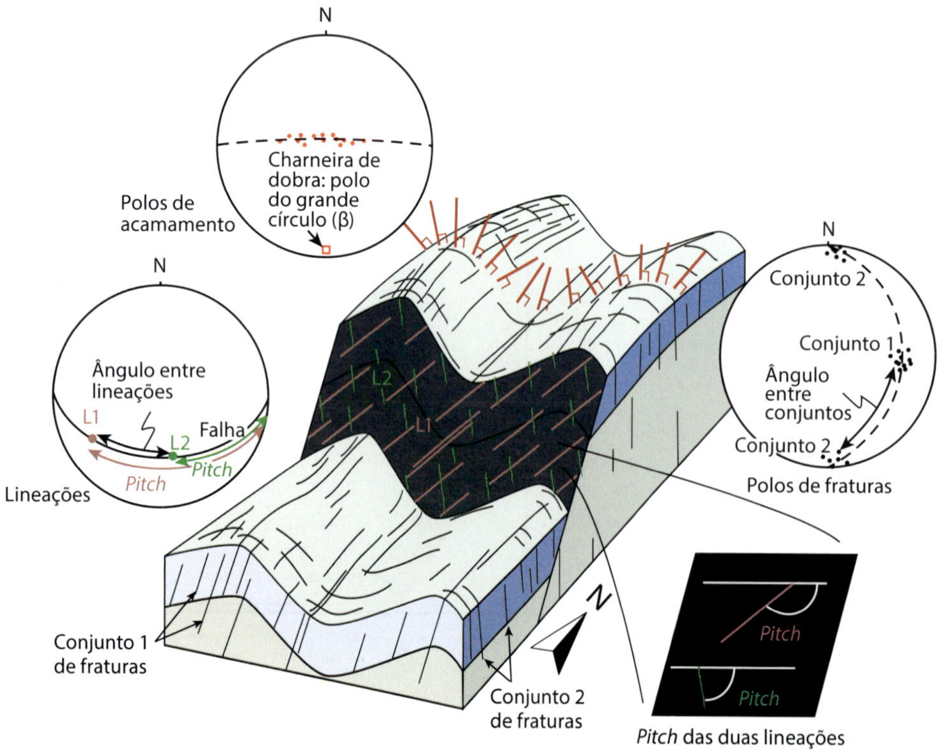

Fig. B.8 *Situação hipotética, mas realista, em que vários elementos estruturais em uma sequência de rochas deformadas são representados em estereogramas. A representação da atitude das camadas revela o eixo b (orientação local da linha de charneira). O ângulo entre os conjuntos de fraturas pode ser definido pela contagem dos graus entre os grandes círculos que se ajustam a ambos os conjuntos. Os dados das falhas são representados separadamente, indicando o plano de falha como um grande círculo e as lineações como pontos nesse grande círculo*

de um eixo horizontal é simples: é necessário apenas rotacionar o papel transparente, de modo que o eixo de rotação coincida com a direção N-S e, em seguida, rotacionar os polos, contando os graus ao longo dos pequenos círculos.

A rotação ao longo de um eixo inclinado é um pouco mais complicada. É necessário rotacionar todo o conjunto, de modo que o eixo de rotação se torne horizontal para poder executar o procedimento apresentado acima e, em seguida, rotacionar de volta para que os eixos de rotação retornem à sua posição original.

B.11 Diagrama de roseta

Em alguns casos, o componente direcional da atitude dos planos medidos pode ser mais relevante, e a representação mais adequada é a de um diagrama de roseta. Trata-se de um círculo principal dividido em setores, em que o número de medidas em cada setor é representado pelo comprimento da respectiva pétala. Esse é um modo visualmente atrativo e útil de representar como a atitude de fraturas e lineações aparece na superfície terrestre. O diagrama de roseta também pode ser usado para representar uma tendência de distribuição de estruturas lineares.

B.12 Programas gráficos

Todas essas operações, e outras mais, podem ser feitas rapidamente com programas gráficos específicos para esse fim, como os gentilmente disponibilizados por Richard Allmendinger, Nestor Cardozo e Frederick Vollmer (1998). Entretanto, a compreensão dos princípios que estão por trás desses procedimentos é fundamental para o bom uso dos programas. Diversos programas gráficos dispõem de recursos estatísticos adicionais bastante úteis. Entretanto, a compreensão dos princípios subjacentes é fundamental para o sucesso no uso desses programas.

Leitura complementar

LISLE, R. J. *Stereographic Projection Techniques for Geologists and Civil Engineers*. Cambridge: Cambridge University Press, 2004.

Glossário

Abertura (*aperture*): distância entre as duas paredes de uma fratura.

Acamamento transposto (*transposed layering*): acamamento formado por achatamento tectônico de elementos originalmente transversais (diques, camadas, estratificações cruzadas, bandamento magmático, foliação tectônica etc.) que se tornam uma foliação com elementos subparalelos. O processo envolve alta deformação e a foliação representa o plano de achatamento (XY) do elipsóide. Geralmente observado em gnaisses da crosta inferior.

Achatamento uniforme (*uniform flattening*): estado de esforços onde o encurtamento em Z é compensado por igual estiramento em todas as direções perdiculares a ele (Z).

Ajuste de escala (*scaling*): variação de grandezas físicas naturais para adequá-las a um dado experimento de laboratório. Juntamente com o ajuste de escala de comprimentos, como a espessura da crosta, é também necessário ajustar a taxa de deformação e grandezas como temperatura, viscosidade, esforço, gravidade, esforço confinante, coesão e tamanho de grãos.

Além-país (*hinterland*): zona central ou interna de um orógeno, em oposição ao antepaís (*foreland*). Caracterizada por participação do embasamento e grau metamórfico localmente alto.

Aletas (*flaps*): camadas dobradas ao longo das paredes superiores de diápiros de sal, com mergulho para longe do diápiro (a menos que tenham sido invertidas). As aletas se formam quando o diápiro de sal se move, abrindo caminho através das camadas sobrejacentes, soerguentdo, rotacionando e empurrando para o lado tais camadas.

Alóctone (*allochthonous*): unidade tectônica transportada para longe de sua posição original, de modo que não seja possível uma correlação direta com seu substrato original. Derivado do grego, *allos*, que significa diferente e *chthon*, que significa terreno. Tipicamente usado para *nappes* transportadas por dezenas de quilômetros ou mais.

Amolecimento por deformação (*strain softening*): efeito pelo qual o nível de esforço deve ser diminuído para que a taxa de deformação seja mantida, o oposto de endurecimento por deformação.

Análise dinâmica (*dynamic analysis*): análise da relação entre esforço e deformação.

Angularidade (*bluntness*): curvatura da charneira de dobras, observada em seção transversal à linha de charneira.

Angularidade de dobras (*tightness (of folds)*): geometria de dobra em termos do ângulo interflancos. Pode variar desde suave, passando por aberta e fechada, até isoclinal.

Ângulo interflancos (*interlimb angle*): ângulo interno entre os dois flancos de uma dobra.

Antepaís (*foreland*): parte frontal ou periférica de um cavalgamento regional ou cinturão orogênico, dominada por tectônica *thin-skinned* e condições de grau metamórfico muito baixo ou não metamórficas.

Anticlinal (*anticlinal*): dobra em camadas de rochas progressivamente mais jovens ao se afastar da superfície axial da dobra.

Anticlinal de sal (*salt anticline*): anticlinal com núcleo de sal, geralmente formado por movimento do sal (que flui para dentro da estrutura anticlinal) e encurvamento dos estratos sobrejacentes (sem haver intrusão de sal).

Anticlinal sinformal (*synformal anticline*): anticlinal (os estratos se tornam mais jovens à medida em que se afastam da superfície axial) que tem a forma de uma sinforma, ou seja, um anticlinal invertido.

Anticrack: termo da engenharia aplicado a fraturas fechadas, ou seja, fraturas que apresentam deslocamento por compactação.

Antiforme (*antiform*): dobra cujo mergulho dos flancos é para baixo e para longe da zona de charneira.

Apófises de fluxo (*flow apophyses*): apófises que separam domínios com diferentes movimentos de partículas durante o fluxo (deformação).

Arrasto (dobras) (*drag (folds)*): zona de dobramento sobre um ou ambos os lados de uma falha ou estrutura de sal. O dobramento deve estar relacionado formação e/ou crescimento da falha. Este termo era originalmente um termo genético, implicando dobramento controlado por resistência friccional ao longo da falha. Atualmente o termo é usado de modo puramente descritivo.

Arrasto de borda (*boundary drag*): restrição ao fluxo de uma camada por forças de cisalhamento viscoso em suas bordas. Particularmente relevante em camadas de sal e de magma viscoso.

Arrasto normal (*normal drag*): rotação de camadas nas paredes de uma falha, de modo que a curvatura seja consistente com o sentido de rejeito da falha.

Arrasto inverso (*reverse drag*): rotação de camadas na capa de uma falha, onde a curvatura não é consistente com o sentido de rejeito da falha. Estruturas tipo *rollover*, que são relacionadas à geometria de falha, são o exemplo mais comum de arrasto inverso.

Aspereza (*asperity*): irregularidade ao longo de uma superfície de fratura.

Autóctone (*autochthonous*): unidade litológica em um cinturão orogênico, que não tenha sido transportada tectonicamente; do grego *auto*, que significa "o mesmo", neste contexto.

Avanço extrusivo (*extrusive advance*): mecanismo controlado por gravidade, onde uma lâmina exposta de sal ("geleira" de sal) avança.

Avanço por abertura frontal (*open-toed advance*): avanço de uma lâmina de sal por extrusão em sua parte frontal, enquanto o restante da lâmina está sendo coberto por sedimentos.

Avanço por cavalgamento (*thrust advance*): movimento de lâminas de sal por cavalgamento (concentração da deformação por cisalhamento na base da lâminha de sal).

Bacia (*basin*): na terminologia das dobras, uma bacia é um domo invertido.

Bacia *pull-apart* (*pull-apart basin*): bacia formada por sobreposição extensional ou em curva de liberação (*releasing bend*) de uma falha de rejeito direcional.

Backstripping: restauração isosática de bacias sedimentares, enfocando a história de subsidência, feita pela sucessiva remoção de sequências sedimentares e respectivo equilíbrio isostático.

Balanceamento (*balancing*): construção ou interpretação de um perfil geológico ou de um modelo 3-D, reconstruído por meio de processos geologicamente realísticos até um estado não-deformado geologicamente verossímil.

Banda de compactação (*compaction band*): banda de deformação envolvendo compactação sem cisalhamento. As bandas de compactação ocorrem em arenitos altamente porosos.

Banda de deformação cataclástica (*cataclastic deformation band*): banda de deformação onde a cataclase é um importante mecanismo de deformação.

Banda de desagregação (*disaggregation band*): banda de deformação formada por fluxo granular não destrutivo (rotação e deslizamento friccional de grãos). Forma-se geralmente em areia e arenitos pouco consolidados.

Banda de dilatação (*dilation band*): banda de deformação onde o deslocamento se dá por dilatação (variação de volume) sem cisalhamento. As bandas de dilatação apresentam um aumento na porosidade e são relativamente pouco comuns comparadas com outros tipos de bandas de deformação.

Bandamento gnáissico (*gneissic banding*): bandamento ou acamamento cujas bandas individuais são formadas por diferentes minerais; com frequência representam diques, ou outras estruturas primárias transpostas e achatadas.

Bandas de cisalhamento (*shear bands*): zonas de cisalhamento de pequena escala (milimétrica ou centimétrica), em geral em rochas miloníticas com foliação marcante. Conjuntos individuais de bandas de cisalhamento formam um ângulo oblíquo com a foliação, que indica o sentido de cisalhamento em rochas cisalhadas.

Bandas de deformação (I) (*deformation bands (I)*): zonas de espessura milimétrica com deformação localizada, marcada pela reorganização e/ou moagem de grãos. Bandas de cisalhamento com compactação através da banda são o tipo mais comum.

Bandas de deformação (II) (*deformation bands (II)*): zonas microscópicas em um grão mineral com orientação óptica similar (extinção), formadas ente paredes de deslocamentos.

Bandas de deformação filossilicáticas (*phyllosilicate deformation bands*): bandas de deformação onde os filossilicatos se reorientaram para formar uma trama local ao longo da banda. Comum em areias e arenitos que contenham filossilicatos. Também chamadas de estruturas de arcabouço filossilicático.

Blastomilonito (*blastomylonite*): milonito recristalizado em estágio pós-tectônico. Os cristais não apresentam orientação preferencial (grãos isotrópicos) e pouca ou nenhuma deformação interna.

Boudinagem (*boudinage*): processo que leva à formação de *boudins*.

Boudinagem de foliação (*foliation boudinage*): formação de *boudins* em rochas metamórficas fortemente foliadas, onde os *boudins* são separados por fraturas de cisalhamento com arranjo *en-echelon*, pequenas zonas de cisalhamento ou fraturas extensionais.

Boudinagem em barra de chocolate (*chocolat tablet boudinage*): boudinagem em duas direções (no plano XY), formando *boudins* mais ou menos quadrados ou retangulares em três dimensões.

Boudins (*boudins*): estruturas formadas pela segmentação sistemática de camadas pré-existentes. Os *boudins* clássicos se formam pela extensão de camadas mais competentes que a matriz. Ver também boudinagem de foliação.

Brecha (*breccia*): rochas falhadas coesas ou não-coesas que consistem em fragmentos orientados aleatoriamente produzidos por fraturamento rúptil. Os fragmentos de brecha devem constituir mais de 30% da rocha.

Bulbo (*bulb*): parte espessa superior de um diápiro do tipo "gota de lágrima".

Campo de deslocamento (*displacement field*): campo de vetores que descreve a deformação de pontos em um meio deformado, ou seja, vetores que conectam as posições pré- e pós-deformacional de partículas.

Campo de velocidades (*velocity field*): campo vetorial que descreve as velocidades das partículas em qualquer momento da história da deformação.

Capa (*hanging wall*): volume de rocha acima de uma falha com mergulho.

Carga de deslocamento (*displacement loading*): carga exercida pela mudança das condições laterais de contorno, como, por exemplo, pela compressão ou extensão de um volume de rochas ou sedimentos.

Carga diferencial (*differential loading*): distribuição heterogênea da carga, p. ex., lóbulos deltáicos acumulando localmente camadas mais espessas de sedimentos.

Carga térmica (*thermal loading*): situação onde a flutuabilidade do sal é aumentada por aquecimento (quando aquecido, o sal se expande e se torna menos denso).

Cataclase (*cataclasis*): moagem rúptil de grãos (redução do tamanho dos grãos) acompanhada de rotação e deslizamento friccional. Termo derivado da palavra grego para moagem.

Cataclasito (*cataclasite*): rocha de falha, coesa e de granulação fina. Os cataclasitos são subdivididos naqueles com 10 a 50% de matriz (protocataclasito), com 50 a 90% de matriz (cataclasito) e com mais de 90% de matriz (ultracataclasito).

Cavalgamento (falha) (*thrust (fault)*): falha inversa de baixo ângulo com deslocamento mensurável (geralmente > 10 km). Mais informalmente usado para qualquer falha inversa de baixo ângulo, independente da magnitude do rejeito.

Cavalgamento de base (floor thrust): falha de cavalgamento que define a base de uma estrutura duplex ou empurrão basal de uma *nappe* ou complexo de *nappes*.

Cavalgamento em sequência (*in-sequence thrusting*): série de cavalgamentos mais jovens na direção do antepaís.

Cavalgamento fora de sequência (*out of sequence thrusting*): falhas de cavalgamento que não se tornam sistematicamente mais jovens (ou mais velhos) em direção ao antepaís.

Cavalo (*horse*): a menor unidade tectônica na terminologia de cavalgamentos: uma lâmina (*sheet*) tectônica limitada por falhas de empurrão em cada lado, imbricada em estrutura duplex. É comum geometria em forma de S. Usada também na terminologia de falhas normais (cavalos em duplex extensional).

Centrífuga (*centrifuge*): aparelho de rotação usado para modelagem física, onde a gravidade pode ser simulada.

Charneira (*hinge*): área de máxima curvatura de uma superfície dobrada, ou seja, zona que conecta os flancos da dobra.

Charneira da dobra (*fold hinge*): Ver *charneira*.

Ciclo halocinético (*halokinetic cycle*): sequências sedimentares cíclicas ao longo de diápiros de sal, cujos ciclos são separados por discordâncias (*unconformities*) e causados por ascenção não estacionária (*non-steady*) do diápiro. Os ciclos halocinéticos são empilhados verticalmente ao longo das paredes dos diápiros.

Cinemática (*kinematics*): do grego *kinema*, que significa movimento. A descrição de como massas rochosas ou objetos em rochas devido à deformação.

Círculo de Mohr (*Mohr circle*): círculo no diagrama de Mohr que descreve os esforços normal e de cisalhamento que atuam sobre planos com todas as orientações possíveis através de um ponto em uma rocha.

Cisalhamento angular (*angular shear*): variação de ângulo entre um par de linhas originalmente ortogonais antes da deformação. Mais especificamente, o cisalhamento angular ao longo de uma linha de referência é a variação do ângulo de uma linha perpendicular a esta linha de referência antes da deformação.

Cisalhamento antitético (antithetic shear): cisalhamento antitético ao sentido de deslocamento de uma falha de referência. Usado como técnica de restauração de seções.

Cisalhamento flexural (*flexural shear*): mecanismo de dobramento onde as camadas são deformadas por cisalhamento simples paralelas às camadas. A deformação por cisalhamento é nula no ponto de charneira e aumenta na direção dos pontos de inflexão. O cisalhamento é no sentido para longe da charneira, ou seja, com sentido oposto nos dois flancos. Também chamado de *fluxo flexural*.

Cisalhamento geral (*general shear*): deformação mais complexa que cisalhamento simples, em geralm envolvendo deformação tridimensional. Termo usado por alguns geólogos como sinônimo de cisalhamento subsimples.

Cisalhamento puro (*pure shear*): deformação coaxial com deformação interna (*strain*) plana, onde as partículas se movem simetricamente ao redor dos eixos principais da elipse de deformação no plano XY. As apófises de fluxo são ortogonais e $W_k = 0$.

Cisalhamento simples (*simple shear*): deformação plana não coaxial onde as partículas se movem ao longo de linhas retas e $W_k = 1$.

Cisalhamento sintético (*synthetic shear*): cisalhamento que age sinteticamente ao sentido de rejeito de uma falha de referência. Aplicado na restauração de seções.

Cisalhamento subsimples (*subsimple shear*): deformação plana intermediária entre cisalhamento simples e puro, ou seja, $0 < W_k < 1$, cujas apófises de fluxo perfazem um ângulo agudo.

Cisalhamento vertical (*vertical shear*): cisalhamento simples com plano de cisalhamento vertical, ou seja, as partículas se movem ao longo de linhas verticais. Em geral usado na restauração de seções verticais.

Cisalhamentos R (*R-shears*): ver *cisalhamentos de Riedel*.

Clivagem (*cleavage*): foliação tectônica formada sob condições metamórficas de baixo grau e relacionada a dobramento. Uma rocha com clivagem se quebra mais facilmente ao longo desta estrutura.

Clivagem ardosiana (*slaty cleavage*): clivagem tectônica em ardósia, formada por reorientação e dissolução por pressão (difusão) de minerais.

Clivagem contínua (*continuous cleavage*): clivagem onde a distância entre os domínios individuais de clivagem não é distinguível em amostra de mão, ou seja, é menor que 1 mm.

Clivagem de compactação (*compaction cleavage*): clivagem formada pela compactação litostática de sedimentos durante a formação de rochas sedimentares. Melhor desenvolvida em rochas argilosas.

Clivagem de crenulação (*crenulation cleavage*): clivagem formada pelo microdobramento de rochas filossilicáticas com foliação, em condições de baixo grau de metamorfismo.

Clivagem de crenulação zonal (*zonal crenulation cleavage*): clivagem de crenulação através da qual uma foliação anteior pode ser traçada de modo contínuo.

Clivagem de dissolução por pressão (*pressure-solution cleavage*): clivagem tectônica definida por suturas de dissolução subparalelas. Comum em calcários.

Clivagem de fratura (*fracture cleavage*): denso arranjo de fraturas similar a uma clivagem. Enquanto a clivagem comum envolve encurtamento através da estrutura, a clivagem de fratura envolve cisalhamento segundo a estrutura ou extensão através da estrutura. O termo pode gerar confusão e seu uso não é recomendado.

Clivagem de transeção (*transecting cleavage*): clivagem que corta obliquamente a charneira de uma dobra transectada.

Clivagem discreta de crenulação (*discrete crenulation cleavage*): clivagem de crenulação com uma descontinuidade acentuada entre os domínios QF (quartzo-feldspáticos) e M (micáceos), em contraste com a *clivagem de crenulação zonal*.

Clivagem disjuntiva (*disjunctive cleavage*): clivagem em domínios que não depende de foliações prévias. Típica de metassedimentos de baixo grau. Pode ser dividida em estilolítica, anastomosada, áspera ou suave, de acordo com a morfologia dos domínios. A clivagem disjuntiva contrasta com a clivagem de crenulação, onde a foliação pré-existente é retrabalhada por microdobramento e solução.

Clivagem em domínios (*domainal cleavage*): clivagem composta por domínios com diferentes minerais, em geralmente domínios M (micáceos) e QF (quartzo-feldspáticos). Quando os domínios individuais são visíveis em amostras de mão, a clivagem em domínio é uma clivagem espaçada.

Clivagem em lápis (*pencil cleavage*): presença de duas clivagens com orientação diferente em um folhelho, fazendo com que este se divida em fragmentos com a forma de lápis. É tipicamente uma combinação de compactação e deformação tectônica.

Clivagem espaçada (*spaced cleavage*): clivagem onde a largura dos domínios de clivagem é de pelo menos 1 mm, ou seja, distinguível em uma amostra de rocha.

Clivagem estilolítica (*stylolitic cleavage*): clivagem definida por estilólitos (suturas de dissolução por pressão). Também denominada clivagem de dissolução por pressão.

Clivagem filítica (*phyllitic cleavage*): clivagem contínua formada sob condições de fácies xisto verde baixa a média, em rochas filíticas.

Clivagem plano axial (*axial plane cleavage*): clivagem subparalela à superfície axial de uma dobra. A clivagem deve ter se formado no respectivo processo de dobramento. Também chamada de clivagem axial plana.

Coeficiente de fricção de deslizamento (*coefficient of sliding friction*): esforço cisalhante necessário para ativar o rejeito em uma fratura, dividido pelo esforço normal através da fratura.

Coesão (*cohesion*): solidez de um meio. Uma rocha coesa não se fragmenta com facilidade, enquanto um meio não-coeso se desagrega facilmente. A cimentação aumenta a coesão em rochas sedimentares e nos *gouges* de falha.

Cola -desliza (*stick-slip*): episódios (sísmicos) de deslizamento súbitos, separados por períodos de não movimentação.

Colapso da capa (*hanging-wall collapse*): formação de uma ou mais falhas secundárias na capa de uma falha. Expressão mais comumente usada em falhas normais.

Colapso da lapa (*footwall collapse*): formação de uma ou mais falhas secundárias na lapa de uma falha. Expressão mais comumente usada para falhas normais.

Colapso de raiz orogênica (*orogenic root collapse*): modelo onde uma raiz orogênica é menos densa que as rochas vizinhas, o que causa seu colapso para cima e sua expansão lateral.

Colapso gravitacional orogênico (*gravitational orogenic collapse*): colapso de um orógeno sob seu próprio peso, que ocorre quando as forças gravitacionais criadas pelo peso da parte elevada do orógeno excedem a resistência do edifício orogênico.

Compactação (*compaction*): encurtamento em uma direção, enquanto as outras duas direções permanecem não deformadas.

Compactação diferencial (*differential compaction*): processo onde duas ou mais áreas apresentam diferentes graus de compactação, p. ex., a acumulação de sedimentos associada a uma falha de alto ângulo, ocorre preferencialmente sobre o bloco de falha abatido.

Compactação química (*chemical compaction*): compactação por meio de difusão por via úmida, ou seja, dissolução nos contatos dos grãos e/ou formação de estilólitos.

Compatibilidade de deformação (*strain compatibility*): considerada quando não há deslizamento ao longo de uma interface que separa camadas deformadas de modo diferente.

Competência (*competency*): expressão relativa que compara a resistência mecânica ou resistência ao fluxo de uma camada ou objeto, à resistência das camadas adjacentes ou da matriz. Os objetos competentes são mais resistentes ao fluxo que sua matriz.

Complexo de nappes (*nappe complex*): conjunto de *nappes* de cavalgamento que têm feições estruturais e/ou litológicas em comum e formam uma unidade única.

Complexo de núcleo metamórfico (*metamorphic core complex*): porção exposta (janela) de rochas metamórficas da placa inferior (lapa) de uma falha normal de baixo ângulo (descolamento). No uso original deste termo, a placa superior deveria ser submetida à deformação rúptil enquanto a inferior apresentaria estruturas miloníticas de regime plástico.

Complexo de núcleo metamórfico oceânico (*oceanic metamorphic core complex*): complexo de núcleo metamórfico formado em ambiente de rifte oceânico, onde o núcleo metamórfico é formado por serpentinitos.

Componente de rotação interna de distorção (*internal rotation component of strain*): diferença (em graus) entre a orientação de uma linha material situada ao longo do eixo de deformação principal máximo e a orientação da mesma linha antes da deformação.

Comportamento plástico (*plastic behavior*): deformação que ocorre apenas em um dado limite de elasticidade. A deformação é permanente e pode haver tanto endurecimento como amolecimento por deformação.

Compressão (*compression*): expressão usada amplamente para esforços compressionais. Para deformação (*strain*), devem ser usados os termos contração ou encurtamento.

Conexão de falha (*fault linkage*): processo onde dois segmentos de falha adjacentes interferem entre si e se conectam, formando uma estrutura com ligação direta ou suave.

Contração (*contraction*): redução em comprimento. Sinônimo de encurtamento.

Contração/encurtamento uniaxial (*uniaxial contraction/shortening*): contração em uma direção e sem deformação correspondente no plano perpendicular a ela. A compactação de sedimentos é um exemplo.

Corrugações (*corrugations*): ondulações cilíndricas em zonas de cisalhamento, falhas ou superfícies de rejeito. Ocorrem desde microescala até a escala de mapa. Exemplos de larga escala podem ser relacionados ao crescimento de falhas por conexão de segmentos ou ao dobramento paralelo a zonas de cisalhamento; em escala de afloramento relaciona-se também a entalhes friccionais de paredes de falha.

Corte de falha (*fault cut*): seção estratigráfica que não aparece em um poço e cuja omissão se deve a um falhamento. O corte de falha é estimado com base em informações estratigráficas de poços ou afloramentos vizinhos.

Costelas, marcas em costela (*ribs, rib marks*): estruturas elípticas (conchoidais) que ocorrem sobre fraturas extensionais, centradas no ponto de nucleação da fratura. São saliências ou reentrâncias que ocorrem onde a fratura tem orientação levemente anômala e são perpendiculares às marcas em pluma (*hackle marks*).

Crack: **termo** usado em engenharia (língua inglesa) em referência a fraturas, comumente restrito a fraturas em pequena escala (amostra de mão ou afloramento).

Crescimento de falha (*growth fault*): uma falha normal rasa que tenha se movido durante a deposição de sedimentos sobre a capa. Os estratos da capa se tornam mais espessos e mais grossos nas proximidades da falha. O rejeito da falha aumenta para baixo, enquanto o mergulho diminui.

Critério de fraturamento de Griffith (*Griffith fracture criterion*): Eq. (7.6), não linear (curva) no diagrama de Mohr.

Cunha de Coulomb (*Coulomb wedge*): modelo de cunha orogênica onde o critério de fratura de Coulomb se aplica ao material da cunha.

Cunha orogênica (*orogenic wedge*): área em forma de cunha (vista em seção) com rochas alóctones em zona orogênica ou cadeia de montanhas, com espessura maior no além-país e se torna mais delgada em direção ao antepaís.

Curva de compactação (*compaction curve*): gráfico que expressa as variações de porosidade em função da profundidade de soterramento, para um dado sedimento ou rocha sedimentar.

Curva de falha (*fault bend*): curva no traço ou superfície de falha. Embora o termo não implique uma evolução em particular, as curvas de falhas representam, provavelmente, estruturas formadas pela conexão direta entre falhas.

Curva de liberação (*releasing bend*): curva ao longo de uma falha direcional que gera uma extensão localizada.

Curva de restrição (*restraining bend*): curva ao longo de uma falha direcional que gera contração ou transpressão localizadas.

Defeito linear (*line defect*): defeito linear no retículo cristalino, também denominado deslocamento.

Deformação (*deformation*): variação em forma, posição e/ou orientação produzida por forças externas. A deformação é reconhecida comparando-se os estados e posições deformados e não deformados.

Deformação (*strain*) de falha (*fault strain*): deformação interna (*strain*) estimada em uma área ou volume afetado por diversas falhas. Como conceito, as deformações em duas e três dimensões se aplicam somente às deformações dúcteis (contínuas), mas como a ductilidade depende da escala, o termo pode, por aproximação, ser aplicado a rochas fraturadas com fraturas distribuídas.

Deformação coaxial (*coaxial deformation*): as linhas ao longo dos ISA não se rotacionam durante a deformação: $W_k = 0$. Os eixos principais de deformação (X, Y e Z) permanecem estacionários através de toda a história da deformação.

Deformação do tipo thick-skin (*thick-skinned deformation*): deformação orogênica que envolve o embasamento e não apenas sua cobertura sedimentar.

Deformação do tipo thin-skin (*thin-skinned deformation*): deformação orogênica que não envolve o embasamento, aoenas a cobertura sedimentar. *Nappes* do embasamento podem ocorrer na cunha orogênica, contanto que elas sejam originais de áreas distantes da área em questão.

Deformação dúctil (ductile deformation): deformação contínua na escala de observação, produzida por qualquer mecanismo de deformação (rúptil ou plástico). Alguns geólogos restringem o termo à deformação plástica cristalina.

Deformação elástica (*elastic deformation (strain)*): deformação que desaparece quando o esforço aplicado é removido.

Deformação em estado não estacionário (*non-steady-state deformation*): história da deformação onde variam as trajetórias de partículas e os parâmetros de fluxo, como ISA e Wk.

Deformação estacionária (*steady-state deformation*): deformação cujas trajetórias de partículas e parâmetros de fluxo, como ISA e W_k, são constantes durante toda sua história.

Deformação heterogênea (*heterogeneous deformation*): deformação que varia dentro de uma área ou volume em questão. Também denominada deformação inomogênea.

Deformação homogênea (*homogeneous deformation*): deformação idêntica em uma área ou volume em questão.

Deformação interna (*strain*) heterogênea (*heterogeneous strain*): estado de deformação (elipse ou elipsóide de deformação) que varia dentro de uma área ou volume em questão. Também chamada de deformação interna (*strain*) inomogênea.

Deformação interna (strain) homogênea (homogeneous strain): estado de deformação idêntico em uma área ou volume em questão, o que significa que a distorção em toda a área ou volume pode ser representada por uma elipse ou elipsóide de distorção simples.

Deformação interna (*strain*): mudança em comprimento (1-D) ou forma (2-D ou 3-D) devido a deformação. Originalmente definido para deformação contínua (dúctil), mas também usado em áreas de falhamento: ver *deformação de falha*.

Deformação interna rúptil (*brittle strain*), deformação rúptil (*brittle deformation*): deformação por fraturamento (deformação descontínua).

Deformação inversa (*inverse deformation*): deformação (transformação) que faz um objeto deformado retornar ao seu estado não deformado. Também denominada deformação recíproca.

Deformação não coaxial (*non-coaxial deformation*): deformação onde as linhas ao longo dos eixos de distorção principal que não têm a mesma orientação antes e depois da deformação.

Deformação permanente (*permanent strain*): deformação que permanece após a remoção do campo de esforços que a causou.

Deformação plana (*plane strain*): deformação onde o eixo de distorção intermediário (Y) não é afetado (Y = 1), com o encurtamento em Z sendo compensado pela extensão em X. Não há, portanto, movimento de partículas na direção perpendicular ao plano XZ. A deformação plana produz elipsóides de deformação situados na diagonal do diagrama de Flinn ($k = 1$).

Deformação plástica (*plastic deformation*): deformação dúctil resultante de mecanismos de deformação plástica. A deformação plástica produz uma variação não recuperável da forma (deformação permanente), mas sem ruptura. Para alguns especialistas (para engenheiros, em particular), a deformação plástica é simplesmente o acúmulo de deformação permanente sem fraturamento, em resposta a um esforço. Para especialistas em mecânica de solos, a argila é um material (quase) plástico.

Deformação plástica perfeita (*perfect plastic deformation*): deformação plástica independente do tempo, cuja taxa de deformação não tem influência sobre a curva de esforço-deformação. A deformação perfeitamente plástica não apresenta endurecimento ou amolecimento por deformação.

Deformação por cisalhamento (*shear strain* (γ)): valor da tangente da variação angular (ψ) apresentada por duas linhas originalmente perpendiculares.

Deformação progressiva (*progressive deformation*): deformação contínua e em andamento, que produz uma história da deformação.

Deformação recíproca (*reciprocal deformation*): deformação (transformação) que leva um objeto deformado de volta a seu estado anterior à deformação. Também chamada de deformação inversa.

Deformação rotacional (*rotational deformation*): expressão aplicada a deformações não coaxiais.

Deformação tangencial longitudinal (*tangential longitudinal strain*): mecanismo de dobramento onde as linhas ortogonais à camada dobrada antes do dobramento permanecem assim após o término do dobramento. O mecanismo implica extensão no arco externo e contração no arco interno.

Deformação volumétrica (*volumetric strain*): variação isotrópica de volume.

Deformação/deformação interna inomogênea (*inhomogeneous deformation/strain*): Ver *deformação/distorção heterogênea*.

Desacoplamento (*decoupling*): expressão usada em casos onde a parte superior de uma seção se deforma em estilo diferente da parte inferior, ou se as estruturas de dois níveis não estão diretamente conectadas entre si. As duas partes são separadas por um descolamento ou por uma camada de resistência muito baixa (tipicamente sal).

Descolamento (*décollement*): desligamento ou separação em larga escala, ou seja, falha ou zona de cisalhamento localizada ao longo de uma camada ou sequência estratigráfica pouco resistente da crosta (p. ex. sal ou folhelho). O termo é usado em contexto extensional e contracional.

Descolamento (*detachment*): zona de cisalhamento ou falha horizontal ou de baixo ângulo, que separa uma placa superior (capa) de uma placa inferior (lapa). Os descolamentos são tipicamente foramdos pela reativação de estruturas ou camadas de baixa resistência.

Descontinuidade abrupta (*sharp discontinuity*): termo relacionado a fraturas (incluindo estilolitos); estruturas muito delgadas em relação ao seu comprimento e altura. O termo descontinuidade se refere a variações abruptas no rejeito (taxa) e também indica que estruturas apresentem anomalias mecânicas como diminuição da resistência ao cisalhamento, resistência à tração e rigidez, além de alta condutividade de fluidos em relação à rocha hospedeira. Ver também *descontinuidades tabulares*.

Descontinuidade tabular (*tabular discontinuity*): termo usado para estrutura onde há concentração de deformação em uma espessura mensurável em afloramento ou amostra de mão (ou seja, mais espessa que uma descontinuidade abrupta) e uma variação contínua na resistência ou deslocamento através delas. As bandas de deformação e as zonas de cisalhamento são exemplos de descontinuidades tabulares.

Deslizamento assísmico (*aseismic slip*): deslizamento contínuo, estável, oposto ao deslizamento tipo *stick-slip* (cola-desliza).

Deslizamento de borda de grão (*grain boundary sliding*): mecanismo de deformação plástica onde há deslizamento de grãos por difusão da borda (não deve ser confundido com deslizamento friccional de borda de grãos, que é um mecanismo rúptil).

Deslizamento de deslocamento (*dislocation glide*): processo de auto-regenerativo de migração de deslocamentos em linha, similar ao deslocamento de uma lagarta (Fig. 10.12).

Deslizamento friccional (*frictional sliding*): deslizamento segundo uma fratura que tem uma certa fricção, mas sem a ativação de mecanismos de deformação plástica.

Deslocamento (em retículos cristalinos) (*dislocation*): defeito linear em escala atômica em um retículo cristalino. Os deslocamentos podem se mover por mecanismos de deslizamento e escalada. A formação e a migração de deslocamentos causam deformação plástica. Os deslocamentos em linha e em parafuso são os principais tipos encontrados em rochas naturalmente deformadas.

Deslocamento (macroscópico) (*displacement*): diferença entre a localização de um ponto antes e depois de uma deformação. No caso de falhas, o deslocamento é o movimento relativo de dois pontos originalmente adjacentes em cada lado da falha.

Deslocamento em linha (*edge dislocation*): defeito linear em um retículo cristalino (Fig. 10.11).

Deslocamento em parafuso (*screw dislocation*): ver Figura 10.11.

Destral (*dextral*): movimento lateral para a direita, em relação a um ponto de referência.

Diagrama de justaposição de falhas (*fault juxtaposition diagram*): diagrama que mostra as relações entre contatos litológicos ao longo de uma falha em particular, p. ex., areia-areia, areia-folhelho etc. Este diagrama tem relação próxima com o diagrama triangular, que é um diagrama de justaposição geral para uma falha sintética (alteração gradual do rejeito).

Diagrama de Mohr (*Mohr diagram*): diagrama onde os eixos horizontal e vertical representam os esforços normal (s_n) e de cisalhamento (s_s) que agem sobre planos através de um ponto.

Diagrama de tangente de lineação (*tangent-lineation diagram*): rede estereográfica com dados de falha e sua cinemática, que revela a orientação dos paleoesforços e possivelmente a forma do elipsóide de esforços.

Diagrama triangular (*triangle diagram*): diagrama que mostra a justaposição de camadas em um rejeito crescente e contínuo. O dado de entrada para a construção do diagrama triangular é a estratigrafia local. Fatores como os valores SGR podem ser calculados e incorporados ao diagrama.

Diapirismo (*diapirism*): processo associado à formação de diápiros.

Diapirismo ativo (*active diapirism*): processo onde diápiros forçam seu caminho para cima através das camadas sobrejascentes movidos por carga diferencial, térmica ou de deslocamento. Em geral, há enfraquecimento das camadas sobrejascentes por fraturamento.

Diapirismo passivo (*passive diapirism*): diapirismo onde o sal se encontra em superfície ou próximo a ela, e ascende devido à carga de sedimentos que se acumula continuamente por *downbuilding* ao seu redor, que por sua vez desloca o sal para dentro do diápiro.

Diapirismo reativo (*reactive diapirism*): processo de ascenção de sal como reação a uma significativa deformação tectônica rúptil, em geral extensão.

Diápiro (*diapir*): corpo, geralmente de sal, de magma ou de lama e areia saturadas em água, que se move gravitacionalmente para cima e intrude as camadas sobrejacentes.

Diápiro em forma de gota (*teardrop diapir*): sal alóctone na forma de uma gota invertida; soldagem da haste de um diápiro que se alarga para cima.

Diferença de pressão (*pressure difference*): termo usado aqui em relação à diferença de pressão entre dois locais, geralmente devido à carga diferencial. Cria uma situação instável em rochas viscosas (fluidos) e favorece seu fluxo, como p. ex. em uma camada de sal ou no manto astenosférico.

Difusão (*diffusion*): movimento de vacâncias em um retículo atômico. A difusão por volume ocorre no interior do retículo, enquanto que a fluência de Coble ocorre ao longo dos limites dos grãos.

Difusão em borda de grão (*grain boundary diffusion*): difusão de vacâncias em estruturas cristalinas, ao longo dos limites de grãos – mecanismo de deformação plástica. Também denominada fluência de Coble.

Difusão por volume (*volume diffusion*): fluência por difusão onde as vacâncias migram através do retículo cristalino. Também conhecida como fluência de Nabarro–Herring.

Difusão úmida (*wet diffusion*): difusão que ocorre pelo transporte de íons em filmes aquosos nos contatos de grãos, geralmente em profundidade rasa.

Dilatação (*dilation* (EUA), *dilatation* (Reino Unido)): variação em volume, geralmente implicando numa perda de volume (a dilatação negativa sendo um ganho em volume). A dilatação isotrópica envolve a mesma variação de extensão em todas as direções. Um exemplo comum de dilatação anisotrópica é a deformação uniaxial. Na dilatação em zonas de cisalhamento geralmente há compactação transversalmente à zona.

Dissolução por pressão (*pressure solution*): difusão por via úmida nos limites de grãos; único tipo de difusão que pode ocorrer a temperaturas submetamórficas. Em geral denominada dissolução ou solução quando em rochas sedimentares, porque a temperatura e os fatores químicos parecem ser mais importantes que a pressão durante a compactação de sedimentos.

Distorção (*distortion*): ver deformação (*strain*).

Distribuição de lei de potência (*power-law distribution*): dados que definem uma linha reta em um diagrama log-log.

Dobra associada a falha (*fault-bend fold*): dobra formada na capa devido a uma curva ou *kink* na superfície da falha. Termo usado tradicionalmente em uma falha formada acima de uma rampa de cavalgamento.

Dobra chevron (*chevron fold*): dobra com charneira angular e cuja superfície angular é mais ou menos perpendicular a σ_1.

Dobra cilíndrica (*cylindrical fold*): dobra com linha de charneira retilínea ou dobra em cuja zona de charneira um cilindro imaginário possa se ajustar.

Dobra de cisalhamento (*shear fold*): termo usado para dobras similares.

Dobra de duplo caimento (*doubly plunging fold*): dobra que mergulha com caimento em duas direções, devido a curvatura na linha de charneira.

Dobra de propagação de falha (*fault-propagation fold*): dobra formada à frente de uma extremidade de propagação de falha. Termo tradicionalmente usado para falhas de cavalgamento, mas também pode ser usado para qualquer tipo de falha (normal, direcional ou inversa).

Dobra em caixa (*box fold*): dobra com dois planos axiais e duas zonas de charneira formados simultaneamente. Assemelha-se a uma caixa (sem o fundo) em perfil.

Dobra recumbente (*recumbent fold*): dobra com superfície axial subhorizontal e linha de charneira horizontal.

Dobra similar (*similar fold*): dobra cujos arcos interno e externo têm exatamente a mesma forma, ou seja, onde a distância entre os arcos paralela ao traço axial é a mesma em todos a dobra. As dobras similares são dobras de classe 2, de acordo com a classificação de Ramsay baseada nas isógonas de mergulho.

Dobra transectada (*transected fold*): dobra cuja clivagem plano axial é oblíqua em relação à superfície axial.

Dobra vertical (*upright fold*): dobra com superfície axial vertical e linha de charneira horizontal.

Dobramento ativo (*active folding*): dobramento de camadas por encurtamento paralelo ao acamamento, controlado pelo contraste de viscosidade entre as camadas (flambagem, *buckling*).

Dobramento flexural (*flexural folding*): dobramento por rejeito flexural, cisalhamento flexural ou flexura ortogonal.

Dobramento passivo (*passive folding*): dobramento onde não há influência mecânica do acamamento (nenhum contraste de competência): as camadas agem meramente como marcadores.

Dobras concêntricas (*concentric folds*): dobras cujos arcos arredondados se aproximam de hemi-círculos, de modo que seus flancos e charneiras não podem ser separados (ou pode-se dizer que consistem somente de charneiras).

Dobras conjugadas (*conjugate folds*): ver *dobras em caixa*.

Dobras de descolamento (*décollement folds, detachment folds*): dobras formadas acima de um descolamento, sendo que as camadas abaixo do descolamento não são afetadas pelo dobramento. Idênticas às dobras de desligamento.

Dobras de flambagem (*buckle folds*): dobras que se formam por flambagem. Apresentam uma certa regularidade no seu comprimento de onda e amplitude em função da espessura da camada e do contraste de viscosidade entre a(s) camada(s) e a matriz.

Dobras desarmônicas (*disharmonic folds*): dobras em rochas com múltiplas camadas, com variação de forma e comprimento de onda das dobras ao longo de seu traço axial.

Dobras em "árvore de natal" (*Christmas-tree folds*): dobras secundárias superimpostas a uma dobra vertical maior pré-existente, geralmente por meio de colapso gravitacional. O padrão "árvore de natal" emerge quando a dobra primária é uma antiforme vertical.

Dobras em bainha (*sheath folds*): dobras altamente não cilíndricas, formadas em zonas de alta deformação por cisalhamento.

Dobras em kink (*kink folds*): dobras angulares pequenas (tipicamente em escala centimétrica), com charneiras retas; considera-se que são formadas com os planos axiais em ângulo agudo com s_1.

Dobras em S (*S-fold*): dobras assimétricas cujos flancos curtos parecem ter sido rotacionados no sentido anti-horário em relação a seus flancos longos.

Dobras em Z (*Z-folds*): dobras assimétricas cujos flancos curtos parecem ter sido rotacionados no sentido horário em relação a seus flancos longos.

Dobras forçadas (*forced folds*): dobras formadas pelo movimento de blocos do embasamento segundo falhas pré-existentes, forçando as camadas da cobertura sedimentar a se dobrar, formando estruturas monoclinais.

Dobras harmônicas (*harmonic folds*): dobras que se repetem com forma semelhante ao longo do traço axial.

Dobras M (*M-folds*): dobras simétricas, típicas da zona de charneira de uma dobra maior.

Dobras paralelas (*parallel folds*): dobras com espessura constante de camadas (Classe 1B).

Dobras parasitas (*parasitic folds*): dobras que ocorrem nos flancos ou charneira de uma dobra maior, todas formadas em um único processo de dobramento.

Dobras periódicas (*periodic folds*): dobras ao longo de uma única camada, com razão constante comprimento de onda – espessura (L/h).

Dobras policlinais (*polyclinal folds*): dobras cujas superfícies axiais apresentam mergulhos variáveis ou contrastantes.

Domínios M (*M-domains*): domínios de clivagem microscópica dominados por mica (M), que podem conter outros filossilicatos e fases opacas. Os domínios M são separados entre si por domínios QF.

Domínios QF (*QF-domains*): domínios microscópicos de clivagem com predomínio de quartzo (Q) e feldspato (F), separados por domínios M, ricos em mica.

Domo (*dome*): geometria em forma de tigela invertida, com camadas mergulhando em todas as direções a partir de um ponto na parte superior.

Dossel de sal (stock) (*salt (stock) canopy*): sal proveniente de vários diápiros que se alargam para cima e que se coalescem em um nível estratigráfico mais altos que a camada fonte de sal.

***Downbuilding*:** termo usado para processo onde sedimentos se acumulam ao longo de um diápiro passivo de sal. Os sedimentos se acumulam para baixo em relação à superfície da Terra.

Duplex (*duplex*): unidade tectônica que consiste em uma série de "cavalos" arranjados de modo similar a cartas imbricadas de um baralho, entre um cavalgamento de base e um de topo. Também usado para estruturas similares em contexto extensional e de rejeito direcional.

Duplex direcional (*strike-slip duplex*): duplex formado ao longo de uma falha de rejeito direcional, semelhante aos duplexes clássicos relacionados a cavalgamentos ou extensão, mas como se estes estivessem deitados de lado. Portanto, há dois tipos: duplexes direcionais extensionais e contracionais.

Duplex extensional (*extensional duplex*): duplex formado em falha extensional, onde os blocos individuais são separados por falhas extensionais e limitados por uma falha de topo e outra de base.

Eixo da dobra (*fold axis*): linha reta de charneira de uma dobra cilíndrica.

Eixos cinemáticos (*kinematic axes*): arcabouço cinemático definido por três eixos ortogonais, *a*, *b* e *c*, onde o eixo *a* representa a direção de transporte e *c* é perpendicular ao plano de cisalhamento.

Eixos de deformação (*strain axes*): ver *eixos principais de deformação*.

Eixos de estiramento instantâneo (ISA) (*instantaneous stretching axes, ISA*): direções de estiramento máximo em andamento (ISA_1), estiramento mínimo em andamento (ou encurtamento máximo, ISA_3) e um eixo intermediário perpendicular aos outros dois (ISA_2). Estes eixos são definidos para cada instante durante a deformação.

Eixos principais de deformação (*principal strain axes*): dois (ou três) eixos ortogonais da elipse (ou elipsóide) de deformação, que representam as direções e magnitudes da máxima extensão (X) e do máximo encurtamento (Z). O elipsóide de deformação tem um terceiro eixo, intermediário (Y), ortogonal aos outros dois. Vetores próprios da matriz de deformação.

Eixos principais de esforços, esforços principais (*principal stress axes, principal stresses*): três eixos mutuamente ortogonais (dois, em duas dimensões) que definem a direção dos esforços principais e, portanto, do elipsóide de esforços. Vetores próprios do tensor de esforços. Os valores dos esforços principais são indicados pelo comprimento dos eixos e pelos valores próprios do tensor de esforços.

Elipse de deformação incremental (*incremental strain ellipse*): elipse de deformação de uma pequena parte da história da deformação total. As elipses de deformação incremental se somam para produzir a elipse de deformação finita.

Elipsóide de deformação (*strain ellipsoid*): elipsóide resultante da deformação de uma esfera unitária passivamente presente no meio deformado. O elipsóide de deformação tem três eixos principais que definem as direções de deformação máxima, mínima e intermediária (eixos principais de deformação).

Elipsóide de esforços (*stress ellipsoid*): elipsóide que descreve o estado de esforços em um dado ponto. Um ponto representa a intersecção de um número infinito de planos, e o esforço normal a qualquer um destes plano é indicado pela distância entre o ponto e a elipse, medida perpendicularmente ao plano em questão. Os eixos da elipse são os esforços principais (esforços normais máximo, mínimo e intermediário, designados por σ_1, σ_2, σ_3), orientados perpendicularmente aos planos principais de esforços. Um elipsóide de esforços apenas existe se todos os três esforços principais forem compressivos ou tracionais. Em duas dimensões, o elipsóide se torna uma elipse de esforços.

Elongação (*elongation*): $\dot{e} = (l - l_0)/l_0$, onde l_0 e l correspondem ao comprimento da linha antes e depois da deformação, respectivamente.

Empurrão de topo (*roof thrust*): falha de baixo ângulo que define o limite superior de uma estrutura duplex.

Encurtamento (*shortening*): ver *contração*.

Encurtamento axialmente simétrico (*axially symmetric shortening*): encurtamento em uma direção principal (Z) e extensão de mesma magnitude nas outras duas (X e Y). Representa uma deformação por achatamento perfeito. Equivalente a encurtamento uniforme.

Encurvamento ou flexão (*bending*): mecanismo de dobramento que ocorre onde as forças são aplicadas com um alto ângulo em relação ao acamamento.

Endurecimento por deformação (*strain hardening*): efeito pelo qual o nível de esforço deve ser aumentado para que a taxa de deformação seja mantida. Melhor definido em laboratório, em experimentos de mecânica de rochas. Em um contexto de zonas de cisalhamento de bandas de deformação, o endurecimento por deformação faz com que seja mais fácil a deformação da rocha adjacente do que a continuidade da deformação na zona ou banda. Esta característica também é denominada endurecimento por trabalhamento (*work hardening*).

Endurecimento/amolecimento por trabalhamento (*work hardening/softening*): aproximadamente equivalente a endurecimento/amolecimento por deformação, mas estritamente relacionado ao trabalho (energia) envolvido, ao invés do nível de esforços.

Energia de deformação (*strain energy*): energia armazenada em um cristal pelo acúmulo de deslocamentos formados por deformação. Proporcional à densidade de deslocamentos.

Envoltória de Coulomb (*Coulomb envelope*): envoltória linear de ruptura prevista pelo critério de fratura de Coulomb.

Envoltória de ruptura (*failure envelope*): curva que envolve uma série de círculos de Mohr que representam valores de esforço diferencial e médio (diferentes posições ao longo do eixo x do diagrama de Mohr). Cada círculo toca a envoltória. A envoltória de ruptura descreve as condições de esforço no momento da ruptura da rocha em diferentes condições de esforços em um dado meio (rocha).

Envoltória de ruptura de Mohr (*Mohr failure envelope*): curva determinada experimentalmente que indica a ruptura de um material, não importando de este obedece ou não ao critério de fraturamento de Coulomb.

Escalada (*climb*): processo pelo qual deslocamentos em linha pulam para outro plano de deslizamento, para superar obstáculos no retículo cristalino.

Esforço (*stress*): o esforço sobre uma superfície é dado pela força dividida pela área na qual que ela é aplicada. É decomposto em um componente normal e um de cisalhamento. O estado completo de esforços em um dado ponto é dado pelo tensor de esforços e ilustrado pelo elipsóide de esforços.

Esforço cisalhante (*shear stress*): esforço que age paralelamente a um plano de referência.

Esforço de campo distante (*far-field stress*): equivalente a *esforço remoto*.

Esforço deviatório (*deviatoric stress*): diferença entre o esforço total e o esforço médio. Tem relação próxima com o esforço tectônico.

Esforço diferencial (*differential stress*): diferença entre os esforços principais maior e o menor, ou seja, o diâmetro do círculo de Mohr.

Esforço efetivo (*effective stress*): esforço total menos a pressão de poros, em uma rocha ou sedimento poroso.

Esforço hidrostático (*hydrostatic stress*): estado de esforços onde a pressão é a mesma em todas as direções (elipsóide de esforços esférico). Ocorre apenas em fluidos, incluindo magmas.

Esforço limite de elasticidade (*yield stress*): esforço crítico necessário para que uma rocha flua.

Esforço médio (*mean stress*): média aritmética dos esforços principais.

Esforço normal (*normal stress*): esforço ou componente de esforço que age perpendicular à superfície de referência.

Esforço remoto (*remote stress*): campo de esforços que atua regionalmente, distante de anomalias determinadas por estruturas locais, como zonas de fraqueza; esforços remotos em relação à(s) estrutura(s) em questão. Também chamado de esforços de campo distante.

Esforço residual (*residual stress*): esforço que ficou bloqueado em uma rocha, sendo preservado após a remoção ou retirada do campo de esforços externos.

Espalhamento (*smear*): zona ou membrana de rocha de granulação fina, comumente impermeável, ou de sedimento espalhado ao longo de uma falha. Um espalhamento pode ser de argila, folhelho ou outra rocha finamente granulada em estratos rochosos afetados por falhamento.

Espalhamento (*spreading*): translação de rochas causada por gravidade, com padrão radial de deslocamento ou velocidade, semelhante ao que ocorre quando se coloca massa crua de pão sobre uma mesa.

Espalhamento de argila (*clay smear*): espalhamento de argila ou, menos comumente, injeção de argila no núcleo de uma falha.

Espelho de falha (*slickenside*): superfície de falha finamente polida, formada por intensa moagem de grãos e/ou crescimento mineral sincinemático.

Estado de referência de deformação uniaxial (*uniaxial strain reference state*): modelo de estado de esforços na crosta, onde os esforços surgem apenas em consequência da compactação vertical, ou seja, da compactação uniaxial. Os esforços surgem porque as rochas não podem se expandir ou contrair no plano horizontal. O nível de esforços aumenta para baixo com o peso das camadas sobrejacentes.

Estado de referência de esforço horizontal constante (*constant-horizontal-stress reference state*): estado de referência de esforços que considera que a litosfera não tem resistência ao cisalhamento abaixo de uma certa profundidade, se comportando como um fluido abaixo desta profundidade de compensação.

Estado de referência litostático (*lithostatic reference state*): estado de referência de esforços na crosta, onde esta é considerada um meio sem resistência ao cisalhamento (ou seja, um fluido) e onde o esforço em qualquer direção é o produto da densidade, profundidade e *g*.

Estilo estrutural (*structural style*): aparência distintiva de um conjunto de estruturas. Por exemplo, dobras que tenham ângulo de abertura, vergência e/ou associação mineral metamórfica semelhantes possuem um mesmo estilo estrutural, que as torna distintas de outras dobras nas mesmas rochas, ou similares a dobras em outra área ou unidade. O estilo estrutural é influenciado pelo ambiente tectônico, pelas condições de temperatura-profundidade e pelas características litológicas.

Estilolitos (*stylolites*): superfícies onduladas ou serrilhadas enriquecidas em minerais residuais, em geral argilas e micas. Formam-se mais comumente em calcários, mas também em arenitos e chertes. São estruturas de compactação que se formam em posição perpendicular à direção de encurtamento.

Estiramento (*s*) (*stretching*): $s = 1 + e$, onde e indica o elongamento (extensão). Igual ao fator beta em estimativas regionais do estiramento de uma bacia.

Estiramentos principais (*principal stretches*): comprimento dos eixos X, Y e Z de deformação principal.

Estratigrafia mecânica (*mechanical stratigraphy*): estratigrafia baseada nas propriedades mecânicas das camadas, ao invés de tipos litológicos ou características sedimentares.

Estratigrafia reológica (*rheologic stratigraphy*): estratificação reológica da litosfera ou de parte dela, onde uma subdivisão possa ser feita com base em propriedades reológicas contrastantes entre as camadas.

Estrias (*striations, striae*): arranhões lineares e sulcos em uma superfície de rejeito, formados por movimento friccional da capa contra a lapa.

Estrias geométricas (*geometric striae*): irregularidades lineares sobre uma superfície de rejeito, p. ex., corrugações superficiais.

Estrutura em flor (*flower structure*): padrão de falhas de rejeito direcional, visto em perfil, onde ela se ramifica e se alarga para cima.

Estruturas de estricção (*pinch-and-swell structures*): adelgaçamento localizado (*necking*) de camadas (geralmente) competentes, sem a formação de *boudins* claramente separados.

Estruturas em pluma (*plumose structures*): padrão de relevo sutil em juntas, similar às estrutura de uma pena, que indica a direção de crescimento das juntas. O padrão aponta na direção do ponto de nucleação da junta. Geralmente encontradas nas juntas de rochas de granulação fina. Também chamadas de marcas em pluma (*hackle marks*).

Expulsão de sal (*salt expulsion*): outro termo para retirada de sal.

Extensão (*extension*): medida de quanto mais longa uma linha ou objeto se torna devido à deformação.

Extensão axialmente simétrica (*axially symmetric extension*): extensão em uma direção principal (eixo X do elipsóide de deformação) e encurtamento de mesma magnitude nas outras duas direções (Y e Z). Implica deformação constricional perfeita. Equivalente à extensão uniforme.

Extensão uniaxial (*uniaxial extension*): extensão em uma direção sem deformação no plano perpendicular a ela. A extensão uniaxial implica aumento de volume.

Extensão uniforme (*uniform extension*): estado de esforços onde o estiramento em X é compensado por igual encurtamento no plano ortogonal a ele (X).

Extinção ondulante (*undulatory (or undulose) extinction*): extinção heterogênea de grãos minerais vista ao microscópio óptico com polarizadores cruzados ao girar a platina.

Extração de sal (*salt withdrawal*): fluxo de sal de um local para uma estrutura salina adjacente. A extração de sal pode resultar em bacias sedimentares locais (minibacias) acima da área de extração e soldas onde o sal foi totalmente extraído.

Extrusão (*extrusion*): modelo de deformação onde a rocha se move em uma direção uniforme, sem deformação ao longo de Y (deformação plana). Termo aplicado a zonas de cisalhamento em escala de afloramento e a orógenos (particularmente nos Himalaias), referindo-se à situação onde uma unidade na cunha orogênica (*nappe* de cavalgamento) apresenta translação em direção ao antepaís com maior velocidade que a unidade sobrejacente. O resultado é uma unidade alóctone limitada por um cavalgamento na base e por uma falha normal no topo. Ver também *fluxo de canal*.

Falha (*fault*): superfície ou zona tabular estreita, com deslocamento paralelo à superfície (ou zona).Termo em geral usado para estruturas rúpteis (dominadas por mecanismos de deformação rúptil).

Falha antitética (*antithetic fault*): do grego *antithetos*, colocado em oposição a algo. Uma falha antitética é uma falha com mergulho na direção oposta à falha mestra ou ao conjunto de falhas dominantes.

Falha com rejeito no rumo do mergulho (*dip-slip fault*): falha cujo vetor de rejeito é orientado segundo a direção de mergulho na superfície de falha, ou seja, falha perfeitamente inversa ou normal.

Falha contracional (*contractional fault*): falha que encurta um horizonte de referência, que pode ser tanto um camamento litológico, como a superfície terrestre.

Falha de alto ângulo (*high-angle fault*): falha com ângulo de mergulho maior que 30°.

Falha de atalho (*shortcut fault*): falha ou segmento de falha que estabelece um traço novo, mais curto e direto, como na reativação de falhas ou devido a complicações geométricas, como um *kink* no plano de falha. Neste último caso, uma falha de atalho atravessa o *kink* e a torna mais retilínea.

Falha de baixo ângulo (*low-angle fault*): falha com mergulho menor que 30°.

Falha de rasgamento (*tear fault*): ver *falha de transferência*.

Falha de rejeito direcional (*strike-slip fault*): falha cujo rejeito é horizontal. Pode ser destral (lateral-direita) ou sinistral (lateral-esquerda).

Falha de rejeito oblíqua (*oblique-slip fault*): falha cujo vetor de deslocamento tem ângulo de mergulho menor que o mergulho da falha, ou seja, com uma combinação de rejeito direcional e normal ou inverso.

Falha de transferência (*transfer fault*): falha que transfere rejeito de uma falha para outra.

Falha extensional (*extensional fault*): falha que extende (ou aumenta o comprimento de) um horizonte de referência, que pode ser um acamamento litológico ou a superfície terrestre.

Falha mestra (*master fault*): a maior falha de uma área.

Falha mestra de base (*sole thrust*): cavalgamento de baixo ângulo que marca a base de uma unidade tectônica.

Falha normal (*normal fault*): falha cuja capa se move para baixo em relação à lapa. As falhas normais são extensionais em relação a uma camada horizontal ou à superfície terrestre.

Falha patamar-rampa-patamar (*flat-ramp-flat fault*): falha com um segmento subhorizontal conectado a segmentos mais inclinados em cada extremidade. Usado em relação a falhas extensivas tanto quanto de falhas inversas e de empurrão.

Falha inversa (*reverse fault*): falha onde a capa se moveu para cima em relação à lapa, implicando encurtamento de camadas horizontais.

Falha selante (*sealing fault*): falha impermeável ou de permeabilidade muito baixa em rochas porosas e permeáveis, que impede o fluxo de fluidos. O selamento das falhas pode ser causado por espalhamento de folhelhos ou argilas ou por uma membrana de *gouge* impermeável de falha, selando o contato areia-areia ao longo da superfície da falha.

Falha sintética (*synthetic fault*): pequena falha com mergulho na mesma direção que a falha principal adjacente.

Falha transcorrente (*transcurrent fault*): falha direcional com extremidade não confinada.

Falha transformante (*transform fault*): falha direcional que define um limite de placa. As falhas transformantes transferem o movimento entre segmentos de cadeias mesoceânicas ou limitam arcos de ilha.

Falhas cegas (*blind faults*): falha que termina sem atingir outra falha ou a superfície. Termo tradicionalmente usado em terminologia de falhas de cavalgamento (cavalgamento cego).

Falhas concêntricas (*concentric faults*): falhas circulares relacionadas ao colapso de rochas subjacentes, por exemplo devido ao colapso de estruturas de sal ou de estruturas cársticas.

Falhas conjugadas (*conjugate faults*): duas falhas que se interceptam, formadas sob o mesmo campo de tensões. Estas falhas apresentam sentidos de cisalhamento opostos e perfazem um ângulo de 30 ° com s_1.

Falhas em dominó (*domino faults*): conjunto de falhas normais paralelas, separadas por blocos rotacionados (blocos em dominó) cujo acamamento tem mergulho antitético às falhas.

Falhas interplacas (*interplate faults*): falhas que definem limites de placas.

Falhas intraplacas (*intraplate faults*): falhas que ocorrem no interior de uma placa tectônica, ou seja, que não definem limites de placa.

Falhas radiais (*radial faults*): falhas que formam um padrão radial, idealmente irradiando-se a partir de (ou projetando-se na direção de) um ponto central comum. Estruturas tipicamente encontradas na camadas acima de domos, principalmente de domos de sal.

Falhas sobrepostas (*overlapping faults*): duas falhas com a mesma direção aproximada, mas com uma defasagem lateral de uma em relação à outra, que faz com que as extremidades das falhas fiquem desalinhadas. As extremidades das falhas apresentam um comprimento da zona de sobreposição muito menor que o comprimento das falhas individuais; as duas falhas devem estar próximas o bastante para que seus campos de deformação elástica se sobreponham.

Falhas subsísmicas (*subseismic faults*): falhas muito pequenas para serem imageadas em uma linha sísmica. O intervalo de tamanho (limite superior) depende da resolução dos dados sísmicos; outras informações devem ser usadas para identificá-las, como testemunhos de sondagem, dados de afloramento ou perfis de *dipmeter*.

Fase de deformação (*deformation phase*): período de tempo no qual há a formação contínua de estruturas em uma área ou região. As estruturas apresentam uma expressão comum que pode ser ligada a um campo de deformação ou de esforços em particular, ou a um padrão cinemático, ainda que o estilo possa variar (p. ex., dobras abertas e fechadas podem ser relacionadas a uma mesma fase, porque a deformação pode ser heterogênea, mas elas devem indicar uma mesma direção de encurtamento).

Fator de espalhamento de folhelho (*shale smear factor (SSF)*): razão entre o componente vertical de rejeito de uma falha e a espessura da camada fonte de folhelho. O SSF é usado na estimativa das propriedades selantes de falhas.

Fechamento com mergulho em quatro direções (*four-way dip closure*): estrutura dômica.

Filonito (*phyllonite*): milonito micáceo, tipicamente um metapelito de baixo grau fortemente cisalhado.

Fissura (*fissure*): fratura extensional preenchida por fluido.

Fixação (*pinning*): termo que se aplica a minerais que não estejam se recristalizando e representem obstáculos durante a recristalização de uma rocha.

Flambagem (*buckling*): mecanismo de dobramento que ocorre quando camadas mais competentes (de maior viscosidade) que a matriz são comprimidas paralelamente ao acamamento. Com o aumenta do esforço, a camada se torna mais instável e se dobra pela amplificação de minúsculas irregularidades ao longo das interfaces das camadas.

Flancos da dobra (*fold limbs*): as duas partes da dobra separadas pela zona de charneira, ou seja, pela área de máxima curvatura.

Flexura ortogonal (*orthogonal flexure*): mecanismo de dobramento onde linhas originalmente ortogonais ao acamamento se mantêm ortogonais, produzindo uma superfície neutra que separa o estiramento no arco externo do encurtamento no arco interno. Também chamada de deformação longitudinal tangencial.

Fluência (*creep*): termo geralmente aplicado a processos geológicos lentos. Mais especificamente usado para o modo (lento) em que a deformação plástica permanente se acumula devido a um esforço constante e prolongado, por vários mecanismos de deformação em micro-escala ou em escala atômica (fluência por difusão, fluência de deslocamentos etc.).

Fluência de Coble (*Coble creep*): ver *difusão das bordas de grãos*.

Fluência de deslocamento (*dislocation creep*): acúmulo de deformação pela migração de deslocamentos em um cristal.

Mecanismos de escalada e de deslizamento cruzados são usados para contornar obstáculos no retículo.

Fluência de Nabarro–Herring (*Nabarro–Herring creep*): Ver *difusão por volume*.

Fluido newtoniano (*newtonian fluid*): material que se deforma de modo tal que o esforço de cisalhamento e a deformação por cisalhamento têm relação linear (Eq. (6.22)). Também chamado de material linear ou perfeitamente viscoso.

Fluxo (*flow*): termo aplicado a rochas na perspectiva do tempo geológico, ou seja, com tempo suficiente e condições físicas apropriadas (temperatura, pressão, disponibilidade de fluidos), as rochas fluem por mecanismos de deformação plástica ou rúptil. Pode ser feita uma distinção entre fluxo cataclástico e fluxo plástico.

Fluxo (ou fluência) estacionário (*steady-state flow (or creep)*): deformação de um material com taxa constante de deformação. Ver também deformação estacionária.

Fluxo cataclástico (*cataclastic flow*): fluxo de rocha durante a deformação por cataclase, mas em uma escala que faz com que a deformação seja contínua e distribuída em uma zona.

Fluxo de canal (*channel flow*): fluxo de larga escala de rochas aquecidas e de viscosidade relativamente baixa, em um "canal" na zona de colisão continente-continente de um orógeno. A cinemática é a de extrusão, com um cavalgamento por baixo e um movimento normal acima do canal.

Fluxo de Couette (*Couette flow*): fluxo do tipo cisalhamento simples, causado por translação das camadas superiores em relação ao seu substrato.

Fluxo de Poiseuille (*Poiseuille flow*): fluxo em uma camada, onde a velocidade do fluxo é maior na parte central da camada e decresce para as bordas, devido à fricção.

Fluxo flexural (*flexural flow*): dobramento por cisalhamento simples paralelo às camadas. Também chamado de cisalhamento flexural.

Fluxo granular (*granular flow*): fluxo de partículas por deslizamento friccional e rolamento (translação e rotação rígida). Típico de deformação de areia inconsolidada ou solo. Também denominado fluxo particulado.

Fluxo particulado (*particulate flow*): sinônimo de *fluxo granular*.

Foliação (*foliation*): em geral, estrutura tectônica plana formada em regime plástico. As foliações são caracterizadas por achatamento. Termo também usado para estruturas primárias, como estratificação ou acamamento magmático; neste caso, o termo foliação primária (em contraste com secundária ou tectônica) deve ser usado.

Foliação milonítica (*mylonitic foliation*): foliação formada por milonitização: geralmente é uma foliação marcante e influenciada pela composição, definida por arranjo paralelo de minerais e agregados de minerais, lentes e camadas paralelas que refletem estruturas primárias, como diques e estratificações.

Foliação primária (*primary foliation*): foliação sedimentar ou magmática formada durante a deposição ou cristalização de uma rocha (por exemplo, acamamento).

Foliação secundária (*secondary foliation*): foliação formada após a deposição ou cristalização da rocha.

***Foliation fish*:** volume de rocha fortemente foliada, retro-rotacionada em relação ao resto da rocha, apresentando geometria semelhante a um peixe.

Forças de superfície (*surface forces*): forças que agem sobre uma superfície (tração).

Forças do próprio corpo (*body forces*): forças que afetam todo o volume de uma rocha, tanto interna- como externamente.

Formação de bastões (*rodding*): formação de agregados minerais alongados (lineação) durante a deformação.

Fratura (*fracture*): descontinuidade plana nítida. Uma fratura ideal é delgada (espessura menor que 1 mm), envolve descontinuidade por deslocamento (*displacement discontinuity*) e representa uma descontinuidade mecânica, sendo uma zona de fraqueza ao longo da qual a rocha se rompe preferencialmente. As fraturas também podem conduzir fluidos. Uma distinção pode ser feita entre fraturas extensionais, fraturas de cisalhamento e, em alguns casos, fraturas por contração.

Fratura contracional (*contractional fracture*): fratura fechada, em geral estilolítica. Também denominada *anticrack*.

Fratura de cisalhamento (*shear fracture*): fratura com deslocamento perceptível, paralelo às paredes. As fraturas de cisalhamento se caracterizam por uma única fratura, enquanto que falhas são compostas por um certo número de fraturas conectadas.

Fratura de extensão (*extension fracture*): fratura formada por extensão perpendicular às paredes da fratura. A magnitude da extensão pode ser ínfima, como nas juntas, ou expressiva, como nos veios.

Fratura de modo I (*Mode I fracture*): modo de abertura ou extensional.

Fratura de modo II (*Mode II fracture*): fratura de cisalhamento, cujo movimento se dá para dentro e para fora do plano de observação. Também conhecida como modo de deslizamento.

Fratura de modo III (*Mode III fracture*): fratura de cisalhamento com movimento paralelo à borda, ou seja, o plano de observação é paralelo ao vetor de rejeito. Também chamada de modo de rasgamento.

Fratura de tração (*tensile fracture, tensile crack*): fratura de extensão com pequenas aberturas perpendiculares às paredes, ou seja, fraturas de Modo I ou de modo de abertura. Há uma sobreposição dos termos tensão e esforço e, neste caso, o termo fratura tracional é restrito a fraturas extensionais.

Fratura em asa (*wing crack*): fratura de tração formada na extremidade de uma fratura de cisalhamento durante seu crescimento ou reativação, com orientação oblíqua à da fratura hospedeira.

Fratura híbrida (*hybrid fracture*): combinação de fratura de cisalhamento (Modo II) e de abertura (Modo I).

Fraturamento hidráulico (*hydraulic fracturing*): aumento da pressão de fluido em determinado intervalo em um poço, até que se exceda a pressão da formação e a rocha se frature. Técnica usada para estimular poços produtores de hidrocarbonetos ou injetores de água.

Fraturas de cisalhamento de Riedel, cisalhamentos de Riedel (*Riedel shear fractures, Riedel shears*): conjuntos de superfícies de rejeito secundárias, arranjadas *en echelon*; o cisalhamento de Riedel ou cisalhamento R é oblíquo à superfície ou zona principal de rejeito. Quando a seção de observação (que, para uma falha direcional, deve ser horizontal) for considerada como um perfil, os cisalhamentos R aparecem como extensionais. Um conjunto antitético (R') também ocorre, embora menos comumente que os cisalhamentos R.

Fraturas de cisalhamento P, cisalhamentos P (*P-shear fractures, P-shears*): conjunto de superfícies secundárias de rejeito dispostas de modo oblíquo à zona de cisalhamento. Se a seção de observação (que no caso de uma falha direcional poderia ser horizontal) for considerada como perfil, os cisalhamentos P definem um sentido de movimento do tipo cavalgamento.

Fraturas R' (*R'-fractures*): fraturas em ambiente de cisalhamento, antitéticas aos cisalhamentos de Riedel.

Fraturas T (*T-fractures*): fraturas extensionais em uma zona de cisalhamento ou falha rúptil. Elas indicam inicialmente a direção de estiramento instantâneo, mas são facilmente rotacionadas com a continuidade da deformação. Tipicamente associadas a fraturas R e P em zonas de falhas de rejeito direcional.

Fraturas tipo rabo-de-cavalo (*horsetail fractures*): fraturas que se alastram a partir da extremidade de uma fratura maior.

Geleira de sal (*salt glacier*): lâmina de sal que flui de um diápiro de sal superficial onde há extrusão, geralmente devido a deformação contracional.

Geminação mecânica (*mechanical twinning*): formação de geminados em cristais em resposta a um esforço dirigido.

Geminado de deformação (*deformation twins*): resultado de o processo de geminação mecânica. Os geminado de deformação são comuns em cristais de calcita.

Geologia estrutural (*structural geology*): estudo de estruturas de deformação na litosfera, com o objetivo de compreender sua geometria, distribuição e formação.

Geometria de deformação (*strain geometry*): forma do elipsóide de deformação ou valor *k* de Flinn, geralmente indicado no diagrama de Flinn.

Geometria rampa-patamar-rampa (*ramp-flat-ramp geometry*): falha com um segmento central subhorizontal, limitado por segmentos inclinados em suas extremidades.

Gouge de falha (*fault gouge*): rocha não coesa, finamente granulada e rica em argila, que ocorre em núcleos de falhas e se forma pela moagem e alteração química da rocha hospedeira.

***Graben*: palavra** alemã que significa cova ou valeta. Depressão limitada por duas falhas normais de direção mais ou menos paralela e com mergulhos opostos, ou por falhas verticais.

Guia de esforços (*stress guide*): camada competente ao longo da qual os esforços são preferencialmente transmitidos. Estas camadas podem ser de calcário em sequências sedimentares ou a parte inferior da crosta superior rúptil, em escala litosférica.

Halocinese (*halokinesis*): estudo da tectônica de sal, ou seja, formação de diápiros e estruturas de sal relacionadas devido ao fluxo de sal em subsuperfície.

Haste (*stem*): parte delgada de um diápiro em forma de gota.

***Hemigraben* (*half-graben*):** depressão estrutural controlada por uma falha mestra normal e, tipicamente, também por falhas normais menores antitéticas (de mergulho oposto) nas camadas da capa rotacionada. Um *graben* assimétrico é uma estrutura que pode ser classificada em algum ponto entre um *hemigraben* perfeito e um *graben* simétrico.

Hipótese de Wallace-Bott (*Wallace-Bott hypothesis*): o rejeito em uma dada fratura ocorre ao longo do maior esforço de cisalhamento resolvido.

História de deformação não coaxial (*non-coaxial deformation history*): história de deformação onde as linhas ao longo dos ISA e os eixos principais de deformação são rotacionados: $W_k \neq 0$.

***Horst*:** área alongada, estratigraficamente elevada em relação às rochas vizinhas. Um *horst* é limitado por falhas normais verticais ou com mergulho que para longe do *horst*.

Indicador cinemático (*kinematic indicator*): qualquer estrutura que indique o sentido de cisalhamento ou de transporte durante um evento deformacional. Alguns exemplos são as bandas de cisalhamento em milonitos, porfiroclastos rotacionados, dobras de arrasto e cisalhamentos de Riedel associados a falhas.

Indicadores de sentido de cisalhamento (*shear sense indicators*): Ver *indicadores cinemáticos*.

Injeção de argila (*clay injection*): injeção de argila ao longo de uma falha, normalmente devido à abertura de uma fratura de tração por sobrepressão local.

Intertectônico (*intertectonic*): entre duas fases de deformação.

Intrusão de sal (em asa) (*salt (wing) intrusion*): sal que intrude em um nível estratigráfico mais alto, abaixo da superfície. Também chamada de intrusão de sal em forma de asa.

Invariantes de deformação (*strain invariants*): eixos principais de deformação e seus comprimentos (vetores próprios e valores próprios da matriz da deformação), pois são independentes da nossa escolha de sistema de coordenadas.

Inversão (*inversion*): (1) inversão da estratigrafia por dobramento recumbente (flanco invertido); (2) reativação de uma falha normal transformando-a em falha inversa; (3) bacia transformada num alto estrutural e vice-versa (relacionado à definição anterior).

ISA: Ver *eixos de estiramento instantâneo*.

Isocórico (*isochoric*): com volume ou área constante.

Isógonas de mergulho (*dip isogons*): linhas teóricas que conectam pontos de igual mergulho sobre nos limites superior e inferior de uma camada dobrada em uma dobra normal (com superfície vertical de bissecção).

Janela (*fenster*): exposição erosional da unidade de rocha subjacente a uma *nappe*.

Janela (*window*): exposição de caráter erosivo da unidade rochosa subjacente a uma *nappe*. O mesmo que *fenster*.

Jangada (*raft*): bloco de falha em um sistema de falhas extensionais sobre um descolamento, onde o bloco de falha se encontra separado de estratos pré-falhamento em seus blocos de falha vizinhos. O processo é chamado *rafting*.

Junta (*joint*): fratura extensional, com frequência tem grande extensão lateral (até centenas de metros) e rejeito muito pequeno (microscópico).

Juntas de esfoliação (*exfoliation joints*): também conhecidas como juntas laminares. São juntas formadas próximo à superfície em rochas homogêneas devido ao alívio de pressão com a proximidade de uma superfície livre. São tipicamente paralelas à superfície.

Justaposição (*juxtaposition*): descrição das relações de contatos litológicos em uma falha. Geralmente expresso em um diagrama de justaposição ou triangular.

Kink bands (*kink bands*): aproximadamente sinônimo de dobras em *kink*, que enfatiza o fato de que um flanco destas dobras assimétricas geralmente define bandas com mergulhos anômalos.

***Klippe*:** remanescente erosivo de uma *nappe* de cavalgamento.

Lâmina de sal (*salt sheet*): camada de sal alóctone formada pelo fluxo lateral de sal de um ou mais diápiros, geralmente em superfície ou próximo a ela.

Lapa (*footwall*): superfície sob uma falha não vertical.

Lei de Byerlee (*Byerlee's law*): relação entre o esforço crítico de cisalhamento sobre uma fratura e o esforço normal associado através dela. O esforço normal reflete a profundidade na crosta; conseqüentemente, esta lei modela a resistência crítica ao cisalhamento através da crosta superior friccional.

Leis constitutivas (*constitutive laws*): leis ou equações que descrevem a relação entre esforço e deformação.

Leis de fluxo (*flow laws*): modelos matemáticos que descrevem a relação entre taxa de deformação, esforço e mecanismo de deformação em uma dada rocha.

Ligação direta (*hard link*): zona de superposição de falha, onde as falhas superpostas são conectadas por pelo menos uma falha mapeável em escala de observação.

Ligação suave (*soft link*): expressão usada para zonas de sobreposição de falhas onde não há falha conectando os dois segmentos de falha justapostos. Em vez disso, uma rampa de transferêncai pode estar presente.

Limite de elasticidade (*yield point*): ponto na curva esforço-deformação que marca a transição entre deformação elástica e permanente.

Lineação (*lineation*): estrutura linear formada por deformação tectônica, p. ex. acículas de anfibólio rotacionadas em anfibolito, agregados de quartzo e feldspato estirados em gnaisse granítico ou estrias em superfície de falha. Os elementos lineares são pervasivos (rochas metamórficas) ou limitados a uma superfície de fratura (regime rúptil).

Lineação de crenulação (*crenulation lineation*): lineação formada pela crenulação de camadas ricas em filossilicatos; tem relação próxima com as lineações de intersecção.

Lineação de estiramento (*stretching lineation*): lineação formada por estiramento tectônico de objetos como agregados minerais e clastos de conglomerados.

Lineação de fibra mineral (mineral fiber lineation): lineação formada pelo crescimento de minerais fibrosos ou alongados, como serpentina, actinolita ou quartzo.

Lineação de intersecção (*intersection lineation*): lineação formada pela intersecção de duas estruturas planas, como acamamento e clivagem.

Lineação de ranhura (*groove lineation*): lineação definida por ranhura ou estria de falha.

Lineação fibrosa (*fiber lineation*): ver *lineação mineral fibrosa*.

Lineação mineral (*mineral lineation*): lineação deformada por minerais em arranjo paralelo sobre uma superfície ou em um dado volume de rocha.

Lineações de superfície (*surface lineations*): lineações limitadas a uma superfície (de falha ou fratura), ou seja, não penetrativas.

Lineamento (*lineament*): feição linear retilínea ou suavemente curva na superfície terrestre (ou de outro planeta), identificada e mapeada por meio de imagens de sensoriamento remoto. Um lineamento em geral representa uma estrutura ou um contato litológico.

Linha de charneira (*hinge line*): linha de máxima curvatura, ou seja, linha definida por pontos de charneira consecutivos sobre uma superfície dobrada. Feição linear equivalente ao eixo de dobra no caso das dobras cilíndricas.

Linha de corte de falha (*fault cut line*): linha de intersecção entre uma superfície de falha e outra superfície (geralmente estratigráfica) cortada pela falha. Estas linhas podem ser divididas em linha de corte de capa e de lapa.

Linha de ramificação (*branch line*): linha de intersecção entre duas falhas que se cruzam. Aplica-se a qualquer tipo de falha (normal, inversa ou direcional).

Linha frontal de ramificação (*leading branch line*): linha frontal de ramificação na terminação de uma *nappe* de cavalgamento.

Linha posterior de ramificação (*trailing branch line*): linha de ramificação na parte traseira ou posterior de uma *nappe* ou de um complexo de *nappes*.

Lístrica (falha) (*listric (fault)*): do grego *listros*, que significa em forma de colher. Termo geométrico que descreve a geometria de falhas cuja declividade se torna subhorizontal em profundidade. As falhas cuja declividade aumenta com a profundidade são chamadas de anti-lístricas.

Maciço isolado (*outlier*): remanescente erosivo de uma *nappe* de cavalgamento. Sinônimo de *klippe*.

Marcador passivo (*passive marker*): estrutura ou objeto que não apresenta contraste mecânico ou reológico em relação ao material ao seu redor e que, portanto, se deforma de modo idêntico a este. Isto implica ausência de flambagem ou boudinagem.

Marcadores ativos (*active markers*): marcadores ou estruturas que reagem mecanicamente ao campo de esforços por apresentar um contraste de viscosidade em relação à matriz. Tais marcadores podem apresentar flambagem ou boudinagem e não fornecem uma quadro representativo do estado geral de deformação na rocha.

Marcadores de deformação (*strain markers*): objetos que refletem o estado de deformação em um meio deformado, ou seja, linhas ou objetos cujo comprimento, forma e/ou orientação são conhecidos no estado não deformado.

Material de Coulomb (*Coulomb material*): material que se comprota de acordo com o critério de fratura de Coulomb.

Material elástico (*elastic material*): material que se deforma elasticamente.

Material plástico perfeito (*perfect plastic material*): material incompressível que acumula deformação permanente em um nível constante de esforço e no qual este nível de esforço (limite de elasticidade) não pode ser aumentado mesmo que se tente. O lmite de elasticidade não depende da taxa de deformação.

Material viscoso (*viscous material*): material que apresenta relação linear entre esforço de cisalhamento e deformação por cisalhamento. Os materiais viscosos também apresentam uma relação linear entre o esforço de cisalhamento e taxa de deformação por cisalhamento.

Matriz de deformação (*deformation matrix*): matriz de transformação que relaciona os estados deformados e não deformados. A matriz de deformação descreve uma trnsformação linear e, portanto, uma deformação homogênea. Ela representa a descrição completa da deformação (mas não da história de deformação).

Mecânica de solos (*soil mechanics*): engenharia mecânica aplicada aos solos.

Mecanismos de deformação (*deformation mechanisms*): mecanismos em microescala que são ativos durante a deformação, incluindo cataclase, deslizamento friccional em limites de grãos, difusão a seca e por via úmida, deslizamento de deslocamentos, escalada de deslocamentos, deslizamento plástico em limites de grãos, geminação e *kinking*. A recristalização é um processo que geralmente ocorre por meio de dois ou mais mecanismos. O termo mecanismo de deformação pode também ser usado num sentido mais geral.

Mecanismos de deformação plástica (*plastic deformation mechanisms*): fluência de deslocamentos (deslizamento + escalada), formação de geminados e difusão. No senso estrito, a difusão é separada tanto do mecanismo de deformação plástica como rúptil.

Mecanismos de fluência (*creep mechanisms*): mecanismos de deformação em operação em um cristal ou agregado cristalino que responde a um esforço pelo acúmulo gradual de deformação plástica. Dividem-se em fluência por difusão (difusão dos limites de grãos, difusão de volume e dissolução por pressão) e fluência de deslocamentos (escalada de deslocamentos, deslizamento de deslocamentos e recristalização).

Meio isotrópico (*isotropic medium*): meio que possui propriedades mecânicas idênticas em todas as direções e que reage de forma idêntica a um esforço, independente da orientação.

Metamorfismo progressivo (*prograde metamorphism*): desenvolvimento metamórfico em direção a um grau mais alto de metamorfismo.

Método Chevron (*Chevron method*): método de cisalhamento vertical usado na restauração ou balanceamento de seções.

***Mica fish*:** grãos de mica com extremidades pontiagudas e curvadas em direções opostas, tipicamente delimitadas por bandas de cisalhamento. Característicos de milonitos micáceos (ou filonitos).

Microestruturas (*microstructures*): estruturas que variam em tamanho desde a escala atômica até a escala de agregados de grãos, vistas ao microscópio óptico ou eletrônico.

Microtectônica (*microtectonics*): estudo de estruturas de deformação de pequena escala que dão informação sobre deformação, cinemática e história da deformação.

Migração de borda de grão (*grain boundary migration*): recristalização de grãos por migração de suas bordas.

Milonitização (*mylonitization*): processo de transformação de uma rocha em milonito. Ocorre predominantemente por mecanismos de deformação plástica, comumente com microfraturamento rúptil subordinado.

Milonito (*mylonite*): rocha tectônica com foliada marcante, formada por intensa deformação plástica, geralmente em nível crustal intermediário ou profundo. Normalmente caracterizado por redução de tamanho de grãos, embora possa ocorrer aumento de tamanho de grãos na milonitização de rochas de granulação fina. Pode ocorrer deformação rúptil subordinada. Subdividido em protomilonito, blastomilonito, milonito e ultramilonito, dependendo do grau de recristalização.

Milonitos S-C (*S-C mylonites*): milonitos que apresentam dois conjuntos de superfícies formadas de modo mais ou menos simultâneo (S e C), com o ângulo oblíquo entre elas que indicando o sentido de cisalhamento.

Minibacia (*minibasin*): pequena bacia formada no topo, entre ou ao lado de diápiros de sal.

Modelagem para frente (*forward modeling*): modelagem de uma seção que se desenvolve partindo-se de seu estado inicial até seu estado final ou atual; oposto de modelagem reversa.

Modelagem reversa (*backward modeling*): modelo que parte do estado atual de deformação de uma rocha e restaura sua história até o estágio pré-deformacional.

Modelo característico de terremotos (*characteristic earthquake model*): cada evento de deslizamento (rejeito) é igual aos outros em termos da distribuição de rejeitos e comprimento das rupturas.

Modelo de cone crítico (*critical taper model*): ver *modelo de cunha crítica*.

Modelo de cunha crítica (*critical wedge model*): modelo de unidades alóctones em uma zona de colisão (zona de subducção, cinturão de dobras e empurrão de antepaís) onde as unidades apresentam geometria de cunha, que é controlada pela fricção basal, resistência interna e erosão/deposição. Também chamado de modelo de cone crítico (*critical taper model*).

Modelo de delaminação (*delamination model*): modelo onde a densa raiz de um orógeno se destaca e afunda no manto subjacente.

Modelo de deslizamento suave (gliding model): modelo orogênico, popular nas décadas de 1950 e 1960, que considera que as *nappes* deslizam por gravidade desde as partes mais elevadas do orógeno.

Modelo de falha em dominó (*domino (fault) model*): modelo onde falhas normais paralelas definem blocos rotacionados como peças de dominó durante a deformação. Também chamado de mecanismo tipo estante de livros (*bookshelf mechanism*). No modelo em dominó clássico, os blocos são rígidos por definição; o modelo em dominó *soft* considera a deformação interna de blocos.

Modelo de McKenzie (*McKenzie model*): modelo de cisalhamento puro em rifteamento, onde a litosfera é estirada simetricamente em estilo geral de cisalhamento puro.

Modelo de rejeito uniforme (*uniform slip model*): modelo onde o rejeito em um dado ponto é o mesmo em cada evento de rejeito, enquanto a área do rejeito pode variar.

Modelo de rejeito variável (*variable slip model*): modelo onde tanto a magnitude do rejeito como o comprimento da ruptura variam de evento para evento.

Modelo de rifteamento por cisalhamento simples (*simple shear model of rifting*): ver *modelo de Wernicke*.

Modelo de *rifting* de cisalhamento puro (*pure shear model of rifting*): ver *modelo de McKenzie*.

Modelo de rolagem de charneira (*rolling hinge model*): modelo dinâmico onde a parte superior de uma falha normal, inicialmente com maior inclinação, apresenta diminuição do mergulho conforme o rejeito se acumula. A charneira da falha encurvada se move ou rola em direção à capa devido a ajustes isostáticos durante o falhamento. O modelo resulta num complexo de núcleo metamórfico.

Modelo de Wernicke (*Wernicke model*): modelo de cisalhamento simples para rifteamento, onde a litosfera sofre estiramento assimétrico e a deformação é controlada por uma zona de cisalhamento simples de baixo ângulo na parte central do rift.

Modelo em dominó soft (*soft domino model*): modelo em dominó modificado para permitir a inclusão de deformação dúctil nos blocos falhados.

Modelo em escala (*scale model*): modelo que tenha sido adequadamente reduzido ou ampliado em relação a um sistema natural.

Modo de deformação rúptil (*brittle deformation mode*): deformação por meio de mecanismos de deformação rúptil (fraturamento, deslizamento friccional, fluxo cataclástico).

Módulo de Young (*Young's modulus*): razão entre esforço e deformação em um material elástico, ou seja, descrição de quanto esforço é necessário para realizar uma certa deformação. Também denominado módulo de elasticidade.

Monoclinal (*monocline*): dobra subcilíndrica com apenas um flanco inclinado (o outro flanco sendo o acamamento horizontal regional).

Mullion: estrutura de deformação linear na interface entre uma camada competente e uma incompetente, cujas formas em cúspide apontam para a rocha mais competente.

Muro de sal (*salt wall*): diápiro de sal alongado, cujo comprimento é muitas vezes maior a largura da estrutura.

Nappe (*nappe*): unidade alóctone, geralmente um *nappe* de cavalgamento. Termo também usado em unidades alóctones extensionais sobre zonas de descolamento extensional.

Nappe de cavalgamento (*thrust nappe*): unidade litológica em escala de mapa, transportada por uma falha de cavalgamento por dezenas de quilômetros ou mais.

***Nappe* de dobra (*fold nappe*)**: *nappe* que é internamente dobrada e parece ter se originado por cisalhamento de um flanco de dobra invertido.

***Nappe* de sal (*salt nappe*)**: sinônimo de lâmina de sal.

***Nappe* milonítica (*mylonite nappe*)**: *nappe* dominada por rochas miloníticas.

Neck: termo usado para descrever a conexão estreita entre elementos em estruturas de estricção (pinch and swell). Do inglês, *neck*, que significa pescoço.

Necking: formação de estruturas de estricção (*pinch and swell*).

Núcleo de falha (*fault core*): zona central de alta deformação de uma falha, onde se concentra a maior parte do rejeito, envolvida pela zona de dano da falha. O núcleo da falha pode conter farinha de rocha não coesa, ou rocha rica em filossilicatos, fortemente cisalhada, chamada *gouge* de falha, ou cataclasito coeso, e pode conter lentes de rocha adjascente ou da borda não deformada. A espessura do núcleo pode variar de menos de 1 mm para pequenas falhas (escala métrica) até cerca de 10 m para falhas grandes (rejeitos quilométricos).

Número de vorticidade cinemática W_k (*kinematic vorticity number*): número adimensional que representa a razão entre a taxa de rotação do elipsóide de deformação e a taxa de acumulação de deformação; $W_k = 0$ em cisalhamento puro, $W_k = 1$ em cisalhamento simples.

Oblato (*oblate*): forma de disco, usada para descrever o elipsóide de deformação. Em objetos perfeitamente oblatos, os eixos máximo e intermediário (X e Y) têm o mesmo comprimento: $X = Y >> Z$.

Padrão de fluxo (*flow pattern*): padrão definido pelas trajetórias das partículas durante o fluxo (deformação distribuída).

Paleopiezômetro (*paleopiezometer*): uso do tamanho dos grãos recristalizados para se estimar o nível de esforço diferencial durante a recristalização (ou formação de subgrãos); baseado em dados experimentais e teóricos.

Parâmetros de fluxo (*flow parameters*): parâmetros que descrevem a deformação em qualquer instante ou intervalo da história da deformação. Na deformação estacionária (*steady-state*), eles representam toda a história da deformação. Importantes parâmetros de fluxo incluem campo de velocidade, apófises de fluxo, ISA e vorticidade.

Parautóctone (*parautochthonous*): conjunto de rochas quase autóctones em um orógeno, as quais foram transportadas por distâncias relativamente curtas. Estas rochas são facilmente correlacionáveis com as autóctones.

Paredes de deslocamentos (*dislocation walls*): concentração de deslocamentos em planos ou "paredes" em um retículo cristalino. As paredes de deslocamentos marcam os limites entre as bandas de deformação e os subgrãos.

Paredes de zona de cisalhamento (*shear zone walls*): dois lados que delimitam uma zona de cisalhamento. Também denominadas margens de zona de cisalhamento.

Partição da deformação (*strain partitioning*): decomposição física da deformação em diferentes componentes desde micro- até meso-escala. Por exemplo, a transpressão pode ser decomposta em zonas de cisalhamento puro e simples, como nos limites oblíquos de placas convergentes. Em escala centimétrica, o cisalhamento simples pode ser decomposto em bandas de cisalhamento oblíquo e domínios com rotação reversa.

Perfil de dipmeter (*dipmeter log*): perfil de poço que mostra o mergulho e a direção de feições planas, medidos através da interpretação de dados de resistividade ao longo da parede do poço. As medições são feitas por uma ferramenta (*dipmeter*) que percorre o poço. As feições planas incluem acamamento, bandas de deformação ou fraturas.

***Pillow* de sal (*salt pillow*)**: concentração de sal de forma almofadada, causada pelo fluxo do sal para um sumidouro, sem intrusão das camadas sobrejacentes.

Pitch: ângulo entre a direção de uma superfície de rejeito e a lineação de rejeito, medido com um transferidor sobre esta superfície. Também denominado *rake*.

Placa inferior (*lower plate*): lapa de uma falha ou zona de cisalhamento extensional de descolamento em larga escala.

Placa superior (*upper plate*): capa de uma falha ou zona de cisalhamento de descolamento extensional de larga escala.

Plano axial (*axial plane*): superfície axial plana, não necessariamente paralela à superfície bissectora.

Plano de rejeito (*slip plane*): (1) superfície plana de rejeito (2); plano do retículo cristalino ao longo do qual há migração de deslocamentos.

Planos principais de esforços (*principal planes of stress*): planos em um campo de esforços que não contêm esforços de cisalhamento. Estes planos são perpendiculares aos eixos de esforços principais.

Plasticidade (*plasticity*): mecanismos de deformação onde as ligações atômicas são rompidas, mas a coerência ou a coesão do material é mantida. Na mecânica de solos, a plasticidade se relaciona apenas à reologia (acúmulo de deformação permanente).

Plumas, marcas em pluma (*hackles, hackle marks*): padrões curvilíneos similares a plumas, definidos por um relevo sutil sobre fraturas extensionais, se irradiando a partir do ponto de nucleação da fratura ou se abrindo em leque a partir de um eixo curvilíneo. Sinômino de estrutura em pluma.

Polifásico (*polyphasal*): o que tem várias fases; aplicado em deformações que tenham ocorrido como eventos discretos, onde os eventos ou fases individuais são denominados D_1, D_2,...

Ponto de charneira (*hinge point*): ponto de máxima curvatura de uma superfície dobrada.

Ponto de ramificação (*branch point*): ponto em uma seção ou mapa onde dois traços de falha se unem.

Ponto fixo (*pinpoint*): ponto fixo de referência durante a restauração ou balanceamento.

Ponto neutro (*neutral point*): ponto em uma charneira de dobra que não sofreu estiramento ou encurtamento.

Porfiroclasto (*porphyroclast*): grão mineral reliquiar de maior dimensão, tipicamente um feldspato ou outro mineral resistente, em uma matriz milonítica de granulação mais fina fortemente cisalhada. É comum apresentar extremidades assimétricas que refletem o sentido de cisalhamento.

Póscinemático (*postkinematic*): posterior à deformação.

Pós-rifte (*postrift*): posterior ao rifteamento; termo comumente usado para a sequência de sedimentos depositados na fase de subsidência térmica, após o término do rifteamento e dos falhamentos e estiramentos extensionais relacionados.

Pós-tectônico (*posttectonic*): posterior a uma dada fase de deformação.

Potencial de espalhamento de argila (*clay smear potential, CSP*): relação entre a espessura de uma camada falhada de argila e a distância da camada de argila ao longo da falha numa sequência de arenitos, com uma ou mais camadas de argila. O CSP é usado na análise de selamento de falhas.

Pressão de poros (pore pressure): pressão no fluido (água, óleo, gás) que preenche os poros em uma rocha porosa.

Pressão litostática (*lithostatic pressure*): produto da densidade pela espessura das camadas de rocha sobrejacente, multiplicado por *g* (aceleração da gravidade).

Pré-tectônico (*pretectonic*): anterior a uma dada fase de deformação.

Prolato (*prolate*): forma tridimensional alongada semelhante a um charuto. Um objeto perfeitamente prolato tem um eixo principal de deformação muito mais longo que os outros dois, que têm igual comprimento: $X >> Y = Z$.

Protólito (*protolith*): rocha original com textura e estrutura que não tenham sido alteradas de modo significativo pela deformação em questão, p. ex., uma lente protolítica em uma zona de cisalhamento.

Pseudotaquilito (*pseudotachylyte* (EUA), *pseudotachylite* (Reino Unido)): vidro ou vidro devitrificado, formado por fusão friccional durante falhamento.

Pulverização (*pulverization*): processo que ocorre durante um falhamento, onde a rocha é triturada até que suas partículas atinjam tamanho submicrométrico, mas onde as partículas não são deslocadas, de modo que as texturas originais (primárias) da rocha continuem claramente evidentes em amostra de mão. Considera-se a pulverização possa estar associada a tremores com velocidade de ruptura de supercisalhamento (*taxa de ruptura muito alta*), observados ao longo de falhas direcionais.

***Rake*:** ver *pitch*.

Rampa (*ramp*): segmento mais inclinado e relativamente curto de um cavalgamento, quando há sua subida para um nível estratigráfico mais alto. Também usado para segmentos inclinados que conectam dois segmentos de falha normal de baixo ângulo. Ver também rampa de transferência.

Rampa de revezamento (*relay ramp*): área dobrada em uma zona de transferência, por flexura de camadas entre as extremidades das falhas. Termo geralmente aplicado em camadas subhorizontais que tenha adquirido uma geometria do tipo rampa na zona de justaposição. O dobramento é devido à transferência de deformação entre as duas falhas.

Rampa de transferência ramificada (*breached relay ramp*): rampa de transferência cortada por uma falha, transformando-a de uma estrutura de sobreposição suavemente conectada em uma ligada de modo direto.

Rampa frontal (*frontal ramp*): rampa orientada na direção perpendicular à direção de transporte. Termo usado tradicionalmente para rampas de cavalgamento, mas também usado para rampas em falhas extensionais.

Rampa oblíqua (*oblique ramp*): rampa orientada obliquamente em relação à direção do transporte em sistemas de cavalgamento ou de falha extensional.

Rampas laterais (*lateral ramps*): rampas paralelas à direção de transporte de uma unidade alóctone.

Razão de aspecto (*aspect ratio*): valor obtido pela divisão da maior pela menor dimensão de uma eclipse ou retângulo.

Razão de deslocamento-comprimento (*displacement-length ratio*): razão entre o deslocamento máximo de uma falha e seu comprimento. Geralmente medida sobre um perfil ou um mapa, o que introduz uma incerteza seccional.

Razão de Poisson (*Poisson's ratio*): razão entre a deformação imposta sobre uma amostra em uma direção e a deformação resultante perpendicular a esta direção. Se elas se equilibrarem não haverá mudança de volume, o material é incompressível e a razão de Poisson é igual a 0,5.

Razão folhelhogouge (*shale gouge ratio* (SGR)): razão usada na análise de selamento de falha, que considera a quantidade de folhelho que passou por um dado ponto na superfície da falha em relação ao componente vertical do rejeito da falha.

Recristalização (*recrystallization*): processo que ocorre durante a deformação (e diagênese) por meio de migração de borda de grãos e/ou pela formação de novas bordas de grãos pela concentração de deslocamentos e defeitos pontuais. A recristalização que ocorre durante a deformação é denominada dinâmica, enquanto a controlada por temperatura é estática. Minerais instáveis podem, também, se formar novos minerais de composições diferentes durante mudanças nas condições de metamorfismo.

Recristalização dinâmica (*dynamic recrystallization*): recristalização sin-cinemática, ou seja, cristalização contínua durante a deformação. Visível em zonas de cisalhamento através de grãos levemente inequigranulares que definem uma nova trama, em ângulo com a foliação.

Recristalização estática (*static recrystallization*): recristalização de uma rocha ou grão mineral logo após uma deformação. Caracterizada por textura equigranular de grãos não deformados (não apresentam extinção ondulante ao microscópio etc).

Recuperação (*recovery*): remoção ou rearranjo de deslocamentos em um cristal, que produz domínios com menor número de deslocamentos e, portanto, de energia mais baixa. Leva à formação de subgrãos.

Refração de clivagem (*cleavage refraction*): mudança na orientação de clivagem na interface entre camadas de competência contrastante.

Regime friccional (*frictional regime*): regime onde as condições físicas favorecem o mecanismo de deformação rúptil na parte superior da crosta. Termo idêntico a regime rúptil, mas que enfatiza a dependência do mecanismo de deformação e não do estilo de deformação.

Rejeito (*slip*): (1) movimento de cisalhamento localizado em uma superfície (superfície de rejeito); (2) movimento de uma frente de deslocamentos em um plano cristalográfico.

Rejeito cruzado (*cross-slip*): processo que permite a mudança dos planos de deslizamento, para contornar obstáculos.

Rejeito flexural (*flexural slip*): rejeito nas interfaces de acamamento durante um dobramento. Como o cisalhamento flexural, o rejeito aumenta afastando-se da linha de charneira, e com sentido oposto nos dois flancos. Típico de camadas dobradas com grande contraste de resistência.

Rejeito horizontal aparente (*heave*): componente horizontal de rejeito aparente de falha. Igual ao componente horizontal do vetor de rejeito verdadeiro em falhas com rejeito no rumo do mergulho.

Rejeito vertical aparente (*throw*): componente vertical de rejeito aparente de falha.

Relações de superposição (*overprinting relations*): relações de idade relativa entre estruturas que podem ser observadas no campo, em fotos aéreas, em imagens de satélite ou seções sísmicas, como p. ex., uma falha que corta outra falha ou uma dobra sendo redobrada.

Reologia (*rheology*): estudo de fluxo (*rheo*, do grego) de qualquer rocha ou outro material que se deforme como um *continuum* sob a influência de esforços. A elasticidade, viscosidade e as combinações destas são diferentes comportamentos reológicos.

Resistência (*strength*): quantidade de esforço que uma rocha pode suportar antes que se rompa ou ceda. O esforço diferencial ($\sigma_1 - \sigma_2$) é comumente implícito em geologia. Amostras não confinadas de rocha podem ser testadas em laboratório sob compressão axial, tração axial ou cisalhamento, que resultarem em diferentes valores (resistência à compressão, resistência à tração e resistência ao cisalhamento). A adição de uma pressão confinante aumenta a resistência de uma rocha, ou o esforço diferencial necessário para o fraturamento ou acumulação de deformação permanente.

Resistência à fratura (*fracture toughness*): resistência de um material ao crescimento continuado de uma fratura existente. Uma alta resistência à fratura implica alta resistência contra a propagação da fratura e, portanto, baixa taxa de propagação.

Resistência à tração (*tensile strength*): intersecção de um critério ou envoltório de fraturamento com o eixo horizontal negativo. Em geral: a quantidade de esforço tracional que um meio pode suportar antes de se romper.

Resistência coesiva (*cohesive strength*): intersecção da envoltória ou critério de ruptura com o eixo vertical do diagrama de Mohr. É o valor teórico do esforço de cisalhamento que uma rocha deve ter para que não haja cisalhamento ao longo de um plano através do qual não há esforço normal. Em muitos casos, a resistência coesiva de uma rocha é de aproximadamente duas vezes sua resistência à tração ($C = 2T$).

Resistência compressiva (*compressive strength*): quantidade de compressão que uma rocha pode suportar antes de se fraturar, geralmente muitas vezes maior que sua resistência à tração (oito vezes, de acordo com Griffith).

Resistência crítica à tração (*critical tensile strength*): esforço tênsil ou de tração no qual o material está em seu limite de ruptura.

Restauração (*restoration*): termo usado para a reconstrução do estado pré-deformacional de uma seção geológica, mapa ou modelo 3-D.

Restauração de área constante (*constant area restoration*): restauração de mapa ou seção onde a área é preservada.

Restauração de comprimento constante (*constant length restoration*): restauração de um ou vários marcadores em uma seção onde o comprimento do marcador é o mesmo antes e depois da restauração.

Restauração de deslocamento constante (*constant displacement restoration*): o deslocamento é considerado como constante ao longo da(s) falha(s).

Retrodeformar (*retrodeform*): reverter a deformação até o estágio pré-deformacional.

Retro-empurrão (*back-thrust*): empurrão onde a capa se desloca em direção ao além-país (*hinterland*), ou seja, com vergência oposta à vergência geral de empurrão.

Retrometamorfismo (*retrograde metamorphism*): desenvolvimento metamórfico em direção a um grau de metamorfismo mais baixo.

Rifteamento ativo (*active rifting*): rifteamento como resposta a um soerguimento da astenosfera, o que gera esforços de tração e levam ao falhamento normal e ao estiramento da litosfera.

Rifteamento passivo (*passive rifting*): rifteamento causado por forças de campo remoto, relacionadas a interação entre placas. Os riftes passivos se formam em zonas de fraqueza da litosfera.

Rocha adjacente (*wall rock*): rocha em cada um dos lados de uma zona de cisalhamento ou falha.

Rolete de sal (*salt roller*): volume de sal de forma triangular assimétrica, que se forma na lapa de uma falha normal.

Rollover: estrutura de dobra definida pelo aumento da declividade das camadas de capa, originalmente horizontais, em direção a uma falha normal. Normalmente relacionada a uma falha (lístrica) ou que tende a se horizontalizar em profundidade.

Ruptura de furo de sondagem (*borehole breakouts*): método de estimativa do esforço horizontal máximo baseado na geometria de furos de sondagem.

Sal alóctone (*allochthonous salt*): sal separado de sua camada original, geralmente por deformação contracional.

Seção faltante (missing section): ver *corte de falha*.

Seção repetida (*repeated section*): seção estratigráfica repetida devido a falhamentos, ou seja, o oposto de seção faltante. A observação de seções repetidas ou faltantes em um poço depende das orientações da falha e do poço. Um poço vertical nos fornece seções repetidas através de falhas inversas ou de empurrão.

Selante de auto-justaposição (*self-juxtaposed seal*): contato de reservatório com reservatório através de uma falha. O selamento se deve ao desenvolvimento de falha, incluindo cataclase e cimentação ao longo da falha.

Selante de justaposição (*juxtaposition seal*): selante formado pela areia em contato total com folhelho através da falha.

Semi-dúctil (*semi-ductile*): estilo de deformação com ambos os tipos de regime, dúctil e rúptil, ou seja, onde camadas originalmente contínuas são em parte flexionadas e em parte afetadas por descontinuidades.

Separação de mergulho (*dip separation*): rejeito aparente de falha observado em seção vertical na direção do mergulho da falha. A separação de mergulho é igual ao deslocamento real nas falhas de rejeito segundo o rumo do mergulho.

Separação estratigráfica (*stratigraphic separation*): seção faltante ou repetida vista em um poço que corta uma falha.

Separação horizontal (*horizontal separation*): em uma falha, separação de camadas observada sobre uma superfície horizontal através da falha.

Sin-cinemático (*synkinematic*): formado ou que ocorre durante a deformação.

Sinclinal (*synclinal*): dobra onde as camadas de rochas se tornam mais antigas à medida em que nos afastamos da superfície axial.

Sinclinal antiformal (*antiformal syncline*): uma sinclinal (dobra cujas camadas são progressivamente mais antigas com o afastamento de sua superfície axial) com a forma de uma antiforme, ou seja, um sinclinal cuja posição tenha sido invertida.

Sinclinal de borda (*rim syncline*): sinclinal ao longo da borda de uma estrutura em escala de mapa. Termo usado tipicamente para dobras que circundam ou contornam diápiros de sal.

Sinforma (*synform*): dobra onde os flancos mergulham para baixo em direção à zona de charneira.

Sinistral (*sinistral*): lateral-esquerdo ou que se move para a esquerda em relação a um ponto de referência. Termo usado para indicar o sentido de movimento relativo de falhas, indicando que o bloco oposto da falha se move para a esquerda.

Sin-rifte (*synrift*): formado durante o rifteamento, geralmente aplicado a sequências sedimentares que apresentam espessamento em direção à capa de falhas extensionais.

Sin-tectônico (*syntectonic*): formado ou que ocorre durante uma fase de deformação em questão.

***Slickenlines*: lineações** em espelhos de falhas, que fornecem informações sobre o sentido de rejeito.

***Slickolites*: estruturas** com forma de pico ou dente, formadas em estilolitos tectônicos.

Sob esforço crítico (*critically stressed*): material submetido a um esforço que corresponde ao limite de sua resistência ou ao seu limite de ruptura.

Sobrefuração (*overcoring*): método de relaxamento da deformação onde a expansão de um testemunho de sondagem é medida e relacionada aos esforços.

Sobreposição de falha (*fault stepover*): ligação entre duas falhas mais ou menos paralelas não alinhadas. As falhas devem estar próximas uma da outra, e seus campos de tensão podem interferir um com o outro. As duas falhas podem ser ligadas diretamente ou suavemente.

Sobrepressão (*overpressure*): situação onde a pressão nos poros de uma unidade estratigráfica excede a pressão hidrostática. Isto pode ocorrer numa unidade altamente porosa e permeável (p. ex. arenito) situada entre duas camadas impermeáveis (p. ex. folhelho), de modo que o fluido dos poros não possa escapar. Uma carga litostática posterior (soterramento) irá produzir uma sobrepressão, o que diminui o esforço efetivo e se contrapõe à compactação física.

Sobrepressão tectônica (*tectonic overpressure*): componente não litostático de pressão em profundidade na crosta ou na litosfera.

Soerguimento da lapa (*footwall uplift*): soerguimento da lapa de uma falha normal, em geral da ordem de 10% do componente vertical de rejeito da falha.

Solda de sal (*salt weld*): ponto ou área onde uma camada de sal é completamente exaurida (removida por fluxo) e as camadas vizinhas se unem umas às outras.

Solução de plano de falha (*fault plane solution*): projeção estereográfica com dados do primeiro movimento causado por um terremoto, a partir de dados sísmicos de um certo número de sismógrafos. Consiste de dois planos ortogonais que separam o movimento compressivo do tensional. Um destes planos representa a orientação da falha. Os diagramas do tipo *beach-balls* também indicam o sentido de rejeito (normal, inverso etc.) e as orientação aproximada dos eixos principais de esforços.

Sombras de deformação (*strain shadows*): setores ao lado de um porfiroclasto ou outro objeto rígido em uma zona de cisalhamento ou de milonitização, onde minerais podem se cristalizar na forma de caudas. Podem ser simétricas ou assimétricas, sendo que estas últimas são indicadores de sentido de cisalhamento. Termo relacionado a setores de estiramento instantâneo. Também chamada de sombras de pressão ou franjas de pressão.

Splay faults: falhas menores ramificadas tipo rabo-de-cavalo a partir da extremidade de falha.

Stickolites: estruturas tubulares perpendiculares a suturas por dissolução por pressão em calcários.

Stock de sal (*salt stock*): diápiro de sal com geometria aproximadamente cilíndrica.

Subgrãos (*subgrains*): parte de um grão mineral com orientação ótica e, portanto, cristalográfica uniformes, que difere da orientação do restante do grão. Em escala de retículo cristalino, os subgrãos são acumulações de deslocamentos do tipo paredes de deslocamentos.

Sulcos de falhas (*fault grooves*): sulcos lineares entalhados em uma superfície de rejeito por asperezas em uma das paredes.

Superfície axial (*axial surface*): superfície teórica que conecta as linhas de charneira de superfícies consecutivas numa estrutura dobrada.

Superfície de bisecção (*bisecting surface*): superfície que divide uma dobra em duas partes. Se a superfície de bisecção for vertical, os flancos deverão ter o mesmo ângulo de mergulho.

Superfície de rejeito (*slip surface*): superfície bem definida ou zona estreita (< 1 mm) ao longo da qual ocorreu um rejeito. A magnitude do rejeito pode variar desde poucos centímetros até vários kilômetros; grandes deslocamentos tendem a produzir uma zona (não uma superfície) de cisalhamento rúptil, denominada núcleo de falha. Alguns geólogos consideram superfície de rejeito e falha como termos equivalentes.

Superfície envoltória (*enveloping surface*): superfície que envolve ou tangencia uma série de feições geométricas, como uma série de charneiras de dobras ou de círculos de Mohr.

Superfície neutra (*neutral surface*): superfície teórica em uma zona de charneira de dobra que separa a extensão paralela ao acamamento na parte externa do encurtamento paralelo ao acamamento na parte interna da charneira.

Superplasticidade (*superplasticity*): processo de deformação em microescala com predomininio de deslizamentos nas bordas de grãos, favorecido pela granulação fina. Termo que deixou de ser correntemente utilizado.

Taxa de deformação (*strain rate*): taxa ou velocidade na qual a deformação se acumula. Dois tipos de taxa de deformação são em geral usados: taxa de elongação e taxa de deformação por cisalhamento.

Taxa de deformação por cisalhamento (*shear strain rate*): taxa de acumulação de deformação por cisalhamento.

Tectônica (*tectonics*): Do grego *tektos*, construir. O conhecimento de como a litosfera está se formando, através do estudo de como as rochas ou sedimentos se comportam após um período de acumulação de esforços. Alguns exemplos são as interações de placas (tectônica de placas), movimentos de sal (tectônica de sal), efeitos de geleiras (glaciotectônica) e colapso de orógenos ou escarpas de falha (tectônica gravitacional).

Tectônica de sal (*salt tectonics*): expressão usada quando o sal está envolvido numa deformação ao ponto de influenciar o tipo, a geometria, a localização e/ou a escala das estruturas de deformação geradas. Não implica relação direta com os esforços tectônicos de placas.

Tectônica tipo prateleira de livros (*bookshelf tectonics*): nome popular do desenvolvimento de um sistema de falhas com blocos rotacionados em arranjo similar a um conjunto de dominós.

Tectonito (*tectonite*): rocha fortemente deformada, em geral um milonito. Há uma distinção entre tectonitos L (lineação marcante), tectonitos S (foliação marcante) e tectonitos LS (lineação e foliação pronunciadas).

Tectonito L (*L-tectonite*): rocha fortemente deformada com predomínio de trama linear.

Tectonito LS (*LS-tectonite*): rocha fortemente deformada com predomínio de trama linear e plana.

Tectonito S (*S-tectonite*): rocha fortemente deformada com predomínio de uma trama plana.

Temperatura homóloga (homologous temperature): razão entre a temperatura T de um material e de sua temperatura de fusão T_m na escala Kelvin.

Tensor (*tensor*): tensor de enésima ordem é um objeto que tem m^n componentes, sendo m sua dimensão. Tensores de ordem zero são escalares, os de primeira ordem são vetores, e os de segunda ordem ou de ordens mais altas são matrizes. Os tensores têm propriedades independentes do sistema de coordenadas. Por exemplo, a matriz de deformação (tensor de segunda ordem em seção ou de terceira ordem no espaço) descreve o elipsóide de deformação e a variação de volume, independentemente do sistema de coordenadas adotado.

Tensor de esforço (matriz) (*stress tensor (matrix)*): tensor que descreve o estado de esforços em um dado ponto.

Tensor de gradiente de deformação (*deformation gradient tensor*): ver *matriz de deformação*.

Tensor reduzido de esforços (*reduced stress tensor*): tensor que contém informações sobre a orientação e comprimento relativo (mas não do absoluto) dos eixos principais de esforços.

Termobarometria (*thermobarometry*): determinação quantitativa da temperatura e pressão nas quais uma rocha metamórfica (ou ígnea) atingiu seu equilíbrio químico. Minerais índices metamórficos ou paragêneses minerais são usados para estimar P e T, com base em reações conhecidas e campos de estabilidade.

Tração (*tension*): força de tração que pode resultar em extensão, mas não necessariamente.

Tração (*traction*): esforço em uma superfície.

Traço axial (*axial trace*): linha teórica que conecta pontos de charneira através de uma dobra.

Traço de falha (*fault trace*): intersecção entre uma falha e uma dada superfície, como a superfície terrestre, uma interface estratigráfica ou um perfil.

Trajetória de partícula (*particle path*): trajetória traçada por partículas em um meio sob deformação durante deformação progressiva.

Trajetória *P-T* (*P-T path*): trajetória em um diagrama *P-T* (diagrama com pressão e temperatura em seus eixos), com uma seta marcando a trajetória evolutiva. A trajetória se baseia na identificação de paragêneses metamórficas indicativas de pressão e temperatura em diferentes momentos.

Trajetória *P-T-t* (*P-T-t path*): trajetória em um espaço *P-T* contendo pontos que foram datados, em geral por métodos radiométricos.

Trama (*fabric*): configuração de objetos planos e/ou lineares em uma rocha com deformação penetrativa. Uma trama L é composta por feições lineares e uma trama S por feições planas.

Trama aleatória (*random fabric*): trama cujos elementos não apresentam orientação preferencial.

Trama L (*L-fabric*): trama linear.

Trama linear (*linear fabric*): lineação penetrativa na rocha.

Trama plana (*planar fabric*): foliação, clivagem.

Trama primária (*primary fabric*): trama sedimentar e magmática formada durante a deposição ou cristalização de uma rocha.

Trama S (*S-fabric*): Trama plana.

Trama tectônica (*tectonic fabric*): trama resultante de um processo tectônico, oposto a trama primária.

Transferência (*relay*): zona entre segmentos de falhas sobrepostas.

Translação (*translation*): movimento rígido sem qualquer rotação ou deformação interna (*strain*). Seu campo de deslocamento consiste de vetores de deslocamento paralelos e de mesmo comprimento.

Transmissibilidade (*transmissibility*): capacidade de uma falha de transmitir fluidos em um reservatório de hidrocarbonetos ou de água.

Transpressão (*transpression*): zona de cisalhamento de rejeito direcional, com encurtamento adicional simultâneo através da zona. Geralmente uma deformação tridimensional onde as elipses de distorção estão fora da diagonal $k = 1$ do diagrama de Flinn.

Transtração (*transtension*): zona de cisalhamento de rejeito direcional, com extensão adicional e simultânea através da zona, ou seja, oposto à transpressão.

Trishear: modelo da deformação à frente da extremidade de uma falha em propagação, onde o cisalhamento se abre em uma zona de alargamento para cima, com deformação isocórica dúctil expressa por (propagação de falha) dobramento de camadas horizontais. Ver Box 8.3.

Variação anisotrópica de volume (*anisotropic volume change*): variação em volume devido a encurtamento ou extensão em apenas uma ou duas direções.

Variação de volume (*volume change*): ver *dilatação*.

Variação de volume isotrópica (*isotropic volume change*): variação de volume igual em todas as direções, seja por contração ou expansão. Também chamada de deformação volumétrica.

Variação em área (*area change*): variação em área devido à deformação. Implica variação de volume, ao menos que haja compensação na terceira dimensão.

Veio (*vein*): fratura de extensão preenchida por minerais.

Vergência (*vergence*): termo relacionado à geometria de dobras assimétricas. A direção de vergência é a direção aparente de cisalhamento, se a dobra for resultante de cisalhamento simples.

Vetor de deslocamento (*displacement vector*): vetor que conecta as posições de um ponto material (p. ex. um grão de areia) antes e depois da deformação.

Viscosidade (*viscosity*): medida da resistência de um fluido à deformação por esforços cisalhantes ou, menos formalmente, resistência de um meio ao fluxo. Fluidos "espessos" têm viscosidade mais alta que fluidos "finos". No decorrer do tempo geológico, as rochas da crosta média ou inferior podem ser consideradas como fluidos de viscosidade muito alta.

Vorticidade (*vorticity*): taxa de rotação angular local em um fluido, que indica a rapidez com que um fluido gira ou circula. Aplicado a rochas que em deformação (em fluxo) no regime plástico. Matematicamente, a vorticidade é um vetor cujo eixo se situa ao longo do eixo de rotação. Isto pode ser visualizado considerando-se uma minúscula porção de fluido ou de rocha fluida congelando-se em uma esfera indeformável. O vetor de vorticidade é o eixo de rotação através desta esfera e a velocidade angular (expressão da taxa de rotação) é a metade da vorticidade. Se a esfera não sofrer rotação, não haverá vorticidade.

Xisto (*schist*): rocha metamórfica deformada com xistosidade bem desenvolvida. Dependendo de sua composição mineralogia, os xistos são denominados mica xistos, quartzo xistos, xistos verdes etc.

Xistosidade (*schistosity*): foliação tectônica definida por minerais placóides de granulação grossa em rochas deformadas sob condições metamórficas de fácies xisto verde alto e fácies anfibolito.

Zona de acomodação (*accomodation zone*): zona entre dois segmentos sobrepostos de falha onde o rejeito é transferido de um segmento para outro. Usado especificamente para a zona que conecta dois *hemigrabens* com mergulhos opostos (Rosendahl et al., 1986).

Zona de charneira (*hinge zone*): zona de máxima curvatura de uma dobra.

Zona de cisalhamento (*shear zone*): zona de deformação tabular com predomínio de deformação dúctil (contínua), tipicamente dominada por cisalhamento simples.

Zona de cisalhamento dúctil (*ductile shear zone*): zona de cisalhamento sem descontinuidades internas relacionadas ao cisalhamento.

Zona de cisalhamento friccional (*frictional shear zone*): zona de cisalhamento dominada por mecanismos de deformação rúptil. Também chamada de zona de cisalhamento rúptil.

Zona de cisalhamento geral (*general shear zone*): zona de cisalhamento que diverge do modelo de zona de cisalhamento ideal.

Zona de cisalhamento ideal (*ideal shear zone*): zona de cisalhamento dúctil simples, com ou sem compactação ou dilatação (dilation) adicional através de suas paredes plano-paralelas.

Zona de cisalhamento plástico (*plastic shear zone*): zona de cisalhamento com predomínio de mecanismos de deformação plástica.

Zona de cisalhamento puro (*pure shear zone*): zona de cisalhamento deformada por cisalhamento puro.

Zona de cisalhamento rúptil (*brittle shear zone*): zonas de cisalhamento dominadas por mecanismos de deformação rúptil. Também chamadas de zonas de cisalhamento friccional. Usada também para zonas de cisalhamento que rompem marcadores originalmente contínuos.

Zona de cisalhamento simples (*simple shear zone*): zona de cisalhamento deformada por cisalhamento simples.

Zona de cisalhamento subsimples (*subsimple shear zone*): zona de cisalhamento onde a deformação é por cisalhamento subsimples.

Zona de dano (*damage zone*): zona com estruturas de deformação rúptil (fraturas, bandas de deformação, estilólitos) ao redor de uma falha. A zona possui uma densidade destas estruturas maior que a das rochas vizinhas.

Zona de dano de falha (*fault damage zone*): ver *zona de dano.*

Zona de falha (*fault zone*): uma série de falhas ou superfícies de rejeito subparalelas e espaçadas, formando uma zona. A espessura da zona deve ser pequena em relação ao seu comprimento. Uso recente: parte central e mais deformada de uma falha – significado coincidente com o de núcleo da falha, ou de algum modo mais amplo.

Zona de imbricação (*imbrication zone*): série de falhas inversas que mergulham na mesma direção e se unem em um cavalgamento de base, mas não necessariamente limitadas por um cavalgamendo de topo. Termo usado também para um arranjo similar de falhas normais.

Zona de processo (*process zone*): zona à frente de uma fratura onde a formação e propagação de numerosas microfraturas enfraquece a rocha. A zona de processo de propaga à frente da fratura.Também denominada zona de colapso friccional.

Zona de sobreposição (*overlap zone*): zona entre segmentos sobrepostos de falhas. Podem apresentar conexão direta (*hard linked*), onde há uma conexão física entre as dobras justapostas, ou uma conexão suave (*soft linked*), onde a deformação na zona de sobreposição é dúctil (contínua). Uma expressão comum desta última seria uma rampa de transferência.

Zona sismogênica (*seismogenic zone*): zona com frequentes terremotos na crosta, nas partes inferior e média da crosta rúptil, onde ela é mais resistente.

Zonas de cisalhamento compactacional (*compactional shear zones*): zonas de cisalhamento com componente de compactação através das paredes.

Zonas de cisalhamento dilatacionais (*dilational shear zones*): zonas de cisalhamento com uma componente de dilatação (compactação negativa) transversal às paredes.

Zonas justapostas de restrição (*restraining overlap zones*): zonas sobrepostas com encurtamento na direção do rejeito. Também denominadas zonas sobrepostas contracionais.

Zonas sobrepostas de alívio (*releasing overlap zones*): zonas de sobreposição onde o arranjo de falhas e o sentido de rejeito causam estiramento. Também chamadas de zonas de sobreposição extensionais.

Referências bibliográficas

Allmendinger, R. W., 1998, Inverse and forward numerical modeling of trishear fault-propagation folds. *Tectonics* **17**: 640–656.

Amilibia, A., Sabat, F., McClay, K. R., Munoz, J. A., Roca, E. and Chong, G., 2008, The role of inherited tectonosedimentary architecture in the development of the central Andean mountain belt: insights from the Cordillera de Domeyko. *Journal of Structural Geology* **30**: 1520–1539.

Anderson, E. M., 1951, *The Dynamics of Faulting*. Edinburgh: Oliver and Boyd.

Andò, E., Hall, S. A., Viggiani, G., Desrues, J. and Bésuelle, P., 2011, Grain-scale experimental investigation of localised deformation in sand: a discrete particle tracking approach. *Acta Geotechnica* **7**: 1–13.

Angelier, J., 1994, Fault slip analysis and palaeostress reconstruction. In P. L. Hancock (Ed.), *Continental Deformation*. Oxford: Pergamon Press, pp. 53–100.

Austrheim, H., 1987, Eclogitization of lower crust granulites by fluid migration through shear zones. *Earth and Planetary Science Letters* **81**: 221–232.

Bellingham, P., Connors, C., Haworth, B. R. and Danforth, A., 2014, The deepwater Niger Delta: an underexplored world-class petroleum province. *GeoExpro* **11** (5): 54–56.

Bhattacharyya, P. and Hudleston, P., 2001, Strain in ductile shear zones in the Caledonides of northern Sweden: a three-dimensional puzzle. *Journal of Structural Geology* **23**: 1549–1565.

Bingen, B., Austrheim, H., Whitehouse, M. J. and Davis, W. J., 2004, Trace element signature and U-Pb geochronology of eclogite-facies zircon, Bergen Arcs, Caledonides of W Norway. *Contributions to Mineralogy and Petrology* **147**: 671–683.

Breddin, H., 1956, Die tektonische Deformation der Fossilien im Rheinischen Schiefergebirge. *Zeitschrift Deutsche Geologische Gesellschaft* **106**: 227–305.

Buchner, E. and Kenkmann, T., 2008, Upheaval Dome, Utah, USA: impact origin confirmed. *Geology* **36**: 227–230.

Burchfiel, B. C. and Stewart, J. H., 1966, "Pull-apart" origin of the central segment of Death Valley, California. *Geological Society of America Bulletin* **77**: 439–442.

Cavalcante, G. C. G., Egydio-Silva, M., Vauchez, A., Camps, P. and Oliveira, E. 2013, Strain distribution across a partially molten middle crust: insights from the AMS mapping of the Carlos Chagas Anatexite, Araçuaí belt (East Brazil). *Journal of Structural Geology* **55**: 79–100.

Chemenda, A. I., Mattauer, M., Malavieille, J. and Bokun, A. N., 1995, A mechanism for syn-collisional rock exhumation and associated normal faulting: results from physical modelling. *Earth and Planetary Science Letters* **132**: 225–232.

Choukroune, P., Gapais, D. and Merle, O., 1987, Shear criteria and structural symmetry. *Journal of Structural Geology* **9**: 525–530.

Cloos, E., 1968, Experimental analysis of Gulf Coast fracture patterns. *American Association of Petroleum Geologists Bulletin* **52**: 420–441.

Coogan, J.C., 1992, Structural evolution of piggyback basins in the Wyoming-Idaho-Utah thrust belt. In Link, P. K., Kuntz, M. A., and Platt, L. B. (Eds.), *Regional Geology of Eastern Idaho and Western Wyoming*. Geological Society of America Memoir **179**: 55–81.

Craddock, J. P. and van der Pluijm, B., 1989, Late Paleozoic deformation of the cratonic carbonate cover of eastern North America. *Geology* **17**: 416–419.

Cruikshank, K. M., Zhao, G. and Johnson, A., 1991, Duplex structures connecting fault segments in Entrada Sandstone. *Journal of Structural Geology* **13**: 1185–1196.

Currie, J. B., Patnode, A. W. and Trump, R. P., 1962, Development of folds in sedimentary strata. *Geological Society of America Bulletin* **73**: 655–674.

Darby, D., Hazeldine, R. S. and Couples, G. D., 1996, Pressure cells and pressure seals in the UK Central Graben. *Marine and Petroleum Geology* **13**: 865–878.

Davis, G., Reynolds, S. J. and Kluth, C. F., 2011, *Structural Geology of Rocks and Regions*, 3rd edition. Chichester: J. Wiley and Sons.

Doelling, H. H., 2001, Geologic map of the Moab and eastern part of the San Rafael Desert 30' × 60' quadrangles, Grand and Emery Counties, Utah, and Mesa County, Colorado. *Utah Geological Survey Map 180.*

Durham, W. B. and Goetze, C., 1977, Plastic flow of oriented single crystals of olivine. I. Mechanical data. *Journal of Geophysical Research* **82**: 5737–5754.

Duval, B., Cramez, C. and Jackson, M. P. A., 1992, Raft tectonics in the Kwanza Basin, Angola. *Marine and Petroleum Geology* **9**: 389–390.

Dyer, R., 1988, Using joint interactions to estimate paleostress ratios. *Journal of Structural Geology* **10**: 685–699.

Elliott, D., 1970, Determination of finite strain and initial shape from deformed elliptical objects. *Geological Society of America Bulletin* **81**: 2221–2236.

Engelder, T., 1985, Loading paths to joint propagation during a tectonic cycle: an example from the Appalachian Plateau, U.S.A. *Journal of Structural Geology* **7**: 459–476.

Engelder, T., 1993, *Stress Regimes in the Lithosphere*. Princeton: Princeton University Press.

Engelder, T. and Geiser, P., 1980, On the uses of regional joint sets as trajectories of paleostress fields during the development of the Appalachian Plateau, New York. *Journal of Geophysical Research* 85, 6319–6341.

Erslev, E. A., 1991, Trishear fault-propagation folding. *Geology* **19**: 617–620.

Finch, E., Hardy, S., and Gawthorpe, R., 2004, Discrete-element modelling of extensional fault-propagation folding above rigid basement fault blocks: *Basin Research* **16**: 489–506.

Fischer, M. P. and Polansky, A., 2006, Influence of flaws on joint spacing and saturation: Results of one-dimensional mechanical modeling. *Journal of Geophysical Research* 111.

Fleuty, M. J., 1964, The description of folds. *London: Proceedings of the Geologists' Association* **75**: 461–492.

Flinn, D., 1962, On folding during three-dimensional progressive deformation. *Quarternary Journal of the Geological Society, London* 118, 385–433.

Fossen, H., 1992, The role of extensional tectonics in the Caledonides of South Norway. *Journal of Structural Geology* **14**: 1033–1046.

Fossen, H., 1993, Structural evolution of the Bergsdalen Nappes, Southwest Norway. *Norges Geologiske Undersøkelse Bulletin* **424**: 23–50.

Fossen, H., 1998, Advances in understanding the post-Caledonian structural evolution of the Bergen area, West Norway. *Norsk Geologisk Tidsskrift* **78**: 33–46.

Fossen, H., 2000, Extensional tectonics in the Caledonides: synorogenic or postorogenic? *Tectonics* **19**: 213–224.

Fossen, H. and Gabrielsen, R. H., 1996, Experimental modeling of extensional fault systems by use of plaster. *Journal of Structural Geology* **18**: 673–687.

Fossen, H. and Hesthammer, J., 2000, Possible absence of small faults in the Gullfaks Field, northern North Sea: implications for downscaling of faults in some porous sandstones. *Journal of Structural Geology* **22**: 851–863.

Fossen, H. and Rørnes, A., 1996, Properties of fault populations in the Gullfaks Field, northern North Sea. *Journal of Structural Geology* **18**: 179–190.

Fossen, H. and Rykkelid, E., 1990, Shear zone structures in the Øygarden Complex, western Norway. *Tectonophysics* **174**: 385–397.

Fossen, H. and Tikoff, B., 1993, The deformation matrix for simultaneous simple shearing, pure shearing, and volume change, and its application to transpression/transtension tectonics. *Journal of Structural Geology* **15**: 413–422.

Fossen, H. and Tikoff, B., 1997, Forward modeling of non steady-state deformations and the "minimum strain path". *Journal of Structural Geology* **19**: 987–996.

Fossen, H. and Tikoff, B., 1998, Extended models of transpression and transtension, and application to tectonic settings. In R. E. Holdsworth, R. A. Strachan and J. F. Dewey (Eds.), *Continental Transpressional and Transtensional Tectonics*. Special Publication **135**, London: Geological Society, pp. 15–33.

Fossen, H., Tikoff, T. B. and Teyssier, C. T., 1994, Strain modeling of transpressional and transtensional deformation. *Norsk Geologisk Tidsskrift* **74**: 134–145.

Fossen, H., Odinsen, T., Færseth, R. B. and Gabrielsen, R. H., 2000, Detachments and low-angle faults in the northern North Sea rift system. In Nøttvedt, A. (Ed.), *Dynamics of the Norwegian Margins*, Special Publication **167**, London: Geological Society, pp. 105–131.

Fossen, H., Schultz, R., Shipton, Z. and Mair, K., 2007, Deformation bands in sandstone – a review. *Journal of the Geological Society, London* **164**: 755–769.

Fossen, H., Dallman, W. and Andersen, T. B., 2008, The mountain chain rebounds and founders. The building up of the Caledonides; about 500–405 Ma. In I. Ramberg, I. Bryhni and A. Nøttvedt (Eds.), *The Making of a Land: Geology of Norway*. Trondheim: Norsk Geologisk Forening, pp. 178–231.

Fry, N., 1979, Random point distributions and strain measurement in rocks. *Tectonophysics* **60**: 89–105.

Gallagher, J. J., Friedman, M., Handin, J. and Sowers, G. M., 1974, Experimental studies relating to microfracture in sandstone. *Tectonophysics* **21**: 203–247.

Gartrell, A. P., 1997, Evolution of rift basins and low-angle detachments in multilayer analog models. *Geology* **25**: 615–618.

Gleason, G. C. and Tullis, J., 1995, A flow law for dislocation creep of quartz aggregates determined with the molten salt cell. *Tectonophysics* **247**: 1–23.

Goldstein, A., Knight, J., Kimball, K., 1998, Deformed graptolites, finite strain and volume loss during cleavage formation in rocks of the taconic slate belt, New York and Vermont, U.S.A. *Journal of Structural Geology* **12**: 1769–1782.

Griffith, A. A., 1924, The theory of rupture. In C. B. Biezeno and J. M. Burgers (Eds.), *First International Congress on Applied Mechanics*. Delft: J. Waltman, pp. 55–63.

Griggs, D. and Handin, J., 1960, Observations on fracture and a hypothesis of earthquakes. In D. Griggs and J. Handin, (Eds.), *Rock Deformation*. Memoir **79**, Boulder: Geological Society of America.

Gudmundsson, A., 2000, Fracture dimensions, displacements and fluid transport. *Journal of Structural Geology* **22**: 1221–1231.

Gueguen, E., Dogliono, C. and Fernandez, M., 1997, Lithospheric boudinage in the western Mediterranean back-arc basin. *Terra Nova* **9**: 184–187.

Hanmer, S., 1986, Asymmetrical pull-aparts and foliation fish as kinematic indicators. *Journal of Structural Geology* **8**: 111–122.

Harding, R. and Huuse, M., 2015, Salt on the move: multi stage evolution of salt diapirs in the Netherlands North Sea. *Marine and Petroleum Geology* **61**: 39–55.

Hayward, A. B. and Graham, R. H., 1989, Some geometrical characteristics of inversion. In M. A. Cooper and G. D. Williams (Eds.), *Inversion Tectonics*. Special Publication **44**, London: Geological Society, pp. 17–39.

He, B., Xu, Y.-G. and Paterson, S., 2009, Magmatic diapirism of the Fangshan pluton, southwest of Beijing, China. *Journal of Structural Geology* **31**: 615–626.

Heard, H. C., 1960, Transition from brittle fracture to ductile flow in Solenhofen limestone as a function of temperature, confining pressure and interstitial fluid pressure. *Geological Society of America Bulletin* **79**: 193–226.

Heard, H. C. and Raleigh, C. B., 1972, Steady-state flow in marble at 500° to 800°C. *Geological Society of America Bulletin* **83**: 935–956.

Heilbronner, R. and Tullis, J., 2006, Evolution of c axis pole figures and grain size during dynamic recrystallization: results from experimentally sheared quartzite. *Journal of Geophysical Research* **111**: doi: 10.1029/2005jb004194.

Hesthammer, J. and Fossen, H., 1998, The use of dipmeter data to constrain the structural geology of the Gullfaks Field, northern North Sea. *Marine and Petroleum Geology* **15**: 549–573.

Hesthammer, J. and Fossen, H., 1999, Evolution and geometries of gravitational collapse structures with examples from the Statfjord Field, northern North Sea. *Marine and Petroleum Geology* **16**: 259–281.

Hobbs, B. E., McLaren, A. C. and Paterson, M. S., 1972, Plasticity of single crystals of synthetic quartz. In H. C. Heard, I. Y. Borg, N. I. Carter and C. B. Raleigh (Eds.), *Flow and Fracture of Rocks*. American Geophysical Union Monograph **16**: pp. 29–53.

Hobbs, B. E., Means, W. D. and Williams, P. F., 1976, *An Outline of Structural Geology*. New York: J. Wiley and Sons.

Hodgson, R. A., 1961, Classification of structures on joint surfaces. *American Journal of Science* **259**: 493–502.

Holst, T. B. and Fossen, H., 1987, Strain distribution in a fold in the West Norwegian Caledonides. *Journal of Structural Geology* **9**: 915–924.

Hossack, J., 1968, Pebble deformation and thrusting in the Bygdin area (Southern Norway). *Tectonophysics* **5**: 315–339.

Høyland Kleppe, K.-J., 2003, Strukturgelogisk analyse av forkastninger og deres innvirkning på kommunikasjon i østlige deler av Gullfaksfeltet, nordlige Nordsjøen. Unpublished Cand. scient. thesis, University of Bergen.

Hubbert, M. K. and Rubey, W. W., 1959, Role of pore fluid pressure in the mechanics of overthrust faulting. I: Mechanics of fluid-filled porous solids and its application to overthrust faulting. *Geological Society of America Bulletin* **70**: 115–205.

Hudec, M. R. and Jackson, M. P. A., 2006, Advance of allochthonous salt sheets in passive margins and orogens. *American Association of Petroleum Geologists Bulletin* **90**: 1535–1564.

Hudec, M. R. and Jackson, M. P. A., 2007, Terra infirma: understanding salt tectonics. *Earth-Science Reviews* **82**: 1–28.

Hudleston, P. J., 1973, Fold morphology and some geometric implications of theories of fold development. *Tectonophysics* **16**: 1–46.

Hudleston, P. J., 1989, Extracting information from folds in rocks. *Journal of Geological Education* **34**: 237–245.

Hudleston, P. J. and Holst, T. B., 1984, Strain analysis and fold shape in a limestone layer and implications for layer rheology. *Tectonophysics* **106**: 321–347.

Huismans, R. S. and Beaumont, C., 2003, Symmetric and asymmetric lithospheric extension: relative effects of frictional-plastic and viscous strain softening. *Journal of Geophysical Research* **108**: 2156–2202.

Jackson, J. A., Cornelius, R. R., Craig, C. H., Gansser, A., Stöcklin, J. and Talbot, C. J., 1990, *Salt Diapirs of the Great Kavir, Central Iran*. Memoir **177**, Boulder: Geological Society of America.

Kreemer, C., Holt, W. E. and Haines, A. J., 2003, An integrated global model of present-day plate motions and plate boundary deformation. *Geophysical Journal International* **154**: 8–34.

Labrousse, L., Jolivet, L., Andersen, T. B., Agard, P., Hébert, R., Maluski, H. and Schärer, U., 2004, Pressure-temperature-time deformation history of the exhumation of ultra-high pressure rocks in the Western Gneiss Region, Norway. In D. L. Whitney, C. Teyssier and C. S. Siddoway (Eds.), *Gneiss Domes in Orogeny*. Special Paper (**380**), Boulder: Geological Society of America, pp. 155–183.

Law, R. D. and Johnson, M. R. W, 2010, Microstructures and crystal fabrics of the Moine Thrust zone and Moine Nappe: history of research and changing tectonic interpretations. *Geological Society, London, Special Publications* **335**: 443–503.

Li, Z. H., Gerya, T. V. and Burg, J. P., 2010, Influence of tectonic overpressure on P-T paths of HP-UHP rocks in continental collision zones: thermomechanical modelling. *Journal of Metamorphic Geology* **28**: 227–247.

Lister, G. S. and Hobbs, B. E., 1980, The simulation of fabric development during plastic deformation and its application to quartzite: the influence of deformation history. *Journal of Structural Geology* **2**: 355–370.

Lister, G. S. and Snoke, A. W., 1984, S-C mylonites. *Journal of Structural Geology* **6**: 617–638.

MacLeod, C. J., Searle, R. C., Murton, B. J., Casey, J. F., Mallows, C., Unsworth, S. C., Achenbach, K. L. and Harris, M., 2009, Life cycle of oceanic core complexes. *Earth and Planetary Science Letters* **287**: 333–344.

Maerten, L. and Maerten, F., 2006, Chronologic modeling of faulted and fractured reservoirs using geomechanically based restoration: technique and industry applications. *American Association of Petroleum Geologists Bulletin* **90**, 1201–1226.

Maerten, L., Gillespie, P. and Pollard, D. D., 2002, Effects of local stress perturbation on secondary fault development. *Journal of Structural Geology* **24**: 145–153.

Maerten, L., Gillespie, P. and Daniel, J.-M., 2006, Three-dimensional geomechanical modeling for constraint of subseismic fault simulation. *American Association of Petroleum Geologists Bulletin* **90**: 1337–1358.

Marone, C. and Scholz, C. H., 1988, The depth of seismic faulting and the upper transition from stable to unstable slip regimes. *Geophysical Research Letters* **15**: 621–624.

McClay, K. R., 1990, Extensional fault systems in sedimentary basins: A review of analogue model studies. *Marine and Petroleum Geology* **7**: 206–233.

McElroy, T. A. and Hoskins, D. M., 2011, Bedrock geologic map of the McCoysville quadrangle, Juniata, Mifflin, and Perry Counties, Pennsylvania. *Pennsylvania Geological Survey*, 4th ser., Open-File Report OFBM 11-01.0, 51 pp., Portable Document Format (PDF).

McQuarrie, N., 2004, Crustal scale geometry of the Zagros fold–thrust belt, Iran. *Journal of Structural Geology* **26**: 519–535.

Merle, O., 1989, Strain models within spreading nappes. *Tectonophysics* **165**: 57–71.

Morales, L. F. G., Mainprice, D., Lloyd, G. E. and Law, R. D., 2011, Crystal fabric development and slip systems in a quartz mylonite: an approach via transmission electron microscopy and viscoplastic self-consistent modelling. *Geological Society, London, Special Publications* **360**: 151–174.

Morley, C. K., 1986, Vertical strain variations in the Osa-Røa thrust sheet, North-western Oslo Fjord, Norway. *Journal of Structural Geology* **8**: 621–632.

Myrvang, A., 2001, *Bergmekanikk*. Trondheim, Institutt for geologi og bergteknikk, NTNU.

Nettleton, L. L., 1934, Fluid mechanics of salt domes. *American Association of Petroleum Geologists Bulletin* **18**: 1175–1204.

Odinsen, T., Christiansson, P., Gabrielsen, R. H., Faleide, J. I. and Berge, A., 2000, The geometries and deep structure of the northern North Sea. In A. Nøttvedt (Ed.), *Dynamics of the Norwegian Margin*. Special Publication **167**, London: Geological Society, pp. 41–57.

Olson, J. and Pollard, D. D., 1989, Inferring paleostresses from natural fracture patterns: a new method. *Geology* **17**: 345–348.

Passchier, C. W. and Trouw, R. A. J., 2005, *Microtectonics*, 2nd edition. Berlin: Springer.

Paterson, M. S., 1958, Experimental deformation and faulting in Wombeyan marble. *Geological Society of America Bulletin* **69**: 465–476.

Petit, J.-P., 1987, Criteria for the sense of movement on fault surfaces in brittle rocks. *Journal of Structural Geology* **9**: 597–608.

Philipp, S. L., 2012, Fluid overpressure estimates from the aspect ratios of mineral veins. *Tectonophysics* **581**: 35–47.

Platt, J. P. and Vissers, R. L. M., 1980, Extensional structures in anisotropic rocks. *Journal of the Geological Society, London* **2**: 397–410.

Pollard, D. D. and Segall, P., 1987, Theoretical displacements and stresses near fractures in rock: with application to faults, joints, veins, dikes, and solution surfaces. In *Fracture Mechanics of Rock*. London: Academic Press, pp. 277–349.

Raimbourg, H., Jolivet, L., Labrousse, L., Leroy, Y. and Avigad, D., 2005, Kinematics of syneclogite deformation in the

Bergen Arcs, Norway: implications for exhumation mechanisms. In D. Gapais, J. P. Brun and P. R. Cobbold (Eds.), *Deformation Mechanisms, Rheology and Tectonics*. Special Publication **243**, London: Geological Society, pp. 175–192.

Ramberg, H., 1981, *Gravity, Deformation and the Earth's Crust*, 2nd edition. London: Academic Press.

Ramsay, J. G., 1967, *Folding and Fracturing of Rocks*. New York: McGraw-Hill.

Ramsay, J. G. and Huber, M. I., 1983, *The Techniques of Modern Structural Geology. Vol. 1: Strain Analysis*. London: Academic Press.

Ramsay, J. G. and Huber, M. I., 1987, *The Techniques of Modern Structural Geology. Vol. 2: Folds and Fractures*. London: Academic Press.

Ramsay, J. G. and Woods, D. S., 1973, The geometric effects of volume change during deformation processes. *Tectonophysics* **16**: 263–277.

Reber, J. E., Schmalholz, S. M. and Burg, J.-P. 2010. Stress orientation and fracturing during three-dimensional buckling: numerical simulation and application to chocolate-tablet structures in folded turbidites, SW Portugal. *Journal of Structural Geology* **53**: 187–195.

Rives, T., Razack, M., Petit, J. P. and Rawnsley, K. D., 1992, Joint spacing: analogue and numerical simulations. *Journal of Structural Geology* **14**: 925–937.

Roberts, A. M., Yielding, G., Kusznir, N. J., Walker, I. M. and Dorn-Lopez, D., 1993, Mesozoic extension in the North Sea: constraints from flexural backstripping, forward modelling and fault populations. In J. R. Parker (Ed.), *Petroleum Geology of Northern Europe*. London: Geological Society, pp. 1123–1136.

Roberts, D. and Strömgård, K.-E., 1972, A comparison of natural and experimental strain patterns around fold hinge zones. *Tectonophysics* **14**: 105–120.

Rouby, D., Fossen, H. and Cobbold, P., 1996, Extension, displacement, and block rotation in the larger Gullfaks area, northern North Sea: determined from map view restoration. *American Association of Petroleum Geologists Bulletin* **80**: 875–890.

Rowan, M. G., Lawton, T. F., Giles, K. A. and Ratliff, R. A., 2003, Near-salt deformation in La Popa basin, Mexico, and the northern Gulf of Mexico: a general model for passive diapirism. *American Association of Petroleum Geologists Bulletin* **87**: 733–756.

Rutter, E. H., 1976, The kinetics of rock deformation by pressure solution. *Philosophical Transactions of the Royal Society of London A* **283**: 203–219.

Rykkelid, E. and Fossen, H., 2002, Layer rotation around vertical fault overlap zones: observations from seismic data, field examples, and physical experiments. *Marine and Petroleum Geology* **19**: 181–192.

Sanderson, D. and Marchini, R. D., 1984, Transpression. *Journal of Structural Geology* **6**: 449–458.

Scheck, M., Bayer, U. and Lewerenz, B., 2003, Salt redistribution during extension and inversion inferred from 3D backstripping. *Tectonophysics* **373**: 55–73.

Schmid, S. M. and Kissling, E., 2000, The arc of the western Alps in the light of geophysical data on deep crustal structure. *Tectonics* **19**: 62–85.

Scholz, C. H., 1990, *The Mechanics of Earthquakes and Faulting*. Cambridge: Cambridge University Press.

Schultz, R. A. and Fossen, H., 2002, Displacement-length scaling in three dimensions: the importance of aspect ratio and application to deformation bands. *Journal of Structural Geology* **24**: 1389–1411.

Schultz, R. A., Klimczak, C., Fossen, H., Olson, J. E., Exner, U., Reeves, D. M. and Soliva, R., 2013, Statistical tests of scaling relationships for geologic structures. *Journal of Structural Geology* **48**: 85–94.

Sibson, R., 1977, Fault rocks and fault mechanisms. *Journal of the Geological Society* **133**: 191–213.

Stewart, S. A. and Allen, P. J., 2005, 3D seismic reflection mapping of the Silverpit multi-ringed crater, North Sea. *Geological Society of America Bulletin* **117**: 354–368.

Stipp, M. and Tullis, J., 2003, The recrystallized grain size piezometer for quartz. *Journal of Geophysical Research* **30**: doi:10:1029/2003GL018444.

Suppe, J., 1983, Geometry and kinematics of fault-bend folding. *American Journal of Science* **283**: 684–721.

Talbot, C. J., 1979, Fold trains in a glacier of salt in southern Iran. *Journal of Structural Geology* **1**: 5–18.

Tapponnier, P., Peltzer, G. and Armijo, R., 1986, On the mechanics of the collision between India and Asia. In M. P. Coward and A. C. Ries (Eds.), *Collision Tectonics*. Special Publication **19**, London: Geological Society, pp. 115–157.

Tikoff, B. and Fossen, H., 1999, Three-dimensional reference deformations and strain facies. *Journal of Structural Geology* **21**: 1497–1512.

Trudgill, B. and Cartwright, J., 1994, Relay-ramp forms and normal-fault linkages, Canyonlands National Park, Utah. *Geological Society of America Bulletin* **106**: 1143–1157.

Twiss, R. J., 1977, Theory and applicability of a recrystallized grain size paleopiezometer. *Pure and Applied Geophysics* **115**, 227–244.

Twiss, R. J. and Moores, E. M., 2007, *Structural Geology*, 2nd edition. New York: H. W. Freeman and Company.

van der Pluijm, B. and Marshak, S., 2004, *Earth Structure: An Introduction to Structural Geology and Tectonics*, 2nd edition. New York: WW Norton & Company.

Vanderhaeghe, O., Burg, J.-P. and Teyssier, C., 1999, Exhumation of migmatites in two collapsed orogens: Canadian Cordillera and French Variscides. In U. Ring, M. T. Brandon, G. S. Lister and S. D. Willett (Eds.), *Exhumation Processes: Normal Faulting, Ductile Flow and Erosion*. Special Publication **154**, London: Geological Society, pp. 181–204.

Vollmer, F. W., 1990, An application of eigenvalue methods to structural domain analysis. *Geological Society of America Bulletin* **102**: 786–791.

Wernicke, B. and Axen, G. J., 1988, On the role of isostasy in the evolution of normal fault systems. *Geology* **16**: 848–851.

Wright, L. A., Otton, J. K. and Troxel, B. W., 1974, Turtleback surfaces of Death Valley viewed as phenomena of extensional tectonics. *Geology* **2**: 53–54.

Wust, S. L., 1986, Regional correlation of extension directions in the Cordilleran metamorphic core complexes. *Geology* **14**: 828–830.

Yonkee, A., Weil, A. B. and Mitra, G., 2013, Transect of the Sevier and Laramide orogenic belts, northern Utah to Wyoming: evolution of a complex geodynamic system. *Geological Society of America Field Guide* **33**: 55 pp.

Zanella, E., Coward, M. P. and McGrandle, A., 2003, Crustal structure. In D. Evans, C. Graham, A. Armour and P. Bathurst (Eds.), *The Millennium Atlas, Petroleum Geology of the Central and Northern North Sea*. London: Geological Society, pp. 35–43.

Zulauf, G., Gutiérrez-Alonso, G., Kraus, R., Petschick, R. and Potel, S., 2011, Formation of chocolate-tablet boudins in a foreland fold and thrust belt: a case study from the external Variscides (Almograve, Portugal). *Journal of Structural Geology* **33**: 1639–1649.

Legendas das figuras de abertura dos capítulos

Índice Remissivo

D

Conheça outros livros de Geologia da Editora

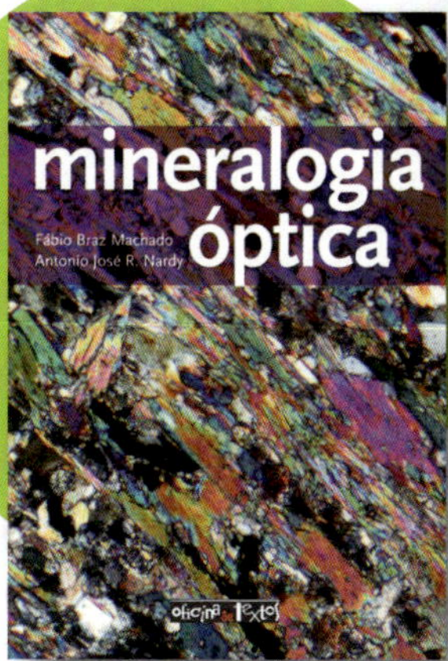

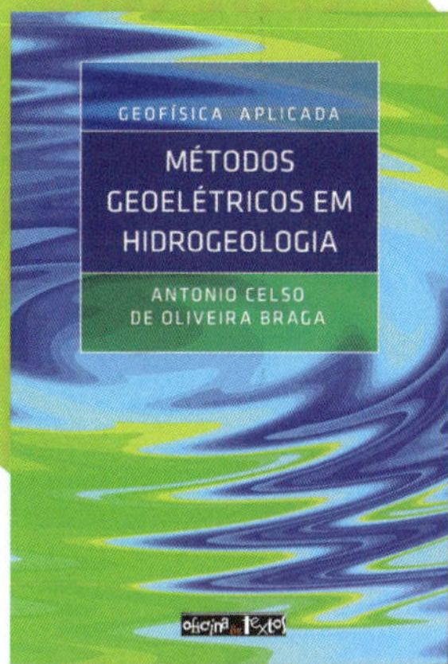

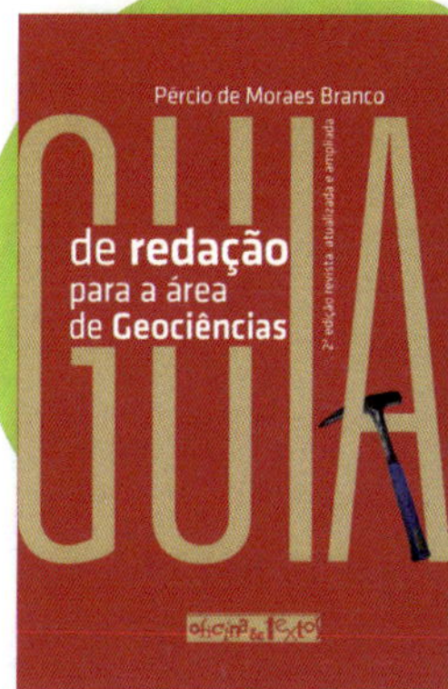

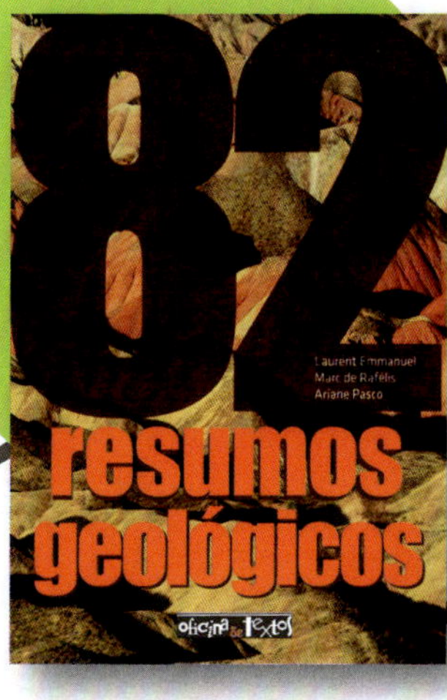

site de **conteúdo** www.ofitexto.com.br
loja www.lojaofitexto.com.br